Zoologisch-Botanische Gesellschaft in Wien

Verhandlungen der kaiserlich-königlichen Zoologisch-Botanischen Gesellschaft in Wien

Jahrgang 1892

Zoologisch-Botanische Gesellschaft in Wien

Verhandlungen der kaiserlich-königlichen Zoologisch-Botanischen Gesellschaft in Wien

Jahrgang 1892

Inktank publishing, 2018

www.inktank-publishing.com

ISBN/EAN: 9783747764527

which is marked with an invisible watermark.

Verhandlungen

der kaiserlich-königlichen

zoologisch – botanischen Gesellschaft

in Wien.

Herausgegeben von der Gesellschaft.

Redigirt von Dr. Carl Fritsch.

Jahrgang 1892.

XLII. Band.

Mit 9 Tafeln und 28 Figuren im Texte.

Wien, 1893.

Im Inlande besorgt durch A. **Hölder**, k. und k. Hof- und Universitäts-Buchhändler.

Für das Ausland in Commission bei F. A. **Brockhaus** in Leipzig.

Druck von Adolf Holzhausen,
k. und k. Hof- und Universitäts-Buchdrucker in Wien.

Adresse der Redaction: Wien, I., Wollzeile 12.

Inhalt.

a *

Inbalt.

Wissenschaftliche Abhandlungen und Mittheilungen.

Zoologischen Inhaltes:

Verzeichniss der Tafeln.

Stand der Gesellschaft

am Ende des

Jahres 1892.

P. T. Herr Kerner Dr. Anton Ritter v. Marilaun.   (Gewählt bis Ende 1893.)
„   „   Kornhuber Dr. Andreas.   „   „
„   „   Löw Paul.   „   „
„   „   Rogenhofer Alois Friedrich.   „   „
„   „   Vogl Dr. August.   „   „
„   „   Wiesner Dr. Julius.   „   „
„   „   Halácsy Dr. Eugen v.   (Gewählt bis Ende 1894.)
„   „   Krasser Dr. Fridolin.   „   „
„   „   Marenzeller Dr. Emil v.   „   „
„   „   Mayr Dr. Gustav.   „   „
„   „   Mik Josef.   „   „
„   „   Ostermeyer Dr. Franz.   „   „
„   „   Bartsch Franz.   (Gewählt bis Ende 1895.)
„   „   Beck Dr. Günther R. v. Mannagetta. „   „
„   „   Eichenfeld Dr. Michael Ritter v.   „   „
„   „   Fuchs Theodor.   „   „
„   „   Grobben Dr. Carl.   „   „
„   „   Kolazy Josef.   „   „
„   „   Lütkemüller Dr. Johann.   „   „
„   „   Müllner M. Ferdinand.   „   „
„   „   Pelikan v. Plauenwald Anton Freiherr. „   „
„   „   Pfurtscheller Dr. Paul. —   „   „
„   „   Rebel Dr. Hans.   „   „
„   „   Sennholz Gustav.   „   „
„   „   Stohl Dr. Lukas.   „   „
„   „   Zahlbruckner Dr. Alexander.   „   „

Mitglieder, welche die Sammlungen der Gesellschaft ordnen:

Die zoologischen Sammlungen ordnen die Herren: Handlirsch Anton, Kaufmann Josef.

Die Pflanzensammlung ordnen die Herren Hungerbyehler J. v., Müllner M. F. und Ostermeyer Dr. Franz.

Die Betheilung von Lehranstalten mit Naturalien besorgen die Herren: Handlirsch Anton, Ostermeyer Dr. Franz, Pfurtscheller Dr. Paul.

Die Bibliothek ordnet Herr Franz Bartsch.

Das Archiv hält Herr Paul Löw im Stande.

Kanzlist der Gesellschaft:

Herr Frank Cornelius, VIII., Josefstädterstrasse 5.

Gesellschaftslocale:

Wien, I., Wollzeile 12. — Täglich geöffnet von 3—7 Uhr Nachmittags.

Die Druckschriften der Gesellschaft werden überreicht:

Seiner k. u. k. Apostolischen Majestät dem Kaiser Franz Joseph.
Seiner k. u. k. Hoheit dem durchl. Herrn Erzherzoge Carl Ludwig.
Seiner k. u. k. Hoheit dem durchl. Herrn Erzherzoge Ludwig Victor
Seiner k. u. k. Hoheit dem durchl. Herrn Erzherzoge Albrecht.
Seiner k. u. k. Hoheit dem durchl. Herrn Erzherzoge Josef Carl.
Seiner k. u. k. Hoheit dem durchl. Herrn Erzherzoge Wilhelm.
Seiner k. u. k. Hoheit dem durchl. Herrn Erzherzoge Rainer.
Seiner Majestät dem Könige von Baiern. 4 Exemplare.

Subventionen für 1892.

Von dem hohen k. k. Ministerium für Cultus und Unterricht.
Von dem löbl. Gemeinderathe der Stadt Wien.

b*

Mitglieder, welche die Gesellschaftsschriften beziehen.

Die P. T. Mitglieder, deren Name mit **fetter Schrift** gedruckt ist, haben den Betrag für Lebenszeit eingezahlt und erhalten die periodischen Schriften ohne ferner zu erlegenden Jahresbeitrag.

P. T. Herr Ackerl Josef, Hochw., Subsidiarius, bei Maut-
    hausen a. d. Donau . . . .   Ried.
  „   „   Adamović Alois, Gymnasiallehrer, Serbien . . Pirot.
  „   „   Adensamer Dr. Theodor, I., Nibelungengasse 8 Wien.
  „   „   Alexi Dr. A. P., Professor am Obergymnasium . Naszod.
  „   „   Altenberg Felic., Apoth., V., Margarethenstr. 75 Wien.
  „   „   Amrhein Anton, Kaufmann. beeid. Schätzungs-
    Commissär, IX., Servitengasse 12 . . . . .   Wien.
  „   „   Angerer Leonhard, P., Bened.-Ordens-Priester Kremsmünster.
  „   „   Apfelbeck Victor, Custos am Landesmuseum .   Sarajevo.
  „   „   Arneth Alfred v., k. k. Director des geheimen
    Staatsarchives, Exc. . . . .   Wien.
10 „   „   Arnold Dr. Ferd., k. Ober-Landesgerichtsrath,
    Sonnenstrasse 7 . . . .   München.
  „   „   Arthaber Rudolf v., I., Löwelstrasse 18 . . . Wien.
  „   „   Ausserer Dr. Carl, e. Professor, VIII., Lenaug. 2 Wien.
  „   „   Aust Carl, k. k. Bezirksrichter . . . . . . St. Gilgen.
  „   „   Bachinger August, Professor am Landes-Real-
    gymnasium, N.-Oe. . . . .   Horn.
  „   „   Bachinger Isidor, Fachlehrer, Wienerstrasse 41 Wr.-Neustadt.
  „   „   Bachofen Adolf von Echt, Bürgermeister, Nr. 68 Nussdorf.
  „   „   Badini Graf Franz Jos., k. k. Postofficial. . . Meran.
  „   „   Bäumler Joh. A., Erzherzog Friedrichstr. 26, II. Pressburg.
  „   „   **Ball Valentin**, Geolog, Trinity College . . . Dublin.
20 „   „   Bannwarth Th., Lithogr., VII., Schottenfeldg. 78 Wien.
  „   „   **Barbey William**, Canton Vaud, Schweiz . . Valleyres.
  „   „   Bartsch Frz., k.k. Ob.-Finanzrath, III., Salmg. 14 Wien.
  „   „   Bauer Dr. Carl, Assistent am k. k. bot. Univ.-
    Garten und Museum, III., Rennweg 14 .   Wien.
  „   „   Baumgartner Julius, Stud. jur., Nr. 93 . . . Stein a. d. Donau.
  „   „   Beck Dr. Günth. R. v. Mannagetta, Custos und
    Vorst. der botan. Abtheilung des k. k. naturh.
    Hofmuseums, Währing. Hauptstrasse 11   .   Wien.

P. T. Herr Beer Berthold, Dr., IX., Maximilianplatz 13 — Wien.
    „   „   Benda Franz, Hochw., P. Provincial, VIII. . . — Wien.
    „   „   Benseler Friedrich, Inspector d. botan. Gartens
        der k. k. Universität, III., Rennweg 14 . . — Wien.
    „   „   Berg Dr. Carl, Director des Museums . . . . — Buenos-Ayres.
30   „   „   **Bergenstamm Julius**, Edl. v., II., Tempelg. 8 — Wien.
    „   „   Bergh Dr. Rudolf, Prof., Chefarzt, Stormgade 19 — Kopenhagen.
    „   „   Bergroth Dr. Ewald, Finland . . . . . — Tammerfors.
    „   „   **Benthin** Dr. Hein., Steindamm 29, St. Georg . — Hamburg.
    „   „   **Bigot Jaeques**, Rue Cambon 27 . . . . . — Paris.
    „   „   Bisching Dr. Anton, Communal-Ober-Realschul-
        Professor, IV., Carolinengasse 19 . . — Wien.
    „   „   Bittner Dr. Alex., III., Thongasse 11 . . . . — Wien.
    „   „   Blasius Dr. Rud., Stabsarzt a. D., Petrithor-Pr. 25 — Braunschweig.
    „   „   Blasius Dr. Wilh., Director am herz. zoologi-
        schen Museum, Gaussstrasse 17 . . . . . . — Braunschweig.
    „   „   Bobek Casimir, Lehrer am Gymnasium . . . — Przemyśl.
40   „   „   Boehm Dr. Josef, k. k. Universitäts-Professor,
        VIII., Skodagasse 17 . . . . — Wien.
    „   „   Bohatsch Albert, II., Schreigasse 6 . — Wien.
    „   „   Bohatsch Otto, V., Ziegelofengasse 3 . — Wien.
    „   „   Boller A. Adolf . . . . — Wien.
    „   „   Bornmüller Josef, Eutrisch, Weststrasse 8, bei — Leipzig.
    „   „   Brauer Dr. Friedrich, Custos des k. k. natur-
        histor. Hofmuseums und Professor der Zoologie
        an der Universität, IV., Mayerhofgasse 6 . — Wien.
    „   „   Braun Heinrich, Simmering, Hauptstrasse 9 . — Wien.
    „   „   Breidler J., Architect, Ottakring, Hubergasse 12 — Wien.
    „   „   Bresadola R. G., Piazzetta dietro 12, il Duomo — Trient.
    „   „   Breitenlohner Dr. J., Professor der Hoch-
        schule für Bodencultur . . . . — Wien.
50   „   „   Brunner v. Wattenwyl Carl, k. u. k. Hofrath
        i. P., VIII., Trautsohngasse 6 . . . . . — Wien.
    „   „   Brusina Spiridion, Prof. u. Dir. d. zool. Museums — Agram.
    „   „   Burgerstein Dr. Alfred, Gymnasial-Professor,
        II., Taborstrasse 75 . . . . — Wien.
    „   „   **Burmeister Heinrich**, Einsbüttel, Eichenstr. 22 — Hamburg.
    „   „   Carus Dr. Victor v., Professor a. d. Universität — Leipzig.
    „   „   Cassian Joh. Ritt. v., Dir. d. Dampfschifff.-Ges. — Wien.
    „   „   Celerin Dominik, Mag. d. Pharm., I., Wollzeile 13 — Wien.
    „   „   Chimani Dr. Ernst, k. u. k. General-Stabsarzt,
        I., Kärntnerstrasse 21 . . . . — Wien.
    „   „   Chimani Otto, stud. jur., I., Kärntnerstrasse 21 — Wien.
    „   „   Chyzer Dr. Cornel, k. Physikus, Zempliner Com. — Sátoralja-Ujhely.

60 P. T. Herr Cidlinsky Carl, k. k. Postcassier, III., Erd-
bergerstrasse 39 . . . . Wien.
  „   Cischini Franz Ritter v., k. k. Staatsanwalt,
I., Schultergasse 5 . . . . Wien.
  „   „ Claus Dr. Carl, k. k. Prof. der Zoologie, Hofrath Wien.
  „   „ Cobelli Dr. Ruggero de . . . . Roveredo.
  „   „ Colloredo-Mannsfeld, Fürst Josef zu, Durchl. Wien.
  „   „ Constantin Carl, k. k. Polizeibeamter, III.,
Salesianergasse 8 . . . . Wien.
  „   „ Csató Johann v., Gutsbesitzer, k. Rath, Siebenb. Nagy-Enyed.
  „   „ Csokor Dr. Joh., Prof. a. k. k. Thierarznei-Institut Wien.
  „   „ Cypers Victor Landrecy v., bei Hohenelbe . . Böhm.-Harta.
  „   „ Czech Th. v., Dr. d. Med., Ungarn, Com. Szolnok Tasnád-Száutó.
70 „   „ Dalla Torre Dr. Carl v., Prof., Meinhardtstr. 12 Innsbruck.
  „   Dalberg Friedrich Baron, k. u. k. Kämmerer,
I., Weihburggasse 21 . . . . Wien.
  „   „ Damianitsch Martin. pens. k. u. k. General-
Auditor, IV., Favoritenstrasse 1 . . . . . Wien.
  „   „ Damin Narcis, Prof. der naut. Schule. Croatien Buccari.
  „   „ Degen Árpád v., VII., Kerepeserhof . . . . . Budapest.
  „   „ Degenkolb Herm., Rittergutsbesitzer bei Pirna Rottwegendorf.
  „   „ Deml Arnold, Dr. med., Hietzing, Hauptstr. 11 Wien.
  „   „ Dewoletzky Dr. Rudolf. Gymnasial-Professor . Czernowitz.
  „   „ Dimitz Ludwig, k. k. Ministerialrath, VIII.,
Buchfeldgasse 19 . . . . Wien.
  „   „ Döll Eduard, Realschul-Director, I., Ballgasse 6 Wien.
80 „   „ Dörfler Ignaz, wissenschaftlicher Hilfsarbeiter
am k. k. naturhistorischen Hofmuseum . . . Wien.
  „   „ Dolenz Victor, Stud. phil., VIII., Ledererg. 14 Wien.
  „   „ Drasche Dr. Richard Freiherr v. Wartimberg,
I., Giselastrasse 13 . . . . Wien.
  „   „ Drude Dr. Oscar, Prof. u. Dir. d. botan. Gartens Dresden.
  „   „ Dzieduszycki Graf Wladimir, Franziskanerpl. 45 Lemberg.
  „   „ Egger Graf Franz, Kärnten, am Längsee . . Treibach.
  „   „ Ebnhart Carl, Privatbeamter, VI., Gumpen-
dorferstrasse 14 . . . . Wien.
  „   „ Ehrlich Josef. k. k. Hofgärtner . . . . . Laxenburg.
  „   „ Eichenfeld Dr. Michael R. v., k. k. Landes-
gerichtsrath, VIII., Josefstädterstrasse 11 . . Wien.
  „   „ Ellis J. B., Esq., New-Yersey, U.-St. . . . . Newfield.
90 „   „ Emich Gustav Ritter v. Emöke, k. Truchsess,
IV., Sebastianiplatz 8 . . . . Budapest.
  „   „ Entleutner Dr. A. F., Privatgelehrter, Burg-
grafenstrasse 14 . . . . Meran.

17

P. T. Herr Garcke Dr. August, Professor und Custos am k.
     botan. Museum, Gneisenauerstrasse 20 . . . Berlin.
     „   „   Geitler Leop., k. u. k. Artillerie-Oberlieutenant   Wien.
     „   „   Genersich Dr. Anton, Prof. der k. ung. Univ.   Klausenburg.
     „   Frau Gerold Rosa v., I., Postgasse 6 . . . . . . Wien.
     „   Herr Glowacki Julius, Prof. am Landes-Real-Gymn.   Leoben.
130   „   „   Goldschmidt Theodor Ritter v., k. k. Baurath
     und Gemeinderath, I., Nibelungengasse 7 . .   Wien.
     „   „   Gondola-Ghedaldi Baron . . . . Gravosa.
     „   „   Gräffe Dr. Eduard, Inspector d. k. k. zool. Station   Triest.
     „   „   Graff Dr. Ludwig v., Prof. d. Zool. a. d. Univ.   Graz.
     „   „   Gremblich Julius, Hochw., Gymn.-Prof., Tirol   Hall.
     „   „   Grimus Carl R. v. Grimburg, Professor . .   St. Pölten.
     „   „   Grobben Dr. C., Univ.-Prof., Währing, Frankg. 11   Wien.
     „   „   Grunow Albert, Chemiker d. Metallwfab., N.-Oe.   Berndorf.
     „   „   Gsangler Anton, Hochw., Rector des Piaristen-
     Collegiums . . . . Krems.
     „   „   Haas Dr. Carl, VI., Matrosengasse 8 . . . .   Wien.
140   „   „   Haberler Franz R. v., Dr. jur., I., Bauernmarkt 1   Wien.
     „   „   Habich Otto, Fabrikant, Hernals, Stiftgasse 64   Wien.
     „   „   Hackel Eduard, Gymnasial-Professor . . . .   St. Pölten.
     „   „   Hacker P. Leopold, Hochw., Post Furth, N.-Oe.   Göttweih.
     „   „   Haimhoffen Gustav Ritter v. Haim, k. k.
     Regierungsrath und Director des Ministerial-
     zahlamtes i. P., VII., Breitegasse 4 . . . .   Wien.
     „   „   Halácsy Eugen v., Dr. med., VII., Schrankg. 1   Wien.
     „   „   Halbmayer Ernst, IX., Nussdorferstrasse 14 .   Wien.
     „   „   Halfern Friedrich v., bei Aachen . . . . .   Burtscheid.
     „   „   Hampe Dr. Hermann, Hof- u. Gerichts-Advocat,
     I., Herrengasse 6 . . . .   Wien.
     „   „   Handlirsch Anton, Magister der Pharmacie,
     Assistent am k. k. naturhistor. Hofmuseum,
     IV., Rubensgasse 5 . . . .   Wien.
150   „   „   Hanimair Jos., Beneficiat u. Convicts-Dir., O.-Oe.   Freistadt.
     „   „   Hautken Max Ritt. v. Prudnik, k. Prof., Univ.,
     VI., Eötvös utcza 9 . . . .   Budapest.
     „   „   Haring Johann, Lehrer, N.-Oe. . . . . . .   Stockerau.
     „   „   Haszlinski Friedr., Prof. der Naturgeschichte   Eperies.
     „   „   Hatschek Dr. Berthold, Professor der Zoologie
     an der Universität Prag . . . .   Prag.
     „   „   Hauer Franz R. v., Hofrath, Intendant des k. k.
     naturhistorischen Hofmuseums, I., Burgring 7   Wien.
     „   „   Haussknecht Dr. Carl, Professor der Botanik   Weimar.
     „   „   Hedemann Wilhelm v., Frederiksgade 16 . .   Kopenhagen.

P. T. Herr **Heeg** Moriz, Privatbeamter, II., Circusgasse 35 Wien.
„   „   **Heger** Dr. Hans, Redacteur der „Pharmaceuti-
schen Zeitung." I., Jasomirgottstrasse 2 . . . Wien.
160 „   „   **Heiden** Leopold, Oberlehrer, VII., Kandelg. 30 Wien.
„   „   **Heider** Dr. Adolf, IX., Wasagasse 12 . . . . Wien.
„   „   **Heider** Dr. Arthur R. v., Docent für Zoologie
an der Universität, Maiffredygasse 4 . . . Graz.
„   „   **Heider** Moriz, IX., Wasagasse 12 . . . . Wien.
„   „   **Heidmann** Alberik, Hochw., Abt des Stiftes . Lilienfeld.
„   „   **Heimerl** Dr. Anton, Professor an der Sechshauser
Realschule, Penzing, Parkgasse 30 a . . . . Wien.
„   „   **Heinz** Dr. Anton, Professor der Botanik an der
croatischen Universität . . . . Agram.
„   „   **Heinzel** Ludwig, Dr. d. Med.. VII., Kircheng. 3 Wien.
„   „   **Heiser Josef,** Eisenwaaren-Fabriksbesitzer, N.-Oe. Gaming.
„   „   **Helfert** Dr. Josef Alex. Freih. v., geb. Rath, Exc. Wien.
170 „   „   **Heller** Dr. Camillo, Prof. d. Zool. a. d. Universität Innsbruck.
„   „   **Heller** Dr. Carl M.. Custos d. k. zoolog. Museums Dresden.
„   Frau **Henneberg** M., geb. Hinterhuber, IV., Schwindg. Wien.
„   Herr **Henschel** Gustav, Professor an der Hochschule
für Bodencultur, VIII., Florianigasse 16 . Wien.
„   „   **Hepperger** Dr. Carl v., Advocat . . . . . . Bozen.
„   „   **Hetschko** Alfred, Prof. d. Lehrerbildungsanstalt Bielitz.
„   „   **Heyden** Lucas v., Schlossstr. 54, bei Frankfurt a. M. Bockenheim.
„   „   **Hiendlmayr** Anton, Custos der zoolog.-zootom.
Sammlungen des Staates, Neuhausergasse . . München.
„   „   **Hönig** Rud., k. k. Reg.-Rath, IV., Hechteng. 1/a Wien.
„   „   **Hopffgarten** Georg Max, Baron, b. Langensalza Mülverstedt.
180 „   „   **Horčička** Carl Richard, k. k. Postcontrolor,
Fünfhaus, Goldschlaggasse 35 . . . . . Wien.
„   „   **Hormuzaki** Constantin v., Josefsgasse 8 . . . Czernowitz.
„   „   **Hornung** Carl, Apoth., Siebenbürgen, Marktpl. Kronstadt.
„   „   **Horváth** Dr. Géza v., Délibáb uteza 15 . . . Budapest.
„   „   **Huemer** Dr. Ign., k. u. k. Reg.-Arzt i. 27. Inf.-Reg. Graz.
„   „   **Hütterott** Georg v., kais. japan. Consul . . . Triest.
„   „   **Hungerbychler** Julius, Edler v. Seestätten,
I., Wollzeile 23 . . . . Wien.
„   „   **Huss** Armin, Professor am evang. Collegium . Eperies.
„   „   **Huter** Rupert, Hochw., Pfarrer, bei Sterzing . Ried.
„   „   **Hyrtl** Dr. Josef, Hofrath, Univ.-Professor i. P.,
Kirchengasse 2 . . . . Perchtoldsdorf.
190 „   „   **Jeannée** Dr. Josef, I., Hegelgasse 7 . . . . Wien.
„   „   **Jetter** Carl, Privatbeamter, II., Rothesterng. 4 Wien.
„   „   **Jurányi** Dr. Ludwig, Univ.-Prof. der Botanik . Budapest.

Z. B. Ges. B. XLII.   c

P. T. Herr **Jurinać** Dr. Adolf E., Prof. am Gymn., Croatien   Warasdin.
„   „   **Kabát** Jos. Eman.. Zuckerfabriksdirector, Böhmen   Welwarn.
„   „   **Karlínski** Dr. J. v., k. u. k. Regimt.- u. Bez.-Arzt   Konjica.
„   „   **Karpelles** Dr. Ludwig. IV., kleine Neugasse 14   Wien.
„   „   **Kaspar** Rudolf, Hchw., Dechant, b. Mähr.-Schönb.   Blanda.
„   „   **Kaufmann** Josef, IV., Rubensgasse 5 . . . .   Wien.
„   „   **Kautetzky** Em., Ottakring, Lerchenfelderstr. 37   Wien.
200   „   „   **Keller** Louis, Bürgerschullehrer, VI., Mollardg. 29   Wien.
„   „   **Kempny** Peter, Dr., prakt. Arzt . . . . . .   Gutenstein.
„   „   **Kerner** Dr. Anton. R. v. **Marilaun**, Universitäts-
           Professor, Director des botan. Gartens, Hofrath   Wien.
„   „   **Kerner** Josef, Hofrath, Kreisgerichts-Präsident .   Salzburg.
„   „   **Kernstock** Ernst, Realschul-Professor, Gries,
           Villa Weinberg, bei . . . .   Bozen.
„   „   **Khek** Eng., dipl. Apoth., Hernals, Alsbachstr. 42   Wien.
„   „   **Kinsky** Ferdinand Fürst. Durchlaucht   . . .   Wien.
„   „   **Kissling** P. Benedict, Hochw., Pfarrverweser,
           a. d. Gölsen . . . .   Schwarzenbach.
„   „   **Klemensiewicz** Dr. Stanislaus, Professor am
           Gymnasium. Galizien . . . .   Brody.
„   „   **Klob** Dr. Al., Hof- u. Ger.-Adv., I., Maximilianstr. 4   Wien.
210   „   „   **Kmet** Andreas, röm.-kath. Pfarrer, b. Schemnitz   Prenčow.
„   „   **Knapp** Josef Arm., IX., Liechtensteinstrasse 75   Wien.
„   „   **Knauer** Dr. Blasius, k. k. Schulrath. VIII., Benno-
           gasse 31 . . . .   Wien.
„   „   **Knauer** Dr. Friedrich, Director des Wiener
           Vivariums, II.. Prater 1 . . . .   Wien.
„   „   **Koelbel** Carl, Custos am k. k. naturhistorischen
           Hofmuseum, IX., Wasagasse 28   . . . . .   Wien.
„   „   **Köllner** Carl, Fachlehrer, IV., Schaumburgerg. 7   Wien.
„   „   **König** Dr. Heinrich, k. Gerichtsarzt, Mühlgasse   Hermanustadt.
„   „   **Königswarter Moriz,** Freiherr von   . . . .   Wien.
„   „   **Kohl** Franz Fr., Custos-Adjunct am k. k. natur-
           historischen Hofmuseum . . . .   Wien.
„   „   **Kolazy** Josef, k. k. Hilfsämter-Director, Sechshaus,
           Gürtelstrasse 9 . . . .   Wien.
220   „   „   **Kolombatović** Georg, k. k. Prof. d. Ob.-Realschule   Spalato.
„   „   **Komers** C., Kastner, Ungv. Com., P. Csap, Zahony   Salamon.
„   „   **Korlewić** Anton, Professor am Ober-Gymnasium   Agram.
„   „   **Kornhuber** Dr. Andreas, k. k. Prof. d. Technik   Wien.
„   „   **Kraatz** Dr. G., Vorst. d. entom. Ver., Linkstr. 28   Berlin (W.).
„   „   **Kränkel** Dr. J., k. u. k. Ober-Stabsarzt   . . .   Zara.
„   „   **Krafft** Dr. G., k. k. Prof. d. Techn., III., Seidelg. 32   Wien.
„   „   **Krahuleč** Dr. Samuel. III., Hauptstrasse 83 .   Wien.

21

c*

260 P. T. Herr Ludwig Dr. Ernst, Hofrath, Prof. a. d. Univ. Wien.
„ „ Ludwig Josef, Bürgerschullehrer, VIII., Zeltg. 7 Wien.
„ „ Lütkemüller Dr. J., Primar., IV., Favoritenstr. 4 Wien.
„ „ Maggi August, k. u. k. Oberlieutenant . . . . Fünfkirchen.
„ „ Mahler Dr. Julius, IX., Mauthnergasse 6 . Wien.
„ „ Majer Mauritius, Hochw., C.-O.-Capit. . . . St. Gotthard.
„ „ Maly Carl, IV., Hauptstrasse 74, III, 16 . . . Wien.
„ „ Mandl Dr. Ludwig, I., Wollzeile 1 . . . . . Wien.
„ „ Mantin Georges, 54, Quai de Billy . . . . . Paris.
„ „ Marchesetti Dr. Carl v., Dir. d. städt. Museums Triest.
270 „ „ Marenzeller Dr. Emil v., Custos am k. k. natur-
histor. Hofmuseum, VIII., Tulpengasse 5 . . Wien.
„ „ Margo Dr. Theodor, Prof. d. Zoologie a. d. Univ. Budapest.
„ „ Marktanner-Turneretscher Gottlieb . . . Graz.
„ „ Maschek Ad., fürstl. Rohan'scher Gartendirector Radimowitz.
„ „ Massopust Hugo, Via Coroneo 23 . . . . Triest.
„ „ Matz Maximilian, Hochw., Pfarrer, N.-Oe. . . Stammersdorf.
„ „ Mayerhofer Carl, k. k. Hof-Opernsänger, XIII.,
Hauptstrasse 13 . . . . Wien.
„ „ Mayr Dr. Gustav, kais. Rath, Professor, III.,
Hauptstrasse 75 . . . . Wien.
„ „ Mazarredo D. Carlo de, Bergingenieur, Claudio
Coello 12, pral . . . . Madrid.
„ „ Méhely Ludwig v., Lehrer der Staats-Ober-Real-
schule, Siebenbürgen . . . . Kronstadt.
280 „ „ Metzger Anton, Sparc.-Beamter, III., Siegelg. 1 Wien.
„ „ Miebes Ernest, Hochw., Provincial des Piaristen-
ordens, 892/II . . . . Prag.
„ „ Mik Josef, Professor am akademischen Gymnasium,
III., Marokkanergasse 3, II., 50 . . . . . Wien.
„ „ Miller Ludwig, III., Hauptstrasse, Sünnhof . . Wien.
„ „ Mitis Heinrich Ritter v., k. u. k. Militär-Official,
Penzing, Poststrasse 94 . . . . Wien.
„ „ Moisilu J., Professor, Rumänien . . . . . Slatina.
„ „ Mojsisovics Dr. August v. Mojsvar, k. k. Prof.,
Custos d. Landesmus. Joanneum, Maiffredyg. 2 Graz.
„ „ Molisch Dr. Hans, a. o. Professor an der tech-
nischen Hochschule, Rechbauerstrasse 27 . . Graz.
„ „ Müller Dr. Arnold Julius, prakt. Arzt . . . . Bregenz.
„ „ Müller Florian, Hochw., Pfarrer, b. Marchegg,
P. Lassee . . . . Groissenbrunn.
290 „ „ Müller Hugo M., I., Grünaugergasse 1 . . . . Wien.
„ „ Müllner Michael F., Rudolfsheim, Neugasse 39 Wien.
„ „ Natterer Ludwig, k. u. k. Lieut. im 35. Inf.-Reg. Prag.

P. T. Herr Navaschin Sergius v., Privat-Docent der Botanik
an der Universität, Wohnung 16 . . . . .   St. Petersburg.
„   „   Netuschill Franz, k. u. k. Hauptmann, Militär-
geographisches Institut . . . .   Wien.
„   „   Neufellner Carl, Privatbeamter, V., Rüdigerg. 6   Wien.
„   „   Neugebauer Leo, Director der k. u. k. Marine-
Realschule . . . .   Pola.
„   „   Neumann Anatol de Spallart, I., Getreidem. 10   Wien.
„   „   Nickerl Ottokar, Dr. d. Med., Wenzelsplatz 16   Prag.
„   „   Nietsch Dr. Victor, Bürgerschullehrer, Währing,
Gürtelstrasse 27 . . . .   Wien.
300   „   „   Nonfried Anton, Entomolog, Böhmen   . . .   Rakonitz.
„   „   Nosek Anton, Professor am k. k. böhmischen
Ober-Gymnasium . . . .   Brünn.
„   „   Nunnenmacher Anton Ritter v. Röllfeld,
VIII., Lederergasse 23 . . . .   Wien.
„   „   Oberleitner Frz., Pfarrer, Ob.-Oe., bei Gmunden   Ort.
„   „   Ofenheimer Anton, IV., Belvederegasse 6   . .   Wien.
„   „   Osten-Sacken Carl Robert, Freih. v., Wredeplatz   Heidelberg.
„   „   Ostermeyer Dr. Franz, Hof- und Gerichts-
Advocat, I., Bräunerstrasse 11 . .   .   Wien.
„   „   Otto Anton, VIII., Schlösselgasse 2 . . . .   Wien.
„   „   Pacher David, Hochw., Dechant, Kärnten   . .   Ober-Vellach.
„   „   Palacky Dr. Johann, Professor a. d. Universität,
Director des geographischen Cabinets   . . .   Prag.
310   „   „   Palla Dr. Eduard, Privat-Docent an der Univ.,
Assistent am botan. Garten, Neuthorgasse 46   Graz.
„   „   Palm Josef, Dir. am Gymnas., Ob.-Oe., Innkreis   Ried.
„   „   Paltauf Dr. Richard, Univ.-Prof., IX., Alserstr. 4   Wien.
„   „   Pantocsek Dr. Josef, P. Gr.-Tapolczan, Neutraer
Comitat . . . .   Tawornak.
„   „   Paszitzky Eduard, Dr. d. Med., Stadtarzt   . .   Fünfkirchen.
„   „   Paszlavszky Jos., Realsch.-Prof., II., Hauptg. 4   Budapest.
„   „   Paulić Josef, k. Finanz-Vice-Director . . . .   Ogulin.
„   „   Paulin Alfons, Professor am k. k. Obergymn.   .   Laibach.
„   „   Pechlaner Ernst, Cand. prof., Kapuzinergasse   Innsbruck.
„   „   Pelikan v. Plauenwald Anton Freih. von, k. k.
Vice-Präs. u. Fin.-Land.-Dir. i. R., Seilerstätte 12   Wien.
320   „   „   Penther Dr. Arnold, IX., Währingerstrasse 5   .   Wien.
„   „   Pesta August, k. k. Finanzrath, VI, Rahlgasse 3   Wien.
„   „   Pfannl Edmund, Post Freiland . . . . . .   Lehenrotte.
„   „   Pfeiffer Anselm, Hochw., Prof. am Gymnasium   Kremsmünster.
„   „   Pfurtscheller Dr. Paul, Gymnasial-Professor,
III., Kollergasse 1   . . . .   Wien.

P. T. Herr Piérer Dr. F. S. J., Schiffsarzt d. österr.-ungar.
Lloyd, Via Carradori 7 . . . .   Triest.
—   „   Piutner Dr. Theodor, Assist. a. zool. Inst. d. Univ.   Wien.
„   „   Platz Jos. Graf, k. k. Statth.-Beamt., Vorarlberg   Feldkirch.
„   „   Pokorny Emanuel, IV., Louisengasse 10 . . .   Wien.
„   „   Prandtstetter Franz v., Apotheker, N.-Oe.   .   Pöchlarn.
330   „   „   Prantl Dr. Carl, Professor der Botanik, Director
am botanischen Garten . . . .   Breslau.
„   „   Preissmann Ernest, k. k. Aich-Ober-Inspector,
Burgring 16 . . . .   Graz.
„   „   Pregl Dr. Friedrich, Assistent a. d. Universität   Graz.
„   „   **Prendhomme de Borre Alfred, rue Scutin 11,**
Schaerbeck . . . .   Brüssel.
„   „   Prinzl August, Oeconomiebesitzer, N.-Oe.   . .   Ottenschlag.
„   „   Procopianu-Procopovici Aurel, Post Capu
Codrului, Bukowina . .   . . . .   Capu Campului.
—   „   Protits Georg, Dr. phil. . . . .   Zombor.
„   „   Raimann Dr. Rudolf, Währing. Feldgasse 27 .   Wien.
r   „   Rakovac Dr. Ladislav, Secretär d. k. Landes-Reg.   Agram.
„   „   Rathay Emerich, Prof. d. ön.-pom. Lehranstalt   Klosterneuburg.
340   „   „   Rebel Hans, Dr. jur., VI., Magdalenenstrasse 14   Wien.
„   „   Rechinger Carl, Cand. phil., I., Friedrichsstr. 6   Wien.
„   „   Redtenbacher Josef, Professor . . . .   Budweis.
„   „   Reiser Othmar, Custos am Landes-Museum . .   Serajewo.
„   „   Reiss Dr. Franz, prakt. Arzt, bei Klosterneuburg   Kierling.
„   „   Reitter Edmund, Mähren . . . .   Paskau.
„   „   Rettig Heinrich, Inspector am botan. Garten   .   Krakau.
„   „   Reuss Dr. Aug. Leop. Ritt. v., I., Wallfischg. 4   Wien.
„   „   Reuth P. Emerich L., Hochw., Eisenburg. Com.   Német-Ujvár.
„   —   Rey Dr. E., Naturalist. Flossplatz 9 . . .   .   Leipzig.
350   „   „   Richter Dr. Aladar, Professor . . . . . .   Rima-Szombath.
„   „   Richter Ludwig (Adresse L. Thiering), Maria
Valeriegasse 1 . . . .   Budapest.
„   „   Rimmer Dr. Franz, Seminarlehrer . . . . .   St. Pölten.
„   „   Rippel Johann Conrad, Professor an der k. k.
Staats-Ober-Realschule . . . .   Steyr.
—   „   Robert Franz v., I., Zedlitzgasse 4 . . . .   Wien.
„   „   Röder Victor v., Oeconom, Herzogthum Anhalt   Hoym.
„   „   Rösler Dr. L., Professor der k. k. chemisch-
physikalischen Versuchsstation . . . . .   Klosterneuburg.
„   „   **Rogenhofer Alois Friedrich, Custos am k. k.**
naturh. Hofmuseum, VIII., Josefstädterstr. 19   Wien.
„   „   Rollett Emil, Doctor der Medicin, Primarius,
I., Giselastrasse 2 . . . .   Wien.

P. T. Herr Ronniger Ferd., Disponent, I., Rothethurmstr. 17 Wien.
360 „ „ Rosoll Dr. Alexander, Professor a. d. u.-ö. Landes-
Ober-Real- und Maschinenbauschule . . . Wr.-Neustadt.
„ „ Rossi Ludwig, k. k. Hauptmann . . . . . . Karlstadt.
„ „ Rossmanit Dr. Theodor Ritt. v., k. k. General-
Secretär der Börsekammer, I., Börseplatz 3 . Wien.
„ „ Rothschild Albert, Freiherr v. . . . . Wien.
„ „ Rothschild Baron Nathaniel, IV., Theresianumg. Wien.
„ „ Rupertsberger Mathias, Hochw.. Pfarrer, Post
Mühldorf, Niederösterreich . . . . . . Nieder-Ranna.
„ „ Sandany F. J., k. k. Polizei-Rath, Währing . Wien.
„ „ Schafer Joh., Hochw., Pfarrer, b. Zirkniz, Krain Grahovo.
„ „ Schaub Dr. Robert Ritt. v.. IX., Liechtensteinstr. 2 Wien.
„ „ Scherfel Aurel, Apotheker . . . Felka.
370 „ „ Scherffel Aladar . . . . Igló.
„ „ Schernhammer Jos.. Privatbeamter. Neufünf-
haus, Märzstrasse 32 . . . . Wien.
„ „ Scheuch Ed., VI., Kollergerngasse 1 . . . . Wien.
„ „ Schiedermayr Dr. Carl, k. k. Statthaltereirath,
Kremsthal, O.-Oe. . . . . Kirchdorf.
„ „ Schieferer Michael, Wagnergasse 18 . . . . Graz.
„ „ Schierholz Dr. Carl, Chemiker, III., Kegelg. 2 a Wien.
„ „ Schiffner Rudolf, Gutsbes., II.. Czerninplatz 7 Wien.
„ „ Schleicher Wilhelm, Oeconomiebesitzer, N.-Oe. Gresten.
„ Frau Schloss Natalie, I., Strauchgasse 2 . . . . . Wien.
„ Herr Schmerling Anton Ritter v., geh. Rath, Excell. Wien.
380 „ „ Schnabl Dr. Johann, Krakauer Vorstadt 63 . . Warschau.
„ „ Schollmayer Heinrich, fürstl. Schönburg'scher
Oberförster, bei St. Peter, Krain, Post Sagurje Mašun.
„ „ Scholtys Alois, Präparator der botanischen Ab-
theilung des k. k. naturhistor. Hofmuseums Wien.
„ „ Schram Otto, Stud. med., VI., Stumperg. 16 . Wien.
„ „ Schreiber Dr. Egyd, Director d. Staats-Realsch. Görz.
„ „ Schreiber Mathias, Lehrer . . . . Krems a. d. D.
„ „ Schrötter Hermann Ritter v. Kristelli, IX.,
Mariannengasse 3 . . . . Wien.
„ „ Schroll Anton, Kunstverlag, I., Getreidemarkt 18 Wien.
„ „ Schuster Adrian, Professor an der Handels-
Akademie, IV., Theresianumgasse 6 . . . . Wien.
„ „ Schwaighofer Anton, Dr. phil., Gymn.-Prof. Marburg.
390 „ „ Schwarz Carl v., Baron, Villa Schwarz . . . Salzburg.
„ „ Schwarz-Senborn Wilhelm Freih. v., Excell. Wien.
„ „ Schwarzel Felix, Oecon., bei Böhm.-Deutschbrod Bastin.
„ „ Schwarzenberg Adolf Josef, Fürst, Durchl. . Wien.

26

P. T. Herr	Scudder Samuel, Prof., Harvard College, U. St.	Cambridge.
„	„	Seiller Dr. Rudolf. Baron, I., Schottenhof . .	Wien.
„	„	Sennholz Gustav, Stadtgärtner, III., Heumarkt 2	Wien.
„	„	Senoner Adolf, III., Marxergasse 14	Wien.
„	„	Siebeck Alexander, fürstl. Khevenhüller'scher Forstmeister, Niederösterreich	Riegersburg.
„	„	Siebenrock Friedrich, Assistent am k. k. naturhistorischen Hofmuseum. I., Burgring 7 . .	Wien.
400	„	„	Siegel Mor., Civil-Ingen., V., Hundsthurmerstr. 68	Wien.
„	„	Siegmund Wilhelm jun., Böhmen	Reichenberg.
„	„	Sigl Udiskalk, P., Hochw., Gymnasial-Director	Seitenstetten.
„	„	Simonkaj Dr. Ludw., Prof. am Ob.-Gymn., VII.	Budapest.
„	„	Simony Dr. Oscar, o. ö. Professor an der Hochschule für Bodencultur, III., Salesianergasse 13	Wien.
„	„	Singer Dr. M., Schriftsteller. II., Weintraubeng. 9	Wien.
„	„	Sitensky Dr. Fr., Professor der Landwirthschaft in der Landesanstalt	Tabor.
„	„	Sohst C. G., Johns Allee 9	Hamburg.
„	„	Spaeth Dr. Franz, Magistrats-Beamter. I., Kohlmessergasse 3	Wien.
„	„	Stache Dr. G., k. k. Ober-Bergrath, Director der geologischen Reichsanstalt	Wien.
410	„	„	Stapf Dr. Otto. Privat-Docent an der Universität Wien, derz. Assistant for India am Herbarium der Royal Gardens	Kew.
„	„	Steindachner Dr. Fr., k. u. k. Hofrath, Director der zool. Abth. d. k. k. naturhistor. Hofmuseums	Wien.
„	„	Steiner Dr. Julius, Prof. am Staats-Gymnasium, VIII., Florianigasse 29	Wien.
„	„	Steinwender Dr. Paul, k. k. Notar. Ob.-Oe. .	Leonfelden.
„	„	Stellwag Dr. Carl v. Carion, Hofrath, k. k. Universitäts-Professor	Wien.
„	„	Sternbach Otto Freiherr v., k. u. k. Oberst i. P.	Bludenz.
„	„	Stieglitz Franz, Hochw., Domherr, Walterstr. 8	Linz.
„	„	Stierlin Dr. Gustav, Schweiz	Schaffhausen.
„	„	Stockmayer Dr. Siegfried S., Ober-Döbling .	Wien.
„	„	Stohl Dr. Lukas, fürstlich Schwarzenberg'scher Leibarzt i. P., III., Hauptstrasse 46	Wien.
420	„	„	Strasser Pius P., Hochw., Pfarrer, bei Rosenau	Sonntagsberg.
„	„	Strauss J., städt. Marktcommiss., IV., Waagg. 1	Wien.
„	„	Strobl Carl, Lehrer, bei Linz, Ob.-Oe. . . .	Traun.
„	„	Strobl Gabriel, P., Hochw., Gymnasial-Professor	Admont.
„	„	Stummer Dr. Rudolf v. Trauenfels, III., Mechelgasse 2	Wien.

27

P. T. Herr **Stur Dionys,** Hofrath, emer. Director der k. k.
geologischen Reichsanstalt . . . . Wien.

" " Sturany Dr. Rudolf, VII., Zieglergasse 3 . . Wien.

" " Stussiner Josef, k. k. Postofficial, Wienerstr. 15 Laibach.

" " Szyszyłowicz Dr. Ignaz Ritter v., Professor an
der landwirthschaftl. Hochschule, bei Lemberg Dublany.

" " Tangl Dr. Eduard, k. k. Universitäts-Professor,
Albertinengasse 3 . . . . Czernowitz.

430 " " **Tempsky Friedrich,** Buchhändler . . . . . Prag.

" " Teuchmann Fr., VII., Burggasse, Hotel Höller Wien.

" " **Thomas** Dr. **Friedr.,** herzogl. Professor, b. Gotha Ohrdruf.

" " Tief Wilhelm, Gymnasial-Professor . . . Villach.

" " Tobisch J. O., Dr., Districtsarzt, Kärnten . . Rosseg.

" " Tomasini Otto R. v.. k. u. k. Hauptmann im
27. Feldjäger-Bataillon . . . . Görz.

" " Tomek Dr. Josef, fürstl. Leibarzt, b. Fronsburg Riegersburg.

" " Topitz Anton, Schulleiter, bei Grein, Ob.-Oe. . St. Nikola.

" " **Trail** Dr. **James H. W.,** Universitäts-Professor
der Botanik, Schottland . . . . . . Aberdeen.

" " Treusch Leopold, Beamter der I. österreichischen
Sparcasse, I., Graben 21 . . . . Wien.

440 " " Troyer Dr. Alois, Advocat, Stadt . . Steyr.

" " Tschernikl Carl, k. k. Hofgärtner . . . . . Innsbruck.

" " Tschörch Franz, k. u. k. militär.-techn. Official,
VIII., Josefstädterstrasse 48 . . . . Wien.

" " Tschusi Vict. R. zu Schmidhoffen, b. Hallein Tännenhof.

" " Uhl Dr. Eduard, VI., Mariahilferstrasse 1 b . . Wien.

" " Valenta Dr. A. Edler v. Marchthurm, k. k.
Regierungs-Rath, Professor . . . . . . Laibach.

" " Velenovsky Dr. Josef, Professor an der böhmischen Universität, Vyšehraderstrasse 20 . Prag.

" " Verhoeff C., Cand. phil., bei Bonn . Poppelsdorf.

" " **Verrall G. H.,** Sussex Lodge, England . . . Newmarket.

" " Vesely Josef, k. k. Hofgärtner, IV., Belvedere . Wien.

450 " " Vielguth Dr. Ferdinand, Apotheker, Ob.-Oe. . Wels.

" " Viertl A., k. u. k. Hauptm. i. P., Franziskanerg. 18 Fünfkirchen.

" " Vodopic Mathias, Bischof, Emineuz, Dalmatien Ragusa.

" " Vogel Franz A., k. k. Hof-Garteninspector . . Laxenburg.

" " Vogl Dr. August, k. k. Universitäts-Professor,
k. u. k. Hofrath, IX., Ferstelgasse 1 . . . Wien.

" " Vojtek Rich., Apotheker, VI., Königseggasse 6 . Wien.

" " Vukotinovic Ludwig Farkas v. . . . . . . Agram.

" " Wachtl Friedrich, k. k. Forstmeister, I., Kolo-
wratring 14 . . . . Wien.

P. T. Herr Waginger Dr. Carl, VII., Neubaugasse 30 . . Wien.
„ „ Wagner Dr. Anton, k. u. k. Reg.-Arzt, N.-Oe. . Fischau.
460 „ „ Wagner Bernard, P., Hochw., Professor am Ober-
Gymnasium . . . . Seitenstetten.
„ „ Walter Julian, Hochw., P.-O.-P., Gymnasial-
Professor, I., Herrengasse 1 . . . . Prag.
„ „ Walz Dr. Rudolf, IV., Carolinengasse 19 . . . Wien.
„ „ Washington St. v., Baron, Schloss Pöls, Steierm. Wildon.
„ „ Wasmann Erich, S. J., bei Roermond, Holland Exaeten.
„ „ Weinländer Georg, Gymnasial-Professor . . Krems a. d. Donau.
„ „ Weinzierl Dr. Theodor Ritter v., Vorstand der
Samen-Control-Versuchsstation, I., Herreng. 13 Wien.
„ „ Weisbach Dr. August, k. u. k. Ober-Stabsarzt,
Garnisonsspital Nr. 2, Rennweg . . . . . Wien.
„ „ Weiser Franz, k. k. Landesgerichtsrath, IV.,
Hauptstrasse 49 . . . . Wien.
„ „ Weiss Dr. Adolf, Regierungs-Rath, k. k. Univer-
sitäts-Professor . . . . Prag.
470 „ Frl. Werner Helene, I., Bellariastrasse 10 . . . Wien.
„ Herr Werner Franz, Dr. phil., I., Bellariastrasse 10 . Wien.
„ „ Westerlund Dr. Carl Agardh, Schweden . . . Ronneby.
„ „ Wettstein Dr. Richard Ritter v. Westersheim,
Professor an der Universität . . . . . . Prag.
„ „ Wichmann Dr. Heinr., Adjunct a. d. österr. Ver-
suchsstation für Brauerei, IX., Währingerstr. 59 Wien.
„ „ Wiedermann Leopold, Hochw., Pfarrer, Post
Sieghartskirchen . . . . Rappoltenkirchen.
„ „ Wierer Ludwig v. Wierersberg, k. k. Bezirks-
gerichts-Adjunct, Niederösterreich . . . . Korneuburg.
„ „ Wiesner Dr. Julius, k. k. Univ.-Prof. d. Bot. . Wien.
„ „ Wilczek Hans Graf, Excellenz, geh. Rath . . Wien.
„ „ Wilhelm Dr. Carl, Professor an der Hochschule
für Bodencultur, VIII., Skodagasse 17 . . . Wien.
480 „ „ Willkomm Dr. Moriz, Hofrath, k. k. Univer-
sitäts-Professor, Smichow . . . . . Prag.
„ „ Witting Eduard, VII., Zieglergasse 27 . Wien.
„ „ Wocke Dr. M. F., Klosterstrasse 87 b . . Breslau.
„ „ Wolf Franz, Gut Neuhof bei Graz . . . . Stieflingthal.
„ „ Woloszczak Dr. Eustach, Professor am Poly-
technicum . . . . Lemberg.
„ „ Woronin Dr. M., Professor, kleine italienische
Strasse 6 . . . . St. Petersburg.
„ „ Wright Dr. Percival, Prof. d. Bot., Trinity Coll. Dublin.
„ „ Zabeo Alfons, Graf, IX., Berggasse 9 . . Wien.

P. T. Herr Zahlbruckner Dr. Alexander, Assistent am
k. k. naturhistorischen Hofmuseum, VII., Neu-
stiftgasse 18, III. . . . .   Wien.

„   „   Zareczny Dr. Stan., Professor am III. Gymn. . Krakau.

490   „   „   Zdarek Robert, Währing, Pulverthurmgasse 1 . Wien.

„   „   Zermann P. Chrysostomus, Gymnasial-Prof. . Melk.

„   „   Zickendrath Dr. Ernst, Haus Siegle, Butirki . Moskau.

„   „   Životský Josef, ev. Katechet, II., Praterstr. 78 Wien.

„   Frau Zugmayer Anna, Gut Neuhof bei Graz . . . Stiftingthal.

495   „   Herr Zukal H., Uebungslehrer an der k. k. Lehrerinnen-
Bildungsanstalt, VIII., Lerchengasse 34 .   Wien.

**Irrthümer im Verzeichniss und Adressänderungen wollen dem Secretariate
zur Berücksichtigung bekannt gegeben werden.**

d*

Ausgeschiedene Mitglieder.

1. Durch den Tod:

P. T. Herr Aberle Dr. Carl.	P. T. Herr Fürstenberg Friedrich.
„ „ Alscher Alois.	„ „ Holzhausen Adolf.
„ „ Arenstein Dr. Josef.	„ „ Regel Dr. Eduard.
„ „ Boberski Ladislaus.	„ „ Ressmann Dr. F.
„ „ Brunner Franz.	„ „ Richter Dr. Carl.
„ „ Burmeister Dr. Hermann.	„ „ Soeding Emil.
„ „ Bužek Franz.	„ „ Schulzerv.Müggenburg.
„ „ Egger Eduard.	„ „ Thümen Felix Freih. v.
„ „ Eichler Wilhelm v.	„ „ Weiglsperger Franz.

2. Durch Austritt:

P. T. Herr Eckhel Georg v.	P. T. Herr Matoloni F. X.
„ „ Gutleben Josef.	„ „ Ransonnet Eugen v.
„ „ Haberhauer Josef.	„ „ Rock Dr. Wilhelm.
„ „ Hinterwaldner J. M.	„ „ Studnizka Carl.
„ „ Höfer Franz.	„ „ Then Franz.
„ „ Jahn Dr. Jaroslav.	„ „ Steinbühler August.
„ „ Kerry Dr. Richard.	„ „ Wiemann August.
„ „ Klein Julius.	

3. Wegen Zurückweisung der Einhebung des Jahresbeitrages durch Postnachnahme:

P. T. Herr Knauthe Carl.

Lehranstalten und Bibliotheken,

welche die Gesellschaftsschriften beziehen.

Gegen Jahresbeitrag.

Berlin: Königl. Bibliothek.
Brixen: Fürstb. Gymnasium Vincentinum.
Brünn: K. k. 1. deutsches Ober-Gymnasium. (Nchn.)
Dornbirn (Vorarlberg): Communal-Unter-Realschule.
Feldkirch (Vorarlberg): Pensionat Stella mattutina.
Görz: Landesmuseum.
   „ K. k. Ober-Realschule.
   „ K. k. Ober-Gymnasium. (Q.)
Graz: K. k. 1. Staats-Gymnasium.
10 „ K. k. Universitäts-Bibliothek.
Güns: K. kath. Gymnasium. (P. f.)
Kalksburg: Convict der P. P. Jesuiten.
Klagenfurt: K. k. Ober-Gymnasium.
Klausenburg: Landwirthschaftliche Lehranstalt (Monostor).
Laibach: K. k. Lehrer-Bildungsanstalt.
   „ K. k. Staats-Ober-Realschule.
Lemberg: K. k. Polytechnikum.
Leoben: Landes-Mittelschule.
Linz: Oeffentliche Bibliothek.
20 „ Bischöfliches Knaben-Seminar am Freinberge.
Marburg: K. k. Gymnasium.
Mariaschein bei Teplitz: Bischöfliches Knaben-Seminar.
Martinsberg bei Raab: Bibliothek des e. Benedictiner-Erzstiftes. (Nchn.)
Meran: K. k. Gymnasium-Direction.
Ober-Hollabrunn: Landes-Realgymnasium.
Oedenburg: K. kath. Ober-Gymnasium.
Olmütz: K. k. Studienbibliothek.
   „ K. k. Ober-Realschule.
Pilsen: K. k. deutsche Staats-Realschule.
30 *Pola:* K. k. Staats-Gymnasium.
Prag: K. k. deutsches Gymnasium der Altstadt.
   „ Botanisches Institut der k. k. deutschen Universität.
   „ K. k. deutsches Neustädter Gymnasium, Graben 20.
   „ K. k. deutsches Ober-Gymnasium der Kleinseite. (Nchn.)
   „ Gesellschaft für Physiokratie in Böhmen, Wenzelsplatz 16.
Przibram: K. k. Lehrer-Bildungsanstalt.

Reichenberg (Böhmen): K. k. Ober-Realgymnasium.
Ried (Ober-Oesterreich): K. K. Staats-Ober-Gymnasium.
Roveredo: Museo Civico. (P.)
40 *Salzburg:* Fürsterzbischöfliches Gymnasium „Borromaeum".
      „   K. k. Gymnasium.
      „   K. k. Ober-Realschule.
Schässburg: Evangelisches Gymnasium.
Stockerau: Landes-Realgymnasium.
Tabor: Höhere landwirthschaftlich-industrielle Landes-Anstalt. (P. f)
Temesvar: K. Ober-Gymnasium.
Teschen: K. k. Staats-Realschule.
Troppau: Landes-Museum. (Nebn.)
      „   K. k. Staats-Gymnasium. (Buchh. Gollmann.)
50   „   K. k. Ober-Realschule.
Ungarisch-Hradisch: K. k. deutsches Staats-Real-Obergymnasium.
Villach: K. k. Real-Obergymnasium.
Weisswasser, Böhm.-: Forstlehranstalts-Direction.
Wien: K. k. Akademisches Gymnasium, I., Christinengasse 1.
      „   Oesterreichischer Apotheker-Verein.
      „   Kaiser Franz Josefs-Gymnasium der inneren Stadt, Hegelgasse.
      „   Leopoldstädter k. k. Staats-Ober-Realschule. II., Vereinsgasse 21.
      „   K. k. Staats-Gymnasium, II., Taborstrasse 24.
      „   Botanisches Museum der k. k. Universität, III., Rennweg 14.
60   „   K. k. Staats-Ober-Realschule, III., Radetzkystrasse 2.
      „   K. k. Staats-Realschule, Währing, Wienerstrasse 49.
      „   K. k. Staats-Unter-Realschule, V., Rampersdorfergasse 20.
      „   Zoologisch-botanische Bibliothek der k. k. technischen Hochschule.
Wiener-Neustadt: Niederösterreichisches Landes-Lehrer-Seminar.

Unentgeltlich.

Czernowitz: K. k. Universitäts-Bibliothek.
Prag: Lese- und Redehalle der deutschen Studenten.
Waidhofen a. d. Thaya: Landes-Realgymnasium.
Wien: K. k. Hofbibliothek.
      „   Communal-Gymnasium Gumpendorf.
70   „   „   „   Leopoldstadt.
      „   „   Ober-Realschule Gumpendorf, VI., Marchettigasse.
      „   „   „   „   I., Schottenbastei 7.
      „   „   „   „   Wieden.
      „   K. k. Universitäts-Bibliothek.
75   „   Landesausschuss-Bibliothek.

Wissenschaftliche Anstalten und Vereine,

mit welchen Schriftentausch stattfindet.

Oesterreich-Ungarn.

Agram: Societas Historica Naturalis Croatica „Glasnik".
Bregenz: Landes-Museums-Verein.
Brünn: Naturforschender Verein.
    „   Mährisch-schlesische Gesellschaft zur Beförderung des Ackerbaues.
Budapest: K. ungarische Akademie der Wissenschaften.
    „   „   „   geologische Anstalt.
    „   „   „   geologische Gesellschaft.
    „   Ungarischer naturwissenschaftlicher Verein.
    „   Redaction der naturhistorischen Hefte des Nationalmuseums.
10 *Graz:* Naturwissenschaftlicher Verein für Steiermark.
    „   K. k. steiermärkischer Gartenbau-Verein.
Hermannstadt: Siebenbürgischer Verein für Naturwissenschaften.
    „   Verein für siebenbürgische Landeskunde.
Innsbruck: Naturwissenschaftlich-medicinischer Verein.
    „   Ferdinandeum.
Klagenfurt: Naturhistorisches Landes-Museum.
    „   K. k. Gesellschaft zur Beförderung des Ackerbaues und der Industrie
    in Kärnten.
Klausenburg: Medicinisch-naturwissenschaftlicher siebenbürgischer Museumsverein.
Leipa, Böhm.-: Nordböhmischer Excursions-Club.
20 *Leutschau:* Ungarischer Karpathen-Verein.
Linz: Museum Francisco-Carolinum.
    „   Verein für Naturkunde.
Prag: K. böhmische Gesellschaft der Wissenschaften.
    „   Naturhistorischer Verein „Lotos".
Reichenberg: Verein der Naturfreunde.
Salzburg: Gesellschaft für Salzburger Landeskunde.
Sarajevo: Glasnik zemaljskog muzeja u Bosni i Hercegovini.
Trentschin: Naturwissenschaftlicher Verein des Trentschiner Comitats.
Triest: Museo civico di storia naturale.
30   „   Società adriatica di scienze naturali.
    „   Società d'orticultura del Littorale.
Wien: Kais. Akademie der Wissenschaften.

Wien: K. k. naturhistorisches Hofmuseum.

    „   Naturwissenschaftlicher Verein an der Universität.

    „   K. k. Gartenbau-Gesellschaft.

    „   K. k. geographische Gesellschaft.

    „   K. k. geologische Reichsanstalt.

    „   K. k. Gesellschaft der Aerzte.

    „   Deutscher und österreichischer Alpenverein.

40   „   Oesterreichischer Reichs-Forstverein.

    „   Verein für Landeskunde von Niederösterreich.

    „   Verein zur Verbreitung naturwissenschaftlicher Kenntnisse.

Deutsches Reich.

Altenburg: Naturforschende Gesellschaft des Osterlandes.

Annaberg-Buchholz: Verein für Naturkunde.

Arnstadt: Deutsche botanische Monatsschrift (G. Leimbach).

Augsburg: Naturhistorischer Verein.

Bamberg: Naturforschender Verein.

Berlin: Königl. preussische Akademie der Wissenschaften.

    „   Botanischer Verein für die Provinz Brandenburg.

50 , „   Berliner Entomologischer Verein (B. Hache).

    „   Deutsche entomologische Gesellschaft.

    „   Jahrbücher des k. botanischen Gartens und Museums.

    „   Naturwissenschaftliche Wochenschrift (Verlag von Ferdinand Dümmler, Zimmerstrasse 94, S. W. 12).

    „   Archiv für Naturgeschichte (Nicolai'sche Buchhandlung).

    „   Entomologische Nachrichten (Friedländer).

    „   Verein zur Beförderung des Gartenbaues in den k. preussischen Staaten.

Bonn: Naturhistorischer Verein der preussischen Rheinlande und Westphalens.

Braunschweig: Naturwissenschaftliche Rundschau (Vieweg & Sohn).

    „   Verein für Naturwissenschaft.

60 *Bremen:* Naturwissenschaftlicher Verein.

Breslau: Verein für schlesische Insectenkunde.

    „   Schlesische Gesellschaft für vaterländische Cultur.

Cassel: Verein für Naturkunde.

Chemnitz: Naturwissenschaftliche Gesellschaft.

Colmar im Elsass: Société d'histoire naturelle.

Danzig: Naturforschende Gesellschaft.

Darmstadt: Verein für Erdkunde.

Donau-Eschingen: Verein für Geschichte und Naturgeschichte.

Dresden: Gesellschaft „Isis".

70   „   Gesellschaft für Natur- und Heilkunde.

Dürkheim: „Pollichia" (naturwissenschaftlicher Verein der baierischen Pfalz).

Düsseldorf: Naturwissenschaftlicher Verein.

Elberfeld: Naturwissenschaftlicher Verein von Elberfeld und Barmen.
Emden: Naturforschende Gesellschaft.
Erlangen: Biologisches Centralblatt.
      „   Physikalisch-medicinische Societät.
Frankfurt a. M.: Senkenbergische naturforschende Gesellschaft.
      „   Redaction des Zoologischen Gartens.
Frankfurt a. O.: Naturwissenschaftlicher Verein für den Regierungsbezirk Frankfurt a. O.
80   „   Societatum Litterae (Dr. Ernst Huth).
Freiburg i. B.: Naturforschende Gesellschaft.
Fulda: Verein für Naturkunde.
Giessen: Oberhessische Gesellschaft für Natur- und Heilkunde (Buchh. Richter).
Görlitz: Oberlausitzische Gesellschaft der Wissenschaften.
      „   Naturforschende Gesellschaft.
Göttingen: Königl. Gesellschaft der Wissenschaften.
Greifswald: Naturwissenschaftlicher Verein von Neu-Vorpommern und Rügen.
Güstrow: Verein der Freunde der Naturgeschichte in Mecklenburg.
Halle a. d. S.: Naturwissenschaftlicher Verein für Sachsen und Thüringen.
90   „   Naturforschende Gesellschaft.
      „   „Die Natur" (Schwetschke'scher Verlag).
      „   Kaiserl. Leopold.-Carolin. deutsche Akademie der Naturforscher.
Hamburg-Altona: Naturwissenschaftlicher Verein.
      „   Verein für naturwissenschaftliche Unterhaltung.
      „   Naturhistorisches Museum der Stadt Hamburg.
Hanau: Wetterauische Gesellschaft für die gesammte Naturkunde.
Hannover: Naturhistorische Gesellschaft.
Heidelberg: Naturhistorisch-medicinischer Verein.
Jena: Medicinisch-naturwissenschaftliche Gesellschaft.
100 *Kiel:* Naturwissenschaftlicher Verein für Schleswig-Holstein.
Königsberg: Königl. physikalisch-ökonomische Gesellschaft.
Landshut: Botanischer Verein.
Leipzig: Zeitschrift für wissenschaftliche Zoologie (W. Engelmann).
      „   Königl. sächsische Gesellschaft der Wissenschaften.
      „   Botanische Zeitung (Verlagsbuchhandlung Arth. Felix).
      „   Zoologischer Anzeiger (W. Engelmann).
      „   Verein für Erdkunde.
Lübeck: Naturhistorisches Museum.
Lüneburg: Naturwissenschaftlicher Verein für das Fürstenthum Lüneburg.
110 *Magdeburg:* Naturwissenschaftlicher Verein.
Mannheim: Verein für Naturkunde.
Metz: Société d'histoire naturelle.
München: Königl. baierische Akademie der Wissenschaften.
      „   Gesellschaft für Morphologie und Physiologie.
Münster: Westphälischer Provinz-Verein für Wissenschaft und Kunst.

Nürnberg: Naturhistorische Gesellschaft.
Offenbach: Verein für Naturkunde.
Osnabrück: Naturwissenschaftlicher Verein.
Passau: Naturhistorischer Verein.
120 *Regensburg:* Zoologisch-mineralogischer Verein.
     „   Königl. baierische botanische Gesellschaft.
Stettin: Entomologischer Verein.
Stuttgart: Verein für vaterländische Naturkunde in Württemberg.
Wiesbaden: Nassauischer Verein für Naturkunde.
Zwickau: Verein für Naturkunde.

Schweiz.

Basel: Naturforschende Gesellschaft.
Bern: Allgemeine schweizerische naturforschende Gesellschaft.
    „   Naturforschende Gesellschaft.
    „   Schweizerische entomologische Gesellschaft. (Theodor Steck, Natur-
           historisches Museum.)
130 *Chur:* Naturforschende Gesellschaft.
Frauenfeld: Mittheilungen der Turgauischen Naturforschenden Gesellschaft.
Genf: Société de physique et d'histoire naturelle.
Lausanne: Société vaudoise des sciences naturelles.
Neufchâtel: Société des sciences naturelles.
Sion: Société murithienne de Valais.
St. Gallen: Naturwissenschaftliche Gesellschaft.
Zürich: Naturforschende Gesellschaft.
    „   Schweizerische botanische Gesellschaft (Jardin botanique).

Skandinavien.

Bergen: Bibliothek des Museums.
140 *Christiania:* Vetenskaps Sällskapet.
    „   Universitäts-Bibliothek.
Gothenburg: K. Vetenskaps Sällskapet.
Lund: K. Universität.
Stockholm: K. Vetenskaps Akademie.
    „   Entomologiska Föreningen, 94 Drokninggatan.
Tromsö: Museum.
Trondhjem: K. Norske videnskabers Selskabs.
Upsala: Vetenskaps Societät.
    „   K. Universität.

Dänemark.

150 *Kopenhagen:* Naturhistoriske forening.
    „   K. danske videnskabernes Selskab.

Holland.

Amsterdam: Koninklijke Akademie van Wetenschappen.

" Koninklijke Zoologisch Genootschap Natura Artis Magistra.

Haag: Nederlandsche Entomologische Vereeniging.

Harlem: Musée Teyler.

" Hollandsche Maatschappij de Wetenschappen.

Middelburg: Genootschap de Wetenschappen.

Rotterdam: Nederlandsche Dierkundige Vereeniging (à la Station zoologique. Helder).

Utrecht: Provincial Utrechtsche Genootschap van Kunsten en Wetenschappen.

Belgien.

160 *Brüssel:* Académie Royale des sciences, des lettres et des beaux-arts de Belgique. (Commission des échanges internationaux.)

" Société Royale de Botanique de Belgique.

" " entomologique de Belgique.

" " malacologique de Belgique.

" " Belge de Microscopie.

Gent: Kruidkundige Genootschap „Dodonaea" (Prof. Mac Leod).

Liége: Rédaction de la Belgique Horticole (Morren).

" Société Royale des Sciences.

Luxembourg: Société des Sciences naturelles du Grand-Duché de Luxembourg.

" " de Botanique du Grand-Duché de Luxembourg.

Grossbritannien.

170 *Belfast:* Natural History philosophical Society.

Dublin: Royal Irish Academy.

" Geological Society. (Trinity College.)

" Royal Society.

Edinburgh: Royal Physical Society.

" Royal Society.

" Geological Society.

" Botanical Society.

Glasgow: Natural history Society.

Liverpool: Biological Society.

180 *London:* Entomological Society.

" The Entomologist.

" Entomologist's Monthly Magazine.

" Geological Society.

" Linnean Society. (Picadilly, W.)

" Meteorological Office.

" Royal Society. (Burlington House, W.)

e*

London: Royal microscopical Society. (Kings College.)
    „   Zoological Society.
Manchester: Literary and philosophical Society.
190 *Newcastle upon Tyne:* Tyneside Naturalist's Field club.
Perth: Scottish naturalist (Buchanan White. M. D. Annat Lodge).

Russland.

Charkow: Gesellschaft der Naturforscher an der kaiserl. Universität.
Dorpat: Naturforscher-Gesellschaft.
Ekatherinenburg: Société ouralienne d'amateurs des sciences naturelles.
Helsingfors: Finska Vetenskaps-Societeten.
    „   Societas pro Fauna et Flora fennica.
Kiew: Société des Naturalistes.
Moskau: Société Impériale des Naturalistes.
Odessa: Neurussische Gesellschaft der Naturforscher.
200 *Petersburg:* Académie Impériale des sciences.
    „   Kaiserlicher botanischer Garten.
    „   Societas entomologica rossica.
Riga: Naturforschender Verein.

Italien.

Acireale (Sicilien): Società italiana dei Microscopisti Sicilia.
Bologna: Accademia delle scienze.
Florenz: Biblioteca Nazionale Centrale di Firenze.
    „   Monitore zoologico italiano (Istituto Anatomico).
    „   Redazione del nuovo Giornale botanico.
    „   Società entomologica italiana.
210 *Genua:* Museo civico di storia naturale.
    „   Società di letture e conversazioni scientifiche.
Lucca: Accademia lucchese di scienze, lettere ed arti.
Mailand: Società italiana di scienze naturali.
    „   Istituto lombardo di scienze, lettere ed arti.
    „   Società crittogamologica italiana.
Messina: Malpighia Rivista Mensuale di Botanica.
Modena: Società dei naturalisti.
    „   Accademia di scienze, lettere ed arti.
    „   Società malacologica italiana. (Segretario Prof. Dante Panternelli, Univers., Modena.)
220 *Neapel:* Accademia delle science.
    „   Mittheilungen der zoologischen Station (Dr. Dohrn).
    „   Società di Naturalisti.
Padua: R. Istituto e giardino botanico dell' Università.

Padua: Nuova Notarisia (Dott. C. B. de Toni).
„ Società veneto-trentina di scienze naturali.
Palermo: Reale Accademia palermitana delle scienze, lettere etc.
„ Società di Acclimazione.
Pisa: Società toscana di scienze naturali.
Rom: Reale Accademia dei Lincei.
230 „ Società italiana delle scienze.
„ Jahrbücher des botanischen Gartens (Prof. Pirotta).
„ Società Romana per gli Studi zoologici.
Siena: Reale Accademia dei Fisiocritici.
„ Rivista italiana di scienze naturali.
Venedig: Istituto veneto di scienze, lettere ed arti.
„ „Neptunia“, Rivista per gli Studi di scienza pura ed applicata (Dott. David Levi Morenos, 3422, Venezia).
Verona: Accademia di Agricoltura, commercio ed arti.

Frankreich.

Amiens: Société Linnéenne du Nord de la France.
Angers: Société d'études scientifiques.
240 *Bordeaux:* Société Linnéenne.
Caën: Société Linnéenne de Normandie.
„ Annuaire du Musée d'histoire naturelle.
Cherbourg: Société des sciences naturelles.
Dijon: Académie des sciences, arts et belles-lettres.
Lille: Société des sciences de l'agriculture et des arts.
„ Revue biologique du Nord de la France.
Lyon: Académie des sciences, belles-lettres et arts.
„ Société d'Agriculture.
„ Société botanique de Lyon (Palais des arts, place des terreaux).
250 „ Société Linnéenne de Lyon.
Nancy: Société des sciences.
„ Académie de Stanislas.
Paris: Journal de Conchiliologie.
„ Nouvelles archives du Musée d'histoire naturelle.
„ Société botanique de France.
„ Société entomologique de France.
„ Société zoologique de France.
Rouen: Société des amis des sciences naturelles.

Portugal.

Coimbra: Sociedad Broteriana (Boletin annual).
260 *Lissabon:* Academia real das sciencias.
Porto: Sociedade Carlos Ribeiro (Revista de Sciencias Naturaes E. Socides).

Spanien.

Madrid: Sociedad española de historia natural.

Asien.

Batavia: Bataviaasch Genootschap van Kunsten en Wettenschappen.
    Natuurkundige Vereeniging in Nederlandisch-Indie.
Bombay: Journal of the Bombay Natural History Society.
Calcutta: Asiatic Society of Bengal.
Shanghai: Asiatic Society, north China branch.

Afrika.

Cairo: L'Institut Égyptien.

Amerika.

a) Nordamerika.

Boston: American Academy.
270   „   Society of Natural History.
Buffalo: Society of Natural Sciences.
Cambridge: American Association for the advancement of science.
    „   Museum of comparative Zoology.
    „   Entomological Club „Psyche" (p. G. Dimok in Paris).
Chapel Hill: Elisha Mitchell Scientific Society.
Columbus: Geological Survey of Ohio.
S. Francisco: Californian Academy of Natural Sciences.
Franklin County: Brookville Society of Natural History.
Halifax, N. S.: Nova Scotian Institute of Natural Science.
280 *New-Haven:* American Journal of Science and Arts.
    „   Connecticut Academy.
London (Ontario, Canada): Canadian Entomologist.
St. Louis: Academy of Science.
    „   The Missouri Botanical Garden.
Minnesota: Minneapolis Geological and Natural History Survey of Minnesota
    (N. H. Winchell, Director U. S. a.).
Montreal: Geological and Natural history Survey of Canada.
    „   Royal Society of Canada.
New-York: Academy of Sciences.
    „   Entomological Society, 16 and 18 Broad Street, New-York City.
290   „   Society of Natural History (olim Lyceum).
    „   Torrey Botanical Club.
Philadelphia: Academie of Natural Sciences.
    „   American Entomological Society.

Philadelphia: American Naturalist (Prof. E. D. Cope, 2102 Pine Street).
  „ American Philosophical Society.
  „ The Journal of Comparative Medicine and Surgery, A. L. Humel (Editor Conklin), 1217 Filbert Street.
  „ Zoological Society of Philadelphia.
Rochester, N. Y.: Academy of Science.
Salem: Essex Institute.
300 *Toronto:* Canadian Institute.
Trenton: Natural History Society.
Washington: Departement of Agriculture of the United States of North America.
  „ Entomological Society.
  „ Smithsonian Institution.
  „ United States commission of fish and fisheries.
  „ United States Geological Survey.

b) Mittel- und Südamerika.

Buenos-Ayres: Museo publico.
  „ Revista Argentina de Historia Natural.
  „ Sociedad cientifica argentina.
310 *Caracas:* Revista cientifica mensual d. l. universitad de Venezuela.
Cordoba: Academia nacional di ciencias exactas a la Universidad.
Mexico: Deutscher wissenschaftlicher Verein.
  „ Memorias de la Sociedad Cientifica, Antonio Alzate.
  „ Museo nacional mexicana.
  „ Sociedad mexicana de historia natural.
Rio de Janeiro: Archivos do Museo nacional.

Australien.

Adelaide: Philosophical Society. (South Australian institute.)
Melbourne: Public Liberary, Museum and National Gallery of Victoria.
Sidney: Linnean Society of New South Wales.
320 „ Royal Society of New South Wales.
321 „ The Australian Museum.

Periodische Schriften,

welche von der Gesellschaft angekauft werden:

Berichte der Deutschen botanischen Gesellschaft in Berlin.
Bibliotheca zoologica. Herausg. von Carus und Engelmann.
Botanische Jahrbücher für Systematik etc. Herausg. von A. Engler.
Botanischer Jahresbericht. Herausg. von Dr. E. Koehne (fr. Dr. L. Just).
Botanisches Centralblatt. Herausg. von Dr. Oscar Uhlworm.
Claus C. Arbeiten aus dem zoologischen Institute der k. k. Universität Wien und
    der zoologischen Station in Triest.
Flora (Allgemeine botanische Zeitung).
Flora und Fauna des Golfes von Neapel.
Le Naturaliste Canadien (Red. par Abbé Provancher).
Oesterreichische botanische Zeitschrift.
Wiener Entomologische Zeitung. Herausg. von J. Mik, E. Reitter und
    F. Wachtl.
Zoologischer Jahresbericht. Herausg. von der zoolog. Station in Neapel.
Zoologische Jahrbücher. Herausg. von Spengel.

Sitzungsberichte.

A

Versammlung am 13. Jänner 1892.

Vorsitzender: Herr Dr. Eugen v. Halácsy.

Neu eingetretene Mitglieder:

P. T. Herr	Als Mitglied bezeichnet durch P. T. Herren
Constantin Carl, k. k. Polizeibeamter und Bureauvorstand, Wien, III., Salesianergasse 8	F. Lebzelter, Dr. Fr. Ostermeyer.
Funke Simon Hans, Magister der Pharmacie, Neu-Hietzing. Lainzerstrasse 99	A. Handlirsch, Dr. R. v. Wettstein.
Knauer, Dr. Friedrich Carl, Director des Vivariums, Wien, II. Prater 1	A. Handlirsch, J. Kaufmann.
Maly Carl, Wien, IV., Hauptstrasse 74 . .	M. F. Müllner, Dr. R. v. Wettstein.
Penther Arnold, Wien, IX., Währingerstrasse 5	Dr. C. Grobben, Dr. Th. Pintner.
Verhoeff C., cand. phil., Poppelsdorf bei Bonn a. Rh.	Durch den Ausschuss.
Wagner, Dr. Anton, k. und k. Regimentsarzt, Fischau in Niederösterreich	Dr.L.v.Lorenz, Dr. E.v.Marenzeller.
Zdarek Robert, Währing, Pulverthurmgasse 1	Dr. C. Fritsch, Dr. F. Krasser.

Anschluss zum Schriftentausch:

Lübeck: Naturhistorisches Museum.

Eingesendete Gegenstände:

624 Stück Käfer für Schulen von Herrn J. Kaufmann.
20 Schmetterlinge für Schulen von Herrn A. Metzger.
100 Stück Käfer für Schulen von Herrn Baron A. Pelikan v. Plauenwald.
650 Stück Wespen für Schulen aus der zoologischen Abtheilung des k. k. naturhistorischen Hofmuseums und eine grössere Partie Schmetterlinge von Herrn A. Rogenhofer.

A *

Im Laufe des Jahres 1891 sendete die k. k. zoologische Station in Triest im Tausche gegen eine Reihe von Jahrgängen der „Verhandlungen" eine grössere Partie von Conchylien, Echinodermen und Coelenteraten, theils als Trockenpräparate, theils in Alcohol conservirt.

Der Vorsitzende eröffnete die Versammlung mit einem Nachrufe an das am 28. December 1891 im 37. Lebensjahre in Wien verstorbene Ausschussmitglied Dr. Carl Richter, dem es nicht vergönnt sein sollte, sein begonnenes grosses Werk, die „Plantae Europaeae", zu Ende zu führen. Die Wissenschaft verlor in ihm eine tüchtige Arbeitskraft, die Gesellschaft eines ihrer eifrigsten, allseitig bekanntesten und beliebtesten Mitglieder. Auf seinen Sarg legte die Gesellschaft einen Kranz nieder; viele Mitglieder betheiligten sich an dem Leichenbegängnisse. Friede seiner Asche!

Herr Prof. Dr. Fr. Brauer hielt einen Vortrag: „Ueber das sogenannte Stillstandstadium in der Entwicklung der Oestriden-Larven". (Siehe Abhandlungen, Seite 79.)

Zoologischer Discussionsabend am 11. December 1891.

Herr Dr. Th. Pintner sprach zunächst „Ueber den Bau und die Entwicklungsgeschichte der Saug- und Bandwürmer".

Hierauf referirte Herr A. Handlirsch über L. Ganglbauer's „Die Käfer von Mitteleuropa", 1. Band.

Wohl selten dürfte eine Publication so sehr dem Bedürfnisse des entomologischen Publicums entsprechen, wie Ganglbauer's gründliche und umfassende Bearbeitung der Käfer Mitteleuropas, eine hervorragende wissenschaftliche Leistung, die sich weit über alle in letzter Zeit erschienenen faunistischen Publicationen aus dem Gebiete der Coleopterologie erhebt.

L. Redtenbacher's bekannte „Fauna Austriaca", das bisher von den meisten österreichischen Coleopterologen benützte Handbuch, hat drei Auflagen erlebt, von denen auch die dritte bereits vergriffen ist. Der Aufforderung des Verlegers, eine vierte Auflage des für seine Zeit hervorragenden, aber jetzt schon

etwas veralteten Werkes zu veranstalten, folgend, kam Ganglbauer zur Ueberzeugung, dass das in der „Fauna Austriaca" berücksichtigte Gebiet viel zu klein
sei und er beschloss, das ganze Alpengebiet bis zur Rhône und bis zur Grenze
zwischen den ligurischen Alpen und dem Apennin bei Savona einzubeziehen, ausserdem noch ganz Deutschland, Oesterreich-Ungarn und das Occupationsgebiet.

Diese Erweiterung des Gebietes im Vereine mit den grossen Fortschritten
der letzten Decennien in Bezug auf Morphologie, geographische Verbreitung u. s. w.
erforderte eine gänzlich neue Bearbeitung des Stoffes und so entstanden an Stelle
einer neuen Auflage von Redtenbacher's „Fauna Austriaca" — „Die Käfer
Mitteleuropas" von Ganglbauer. Die Behandlung des umfangreichen Stoffes
in Ganglbauer's Werk ist streng systematisch, die Charaktere der Familien,
Gattungen und Arten sind, den neuesten Anschauungen gemäss, ausführlich erörtert,
und um dieses Ziel erreichen zu können, wurden die Bestimmungstabellen von
dem systematisch-descriptiven Theile getrennt. Zahlreiche sehr gelungene Holz-
schnitte erleichtern dem Anfänger das Verständniss des Textes.

Der bis jetzt erschienene erste Band der „Käfer Mitteleuropas" enthält
die Familienreihe *Caraboidea*, wohl eine der schwierigsten Gruppen, durch deren
glückliche Bewältigung der Verfasser bewiesen hat, dass die Bearbeitung der
Coleopteren Mitteleuropas in keine geeigneteren Hände gelegt werden konnte,
als in die seinen, und wir wünschen dem Autor von ganzem Herzen Glück zur
Vollendung der schönen, nützlichen und höchst zeitgemässen Unternehmung.

Herr Prof. Dr. Carl Grobben demonstrirte Larven von
Eriocampa.

Schliesslich wurde die im Discussionsabende am 13. November
1891 begonnene Nomenclatur-Discussion fortgesetzt, aber noch
nicht abgeschlossen.

Im botanischen Discussionsabende am 18. December
1891 hielt Herr Dr. Moriz Kronfeld einen Vortrag unter dem
Titel: „Vergangenheit und Gegenwart der niederösterreichischen Safrancultur".

Am 8. Jänner 1892 wurde ein botanischer Literaturabend
abgehalten, in welchem Herr Dr. A. Zahlbruckner die Vorlage der
im Laufe des Monates December eingelaufenen Literatur vornahm.

Versammlung am 3. Februar 1892.

Vorsitzender: Herr Dr. Franz Ostermeyer.

Neu eingetretene Mitglieder:

P. T. Herr	Als Mitglied bezeichnet durch P. T. Herren
Franjić, P. Angelus, stud. phil., Wien, I., Franciskanerplatz 4	Dr. C. Fritsch, Dr. F. Krasser.
Garbowski Thaddäus, stud. phil., Wien, VIII., Lenaugasse 2	Dr. L. v. Lorenz, A. Rogenhofer.
Linsbauer Ludwig, stud. phil., Wien, V., Kohlgasse 29	Dr. C. Fritsch, Dr. F. Krasser.
Richter, Dr. Aladár, Rima-Szombath . . .	H. Braun, Dr. E. v. Halácsy.
Werner Helene, Fräulein, Wien, I., Bellariastrasse 10	Dr. R. Sturany, Dr. F. Werner.

Herr Secretär Dr. Carl Fritsch legte folgende eingelaufene Manuscripte vor:

Cobelli, Dr. Ruggero: „Quattro nuove specie di Imenotteri". (Siehe Abhandlungen, Seite 67.)

Cobelli, Dr. Ruggero: „Osservazioni sulla fioritura e fecondazione della *Primula acaulis* Jacquin". (Siehe Abhandlungen, Seite 73.)

Procopianu-Procopovici Aurel: „Zur Flora von Suczawa". (Siehe Abhandlungen, Seite 63.)

Rübsaamen, Ew. H.: „Mittheilungen über Gallmücken". (Siehe Abhandlungen, Seite 49.)

Strobl, Prof. Gabriel: „Die österreichischen Arten der Gattung *Hilara* Meig.". (Siehe Abhandlungen, Seite 79.)[1]

Herr Hofrath Prof. Dr. C. Claus hielt einen Vortrag: „Ueber die Strobilation der Discomedusen, mit besonderer Berücksichtigung der Mundbildung an den Ephyren".

---

[1] Der Schluss dieser Abhandlung folgt im II. Quartalshefte.

Botanischer Discussionsabend am 29. Jänner 1892.

Herr Dr. Carl Fritsch hielt einen Vortrag unter dem Titel: „Die Gattungen der Caprifoliaceen" und demonstrirte Vertreter dieser Gattungen in Herbar-Exemplaren.

Gewöhnlich werden die Caprifoliaceen in zwei Unterfamilien eingetheilt, die *Sambuceae* und die *Lonicereae*. In die erstere Unterfamilie stellt man zumeist *Sambucus* und *Viburnum*, oft auch noch die sehr abweichende Gattung *Adoxa*; in die letztere alle übrigen Gattungen. Da ich die Bearbeitung dieser Familie für „Die natürlichen Pflanzenfamilien" von Engler und Prantl[1]) übernommen hatte, war ich gezwungen, dieses System eingehend zu prüfen. Hiebei stellte sich zunächst heraus, dass die Gattung *Adoxa* entschieden aus der Familie der Caprifoliaceen auszuschliessen ist, was auch schon von verschiedenen anderen Autoren (insbesondere von Drude[2]) betont wurde. Da jedoch die Beziehungen von *Adoxa* zu den Saxifragaceen, zu denen sie Drude stellt, sowie zu den Araliaceen, mit denen sie auch gewisse Analogien aufweist, keineswegs sehr nahe genannt werden können, so gibt es gegenwärtig keinen anderen Ausweg, als den, *Adoxa* als Vertreter einer eigenen Familie, der Adoxaceen, anzusehen. Diesen Ausweg habe ich auch in den „Pflanzenfamilien" eingeschlagen.[3]) Der Nachweis, welche Pflanzengattung die nächste Verwandtschaft mit *Adoxa* hat, muss erst durch weitere Untersuchungen erbracht werden.

Aber auch die Gattungen *Sambucus* und *Viburnum* sind keineswegs so nahe verwandt, dass man sie ohne weiters in einer und derselben Unterfamilie unterbringen kann. *Sambucus* weicht schon habituell durch die fiederschnittigen Blätter von allen übrigen Caprifoliaceen ab; ausserdem hat diese Gattung extrorse Antheren, ein Merkmal, welches gleichfalls keiner anderen Gattung der Familie zukommt. Hiezu kommt noch eine Reihe gewichtiger anatomischer Merkmale: Das Vorkommen von Harzschläuchen in der Rinde und im Mark,[4]) von gürtelförmigen Gefässstrangverbindungen in den Knoten,[5]) der Bau des Holzes[6]) u. s. w. Ich muss also *Sambucus* als Vertreter einer eigenen Unterfamilie auffassen, beziehungsweise *Viburnum* aus der Gruppe der *Sambuceae* ausschliessen und zum Vertreter einer getrennten Unterfamilie, der *Viburneae*, machen.[7])

[1]) Vergl. dieses Werkes IV. Theil, 4. Abtheilung, S. 156—171 (Lieferung 66).

[2]) Die Aufsätze Drude's über diesen Gegenstand findet man in der Botan. Zeitung, 1879, S. 665, und in Engler's Botan. Jahrb., V, S. 411.

[3]) Zu demselben Resultate kam schon früher Čelakovský in seinem „Prodromus der Flora von Böhmen".

[4]) Vergl. De Bary, Vergleichende Anatomie, S. 155.

[5]) Vergl. Hanstein, Ueber gürtelförmige Gefässstrangverbindungen (Abhandl. der Berliner Akademie, 1857).

[6]) Vergl. Michael, Vergleichende Untersuchungen über den Bau des Holzes der Compositen, Caprifoliaceen und Rubiaceen (Dissert.). Leipzig, 1885.

[7]) Oersted hat in der Einleitung zu seiner monographischen Bearbeitung von *Viburnum* Vidensk. Meddel. f. d. naturh. For. i Kjöbenhavn f. A. 1859) die „*Viburneae*" als Unterabtheilung der *Sambuceae* aufgefasst.

Viburnum hat mit *Sambucus* eine Reihe von Merkmalen gemeinsam, die wieder den meisten übrigen Gattungen nicht zukommen: Die actinomorphe, gewöhnlich radförmig ausgebreitete Corolle, den kurzen Griffel, die eineiigen Fruchtknotenfächer, die Bildung eines Oberflächenperiderms[1] u. s. w. Hält man unter diesen Merkmalen die eineiigen Carpellfächer für das wichtigste, so muss man *Triosteum* zu den Viburneen stellen, während Bentham und Hooker[2] diese Gattung wegen des verlängerten Griffels und der zygomorphen Corolle zur Unterfamilie der Lonicereen rechnen. *Triosteum* steht also zwischen den Viburneen und Lonicereen (letztere in weiterem Sinne, wie von Bentham und Hooker, genommen); habituell steht es den Lonicereen näher, weicht aber durch krautigen Wuchs von ihnen ab.

Von den Lonicereen habe ich noch die Gruppe der Linnaeeen abgegliedert, welche gewiss mit ersteren nahe verwandt sind, aber durch die stets einsamigen Fruchtfächer sich den Viburneen nähern. Anatomisch haben sie mit den Lonicereen s. str. die Entstehung eines inneren Periderms gemein — wenigstens so weit sie daraufhin untersucht wurden. Die Gruppe der Linnaeeen ist übrigens bei Bentham und Hooker schon ganz gut abgegrenzt (im „Conspectus generum"[2]; nur der Name *„Linnaceae"* und die Einschränkung der *„Lonicereae"* rührt von mir her.

Bentham und Hooker führen 13 Gattungen von Caprifoliaceen auf; hievon habe ich *Adoxa* ausgeschlossen, dafür aber die zu den Linnaeeen gehörige, von Maximowicz[3] beschriebene Gattung *Dipelta* eingefügt. *Abelia* habe ich im Anschlusse an Vatke[4] mit *Linnaea* vereinigt, die Hooker'sche Gattung *Pentapyxis* mit *Leycesteria* (mangels genügender genereller Unterschiede). Hooker's *Microsplenium* ist nach Baillon[5] eine Art der Rubiaceen-Gattung *Machaonia*. Die in Hooker's „Icones plantarum"[6] von Oliver beschriebene Gattung *Actinotinus* gründet sich auf *Aesculus*-Blätter und *Viburnum*-Blüthenstände, ist also nur auf Grund einer Mystification aufgestellt worden.[7]

Wir erhalten nunmehr folgende Gruppirung der Caprifoliaceen-Gattungen:

I. *Sambuceae.*
   Einzige Gattung: *Sambucus*, in allen Welttheilen verbreitet (ausgenommen Central- und Südafrika, Neuseeland und Polynesien).

II. *Viburneae.*
   Typische Gattung: *Viburnum*, weit verbreitet (fehlt in denselben Gebieten wie *Sambucus*, ausserdem in Neuholland).

Zur folgenden Gruppe vermittelnde Gattung: *Triosteum*, Himalaya, chinesisch-japanesisches Gebiet, Nordamerika.

---

[1] Vergl. Möller, Anatomie der Baumrinden, S. 143.
[2] Genera plantarum, II, p. 2.
[3] Bulletin de l'Acad. impér. de St. Pétersbourg, XXIV, p. 50.
[4] Oesterr. botan. Zeitschr., 1872, S. 290.
[5] Bulletin de la Société Linnéenne de Paris, I, p. 203 (1879).
[6] Icones plantarum, Ser. III, Vol. VIII, Pl. 1740.
[7] Siehe Icones plantarum, Ser. III, Vol. IX, Adn.

III. *Linnaeeae.* 3 Gattungen:

Symphoricarpus, Nordamerika (bis Mexico).

Dipelta, China.

Linnaea[1]), verbreitet in den gemässigten Gebieten der nördlichen Hemisphäre (eine Art circumpolar, die anderen zerstreut, südlich bis Mexico und in den Himalaya).

IV. *Lonicereae.* 4 Gattungen:

Alseuosmia, Neuseeland.

Lonicera[1]), in der nördlichen Hemisphäre fast überall (zwei Arten südlich des Aequators in Java).

Diervilla, Ostasien, Nordamerika.

Leycesteria, Himalaya.

Werfen wir nun noch einen Blick auf die Umgrenzung der ganzen Familie und auf die ihr zunächst verwandten Pflanzenformen, so fällt vor Allem auf, dass die grosse Familie der Rubiaceen durch kein einziges durchgreifendes Merkmal von den Caprifoliaceen verschieden ist und dass daher gegen eine Vereinigung dieser beiden Familien, wie sie von Baillon[2]) auch durchgeführt wurde, nichts einzuwenden ist. Wenn wir bei Bentham und Hooker[3]) lesen: „Ordo *(Caprifoliaccarum)* admodum naturalis . . . . a *Rubiaceis* distinguitur stipularum in plerisque defectu, habitu et fronde per exsiccationem nunquam nigrescente", so richtet sich eine derartige Unterscheidung von selbst. Im Habitus unterscheiden sich die Caprifoliaceen zwar sehr auffallend von den bei uns einheimischen Rubiaceen aus der Gruppe der Stellaten, aber durchaus nicht von einer Reihe tropischer Formen dieser grossen Familie. Nebenblätter kommen bei Arten von *Sambucus, Viburnum* und *Leycesteria* constant vor; andererseits findet man bei verschiedenen Rubiaceen-Gattungen entschieden zygomorphe Blüthen[4]), so dass auch die Lonicereen nicht scharf von diesen unterscheidbar sind. *Diervilla* ist kaum von den Cinchoneen zu trennen, andererseits aber mit *Lonicera* sicher verwandt. Dass man die Caprifoliaceen so lange Zeit als eigene Familie angesehen hat, dürfte die Hauptursache in der bedeutenden Differenz der in Europa vertretenen Gattungen unter einander haben.

Wo findet aber die Gattung *Sambucus,* welche unter den Caprifoliaceen eine isolirte Stellung einnimmt, ihren Anschluss? Nirgend anders, als in der Familie der Valerianaceen! Die habituelle Aehnlichkeit zwischen dem krautigen *Sambucus Ebulus* L. und der *Valeriana officinalis* L. ist gewiss keine zufällige, sondern sie weist auf phylogenetische Beziehungen hin. Bei den Valerianaceen und Dipsacaceen hat Hanstein die Gefässstrangverbindungen in den Knoten beobachtet, welche unter den Caprifoliaceen nur bei *Sambucus* gefunden wurden; *Valeriana*-Arten haben die der

---

[1]) Nach O. Kuntze's „Revisio generum", S. 273 und 275, hat *Linnaea* fortan *Obolaria,* *Lonicera* aber *Caprifolium* zu heissen. Ich schliesse mich vorläufig diesen Aenderungen nicht an.

[2]) Histoire des plantes, Vol. VII.

[3]) Genera plantarum, II, p. 1.

[4]) Vergl. Schumann in „Natürl. Pflanzenfamilien", IV. Theil, 4. Abtheil., S. 6 (Lief. 61).

ganzen Rubiaceenreihe fremden fiederschnittigen Blätter u. s. w. Allerdings ist die Verwandtschaft keine besonders nahe; denn die Valerianaceen unterscheiden sich von den Sambuceen scharf durch die Reduction der Gliederzahl des Androeceums, die introrsen Antheren und die ganz andere Ausbildung der Früchte, wozu noch andere, minder wichtige Merkmale kommen. Die vermittelnden Zwischenglieder dieser beiden Gruppen sind unbekannt und offenbar längst ausgestorben. Eine Abstammung der Valerianaceen von *Sambucus* ist kaum anzunehmen; das Umgekehrte noch weniger. Die Annahme aber, dass beide Pflanzenformen auf einen gemeinsamen hypothetischen Urtypus zurückzuführen sind, ist wohl berechtigt. Diesem Urtypus, den wir uns nur mit durchwegs fünfgliederigen Quirlen in der Blüthe vorstellen können, ist *Sambucus* offenbar ähnlicher geblieben; bei einigen Arten dieser Gattung (*Sambucus canadensis* L., *australis* Cham. et Schl.) ist auch das Gynoeceum, bei allen das Androeceum pentamer. Nebenbei bemerkt, findet sich die den Valerianaceen eigenthümliche Reduction des Gynoeceums auf ein einziges fruchtbares Ovulum auch bei der Gattung *Viburnum* in ganz derselben Weise. Andererseits wurden bei *Valeriana dioica* L. gelegentlich fünf Narben beobachtet![1]

Die Gattung *Viburnum* nähert sich im Habitus den Cornaceen[2], die trotz ihrer freiblätterigen Corolle ohne Zweifel phylogenetische Beziehungen zu der Rubiaceenreihe haben.[3] Hiedurch sind auch die Araliaceen, an welche *Adoxa* anklingt, den Caprifoliaceen näher gebracht. Die Reihe: *Dipsacaceae — Valerianaceae — Rubiaceae* (incl. *Caprifoliaceae*) — *Cornaceae — Araliaceae — Umbelliferae* steht somit in unzweifelhaftem Zusammenhange.[4] Im Systeme von Bentham und Hooker stehen diese Familien auch in der eben bezeichneten Reihenfolge (nur umgekehrt) neben einander. Die Frage, welche dieser Familien die älteste ist und etwa der Ausgangspunkt für die übrigen gewesen sein könnte, lässt sich natürlich nicht so ohne Weiteres beantworten. Jedoch sprechen gute Gründe für die Annahme, dass die Valerianaceen und Dipsacaceen, die zygomorphen Lonicereen — und andererseits vielleicht auch die Umbelliferen — relativ jüngeren Ursprunges sind. Weitere Behauptungen in dieser Hinsicht könnten heute wohl nur auf Grund von fraglichen Hypothesen aufgestellt werden.

Hierauf besprach und demonstrirte Herr Dr. Richard v. Wettstein die österreichischen *Gentiana*-Arten aus der Gruppe

---

[1] Vergl. Höck in „Natürl. Pflanzenfamilien", IV. Theil, 4. Abtheil., S. 174 (Lief. 66).

[2] *Viburnum japonicum* Spr. wurde sogar von Thunberg als *Cornus japonica* beschrieben. (Vergl. Maximowicz, Diagnoses, III.)

[3] Vergl. hierüber auch Schumann in „Natürl. Pflanzenfamilien", IV. Theil, 4. Abth., S. 13.

[4] Der Zusammenhang zwischen den Cornaceen und Araliaceen wurde allerdings schon öfters bezweifelt (vergl. Eichler, Blüthendiagramme, II, S. 407). Auch werden zu den Cornaceen verschiedene Gattungen gestellt, deren Zusammengehörigkeit nicht sichergestellt ist (Eichler, a. a. O., S. 416). In dieser Hinsicht schafft vielleicht der Bearbeiter der *Cornaceae* in den „Natürlichen Pflanzenfamilien" einige Aufklärung, dessen Bemerkungen über „verwandtschaftliche Beziehungen" der Schreiber dieser Zeilen mit einer gewissen Spannung entgegensieht.

Endotricha. (Vergl. hierüber dessen Arbeit in der Oesterreichischen botanischen Zeitschrift, 1891—1892.)

Versammlung am 2. März 1892.

Vorsitzender: Herr **Anton Pelikan Freih. v. Plauenwald.**

Neu eingetretenes Mitglied:

P. T. Herr	Als Mitglied bezeichnet durch
	P. T. Herren
Khek Eugen, Apotheker	Dr. C. Fritsch, Dr. R. v. Wettstein.

Anschluss zum Schriftentausch:

St. Louis: Missouri Botanical Garden.

Herr Prof. Dr. C. Grobben trug seine Ansichten über die Stammesverwandtschaft der Crustaceen vor.

Nach denselben sind die Ostracoden und Cladoceren auf den *Estheria-*Typus der Euphyllopoden, die Copepoden und Cirripedien auf den *Apus-*Typus, die Malacostraken auf den *Branchipus-*Typus zurückzuführen und die heute lebenden Krebse von drei diesen Typen im Habitus entsprechenden Stammformen (Urphyllopoden) abzuleiten. Zu Folge dessen ergibt sich eine Aenderung des Systems der Crustaceen und werden folgende vier Subclassen der Crustaceenclasse zu unterscheiden sein: 1. *Phyllopoda*, 2. *Estheriaeformes*, 3. *Apodiformes*, 4. *Malacostraca (Branchipodiformes)*.

Herr Prof. Dr. C. Wilhelm hielt hierauf einen Vortrag über „Die Baum- und Strauchwelt Südösterreichs", der sich darauf beschränkte, die wichtigsten und verbreitetsten Holzpflanzen Istriens und Dalmatiens übersichtlich zu betrachten. Eine etwas eingehendere Schilderung fanden die Triebbildung und das Verhalten der Zapfen bei der Seestrandskiefer (*Pinus halepensis* Mill.), der Cypressenwald auf Sabbioncello und die Verschiedenheiten der rothfrüchtigen Wachholderarten.

B*

Zoologischer Discussionsabend am 12. Februar 1892.

Herr Prof. Dr. C. Grobben trug die Resultate der Fol'schen Untersuchungen über das Verhalten der Centrosomen bei der Befruchtung vor, wonach das Centrosoma des Eies und jenes des eingedrungenen Spermatozoons sich theilen und je ein halbes männliches Centrosoma mit je einem halben Eicentrosoma verschmilzt.

Hierauf wurde die im November begonnene Nomenclatur-Discussion zu Ende geführt und es folgt nunmehr hier der Gesammtbericht über die darüber geführten Verhandlungen.

Herr Dr. L. v. Lorenz referirte über die bei dem II. Internationalen Ornithologen-Congresse (Budapest, 17.—20. Mai 1891) in der Section für Systematik und Anatomie gepflogenen Berathungen über einen Entwurf von Regeln für die zoologische Nomenclatur, welcher von den Herren H. v. Berlepsch, W. Blasius, A. B. Meyer, K. Möbius und A. Reichenow aufgestellt und dem Congresse vorgelegt worden war.[1]

Dieser im Anschlusse an den „American Code of Nomenclature" (1886) und an die von dem internationalen Zoologen-Congresse zu Paris (1890) angenommenen „Règles de la nomenclature des êtres organisés" verfasste Entwurf wurde in Budapest mit einigen Abänderungen angenommen und der Beschluss gefasst, denselben der deutschen zoologischen Gesellschaft und dem im Jahre 1892 zu Moskau stattfindenden internationalen zoologischen Congresse vorzulegen.

Mit Rücksicht auf die Wichtigkeit der Erzielung einer möglichsten Uebereinstimmung in Angelegenheit der Nomenclaturfrage und im Hinblicke darauf, dass gegen die bereits vielfach angenommenen Regeln und manche wesentliche Principien der Nomenclatur noch immer theils aus Unterschätzung, theils aus ungenügender Kenntniss derselben arge Verstösse geschehen, welche in der Systematik immer mehr Verwirrung an Stelle der anzustrebenden Klarheit hervorrufen, hält der Referent eine möglichst grosse Verbreitung

---

[1] Abgedruckt ursprünglich in Cabanis' Journal für Ornithologie, 1891; dann mit den bei dem Ornithologen-Congresse vorgenommenen Aenderungen in „Ornis", VII. Bd., 1891, und im Hauptbericht über den II. Internationalen Ornithologen-Congress, I, Officieller Theil, S. 183.

der in Vorschlag gebrachten Regeln[1]) und die Begutachtung derselben in weiteren Kreisen für empfehlenswerth und beantragt zunächst, den in Rede stehenden Entwurf auch im Kreise der zoologisch-botanischen Gesellschaft eingehender zu besprechen.

Da dieser Vorschlag angenommen wurde, brachte Referent den Entwurf zur Verlesung und es werden nachstehend die Hauptpunkte des Entwurfes und die bei der Discussion einzelner derselben zum Ausdrucke gekommenen Ansichten im Wesentlichen kurz mitgetheilt.[2])

I. Allgemeiner Theil.

A. Ueber die bisherigen Versuche zur Regelung der zoologischen Nomenclatur.

— — — — — — — — —

B. Die grundlegenden Principien der zoologischen Nomenclatur.

1. Bedeutung und Ziele der zoologischen Nomenclatur.

Das Ziel der Nomenclaturregeln ist die allgemeine Uebereinstimmung in den Benennungen und in der Schreibweise.

— — — — — — — — —

Stetigkeit und Unabänderlichkeit sind die wesentlichsten Eigenschaften von Benennungen, welche allgemeine und dauernde Geltung in den biologischen Systemen haben sollen. — — —

2. Das absolute Prioritätsprincip mit allen seinen Consequenzen bildet die Grundlage für die Regeln der zoologischen Nomenclatur. Alle übrigen die Nomenclatur betreffenden Fragen sind lediglich nach praktischen Gesichtspunkten zu behandeln und zu lösen.

3. In dem amerikanischen Codex ist der gewiss sehr richtige Satz aufgestellt worden: „A name is only a name and has no necessary meaning". („Ein Name ist nur ein Name und braucht nicht zugleich eine Bedeutung zu haben.")

— — — — — — — — —

---

[1]) Vergl. auch „Gesetze der entomologischen Nomenclatur" in Berliner Entom. Zeitung, 1858, S. XI—XXII.

[2]) Die citirten Stellen des Entwurfes sind durch die zurückgerückten Zeilen kenntlich gemacht.

Der Name dient lediglich als Mittel zur Verständigung. Zur Charakterisirung des Thieres dient die Diagnose.

—   —   —   —   —   —   —   —   —   —

4. In der systematischen Nomenclatur werden lateinische oder in Lateinform gebrachte Namen angewendet, doch müssen auch barbarische Namen, welche wie lateinische Wörter gebraucht und in das System eingeführt sind, als giltige angesehen werden.

5. Die von Linné begründete binäre Nomenclatur behält ihre Geltung, die ternäre Benennung der Subspecies darf jedoch für gewisse Fälle zur Erleichterung des Studiums angewendet werden. Mehr als drei Namen sind unzulässig.

6. Die Regeln für die zoologische Nomenclatur gelten für künftig zu gebende Namen ebenso wie für bereits gegebene.

Zu Punkt 5 wurde bemerkt (Lorenz), dass im „American Code" für die Fälle einer trinären Benennung eine bestimmtere Regel aufgestellt sei als hier und dass dort dargelegt werde, für welche Thierformen deren Anwendung empfehlenswerth erscheint, während im vorliegenden Entwurfe die Anwendung eines dritten Namens für die Subspecies[1] bloss als zulässig oder erlaubt hingestellt werde. Der „American Code" spreche sich diesbezüglich präcise aus, indem er hervorhebt, dass untereinander verschiedene Individuen oder eine Gesammtheit von solchen, welche durch Uebergangsformen sich als zu einer Art gehörig erweisen und dadurch als Subspecies (Unterarten) charakterisirt sind, als solche einen dritten Namen zu ihrer Unterscheidung erhalten sollen. Es wäre also hier die amerikanische Regel und Auffassung mehr zu empfehlen.

Der Ansicht, dass die trinäre Benennung in keinem Widerspruche mit dem Geiste der binären Benennung stehe, wurde beigepflichtet, sowie die erstere überhaupt im Allgemeinen Anklang fand.

Weiters wurde aber auch hervorgehoben (Handlirsch), dass es Fälle gebe, in welchen die Bezeichnung mit drei Namen für manche Formen einer Art nicht ausreiche und dass die Anwendung von vier und mehr Namen eventuell zuzulassen wäre; dies müsste nur als eine logische Consequenz der Einführung von besonderen Namen für die Subspecies befolgt werden. Beispiel: *Bombus hortorum* zerfällt in zwei Subspecies, welche als *Bombus hortorum* und *Bombus ruderatus* bezeichnet wurden. Beide Subspecies zerfallen wieder in eine Anzahl mehr oder minder scharf begrenzter und meist local gesonderter Formen, für die unbedingt ein vierter Name anzuwenden wäre und hätten dann diese etwa bezeichnet zu werden als: *Bombus hortorum hortorum nigricans*, *Bombus hortorum ruderatus ligusticus*, *Bombus hortorum ruderatus corsicus* etc.

---

[1] Der Begriff der Subspecies erscheint in dem vorliegenden Entwurfe nicht genau definirt.

Von anderer Seite (Halácsy) wurde bemerkt, dass auch in der Botanik in ähnlichen Fällen derartige Benennungen in Anwendung gebracht wurden. Lorenz findet das zu weit gehend. Die Namen hätten nicht den Zweck, die Verwandtschaft oder Aehnlichkeit zwischen den Subspecies des Formenkreises einer Art zum Ausdrucke zu bringen; es genüge, die einzelnen Formen trinominal zu bezeichnen und die Verwandtschaft oder Aehnlichkeit müsse in den Beschreibungen durch Differentialdiagnosen oder tabellarische Darstellungen dargelegt werden. Durch die Namengebung würde dies doch nur unvollkommen geschehen können.

II. Besonderer Theil.

A. Ueber den Begriff und die Schreibweise der Namen.

§. 1. Zur wissenschaftlichen Benennung der Thiere dienen zweierlei Namen: 1. Gruppennamen, zur Bezeichnung einer Gemeinschaft verschiedenartiger, aber unter sich mehr oder weniger ähnlicher, beziehungsweise verwandter Thiere, und 2. Artnamen, zur Bezeichnung einer Reihe gleichartiger Einzelwesen.

Gruppennamen bezeichnen folgende Begriffe: Classis (Classe), Ordo (Ordnung), Familia (Familie), Genus (Gattung), sowie deren Untergruppen.

Artnamen bezeichnen die Species (Art) und Subspecies (Unterart). — — — — — — — — — — — —

Für Punkt 2 wird vorgeschlagen (Lorenz), die folgende Fassung zu wählen: 2. Artnamen zur Bezeichnung einer Reihe gleichartiger oder durch Zwischenformen in einander übergehender Einzelwesen.

Ganglbauer macht darauf aufmerksam, dass die Anführung der Namen für die über der Gattung stehenden höheren Gruppen hier, wenigstens in der angegebenen Form, nicht ganz am Platze sei, indem zur Benennung der Thiere nur der Gattungsname in Verbindung mit dem Namen der Art, eventuell der Unterart gehören; die Gruppennamen Familie, Ordnung, Classe bezeichnen höhere systematische Kategorien, die aber bei der Benennung eines Thieres nicht in Anwendung kommen. Für diese dient nur eine Kategorie von Gruppennamen, nämlich der Gattungsname, und zwar in Verbindung mit dem Artnamen.

Anmerkung: Alle die Artnamen betreffenden Bestimmungen der folgenden Paragraphen gelten auch für die Unterarten.

§. 2. Familiennamen sind aus einem gebräuchlichen Gattungsnamen der betreffenden Gruppe, am besten derjenigen Gattung, welche den Charakter der Gruppe am schärfsten ausgeprägt zeigt, durch Veränderung der Genitiv-Endung in „idae" zu bilden; Unterfamilien erhalten die Endung „inae".

Alle Gruppennamen sind mit grossem Anfangsbuchstaben zu schreiben.

Gattungsnamen werden immer als ein einziges Wort ge-
schrieben, auch wenn sie aus mehreren Wörtern zusammengesetzt sind.
Erläuterung: Zu Familiennamen sollen gebräuchliche
Gattungsnamen benutzt werden. — — — — — — — —

§. 3. Artnamen sind immer als ein einziges Wort zu schreiben,
auch wenn sie aus mehreren Wörtern zusammengesetzt worden sind;
doch soll in solchen Fällen, wo durch Zusammenziehung zweier
Worte Unklarheiten entstehen können, durch einen Bindestrich die
Vereinigung vorgenommen werden. Sie erhalten immer einen kleinen
Anfangsbuchstaben und richten sich, wenn sie Eigenschaftswörter
sind, hinsichtlich ihrer Endung nach dem Geschlechte des zugehörigen Gattungsnamen. Sollte das Geschlecht des letzteren zweifelhaft sein, so bleibt die ursprüngliche Endung des Artnamens bestehen.

— — — — — — — — — — — — — — — — — —

Gegen die allgemeine Anwendung von kleinen Anfangsbuchstaben bei
den Artnamen, also auch wenn dieselben beispielsweise Eigennamen im Genitiv
sind, erhoben sich mehrere Stimmen. Für die Annahme dieser Regel wurde
aber geltend gemacht, dass der Usus, den Speciesnamen immer mit kleinem
Anfangsbuchstaben zu schreiben, von einem gewissen praktischen Werthe sei, indem dadurch eine Vereinfachung in der Schreibweise erzielt werde und Zweifel,
ob man es mit einem Eigennamen zu thun habe oder nicht, dadurch von selbst
aufgehoben werden.

§. 4. Localformen, welche in so geringem Grade durch Färbung,
Form oder Grössenverhältnisse von einander abweichen, dass sie
nach einer Diagnose ohne Zuhilfenahme von Vergleichsmaterial oder
ohne Kenntniss des Fundortes nicht festgestellt werden können,
sollen nicht als Species mit zwei Namen bezeichnet werden, sondern
als Subspecies durch Anhängung eines dritten Namens an den der Art,
von welcher die Subspecies abgezweigt ist. Eine Trennung der drei
Namen durch irgendwelche Zeichen oder Wörter ist nicht statthaft.

Unbeständige individuelle Abweichungen einer Art (Spielarten)
oder Missbildungen sind als Varietäten mit einem dem Artnamen
„var.", beziehungsweise als Monstrositäten mit einem angehängten
„monstr." zu bezeichnen.

Bastarde werden durch Vereinigung der Namen beider Eltern-
arten vermittelst eines liegenden Kreuzes (X) bezeichnet. Jedem
der beiden Namen ist, wenn bekannt, das Geschlecht beizufügen.

— — — — — — — — — — — — — — — — — —

Hiezu wird bemerkt (Lorenz), dass es sich bei Annahme von Subspecies
nicht um den geringeren oder grösseren Grad der Abweichung localer Formen
handle und auch nicht darum, ob sich dieselben leicht oder schwer unterscheiden
oder bestimmen lassen, sondern lediglich darum, ob dieselben durch Zwischen-

formen als zu einer Art gehörig sich erweisen. Sind solche locale Formen, welche durch Zwischenformen in einander übergehen, vorhanden, so ist die trinäre Benennung derselben empfehlenswerth.

Der binäre Name hat die Gesammtheit der Localformen einer Species zu bezeichnen; der trinäre Name jede einzelne Form. Wer diese nicht unterscheidet, sondern nur von dem ganzen Formenkreis (Species) sprechen will, wendet bloss den binären Speciesnamen an. Es ist aber im anderen Falle jede der als Subspecies unterschiedenen Formen mit einem dritten Namen zu benennen und geht es nicht an, eine dieser Formen etwa als die typische binär zu bezeichnen, weil man sonst nie wissen könnte, ob mit der angewandten binären Benennung bei einer Art, welche in subspecifisch verschiedene Formen zerfällt, eine dieser Formen oder die Gesammtheit derselben gemeint sei. Es würden da zwei Begriffe, von denen der eine (Species) den anderen (Subspecies) einschliesst, unter eine und dieselbe Bezeichnung fallen. Es werden nicht eine oder mehrere Subspecies von einer Art abgezweigt, sondern die Art zerfällt in mindestens zwei oder mehrere Subspecies, von der jede mit einem dritten Namen zu bezeichnen wäre. Eine einzelne Subspecies gibt es nicht, sondern wo eine solche existirt, muss mindestens noch eine zweite vorhanden sein, die mit ihr die Art zusammensetzt.

Bei dieser Auffassung müsste für die Benennung der in Subspecies zerfallenden Arten ein von dem in dem „American Code" zuerst vorgeschlagenen verschiedener Brauch in Anwendung kommen. Es wäre, wenn man beispielsweise von der Ringamsel (Merula torquata) eine zweite Form unterscheidet, welche in einem bestimmten Gebiete vorkommt, aber zugleich mit der ursprünglich als Merula torquata beschriebenen Form durch Uebergangsformen als zu einer Art gehörig erscheint, die neu unterschiedene Form trinär. also etwa als Merula torquata alpestris zu benennen; es müsste aber gleichzeitig, sobald von der ursprünglich beschriebenen Form, im Gegensatze zu der neu constatirten, die Rede ist, auch jene mit einem dritten Namen benannt werden. Hiebei wäre erst noch darüber eine Einigung zu erzielen, ob man in einem solchen Falle die ursprünglich bekannte Form als Subspecies durch Wiederholung des Speciesnamen kenntlich machen, also Merula torquata torquata nennen, oder ob man für sie als Subspecies einen besonderen Namen. wie z. B. Merula torquata septentrionalis, einführen solle, sobald noch kein solcher für sie in Anwendung gekommen ist. Es dürfte sich das letztere vor Allem aus dem Grunde empfehlen, weil sich nicht immer oder sehr selten feststellen lassen wird, welche Form der in Subspecies getheilten Species dem Autor der letzteren vorgelegen war und weil in vielen anderen Fällen alle subspecifisch verschiedenen Formen, indem dieselben nicht unterschieden wurden, unter dem ursprünglichen Speciesnamen verstanden worden waren.

In dem angeführten Beispiele würde der binäre Name Merula torquata nur zur Bezeichnung beider Ringamsel-Formen zusammen dienen:

$$Merula\ torquata = Merula\ torquata\ alpestris + Merula\ torquata\ septentrionalis.$$

Sobald aber diese beiden thatsächlich deutlich verschiedenen Formen nicht ineinander übergehen würden, wären dieselben als zwei verschiedene Species (Arten) aufzufassen und als *Merula torquata* und *Merula alpestris* binär zu unterscheiden.

Dieser Darstellung beistimmend, wurde ferner bemerkt (B r a u e r), dass zum Charakter einer Art nur jene Merkmale gehören, welche allen Subspecies derselben gemeinsam sind; der Artcharakter resultire aus der Subtraction der Charaktere der Unterarten. Man könne immer nur Individuen oder Reihen von solchen vergleichen; hiebei ergebe sich das Gemeinsame und das Verschiedene der einzelnen Merkmale und erst hier zeige es sich, ob subspecifische Verschiedenheiten obwalten. Die wahren Artcharaktere werden bei einer grossen Zahl von Arten erst in der Zukunft fixirt werden können, jetzt sind die für manche Arten angegebenen Charaktere in der That nur Charaktere eines oder weniger bisher untersuchter Individuen und es werde sich erst mit der Zeit herausstellen müssen, ob die für das eine Individuum angegebenen Merkmale auch für alle anderen Individuen der Art gelten.

B. Ueber den Beginn der zoologischen Nomenclatur und die Priorität.

§. 5. Die allgemeine Giltigkeit des Prioritätsgesetzes beginnt mit der X. Ausgabe von Linné's „Systema Naturae" (1758).

Erläuterung. Das Jahr 1758 gilt als Anfangszeit des Prioritätsgesetzes ebensowohl für Gattungs- wie für Artnamen. Artnamen solcher Schriftsteller, welche nicht die binäre Nomenclatur im Princip angewendet haben, können nicht berücksichtigt werden, auch wenn solche zufällig den Gesetzen der binären Nomenclatur entsprechen. Daher sind z. B. Brisson's Gattungsnamen anzunehmen, seine Artnamen aber sämmtlich zu verwerfen.

Der Schluss der Erläuterung wurde als unconsequent und im Widerspruche mit den vorhergehenden Sätzen stehend angefochten (G a n g l b a u e r, G r o b b e n) und die allgemeine Ansicht ging dahin, dass auch die Gattungsnamen nur von solchen Autoren zu acceptiren seien, welche principiell die binäre Nomenclatur angewendet haben. Brisson, Geoffroy, Voet u. A. wären daher als Autoren von Gattungen zu ignoriren.

§. 6. Der erste seit 1758 nach den Regeln der binären Nomenclatur für eine Gattung oder Art veröffentlichte Name hat dauernde Giltigkeit, auch in seiner ursprünglichen Schreibweise; nur ist die Endsilbe eines adjectivischen Artnamens dem Geschlecht des zugehörigen Gattungsnamens anzupassen und ein ursprünglich gross geschriebener Artname mit kleinem Anfangsbuchstaben zu schreiben.

Abweichungen vom Gesetze der Priorität sind unzulässig, mit Ausnahme der unter §§. 11 und 12 genannten Fälle.

Anmerkung: Ausnahmsweise sollen folgende Veränderungen
bestehender Namen gestattet sein:

a) einen veröffentlichten Namen zu verändern, wenn diese Veränderung durch den Autor selbst in demselben Werke, beziehungsweise in demselben Jahrgange der Zeitschrift, wo der Name
veröffentlicht ist, in der deutlichen Form einer Berichtigung
erfolgt;

b) nach Personennamen in Genitivform gebildete Artnamen gemäss
der in §. 3 Anmerkung empfohlenen Schreibweise umzugestalten;
jedoch nur so weit, als es sich um Veränderung eines einzelnen
Buchstaben oder Weglassen von Titel, Adelsbezeichnungen u. dgl.
handelt (z. B. *livingstonii* in *livingstonei*, *gouldii* in *gouldi*, *de-
filippii* in *filippii*);

c) zweifellose Schreib- oder Druckfehler zu verbessern. Jedoch em-
pfichlt es sich, in solchen Fällen die Veränderung durch den
Druck kenntlich zu machen.

Auf Familien- und höhere Gruppennamen findet das Prioritäts-
gesetz keine unbedingte Anwendung; jedoch empfiehlt es sich, die
bestehenden Familiennamen möglichst beizubehalten.

§. 7. Als Datum der Veröffentlichung gilt der Zeitpunkt, an
welchem der Name in Verbindung mit einer zur Bestimmung ausreichenden Kennzeichnung (Beschreibung oder Abbildung) durch den
Druck veröffentlicht worden ist.

Als ausreichende Kennzeichnung einer Gattung genügt die
Angabe einer bekannten oder hinreichend gekennzeichneten Art
als Typus.

Anmerkung. Nach Obigem haben „nomina nuda", d. h.
Namen, welche ohne gleichzeitige oder vorangegangene Kennzeichnung
der benannten Gattung oder Art veröffentlicht worden sind, ebenso
Manuscriptnamen keine Giltigkeit.

Eine Gattung kann nur durch Angabe von Charakteren definirt, aber nie
durch blosse Nennung einer sogenannten typischen Art gekennzeichnet werden
(Brauer).

An dieser Stelle wurde die Frage aufgeworfen, was von einer Gattung zu
halten sei, welche wohl bereits definirt ist, für die aber die zugehörigen Species
noch nicht namhaft gemacht sind? Antwort: Die Gattung ist anzuerkennen, wenn
sie ausreichend definirt ist, auch ohne Angabe der zu ihr gehörigen Arten.

§. 8. Sind verschiedene Namen gleichzeitig als Bezeichnungen
derselben Gattung veröffentlicht, so erhält zunächst derjenige den
Vorzug, bei welchem ein Typus angegeben ist, sodann derjenige,
welcher mit der deutlichsten Beschreibung versehen ist.

Hiezu wurde bemerkt (Brauer), dass der Ausdruck Typus hier nur dann
angenommen werden könne, wenn damit eine bereits gut beschriebene Art gemeint

C*

sei, welche die angegebenen Charaktere der Gattung thatsächlich aufweist, aber nicht, wenn es sich um ein sogenanntes typisches Exemplar handle, welches nicht oder unvollkommen beschrieben ist.

§. 9. Ist eine Art in demselben Werke unter verschiedenen Namen beschrieben, so hat der voranstehende Name den Vorzug. Ist die Art unter verschiedenen Namen in gleichzeitig erschienenen Werken beschrieben, so erhält zunächst derjenige Name den Vorzug, dessen Diagnose die Art am sichersten kennzeichnet, danach, falls Männchen und Weibchen oder verschiedene Entwicklungsstadien unter verschiedenen Namen stehen, derjenige, welcher das Männchen, beziehungsweise das meist entwickelte Thier betrifft, endlich derjenige, welcher die Art am passendsten bezeichnet.

Dazu wurde bemerkt, dass nicht immer der voranstehende Name zu bevorzugen sei. Es hätte für den ersten Fall, dass eine Art unter verschiedenen Namen in demselben Werke angeführt sei, die gleiche Regel zu gelten, wie für den Fall, dass die Art unter verschiedenen Namen in zwei gleichzeitig erschienenen Werken beschrieben wurde.

§. 10. Werden Arten, welche früher in einer Gattung vereinigt waren, generisch gesondert, so verbleibt der alte Gattungsname derjenigen Art, welche als Typus angegeben ist, oder welche aus dem Zusammenhange mit Sicherheit als solcher gedeutet werden kann. Ist kein Typus angegeben oder zu erkennen, so hat der die Trennung vornehmende Autor die Berechtigung, eine der Arten zum Typus zu bestimmen.

Die Abänderung dieses Paragraphen wurde von mehreren Seiten im nachstehenden Sinne angeregt:

Wenn eine Gattung getheilt wird, so ist es empfehlenswerth, den ursprünglichen Gattungsnamen für eine Gruppe von Arten zu erhalten; als Autor kommt aber dann zu dem alten Gattungsnamen derjenige, welcher für diesen eine neue Definition gegeben und die Theilung vorgenommen hat.

Wenn eine Art getheilt wird, so ist zu jeder der neu gebildeten Arten, sowohl zu jener, welcher etwa der alte Name belassen wurde, als zu der neu benannten der Name desjenigen als Autor zu setzen, der dieselben zuerst unterschieden hat. Der ursprüngliche Name mit dem früheren Autor ist als Synonym zu beiden neuen Arten mit dem Beisatze „pro parte" oder „partim" zu stellen.

C. Ueber die Verwerfung von Namen.

§. 11. Ein Gattungsname ist zu Gunsten eines späteren zu verwerfen, wenn er als Bezeichnung eines Gattungsbegriffes bereits früher in der Zoologie angewendet worden ist.

Es wurde für genügend befunden, wenn es in dem vorstehenden Satze nach Leuckart's Beispiel statt „in der Zoologie", lauten würde: „in einer Classe des Thierreiches".[1])

§. 12. Ein Artname ist zu Gunsten eines späteren zu verwerfen, wenn er in derselben Gattung, sei es auch nur als Synonym, bereits vorkommt.

Anmerkung. Ein Artname darf nicht verworfen werden, wenn eine neue systematische Anschauung die Vereinigung desselben mit einem gleichlautenden Gattungsnamen erfordert. Man wird also sagen: *Buteo buteo* (L.), *Milvus milvus* (L.). Bei der Bildung neuer Namen möge man aber vermeiden, für die Art den gleichen Namen wie für die Gattung zu verwenden und umgekehrt. Es empfiehlt sich ferner, bei Neubildung von Artbezeichnungen übermässig lange, sowie solche Namen zu vermeiden, welche in verwandten Gattungen bereits benützt worden sind.

Die Ansichten über die Verwendung der Synonyme als Artnamen in derselben Gattung waren sehr getheilt.

Von Brauer wurden folgende Regeln in Vorschlag gebracht: Ein in einer Gattung vorkommender giltiger Artname darf innerhalb derselben Gattung nicht noch einmal verwendet werden. Auch soll man die Verwendung von in der Synonymie vorkommenden Namen für neue Arten in Zukunft vermeiden. — Derselbe verurtheilte bei dieser Gelegenheit die Thätigkeit von Personen, welche sich vorwiegend damit befassen, in verschiedenen Publicationen die bereits verwendeten Namen ausfindig zu machen und durch neue zu ersetzen, denen sie dann ihren Namen als Autor beifügen, ohne die betreffenden Thiere sonst kritisch bearbeitet zu haben. Dies sei eine traurige Richtung sogenannter wissenschaftlicher Thätigkeit.

§. 13. Ein jetzt im Gebrauch befindlicher Name soll zu Gunsten eines älteren nur dann verworfen werden, wenn der ältere mit unbedingter Sicherheit auf die betreffende Art zu beziehen ist.

Sollte als Hauptsatz vor §. 11 zu stehen kommen.

D. Ueber Anwendung und Schreibweise der Autornamen.

§. 14. Als Autor eines Gattungs- oder Artnamens gilt derjenige, welcher denselben zuerst veröffentlicht hat. Sein Name wird ohne jegliches Zwischenzeichen dem betreffenden Thiernamen nachgesetzt.

Allgemein wurde gefunden, dass der erste Satz nur für die Artnamen aufzustellen und daher das Wort „Gattungs" darin auszulassen sei. Dagegen wäre

---

[1]) Leuckart, Bericht der mathem.-physik. Classe der kgl. sächs. Gesellsch. d. Wissensch., 1886, S. 357. Note im Aufsatze über *Ascosoma*.

vor „veröffentlicht" einzuschalten „mit einer ausreichenden Beschreibung oder kenntlichen Zeichnung".

Bezüglich der Gattung sei eine besondere Regel aufzustellen und hätte dieselbe etwa zu lauten: Für Gattungsnamen gilt derjenige, welcher denselben zuerst veröffentlicht hat, nur dann als Autor, wenn der Umfang und Begriff der Gattung später nicht durch einen anderen Autor abgeändert wurde. Im Uebrigen ist der Gattung einfach der Autor beizusetzen, in dessen Sinne und Umfange die Gattung aufgefasst und angenommen wird.

Ganglbauer hebt hervor, dass der Autor bei dem Gattungs- oder Artnamen als nichts Anderes als ein abgekürztes Citat aufzufassen sei und als solches in erster Linie richtig sein müsse.

Bei Speciesbezeichnungen wird der Autorname in Klammern gesetzt, wenn der Artname mit einem anderen als dem ursprünglichen Gattungsnamen verbunden ist.

Dies wurde für überflüssig gehalten (Brauer, Ganglbauer, Handlirsch, Lorenz). Denn die Klammer zeigt wohl an, dass der Autor des Artnamens diesen ursprünglich mit einem anderen Gattungsnamen in Verbindung gebracht hatte, es ist aber daraus noch immer nicht ersichtlich, mit welchem. Der Vortheil, dass man, durch die Klammer aufmerksam gemacht, bei der Originalbeschreibung die Art nicht unter dem ihr voranstehenden Gattungsnamen vergeblich suchen wird, wird dadurch aufgehoben, dass der Usus, eine Klammer zu setzen, andererseits ein viel häufigeres und zeitraubenderes Nachschlagen zu Folge hat, um zu constatiren, ob die Klammer zu setzen sei oder nicht. Der Autorname gilt nur für die Speciesbezeichnung und hat auf die Gattung keinen Bezug.

Bei trinär gebildeten Bezeichnungen wird nur dem dritten Namen (dem der Unterart), nicht gleichzeitig auch dem zweiten (dem der Art) der Autorname zugefügt, ebenso wenig wie bei Artnamen der Autor der Gattung oder gar derjenige, welcher die Art in eine andere Gattung als der Beschreiber gesetzt hat, anzuführen ist.

Anmerkung: Geringe Veränderungen, welche gemäss §. 6 Anmerkung b und c an einem Thiernamen vorgenommen worden, berühren die Autorschaft des Namens nicht.

Es empfiehlt sich, die Autornamen abgekürzt zu schreiben und dazu die vom Berliner Museum vorgeschlagenen und vom Pariser Congress 1889 angenommenen Abkürzungen möglichst zu benützen.

— — — — — — — — — — — —

Bei dem Congresse zu Budapest wurde der namentlich von Claus befürwortete Antrag, bei dreifachen Namen nebst dem Autor der Subspecies auch den der Species zu schreiben, mit Mehrheit von einer Stimme abgelehnt; bei der Discussion in der zoologisch-botanischen Gesellschaft war die überwiegende Mehrzahl von Fachleuten für die Beisetzung des Autors der Art bei der trinären Bezeichnung der Subspecies.

Es wurde betont (Ganglbauer), dass es als ein Hauptgrundsatz festzuhalten wäre, dass der Autorname von der Bezeichnung für die Art
unzertrennlich sei.

Botanischer Discussionsabend am 19. Februar 1892.

Herr Dr. C. Bauer demonstrirte den für Oesterreich neuen Pilz
Nectria importata Rehm, welchen Herr Wennemar v. Hasenkamp
in der Wiener Stadtgärtnerei auf *Dracaena indivisa* gefunden hat.

Diese Art wurde bisher nur einmal von Prof. Magnus im Berliner botanischen Garten auf *Pandanus* beobachtet. Die in P. A. Saccardo's „Sylloge
Fungorum" gegebene Diagnose der auf *Pandanus* vorkommenden *Nectria importata* Rehm stimmt mit der vorgelegten bis auf ganz geringe Abweichungen
in Bezug auf Länge der Asci und Sporen[1]) vollkommen überein.

Herr Dr. C. Bauer besprach ferner das Keimen von Samen
in den Beerenfrüchten von *Pernettia mucronata* Lindl. Ein im
Wiener k. k. botanischen Garten cultivirtes Exemplar trug heuer
reichlich Früchte, in denen sich vollkommen entwickelte Keimlinge
fanden. Näheres darüber wird der Vortragende demnächst in der
österreichischen botanischen Zeitschrift veröffentlichen.

Herr Prof. Dr. Josef Boehm hielt einen von Demonstrationen
begleiteten Vortrag über die Kartoffelkrankheit und formulirte
die Resultate seiner mehrjährigen Versuche vorläufig in folgenden
Sätzen:

1. Die wahre Nassfäule ist durch den Verschluss der Lenticellen bedingt
und somit eine Folge gehemmter Athmung. Die sodann durch Bacterien ver-
aulasste „Fäulniss" ist eine secundäre Erscheinung. Bei vollständigem Luft-
abschlusse erfolgt Buttersäuregährung.

2. Bei der Kartoffelkrankheit im engeren Sinne wird das Gewebe durch
Phytophthora infestans getödtet. Die weiteren Veränderungen, welche das ge-
tödtete Kartoffelfleisch erleidet, sind durch die Intensität der Infection, die Grösse
der Kartoffel, durch die Temperatur und Feuchtigkeit der umgebenden Luft bedingt.

3. Unter Bedingungen, welche für die Entwicklung aërober Bacterien
günstig sind, verjauchen die Kartoffeln; erfolgt das Absterben jedoch langsam
und bei hinreichender Zufuhr von Sauerstoff, so verkorken die Zellwände:
die Kartoffel wird trockenfaul. Die Verkorkung erfolgt von aussen nach innen.

---

[1]) Derartige Zahlendifferenzen sind bei Saccardo nicht selten zu finden.

4. Die Infection der Kartoffeln im Boden erfolgt nie durch die unverletzte Schale, sondern wird durch Insecten und Schnecken vermittelt. In den Mietben werden gesunde Knollen nie von pilzkranken Nachbarn inficirt. 5. Aus einer pilzkranken Kartoffel entwickelt sich entweder gar keine Pflanze oder eine völlig gesunde. Die derzeit unbezweifelte Behauptung, dass die *Phytophthora* in den Knollen überwintere und mit diesen auf das Feld gebracht werde, ist entschieden unrichtig; die Form und Art der Ueberwinterung des Pilzes ist gänzlich unbekannt. 6. Bei 0° C. entwickelt sich in inficirten Kartoffeln der Pilz nicht nur nicht weiter, sondern stirbt ab; nur das von demselben bereits durchwucherte Fleisch, welches zunächst ganz normal aussah, verjaucht oder verkorkt.

Herr Dr. Carl Fritsch referirte hierauf über:

O. Kuntze, Revisio generum plantarum vascularium omnium atque cellularium multarum secundum leges nomenclaturae internationales cum enumeratione plantarum exoticarum in itinere mundi collectarum. 2 Vol. Lipsiae, 1891.

Es war im Jahre 1879, als O. Kuntze durch die weitgehenden reformatorischen Ideen, die er in seiner „Methodik der Speciesbeschreibung" [1] entwickelte, die Aufmerksamkeit der Systematiker auf sich zog. Kuntze war damals durch die Bearbeitung der aussergewöhnlich formenreichen Gattung *Rubus* auf den Standpunkt gekommen, dass der bisher festgehaltene Speciesbegriff unhaltbar sei, und er schlug nun vor, denselben durch verschiedene andere Begriffe, wie „Gregiform", „Singuliform" etc. zu ersetzen. Die damals von Kuntze gemachten Vorschläge sind nicht angenommen worden, weil sie die Nomenclatur sowohl, als auch das System nicht vereinfacht, sondern nur noch mehr verwirrt hätten, und der Verfasser ist inzwischen selbst zu dem alten Speciesbegriff zurückgekehrt, wenn er denselben auch in der Regel weiter fasst, als die Mehrzahl der jetzt lebenden Systematiker dies zu thun gewohnt ist.

Wurde Kuntze schon damals, von einer speciellen Studie ausgehend, zu allgemeinen Fragen und deren Beantwortung gedrängt, so verhält es sich auch mit dem vorliegenden, bedeutungsvollen Werke. Der Verfasser hatte in den Siebziger Jahren eine Weltreise unternommen und von derselben ein grosses Pflanzenmaterial mitgebracht, dessen Bearbeitung ihn begreiflicher Weise mehrere Jahre hindurch beschäftigte. Selbstverständlich fand sich auch gar manches Neue in der reichhaltigen Collection: 152 neue Arten [2], 9 neue Gattungen, die alle im vorliegenden Werke beschrieben sind. Bei der Untersuchung und Bestimmung des Materials ergab sich oft die Nothwendigkeit, eine oder die andere Arten-

---

[1] O. Kuntze, Methodik der Speciesbeschreibung und *Rubus*. Monographie der einfachblätterigen und krautigen Brombeeren. Leipzig, 1879.
[2] Die Anzahl der neuen Arten ist viel grösser, wenn man den Artbegriff enger fasst als Kuntze: denn Letzterer beschreibt in der „Revisio generum" sehr zahlreiche neue „Varietäten".

gruppe oder ganze Gattung monographisch zu revidiren, oder auch die Grenzen zwischen verwandten Gattungen zu präcisiren, schlecht begründete Gattungen einzuziehen u. dgl. In dieser Hinsicht birgt das Buch so viele Beiträge zur systematischen Botanik, dass es dadurch allein schon ein wichtiges Nachschlagebuch für jeden Systematiker ist.

Die Hauptaufgabe aber, die sich der Verfasser in dem vorliegenden Werke gestellt hat, ist die Revision der Nomenclatur sämmtlicher Phanerogamen- und vieler Kryptogamen-Gattungen auf Grund des Prioritätsgesetzes. Durch diese Revision hat die erschreckende Anzahl von mehr als 1000 Gattungen ihren gebräuchlichen Namen ändern müssen. Das Verdienst, welches sich Kuntze durch diese Nomenclatur-Forschungen erworben, ist in den Augen derjenigen, die in der strengen Durchführung von Nomenclatur-Regeln das einzige mögliche Ende der heutzutage herrschenden Confusion sehen, ein ausserordentlich grosses, während natürlich Andere, die derlei historische Forschungen für Zeitvergeudung halten, es sehr bedauern werden, dass der scharfsinnige Verfasser so viel Mühe und Zeit auf eine so secundäre Sache, wie die Nomenclatur, verschwendet habe.[1]

Leider existirt in der Gegenwart nicht nur der Gegensatz zwischen den Anhängern und den Feinden der Nomenclaturgesetze im Allgemeinen, sondern es gibt auch noch verschiedene Principien, nach welchen die Autoren die Nomenclatur richtig stellen wollen. In Bezug auf die Nomenclatur der Arten besteht ein scharfer Gegensatz zwischen jenen, welche den ältesten Artnamen auch dann anwenden, wenn er ursprünglich mit einem anderen Gattungsnamen verknüpft war, z. B. *Ceratocephalus testiculatus* Freyn (1888) = *Ranunculus testiculatus* Crantz (1763) = *Ceratocephalus orthoceras* DC. (1818), und jenen, welche nur den ältesten Speciesnamen in derselben Gattung gebrauchen. Unter den deutschen Botanikern der Gegenwart folgen nur wenige dem letzteren Princip, so z. B. Beck, der in seiner „Flora von Niederösterreich" demgemäss den De Candolle'schen Namen für die eben als Beispiel erwähnte Art in Anwendung bringt. In England dagegen ist dieses Princip allgemein üblich. Kuntze wendet sich gleich in den ersten Seiten scharf gegen dieses Verfahren und widerlegt die Argumente, welche für letzteres angeführt zu werden pflegen.

Um die Nomenclatur der Gattungen haben sich die Systematiker bisher relativ wenig gekümmert; Beck ist einer der wenigen, die in neuester Zeit eingreifendere Aenderungen in der Gattungsbenennung durch Anwendung des Prioritätsgesetzes vorgenommen haben. So verwandelte der genannte Autor in seiner „Flora von Niederösterreich" unter den Gramineen: *Baldingera* in *Typhoides*, *Corynephorus* in *Weingaertneria*, *Cynodon* in *Fibichia*. Die Gattungsnomenclatur wird aber verschieden ausfallen, je nachdem man auf den ältesten Namen seit Tournefort oder seit Linné, beziehungsweise auch bis auf welches Werk Linné's man zurückgeht. In dieser Hinsicht bestehen auch differente

---

[1] Von diesem Standpunkte aus hat Drude in den „Berichten der Deutschen botanischen Gesellschaft" das Kuntze'sche Werk beurtheilt.

Meinungen, die natürlich die Sache noch mehr verwirren. Die geringsten Um-
änderungen würden wohl dann nothwendig sein, wenn man nur bis zum Jahre
1753, in welchem die erste Ausgabe von Linné's „Species plantarum" erschien,
zurückginge: bekanntlich hat aber Linné die meisten seiner Gattungen wesentlich
früher aufgestellt. Kuntze kommt zu dem Schlusse, dass die erste Ausgabe
von Linné's „Systema naturae". beziehungsweise also das Jahr 1735, als
Anfang für die Nomenclatur der Genera anzunehmen sei. Schon dieses
Princips wegen mussten viele Namen geändert werden, andere wegen der nothwendigen Rücksicht auf Linné's theilweise sehr vernachlässigte Zeitgenossen,
wieder andere — und es sind deren nicht wenige! — einfach desshalb, weil
irgendwelche später gegebene Namen, die keine Berechtigung haben, zu Ungunsten
älterer vergessener sich eingebürgert haben.

122 Genera hat Kuntze nur wegen „Homonymie" umgetauft. Es
handelt sich aber dabei nicht nur um vollständig gleichlautende Namen, sondern
auch um solche, die zwar von demselben Stamme abgeleitet wurden, aber verschiedene Endungen haben. In dieser Hinsicht dürfte der Verfasser vielleicht
etwas zu weit gegangen sein: er ändert z. B. *Rubia* in *Rubina* wegen der
„Homonymie" mit *Rubus*; ebenso will er *Stictis* und *Sticta*, *Atropis* und *Atropa*,
Bunias und *Bunium* u. dgl. nicht neben einander gelten lassen. Gerade bei
den genannten Gattungen dürften aber Verwechslungen wohl nicht leicht vorkommen.

Im Allgemeinen hat sich Kuntze an die Bestimmungen des Con-
gresses von 1867 gehalten, aber in einem eigenen längeren Capitel seines Buches
verschiedene Abänderungen und Zusätze zu diesen Bestimmungen vorgeschlagen. auf welche hier näher einzugehen allerdings zu weit führen würde.
Es wird natürlich nicht zu vermeiden sein, dass diese Vorschläge nur theilweise
Eingang finden — einige Systematiker werden diese. andere jene Vorschläge
acceptiren — vielleicht kein einziger alle ohne Ausnahme! Ein einzelner Botaniker
wird sich wohl schwerlich jemals so unbedingte Autorität verschaffen, dass alle
übrigen weitgehendere Reformvorschläge desselben ohne Bedenken annehmen
würden! Es wäre wohl wünschenswerth, dass ein neuer botanischer
Congress[1]) zusammenträte und die unerquickliche Nomenclaturfrage wieder als Hauptpunkt auf sein Programm setzte; wenn es
auch dann immer noch Einzelne geben wird, die den Beschlüssen des Con-
gresses nicht Folge geben, so wird sich doch gewiss die Mehrzahl der einsichts-
vollen Systematiker in einer Sache, wie die Nomenclatur, die ja schliesslich
doch nur auf conventionellen Regeln beruhen kann. den Ansichten der Con-
gressmajorität anschliessen. Die Bestimmungen des Jahres 1867 müssten im
Allgemeinen dem neuen Congress als Basis dienen; die von Kuntze und
Anderen vorgeschlagenen Aenderungen wären durchzubesprechen und Punkt für
Punkt darüber zu beschliessen. Bei dieser Gelegenheit könnte auch die Frage,

---

[1]) Wenige Wochen nach dem Niederschreiben dieser Zeilen erhalte ich die Einladung zu einem
internationalen botanischen Congress zu Genua im September 1892.

bis zu welchem Jahre man in Bezug auf die Gattungsbenennung zurückgehen solle, neuerlich aufs Tapet gebracht werden, namentlich mit Rücksicht auf die von einander abweichenden Vorschläge von De Candolle und Kuntze, deren ersterer nur bis 1737 zurückgreifen will.

Nach diesen allgemeinen Betrachtungen erübrigt es noch, genauer auf den Inhalt des Kuntze'schen Werkes einzugehen. Letzteres beginnt mit einem Vorwort, welches unmittelbar vor Erscheinen des Werkes geschrieben wurde und einige Hauptpunkte bezüglich der Nomenclatur betont; es enthält die Widerlegung des Bentham'schen Princips der Speciesnomenclatur, Bemerkungen über Autorencitation (Klammermethode!) u. A. m. In letzterer Hinsicht macht der Verfasser den beachtenswerthen Vorschlag, statt *Ipomoea reptans* (L.) Poir. (d. h. *Ipomoea reptans* Poir. = *Convolvulus reptans* L.), *Ipomoea reptans* Poir. (L.) zu schreiben, also den Namen desjenigen, der die Pflanze in der richtigen Gattung zuerst mit dem richtigen Artnamen bezeichnete, voranzustellen. Dieser Vorschlag hat den unleugbaren Vortheil, dass beim oberflächlichen Abkürzen eines längeren Citates[1] kein Fehler entsteht, da *Ipomoea reptans* Poir. richtig, *Ipomoea reptans* L. (ohne Klammer) aber falsch ist. Ueber diese Sache lässt sich übrigens debattiren, da man für die bisher übliche Schreibweise auch mehr als einen Grund anführen kann. Auch diese — wenn auch nebensächliche — Frage könnte ein etwaiger Congress entscheiden.

Dem Vorworte folgt zunächst das „Itinerar", eine auf zwei Druckseiten zusammengedrängte Skizze der von Kuntze unternommenen Weltreise. Hierauf folgen 16 Capitel unter dem gemeinsamen Titel: „Zur Revision der Gattungsnamen". Dieser Theil des Buches enthält eine Besprechung von Durand's „Index generum", eine solche von Pfeiffer's „Nomenclatur botanicus", dann einige historische Capitel („Linné's Concurrenz mit Zeitgenossen", Besprechung der Fehler und Inconsequenzen, die sich Linné, Robert Brown u. A. zu schulden kommen liessen); ferner die Besprechung „verschiedener Auffassungen über rechtsgiltige Gattungsbegründung", dann weiters: „Nomina seminuda", „Namensveränderungen bei Erhebung von Sectionen zu Gattungen und wegen linguistischer Mängel". dann ein Capitel über Homonymie. In letzterem weist der Verfasser nach, dass die meisten Gattungs-Homonyme durch Benennung von Gattungen nach Personen entstanden sind, und schlägt desshalb „zur künftigen Vorbeugung von Homonymen" vor, nicht immer nur die Endungen —*a* oder —*ia* an die Personennamen anzuhängen, sondern andere Suffixe, Praefixe etc. in Anwendung zu bringen. Namen, wie *Grisebachiella, Gayophytum, Neobaronia* u. dgl. klingen ja thatsächlich ganz annehmbar. Wenn uns Kuntze aber mit Gattungen, wie *Richterago, Hasskarlinda, Schweinfurthafra, Muelleramra, Maximowasia, Hen-*

---

[1] Wenn in Kerner's „Schedae ad floram exsiccatam Austro-Hungaricam" (Nr. 1816) zu lesen ist: „*Doronicum Carpaticum* Griseb. et Schenk, Iter Hung. in Wiegm., Arch., 1852, p. 342, pro var. *Aronici scorpioidis*. — Nym., Supplem., Syll., I, Flor. Eur., p. 1 (1865)*, so liegt es sehr nahe, dass ein oberflächlicher Abschreiber daraus *Doronicum Carpaticum* Griseb. et Schenk (statt Nyman) notirt, welches nie existirt hat.

D*

ningsocarpum, Pasaccardoa, Sirhookcra u. s. w. beschenkt, so werden dies wohl nicht nur die Philologen perborresciren, sondern es wird dies auch den meisten anderen Sterblichen geschmacklos erscheinen. Dass ähnliche Namen schon existiren, ist allerdings wahr; an manche derselben haben wir uns vollständig gewöhnt, wie z. B. an *Carludovica* (entstanden aus Carolus und Ludovica).

Die weiter folgenden Capitel betiteln sich: „Annähernd gleiches Erscheinen neuer Publicationen. Gesellschaftsschriften. Unvollkommenheit der Bibliotheken." — „Bentham et Hooker's „Genera plantarum" und deren Vernachlässigung der Literatur vor Robert Brown." — „Das Bequemlichkeitsmotiv als Hinderungsgrund, rechtmässige Namen wieder herzustellen." — „Linné's „Systema naturae", editio princeps 1735, als Anfang unserer Nomenclatur für Genera."

Nun folgen die schon erwähnten Abänderungsvorschläge und Commentare zu den internationalen Nomenclaturregeln. Hieran schliesst sich ein wichtiger Abschnitt, nämlich „Notizen zu Pritzel's Thesaurus literaturae botanicae", eine Reihe werthvoller Ergänzungen und Verbesserungen des genannten, uns unentbehrlichen Werkes, die namentlich bei Nomenclaturfragen von grösster Wichtigkeit sein können. Um nur ein Beispiel anzuführen, weist der Verfasser nach, dass die einzelnen Bände von Willdenow's „Species plantarum" durchwegs später erschienen sind, als die Titelblätter und mit diesen auch Pritzel angeben, so z. B. der dritte Theil des dritten Bandes nicht 1800, sondern 1804, was bei vielen Prioritätsfragen entscheidend sein wird.

Den Schluss dieses allgemeinen Theiles bildet ein für die Engländer bestimmtes Capitel in englischer Sprache, betitelt: „Modern English Nomenclature".

Der specielle Theil des Werkes, welcher selbstverständlich weitaus den grössten Raum in demselben einnimmt, ist nach Familien geordnet; innerhalb der letzteren findet man die Gattungen und meist auch die angeführten Arten in alphabetischer Reihenfolge. Um an einem Beispiele darzuthun, in welcher Weise der specielle Theil angelegt ist, sei hier ein kurzer Auszug dessen gegeben, was wir über die relativ kleine Familie der Caryophyllaceen in dem Buche finden.

Vier Druckseiten nimmt die ausführliche Besprechung der Gattung *Stellaria* ein, welche übrigens nach Kuntze *Stellularia* (Linné, 1748) zu heissen hat, während der Name *Stellaria* (Ludwig, 1737) unserer Gattung *Callitriche* (Linné, 1748) gebührt.[1] Die Gattung *Malachium* wird von Kuntze (wohl mit Recht!) auf Grund eingehender Untersuchung zu *Stellularia* eingezogen;[2] ja der Verfasser geht so weit, *Malachium aquaticum* Fr., nebst *Stellaria nemorum* L. und verschiedenen anderen (sehr ungleichwerthigen!) Formen als „Varietäten" der „*Stellularia media* Aschers. (L.) emend. OK." zu betrachten. In dieser letzteren Ansicht dürften ihm aber kaum viele Systematiker zustimmen! In ähnlicher

---

[1] Derlei Namensänderungen können leider die Quelle der unangenehmsten Verwechslungen werden!

[2] Zu demselben Resultate kam Pax in „Natürl. Pflanzenfamilien", III, Abth. 1 b, S. 79.

Weise zieht Kuntze eine Reihe von Arten zu *Stellularia graminea* Aschers. (L.) emend. OK.". Am Schlusse der Besprechung dieser Gattung stellt Kuntze, wie er es bei den meisten von ihm umgetauften Gattungen gethan hat, alle bisher unter *Stellaria* aufgestellten Arten in alphabetischer Reihenfolge zusammen, welche als *Stellularia* natürlich alle mit OK. (= Otto Kuntze) als Autornamen zu versehen sind.[1]

Von den übrigen Caryophyllaceen-Gattungen werden noch umbenannt: *Spergularia* (Pers., 1805) in *Buda* (Adans., 1763)[2], *Polycarpon* (L., 1759), wozu der Verfasser auch *Polycarpaea* Lam. zieht, in *Polycarpa* (Loefl., 1758), *Hymenella* (Moç. et Sessé, 1824, non Fries, 1823)[3]) in *Triplateia* (Bartl., 1830). — Neue Arten sind nicht beschrieben, wohl aber sind verschiedene neue Varietäten und Formen, sowie Standorte bekannter Arten aus den Gattungen *Arenaria, Buda, Cerastium, Drymaria, Polycarpa, Sagina, Silene, Spergula, Stellularia* und *Tunica* angeführt.

Aus dem Gesagten ist zur Genüge zu entnehmen, was der Botaniker in dem neuen Werke Kuntze's findet. Es sei wiederholt, dass dasselbe fortan ein unentbehrliches Nachschlagebuch für jeden Systematiker sein wird, dessen Gebrauch durch das sorgfältigst angelegte Gattungsregister am Schlusse bedeutend erleichtert wird. Fast jeder Monograph irgend einer Gruppe von Anthophyten wird eine oder die andere für ihn interessante Bemerkung in der „Revisio generum" finden; aber nicht jeder wird in Allem dem bis zur Pedanterie gewissenhaften Autor folgen. Vielmehr möge man bei Benützung des Werkes den alten Mahnspruch: „Prüfe Alles und das Beste behalte!" nicht ausser Acht lassen.

Schliesslich hielt Herr Dr. Richard R. v. Wettstein einen Vortrag „Ueber die Systematik der *Solanaceae*".

Unter den vielen Vorzügen, die das unter der Führung A. Engler's und K. Prantl's erscheinende Werk „Die natürlichen Pflanzenfamilien" aufzuweisen hat, ist einer schon an dem bis jetzt fertig vorliegenden Theile des Werkes deutlich zu erkennen. Er kennzeichnet das Werk als einen der wichtigsten Marksteine auf dem Wege des wissenschaftlichen Fortschrittes und besteht in der von mehreren Seiten und unabhängig von einander versuchten Emancipation von gewissen althergebrachten, durch ihre Bequemlichkeit eingebürgerten systematischen Eintheilungen der Familien. So wesentlich der Fortschritt ist, den die im Laufe dieses Jahr-

---

[1] Diese Artenverzeichnisse sind nicht immer vollständig (vergl. z. B. meinen Aufsatz „Ueber einige *Licania*-Arten" in Oesterr. botan. Zeitschr., 1892, S. 6—8); es ist aber begreiflich, dass der Verfasser nicht die gesammte systematische Literatur durchsehen konnte (vergl. auch Kuntze's „Vorwort", S. VII).

[2] Pax wendet u. a. O., S. 85, für diese an Namen reiche Gattung den gleichfalls von Adanson herrührenden Namen *Tissa* an.

[3] Fries hat seine Pilzgattung *Hymenella* 1825 in *Hymenula* umgetauft; Kuntze stellt nun in einer Fussnote alle von Saccardo angeführten Arten dieser Gattung zu *Hymenella*.

hundertes geschaffenen „natürlichen Systeme" gegenüber den früheren bedeuten, so lässt sich dennoch nicht verkennen, dass das bisher geltende und von der Mehrzahl der Botaniker angenommene System vieler Familien nichts weniger als natürlich ist. Man hat bei den meisten der erwähnten Bestrebungen im Sinne eines natürlichen Systemes zu sehr den Wunsch nach einer klaren und leichten Uebersicht und leichten Bestimmung in Verbindung zu bringen getrachtet mit dem Streben nach einem Einblicke in den entwicklungsgeschichtlichen Zusammenhang. Und so sind denn viele zum Theile heute noch acceptirte Familieneintheilungen sehr klar und einfach, aber nichts weniger als natürlich. Ich verweise beispielsweise auf das heutige System der Umbelliferen, das De Candolle'sche Cruciferen-System etc. Ist die Eintheilung einer grossen formenreichen Pflanzenfamilie nach der Zahl und dem Verlaufe der Oelgänge in den Früchten oder nach der Lagerung der Radicula im Samen nicht ebenso künstlich, als die Eintheilung der Pflanzen nach der Zahl der Stamina? Man muss im Vorhinein schon annehmen, dass die Entwicklung der zahlreichen Vertreter einer grösseren Familie durchaus nicht so einfach vor sich ging, dass das Bild dieser Entwicklung in einem logisch aufgebauten Systeme zum Ausdrucke kommen kann, und in der That zeigt sich schon jetzt, dass systematische Eintheilungen, die den natürlichen Verwandtschaftsverhältnissen Rechnung tragen, nicht immer diejenigen sind, die zugleich am übersichtlichsten und klarsten sind. Immer mehr wird die systematische Botanik damit rechnen müssen, dass Bücher, welche die Bestimmung ermöglichen sollen, von wirklich wissenschaftlichen Arbeiten ganz verschieden sein müssen, dass diese beiden Richtungen desto weniger vereinigt werden können, je näher die Systematik ihrem Ziele, der Darstellung des entwicklungsgeschichtlichen Zusammenhanges, kommt.

Um auf das Eingangs erwähnte Werk zurückzukommen, so weist dasselbe schon jetzt eine Reihe von Familienbearbeitungen auf, die in dem angedeuteten Sinne reformirend wirken werden, es sei diesbezüglich beispielsweise nur auf die Bearbeitung der Cruciferen durch K. Prantl hingewiesen.

Nur dem Zuge der Zeit bin ich unwillkürlich gefolgt, wenn auch ich bei Bearbeitung der Solanaceen für das genannte Werk wesentlich von den bisherigen Eintheilungen abweichen musste. Eine ausführliche Erörterung der von mir vorgenommenen Eintheilung und Gattungsumgrenzung behalte ich mir für eine spätere Arbeit vor, in der überhaupt Manches, was in der Bearbeitung nur kurz berührt werden konnte, ausgeführt, Manches ergänzt werden soll. Hier mögen nur zwei Fragen kurz berührt werden, nämlich die Berechtigung der Abweichung in der systematischen Gliederung der Familie von Bentham's und Hooker's Genera plantarum, ferner die Stellung der Familie im Allgemeinen.

Was die Abweichungen der systematischen Gruppirung gegenüber der von Bentham und Hooker angenommenen anbelangt, so beziehen sie sich insbesondere auf die Tribus der *Solaneae, Atropeae* und *Hyoseyameae* dieser Autoren. Dieselben wurden begründet auf die Knospenlage der Corolle und den Fruchtbau, besonders auf das Vorkommen von Kapsel- oder Beerenfrüchten. Gegen diese Eintheilung ist zunächst der Umstand geltend zu machen, dass die Tribus wesentlich von einander abweichende Gattungen aufweisen, so dass die verschiedensten Typen im Systeme anfeinander folgen. Ich hebe diesbezüglich nur beispielsweise die grosse Verschiedenheit der den Tribus der *Atropeae* bildenden Gattungen *Graborskia* und *Lycium*, — *Atropa*, — *Mandragora*, — *Dissochroma*, — *Solandra* hervor. Noch deutlicher tritt dies bei den *Hyoscyameae* hervor, die vier Gattungen umfassen, von denen *Datura* nichts gemein hat mit *Hyoscyamus*, die wiederum nicht unwesentlich verschieden von *Scopolia* und *Physochlaina* ist.

Zu dieser Verschiedenheit der in den Tribus vereinigten Gattungen kommt die auffallende Thatsache, dass einzelne Gattungen jedes Tribus entschieden nahe verwandtschaftliche Beziehungen zu Gattungen anderer Tribus aufweisen, es sei beispielsweise auf die Beziehungen von *Datura* zu *Solandra*, von *Hyoscyamus* zu *Chamaesaracha*, von *Scopolia* zu *Atropa* und *Triguera*, von *Mandragora* zu *Jaborosa* u. a. hingewiesen.

Diese beiden gewiss auffallenden Thatsachen liessen ein neuerliches Studium der zur Eintheilung der *Solanaceae* verwendeten Merkmale nothwendig erscheinen. Eine eingehende Untersuchung der Knospenlage der Corolle liess diese als nicht hinreichend constant erscheinen, um darauf die Gruppirung der Gattungen zu begründen, es liessen sich bedeutende Abweichungen vom Typus innerhalb der Gattungen (z. B. *Solanum*, *Hyoscyamus*) constatiren, ferner stellte sich ein unlengbarer Zusammenhang zwischen der Knospenlage der Blumenkrone und der, ein gewiss secundäres Merkmal darstellenden Form der Corollen heraus.

Doch selbst die Ausbildung der Frucht, welche scheinbar so wichtige Anhaltspunkte der Systematik bietet, zeigte sich von relativ geringer Bedeutung. Vor Allem stellte es sich sofort heraus, dass unter dem Begriffe der Kapselfrüchte hier morphologisch sehr Verschiedenes zusammengefasst wurde. Die vierklappige Kapsel von *Datura* ist — um bei allgemeiner bekannten Beispielen zu bleiben — morphologisch etwas ganz Anderes, als die mit einem Deckel sich öffnende „Kapsel" von *Hyoscyamus*, diese wieder verschieden von der „Kapsel" von *Scopolia*. Dagegen ist der Unterschied zwischen der Beerenfrucht der *Atropeae* und der Kapselfrucht der *Hyoscyameae* nur scheinbar ein grosser. Der Unterschied zwischen der „Kapsel" eines *Hyoscyamus* aus der Section *Chamaehyoscyamus* Wettst. und einer Beere einer *Chamaesaracha*-Art, zwischen der „Kapsel" von *Scopolia* und der trockenhäutigen, unregelmässig anfreissenden Beere von *Triguera* ist viel geringer, als der zwischen der Kapsel von *Datura* und jener von *Hyoscyamus* und *Scopolia*. Das Vorkommen ganz allmäliger Uebergänge von saftigen Beeren zu trockenhäutigen und von diesen zu unregelmässig oder mit Deckeln anfspringenden, beerenförmigen „Kapseln" lässt sich bei Solanaceen mehrfach beobachten.

Die hier in Kürze skizzirten Verhältnisse bestimmten mich, von der Eintheilung der Familie der früheren Autoren, die in dem Werke Bentham und Hooker's gewissermassen einen Abschluss fand, abzugehen und eine Neueintheilung zu versuchen, die sich etwa in folgendem Schema darstellen lässt.

I. Fruchtknoten zwei- oder mehrfächerig.

  A. Embryo immer stark gekrümmt, die Krümmung beträgt mindestens einen halben Kreisbogen. Alle fünf Staubgefässe fertil, nahezu gleich.

    a) Fruchtknoten drei- bis fünffächerig. Fächer ungleich, unregelmässig.

I. 1. Nicandreae.

                    Einzige Gattung *Nicandra.*

    b) Fruchtknoten zweifächerig . . . . II. *Solaneae.*

      α. Staubfaden am unteren Ende des Connectivs befestigt, dieses sehr schmal und zwischen den beiden Antherenfächern. Hauptaxe immer verlängert.

        1. Blumenkrone röhrig mit schmalem Saume oder schmalglockig mit kurzem Saume. Beeren . . . . 2. *Lyciinae.*

           Hieher 15 Gattungen, darunter *Lycium, Atropa* und *Triguera.*

        2. Blumenkrone trichterig oder glockig. „Kapseln.“

3. Hyoscyaminae.

           Hieher vier Gattungen, darunter *Scopolia, Hyoscyamus.*

        3. Blumenkrone radförmig oder glockig mit breitem Saume. Beeren . . . . 4. *Solaninae.*

           Hieher 11 Gattungen, darunter *Withania, Physalis, Capsicum, Solanum.*

      β. Staubfaden am Rücken der Anthere befestigt oder am unteren Ende des Connectivs, in letzterem Falle verläuft dieses oft stark verdickt am Rücken der Anthere. Hauptachse oft verkürzt.

5. Mandragorinae.

        Hieher sechs Gattungen, darunter *Mandragora.*

    c) Fruchtknoten vierfächerig. Fächer gleich, regelmässig. III. 6. *Datureae.*

        Hieher zwei Gattungen, *Datura* und *Solandra.*

  B. Embryo gerade oder sehr schwach gekrümmt, die Krümmung beträgt weniger als einen halben Kreisbogen.

    a) Alle fünf Staubgefässe fertil, gleich lang oder 1—3 kürzer.

IV. Cestreae.

      Hieher die Subtribus der 7. *Cestrinae,* 8. *Goetzeinae,* 9. *Nicotianinae* mit 19 Gattungen.

    b) Nur 2—4 Staubgefässe fertil, immer von verschiedener Länge.

V. 10. Salpiglossideae.

II. Fruchtknoten einfächerig. Gattungen zweifelhafter Stellung.

    Von diesen Gruppen haben bloss die mit I—V bezeichneten Tribus eine gewisse systematische Selbstständigkeit und wissenschaftliche Bedeutung, die mit 1—10 bezeichneten Subtribus dienen bloss der Möglichkeit einer leichten Orientirung und mithin praktischen Bedürfnissen.

    Was die systematische Stellung der ganzen Familie anbelangt, so ist vor Allem die Unmöglichkeit hervorzuheben, die *Solanaceae* von den *Scrophularia-*

75

ceae scharf zu trennen. Keines der bisher zur Unterscheidung herangezogenen Merkmale reicht hiezu aus. Wenn es auch im Interesse der Uebersichtlichkeit thunlich erscheinen mag, die beiden Familien getrennt aufzuführen, so muss doch diese Zusammengehörigkeit betont werden.

Doch auch zu anderen Familien zeigen die *Solanaceae* unleugbare verwandtschaftliche Beziehungen, so insbesondere zu den *Nolanaceae* und durch diese zu den *Convolvulaceae*, ferner durch die *Nolanaceae* und die *Convolvulaceae*, gleichwie durch die Gattung *Grabowskia* zu den *Asperifoliaceae*. Diese Beziehungen sind nicht nur wichtig für die Einreihung der Familie, sondern auch insoferne, als sie deutlich auf die Unhaltbarkeit der unterschiedenen Reihen der *Tubiflorae, Labiatiflorae* und *Nuculiferae* hinweisen und die Vereinigung aller dieser Reihen zu einer von grösserem Umfange fordern. Eine solche Vereinigung wurde denn auch in jüngster Zeit von A. v. Kerner (Pflanzenleben, II. Band, S. 670) und A. Engler (Natürliche Pflanzenfamilien, IV. Theil, 3. Abth., S. 1) vorgenommen.

Botanischer Literaturabend am 26. Februar 1892.

Zunächst legte Herr Dr. Carl Fritsch das seit einigen Monaten vollständig erschienene „Pflanzenleben" von A. Kerner v. Marilaun[1]) vor und besprach den Inhalt dieses Werkes.

Kerner's „Pflanzenleben" ist ein Prachtwerk ersten Ranges, nicht etwa nur in Bezug auf die schöne Ausstattung und die meisterhaften, lehrreichen Abbildungen, sondern — wie es ja schon aus dem Namen des Verfassers zu vermuthen war — ganz besonders durch den Inhalt selbst. Die Aufgabe, die sich Kerner gestellt hat, die Schilderung des Lebens der Pflanzen, ist, wenn man dieselbe zugleich vom wissenschaftlichen Gesichtspunkte ausgehend, aber doch dem Laien verständlich behandeln will, gewiss keine leichte. Kerner hat es verstanden, diese schwierige Aufgabe in meisterhafter Weise zu lösen und hat die botanische Literatur um ein herrliches Werk bereichert, welches nicht nur den Laien für die „scientia amabilis" zu begeistern im Stande ist, sondern auch für den Fachmann eine Fülle von interessanten Beobachtungen und die mannigfachste Anregung zu weiteren Forschungen enthält.

Es wäre vergebene Mühe, den reichen Inhalt des Werkes in Form eines eingehenderen Referates auszugsweise mittheilen zu wollen; ein derartiges Referat würde viel zu umfangreich und jeder wird es gewiss vorziehen, die einzelnen Capitel in der vom Verfasser selbst gegebenen Form nachzulesen. Es sei daher

---

[1]) Verlag des Bibliographischen Institutes in Leipzig.

hier nur auf die Anordnung des Stoffes und den hauptsächlichsten Inhalt der einzelnen Abschnitte kurz hingewiesen.

Das Buch beginnt mit einer Einleitung, welche sich mit den Methoden der botanischen Forschung beschäftigt und auch einen kurzen Abriss der Geschichte der Botanik enthält. Die Einleitung schliesst mit der Besprechung der Ziele, welche die wissenschaftliche Pflanzenkunde in der Gegenwart verfolgt. — Die nächsten Capitel beschäftigen sich mit der Anatomie der Zelle, insbesondere mit dem Protoplasma und dessen Thätigkeit. Gerade in diesem Abschnitte zeigt der Verfasser ganz besonders den Werth seiner anschaulichen Darstellung. Wenigen dürfte es gelingen, die dem Laien so schwer verständlichen Details der feineren Anatomie in so fasslicher Weise auseinanderzusetzen. Es wird vielleicht mancher Vertreter der exacten Pflanzenphysiologie den Kopf schütteln, wenn Kerner die Zellen mit Wohnzimmern und die Hoftüpfel mit Fenstern vergleicht, wenn er von einer „Verständigung" der Protoplasten benachbarter Zellen spricht, wenn er endlich sogar den Pflanzen Instinct und Empfindung zuschreibt; aber gerade durch diese phantasievolle Auffassung der Lebensvorgänge in der Pflanze macht es der Verfasser dem Laien möglich, das ihm vollständig Fremde mit Bekanntem zu vergleichen und sich daher wenigstens eine annähernde Vorstellung von dem geheimnisvollen Walten der pflanzlichen Elementarbestandtheile zu machen.

Dasselbe gilt von den hierauf folgenden Abschnitten, welche in ausführlicher Darstellung die wichtigsten Fragen der Pflanzenphysiologie behandeln — zunächst die Ernährungsphysiologie nebst allen mit derselben in näheren Beziehungen stehenden Capiteln: Aufnahme der Nahrung, Leitung der Nahrung (Transpiration), Bildung organischer Stoffe aus unorganischen (Assimilation), Wandlung und Wanderung der Stoffe; dann die Theorie des Wachsthums unter besonderer Berücksichtigung des Einflusses der Wärme auf dasselbe. Jeder dieser Abschnitte birgt eine Fülle interessanter Details; die Resultate der exacten Physiologie sind untermischt mit einschlägigen Capiteln aus der Anatomie und mit zahlreichen, mehr dem Bereiche der sogenannten Biologie angehörenden Schilderungen.

Den Schluss des ersten Bandes bildet eine allgemeine Morphologie der Vegetationsorgane unter dem Titel: „Die Pflanzengestalten als vollendete Bauwerke", die — weit entfernt vom trockenen Lehrbuchstyl — nicht minder anregend geschrieben ist wie das Vorhergehende.

Der zweite Band des Werkes ist der „Geschichte der Pflanzen" gewidmet; derselbe bringt zunächst eine Schilderung der Fortpflanzungsorgane, welche der Verfasser in ungeschlechtliche und geschlechtliche, deren erstere er „Ableger" nennt, sondert. Als Ableger erscheinen hier auch alle auf ungeschlechtlichem Wege entstandenen Sporen von Thallophyten bezeichnet, während die Zygosporen, Oosporen und Carposporen, welche ihre Entstehung einer Befruchtung verdanken, unter die „Früchte" eingereiht werden. In der Besprechung der Fortpflanzung der höheren Pflanzen finden wir viele sehr interessante biologische Beobachtungen über die von Kerner auch schon früher mehrfach bearbeiteten

Einrichtungen der Blüthen zum Schutze und zur Uebertragung des Pollens, zur Anlockung von Insekten, zum Aufladen des Pollens auf die letzteren u. s. w. Ausführliche Capitel sind hiebei der „Kreuzung" und der „Autogamie" gewidmet; an dieselben schliesst sich ein Abschnitt, der die Befruchtung und Fruchtbildung der Blüthenpflanzen behandelt, ferner eine Besprechung der Parthenogenese und des Generationswechsels.

Nachdem auf diese Weise die Verhältnisse der Fortpflanzung, also die Entstehung der Individuen, dargestellt wurden, gelangen wir zur Entstehung der Arten, welcher die zweite Hälfte des zweiten Bandes gewidmet ist. Nachdem Kerner den Begriff der Art, ferner die Abhängigkeit der Pflanzengestalt von der Bodenbeschaffenheit und von den klimatischen Verhältnissen, sowie den Einfluss, welchen Eingriffe von aussen (Verstümmelung, Parasiten) auf die Ausbildung der Individuen haben können, besprochen hat, wendet er sich dem Entstehen neuer Formen durch Bastardirung zu. Dass solche hybride Formen zu Arten werden können, hat der Verfasser schon in früheren Publicationen dargelegt; es ist daher nur ein Schritt von diesem Capitel zu jenem, welches die Abstammung der Arten zum Gegenstande hat. Und nun finden wir auf nicht viel mehr als 100 Druckseiten das ganze Pflanzensystem. und zwar ein System, welches theilweise eine neue und überraschende Gruppirung der Familien aufweist, deren nähere Begründung allerdings den Rahmen des „Pflanzenlebens" weit überschritten hätte. Um so mehr würde es den Rahmen dieses Referates überschreiten, auf die Besprechung der Kerner'schen „Pflanzenstämme" näher einzugehen. Es sei nur hervorgehoben, dass der Abschnitt über die Entstehung der Arten einer der hervorragendsten in dem ganzen Werke ist, sowie dass der Systematiker in dem hier entwickelten Pflanzensystem die mannigfachste Anregung zu phylogenetischen und vergleichend-morphologischen Forschungen findet.

Das letzte grössere Capitel des Buches beschäftigt sich mit der „Verbreitung und Vertheilung der Arten". Zunächst werden die Verbreitungsmittel der Pflanzen, insbesondere die der verschiedenen „Ableger" (einschliesslich der Sporen), sowie der Früchte und Samen erläutert. Dieser Abschnitt zeichnet sich — ganz abgesehen von der Fülle interessanter Beobachtungen, die in demselben mitgetheilt werden — durch besonders reichliche und instructive Illustrationen aus. Hieran schliesst sich ein kurzer Abriss der Pflanzengeographie und das Schlusscapitel, welches vom „Aussterben der Arten" handelt.

Aus dem Gesagten geht wohl zur Genüge die Bedeutung des vorliegenden Werkes hervor. Aeusserlich gewinnt dasselbe noch besonders durch die tadellose schöne Ausstattung, die ihm zu Theil geworden ist und durch die künstlerisch ausgeführten, ausserordentlich zahlreichen Abbildungen, welche vermöge der vorzüglichen Auswahl und genialen Auffassung das im Texte Gesagte in lebendiger Anschauung dem Leser vorführen. Eine besonders glänzende Zierde des Werkes bilden die 40 Aquarelltafeln, welche zum grössten Theile ganz unvergleichlich schön ausgeführt sind.

Das „Pflanzenleben" wird also nicht nur in jeder Bibliothek eine Stelle unter den Prachtwerken ersten Ranges finden, sondern es wird auch jedem

E *

78

Pflanzenfreunde zur hohen Freude gereichen und — was wohl am höchsten anzuschlagen ist — jeder Fachmann wird es als eine der hervorstechendsten Erscheinungen des Büchermarktes begrüssen und eine Fülle genialer Gedanken in demselben niedergelegt finden.

Die Vorlage und Besprechung der übrigen neuen Literatur besorgte Herr Dr. Richard R. v. Wettstein in ausführlicher Weise.

Jahres-Versammlung am 6. April 1892.

Vorsitzender: Herr **Anton Pelikan Freih. v. Plauenwald.**

Wieder eingetretene Mitglieder:

P. T. Herr Emanuel Kautetzky in Wien.
„ „ k. und k. Hofrath Christian Lippert in Wien.

Neu eingetreten:

Collegium Borromaeum in Salzburg.

Eingesendete Gegenstände:

9 Centurien Moose von Herrn J. Breidler.
325 Stück Käfer für Schulen von Herrn P. Leopold Haeker.
250 Stück Insecten für Schulen von Herrn E. Kautetzky.
54 Arten Flechten von Herrn F. Lebzelter.
Knoppern und Rosengallen, sowie deren Erzeuger, für Schulen, von Herrn
M. F. Müllner.
50 Stück Insecten für Schulen von Herrn A. Rogenhofer.

**Bericht des Präsidenten-Stellvertreters Herrn Anton Pelikan Freiherrn
v. Plauenwald.**

Hochgeehrte Gesellschaft!

Sie freundlichst begrüssend erfülle ich die statutenmässige Obliegenheit
Ihres Ausschusses, zu berichten über die Leistungen und den Stand der Gesellschaft im abgelaufenen Jahre 1891.

Ich erachte, mich nur auf allgemeine Ausführungen zu beschränken, weil
Sie von den wissenschaftlichen Leistungen theils durch die Betheiligung einzelner
Mitglieder an denselben, theils durch die Publicationen in den Ihnen zuge-
kommenen Verhandlungen der Gesellschaft Kenntniss nehmen.

Der 41. Band der Verhandlungen zählt nebst den Berichten über die
monatlichen Versammlungen 54 wissenschaftliche Abhandlungen, darunter 18 zoologischen, 30 botanischen und 7 gemischten Inhaltes; illustrirt sind dieselben mit
6 lithographirten, darunter 4 Doppel-Tafeln.

Ausser den normalen 10 wurden 2 ausserordentliche Sitzungen des Ausschusses abgehalten, ferner fanden die monatlichen Plenarversammlungen und
15 Discussionsabende statt.

Inaugurirt wurde die Abhaltung botanischer Literaturabende, deren in unseren Verhandlungen (IV. Heft) erörterte Tendenz sich durch eine zahlreiche Betheiligung der Herren Collegen einer günstigen Entwicklung erfreuen möge. Wir zählen am Schlusse des Jahres 506 Mitglieder, welche die Gesellschaftsschriften beziehen. Nicht unbeträchtlich ist der Verlust, welchen wir durch das Ableben von 15 Mitgliedern erleiden; es sind die Herren: Ingenieur Eduard André in Beaume, Professor Severin Christen in St. Paul, Professor Dr. Ottokar Feistmantel in Prag, Secretär Eduard v. Gall in Wien, Se. Eminenz Cardinal Dr. Ludwig Haynald in Kalocsa. Hofgartendirector Franz Maly in Wien, Professor Peter Martinović in Cattaro, Se. Excellenz Erzbischof Peter Maupas in Zara, Collegienrath Dr. Carl Maximovicz in St. Petersburg, Custos August v. Pelzeln in Wien, Dr. J. E. Polak in Wien, Carl Schuster in Wien, Lehrer Hans Steininger in Reichraming, Präsident Josef Ritter v. Stummer in Wien und unser in Förderung der Gesellschaftsinteressen thätiges, vieljähriges Ausschussmitglied Dr. Carl Richter; allen genannten werthen Collegen werden wir eine ehrende Erinnerung bewahren und wollen diese heute durch Erhebung von den Sitzen bezeugen.

Zur fortan thunlichsten Befriedigung der zahlreichen Ansuchen von Lehranstalten um Zuwendung von Anschauungsobjecten wollen die Herren Collegen durch Abgabe des ihnen entbehrlichen Materials die Gesellschaft um so mehr gefälligst unterstützen, als in der einschlägigen Thätigkeit der Gesellschaft durch Schulenbetheiligung die ihr gewährten, unentbehrlichen Subventionen begründet sind.

Unsere finanziellen Verhältnisse sind in Folge sorgfältigster Hintanhaltung aller nicht streng erforderlichen Auslagen geordnet.

Sie werden hierüber und über die weiteren Daten wissenschaftlicher und administrativer Natur die folgenden Mittheilungen unserer Functionäre entgegen nehmen und es erübrigt mir nur mehr, Allen, welche im Rahmen der uns gesteckten Ziele auf wissenschaftlichem Gebiete und bei Besorgung unserer Verwaltung, sowie durch materielle Unterstützung die Zwecke der Gesellschaft förderten, den gebührenden Dank in der Voraussicht darzubringen, dass die geehrten Collegen auch ferner vereint beitragen werden, die von der Gesellschaft unter den wissenschaftlichen Instituten bisher behauptete ehrende Stellung auch weiterhin einzunehmen.

Bericht des Secretärs Herrn Dr. L. v. Lorenz.

Ueber die mich betreffenden Angelegenheiten der Gesellschaft erlaube ich mir zu berichten, dass der gesellschaftliche Verkehr auch während des vergangenen Jahres wieder ein reger war und dass unsere Sammlungen Dank der unterstützenden Mitwirkung mancher Mitglieder in befriedigender Weise verwaltet und vermehrt werden konnten. Aus den jeweiligen Sitzungsberichten will ich Ihnen folgende statistische Daten mittheilen:

In den 10 abgehaltenen ordentlichen Monatsversammlungen wurden 8 zoologische und ebenso viel botanische Vorträge meist von allgemeinerem Interesse

81

abgehalten, während bei den 6 zoologischen Discussionsabenden 12 speciellere Themata und bei 9 botanischen deren 21 zur Besprechung gelangten.

Zur Vermehrung der Sammlungen, sowie zur Betheilung der Schulen mit Lehrmitteln haben u. A. insbesondere Beiträge geliefert die P. T. Herren: Dr. F. Arnold, A. Dichtl, J. Dörfler, M. v. Eichenfeld, A. Hetschko, J. v. Hungerbychler, A. Keller, F. Krček, F. Lebzelter, Baron v. Liechtenstern, Dr. L. v. Lorenz, M. F. Müllner, A. v. Neumann-Spallart, Dr. F. Ostermeyer, C. Rechinger, A. Reischek, F. Ressmann, C. Richter, F. J. Sandauy, H. Schollmayer und Dr. R. v. Wettstein, sowie die k. k. zoologische Station in Triest.

Die Verwaltung der zoologischen Sammlungen stand unter meiner Obhut, während insbesondere Herr Dr. Ostermeyer sich durch die Fortsetzung der Ordnung des Herbars wieder besondere Verdienste erwarb.

Mit der Vertheilung von Pflanzen und Thieren an Schulen wurde in derselben Weise wie bisher fortgefahren, doch konnten nicht alle der eingelaufenen Gesuche aus verschiedenen internen Gründen erledigt werden und musste dies einen Aufschub von einigen Monaten erfahren, wesshalb der detaillirte Ausweis hierüber noch nachgetragen werden wird.

Die mühevollen Bibliotheksarbeiten führte in ebenso unverdrossener wie präciser Weise wie bislang Herr Oberfinanzrath Bartsch. Der Schriftentausch wurde mit weiteren 7 Gesellschaften eingegangen, so dass die Zahl der jetzt im Tauschwege uns zukommenden Publicationen 317 beträgt. Geschenkweise sind 31 Werke der Bibliothek zugekommen.

Gestatten Sie, meine Herren, dass ich meine Mittheilungen schliesse, indem ich dem Wunsche und der Hoffnung Ausdruck gebe, dass eine grössere Anzahl von Mitgliedern auch fernerhin der Förderung und Hebung der Gesellschaft ihr Interesse zuwenden möge.

— ——

Bericht des Secretärs Herrn Dr. Carl Fritsch.

Indem ich über die publicistische Thätigkeit der Gesellschaft im Jahre 1891 zu berichten habe, bin ich in der angenehmen Lage, nur Erfreuliches mittheilen zu können. Der Band XLI der „Verhandlungen" übertrifft seinen Vorgänger bedeutend an Umfang: die Sitzungsberichte umfassen 94 Seiten (gegen 70 im Vorjahre), die Abhandlungen 798 Seiten (gegen 610 im Vorjahre). Die Zahl der Tafeln stellt sich, wenn man die Doppeltafeln auch doppelt rechnet, auf 10 (gegen 9 im Vorjahre). Ausserdem enthält der Text 13 Zinkographien.

Unter den Abhandlungen aus dem Gebiete der Zoologie nehmen zwei grössere und umfassende Arbeiten über Orthopteren den ersten Rang ein: v. Brunner's „Additamenta zur Monographie der Phaneropteriden" und Redtenbacher's „Monographie der Conocephaliden". Rebel lieferte interessante Beiträge zur Kenntniss der dalmatinischen Microlepidopteren, Werner drei Aufsätze über verschiedene Reptilien und Amphibien. Ausser den genannten Autoren haben noch die folgenden P. T. Herren kleine oder grössere Beiträge zoologischen

F *

Inhaltes geliefert: Brauer, Cobelli, Karpelles, Klemensiewicz, Krasser, Palacky, Reischek, Rogenhofer, Schreiber und Wasmann.

Unter den botanischen Abhandlungen steht die Bearbeitung der österreichischen Brombeeren von E. v. Halácsy obenan. Ferner finden wir wie alljährlich eine Reihe werthvoller Beiträge zur Kenntniss der Flora von Oesterreich-Ungarn; in dieser Hinsicht sind zu nennen: die Bearbeitung salzburgischer und steierischer alpiner Desmidiaceen von Heimerl; die mycologischen Aufsätze von Bäumler (Oberungarn) und Cobelli (Südtirol); die lichenologischen Arbeiten von Kernstock (Südtirol) und Zahlbruckner (Niederösterreich); die Mittheilungen über niederösterreichische Lebermoose von Heeg; endlich die ausschliesslich Gefässpflanzen betreffenden Beiträge zur Flora von Niederösterreich von G. v. Beck und zur Flora von Salzburg vom Berichterstatter. Auch die Abhandlung über hellfrüchtige *Vaccinium*-Formen von Ascherson und Magnus enthält wichtige Angaben aus dem Gebiete unserer Monarchie; ebenso die Mehrzahl der kleineren Aufsätze, die wir den Herren v. Beck, Dörfler, v. Höhnel, Knapp, Krasser, Kronfeld, Ostermeyer, Ráthay, Richter, Sennholz, Simony, Stockmayer, v. Wettstein und Zahlbruckner verdanken.

Ausserdem enthält der Band XLI der „Verhandlungen" drei den Manen unvergesslicher Todter geweihte Nekrologe: den des hochherzigen Cardinals Haynald, des unermüdlichen Botanikers v. Maximowicz (beide aus der Feder des Herrn Knapp), endlich den des Ornithologen v. Pelzeln von Herrn Rogenhofer.

Wie den Herren bekannt ist, hat sich in unserer Mitte ein Comité gebildet, welches den Zweck verfolgt, dem auf dem Matzleinsdorfer Friedhofe bei Wien ruhenden grossen Botaniker Stefan Endlicher ein Ehrengrab auf dem Centralfriedhofe zu sichern und ihm dortselbst ein seiner Bedeutung würdiges Denkmal zu errichten. Unserer Aufforderung, dem Comité beizutreten, sind zahlreiche hervorragende Fachmänner des In- und Auslandes gerne gefolgt, und den Bemühungen dieses erweiterten Comités ist es gelungen, eine so stattliche Geldsumme zusammenzubringen, dass die Verwirklichung der erwähnten Absicht kaum mehr in Frage steht. Gewiss werden diejenigen unter Ihnen, meine Herren, welche vielleicht noch keinen Beitrag zu diesem schönen Unternehmen geleistet haben, dies noch thun, denn je höher die dem Comité zur Verfügung stehenden Mittel anwachsen, desto würdiger des erhabenen Mannes wird das Denkmal hergestellt werden können.

Bericht des Rechnungsführers Herrn Josef Kaufmann.

Einnahmen:

Jahresbeiträge mit Einschluss der Mehrzahlungen und Eintritts-			
taxen von zusammen fl. 155	fl.	3.209 . 63
Subventionen	„	1.540 . —
Verkauf von Druckschriften und Druck-Ersätze . .	„	937 . 89

Interessen von Werthpapieren und Sparcasseeinlagen .		fl.	264.81
Porto-Ersätze		„	19.70
Sonstige Ersätze und Einnahmen		„	15.—
	Summa .	fl.	5.987.03
und mit Hinzurechnung des am Schlusse des			
Jahres 1890 verbliebenen Cassarestes von		„	2.760.21·5
in Baarem und	fl. 3.200.—		
in Werthpapieren, im Ganzen .	fl. 3.200.—	fl.	8747.24·5

Ausgaben:

Besoldung des Kanzlisten . .		fl.	600.—
Quartiergeld des Kanzlisten		„	180.—
Versicherungsprämie für den Kanzlisten		„	50.52
Remunerationen und Neujahrsgelder		„	74.—
Beheizung, Beleuchtung und Instandhaltung der Gesellschafts-			
localitäten		„	199.96
Gebühren-Aequivalent		„	10.60·5
Herausgabe von Druckschriften:			
Für den Band XLI der Verhandlungen, Druck			
und broschiren .	fl. 3.250.88		
Illustrationen . . .	„ 369.20	fl.	3.620.08
Büchereinkauf	. . . .	„	332.—
Erforderniss für das Museum . . .	.	;	14.43
Kanzleierfordernisse und Drucksorten		„	165.22
Buchbinderarbeit für die Bibliothek .		„	237.35
Porto- und Stempelauslagen .		„	297.16
Sonstige Auslagen . . .	. .	„	31.—
	Summa .	fl.	5.812.32·5

Hiernach verblieb am Schlusse des abgelaufenen Jahres 1891 ein Cassarest von fl. 3.200.— in Werthpapieren und fl. 2.934.92 in Baarem, welch' letzterer zum grössten Theile bei der Ersten österreichischen Sparcasse hinterlegt ist, und wovon ein Theilbetrag von fl. 2.500.— ein unantastbares, aus den für Lebens-dauer eingezahlten Beiträgen entstandenes Capital bildet.

Die Werthpapiere bestehen aus:

2 einh. Notenrenten à 100 fl., gekauft um den Erlös für zwei Grundentlastungs-Obligationen, Geschenk von Sr. Excellenz Herrn Cardinal-Erzbischof Dr. Ludwig v. Haynald.

1 einh. Silberrente zu 50 fl. von demselben.

1 einh. Silberrente zu 100 fl., Geschenk von Herrn Dr. Ludwig R. v. Köchel.

1 einh. Silberrente zu 100 fl., Geschenk von Herrn Brandmayer.

1 einh. Notenrente zu 100 fl., als Beitrag von Herrn Rogenhofer.

4 einh. Notenrenten à 100 fl., Geschenk von Herrn Baron v. Königswarter.

1 Rudolfslos zu 10 fl. (3 sind bereits ohne Treffer gezogen) und

1 einh. Notenrente zu 100 fl., als Spenden von Herrn Martin v. Damianitsch, k. k. General-Auditor in Pens., zum Andenken an seinen am 19. October 1867 verstorbenen Sohn Rudolf Damianitsch, stud. jur.

1 Clarylos zu 40 fl.

5 einh. Silberrenten à 100 fl., Legat nach Herrn Dr. Ludwig R. v. Köchel.

1 einh. Notenrente zu 100 fl., Legat nach Herrn Paul v. Wagner.

1 einh. Notenrente zu 1000 fl. und

5 einh. Notenrenten à 100 fl., angekauft aus dem Vermögen der Mitglieder auf Lebensdauer.

Verzeichniss

der im Jahre 1891 der Gesellschaft gewährten

Subventionen:

		fl.
Von Sr. k. u. k. Apostolischen Majestät dem Kaiser Franz Josef I.		fl. 200. —
„ Ihren k. u. k. Hoheiten den durchlauchtigsten Herren Erzherzogen:		
Carl Ludwig .		„ 30. —
Ludwig Victor .		„ 20. —
Albrecht . .		„ 50. —
Josef Carl		„ 50. —
Wilhelm		„ 50. —
Rainer . . .		„ 50. —
Heinrich		„ 50 —
Von Sr. Majestät dem Könige von Baiern		„ 40. —
Vom hohen k. k. Ministerium für Cultus und Unterricht		„ 300. —
„ hohen niederösterreichischen Landtage .		„ 100. —
„ löblichen Gemeinderathe der Stadt Wien .		„ 300. —

Verzeichniss

der für das Jahr 1891 geleisteten höheren Jahresbeiträge von 7 fl. aufwärts.

Von den P. T. Herren:

	fl.
Colloredo-Mannsfeld, Fürst Josef zu, Durchlaucht	fl. 100. —
Liechtenstein, regierender Fürst Johann von, Durchlaucht . .	„ 25. —
Heidmann Alberich .	„ 10. —
Kabát J. E.	„ 10. —
Kinsky, Fürst Ferdinand, Durchlaucht . .	„ 10. —
Pelikan v. Plauenwald, Anton Freiherr v. . . .	„ 10. —
Rothschild, Albert Freiherr v.	„ 10. —
Schwarzenberg, Adolf Josef Fürst, Durchlaucht	„ 10. —
Bachinger August . .	„ 8. —
Zickendrath Ernst. Dr.	„ 7.72
Aust Carl	„ 7. —
Fritsch Josef . .	„ 7. —
Heinz, Dr. Anton	„ 7. —

Miebes Ernst   . . . . fl. 7. —
Rossi Ludwig   .   „ 7. —
Vogel Franz A.   „ 7. —

In der Ausschusssitzung am 4. April 1892 wurde der Beschluss gefasst, wichtigere principielle Beschlüsse des Ausschusses durch das Secretariat in der betreffenden Monatsversammlung dem Plenum mitzutheilen und in den Sitzungsberichten zu publiciren. Demgemäss wurde folgender Beschluss in der April-Versammlung mitgetheilt: „Nekrologe von österreichisch-ungarischen Fachleuten werden nur dann in die Verhandlungen aufgenommen, wenn dieselben Mitglieder der Gesellschaft waren".

————————

Herr Secretär Dr. Carl Fritsch legte ein Manuscript von J. Redtenbacher vor, betitelt: „Monographische Uebersicht der Mecopodiden". (Siehe Abhandlungen, Seite 183.)

————————

Herr Prof. Dr. Johann Palacky hielt einen Vortrag: „Ueber die nordostasiatische Ornis".

Die Ornis Nordostasiens besteht aus vier Elementen, die in ihrem Ursprung gänzlich verschieden sind. Es sind das:

1. Die Vögel des Nordens, gewöhnlich arktisch genannt, die im Winter südwestlich sich bis tief ins tropische Asien verbreiten (¼).

2. Die an Zahl geringeren Formen der westlichen Wüsten, speciell Centralasiens, die sich nach Osten hin ausdehnen (1/12).

3. Die Sommergäste des tropischen Südens, die in stets abnehmender Zahl nach Nordosten wandern (ca. 1/3).

4. Eine gewaltige Reihe einheimischer sesshafter Formen (Pariden, Piciden, Alaudiden, Emberiziden, Phasianiden, Accentoriden [hier ihr Maximum]) (fast 1/3).

Nordostasien besitzt zwar keine endemische Familie, ja wenig endemische Genera (bei Oustalet *Babax, Speleornis, Urocynchramis, Moupinia, Fulcetta, Oreoperdix, Crossoptilon, Thaumalea*), dagegen eine ziemliche Anzahl von endemischen Species, allerdings meist im Süden, wo Swinhoe vielleicht zuviel neue Species aufzählte.

China hat bei Oustalet 249 endemische Species (von 807), dazu kommen einige Species aus Korea, Japan und dem östlichen Centralasien, so dass man circa 300 (von 900) annehmen kann, ein ziemlich starkes Verhältniss (so sind nur 158 Species China und Europa gemeinsam). Allerdings ist es im Norden etwas anders, denn Ochotsk hat 7 aus 162 Species, Ostsibirien 3 aus 434 (Tačanooski) und Korea 2 aus 200 (Giglioli).

Die endemischen Species sind selten bei den Raub- und Wasservögeln *(Microhierax chinensis, Falco pekinensis, Haliaetus branickii — Syrnium davidi — Aegialitis dealbata, Herodias eulofotes, Rallina mandarina, Aix galericulata, Thalassidroma monorhis).* Die mangelnde Kenntniss des centralen Hinterindiens und Ostthibets verschuldet, dass viele Species als chinesisch endemische gelten, die wohl weiter verbreitet sind (so bei den Garrulaciden, Paradoxornithiden, Phasianiden), aber im Allgemeinen ist bei leichterer Verbreitung auch weniger Endemismus (mit Ausnahme von *Otis Dyborskii* [?]).

Entsprechend der geringen Breite der tropischen Meeresküste gibt es wenig tropische endemische Formen (*Paleornis luciani* Verreaux, dessen Vaterland lange unbekannt blieb, bis Montigny zwei Exemplare sandte [Sečuen], *Microhierax chinensis,* 2 *Pomatorhinus,* 3 *Garrulax, Paradoxornis, Ceriornis caboti* etc.).

Natürlich sind hiebei die ganz tropischen Inseln Formosa, Hainan (und die Liukiu) übergangen, die an endemischen Species reich sind (31, 27. Steineger hat allein 5 neue Species von den Linkiu). Die Hauptmasse der endemischen Formen fällt auf den gebirgigen Südwesten und ähnelt dem Osthimalaya, wie wir ihn bei Oates finden. So sind die Accentoriden hier sehr reich (7 Species bei Oustalet, jetzt 11 Species), aber nur *Accentor montanellus* ist weiter verbreitet (erreichte auch einmal Wien). Die Garrulaciden haben bei Oustalet 25 endemische Species von 28, die anderen Species erreichen Tonking und den Osthimalaya. Aus 14 Paradoxornithiden Chinas sind 10 endemisch, der Rest auch im Osthimalaya, von 14 Liotrichiden 9 endemisch, der Rest auch im Himalaya.

Von den Species des Himalaya reichen viele nach Ostchina, so die schöne *Grandala coelicolor,* eine besondere Zierde des Hochgebirges, die *Muscicapula sapphira,* Arten von *Tesia, Yuhina, Janthia, Alcippe, Conostoma, Sibia* etc. Meistens sind es andere verwandte Arten. Die Paradoxornithiden sind nach Oates indo-chinesisch; 5 Species sind gemeinsam China und Indien (13 Species).

Von diesen Himalayaformen erreichen aber nur wenige den Hoangho (von den Garrulaciden z. B. 8 Schen-si, 2 den Kuku-nor, 1 Peking und Mandschurien, keine Korea). Von allen Paradoxornithiden erreicht 1 den Kuku-nor, 1 Peking und Korea; von den Liotrichiden 1 den Kuku-nor, keine Korea, während z. B. Mupin deren 6 hat (1 Species noch in 4000 m Höhe). Es ist also nicht die Kälte, die sie im Norden vertreibt.

Die interessantesten Formen sind die westlichen. Schon Oustalet hob den afrikanischen *Lanius pallidirostris* hervor, von dem Przevalski 1 Exemplar, erlegte. Wir erwähnen *Gypaetos barbatus, Vultur monachus* (bis Wladiwostok aber selten wegen Aasmangel, David). *Aquila pennata* (Daurien), *Pernis apivorus, Circaetus gallicus, Falco respertinus (= amurensis); Cuculus canorus* Oust. neben *canorinus* Cab., *Halcyon smyrnensis, Ceryle rudis, Tichodroma muraria, Cotyle riparia, Saxicola isabellina* Rüp., *morio* Ehrb., *Sylvia curruca* L., *Cisticola schoenicola, Anthus cervinus, richardi, Galerida cristata, Chrysomitris spinus, Carpodacus rubicilla* (bis Caidam), *Pica caudata, Turtur risorius, Co-*

turnix communis, Otis tarda, ohne die Wasservögel, die eigentlich arktischen und tropischen Wandervögel.

Auffallend dagegen ist — von den Meeresvögeln abgesehen — die geringe Aehnlichkeit mit Amerika, wie sie doch z. B. bei Fischen und Pflanzen vorkömmt. Nur drei Wasservögel sind China und Nordamerika bei Oustalet gemein *(Fulix mariloides, Larus occidentalis* und *Diomedea nigripennis)*, doch ist es im Norden anders. Dafür hat er den *Troglodytes fumigatus* Tem. (Japan, Peking, Mupin bis Aleuten) vergessen, den schon Sclater hervorhob. Im Norden treten die arktischen Arten mehr hervor. Kamtschatka hat z. B. *Bernicla canadensis, Oidemia americana* (bis Korea), *Colymbus adamsi, Haliaetus leucocephalus.*

Die Commandeurinseln haben schon fast die Ornis von Alaska. Die eigentlichen Meeresvögel des nördlichen Pacific sind bekanntlich auf beiden Seiten des Behringscanales identisch: Alciden, Uriiden.

Reich ist dagegen die Anzahl unserer Vögel, die als paläarktische Formen hier wiederkehren: *Cypselus apus*, Wiedehopf, *Certhia familiaris, Saxicola oenanthe, Cyanecula suecica* var. *coerulecula* Pall., Drosseln, Bachstelzen, Lerchen, Meisen, *Ampelis garrulus* (häufig in Ostsibirien), Krähen, Ammern, Wendehals etc. Doch sind sie meist nur im Nordwesten. Für viele Species bildet Daurien eine Grenze, die sie nach Osten nicht überschreiten, während umgekehrt viele östliche Formen nicht über Daurien hinaus nach Westen reichen.

Von den ersten nennen wir *Picus major* (Kjachta 1 Exemplar), Auerhahn, *Acanthis holbölli* (Tačan), *Pyrrhula coccinea, Corvus cornix, Butalis grisola, Melanocorypha calandra* (Irkutsk, Tačan), *Saxicola stapazina* Pall. (Tačan), *Lanius Homeyeri* etc. Aus der Zahl der letzteren sind die wichtigsten für uns die Bewohner des ostsibirischen Urwaldes, Spechte, Meisen, Drosseln, Ammern, die manchmal doch vom Nordostwind nach Europa verschlagen, die russischen Irrgäste bilden. Eigenthümlicher Weise sind dagegen Irrgäste aus dem Süden im Norden selten[1]; wir können nur anführen 1 Exemplar *Turdus aliciae* Baird (Amerika) am Cap Tschukotskoi, *Ororctes gularis* Swinh. (3 Exemplare, Ussuri), *Suthora bulomachus* (1 Exemplar, Abček), *Rallus indicus* (1 Exemplar, Ussuri), *Grus fratercula* Cass. (1 Exemplar, Cap Tschukotskoi).

Am Strande des Ussurilandes sind fast die letzten Sommergäste, nur wenige gehen noch nördlicher zum Amur und wenige nach Korea, andererseits gibt es viele Species, die Peking nicht überschreiten. Eine Detailschilderung würde zu viel Raum einnehmen. So erreichen die Papagaien Sečuen, ebenso die Nectariniden und Treroniden, die Artamiden Macao, die Pittiden Amoy etc. Das untere Jaugtsekiangbecken scheint die Grenze der sesshaften tropischen Formen zu sein.

Die letzten tropischen Formen im Norden — die nicht paläarktisch sind — sind *Eurystomus, Zosterops, Oriolus, Dicrurus, Pericrocotus, Hypsipetes,*

---

[1] Von der Wrangelinsel brachte der „Corvin" noch *Nyctea scandiaca, Lanius cristatus, Strepsilas melanocephalus, Charadrius fulcus, Phalaropus fulicarius, Sumateria spectabilis, Larus glaucus, Larus sabinei, Simorhynchus cristatellus, Uria grylle, Uria columba*, von der Heraldinsel nur *Strepsilas melanocephalus, Phalaropus fulicarius, Pagophila eburnea* (häufig), *Larus glaucus, Uria grylle*, aber keinen Landvogel.

Z. B. Ges. B. XLII. Sitz.-Ber.   G

Fasane (der Pfau ist in China nicht wild, so wie das Huhn [Hainan]), und diese sehr selten, nur die Muscicapiden sind zahlreicher als im Westen. So hat Korea keinen *Dicrurus, Zosterops* oder *Hypsipetes*, aber 4 Muscicapiden, Japan (bei Blakiston) 6 Muscicapiden, keinen *Dicrurus, Oriolus, Eurystomus*, Kamtschatka keines der obigen Genera, aber noch 2 Muscicapiden (Tačan, ebenso die Commandeurinseln [Steineger]). Steineger bemerkt, dass einige Vögel über Jeso und die Kurilen nach Kamtschatka kommen, ohne das südliche Japan zu berühren.

Interessant ist das Zunehmen der Sylviden in China, die fast ebenso zahlreich sind (63 bei Oustalet) wie im Mittelmeere. aber im Süden und Norden fast fehlen,[1]) eine der Analogien, wie Nussbaum, Kastanie, Liquidambar etc., für die wir bisher keine Erklärung haben, wie für die Verbreitung von *Pernis, Cisticola, Tichodroma, Coturnix, Otis* etc.

Zu Rechnungsrevisoren für das Jahr 1892 wurden in dieser Versammlung die P. T. Herren Dr. Ernst Chimani und Carl Jetter gewählt.

Zoologischer Discussionsabend am II. März 1892.

Herr Dr. Rudolf Freiherr v. Seiller hielt einen Vortrag unter dem Titel: „Zur Geschichte der Becherzellen".

Hierauf sprach Herr Dr. Ludwig Karpelles „Ueber einen eigenthümlichen Parasiten der Krontaube".

Im Vivarium im k. k. Prater in Wien verendete eine Krontaube, bei deren Section im zoologischen Institute der Wiener Universität sich in der Cutis und im subcutanen Bindegewebe massenhaft ein bisher noch nirgends beschriebener Parasit fand. Die Exemplare desselben liegen nicht nur neben einander, sondern stellenweise auch bis zu vier Exemplaren über einander, so dass man durch das Auskochen eines beliebigen Stückes der Haut von etwa 1 cm² in Kalilauge viele hunderte von Chitinskeletten erhält. Nach diesem massenhaften Auftreten zu schliessen, dürfte der Parasit den Tod der Krontaube herbeigeführt haben. Sowohl die Federn als auch die Epidermis waren unversehrt.

Das Thier ist von weisslicher Farbe, 2—3 mm lang, an der breitesten Stelle ¹/₃ mm breit, von cylindrischer Körperform. Es hat vier Fusspaare, von denen die vorderen an der Körperspitze, die hinteren sehr weit rückwärts, etwa im letzten Viertel des Körpers sich inseriren, dabei sind die beiden vorderen Paare randständig, die beiden hinteren median. Jedes der vorderen endigt mit zwei langen Krallen, das dritte Fusspaar hat eine Kralle, das vierte Fusspaar

---

[1]) Salvadori hat in Papuasien nur 16 Land- und 41 Wasservögel aus China, Finsch in Centralpolynesien keinen Land- und nur 14 Wasservögel gefunden.

endigt nur mit einer sehr langen Borste. Die beiden vorderen Fusspaare sind gegenüber den hinteren mächtig entwickelt, letztere reichen kaum über den Körperrand hinaus. Mit den ersteren Fusspaaren, respective deren Krallen, hält sich das Thier fest und gräbt es sich in die Haut (nicht Epidermis) ein, darum sind hier auch mächtig entwickelte Epimeren vorhanden, während die der hinteren Fusspaare reducirt sind.

Das Merkwürdigste an diesem — der vier Fusspaare wegen zu den Milben zu stellenden — Parasiten ist das vollständige Fehlen der Mundtheile. Es ist nicht einmal eine Mundöffnung vorhanden. Auf den ersten Blick glaubt man, dass die Mundtheile in der Haut stecken geblieben seien, aber weder die durch das Auskochen der Haut in Kalilauge gewonnenen, noch die durch vorsichtigstes, hier sehr leichtes Herauspräpariren aus dem Bindegewebe, aus welchem sie beim Flottiren im Wasser oft schon von selbst herausfallen, liefern Exemplare, an denen eine Spur von Mundtheilen und von einer Mundöffnung zu bemerken ist. Ebensowenig ist eine äusserliche, geschlechtliche Differenzirung zu bemerken. Die bis jetzt an sehr vielen Exemplaren vorgenommenen Schnitte haben noch kein verwerthbares Resultat ergeben, wesshalb ich vorläufig von der Benennung dieser mindestens ein neues Genus repräsentirenden Milbe, die sich der Körperform wegen an *Phytoptus* und *Demodex* anschliesst, in der Gestaltung der Füsse und Epimeren aber an gewisse Federmilben (*Analges* etc.) erinnert, noch abstehe.

Auf dem weissen Körper heben sich die dunkelbraunen vorderen Epimeren schon mit freiem Auge erkennbar ab. Noch bei keiner Milbe sind Epimeren beschrieben, welche so tief in das Innere des Körpers hineinragen, wie das hier bei den vorderen Epimeren der Fall ist. Da, wie schon bemerkt, die Federn und die Epidermis unversehrt sind, dürfte die Milbe nicht von aussen eingewandert sein.

Botanischer Discussionsabend am 18. März 1892.

Der Vorsitzende, Herr Dr. Eugen v. Halácsy, gedachte zunächst in warmen Worten des am 16. März d. J. im 75. Lebensjahre entschlafenen langjährigen Ausschussmitgliedes Regierungsrath Dr. Carl Aberle. Jeder, der den stets liebenswürdigen Mann mit dem rastlosen Fleisse und Eifer für die Wissenschaft kannte, wird dessen Hingang auf das Schmerzlichste bedauern. Nachdem sich die Anwesenden zum Zeichen ihrer Trauer von den Sitzen erhoben hatten, wurde zur Tagesordnung des Discussionsabends übergegangen.

Herr Prof. Dr. Josef Boehm hielt einen Vortrag „Ueber die Respiration der Kartoffeln".

In der Botanischen Zeitung, Jahrg. 1887, hat Boehm nachgewiesen, dass Zweigstücke und frisch verletzte Kartoffeln unvergleichlich intensiver athmen

G*

als unverletzte Pflanzen. Aus den damaligen Versuchen ergab sich nur die grosse Wahrscheinlichkeit, dass diese bis dahin unbekannte Thatsache nicht durch Erleichterung des Sauerstoffeintrittes in die Gewebe, sondern durch Wundreiz bedingt sei. Durch weitere Versuche wurde dies nun zweifellos erwiesen. Wird von einer Kartoffel ein Cylinder herausgebohrt und das Bohrloch in geeigneter Weise dauernd mit Wasser gefüllt erhalten, so athmet dieselbe, in Folge der retardirten Korkbildung an der Wundfläche, sogar während längerer Zeit intensiver als eine ebenso verletzte, gleich schwere Knolle mit leer gebliebenem Bohrloche.

Müller-Thurgau hat nachgewiesen, dass die Kartoffeln nicht durch Erfrieren, sondern, nach längerer Zeit, bei einer Temperatur in der Nähe von 0° süss werden und dass sie dann intensiver athmen als Knollen, welche bei gewöhnlicher Temperatur aufbewahrt waren. Dass Müller's Ansicht über die Ursache beider Erscheinungen nicht zutrifft, sei nur nebenher bemerkt.

Auch Kartoffeln, welche während Monaten bei einer Temperatur zwischen 9 und 10° C. aufbewahrt wurden, verbrauchen dann bei 22° C. mindestens doppelt so viel Sauerstoff als gleichartige Knollen, welche bei Zimmertemperatur aufbewahrt waren.

Werden Kartoffeln während 24 Stunden oder mehreren Tagen bei 35 bis 40° C. erwärmt, so athmen sie dann bei 22° C. ebenfalls sehr intensiv. Das Gleiche ist der Fall, wenn die Kartoffeln früher während geeignet langer Zeit zu innerer Athmung gezwungen wurden. Eben erst geschälte Kartoffeln verfallen in Wasserstoff bei 22° C. schon nach längstens zwei Tagen der Buttersäuregährung.

Werden frisch angefertigte Kartoffelcylinder von circa 1 cm Durchmesser bei gewöhnlicher Zimmertemperatur unter Wasser eingesenkt, so sterben sie nicht nur nicht, sondern erhalten sich Monate lang frisch und ergrünen im Lichte. In Luft gebracht athmen sie, besonders nachdem sie früher geschält wurden, ebenso, respective noch intensiver als frisch angefertigte Cylinder und zeigen, wenn sie wieder unter Wasser eingesenkt werden, keine Spur einer pathologischen Erscheinung. Es begnügen sich somit verletzte Kartoffeln, deren intensive Athmung bei freiem Luftzutritte, wie bewiesen wurde, durch den Wundreiz bedingt ist, mit der relativ geringen Menge von Sauerstoff. welche im Wasser gelöst ist. Ueber 2 cm dicke oder bereits mit einer derberen Korkhaut bekleidete Cylinder verfallen bei gleicher Behandlung nach kürzerer oder längerer Zeit der Buttersäuregährung. Dasselbe ist der Fall bei selbst dünnen Kartoffelschnitten, welche mit der Breitseite unter Wasser gelegt wurden.

In reinem Sauerstoffgase athmen die Kartoffeln bei 22° C. während circa acht Tagen nicht intensiver als in gewöhnlicher Luft; dann aber steigt die Athmungsintensität sehr bedeutend und die Knollen beginnen allmälig abzusterben.

Die Athmungsintensität der Kartoffeln wird ferner sehr gesteigert, wenn dieselben mit *Phytophthora infestans* inficirt wurden.

Es werden die Kartoffeln also nicht nur durch Verwundung, sondern auch sowohl durch relativ niedere als hohe Temperatur, durch zeitweise Entziehung des Sauerstoffes, sowie durch längeren Aufenthalt in reinem Sauerstoffgase und durch den Kartoffelpilz gleichsam in einen „fieberartigen" Reizzustand versetzt und zu energischer Respiration veranlasst. In einem sauerstoffarmen Medium, z. B. im Wasserbade, begnügen sich aber dünne Cylinder sowohl gesunder als „gereizter" Knollen mit einer sehr geringen Menge von Sauerstoff. Die excessive Athmung der Kartoffeln nach geeigneter Vorbehandlung derselben ist unter Anderem ein sicherer Beweis dafür, dass die Lösung der Stärke nicht durch Diastase, sondern durch den lebenden Zellinhalt bewirkt wird (Boehm, Botanische Zeitung, Jahrg. 1887, S. 685, Anmerkung). Die ausführliche Mittheilung der Versuche über die Athmung und über die „Krankheit" der Kartoffelknollen wird seinerzeit erfolgen.

Versammlung am 4. Mai 1892.

Vorsitzender: Herr Anton Pelikan Freih. v. Plauenwald.

Wieder eingetretenes Mitglied:

P. T. Herr Victor Apfelbeck, Custos am Landesmuseum in Serajewo.

Eingesendete Gegenstände:

76 Stück Schmetterlinge für Schulen von Herrn E. Kautetzky. Eine grosse Partie Schmetterlinge für Schulen von Herrn k. und k. Hauptmann A. Viertl.

Herr Secretär Dr. Carl Fritsch legte folgende eingelaufene Manuscripte vor:

Boller Adolf: „Zur Flora der grossen Kapela". (Siehe Abhandlungen, Seite 241.)

Boller Adolf: „Eine botanische Wanderung um Bihač in Bosnien und im angrenzenden Theile von Croatien". (Siehe Abhandlungen, Seite 250.)

Escherich C.: „Die biologische Bedeutung der ‚Genitalanhänge' der Insecten". (Siehe Abhandlungen, Seite 225.)

Herr Professor Dr. J. Wiesner hielt einen Vortrag „Ueber den Geotropismus einiger Blüthen".

In ausführlicher Weise besprach und demonstrirte der Vortragende den positiven Geotropismus der Perigone von *Clivia nobilis*, worüber er in den Berichten der Deutschen Botanischen Gesellschaft schon einige Daten veröffentlichte.

Anschliessend hieran führte der Vortragende den Nachweis, dass die von Darwin herrührende Theorie des positiven Geotropismus auf die Blüthen von *Clivia* keine Anwendung finden könne, da ein der Wurzelspitze vergleichbares reizaufnehmendes Meristem an den Perigonen zur Zeit, in welcher sie geotropisch reagiren, nicht vorhanden ist, mithin angenommen werden muss, dass die Schwere dort unmittelbar wirke, wo wir die geotropische Krümmung sich vollziehen sehen.

In dieser Versammlung wurden an Stelle der verstorbenen Herren Dr. Carl Aberle und Dr. Carl Richter zwei neue Ausschussmitglieder gewählt. Die Wahl fiel auf die Herren Dr. Lukas Stohl und Dr. Alexander Zahlbruckner.

Botanischer Discussionsabend am 22. April 1892.

Herr Hugo Zukal sprach „Ueber den Zellinhalt der Schizophyten" und demonstrirte entsprechende mikroskopische Präparate.

Der Vortragende berichtete über seine Culturversuche mit *Tolypothrix lanata* Wartm. Auf Grund derselben konnte er feststellen, dass die sogenannten „Körner" der *Tolypothrix*-Zellen aus einem einzigen, zellkernähnlichen Körper hervorgehen. Indem nun der Vortragende diesen Körper als Zellkern auffasst, kommt er zu dem Schlusse, dass ein grosser Theil der Schizophyten als vielkernige Organismen anzusehen seien. Im Uebrigen verweist der Vortragende auf seine Abhandlung „Ueber den Zellinhalt der Schizophyten" in den Sitzungsber. der kais. Akad. der Wissensch., Bd. CI, 1892, und auf seine vorläufige Mittheilung über dasselbe Thema in den Berichten d. Deutschen botan. Gesellschaft, Bd. X, Heft 2.

Herr Dr. Carl Fritsch hielt einen Vortrag unter dem Titel: „Die Casuarineen und ihre Stellung im Pflanzensystem".

Die Gattung *Casuarina* hat durch ihren eigenthümlichen, sehr an *Equisetum* erinnernden Habitus stets eine isolirte Stellung unter den apetalen Dicotyledonen eingenommen; jedoch war, so lange man die Entwicklung ihrer weiblichen Blüthen und den Vorgang der Befruchtung nicht kannte, kein Grund vorhanden, sie im System anderswo unterzubringen. Treub war es nun, der fern in den Tropen, im botanischen Garten zu Buitenzorg auf Java, die gründlichsten und eingehendsten Untersuchungen über die erwähnten Fragen unternahm und uns vor wenigen Monaten mit einer Publication überraschte, welche sich den epochalen Werken eines Hofmeister und Strasburger über die Befruchtungsvorgänge und den Generationswechsel der Pteridophyten und Gymnospermen würdig an die Seite stellt. Die erwähnte Publication betitelt sich: „Sur les Casuarinées et leur place dans le système naturel" und erschien in den „Annales du jardin botanique de Buitenzorg", Vol. X, gegen Ende des Jahres 1891. Sie ist mit nicht weniger als 21 Tafeln ausgestattet, deren Anblick allein schon die bedeutenden Unterschiede lehrt, welche zwischen dem Bau und der Entwicklung der Samenanlagen von *Casuarina* und jener aller übrigen bisher daraufhin untersuchten Angiospermen bestehen. — In den folgenden Zeilen sollen nur die allerwichtigsten Resultate der Treub'schen Untersuchungen mitgetheilt werden.

Die weibliche Blüthe von *Casuarina* besteht bekanntlich aus zwei Carpiden, welchen auch zwei lange, fadenförmige Narben entsprechen. Der kurze gemeinsame Griffel, welcher die letzteren trägt, bildet niemals einen Griffelcanal aus; die Stelle des letzteren nimmt ein aus dünnwandigem Parenchym bestehender Griffelcylinder ein. Das von den beiden mit den Rändern verwachsenen Fruchtblättern gebildete Ovarium zeichnet sich dadurch aus, dass seine Höhlung im Verlaufe der Entwicklung ganz verschwindet, um erst während der Ausbildung der Samenknospen wieder sichtbar zu werden. Die Placentation ist parietal; jedoch bildet sich kein Funiculus aus und überhaupt ist die Entwicklung der beiden Ovula eine ganz eigenthümliche.

Ungleich wichtiger und eigenartiger sind aber die weiteren Vorgänge im Inneren des Nucellus. Vor Allem fällt hier die Entstehung eines mehrzelligen Archesporiums auf, welches durch vielfache Zelltheilungen einen mächtigen Zellkörper bildet, der den stets aus einer einzigen Zelle gebildeten Embryosack aller übrigen Anthophyten vertritt. Das mehrzellige Archesporium weist sofort auf die Pteridophyten hin; in dieser Hinsicht stehen also die Gymnospermen den Angiospermen näher als die Casuariuaceen. Aus dem Sporogen entstehen nun etwa 20 oder mehr Macrosporen, welche aber die übrigen, klein bleibenden Zellen nicht verdrängen. Nicht etwa nur in einer, sondern in mehreren Macrosporen kann man die Entstehung eines Geschlechtsapparates, insbesondere also einer Eizelle, wahrnehmen. Die Eizelle ist oft von einer oder zwei Nachbarzellen begleitet, welche aber mit den Synergiden nicht vergleichbar sind, sondern den Halscanalzellen des Archegoniums entsprechen dürften. Antipoden wurden niemals beobachtet. Hingegen finden sich zahlreiche Zellkerne, welche schon vor der Befruchtung vorhanden sind und ein Endosperm repräsentiren, wie wir es auch bei den Gymnospermen und in der Macrospore von *Selaginella* antreffen.

Höchst merkwürdig ist die Art und Weise, wie der Pollenschlauch bei *Casuarina* zur Samenknospe gelangt: derselbe drängt sich durch das Gewebe des Griffelcylinders hindurch, wendet sich aber dann nicht der Micropyle, sondern der Chalaza zu und dringt durch diese in den Nucellus ein. Dieses Eindringen des Pollenschlauches durch die Chalaza wird dadurch erleichtert, dass einige Macrosporen schon früher Schläuche nach unten getrieben haben, die — gewissermassen dem Pollenschlauch entgegenwachsend — das Zellgewebe in der Umgebung der Chalaza auflockerten. Das Ende des Pollenschlauches legt sich an den zu befruchtenden Embryosack an, ohne in denselben einzudringen. Treub vermuthet, dass nur der generative

Zellkern bis zu der mit einer Membran umkleideten Eizelle selbst vordringt.

Schon aus dem hier in aller Kürze Gesagten geht zur Genüge hervor, dass Treub auf Grund seiner Untersuchungen berechtigt war, den Casuarinaceen einen selbstständigen Platz im Pflanzensysteme — zwischen den Gymnospermen und Angiospermen — anzuweisen. Er nennt sie wegen der eben geschilderten Art der Befruchtung „Chalazogamae" und stellt ihnen alle übrigen Angiospermen als „Porogamae" gegenüber.[1]) Sein System der Angiospermen lautet wörtlich:

Sous-embranchement:
Angiospermes.

Subdivision:	Subdivision:
Chalazogames.	Porogames.
Classes:	Classes:
Chalazogames.	Monocotylédones, Dicotylédones.

Erwähnt sei noch, dass der geistvolle Verfasser des „Pflanzenleben", A. v. Kerner, im zweiten Bande dieses Werkes (Seite 674), schon vor dem Bekanntwerden der Treub'schen Untersuchungen, die *Casuarinaceae*, richtig geleitet von deren abweichendem Bau, als Vertreter eines eigenen Stammes, der „Verticillatae", auffasst.

Zum Schlusse mag noch eine Bemerkung bezüglich der Monocotyledonen Platz finden. In allen älteren Systemen, so namentlich in dem lange Zeit gangbaren von Endlicher, standen die Gymnospermen, da ihre Fortpflanzungsverhältnisse nicht genau genug bekannt waren, am Anfange der Dicotyledonen. Später wurden sie auf Grund der epochalen Untersuchungen Hofmeister's an die Pteridophyten angereiht, so dass die Monocotyledonen zwischen Gymnospermen und Dicotyledonen zu stehen kamen, obschon die Gymnospermen die mannigfachsten Beziehungen zu den Dicotyledonen, kaum aber solche zu den Monocotyledonen aufweisen. Nun werden heute die Casuarinaceen von den Dicotylen losgerissen und an die Gymnospermen angereiht. Andere Forscher (Caruel[2]) weisen den Loranthaceen eine selbstständige Stellung an; und wer weiss, ob nicht auch für die habituell so sehr an Coniferen erinnernden Proteaceen, die zudem häufig mehr als zwei Cotyledonen besitzen, noch eigenartige Fortpflanzungsverhältnisse nachgewiesen werden! Alle diese Familien gehören aber den sogenannten „apetalen Dicotyledonen" an, während die tiefst stehenden Gruppen der Monocotyledonen nicht die geringsten Analogien mit Gymnospermen aufweisen. Alles das Angeführte spricht sehr für Drude, der die Monocotyledonen an das Ende des Systems stellt[3]) und die Dicotyledonen direct an die Gymnospermen anreiht.

---

[1]) Um sicher zu gehen, dass nicht etwa noch andere Apetalen sich ähnlich wie die Casuarinen verhalten, untersuchte Treub namentlich auch die Entwicklung und Befruchtung der Samenanlagen von *Myrica*, die sich aber ganz normal wie andere Angiospermen verhält.

[2]) Caruel, Systema novum regni vegetabilis. Nuovo giornale botanico italiano, 1881, p. 217.

[3]) Drude, Die systematische und geographische Anordnung der Phanerogamen. In Schenk's Handbuch der Botanik, III. Bd., 2. Hälfte.

Dass die höchst entwickelten Formen unter den gamopetalen Dicotylen eine höhere Entwicklungsstufe erreicht haben als etwa die Orchideen, ist allerdings kaum zu leugnen, aber allen Anforderungen kann ein lineares System selbstverständlich niemals gleichzeitig Rechnung tragen!

Herr Dr. Richard v. Wettstein demonstrirte einige interessante, eben in Blüthe stehende Pflanzen des Wiener botanischen Universitätsgartens, unter Anderem einige Orchideen, und bemerkte über letztere Folgendes:

Unter einer grösseren Anzahl von Orchideen, welche Herr Hauptmann Kasch im Jahre 1891 aus Castelnuovo in Dalmatien nach Wien an den botanischen Garten sandte, befanden sich mehrere, die im heurigen Frühjahre zur Blüthe gelangten und Gelegenheit boten, eine viel verkannte Pflanze sicher zu stellen, nämlich *Orchis rubra* Jacq. Unter mehreren Exemplaren von *Orchis papilionacea* L.[1] gelangten drei einer von dieser ganz wesentlich abweichenden *Orchis* zur Blüthe, die auf den ersten Anblick lebhaft an eine *Serapias* erinnerte und sich von *Orchis papilionacea* durch die kräftigere Entwicklung aller Theile, durch die grossen häutigen Bracteen, die spitzen und längeren oberen Perigonzipfel, welche die Länge der Lippe erreichten, durch die rhombische, lang und allmälig in den Grund verschmälerte Lippe, durch den kürzeren und geraden Sporn, sowie durch die Färbung unterschieden. Die letztere zeigte an den äusseren Perigonzipfeln ein intensives, etwas braun überlaufenes Roth, während die inneren Zipfel, gleichwie die Lippe, ins Violette neigten. Die Unterschiede sind, zumal an der lebenden Pflanze so bedeutend, dass es unmöglich ist, dieselbe mit *Orchis papilionacea* L. zu identificiren. Diese *Orchis* ist nun zweifellos identisch mit *Orchis rubra* Jacquin, die der Autor in Collectanea ad bot. etc., I, p. 60 (1786), ganz gut beschrieb und in Icones plantarum rariorum, I, auf Taf. 183 abbildete. Die Abbildung stimmt mit den vorliegenden Exemplaren vollkommen überein bis auf die Stellung der Perigonzipfel, die im Bilde abstehen. Doch hat bereits Jacquin selbst dies als einen Fehler der Zeichnung erklärt.

Diese ganz sichergestellte und leicht kenntliche *Orchis rubra* Jacq. ist nun vielfach mit *Orchis papilionacea* verwechselt, vielfach mit ihr direct identificirt worden (vgl. z. B. Nyman, Conspect. flor. Europ., p. 692 [1878—1882]; Koch, Synops. flor. Germ. et Helv., ed. I, p. 688 [1837]; Richter, Plantae Europ., I, p. 265 [1890], etc.), trotzdem schon von früheren Autoren, z. B. L. Reichenbach in Flora german. excurs., p. 123, die Unterschiede genau präcisirt worden waren. Zur Verwirrung trug wesentlich Reichenbach fil. bei, der in Icon. flor. Germ. et Helv., XIII, p. 16, *Orchis rubra* als var. *b.* zu *Orchis papilionacea* zog und die Bemerkung hinzufügte, die beiden Pflanzen seien unmöglich zu trennen.

Was die Verbreitung der *Orchis rubra* anbelangt, so sah ich sie bisher aus Dalmatien (Ragusa, leg. Adamović; Spalato, leg. Petter; Castelnuovo,

---

[1] Dieselben gehörten durchwegs der Form α. *parviflora* im Sinne von Willkomm's Prodr. flor. Hisp., I, p. 165, an.

leg. Kasch) und Istrien (Pola, leg. Piehler), womit jedoch nicht gesagt sein soll, dass sie auf dieses Gebiet beschränkt sei.

Ich kann es nicht unterlassen, auf eine Eigenthümlichkeit der besprochenen Pflanze hinzuweisen. Dies ist die grosse Aehnlichkeit mit einer *Serapias*-Art, etwa mit *Serapias Lingua* Sw. Sie drückt sich zunächst in der auffallenden Färbung, dann aber und insbesondere in der Gestalt der oberen Perigonzipfel, in der Gestalt der Lippe. sowie in der Form der Bracteen aus. *Orchis rubra* hält morphologisch geradezu die Mitte zwischen *Orchis papilionacea* und *Serapias Lingua*, weshalb ich es für nicht unmöglich halte, dass sie eine Hybride zwischen diesen beiden Arten darstellt. Das Vorkommen an Standorten, wo beide Arten sich finden, die intermediäre Blüthezeit würden ebenso dafür sprechen, wie das von verschiedenen Autoren beobachtete Auftreten von Zwischenformen zwischen *Orchis rubra* und *Orchis papilionacea* verständlich wäre.

Sollte sich meine Vermuthung als richtig erweisen, was nur durch genauere Beobachtungen an Standorten erfolgen kann, dann wäre *Serapias Barlae* Richter (Plant. Europ., I, p. 276. 1890) ein jüngeres Synonym von *Orchis rubra*.

Mag nun *Orchis rubra* eine Hybride sein oder nicht, auf alle Fälle erscheint mir die Existenz einer Pflanze, die morphologisch die beiden so wenig geschiedenen[1] Gattungen *Orchis* und *Serapias* verbindet, sehr bemerkenswerth und geeignet, im Vereine mit anderen Thatsachen den relativ geringen wissenschaftlichen Werth zahlreicher Orchideengattungen zu illustriren.[2]

Am 29. April 1892 fand ein botanischer Literaturabend statt, an welchem sich die Herren Dr. R. v. Wettstein und Dr. A. Zahlbruckner in die Vorlage und Besprechung der neuen Literatur theilten.

Versammlung am 1. Juni 1892.

Vorsitzender: Herr Custos Alois Rogenhofer.

Neu eingetretene Mitglieder:

P. T. Herr	Als Mitglied bezeichnet durch P. T. Herren
Köllner Carl, Bürgerschullehrer, Wien, IV., Schaumburgergasse 7	Dr. C. Fritsch, Dr. L. Karpelles.
Schrötter Hermann, Ritter v. Kristelli, Wien, IX., Mariannengasse 3	Dr. Paul v. Felix, Dr. F. Krasser.

---

[1] Vergl. über die Unterschiede Pfitzer, *Orchidaceae* in Engler und Prantl, Natürl. Pflanzenfam., II, 6. Abth., S. 89 (1889).

[2] Vergl. Wettstein in Oesterr. botan. Zeitschr., 1889, S. 427.

Herr Secretär Dr. Carl Fritsch legte ein Manuscript von Prof. Dr. August Forel vor, betitelt: „Die Ameisenfauna Bulgariens, nebst biologischen Beobachtungen". (Siehe Abhandlungen, III. Quartal.)

Herr J. A. Knapp hielt hierauf dem kürzlich verstorbenen berühmten Botaniker Eduard v. Regel einen ausführlichen Nachruf. (Siehe Abhandlungen, Seite 260.)

Herr Custos A. Rogenhofer sprach, unter Vorweisung von natürlichen Exemplaren und bezüglicher Abbildungen, über die in neuerer Zeit erfolgte Erschliessung der Schmetterlingsfauna von Westchina und Thibet, welche namentlich dem Sammelfleisse französischer Missionäre, der Herren Armand David und Felix Biet, zu danken ist und von Ch. Oberthür in Rennes durch vorzügliche Bilder weiteren Kreisen zugänglich gemacht wurde. In neuester Zeit erforschten auch Deutsche und Engländer das Gebiet, wodurch viele neue interessante Arten durch Leech bekannt wurden und in Verkehr kamen.

Der Charakter der Fauna ist fast rein paläarktisch, mit Vertretern der indischen Region, die durch einzelne *Papilio*-Arten der *Mencius*-, *Podalirius*-und *Raddei*-Gruppe, sowie die ganz absonderliche, herrliche Gattung *Armandia* und mehrere Arten der Chalcosiden, Hesperiden und *Charaxes* demselben ein theilweise tropisches Gepräge aufdrücken.

Von besonderem Interesse ist das Auftreten zahlreicher Formen aus der Satyriden-Gruppe *Pararge*.

Hierauf sprach noch Herr Custos A. Marenzeller über einige neue Tiefsee-Holothurien.

Botanischer Discussions- und Literaturabend am 20. Mai 1892.

Herr Dr. Fridolin Krasser machte mehrere kleinere Mittheilungen.

Der Vortragende besprach zunächst unter Demonstration von entsprechenden Mikrotomschnitten die „squamulae intravaginales" von *Elodea canadensis*, welche er auf Grund ihrer Entwicklungsgeschichte mit Göbel als

H *

Emergenzen des Stammes anspricht. — Ferner theilte derselbe die Zusammen-setzung einer, für manche Zwecke tauglichen, leicht herzustellenden Conser-virungsflüssigkeit mit, welche im hohen Grade antiseptisch wirkt. Dieselbe besteht aus 1 Volum Essigsäure, 3 Volumina Glycerin, 10 Volumina einer ca. 50°/₀ Kochsalzlösung. Die letztere wurde aus ordinärem Kochsalz (Viehsalz) und Hoch-quellenwasser hergestellt. Zuckerrübendurchschnitte und etiolirte Triebe der Kartoffel, welche beide Objecte sowohl in Alkohol wie in den sublimathältigen Conservirungsflüssigkeiten sehr bald schwarz werden, behalten die natürliche Farbe. Es hängt dieses Verhalten offenbar mit der chemischen Natur der Chromo-gene von *Beta* und *Solanum* zusammen, da der Vortragende bei *Lathraea* die interessante Beobachtung machte, dass diese Pflanze unter dem Einflusse der besprochenen Conservirungsflüssigkeit schon nach einigen Stunden, also bedeutend rascher als die etwa in Wasser eingestellten Exemplare, sich dunkel färbt. Bei *Lathraea* wird also die Farbstoffbildung durch die angegebene Conservirungs-flüssigkeit beträchtlich gefördert. Für die hohe antiseptische Wirkung der Flüssig-keit spricht der Umstand, dass die besprochenen Objecte in derselben in unver-schlossenen Standgläsern seit nahezu einem Jahre stehen und trotz des aus der Luft niederfallenden, an Pilzsporen[1]) reichen Staubes vollständig intact sind. Das durch Verdunstung reducirte Volum der Conservirungsflüssigkeit wurde durch Nachfüllung von Hochquellenwasser immer wieder auf die ursprüngliche Höhe gebracht.

Schliesslich machte der Vortragende auf die „fixirende" Eigenschaft des Salicylaldehyds bei Chromatophoren aufmerksam. Zur Fixirung von Farbstoff-körpern (z. B. *Solanum Lycopersicum*) ist eine 1°/₀ige alkoholische Lösung des Salicylaldehyds 24 bis 48 Stunden auf kleinere Stücke des Objectes anzuwenden, wonach vollständige successive Härtung durch Alkohol herbeigeführt werden kann. Die Schnitte durch das gehärtete Object können in Glycerin, Glyceringelatine oder Canadabalsam eingeschlossen werden, doch darf Nelkenöl behufs Aufhellung nur ganz kurze Zeit angewendet werden.

Hierauf folgte die Vorlage der neuen Literatur. Herr Dr. F. Krasser besprach den Inhalt einiger anatomisch-physiologischer Werke, während Herr Dr. Carl Fritsch eine Reihe von morpho-logisch-systematischen Werken vorlegte.

---

[1]) In dem betreffenden Zimmer werden *Penicillium* und *Mucor* offen cultivirt.

Versammlung am 6. Juli 1892.

Vorsitzender: Herr Custos **Alois Rogenhofer**.

Herr Secretär Dr. Carl Fritsch legte folgende eingelaufene Manuscripte vor:

Kernstock E.: „Lichenologische Beiträge". IV. (Siehe Abhandlungen, Seite 319.)

Thomas F.: „Alpine Mückengallen". (Siehe Abhandlungen, Seite 356.)

Werner F.: „Ausbeute einer herpetologischen Excursion nach Ost-Algerien". (Siehe Abhandlungen, Seite 350.)

Herr Dr. Fridolin Krasser hielt einen Vortrag „Ueber die chromatophilen Eigenschaften des Zellkerns".

Herr Custos A. Rogenhofer besprach das im Erscheinen begriffene Werk von Dr. Erich Haase (derzeit Museumsdirector in Bangkok): Untersuchungen über die Mimicry auf Grundlage eines natürlichen Systems der Papilioniden (Heft VIII der Bibliotheca zoologica, Cassel, 1891—1892, mit 14 Chromotafeln), das durch vorzügliche Bilder die verschiedenen vicarirenden Formen zur Anschauung bringt.

Der Vortragende gab noch aus seiner reichen Erfahrung Erläuterungen dazu und wies, wie auch der Autor erwähnt, auf die Armuth an Mimicryformen in der paläarktischen Region hin, von denen an heimischen Arten hervorzuheben wären (da noch nirgends erwähnt) die äussere Aehnlichkeit zwischen *Acronicta psi* und *Agrotis sagittifera*, sowie zwischen den auf gleicher Futterpflanze *(Artemisia campestris)* gleichzeitig lebenden Raupen von *Heliothis scutosus* und *Botys turbidalis*, welch letztere bei Tage sich meist in ihrem Gespinste aufhält.

Am 17. Juni 1892 fand der letzte botanische Literaturabend vor den Sommerferien statt. Die Vorlage der neuen Literatur besorgte Herr Dr. A. Zahlbruckner.

Versammlung am 5. October 1892.

Vorsitzender: Herr Custos **Alois Rogenhofer**.

Neu eingetretenes Mitglied:

P. T. Herr
Strobl Carl, Trann bei Linz, Oberösterreich

Als Mitglied bezeichnet durch
P. T. Herren
A. Boller, Dr. L. v. Lorenz.

Anschluss zum Schriftentausch:

Düsseldorf: Naturwissenschaftlicher Verein.
Rom: Società Romana per gli studi zoologici.

Eingesendete Gegenstände:

10 Stück Tintenfische von Herrn Prof. Dr. C. Grobben.
30 Stück Insekten von Herrn E. Kautetzky.
800 Käfer für Schulen von Herrn J. Tremml.

Zu Beginn der Versammlung machte Herr Secretär Dr. L. v. Lorenz den versammelten Mitgliedern die Mittheilung, dass die Gesellschaft im Monate November 1892 die durch Jahrzehnte inne gehabten Räumlichkeiten im Landhause verlasse und in ein neues Heim, Wien, I., Wollzeile 12, übersiedle. Das Locale im Landhause war zwar seinerzeit vom hohen niederösterreichischen Landtage unserer Gesellschaft für die Dauer ihres Bestandes zugesichert worden; da aber der niederösterreichische Landesausschuss in neuerer Zeit wiederholt nachdrücklichst hervorhob, dass diese Localitäten für andere Landeszwecke dringend gebraucht werden, und der Gesellschaft als Ablösung des Wohnungsrechtes im Landhause ein Jahrespauschale anbot, welches zur Miethung einer für die Zwecke der Gesellschaft ausreichenden Wohnung genügend erschien, so entschloss

K

sich der Ausschuss, mit dem niederösterreichischen Landesausschusse
einen Vertrag abzuschliessen, wonach der Gesellschaft an Stelle der
Räumlichkeiten im Landhause ein fixes Jahrespauschale für die
Dauer ihres Bestandes zugesichert wird.

Herr Dr. L. v. Lorenz hielt einen längeren Vortrag unter dem
Titel: „Ornithologisches von der unteren Donau".

Der Vortragende berichtete über seine im Mai und Juni 1892 ausgeführte
ornithologische Excursion in die Dobrudscha. Insbesondere schilderte er das
Leben der Reiher in ihren Brutcolonien auf den Inseln und im Röhricht der
Ufer der Donau; die Zahl dieser Colonien hat im Laufe der Jahre bedeutend
abgenommen. Ueberhaupt kann sich dort das Vogelleben nicht ungehindert entwickeln, da der Jagd und Ausrottung der Vögel keinerlei Hindernisse in den Weg
gelegt werden.

Herr Secretär Dr. Carl Fritsch besprach die nachfolgende
briefliche Mittheilung des Herrn Prof. Dr. Fr. Thomas über „Neue
Fundorte alpiner Synchytrien":

Synchytrium alpinum Thomas auf *Viola biflora* beschrieb ich in den
Berichten der Deutschen botanischen Gesellschaft, VII, 1889, S. 255, nach Funden
aus der Umgebung von Ratzes in Tirol und konnte ausserdem eine Anzahl anderer
Standorte hinzufügen, die aber sämmtlich in den südlichen Theilen der Alpen
liegen. An der Nordabdachung der Alpen sammelte ich diesen Pilz seitdem bei
Sölden im Oetzthale, bei Arosa in Graubünden und vereinzelt im Suldbach oberhalb St. Beatenberg bei Interlaken. Die bisher tiefste Fundstelle (mit 1257 *m*
Meereshöhe) liegt im Laugrieswald des Hauensteiner Forstes bei Ratzes. Der
Beschreibung meiner, behufs Feststellung der Eigenart dieses *Synchytriums*
seinerzeit ausgeführten Infectionsversuche (l. c., S. 258) habe ich hinzuzufügen,
dass in dem nachfolgenden Jahre der Pilz auf *Viola biflora* im Blumentopf
abermals zur Entwicklung kam, obgleich ich eine längere Submersion unterlassen
und nur ab und zu so viel Wasser gegeben hatte wie beim Begiessen auch jedes
anderen Blumentopfes.

Synchytrium cupulatum m., das ich auf *Dryas octopetala* zuerst von
einem Fundorte oberhalb Innichen in Tirol und dann nach Exemplaren aus
Kärnten, dem Suldenthale, Nordtirol und dem Berner Oberland genauer beschrieb
(Botanisches Centralblatt, 1887, Bd. XXIX, S. 19), ist bei Franzenshöhe auch vom
verstorbenen Peyritsch gesammelt worden, wie Exemplare beweisen, die ich
1889 im Innsbrucker Universitätsherbar sah. In Südtirol fand ich es seitdem
am Schlern, wo es bei 1834 *m* Meereshöhe auf einer engbegrenzten Stelle am
Gamssteig spärlich auftrat. Sehr häufig beobachtete ich es in diesem Jahre bei

Arosa in Graubünden an zehn verschiedenen Standorten, deren höchster 2410 *m* hoch am Aroser Weisshorn liegt (also immer noch ca. 250 *m* niedriger als der von mir bei den Tabarettawänden am Ortler constatirte), während infolge von Hinabschwemmung ins Thal der Pilz sich im Inundationsgebiete des Welschtobelbaches noch bei 1618 *m* im Walde reichlich und üppig entwickelt fand.

Zu den bis in die baumlose Alpenregion verbreiteten Synchytrien gehört auch *Synchytrium aureum* Schröter. In 2307 *m* Meereshöhe sammelte ich auf dem Schafrücken bei Arosa auf einer noch nicht blühenden *Cichoriacee*, die ich nur für eine Form des *Leontodon hastilis* (L.) Koch halten konnte (welche Bestimmung auch der vorzügliche Kenner jenes Gebietes, Herr Professor Brügger in Chur, zu bestätigen die Güte hatte), ein *Synchytrium*, das sich von *Synchytrium aureum* nicht unterscheidet. Zwei Blätter eines einzigen Exemplares waren dicht besetzt, alle benachbarten Exemplare ohne jede Spur des Pilzes. Aus der Gegend von Liegnitz ist das Vorkommen von *Synchytrium aureum* auf *Leontodon hispidus* durch Schröter bereits bekannt.

An drei verschiedenen Stellen, in Höhen zwischen 2100 und 2332 *m*, nahm ich ebenfalls bei Arosa ein *Chrysochytrium* von *Homogyne alpina* L. auf, mit welchem ich Infectionsversuche eingeleitet habe. Wenn die Zugehörigkeit zu *Synchytrium aureum*, die von vornherein nicht unwahrscheinlich ist, sich ergeben sollte, würde die grosse Anzahl der Wirthpflanzen dieses Pilzes um eine neue Gattung vermehrt sein.

Herr Custos A. Rogenhofer erwähnte nach Mittheilungen von Prof. C. Moser in Triest das massenhafte Auftreten der Raupe von *Lithosia caniola* im heurigen Sommer in der Umgebung von Görz, sowie in Istrien, wo dieselbe an den Mauern, in den Vorräumen und Stiegen der Häuser, sowie auch in Brazzano, Cormons und Cividale sich in sehr grosser Menge zeigte.

Von Herrn Dr. R. Cobelli wurde folgende Notiz eingesendet:

Contribuzioni all' Ortotterologia del Trentino,

per il Dr. Ruggero Cobelli in Rovereto.

II.

Nel 1889 pubblicai una prima Contribuzione alla fauna degli Ortotteri del Trentino[1]), in continuazione alla mia memoria „Gli Ortotteri genuini del Trentino".[2])

---

[1]) Contribuzioni alla fauna degli Ortotteri del Trentino, per il Dr. Ruggero Cobelli in Rovereto (Sitzungsberichte der k. k. zool.-botan. Gesellsch. in Wien, Bd. XXXIX, 6. März 1889).

[2]) Gli Ortotteri genuini del Trentino, per il Dr. Ruggero Cobelli (con una Tavola). X Pubblicazione fatta per cura del Museo civico di Rovereto. Rovereto, 1886.

K *

Ora credo di qualche interesse l'aggiungere alcune notizie raccolte dappoi sulle invasioni di locuste nel Trentino, nonchè una nuova specie per la fauna.

Invasioni di locuste nel Trentino.

Sesta invasione (1542 d. G. C.).

Oltre i paesi indicati nella mia memoria, fu invasa anche la Val Sugana, la qual cosa risulta dal seguente brano di cronaca di quel tempo, scritta da un privato di Strigno, comunicata mi dal mio conoscente farmacista Sign. Ciro Prati di Caldonazzo.

„Quest' anno (1542) nell' estate passò una grandissima quantità di Locuste in modo e forma di *Esercito* per Val Sugana, quale devoravano biave. herbe et ciò che ritrovavano con grandissimo dano, erano (dico) in tanta quantità che oscuravano il Sole, venivano dalla Germania et Trento, et de qui passano in Italia.“

Per le ragioni esposte nella mia soprodetta memoria, egli è si può dire fuori di dubbio, che la specie di Ortottero di cui si tratta, fu il *Caloptenus italicus* L.

Ottava invasione (1546 d. G. C.).

In una gentilissima lettera dei 2 Dicembre 1886, il chiarissimo mio collega Sign. Dr. Hermann Krauss di Tubinga, valentissimo ortotterologo, mi scriveva: Secondo Rathlef (Akridotheologie, 2. Theil, 1750, S. 50—51) si trova la seguente notizia in Hermann Heinrich Freis' Biblischem Thierbuche, Bd. 2, S. 165: „In multis germaniae partibus anno 1544 locustae ingruerunt ac longe lateque depopulatae sunt agros. Ac superiore anno, hoc est 1546 infinita Italiae loca ad Tridentum et Saxoniae partem, quae Silesiam attingit, magno numero infestarunt“. — (Luther.)

Si tratta perciò di un invasione di locuste nel Trentino, di cui io non feci parola nella mia memoria, perchè non la conosceva. Questa invasione sarebbe da collocarsi tra la mia settima ed ottava. Si avrebbero quindi avute nel Trentino nove invasioni di cavallette, di cui si conservano ancora memorie storiche.

Specie nuove per il Trentino.

Barbitistes obtusus Targioni.

Nella nominata mia memoria, scriveva di questa specie, le seguenti parole:

„Nel „Prodromus“ del Brunner si legge che fu trovata nel Tirolo meridionale, il Krauss però nel suo „Neuer Beitrag“ dice che la specie è comune presso il bagno di Ratzes nel Tirolo, e crede che anche gli esemplari del Brunner sieno stati raccolti nel medesimo luogo. Siccome però la specie fu raccolta anche in paesi meridionali, così non è improbabile che si trovi in qualche località del Trentino, ciò che sarà da ricercarsi.“

Come vedesi in allora io giudicava questa specie come possibile nel Trentino.

Ora posso invece asserire che appartiene realmente alla fauna del Trentino, perchè possiedo uno degli esemplari maschi raccolti dal valente naturalista, mio amico, Signore Dr. Mario Bezzi, a Rabbi e Pejo, nella prima metà dell' Agosto 1890.

Schliesslich sprach Herr Hofrath Dr. C. Brunner v. Wattenwyl einige Worte der Erinnerung an die in den bisherigen Gesellschafts- räumen verbrachten Zeiten und geleisteten Arbeiten und schloss mit dem Wunsche, dass die Gesellschaft in ihrem künftigen neuen Heim gedeihen und sich weiter entwickeln möge.

Versammlung am 2. November 1892.

Vorsitzender: Herr Custos **Alois Rogenhofer**.

Neu eingetretenes Mitglied:

P. T. Herr	Als Mitglied bezeichnet durch P. T. Herren
Halbmayr Ernst, stud. med., Wien. IX., Nussdorferstrasse 14 . . .	Dr. S. Stockmayer, H. Zukal.

Herr Secretär Dr. Carl Fritsch legte folgende eingelaufene Manuscripte vor:

Lütkemüller, Dr. Johann: „Desmidiaceen aus der Umge- bung des Attersees in Oberösterreich". (Siehe Abhandlungen, Seite 537.)

Minks, Dr. Arthur: „Beiträge zur Kenntniss des Baues und Lebens der Flechten". II. (Siehe Abhandlungen, Seite 377.)

Rebel, Dr. Hans: „Beitrag zur Lepidopteren-Fauna Südtirols". (Siehe Abhandlungen, Seite 509.)

Custos A. Rogenhofer sprach über die neuesten entomo- logischen Erwerbungen, welche das k. k. naturhistorische Hofmuseum vor Kurzem durch Herrn Dr. B. Hagen aus Sumatra und der anstossenden Insel Bangka machte. Besonders interessant sind zwei neue Pieriden aus der Gattung *Delias*. (Siehe Abhandlungen, Seite 571.)

Hierauf demonstrirte Herr Dr. Eugen v. Halácsy einige neue Pflanzenarten aus Albanien und überreichte ein darauf bezügliches Manuscript. (Siehe Abhandlungen, Seite 576.)

In dieser Versammlung wurden zu Ausschussräthen für die Jahre 1893—1895 gewählt die P. T. Herren:

Bartsch F.	Müllner M. F.
Beck R. v. Mannagetta, Dr. Günther.	Pelikan v. Plauenwald, Ant. Freih.
Eichenfeld, Dr. M. v.	Pfurtscheller, Dr. Paul.
Fuchs, Dr. Theodor.	Rebel, Dr. Hans.
Grobben, Dr. Carl.	Sennholz Gustav.
Kolazy Josef.	Stohl, Dr. Lukas.
Lütkemüller, Dr. Johann.	Zahlbruckner, Dr. Alexander.

Als Scrutatoren fungirten die Herren J. Kolazy, Dr. L. v. Lorenz und Dr. J. Lütkemüller.

Die October-Versammlung war die letzte im Vortragssaale des alten Locales im Landhause gewesen; die November-Versammlung wurde im Bibliotheksraume desselben zwischen bereits entleerten Bücherschränken abgehalten, da sie gerade in die Zeit der Uebersiedlung fiel.

Botanischer Discussionsabend am 21. October 1892.

Herr Prof. Dr. Josef Boehm hielt einen Vortrag „Ueber einen eigenthümlichen Stammdruck".

Im Jahre 1884 theilte mir Breitenlohner mit, dass in die zerbrochene Hülse eines Thermometers, welcher in den Stamm von *Aesculus Hippocastanum* eingesetzt war, Saft abgeschieden wurde. Um die Ursache dieser uns befremdlichen Erscheinung kennen zu lernen, wurde im April 1885 ein offenes Manometer eingesetzt. Da sich bis Ende Mai der Stand des Quecksilbers nicht geändert hatte, blieb der Versuch zunächst unbeachtet. Ich war aber sehr überrascht, als Ende September die ganze 60 cm lange Steigröhre mit Quecksilber gefüllt war. Dies Resultat veranlasste mich zu einer Reihe von Versuchen mit geschlossenen Manometern, aus welchen sich vorerst ergab, dass eine Drucksteigerung erst dann stattfindet, nachdem durch Ueberwallung der Manometerstiele ein luft- und wasserdichter Verschluss erzielt ist. Der positive Druck geht nach einiger Zeit in Saugung über. In einem Manometer von *Aesculus Hippocastanum* stieg der Ueberdruck bis zu neun Atmosphären und es ist dies gewiss nicht der grösste erreichbare Druck.

Beim Studium der einschlägigen Literatur erfuhr ich erst in den letzten Tagen, dass die beschriebene Erscheinung schon von Theodor Hartig beobachtet wurde. Dieser eminente Forscher, in dessen Manometern der Ueberdruck nicht höher stieg als beim normalen Bluten, kommt zu dem Schlusse, „dass die Ursache des Sommerblutens eine locale, auf die Umgebung des Bohrloches beschränkte sein müsse, und es stehe der Annahme nichts entgegen, dass dasselbe auch beim normalen Bluten der Fall, dass die den Holzsaft auch zu jeder anderen Zeit bewegende Kraft überhaupt eine der einzelnen Faser zuständige sei, über deren Ursache die Lehrbücher der Physik sowohl wie die der Chemie noch keinen Aufschluss geben" (Anat. und Phys. der Holzpflanzen, 1877, S. 358).

Nach meiner Ueberzeugung kann es gar keinem Zweifel unterliegen, dass „das Sommerbluten aus vorjährigen, armirt gebliebenen Bohrwunden" mit anderen vitalen Vorgängen in gar keinem Zusammenhange steht; es ist dasselbe eine osmotische Erscheinung, bewirkt durch lösliche Bestandtheile der bei der Verkernung gebildeten Secrete. Gegen den Herbst hin werden die osmotisch wirksamen Substanzen zerstört und die Flüssigkeit wird sodann in die luftverdünnten, respective luftleeren Räume der normalen Saftwege eingesaugt. Infolge der mehr oder weniger vollständigen Impermeabilität des verkernten Holzes für Luft kann nun der negative Druck in den Manometern die Grösse einer vollen Atmosphäre erreichen. Aus frischen Bohrwunden an dem Stamme belaubter Bäume (auch jener, welche im Frühjahre bluten) wird vom saftleitenden Splinte ausnahmslos Wasser absorbirt; bei negativem Drucke wird aber alsbald Luft ausgesaugt.

Hierauf sprach Herr Dr. Joh. Lütkemüller „Ueber die Chlorophyllkörper einiger Desmidiaceen". (Vergl. hierüber dessen Abhandlung in der Oesterr. botan. Zeitschrift, 1893.)

Am 28. October 1892 wurde ein botanischer Literatur-abend abgehalten; die neue Literatur wurde von den Herren Dr. Carl Fritsch und Dr. A. Zahlbruckner vorgelegt.

Versammlung am 7. December 1892.

(Im neuen Locale der Gesellschaft, I., Wollzeile 12.)

Vorsitzender: Herr Dr. Eugen v. Halácsy.

— —

Neu eingetretene Mitglieder:

P. T. Herr	Als Mitglied bezeichnet durch P. T. Herren
Wasmann E., S. J., Exaeten bei Roermond, Holland	L. Ganglbauer, Dr. G. Mayr.
Botanisches Institut der k. k. deutschen Universität in Prag .	Durch den Ausschuss.

Eingesendete Gegenstände:

Einige Seesterne von Herrn Dr. E. Gräffe.
Insekten für Schulen von Herrn Prof. A. Hetschko.

——

Der Vorsitzende eröffnete die Versammlung, indem er die anwesenden Mitglieder im neuen Locale begrüsste. Ferner theilte derselbe mit, dass Herr Dr. L. v. Lorenz, dem die hohe Ehre zu Theil wurde, Se. kais. Hoheit Herrn Erzherzog Franz Ferdinand d'Este auf seiner Weltreise begleiten zu dürfen, mit Rücksicht auf seine bevorstehende Abreise gezwungen sei, das Secretariat niederzulegen.

— —

Herr Secretär Dr. Carl Fritsch legte ein Manuscript von E. Pokorny vor, betitelt: „V. (III.) Beitrag zur Dipterenfauna Tirols". (Siehe Abhandlungen, Band XLIII.)

———

Herr Custos A. Rogenhofer sprach über die sogenannten taschenförmigen Anhänge am Hinterleibe der weiblichen *Acraea*-Arten, welche desselben Ursprunges sind wie jene der Parnassier. (Siehe Abhandlungen, Seite 579.)

Ferner legte derselbe vor das 1. Heft von Dalla Torre's Catalogus Hymenopterorum, Bd. VI, *Chrysididae* enthaltend, sowie ein Manuscript von F. F. Kohl: „Zur Hymenopteren-Fauna Niederösterreichs. 1.". (Siehe Abhandlungen, Band XLIII.)

Herr Dr. F. Krasser hielt einen Vortrag: „Zur Morphologie der Zelle". Vortragender besprach die Physoden, die Attractionssphären, die chromatophilen Eigenschaften der Zellkerne, und erörterte die Frage, ob im Pflanzenreiche Richtungskörperchen anzunehmen seien oder nicht.

Ferner referirte derselbe über Dr. F. G. Kohl: „Die officinellen Pflanzen der Pharmacopoea Germanica für Pharmaceuten und Mediciner". Leipzig, Verlag von Ambr. Abel (Lieferung 2—8).

Von dem bereits im II. Quartale besprochenen Werke sind uns durch die rühmlichst bekannte Verlagsbuchhandlung bisher auch die Lieferungen 2—8 zugekommen, welche sowohl in illustrativer wie in textlicher Beziehung dieselben Vorzüge aufweisen, welche wir anlässlich der Vorlage der 1. Lieferung hervorgehoben haben. Durch die in Aussicht gestellte Tabelle, welche sämmtliche Hinweise von den Seiten der Pharmacopoea Germanica, ed. II, auf die der ed. III enthalten soll, stellt sich das bereits auf das Vortheilhafteste bekannte Werk auf den neuesten Standpunkt. Auch die in Aussicht gestellte Zugabe der Abbildungen von *Strophanthus hispidus*, *Hydrastis canadensis*, *Paullinia sorbilis*, sowie von *Hyoscyamus niger*, *Piper Cubeba* und *Quillaja Saponaria* kann nur gebilligt werden. — Mit der 8. Lieferung sind Text (64 Seiten) und Abbildungen (40 Tafeln) bis zu den Myristicaceen fortgeschritten.

Schliesslich legte noch Herr Secretär Dr. C. Fritsch die beiden folgenden Notizen vor, welche zu dieser Versammlung eingesendet worden waren:

Eine neue Art der Gattung *Ellopia* Tr.

Von Dr. Stanislaus Klemensiewicz.

Cinereostrigaria m. ♀.

Alae subangustae, anteriores apice acuto, margine externo arcuato, postice subrecto, sub apice parum flexuoso; posteriores margine externo in costa 4 paullulum fracto. Roseo-carnea, capitis vertex albus, frons fusco-ochracea; alae posteriores una, anteriores duabus strigis transcersalibus, cinereis, contra se conversis, quarum posterior in cellula 6 introrsum angulo recto fracta. 21 mm. — Patria: Galicia orientalis.

Z. B. Ges. B. XLII. Sitz.-Ber.   L

Flügel recht schmal, die vorderen doppelt so lang (21 mm) wie breit[1]). Am Vorderflügel der Vorderrand gebogen, stärker gegen die Spitze; der Saum um $^1/_5$ kürzer wie der Innenrand, in der Innenrandhälfte fast gerade, gegen die Spitze stärker gebogen und unter derselben etwas geschwungen. Spitze scharf, Innenwinkel deutlich. Am Hinterflügel der Saum gerundet, auf Rippe 4 schwach gebrochen; Vorderwinkel breit gerundet, Afterwinkel recht deutlich.

Rosen-fleischroth[2]), im Mittelfelde dunkler, am Vorderrande mehr ockergelb, Hinterflügel etwas bleicher; Vorderflügel mit zwei tief aschgrauen[3]), gegen einander gebogenen, auf den zugekehrten Seiten dunkler fleischroth angelegten Querstreifen, deren hinterer sich auf die Hinterflügel unmittelbar fortsetzt. Die Querstreifen mässig breit, doch nicht scharf; namentlich ist der hintere am Vorderrande und die übrigen weniger deutlich. Der vordere Querstreif beginnt etwa in $^1/_3$ des Innenrandes und zieht über den Ursprung des zweiten Astes, an der hinteren Mittelrippe rundlich gebrochen, bis vor die Mitte des Vorderrandes. Der hintere beginnt hinter $^2/_3$ des Innenrandes senkrecht auf demselben, biegt sich dicht vor Ast 2 gegen den Saum und zieht von da, sich verschmälernd, sanft gebogen in der Richtung der Flügelspitze, vor welcher er sich in Zelle 6 rechtwinkelig einwärts bricht. Auf den Hinterflügeln ist die Querlinie von innen tiefer fleischroth angelegt, in der Innenrandhälfte fast gerade, von Zelle 4 an stärker gebogen. Saumlinie unbezeichnet. Fransen ockergelb, in der Flügelspitze ziegelroth, mit dunklerer, breiter Theilungslinie. Unten die Flügel röthlich-ockergelb, ganz zeichnungslos. Der Kopf klein. Augen gross, Stirne und Palpen dunkel ockergelb, Scheitel weiss; die Fühler weisslich ockergelb, fein gewimpert (♀), bis zum ersten Querstreifen reichend. Palpen horizontal, das erste Glied unten abstehend, die übrigen anliegend beschuppt, klein, von oben nicht sichtbar. Spiralzunge ziemlich stark. Der Thorax wollig behaart, mit den Flügeln gleichfarbig. Der Hinterleib anliegend beschuppt, gleich dick (4 mm), lang (12 mm), den Afterwinkel weit überragend, etwas heller wie der Thorax, namentlich gegen den After, unten fast gelblichweiss. Beine lang, anliegend beschuppt, ockergelb; Hinterschienen mit zwei Paar Sporen.

Der Schmetterling, auf den ersten Blick einem *Himera Pennaria* L. ♀ ähnlich, steht am nächsten der bräunlichrothen Varietät von *Prosapiaria* L.; unterscheidet sich jedoch auffallend von derselben durch bedeutendere Grösse, eigenthümlichen Flügelschnitt und die Zeichnung. Die Flügel sind nämlich viel mehr gestreckt, auf den Vorderflügeln der Saum in der Innenrandhälfte fast gerade, der Innenwinkel deutlich. Die Querstreifen sind rein aschgrau[4]), ohne

---

[1]) Länge von der Basis zur Flügelspitze, Breite vom Innenwinkel, senkrecht zum Vorderrande gerechnet.

[2]) Die Grundfarbe ist eigentlich ockergelb, erscheint jedoch in Folge dichter Bestäubung mit feinen rothen Atomen fleischroth.

[3]) In Folge optischer Verhältnisse zieht die Farbe der Querstreifen ein wenig ins Dunkelgrüne.

[4]) Der Aderverlauf und andere Merkmale verweisen diese Art in die Gattung *Ellopia* Tr., doch müsste wegen der Farbe der Querstreifen die Diagnose derselben, welche lautet: „Grüne oder

jede Spur von Weiss, ihre Lage und Form verschieden. Endlich ist der Hinterleib so sehr und gleichmässig dick, dabei verhältnissmässig so lang, wie bei keinem Individuum genannter Varietät.

Dies veranlasste mich, diese Form nicht als blosse Varietät der *Prosapiaria*, sondern als eine neue Art aufzufassen und dieselbe nach vorhergehendem genauen Studium der bedeutendsten und neuesten Werke einschlägiger Literatur (Herrich-Schäffer, Heinemann, Ernst Hofmann, Freih. v. Gumppenberg: Systema Geometrarum etc.) und nach diesbezüglicher freundlicher Verständigung mit Herrn Fritz Rühl, dem bekannten Lepidopterologen und Vorstande der Societas Entomologica, als neue Art zu beschreiben.

Rettificazione.

Nell' interesse della scienza, credo di dover pubblicare quanto segue.

Nell' Adunanza dei 3 Febbrajo 1892 della k. k. zoologisch-botanischen Gesellschaft presentai una mia memoria, nella quale descrissi come nuove tre specie di Tentredinidi, vale a dire, *Cladius major*, *Selandria bimaculata* e *Nematus insubricus*.

Il chiarissimo Sign. Fr. W. Konow p. à Fürstenberg i. M., in una sua gentilissima lettera dei 12 Novembre a. c. mi espresse dei dubbi intorno alla novità di queste tre specie, desiderando di vederle. Per depurare la cosa spedii subito al detto Signore le tre specie in discorso, ed egli gentilmente mi rispose con lettera dei 21 m. c. In quest' ultima lettera egli asserisce che:

1. il *Cladius major* è il *Cladius crassicornis* Kon. (Deutsche Entomologische Zeitschrift, 1884, S. 314 e 1886, S. 74);

2. la *Selandria bimaculata* è la *Selandria coronata* Klug (Wiener Entomologische Zeitung, 1887, S. 25);

3. il *Nematus insubricus* è il *Nematus coeruleocarpa* Hartg.

Sul *Nematus* non trovo nulla a ridire. Riguardo poi al *Cladius* ed alla *Selandria* osserverò, che io le considerai come nuove, perchè non conosceva le descrizioni di queste due specie pubblicate nei giornali sopraindicati.

Ed ecco uno dei fatti che frequentemente succedono per la grande difficoltà e talvolta impossibilità di avere tutta la letteratura anche di un solo ordine d' insetti.

Per rendere più accessibile la letteratura a tutti quelli che con buona volontà si danno allo studio di un qualche ordine di insetti, non sarebbe meglio di raccogliere tutti i dati nuovi in giornali speciali per i singoli ordini, invece che sparpagliarli in una infinità di giornali che riesce impossibile o quasi di procurarsi?

---

fleischröthliche Spanner mit zwei weissen Querstreifen der Vorderflügel, deren hinterer auch die Hinterflügel durchzieht", umgeändert werden in: „Spanner mit zwei weissen oder aschgrauen Querstreifen etc.".

L*

E con ciò non si arriverebbe forse più facilmente e più presto a completare la fauna al meno dell' Europa? A questa domande io spero risponderà chi è di me più competente in materia.

Rovereto, 26 Novembre 1892.

Dr. Ruggero Cobelli.

In dieser Versammlung fand auch die Wahl der sechs Vicepräsidenten für das Jahr 1893 statt. Es wurden gewählt die P. T. Herren:

Boehm, Dr. J.	Mayr, Dr. G.
Brunner v. Wattenwyl, Dr. C.	Mik J.
Kornhuber, Dr. A.	Ostermeyer, Dr. F.

Als Scrutatoren fungirten die Herren J. Kolazy, J. v. Hungerbyehler und C. Maly.

In den Monaten November nnd December 1892 musste mit Rücksicht auf die Uebersiedlung und die Adaptirungsarbeiten im neuen Locale von der Abhaltung von Discussionsabenden abgesehen werden.

Anhang.

Geschenke für die Bibliothek

im Jahre 1892.

1. Thümen Felix v. Die Pilze der Weinreben. Namentliche Aufzählung aller bisher auf den Arten der Gattung *Vitis* beobachteter Pilze. 1891.
    Vom Verfasser.
2. Brauer, Prof. Dr. Friedrich und Bergenstamm J. Edl. v. Die Zweiflügler des kais. Museums zu Wien. V. Vorarbeiten zu einer Monographie der *Muscaria schizometopa*. Pars II. Wien, 1891. Von den Verfassern.
3. Stockmayer Siegfried. *Vaucheria caespitosa*. Vom Verfasser.
4. Nehring, Prof. Dr. A. Die diluviale Flora der Provinz Brandenburg. 1892.
    Vom Verfasser.
5. Kuntze, Dr. Otto. Revisio generum plantarum vascularium omnium atque cellularium multarum secundum leges nomenclaturae internationales

cum enumeratione plantarum exoticarum in itinere mundi collectarum.
Vol. I, II. 1891. Vom Verfasser.

6. **Wiedemayr** Leonard. Obladis-Sauerbrunnen und Schwefelquelle im Ober-
   innthale in Tirol. II. Auflage. Innsbruck, 1892.
   Von Herrn Prof. J. Mik.

7. **Wettstein**, Dr. Richard v. Untersuchungen über Pflanzen der österreichisch-
   ungarischen Monarchie. I. Die Arten der Gattung *Gentiana* aus der
   Section „*Endotricha*" Fröl. Wien, 1892. Vom Verfasser.

8. **Vasey.** Illustration of North American Grasses. Vol. I. Washington, 1891.
   U. S. Departement of Agriculture.

9. **Rżehak** Emil. Systematisches Verzeichniss der bisher in Oesterreichisch-
   Schlesien beobachteten Vögel, nebst Bemerkungen über Zug. Brut und
   andere bemerkenswerthe Erscheinungen.
   — Die Raubvögel Oesterreichisch-Schlesiens. Vom Verfasser.

10. **Chyzer**, Dr. Cornel. Ueber eine neue Spinnenfauna Ungarns.
    — Ueber die Estherien Ungarns. Budapest, 1892. Vom Verfasser.

11. **Ellis** and **Everhart.** The North American Pyrenomycetes. Newfield, 1892.
    Von Herrn J. B. Ellis.

12. **Chyzer**, Dr. Cornel und **Kulczynski** Ladisl. *Araneae* Hungariae. Tom. I.
    Budapestini, 1892. Von Herrn Cornel. Chyzer.

13. **Bresadola** J. *Corticium Martellianum* n. v. Vom Verfasser.

14. **Bottini.** Beitrag zur Laubmoosflora Montenegros. Vom Verfasser.

15. **Bresadola** J. Fungi Tridentini. Fasc. VIII—X. Tridenti, 1892.
    Vom Verfasser.

16. **Voss** Wilhelm. Mycologia Carniolica. Berlin, 1889—1892. Vom Verfasser.

17. **Bargagli** Piero. Rassegna biologica di Rincofori europei. Firenze, 1883 bis
    1887.
    — Contribuzione alla biologia dei Lixidi.
    — Ricerche sulle relazioni più caratteristiche fra gli insetti e le piante
      firenze. 1888.
    — Dati cronologichi sulla diffusione della *Galinsoga parviflora* Ruiz-
      Pavon in Italia. Vom Verfasser.

18. **Nordstedt** Otto. Australasian *Characeae*. Part I. Lund, 1891.
    Von Herrn Ferd. Baron Müller.

19. **Breidler** Johann. Die Laubmoose Steiermarks und ihre Verbreitung. Graz,
    1891. Vom Verfasser.

20. **Biró** Ludwig. Die charakteristischen Insekten im Gebiete der Ostkarpathen.
    Igló, 1885.

21. **Kowarz** Ferdinand Contributiones ad faunam comitatus Zempleniensis in
    Hungaria superiore. Diptera collectionis Dr. Cornel **Chyzer**. Budapest,
    1883.

22. **Chyzer**, Dr. Cornel. *Apidae* Comitatus Zemplen. Budapest, 1887.

23. — Notes additionelles sur les Coleoptères du departement Zemplen en Haute-
    Hongrie. Budapest, 1885.

24. Chyzer, Dr. Cornel. Geschichte der Wander-Versammlungen ungarischer Aerzte und Naturforscher 1840—1890. S.-A.-Ujhely, 1890.

Von Herrn Dr. Cornel Chyzer.

25. Berg, Dr. Carlos. La formacion carbonifera de la republica Argentina. 1891.
26.   —   Nuevos datos sobre la formacion carbonifera de la republica Argentina. 1891.
27.   —   *Aeolus pyroblaptus* Berg, un nuevo destructor del Trigo. 1892.
28.   —   *Dyscophus anthophagus*, un nuevo grillo uruguayo cavernicola. 1891.

Vom Verfasser.

Abhandlungen.

Die Nudibranchiata holohepatica porostomata.

Von

Prof. Dr. Rudolph Bergh

in Kopenhagen.

(Vorgelegt in der Versammlung am 2. December 1891.)

Die Gruppe der holohepatischen porostomen Nudibranchien wurde vor vielen Jahren (1876) von mir aufgestellt,[1] um die Doriopsiden und die Phyllidiaden aufzunehmen, die trotz ihrer so verschiedenen Formenverhältnisse doch nicht allein in Bezug auf die porenförmige Mundöffnung übereinstimmen, sondern auch in der eigenthümlichen Concentration des Centralnervensystems, in der Entwicklung eines saugenden Schlundkopfes ohne Kiefer und Zunge, im Dasein einer eigenthümlichen Pericardialkieme und im Bau des Genitalsystemes, vorzüglich des Penis.

Die zwei Gruppen gehören der grossen Abtheilung der holohepatischen Nudibranchien an und haben wie alle diese vor Allem die solide grosse, keine Aeste abgebende Leber, ferner eine Blutdrüse und zwei Samenbehälter, eine Spermatotheke und eine Spermatocyste. Von den zwei Familien stehen die Doriopsiden in unmittelbarer Nähe der cryptobranchiaten Dorididen[2] und sind wahrscheinlich aus denselben durch eigenthümliche Reduction des Schlundkopfes und durch Umbildung desselben in einen Saugapparat entstanden. Die Phyllidiaden dagegen stehen innerhalb der Holohepatiker augenblicklich ohne besondere Anknüpfung, ihre höher organisirten nächsten Verwandten sind entweder noch nicht entdeckt oder sind schon ausgefallen. Die intime Zusammenstellung derselben mit den Doriopsen ist daher vielleicht nur eine ganz vorläufige und die Gruppe der Porostomen vielleicht eine wenig natürliche.

Fam. Doriopsidae.

Corpus fere semper sat molle, formae fere omnino ut in Doridibus propriis. Apertura oralis poriformis, tentacula affixa, rhinophoria et branchia ut in Doridibus propriis. Notaeum laeve vel tuberculatum, limbo palliali

---

[1] R. Bergh, Malakologische Untersuchungen (Semper, Philipp., II, 11), Heft X, 1876, Titelbl.
[2] R. Bergh, Die cryptobranchiaten Dorididen in Zool. Jahrb., VI, Abtheil. f. System., 1891, S. 103—143.

Z. B. Ges. B. XLII. Abh.
1

(perinotaeo) ut plurimum latiori undulato. Podarium latum ut in Doridibus propriis.

Tubus oralis suctorius validus, simplex, non glandulosus. Bulbus pharyngeus suctorius, elongatus, cylindraceus, mandibulis et lingua destitutus. Glandula ptyalina discreta, libera. Extremitas posterior hepatis profunde fissa. — Penis hamis seriatis armatus.

Die zuerst von Pease (1860), aber fast ganz unkenntlich aufgestellte Gattung *Doriopsis* wurde einige Jahre nachher (1864) von Alder und Hancock als *Doridopsis* wieder aufgestellt. Die Doriopsen waren in der gewöhnlichen Pease'schen Manier hingestellt und es wäre ohne die ausdrückliche spätere Angabe (1871) Pease's kaum möglich gewesen, die Identität der Doriopsen und der Doridopsen zu vermuthen. Erst durch die von Hancock gelieferte anatomische Untersuchung wurde die Gruppe gekannt und fixirt, sowie die Kenntniss derselben später durch meine hieher gehörenden Arbeiten erweitert.

Die Doriopsiden stimmen in den Formverhältnissen fast alle sehr unter einander. Sie simuliren täuschend echte Doriden, wie schon aus den von den zwei verschiedenen ersten Autoren gegebenen congruirenden Namen *(Doriopsis—Doridopsis)* hervorleuchtet, sind aber durch die porenartige Mundöffnung und die ganz kleinen angehefteten Tentakeln neben derselben augenblicklich leicht erkennbar. Sie sind nicht recht langgestreckt, meistens etwas gewölbt, meistens etwas plump. Sie erreichen mitunter eine recht bedeutende Grösse; die Farben sind meistens etwas düster, nie prachtvoll; viele Arten scheinen in den Farbenverhältnissen ganz ungewöhnlich zu variiren. Die Consistenz ist weich. — Der Rücken ist mehr oder weniger gewölbt, meistens eben und glatt, mitunter mit Knoten oder mit grösseren, selbst zusammengesetzten Tuberkeln besetzt *(Doriopsis tuberculosa, clavulata, nicobarica, gibbulosa, spiculata).* Immer kommt ein, mitunter ziemlich breites, immer wellenartig gebogenes Mantelgebräme (Perinotaeum) vor, den Kopf und sehr oft den Schwanz überragend; die Unterseite des Mantelgebrämes (Hyponotaeum) ist auch glatt. Vorne am Rücken finden sich die meistens glattrandigen Rhinophorlöcher, meistens um etwa die Breite des eigentlichen Kopfes von einander geschieden. Die vollständig zurückziebbaren Rhinophorien nicht ganz kurzstielig; die Keule mitunter *(Doriopsis tuberculosa)* stark nach hinten gebogen. Die Keule zu beiden Seiten der Rhachis, die unten und an der Hinterseite breiter ist, durchblättert; die Zahl der Blätter nicht gross, meistens 25—35 betragend, selten viel geringer oder bedeutend grösser, bis mehr als 100 *(Doriopsis tuberculosa)*; die Blätter mehr oder weniger dünn, mehr oder weniger weich. Median am Rücken findet sich die meistens runde oder herzförmige, seltener *(Doriopsis nicobarica, tuberculosa)* Auskerbungen darbietende Kiemenspalte. Die meistens grosse Kieme immer aus einer nicht grossen Anzahl (4—8) von tri- oder quadripinnaten Blättern gebildet. Hinten im Kiemenkreise, denselben meistens completirend, steht die mehr oder weniger emporragende, cylindrische oder konische Analpapille, deren Rand gerade oder meistens spitz- oder rundzackig ist. Rechts und vorne am Grunde oder unweit vom Grunde der Analpapille die feine Nierenpore. — Der vom Vorderende des

Mantelgebrämes ganz bedeckte Kopf ist ganz kurz und klein, mitunter in eine kleine Kopfgrube an der Unterseite des Mantelgebrämes passend; an seiner Mitte findet sich die runde porenartige Mundöffnung; zu jeder Seite derselben das ganz kleine, faltenartige, von einer Furche durchzogene, angeheftete Tentakel, das mitunter *(Doriopsilla)* fast ganz reducirt scheint. — Die Körperseiten nicht ganz niedrig, hinten über der Wurzel des Schwanzes in einander übergehend. Vorne an der rechten Seite die Genitalpapille. an welcher sich die Penisscheide, die Vulva und der Schleimdrüsengang öffnen. — Der Fuss bildet eine grosse und breite Kriechfläche. doch schmäler als der Rücken; das vortretende Fussgebräme nie recht breit; der Vorderrand mit gerundeten Ecken und mit Furche, deren obere Lippe fast immer in der Mittellinie gespalten oder ausgerandet ist; der Schwanz ziemlich kurz, kaum oder wenig das Mantelgebräme überragend, etwas zugespitzt, gerundet endigend.

Die Körperbedeckungen sind zu dick, um die Eingeweide durchschimmern zu lassen. Das Coelom sich bis an die Schwanzwurzel erstreckend. Die Lage der Eingeweide ist wesentlich wie bei den echten Dorididen.

Das Centralnervensystem in eine Bindesubstanz-Kapsel eingeschlossen, die sich als Scheide um die Nerven hinaus fortsetzt, und innerhalb dieser Kapsel ist die Ganglienmasse noch in ein dünnes, straffes und zähes Neurilem gehüllt. Die Centralmasse gleichsam einen dicken Siegelring darstellend, dessen obere sehr grobkörnige Hälfte (die Platte) in der Mittellinie fast doppelt so lang wie die untere ist; die obere Hälfte mit medianer oberflächlicher Längsfurche, die Grenze zwischen den zwei Hälften angebend; alle die Ganglien undeutlich von einander geschieden, so auch die cerebralen Ganglien von den pleuralen. Die Gehirnknoten die gewöhnlichen Nerven abgebend; das proximale Gangl. olfactorium kurzstielig, das distale wie gewöhnlich die Blätter der Rhinophorien versorgend. Die ausserhalb der cerebralen liegenden pleuralen Ganglien etwas kleiner als die vorigen; sie liefern die Nervi palliales antt., den Nervus pallialis longus, und das rechte noch dazu einen stark verzweigten Nervus vagus. Die pedalen Ganglien dicker als die pleuralen, von den cerebro-pleuralen gegen unten, mehr oder weniger gegen innen und gegen vorne hinabtretend, demgemäss werden die Commissuren kürzer oder länger; die Ganglien liefern drei Nervi pediaei. Die drei Commissuren kurz, dünn, meistens alle innerhalb einer breiten Scheide liegend; die pleurale mitunter von der subcerebralen und der pedalen gelöst; von der rechten Hälfte der pleuralen oder von einem Ganglion an ihrer Wurzel geht ein Nervus genitalis ab. Die buccalen Ganglien am hinteren Ende des langgestreckten saugenden Schlundkopfes liegend, durch je ein langes Connectiv mit dem cerebralen Ganglion verbunden; nur bei den Doriopsillen sind die Connective kürzer und die Ganglien am vorderen Ende des Schlundkopfes verlegt. Diese Ganglien sind rundlich oder planconvex und stossen unmittelbar an einander; bei einigen Arten *(Doriopsis tristis, atropos, Krebsii, nebulosa)* ist der äussere Theil des Ganglions gleichsam etwas abgeschnürt und simulirt (oder ist) ein Ganglion gastro-oesophagale.

1*

Die Augen ganz kurzstielig wie bei den Dorididen. Die Otocysten an den Fussknoten neben den Gehirnganglien liegend, eine grosse Menge (bis volle 200) von Otokonien enthaltend. Die Blätter der Rhinophorien weich, nie durch stabförmige Spikel steif gemacht. Die Haut meistens ohne eigentliche Spikel und überhaupt nur mit einer geringen Anzahl von erhärteten Zellen; nur bei den Doriopsillen kommen Spikel in grösserer Menge vor.

Die Mundpore leitet in eine ziemlich starke Mundröhre, die von einem Schlundkegel fast ausgefüllt ist, welcher das vordere Ende des Schlundkopfes darstellt und in seiner ganzen Länge aus der Mundpore hervorgestreckt werden kann; an der Mundröhre heften sich ziemlich lange starke Retractoren. An der Spitze des Schlundkegels die feine dreieckige Oeffnung der Schlundkopfhöhle und neben derselben die noch feinere Oeffnung der Mundröhrendrüse (Gland. ptyalina). Die Fortsetzung des Schlundkegels nach hinten in die Körperhöhle hinein, ein muskulöses, langgestrecktes, cylindrisches Organ, mit enger dreieckiger, von starker Cuticula ausgefütterter Höhle, muss als Schlundkopf aufgefasst werden, weil an seinem Hinterende sich die buccalen Ganglien finden und daselbst auch Drüsen, Speicheldrüsen. Es muss aber hervorgehoben werden, dass dasselbe Organ bei den Doriopsillen die buccalen Ganglien am Vorderende trägt, während die Speicheldrüsen ihre Lage am Hinterende behaupten. Diesem Schlundkopfe, sowie dem Schlundkegel fehlt jede Spur von Bewaffnung und jede Spur einer Zunge. Vom Hinterende des Schlundkopfes geht die gestreckt-wurstförmige, oft mehrmals eingeschnürte, nicht dickwandige Speiseröhre aus, die sich mitunter am Ende etwas erweitert und in die weite Leberhöhle öffnet, welche zugleich als Magen fungirt. Der Darm durchbricht die Leber links, etwa an der Mitte ihrer Länge, bildet nach vorne gehend einen kurzen Bogen nach rechts und verläuft nach hinten, um schliesslich zwischen den zwei Köpfen des M. retractor branchiae an die Analpapille aufzusteigen. Die ganze Länge des Darmes ist nicht bedeutend.

Die Mundröhrendrüse (Gland. ptyalina) an der Unterseite des Schlund-kopfes liegend, abgeplattet, ziemlich gross, mehr oder weniger lappig, mitunter seine Zusammensetzung aus zwei Hauptlappen deutlich zeigend. Der aus zwei Stammästen gebildete Ausführungsgang am Grunde mitunter etwas weiter, ziemlich lang, nach vorne unter dem Schlundkopf, unterhalb der Commissuren verlaufend, in den Schlundkegel eintretend und durch denselben bis an seine Spitze ver-laufend. — Die kleinen Speicheldrüsen rundlich oder oval, planconvex, hinter den buccalen Ganglien, also gewissermassen innerhalb der Commissuren liegend; platt an dem hintersten Theile des Schlundkopfes angeheftet. Nur bei den Dorio-psillen liegen sie, ganz abnorm, dem vordersten Theil desselben an.[1] — Die Leber gross und langgestreckt, mit Einsenkung am Vorderende für das Ein-treten der Speiseröhre; das Hinterende ist ausnahmslos median tief ge-spalten, durch die enge Spalte steigt der lange starke M. retractor longus

[1] Vgl. über die acidogene Natur der Gland. ptyalina und der Gland. salivales: Krukenberg, Vergl. physiolog. Studien, V, 1881, S. 69—70.

branchiae auf. Die Höhle der Leber weit, mit vielen grösseren und kleineren Loculamenten. Eine Gallenblase scheint (meistens) vorzukommen.

Vorne an der oberen Wand des Pericardiums eine aus der Länge nach gehenden dünnen Blättern bestehende Pericardialkieme. Das Herz und das Gefässsystem wesentlich wie bei den Dorididen.[1] Die an die Kapsel des Centralnervensystemes angeheftete Blutdrüse meistens grau, von gerundetem oder mehr länglichem Umrisse, abgeplattet, mehr oder weniger lappig; sie ist immer einfach, nie doppelt.

Die Kieme wesentlich wie bei den echten Dorididen; derselben gehört der erwähnte starke M. retractor longus branchiae an.[2]

Die Urinkammer bildet einen ziemlich weiten, an der oberen Seite der Leber median verlaufenden Sack, der einige Aeste in die Leber hineinschickt; der Urinleiter mit seiner Pore, sowie das ziemlich grosse pericardio-renale Organ wie bei den Dorididen.

Die gelbliche feinkörnige Zwitterdrüse den vorderen Theil der oberen Seite und das Vorderende der Leber bekleidend. Der Zwitterdrüsengang mit seiner Ampulle wie bei den Dorididen. Die vordere Genitalmasse mit ihren verschiedenen Organen auch wesentlich wie bei diesen letzteren; so der ausserordentlich lange Samenleiter, welcher nur ausnahmsweise *(Doriopsilla)* eine gesonderte Prostata bildet, meistens aber eine besondere prostatische und musculöse Abtheilung zeigt; die glans penis trägt immer eine Bewaffnung mit in Quincunx-Ordnung stehenden Reihen von Haken oder Dornen, und die Bewaffnung setzt sich in den Samenleiter hinein fort; eine ganz ähnliche Bewaffnung kommt unter den Dorididen bei der *Echinodoris, Baptodoris, Carminodoris, Cadlina* und der *Artachaea* vor. Die Spermatotheke und die Spermatocyste wie bei den Dorididen; bei einzelnen Arten *(Doriopsis tristis, debilis, nigerrima)* ist die Vagina mit einer besonders starken Cuticula ausgefüttert. Recht oft kommt, auch wie bei den Dorididen, eine besonders kleine Vestibular-Drüse vor. Die Schleim- und die Eiweissdrüse mit ihrem Gange, sowie das genitale Vestibulum mit seinen drei Oeffnungen auch wie bei der Familie der Dorididen.

Die Doriopsen sind träge und langsame Thiere, die am Meeresboden, auf Korallenriffen, seltener an Meerespflanzen kriechen; oft hängen sie mit dem Fusse an die Oberfläche des Meeres. Ueber ihre biologischen Verhältnisse ist übrigens fast nichts bekannt. Die Untersuchung der Futterreste im Verdauungscanale zeigte mir immer nur einen aus animalischer Substanz gebildeten Brei. — Die Copulation scheint wie bei den Dorididen vor sich zu gehen. Der Laich tritt in Form eines langen zusammengedrückten, ziemlich hohen Gallertbandes aus dem Schleimdrüsengange hervor, und während das Thier sich hierbei im Kreise langsam bewegt, bleibt dieses Band, rundlich-spiralig gestellt, an der Oberfläche des Körpers anhaften, wo das Thier den Laich ansetzen liess; die Eier sind in

---

[1] R. Bergh, Die Doriopsen des atlant. Meeres, l. c., 1879, S. 59—60.
[2] Ebenda, S. 60—61.

diesem Bande in zweifacher Schichte vorhanden (*Doridiopsis limbata*; E. Graeffe).[1]
Ueber die Ontogenien der Doriopsen ist gar nichts bekannt.

Die Doriopsen gehören den tropicalen oder wenigstens wärmeren
Meeresgegenden an; sehr zahlreich ist die Familie besonders im indischen und
stillen Meere repräsentirt, viel sparsamer kommen sie im atlantischen und im
Mittelmeere vor.

I. Doriopsis (Pease) Bgh.

Doriopsis Pease, Proc. zool. soc., 1860, p. 32. — Amer. Journ. of Conchol.,
    VI, 1871, p. 299.
  — R. Bergh, Neue Nacktschn. d. Südsee, III. Journ. d. Mus. Godeffroy,
    Heft VIII, 1875, p. 82—94; Taf. X, Fig. 21—23; Taf. XI, Fig. 2—24.
    — IV, l. c., Heft XIV, 1878, p. 21—45; Taf. I, Fig. 13—21; Taf. II,
    Fig. 1—20; Taf. III, Fig. 1.
  — R. Bergh. Malakologische Unters., Heft X, 1876, S. 384—387. —
    Supplementheft I. 1880, S. 9—13. — Heft XV, 1884, S. 693—697.
    — Heft XVI, 2, 1889, S. 842—844. — Heft XVII, 1890, S. 963—971.
  — R. Bergh, Die Doriopsen des atlant. Meeres. Jahrb. d. deutschen
    malakozoolog. Ges., VI, 1879, S. 42—64.
  — R. Bergh, Die Doriopsen des Mittelmeeres, l. c., VII. 1880, S. 297—328,
    Taf. 10, 11.
  — R. Bergh, Rep. on the Nudibranch. Challenger-Exped., Zool. X,
    1884, p. 117—126; Pl. IV, Fig. 5, 6; Pl. V, Fig. 28—31.
Doridopsis Ald. et Hanc., Trans. zool. Soc., V, part 3, 1864, p. 124—130,
    Pl. XXXI.
  — — Trans. Linn. Soc., XXV, 2, 1865, p. 189—207, Pl. XV—XX.
Haustellodoris Pease, l. c., 1871, p. 300.
Rhacodoris Moerch, Journ. de conchyl., Sér. 3, III, 1863, p. 34.
Hexabranchus Gray (nec Ehrenb.), p. p.
Dendrodoris Ehrenb., p. p.

Corpus molle, supra laeve.
Ganglia buccalia in posteriore parte bulbi pharyngei sita.

Ausser durch die Weichheit und durch die fast immer glatte (nicht warzige)
Beschaffenheit des Mantels unterscheiden sich diese, die echten Doriopsen durch
die Lage der buccalen Ganglien am hinteren Ende des Schlundkopfes
vor den Speicheldrüsen.

    1. *D. limbata* Cuv.[2]
      D. inornata Abr.
        Mare mediterr., atlant. occ.

---

[1] R. Bergh, Die Doriopsen des Mittelmeeres. Jahrb. d. deutschen malakologischen Ges.,
VII, 1880, S. 310.
[2] Für die Synonymik dieser Art vgl.: Journ. d. Mus. Godeffroy, Heft XIV, p. 41—42.

2. *D. grandiflora* (Rapp).
 D. setigera Rapp.[1]
 D. Rappii Cantr.
 Mare mediterr.
, 3. *D. atropos* Bgh.
 Mare atlant. occ. (Rio de Janeiro).
4. *D. Krebsii* (Moerch).
 var. *pallida* Bgh.
 Mare antillense.
5. *D. subpellucida* Abraham.
 Mare antillense (St. Vincent).
6. *D. albo-limbata* (Rüpp. et Leuck.).
 Mare rubr.
7. *D. fumata* (Rüpp. et Leuck.).
 Mare rubr.
8. *D.? punctata* (Rüpp. et Leuck.).
 Mare rubr.
9. *D. rubra* (Kelaart) Hanc.
 Mare indicum.
10. *D. fusca* A. et H.
 Mare indicum.
11. *D. gemmacea* A. et H.
 Doris Denisoni Angas.
 Mare indicum.
12. *D. pustulosa* A. et H.
 Mare indicum.
13. *D. clavulata* A. et H.
 Mare indicum.
14. *D. nicobarica* Bgh.
 Mare indicum.
15. *D. punctata* A. et H.
 Mare indicum.
16. *D. miniata* A. et H.
 Mare indicum.
17. *D. nigra* (Stimpson) Hanc., Bgh.
 var. *nigerrima* Bgh.
 var. *atroriridis* Kelaart.
 var. *brunnea* Bgh.
 Mare indicum.
18. *D. atromaculata* A. et H.
 Mare indicum.

[1]) Vgl.: Die Doriopsen des Mittelmeeres, l. c., S. 298, Note.

19. *D. fumosa* (Quoy et Gaim.).
    Mare indicum (Isle de France).
20. *D. pudibunda* Bgh.
    Mare indicum (ins. Maur.), philipp.
21. *D. tuberculosa* (Quoy et Gaim.).
    Doris carbunculosa Kelaart.
    Mare indicum (ins. Maur.). pacif.
22. *D. Brockii* Bgh.
    Mare indicum.
23. *D. Batariensis* Bgh.
    Mare indicum.
24. *D. apicalis* Bgh.
    var.
    Mare indicum.
25. *D. Semperi* Bgh.
    Mare philipp.
26. *D. modesta* Bgh.
    Mare philipp.
27. *D. pellucida* Bgh.
    Mare philipp.
28. *D. maculigera* Bgh.
    Mare philipp.
29. *D. tristis* Bgh.
    Mare philipp.
30. *D. indaeus* Tapparone-Canefri.
    Mare japonicum (Yokohama).
31. *D. cariata* Abraham.
    Mare chinense (Ning-pö).
32. *D. nebulosa* Pease.
    Mare pacif.
33. *D. scabra* Pease.
    Mare pacif.
34. *D. riridis* Pease.
    Mare pacif.
35. *D. affinis* Bgh.
    Mare pacif.
36. *D. rubro-lincata* Pease.
    Mare pacif. (ins. Huaheine).
37. *D. grisea* Bgh.
    Mare pacif. (ins. Huaheine).
38. *D. debilis* Pease.
    Mare pacif. (ins. Huaheine).
39. *D. riolacea* (Quoy et Gaim).
    Mare pacif. (Nov. Holl.).

40. *D. lacera* (Cuv.).
     Doris Wellingtonensis Abr.
          Mare pacif. (Nov. Zel.).
41. *D. compta* (Pease).
     D. herpetica Bgh.
          Mare pacif. (Apaiang).
42. *D. sordida* (Pease).
     Mare pacif. (Tahiti).
43. *D. fuscescens* (Pease).
     Mare pacif. (ins. Maiao).
44. *D. australis* (Angas).
     Mare pacif.
45. *D. gibbulosa* Bgh.
     Mare pacif. (Nov. Caled.).
46. *D. Mariei* (Crosse).
     Mare pacif. (Nov. Caled.).
47. *D. Rosseteri* (Crosse).
     Mare pacif.
48. *D. Fabrei* (Crosse).
     Mare pacif.
49. *D. Fontainii* (d'Orb.).
     Mare pacif. orient.
50. *D. peruviana* (d'Orb.).
     Mare pacif. or.
51. *D.? aurea* (Quoy et Gaim.).
     Mare pacif.
52. *D.? carneola* (Angas).
     Mare pacif.
53. *D.? nodulosa* (Angas).
     Mare pacif.
54. *D.? aurita* (Gould).
     Mare pacif.
55. *D. australiensis* Abr.
     Hab.?
56. *D. obscura* Abr.
     Hab.?
57. *D. fumca* Abr.
     Hab.?
58. *D. foedata* Abr.
     Hab.?
59. *D. mammosa* Abr.
     Hab.?
60. *D. parva* Abr.
     Hab.?

II. Doriopsilla Bgh.

Doriopsilla Bgh. Die Doriopsen des Mittelmeeres, l. c., 1880, S. 316—326,
Taf. 11, Fig. 3—11.

Corpus nonnihil rigidum, supra granulosum.
Ganglia buccalia in anteriore parte bulbi pharyngei sita.

Ausser durch festere Consistenz und die granulirte Beschaffenheit des
Mantels unterscheidet sich diese kleine Gruppe von der grossen vorigen durch
die Lage der buccalen Ganglien am vorderen Ende des Schlundkopfes.

1. *D. areolata* Bgh.
   Mare mediterr.

2. *D.? granulosa* (Pease).
   Mare pacif. (ins. Sandwich).

Fam. Phyllidiadae.

*Corpus subcoriaceum, ovale vel elongato-ovale, subdepressum. — Caput
indistinctum, apertura oralis poriformis; tentacula brevia, radice connata et
velum brevissimum supra aperturam oralem formantia, sulco praedita, digiti-
formia vel depressa, libera, rarius (Phyllidiopsis) affixa; rhinophoria foveis
retractilia, claro perfoliato. Truncus extremitatibus fere aequabiliter rotundatis. Notaeum tota circumferentia dilatatum, margine palliali (perinotaeo)
podarium ubique superminens. Pallium supra fere semper inaequale, tuberculis
obsitum; tubercula medii dorsi series longitudinales vel quincunces formantia;
halo tuberculorum anteriorum serierum lateralium rhinophoriis perforatus vel
rhinophoria illi contigua; halo tuberculi postici seriei medianae (Fryeria
genere excepto) apertura anali perforatus vel anus illi contiguus. Series tuberculorum longitudinales vel quincunces figuris cuneiformibus eradiantibus circum-
dantur, e tuberculis formatis. Pagina inferior limbi pallialis (hyponotaeum)
externa parte laevis, interna parte lamellis branchialibus transversalibus confertis
tenuibus praedita; annulus branchialis antice depressione capitali, dextro latere
papilla genitali interruptus. Apertura analis postica, mediana, in dorso vel
raro (Fryeria) inter dorsum et podarium sita; e fundo ipsius emergit tubus
rectalis erectus, cylindraceus, margine dextro sulculo in porum renalem desinente
praeditus. Latera trunci humilia. Podarium sat validum, reptile, notaeo
brevius et praesertim angustius.*

*Tubus oralis suctorius magnus, validus, pyriformis, (ut plurimum)
symmetricus vel asymmetricus ob massam glandulosam regularem vel irregularem
obtegentem; postice in bulbum pharyngeum elongatum, cylindraceum, mandibulis et lingua destitutum, continuatus. Extremitas posterior hepatis non fissa.
— Penis hamis seriatis armatus.*

Als besondere Gruppe wurden die Phyllidien von Cuvier (1796) erst aufgestellt und die Gattung von Lamarck und Bose adoptirt. Ganz unzulänglich bekannt stand die Gruppe aber bis auf die von mir (1869) gelieferte Monographie,[1] an welche sich mehrere neuere Untersuchungen von mir angeschlossen haben.

Die Gruppe umfasst Thiere von einer gewissen, mitunter selbst bedeutenden Grösse und kräftigem Bau; sie sind von etwas lederartiger Consistenz und von eigenthümlicher, stark ausgeprägter bunter Farbenzeichnung. — Der Körper ist etwas länglich, etwas niedergedrückt, an beiden Enden gleichmässig gerundet; etwa an der Mitte findet sich die grösste Höhe, die sich von dort ab gegen alle Seiten senkt, einigermassen wie bei den Dorididen. Der Kopf sehr klein, mit porenförmiger Mundöffnung, die von oben durch Zusammenschmelzen der Tentakel etwas gedeckt wird, welche letztere kurz, an der Vorderseite mit oberflächlicher Furche versehen, abgeplattet, mitunter auch fingerförmig sind, frei vortretend, seltener *(Phyllidiopsis)* wie bei den Doriopsen angeheftet. Der Kopf passt in eine kleine abgeplattete Grube an der Unterseite des Mantelgebrämes, die Kopfgrube. Die Rhinophorien treten durch dreieckige oder rundliche, glattrandige Oeffnungen (Scheiden) vorne am Rücken, die neben oder in den Tuberkeln liegen, welche dem Vorderende der Seitenreihen von Tuberkeln entsprechen; am Boden der Rhinophorgruben sind die Augen nicht zu entdecken; die kurzstielige Keule schräg durchblättert, die Blätter der Keule nicht zahlreich (15—35). — Der Rücken ringsum den übrigen Körper überragend. Die obere Seite (Mantel) mit Tuberkeln reichlichst bedeckt, die eigenthümlich geordnet sind. An der ganzen Mittelpartie bilden dieselben drei Längsreihen oder mehrere (3) Fünfkreuz (Quincunces), während die Randpartien von keilförmigen eradiirenden Figuren bedeckt sind, deren Spitze gegen die Mitte des Rückens convergirt; am Rückenrande selbst stehen kleinere Tuberkel. Die Tuberkel sind einfach oder zusammengesetzt, haben aber alle einen helleren und mehr flachen Halo. Bei der *Phyllidiopsis papilligera* treten wahre Papillen auf (wie bei der Gattung *Echinodoris* unter den Doriden). Während sich die Rhinophoröffnungen vor dem vorderen Tuberkel der lateralen Längsreihen, oder seitlich vor der vorderen Quincunx oder in dem Halo von jenem finden, liegt hinter dem oder in dem hinteren Tuberkel der medianen Längsreihe oder median hinter der letzten Quincunx die feine Oeffnung, durch welche die Rectalröhre hervorgestreckt werden kann, nur bei den Fryerien findet sich die Oeffnung median unter dem Mantel, zwischen diesem und dem Fusse. Längs der rechten Seite trägt die Rectalröhre eine Furche, die am Grunde der Röhre in eine Nierenpore endet. Die Unterseite des Mantels ist längs des Aussenrandes glatt; sonst von den parallelen dichtstehenden (150—200), quergehenden, dünnen, doch ziemlich steifen, dreieckigen oder halbmondförmigen, meistens an Grösse alternirenden Kiemenblättern aufgenommen. Der Ring der Kiemenblätter vorne durch die Kopfgrube, an der rechten Seite durch die Genitalpapille unterbrochen, bei den Fryerien hinten noch durch die Analöffnung. Die

---

[1] R. Bergh, Bidr. til en Monogr. af Phyllidierne. Naturhist. Tidsskr., 3 R., 1869, V, p. 358—542, Tab. XIV—XXIV.

2*

Genitalpapille mit den gewöhnlichen drei Oeffnungen wie bei den Doriopsen. — Der Fuss ist eine grosse Kriechfläche, die doch schmäler und ein wenig kürzer als der Rücken ist; der Vorderrand ein wenig ausgerandet, mit medianem Einschnitt, aber ohne Furche; der Schwanz äusserst klein. Die Körperbedeckungen sind zu dick und steif, um die Eingeweide durchschimmern zu lassen. Das Coelom sich bis an die Schwanzwurzel erstreckend. Die Lage der Eingeweide fast wie bei den Doriopsen.

Das Centralnervensystem zeigt auch die Ganglien stark zusammengedrängt, doch weniger als bei den Doriopsen; es ist auch in eine ähnliche zähe und ziemlich dicke Bindesubstanz-Kapsel eingeschlossen und von Neurilem überzogen; die Ganglien sind weniger grobkörnig als bei den Doriopsen. Die cerebropleuralen Ganglien sind wenig von einander geschieden, von denselben mehr gesondert steigen die pedalen nach unten und innen ab. Die Commissuren länger als bei den Doriopsen, von der pleuralen geht ein Nervus genitalis ab. Die proximalen und die distalen Ganglia olfactoria wie bei den Doriopsen; ein kleines Gangl. opticum kommt oft vor. Die am hinteren Ende des langen Schlundkopfes liegenden buccalen Ganglien rundlich, ausserhalb derselben kommen kleine Gangl. gastro-oesophagalia vor. Die Nervenvertheilung ist wesentlich wie bei den Doriopsiden.[1]

Die Augen nicht kurzstielig, der Nervus opticus ziemlich oft schwarz pigmentirt. Die Ohrblasen zwischen dem Gehirn und Fussknoten liegend, mit zahlreichen Otokonien. Die Blätter der Rhinophorien durch lange, auf den freien Rand senkrecht stehende Spielen steif gemacht. Die Haut mit grösseren und kleineren Spielen äusserst reichlich ausgestattet,[2] bei einer Form (Ph. loricata) fast einen Rückenpanzer bildend. Auch in der interstitiellen Bindesubstanz kamen solche Spikel ziemlich reichlich vor.

Die Mundpore leitet bei allen Phyllidiaden in eine ziemlich weite Mundröhre, an deren Grund sich die Oeffnung des Schlundkopfes findet. Bei den Phyllidiopsen ist diese Mundröhre wie bei den Doriopsen beschaffen. Bei den anderen Gattungen ist die Mundröhre hinten von der (bei den Phyllidiopsen und den Doriopsiden freien und nach hinten unter dem Schlundkopfe verlegten) Mundröhrendrüse innig eingefasst, die sich aussen als eine Einfassung mit kurzfingerigen oder mehr unregelmässigen Geschwulsten zeigt, die dem Organe ein ganz abenteuerliches, symmetrisches oder asymmetrisches Aussehen verleihen; am Boden der Höhle zeigen sich die drüsenartigen Körper sehr ausgeprägt, bei den typischen Phyllidien als gegen die Schlundöffnung convergirende Körper. Am Mundrohr heftet sich ein Paar sehr starke Retractoren. Der intratubale Theil des Schlundkopfes kurz und nicht vorstreckbar wie bei den Doriopsen. Der Schlundkopf wesentlich wie bei diesen letzteren, langgestreckt, cylindrisch, dickwandig, auch mit dreieckiger und von starker Cuticula überzogener Lichtung, ohne Spur von sonstiger Bewaffnung, ohne Spur von Mandibeln oder Zunge;

---

[1] Vgl. miene Monogr., l. c., 1869, p. 376—382.
[2] Vgl. l. c., p. 385—390.

an seinem Hinterende die buccalen Ganglien und die Speicheldrüsen. Das Hinterende des Schlundkopfes setzt sich, oft nach einer Einschnürung, in die gestreckt-wurstförmige, mehr dünnwandige Speiseröhre fort. Am Ende, mitunter da etwas erweitert, geht die Speiseröhre in die auch als Magen fungirende Leber-höhle über. Der Darm die Leber hinter ihrer Mitte links durchbrechend, sein Bogen kurz und der gerade Verlauf nach hinten nicht lang. Die ganze Länge des Darmes meistens nur etwa ³/₄ der ganzen Körperlänge betragend.

Die Mundröhrendrüse (Gland. ptyalina) nur bei den Phyllidiopsen wie bei den Doriopsen frei; sonst, wie erwähnt, mit der Mundröhre verschmolzen und dem hinteren Theile derselben durch ihre verschieden geformten Lappen (*Phyllidia, Fryeria*—*Phyllidiella*) ein eigenthümliches Aussehen verleihend. Die kleinen Speicheldrüsen (Gland. salivales) wie bei den Doriopsen, am hinteren Ende des Schlundkopfes hinter den buccalen Ganglien liegend. Die Leber fast wie bei den Doriopsen; das Hinterende aber nie geklüftet; eine Gallenblase fehlt.

Das Pericardium mit sammt der Pericardialkieme wie bei den Doriopsen. Das Herz und das Gefässsystem[1]) auch wesentlich wie bei den letzteren. Die wie bei den Doriopsen immer einfache Blutdrüse an der Unterseite des Perito-naeums, an der oberen Seite des Schlundkopfes befestigt, abgeplattet, meistens gelblichweiss, an der Unterseite lappig.

Die Niere viel stärker entwickelt als bei den Doriopsen, wo sie fast auf eine Urinkammer reducirt ist.[2]) Die Urinkammer ziemlich weit; der Uringang in die Nierenpore endigend, von welcher eine Furche, wegen der Retractilität der Rectalröhre, meistens längs des rechten Randes der letzteren emporsteigt; nur bei den Fryerien scheint solche kaum ausgeprägt. Der Nierentrichter wie bei den Doriopsen.

Die Zwitterdrüse den grössten Theil des Vorderendes und der oberen Fläche der Leber bekleidend; der Bau wie bei den Doriopsen. Die Ampulle des Zwitterdrüsenganges kurz und sackförmig. Der Samenleiter lang, aus einer pro-statischen und einer muskulösen Partie wie bei den Doriopsen bestehend; eine gesammelte Prostata kommt nicht vor. Die Penisscheide und die Haken-bewaffnung der glans fast ganz wie bei den Doriopsen. Der Eileiter, die zwei Samenblasen und die Vagina wie bei den Doriopsen. Die Schleim- und Eiweissdrüse auch wie bei den Doriopsen: eine Vestibulardrüse fehlt.

Die Phyllidiaden gehören den tropischen oder wenigstens wärmeren Meeres-gegenden an, vorzüglich dem westlichen Theile des stillen Meeres, dem indischen und dem rothen Meere. Sie scheinen äusserst apathische, träge und in ihren Bewegungen langsame Thiere zu sein, welche Quoy und Gaimard (Voy. de l'Astrolabe, Moll., I, p. 291) sich fast nie bewegen sahen, nur als gleichsam todt festsitzend. Sie kommen meistens an Korallenriffen, am häufigsten unweit vom Ufer vor und oft in Menge (*Ph. pustulosa*), sollen aber auch (Dict. univ. d'hist. nat., X, 1847, p. 60) an Fucoideen kriechend in der Nähe des Ufers

---

¹) Vgl. meine Monogr., l. c., p. 410—412.
²) Vgl. l. c., p. 416—421.

getroffen werden können, während Semper sie auch aus grösserer Tiefe (bis 30 Faden) gefischt hat *(Ph. varicosa)*. Vielleicht sind sie Nachtthiere (Quoy und Gaimard). Ueber die biologischen Verhältnisse dieser Thiere ist übrigens fast gar nichts bekannt. Ihre Nahrung wird vielleicht aus verwesenden animalischen Substanzen gebildet, die sie durch Saugen aufnehmen. In der Verdauungshöhle wurde (von mir) immer nur unbestimmbare thierische Masse, mitunter mit Diatomeen und feinsten Sand- und Kalkkörperchen vermischt, gefunden. Sie vergiessen, „ganz wie die Limaceen" (Semper), durch Irritation ein reichliches weisses Secret, das von den Hautdrüsen herrührt und auch den durchdringenden Geruch dieser Thiere bedingt. Semper hat bei einer Form *(Ph. pustulosa)*, die er in vier Individuen über acht Tage lebend beobachtete, die Paarung gesehen, welcher Function die Thiere aber sehr fleissig oblagen. Jede Copulation schien mehrere Stunden zu dauern, darnach wechseln die Individuen, und so geht es Tage lang fort; in den ersten Tagen paarten sie sich wenigstens dreimal in 12 Stunden, später nur einmal im Tage; bei keinem dieser Individuen kam es aber zum Eierablegen. Collingwood hat bei einer Art *(Ph. nobilis)* das Laichen gesehen und den Laich als ein langes, schmales Band abgebildet.[1]) Von der Ontogenie ist überhaupt nichts bekannt.

Der Familie gehört eine kleine Reihe von Gattungen an.

I. Phyllidia (Cuv.) Bgh.

R. Bergh, Bidr. til en Monogr. af Phyllidierne, l. c., 1869, p. 360—455, 499—510, Tab. XIV—XIX.
— Malakologische Unters.. Heft X, 1876, S. 377—383. — Supplementheft I, 1880, S. 8. — Heft XVI, 2, 1889, S. 858. — Heft XVII, 1890, S. 972.
— Neue Nacktschnecken d. Südsee, I. Journ. d. Mus. Godeffroy, Heft II, 1873, p. 1—11.

Dorsum tuberculis elongatis, plus minusve confluentibus obsitum, medio varicositates longitudinales formantibus. Apertura analis dorsalis.
Forma tubi oralis glandula ptyalina obtecti symmetrica.

1. *Ph. varicosa* Lamarck.[2])
     Ph. ocellata Cuv.
     Ph. fasciolata Bgh.
     Ph. annulata Gray.
     Ph. ceylanica Kelaart.
       Mare indicum, pacif.
2. *Ph. arabica* Ehrbg.
     Mare rubr.

---

[1]) Collingwood, On some new species of Nudibranchiate moll. Trans. Linn. Soc., 2 sér., II, 2, 1881, p. 136, pl. 10, Fig. 23.
[2]) Vgl. übrigens für die Synonymik dieser Art meine Monogr., l. c., p. 499—500.

3. *Ph. elegans* Bgh.
    Mare philipp.
4. *Ph. rosans* Bgh.
    Mare pacif.
5. *Ph. loricata* Bgh.
    Mare pacif.

II. Phyllidiella Bgh.

R. Bergh, Bidr. til en Monogr. af Phyllidierne, l. c., 1869, p. 455—492,
510—513, Tab. XX—XXIV.
— Malakologische Unters., Heft X, 1876, S. 382—383. — Heft XVI,
2, 1889, S. 859. — Heft XVII, 1890, S. 973.
— Neue Beiträge zur Kenntniss der Phyllidiaden. Verhandl. der k. k.
zool.-botan. Gesellsch. in Wien, XXV, 1875, S. 661—662.

Dorsum proprium tuberculis discretis vel pro parte confluentibus quincunces formantibus obtectum. Apertura analis dorsalis.
Forma tubi oralis glandula ptyalina obtecti asymmetrica.

1. *Ph. pustulosa* (Cuv.).
    Ph. albo-nigra Quoy et Gaim.
    Mare indicum, pacif.
2. *Ph. nobilis* Bgh.
    Ph. spectabilis Collingwood.
    Mare indicum, pacif.
3. *Ph. nigra* (von Hass.).
    ? Fryeria variabilis Collingwood.
    Mare indicum, pacif.
4. *Ph. verrucosa* (von Hass.).
    Mare indicum.

III. Fryeria Gray.

R. Bergh, Neue Beiträge zur Kenntniss der Phyllidiaden, l. c., 1875,
S. 662—669. Taf. XVI, Fig. 5—10.
— Malakologische Untersuch., Heft XVI, 2, 1889, S. 859, 862—865,
Taf. LXXXIV, Fig. 19—22.

Dorsum fere ut in Phyllidiis propriis. Apertura analis postice inter pallium et podarium linea mediana sita.
Forma tubi oralis glandula ptyalina obtecti sat symmetrica.

1. *Fr. Rueppellii* Bgh.
    Ph. pustulosa (Cuv.) Rüppell.
    Fryeria pustulosa Gray.
    Mare rubr., africano-indicum.

IV. Phyllidiopsis Bgh.

R. Bergh, Neue Beiträge zur Kenntniss der Phyllidiaden, l. c., 1875, S. 670—673, Taf. XVI, Fig. 11—15.

— Malakologische Untersuch., Heft XVI, 2, 1889, S. 859, 866—867, Taf. LXXXIV, Fig. 23—27.

— Rep. on the Nudibranchiata. Bull. of the mus. of compar. zool. of Harvard Coll., XIX, 3, 1890, p. 175—178, Pl. II, Fig. 7—14.

Dorsum fere ut in Phyllidiis propriis. Tentacula affixa. Apertura analis dorsalis.

Tubus oralis ut in Doriopsidibus. Glandula ptyalina discreta.

1. *Ph. cardinalis* Bgh.
   Mare pacif.
2. *Ph. striata* Bgh.
   Mare africano-indicum.
3. *Ph. papilligera* Bgh.
   Mare mexicanum.

Prunus Salzeri.

Von

Robert Zdarek.

(Mit Tafel I und 6 Zinkographien.)

(Vorgelegt in der Versammlung am 2. December 1891.)

In der Carinthia, Jahrgang 1887, Nr. 12, beschrieb ich eine neue Trauben-kirschenart und benannte dieselbe zu Ehren des k. k. Hofrathes Herrn Johann Salzer, der sich um die Hebung der Landescultur in Kärnten sehr verdient gemacht hatte, *Prunus Salzeri.*

Der Grund, warum ich diese Pflanze nochmals einer Beleuchtung unter-ziehe, mag in der ersten, nur flüchtigen Beschreibung die Rechtfertigung finden.

Zu verwundern wäre, dass eine neue Art, ein so stattlicher Baum, sich den Blicken der Botaniker so lange entzogen hat, wenn diesem nicht die flüchtige Aehnlichkeit mit der nahen Verwandten, der *Prunus Padus* L., mit der sie bis jetzt verwechselt wurde, entgegen zu setzen wäre.

Darum sei mir auch gestattet, bei meinen Auseinandersetzungen diese Verwandte stets zum Vergleiche heranzuziehen, um die Unterschiede desto mehr beleuchten zu können und auch ihre Berechtigung als eine gute Art der Unter-gattung *Padus* Mönch nachzuweisen.

Die *Prunus Salzeri* erreicht nach den Exemplaren, die ich sah, bei einem annähernden Alter von 45 Jahren eine Höhe bis 15 *m* und einen Stammdurch-messer über dem Boden von 32 *cm.* Sie unterscheidet sich in ihrem Habitus von der *Prunus Padus* durch den schlankeren Wuchs, dünnere Beastung und die ausgesprochene Neigung zur Spanrückigkeit, in welch letzterer Richtung sie sich ähnlich verhält, wie *Carpinus,* dann in der grauen Färbung der Rinde, wobei die längsrissige Borke der älteren Stämme sich nur schwach ausbildet.

Die graue Färbung des secundären Hautgewebes dürfte die nachfolgende Erklärung finden: Die Phellogenzellen zwischen Saftperiderm und Collenchym-schichten sind, wie ebenfalls auch die Peridermzellen, viel zarter gebaut und darum nicht so compact, wie bei *Prunus Padus.* Die zartwandigen Schichten

Z. B. Ges. B. XLII. Abh. 3

des Periderms zerreissen beim Dickerwerden des Stammes viel leichter, lösen sich ab und es bildet sich keine so starke Peridermschichte. Der weniger compacte Bau dieses Gewebes, wie auch die theilweise Lostrennung der äussersten Lage gestattet der Luft mehr Zutritt und es bildet sich auf diese Weise eine lichtere Färbung, so zwar, dass die Rinde der Zweige, der schwächeren Aeste, wie auch der alten Stämme der *Prunus Salzeri* grau ist und bleibt, während die Rinde der jungen Aeste der *Prunus Padus* grünlichbraun und braun, jene der älteren Aeste und Stämme schwärzlich erscheint.

Das Holz ist gelblichweiss, ähnelt dem der anderen *Prunus*-Arten, nur ist es weisslicher. Der anatomische Bau zeigt keine wesentlichen Unterschiede, aber auch hier tritt der zartere Bau überwiegend hervor.

Die Höhe der Markstrahlzellen (am Radialschnitte beobachtet) variirt bei *Prunus Salzeri* zwischen 15—25 μ, meistens ist dieselbe 17—20 μ, während jene der *Prunus Padus* eine Höhe von 15—42 μ besitzen; gewöhnlich schwanken dieselben zwischen 25—30 μ. Trotz der kleineren Markstrahlzellen der *Prunus Salzeri* ist die Wand derselben stärker, aber ungleichmässig verdickt. Die Zellwanddicke schwankt von 1·3—5 μ, wovon die Verdickung manchmal eine Stärke von 1·3 μ erreicht. Die Zellwanddicke der Markstrahlen bei *Prunus Padus* bewegt sich zwischen 1·2—2·5 μ, selten erreicht sie 4 μ.

Bei beiden Arten kommen am häufigsten dreireihige und einfache, manchmal auch zweireihige und in einzelnen Fällen auch vierreihige Markstrahlen vor. Die dreireihige Markstrahlengruppe der *Prunus Salzeri* fand ich constant 34 μ breit, bei schwankender Höhe von 325 bis höchstens 600 μ; dieselbe erreicht bei der *Prunus Padus* eine Breite bis 44 und eine Höhe bis 850 μ.

Die jungen Zweige sind bei der ersteren Art stets dicht behaart, die Blattknospen kegelförmig, spitz, schwarzbraun, die Spitze ins Karminrothe übergehend, dagegen die Zweige der letzteren Art kahl oder schwach behaart, die Blattknospen schwarzbraun und braungelb.

Die Blätter der *Prunus Salzeri* sind oval, spitz, in den Blattstiel verschmälert und vorherrschend scharf einfach gesägt. Sie erreichen eine Länge von 10 *cm*, eine Breite von 5 *cm*, bei einer Länge des Blattstieles von 1·7 *cm* und sind dünner, als jene von *Prunus Padus*. Die Unterseite derselben ist lichtgrün, oft ins Weissliche übergehend.

Die Blätter der *Prunus Padus* sind meist eiförmig oder ei-lanzettförmig, nicht in den Blattstiel verschmälert und wenigstens bei den Exemplaren der Voralpen vorwiegend doppelt scharf gesägt. Taf. I, Fig. 1 zeigt den beiderseitigen Typus.

Die weisslichere Unterseite der Blätter von *Prunus Salzeri* rührt einerseits von einem starken Wachsüberzuge her, welcher bei *Prunus Padus* nur sehr schwach angetroffen wird, ferner von papillenartigen Verdickungen der Zellwände an der Unterseite des Blattes, Taf. I, Fig. 2, wobei an den Unebenheiten die sich brechenden Lichtstrahlen eine weisslichere Färbung hervorrufen. Die in Fig. 2 vorgeführten Blattdurchschnitte sind gleichartigen Blättern entnommen.

Nach den vorgenommenen Messungen stellen sich nachstehende Verhältnisse heraus:

Prunus Salzeri: 1. Dicke der Blattspreiten 92·5 μ.
2. Cuticularschichten an der Oberseite des Blattes 0·43 μ.
3. Oberhautzelle sammt Zellwand 14 μ.
4. Cuticula 0·12 μ.
5. Länge der Palissadenzellen 17·5—25 μ.

Prunus Padus: 1. Dicke der Blattspreiten 115 μ.
2. Cuticularschichten an der Oberseite des Blattes 0·25 μ.
3. Oberhautzelle sammt Zellwand 20 μ.
4. Cuticula 0·12 μ.
5. Länge der Palissadenzellen 32·5 μ.

Hier ergibt sich wieder die interessante Erscheinung, ähnlich wie bei den Markstrahlen, dass trotzdem die Höhendimensionen der Oberhautzellen kleiner sind als bei *Prunus Padus,* deren Cuticularschichten dennoch stärker ausgebildet erscheinen.

Der eigenartige Bau der Oberhautzellen, resp. ihrer Zellwände, sowohl an der Ober- wie auch an der Unterseite verleihen dem Blatte schon bei näherer makroskopischer Untersuchung ein charakteristisches Gepräge.

Taf. I, Fig. 3 führt die Oberhaut der Unterseite der Blätter beider Arten vor, wobei von Interesse ist, dass die Zellen bei *Prunus Padus* nach Fixirung des ihnen zugewiesenen Zellraumes in Folge nicht beendeten Membranwachsthumes die vorgeführte Form annehmen mussten. Diese Erscheinung fand ich bei *Prunus Padus* vorherrschend, bei *Prunus Salzeri* äusserst selten und dann nur in geringem Masse.

Die Schliesszellen der Spaltöffnungen besitzen bei *Prunus Salzeri,* und zwar bei kleinen Blättern eine Länge von 13·7—17·5 μ, bei grösseren Blättern eine Länge von 17·5—23·8 μ; jene von *Prunus Padus* bei kleineren Blättern eine Länge von 20—27·5 μ, bei grossen Blättern eine solche von 20—30 μ.

Der Blattstiel der *Prunus Salzeri* ist an der Oberseite scharf eingeschnitten und stets stark behaart, die zwei Drüsen gleichfalls immer stark behaart.

Der Einschnitt bei dem Blattstiele der *Prunus Padus* ist nicht so scharf eingeschnitten oder verläuft oval, ist entweder ganz glatt oder nur schwach behaart, die Drüsen glatt, glänzend oder selten mit einzelnen Haaren besetzt (Taf. I, Fig. 4).

Bekanntlich färben sich die Blätter der *Prunus Padus* oder doch wenigstens deren Nervation stark roth, was bei *Prunus Salzeri* nicht geschieht. Hier entfällt das Hervortreten des Anthokyans entweder gänzlich oder es färben sich nur etwas die Blattstiele. In seltenen Fällen wird die Nervation schwach röthlich. Inflorescenz eine hängende Traube, stark duftend. Blüthe actinomorph, monoclin. Blüthenachse becherförmig, stark behaart und intensiver orangegelb als bei *Prunus Padus.* Kelchblätter fünf, tief gezähnt. Corollblätter fünf,

3*

weiss, oval und stark bis zu zwei Dritteln des Umfanges und darüber
gezähnt. Androeceum fand ich stets aus 30 Stamina bestehend und
in drei Wirteln angeordnet; Gynaeceum aus einem Carpell mit zwei hängenden
Samenknospen bestehend. Stigma endständig mit kopfiger Mündung. Der Stylus
vorerst gerade, später gekrümmt.

Bei *Prunus Padus* sind die Corollblätter vorn zugestutzt und
nur dieser Theil oder höchstens bis zur Hälfte des Umfanges gezähnt. (Taf. I, Fig. 5.) Das Androeceum fand ich nach vielen Untersuchungen nicht gleichartig. In den meisten Blüthen waren 20 Stamina
in zwei Wirteln angeordnet; nicht selten fand ich 20 Stamina in
zwei Wirteln und im dritten, mittleren Wirtel nur fünf Stamina
(siehe untenstehende Abbildung).

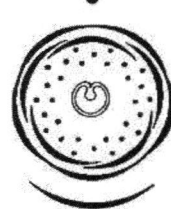
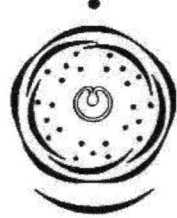

Diagramm
der Blüthe von *Prunus Salzeri*.

Diagramm
der Blüthe von *Prunus Padus* L.

In den meisten Fällen fehlt der
mittlere Wirtel der Stamina.

Die dritte, innerste Wirtelstellung fand ich bei *Prunus Padus* auffallend
den zwei anderen näher gerückt, wohingegen bei *Prunus Salzeri* die Wirtel
auffällig auseinandergerückt und regelmässiger nach der Tiefe
über den Blüthenboden vertheilt sind.

Die Frucht der *Prunus Salzeri* mit fleischigem, ziemlich wohlschmecken-
dem Mesocarp (Sarcocarp); das Endocarp zur Steinschale umgewandelt, welche als
ein Mittelglied zwischen den glatt- und netzgrubigschaligen betrachtet werden
kann. An der Ausbauchung des Endocarps befindet sich eine glatte
Fläche, um welche die Furchen constant eine gleiche Zeichnung
bilden. Epicarp grüngelb. (Taf. I, Fig. 6.)

Der Steinkern der *Prunus Padus* ist stets netzgrubig, grösser und die
Länge desselben bewegt sich zwischen 6 und 7 mm, die Breite zwischen 4³/₄ und
5¹/₂ mm, der der *Prunus Salzeri* hingegen besitzt eine Länge von 4—5 mm
und eine Breite von 3—3¹/₂ mm.

Die Dicke des Endocarps der letzteren Art ist beim Längsschnitte im
Mittel 0·47 mm und schwankt zwischen 0·357 und 0·952 mm, beim Querschnitte
im Mittel 0·527 mm und unterliegt den Schwankungen 0·47—0·782 mm.

Die Dicke des Endocarps bei *Prunus Padus* weist im Längsschnitte im Mittel 0·765 mm und eine Schwankung von 0·561—1·19 mm auf, im Querschnitte im Mittel 0·561 mm und die Grössen bewegen sich zwischen 0·51 und 0·621 mm. Die Sclerenchymzellen beider besitzen keinen namhaften Unterschied und erscheinen im Querschnitte polygonal, kreisrund oder oval; ihre Grösse schwankt von 0·21—0·42 mm im Durchmesser. (Siehe untenstehende Abbildung.)

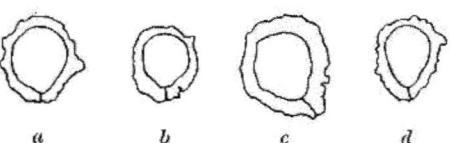

a Längs-, b Querschnitt durch den Steinkern von *Prunus Salzeri*.
c Längs-, d Querschnitt durch den Steinkern von *Prunus Padus* L.
(2 mal vergrössert.)

Epicarp der *Prunus Padus* ist schwarz, Mesocarp schmeckt bittersüss.

Die Blüthe der *Prunus Salzeri* erscheint im Mai um acht bis vierzehn Tage früher als bei *Prunus Padus*; ähnlich verhält es sich mit der Reife der Frucht.

Vorkommen. Der mir bekannte Verbreitungsbezirk erstreckt sich überall auf die subalpine Region. Es sind mir nachstehende Fundorte bekannt, und zwar in Kärnten: Paternion, 550 m, auf Thonglimmerschiefer, nördliche Abdachung; Fresach, in südlich geneigter Lage, 718 m; Rudersdorf und St. Paul im Drauthale, auf Gneis und südliche Abdachung, 640 m; Kellerberg, auf Thonglimmerschiefer, 520 m; Kreuzen, auf gegen Süden geneigter Berglehne, dolomitischer Kalk, 900 m; Hermersberg bei Deutsch-Bleiberg, nordwestliche Abdachung, Guttensteiner Kalk, 872 m; Gajach im Drauthale, 610 m; St. Paul im Lavantthale, 400 m; Stall im Möllthale, 850 m, dann nach David Pacher bei Tiffen, Ober-Vellach, jedoch nur vereinzelt.

In Steiermark soll sie im Gössgraben bei Trofaiach vorkommen. Freiherr v. Hausmann führt in seiner Flora von Tirol nach Unger eine weissfrüchtige Traubenkirsche als bei Kössen im Unterinnthale häufig an. Ob nun die Traubenkirschen der zwei zuletzt angeführten Standorte mit *Prunus Salzeri* identisch sind oder sich auf *Prunus Padus* L. var. *leucocarpa* beziehen, kann ich nicht beurtheilen.

Prunus Padus L. var. *leucocarpa* hat mit *Prunus Salzeri* nichts zu schaffen und der der letzteren Pflanze vom Volke gegebene Name „Weisselse" dürfte Ascherson und Magnus (Verhandl. der k. k. zool.-botan. Gesellsch. in Wien, XLI, 1891, S. 693 u. 694) verleitet haben, diese Art mit der Varietät *leucocarpa* zu verwechseln. Der Name „Weisselse" rührt von der weisseren Färbung der Unterseite der Blätter, wie der Rinde, nicht aber von der der

Frucht her, welche grüngelb ist und sich am treffendsten in der Farbe mit einer reifen Reineclaude vergleichen lässt.

Es sei mir gestattet, an dieser Stelle des mir bekannten Vorkommens der verschiedenen *Leucocarpa*-Formen in Kärnten zu erwähnen. In Bleiberg-Kreuth (850 m Seehöhe) befindet sich eine *Prunus Padus* L. var. *leucocarpa*, welche aber nur auf der der Sonne abgekehrten Seite weisse Früchte trägt, Früchte, in deren Fruchtfleische jedes Pigment vollkommen mangelt. Es befinden sich am gleichen Stamme daher weisse, schwarze und halbweisse und halbschwarze Früchte. An den halbschwarzen und halbweissen Früchten ist der Uebergang der Farben ein ziemlich schneller und spielt bald ins Bläuliche, bald ins Röthliche oder es ziehen rothe Adern in das Porzellanweisse hinüber. Die *Leucocarpa*-Formen sind speciell bei Bleiberg ziemlich häufig. Ein *Sambucus nigra* steht im Frohnwalde bei Heiligengeist knapp neben dem Fahrwege und trägt gleich wie die erwähnte *Leucocarpa*-Form der *Prunus Padus* an der der Sonne abgekehrten Seite weisse Früchte. Der Uebergang der zwei Farben weiss und schwarz ist gleich wie bei der *Padus leucocarpa*-Form. *Vaccinium Myrtillus* L. var. *leucocarpum* Dumort. kommt constant mit weissen Früchten im „Hochwalde" (1500 m Seehöhe) vor; *Vaccinium uliginosum* L. var. *leucocarpum* ist ebenfalls nicht selten in der dortigen Gegend.

Es sei erwähnt, dass bei Bleiberg auch die *Hepatica triloba* meist weisse Blüthen hervorbringt, und die Form mit rothen Blüthen fast so häufig ist, wie die mit blauen Blüthen.

Die *Prunus Salzeri* kommt meist in Untermischung mit *Prunus Padus* entweder vereinzelt oder in kleinen Horsten an Feldrainen, Hutweiden, Waldrändern und im Walde, immer aber seltener als diese ihre nächste Verwandte vor, und wenn ihr auch frischer, humoser und fruchtbarer Boden besser zusagt, so fand ich sie doch auf sehr steinigem Kalkboden immer noch ziemlich üppig gedeihen.

Nach dem Abhiebe entwickelt sie, wie auch die anderen Traubenkirschenarten, einen reichlichen Stockausschlag. Die zahlreich vorkommenden Wurzelloden erleichtern ihre rasche Vermehrung. Als Waldbaum wird sie, ausser in Untermischung im Niederwaldbetriebe, schwerlich je eine Bedeutung erlangen, wenn auch der Forstwirth ihr öfter begegnen dürfte; dagegen empfiehlt sie sich wegen ihres eleganten Wuchses und angenehmen Wohlgeruches der Blüthe als Zierbaum, eventuell als Zierstrauch. Die Frage, ob die nicht unangenehm schmeckende Frucht bei erzielter Veredlung mit dem anderen Edelobste auf der Tafel eine Concurrenz aushalten könnte, wage ich nicht zu beantworten, glaube aber, dass der Versuch der Mühe werth wäre. Das Holz selbst nimmt Politur sehr gut an und eignet sich als Möbelholz, wenn es auch in dieser Richtung nie eine nennenswerthe Rolle spielen dürfte.

Die Frucht fand ich von *Exoascus pruni* Fuckel deformirt, wie auch die Blätter mit Beutelgallen eines *Phytoptus* behaftet. Es lässt sich voraussetzen, dass viele Schädlinge anderer *Prunus*-Arten auch diesen Baum nicht verschonen werden.

In Kärnten wird sie „Weisselse" genannt und ihr vom Volke auch Zauber-kräfte zugeschrieben, die sowohl gegen Hagelschlag Schutz bieten, wie auch sonst günstigen Einfluss auf eine gute Feldfruchternte ausüben sollen.

Im Möllthale, Umgebung Winklern, werden zu Ostern in den „Palmbesen" Zweige von „Weisselsen" gesteckt und zur Weihe in die Kirche getragen. Aus diesen Zweigen werden Kreuze gemacht und auf jedes Feld je drei gesteckt, welche dann die Saat vor Hagelschlag schützen sollen. Dieser Aberglaube besteht auch im Lavantthale. Im Möllthale wird ausserdem aus den Ruthen der „Weiss-elsen" ein Ring geflochten, „Saaring" (Säering), welcher bei jeder Feldfruchtsaat in das Saatgetreide kommt; der Säemann nimmt die auszusäende Saat nur durch diesen Ring. Hiedurch soll die Frucht nicht nur vor Hagelschlag mehr geschützt werden, sondern auch besser gedeihen.

In Obersteiermark werden hie und da die zu Ostern geweihten Zweige dieses Baumes in die Stallungen gesteckt, um das Vieh vor ansteckenden Krankheiten zu schützen.

Von dieser Art, als Kreuzung mit *Prunus Padus*, sah ich auch einen Bastard mit rothen Früchten, der im Typus der letzteren Art zuneigte. Den früheren Standort der beiden *Prunus*-Arten in der Nähe des Bastardes habe ich constatiren können. Sein Vorkommen ist Deutsch-Bleiberg bei Kadutschen in Kärnten.

Erklärung der Abbildungen.

Tafel I.

Fig. 1. Typische Laubblätter; a) *Prunus Salzeri*, b) *Prunus Padus* L. (halbe Grösse).

„ 2. Querschnitt durch das Blatt (etwas unterhalb der Mitte desselben); a) *Prunus Salzeri*, b) *Prunus Padus* L. (220 mal vergrössert).

„ 3. Oberhaut der Blattunterseite; a) *Prunus Salzeri*, b) *Prunus Padus* L. (220 mal vergrössert).

„ 4. Querschnitt durch die Mitte des Blattstieles; a) *Prunus Salzeri*, b) *Prunus Padus* L. ($12^{1}/_{2}$ mal vergrössert).

„ 5. Typische Corollblätter; a) *Prunus Salzeri*, b) *Prunus Padus* L. (4 mal vergrössert).

„ 6. Typische Steinkerne; a) *Prunus Salzeri*, b) *Prunus Padus* L. (2 mal vergrössert).

Verhandl. der k.k. zool. bot. Ges.
Band XLII. 1892.

Taf. I.

R. Zdarek:
Prunus Salzeri.

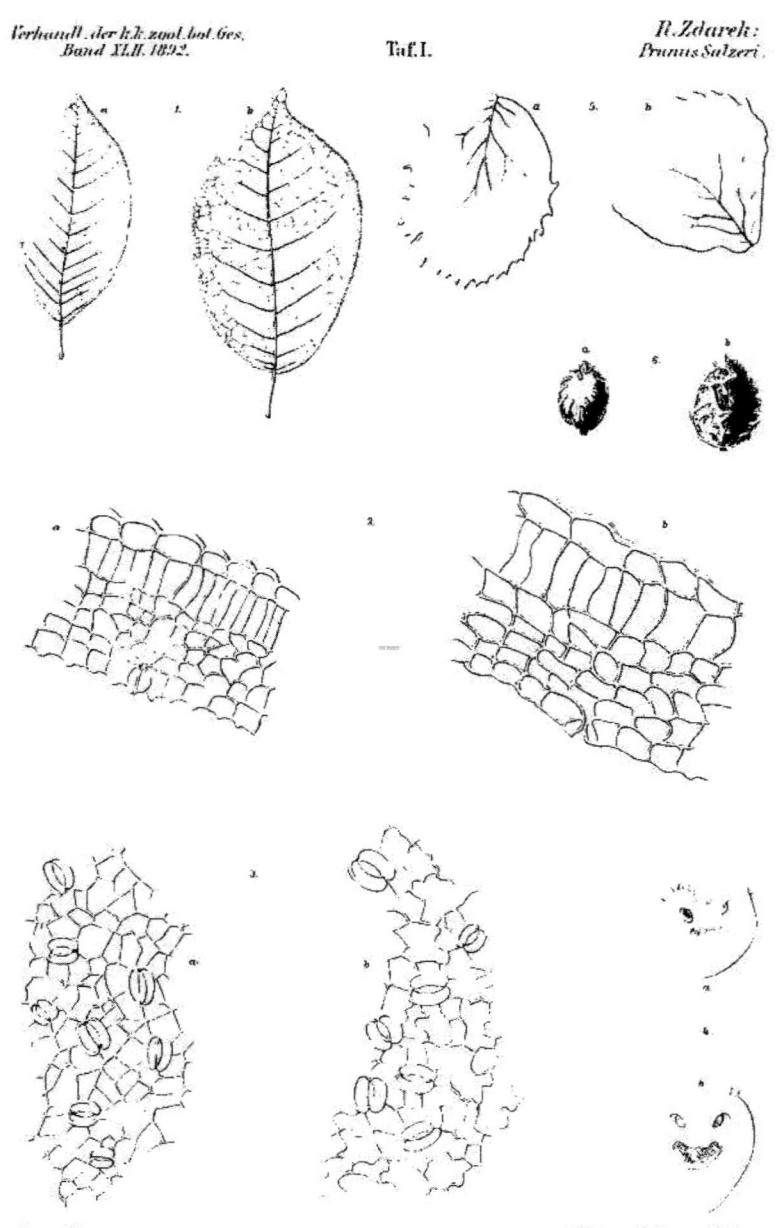

142

Spicilegium Malacologicum.

Neue Binnenconchylien in der paläarktischen Region.

Von

Dr. Carl Agardh Westerlund.

(Vorgelegt in der Versammlung am 2. December 1891.)

I.

Genus Hyalinia Agass.

Hyalinia (Polita) upsaliensis n. sp.

Testa sat anguste umbilicata, umbilico regulariter lente dilatato, depressa, subdiscoidea, forte olivaceo-micans, supra rufobrunnea, infra coerulescenti lactea, irregulariter sat forte sed obscure striata; anfr. $5^1/_2 - 6$, *primi 3—4, regulariter lente, caeteri forte accrescentes, sat convexi, ad suturam impressam, obscure et valde marginatam, dense striatam, subangulati, ultimus penultimo circa* $^1/_3$ *latior, compressus, ad peripheriam rotundatus, supra convexior, infra complanatus, ab origine usque post medium longitudinis aeque altus, superne anfractum praecedentem levissime superjacens; apertura subhorizontalis, leviter excisa, rotundato-ovata, margine basali levissime armato; regio umbilicalis late concava. Lat. 12, alt.* 4.5 *mm.*

Hab. Upsala in Schweden.

Diese schöne hochnordische, zahlreich im botanischen Garten bei Upsala von Prof. P. T. Cleve gefundene Art hat ihre nächstverwandten Formen, *Hyalinia meridionalis, alhambrae* und *calpica*, in Süditalien und Südspanien. Von diesen unterscheidet sie sich reichlich durch die sehr dunkle Farbe der Oberseite, die kantenlose abgerundete Peripherie, den zum grössten Theile gleichdicken letzten Umgang, der sehr wenig auf den vorletzten hinübergreift, die ausgehöhlte Nabelgegend u. s. w.

Z. B. Ges. B. XLII. Abh.   1

Hyalinia (Polita) bellis n. sp.

Testa umbilicata, convexo-depressa, nitidissima, fulva, late circa umbili-cum albescens, obsolete irregulariter striata, vertigiis obsoletissimis linearum spiralium; spira parva, subtectiformi-depressa, apice prominulo; anfr. 5¹/₂, con-vexiusculi, primi lente accrescentes, duo ultimi latiores, penultimus praecedente fere duplo latior, ultimus vix ¹/₄ penultimo major, lentissime accrescens, antice ne minime dilatatus, subtus convexiusculus, ad aperturam rectus; sutura late marginata, dense striata, linearis (non impressa); umbilicus sat angustus, in-fundibuliformis et pervius, omnes anfractus praebens, ad aperturam non dila-tatus: a p e r t u r a descendens, late orato-lunaris, margine exteriore et basali forte arcuatis. Lat. 10, alt. 5·5 mm.

Hab. Sicilien, Nocifero unweit Vizzini (C. Cafici).

Eine grosse *Hyalinia alliaria*-Form, die sich noch durch das Verhältniss der Umgänge, die Convexität der Spira, den Nabel und die Mündung auszeichnet.

Hyalinia (Helicophana) aegopsinoides Maltz.

Dr. Kobelt spricht in seiner Iconographie, N. F., unter den Fig. 666 und 667 seine berechtigte Indignation über mein Verfahren aus, die *Helix zoni-tomaea* Let. (nebst den Verwandten *Helix lenabaria* Let. und *Helix catobia* Bgt.) in die Gattung *Hyalinia* Ag. zu stellen (Fauna der Binnenconchylien, I, 1886). Es freut mich desshalb sehr, mittheilen zu können, dass ich lange vor meinem Freunde Dr. Kobelt diesen Fehler eingesehen und denselben verbessert habe, sowohl in der Fauna, H. II. 6 (Juni 1889), als im Supplement 1, das im April 1890 den Subscribenten und der Firma Friedländer & Sohn in Berlin zugesandt wurde, also einen Monat früher als das betreffende Heft der Iconographie (welches erst im Mai-Juni-Heft des „Nachrichtblattes" angemeldet wurde und mir durch eine Versendung von C. W. Kreidel's Verlag zufälliger Weise erst im December 1891 bekannt wurde). Im Supplement spreche ich ausdrücklich aus, dass die Gruppe *Helicophana* für *Hyalinia aegopsinoides* Maltz. aufgestellt war und dass die drei hyalinienähnlichen Helices irrthümlich in derselben untergebracht waren, welchen ich auch selbstständig einen mit Kobelt's Ansicht genau übereinstim-menden Platz in der Gattung *Helix* gegeben halte. Dr. Kobelt sagt endlich: „Eine eigene Gruppe ist wohl das Mindeste, was diese seltsame Form *(Hyalinia aegopsinoides)* verlangen kann", und damit hat er die Berechtigung meiner „Schöpfung" der *Helicophana* anerkannt, welcher er auch den neuen Namen *Cretozonites* gibt, ein Name, der doch dem älteren *Helicophana* weichen muss.

Genus Leucochroa (Beck) Albers.

Leucochroa (Calcarina) debeauxi Kob.

Var. *hypophysa* mihi.

Testa superne fossulis et tuberculis densissime minutissimeque obtecta (omnino sine rugulis undulatis ceteroquin saltem passim in typo distinctis), sculptura quae late in latus inferius transit; anfr. subplanulati, ultimus supra convexiusculus, infra ventrosa, carina antice obsolita in medio anfractus posita. Lat. 15, alt. 10 mm.

Hab. Algerien.

Genus Helix L.

Helix (Patula) rotundata Müll.

Var. *infracostata* mihi.

Testa depressa; anfr. 7—7$\frac{1}{2}$ (in typo rarissime plures quam 6—6$\frac{1}{2}$), planulati vel convexiusculi (non bene convexi), ultimus compressus, utrinque aequaliter convexiusculus, ad peripheriam rotundatus (in typo superne obtuse angulatus, subtus multo convexior), utrinque aequaliter, valde acutique, costatus (non infra multo debilius et dense, saepe obsolete costulatus).

Hab. Italien, Monte Majello in den Abruzzen.

Diese Form ist die *Helix abietina* Paulucci (non Bourg.), welche Art also aus der Fauna Italiens und wahrscheinlich auch Sardiniens zu streichen ist.

Helix (Patula) chaperi n. sp.

Per affinis Helix ruderatae, sed multo minor (lat. 4 mm) et depressior (alt. 2 mm), anfr. 5$\frac{1}{2}$ (non 4—5), multo lentius accrescentes, angusti, ultimo quam penultimus vix majore, supra et circa umbilicum costata, de caetera infra tenuissime denseque striata.

Hab. Schweiz, in Montlaville, Canton Vaud, bei 1200 m, wo Herr Chaper aus Paris sie entdeckt und mir freundlichst Exemplare mitgetheilt hat.

Helix (Nummulina) spiroxia Bourg.

Var. *harmosa* mihi.

Testa corneo-albida, unicolor, irregulariter et sat distanter rugnloso-striata, lineis spiralibus obsoletissime munita; carina obtusa utrinque compressa; apertura intus albolabiata. Lat. 14, alt. 5·5 mm.

Hab. Syrien, bei Alexandrette (Coll. J. Ponsonby).

Helix (Trichia) hispida L.

Var. *tardigyra* mihi.

Testa infundibuliforme umbilicata, convexa, interdum valde convexa, obscure brunnea, striata, setis brevibus curvatis dense obsita; anfr. 6, perlente accrescentes, convexi, sutura impressa separati, ultimus penultimo vix major, superne obsolete obtusissime angulatus; apertura horizontalis, margine basali substricte, intus forte albolabiata. Lat. 6, alt. 4 mm.

Hab. Schweden, in Skäne und auf Gotland; Deutschland, bei Vegesack etc.

1*

Helix (Xerophila) patriarcharum n. sp.

Testa rimata rel fere oblecte perforata, globoso-turbinata cel globosa, spira late conica, acuta, utrinque aequaliter et paullo irregulariter grosse striata cel costata, cretaceo-albida, fascia lata brunnea supramediana usque ad apicem juxta suturam producta, infra fasciis 1—2 angustioribus notata; anfr. 6, regulariter accrescentes, conrexiusculi, ultimus altitudine spirae aequalis, rentroso-rotundatus, infra paullo complanatus, antice rectus; apertura lunato-circularis, intus pone marginem calide albolabiata, margine basali aperti, spirali reflexo. Lat. 10, alt. 9·5 mm.

Hab. Palästina bei Hebron (Coll. J. Ponsonby).

Nächstverwandt der *Helix didieri* (Bgt.) West., aber verschieden durch eine ganz andere Sculptur, regelmässig zunehmende Umgänge, deren letzter bauchig und gerundet ist, breites starkes Oberband u. s. w.

Helix (Xerophila) clausella n. sp.

Testa punctiforme perforata (perforatione intus forte, clausa, ad aperturam cum margine columellari stricte sursum prolongato, minime dilatato), supra cix concexiuscula, sublaecigata, albida, fasciis angustis, brunneis, integris (1 supra et 3 sublus) ornata; anfr. 5, forte accrescentes, planulati, ultimus infra concexus, supra medium angulatus, antice rotundatus, ad aperturam descendens; apertura lunato-rotundata, intus forte albolabiata, margine stricto, acuto, margine columellari tantum superne paulisper dilatato. Lat. 10, alt. 6 mm.

Hab. Spanien, bei Sevilla (Prof. Calderon).

Diese neue Art steht der tunesischen *Helix stereolena* Bgt. am nächsten, ist aber viel kleiner, weniger gewölbt, fast glatt, mit nur drei Unterbändern, alle Umgänge nehmen schnell zu, der letzte ist oben kantig und fällt vorne tiefer herab, der Mundsaum ist scharf u. s. w.

Helix (Xerophila) bougzoulensis Bourg., M. S.

Testa perangusto umbilicata, fere tantum perforata, globoso-concidea, in anfractubus superis regulariter et forte, in inferis irregulariter et lecius striata, passim impressionibus paucis notata, albida, maculis parcis atris superne picta et apice atro; anfr. 6, sat concexi, superi regulariter accrescentes, ultimus penultimo multo major, sat rentrosus, rotundatus, antice strictus; apertura obliqua, sublunato-circularis, marginibus omnibus forte arcuatis, in pariete longe disjunctis, ubique rectis (columellari vix paulisper aperto), intus albolabiatis. Lat. 16, alt. 13—14 mm.

Hab. Algerien, bei Bougzoul (C. F. Ancey).

Gehört der Gruppe *Helix acompsia* Bourg. und *Helix etaema* Lit. et Bourg. zu, ausgezeichnet durch ihre Sculptur, durch ihre Zeichnung, den geraden Mundsaum u. s. w., und steht wie in der Mitte zwischen den beiden verwandten Formen.

Helix (Xerophila) mesopotamica Mss.

Var. *alepina* Desch. in se.

Testa calde depressa, spira apice prominula, tenuissime striata, cretaceo-alba, unicolor, vel superne in anfractus ultimo fascia angusta et punctis non-nullis corneis in anfractubus superioribus; anfr. 5, ultimus ab origine rotundatus vel primum sat acute angulatus, subtus convexior, antice rotundatus; apertura lunato-rotundata, marginibus forte curvatis, intus albolabiatis. Lat. 9, alt. 5·5—6 mm.

Hab. Syrien, bei Haleb (Coll. J. Ponsonby).

Helix (Xerophila) batuensis Poll. in se.

Testa anguste umbilicata (umbilico infundibuliformi, lentissime dilatato), depressa, vix convexiuscula, irregulariter obsoleteque striatula, sat nitens, albida, unicolor vel supra fasciis angustis, passim confluentibus, infra lineis 2—3 angustissimis brunneis picta; anfr. 5¹/₂, sat celeriter accrescentes, parum convexi, ultimus compresso-rotundatus, omnino ecarinatus, antice longe profundique descendens; sutura impressa; apertura obliqua, ovali-rotundata, intus profunde albolabiata, margine basali superne paullo dilatato. Lat. 15, alt. 9 mm.

Hab. Algerien, bei Batua.

Die Nächstverwandten dieser Xerophile sind die südfranzösischen *Helix arenivaga* Mab. und *Helix enthymeana* Loc.

Helix (Xerophila) marconi Bourg., M. S.

Testa mediocriter umbilicata, globosa, elato-turbinata, anfractubus 4 superis (apice excepto) regulariter et dense, anfractubus duobus ultimis irregulariter et obsolete striata, sordide albida, pone aperturam ochracea, subunicolor; anfr. 6—6¹/₂, sat convexi, regulariter accrescentes, ultimus multo major, rotundatus, sed non ventricosus, versus aperturam lente sat profunde descendens; apertura obliqua, suborbicularis, parum excisa, margine columellari longe, oblique verticali, late dilatato, margine externo descendente, extense curvato, margine basali forte curvato, labiis 1—2 albis, sat profunde sitis; umbilicus ab apice usque ad aperturam lente dilatatus. Lat. 20, alt. 15 mm.

Hab. Algerien, bei Aumale.

Diese der *Helix armoricana* (Bourg.) Loc. sehr verwandte Form ist von Kobelt in seiner Iconographie, Fig. 1291, abgebildet.

Helix (Xerophila) promissa n. sp.

Testa intus punctiforme, non pervie perforata, ad aperturam forte in arcu dilatate umbilicata, valde depressa, spira parum convexa et apice tenui prominente, tenuissime irregulariter striata, cum multis parvis impressionibus in anfr. ultimo, rufescenti-flavida, in anfr. superis transversim pallide brunneo-strigata, in ultimo fasciis brunneis paucis superioribus et multis angustis inferioribus; anfr. $5^1\;_2$, *convexiusculi, regulariter accrescentes, ultimus aperturam versus valde dilatatus, compresso-rotundatus, antice lente et sat profunde descendens; sutura impressiuscula; apertura horizontalis, transverse oblonga, marginibus arcuatulis, parum excisa, intus eburnea, peristoma rectum, acutum, intus rufobrunnea cum labiis 1—2 rufobrunneis. Lat. 14, alt.* 7·5 mm.

H a b. Spanien, bei Sevilla (Prof. C a l d e r o n).

Eine *Helix neglecta*-Form, die wegen ihrer stark erweiterten letzten Windung und quer-oblongen Mündung nur mit *Helix talepora* (Bourg.) Loc. verglichen werden kann. Diese *talepora* aber ist mit derselben Anzahl Umgänge fast doppelt grösser, die Umgänge sind eng gewunden und der letzte anfangs ziemlich kantig; das Gewinde ist konisch, der Nabel sehr tief und viel weiter, die Mündungslippen fleischfarben u. s. w.

Helix (Xerophila) pinguis n. sp.

Testa punctiforme, ad partem obtecte, perforata, depresso-tectiformis vel paullo convideo-convexa, irregulariter rude costata, cinereo-albida, superne in anfr. ultimo fascia lata, brunnea, costis albis saepe abrupta, infra unicolor vel lineis nonnullis angustis obscuris picta; anfr. 5—$5^1/_2$, *parum convexi, ad suturam angulati, superi lente accrescentes, penultimus duplo latior, ultimus major, rentroso-rotundatus, medio obtuse angulatus, antice strictus; apertura magna, lunato-circularis, intus leviter albolabiata, peristomate stricto, margine superne obsolete reflexiusculo. Lat. 10, alt.* 7—8 mm.

H a b. Egypten, bei Alexandria (Coll. J. P o n s o n b y).

Gehört der Gruppe der *Helix rozeti* Mich. mit *Helix oxygyra* Bourg., *Helix rozetopsis* Let. et Bourg. und *Helix rokniaca* Bourg. zu.

Helix (Xerophila) guimeti Bourg.

Testa anguste et paullo obtecte umbilicata vel perforata (in umbilico ne anfractus ultimus quidem visibilis), eleganter tenuissime striata, anfractus ultimus antice rotundatus, initio paullo compressus, sat acute angulatus, subtus multo quam supra convexior. Cfr. de caetero B o u r g. in Spec. noviss., 1876, p. 51, und W e s t e r l., Fauna der Binneuconchylien, II, 1889, S. 236.

Var. *eucallochroa* Bourg., M. S.

Testa utrinque costato-striata vel supra dense costata, infra striata, anfractus parum convexi, ultimus levissime obtuse angulatus, apertura distincte labiata. Lat. 8·5—10, *alt.* 6—8 mm.

H a b. Egypten, bei Mariout.

Var. *tanousi* Bourg., M. S.

Testa umbilico jam ab anfractu antepenultimo distincte dilatato, anfractu ultimo ab initio fere cylindraceo, supra et infra aequaliter convexo vel infra convexiore, fere sine vestigio anguli. Lat. 8·5, alt. 7·5 mm.

Hab. Egypten, bei Mariout und bei Alexandria.

Helix (Xerophila) masthorella Pech. in sc.

Testa anguste, margine columellari superne paullo angustato-umbilicata (in umbilico anfractus penultimus abrupte usque ad aperturam aequaliter dilatatus), depresso-conoidea, forte costulato-striata, in anfractu ultimo impressionibus numerosis linearibus notata, griseo-lutescens, fascia obscura interrupta ad peripheriam et fasciis basalibus pluribus angustis; anfr. 5, celeriter accrescentes, convexiusculi, ultimus major, paullo, compressus, rotundatus, ab initio usque ad aperturam obtuse angulatus; apertura lunato-rotundata, intus peristomate rufobrunneo et labio flavido, marginibus acutis, columellari superne non dilatato. Lat. 9—10, alt. 6·5—7 mm.

Hab. Sicilien (Coll. J. Ponsonby).

In der formreichen *Helix profuga*-Gruppe scheint diese Schnecke einen selbstständigen Platz einzunehmen.

Helix (Xerophila) modestissima Poll. in sc.

Testa peranguste et paullo obtecte umbilicata vel subperforata, convexoconoidea, spira sat elata, tenuissime, dense et leviter striata, albido-cinerea, unicolor vel in anfractu ultimo fascia angusta brunnea supra mediana usque ad apicem producta et fasciis nonnullis levioribus basalibus; anfr. 5¹⁄₂—6, sat celeriter accrescentes, vix convexiusculi, superi ad suturam angulati, ultimus relate magnus, cylindraceus, medio usque ad aperturam angulo obsoleto albido praeditus; apertura lunato-circularis, peristomate brunneo, intus labio angusto elato flavescenti munito. Lat. 9—10, alt. 7—9 mm.

Hab. Sardinien.

Steht in der grossen Gruppe von *Helix herbatica* Fag. wahrscheinlich der tunesischen *Helix tremata* Let. et Bourg. am nächsten.

Helix (Xerophila) neptuni Poll. in sc.

Testa late infundibuliforme umbilicata, spira tantum paulisper convexa, utrinque aequaliter costulata, cinereo-albida, fascia lata nigrescente supra et aequali infra peripheriam nec non lineis angustis 2—3 basalibus; anfr. 5, sat celeriter accrescentes, convexiusculi, ad suturam angulati, ultimus superne visus parum quam penultimus latior, infra multo convexior quam supra, initio decliris, deinde rotundatus, supra peripheriam usque ad aperturam angulatus, antice rectus; apertura lunato-rotundata, peristomate acuto, recto, elabiato; umbilicus perspectivus, ab apice regulariter dilatatus. Lat. 8, alt. 5 mm.

Hab. Italien, in der Provinz Roma, zwischen Nettuno und Ponte Astura, am Meere.

Die in Algerien und Tunesien einheimische *Helix durcyrieriana* Bourg. ist bisher allein als Repräsentant einer Xerophilengruppe gestanden. Jetzt kommt die oben beschriebene hinzu, vielleicht von Nordafrika übergesiedelt, was auch der Speciesname andeutet. Unsere neue Art unterscheidet sich von der Bourguignat'schen durch ihr unten viel mehr als oben gewölbtes Gehäuse, das nicht marmorirt, sondern gebändert ist, ziemlich schnell zunehmende Umgänge und gerundete Mündung.

Helix (Xerophila) ouaxes n. sp.

Testa anguste, infra paullo dilatate umbilicata, depressa, spira vix convexiuscula, tenuis et fragilis, pallide cornea, unicolor, densissime acute costulato-striata, fere tenue lamellate-costulata, infra tenuius, sub lente parum, densissime et leviter griseo-strigittata, ubique dense pilis longiusculis, rigidis, albis curvatisque obsita; anfr. 4½, regulariter accrescentes, ultimus major, supra vix convexiusculus, alte supra peripheriam obtuse angulatus, infra initio parum, deinde magis magisque convexus, ad aperturam subcentrosus, superne rectus; apertura lunato-rotundata, sat profunde excisa, peristomate recto, acuto, simplici, margine columellari et basale aequaliter et forte curvatis, columellari superne valde dilatato et patulo. Lat. 5, alt. 3 mm.

Hab. Spanien, bei Gibraltar (Ponsonby).

Gehört zu der Gruppe der *Helix conspurcata* Drp.

Helix (Xerophila) poichila n. sp.

Testa punctiforme perforata, supra depresso-turbinata, subtus convexiuscula, utrinque aequaliter dense striata, supra brunnea, ubique punctis strigisque numerosis, albis tenuibusque vel strigis latis, obscure brunneis, et angustioribus albis abundanter picta, subtus albida, lineis pertenuius, pallide brunneis obsoletissimisque colorata; anfr. 5½, regulariter accrescentes, convexiusculi, ultimus subtus convexior, initio acute, ad aperturam obtuse angulatus; apertura horizontalis, lunato-oblonga, marginibus aeque parum curvatis, basali plus quam duplo longiore quam exterior, intus valide albolabiatis. Lat. 7, alt. 4—5 mm.

Hab. Algerien, bei Pescade, 6 km von Algier (Joly).

Steht der *Helix ablennia* (Bourg.) West. recht nahe, scheint aber gut von ihr wie von den Verwandten derselben verschieden zu sein.

Helix (Xerophila) amblia n. sp.

Teste peranguste umbilicata vel perforata, valde depresso-tectiformis, subtus praesertim antice multo convexior, tenuissime striata, sublaevigata, sor-

dide flavescens (intus eburnea), fascia obscura angusta, saepe interrupta, supra mediana, prope ad carinam albam, saepe etiam fasciis tenuibus perobsoletis in pagina inferiore notata; anfr. 5, sat celeriter accrescentes, superi planulati, ad suturam angulati, subexserti, ultimus supra rix convexiusculus, infra magis magisque aperturam versus rentroso-convexus, in umbilicum abrupte descendens, in orbitu usque ad aperturam obtuse albocarinata; apertura lunato-rotundata, in testis junioribus acutius carinatis exctus angulata, intus albolabiata, margine columellari superne anguste dilatato. Lat. 12, alt. 7 mm.

Hab. Spanien, bei Sevilla (Jetschin und Calderon).

Diese Art wird in die Gruppe der *Helix hyperconica* Bgt. (Kabylien), *Helix tellica* Bourg. (Algerien) und *Helix montserratica* Bourg., Hid. (Spanien) gestellt werden. Es ist besonders die junge, der *Helix tellica* an Form, Farbe, Umgängen etc. sehr ähnliche Schnecke, die ihr diesen Platz gibt. Sie ist besonders durch ihre sehr feine Sculptur, fast übergreifende obere Umgänge und die weisse stumpfe Kante auf dem letzten dieser Umgänge ausgezeichnet.

Helix (Xerophila) lampra n. sp.

Testa late et perspective umbilicata (umbilico superne lentissime, a medio anfr. ultimi celerius sed regulariter dilatato), depresso-convexa, tenuis, tenuissime densissimeque, in anfr. ultimo irregulariter, striatula, cinerascenti-albida, strigis transversalibus pallide brunneis, numerosis, lineiformibus et latioribus obsolete picta; anfr. 6—6¹/₂, convexiusculi, ad suturam tenuem impressam angulati, sublente regulariter accrescentes, ultimus lentissime accrescens, antice non dilatatus, supra medium obsolete angulatus, ad aperturam non vel leviter deflexus; apertura lunato-rotundata, intus tenuissime labiata, peristomate tenui ubique recto, marginibus convergentibus. Lat. 15—16, alt. 7—8 mm.

Hab. Irland, Aran in Co. Galway (R. F. Scharff).

Var. scythropa mihi.

Testa multo minor, depresso-conoidea, ad aperturam celerius dilatate umbilicata, lutescenti-alba, sed fasciis latissimis obscure brunneis fere omnino obtecta ut color normalis tantum superne paullisper ad suturam, medio et subtus ut lineae angustae visibilis (interdum tantum medio linea alba et subtus strigis pallidis paucis notata), anfr. 5¹/₂—6, ad suturam angulati, ultimus initio distinctissime, fere acute, angulatus, angulo pure albo, subtus multo convexior quam supra. Lat. 10, alt. 7 mm.

Hab. cum typo.

Diese *Helix lampra* ist freilich der *ericetorum* sehr nahe verwandt, aber ich kann sie doch nicht einfach als eine Varietät derselben betrachten. Sie hat zu viele und zu stark ausgeprägte Eigenthümlichkeiten. Solche sind die convexe Spira, die Streifung, die deutlich kantigen Umgänge, welche langsam zunehmen, besonders der letzte, welcher sehr allmälig zunimmt und gar nicht gegen die Mündung hin erweitert wird, wie er auch viel zusammengedrückter ist und vorne kaum herabsteigt, weiter die feine, eingedrückte Naht und der überall gerade Mundsaum.

Die *scythropa* ist dem Typus und noch mehr der *ericetorum* so unähnlich, dass sie kaum dieser Gruppe angehören dürfte. Obwohl hier als Varietät aufgenommen, ist es wahrscheinlich, dass auch sie als eine selbstständige Species für sich stehen muss.

Helix (Xerophila) mexensis Bourg., M. S.

Testa anguste umbilicata, depresso-conica vel conico-pyramidalis, alba, fascia interrupta obscura tenui supramediana, in anfractubus superis regulariter tenue, in ultimo irregulariter obsolete striata; anfr. 6, regulariter accrescentes, sat convexi, medio leviter obtuse angulati, ultimus compresso-rotundatus; apertura levissime excisus, fere circularis, marginibus approximatis, intus albolabiata, margine columellari superne dilatato et paullo reflexo. Lat. 10, alt. 8 mm.

Hab. Egypten, bei Mex.

Gehört der Gruppe der *Helix spaella* Let. et Bourg. (Algerien, Tunesien), *Helix zitoumiea* Let. et Bourg. (Tunesien) und *Helix madana* Let. et Bourg. (Algerien, Tunesien, Frankreich) an.

Helix (Tachea) nemoralis Müll.

Var. *pura* n.

Testa magna, crassa, ponderosa, nirea, unicolor vel fascia mediana rufa, spira conica, peristomate intus et pariete rufis. Lat. 23, alt. 23 mm.

Hab. Irland, Roundstone in Co. Galway (R. F. Scharff).

Helix (Pomatia) beilanica Desch. in sc.

Habitu, magnitudine et relatione anfractuum peraffinis Helix anctostoma Mts. (Kobelt, Iconographie, Fig. 1035), *sed testa cinereo-albida, fasciis duabus latissimis sed obsoletissimis (praesertim inferior) notata; anfr. 6, sat. convexi, ultimus ventricosus, superi regulariter accrescentes; apertura verticalis, altior, ad basin valde recedens, pariete horizontali valde convexo forte excisa, margine columellari subverticali superne levius tuberculato, exteriore basalique late patulis, valide labiatis. Lat. 33, alt. 30 mm; apert. lat. 17, alt. 15 mm.*

Hab. Syrien, bei Beilan unweit Alexandrette (Coll. J. Ponsonby).

Genus **Buliminus** (Ehrenberg) Beck.

Buliminus (Zebrinus) cylindricus Mke.

Var. *merejkowskii* Bourg., M. S.

Testa ovato-conica, anfractus ultimus parvus, planulatus, parte posteriore deorsum lente declivis, lateribus externis deorsum aequaliter attenuatus, apice basali fere omnino in axi testae posito; sutura usque ad aperturam obliqua, descendens; apertura marginibus verticalibus, parallelis. Long. 20, lat. 6 mm; apert. long. 5·5, lat. 3·25 mm.

Hab. Krim, bei Sebastopol (Coll. J. Ponsonby).

Buliminus (Napaeus) djurdjurensis Anc. in sc.

Testa rimato-perforata, elongato-turritiformis, tenuis, cornea, laevis, tantum aperturam versus irregulariter striata; anfr. 6^{1}_{2}, superi regulariter, inferi celeriter accrescentes, 3—4 superi calde convexi, subcylindracei, sutura profunda discreti, duo ultimi convexiusculi, sutura tenui, ultimus $^{1}_{2}$ longitudinis teste paullo superans; sutura usque ad aperturam aeque lente descendens; apertura (4 mm longa) elongato-ovata, margine columellari superne dilatato et reflexo. Long. 11·5, lat. 4 mm.

Hab. Algerien, bei Djurdjura.

Dieser *Buliminus* unterscheidet sich von *Buliminus milevianus* Bourg. durch die Grösse, die Glätte seiner Schale, unregelmässiges Zunehmen der Umgänge, seichte untere Naht, seine relativ kleinere Mündung u. s. w.

Buliminus (Chondrulus) microtragus (Parr.) Rssm.

Testa arcuate rimato-perforata, cylindraceo-ovata vel subcylindracea, apice conico, cornea, interdum albido-flavescens, firma, leviter striata vel laevigata; anfr. 7—8^{1}_{2}, parum convexi, regulariter lente accrescentes, penultimus et antepenultimus subaequales; apertura semiovata, dente magno parietali verticali, dente columellari horizontali non visibile eurcato infra in columella superne lata callosaque, dente marginali subinframediano in labio calloso lato superne bi-tridenticulato marginis dextri. — De caetero ut in Westerl., Fauna, III, S. 12.

Diese genauere Beschreibung ist nothwendig gewesen, um die Kennzeichen der folgenden Form würdigen zu können.

Buliminus (Chondrulus) montandoni Desch. in sc.

Testa Buliminus microtrago (Parr.) Rssm. affinis, sed tenuissime, dense leviterque, sed regulariter et eleganter striata, cinerescenti albida, anfr. regulariter celeriterque accrescentes, penultimus et antepenultimus valde inaequales, apertura dente columellari ad basin columellae sito, dente marginis dextri fere supramedianc. Long. 12, lat. 4·5 mm.

Hab. Dobrudscha, in Baba-Dagh (Coll. J. Ponsonby).

Buliminus (Chondrulus) movradi Desch. in sc.

Testa rimata, cylindracea, apice conico, alba, nitida, leviter irregulariterque striata; anfr. 8, regulariter accrescentes, superi sat, inferi vix convexi, ultimus antice rectus; sutura tenuis; apertura ovato-trigona, pariete obliquo,

5*

infra angustata, denticulo minimo profunde in pariete et interdum vestigio dentiruli in margine exteriore, peristoma paulisper increassatum, marginibus late discretis, callo vix visibili conjunctis, leviter curvatis, exteriore recto, columellari multo breviore dilatato. Long. 11—13'5, alt. 4—4'5 mm.

Hab. Kleinasien, bei Angora (Coll. J. Ponsonby).

Nächstverwandt dem bei Samsun in Kleinasien einheimischen, in der Krim angeschwemmten *Buliminus incertus* Ret., zeichnet sich diese Art aus durch ihre Grösse, durch den vorne geraden letzten Umgang, durch die fast dreieckige Mündung mit schieferer Wand und schwachen, fast obsoleten Zähnen, durch den kurzen Spindelrand u. s. w.

Buliminus (Petraeus) granulatus n. sp.

Peraffinis Buliminus labroso Oliv., sed testa oblonga, sursum lentissime attenuata, apice obtuso, albido-cinerea, irregulariter leviterque striata, ubique densissime tenue granulata; apertura 14 mm longa. Long. 30, lat. 12 mm.

Hab. Samarien.

Forma *curta* n.: *testa celerius ab apertura ad apicem attenuata, elongato-conica. Long. 26, lat. 13 mm.*

Genus Pupa Drap.

Pupa (Torquilla) domicella n. sp.

Testa rimata, ovato-conica, oblique costata, rufo-brunnea; anfr. 8, convexi, regulariter accrescentes, ultimus ad basin vix compressus; sutura profunda; apertura ovalis, infra rotundata, lamellis et plicis 6: 1 plica angularis longa, 1 plica parietalis multo brevior, immersa, 2 lamellae columellares, horizontales, superne positae, immersae (superior multo validior), laminis palatalibus appositae, 3 laminae palat., non marginales (1. sat immersa, brevissima, 2. et 3. intus prolongatae, praesertim 2.), peristoma vix expansiusculum, margine exteriore superne obtuse angulato-curvato. Long. 7, lat. 2'5 mm.

Hab. Frankreich, bei Lourdes (Fagot).

Die Art schliesst sich der *Pupa massotiana* Bourg. am nächsten an.

Pupa (Torquilla) hetaera n. sp.

Testa perforato-rimata, cylindracea, apice conico, dense et regulariter, tenue sed acute striata, distantius et validius in anfractu ultimo, fulvo-cornea; anfr. 10, vix convexiusculi, regulariter accrescentes; apertura ovalis, marginibus non vel pertenue conjunctis, plica ang. antice duplicata, plica par. 1, levior, immersa, lamellis colum. 2 (1. longissima, marginalis, 2. brevior, non marginalis), laminae palat. 4 (1. profundissima, 2. et 3. longissimae, submarginales, intus ad marginem columellarem prolongatae, 4. omnino basalis, 2. et 3. lamellis colu-

mellaribus et plicae pariet, oppositae), interdnm in angulo inter parietem et columellam tuberculo munita. Long. 8, lat. 2·33 mm.
Hab. Ostpyrenäen.

Diese ausgezeichnete *Pupa affinis*-Form ist besonders der in Catalonien lebenden *Pupa lilietensis* Bof. verwandt, von welcher sie sich hauptsächlich durch ihre in Anzahl, Form und Stellung ganz verschiedene Mündungsbewaffnung unterscheidet.

Pupa (Torquilla) occidentalis Fagot in sc.

Testa anguste perforato-rimata, elongata, oblongo-conica vel cylindraceo-fusiformis, fere ab anfractu ultimo sursum lente attenuata, subtilissima denseque regulariter striata, corneo-brunnea; anfr. 9—9½, convexi, lente regulariter accrescentes, ultimus infra compressus, superne lente ascendens; apertura ovali-rotundata, plica angulari et parietali breves et fortes, neutra marginalis, lamellis spir. 2 (1. immersa, fortis, 2. minima, profundissima, vix risibilis), laminae palat. 4 (1. parva, immersa, 2. et 3. marginales, 4. brevis, basalis), omnibus aequaliter ad medium anfractus ultimi productis, peristoma continuum, album, solutum et productum. Long. 7, lat. 2·33 mm.

Hab. Frankreich, Hautes-Pyrenées, Valle Gave de Pau.

Auch eine *Pupa affinis*-Form, aber der Abtheilung der *Pupa pyrenaeariae* (Boub.) Mich. (mit *Pupa aulusensis* Fag., *Pupa attenuata* Fag., *Pupa vergnesiana* [Ch.] Kstr. und *Pupa clausilioides* Boub.) zugehörig.

Pupa (Torquilla) migma n. sp.

Testa aperte rotundate perforata, cylindraceo-conica (a medio sursum lente conico-angustata, lateribus convexiusculis), tenue, dense eleganterque striata, cornea; anfr. 9½, lente regulariter accrescentes, superi fortius, inferi levius convexi, ultimus ad basin cristato-compressus; apertura ovalis, peristoma callo acuto eluto continuum, plica angularis tuberculo in angulo praedita, plica parietalis immersa, lamellae columellares 2 (1. submarginalis, 2. brevior), laminae palatales 3, longae, marginales (1. et 2. introrsum usque super perforationem productae, initio subabruptae, deinde demus fortes, 3. basalis). Long. 8, lat. 2 mm.

Hab. Frankreich, in den Ostpyrenäen.

Theilt mit *Pupa leptospira* West. die letzte Abtheilung der *Pupa affinis*-Gruppe; sie ist von ihr verschieden durch ihre offene Perforation, ihr unten cylindrisches, von der Mitte an konisches Gehäuse, die unteren, schwach gewölbten Umgänge, nur drei, aber viel tiefer nach innen ausgezogene, anfangs abgebrochene Gaumenfalten, starken, scharfen (nicht verdickten) Verbindungswulst der Mündungsränder u. s. w.

Pupa (Torquilla) appeliusi n. sp.

Testa late rimata, oblongo-conica, spira elongato-conica, tenuissime regulariter striata, corneo-brunnea; anfr. 8½—9, superi angusti, tardissime, inferi lati quamquam tardissime accrescentes, sat convexi, sutura impressa disjuncti, ultimus antice breviter ascendens; apertura ovalis, superne ad dextrum sat sinuata, plica angulari longa, extus duplicata, plica parietali immersa, lamellis columellarib. 2 superis validis (suprema longior), lamellis palatalib. 4 (1. profundissima, caeterae longae, marginales), peristoma album, incrassatum, marginibus callo tenui in pariete conjunctis. Long. 5, lat. 2 mm.

Hab. Dalmatien (Appelius olim misit.).

Die Torquillen bilden „eine eminent westeuropäische Gruppe, deren Hauptmasse heutigen Tages unter dem Einflusse des Klimas des atlantischen Oceans steht" (Boettger). Man findet auch die meisten ihrer zahlreichen Arten mit ihren ebenso zahlreichen Formen in Frankreich und Spanien, einige wenige in Nordafrika, Italien und Sicilien. aber nur eine Art (*Pupa libanotica* Tristr.) in Westasien (auf dem Libanon) und bisher nur zwei in Dalmatien. Diese letzten sind *Pupa fusiformis* Kstr. und *Pupa eximia* West., alle beide 13—14 mm lange, ausgezogen spindelförmige Formen. An ihre Seite stellt sich jetzt die hier beschriebene neue Art mit ihrem nur 5 mm langen und länglich-konischen Gehäuse, von *fusiformis* ausserdem durch die doppelte Zahl der Gaumenfalten, die geringe Zahl der Umgänge ($8^1{}_2$—9, statt 13), den ungelippten Saum etc. verschieden, wie von *eximia* auch durch Umgänge und Saum, starke Spindelfalten, vier Gaumenfalten u. s. w. Vielleicht muss man sie am richtigsten als Typus einer eigenen Gruppe betrachten.

Genus Clausilia Drap.

Clausilia (Alopia) deubeli Kim. in sc.

Testa fusiformis, lentissime in spira tenui attenuata, cornea, lamellis totis vel tantum superne ad medium albis, distantibus, superne sutura alba filosa conjunctis, usque ad aperturam sculpta, interstitiis laevibus; anfr. 11, lente regulariter accrescentes, suturam superam versus convexiusculi, ad suturam angulati, deorsum paullo attenuati, tres ultimi subaequales, crista basali levi; apertura quadrato-rotundata, soluta, peristomate late expanso, lamella supera brevis, infera horizontalis, tortuosa, antice interdum bigibbosa vel breve furcata, plicae palatales 4, ad sinistrum in cervice destinetae (1. sat longa, 2. et 4. multo breviores, 3. punctiformis), plica subcolumellaris prope lamellam inferam subemersa, clausilium profunde emarginato-bilobum. Long. 15 ad 17·5, lat. 3·5 mm.

Hab. Siebenbürgen, bei Petriesiki unweit Kronstadt.

Verwandt der *Clausilia madensis* Fuss.

Clausilia (Clausiliastra) laminata Mont.

Var. *partita* mihi.

Testa gracilis, longe lenteque attenuata; anfr. 13, lente accrescentes; apertura piriformis, peristomate continuo, lamella supera longa, marginalis, infera valida, subhorizontalis, infra concava, antice incrassata, plica sub-culumellaris plus minus obliqua, longe emersa, plicae palatales 3 (3. elon-gata), callus palatalis deest, clausilium profunde in angulo acuto bi-lobatum, lobo exteriore alto triangulari attenuato, interiore ad apicem emargi-nato. Long. 17, lat. 3 mm.

Hab. Ungarn, Mehadia bei Domoglet (Jetschin).

Clausilia (Delima) calabacensis Boettg. in sc.

Testa fusiformis, cornea, sat gracilis, spira lente attenuata, densissime, acute, in anfr. superis mediisque irregulariter, in ultimo regulariter striatuli; anfr. 11, vix convexiusculi, sutura tenui, alba, crenulata disjuncti, ultimus humilis, ad basin levissime gibboso-sulcatus; apertura oralis, peristomate conti-nuo, paullo soluto, infra expansiusculo, lamella supera brevis, obliqua, in-fera superae approximata, horizontali contorta, plica subcolumellaris dis-tincte geniculata, subemersa, lunella dorsalis, valida, forte angulatim curvata, inferne brevissime calcarata, superne plicam principalem longiusculam non tan-gens, plica palatalis supera principali parallela, lunellam non attingens. Long. 17, lat. 2·66 mm.

Hab. Griechenland, bei Kalambaka.

Diese Art gehört der griechischen Gruppe *Sericata* Boettg. mit den beiden früher beschriebenen *Clausilia parnassia* Boettg. und *Clausilia sericata* Pfr. zu und wird an die Seite der letzteren gestellt werden.

Clausilia (Albinaria) strigata Pfr.

Testa sat ventrosa, alba, opaca, unicolor vel obscure, interdum den-sissime, maculata et strigata, sat distanter costata, in anfractu ultimo grosse rugoso-costata, costulis obtusis, curvatis, in anfr. mediis obsoletis, in inferis saepe furcatis; anfr. 10—13, convexiusculi, ad suturam tenuem angulati, ultimus ad basin obtuse obsoletissimeque bicristatus; apertura lute orata, intus obscura, peristomate expansiusculo, lamella infera intrans, saepe postice furcata. plica palatalis fortis, plica subcolumellaris oblique intuenti visibilis. Long. 15—20, lat. 3·66—4·5 mm. — Diese Ergänzung der Beschreibung von Pfeiffer in Proc. zool. Soc., 1849, p. 136, musste der Darstellung der folgenden Varietäten vorangehen.

Var. centralis Boettg. in sc.

Testa sat gracilis, coerulescenti-alba, unicolor vel maculis et strigis brunneis, praesertim in medio, supra medium costata, in anfr. penultimo et antepenultimo sublaevis, in ultimo valide rugato-costata, lamella infera antice incrassata, a medio intus tenue furcata.

Hab. Kreta, bei Asomato.

Var. *acuticosta* Boettg. in sc.

Testa gracilis, ubique aequaliter dense et acute costulata, costulis sub-strictis, in anfr. duobus ultimis saepe furcatis. Long. 15—15·5, lat. 3·5mm.

Hab. Kreta, bei Asomato.

Clausilia (Albinaria) virginea Pfr.

Var. *leucoderma* Boettg. in sc.

Testa fusiformis, coeruleo-albida (colore albo saepe detrito ut apex rufo-brunnea), ubique, etiam medio, licet lerius, costata, apertura rotundatior, cervix costis lamelliformibus lecioribus et parum rugaeformibus. Long. 13—15, lat. 3·33—3·66 mm.

Hab. Kreta, in der Preveli-Schlucht.

Clausilia (Albinaria) troglodytes (Parr.) A. Schm.

Var. *interpres* Boettg. in sc.

Testa fusiformis, spira angusta et distincte ad sinistrum currata, ubique dense, tenue et sat obsolete, etiam in cervice vix fortius striata. lamella infera obliqua stricte ascendens, subtus nodiforme incrassata.

Hab. Kreta, bei Anapolis.

Clausilia (Albinaria) tenuicostata Pfr.

Var. *mitis* Boettg. in sc.

Testa supra medium distincte costata, costis rectis, in medio obsoletissime costata, in anfr. penultimo valide costata, costis curvatis et saepe furcatis, in ultimo grosse rugoso-costata. Long. 16, lat. 3·5 mm.

Hab. Kreta, im Hochthale Ennea-charia.

Var. *omalica* Boettg. in sc.

Testa ubique aeque valide et sat distanter costata, costis in anfractu ultimo irregulariter et parce furcatis. Long. 16—19·5, lat. 4 mm.

Hab. Kreta, in der Omalo-Hochebene.

Clausilia (Albinaria) milleri Pfr.

Var. *delosina* n.

Testa ubique aequaliter (anfractu ultimo ad sinistrum ramoso-ruguloso excepto) densissime acute striata.

Hab. Griechenland, auf der Insel Delos.

Clausilia (Albinaria) coerulea Fér.

Var. *antiparia* Boettg. in sc.

Testa gracilis, albo-coerulescens, unicolor vel punctulis nonnullis obscuris obsoletis conspersa, tantum in summo leviter striata, anfr. ultimo tantummodo ad sinistrum rugoso-costato, de caetero striatulo, apertura intus rufobrunnea.
Hab. Griechenland, auf der Insel Antipari.

Var. *myconia* Boettg. in sc.

Testa in anfractubus superis dense acuteque costulata, in mediis dense leviterque striatula, in ultimo solummodo ad basin rugoso-costata, de caetero costulata, costulis saepe furcatis. Long. 14.5, lat. 3.5 mm.
Hab. Griechenland, auf der Insel Mykonos.

Clausilia (Albinaria) drakakisi Maltz.

Var. *devia* mihi.

Testa subturrita, longa, spira longissima perangusta, anfr. 14, primi 10 distanter et forte costati, sequentes 3 fere duplo densius costulati, ultimus costis lamelliformibus altis valde distantibus in cervice praeditus. Long. 20--22, lat. 4 mm.
Hab. Kreta, zwischen Kritsa und Kavonsi.

Clausilia (Cristataria) calopleura Let. in sc.

Testa cylindraceo-fusiformis, gracilis, elongata, corneo-fulva, costis latissime distantibus (in anfractu penultimo tantum 6—7), validis altisque, paullo obliquis undulatisque, ad fines obtusis, ad costas anfractuum adjacentium subvicissim positis, interstitiis latis concaviusculis irregulariter striatulis; anfr. 13, primis 2—3 convexis laevibus, cervice planulato, carina transversali ad dextrum plica brevi interrupta; apertura irregulariter piriformis, parca, angulata, peristomate soluto, producto, dilatato, lamella supera parva, obliqua, infera superne obtuenti vix conspicua, pone ad superam posita, perobliqua, levissima, plica principalis vix visibilis, plica palatalis infera minima, plica subcollumellaris inconspicua, lunella tenuis. Long. 17, lat. 3 mm.
Hab. Syrien, im Libanon.

Von allen Cristatarien ist diese, der *Clausilia strangulatae* doch am nächsten stehende. sehr ausgezeichnete Art durch ihre eigenthümliche und äusserst starke Sculptur verschieden.

Clausilia (Cusmicia) vestigans n. sp.

Testa fusiformis, sursum in spiram gracilem lente attenuata, cerisea, supra medium dense striatula, medio tantum sub lente distincte striata et tenuissime clathrata, in anfractu ultimo dense, acute, undato-striatus; anfr. 12,

Z. B. Ges. B. XLII. Abh. 6

ultimus longe solutus et productus, ad suturam tumidulus, medio planulatus impressusque, ad basin longe anguste attenuatus, subbicristatus, crista exteriore longa, acuta, curvata, sulco longo profundoque, crista interiore obtusa, gibbosa; apertura piriformis, intus brunnea, sinulo erecto, peristoma solutum, margine basali circulari, lamella supera marginalis, infera simplex, antice lata, brevis, leviter furcata, callus palatalis tenuis, superne leviter incrassatus, infra intus in plicam validam albam productus, lunella superne recta, infra curvata, plica subcolumellaris infra stricta, distinctissima. Long. 10, lat. 1·66 mm.

Hab. In den Alpen Krains.

Ich habe diese schöne und ausgezeichnete Form unter meinen *Clausilia schmidti* gefunden, kann sie jedoch nicht für eine Varietät dieser betrachten, obwohl auch *schmidti* mitunter anstatt der zwei Basalhöcker des Gaumenwulst eine lange Basalfalte bekommen kann. Aber die überall sehr feine Spiralsculptur, die ganz verschiedene Nackenform, die einfache Unterlamelle, der losgelöste und wie bei *Clausilia pauli* lang vorgezogene letzte Umgang, wie auch die Kleinheit des Gehäuses deuten auf eine verschiedene und bisher nicht beschriebene Art.

Clausilia (Cusmicia) pumila (Z.) C. Pfr.

Var. *tergestina* mihi.

Testa sat valide et distanter costata, spira longissima et tenuissima; anfr. 12—13, superi 8—9 subaequales altitudine et latitudine tardissime accrescentes; apertura parva, oblongo-ovata, vix piriformis. Long. 9—10, lat. 2 mm.

Hab. Triest.

Clausilia (Cusmicia) hepatica Kstr.

*Testa elarato-fusiformis, spira anguste cylindracea, celeriter attenuata, vel elongato-fusiformis, spira longa et angusta lente attenuata, hepatica, dense costata, costis in cervice tenuioribus et acutioribus quam ceterae, strigillata; anfr. 12—14, planulati, ultimus antice depressus, ad basin cristata, sulco lato; apertura piriformis, sinulo alto, magno, parum depresso, callus palatalis tenuissimus, lamella supera valida, spirali conjuncta, lamella infera aut simplex, longissime emersa, ad finem exteriorem lamella intus crassa extus tenui longa duplicata, aut irregulariter *x-formis*, interlamellare pliculis 1—3 praeditum, plica subcollumellaris immersa, sed bene conspicua, curvata, plica principalis ultra lunellam arcuatam bene producta.* Long. 14—16, lat. 3·5—4 mm.

Hab. Steiermark.

Diese Art wurde von dem ausgezeichneten Clausilienkenner Küster in seiner Clausilien-Monographie in Chemn. et Mart., Conchylien-Cabinet, beschrieben und in Taf. 21, Fig. 9—12, abgebildet, aber die Beschreibung ist nach den jetzigen Forderungen einer Clausilienbeschreibung sehr unvollständig und mangelhaft und sogar der Fundort ist unbekannt geblieben. In Küster's nachgelassener Sammlung habe ich endlich die vier Original-Exemplare wiedergefunden, und nach diesen ist die oben gegebene genauere Beschreibung gemacht, welche zeigt, dass die systematische Stellung der Art an der Seite der *Clausilia pumilae* (Z.) C. Pfr. ist, wohin ich sie a priori in meiner Fauna der Binnenconchylien, IV, 1884, S. 192, gestellt habe. Auf dem dazu gehörigen Namenzettel ist auch der Fundort der Art angegeben.

Genus Cionella Jeffr.

Cionella (Ferussacia) extrema n. sp.

Testa Cionella forbesi Bourg. affinis, sed anfr. 5, primi duo minutissimi, ut a caeteris separati, tres supremi junctim vix ultra tertiam partem altitudinis penultimi aequant, penultimus longissimus, ultimo aequalis vel altior, lateribus parallelis; sutura usque ad apicem linea callosa alba, subtus obscura, late marginata, adeo obliqua, ut anfr. antipenultimus extus duplo brevior quam intus sit; apertura piriformis, columella callosa, marginibus intus valide, late eburneoque labiatis, exteriore fere ab insertione aequaliter arcuato-producta. Long. 8·5—9·5, lat. 3—3·5 mm.

Hab. Marocco (Coll. J. Ponsonby).

Cionella (Ferussacia) stenophya n. sp.

Testa Cionella forbesi Bourg. affinis, sed gracilis, cylindraceo-fusiformis, apice brevi ut separato; anfr. 6, tres supremi perangusti, juncti vix antepenultimo altiores, hic penultimo duplo brevior, qui vix duas partes ultimi attinet, ultimus ad aperturam depressiusculus, basin versus angustatus; sutura tenuis, marginata; apertura piriformis, margine exteriore infra medium valde arcuato-producto, columella brevis, recta, alba. Long. 7, lat. 2 mm.

Hab. Algerien, in Anschwemmungen von Harrach (Ancey).

Cionella (Ferussacia) bourlieri Anc. in sc.

Testa gracilis, fusiformis, fulvo-cornea, nitidissima; anfr. 6, vix convexiusculi, supremi 3 tardissime accrescentes, penultimus antepenullto plus quam duplo altior, circa tertiam partem brevior ultimo; sutura marginata, aperturam versus valde ascendens; apertura (4 mm longa) angusta, sursum in angulum longissimum acutissimumque producta, pariete vix convexiusculo, oblique stricto, ad columellam rectam verticalem subsinuato. Long. 7—7·5, lat. 2·33 mm.

Hab. Algerien, 35 km östlich von Boghari.

Verwandt der *Cionella debilis* Mor.

Cionella (Hohenwarthia) disparata n. sp.

Affinis Cionella hohenwarthi, sed anfr. 5¹/₂—6, supremi 3¹/₂—4 parvi, angusti, spiram brevem conicam formantes, duo ultimi magni, sat convexi, junctim vix duas partes altitudinis penultimi attingentes, penultimus ultimo sat convexo brevior; sutura forte marginata, supra horizontalis, medio valde, ad aperturam parum obliqua; apertura infra non dilatata, dimidiam partem

6*

altitudinis totius testae non attingens, margine exteriore sat forte arcuato-pro-
ducto. Long. 6—6·5, lat. 2 mm.
Hab. Spanien, bei Barcelona (Prof. P. T. Cleve in Upsala).

II.[1])

Genus Hyalinia Agass.

Hyalinia (Polita) senilis n. sp.

Testa sat aperte umbilicata, subplano-depressa vel vix convexiuscula,
rufescens, subtus pallida, dense rudeque striatula, lineis spiralibus densis, sub
lente validiusculis, clathrata; anfractus 6, sat convexi, penultimus antepen-
ultimo duplo latior, ultimo vix ¹/₃ angustior, ultimus lente accrescens, ne minime
dilatatus, supra planulatus, infra convexior, peripheria rotundatus, antice
strictus; sutura impressiuscula, marginata; umbilicus subconicus, ad aper-
turam paullo dilatatus; apertura lunato-ovato-rotundata, peristomate ubique
recto. Lat. 12, alt. 5 mm.
Hab. Sicilien, bei Calatafimini (Adami comm.) und auf der Insel Mare-
timo bei Sicilien (Marq. A. de Monterosato comm.).
In der Gruppe der *Hyalinia nitidula* Drp. ist diese die einzige, die eine
deutliche, sogar rauhe Spiralsculptur hat.

Hyalinia (Mesomphix) spratti n. sp.

Testa anguste sed pervie umbilicata, depressa, vix convexiuscula, nitida,
lutescenti-cornea, subtus albidula, anfractubus superis striatula, anfr. ultimo
leviter irregulariterque striata, sublaevigata, rugulis nonnullis obsoletis, supra
sub lente lineis spiralibus tenuissimis densissime ornata; anfractus 5¹/₂, con-
vexiusculi, sutura impressa separati, celeriter accrescentes (quisque duplo latior
quam praecedens), ultimus antice non modo non dilatatus, sed constrictus, non
descendens, latere dextro toto aequaliter compresso-rotundatus; apertura parum
obliqua, lunato-orata, margine columellari leviter expanso. Lat. 20, alt. 10 mm.
Hab. Kreta (Coll. J. Ponsonby).
Diese *Hyalinia* steht zwischen der *Hyalinia westerlundi* Caf. und *Hyalinia*
duboisi Ch. Von jener unterscheidet sie sich durch ihre bedeutendere Grösse mit
geringerer Anzahl der Umgänge (*Hyalinia westerlundi* hat schon bei 15 mm Durchmesser einen Umgang mehr), viel engeren Nabel, regelmässig schnell zunehmende
Umgänge, welche an der Naht nicht kantig sind, der letzte an der Mündung
zusammengezogen statt erweitert u. s. w. Von *Hyalinia duboisi* ist sie noch mehr
verschieden, denn diese hat den letzten Umgang gegen die Mündung hin stark
erweitert, viel breiter als der vorletzte, an der rechten Seite in und nahe der
Mündung stark zusammengedrückt, aber dann schnell an Dicke zunehmend, etc.

[1]) Der Redaction zugegangen im Februar 1892.

Genus Helix L.

Helix (Theba) faidherbiana Bourg.

Var. *calypta* mihi.

Testa minor, intus perforata, ad aperturam anguste umbilicata (umbilicus demum ad duplam latitudinem dilatatus, peristomate non obtectus), sub epidermide uniformiter fusca, flavescenti-brunnea, densissime squamulis obsita coerulescens; anfractus ultimus ad aperturam longe profundeque descendens; apertura obliqua, lunato-circularis; peristoma leviter patulum, intus albo-incrassatum, margine columellari non dilatato nec deflexo. Lat. 14, alt. 9 mm.

Hab. Tunesien (J. Ponsonby comm.).

Helix (Campylaea) cyclolabris (Desch.) Fér.

Var. *improna* mihi.

Testa dilatate umbilicata, sub lente valido minutissime granulata, glabra; anfractus ultimus subcylindrico-rotundatus (nec compresso-angulatus, nec infra declivis, convexior); peristoma marginibus valde approximatis, callo parietali perbrevi soluto.

Hab. Euboea (J. Ponsonby comm.).

Helix (Cressa) medea n. sp.

Testa anguste umbilicata (umbilicus forte dilatatus et margine columellari sursum longe productus), depresso-convexa, fulcida, fascia angusta brunnea supramediana et fascia altera brunnescente proprius ad suturam ornata, supra subtusque costis validis obtusis obliquis subsigmoideis dense munita, intervallis obsoletissime striatis, nullis vestigiis pilarum, granorum vel linearum spiralium; anfractus 5½, sat celeriter accrescentes, vix convexiusculi ultimus antice breviter deflexus, peripheria rotundatus, subtus convexior; apertura obliqua, lunato-rotundata, albolabiata, marginibus approximatis. Lat. 14, alt. 7 mm.

Hab. Kreta (J. Ponsonby comm.).

Durch ihre für die *Cressa*-Formen bisher ganz alleinstehende Sculptur ist diese neue Art von allen Verwandten verschieden.

Helix (Jacosta) hypsa n. sp.

Testa umbilicata (umbilicus mediocris, perspectivus, conicus), acute carinata, supra depresso-tectiformis (apex parvus, nitidus, laevis, rufus), subtus convexiuscula, calcareo-albida, supra maculis numerosis transversis brunneis variegata, subtus unicolor vel lineis brunneis numerosis obsoletis picta, ubique densissime subacute striatula; anfractus 7—7½, lente regulariter accrescentes, superi convexiusculi, caeteri subplani, carinati (carina in prioribus suturam sequens, in ultimis, praecipue in penultimis, supereminens, exserta), supra cari-

nam excavatulo-depressi, ultimus antice strictus, carina utrinque compressa; apertura parum obliqua, transversa, securiformis, externe acute profundeque canaliculata; peristoma rectum, intus forte albolabiatum, marginibus in pariete subplano longe disjunctis. Lat. 13, alt. 6·5 mm.

Hab. Tunesien, bei Benzerto (Coll. J. Ponsonby).

Helix (Xeroleuca) apaturia n. sp.

Testa sat anguste umbilicata, globuloso-conoidea, spira rotundata, obtusissima, apice depresso, nitida, dense regulariter striatula, impressionibus brevibus tenuibus longitudinaliter positis ubique copiose signata, variegata, scilicet cinereo-coerulescens, pellucida, passim sed copiose et irregulariter crusta calcarea sordide lutescenti opaca obtecta; anfractus 6½, primi 4 plani, ad suturam angulati, passim paullisper exserti, omnino ad marginem laeves, ultimus et penultimus convexi, rotundati, sutura tenui disjunctis, ultimus antice breviter deflexus, subtus rotundatus; apertura obliqua, lunato-rotundata, intus leviter albolabiata; peristoma acutum, margine columellari sat late reflexo. Lat. 17, alt. 14 mm.

Hab. Libyen (J. Ponsonby comm.).

Die nächste Verwandte ist ihre Landsmännin *Helix berenice* Koh., sie ist aber von dieser reichlich verschieden und muss als eine selbstständige Art betrachtet werden. Dies werden schon einige wenige Hauptcharaktere der *Helix berenice* (nach einem Original-Exemplare des Entdeckers, Admir. Spratt) an den Tag legen: *Testa subobtecte perforata, globuloideo-conica, omnino absque sculptura regulari novae speciei nostrae, tantummodo rugulis et sulcis hinc inde in crusta calcarea sordide albida, quae testam fere ubique tegit, anfractus 6½, primi 2½ convexi, apicem exsertum, acute prominentem exhibentes, sequentes duo super suturam carinati, carina compressa serrato-dentata, penultimus valde convexus, ab ultimo sutura perprofunda disjunctus.*

Genus Buliminus (Ehrenberg) Beck.

Buliminus (Mastus) mestus n. sp.

Testa rimata, ovato-globosa, striatula, pallide cornea vel lutescenti-albida, subdiaphana; anfractus 7, convexiusculi, superi 6 lentissime accrescentes, ultimus solus longitudinis dimidiam fere attingens, a medio lente et sat alte aperturam versus ascendens; spira ventricosa, superne in conum brevissimum obtusum contracta; sutura tenuis, tenue marginata; apertura brevis, semiovata, pariete subhorizontali, dente nodiformi ad insertionem marginis externi; peristoma acutum, expansiusculum, intus alboincrassatum, marginibus callo tenuissimo junctis, columellari dilatato. Long. 11—12, lat. 6 mm.

Hab. Insel Sofrano (J. Ponsonby comm.).

Sehr ähnlich einem stark gedrungenen *Buliminus pusio* Brod., aber nur in der Form. Uebrigens sind sie sehr verschieden. *Buliminus pusio* hat nur sechs Umgänge, regelmässig schnell zunehmend, deren vorletzter den zwei vorletzten der neuen Art entspricht und fast so breit ist wie diese beiden zusammen, der letzte ist gegen die Mündung hin ganz horizontal, der vorletzte also überall gleich breit, die Mündung hat eine sehr schiefe Wand und entbehrt ganz des Höckers an der Insertion des Aussenrandes.

Buliminus (Chondrulus) ponsonbyi n. sp.

Testa sinistrorsa, rimata, omnino cylindrica, apice tantum in conulum perbrerem obtusum angustata, laevigata, cornea; spira elongata; anfractus 10, lentissime accrescentes, ultimi 4 subaequales, superi convexi, caeteri subplani, ultimus ad basin convexus, antice strictus; apertura sinistrum versus intensa, triangulari-semiovalis, tridentata: dente 1 compresso lamelliforme intrante parietali, cum callo crasso obliquo ab insertione marginis sinistri confluente, 1 transversali in medio marginis externi et 1 transversali in medio marginis interni ad basin columellae arcuato-callosae, his ultimis duobus marginalibus; peristoma supra dentem marginis dextri rectum, tenue, de caetero late planeque expansum, alboincrassatum, callo parietali medio omnino deficiente. Long. 14, lat. 4·5 mm.

Hab. Lycien, bei Horzoom (Coll. J. Ponsonby).

Genus Clausilia Drap.

Clausilia (Siciliaria) confinata Ad. Schm.

Var. *merens* mihi.

Testa fusiformis, superne sensim anguste attenuata, breviter decollata, dense costulata (costulae acutae, strictae, in anfractu ultimo non validiores, sed minus regulares, distantioribus et superne saepe dichotomae), sutura papillis punctiformibus sat obsoletis dense obsita, anfractus ultimus basi forte cristatus et late sulcatus, plica palatalis supera secunda longa, valida. Long. 21—23, lat. 5 mm.

Hab. Sicilien, in der Provinz Palermo (A. de Monterosato comm.).

Var. *commeata* mihi.

Testa non decollata, fusiformis, gracilis, costulata (costulae sat densae, acutae, obliquae, capillaceae, superne incrassatulae albaeque), anfractus 11, ultimus basi breviter gibboso-cristatus, plicae palatales antice in callo crasso albo infra nodifero, saepe plicam inferam attingente, terminatae.

Hab. Sicilien, bei Trabia (A. de Monterosato comm.).

Clausilia (Siciliaria) calcarae Phil.

Var. *nodosa* mihi.

Testa non decollata, tenue regulariter costulato-striata, plica palatalis infera perbrevis, peristoma expansum, incrassatum, margine externo sub sinulum nodoso, plica palatalis supera secunda tenuis, brevis.

Hab. Sicilien, bei Palermo (A. de Monterosato comm.).

Die bis jetzt bekannten Formen der interessanten Gruppe *Siciliaria* können vielleicht mit der geringsten Mühe und der grössten Bestimmtheit nach folgendem Schema examinirt werden:

A. Lamella infera oblique ascendens.

† *Clausilium aegre conspicuum, latere sinistro vix repandum.*
* *Plicula interposita inconspicua (deest.).*

Clausilia crassicostata (Ben.) Pfr. *Testa decollata, valde costata (raro forte costulata), plica palatalis infera brevissima, verticalis, dorsalis, acutissima, peristoma breviter solutum.*
Var. *eminens* A. S.

Clausilia leucophryne (Parr.) Pfr. *Testa valde decollata, subtiliter et dense costulata, plica palatalis infera parum conspicua, obliqua, lateralis, peristoma magis solutum.*
Var. *laudabilis* Parr.

Clausilia nobilis Pfr. *Testa parum decollata, striata ad laevigata, plica palatalis infera valida, emersa, sublateralis, peristoma parum solutum.*

* * *Plicula interposita distincta, bene conspicua.*

Clausilia confinata Ben.
Var. *merens* W.
Var. *commeata* W.

† † *Clausilium bene conspicuum, latere sinistro valde repandum.
(Testa non decollata, plicula interposita distincta.)*

Clausilia tiberii Ben. *Testa acute denseque albido-costulata, sutura levis vel subcrenulata, plicae palatalis superae antice callo albido intus saepe plicifero connexae.*

Clausilia calcarae Phil. *Testa densissime, medio levissime striatula, cervice striata, sutura marginata, papillifera, plicae palatalis superae non vel vix junctae.*
Var. *adelinae* Ben.
Var. *nodosa* W.

B. Lamella infera valida, horizontalis.

Clausilia grohmanniana (Partsch) Rm. *Testa decollata, lutescens, acute costulata, sutura levis.*

Clausilia septemplicata Phil. *Testa raro decollata, rufescens, densissime obsolete striatula, sutura papillifera.*
Var. *prasina* (Ben.) A. S.
Var. *rubra* Ben.

Plicula interposita oder subclausiliaris (Stützfältchen) ist eine kleine schiefe oder quere Falte zwischen der Subcolumellare und der unteren Gaumenfalte, welche als Stützfalte für die Spitze des Clausiliums bei den Sicilarien (*Clausilia crassicostata, leucophryne* und *nobilis* ausgenommen) dient.

167

Mittheilungen über Gallmücken.

Von

Ew. H. Rübsaamen

in Berlin.

(Mit Tafel II und 13 Zinkographien.)

(Vorgelegt in der Versammlung am 3. Februar 1892.)

Im II. Hefte der Verhandlungen des naturh. Vereines für die preuss. Rheinlande, Westfalen etc., Jahrg. XLVII, 1891. S. 257, habe ich bereits mitgetheilt, dass ich die Mücke, welche die Galle Nr. 248 meines Verzeichnisses hervorbringt, gezogen habe. Ich nenne diese Mücke zu Ehren des verstorbenen Dr. Franz Löw, der zuerst ausführlich über diese Galle berichtet hat (Verhandl. der k. k. zool.-botan. Gesellsch. in Wien, 1874, S. 156—157 und 1888, S. 545),

Diplosis Loewii n. sp.

Die etwas depressen Larven dieser Art gehen gegen Mitte August zur Verwandlung in die Erde; die von mir gezogenen Imagines erschienen von Mitte bis Ende December desselben Jahres.

Am 19. Juli waren die Larven noch weisslich und etwa $1^{1}/_{2}$ mm lang, also noch sehr jugendlich. Zur selben Zeit waren die Larven aus den Blattstiel- und Zweiggallen schon ausgewandert.[1]

---

[1] Meine früher ausgesprochene Ansicht, dass die Mücke, welche die Blattstiel- und Zweiggallen an *Populus tremula* erzeugt, nicht identisch sei mit der Erzeugerin der runden, erbsengrossen, blattunterseits sich befindenden Gallen an derselben Pflanze (Nr. 244, Fig. 21 k meiner vorher erwähnten Abhandlung in den Verhandl. des naturh. Vereines in Bonn), habe ich im verflossenen Sommer durch neue Beobachtungen bestätigt gefunden. Die Larven unterscheiden sich schon deutlich durch die Gräten. Die Gräte der in den Fig. 21 k abgebildeten Blattgallen lebenden *Diplosis*-Art ist ähnlich gebildet wie bei *Diplosis Loewii*. Die Larve aus den Blattstielgallen hat hingegen eine Brustgräte, deren Lappen mehr zugespitzt sind (vergl. Fig. 1). Diese Larven verlassen ihre Wohnung von allen an *Populus tremula* lebenden Gallmückenlarven am ersten; auch die Larven aus Galle Nr. 244 gehen viel früher zur Verwandlung in die Erde als die Larven von *Diplosis Loewii*. — Ich möchte übrigens an dieser Stelle noch eine neue Galle an *Populus tremula* erwähnen, welche ich zuerst im Herbare des Herrn Prof. Dr. Fr. Thomas in Ohrdruf sah und später auch in der Nähe Berlins

Z. B. Ges. B. XLII. Abh. 7

Die Larven von *Diplosis Loewii* m. färben sich später, werden zuerst blassroth und endlich dunkel orangeroth. Bauchwarzen (verrucae ventrales)[1] schmal, kammartig nebeneinander stehend.

Gürtelwarzen (verrucae cingentes corniculatae)[1] vorhanden; am letzten Segmente ziemlich spitz, an den übrigen zerstreut und mehr gerundet; einige dieser Warzen scheinen den granulirten Warzen (verrucae cingentes granulatae)[1] der *Cecidomyia*-Larven ähnlich zu sein; doch lassen meine Präparate[2] ein bestimmtes Urtheil hierüber nicht mehr zu. Eine andere *Diplosis*-Larve mit granulirten Warzen habe ich bisher nicht aufgefunden.

Stigmata sehr kurz, warzenförmig; Kopf weit vorstreckbar; Taster kurz, zweigliederig. Augenfleck vorhanden.

Am letzten Leibesring befinden sich auch hier die den *Diplosis*-Larven eigenthümlichen acht Höcker (tubercula).[1]

Alle Höcker sind stark entwickelt und mit verkümmerten Borsten besetzt. Die kleineren inneren Höcker (tubercula interna minora) stehen den grösseren (tubercula interna majora) sehr nahe. Die vorderen Aussenhöcker (tubercula externa anteriora) sind von der Basis des Segmentes ziemlich weit entfernt.

Die Brustgräte ist lang gestielt und zeigt die gewöhnliche Form der Brustgräten der *Diplosis*-Larven. Die Lappen sind an ihrer Spitze stark abgerundet;

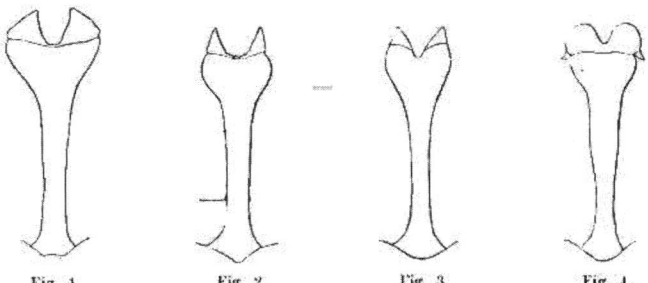

Fig. 1.   Fig. 2.   Fig. 3.   Fig. 4.

zwischen ihnen befindet sich ein ziemlich tiefer gerundeter Ausschnitt (Fig. 4), der aber kaum halb so breit ist als einer der Lappen. Die seitliche Einschnürung unterhalb der Lappen ist ziemlich stark. An der Basis eines jeden dieser Lappen befindet sich ein gebogener, fast wasserklarer spitzer Anhang. Die Lappen sind

---

nicht selten faud. Diese Galle befindet sich ebenfalls an der unteren Blattseite. Sie ist wenig kleiner als die Galle Nr. 244, sitzt aber nicht wie diese mit breiter Basis am Blatte, sondern ist an dieser Stelle ziemlich stark eingeschnürt; auch überragt sie die obere Blattseite nicht so stark als diese. Ihre blattoberseitige Oeffnung ist spaltartig. Die Gräte dieser Larve (Fig. 2) hat ebenfalls spitze Lappen; der Ausschnitt zwischen denselben ist rund. Am Grunde desselben befinden sich noch einige unregelmässige Zähnchen. Mir ist keine *Diplosis*-Larve bekannt, welche sich hinsichtlich der Form der Gräte der Gattung *Cecidomyia* so sehr nähert als diese. Am meisten ähnelt sie in Bezug auf die Brustgräte der *Cecidomyia persicariae* L., deren Gräte ich ebenfalls abbilde (Fig. 3).

[1] Ueber diese Organe vergleiche meine Mittheilungen über Gallmückenlarven im II. Hefte 1891 der Berliner Entomologischen Zeitschrift, S. 381—392, Taf. XIV.

[2] Dieselben befinden sich im Museum für Naturkunde in Berlin.

dunkel honiggelb. die Stielbasis und eine von den Lappen zur Basis des Stieles keilförmig verlaufende Zeichnung ist hellgelb; im Uebrigen ist der Stiel farblos. Die ausgewachsene Larve ist 3·5—4 mm lang. Die Puppe (Taf. II, Fig. 1) ist ebenso gross. Abdomen roth. Thoraxrücken gelbbraun, Kopf und Scheiden schwarzbraun. Bohrhörnchen spitz, aber ziemlich kurz. Athemröhrchen sehr lang, etwas gebogen; Scheitelborsten ebenfalls lang, aber um die Hälfte kürzer als die Athemröhrchen. Flügelscheiden kurz, bis zur Mitte des dritten Segmentes reichend. Die Scheiden der Hinterbeine reichen bis zur Mitte des fünften Segmentes, die Scheiden der mittleren Beine bis ans Ende des vierten Körperringes und die Scheiden der Vorderbeine sind wenig kürzer als die letztgenannten.

Thorax auffallend kurz, dreimal kürzer als das Abdomen. Die Dorsalseite des Abdomens ist sehr fein gekörnelt.

Das Männchen ist 3·5—4 mm lang. Die Augen sind schwarz; Rüssel und Taster trübroth. Das erste Tasterglied ist das kürzeste, das zweite ist kaum kürzer als das dritte, aber etwas dicker; das vierte ist so lang als das zweite und dritte zusammen und an seiner Spitze etwas verdickt. Die Behaarung der Taster ist die gewöhnliche. Die Fühler (auch die Basalglieder) sind dunkelbraun; sie sind mit weissen Haaren besetzt und bestehen aus 2 + 24 Gliedern. Die Basalglieder sind etwas dicker als die Geisselglieder; das zweite Basalglied ist nahezu halbkugelig. Das erste einfache Glied ist nicht gestielt, von länglich runder Form und ungefähr zweimal so lang als breit. Nach der Fühlerspitze zu nehmen die einfachen Glieder immer mehr an Länge ab, bis sie endlich ganz kugelig geworden sind. Das erste Doppelglied ist etwas kürzer als das erste einfache Glied, dem es der Gestalt nach ähnelt. Dasselbe gilt von den übrigen Doppelgliedern, mit Ausnahme der 4 bis 5 letzten, welche deutlich birnförmig sind. Der Stiel vom doppelten zum einfachen Gliede ist so lang oder wenig kürzer als das Doppelglied und an seiner Spitze deutlich verdickt. Der Stiel vom einfachen zum doppelten Gliede ist etwa halb so lang als das zugehörige einfache Glied. Letztes Doppelglied mit rundlichem, kurzgestieltem, behaartem Fortsatze. An jedem einfachen Gliede ist nur ein Wirtel wahrzunehmen. Die ihn bildenden Haare reichen, an den Fühler angedrückt, ungefähr bis zur Mitte des folgenden einfachen Gliedes. An jedem Doppelgliede kann man deutlich zwei Wirtel unterscheiden. Von diesen sitzt der kleinere an der Gliedbasis; er liegt dem Gliede ziemlich dicht an und die Haare, aus welchen er besteht, sind kürzer als das betreffende Doppelglied. Der zweite Wirtel befindet sich etwas unterhalb der Gliedspitze. Die ihn bildenden Haare sind etwas gebogen und reichen ungefähr bis an das Ende des folgenden einfachen Gliedes. Jedes Geisselglied ist überall dicht mit feinen, sehr kurzen Härchen besetzt.

Der Hinterkopf ist schwarzbraun, an den Augen weissgrau berandet; bei nicht ganz ausgefärbten Exemplaren ist der Hinterkopf ganz grauroth. Hals gelbroth, ziemlich dick, an der unteren Seite mit zwei schwarzen Längsstrichen.

Thorax matt schwarzbraun, auf dem Rücken mit zwei grauweissen Haarleisten und vor jedem Flügel mit einem Büschel ebensolcher Haare.

Flügelwurzel und Schwingerwulst rothbraun.

7*

Die Flügel (Fig. 5) sind 3·5—4 *mm* lang; sie sind braun tingirt, erscheinen aber in gewisser Richtung betrachtet weisslich.

Der Vorderrand ist lang behaart und hinter der Einmündung der ersten Längsader etwas erweitert.

Die erste Längsader ist vom Vorderrande sehr weit entfernt, der zweiten Längsader also näher als dem Vorderrande. (Bei *Diplosis globuli* m. liegt die erste Längsader in der Mitte zwischen Vorderrand und zweiter Längsader.) Die zweite Längsader verläuft bis zum letzten Viertel fast gerade, biegt dann aber nach hinten um und mündet hinter der Flügelspitze. (Bei *Diplosis globuli* m. biegt die zweite Längsader schon hinter der Querader nach hinten um.) An der Querader ist die zweite Längsader am dicksten, nach Basis und Spitze zu wird sie allmälig dünner. Die dritte Längsader gabelt wenig vor der Flügelmitte; ihr Gabelpunkt liegt der Einmündung der ersten Längsader in den Vorderrand gegenüber (bei *Diplosis globuli* m. der Flügelmitte näher als die Einmündung der ersten Längsader) und ist von der zweiten Längsader und dem Hinterrande ungefähr gleich weit entfernt. Die vordere Zinke ist am Gabelpunkte deutlich nach vorne gebogen, verläuft dann in der Richtung des Stieles und biegt an ihrer Spitze nach hinten um in den Hinterrand (also gebildet wie bei *Diplosis globuli* m.). Die hintere Zinke bildet mit dem Stiele einen fast rechten Winkel und steht senkrecht auf dem Hinterrande (also steiler als bei *diplosis globuli* m.). Querader schief, jenseits der Mitte der ersten Längsader (also wie bei *Diplosis globuli* m.). Bei *Diplosis tremulae* Wtz. soll die Querader vor der Mitte der ersten Längsader liegen. Die Erweiterung des Hinterrandes beginnt weit vor der Querader (also wie bei *Diplosis globuli* m.). Ausser der gewöhnlichen Flügelfalte befindet sich auf dem Flügel noch eine Falte hinter dem Stiele der dritten Längsader. Bei *Diplosis globuli* m. habe ich diese Falte nicht beobachtet.

Fig. 5.

Schwinger honigbraun, Stielbasis heller; unter dem Schwingerknopfe befindet sich ein aus weissen Schuppen gebildeter Ring. Der Stiel geht allmälig in den Knopf über und ist wie dieser mit feinen anliegenden Haaren besetzt; nur an der Basis des Stieles befinden sich einige bedeutend längere Haare.

Die Beine sind lang behaart; die Schenkel tragen, wie gewöhnlich an ihrer unteren Seite, ausserdem noch eine Reihe bedeutend längerer Haare. Auf der unteren Seite sind die Beine gelblichweiss, auf der oberen braun.

Abdomen röthlichgelb, oben mit braunen Binden und zwei Reihen grauer Haare, die nach den Seiten zu am längsten sind.

Der Sexualapparat ist ziemlich klein. An der wulstartigen Verdickung befindet sich jederseits oberhalb der gewöhnlichen Lamellendecken eine kegelförmige Verdickung. Die Lamellendecken selbst sind gewöhnlich gebildet. Unterhalb der Decken befindet sich ein eigenthümliches Organ (Taf. II, Fig. 2), wie ich es bisher in ähnlicher Form nur bei *Diplosis senecionis* Rübs., *Diplosis rosiperda* n. sp. und *Schizomyia sociabilis* m. beobachtet habe. Es besteht aus einer chitinösen Masse, ist etwas depress, von rostbrauner Farbe, an der Spitze etwas verbreitert, halbmondförmig ausgeschnitten und fein behaart. Ausserdem befindet sich an jeder der durch den erwähnten Ausschnitt bedingten Spitzen eine längere, etwas nach hinten gerichtete Borste. Dieses Organ reicht ungefähr bis zur Mitte der Zangenbasalglieder. Der Penis ist fast so lang wie die Grundglieder der Haltezange; er ist an der Basis etwas verbreitert und an seiner Spitze schwach ausgerandet. Die Zangenbasalglieder werden nach ihrer Spitze zu dünner. An der unteren Seite eines jeden Basalgliedes befindet sich eine beulenartige Verdickung. Diese Verdickung ist halb so lang als das ganze Glied und nimmt auch die halbe Breite des Gliedes, an dessen innerer Seite sie liegt, ein. Die Behaarung der Basalglieder ist die gewöhnliche. Die Klauenglieder sind etwas gebogen und ziemlich dicht behaart.

Der Hinterleib des Weibchens ist dunkelroth. Auf der oberen Seite des Abdomens sind die dunkelbraunen Binden meist so breit, dass die Grundfarbe nicht durchscheint. Im Uebrigen ist das Weibchen gefärbt wie das Männchen. Die gelbe Legeröhre ist vorstreckbar, im Ruhezustande aber meist vollständig eingezogen. Das erste Glied ist mit feinen, rückwärts gerichteten Härchen besetzt. Das zweite Glied ist mit abstehenden kurzen Haaren versehen. Am Ende der Legeröhre befindet sich eine grössere und eine darunterstehende kleinere Lamelle, an welchen beiden sich ebenfalls senkrecht abstehende Härchen befinden.

Die Fühler sind 2 + 12-gliederig, etwas kürzer als der Leib. Die Stiele sind viermal kürzer als die Glieder.

Das erste Geisselglied ist etwa $1^1{}_2$mal so lang als das folgende und in der Mitte deutlich eingeschnürt. Die übrigen Geisselglieder werden nach der Spitze des Fühlers zu allmälig kleiner; sie sind etwas vor der Mitte eingeschnürt und an der Spitze schwach verdickt. Das letzte Geisselglied trägt an seiner Spitze einen Fortsatz, der so gebildet ist wie beim Männchen.

Die einkammerigen, etwa 4 mm dicken, meist dunkelroth gefärbten Gallen, welche auf der oberen Blattseite stehen, wurden zuerst von Dr. Franz Löw aus dem Wiener Walde und später aus Norwegen beschrieben.

Ich fand die Galle häufig (1890) in der Umgebung von Weidenau (Giersberg und Setzerköpfchen) und habe dieselbe in den Verhandl. d. naturh. Vereines für die preuss. Rheinlande, Westfalen etc., Jahrg. XLVII, Taf. VIII, Fig. 21 c und 23, abgebildet. Nach Prof. Dr. O. Hieronymus (Ergänzungsheft zum 68. Jahresbericht d. Schles. Ges., S. 102 u. 103, Nr. 48) kommt die Galle ausserdem vor in Schlesien (Wald bei Oswitz bei Breslau und bei der Försterei Tampadel am Lobten); ferner in der Mark Brandenburg (Nauener Weinberge und Alt-Ruppin); drittens in Pommern (Heringsdorf), viertens in Baden (Carlsruhe) und endlich am Harze (Blankenburg).

Ueber den anatomischen Bau der Galle macht Hieronymus ausführliche Mittheilungen, welche ich nachfolgend wiedergebe: „Die Wand der reifen Galle ist etwa 1 mm dick. Unter der Epidermis befinden sich mehrere Lagen saftiger, dünnwandiger parenchymatischer Zellen. Die äussersten (etwa 4—5) dieser Lagen enthalten rothen Zellsaft. An das dünnwandige Parenchym schliessen sich nach dem Innern der Galle zu eine Anzahl sclerenchymatischer Zellschichten an, welche eine Innengalle bilden, die innen von dem kleinzelligen, saftigen, durch Theilungen eines Meristems entstandenen und reproducirten Nährgewebe für die Larve ausgekleidet ist."

Diplosis rosiperda n. sp.,

ein neuer Feind unserer Gartenrose.

Ende Jänner (1891) bemerkte ich in meinem Garten in Weidenau, dass eine Menge Knospen an *Rosa centifolia* L. nicht zur Entwicklung gekommen waren. Diese Knospen waren vertrocknet und ihre Stiele in Folge des Eintrocknens umgebogen. Ich sammelte eine Anzahl dieser Knospen und fand, dass jede derselben von 1—5 gelbrothen Gallmückenlarven bewohnt war. Dass diese Larven wirklich die Ursache seien, wesshalb die Rosenknospen nicht zur Entfaltung gelangt waren, schien mir aus meinem Funde mit ziemlicher Sicherheit hervorzugehen, da die Larven in keiner einzigen von mehr als dreissig untersuchten Knospen fehlten. Einige Zeit später wurde diese Ansicht durch einen neuen Fund unterstützt. Ich besuchte Mitte April Herrn Prof. Dr. Fr. Thomas in Ohrdruf und theilte ihm meine oben erwähnte Beobachtung mit.

Sogleich vorgenommene Nachforschung in dessen Garten ergab, dass auch hier an Sträuchern der erwähnten Rosenart sich eine ziemliche Anzahl vertrockneter Knospen befanden. Beim Oeffnen derselben erschienen sofort die rothen Gallmückenlarven. Die Knospen waren aber durchschnittlich viel reicher mit Larven besetzt, als die in Weidenau gefundenen, da ich bis 16 Larven aus einer Knospe hervorholen konnte. Ich habe nun auch diese Larven genau untersucht; sie passen vollständig zu der von mir in Weidenau aufgenommenen Beschreibung.

Eine ähnliche Mittheilung über in der Entwicklung gehemmte Rosenknospen kommt nun auch aus Nordamerika. Ein Herr Benjamin Hammond, Fishkill, New-York, sandte am 25. October 1890 Rosenknospen an Riley, welche mit weissen Larven besetzt waren, die Riley sogleich als Gallmückenlarven erkannte.[1] Obgleich nun diese Larven weiss gefärbt waren, so ist es doch nicht unmöglich, dass sie ebenfalls zu *Diplosis rosiperda* m. gehören, da möglicher Weise die Larven im October noch nicht völlig entwickelt waren.

Die ziemlich träge Larve ist orangeroth; der Kopf der aus den Knospen herausgeholten Larven ist meist eingezogen. Bauchwarzen an der Basis des Segmentes zerstreut und fast halbkugelig, die übrigen schmallanzettlich.

Gürtelwarzen auf der Bauchseite fehlend, aber am Rücken und an den Seiten der Segmente vorhanden. An den vorderen Segmenten sind sie mehr abgerundet, an den hinteren hingegen spitz und lang.

Jedes Segment ist mit einer Reihe langer Borsten, die auf kleinen Warzen stehen, besetzt. Das letzte Segment (Taf. II, Fig. 7) zeigt die gewöhnlichen acht

---

[1] Insect Life, Vol. III, Nr. 6, p. 293—295, Washington, 1891.

Höcker. Von diesen sind die vorderen Aussenböcker der Basis des Segmentes ziemlich nahe gerückt und mit einer sehr langen, nach innen gebogenen Borste versehen. Alle übrigen Höcker sind mit kurzen, spitzen, stummelartigen Borsten besetzt.[1] Die grossen Innenböcker sind etwas nach aussen gebogen; sie sind wenigstens doppelt so lang als die kleinen Innenhöcker und stehen diesen sehr nahe.

Die Fühler und das Kiefergerüste sind blassgelb. Die Augenflecke sind rothbraun, verkehrt commaförmig und stehen dicht zusammen.

Die Brustgräte (Fig. 6) zeigt die gewöhnliche Form der *Diplosis*-Gräten. Die beiden Lappen sind stark abgerundet, ebenso der zwischen beiden sich befindende, etwas schmälere Ausschnitt.

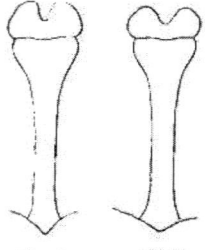

Sternal-, Lateral-, Pleural- und Ventralpapillen deutlich; ebenso die Afterspalte.

Die gewaltsam aus den Knospen herausgenommenen Larven gingen zur Verwandlung in die Erde. Am 27. März desselben Jahres erhielt ich aus diesen Larven die Mücken. Möglicher Weise bestehen die Larven aber für gewöhnlich ihre Verwandlung in den Gallen.

Die Puppe vermochte ich nicht aufzufinden. Das Weibchen ist etwa 2 *mm* lang. Das ganze Thier ist trüb orangeroth gefärbt. Die Taster sind viergliederig, das

Fig. 6.   Fig. 7.

erste Tasterglied ist sehr kurz, kaum länger als breit; das zweite ist etwas dicker und kürzer als das dritte; das dritte und vierte ungefähr gleichlang. Behaarung gewöhnlich.

Die Fühler sind 2 + 12-gliederig, dunkelbraun,. Stiele und Basalglieder weisslich; letztere etwas dicker als die Geisselglieder; das erste Basalglied kurz gestielt, an der Spitze napfförmig, das zweite von länglich runder Form. Die Geisselglieder sind walzenförmig, die untersten kaum merklich in der Mitte eingeschnürt; jedes Glied an der Spitze mit kleinem hyalinen Forsatze. Das erste Geisselglied an seiner Basis deutlich verschmälert, etwas länger als das zweite; nach der Fühlerspitze zu werden die Glieder allmälig kleiner. Jedes Glied an der Basis mit einem Haarwirtel; bei den unteren Gliedern sind die diesen Wirtel bildenden Haare so lang oder etwas länger als das zugehörige Glied, bei den oberen Gliedern aber nur halb so lang. Ein zweiter Wirtel ist nicht wahrnehmbar, vielmehr ist jedes Glied von seiner Mitte an bis zur Spitze ziemlich dicht mit nach vorne gebogenen Haaren besetzt, die etwa halb so lang sind als das Glied. Bei einigen Gliedern befindet sich an der oberen Fühlerseite etwas über der Mitte ein Büschel stark nach hinten gebogener, kürzerer Haare. Endglied mit kurz gestieltem Fortsatze. Die Stiele sind in der Fühlermitte etwa halb so lang als ihre Glieder, nach beiden Fühlerenden zu aber kürzer.

Auf dem Thoraxrücken befinden sich drei kurze, kastanienbraune Striemen; auch die Brustseiten sind nach den Hüften zu braun gefärbt.

---

[1] Die Wurzel dieser Borsten sieht man deutlich durch die Haut des Höckers durchscheinen, wenn man die Larve unter dem Deckgläschen in Wasser legt.

Der Flügelvorderrand (Fig. 8) ist hinter der Mündung der ersten Längsader etwas erweitert und überall lang behaart. Die erste Längsader mündet weit
vor der Flügelmitte, sie liegt dem Vorderrande viel näher als der zweiten Längsader. Die zweite Längsader ist an der Querader etwas nach vorne gezogen, sonst
ist sie ziemlich gerade, biegt aber im letzten Viertel deutlich nach hinten und
mündet hinter der Flügelspitze. Die dritte Längsader
gabelt nahe der Flügelmitte; ihr Gabelpunkt liegt dem
Hinterrande etwas näher als der zweiten Längsader.
Die hintere Zinke bildet mit Stiel und Hinterrand einen fast rechten Winkel; die vordere Zinke ist
am Gabelpunkte wenig nach vorne gebogen, in der
Mitte deutlich eingezogen und biegt an ihrer Spitze

Fig. 8.

ziemlich stark nach hinten um; ihre Mündung liegt etwa gleichweit entfernt von
derjenigen der zweiten Längsader und der Mündung der hinteren Zinke.

Die Querader liegt wenig vor der Mitte der ersten Längsader
Flügelfalte deutlich, der Spitze der vorderen Zinke anliegend.

Schwinger lang gestielt. Stiel weisslich, Knopf orangeroth, in der Mitte
mit dunklem Ringel.

Abdomen schlank, doppelt so lang als der Thorax. Jedes Segment mit
herumlaufender dunkel kastanienbrauner Binde. Die erste Binde ist nur an der
Segmentspitze vorhanden und sehr schmal, die zweite Binde ist etwas breiter,
die dritte noch breiter, die übrigen fast so breit wie die Ringe. Die zweite Binde
ist in der Mitte deutlich, die dritte weniger deutlich unterbrochen.

Die Legeröhre ist nicht sehr weit vorstreckbar und von gelbweisser Farbe.
An ihrem Ende befinden sich zwei Lamellen, eine grössere obere, welche an ihrer
Basis etwas eingeschnürt ist und eine viel kleinere, darunter stehende, von halbkreisförmiger Gestalt. Die Lamellen sind zerstreut mit langen, abstehenden und
dicht mit feinen, sehr kurzen Haaren besetzt.

Das Männchen ist gefärbt wie das Weibchen. Binden des Abdomens oft
weniger deutlich.

Fühler 2 + 24-gliederig, abwechselnd einfache und doppelte Glieder. Das
erste einfache Glied länglichrund, nach der Basis zu allmälig verdünnt; die folgenden sind kugelig und in der Nähe der Fühlerspitze etwas querbreiter. Die
unteren Doppelglieder sind deutlich birnförmig, also vor der Mitte eingeschnürt;
bei den oberen ist diese Einschnürung sehr gering. Der Stiel vom doppelten zum
einfachen Gliede ist so lang oder etwas länger als das Doppelglied; die übrigen
Stiele etwas kürzer als das doppelte Glied. Am einfachen Gliede befindet sich
ein deutlicher Wirtel; die ihn bildenden Haare reichen, an den Fühler angedrückt,
bis etwas über die Basis des folgenden Doppelgliedes. Bei den Doppelgliedern
ist an der Basis ebenfalls deutlich ein Wirtel wahrnehmbar; die Haare, aus denen
er besteht, sind wenig kürzer als das Doppelglied; von der Gliedmitte an ist die
Behaarung der Doppelglieder so wie die Behaarung der Geisselglieder des Weibchens.

Der Sexualapparat (Taf. II, Fig. 8) nicht besonders stark entwickelt. Die
Zangenbasalglieder sind an der Basis am stärksten und hier an ihrer inneren

Seite beulenartig verdickt. Die langen Haare stehen ziemlich dicht. Die Klauenglieder sind in der Mitte etwas gebogen, wenig kürzer als die Basalglieder, an der Spitze etwas abgerundet und dunkelbraun gefärbt und überall mit zerstreut stehenden, nach hinten gebogenen Haaren besetzt.

Die Lamellendecken sind ähnlich gebildet wie bei *Schizomyia sociabilis* m. (vergl. Zeitschrift für Naturw., Halle, 1891, Bd. LXIV, S. 151, Fig. 2), der innere Lappen verschwindet aber fast vollständig, so dass sie wie schief nach innen abgeschnitten aussehen. Auch die Behaarung der Lamellendecken ist wie bei *Schizomyia sociabilis*. Unter diesen Decken befindet sich das schon bei *Diplosis Loewii* n. sp. erwähnte Organ. Es hat sehr grosse Aehnlichkeit mit dem entsprechenden Organe bei *Schizomyia sociabilis* Rübs. Die Lappen divergiren aber viel stärker, wodurch bedingt wird, dass der Ausschnitt zwischen ihnen viel grösser ist als bei der vorhergenannten Mücke.

Der Penis ist an seiner Spitze gerundet und von bräunlicher Farbe, sonst wasserklar und nach der Basis zu verbreitert.

Diplosis rhamni n. sp.

Die Larven sind 2—2·5 mm lange, beingelbe bis schwefelgelbe Springmaden. Das letzte Segment (Taf. II. Fig. 4) mit den den *Diplosis*-Larven eigenen acht Höckern, die hier nur schwach entwickelt sind. Alle Höcker fast gleich gross. Die hinteren Aussenhöcker mit einer kurzen, die kleineren Innenhöcker mit einer noch kürzeren Borste. Die kleinen Innenhöcker stehen etwas höher als die grösseren, doch nicht so hoch wie die vorderen Aussenhöcker. Vorletztes Segment gewöhnlich gebildet. Bauchwarzen spitz, dornartig; Gürtelwarzen scheinen an der Bauchseite zu fehlen; sie sind an ihrer Spitze abgerundet und verschwinden nach dem Kopfe zu allmälig ganz. Kiefergerüste blassgelb; Fühler ebenso, ziemlich kurz. Augenflecke dicht zusammen. Sternal-, Lateral-, Pleural- und Ventralpapillen regelmässig. Pseudopodien schwach entwickelt.

Die Brustgräte hat die den *Diplosis*-Larven eigenthümliche Form (vergl. Textfig. 7). Die Lappen sind blassgelb; ebenso ein kleiner, halbkreisförmiger Fleck unterhalb der Lappen; im Uebrigen ist die Gräte farblos.

Die Larven bestehen ihre Verwandlung in der Erde.

Die Puppe (Taf. II, Fig. 3) ist ziemlich schlank; Augen schwarz; Thorax und Scheiden braun. Abdomen gelb, an der Rückenseite mit kurzen bräunlichen Binden. Jedes Segment ist an seiner Spitze mit deutlichen Dörnchen besetzt.

Bohrhörnchen nicht stark entwickelt, aber spitz. Scheitelborste sehr lang, etwas nach vorne gebogen. Athemröhrchen ebenfalls lang, den Thorax weit überragend und etwas nach aussen gebogen.

Flügelscheiden bis an das Ende des dritten Segmentes reichend. Scheiden der vorderen Beine bis zur Mitte und diejenigen der mittleren Beine bis an das Ende des vierten Segmentes reichend. Die Scheiden der Hinterbeine reichen bis zur Mitte des fünften Segmentes. Die letzten Abdominalsegmente etwas nach vorne eingebogen.

Das Weibchen ist etwa 1·50 mm lang. Augen und Hinterkopf schwarz; letzterer gelbweiss berandet. Taster viergliederig; das erste Glied am kürzesten; das zweite doppelt so lang als das erste und am dicksten von allen; das dritte um die Hälfte länger als das zweite und das vierte so lang als das dritte und zweite zusammen. Behaarung gewöhnlich.

Fühler 2 + 24-gliederig, braun, Basalglieder gelb, etwas dicker als die Geisselglieder. Das zweite Basalglied wenig kürzer als das erste, nach der Spitze zu verjüngt. Das erste Geisselglied in der Mitte leicht eingeschnürt, mehr als doppelt so lang als das zweite; dieses etwas länger als das dritte; die übrigen ziemlich gleich gross und vor der Mitte leicht eingeschnürt. Letztes Glied mit kurzem Fortsatz. Beim ersten Geisselglied sind eigentliche Wirtel nicht vorhanden, das Glied ist vielmehr zerstreut mit längeren Haaren besetzt. Bei den übrigen Geisselgliedern sind zwei Wirtel wahrnehmbar; die diese Wirtel bildenden Haare sind ungefähr von Gliedlänge. Hier, wie bei allen übrigen *Diplosis*- und *Cecidomyia*-Arten sind die Fühlerglieder ausserdem dicht mit feinen, sehr kurzen Härchen besetzt.

Der ganze Thoraxrücken, incl. Schildchen und Hinterrücken schwarzbraun.

Flügelvorderrand (Fig. 9) kaum erweitert, lang behaart. Die erste Längsader mündet ziemlich weit vor der Flügelmitte; sie ist vom Vorderrand und zweiter Längsader etwa gleich weit entfernt. Die zweite Längsader ist bis zur Querader etwas nach vorne gebogen, von hier verläuft sie in leichtem Bogen bis zur Flügelspitze.

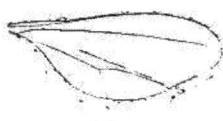

Fig. 9.

Die dritte Längsader gabelt nahe der Flügelmitte; ihr Gabelpunkt liegt dem Hinterrande etwas näher als der zweiten Längsader. Die hintere Zinke ist gerade, sie bildet mit dem Stiele einen Winkel von ungefähr 130°. Die vordere Zinke geht in leichtem Bogen zum Hinterrande. Ihre Mündung liegt der Mündung der hinteren Zinke etwas näher, als derjenigen der zweiten Längsader. Querader in der Mitte der ersten Längsader; Flügelfalte deutlich. Schwinger fast weiss.

Abdomen gelb; oberseits mit graubraunen, erweiterten Binden.

Legeröhre sehr weit vorstreckbar, wurmartig, schmal, am Ende mit den gewöhnlichen zwei Lamellen und von weissgelber Farbe.

Das Männchen ist gefärbt wie das Weibchen. Die Fühler sind 2 + 24-gliederig, die Geisselglieder sind abwechselnd einfache und doppelte; die vier ersten Geisselglieder sind länglich rund, in ihrer Gestalt also fast gleich; nach der Fühlerspitze zu sind die Doppelglieder etwas länger als breit, während die einfachen Glieder kugelig sind. Bei allen Gliedern ist nur ein Wirtel wahrnehmbar; die ihn bildenden Haare stehen ziemlich dicht und reichen ungefähr bis zum Ende des folgenden Gliedes. Endglied mit Fortsatz.

Sexualapparat sehr klein. Zangenbasalglieder an der Basis am dicksten, nach vorne zu stark verjüngt. Klauenglieder halb so lang als die Basalglieder, dicht behaart (fein und kurz) und in der Mitte etwas gebogen. Lamellendecken vorne abgerundet, die Mitte der Zangenbasalglieder etwas überragend. Penis etwas länger als die Lamellendecken; Organe zwischen beiden habe ich nicht aufgefunden.

Die Larven von *Diplosis rhamni* leben in den Blüthenknospen von *Rhamnus frangula*, welche durch Einwirkung der Larven leicht anschwellen, und deren Fructifications-Organe verkümmern. Ich fand diese Deformationen zuerst an einem Strauche am Hermelsbacher Weiher bei Siegen, später auch noch an anderen Orten des Siegerlandes. Auch in der Umgebung Berlins kommt sie vor, wiewohl sie hier viel seltener zu sein scheint als im Kreise Siegen; ich habe sie wenigstens nur einige Male am Nonnendamm (hinter Charlottenburg) gefunden. In einigen der hier aufgefundenen deformirten Blüthen beobachtete ich aber eine blassrothe *Cecidomyia*-Larve, die wohl nur inquilinisch in diesen Gallen lebt.

Asphondylia cytisi v. Frfld.

Im XXIII. Bd. (1873). S. 186 und 187 dieser Verhandlungen hat v. Frauenfeld unter obigem Namen eine Gallmücke beschrieben, welche er aus *Cytisus austriacus* L. am 30. März 1873 zog. Die Möglichkeit, dass diese Art mit *Asphondylia sarothamni* H. Lw. oder *Asphondylia genistae* H. Lw. identisch sei, ist auch nach der Ansicht v. Frauenfeld's nicht ausgeschlossen, da die Beschreibung, welche H. Loew von diesen beiden Mücken gibt, nicht genügt, um sie von ähnlichen sicher zu unterscheiden.

Die Beschreibung, welche v. Frauenfeld von *Asphondylia cytisi* gibt, leidet nun an demselben Uebel, wie die H. Loew'schen Beschreibungen. Es ist also zur Zeit unmöglich, eine dieser Arten sicher zu bestimmen.

Prof. Mik theilt im 10. Heft, S. 289 der Wiener Entomol. Zeitung mit, dass er eine von Wachtl aus Gallen an *Cytisus austriacus* L. und *Cytisus ratisbonensis* Schäf. gezogene Mücke als *Asphondylia sarothamni* H. Lw. bestimmt habe, dass aber Dr. Fr. Löw die *Asphondylia cytisi* als Erzeuger dieser Galle ansehe (Verhandl. der k. k. zool.-botan. Gesellsch. in Wien. 1885, S. 502). (Ich möchte an dieser Stelle darauf aufmerksam machen, dass die Angabe von Mik, Liebel habe den Erzeuger dieser Cecidien für *Asphondylia bitensis* Kieff. gehalten, auf einem Irrthume beruht. Im Jahre 1886 war die *Asphondylia bitensis* Kieff. noch gar nicht beschrieben. In der Zeitschr. f. Naturw., Halle, 1886, S. 541, Nr. 76, hält vielmehr Liebel die Gallen der erst später von Kieffer beschriebenen *Asphondylia bitensis* [Entomol. Nachrichten, 1888, Heft 17, S. 264—266] noch für das Product der *Asphondylia sarothamni* H. Loew. Später beschrieb dann Liebel die *Asphondylia Mayeri* Liebel, welche ähnliche Hülsengallen an *Sarothamnus scoparius* hervorbringt.)

Wie es nicht als Unmöglichkeit erscheint, dass ein und dieselbe Mücke an zwei verschiedenen (wenn auch verwandten) Pflanzen Gallen erzeugt, so könnte es immerhin ebensogut möglich sein, dass zwei verschiedene Mücken an ein und derselben Pflanze gleiche Gallen hervorbringen; ich meine also, dass *Asphondylia*

8*

cytisi eine selbstständige Art sein könnte, wenn auch *Asphondylia sarothamni* an *Cytisus*-Arten gleiche Gallen hervorbringen würde.

Anfangs Mai (1891) übersandte mir Herr Dr. D. v. Schlechtendal aus Halle eine Deformation an *Cytisus capitatus* Jacq., über welche derselbe schon früher Mittheilung gemacht hat. Es gelang mir nun, aus diesen Gallen die Mücken zu ziehen. Da sich im Berliner Museum für Naturkunde die H. Loew'sche Sammlung befindet, so war es mir möglich, die typischen Stücke von *Asphondylia sarothamni* und *genistae* mit den oben genannten Mücken (wenigstens noch hinsichtlich ihres Flügelbaues) zu vergleichen. Ich halte vorläufig alle drei Arten für verschieden. Da ich aber sowohl von *Asphondylia sarothamni* als auch von *Asphondylia genistae* nur je ein Exemplar zur Untersuchung verwenden konnte (zur genauen Beurtheilung des Flügelgeäders ist es nöthig, den Flügel durchaus flach aufzulegen und also vom Thiere abzutrennen), so ist die Möglichkeit, dass die von mir untersuchten Mücken zufällig abnorm gebildete Flügel besassen, nicht völlig ausgeschlossen.

Nachfolgend gebe ich nun die von mir aufgefundenen Unterschiede an.

1. *Asphondylia sarothamni* H. Lw.

Die Länge der ersten Längsader von der hakenförmigen Querader bis zur Mündung der gewöhnlichen Querader wenig länger als letztere. Die zweite

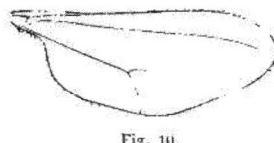

Fig. 10.

Längsader ist an ihrer Spitze stark nach hinten gebogen. Der Gabelpunkt der dritten Längsader liegt in der Mitte zwischen dem Hinterrande und der zweiten Längsader. Die Vorderzinke ist am Gabelpunkte stark nach vorne und an ihrer Spitze stark nach hinten gebogen, sonst fast gerade. Ihre Mündung in den Hinterrand von derjenigen der Hinterzinke und der zweiten Längsader fast gleich weit entfernt. Querader mit ziemlich starker Biegung in der Mitte (vergl. Fig. 10 und 11).

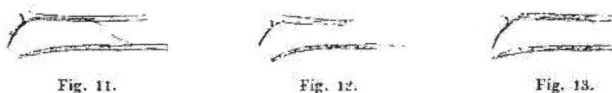

Fig. 11.   Fig. 12.   Fig. 13.

2. *Asphondylia genistae* H. Lw.

Die Länge der ersten Längsader von der hakenförmigen Querader bis zur Mündung der gewöhnlichen Querader ist nicht länger als die letztere. Die zweite Längsader ist an ihrer Spitze schwächer gebogen als bei *Asphondylia sarothamni*. Gabelpunkt wie vorher. Vorderzinke an der Basis kaum aufsteigend und an der Spitze nicht nach hinten gebogen. Ihre Mündung in den Hinterrand liegt der Mündung der hinteren Zinke näher als derjenigen der zweiten Längsader. Querader eingebogen; die Einbiegung aber nicht in der Mitte, sondern viel näher der zweiten Längsader (Fig. 12).

179

3. *Asphondylia cytisi* v. Frfld.

Die Länge der ersten Längsader von der hakenförmigen Querader bis zur Mündung der gewöhnlichen Querader doppelt so gross als die letztere. Zweite Längsader an ihrer Spitze gebogen wie bei *Asphondylia sarothamni*. Gabelpunkt wie vorher. Vordere Zinke am Gabelpunkt stark nach oben gebogen und dann in deutlichem Bogen zum Hinterrande.

Die Entfernung ihrer Mündung wie vorher. Querader nicht so schief wie bei den vorigen und nur sehr schwach gebogen (Fig. 13).

Hinsichtlich der Färbung passen die von mir gezogenen Mücken nicht ganz zur Beschreibung, welche v. Frauenfeld gibt; ich glaube dennoch, dass mir dieselbe Art vorgelegen hat wie v. Frauenfeld. Ich habe auf dem schiefergrauen Thorax keine glänzenden Längslinien, wohl aber zwei dichte weisse Haarleisten bemerkt. Auch vor jeder Flügelwurzel befindet sich eine solche, kürzere Leiste. Das Schildchen ist schiefergrau wie die Seiten.

Die Legeröhre des Weibchens ist nicht blattartig, sondern das letzte Glied sehr dünn, fast borstenförmig. Die Fühler der von mir gezogenen Stücke waren 2 + 12-gliederig (nach v. Frauenfeld 2 + 10-gliederig). Die Taster sind 4-gliederig. Das erste Glied nach der Spitze zu, das zweite mehr in seiner Mitte verdickt; beide Glieder fast gleich lang. Das dritte Glied so lang als beide zusammen; nach aussen zu in der Mitte stark verdickt; das vierte Glied fast so lang als die vorhergehenden zusammen genommen, schmal, überall fast gleich breit. Alle Glieder stark behaart.

Der Sexualapparat des Männchens ist klein, im Allgemeinen gebildet wie bei den übrigen Cecidomyiden. Der Einschnitt zwischen den Lamellendecken scheint nicht so tief zu sein wie gewöhnlich. Penis an seiner Basis stark erweitert. Zangenbasalglied gelb, fast überall gleich dick. Klauenglied kurz, dick, rundlich. An diesem Gliede sitzt eine, wie mir scheint bewegliche, zweispitzige, schwarzbraune Klaue. Etwas Aehnliches habe ich bisher bei anderen Cecidomyiden nicht beobachtet; vielleicht kommt diese Klaue aber auch bei anderen *Asphondylia*-Arten vor.

Erklärung der Abbildungen.

Tafel II.

Fig. 1. Puppe von *Diplosis Loewii* n. sp. (Lateralansicht).

„ 2. Sexualapparat des Männchens von *Diplosis Loewii* (Penis mit darüber liegender Klappe).

„ 3. Puppe von *Diplosis rhamni* n. sp. (Lateralansicht).

„ 4. Letztes Segment der Larve von *Diplosis rhamni* n. sp. (Dorsalansicht).

„ 5. Puppe von *Asphondylia cytisi* v. Frfld. (Ventralansicht).

„ 6. Sexualapparat des Männchens von *Asphondylia cytisi* v. Frfld. (die Lamellendecken zurückgeschlagen).

„ 7. Letztes Segment der Larve von *Diplosis rosiperda* n. sp. (Dorsalansicht).

„ 8. Sexualapparat des Männchens von *Diplosis rosiperda* n. sp.

(Alle Figuren sehr stark vergrössert.)

Verhandl. der k.k. zool. bot. Ges.
Band XLII. 1892.

Taf. II.

Ew.H.Rübsaamen :
Mitth. über Gallmücken

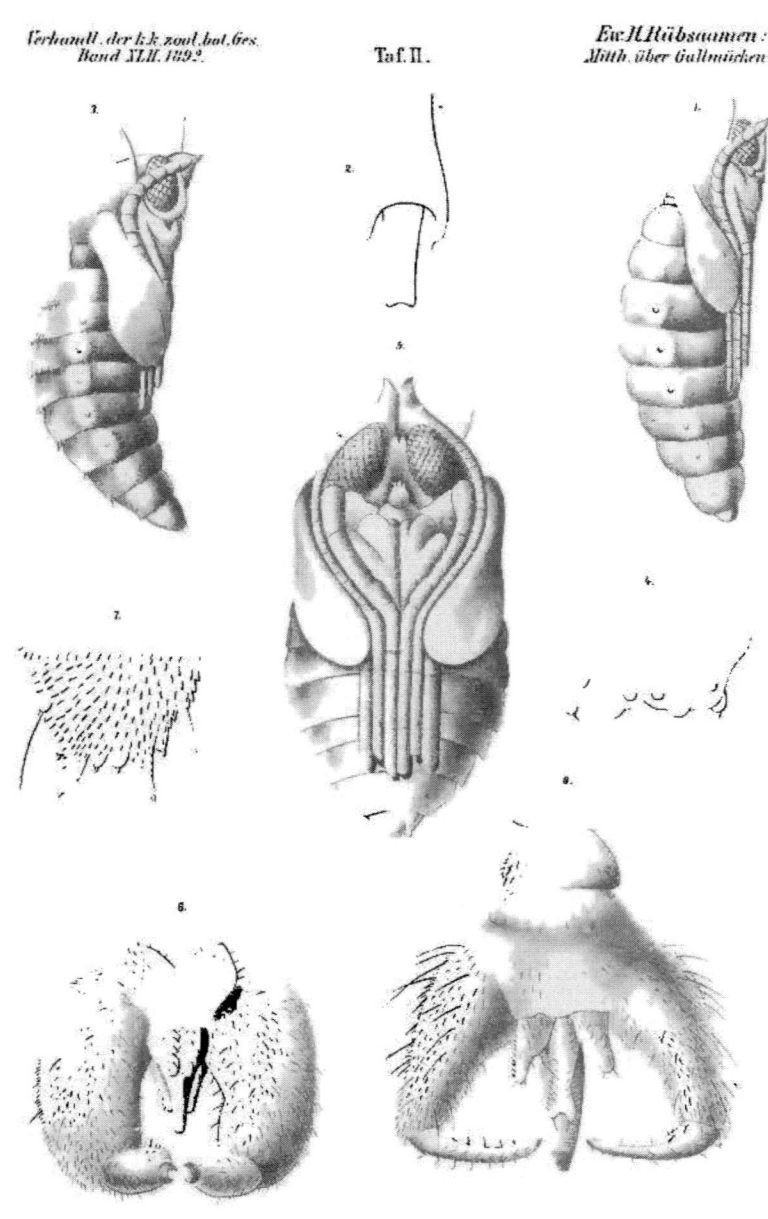

182

Zur Flora von Suczawa.

Von

A. Procopianu-Procopovici.

———

(Vorgelegt in der Versammlung am 3. Februar 1892.)

————

Der Zweck vorliegenden Beitrages ist lediglich, eine nothwendige Ergänzung zu Knauer's „Flora von Suczawa und seiner Umgegend" zu liefern. Dadurch wird aber der anerkannt gediegene Werth der Knauer'schen Arbeit — und ich möchte dies hervorgehoben haben — keineswegs alterirt, da — wie aus dem Folgenden ersichtlich — diese obzwar wesentliche Ergänzung nur einer ganz speciellen Richtung gilt. In Anerkennung dessen ist der möglichste Anschluss an die obgenannte Arbeit gewissermassen von selbst geboten.

Das Florengebiet dieser Stadt, in der von Knauer angenommenen Umgrenzung, soferne es nicht mit der Landesgrenze zusammenfällt, wird, und zwar im Norden und Westen von Wäldern oder gegenwärtig zum Theile durch deren noch wohl erkennbare Ueberreste markirt. Von diesem Saume abgesehen, fehlt es aber dem Gebiete völlig an bedeutenderen Waldungen und somit ist selbstverständlich auch die Waldflora beinahe ausschliesslich auf jene Gegend beschränkt.

Wenn Anfangs der Sechziger Jahre, als obige Schrift erschien, das Ackerland über die Hälfte des Gesammtareals ausmachte, so dürfen wir gegenwärtig schon drei Vierttheile, wenn nicht mehr, als solches bezeichnen. Da man möglichst viel des ungemein fruchtbaren Ackerbodens zu gewinnen trachtete, so sind Wiesen beinahe Seltenheiten geworden. Die Flora der letzteren ist aber eine wesentlich verschiedene, je nachdem die Wiesen, und zwar wie üblich das ganze Jahr hindurch als Hutweiden benützt, oder aber abgemäht werden. Unmittelbar an den Ortschaften liegen die ausgedehnten (meist Gemeinde-) Hutweiden (insoferne sie nicht ebenfalls, und zwar in allerletzter Zeit zum Theile oder ganz in

Ackerland umgewandelt wurden) deren Flora als jene der Wiesen, eigentlich der Hutweiden, von Knauer, a. a. O., S. 9, angegeben ist.

Was die zweite Art Wiesen anbelangt, welche durch den immer allgemeiner werdenden, vortheilhafteren Kleeanbau entbehrlich gemacht werden, so ist diese gegenwärtig nahezu überall auf entlegene, meist schmale Streifen mitten in Feldern, an den allersteilsten Stellen der Hügel beschränkt, wo sie derzeit durch die Mahd wohl ihre höchste Verwerthung erfahren. So brachten es diese oben erwähnten Umstände mit sich, dass die überaus üppige Flora dieser mehr weniger trockenen Wiesen, die ich der Kürze halber als ursprüngliche Wiesen bezeichnen möchte, bisher höchstens nur als flüchtigst bekannt angesehen werden kann.[1])

Bevor jedoch die hier vorkommenden Pflanzenarten angeführt seien, ist es unter jenen oben angeführten Umständen jedenfalls geboten, ausgezeichnete Fundstellen näher zu präcisiren.

In dieser Hinsicht beansprucht zweifellos der östlich längs des Roșiabaches in einer Länge von mindestens 15 km sich windende Hügelabhang in erster Linie Erwähnung; er, der Roșiahügel, begleitet gewissermassen die von diesem Bache gespeisten Teiche Bulai, Nica, Strimbu und Roșia. Nicht minder wichtig sind die zwischen den Gemeinden Stroeșci, St. Ilie und Liteni gelegenen Hügelgruppen Ciritei, Caldărușa bei Zahareșci und Frumoasa. Ausserdem möge hier noch der Abhang am Ilișeșcibache, soweit er nicht als Hutweide dient, speciell der Hügel Costișa unmittelbar bei der Gemeinde Ilișeșci, Erwähnung finden.

Es wäre völlig zwecklos gewesen, bei der nunmehr folgenden Aufzählung der um Suczawa auf ursprünglichen Wiesen vorkommenden Arten auch die mehr weniger gemeinen, mit den Hutweiden, Feldrainen u. s. f. gemeinsamen aufzunehmen, hauptsächlich darum, weil diese nicht irgend eine Gegend pflanzengeographisch charakterisiren; dagegen schien es mir durchaus nothwendig, aus der Reihe der allein aufgenommenen mehr weniger seltenen Pflanzen die physiognomisch wichtigen Elemente der vorliegenden Pflanzenformation der ursprünglichen Wiesen durch *gesperrten Cursivdruck*, jene Elemente aber, deren Vorkommen (um Suczawa und überhaupt in der Bukowina) ausschliesslich nur auf solche Wiesen beschränkt ist, mit einem * zu kennzeichnen. Schliesslich möge nicht unerwähnt bleiben, dass etliche, aber wenige Species polymorpher Gruppen,

---

[1]) Dass dem so sei, überzeugt uns die bisherige diesbezügliche Specieskenntniss. In Herbich's Flora der Bukowina sind folgende sieben, beziehungsweise acht als „bei Strojestie" angeführte Species verzeichnet: *Dianthus capitatus* DC., *Dictamnus albus* L., *Echium rubrum* Jacq., *Iris hungarica* WK., *Iris graminea* L.? (allein diese einzige Pflanze konnte ich hier nicht auffinden und vermuthe eine Verwechslung mit *Iris caespitosa* Pall.). *Anemone silvestris* L., *Linum flavum* L. und *Scorzonera purpurea* L. Knauer führt von diesen Standorte, ausser den beiden zuletzt angegebenen, noch folgende vier an: *Adonis vernalis* L., *Polygala major* Jacq., *Potentilla alba* L. und *Stachys recta* L. (*Clematis recta* L., *Anemone silvestris* L., *Prunus Chamaecerasus* Jacq. und *Nonnea pulla* DC. wurden laut eigener Angabe auf S. 9 und 11 an anderen Standorten angetroffen.)

wie *Rosa, Hieracium* etc., aus leicht erklärlichen Gründen bei dieser Gelegenheit nothwendiger und absichtlicher Weise übergangen wurden, was doch kaum als Mangel angerechnet werden kann.

Clematis recta L., *Clematis integrifolia* L. (Ciritei: hier relativ zahlreich; Roşia: nur auf D.-Căldăruşei in etlichen Exemplaren), *Anemone nigricans* Störk, *Anemone patens* L., *Anemone silvestris* L., *Adonis vernalis* L., *Aconitum Lycoctonum* L. var.? (Costişa), *Cimicifuga foetida* L., *Polygala major* Jacq., *Dianthus capitatus* DC., *Silene densiflora* DC., *Silene chlorantha* Ehrh., *Arenaria graminifolia* Schrad. (Frumoasa), *Linum flavum* L., *Dictamnus albus* L., *Cytisus nigricans* L., *Orobus pannonicus* Jacq., *Prunus Chamaecerasus* Jacq.,[1]) *Potentilla canescens* Bess., *Potentilla patula* WK., *Potentilla alba* L., *Trinia Kitaibelii* MB (Frumoasa), *Ferulago silvatica* Bess., *Asperula galioides* MB., *Inula ensifolia* L. (Roşia), *Cineraria campestris* DC., *Ligularia sibirica* Cass. (Ciritei, an einem sumpfigen Bache), *Senecio Biebersteinii* Lind. (Costişa, spärlich), *Cirsium pannonicum* Gaud., *Jurinea mollis* Rchb. (Frumoasa), *Centaurea* n. sp. (nur bei Frumoasa mit *Arenaria* und *Jurinea*, bisher seit Jahren der einzige Fundort), *Scorzonera purpurea* L., *Hieracium echioides* WK., *Campanula sibirica* L., *Anchusa Barrelieri* DC., *Nonnea pulla* DC., *Echium rubrum* Jacq., *Verbascum phoeniceum* L., *Salvia nutans* WK. (Roşia), *Stachys recta* L., *Phlomis tuberosa* L., *Ajuga Laxmanni* Benth. (Ciritei, spärlichst), *Thesium intermedium* Schrad., *Euphorbia dulcis* Jacq., *Orchis ustulata* L. (zerstreut), *Gymnadenia odoratissima* Rich. (Căldăruşa bei Zaharesci, nur an einer quelligen Hügellehne), *Iris hungarica* WK. (selten blühend), *Iris sibirica* L. (Ciritei und Roşia, an feuchten Stellen), *Iris caespitosa* Pall. (*Iris graminea* Herbich?)[2]), *Anthericum ramosum* L., *Allium fallax* Don (Frumoasa, selten), *Allium sphaerocephalum* L., *Allium oleraceum* L., *Muscari tenuiflorum* Tausch (Ciritei, spärlich), *Muscari leucophaeum* Stev.

---

[1]) Die Strauchvegetation, vornehmlich aus dieser Pflanze gebildet, ist äusserst zerstreut und nur in sehr unbedeutenden Gruppen anzutreffen — bei Frumoasa und Căldăruşa bei Zaharesci kommt sie überhaupt nicht vor —, auch mangelt ihr irgend eine sie charakterisirende Pflanzenassociation, so dass sie als selbstständige Formation gar nicht in Betracht gezogen werden kann.

[2]) Es ist gewissermassen als eine merkwürdige Thatsache zu beachten, dass bei Căldăruşa bei Zaharesci über dem Hügelabhang auf der fast horizontalen Hügelterrasse vielleicht bis 10 Joch Wiese in ungeackertem Zustande, und zwar als ursprüngliche Wiese — doch auf wie lange? — noch erhalten ist. Hier überzeugt man sich am besten 1. von ihrer völligen Uebereinstimmung mit der Flora der Hügelabhänge und 2. von der geradezu wunderbaren Ueppigkeit dieser Wiesen. Das in dieser Hinsicht auffallendste Beispiel, das ich kenne, ist folgendes: Die Anzahl der Individuen von *Iris caespitosa* Pall., dieser kleinen Schwertlilie, man bedenke noch dazu zwischen Gräsern, Halbsträuchern und Kräutern, übertrifft sogar bedeutend die des in ähnlicher Gruppirung vorkommenden wohlbekannten *Colchicum autumnale* L.

(Frumoasa), *Veratrum nigrum* L., *Juncus atratus* Kroker (Ciritei, an feuchten Stellen), *Carex humilis* Leyss. (Frumoasa), *Andropogon Ischaemon* L.

Aus der soeben gegebenen Ergänzung zu Knauer's „Flora von Suczawa und seiner Umgegend" folgt als unbestreitbare Thatsache, dass die oben angeführte Wiesenflora in der Bukowina auch um Suezawa vorkommt und nicht, wie bisher ganz allgemein angenommen wurde, lediglich an dem üppigen Dujestr-Ufer, an Gypsunterlage strenge gebunden, anzutreffen ist.

Quattro nuove specie di Imenotteri.

Per il

Dr. Ruggero Cobelli

in Rovereto.

(Vorgelegt in der Versammlung am 3. Februar 1892.)

---

1. **Pterochilus Bezzii** nova species.

♀. *Longitudo 8—9 mm. Nigra, leviter pubescente. Capite thoraceque dense et sat profunde punctatis; abdomine subtilissime ruguloso, superficialiter et obscurissime sparsim punctulato; segmento primo medio longitudinaliter impresso. Mandibulis ferrugineis, dentibus nigris, basi saepe macula alboflava obsoleta. Palpis labialibus ferrugineis et eximie plumosis. Epistomio, sinu oculorum, orbita inferiore, fronte, occipite, prothorace, tegulis, mesopleuris, scutello, postscutello et metathorace alboflavo maculatis; abdomine segmentis omnibus, ultimo excepto maculato, fasciis apicalibus alboflavis plus minus emarginatis; ventre segmento secundo et saepe etiam tertio, apice maculis lateralibus alboflavis. Pedibus ferrugineis, coxis et throcanteribus nigris; femoribus anticis postice macula alboflara, tibiis omnibus externe plus minus obscure flavis. Alis fere hyalinis, anterioribus apice, cellula brachiali, prima cubitali et radiali plus minus obscuratis; venis stigmateque, vena costali et basi venarum omnium ferrugineis exceptis, nigris; cellula radiali fere elliptica, basi et apice eadem latitudine; vena recurrente secunda cum vena transversa cubitali secunda continua. Antennis nigris, scapo leviter curvato, inferne semper plus minus ferrugineo brunneo. Mas ignotus.*

Il colore del fondo del corpo è nero. Tutta la superficie dello stesso è leggermente pubescente, colla lente scorgesi distintamente un po di peluria sul capo e sul metatorace; il pro e mesotorace e l'addome non mostrano che rari e piccolissimi peli, ma in quella vece specialmente quest'ultimo è ricoperto di una specie di pruina che gli toglie la lucentezza. La testa ed il torace presentano dei punti impressi piuttosto grandi e profondi assai spessi. Osservato l'addome nella sua superficie superiore con forti lenti, si vedono delle sottilissime rugosità dis-

9*

poste in tutte le direzioni, di cui molte specialmente oi lati trasversalmente, e tra esse qua e là delle punteggiature piccolissime ed assai superficiali. Noto espressamente che questa scultura dell'addome non si vede che usando di lenti forti. Alla superficie ventrale dell'addome, il secondo segmento presenta delle sottili punteggiature distinte, non molto spesse ma estese su tutta la sua superficie, mentre gli altri segmenti non le mostrano che al loro margine posteriore ed hanno il resto della superficie fornito di sottilissime rugosità per lo più dirette trasversalmente. Le mandibole sono di colore ferruginoso coi denti neri, talvolta alla base esiste una macchia indistinta di colore bianco giallognolo. I palpi labiali di colore ferruginoso sono forniti lateralmente di lunghi peli che danno loro l'aspetto di una piuma. L'epistomio termina troncato ed ha il margine inferiore liscio senza traccia di punti; presenta una macchia bianco gialla, la qualle ne occupa tutta la superficie eccettuato il margine inferiore e l'esterno ed ha nel mezzo inferiormente una profonda smarginatura. Sul capo sono inoltre di colore bianco giallognolo, una macchia longitudinale fra le antenne, una macchia a virgola dietro l'apice degli occhi, il seno degli occhi ed il margine orbitale dal seno degli occhi sino all'epistomio. Le antenne di dodici articoli hanno lo scapo alquanto ripiegato all'indietro ed il flagello più grosso nel mezzo; lo scapo alla superficie inferiore specialmente alla base più o meno di colore ferruginoso oscuro. Il protorace nella sua porzione anteriore ha due macchie bianco giallognole, di forma triangolare, le quali o s'incontrano col loro angolo interno nella porzione mediana del corpo ovvero restano un tantino separate. Lo scutello ha due macchie quadrate di colore bianco giallo separate o che si toccano appena col loro lato interno. Il postscutello è ornato di una striscia bianco gialla trasversale. Sulle mesopleure vi ha una macchia bianco gialla quasi perpendicolare alla lunghezza del corpo, costituita in realtà da due macchie l'una superiore e l'altra inferiore, che per lo più si toccano, ma possono anche essere più o meno separate, anzi l'inferiore può mancare totalmente. Ai lati del metatorace esiste una macchia bianco gialla più o meno estesa. Le tegule delle ali sono pure di colore bianco giallo con nel centro un punto chiaro quasi di colore ferruginoso. Le ali sono quasi completamente trasparenti, se si eccettui una striscia più o meno larga fosca che parte dalla base della cellula brachiale, la attraversa, passa par la prima cellula cubitale, per la radiale, e raggiunge l'apice dell'ala anteriore dove ne imbrunisce più o meno anche tutto il margine esterno. La vena costale è di colore ferruginoso specialmente alla base, e di questo colore sono tutte le altre vene alla loro base, il restante di tutte le vene e così pure lo stigma sono di colore nero. La cellula radiale presenta al suo apice un brevissimo prolungamento, è ugualmente larga alla base ed all'apice, ed avrebbe una forma elittica se non esistesse un leggero angolo all'indietro, dove si inserisce la seconda vena trasverso cubitale. La seconda vena ricorrente sbocca direttamente o quasi nella seconda vena trasverso cubitale. Zampe; le anche ed i trocanteri sono neri, ed all'apice hanno un anello più o meno largo e più o meno completo di colore ferruginoso; le coscie hanno un colore ferruginoso, e le anteriori portano sulla loro faccia posteriore una macchia chiara lineare che ne abbraccia quasi tutta la superficie di colore bianco giallo; le coscie intermedie e posteriori sono quasi completamente di colore ferruginoso, e soltanto alla loro superficie inferiore in prossimità del ginocchio hanno una macchia non molto appariscente di colore bianco giallognolo; le gambe in generale di colore ferruginoso sono più o meno colorate di bianco giallognolo alla loro superficie esterna, i tarsi hanno colore ferruginoso. Il primo segmento dell'addome mostra sulla superficie superiore nella linea mediana della porzione orizzontale, un impressione longitudinale lineare che non raggiunge il margine posteriore. Le fascie di colore bianco giallo che ornano il margine posteriore della superficie superiore dei segmenti addominali hanno la seguente forma; nel primo segmento la fascia ha una smarginatura mediana nel punto dove esiste l'impressione lineare, e due altre smarginature una per ciascun lato e si allarga un poco ai lati; nel secondo segmento non esistono che le smarginature laterali e la fascia si allarga alquanto ai lati; sui segmenti terzo quarto e quinto manca ugualmente la smarginatura mediana, le laterali possono essere più o meno appariscenti o mancare, anzi negli ultimi può scomparire lateralmente la fascia più o meno completamente; il segmento sesto non porta che una macchia mediana. La superficie ventrale dell'addome è nera, eccettuata una macchia per parte all'apice del secondo segmento, e talvolta una per parte più piccola al terzo di colore bianco giallo.

Le specie alle quali si avvicina più o meno sono le seguenti:

a) Pterochilus interruptus Klug, ma quest'ultimo si distingue tra altro perchè ha le antenne nere in totalità, le mandibole nere coll'estremità rossastra, le fascie dell'addome interotte nel mezzo, e perchè è notabilmente più grande.

b) Pterochilus Chevrieranus Sauss., ma la femmina di quest ultimo ha il primo e secondo segmento addominale col fondo di colore rosso, ed è più piccola.

c) Pterochilus albopictus Kriechb., ma quest'ultimo dovrebbe avere nero tutto il capo eccettuata una macchia bianca dietro all'apice degli occhi, ed una alla base delle mandibole, il postscutello con due piccole macchie bianche e nera la base delle coscie, e finalmente è sensibilmente più piccolo.

d) Pterochilus Phaleratus Panz., al quale più che a tutti gli altri si avvicina anche per la grandezza. Ma se ne distingue principalmente perchè il *Pterochilus Bezzi* mihi ha lo scapo delle antenne di colore più o meno ferruginoso; il postscutello con una macchia lineare bianco gialliccia; le coscie senza colore nero e più o meno macchiate di bianco gialliccio; lo stigma totalmente nero; gli ornamenti di colore bianco gialliccio; le fascie dell'addome più o meno smarginate.

Di questa specie ne prese due femmine mentre volavano sulla sabbia, a Santa Sofia presso Pavia, il giorno 16 Luglio 1891, il chiarissimo entomologo Sign. Mario Bezzi. A questo distinto naturalista, il quale gentilmente mi cedette gli esemplari per la descrizione, dedico questa specie.

L'aver trovate due femmine che concordano si può dire perfettamente, m'indusse a ritenere questa specie come nuova, e ciò tanto più che differisce dalle note per caratteri abbastanza rilevanti.

2. Cladius major nova species.

♀. *Longitudo 6 mm. Nigra, nitida, leviter brunneo pubescente, sculptura fere nulla. Frons inter antennas prominula. Epistomio emarginato. Antennis pubescentibus; articulo tertio inferne evidenter emarginato; articulis tertio quarto et quinto apice oblique truncatis. Alis leviter fumatis; tegulis brunneis; venis totis stigmateque, vena costali brunnea excepta, nigris. Pedibus, coxis trocanteribus et femoribus nigris, geniculis tibiisque albis, tarsibus plus minus brunnescentibus. Mas ignotus.*

Tutto il corpo è nero, lucente, senza scultura manifesta anche veduto con forti lenti, ed è rivestito di una corta e sparsa peluria, la quale manca quasi affatto alla superficie superiore dell'addome. Tra le antenne si vede un piccolo rialzo conico abbastanza appariscente, e sopra di esso sul vertice un altro piccolo rialzo lamellare. L'epistomio mostra una decisa smarginatura. Le antenne sono pubescenti, il terzo quarto e quinto articolo tagliati obbliquamente dall'alto e dall'innanzi, al basso ed all'indietro, in modo che all'apice di questi articoli, superiormente, si forma un piccolo prolungamento; inoltre il primo articolo ha inferiormente una manifesta incavatura che va dall'innanzi all'indietro. Le ali leggermente affumicate, e le nervature, compreso lo stigma, nere in totalità, eccettuata la nervatura costale che è di un colore bruno più chiaro. Le tegule delle ali nere coll'estremità esterna leggermente macchiata di bianco sporco. Delle zampe, le anche, i trocanteri e le coscie sono di colore nero, mentre i ginocchi e le gambe hanno un colore bianco sporco, e medesimamente sono colorati i tarsi, questi ultimi sono più o meno abbruniti nei loro ultimi articoli, ed un poco abbruniti sono pure gli apici delle tibie specialmente quelli delle posteriori.

La specie alla quale si avvicinerebbe di più, sarebbe il *Cladius ramicornis* Rondani, ma quest'ultimo oltre di essere più piccolo, ha l'addome rossastro, le ali jaline, la nervatura costale e lo stigma giallo chiaro, le altre nervature ferruginose. e le tegule bianco giallastre.

Dal *Cladius pectinicornis* Foure. ♀ si distingue a prima vista oltrechè per molti altri caratteri, già per la mancanza in quest'ultimo della smarginatura alla superficie inferiore del terzo articolo delle antenne.

Il chiarissimo entomologo Sign. Mario Bezzi catturò una femmina di questa specie nell'Agosto 1891 a Mollaro nella Valle di Non ed il Sign. Don Francesco Conci un'altra femmina a Tesero nella Valle di Fiemme.

Credetti bene di apporre a questa specie il nome di major, perchè è la più grande finora conosciuta del genere *Cladius.*

3. Nematus insubricus nova species.

♀. *Longitudo 10 mm. Nigra, subnitida, brunneo pubescente. Sculptura; abdomine superficie superiore fere nulla, levissime trasversim rugulosa; capite, thorace, mesopleuris, abdomine superficie inferiore et laterali subtiliter et super-*

ficialiter sed dense punctata. Frons inter antennas prominula. Epistomio emarginato. Labro et palpis incerte fusco ferrugineis. Mandibulis, basi obscure brunneo ferrugineis, apice nigris. Alis subhyalinis, basi leviter lutescentibus. Stigmate et venis, vena costali alae anticae et posticae et basi venarum omnium rubro ferrugineis exceptis, nigris. Pedibus, coxis omnibus basi tibiis posticis apice et tarsis posticis nigris exceptis, rubro ferrugineis. Mas ignotus.

Il corpo è nero, abbastanza lucente, ricoperto di una breve peluria bruna, più appariscente sul capo e quasi nulla sulla superficie superiore dell'addome. Osservata con forti lenti la superficie superiore dell'addome vi si scorge appena una leggerissima striatura trasversa, mentre su tutto il resto del corpo, vale a dire sul capo, torace, mesopleure, superficie inferiore e laterale dell'addome si vedono piccoli e superficiali ma spessi punti. La fronte tra le antenne mostra un leggero rialzo, ed al di sopra un altro leggero rialzo lamellare. L'epistomio è decisamente smarginato, e tanto il labbro quanto i palpi oscuramente rosso bruno ferruginosi. Le mandibole all'apice nere, alla base hanno una macchia incerta di colore bruno ferruginoso. Le ali quasi trasparenti e leggermente giallognole fino verso lo stigma. La vena costale tanto delle ali anteriori quanto delle posteriori di colore rosso ferruginoso in totalità e così tutte le altre nervature alla loro base; il restante delle nervature e lo stigma bruno quasi nere. Le zampe sono di colore rosso ferruginoso, eccettuata la base delle anche, l'apice delle gambe posteriori ed i tarsi posteriori di colore nero.

Questa specie per la sua grandezza e per i suoi caratteri si distingue, a mio avviso, assai facilmente da tutta la caterva dei *Nematus* finora descritti.

Una femmina di questa specie fu catturata nei pressi di Milano sul salice ai 18 Luglio 1888 dal chiarissimo naturalista Sign. Mario Bezzi.

4. Selandria bimaculata nova species.

♂. *Longitudo 6 mm. Nitida, leviter pubescente, sculptura nulla. Inter ocellos et antennas, spatio deplanato limbo elevato circumdato et medio linea elevata instructo; subtus tribus foveolis medio puncto elevato instructis; et post ocellis foveolis duabus. Nigra, labro tegulisque albis; abdomine dorso medio segmentis 2—5 et ventre medio segmentis 1—5 flavis. Pedibus totis, coxis nigris exceptis, stramineis, unguiculis et articulis ultimis tarsorum leviter brunnescentibus. Capite thorace fere latiore; epistomio leviter emarginato, mandibulis nigris apice rufis. Alis levissime obscuratis fere hyalinis, venis totis, extrema basi alba excepta, stigmateque nigris; vena costali externe incrassata. Femmina ignota.*

Tutto il corpo è nero eccettuate le parti di cui si farà parola più sotto, lucente, coperto di una sottile e curta peluria bianca dappertutto fuorchè sulla parte superiore del capo dove è nera. Osservata la superficie del corpo anche con lenti forti non si scorge nessuna scoltura particolare. Il capo è un poco più largo del torace. Al davanti degli ocelli tra essi e l'inserzione delle antenne scorgesi uno spazio piano limitato esternamente da una linea elevata, e questo spazio ha nel mezzo una breve linea elevata che si diparte dall'ocello medio. Al di sotto di questo spazio, ma ancora sopra l'inserzione delle antenne esistono tre fossette disposte orizzontalmente, e ciascuna porta nel mezzo un punto elevato. Al di dietro degli ocelli si trovano due altre fossette ma più piccole delle sopradescritte. L'epistomio è leggermente smarginato. Il labbro bianco. Le mandibole nere colla punta rossigna. Le tegule bianche. L'addome nero eccettuato nella porzione mediana del dorso e del ventre. Sul dorso sono colorati di giallastro l'apice del secondo segmento, tutto il terzo ed il quarto e la base del quinto; al ventre hanno lo stesso colore ma un poco più chiaro nella porzione mediana, i segmenti primo, secondo, terzo, quarto e quinto. Dunque l'addome è nero alla base all'apice ed ai lati, mentre è macchiato di giallastro nella porzione mediana del dorso e del ventre. Le zampe sono di colore giallo pagliarino, eccettuate le anche nere, e gli ultimi articoli dei tarsi e le unghie leggermente brunnescenti. Le ali leggermente oscurate quasi perfettamente jaline. Le nervature sono nere eccettuata una piccola porzione alla base che è bianca. Lo stigma è pure nero ma col margine inferiore un poco più chiaro. L'estremità esterna della nervatura costale è ingrossata e s'unisce colla sottocostale.

La specie che s'avvicinerebbe più alla nostra sarebbe la *Salandria stramineipes* Klug, dalla quale si distingue a prima vista, perchè quest'ultima ha l'addome completamente nero.

Il Sign. Don Francesco Conci catturò un maschio nel 1891 a Tesero nella Valle di Fiemme, e su di questo estesi la presente descrizione.

Osservazioni sulla fioritura e fecondazione della *Primula acaulis* Jacquin.[1]

Per il

Dr. Ruggero Cobelli

in Rovereto.

(Vorgelegt in der Versammlung am 3. Februar 1892.)

Della fecondazione di questa pianta non ne parla affatto l'illustre Dr. Hermann Müller nei classici suoi lavori.

Le uniche indicazioni che ho trovate in proposito, sono le seguenti parole di Carlo Darwin.[2] „È sorprendente che si possa vedere tanto di rado gli insetti nell' atto di visitare i fiori durante il giorno; io ho tuttavia veduto occasionalmente piccole specie di api in questa funzione; suppongo quindi che essi vengano ordinariamente fecondati da lepidotteri notturni." E più sotto: „La autofecondazione di ambidue le forme fu probabilmente favorita dai *Thrips*, i quali abbondavano entro ai fiori."

Questa scarsezza di dati m' indusse a tentare alcune osservazioni su questa pianta.

La *Primula acaulis* Jacq. nei dintorni di Rovereto è frequentissima, ed ai primi tepori di primavera ricopre i versanti delle colline di un tapetto giallo che rallegra la vista. La pianta, come è noto, è eterostilica dimorfa. Sebbene il colmo della fioritura, nei dintorni di Rovereto sia nel Marzo e nell' Aprile, tuttavia si può trovare qualche pianta fiorita in siti adattati, dai primi di Ottobre fino ai primi di Maggio; per cui si può incontrare fiorita per ben otto mesi dell' anno, ed invero nei mesi più freddi, essendo esclusi i mesi di Giugno, Luglio, Agosto e Settembre.

Il tubo della corolla tanto nella brevistila quanto nella longistila, è molto ristretto nella sua porzione inferiore fino al punto dove si trovano le antere, e si

---

[1] Sinonimi: *Primula veris* γ. *acaulis* L., *Primula vulgaris* Hudson et Smith, *Primula grandiflora* Lamark, *Primula silvestris* Scopoli.

[2] Carlo Darwin. Le diverse forme dei fiori in piante della stessa specie. Traduzione italiana di Giov. Canestrini e Lamberto Moschen. Unione tipografica editrice torinese. 1884, p. 27.

Z. B. Ges. B. XLII. Abh.   10

allarga alquanto al di sopra, ma questo allargamento è poco pronunciato nella longistila, ed un poco più nella brevistila.

Ho creduto non inutile l'eseguire sopra dieci fiori di ciascheduna forma, le seguenti misurazioni, nelle quali i numeri indicano millimetri.

Forma brevistila:
Lunghezza totale del tubo corollino. 19 — 20 — 19 — 19 — 19 — 20 — 19 — 18 — 18 — 20.
Lunghezza della porzione ristretta del tubo corollino. 16 — 17 — 16 — 16 — 16 — 17 — 16 — 15 — 15 — 17.
Forma longistila:
Lunghezza totale del tubo corollino. 17 — 18 — 17 — 17 — 18 — 18 — 17 — 18 — 20 — 17.
Lunghezza della porzione ristretta del tubo corollino. 10 — 10 — 8 — 8 — 9 — 9 — 8 — 9 — 8 — 9.

Quando il fiore non è ancora aperto completamente, si osservano i seguenti fatti sugli organi riproduttori, e ciò tanto nella brevistila quanto nella longistila. Il pistillo è curto e va mano mano allungandosi a seconda che si sviluppa il fiore, fino a raggiungere circa la metà del tubo nella brevistila, e l'apertura del tubo nella longistila. Le antere immature sono divaricate e formano una specie di anello toccandosi coi lati, e lasciando nel centro un foro pel quale si può penetrare fino all'interno del fiore della brevistila, e pel quale passa lo stilo del pistillo della longistila. Mano mano che si maturano le antere, si aprono ai lati e più verso all'interno, e ripiegandosi colla loro punta l'una verso dell'altra fino a toccarsi, chiudono il foro che esisteva tra loro formando una specie di volta nella brevistila, mentre nella longistila abbracciano completamente lo stilo del pistillo e chiudono ugualmente il foro che esisteva prima tra loro.

Stimai pure utile per gli ulteriori studi, di tener conto del numero e del peso dei semi. A questo scopo il giorno 25 Maggio 1890 raccolsi dieci capsule su piante cresciute all'aperto e ricavai i seguenti dati.

Il numero dei semi di ciascuna capsula era il seguente, 44 — 38 — 31 — 39 — 49 — 41 — 31 — 35 — 53 — 34; in complesso quindi le dieci capsule contenevano 395 semi. Per una capsula, il numero massimo di semi fu di 53, il minimo di 31, il medio di 39·5.

Il giorno 28 Maggio 1890 con una bilancia di precisione si pesarono i 395 semi, e si trovò che pesavano grammi 0·295, per cui in medio i 39·5 semi di ciascheduna capsula pesavano grammi 0·0295.

Per curiosità si tornarono a pesare il giorno 8 Luglio 1891, quindi quasi quattordici mesi dopo, e si trovò che i 395 semi pesavano grammi 0·293. È perciò interessante il vedere che dopo più di un anno perdettero soltanto due milligrammi di peso.

Allo scopo di poter studiare con tutta la mia comodità la fioritura di questa pianta, raccolsi nel bosco dodici piante, sei brevistile e sei longistile, e le piantai in sei vasi nel seguente ordine.

Nel vaso segnato I una brevistila ed una longistila.

```
 »      »      »  II   »       »       »   »      »
 »      »      »  III due brevistile.
 »      »      »  IV   »       »
 »      »      »  V    »   longistile.
 »      »      »  VI   »       »
```

Di queste piante morirono tutte eccettuate quelle dei vasi segnati I e II. Questi due vasi si collocarono tra le controfenestre di una stanza riscaldata durante l' inverno ed in cui la temperatura oscillò tra i $+10°$ ed i $+12°$ C. In tal modo si impedì ai pronubi l' accesso ai fiori. Incominciando dal 20 Gennajo 1891, i vasi venivano illuminati dal sole, da due a quattro ore al giorno. Sulla fioritura di queste quattro piante istituii le osservazioni che si leggono nella seguente tabella, e nelle linee che la seguono.

Data della fioritura	Vaso I		Vaso II		Data della fioritura	Vaso I		Vaso II	
	brevistila	longistila	brevistila	longistila		brevistila	longistila	brevistila	longistila
1890.					**1891.**				
Ottobre 1	—	...	1	—	Febbrajo 22	2	3	2	2
» 2	—	1	—	—	» 23	—	2	2	2
1891.					» 24	—	1	3	3
Gennajo 7	—	...	1	—	» 25	3	1	4	4
Febbrajo 5	—	2	—	—	» 26	4	4	2	1
» 6	—	3	1	—	» 27	5	1	2	1
» 7	—	—	—	—	» 28	1	1	5	4
» 8	—	—	1	—	Marzo 1	3	—	3	2
» 9	—	—	—	—	» 2	1	1	1	3
» 10	—	2	—	..	» 3	2	1	1	4
» 11	—	—	2	—	» 4	2	1	2	3
» 12	—	—	1	—	» 5	4	1	1	1
» 13	—	2	1	—	» 6	—	1	3	3
» 14	—	1	1	—	» 7	2	—	—	1
» 15	—	1	2	—	» 8	2	—	2	1
» 16	1	1	—	—	» 9	—	—	2	1
» 17	1	2	—	—	» 10	—	—	—	2
» 18	—	3	2	—	» 11	1	—	1	1
» 19	3	1	2	—	» 12	—	—	—	—
» 20	—	1	3	—	» 13	1	—	1	—
» 21	—	—	2	—	Totale . . .	38	38	57	39

10*

Oltre i fiori perfetti segnati nella suesposta tabella, non si svilupparono che imperfettamente, quattro fiori nella pianta brevistila del Vaso I, ed otto nella longistila del Vaso II, e di questi non tengo calcolo.

Meritano poi, io credo, particolare menzione i seguenti fatti.

Tutti i fiori avevano il loro gambo isolato, eccettuati i quattro ultimi comparsi nella pianta longistila del Vaso II, e che non si svilupparono perfettamente come gli altri, i quali si dipartivano dall'apice di un breve peduncolo comune, e ciascheduu fiore era sostenuto inferiormente da una bratteola (var. *caulescens*).

Inoltre quasi tutti i fiori della pianta longistila del Vaso II invece di avere lo stigma sferico capitato come al solito, lo avevano, alcuni allungato, altri più o meno appiattito, altri con rigonfiamenti, ed altri diviso in due e talvolta in tre rami.

Finalmente osservo che nella pianta brevistila del Vaso II vi furono due fiori visibilmente più piccoli degli altri.

Senonchè il fatto più importante osservato nella fioritura di queste quattro piante, si è, che non si ottenne nemmeno una capsula. E che cosa vorrà significare che di 172 fiori nessuno fu fecondato, abbenchè le piante fossero in ottime condizioni per il loro sviluppo, come lo dimostra il fatto che germogliarono e fiorirono rigogliosamente? A mio credere la risposta più ovvia si è che questa pianta non ha la faccoltà di fecondarsi da sè senza l'intervento di pronubi; e pronubi non potevano arrivare fino a questi piante, rinchiuse come erano tra le controfenestre.

In questi fiori rivolti sempre, durante tutto il loro sviluppo, perpendicolarmente coll'apertura del tubo corollino all'insù, si capisce facilmente che nei fiori longistili il polline non può cadere spontaneamente sullo stigma corrispondente; ma perchè ciò non succede nei fiori brevistili dove lo stigma è più basso delle antere? A mio credere, ciò succede perchè, come si è detto più sopra, le antere mature si aprono ai lati e più verso all'esterno e ricoprono lo stigma di una specie di volta, attraverso la quale non possono passare i granuli del polline.

Ma neppure la fecondazione incrociata, il passaggio cioè del polline da fiore a fiore sia della stessa o di piante differenti brevistile e longistile, non succede in questa pianta senza l'intervento di pronubi. Ed un tal fatto lo deduco dall'osservazione che in tutti e due i vasi, in un dato momento della fioritura delle due piante brevistila e longistila, i fiori si intrecciavano tra loro, eppure non si fecondarono mai.

A mio credere, resta perciò provato, che senza l'intervento di pronubi, in questa pianta non succede nè l'autofecondazione nè la fecondazione incrociata.

Che se la fecondazione di questa pianta succede soltanto per l'intervento di pronubi, quali sono essi? E qui prima di enumerati, osserverò quanto fu già detto da Darwin, e che non isfuggì agli altri osservatori, che rarissime volte si vedono insetti nell'atto di visitare i fiori di questa pianta, anzi io devo aggiungere che in tutte le mie escursioni non vidi mai posarsi nessun insetto sui fiori di questa pianta, sebbene ne trovassi spesso di nascosti nel loro tubo corollino come dirassi più sotto. Nè posso trattenermi dal fare la seguente riflessione. Se rari sono i pronubi, per moltiplicare la probabilità della fecondazione a mezzo degli insetti, egli è probabile che servi la grande quantità non solo, ma altresì il colore splendido di questi fiori, i quali così diventano più facilmente reperibili dai pronubi.

Ed ora passerò in rassegna i pronubi osservati da altri e da me, trattando separatamente di quelli appartenenti ai singoli ordini degli insetti.

1. Lepidotteri. Diurni. Mio fratello Prof. Giovanni, mi assicura di aver vedute più volte posarsi sui fiori della *Primula acaulis* Jacq. la *Gonopteryx Rhamni* L. farfalla che si deve ritenere come vero pronubo della *Primula acaulis* Jacq. perchè ha una tromba lunga 18 *mm* e comparisce assai per tempo (14 Febbrajo 1892). Le altre specie diurne che volano nell' epoca della fioritura di questa pianta, colla loro tromba troppo curta[1]) arrivano difficilmente sino al fondo del tubo corollino, si deve perciò dire che questi lepidotteri diurni non si possono considerane come veri pronubi della pianta in discorso. Tutt' al più si potrebbero classificare come pronubi accidentali, nel senso che poggiandosi a caso prima su di un fiore brevistilo e poi su di uno longistilo, trasportano per pure accidente il polline del primo sullo stigma del secondo. Medesimamente potrebbe succedere coll' intermezzo di ditteri o di altri insetti. Ma di tali accidentalità non si può certo tener gran caleolo. — Notturni. Come sopra si disse Darwin suppone che la *Primula acaulis* Jacq. venga fecondata ordinariamente da lepidotteri notturni; la qual cosa resterà una supposizione fino a che qualcheduno più fortunato di me e dei miei antecessori, non arriverà a coglierne sul fatto questi pronubi.

2. Imenotteri. Darwin assicura di aver vedute delle piccole api nell' atto di visitare i fiori della *Primula acaulis* Jacq. Siccome non si sa a quali specie esse appartenevano, così non è possibile lo stabilire con sicurezza in qual modo queste piccole api operano l' incrociamento. Ed in vero se hanno una certa grandezza, poggiandosi prima sulla brevistila e poi sulla longistila possono trasportare il polline dalla prima alla seconda operando l' incrociamento. Che se poi sono molto piccole, possono penetrare nell' interno del tubo corollino, caricarsi di polline e trasportarlo da un fiore all' altro, come forse possono anche produrre l' autofecondazione. Jo non ho mai veduto, nelle mie escursioni, posarsi piccoli apidi sui fiori della *Primula acaulis* Jacq., ne ne ho mai trovato nell' interno del tubo corollino. Così pure non vidi mai posarsi su questi fiori le femmine dei *Bombus* ne altri grossi apidi che compariscono nel tempo della fioritura di questa pianta, abbenchè frequentassero assiduamente i fiori vicini della *Pulmonaria officinalis* L. E ciò deve fare meraviglia perchè alcuni di essi hanno un rostro abbastanza lungo[2]) da poter penetrare fino al fondo del tubo corollino della *Primula acaulis* Jacq.

---

[1]) *Papilio podalirius* L. Lunghezza della tromba 12 *mm*.
Pieris rapae L.　　　　"　　　"　　　•　11　"
Vanessa polychloros L.　　　"　　　"　　　•　14　"
Antocharis cardamines L. "　　　•　　　•　14　"

[2]) Così nell' *Anthophora pilipes* Fabr. ♀ il rostro è lungo 15 *mm*.
　,　*Bombus hortorum* L. var. *argillaceus* Scopoli ♀ il rostro è lungo 18 *mm*.

3. Coleotteri. Il chiarissimo entomologo Sign. Bernardino Halbherr trovò nel tubo corollino della *Primula acaulis* Jacq. i seguenti piccoli coleotteri: *Anthobium robustum* H., *Brachypterus gravidus* Ill., *Meligethes umbrosus* St., *Meligethes erythropus* Gyll. Questi piccoli coleotteri caricandosi di polline possono produrre l'antofecondazione, ovvero trasportandolo da un fiore all'altro produrre la fecondazione incrociata.

4. Tripsidi. Come già avera osservato Darwin, i tripsidi si riscontrano in abbondanza nei fiori della *Primula acaulis* Jacq. Ed anche questi, come i piccoli coleotteri, possono produrre tanto l'antofecondazione quanto la fecondazione incrociata.

5. Ditteri. Il mio amico Sign. Mario Bezzi osservò nei dintorni di Milano che il *Bombylius medius* L. frequentava i fiori della *Primula acaulis* Jacq. Parerebbe però che anche questo insetto debba annoverarsi fra i pronubi accidentali, perchè possiede una tromba forse troppo curta per arrivare fino al fondo del tubo corollino della *Primula acaulis* Jacq.

Per cui esclusa, per i fatti suesposti la possibilità tanto dell'antofecondazione quanto della fecondazione incrociata senza l'intervento degli insetti, a mio parere, si deve addivenire alle seguenti conclusioni:

1. I pronubi ordinari della *Primula acaulis* Jacq. tanto per l'antofecondazione quanto per la fecondazione incrociata sono i Tripsidi ed i piccoli Coleotteri sopraenumerati; e la *Gonopterix Rhamni* L. per la fecondazione incrociata.

2. Resta a provarsi se piccoli apidi abbiano una e quale importanza nella fecondazione di questa pianta.

3. Osservatori più fortunati, potranno forse stabilire se e quali Lepidotteri notturni, sieno da annoverarsi tra i pronubi della *Primula acaulis* Jacq.

4. Forse, come sopra si disse, si dovrà ascrivere una qualche importanza anche a quegli insetti che designai come pronubi accidentali.

5. Finalmente se non si trovano pronubi dal rostro lungo (se si eccettui la *Gonopterix Rhamni* L.) che servino alla fecondazione incrociata nel modo tanto classicamente descritto da Darwin, perchè la *Primula acaulis* Jacq. è eterostilica dimorfa? Questa riflessione mi fa sperare che un giorno o l'altro, da qualche fortunato osservatore, si ritroveranno i pronubi classici in discorso, i quali, non essendo mai stati veduti da nessuno durante il giorno (eccettuata la *Gonopterix Rhamni* L.), dovranno a mio credere, ricercarsi tra gli animali notturni, e precisamente, come già disse il Darwin, tra i Lepidotteri notturni a lunga tromba che si sviluppano durante l'epoca della fioritura della *Primula acaulis* Jacq. Ma anche questa speranza potrebbe essere vana, se l'eterostilia fosse per avventura il rimansuglio di tempi andati, e se i pronubi d'una volta più non esistessero. Ovvero potrebbe anche essere che tali pronubi esistessero soltanto in certi paesi o solo in dati tempi, per cui questa pianta per ovviare alla quasi totale mancanza dei pronubi classici ed alla rarità degli altri, si propaga altresì rigogliosamente per gemme dalle radici, ed è una pianta perenne.

Ma a tutte queste questioni risponderanno, io spero, osservatori più fortunati e più di me valenti.

Ueber das sogenannte Stillstandstadium in der Entwicklung der Oestriden-Larven.

Von

Prof. Dr. Friedrich Brauer.

(Vorgelegt in der Versammlung am 3. Februar 1892.)

Ich habe in meinen Arbeiten über Oestriden wiederholt hervorgehoben, dass man bei Beobachtung des Verlaufes des parasitischen Lebens der Larve, dessen Erscheinungen auf verschiedene Weise zum Ausdruck kommen, eine räthselhafte, noch unausgefüllte Lücke findet. Das heisst, man kennt das Brutabsetzen der weiblichen Fliege und die neugeborene Larve, aber von diesem Moment an findet man im Körper des Trägers bei dessen Obduction lange Zeit keine Spur der sicher darin befindlichen Larven.

So ist es bei *Hypoderma Diana*, welche im Mai ihre Eier auf Rehe ablegt, erst im Jänner, also nach acht Monaten, gelungen, die Larven im Unterhautzellgewebe zu entdecken (siehe Monographie der Oestriden, S. 101 und 274). Ebenso hat man bei Cephenomyien, welche larvipar sind, die Larven erst in einem weiteren Häutungsstadium Anfangs Jänner (Röse) hoch oben in der Nasenhöhle aufgefunden, während die Brut wohl schon im August abgesetzt worden sein dürfte (l. c., S. 188).

Unterscheidet man im Verlaufe des Parasitismus mehrere Stadien: 1. das Einwandern der neugeborenen Larven, 2. die durch die Parasiten hervorgerufenen Erscheinungen (bei Hypodermen das Erscheinen der Larven im Unterhautzellgewebe, das äusserlich sichtbare Hervortreten der Dasselbeulen, bei Cephenomyien die catarrhalischen Symptome im Schlunde) und 3. das Abgehen der reifen Larven vom Wohnthiere, so liegt die genannte Lücke zwischen dem 1. und 2. Stadium. Ich habe daher in dem Verlaufe ein Stillstandstadium (l. c., S. 38, 9.) angenommen, welches sich auch noch dadurch rechtfertigen lässt, weil die Larve nach diesem Stillstandstadium nicht bedeutend gewachsen erscheint, obschon dieses den längsten Zeitraum des periodischen Parasitismus ausfüllt. Es besteht sonach auch bei der Larve eine gewisse Verlangsamung des Wachsens, was bei anderen

Muscarien-Larven nicht beobachtet wurde, vielleicht aber bei den parasitischen Tachinarien im beschränkten Sinne ebenso gefunden werden dürfte. In Betreff der Cephenomyien ist diese Lücke theilweise durch Dr. J. Csokor ausgefüllt worden. Die von der weiblichen Fliege geborene Made, welche ich zuerst beschrieben habe, ist nur 1 mm lang (l. c., S. 189), die von Röse in der Nasenhöhle gefundene Larve war im Jänner 3 mm lang und wie ich aus dem Vergleiche der Hautdornen ersehe, welche viel grösser als bei der neugeborenen Larve erscheinen, jedenfalls von der neugeborenen durch eine Häutung getrennt (man vergleiche l. c., Taf. IX, Fig. 2 mit Fig. 3). Die von Röse gefundene Form gehört also schon dem zweiten Stadium an. Zwischen beiden steht nun die von Csokor in der Luftröhre eines Rehes gefundene Form, welche 2·5 mm lang ist, die kleinen Hautdornen der neugeborenen Larve zeigt und somit wahrscheinlich das ausgewachsene erste Larvenstadium darstellt.

Das erste Stadium wäre somit 1—2·5 mm, das zweite Stadium 3—14 mm und das dritte Stadium 20—35 mm lang. Die Larve gelangt durch die Fliege in die Nase, wandert in die Luftwege (1. Stadium), geht von da zurück in die oberen Gegenden der Nasenhöhle und zuletzt in die Rachenhöhle (2. und 3. Stadium).

Insolange die Larve in den Luftwegen oder vielleicht auch im Oesophagus sich befindet, findet man sie weder im Rachen noch in den Nasenmuscheln, und das ist die längste Zeit. Warum sie aber nicht schon längst in der Luft- oder Speiseröhre gefunden wurde, daran ist wohl einfach das Jägerrecht schuld, nach welchem jene Theile dem Jäger gehören und schwer zur Untersuchung zu erlangen sind.

Ein Vorkommen erwachsener Larven in den Luftwegen ist wohl auf ein abnormes zurückzuführen, da grössere Larven durch den Reiz, den sie ausüben, wohl nicht lange ohne böse Folgen dort verbleiben oder normal vorkommen könnten. Da mehrere Exemplare der Jugendform von Dr. Csokor in den Luftwegen gefunden wurden, dieses Stadium aber noch nie von einem anderen Orte bekannt wurde, so halte ich dieses Vorkommen für das normale.

———

Bei Hypodermen hat man, nachdem die alte Ansicht, dass die Fliege mit ihrer Legeröhre die Haut des Trägers durchbohre, durch meine Beobachtungen hinreichend widerlegt war, angenommen, die neugeborene Larve bohre nach Verlassen der von der Fliege an Haare oder die Haut angeklebten Eier, selbstständig in die Haut. Diese Ansicht wurde von mir dadurch begründet, weil die Larve, welche man im Unterhautzellgewebe findet und für die jüngste Form halten musste, Mundtheile zeigt, welche zum Einbohren geeignet scheinen. Gestützt wurde diese Ansicht aber noch durch die Beobachtungen, welche ich an der neugeborenen Larve der Gattung Oestromyia machte, die sofort nachdem sie das Ei verlassen hat, wie ich das an mir selbst experimentirte, in meine Haut einbohrte (conf. l. c., S. 100 und 273), während die erwachsene Larve in

Dasselbeulen unter der Haut wie bei *Hypoderma* lebt. Freilich darf nicht unerwähnt bleiben, dass die Mundtheile der neugeborenen *Oestromyia*-Larve viel grösser sind als bei jener von *Hypoderma*.[1] Aber in beiden Gattungen entwickelt sich, wie das Dr. Adam Handlirsch für *Hypoderma* feststellte, die Larve im Ei in wenigen Tagen, ist sehr klein, nur so lang als das Ei, in welchem sie gestreckt liegt, mit dem Hinterende dem eigentlichen Anhänge des Eies zugewendet (conf. Verhandl. der k. k. zool.-botan. Gesellsch. in Wien, 1890, S. 515). Als weiterer Unterschied dieser beiden Gattungen muss noch bemerkt werden, dass sich die *Oestromyia*-Larve viel rascher entwickelt als die von *Hypoderma*, was wohl mit dem Träger im Zusammenhange steht, dessen Leben viel mehr gefährdet und kürzer ist als bei den Trägern der Hypodermen; diese leben in Ruminantiern, jene in Mäusen *(Hypudaeus)*. *Oestromyia* legt das Ei Ende August und die erwachsene Larve findet man im October, die Puppe überwintert und liefert im Juni die erste Generation, deren Nachkommen Ende August erscheinen. Hier fehlt das Stillstandstadium und ich bin geneigt, die früher beschriebenen Dasselbeulen, welche ich durch künstliche Uebertragung der Larven auf Kaninchen und Meerschweinchen erzielt habe, als die definitiven zu erklären (conf. Monographie der Oestriden, S. 274). Des raschen Verlaufes wegen, der nicht erwartet wurde, konnten sich die Larven unbemerkt entfernt und der Beobachtung entzogen haben. Nach diesen Beobachtungen war jedoch ein Vergleich der Larven beider Gattungen in Bezug ihrer Einwanderung gerechtfertigt und man muss bei der folgenden Mittheilung stets im Auge behalten, dass der Zusammenhang ein gedachter ist, weil bis jetzt noch Niemand das Einbohren der Hypodermen-Larven in die Haut gesehen und beobachtet hat, wie dies bei *Oestromyia* unzweifelhaft ist.

Von dem amerikanischen Thierarzt Cooper-Curtice wurde nämlich folgende höchst interessante Beobachtung veröffentlicht (The Oxwarble of the United States in Journal of Comparative Medicine and Veterinary Archives, Vol. XII, Nr. 6, p. 265, Juni 1891), welche durch den Befund sehr für die Wahrheit spricht.

Dr. Cooper-Curtice sagt, nachdem er festgestellt hat, dass die am Rinde in Amerika beobachtete Hautbremse niemals *Hypoderma bovis* Deg., sondern stets *Hypoderma lineata* Villers sei, Folgendes: „Von diesem Moment (vom Ei an) bis zum Erscheinen der Dasselbeulen weicht die Lebensgeschichte, wie sie von anderen Autoren dargestellt wird, von meiner Ansicht bedeutend ab. Da es nothwendig ist, die bestimmten Stadien, welche die Larve durchläuft, zu begrenzen, so sind bestimmte Namen für diese anzunehmen. Das erste Stadium ist dargestellt von Brauer (Verhandl. der k. k. zool.-botan. Gesellsch. in Wien, 1890, S. 515), es ist das die Larvenform, welche im Ei zur Entwicklung kommt: Oval-Larva Curtice.

Das nächste Stadium wird im Oesophagus gefunden: Oesophageal-Larva Curtice. Ob dieses Stadium verschieden sei von der neugeborenen Form, dem

---

[1] Bei der Larve von *Hypoderma* sind im durchsichtig gemachten Ei die Mundtheile nicht sichtbar.

Ovalstadium, oder ob noch Zwischenstadien existiren, ist erst nachzuweisen. Das Oesophagealstadium ist aber identisch mit dem Stadium des Unterhautzellgewebes (Brauer, Monographie der Oestriden, Taf. VIII, Fig. 2, sogenanntes 1. Stadium) und mit jenem ersten Stadium, welches in den Dasselbeulen erscheint. Daher, um die drei Hautstadien nicht für verschieden zu halten von jenen in einem früheren Aufsatze (Insect Life, U. S. Dept. Agriculture, Vol. II. Nr. 7 und 8, 1890) Cooper-Curtice's, ist es gut, sie 1., 2. und 3. Hautstadium zu bezeichnen. Durch thatsächliche Umstände glaube ich, dass die neugeborene Larve aufgeleckt und von dem Träger verschluckt wird und im Rachen oder Oesophagus wohnt. Diese Theorie gründet sich auf die Auffindung und das Erscheinen von Larven an den Wänden des Oesophagus im November, lange bevor sie am Rücken der Rinder hervorbrechen. Später, um Weihnachten, erscheinen die Larven in Mehrzahl unter der Haut am Rücken. Die zuerst unter der Haut zu findenden Larven haben dieselbe Grösse und dieselben Merkmale wie jene im Oesophagus. Ende Jänner und am Anfange des Februar sind alle Larven und ebenso die entzündlichen Affectionen im Oesophagus verschwunden, welche im Jänner so deutlich waren.

Wie in dem oben citirten Aufsatze bestätigt wurde, sind Larven nächst der 11. Rippe am Oesophagus gefunden worden, ebenso von Hinrichsen (Archiv f. wissensch. prakt. Thierheilkunde, Bd. XIV, 1888, S. 219) in der Dura mater des Rückenmarkes, in subcutanen Muskeln und im Unterhautzellgewebe (Brauer und Cooper-Curtice). Ferner fand ich (Cooper-Curtice, l. c., 1890) eine Larve im Bindegewebe um die Milz. Zweimal habe ich Wunden in den Muskeln des Oesophagus gefunden, welche, wie ich glaube, vom Durchbohren der Larven herrührten.

Ich beobachtete ein Jahr darauf kleine Flecke an der Innenseite frisch abgezogener Häute, die mir als Anbohrungen erschienen, welche die Larve im ersten Stadium beginnt.

In gegenwärtiger Jahreszeit (Juni) habe ich nichts mehr von diesen Flecken gefunden, denn alle Larven hatten ihre Röhren nach aussen vollendet. Die jüngsten solchen Oeffnungen haben den Umfang der darin enthaltenen Larvensegmente und von dem später um die Larve sich bildenden Sacke ist nichts zu sehen. (Das stimmt vollständig mit meiner Beobachtung; conf. Monographie der Oestriden, S. 105. Brauer.)

Gerade vor der Zeit, in welcher man junge Larven in der Haut zu finden im Stande ist, erscheint die Bedingung des sogenannten „lick" (Leckens), wie die Fleischer es nennen. Das „Lecken" ist nichts Anderes als ein Erguss von Serum in die anstossenden Gewebe, das Unterhautzellgewebe und wird verursacht durch die Entzündung, welche durch das Wandern der Larven bedingt wird. Dieses Exsudat ist auch an den Wänden des Oesophagus, gerade bevor die jungen Larven dort ganz verschwunden sind.

Dem „Lecken" folgt nach seinem Verschwinden aus dem Unterhautzellgewebe an den reich besetzten Hautstellen in der Sattelgegend das Auftreten von Larven in Säcken oder Taschen, einer Bindegewebsneubildung, im zweiten und dritten Stadium. Wenn diese Taschen vollkommen gebildet sind, verschwindet das „Lecken". Letzteres soll nach Ansicht der Farmer und Fleischer durch Lecken entstehen. Es ist jedoch leicht einzusehen, dass Rinder sich selbst lecken und gerade zu dieser Zeit, weil das Durchbohren der empfindlichen Haut durch die Larven einen Reiz erzeugt. Wenn die als „lick" („Lecken") bezeichnete Ursache ihren Sitz im Oesophagus hat, eine Stelle, welche die Zunge des Rindes nicht erreichen kann, so ist diese Ursache ein Symptom für das Vorhandensein von Larven und ein Beweis, dass diese das „lick" verursachen.

Die Larven durchbohren die Haut mittelst des Hinterendes (wurde ebenso von mir nachgewiesen, Monographie der Oestriden, S. 105 und Wiener Entomol. Zeitung, 1887, Bd. VI, Heft 1, S. 72, Brauer), welches mit einem geeigneten Bohrapparate durch die dichten Reihen von Stacheln versehen ist. Brauer und Ormerod bilden denselben bei der jungen Larve ab. Es ist wahr, dass am Vorderende wenige Stacheln und zwei Haken sich befinden, aber diese sind bedeutungslos gegen obigen Apparat am Hinterende." (Es sind hier jene zwei Haken und die dazwischen liegende Spitze gemeint. welche allerdings bei der jungen Hypoderma-Larve sehr klein sind, aber bei Oestromyia grösser erscheinen und dort in ihrer Function beim Einbohren der Larve von aussen in die Haut des Trägers genau beobachtet wurden, daher nicht ganz ausser Acht zu lassen sind. Brauer).

Soweit Cooper-Curtice. Was noch am Schlusse über das Häuten der Larven und über deren weitere Entwicklung gesagt wird, habe ich bereits im Jahre 1862 (Verhandl. der k. k. zool.-botan. Gesellsch. in Wien, Bd. XII, S. 505 und Archiv für Naturw. v. Troschel, 1862, S. 210) festgestellt.

Wir empfehlen diese höchst interessanten Beobachtungen Allen, die in der Lage sind, dieselben weiter zu prüfen, und heben namentlich hervor — mögen auch noch die erwähnten Beobachtungen an Oestromyia, sowie die Mundtheile der jungen Larve gegen die Ansicht sprechen, dass die Hypodermen-Larven ihren Weg unter die Haut durch den Mund und die Speiseröhre des Wirthes nehmen —, dass doch die Thatsache festgestellt ist, dass die Hypodermen-Larven vor ihrem Abgange die Haut von innen nach aussen durchbrechen, dass sie vorher im Zellgewebe verschiedener Organe und in Muskeln als pralle cylindrische Körper, vielleicht mehr passiv als activ, ähnlich wie fremde Körper (Nadeln), wandernd gefunden wurden und dass Cooper-Curtice 200 Exemplare im Oesophagus, 45 des ersten Hautstadiums im Unterhautzellgewebe, 150 des zweiten und 550 des dritten Hautstadiums gefunden hat. Dieses Verhältniss spricht sehr für das normale Vorkommen der Jugendform im Oesophagus, während das erste Hautstadium thatsächlich am schwersten gefunden wird, weil seine Zeit eine sehr kurze und sein Aufenthalt ein verschiedener ist. Weiter spricht für diese Beobachtung ein ähnliches Einwandern bei Gastrophilus-Larven, von denen man aber auch nur die neugeborene Larve, wie sie das Ei verlässt, und das letzte Stadium kennt. Die dazwischen liegenden Stadien sind nur ganz zweifelhaft bekannt.

Das verschiedene Verhalten bei Oestromyia würde durch die Lebensweise auf Nagern, durch die kürzere Entwickelungsdauer und durch die stärkere Ent-

11*

wickelung der Mundtheile der neugeborenen Larve seine Erklärung finden, indem wir die kleinen Mundtheile der Hypodermen-Larve als Rückbildungen durch Nichtgebrauch anzusehen hätten, wie ja auch thatsächlich die Imago bei *Oestromyia* einen entwickelten Rüssel zeigt, während *Hypoderma* kaum ein Rudiment davon zeigt. Das Typische der Oestriden-Gruppe ist hier zur vollen Entwickelung gekommen, während *Oestromyia* mehr ihre Herkunft von verwandten Muscarien zur Schau trägt. Ueberhaupt bildet heute die Gruppe der Oestriden keine so scharf begrenzte Formenreihe wie vor 40 Jahren, wo man sie als Familie betrachtete. Ich habe in den „Oestriden des Hochwildes" 1858 zuerst die Ansicht vertreten, dass diese Fliegen nur ein Zweig der Muscarien seien.

Die österreichischen Arten der Gattung *Hilara* Meig.

(Mit Berücksichtigung der Arten Deutschlands und der Schweiz.)

Von

Prof. Gabriel Strobl.

(Vorgelegt in der Versammlung am 3. Februar 1892.)

Die Gattung *Hilara* wurde von Meigen, III, 1 (1822), aufgestellt, Taf. 22. Fig. 1—5 illustrirt und von allen späteren Autoren in demselben Umfange beibehalten. Die Charakterisirung derselben ist in Schiner, I, 112, vollständig richtig und erschöpfend gegeben; nur sind die Augen nicht bei allen ♂ getrennt. Sämmtliche Arten stimmen im Bau der Fühler, der Taster, des kurzen, dicken Rüssels, des Kopfes, des Flügelgeäders, in der Thoraxbeborstung (besonders in den immer langen und starken Borsten am Rande des Thoraxrückens), in den vier bis zehn Borsten am Hinterrande des sonst kahlen Schildchens, im Bau des Hypopygium, die meisten ♂ auch in den verdickten Vorderfersen so sehr überein, dass eine Zerlegung in kleinere Gattungen durchaus nicht im Interesse der Wissenschaft wäre. Die ♂ besitzen allerdings oft eigenthümliche Auszeichnungen, die ♀ hingegen sind so gleichmässig gebaut, dass die Bestimmung derselben bisher zu den schwierigsten Aufgaben zählte. Sie sind übrigens in weitaus den meisten Fällen — nach Abrechnung der eigenthümlichen Merkmale der Vorderschienen und Vorderfersen ♂ — den ♀ überaus ähnlich, nur wenige ♀ (z. B. *pruinosa, littorea, heterogastra*) weichen auch in der Färbung so bedeutend ab, dass sie früher für verschiedene Arten gehalten wurden.

Diese Gattung wurde bisher sehr stiefmütterlich behandelt. Die Enträthselung der älteren Beschreibungen bietet unglaubliche Schwierigkeiten, da die wenigsten ausführlich genug sind; eigentlich mustergiltige Beschreibungen fand ich nur bei *Hilara sartrix* Becker und *magica* Mik. Weniger gründlich, aber doch sehr brauchbar sind auch die von Dir. Loew in der Berliner Entomol. Zeitschrift, 1873, gegebenen; alle übrigen haben weder die wichtige Beborstung des Thoraxrückens, noch die der Beine hinreichend berücksichtigt; auch der Bau der Beine, die Länge der Tarsenglieder, namentlich die zur sicheren Bestimmung wichtige Gestalt der Hinterschienen des ♀ wurde fast nie erwähnt.

Manche ältere Arten, z. B. *quadrivittata*, sind Sammelarten; ich vermied aber so viel als möglich Neubenennungen und verwendete auch solche Namen; Schiner's *quadrivittata* (Hofmuseum) enthält z. B. auch *pubipes* Loew, *clypeata* enthält drei verschiedene Arten etc.

Die Schwierigkeiten werden noch erhöht durch die besonders bei dieser Gattung häufig vorkommenden unausgefärbten Formen. Auch wenn der Körper schon völlig ausgefärbt ist, bleiben die Beine längere Zeit unausgefärbt und unreif; daher findet man sehr häufig Exemplare, bei denen die Beine breitgedrückt, besonders die Vorderfersen der ♂ unregelmässig gebogen, abgeplattet, bedeutend länger und breiter sind, als bei vollkommen ausgereiften Individuen. Die im reifen Zustande schwarzen oder schwarzbraunen Beine sind im unreifen braun oder gar licht gelbbraun, so dass man versucht wäre, die Art unter den gelbbeinigen aufzusuchen. Alle dunkelbeinigen Arten besitzen aber in unreifem Zustande nur gelbbraune Beine und fast immer bedeutend lichtere Kniee, während die Beine der wirklich lichtbeinigen Arten immer rothgelb ohne deutlich lichtere Kniee sind; liegt also ein unreifes Exemplar mit braungelben Beinen (und lichteren Knieen) vor, so suche man es unter den dunkelbeinigen Arten. Selbstverständlich wähle man anfangs möglichst ausgereifte und unbeschädigte Exemplare; minder gut erhaltene oder unreife Exemplare werden sich später wohl auch mehr oder weniger sicher unterbringen lassen. Um bei der Färbung des Kopfes sicher zu gehen, beachte man wohl, ob derselbe nicht etwas fettig glänzt und behandle ihn in diesem Falle nach Prof. Mik's Anweisung „Ueber das Präpariren der Dipteren" mit Schwefeläther. An den Leib angelegte Beine lassen sich bei einiger Vorsicht mittelst einer mässig starken Nadel selbst bei trockenen Exemplaren unschwer in eine zur Untersuchung der Beborstung geeignete Lage bringen.

Kopf. Der Umriss des Kopfes, der Bau, die Färbung und feine Behaarung der Fühler, sowie ihr Endgriffel bieten nur selten ein zur Unterscheidung der Arten brauchbares Merkmal, wurden daher meist übergangen. Die Stirne ist anfangs immer so breit als das meist mässig breite Gesicht und erweitert sich allmälig gegen den Scheitel; nur wenige Arten besitzen eine auffallend breite oder schmale Stirne, nur die ♂ zweier Arten auf der Stirne zusammenstossende Augen. Unter Rüssel verstand ich gewöhnlich nur die harte, glänzend schwarze bis schwarzbraune Oberlippe (labrum); selbst diese zeigt nur unbedeutende Differenzen, die übrigen Theile des Rüssels ausser etwa ihrer Färbung fast gar keine. Die Grösse, Färbung und Beborstung der Taster liefern hingegen manchmal, wenigstens bei den grauen Arten, gute Unterschiede, selten bei den schwarzen Arten, bei denen sie ausnahmslos schwarz sind.

Der Thoraxrücken besitzt bei allen Arten drei behaarte Streifen (Interstitien Loew's), nämlich einen bald regelmässig zwei- oder vierreihig, bald unregelmässig 2—3—4-, bald vorne zwei-, rückwärts vierreihig behaarten Mittelstreifen (Acrostichalbörstchen Mik's) und zwei gewöhnlich einreihig, öfters aber auch unregelmässig 2—3-reihig behaarte Seitenstreifen (Dorsocentralbörstchen Mik's); die Anordnung der Börstchen ist für die meisten Arten sehr constant, bei ♂ und ♀ durchaus dieselbe und daher sowohl zur Bestimmung der Art, als auch zur Erkennung der Zusammengehörigkeit der Geschlechter von hoher Wichtigkeit. Die Borsten des ♀ sind meist kürzer, als die des ♂. — Zwischen diesen drei behaarten Streifen liegen zwei kahle Streifen und aussen legen sich ebenfalls zwei kahle Streifen an (Striemen Loew's), so dass stets sieben abwechselnd kahle und behaarte Streifen vorkommen. Bald sind die drei behaarten, bald die vier unbehaarten oder wenigstens die zwei inneren deutlich dunkler, nicht selten aber ist der Thoraxrücken fast ganz einfärbig schwarz oder licht. Die Ausdrücke „Thorax dreistriemig, vierstriemig" etc. bedeuten, wenn nicht ausdrücklich das Gegentheil gesagt ist, drei oder vier dunkle Streifen. Die Angaben über die Länge der Thoraxborsten beziehen sich stets nur auf die drei behaarten Streifen; die bei allen Arten gleichmäsig vorkommenden, viel längeren und stärkeren Borsten am Rande des Thoraxrückens wurden meist nicht berücksichtigt. Das Schildchen besitzt meist nur vier Randborsten, die mittleren stets stärker; seltener 6—10. Die Zahl ist nicht ganz constant; vierborstige Arten können auch mit 5—6, sechsborstige mit 5—8 vorkommen.

Hinterleib. Ausser Form, Farbe, Glanz ist die Behaarung oft von Wichtigkeit; die meisten Arten besitzen längere und stärkere Randborsten der Ringe, eine Art von stets einreihigen End-Macrochaeten. Das Hypopygium ist im Ganzen sehr einförmig gebaut, stets geschlossen, seitlich ± zusammengedrückt, sehr oft zweischneidig; doch fanden sich zahlreiche zur Bestimmung sehr brauchbare Unterschiede in der verschiedenen Form und Grösse des Ganzen oder einzelner Theile. Die Angabe „Hypopygium dem Körper eng angeschlossen" bezieht sich nur auf die überwiegende Mehrzahl der Fälle; bei jeder Art mit gewöhnlich angeschlossenem Hypopygium findet man auch einzelne Exemplare, bei denen es absteht oder dem Hinterleib locker aufliegt und dann oft höher erscheint, als in normaler Lage. Steht es ab, so sieht man am oberen Ende jeder der zwei Seitenlamellen 1—3 Dornspitzen, die theils der Seitenlamelle inserirt sind (analog wie bei *Clinocera*), theils vielleicht (die innersten) als die Enden von inneren, nicht sichtbaren Organen zu betrachten sind; ich wählte gewöhnlich den Ausdruck „Oberes Vorderende der Seitenlamellen mit ... Dornspitzen". Bei eng angeschlossenem Hypopygium muss man freilich auf die Vergleichung dieser oft nicht unwichtigen Dornspitzen verzichten, ausser man weicht das Exemplar auf; in der Bestimmungstabelle gelangt man auch ohne dieses Merkmal zum Ziele. Ich beschrieb das Hypopygium immer nur so weit, als es sich ohne Zerlegung und Präparation einer scharfen Lupe zeigt.

Beine. Die Länge, Stärke, der Bau der Schenkel, Schienen und Tarsen, besonders der Vorderschienen und Vordertarsen des ♂, der Hinterschienen des ♀, sowie die Anordnung, Menge und Stärke der Behaarung und Beborstung variirt in dieser Gattung ganz ausserordentlich und liefert daher sehr gute und leicht sichtbare Merkmale zur Unterscheidung der Arten. Statt „vorderer Metatarsus" etc., zog ich die Meigen'schen Ausdrücke „Vorder-, Mittel- und Hinterferse" vor. Die Schienen beschrieb ich stets in ihrer natürlichen Lage, bei der die Vorder- und Mittelbeine senkrecht zur Körperaxe, die Hinterbeine aber parallel mit der Körperaxe stehen; die Rück- = Aussenseite der vorderen Schienen ist dann =

Aussenseite der Hinterschienen = die von der Körperaxe abgewendete Seite; die Rückseite der Hinterschienen aber ist die am weitesten rückwärts gelegene Seite derselben; die Ausdrücke „Vorder-, Hinter- und Innenseite" ergeben sich dann von selbst. Da fast alle dunkelbeinigen Arten schmal rothgelbe Kniee besitzen, wurde dieser Umstand oft nicht erwähnt; nur wenn auch die Knice schwarz sind, wird dieses Merkmal besonders hervorgehoben.

Flügel. Diese sind bei allen Arten ausserordentlich gleichförmig gebaut. Der Vorderrand, die Gestalt und Länge der Basalzellen, die Anal- und Discoidalzelle, die drei aus derselben „entspringenden" Adern, die immer sehr feine und abgekürzte Axillarader und die fast ebenso feine und ebenfalls verkürzte Verlängerung der Analader über die Analzelle hinaus bieten fast gar keinen Unterschied und wurden daher bei den Einzelbeschreibungen meist übergangen. Bessere Unterschiede liefert das Randmal, sowie die Länge und Form der Endgabel, doch sind auch hier die Angaben nur mit Vorsicht zu verwerthen, da der Ursprungswinkel und Verlauf der oberen Zinke (= Spitzenquerader Meigen's) mitunter variirt. Bei Untersuchung dieses Winkels muss man die Lupe senkrecht zur Flügelfläche halten, denn bei schiefer Stellung der Lupe erscheint der Winkel immer viel spitzer, als er in Wirklichkeit ist. Monströse Aderverzweigungen kommen, da die Adern meist kräftig sind, nur selten vor, etwa eine überzählige Querader zwischen Spitzenquerader und der zweiten Längsader, eine Anhangszelle zur Discoidalzelle etc.

Zum Schlusse der Einleitung erübrigt mir noch die angenehme Pflicht, meinen herzlichsten Dank auszudrücken dem Herrn Prof. Dr. Friedrich Brauer für die gütige Zusendung der Schiner'schen Typen und die Erlaubniss, das Materiale des Hofmuseums zu studiren, dem Herrn Custos Rogenhofer für die freundliche Erlaubniss zur Benützung der reichen Bibliothek des Hofmuseum, sowie dem Herrn Prof. Tief in Villach für die bereitwillige Ueberlassung seines fast 400 Exemplare reichen Hilara-Materiales, meist aus Kärnten und Oesterreichisch-Schlesien. Dieses enthielt auch 62 zumeist von Herrn Kowarz determinirte Stücke in 24 Arten, aus welchen ich viel Nutzen zog, wenn ich auch mit manchen Determinationen nicht einverstanden bin; zu den vier nov. spec. Kow. i. litt., welche sich darunter befanden, verfasste ich die Beschreibung und publicire sie mit Herrn Kowarz' freundlichst gegebener Erlaubniss unter den von ihm gegebenen Namen. Auch Prof. Thalhammer in Kalocsa und Herr Theodor Becker in Liegnitz überliessen mir bereitwilligst ihr reiches Materiale. Leider versagten mir die übrigen österreichischen Dipterologen, an welche ich mich um Hilara-Materiale wandte, ihre Mitwirkung, so dass die Angaben über die geographische Verbreitung noch manche Lücken aufweisen. Alle Angaben über Oesterreich und Steiermark stammen, wenn kein Findername angegeben ist, aus eigenen Funden. Von den bisher aus Cisleithanien publicirten Arten fehlt mir keine einzige, von den durch Loew aus Herculesbad beschriebenen nur zwei, beide nur in einem Geschlechte beschrieben. Da aber möglicher Weise auch diese, sowie die übrigen aus Nord- und Mitteleuropa publicirten Arten in Oesterreich noch könnten aufgefunden werden, so nahm ich sie, wenn sie analytisch verwendbare Unterschiede besassen, in den Bestimmungstabellen auf, ebenso die ♀ der wenigen, mir nur im männlichen Geschlechte bekannten Arten, aber nur so weit, als sich aus dem ♂ mit Sicherheit schliessen liess oder nach den vorhandenen Angaben der Autoren. Selbstverständlich übernehme ich keine Garantie für die Richtigkeit der Beschreibung der mir unbekannten ausserösterreichischen Arten. Die mir nicht durch Autopsie bekannten Formen sind stets mit * bezeichnet. Wegen der schwierigen Unterscheidung der zahlreichen Arten musste die Tabelle etwas ausführlicher werden.

Bestimmungstabelle der Männchen.

1. Thorax ganz oder grösstentheils rothgelb, ebenso die Beine. 2.
Thorax ganz oder fast ganz dunkel. 5.
2. Thoraxrücken rothgelb, nicht oder kaum verdunkelt. Grössere Arten (wenigstens 4 mm); Randmal blass, die zwei ersten Glieder der Vordertarsen schwach verdickt. 3.
Thoraxrücken deutlich verdunkelt; circa 3 mm. 4.
3. Thorax einfärbig oder schwach dunkel gestriemt. Hinterleib ganz oder zum grössten Theile rothgelb. *flava* Schiner. 56.
Thorax mit zwei blassen Striemen, Hinterleib schwarzbraun. *thoracica* Meq. * 57.
4. Kopf und Thoraxrücken fast ganz aschgrau bereift. Schwinger und Hinterleib ganz rothgelb; Randmal sehr blass. *tenella* Fall. 58.
Thorax unbereift: Stirne, Mitte des Rückenschildes, Schwingerknopf, Randmal und Hinterleibsende schwarzbraun. *ephippium* Scholtz.
5. Vorderferse gar nicht verdickt, dünn und lang. 6.
Vorderferse deutlich dicker als die Schiene und die folgenden Tarsenglieder. 10.
6. Augen auf der Stirne ganz zusammenstossend. Thorax schwarz, Schwinger dunkel, Beine und Bauch blassgelb. 7.
Augen nicht ganz zusammenstossend. 8.
7. Thoraxrücken glänzend schwarz. *flaripes* Meig. 45.
Thoraxrücken schwärzlich, matt. *gracilipes* Boh., Zett. *
8. Augen sehr schmal getrennt, Thoraxrücken glänzend grau mit zwei schwärzlichen Striemen, Beine und Bauch blass rothgelb, Hinterleibsringe mit weisslichen Endsäumen. *cingulata* Dalb. 44.
Augen ziemlich breit getrennt, Körper und Beine schwarz. 9 a.
9 a. Flügel milchweiss, mit sehr blassen Adern. *tyrolensis* n. sp. 12 b.
Flügel grau, mit dunklen Adern. 9 b.
9 b. Discoidalzelle verlängert, trapezartig, Thorax etwas glänzend, nicht licht gestreift, Vorderschienen auffallend verdickt. *minuta* Zett. * 13.
Discoidalzelle nicht verlängert. Thoraxrücken ganz matt, rückwärts mit vier feinen lichten Streifen; Vorderschienen nicht verdickt. *simplicipes* n. sp. 12.

10. Thoraxrücken von vorne gesehen ganz schwarz, höchstens mit zwei feinen lichten Streifen; selten von der Seite gesehen schwarzgrau. mit drei breiten schwarzen Streifen; Stirne und Hinterkopf matt schwarz, Schwinger, Hüften, Beine ganz dunkel (letztere meist mit lichten Knieen); höchstens 4 *mm.* 11.

Thorax von vorne gesehen nicht ganz schwarz, von der Seite gesehen deutlich dunkelgrau oder noch lichter; wenn braunschwarz, so Schwinger oder Beine — letztere wenigstens an den Vorderhüften — licht. 29.

11. Hinterschenkel stark verdickt, an der Spitze plötzlich ausgeschnitten verdünnt. 12.

Hinterschenkel einfach oder, wenn ziemlich dick, nicht ausgeschnitten verdünnt. 16.

12. Vorderferse nur mässig verdickt, so lang als die Schiene, länger als die übrigen Tarsenglieder zusammen, messerklingenartig, mit tiefer Längsfurche; Flügel glashell, mit ziemlich blassen Adern. *suleitarsis* n. sp. 15.

Vorderferse bedeutend kürzer und dicker als die Schiene, nicht klingenartig. Flügel graulich oder noch dunkler, Adern schwarz. 13.

13. Flügel schwarzgrau mit starken Adern, Acrostichalborsten in der Mitte zweireihig. 4 *mm. cumera* Loew. *

Flügel nicht schwarzgrau oder wenn fast schwarzgrau, kleinere Art. 14.

14. Acrostichalborsten 3—4-reihig, Dorsocentralborsten einreihig; Hinterleib weisslich behaart, Hypopygium oben lang gelb gewimpert. Hinterschienen rückwärts nur gleichmässig fein behaart, höchstens mit äusserst unscheinbaren, von den Flaumhaaren kaum unterscheidbaren Wimpern; meist 4 *mm. diversipes* n. sp. 16.

Hinterleib dunkler behaart, Hypopygium nicht lang gelb gewimpert. Hinterschienen ausser der feinen Behaarung auch mit deutlich dickeren und längeren Börstchen. 15.

15. Grösser (3·5—4·2 *mm*). mit äusserst kurzen, unregelmässig dreireihigen Acrostichal- und unregelmässig zweireihigen Dorsocentralborsten, schwach grauen, bisweilen fast glashellen Flügeln. *nitidula* Zett. 14.

Kleinere Art oder Varietät mit längeren, unregelmässig zweireihigen Acrostichal- und einreihigen Dorsocentralborsten, ziemlich dunkelgrauen Flügeln. *femorella* Zett. 14.

16. Vorder- und Mittelschienen mit langen Haaren besetzt. 17.

Höchstens die Vorderschienen lang beborstet; Mittelschienen ohne Auszeichnung. 18.

17. Mittelschienen sehr stark keulenförmig verdickt, ringsum mit ganz ausserordentlich langen Borsten besetzt. Mittelferse einfach. Thorax äusserst glänzend. 3 *mm. Hystrix* n. sp. 6.

Mittelschienen nur mässig verdickt, ohne Borsten, aber mit sehr dichten und langen Wollhaaren bekleidet. Mittelferse etwas verdickt. Thorax ganz matt. Circa 4 *mm. anomala* Loew.

18. Vorderschienen aussen fast unbehaart, aber mit einer Reihe sehr langer und ziemlich dicker Borsten; Thorax mässig glänzend, Hinterleib ganz matt.

Vorderferse sehr breit, eiförmig, gegen die Spitze verschmälert. *pectinipes* n. sp. 10.

Vorderschienen aussen dicht flaumig, ohne lange dicke Borsten, höchstens mit feinen langen Borstenhaaren zwischen den Flaumhaaren. 19.

19. Acrostichal- und Dorsocentralbörstchen mehrreihig; Hinterleib und Beine deutlich lichthaarig; Thorax nur von vorne gesehen fast schwarz, von der Seite gesehen dunkelgrau, mit drei schwarzen Striemen; Hinterschienen ganz ohne Borsten, wohl aber meist mit etwas längeren, sehr feinen Haaren zwischen den kürzeren; wenigstens 4 *mm*. *maura* Fbr. 17.
Dorsocentralbörstchen nur einreihig, Hinterleib und Beine dunkelhaarig; kleinere Arten. 20.

20. Thorax ganz matt, sammtschwarz, bisweilen von der Seite gesehen schwarzgrau; Vorderferse dick walzenförmig oder länglich. 21.
Thorax nicht ganz matt, von jeder Seite besehen ganz schwarz. 22.

21. Thorax mit zwei feinen, glatten, vorne nicht oder kaum verkürzten, grauweissen Streifen, von der Seite besehen öfters dunkelgrau, mit drei breiten schwarzen Striemen; Flügel grau. Vorderschiene aussen langflaumig, mit einigen noch längeren Borsten; Vorderferse allseitig fein und lang behaart. *longevittata* Zett. 11.
Ganz wie vorige, aber Vorderschienen und Vorderfersen nur sehr kurzflaumig. Vorderferse viel dünner. Subspec. *andermattensis* m. 11 *b*.

22. Vorderschiene aussen ziemlich langflaumig und dazwischen mit einigen noch längeren feinen Borstenhaaren; Vorderferse entweder langflaumig oder mit einigen langen Borstenhaaren. 23.
Vorderschiene aussen nicht langflaumig und ausser den Apicalborsten ohne auffallend lange Borstenhaare; Vorderferse kurz oder sehr kurz behaart, ohne Borstenhaare. 25.

23. Hinterleib ganz matt, selten sehr schwach glänzend; Thoraxrücken äusserst stark glänzend. Vorderferse quadratisch, kaum länger als breit, aussen sehr kurzflaumig, mit 1—2 längeren Borsten. Alle Beine plump, selbst die drei Mitglieder der Hintertarsen kaum so lang als breit. *chorica* Fall. 3.
Vorderferse fast doppelt so lang als breit, aussen lang flaumhaarig. Thorax mässig glänzend; Beine schlanker, die drei Mittelglieder der Hintertarsen deutlich länger als breit. 24 *a*.

24 *a*. Fast 4 *mm*. Hinterleib ganz matt. Flügel fast schwarz. *nigrina* Fall. 5 *b*.
Kleinere Arten mit lichteren Flügeln und nicht ganz mattem Hinterleibe. 24 *b*.

24 *b*. Vorderferse aussen auch noch mit einigen längeren Borstenhaaren, länglicheiförmig, etwas zusammengedrückt; die drei folgenden Glieder breiter als lang. Hinterleib mässig behaart, Hypopygium mässig gross, Beine mit lichteren Knieen. *pseudochorica* n. sp. 4.
Vorderferse genau walzenförmig, ohne längere Borsten; die drei folgenden Glieder länger als breit. Hinterleib dicht und lang behaart, Hypopygium sehr gross, Beine ganz schwarzbraun. *lasiochira* Kow. i. litt. 5.

12*

25. Die vier hinteren Beine ziemlich plump und kurz, die Vorderbeine noch plumper und kürzer; die drei mittleren Tarsenglieder selbst an den Hinterbeinen nicht deutlich länger als breit. Thorax und Hinterleib nur mässig glänzend: höchstens 3 mm. 26.

Die vier hinteren Beine ziemlich lang und schlank, die drei mittleren Tarsenglieder der Hinterbeine sehr deutlich länger als breit; mindestens 3 mm. 27.

26. Thorax tief schwarz, mit zwei deutlichen feinen, grauweissen, vorne verkürzten Striemen. Vorderferse = $^3/_4$ Schiene, Hinterschienen rückwärts deutlich gedörnelt, die drei mittleren Hintertarsenglieder ungefähr so lang als breit. Hypopygium oben sehr kurz behaart. *bivittata* n. sp. 7.

Thorax schmutzig braunschwarz in Folge unregelmässiger, sparsamer brauner Bestäubung, ohne deutliche Striemen. Vorderferse höchstens = $^2/_3$ Schiene, Hinterschienen nicht deutlich gedörnelt, die drei mittleren Hintertarsenglieder deutlich breiter als lang, nur bei einer grösseren Varietät etwas länger, als breit. Hypopygium oben ziemlich lang flaumhaarig. *Pinetorum* Zett. 8.

27. Thorax und Hinterleib schmutzigschwarz, nur mässig glänzend; Acrostichalborsten sogar vorne deutlich und entfernt vierreihig, ziemlich lang. Mittelschenkel vorne mit 4—5 auffallend langen Borstenhaaren; auch die Hinterschienen ziemlich auffällig beborstet. Flügel ziemlich glashell. *quadrifaria* n. sp. 9.

Thorax und Hinterleib stark glänzend, rein schwarz Acrostichalborsten höchstens hinten gedrängt vierreihig; Mittelschenkel nicht oder kürzer borstenhaarig. 28.

28. Acrostichalborsten rückwärts deutlich vierreihig, ziemlich lang; die Flügel schwärzlichgrau, selten nur sattgrau; Vorderferse aussen etwas länger flaumhaarig als innen. Spitzenquerader so ziemlich bajonettartig gestellt. Hinterschienen mit zwei ziemlich langen Borstenreihen. *Cornicula* Loew. 1.

Acrostichalborsten meist nur zweireihig, wegen ihrer Kürze kaum sichtbar; Flügel glashell. Spitzenquerader wie bei voriger oder stark divergirend. Vorderferse überall äusserst kurz flaumhaarig; Hinterschienen nur sehr kurz gedörnelt. *clypeata* Meig. 2.

29. Vorderschienen und Vorderfersen aussen mit zahlreichen sehr langen, starken Borstenhaaren besetzt. 30 a.

Wenigstens die Vorderferse ohne sehr lange, starke Borstenhaare, höchstens mit kurzen Börstchen. 33.

30 a. Thorax glänzend schwarz, Hinterschienen ausserordentlich lang kammförmig beborstet. *pilosopectinata* n. sp. 51 b.

Thorax nicht glänzend schwarz. 30 b.

30 b. Auch die Mittelschienen und die zwei folgenden Tarsenglieder sehr lang wollhaarig. Thorax schwarzgrau. Schwinger gelbweiss. Beine schmutzig gelbbraun, mit gegen das Ende dunkleren Tarsen. *infans* Zett.

Mittelbeine nicht auffallend behaart. 31.

31. Hinterkopf und Thorax ziemlich hell aschgrau. Acrostichalborsten vierreihig; die vorderen Beine fast ganz rothgelb. Hinterbeine grösstentheils
dunkel. *matrona* Hal. 51.

Hinterkopf und Thoraxrücken dunkel braungrau oder braunschwarz. Acrostichalborsten zweireihig. 32.

32. Schwinger rothgelb, nur stellenweise etwas verdunkelt. Das zweite Vorder-
tarsenglied wenig verdickt, doppelt so lang als breit, nicht lang beborstet.
Prothoraxstigma und der grösste Theil der Schenkel rothgelb. *cilipes*
Meig. 53.

Schwingerknopf ganz schwarzbraun; das zweite Tarsenglied ziemlich stark
verdickt, wenig länger als breit, aussen mit einigen langen Borsten. Prothoraxstigma und gewöhnlich fast die ganzen Schenkel dunkel. *spinimana*
Zett. var. *spinigera* m. 52.

33. Grosse (mindestens 4 mm), durchaus sehr dunkle Arten mit schwarzem Ober-
und Hinterkopf, fast immer dunklen Schwingern, kräftigen schwarzen Beinen,
unpaarigen dunklen, aber oft undeutlichen Thoraxstriemen. 34.

Kleinere Arten oder, wenn gross, heller gefärbt oder Beine nicht schwarz,
oder die dunklen Thoraxstriemen, wenn überhaupt vorhanden, paarig. 40.

34. Flügel schwarzgrau; 4·5—6 mm. Thorax dunkelgrau, mit drei breiten schwarzen
Striemen. Schwinger schwarzbraun, Hinterleib matt schwarz. *lugubris*
Fall. 18.

Flügel nicht schwarzgrau, höchstens grau oder bräunlich. 35.

35. 6—7 mm. Stirne auffallend schmal, anfangs kaum so breit als die Basis des
dritten Fühlergliedes. Schwinger meist rothgelb. Thorax nur mit einer
breiten Strieme. Vorderferse wenig verdickt, so lang als die Schiene. *angustifrons* n. sp. 23.

Etwas kleinere Arten. Stirne doppelt so breit. Schwinger stets dunkel.
Vorderferse kürzer und dicker. 36.

36. Hinterschienen ganz ohne Spur von Borsten, höchstens mit etwas längeren
feinen Wimpern zwischen den Flaumhaaren. Thorax von verne gesehen fast
schwarz, von seitwärts gesehen mit drei genäherten, schwarzen, scharf begrenzten Striemen. Hinterleib weisslich behaart. *maura* Fbr. 17.

Hinterschienen rückwärts mit einer deutlichen Borstenreihe. Die drei Thoraxstriemen entfernter, schwach begrenzt, oft undeutlich. Hinterleib dunkel
behaart. 37.

37. Hinterleib mehr dunkelgrau als schwarz, deutlich bestäubt. Hypopygium
gross, oft höher als das Leibesende; Vorderferse sehr stark verdickt. 38.

Hinterleib glänzend schwarz, unbestäubt. Hypopygium kleiner, nicht höher
als das Leibesende. Vorderferse weniger verdickt. 39.

38. Hinterschienen rückwärts sehr stark beborstet; Vorderferse mit einigen längeren
Borsten. Flügel grau oder bräunlich. Hinterleib meist deutlich flachgedrückt.
pilosa Zett. 20.

Hinterschienen nur schwach beborstet; Vorderferse ohne längere Borsten.
Flügel glashell. Hinterleib nicht flachgedrückt. *scrobiculata* Loew. 21.

39. Vorderferse äusserst kurzflaumig, ohne längere Borstenhaare. Schildchen vierborstig. Borsten der Ringränder und Hinterschienen fein. *dimidiata* n. sp. 19.
Vorderferse aussen ziemlich lang behaart und dazwischen noch längere feine Borstenhaare. Schildchen wenigstens sechsborstig. Borsten der Ringränder und Hinterschienen ziemlich stark. *interstincta* Fall. 22.

40. Die vier kahlen Streifen des Thorax bedeutend dunkler als die drei behaarten, ziemlich breit und scharf begrenzt, meist vollständig getrennt; wenn scheinbar nur zwei, so sind diese in der Mitte durch die damit fast verschmolzenen, beiderseits verkürzten Seitenstreifen doppelt so breit. Ausgereifte Beine immer dunkel. Schwinger licht oder dunkel. 41.
Die vier kahlen Streifen nicht oder nur ganz vorne etwas dunkler, Thorax einfärbig oder die drei behaarten Streifen dunkler; wenn deutlich zweistriemig, sind die Beine gelb. Beine und Schwinger bald licht, bald dunkel. 51.

41. Mittelschenkel vorne mit dicht gedrängter, meist auffallend langer Reihe von Flaumhaaren; Mittelschienen und Mittelfersen aussen ebenfalls dicht, aber mässig lang kammartig flaumhaarig, ohne Borsten; Kopf und der ganze Körper bläulichgrau, Hinterleib schlank, weiss behaart. Acrostichalborsten hinten vierreihig; Hypopygium nicht gross, mit zwei feinen, gekrümmten Dornen. *pubipes* Loew. 29.
Mittelschienen nicht auffallend kammartig flaumhaarig oder auch mit deutlichen Borsten. 42.

42. Hinterleib weiss behaart, sogar die feinen Randborsten — wenigstens in gewisser Richtung — weiss, höchstens ganz rückwärts einige dunkle. Kopf und der ganze oder fast der ganze Körper weissgrau oder bläulichgrau. Hypopygium gross, mit vier geraden Dornspitzen. Vorderferse (ausgereift) fast walzenförmig, etwa um die Hälfte dicker als das Schienenende. 43.
Hinterleib dunkler (wenigstens bräunlich) behaart, Randborsten in keiner Richtung weiss. Körperfarbe dunkler; bei zweifelhaften Arten sind die Seitenlamellen des Hypopygium lang dunkel behaart. 44.

43. Thoraxrücken gebräunt. Vorderschienen aussen mit langen feinen Borstenhaaren; Acrostichalborsten lang, regelmässig zweireihig; Hinterleib und Beine schlank. *hirta* Kow. i. litt. 30.
Thorax nicht gebräunt; Vorderschienen aussen nur mit kurzen Borstenhaaren. Acrostichalborsten kurz, hinten unregelmässig 2—3-reihig. Hinterleib und Beine plump und ziemlich kurz. *tetragramma* Loew. 28.

44. Vorderferse wenig breiter als das kaum verdickte Schienenende; Beine schlank, mit lichten Knieen, Schwinger licht. Acrostichalborsten regelmässig zweireihig; die vier dunklen Striemen ziemlich schwach, die mittleren genähert, die seitlichen öfters scheinbar mit denselben verschmolzen. 45.
Vorderferse dick, wenigstens um die Hälfte breiter als das Schienenende; wenn schmal, so sind die Schwinger dunkel; Beine meist ziemlich plump. Acrostichalborsten zwei- oder vierreihig. 46.

45. Ueber 4 *mm*. Vorderschienen aussen ziemlich lang behaart, dazwischen deutliche, noch längere feine Borstenhaare; Vorderferse = $^3/_4$ Schiene.

Hypopygium mässig gross. Adern schwarz. Hinterleib ziemlich schlank. *fuscipes* Fbr. 41.

3 mm. Vorderschienen aussen nur kurz behaart oder nur mit undeutlich längeren Borstenhaaren; Vorderferse kaum = $^2/_3$ Schiene. Adern braun. Hinterleib plump mit meist sehr grossem Hypopygium. *griseola* Zett. 42.

46. Grösser (4·5 mm), plump. Ober- und Hinterkopf in jeder Richtung grau; Vorderferse fast so lang und doppelt so breit, als die Schiene, aussen etwas länger behaart. Beine sehr deutlich grau bereift; Hypopygium oben lang dunkel behaart. *quadrivittata* Meig. 31.
Kleiner (höchstens 3·5 mm). Hinterkopf wenigstens von oben betrachtet grösstentheils mattschwarz, von rückwärts betrachtet oft stellenweise grau schimmernd. 47.

47. Thoraxrücken grau, alle Striemen sehr deutlich, die mittleren entfernt. Acrostichalborsten von vorne an vierreihig; Beine glänzend schwarzbraun mit lichteren Knieen; Vorderferse äusserst kurz behaart. Oberkopf wenigstens theilweise grau. 48.
Mittelstriemen sehr genähert, aber vom grauschwarzen oder braunschwarzen Grunde sich oft wenig abhebend. Acrostichalborsten überall zweireihig. Oberkopf fast ganz schwarz, Beine ohne deutlich lichtere Kniee. 49.

48. Oberkopf und eine nach unten sich dreieckig verschmälernde Hinterhauptstrieme bläulichgrau, letztere scharf schwarz begrenzt. Hinterleib schwarzbraun, Beine schlank. *carinthiaca* n. sp. 33.
Hinterkopf und Oberhaupt mattschwarz, nur ein bis zum ersten Ocellenauge reichender, meist dreieckiger Stirnfleck grau. Hinterleib dunkelgrau, Beine plump. *Beckeri* n. sp. 32.

49. Vorderschienen aussen nur mässig lang bewimpert, auch die Borstenreihen der Hinterschienen nur wenig länger, als die Flaumhaare. Die vier Thoraxstriemen scharf und deutlich; Schwinger schwarzbraun. *bistriata* Zett. 34.
Vorderschienen aussen langflaumig, dazwischen 5—8 noch längere feine Borstenhaare. Striemen ziemlich undeutlich. 50.

50. Schwinger weissgelb; Borstenhaare der Hinterschienen viel länger, als die Flaumhaare. Vorderferse aussen langflaumig. *pilipes* Zett.? (*tunychira* Kow. i. litt.). 36.
Schwinger schwarzbraun; Borstenhaare der Hinterschienen nur mässig länger, als die Flaumhaare. Vorderferse überall sehr kurzflaumig. *brevivittata* Zett. 35.

51. Flügel milchweiss mit weissen Adern; Hinterleib weissflaumig. Zarte, ganz hellgraue, 2 mm grosse Art. Beine schwarzbraun mit lichten Knieen. *niveipennis* Zett. 37.
(Anmerkung. Das noch unbekannte ♂ von *lacteipennis* Nr. 27 wird sich durch kräftigen Bau, dicke Beine, die bedeutendere Grösse etc. analog dem ♀ leicht unterscheiden lassen.)
Flügel nicht milchweiss, höchstens weisslich glashell; meist grössere Arten. 52.

52. Kleine, plumpe Arten mit kurzen, kräftigen Beinen und drei sehr deutlichen schwarzen Thoraxstriemen. 53.

Schlanke, dünnbeinige oder grössere Arten. Thorax nie scharf dreistriemig. höchstens deutlich einstriemig oder undeutlich 2—3-striemig. 54.

53. Thorax schwarzgrau mit drei sehr breiten, tiefschwarzen Striemen, einfachen Hinterschenkeln und ganz schwarzen Tarsen. 4 mm. *longevittata* Zett. (die hellere Form; siehe Nr. 21). 11.

Kleiner, bläulichgrau mit schmäleren Striemen; Hinterschenkel dick, unten mit Stachelborsten. Die ersten Glieder der Hintertarsen hell rothgelb. *Braueri* n. sp. 25.

54. 4·5 mm. Hinterleib fast ganz rothgelb. Fühlerbasis rothgelb. Alle Schenkel und Schienen lang, dicht und fast wollartig behaart, ebenso die zwei ersten Glieder der Vordertarsen. *abdominalis* Zett.

Hinterleib wenigstens oben grösstentheils dunkel. Fühlerbasis dunkel; wenn rothgelb, sind die Beine nicht wollartig behaart. 55

55. 5 mm; fast ganz silbergrau bereift. Dorsocentralborsten zweireihig. *pruinosa* Meig. 24.

Dorsocentralborsten einreihig, Körper nicht silbergrau bereift. 56.

56. 2·5 mm. Vorderbeine sehr kurz und plump, Vorderferse viel dicker und mindestens so lang als die Schiene. Acrostichalborsten lang, zweireihig oder hinten vierreihig. Schwinger und Beine schwarzbraun; letztere ziemlich lang und reichlich behaart. 57.

Grössere oder anders gebildete Arten. 58.

57. Thoraxrücken fast kupferbraun. Acrostichalborsten regelmässig zweireihig. Hinterleib braunschwarz, schwarz behaart. *Tiefii* n. sp. 38.

Der ganze Körper matt bläulichgrau. Acrostichalborsten meist hinten vierreihig. Hinterleib lang gelb behaart. *sartrix* Becker. 39.

58. 4 mm oder darüber. Bauch grösstentheils gelb durchscheinend. Acrostichalborsten 3—4-reihig, ziemlich lang. 59.

Bauch nicht oder wenig gelb durchscheinend; wenn deutlicher, so kleinere Art. Acrostichalborsten wenigstens vorne deutlich zweireihig oder wenn mehrreihig, sehr kurz. 62.

59. Kaum 4 mm. Kopf ganz grau. Acrostichalborsten überall deutlich vierreihig. 60.

Wenigstens 5 mm. 61.

60. Thorax bräunlichgrau, fast immer mit ziemlich breiter dunkler Mittelstrieme. Vorderbeine theilweise, Hinterbeine fast ganz dunkel; Randmal höchst undeutlich. *littorea* Fall. 46.

Thorax grau, ohne Rückenstrieme. Schenkel und Schienen fast ganz rothgelb; Randmal dunkel. *discolor* Kow. i. litt. 49.

61. Kopf und Thorax ziemlich hellgrau; Hinterleib stellenweise grau bestäubt mit weissgrauen Ringrändern. Fühlerwurzel theilweise rothgelb oder rothbraun; Vordertarsen ganz dunkel. *heterogastra* Now. 55.

Kopf schwarz, Thorax schwarzgrau. Hinterleib schwarzbraun, glänzend, unbestäubt, ohne lichte Ringränder. Fühler ganz dunkel; Vorderferse gelbbraun. *lurida* Fall. 54.

62. Beine mit Ausnahme der Kniee schwarz oder dunkelbraun. Randmal dunkel. 63.
Wenigstens die Vorderbeine ganz oder grösstentheils rothgelb. 64.

63. Circa 3 mm. Schwinger dunkel. Acrostichalborsten stellenweise mehrreihig. Vorderferse sehr plump, elliptisch. *pseudosartrix* n. sp. 40.
Schwinger licht; Vorderferse wenig breiter als das kaum verdickte Schienenende. Acrostichalborsten ziemlich lang, ganz regelmässig zweireihig. Hieher die striemenlosen Varietäten von *fuscipes* Fbr. und *griscola* Zett. Siehe Nr. 45.

64. Rückenschild glänzend dunkelgrau mit zwei undeutlich dunkleren Striemen. Schienen fast ganz braun; Schwingerknopf und Hinterleib schwarzbraun. Flügelgabel sehr lang und schmal. 65.
Rückenschild matt; Hinterleib deutlich grau bereift. Schwinger hell; Gabel ziemlich kurz und breit. 66.

65. Schenkel dunkel rothgelb bis grösstentheils braunschwarz. Fühler, Taster und Bauch dunkel. *cinereomicans* n. sp. 43.
Schenkel, Fühlerwurzel, Taster und Bauch licht rothgelb. *Mikii* n. sp. (Dalmatien). 43 b.

66. 2·5—3 mm. Beine schlank mit ganz dunklen Tarsen, fast ganz braunen oder schwarzbraunen Hinterschienen. 67.
Wenigstens 4 mm. Beine kräftiger, Schienen höchstens gegen das Ende gebräunt. Randmal dunkel. 68.

67. Hinterschienen mit Ausnahme der Basis schwarzbraun. Taster und Schwinger sehr licht; Randmal gelb, undeutlich. Thorax ungestriemt, Acrostichalborsten regelmässig zweireihig. *canescens* Zett. 48.
Hinterschienen höchstens braun. Taster und Schwinger öfters. Randmal immer dunkel. Acrostichalborsten vorne zwei-, hinten vierreihig. Thorax meist mit dunkler Mittelstrieme. *manicata* Meig. 47.

68. Circa 4 mm. Schienen und Tarsenwurzeln hell. Vorderferse schwach verdickt, wenig kürzer, als die Schiene; Schenkel unter allen grauen, gelbbeinigen Arten die plumpesten. Acrostichalborsten ziemlich deutlich 3—4-reihig, aber sehr kurz. *gallica* Fall. 50.
Fast 5 mm. Schienen am Ende und Tarsen ganz dunkel, auch die Schenkel oben in der Spitzenhälfte bräunlich; Hinterleib dunkelbraun. *obscuritarsis* Zett.*

Bestimmungstabelle der Weibchen.

1. Thorax und Hinterleib ganz oder grösstentheils rothgelb oder rothbraun, ebenso die Beine. 2.
Wenigstens der Thorax von schwarzer Grundfarbe. 5.

2. Wenigstens 4 mm. Hinterleib ganz licht gefärbt. 3.
Höchstens 3 mm. 4.

3. Flügel graulich mit schwarzen Adern. Fühler fast ganz schwarz; Stirne sehr schmal. Thoraxrücken und Hinterleib nicht bereift, ganz oder fast ganz rothgelb. *flava* Schiner. 56.

Flügel weisslich mit sehr blassen Adern. Fühler fast ganz rothgelb; Stirne ziemlich breit. Thoraxrücken stark bläulichgrau bereift; Hinterleib bleichgelb mit Perlmutterschimmer. *magica* Mik. 57.

4. Rücken des Thorax und Hinterleibes von lichtgrauer Bereifung weissschimmernd. Schwinger, Beine und der ganze Körper hell rothgelb; Kopf grau, Fühler grösstentheils dunkel. *tenella* Fall. 58.

Fühler, Stirne, Schwingerknopf und Mitte des Rückenschildes schwarzbraun; Hinterleib braun mit gelben Einschnitten. *Ephippium* Scholtz.* (Nach Scholtz vielleicht = *fasciata* Meig. ♀.)

5. Thoraxrücken von vorne gesehen ganz schwarz, höchstens mit feinen lichten Streifen; überhaupt meist ganz schwarz, selten von der Seite gesehen schwarzgrau mit drei breiten schwarzen Striemen. Stirne und Hinterkopf stets mattschwarz; Schwinger, Taster und Beine sehr dunkel, letztere meist mit lichten Knieen; höchstens 4 *mm.* 6.

Thoraxrücken auch von vorne gesehen nicht schwarz, von der Seite gesehen deutlich grau, braun oder noch lichter; wenn schwarz, so sind die Beine oder Schwinger gelb. 25.

6. Hinterschenkel stark verdickt, an der Spitze plötzlich ausgeschnitten verdünnt. 7.

Hinterschenkel dünn, einfach, oder wenn ziemlich dick, nicht plötzlich ausgeschnitten verdünnt. 9.

7. Vorderferse bedeutend dicker, als die folgenden Tarsenglieder; Flügel ganz glashell mit ziemlich blassen, höchstens braunen Adern. *sulcitarsis* n. sp. 15.

Vorderferse nicht deutlich dicker, als die folgenden Tarsenglieder; Flügel deutlich, oft intensiv grau mit schwarzen Adern. 8.

8. 3·5—4 *mm.* Acrostichalborsten äusserst kurz, unregelmässig dreireihig, Dorsocentralborsten unregelmässig zweireihig. Flügel schwächer grau oder fast glashell. *nitidula* Zett. 11.

Kleiner. Acrostichalborsten länger, unregelmässig zweireihig, Dorsocentralborsten einreihig. Flügel intensiv grau. *femorella* Zett. 14.

(Anmerkung. Das unbekannte ♀ von *eumera* Loew wird, wenn es überhaupt verdickte Hinterschenkel besitzt, durch schwarzgraue Flügel von *nitidula* zu unterscheiden sein.)

9. 2 *mm.* Ocellenhöcker deutlich. Beine einfach, fast nackt; Hinterschienen rückwärts kaum behaart, vorne mit äusserst kurzen, aufrecht abstehenden Wimpern. Discoidalzelle schmal verlängert. *minuta* Zett. 13.

Grösser oder doch mit anders behaarten Beinen und breit abgestutzter Discoidalzelle.

10. Flügel milchweiss mit blassen Adern. *tyrolensis.** (Analog dem ♂ beschrieben.)

Flügel nicht milchweiss, mit dunklen Adern. 11.

11. Thorax ganz matt, sammtschwarz, wenigstens hinten licht gestriemt. 12.
    Thorax wenigstens mässig glänzend, fast immer striemenlos. 13.

12. 2 *mm.* Vier lichte Striemen über die Borstenreihen nur ganz hinten deut-
    lich. Schildchen 6—8-borstig; nur die Hinterschienen schwach beborstet.
    simplicipes n. sp. 12. (Das unbekannte ♀ von *anomala* Loew wird auch
    hier einzureihen sein.)
    Wenigstens 2·5 *mm.* Thorax mit zwei durchlaufenden feinen, lichten, glatten
    Mittelstriemen; von der Seite gesehen meist dunkelgrau mit drei breiten
    schwarzen Striemen. Schildchen vierborstig; auch die Vorderschienen be-
    borstet. *longerittata* Zett. 11.

13. Hinterschienen ganz gerade, weder plattgedrückt, noch gegen das Ende deut-
    lich verdickt, höchstens an der Spitze etwas eingebogen. 14.
    Hinterschienen ± verdickt oder in der Mitte gekrümmt. 16

14. Beine kurz und ziemlich dick, die drei mittleren Tarsenglieder fast gleich
    lang und meist dicker, als lang. Hinterschienen ganz ohne Borsten; Thorax
    schwach glänzend. *Pinetorum* Zett. 8.
    Beine dünn, ziemlich lang; die Tarsen lang, die drei mittleren an Länge
    abnehmend, aber alle deutlich länger als breit. Hinterschienen deutlich be-
    borstet; Thorax sehr glänzend. 15.

15. Flügel schwärzlichgrau, selten bloss grau. Borstenreihen des Thorax und der
    Hinterschienen ziemlich auffallend. *Cornicula* Loew. 1.
    Flügel ganz oder fast ganz glashell. Borstenreihen des Thorax und der
    Hinterschienen kurz und schwach. *clypeata* Meig. 2.

16. Hinterschienen ganz gerade, von der Mitte an deutlich und genau walzen-
    förmig verdickt, an der Spitze nicht verschmälert, auf der Rückseite ganz
    ohne Borsten. Hinterleib weisslich behaart: 3·5—4·5 *mm.* 17.
    Hinterschienen etwas gekrümmt und plattgedrückt oder in der Mitte spindel-
    förmig verdickt und beiderseits verschmälert; gewöhnlich 2·5 *mm.* 18.

17. Thoraxrücken durchaus glänzend schwarz. Dorsocentralborsten unregelmässig
    einreihig. Hinterleib und Beine sehr kurz und ziemlich spärlich behaart,
    glänzend. *diversipes* n. sp. 16.
    Thorax höchstens von vorne betrachtet schwarz; von seitwärts oder rückwärts
    deutlich dunkelgrau mit drei breiten schwarzen Striemen. Dorsocentral-
    borsten mehrreihig. Hinterleib und Beine ziemlich auffallend flaumhaarig.
    maura Fbr. 17.

18. Flügel fast schwarz, Hinterleib ganz matt, Schienen im Basaldrittel dünn,
    dann auffallend keulig verdickt und gekrümmt, zuletzt wieder etwas ver-
    schmälert. 3—4 *mm.* *nigrina* Fall. 5 b.
    Flügel lichter, Hinterschienen gewöhnlich anders gebildet. 19.

19. Beine ganz schwarz. Hinterschienen nur am Ende etwas nach einwärts
    gekrümmt, rückwärts ganz ohne Borsten. *Pinetorum* Zett. 8.
    Beine fast immer mit lichten Knieen. Hinterschienen in der Mitte nach
    auswärts gekrümmt, wenigstens mit kurzen Borsten zwischen den Flaum-
    haaren. 20.

13*

20. Thorax ganz einfärbig, glänzend. Hinterleib matt oder fast matt. Acrostichalborsten zweireihig. Hinterschienen nicht auffällig gebildet. 21.

Auch der Hinterleib deutlich glänzend; wenn der Glanz schwach, so Thorax lichtstriemig oder Acrostichalborsten vierreihig oder Hinterschienen auffällig gebildet. 22.

21. Thorax sehr stark glänzend. Hinterleib flachgedrückt. Vorderferse nur = $1\frac{1}{4}$—$\frac{1}{3}$ Schiene. Beine und besonders Tarsen kurz und dick. *chorica* Fall.

Thorax mässig glänzend, Hinterleib nicht flachgedrückt. Vorderferse = $\frac{1}{2}$ Schiene. Beine und Tarsen schlank. *pseudochorica* n. sp. 4.

(Anmerkung. Sollte ein ♀ mit keinem von 13—21 stimmen, vergleiche man die Beschreibung von *lasiochira* ♂. 5.)

22. Thorax und Hinterleib ziemlich schwach glänzend. Hinterschienen nur schwach breitgedrückt, in der Mitte gekrümmt, an der Spitze nicht oder kaum verengt. 23.

Hinterschienen sehr auffällig spindelförmig erweitert, beiderseits deutlich verschmälert. 24.

23. Acrostichalborsten überall deutlich vierreihig, ziemlich lang. Thorax schmutzig schwarzbraun ohne deutliche Striemen. Beine schlank mit dünnen Tarsen und sehr deutlicher Beborstung. *quadrifaria* n. sp. 9.

Acrostichalborsten zweireihig, äusserst kurz. Thorax tiefschwarz mit zwei feinen, lichten, vorne verkürzten glatten Striemen. Beine plumper, die mittleren Tarsenglieder nicht länger, als breit; sogar die Hinterschienen nur schwach beborstet. *birittata* Zett. 7.

24. Thorax sehr stark glänzend. Hinterschienen vor dem Ende unregelmässig und stark spindelförmig verdickt, am Ende stark verschmälert. Hinterschenkel einfach. *Hystrix* n. sp. 6.

Thorax nur schwach glänzend. Hinterschienen noch viel auffälliger verbreitert, die dickste Stelle fast = $1\frac{1}{3}$ der Schienenlänge, aussen sehr convex. Hinterschenkel stark und gekrümmt. *pectinipes* n. sp. 10.

25. Wenigstens 1 *mm*; sehr dunkel gefärbt mit dunklen Tastern, tiefschwarzem Ober- und Hinterkopf, kräftigen schwarzen Beinen (nur Kniee meist rothgelb), fast immer dunklen Schwingern und unpaarig dunklen, oft undeutlichen Thoraxstreifen. 26.

Kleiner oder, wenn gross, lichter gefärbt oder Beine nicht ganz schwarz oder die dunklen Striemen paarig. 32.

26. 5—6 *mm*. Flügel schwarzgrau mit starken Nerven, Thorax dunkelgrau mit drei scharf begrenzten, gleichbreiten schwarzen Striemen. Behaarung ganz dunkel. Hinterschienen einfach. *lugubris* Fall.* 18.

Flügel nicht schwarzgrau oder kleinere Arten. 27.

27. Hinterschienen gerade, gegen die Spitze deutlich walzenförmig verdickt, an der Spitze nicht verschmälert. 28.

Hinterschienen nicht so verdickt, höchstens der ganzen Länge nach etwas plattgedrückt. 29.

28. Hinterschienen ganz ohne Borsten. Hinterleib weisslich behaart. Thorax mit drei scharf begrenzten genäherten dunklen Striemen. *maura* Fbr. 17.

Hinterschienen deutlich beborstet. Hinterleib dunkel behaart. Thorax schwarzgrau und dreistriemig, aber die Seitenstriemen ziemlich schmal und oft undeutlich. Circa 4 mm. Flügel rein grau. Hinterschienen in der Spitzenhälfte doppelt so dick, als in der Basalhälfte. *dimidiata* n. sp. 19.

29. Ueber 5 mm. Stirne sehr schmal, anfangs nur wenig breiter, als die Basis des dritten Fühlergliedes. Thorax höchstens mit einer breiten dunklen Strieme. Hinterleib silbergrau bereift; Schwinger meist rothgelb. *angustifrons* n. sp. 23.

Selten 5 mm. Stirne doppelt so breit, Hinterleib nicht licht bereift, Schwinger dunkel. Thorax meist dreistriemig. 30.

30. Hinterleib glänzend schwarz, unbestäubt, nicht flachgedrückt. Flügel gebräunt. Hinterschienen etwas plattgedrückt und gekrümmt. *interstincta* Fall. 22.

Hinterleib immer deutlich grau bestäubt, schwarzgrau, meist deutlich flachgedrückt. 31.

31. Hinterschienen ganz einfach, dünn und gerade. Flügel grau oder bräunlich. *pilosa* Zett. 20.

Hinterschienen etwas gekrümmt und breitgedrückt. Flügel fast glashell. *scrobiculata* Loew. 21.

32. Die vier kahlen Thoraxstreifen bedeutend dunkler, als die drei behaarten, ziemlich breit, scharf begrenzt, meist ganz getrennt; wenn scheinbar nur zwei, so sind diese in der Mitte durch die damit verschmolzenen, beiderseits verkürzten Seitenstreifen doppelt so breit. Ausgereifte Beine immer ganz dunkel (meist mit lichten Knieen). (*argyrosoma* mit ebenfalls ziemlich deutlichen vier Striemen unterscheidet sich durch silberweissen Hinterleib.) 33.

Die kahlen Streifen nicht oder nur vorne etwas dunkler. Thorax also ± einfärbig oder die drei behaarten Streifen dunkler; wenn deutlich zweistriemig, sind die Beine licht. 44.

33. Körper weissgrau oder bläulichgrau, Kopf grau, nirgends tiefschwarz. Hinterleib ganz weiss behaart; wenn die Körperfarbe zweifelhaft, so sind die Hinterschienen gerade. 34.

Körper dunkelgrau oder dunkelbraun. Hinterleib dunkler behaart; in zweifelhaften Fällen sind die Hinterschienen gekrümmt. 36.

34. Rückenschild in der Mitte gebräunt. Acrostichalborsten ganz regelmässig zweireihig, ziemlich lang. Hinterschienen gerade, sehr dünn. Kniee nicht oder nur undeutlich lichter. *hirta* Kow. i. litt. 30.

Rückenschild nicht gebräunt. Acrostichalborsten wenigstens hinten mehrreihig, sehr kurz. Kniee lichter. 35.

35. Hinterschienen etwas breitgedrückt, dick, aber fast ganz gerade. *tetragramma* Loew. 28.

Hinterschienen stark breitgedrückt, hin und her gebogen, besonders in der Mitte deutlich gekrümmt. *pubipes* Loew. 29.

36. Acrostichalborsten äusserst kurz, entfernt unregelmässig zwei- oder deutlich vierreihig. Mittelstriemen entfernt. Thoraxrücken rein grau, höchstens etwas

bräunlich, scharf vierstriemig. Hinterschienen etwas breitgedrückt und gebogen. Beine ziemlich kräftig. 37.

Acrostichalborsten nicht besonders kurz, bisweilen sogar ziemlich lang, deutlich genähert zweireihig. Mittelstriemen genähert; Striemen oft wenig scharf. Beine dünner. 39.

37. Wenigstens 3·5 mm. Ober- und Hinterkopf grau. Beine deutlich grau bereift. Acrostichalborsten entfernt und unregelmässig 2—3-reihig. *quadrivittata* Meig. 31.

Selten über 3 mm. Hinterkopf grösstentheils tief schwarz (wenigstens von oben betrachtet). Beine nicht oder schwach bereift. 38.

38. Scheitel und Hinterkopf tief schwarz. Beine schwarz, mässig glänzend mit kaum lichteren Knieen. Acrostichalborsten deutlich vierreihig. *Beckeri* n. sp. 32.

Scheitel und ein anstossendes Dreieck des Hinterhauptes bläulichgrau. Beine dunkelbraun mit breit lichten Knieen, sehr glänzend. *carinthiaca* n. sp. 33.

39. Wenigstens 3 mm. Hinterhaupt grau, höchstens schwarzgrau; Thoraxrücken grau, höchstens etwas grünlich oder bräunlich. Beine lang, dünn, meist mit lichten Knieen. 40.

Meist kleiner. Ober- und Hinterkopf tiefschwarz. Thoraxrücken sehr dunkel, grauschwarz oder braunschwarz. Beine kürzer und dicker, ganz dunkelbraun. 42.

40. Die vier Striemen sehr scharf, vollkommen getrennt. Kniee nicht deutlich lichter. *hirta* Kow. (vide Nr. 34). 30.

Die Striemen ziemlich undeutlich, besonders die äusseren. Kniee lichter. 41.

41. Fast 4 mm. Schüppchen braun, Adern schwarz, Hinterschienen dünn und ganz gerade. *fuscipes* Fbr. 41.

Höchstens 3 mm. Schüppchen rothgelb, Adern braun. Beine sehr dünn, nur die Hinterschienen etwas breitgedrückt und gekrümmt. *griseola* Zett. 42.

42. Kaum 2 mm. Schwingerknopf hellgelb. Rückenschild schwarzbraun. *pilipes* Zett.? (*tanychira* Kow. i. litt.). 36.

Wenigstens 2·5 mm. Schwingerknopf schwarzbraun, nur bei einer sehr seltenen Varietät der *bistriata* rothgelb. 43.

43. Die vier Rückenstriemen scharf, schwarz, breit. Thorax braungrau; Hinterbeine plump. *bistriata* Zett. 34.

Die Rückenstriemen schwach, oft undeutlich. Thorax meist ziemlich rein grau; Hinterbeine nicht plump. *brevivittata* Zett. 35.

44. 2·5—3 mm. Thoraxrücken schwarz oder schwarzgrau. Beine sehr zart, ganz oder grösstentheils licht. Hinterleib meist dunkel, aber Bauch blass. 45.

Grösser oder Thorax lichter. 48.

45. Stirne ganz schwarz. 46.

Stirne grau. Beine ganz bleich, höchstens stellenweise braun; nur Tarsen dunkler. 47.

46. Beine gelbbraun. Thorax glänzend schwarz, Hinterleib gelbbraun, Hinterbeine einfach, aber auffallend lang gewimpert. *pilosopectinata* n. sp.

Spitze der Hinterschenkel und die keuligen Hinterschienen mit Ausnahme der Basis schwarz. *cuneata* Loew.*
47. Thorax glänzend schwarz. Circa 3 mm. *flaripes* Meig. 45.
Thorax matt grauschwarz. Circa 2·5 mm. *gracilipes* Boh.*
48. Flügel milchweiss mit weissen oder gelblichen Adern. Hinterleib weissflaumig. Kleine, hellgraue Arten. 49.
Flügel höchstens weisslich glashell. Adern dunkler. 50.
49. 2 mm. Weissgrau, Thorax ungestriemt, Hinterschienen dünn. *nireipennis* Zett. 37.
Grösser, bläulichgrau. Thorax ein- oder schmal dreistriemig. Hinterschienen ziemlich breitgedrückt, gekrümmt und gefurcht. *lacteipennis* n. sp. 27.
50. Thoraxrücken glänzend grau, ziemlich deutlich zweistriemig. Schenkel wenigstens theilweise blass. 51.
Thorax matt oder nicht grau. 53.
51. Bauch und Beine gelb, bisweilen der ganze Hinterleib rothgelb. Hinterränder der Ringe weissgelb. Randmal sehr blass. *cingulata* Dlb. 44.
Schienen dunkel. Hinterleib ohne weisse Ringe. Randmal dunkel. 52.
52. Hinterleib und Fühler schwarz. Beine und Taster grösstentheils dunkelbraun. *cinereomicans* 43.
Hinterleib, Schenkel, Taster und Fühlerwurzel hell rothgelb. (Dalmatien.) *Mikii* 43 b.
53. Thorax schwarzgrau mit drei breiten, tiefschwarzen Striemen. Kopf, Schwinger und Beine schwarz. *longevittata* Zett. (die hellere Form; siehe Nr. 12). 11.
Thorax anders gefärbt. 54.
54. Hinterleib gelbbraun, die Fühlerwurzel ganz oder grösstentheils rothgelb. 55.
Hinterleib wenigstens oben dunkel, Fühler meist ganz schwarz. 56.
55. Hinterleib perlmutterglänzend. Randmal dunkelbraun, scharf begrenzt. Schwingerknopf wenigstens theilweise dunkel. *heterogastra* Nov. 55.
Schwinger bleich. Hinterleib ohne? Perlmutterglanz. *abdominalis* Zett.*
(♀ wird sich schwer von *heterogastra* unterscheiden lassen).
56. Thoraxrücken sehr dunkel braungrau oder schwarzgrau; meist wenigstens 4 mm. 57.
Thorax hellgrau oder weissgrau; meist kleiner. 60.
57. 4·5 mm. Beine meist fast ganz schwarz, nur Hüften und Schenkelstriemen deutlich rothgelb. Schwingerknopf dunkel. Zweiter Ring seitwärts mit deutlicher, dunkler, angedrückter Haarbürste. *spinimana* Zett. var. *spinigera* m. 52.
Beine lichter, braun bis gelb. Zweiter Ring ohne auffallende Haarbürste. 58.
58. Kaum 3 mm. Schwinger weisslich; Beine schmutziggelb, fast nackt. Tarsen und Schienenspitzen dunkel. Körper schwarzgrau. *infans* Zett.*
Wenigstens 4 mm. Schwinger nicht weisslich. 59.
59. Vorderfersen und Schienen höchstens braun, meist lichter. Prothoraxstigma und Schwingerknopf dunkel. *lurida* Fall. 54.

Tarsen ganz, Schienen grösstentheils schwarz oder dunkelbraun. Prothorax-stigma und Schwingerknopf rothgelb, letzterer nur stellenweise etwas ver-dunkelt. *cilipes* Meig. 53.

60. Hinterleib braungelb bereift. Thorax mit drei braunen Striemen; alle Borsten-reihen mehrreihig. *pruinosa* Meig. 24.

Hinterleib nicht braungelb bereift. Dorsocentralborsten nur einreihig. 61.

61. Hüften und Beine dunkel (nur Kniee licht). 62.

Vorderbeine wenigstens theilweise und immer auch die Vorderhüften roth-gelb. 66.

62. Hinterleib silberweiss bereift; Kopf und Thorax weissgrau. Thorax bisweilen mit vier ziemlich deutlich dunkleren Striemen. Acrostichalborsten äusserst kurz, unregelmässig zweireihig. *argyrosoma* n. sp. 26.

Hinterleib nicht silberweiss; wenn weisslich, Acrostichalborsten deutlich vier-reihig. 63.

63. Hinterschienen dünn und ganz gerade. 64.

Hinterschienen etwas breitgedrückt und gebogen. 65.

64. 2·5 mm; matt hechtgrau. Schwinger dunkel; Hinterleib ganz blass behaart, sehr spitz. Acrostichalborsten unregelmässig zwei-, stellenweise 3—4-reihig. *sartrix* Becker. 39.

Nur 2 mm. Hinterleib ziemlich dunkel behaart; ganz stumpf. *pseudo-sartrix* n. sp. 40.

Wenigstens 3·5 mm. Schwinger hellgelb. Acrostichalborsten regelmässig zwei-reihig. *fuscipes* Fall. (die Varietät mit ungestriemtem Thorax; siehe Nr. 41). 41.

65. 2·5—3 mm. Hinterleib braungrau, matt, deutlich bereift. Schüppchen roth-gelb. Schwinger licht. Flügel graulich. *griseola* Zett. var. *nigritarsis* Zett. (die striemenlose Form). 42.

2 mm. Hinterleib schwarzbraun, glänzend, unbereift. Schüppchen und Schwin-ger dunkelbraun; Flügel weisslich glashell. Thorax mit ziemlich deutlichen, fast kupferrothen Striemen. *Tiefii* n. sp. 38.

66. Vorderschenkel dunkel gestreift oder fast ganz dunkel: überhaupt die Beine grösstentheils dunkel. ebenso der Schwingerknopf. 67.

Vorderbeine mit Ausnahme der Tarsen rothgelb, die Schenkel höchstens schwach dunkel gestreift; Beine nie grösstentheils dunkel. 68.

67. Acrostichalborsten überall vierreihig; Randmal äusserst undeutlich. Kopf, Thorax und Hinterleib weissgrau. *littorea* Fall. 46.

Acrostichalborsten vorne zweireihig, hinten vierreihig; Randmal dunkel. Körper dunkler grau. *manicata* Meig. 47.

68. Taster sehr dunkel. 4—5 mm. Beine ganz rothgelb, plump; nur die Tarsen dunkel. *gallica* Fall. 50.

(Anmerkung. Das ebenfalls grosse, noch unbekannte ♀ von *obscuri-tarsis* Zett. dürfte sich analog dem ♂ von *gallica* unterscheiden.)

Taster immer rothgelb. Kleinere Arten mit schlanken Beinen. 69.

69. Acrostichalborsten wenigstens vorne regelmässig zweireihig. 70.

Acrostichalborsten überall regelmässig vierreihig; Taster rothgelb. 71.
70. Acrostichalborsten ganz regelmässig zweireihig. Hinterschienen etwas breitgedrückt und gekrümmt, mit Ausnahme der schmalen Basis schwarz. Randmal undeutlich. *canescens* Zett. 48.
Acrostichalborsten hinten vierreihig. Hinterschienen nicht glänzend schwarz.
Randmal dunkel. *manicata* Meig. (die Varietät mit fast ganz lichten
Beinen). 47.
71. Schwinger und Hinterbeine dunkel. Thorax ziemlich dunkelgrau. *matrona*
Hal. 51.
Schwinger und Hinterbeine rothgelb. Thorax aschgrau. *discolor* Kow.
i. litt. 49.

I. Gruppe der *Hilara chorica* Fall.

Durchwegs sehr kleine, aber ziemlich kräftige, kurzbeinige Arten mit tiefschwarzem Kopf, Thorax und Hinterleib, sehr dunklen Schüppchen, Schwingern
und Beinen, dunkler Behaarung, schwarzen Adern, sehr dunklem Randmale,
meist vier-, seltener 6—8-borstigem Schildchen, meist zweireihigen Acrostichal-
und einreihigen Dorsocentralbörstchen. (Der stets lichtere Eindruck vor dem
Schildchen und die meist schmal lichten Kniee wurden oft übergangen.)

A. Hinterschenkel nicht verdickt, Schildchen vierborstig.

(Nur bei einer Art sechsborstig.)

1. **Cornicula** Loew, Berliner Entom. Zeitschr., 1873. Nr. 31.

lugubris Meig., III, 10 (höchst wahrscheinlich, wenigstens stimmt die
allerdings äusserst kurze Beschreibung des einzigen ♀ [tiefschwarze Farbe, schwärzliche Flügel, die Grösse, die gerade Spitzenquerader] vollständig; Meigen erhielt das ♀ von Wiedemann, also sehr wahrscheinlich aus Oesterreich, wo die
Art gemein ist. Der Name ist aber schon von Fall. an eine andere Art vergeben).

chorica Schiner, Fauna, 1, 115 (da Schiner schwärzliche Flügel, glänzend
schwarzen Körper, dickes Hypopyginm, 1¼''' Grösse und „gemein an Waldbächen"
angibt) und Sammlung!, Strobl. 1880, „Dipterologische Funde um Seitenstetten",
nicht Fall.

3—3·5 mm. Atra, nitidissima, obscure pilosa, halteribus pedibusque
obscuris, thoracis dorso pedibusque distincte setosis, alis nigricantibus, femoribus simplicibus, scutello setis 4.

♂. Hypopygio majusculo, metatarsis anticis cylindrico-ovalibus, breviter,
extus longius pubescentibus.

♀. Tibiis et tarsis simplicibus.

Stirne ziemlich breit, nebst Hinterkopf sammtschwarz, matt. Thoraxrücken sehr glänzend schwarz, aber hie und da etwas grau bereift; Brustseiten
dunkelgrau. Die unregelmässig vorne 2—3-, hinten vierreihigen Acrostichal-

börstchen und die einreihigen Dorsocentralbörstchen von ziemlich auffallender Länge. Hinterrand des Schildchens mit vier Borsten, die mittleren länger. Hinterleib ebenfalls sehr glänzend, schwarz, die Haare und die längeren Marginalbörstchen der Ringe schwarz. Beine ziemlich lang dunkel behaart und deutlich beborstet; besonders die Vorderschienen aussen mit ziemlich langen feinen Haaren und dazwischen mit einigen noch etwas längeren feinen Borsten. Die Hinterschienen deutlich zweireihig (aussen und rückwärts je eine Reihe) beborstet; alle Schienen auch mit Apicalbörstchen. Hinterschenkel nicht verdickt. Flügel meist schwärzlichgrau, seltener nur grau, schwarzaderig; Stigma deutlich, langgestreckt, schwarzgrau. Analader sehr fein und verkürzt. Die Gabel ziemlich lang und schmal; die obere Zinke entspringt meist beinahe rechtwinkelig, biegt sich nahe dem Ursprunge und verläuft fast gerade, wenig divergirend, etwa zur Mitte zwischen der Mündung der zweiten und dritten Längsader, ist also fast bajonnetartig; manchmal allerdings ist der Ursprung ziemlich spitzwinkelig oder die Divergenz eine bedeutende.

♂. Hypopygium ziemlich gross, geschlossen, seitlich stark zusammengedrückt, oben und unten ziemlich schneidig, so hoch oder höher, als der Hinterleib und demselben fest angedrückt, fein und kurz behaart; nur am oberen Vorderrande etwas längere schwarze Haare. Vorderferse cylindrisch-oval, etwa = ²/₃ Schiene = vier folgende Tarsenglieder, kaum doppelt so dick, als das Schienenende. Behaarung sehr kurz, nur an der Aussenseite bedeutend länger; hier auch meist 1—2 längere feine Borsten.

♀. Ganz wie das Männchen, nur durch die einfachen, etwas kürzer behaarten und beborsteten Beine und den zugespitzten Hinterleib verschieden. Die Vorderferse dünn, = ¹/₂ Schiene = die drei folgenden Tarsenglieder; die Tarsenglieder zusammen länger, als die Schiene. Hinterschienen nicht verdickt. Beborstung des Thoraxrückens und Hinterleibes kaum kürzer als beim ♂.

Anmerkung. Unreife Exemplare besitzen oft braune bis gelbbraune Beine, solche ♀ oft auch braunen Hinterleib und grauliche Flügel. Thoraxrücken bisweilen mit deutlichen schmalen grauen Striemen zwischen den Borstenreihen.

Die Beschreibung Loew's stimmt so genau, dass an der richtigen Bestimmung kein Zweifel ist.

Im Bachnathale an der unteren Donau von Kowarz entdeckt (Verhandl. der k. k. zool.-botan. Gesellsch. in Wien, 1873, S. 457); gemein an Waldbächen Oesterreichs, besonders um Seitenstetten; in der Sammlung Schiner's zahlreiche ♂ und ♀. In Steiermark bis 1000 m selten; auch aus Kärnten erhielt ich durch Prof. Tief (Tschinowitsch bei Villach) nur ein einziges ♂. In Tirol um Bozen, Nauders (l. Becker!); in Ungarn bei Hajos und Keczel (l. Thalhammer!), auch am Albula-Pass und zu St. Moritz in der Schweiz und häufig in Schlesien um Liegnitz, Hummel (l. Becker!).

2. *clypeata* Meig., III. 4!; Zett., Dipt. Scand., 356; Schiner, Fauna, I, 114 (nach der Beschreibung; in der Sammlung aber steckten *chorica, pseudochorica* und *Cyrtoma spurium*).

Simillima Corniculae; differt alis hyalinis, thorace pedibusque vix setosis. ♂. *Hypopygio minore, metatarso antico brevissime pubescente.*

3—3·5 mm. Die mässig breite Stirne und der Hinterkopf sammtschwarz, matt. Thoraxrücken und Hinterleib glänzend schwarz, Brustseiten dunkelgrau. Thoraxrücken, Hinterleib und Beine wenigstens beim ♂ fast nur mikroskopisch bräunlich behaart, beim ♀ meist etwas deutlicher; nur an den Hüften und Hinterbeinen sind die Haare deutlich, auch die weissliche Behaarung des Unterkopfes beim ♂ ziemlich auffallend. Die Börstchenreihen des Thoraxrückens beim ♂ gewöhnlich sehr undeutlich, äusserst kurz, beim ♀ bisweilen bedeutend länger, aber doch noch auffallend kürzer. als bei *Cornicula*. An den schlanken Beinen sind nur die Apicalbörstchen der Schienen, die Börstchen an der Vorderseite der Mittelschenkel, die an der Ober- und Unterseite der nicht verdickten Hinterschenkel und an der Aussenseite der Hinterschienen ziemlich deutlich, aber fein; die übrige Behaarung äusserst kurz. Die Flügel sind graulich glashell oder ganz glashell, schwarzaderig; die Spitzenquerader entspringt spitzwinkelig und divergirt meist stark, öfters auch ziemlich wenig, je nachdem ist sie kürzer oder länger, als bei *Cornicula*.

♂. Hypopygium klein. geschlossen, angedrückt. gleichsam das stumpfe, zusammengedrückte Ende des Hinterleibes. fast kahl; wenn es etwas zurückgeschlagen ist, sieht man an jeder der nach oben verbreiterten. schief abgestutzten, trapezartigen Seitenlamellen einen kurzen, gekrümmten Dorn, ziemlich lange, schwarze Bewimperung und den zwischen den Lamellen wagrecht nach vorne vortretenden, an der Basis dicken. glänzend schwarzen, an der Spitzenhälfte äusserst dünnen, gelbbraunen Penis. Vorderschienen einfach, wenig gegen die Spitze verdickt; Vorderferse dick; überall äusserst kurzflaumig, bei unreifen dreimal so breit, als das Schienenende, breitelliptisch, gebogen, convex-concav, bei ausgereiften nur zweimal so breit, länglich, gerade. beiderseits zusammengedrückt, etwa = ⁴/₅ Schiene = drei folgende Tarsenglieder; alle Tarsenglieder mindestens so lang, als breit.

♀. Ganz wie das ♂, aber alle Beine einfach, noch schlanker, Hinterschienen gerade, nicht verbreitert. Der Thoraxrücken meist weniger glänzend, stellenweise sparsam grau bestäubt, die Börstchenreihen desselben oft deutlich länger, als beim ♂. Vorderferse dünn = ¹/₂ Schiene = 3 Tarsenglieder; alle Tarsenglieder mindestens so lang als breit.

Von dieser Art kommen zwei gut unterscheidbare Formen vor:

· *a) brevifurca* m. ♂, ♀ mit kurzer, breiter, stark divergirender, stumpferer Gabel, kaum sichtbaren Börstchenreihen des Thoraxrückens und äusserst kurz bewimperten Seitenlamellen des Hypopygium.

b) longifurca m. ♂, ♀ mit ziemlich langer, spitzwinkeliger, wenig divergirender Gabel, länger bewimperten Seitenlamellen des männlichen Hypopygium und — besonders beim ♀ — längeren Börstchenreihen des Thoraxrückens, die nur wenig hinter denen von *Cornicula* zurückstehen. Doch lassen sich diese zwei Formen nicht immer leicht unterscheiden; letztere Form ist *clypeata* Zett., da er den Thorax „*conspicue pilosus*" nennt.

11*

Von der sehr ähnlichen *femorella* und *nitidula* Zett. unterscheidet sich *clypeata* leicht durch die dünnen Hinterschenkel, von *bivittata* durch die bedeutendere Grösse, den stärkeren Glanz, den nicht striemenartig bereiften Thorax, die deutlich beborsteten Hinterschienen, besonders aber durch die viel schlankeren Beine. Von *Cornicula* unterscheidet sich die erste Form ebenfalls leicht durch die Form der Gabel, die viel kürzere, oft äusserst kurze Thoraxbeborstung und überhaupt viel kürzere Behaarung, durch glashelle Flügel. Die zweite Form, die in Gabelform und Thoraxbeborstung sich der *Cornicula* auffallend nähert, unterscheidet sich besonders durch glashelle Flügel, das ♂ auch durch die überall äusserst kurzflaumige Vorderferse; unreife ♀ der *Cornicula* aber lassen sich vom der zweiten Form nur sehr schwer unterscheiden; am sichersten noch durch die kürzere Beborstung.

An Flüssen, Bächen, Teichen, Seen, auf Sumpfwiesen, bisweilen auch auf vom Wasser entfernten Gebüschen, besonders in Gebirgsgegenden Oesterreichs, Kärntens und Steiermarks nicht häufig, bis 1500 m. Um Bozen und Guttenstein 2 ♂ (l. Becker!); in Ungarn um Hajos, Kalocsa etc. nicht selten (l. Thalhammer!). Auch um St. Moritz in der Schweiz (l. Becker als *pinetorum* Zett. 1 ♀). Mai bis August, in Ungarn auch schon im April.

3. *chorica* Fall., Zett., Dipt. Scand., I, 357; Meig.; III, 4; Tief, Progr., 1887, S. 26; non Schiner. I, 115. nec Strobl, Progr., 1880, S. 10; *nana* Mcq., Meig., VII, 80.

2—2·7 mm. *Atra, obscure pilosa, thoracis dorso nitidissimo, abdomine opaco, halteribus pedibusque obscuris, thoracis dorso et tibiis posticis breviter setosis, femoribus simplicibus, scutello setis 4, alis obscure cinereis.*

♂. *Tibiis anticis brevibus, incrassatis, metatarso antico fere quadrato, brevissime puberulo, setis 1—2 longioribus.*

♀. *Pedibus brevibus, crassiusculis, tibiis posticis subdilatatis, incurvis.*

♂, ♀. Stirne ziemlich breit, nebst Hinterkopf sammtschwarz, matt. Thoraxrücken äusserst glänzend, ganz unbestäubt, Brustseiten bläulichgrau, Hinterleib ganz matt, sammtschwarz. Die deutlich zweireihigen Acrostichalbörstchen und einreihigen Dorsocentralbörstchen fast so lang, als bei *Cornicula*. Schildchenborsten vier, die mittleren länger. Hinterleib mässig kurz behaart mit nur ganz feinen Marginalbörstchen; Behaarung des ganzen Körpers dunkel. Flügel wie bei *Cornicula*, graubraun bis schwärzlichgrau, aber meist bedeutend heller, als bei dieser; die Spitzenqueradern kürzer und meist deutlich zweimal (an Basis und Ende) gebogen; Analader oft nur wenig verkürzt, aber gegen das Ende feiner.

♂. Hinterleib cylindrisch, Hypopygium so hoch, als das Hinterleibsende, knospenförmig, geschlossen, angedrückt, kurz und sparsam behaart; wenn etwas zurückgeschlagen, so sieht man die bei den meisten Arten vorne oben vorhandenen zwei gekrümmten Dornen und die wagrecht vorgestreckte dicke, schwarze Peniswurzel. Vorderschenkel sammt Schienen und Tarsen ganz auffallend plump, kurz und dick. Vorderschenkel beiderseits kurz und fein behaart; Vorderschienen gegen die Spitze sehr verbreitert, aussen zwischen den Flaumhaaren mit ungefähr fünf langen, feinen Borstenhaaren; Vorderferse fast kugelig-quadratisch.

seitlich stark zusammengedrückt, kaum länger, als breit, fast so lang, als die Schiene und doppelt so dick, als das sehr verdickte Schienenende, mindestens viermal so dick und eben so lang, als die sehr kurzen, breiten Endglieder zusammengenommen; überall deutlich, aber sehr kurz behaart, unten sehr kurz borstig-stachelig, oben an der äusseren Spitzenecke mit 1—2 bedeutend längeren Borstenhaaren. Die übrigen Beine einfach, deutlich schlanker; die Hinterschienen zwischen der feinen Behaarung mit zwei Reihen (aussen und rückwärts je eine) von 3—5 deutlich längeren und dickeren Borsten; die Vorderschenkel unten mit Präapicalborste, die Mittelschenkel vorne, die Hinterschenkel oben und unten mit mehreren kammartig gestellten Borsten; alle Schienen mit 1—2 Apicalborsten.

♀. Ganz wie das ♂, aber etwas kleiner, Hinterleib meist flachgedrückt, zugespitzt, ziemlich auffallend schwarzhaarig. Vorderschienen einfach, aussen ebenfalls mit 3—5, aber bedeutend kürzeren Borstenhaaren; die Vorderferse einfach, aber ziemlich breit, nur = ¼—⅓ Schiene = zwei Tarsenglieder, unten ebenfalls mit kurzem Stachelkamme. Alle Schenkel, Schienen und Tarsen kurz und dick, Hinterschenkel etwas gekrümmt, aber nicht plötzlich verschmälert, Hinterschienen fast vom Grunde aus etwas breitgedrückt und in der Mitte gekrümmt.

Anmerkung. Diese Art ist die echte *chorica* Fall., Zett., Meig., wie aus den Angaben Zetterstedt's erhellt, besonders 1. wegen der geringen Grösse (¾''' Zett.), 2. wegen des glänzenden Thorax und matten Hinterleibes, 3. wegen der nur etwas „beraucht glashellen" Flügel, 4. wegen der „kugeligen" Vorderferse und der „dickeren Vorderschienen" des ♂

Auf Sumpfwiesen, an Teichen und Waldbächen Obersteiermarks bis 1500 m häufig; in Niederösterreich nur in Berggegenden, z. B. im Gebiete von Hernstein (Mik, 1886, S. 520, 1. Beck), um Seitenstetten, Melk; in Kärnten um Villach an mehreren Standorten, besonders häufig am Kumitzberge (Prof. Tief!); sehr häufig um Freiwaldau in Oesterr.-Schlesien (l. Tief!). In der Sammlung Schiner's steckt ein Pärchen als *clypeata*. Aus Gastein (Salzburg) erhielt ich 2 ♀, aus Kaltwasser (Schlesien) und Partenkirchen (Baiern) 1 ♂, 1 ♀, aus St. Moritz (Schweiz, als *pinetorum* Beck., Berl., 1887, S. 126) 2 ♂, alle von Becker gesammelt. In der Sammlung Winthem's aus Südlappland 1 ♀ und ohne Fundort als *chorica* 3 ♂, ♀. Ende Mai bis Ende Juli, im Gebirge bis Ende August.

4. *pseudochorica* n. sp. ♂ 3, ♀ 2—2·5 mm. Simillima *choricae*, differt tantum thorace minus nitente, pedibus et tarsis longioribus, gracilioribus, alis cinereohyalinis.

♂. Metatarso antico crasso, oblongo-ovato, hypopygio majore.
♀. Pedibus gracilibus, tibiis posticis subdilatatis, subincurvis.

♂. Der *chorica* so überaus ähnlich, dass die Beschreibung derselben fast in Allem stimmt, nur folgende Unterschiede sind zu beachten. Die Taster sind weniger reich beborstet, nur eine Borste auffallend lang (bei *chorica* wenigstens zwei). Der Thoraxrücken glänzt viel weniger und mehr fettartig; der Hinterleib ist zwar ebenfalls sehr matt, glänzt aber doch etwas fettartig. Das Hypopygium ist etwas grösser, überragt oben und unten etwas das Leibesende; statt der zwei langen gekrümmten Dornen sieht man am Ende der Seitenlamellen je zwei winzige Dornspitzen.

Die Beine sind schwarz mit gelben Knieen, bedeutend länger und schlanker, etwa wie bei *Cornicula*, auch die Vorderschenkel und Vorderschienen kaum dicker und nicht kürzer, als die übrigen, die Vorderschienen gegen das Ende wenig erweitert, aussen mit derselben merkwürdigen, ungleich langen Behaarung und den (3—5) bedeutend längeren feinen Borstenhaaren, die nur bei *chorica*, *tanychira* (= *pilipes?*), *lasiochira* und *brevivittata* vorkommen. Die Vorderferse ist aussen lang flaumhaarig, mindestens doppelt so lang, als bei *chorica*, an der Spitze mit 1—2 längeren Borstenhaaren, die aber bisweilen fehlen, und auch vor der Mitte mit 1—2 deutlich längeren feinen Haaren. Sie ist nicht quadratisch, sondern fast doppelt so lang, als breit, länglich, am Unterrande gerade, am Oberrande aber sanft gebogen, daher nach beiden Seiten deutlich verschmälert, seitlich etwas zusammengedrückt; nur die drei Mittelglieder der Vordertarsen sind kurz, breiter als lang. die der übrigen Tarsen sind ziemlich lang, an Länge abnehmend, aber selbst das vierte noch so lang, als breit. Die wimperartige Behaarung der vorderen Schenkel ist ziemlich kurz, die der Hinterschenkel aber recht lang, die Schienen sind ebenfalls ziemlich lang und dicht flaumhaarig, die hintersten mit zwei deutlichen Reihen von Borsten (aussen und rückwärts). Sie stimmt also in den Beinen viel mehr mit *Cornicula* und *clypeata*, von denen sie sich aber durch den verschiedenen Glanz des Körpers und die auffallende Behaarung der Vorderbeine leicht unterscheidet; *pilipes* Zett. (*tanychira* Kow. i. litt.) unterscheidet sich durch die bedeutend längere Behaarung und Beborstung des Hinterleibes und der Beine, die gelben Schwinger, den ganz matten, ziemlich deutlich vierstriemigen Thorax, *brevivittata* weicht noch mehr ab. Zetterstedt nennt zwar den Thorax von *pilipes* schwarz, aber den ganzen Körper matt und die Schwinger weisslich, daher kann meine Art nicht auf *pilipes* bezogen werden.

Die Flügel sind meist lichter, als bei *chorica*, graulich glashell, doch bisweilen ebenso dunkel, die Spitzenquerader nur am Grunde gebogen, an der Spitze ganz oder fast ganz gerade.

Das ♀ stimmt in Färbung, Behaarung und Flügeln mit dem ♂, hat aber durchaus schlanke Tarsen. Die Vorderferse ist = ½ Schiene = drei Tarsenglieder; die Hinterschiene ist etwas gekrümmt und breitgedrückt, aber trotzdem viel schlanker und länger, als bei *chorica*; die Börstchen der Vorder- und Hinterschienen sind nur kurz.

Bei Melk an Teichufern am 7. Juni 1885 2 ♂, 1 ♀; bei Hermagor und Villach in Kärnten ebenfalls 2 ♂. 1 ♀ (l. Prof. Tief!); in der Sammlung Schiner's 1 ♂ als *clypeata* Meig.

5 *a. lasiochira* Kow. i. litt.

♂. 2·5 mm. *Simillima pseudochoricae; differt hypopygis maximo, abdomini fere aequilongo, alis infuscatis, pedibus totis fuscis, metatarso antico cylindrico, extus fere aequaliter longe pubescente, tarsis anticis longioribus.*

Steht der *pseudochorica* äusserst nahe, ja scheint bei oberflächlicher Betrachtung damit identisch, ist aber durch folgende Merkmale gut verschieden:

Der bei *pseudochorica* wenig auffällig behaarte und fast matte Hinterleib ist bei *lasiochorica* dicht dunkel behaart, an den Ringen lang gewimpert und glänzt ziemlich stark. Das Hypopygium ist ganz auffallend grösser, fast so lang und bedeutend höher, als der Hinterleib in Folge der übermässig entwickelten Bauchlamelle, zusammengedrückt zweischneidig, glänzend schwarzbraun, eng angeschlossen, mit kurzen, breiten Seitenlamellen. Die Flügel sind stark bräunlichgrau getrübt. Die Beine sind nicht schwarz mit lichten Knieen, sondern durchaus, auch an den Knieen, glänzend schwarzbraun, noch schlanker, auch die Vorderbeine mindestens so lang, als die Mittelbeine, jedoch etwas plumper und mit deutlich gegen das Ende verdickten Schienen; diese sind aussen ziemlich lang flaumhaarig, noch länger gewimpert und dazwischen mit fünf (zwei gegen die Basis und drei gegen die Spitze) noch etwas längeren, dickeren, aber bei weitem nicht so auffallenden Borstenhaaren, als bei *pseudochorica*. Die Vorderferse ist aussen ebenfalls ziemlich lang flaumhaarig, aber ohne deutlich längere Borstenhaare und genau walzenförmig, nur etwa um die Hälfte breiter, als das verdickte Schienenende, etwas kürzer, als die Schiene und die vier folgenden Tarsenglieder; diese sind sämmtlich deutlich länger, als breit.

Die zweireihigen Acrostichalbörstchen, der mässige Glanz des schwarzen Thoraxrückens, die dunkelbraunen Schwinger, das vierborstige Schildchen, die dichte, wimperartige (aber etwas längere und reichlichere) Behaarung der Schenkel, die Beborstung der Schienen etc. zeigt keinen nachweislichen Unterschied.

Ich erhielt durch Prof. Tief zwei bei Bozen in Südtirol am 8. und 11. Juni 1873 von Kowarz gesammelte Männchen.

5 *b. nigrina* Fall., Zett., I, 354; Meig., III, 4; Schin., I, 115. (In der Sammlung Winthem's [Hofmuseum] stecken 4 ♂, 4 ♀, ein Pärchen wurde in die Sammlung Schiner's übertragen; ohne Fundort. Schiner führt sie nach Scholtz nur aus Schlesien an; auch von Becker erhielt ich 1 ♂ aus Moisdorf, 13. Juli. Da sie höchst wahrscheinlich auch in Oesterreich vorkommt oder die Exemplare Winthem's vielleicht aus Oesterreich stammen, gebe ich hier die wichtigsten Daten.)

Affinis Corniculae et pseudochoricae; at major (3·5—4 mm), alis fere nigris, abdomine opaco.

♂. *Metatarso antico oblongo-cylindrico, versus apicem pilis longioribus.*

♀. *Tibiis posticis in medio valde incrassatis, deplanatis, incurvis, versus basim distincte, versus apicem modice angustatis.*

♂, ♀. Aeusserst ähnlich der *Cor--nicula*; die Flügel ebenfalls, ja noch intensiver schwärzlich und fast gleich geadert; die Beine ebenso schlank und ebenfalls lang wimperig behaart und beborstet. Aber Rückenschild nur mässig glänzend, schwarz, kaum stellenweise grau bestäubt ohne deutliche Striemen, oder von seitwärts gesehen sehr dunkel grauschwarz, mit drei undeutlichen breiten schwarzen Striemen. Hinterleib ganz mattschwarz.

♂. Das Hypopygium zeigt oben vier kurze, gerade Dornspitzen. Die Vorderschienen sind aussen länger flaumhaarig und vor dem Ende mit drei auffallend langen Borsten bewehrt; die Vorderferse ist ziemlich langgestreckt, länglich-cylin-

drisch; oben gegen die Spitze hin wird die Behaarung auffallend länger; einige
Haare sind fast borstenartig. — Bei einem unreifen Exemplare sind Hinterleib
und Beine grösstentheils gelbbraun.

♀. Hinterschienen im Basaldrittel dünn, dann auffallend keulenförmig
verdickt, plattgedrückt, gekrümmt, gegen das Ende wieder etwas verschmälert;
sie sind ziemlich lang zweireihig beborstet.

Von der gleich grossen *dimidiata* m. ebenfalls leicht zu unterscheiden
durch die dunklen Flügel. die Beborstung der Vorderschienen. Behaarung der
Vorderferse und das Hypopygium des ♂, die bedeutend verschiedene Verdickung
der Hinterschienen des ♀, den viel dunkleren Thorax.

6. *hystrix* n. sp.

♂ 3, ♀ 2·5 mm. *Atra, obscure pilosa, halteribus pedibusque obscuris,
thoracis dorso nitidissimo, abdomine subopaco, femoribus simplicibus.*

♂. *Tibiis anticis subincrassatis, longe pectinatis, metatarso ovali-oblongo;
tibiis mediis claviformibus, undique longe setosis; hypopygio magno.*

♀. *Tibiis omnibus extus ciliatis, posticis fusiformibus.*

♂. Ganz schwarz, dunkel behaart. Gesicht nicht flach, sondern buckelig
gewölbt. Hinterkopf und die mässig breite Stirne sammtschwarz, matt. Thorax
äusserst glänzend, ganz (sogar am Schildcheneindruck) unbestäubt, Brustseiten
glänzend bleigrau. Die zweireihigen Acrostichal- und einreihigen Dorsocentralbörstchen ziemlich lang, etwa wie bei *Cornicula*. Schildchen vierborstig, die
Mittelborsten länger. Schwinger schwarz mit braunem Stiele. Hinterleib sammtschwarz, fast matt, nicht besonders dicht und ziemlich kurz behaart. Hypopygium gross, bedeutend über das Hinterleibsende aufragend, seitlich stark zusammengedrückt, ganz geschlossen, glänzend schwarz, sehr schwach behaart.
Flügel schwärzlichgrau getrübt, schwarzaderig mit ganz normaler Gabel (obere
Zinke fast rechtwinkelig, dann stark gebogen und gerade, mässig divergirend).
Beine sehr glänzend, unbestäubt, mässig dicht kurzhaarig. Vorderschenkel einfach;
Vorderschienen etwas gegen das Ende verdickt, aussen mit einer Reihe von un-
gefähr acht aussergewöhnlich langen Borstenhaaren. Vorderferse länglich-oval,
etwa = ²/₃ Schiene = vier Tarsenglieder, ungefähr doppelt so breit, als das
Schienenende, sehr kurz-, aussen aber bedeutend länger flaumhaarig; die folgenden
Tarsenglieder etwa so lang, als breit. Mittelschenkel dünn, vorne mit einer Reihe
von etwa fünf ziemlich langen und feinen Haaren, sonst nur kurz flaumig. Mittelschienen gegen die Spitze hin ganz auffällig keulenförmig verdickt und fast vom
Grunde an mit anfangs mässig langen, dann aber ausserordentlich langen und
ziemlich starken Borstenhaaren, die etwa die dreifache Länge des dicken Schienenendes besitzen, ringsum besetzt. Mittelferse und Hinterbeine einfach, dünn;
Hinterschienen rückwärts zwischen der kurzen Behaarung mit einigen bedeutend
längeren feinen Borsten.

♀. Stimmt in Kopf, Thorax und Flügeln ganz mit dem ♂, nur sind
die Börstchenreihen kürzer; der Hinterleib ist sammtartig schwarz, aber ziemlich
fettglänzend, flachgedrückt, allmälig verschmälert. wie beim ♂ behaart. Alle
Beine einfach, nur die Hinterschienen in der Mitte unregelmässig spindelförmig

erweitert, nach beiden Enden aber deutlich verschmälert. Die Behaarung der Beine ist sehr fein und kurz; nur trägt die Rückseite sämmtlicher Schienen eine deutlich längere Wimpernreihe und die Mittelschenkel tragen vorne nahe der Basis gleich dem ♂ etwa vier ziemlich lange und feine Haare. Vorderferse = ½ Schiene.

An Katarakten der Enns am Gesäuseeingang (Obersteiermark) ein Pärchen. 16. Juli 1891; auch Becker sammelte im Gesäuse am 25. Juni 1891 1 ♀. Von Hermagor bei Villach, ebenfalls im Juli, durch Prof. Tief 3 ♀.

Anmerkung. Diese Art ist nur mit *anomala* Loew, „Isis", 1840, 554, aus Posen zu vergleichen, die aber nach der Beschreibung glashelle, nur am Vorderrande gebräunte Flügel, verdickte Mittelferse und 2 ''' Grösse besitzt.

Aus Hummel in Schlesien erhielt ich durch Becker vier am 25. Mai gesammelte ♂, die fast ganz mit der kurzen, von Schiner S. 116 gegebenen Abschrift stimmen und die ich unbedenklich für *anomala* Loew halte; sie sind von *hystrix* weit verschieden, denn sie sind grösser (3·5—4 *mm*), ganz schwarz behaart, der lang behaarte Thorax ist ganz sammtschwarz und matt, striemenlos, der etwas grau bereifte Hinterleib schwach glänzend. Kopf sammtschwarz, Stirne ziemlich breit, Rüssel und Fühler von Kopflänge. Schüppchen braun, Schwinger rothgelb mit dunklem Stiele. Hypopygium normal, etwa wie bei *Cornicula*. Vorder- und Mittelbeine plumper, als die Hinterbeine, sehr dicht und lang, aber wollartig, nicht borstenartig behaart, die Haare meist an der Spitze gekrümmt oder gekräuselt, nur die Rückseite der Vorderschienen trägt eine Reihe dickerer und noch längerer borstenartiger Haare. Vorderferse sehr dick elliptisch oder verkehrt-eiförmig, ziemlich lang flaumhaarig, etwas kürzer, als die Schiene, aber etwas länger, als die Summe der folgenden, kurzen Tarsenglieder. Auch die Mittelferse ist langflaumig und etwas cylindrisch verdickt. Die Hinterbeine sind ziemlich kurz-flaumig, die Rückseite der Hinterschienen kurz und schwach beborstet. Die Flügel sind graulich glashell mit dunkelbraunen Adern und langem braunem Randmal.

7. *bivittata* n. sp., *longevittata* Tief, Progr., 1887, S. 27, non Zett.

♂ 3, ♀ 2·5 *mm*. *Atra, modice nitens, halteribus, abdomine pedibusque fusconigris, obscure pilosa, brevissime setulosa, thorace striis 2 cinereis angustis; setulis acrostich. minimis, biseriatis.*

♂. *Pedes antici crassiusculi, metatarsus incrassatus, brevis, cylindricus, brevissime puberulus; ceteri tarsorum articuli brevissimi.*

♀. *Abdomine pedibusque fere nudis, femoribus anterioribus crassiusculis, tibiis posticis subdilatatis, incurvis, tarsis brevibus.*

Kopf wie bei den vorigen Arten. Thoraxrücken und Hinterleib nur mässig, fettartig glänzend, ersterer äusserst kurz, aber deutlich schwarz behaart, tief sammtschwarz, letzterer nebst den Beinen braunschwarz. Brustseiten schwarzgrau. Bei ganz reinen Exemplaren sieht man zwischen den winzigen zweireihigen Acrostichal- und einreihigen Dorsocentralbörstchen eine feine, vorne verkürzte, bleiglänzende oder bräunliche glatte Strieme. Schildchen vierborstig. Flügel ziemlich kurz, bräunlichgrau mit nur braunen, gegen das Licht gesehen fast braungelben Adern. Spitzenquerader ziemlich kurz, an der Basis stark, an der

114 Gabriel Strobl.

Spitze schwach gebogen; Analader ziemlich verkürzt; das braune Stigma bisweilen fast so breit, als die Randzelle, von der es nur die Basis und Spitze frei lässt.

♂. Hypopygium wenig zusammengedrückt, geschlossen, etwas über den Hinterleib aufragend, sehr fein kurzhaarig. Vorderbeine ziemlich plump, die Schenkel mit äusserst kurzen, die gegen das Ende stark verdickten Schienen aussen mit etwas längeren Haaren, meist feiner, kurzer Mittelborste und zwei etwas längeren Apicalbörstchen. Vorderferse = ³/₄ Schiene = vier Tarsenglieder, gleichmässig dick, vollkommen walzenförmig, weder zusammengedrückt, noch unten abgeplattet, fast doppelt so lang, als dick; bei unreifen Individuen allerdings fast dreikantig oder unregelmässig eingedrückt; sie ist überall sehr kurz und dicht flaumhaarig. Mittelschenkel vorne mit einer ziemlich auffallenden Reihe kammartig gestellter Borsten. Hinterschenkel oben und unten mit etwas kürzeren und dünneren Haarborsten; Mittel und Hinterschienen kurz feinhaarig, letztere rückwärts auch mit einigen deutlichen, dickeren Börstchen. Hinterleib deutlich kurz behaart, mit längeren feinen Borsten an den Ringrändern; alle Haare und Borsten dunkel. Die drei Mittelglieder der Tarsen an allen Beinen auffallend kurz und breit, an den vorderen Beinen deutlich breiter, als lang, an den Hinterbeinen so lang, als breit.

♀. Hinterleib und Beine etwas kürzer-, aber ganz analog, wie beim ♂ behaart. Die Borsten an der Rückseite der Hinterschienen deutlich, aber sehr fein und nur wenig länger, als die dazwischen stehenden Härchen. Die vorderen Schenkel ziemlich dick, die Hinterschenkel etwas länger und dünner. Hinterschienen etwas breitgedrückt und deutlich gekrümmt. Vorderferse einfach, dünn, etwa = ²/₅—¹/₂ Schiene = drei Tarsenglieder; die mittleren Glieder aller Tarsen etwa so lang als breit. Unreife Exemplare besitzen ganz braune Beine, fast glashelle Flügel, ♀ auch braunen Hinterleib.

Unterscheidet sich von den vorausgehenden Arten leicht durch die geringe Grösse, den nur matt glänzenden Thorax und Hinterleib, den zweistriemigen Thorax, die blässeren Adern, das ♂ ausserdem durch die stark verdickten Vorderschienen, die walzenförmige Vorderferse, das ♀ durch die bedeutend kürzeren Tarsen, die gekrümmten, etwas plattgedrückten Hinterschienen. Die Unterschiede von der äusserst ähnlichen *Pinetorum* und *quadrifaria* siehe bei diesen.

Anmerkung. Diese Art kann nicht *carbonella* Zett. sein, denn das ♂ derselben besitzt eine einfache, nicht verdickte Vorderferse und *carbonella* ist ganz mattschwarz.

An Bächen, auf Gebüsch in Oesterreich und Steiermark ziemlich selten, bisher nur um Seitenstetten gegen Ende Juni ziemlich häufig, am Bösenstein und um Mariahof bei St. Lambrecht Mitte Juli in beiden Geschlechtern gesammelt; in Menge hingegen erhielt ich sie durch Prof. Tief (als *longevittata* Zett.) aus Judendorf, Ossiach, Tschinowitsch, Kumizberg etc. bei Villach in Kärnten (Anfang Mai bis Mitte Juni); ferner vom Ritten bei Bozen und von Nauders (Tirol) durch Herrn Becker 2 ♂, 2 ♀, von Partenkirchen (Baiern) 1 ♂. In der Sammlung Winthem's stecken als *clypeata* Meig. 3 ♂, 1 ♀.

8. *Pinetorum* **Zett.**, 3017; Strobl, Progr., 1880, S. 10; Tief. Progr., 1887, S. 26, non Schiner, I, 114, denn die 11 Original-Exemplare Schiner's sind *femorella* Zett.

♂ 2·5, ♀ 2 mm. *Simillima bivittatae, differt: Plerumque minor, thoracis dorso sordide brunneopruinoso, non distincte bivittato, abdomine pedibusque glabrioribus, nigris, tibiis posticis vix vel non setulosis.*

♂. *Metatarso antico breviore.*

♀. *Tibiis posticis non dilatatis, rectis vel apice paullo incurvis.*

Diese Art ist der *bivittata* so täuschend ähnlich, dass man sie nur bei der grössten Aufmerksamkeit unterscheiden kann. Als Unterschiede bei ♂ und ♀ ergeben sich: Sie ist fast immer kleiner; der Thoraxrücken ist nicht tiefschwarz und zweistriemig, sondern mehr schmutzig schwarzbraun, besonders wegen der unregelmässig zerstreuten braunen Bestäubung. Der Hinterleib und die Beine sind bei ausgereiften Individuen ganz schwarz (letztere ohne gelbe Kniee) und glänzen stärker, als der Thorax. Die Behaarung der Beine ist durchwegs kürzer und feiner, die Hinterschienen entweder ganz ohne Börstchen oder nur zwischen den kurzen Härchen mit einigen längeren, aber ebenso feinen. Die Flügel und die kaum sichtbaren Acrostichalbörstchen ergeben keinen Unterschied.

♂. Die Vorderbeine sind fast ganz wie bei *bivittata* gebaut, aber die Schienen immer ohne Mittelborste und die vollkommen walzenförmige Vorderferse etwas kürzer, höchstens = ²/₃ Schiene; bei unreifen Exemplaren ist sie allerdings länger und verschiedenartig eingedrückt, sogar dreikantig; die Behaarung derselben noch kürzer, als bei *bivittata*, kaum sichtbar. Die drei mittleren Tarsenglieder sind sogar an den Hinterbeinen deutlich breiter, als lang. Das Hypopygium weicht durch die auffallend längere Behaarung der Oberseite ab.

♀. Unterscheidet sich vom ♀ der *bivittata* leicht durch die geraden, gleichdünnen, also weder zusammengedrückten, noch gekrümmten, höchstens an der Spitze etwas eingebogenen Hinterschienen; ferner durch die deutlich kürzeren mittleren Tarsenglieder, die an den vorderen Beinen breiter, als lang, an den Hinterbeinen kaum so lang, als breit sind; endlich durch die höchst unscheinbare Behaarung der Beine. Die Hinterschienen rückwärts ganz gleichmässig kurzflaumig, selten mit Spuren längerer Börstchen.

Anmerkung. Von *clypeata* unterscheidet sie sich sicher durch die geringe Grösse, den matt glänzenden, schmutzig braunschwarzen Thorax, die bedeutend kürzeren und dickeren Beine, besonders die auffallende Kürze der Tarsen; das ♂ auch durch die Bildung der Vorderbeine.

In Oesterreich um Melk und Seitenstetten an Flussufern und auf Gebüsch gar nicht selten, auch im Gesäuse bei Admont in Obersteier. Aus Kärnten erhielt ich durch Prof. Tief 4 um Federaun und Tschinowitz bei Villach gesammelte ♀. Von Tirol (Selrainthal, l. Heller) durch Palm in den Verhandl. der k. k. zool.-botan. Gesellsch. in Wien, 1869, S. 420, angegeben. Mitte April bis Mitte Juni. Aus Liegnitz (Schlesien) erhielt ich durch Herrn Becker 5 ♀, 1 ♂. Die von Herrn Becker, 1887, S. 126, beschriebene *Pinetorum* hingegen gehört theils zu *clypeata*, theils zu *diversipes* m.

15*

Var. *major*. ♂ 3·5—4, ♀ 3 *mm*. Tarsenglieder deutlich länger, als breit. Sonst ganz normal. In Röhricht bei Keczel, Ungarn, 16. April (l. Thalhammer).

9. *quadrifaria* n. sp.

♂ *3*, ♀ *2·5 mm*. *Iterum simillima bivittatae; differt thorace sordide fusco, vix vel non striato, setis acrostich. multo longioribus, 4-seriatis, pedibus, imprimis tarsis longioribus, tibiis distincte setosis, alarum furca longiore, angustiore.*

♂ *et* ♀ *differunt, sicut in bivittata.*

Auch diese Art ist der *bivittata* sehr ähnlich, auch ebenso gross. Sie unterscheidet sich hauptsächlich durch den fast glanzlosen, schmutzig braun- oder grauschwarzen Thoraxrücken, mit zwei nur undeutlichen oder ganz fehlenden Striemen, durch die doppelt so langen, auch vorne deutlich vierreihigen Acrostichalbörstchen, durch die viel auffälligere Behaarung und Beborstung der Beine; die Anordnung der Borsten ist übrigens ganz analog, nur zeigen auch die Vorderschienen auf der Aussenseite eine Reihe von Börstchen. Die Gabelader der Flügel ist länger, divergirt nur wenig, ist nur an der Basis gebogen, die Gabel erscheint also länger und schmäler. Die Brustseiten sind heller grau. Das Hypopygium ist, wenn angedrückt, ganz analog gebildet; wenn abstehend, sieht man vorne oben jederseits zwei deutliche Dornspitzen, eine breitere, fast gerade und eine schmälere, gekrümmte; *bivittata* besitzt beiderseits nur ganz kurze, kaum bemerkbare Spitzchen. Im Bau der Vorderferse des ♂ und der Hinterschienen des ♀ kein Unterschied; die Tarsenglieder sind aber bei beiden Geschlechtern deutlich länger, als breit. Dadurch, sowie durch die Behaarung und Beborstung erinnert sie sehr an *Cornicula* Loew, unterscheidet sich aber leicht durch Farbe und Glanz des Thoraxrückens, durch die weiter auseinander stehenden, auch vorne regelmässig vierreihigen Acrostichalbörstchen, die ziemlich glashellen Flügel, die 4—5 sehr langen Borstenhaare an der Vorderseite der Mittelschenkel, den ziemlich matten Hinterleib, das ♀ auch durch die gekrümmten, etwas plattgedrückten Hinterschienen.

Am Almsee bei Turrach sammelte ich Mitte Juli beide Geschlechter, bei Melk und Seitenstetten anfangs Juli je 1 ♀; in der Sammlung Schiner's steckt unbestimmt 1 ♂; in Nauders (Tirol) sammelte Herr Becker 1 ♂, in Guttenstein 1 ♂, in Zermatt und St. Moritz (Schweiz) 2 ♀, 2 ♂. zu Liegnitz in Schlesien 2 ♂. 1 ♀. Juni, Juli.

10. *pectinipes* n. sp.

♂, ♀. *3—3·5 mm*. *Simillima bivittatae et longevittatae; differt ♂ tibiis anticis extus longe pectinatis, metatarso antico ovato, thorace modice nitente, abdomine holosericeo, opaco, ♀ tibiis posticis valde dilatatis, utrinque angustatis.*

♂. Ganz schwarz, nur Hüftgelenke und Kniee schmal rothgelb. Kopf sammtschwarz, Gesicht etwas heller bestäubt; Stirne mässig breit. Thorax mit grauen Seiten und mässig glänzendem, tiefschwarzem Rücken; nur die zwei glatten Striemen zwischen den Borstenreihen ziemlich deutlich grau. Die zweireihigen Acrostichal-, die einreihigen Dorsocentral- und die vier Schildchenborsten verhältnissmässig lang, etwa wie bei *Cornicula*. Hinterleib cylindrisch, ganz matt, sammtschwarz, deutlich schwarz behaart und mit längeren feinen Marginalborsten. Hypopygium klein, fast niedriger, als das Leibesende, wenig zusammengedrückt, nicht deutlich zweischneidig, ziemlich lang und schütter schwarz behaart, geschlossen und angedrückt; bei abstehendem Hypopygium sieht man am oberen Vorderende jeder Seitenlamelle zwei kurze, fast gerade Dornen. Flügel stark graubraun getrübt; Adern schwarz, auch die Analader stark, aber verkürzt; Spitzenquerader fast rechtwinkelig entspringend, dann stark gebogen und wenig divergirend. Stigma dunkelbraun, aber nicht deutlich begrenzt, da fast die ganze Randzelle stark getrübt ist. Beine ziemlich stark behaart und beborstet; die Schenkel nicht verdickt, die Mittelschenkel vorne, die Hinterschenkel oben und unten mit längeren, kammartig gestellten Borsten. Die gegen das Ende stark verdickten Vorderschienen aussen fast unbehaart, aber mit einer Reihe von sechs ganz auffallend langen und starken Borsten, an die sich oben und unten einige kürzere Borstenhaare anschliessen; Mittelschienen nur mit zwei deutlichen Apicalborsten, Hinterschienen aussen und rückwärts mit ziemlich starker Borstenreihe. Vorderferse ausserordentlich verdickt, eiförmig, gegen die Spitze etwas verschmälert, äusserst kurz behaart; nur gegen die Spitze 1—2 längere Borsten; sie ist mindestens dreimal so dick, als das Schienenende, fast so lang, als die Schiene und fast länger, als die übrigen Tarsenglieder zusammen. Auch die Mittelferse ist an der Basis dreieckig verdickt und verschmälert sich allmälig gegen die Spitze. Die Tarsenglieder sind nicht auffallend kurz, selbst an den Vorderbeinen mindestens so lang, als breit.

♀. Färbung wie beim ♂, die Börstchenreihen des Thorax kürzer, die zwei lichten Streifen ziemlich undeutlich. Hinterleib kegelförmig, ebenfalls matt oder beinahe matt. Flügel wie beim ♂, aber fast glashell, das schwarzbraune Stigma daher sehr deutlich. Beine schwächer-, aber überall deutlich behaart. jedoch ohne die auffallenden Borsten des ♂; nur die circa sechs kammartig gestellten Borstenhaare der Vorderseite der Mittelschenkel lang. Die Vorder- und Hinterschienen rückwärts auch mit längeren Börstchen, die mit feinen, sparsamen Haaren abwechseln; die Mittelschienen nur mit 1—2 Apicalbörstchen. Vorder- und Mittelbeine ganz einfach, ziemlich dünn, die Vorderferse $= \frac{1}{2}$ Schiene $=$ drei Tarsenglieder; die drei mittleren Tarsenglieder aller Beine nehmen allmälig an Länge ab, das vierte ist ungefähr so lang, als breit. Höchst auffallend ist die Form der Hinterbeine: die Schenkel sind ziemlich stark und etwas gekrümmt; die Schienen sind so auffallend spindelförmig verdickt, dass die dickste Stelle so breit ist, als der dritte Theil der Schienenlänge; sie sind von der Mitte nach beiden Enden gleichmässig verschmälert, aussen sehr convex, innen mehr flach, bei unreifen sogar eingedrückt oder gerinnt.

Anmerkung. Von allen Verwandten durch die Vorderschienen und Mittelfersen des ♂ und durch die Hinterbeine des ♀ leicht zu unterscheiden.

An Waldbächen Niederösterreichs (um Melk und Seitenstetten) selten; ich sammelte Mitte bis Ende Juni 2 ♂, 5 ♀; Prof. Tief sandte aus der Umgebung Villachs 1 ♀.

118 Gabriel Strobl.

11. *longevittata* Zett., I, 358, non Tief, Progr., 1887, S. 27.

♂ 4, ♀ 3·5 mm. *Atra, tota opaca, obscure pilosa; thorace striis 2 angustis plumbeis vel nigrocinereus striis 3 atris; pedes distincte pilosi et setosi femoribus simplicibus; alae obscure cinereae.*

♂. *Metatarso antico elliptico, longe piloso.*

♀. *Tibiis et tarsis simplicibus.*

Ganz ausserordentlich ähnlich der *birittata*, aber grösser und vielfach verschieden. Kopf und Thoraxrücken ebenfalls sammtschwarz, letzterer aber vollkommen glanzlos mit zwei kaum verkürzten, bleigrauen schmalen Linien zwischen den zweireihigen Acrostichal- und einreihigen Dorsocentralbörstchen; der Eindruck vor dem Schildchen braungrau. Die Seiten des Thoraxrückens sind, besonders beim ♀, öfters ziemlich deutlich bleigrau, so dass man bei gewisser Richtung den Thoraxrücken als schwarzgrau mit drei tiefschwarzen, breiten, matten Striemen bezeichnen kann. Brustseiten schwarzgrau. Hinterleib ebenfalls fast ganz matt, wie bei *birittata* gebaut und schwarz behaart, aber sowohl die Behaarung des Hinterleibes, als auch die Borstenreihen des Thorax und die vier Schildchenborsten bedeutend länger. Flügel ganz grau, schwarzaderig, nur die sechste und siebente Längsader bleich; Spitzenquerader lang, wenig geschwungen; Stigma, wie bei den vorausgehenden, schwarz oder schwarzbraun.

♂. Hypopygium ganz wie bei *birittata*; wenn etwas zurückgeschlagen, sieht man am oberen Vorderende desselben zwei kurze, stumpfe Stachelspitzen und dazwischen den wagrecht vorgestreckten, am Grunde dicken, schwarzen, an der Spitze feinen, gelbbraunen Faden. Behaarung der Beine aber bei der österreichischen Normalform ganz auffallend dichter und länger. Alle Schenkel und Schienen beiderseits mit ziemlich langen, ungleichen Haaren und dickeren, längeren Börstchen bewimpert, bleischwarz, alle Tarsen tiefschwarz. Besonders auffallend ist die dichte, lange. zweiseitige Bewimperung der gegen das Ende ziemlich verdickten Vorderschienen; aussen tragen sie auch 1—2 lange Mittel- und 4—5 lange Apicalbörstchen. Die Vorderferse ist sehr dick, elliptisch, = ²/₃ Schiene = vier Tarsenglieder; sie ist allseits fast eben so lang behaart, wie die Schiene, mit einzelnen noch längeren Borsten.

♀. Färbung genau wie beim ♂, Beborstung und Behaarung ganz analog, zwar bedeutend kürzer, aber immerhin noch auffallend. Hinterschienen gerade, nicht erweitert, Tarsen weniger schwarz, Vorderferse einfach = ½ Schiene = vier Tarsenglieder. Also auch das ♀ durch die längere Spitzenquerader, den ganz matten Thoraxrücken, die längere Vorderferse, längere Tarsen, die dichtere und längere Behaarung des Hinterleibes und der Beine von *birittata* leicht zu unterscheiden.

Anmerkung. Zetterstedt beschreibt kleinere Exemplare mit lichterem Thorax, während meine Exemplare eine dunklere Alpenform vorstellen dürften; sonst finde ich keinen Unterschied; *hirtula* Zett. aus Lappland ist, weil ganz rauhhaarig mit dunkel rostrothen Beinen etc., jedenfalls eine andere Art, ebenso *nigrina* Fall. wegen der schwärzlichen Flügel, der länglichen Vorderferse des ♂, der erweiterten Schienen des ♀ und der bedeutenderen Grösse.

Auf Krummholzwiesen der steirischen Alpen stellenweise häufig; *longe-vittata* Tief „in einem Hohlwege bei Judendorf in Kärnten" (Tief, Progr., 1888) ist *bivittata*, hingegen sammelte Prof. Tief ein ♂ der echten *longe-vittata* am 20. Juli auf der Pasterze bei Heiligenblut. Juli, August.

longevittata Zett. subspec. *andermattensis* m. Vier ♂, die Herr Becker zu Andermatt (Schweiz) am 8. August sammelte, stimmen in Zeichnung, Färbung und Mattheit des Thorax, in Kopf, Flügeln und Hinterleib vollständig mit den steirischen Exemplaren, unterscheiden sich aber constant dadurch, dass 1. dem Hinterleibe Macrochaeten vollständig fehlen, 2. die Vorderschienen nur äusserst kurz und ziemlich sparsam flaumhaarig sind und nur wenige etwas längere Borsten besitzen, 3. die Vorderferse viel dünner, fast nur so dick, als das Schienenende und auf allen Seiten äusserst kurz behaart ist und 4. auch die folgenden Tarsenglieder bedeutend schmäler sind. Sonst konnte ich trotz wieder-holter Vergleiche keinen Unterschied entdecken und betrachte sie daher nur als eine Subspecies oder Localrace; die ♀ werden sich kaum oder gar nicht unter-scheiden lassen.

12. *simplicipes* n. sp.

♂ 2·5, ♀ 2 mm. *Atra, opaca, obscure pilosa; thorace setis acrostich. biseriatis, dorsocentralibus uniseriatis, postice vittis 4 indeterminate pallide pruinosis; scutellum setis 6—8; pedes et halteres fusconigri; tarsi antici sim-plices; alae fuscescentes stigmate lato, obscuro.*

♂. *Hypopygio mediocri, adpresso.*

♀. *Tibiis posticis vix compressis et incurvis.*

Kopf und Thorax tiefschwarz, matt, mit kaum lichteren Brustseiten; der Hinterleib schwarzbraun, etwas glänzend und ziemlich deutlich dunkelgrau be-stäubt, der ganze Körper sehr dunkel behaart und beborstet. Rüssel sehr dick, glänzend schwarz, kürzer, als der Kopf. Taster länglich, schwarz, mit einer langen und mehreren kurzen dunklen Borsten. Fühler plump mit breiten, kurzen Wurzelgliedern; das dritte Glied breit kegelförmig, länger als der Griffel, alle Glieder matt schwarz. Stirne fast von Augenbreite, Hinterkopf kurz schwarz be-haart. Thorax mit ziemlich langen zweireihigen Acrostichal- und einreihigen Dorsocentralbörstchen; rückwärts stehen die vier Börstchenreihen auf lichter bestäubtem, bräunlichgrauem Grunde; ebenso gefärbt ist der Eindruck vor dem 6—8-borstigen Schildchen. Schüppchen und Schwingerstiel braun, Knopf schwarz-braun. Hinterleib mit dichten schwarzen Haaren und Randborsten; das glänzend schwarzbraune Hypopygium ist ganz normal gebaut, zusammengedrückt zweischneidig, eng angeschlossen, so hoch, als der Hinterleib, oben sehr kurz schwarz behaart; wenn es aufgerichtet ist, überragt es den Hinterleib und zeigt an der Spitze zwei äusserst kurze Dornspitzen. Beine mässig schlank, glänzend schwarzbraun ohne lichte Kniee, alle Tarsen dünn, auch die Vorderferse; die folgenden Glieder werden allmälig kürzer, aber noch das vierte Glied ist minde-stens so lang, als breit, an den Hinterbeinen etwas länger. Die Schenkel sind kurz und sparsam wimperig behaart, nur die Hinterschenkel beiderseits länger gewimpert; die Behaarung der Schienen ist noch kürzer und mehr angedrückt;

deutliche Börstchen sind nur an der Rückseite der Hinterschienen vorhanden
(etwa vier). Die Flügel sind deutlich bräunlich getrübt mit sehr breitem,
dunkelbraunem, fast die ganze Randzelle ausfüllendem Randmal. Die Adern in der
Vorderhälfte schwarz, in der Hinterhälfte braun bis braungelb, ziemlich fein;
die Endgabel mässig lang und ziemlich schmal, die obere Zinke entspringt fast
rechtwinkelig, ist am Grunde stark, an der Spitze wenig oder gar nicht gebogen
und mündet in der Mitte zwischen der zweiten und dritten Längsader.

Das ♀ lässt sich nur durch den kegelförmigen, zugespitzten Hinterleib,
die kürzere Behaarung desselben und der Beine, sowie die fast unmerklich plattgedrückten und gekrümmten Hinterschienen unterscheiden.

Anmerkung. Diese Art sieht der bivittata und longerittata ganz auffallend ähnlich, ist aber leicht durch die ganz unverdickten, schlanken Vorderfersen des ♂, die nur ganz hinten deutlichen lichten Thoraxstriemen, das mehr-
borstige Schildchen und die nur an den Hinterschienen vorhandenen Börstchen
zu unterscheiden. Die allenfalls zu vergleichende carbonella Zett., 5003, ♂, hat
ungestriemten Thorax, lichtere Flügel, fast zusammenstossende Augen, ganz anders
gebautes Hypopygium und ist wegen des Hypopygium, der Augen, des fast fehlenden Fühlergriffels, der länglich verkehrt-eiförmigen Discoidalzelle, der geraden
Spitzenquerader gewiss gar keine Hilara, sondern entweder das unbekannte ♂
zu Ragas unica Walk. oder noch wahrscheinlicher zu Steleocheta setatea Becker,
Berliner Entomol. Zeitschr., 1887, S. 130; nur ist es für letztere Art zu klein
(1'''). Minuta Zett. ist kleiner, besitzt auffallend verdickte Vorderschienen beim
♂, verlängerte Discoidalzelle, striemenlosen Thorax, deutlichen Ocellenhöcker etc.
Eine der schönen Entdeckungen Prof. Tief's, der um Paternion in Kärnten
am 12. Mai 9 ♂ und 3 ♀ sammelte.

13. minuta Zett., I, 359 und 3018.

2 mm. ♀. Minima, fere nuda, nigra, subopaca, halteribus pedibusque
obscuris; frons lata, femora crassiuscula, area discoidalis elongata, valde angustata; tibiae posticae antice erecto puberulae.

♂ secundum Zett.: Tibiis anticis validis, metatarso simplici.

Von dieser Art kenne ich nur 1 ♀. Stirne auffallend breit mit deutlichem
Ocellenhöcker, breiter als das Auge und nicht ganz matt, sondern fettartig glänzend; ebenso glänzt Thorax und Hinterleib. Behaarung unter allen Arten die
schwächste. Die zweireihigen Acrostichal- und einreihigen Dorsocentralbörstchen
kaum sichtbar; Schildchen sechsborstig. Hinterleib und Beine fast ganz kahl;
nur an den Hinterbeinen sind die Flaumhärchen deutlicher, aber ebenfalls sehr
kurz. Die Vorderseite der Hinterschienen zeigt eine sehr kurze, fast senkrecht
abstehende, dichte Wimpernreihe; die Rückseite ist fast nackt. Die Beine sind
pechbraun, gegen das Licht gehalten gelbbraun (wohl nicht ausgereift), die
Schenkel ziemlich dick, die Schienen und Tarsen dünn, nur die Hinterschienen
gegen das Ende etwas dicker. Die Flügel sind auf der Hinterhälfte intensiv grau,
auf der Vorderhälfte mehr braun, Stigma kaum merklich, nur als schmaler
dunklerer Schatten angedeutet. Adern schwarz, auch die verkürzte Analader. Die
Spitzenquerader entspringt spitzwinkelig, ist dann etwas gebogen und divergirt

ziemlich. Die Discoidalzelle ist auffallend verlängert, so dass sie fast ein niedriges gleichschenkeliges Dreieck mit der vierten Längsader als Grundlinie bildet; die zwei ersten aus ihr entspringenden Längsadern sind sich bedeutend mehr genähert, als bei den übrigen Arten.

Das Exemplar ist übrigens abnorm und zeigt an der Spitze jeder Discoidalzelle noch eine Anhangszelle, die auf einem Flügel quadratisch, auf dem anderen Flügel rechteckig ist; nur wenn man die innere ungleich gestellte Querader wegdenkt, erhält die Zelle ihre verlängerte Form. Wegen dieser Form der Discoidalzelle, der geringen Grösse und schwachen Behaarung halte ich das Thierchen für *minuta* Zett., obwohl die Beschreibung etwas abweicht; sollte das mir noch unbekannte ♂ verdickte Tarsen besitzen, so wäre die Art neu und würde ich den Namen *nudiuscula* vorschlagen. Bei oberflächlicher Betrachtung lässt sie sich von *pinetorum* kaum unterscheiden.

Unter Obstbäumen bei Seitenstetten in Niederösterreich am 28. Juni 1891 gestreift.

Das ♂ unterscheidet sich nach Zetterstedt vom ♀ durch verdickte Vorderschienen; ♂, ♀ variiren mit schwarzrothen Beinen (unreif?).

13 b. *tyrolensis* n. sp.

♂. 2·5 *mm.* *Atra thorace nitidissimo, abdomine plumbeonigro, albidopiloso; halteribus obscuris, pedibus nigris, simplicissimis, fere nudis; alis lacteis nervis tenuissimis, pallidis, stigmate obsoleto, costa et nervo 1. obscuris.*

Sehr auffallende Art. Unter allen vorhandenen Beschreibungen stimmt nur die der *tenuinervis* Zett., I, 349, so ziemlich; doch nennt Zetterstedt die Art subopac, während meine Art einen sehr stark glänzenden Thorax besitzt und auch Hinterleib und Beine stark glänzen; auch nennt er die Flügel bloss albohyalin und beschreibt nur 1 ♀; da er die Art braunschwarz, die Beine ebenfalls schwarzbraun nennt, halte ich sie für ein unreifes Exemplar von *clypeata* oder *pinetorum.*

Kopf schwarz, ganz normal gebaut, mit mässig langen Fühlern, ziemlich schmaler, vorne etwas grauschimmernder Stirne, ohne Ocellenhöcker, dunklen Tastern, äusserst kurzem, kaum etwas vorstehenden Rüssel. Thoraxrücken schwarz, sehr lebhaft glänzend mit drei noch dunkleren, aber undeutlichen Striemen, zwischen denen er etwas grau schimmert; Brustseiten grau bereift. Acrostichalbörstchen zwei-, Dorsocentralbörstchen unregelmässig einreihig, alle äusserst kurz. Schildchen mit 8—10 kurzen Randborsten; Eindruck vor demselben gelbgrau bereift. Schüppchen und Schwinger dunkelbraun, Knopf schwarzbraun. Hinterleib etwas mehr bleigrau, ebenfalls glänzend, kurz-, aber deutlich weisslich behaart. Hypopygium mässig gross, knospenförmig, ganz geschlossen, sehr kurz weisslich behaart. Beine schlank, ganz einfach, glänzend schwarz mit lichteren Kniespitzen, äusserst kurz flaumhaarig; nur an den Hinterschenkeln ober- und unterseits, besonders gegen die Spitze, etwas länger wimperhaarig. Schienen ganz ohne Borsten. Alle Fersen schmal und kaum von halber Schienenlänge. Flügel milchweiss mit äusserst dünnen, blassen Adern; nur die Randader ist bis über die Mündung der dritten Längsader und die erste Längsader ist besonders gegen das

Z. B. Ges. B. XLII. Abh. 16

verdickte Ende hin schwarzbraun. Randmal nur angedeutet. Das Geäder ist sonst ganz normal; die Discoidalzelle kurz und breit, die Endgabel ziemlich kurz und breit; die obere Zinke entspringt spitzwinkelig und mündet genau in der Mitte zwischen der zweiten und dritten Längsader.

Diese Art sieht habituell der *sulcitarsis* und *clypeata* ähnlich, steht aber wegen der ganz einfachen Beine wohl am besten neben *minuta*.

Am Lusierpasse in Südtirol leg. Th. Becker am 19. Juni 1891 2 ♂.

B. Hinterschenkel verdickt, an der Spitze ausgeschnitten verdünnt: Schildchen mehrborstig.

14. *femorella* Zett., I, 355; Schiner, 116; Becker, Berliner Entomol. Zeitschr., 1887; Tief, Progr., 1887, S. 27.

pinetorum Schiner, I, 114 und Sammlung, non Zett.

nitidula Zett., 355; Schiner, 116; Tief. Progr., 1887, S. 26; Becker. l. c., S. 127.

2·5—4·3 mm. *Atra, nitida, obscure pilosa, halteribus pedibusque obscuris; thorax et pedes setulis distinctis, scutellum setis 6—8; femora postica crassa, abrupte angustata.*

♂. *Hypopygio majusculo, metatarso antico crassissimo, ovali.*

♀. *Tibiis et tarsis omnibus simplicibus.*

Stirne breit, nebst Hinterkopf sammtschwarz, matt. Thoraxrücken glänzend schwarz, Brustseiten dunkelgrau. Acrostichalbörstchen etwas unregelmässig zweireihig, öfters vorne mit einer Zwischenreihe; Dorsocentralbörstchen ein- bis zweireihig; die Börstchen deutlich, aber kaum halb so lang, als bei *Cornicula*. Schildchen mit sechs, selten acht ziemlich langen Borsten. Hinterleib glänzend schwarz, sehr kurz dunkel behaart; überhaupt die Behaarung dunkel, nur die Unterseite des Kopfes, die Hüften, besonders die Vorderhüften und die Seiten der Hinterleibsbasis mit ziemlich bleichen Haaren. Behaarung der Beine kurz und fein, höchstens die wimperartig gereihten Haare der Unterseite der Mittel- und Hinterschenkel etwas auffällig. Längere Börstchen fehlen fast ganz; nur die Apicalbörstchen der Schienen und feine Börstchen an der Rückseite der Hinterschienen zwischen der kurzen Behaarung, letztere wenigstens beim ♀ ziemlich deutlich. Hinterschenkel ziemlich verdickt und gekrümmt, vor der Spitze plötzlich wie ausgeschnitten verdünnt und an der Uebergangsecke mit einigen kurzen stachelartigen Börstchen. Alle Schienen einfach, die Hinterschienen häufig ihren Schenkeln eng angedrückt und schwer loszumachen. Flügel fast wie bei *Cornicula*, aber nur intensiv grau; die Spitzenquerader bedeutend kürzer, stärker divergirend, aber ebenfalls mit fast rechtwinkeligem Ursprunge. Analader sehr fein, aber wenig verkürzt.

♂. Hinterleib cylindrisch; Hypopygium geschlossen, zusammengedrückt, zweischneidig, so hoch oder kaum höher, als das Leibesende und demselben angedrückt, oben kurz behaart. Die Vorderferse sehr dick, 2—3mal dicker, als das Schienenende, breitelliptisch, fast = Schiene = vier Tarsenglieder, äusserst kurzflaumig, oben convex, unten ziemlich flach mit langer, tiefer Mittelrinne. ♀. Fast nur durch den kegelförmigen Hinterleib und die einfachen Vorderbeine vom ♂ unterscheidbar; die Vorderferse nicht dicker, als die folgenden Glieder = ¹/₂ Schiene = drei folgenden Tarsenglieder; Behaarung der Beine fast genau wie beim ♂, nur die Börstchen der Hinterschienen deutlicher. Unreife Exemplare mit gelbbraunen Beinen sind nicht selten.

Anmerkung. *Nitidula* Zett., 355, die der Autor selbst nur durch etwas bedeutendere Grösse, etwas hellere Flügel, kürzere Thoraxbörstchen und etwas längere Vorderferse des ♂ — lauter relative Merkmale von geringem Werthe — von *femorella* unterscheiden kann, ist nach den genauesten Vergleichen meiner grössten Exemplare mit den kleinsten wohl nur eine grössere, kürzer beborstete Form der *femorella* mit helleren Flügeln, die sich vorwiegend in subalpinen Lagen findet, während die kleinere, dunkelflügelige *femorella* in der Alpenregion am häufigsten auftritt. In den Hinterschenkeln, Hinterschienen, der Vorderferse etc. findet sich kein haltbarer Unterschied, auch kaum in den Acrostichalbörstchen; die kleinsten Exemplare zeigen nur zwei deutliche, unregelmässige Reihen, bei den grösseren schiebt sich — wenigstens vorne — noch eine Mittelreihe ein, auch die Dorsocentralbörstchen sind bei grossen Exemplaren unregelmässig zweireihig; doch machen die vielen Mittelformen jeden scheinbar constanten Unterschied illusorisch. Auch Becker, l. c., findet die Unterschiede sehr gering und hebt nur die verschiedene Länge der Börstchen hervor. Da Zetterstedt beiden Geschlechtern verdickte Hinterschenkel zuschreibt und die Vorderferse länglich nennt, so kann er nur diese subalpine Form gemeint haben, denn ausser der folgenden Art, die keinen oblongen Metatarsus besitzt, und der an der unteren Donau von Kowarz gesammelten *cumera* Loew, die schwarzgraue Flügel besitzt, gibt es keine bekannte Art mit in beiden Geschlechtern ausgeschnittenen Hinterschenkeln.

Beide Formen in den Alpengegenden bis in die Schweiz häufig, in Obersteiermark sehr gemein. Aus Kärnten erhielt ich durch Prof. Tief *femorella* vom Eichholzgraben bei Villach und von der Saualpe, wo auch Schiner sie sammelte (11 Exemplare); *nitidula* in besonders grossen Exemplaren (4—4·3 mm) von Federaun und vom Grasgraben bei Villach, sowie von Freiwaldau in Oesterreichisch-Schlesien; 1 ♀ der var. *nitidula* sammelte Prof. Bernh. Wagner auch bei Seitenstetten in Niederösterreich. Zahlreiche Exemplare der *femorella* sammelte Herr Becker zu Andermatt und St. Moritz (Schweiz), var. *nitidula* ebenfalls zu St. Moritz, am Wölfelsfall und zu Liegnitz (Schlesien); *femorella* Scholz, Bresl., 1850, aus Schlesien gehört wohl auch zu var. *nitidula*. In der Sammlung Winthem's aus Südlappland 1 ♂ der Normalform. Die Tiefform schon von Mitte Mai an, die alpine *femorella* von Mitte Juni bis Ende August.

15. *sulcitarsis n. sp.*

3—4 mm. *Aterrima, nitidissima, albido puberula, halteribus pedibusque obscuris, femoribus posticis incrassatis, abrupte angustatis, alis albidohyalinis nervis dilute brunneis.*

16*

♂. *Hypopygio majusculo, metatarsis anticis longis, subincrassatis.*
♀. *Metatarso antico crassiusculo.*

♂ 3·5—4 *mm*, ♀ 3—3·5 *mm*. Ober- und Hinterkopf matt, sammtschwarz. Thorax und Hinterleib glänzend schwarz, Brustseiten dunkelgrau. Thoraxrücken stellenweise mit graulichen Härchen mehlartig bestäubt, die zweireihigen Acrostichal- und einreihigen Dorsocentralbörstchen äusserst kurz, schwarz. Schildchen mit 6—8 Borsten. Hinterleib mit einem äusserst kurzen, weisslichgelben Flaume besetzt; nur die weisslichen Haare an den Seiten der Basalringe etwas länger; ebensolche Haare an den Hüften und der Unterseite des Kopfes. Die ziemlich lichte, gelbliche oder bräunliche Behaarung aller Beine ebenfalls aussergewöhnlich kurz, gleichsam nur eine Art Bereifung derselben; nur die Hinterschenkel beiderseits (oben und unten) mit etwas längeren, kammförmig gestellten Haaren. Ausser den kleinen Apicalborsten sind die Schienen, auch die Hinterschienen, ganz borstenlos; nur die Mittelschienen tragen innen einige etwas längere borstenartige Haare. Die Hinterschenkel sind verdickt, vor der Spitze eingeschnitten verdünnt, ganz wie bei *femorella*. Die Flügel sind ganz durchsichtig glasartig, sogar etwas weisslich, mit gelbbraunen bis braunen, ziemlich feinen Adern, gelbbraunem Stigma, ziemlich kurzer Gabel, spitzwinkelig entspringender, wenig gebogener, stark divergirender Spitzenquerader; die sechste und siebente Ader sehr schwach.

♂. Hypopygium glänzend, fast kahl, geschlossen, zusammengedrückt, zweischneidig, ziemlich gross, den Hinterleib überragend. Vorderferse nur wenig dicker, als das Schienenende, so lang, als die Schiene, bedeutend länger, als die übrigen Tarsenglieder zusammen, überall nur sehr kurz behaart; die untere Kante bildet gleichsam die Fortsetzung der Schiene und trägt eine äusserst kurze, dichte, schwarze Haarbürste; die obere Kante liegt nur eine halbe Schienenbreite höher und neben derselben verläuft der ganzen Länge nach eine glatte, tiefe, breite Rinne.

♀. Stimmt so vollkommen mit dem ♂, dass es sich nur durch den zugespitzten Hinterleib, die noch unscheinbarere Behaarung und die Vorderferse unterscheiden lässt. Diese nur ebenso dick, als das wenig verdickte Schienenende, = ¹/₂ Schiene = drei Tarsenglieder; die folgenden Tarsenglieder sind nur halb so dick.

Anmerkung. Diese Art ist also von *femorella* durch die ganz durchsichtigen Flügel, die blassen Adern, den spitzeren Gabelwinkel, die weissliche Behaarung, ♂ durch grösseres Hypopygium, auffallend schlanke und lange Vorderferse, ♀ durch die dickere Vorderferse leicht zu unterscheiden.

Auf Krummholzwiesen und an Alpenbächen Obersteiermarks stellenweise häufig, z. B. am Rottenmannertauern, auf Kalkalpen um Admont. Juli, August.

II. Gruppe der *Hilara maura*.

Ziemlich grosse bis sehr grosse, kräftige, starkbeinige Arten mit ebenfalls tief schwarzem Kopfe, schwarzen Schwingern und Beinen, fast immer 6—10-borstigem Schildchen, dunkelgrauem, ein- oder dreistriemigen (nur bei einer

Uebergangsform schwarzem) Thoraxrücken und vierreihigen Acrostichalbörstchen.
Die Kniee sind fast immer schmal rothgelb.

16. *diversipes* n. sp.

*3·5—4·5 mm. Subnuda, thorace atro, nitido, setis acrostich. pluriseriatis,
dorsocentralibus uniseriatis; abdomen atrum, albopuberulum, halteres pedesque
obscuri genubus flavis.*

*♂. Metatarso antico crassissimo, ovali, femoribus posticis crassis, abrupte
angustatis.*

*♀. Metatarsis et femoribus omnibus simplicibus, tibiis posticis versus
apicem incrassatis, cylindricis.*

♂, ♀. Gesicht matt, grauschwarz mit glänzend schwarzem Mundrande.
Ober- und Hinterkopf mattschwarz. Thoraxrücken und Hinterleib glänzend
schwarz, ersterer ganz ohne Striemen mit 3—4-reihigen, aber nur bei starker
Vergrösserung sichtbaren Acrostichal- und unregelmässig einreihigen Dorsocentralbörstchen. Schildchen mit 8—10 schwachen Borsten. Schüppchen braun, gelb
gewimpert, Schwinger schwarzbraun mit rothgelbem Stiele. Hinterleib von winzigen
weissen Härchen wie bestreut und dadurch etwas matt, aber ohne deutlich
längere Randborsten. Die Seiten der Basalringe, die Hüften und Hinterschenkel
deutlich gelblich- und etwas länger behaart; sonst sind die Beine nur äusserst
kurz gelblich flaumhaarig; sogar die Apicalborsten der Schienen sind winzig und
die Rückseite der Hinterschienen besitzt keine Börstchen oder höchstens eine Andeutung derselben. Flügel grau; die Spitzenquerader entspringt ziemlich spitzwinkelig, ist am Grunde nur wenig gebogen, dann fast gerade und divergirt stark.

♂. Vorderferse länglich-eiförmig oder elliptisch, in der Mitte dreimal
dicker, als das Schienenende, nach beiden Enden verschmälert, = ²/₃ Schiene,
= vier Tarsenglieder, äusserst kurz flaumhaarig. auf der Oberseite stark convex,
auf der Unterseite flach mit schwacher oder deutlicher glatter Mittelrinne; unreif
ist sie gekrümmt und unten ausgehöhlt. Hinterschenkel verdickt, gekrümmt, vor
der Spitze plötzlich ausgeschnitten verdünnt, genau wie bei *femorella*, aber allseits
dichter und länger gelblich flaumhaarig, ohne stachelartige Börstchen an der
Uebergangsecke. Hypopygium ziemlich gross, geschlossen, zweischneidig zusammengedrückt, angedrückt, vorne oben mit zwei Reihen langer gelber Haare,
sonst nur äusserst kurz flaumig; wenn es etwas absteht, sieht man an der Vorder-
ecke jeder Seitenlamelle einen kurzen, gekrümmten Dorn.

♀. Ganz wie das ♂, die bleiche Behaarung etwas kürzer, aber auch am
Hinterleibe noch deutlich; die Vorderferse einfach, dünn, = ²/₃ Schiene = drei
Tarsenglieder. Alle Schenkel einfach, die Hinterschenkel sogar etwas dünner,
als die vorderen; Hinterschienen vom Ende des ersten Drittels an allmälig, aber
nicht auffällig verdickt, nicht breitgedrückt, sondern vollkommen walzenförmig,
am Ende etwa am dicksten.

Diese Art ist durch die verschieden gebildeten Hinterschenkel des ♂ und ♀
sehr auffällig; meines Wissens wurde noch keine derartige Art beschrieben. Sie
steht gleichsam in der Mitte zwischen *femorella* und *maura*, bildet durch den
ganz schwarzen Thoraxrücken einen Uebergang von der I. zur II. Gruppe, schliesst

sich jedoch zunächst an *maura* an. Von *nitidula* und *femorella* unterscheidet sie sich durch die Grösse, durch die deutlich weisslichgelbe Behaarung des Hinterleibes, die gelblichbraune der Beine, die fehlenden oder kaum merklichen Börstchen der Hinterschienen, die langen Wimpern des Hypopygium, die kaum angedeuteten Thoraxbörstchen, die zehn Schildchenborsten, das ♀ auch durch die dünnen, einfachen Hinterschenkel und verdickten Hinterschienen; von *maura* durch den glänzend schwarzen, ganz ungestriemten Thoraxrücken, die etwas kürzere Behaarung, daher grösseren Glanz des Thorax, Hinterleibes und der Beine, die nur einreihigen Dorsocentralbörstchen, das ♂ auch durch die Hinterschenkel; *eumera* Loew, Berliner Entomol. Zeitschr., 1873 (nur ♂ bekannt), weicht ab durch zweireihige Acrostichalbörstchen, schwarzgraue Flügel, muss aber dieser Art jedenfalls sehr nahe stehen. *Pinetorum* Zett. endlich, mit der diese Art wohl vielfach verwechselt wurde, hat in beiden Geschlechtern einfache Hinterschenkel und ganz schwarze Kniee, längliche Vorderferse beim ♂.

In Oesterreich, Steiermark und Kärnten ziemlich häufig; ich sammelte sie oftmals in beiden Geschlechtern um Melk, Seitenstetten, Admont, im Gesäuse. Durch Prof. Tief erhielt ich vom Grasgraben bei Villach, 14. Mai, 2 ♂, von der Stelzing (1410 m), 10. Juli, 7 ♂, 2 ♀. Mai, Juni, in Alpengegenden Juli, August. Ausserhalb Oesterreichs wurde sie von Th. Becker zu St. Moritz (pro parte als *pinetorum*, Berliner Entomol. Zeitschr., 1887, S. 127) in der Schweiz, am Wölfelsfall und zu Reinerz in Schlesien gesammelt.

17. *maura* Fabr., Zett., I. 341; Schiner, I, 115 und Sammlung!; Strobl, Progr., S. 10!; *globulipes* Meig., III, 3 (nicht *globuliceps*, wie Schiner citirt).

Empis simplex Wied., Meig., III, 28 (scheint eine kleinere, dunklere Form zu sein).

♂ 4—4·5, ♀ 3·5—4 mm. *Submuda, nigra; thorax obscure cinereus rittis 3 aequalibus approximatis nigrofuscis, setulis pluriseriatis; abdomen albopuberulum, pedes simplices, obscuri, genubus flavis.*

♂. *Metatarso antico oblongo-ovato, brevissime puberulo.*

♀. *Tibiis posticis versus apicem cylindrico-incrassatis.*

Gesicht und ein Fleck unmittelbar über den Fühlern weisslichgrau, Ober- und Hinterkopf mattschwarz. Thoraxrücken — von der Seite und von rückwärts gesehen — dunkelgrau mit drei scharf begrenzten, genäherten, dunkelbraunen bis schwarzen, fast gleichbreiten, meist weisslich gesäumten Striemen, die seitlichen vorne etwas verkürzt; von vorne gesehen ist er bisweilen beinahe ganz schwarz, daher wurde die Art in der analytischen Tabelle doppelt aufgeführt. Sowohl die Acrostichal- als auch die Dorsocentralbörstchen sind mehrreihig, aber fast nur punktförmig; nur die am Seitenrande bei allen Arten vorhandenen längeren Borsten sind auch bei dieser ziemlich lang. Schildchen mit 6—10 kurzen Borsten. Hinterleib cylindrisch, schwarz. Thoraxrücken und Hinterleib durch äusserst feine und kurze, fast mehlartige weissliche Bestäubung ziemlich matt, nur der Hinterleib deutlich glänzend. Die Beine sind ebenso fein, aber mehr gelbbräunlich behaart und wenig glänzend; bedeutend längere gelblichweisse oder bräunlichgelbe, fast wollige Haare finden sieh nur am Kopfe, an den Seiten der Hinterleibbasis, an den Hüften und Hinterschenkeln. Die Beine sind braun bis schwarz, immer mit lichteren Knieen, ganz ohne Borsten, bloss die Apical-börstchen der Schienen deutlich; alle Schenkel einfach, die hintersten zwar ziemlich dick, doch nicht eingeschnitten verdünnt. Flügel graulich mit braunem Stigma und schwarzbraunen Adern, nur die sechste und siebente Längsader undeutlich und verkürzt. Die Spitzenquerader entspringt spitzwinkelig, ist dann nur wenig gebogen und divergirt stark.

♂. Vorderferse stark verdickt, länglich-oval, bei unreifen verschieden ein-gedrückt oder gebogen, bei reifen aber gerade, fast walzenförmig, nur auf der Unterseite ziemlich flach, doch ohne Mittelrinne, überall dicht und äusserst kurz-flaumig, ungefähr = Schiene = vier Tarsenglieder. Die Vorderschienen sind deutlich, die Hinterschienen kaum gegen das Ende verdickt. Hypopygium kann von der Höhe des Hinterleibsendes, ganz geschlossen, seitlich zusammengedrückt, überall sehr kurz gelbbräunlich flaumhaarig; nur die Oberränder der Seiten-lamellen zeigen — bei zurückgeschlagenem Hypopygium — zwei Reihen etwas längerer weissgelber Wimpern; auch der Rand des letzten Ringes oben mit einer längeren weissgelben Wimpernreihe.

♀. Ganz wie das ♂, die Behaarung kaum etwas kürzer, die Vorder-schienen und Vorderfersen nicht verdickt, letztere etwa = $\frac{1}{2}$ Schiene; die Hinterschienen vom Ende des ersten Drittels an deutlich verdickt, walzenförmig, nicht flachgedrückt.

Anmerkung. Die Unterschiede von *diversipes* siehe bei dieser Art; bei besonders dunklen ♀ der *maura* beachte man die 3—4-reihigen Dorsocentral-börstchen, während *diversipes* immer nur einreihige, höchstens stellenweise undeutlich zweireihige besitzt. Auch zeigen selbst die dunkelsten Exemplare wenigstens in gewisser Richtung deutliche dunklere Striemen.

In Niederösterreich an Bachufern um Amstetten und Seitenstetten sehr gemein, selten um Melk; in der Sammlung Schiner's vom oberen Lunzersee, aus Josefsthal etc. 17 ♂, ♀; in der Sammlung Winthem's als *globulipes* 2 ♂. 2 ♀. Ich erhielt sie auch aus Böhmen und Lemberg durch Schmidt-Göbel; ferner durch Prof. Tief aus Freiwaldau in Schlesien und von zahlreichen Stand-orten der Umgebung Villachs in Kärnten. Nach Kowarz, Verhandl. der k. k. zool.-botan. Gesellsch. in Wien, 1873, S. 457, um Herculesbad. Auch in Schlesien (Wölfelsfall, Lieguitz, Hummel, Dohnau) häufig (l. Becker). Mai bis Juli.

18. *lugubris* Fall., Zett., 341; Schiner, I, 116; Kow., Verh. d. zool.-botan. Ges., 1873, S. 457; non Meig., III, 10.

trigramma Meig., VI, 337; Schiner, I, 116.

4·5—6 *mm. Atra, opaca, obscure pilosa, halteribus, alis, pedibusque nigricantibus; thorax obscure cinereus vittis tribus latis atris.*

♂. *Metatarsus anticus cylindricus, tibia vix latior; femora subtus spinulosa.*

♂. Eine der grössten und auffallendsten Arten. Kopf und Hinterleib tiefschwarz, sammtartig matt, schwarz behaart und beborstet. Rückenschild dunkelgrau mit drei behaarten, gleichbreiten, vorne nicht verkürzten, tiefschwarzen Striemen. Der glänzend schwarze Rüssel etwas kürzer, die mattschwarzen Fühler fast länger, als der Kopf. Das dritte Fühlerglied breit kegelförmig mit gleichlangem Endgriffel. Die Taster lang, walzenförmig, schwarz, etwas grau schimmernd, lang schwarz beborstet. Die mässig langen Acrostichal- und Dorsocentralbörstchen unregelmässig 2—3-reihig. Schildchen 8—10-borstig. Prothoraxstigma dunkel, Schulterschwiele rothgelb. Schüppchen braun, braun gewimpert. Schwinger schwarzbraun mit braunem Stiele. Behaarung des cylindrischen Hinterleibes sehr reichlich, die langen Marginalborsten stark. Hypopygium mässig gross, glänzend schwarz, zusammengedrückt, geschlossen, angedrückt, gleichsam der stumpfe Schluss des Hinterleibes, oben ziemlich lang schwarz behaart.

Beine nicht besonders kurz, aber kräftig, besonders die Schenkel; alle Schenkel unten mit kurzen, dornartigen Borsten, ausserdem noch nebst den Schienen allseitig reichlich und mässig lang dunkel behaart. Vorder- und Mittelschienen aussen, Hinterschienen aussen und rückwärts mit starken, aber ziemlich spärlichen dornartigen Borsten. Vorderferse etwas länger, als die halbe Schiene, = drei Tarsenglieder, nur wenig dicker, als das verdickte Schienenende, walzenförmig, allseits ziemlich lang flaumhaarig mit einzelnen längeren feinen Borstenhaaren. Flügel mit sehr dicken, schwarzen, braun gesäumten Adern; die Fläche ist schwärzlichgrau, die Rand- und die Vorderhälfte der Unterrandzelle gesättigt braun, das noch etwas dunklere Randmal daher schwer unterscheidbar. Die Gabel ist nicht besonders spitzwinkelig, breit, der obere Ast divergirt stark und mündet näher der zweiten als der dritten Längsader. Die Analader sehr unscheinbar.

Das ♀ gleicht nach Zetterstedt bis auf die gewöhnlichen Geschlechtsunterschiede ganz dem ♂ und besitzt einfache, an der Spitze nicht verdickte Hinterschienen.

Auf Krummholzwiesen des Kalbling in Obersteiermark am 18. Juli 1890 ein ♂, von Kowarz bei Herculesbad am 1. Juni 1871 mehrere Exemplare gesammelt (Verhandl. der k. k. zool.-botan. Gesellsch. in Wien, 1873, S. 457, als *lugubris*); ich sah aus Prof.•Tief's Sammlung ein von dorther stammendes ♂ als *trigramma* Meig.; es ist aber nur eine kleinere Form (4·5 mm) mit nicht ausgefärbten, braunen Beinen und etwas lichteren Flügeln, die aber in allen wesentlichen Merkmalen mit meinem alpinen ♂ stimmt.

19. *dimidiata* n. sp.

3·7—4·5 mm, plerumque 4 mm. Atra, nitida, obscure pilosa, halteribus pedibusque obscuris; genubus distincte flavorufis; thoracis dorsum fuscum vitta media distincta, lateralibus 2 evanescentibus nigris; scutellum setis 4. Alae cinereohyalinae; pili et setae tenues, breves.

♂. Metatarso antico modice incrassato, cylindrico, brevissime puberulo; hypopygio mediocri.

♀. Dimidio apicali tibiarum posticarum aequaliter incrassato, cylindrico.

Ober- und Hinterkopf tief schwarz, matt. Thoraxrücken graubraun mit drei schwach begrenzten braunen oder schwärzlichen Striemen; die mittlere breiter und deutlicher. Acrostichalbörstchen vierreihig, Dorsocentralbörstchen einreihig. Schildchen vierborstig. Schwinger schwarzbraun mit rothgelbem Stiele. Hinterleib fast unbestäubt, glänzend schwarz, ohne bleiche Ringränder, beim ♂ genau cylindrisch, beim ♀ kegelförmig; sehr kurz schwarzhaarig mit sehr schwachen Marginalborsten, die dem ♀ meist sogar gänzlich fehlen. Beine schwarz mit deutlich rothgelben Knieen; die Vorderschienen aussen, die Mittelschienen innen, die Hinterschienen aussen und rückwärts mit deutlichen, aber sehr feinen Borsten. Flügel rein grau, schwarzaderig mit braunschwarzem Stigma; die Gabel ziemlich spitzwinkelig, die obere Zinke bedeutend länger, als bei *pilosa*; die Analader verkürzt, sehr fein.

♂. Hypopygium mittelgross, kleiner, als bei *pilosa*, aber etwas grösser, als bei *interstincta*, eiförmig, meist fest angedrückt, der obere Theil ziemlich deutlich, der untere nur mikroskopisch behaart. Die Bauchlamelle matt, die kleinen Seitenlamellen glänzend, dreieckig; bisweilen steht es ab und dann sieht man vorne oben zwei kleine, gekrümmte Dornen, zwischen denen der glänzend schwarze, dicke, plötzlich in einen feinen, gelbbraunen Faden verdünnte Penis wagrecht vorragt; dicke Basis und dünnes Ende ungefähr gleich lang. Die Vorderferse eiförmig-cylindrisch, fast = Schiene = vier Tarsenglieder, nur wenig dicker, als das Schienenende, überall, auch an der Spitze, nur sehr kurz behaart, ohne längere Borsten. Die übrigen Beine ganz einfach.

♀. Stimmt in Färbung, Behaarung, Flügelfarbe etc. durchaus mit dem ♂; nur ist der Hinterleib kegelförmig, meist ganz ohne Marginalborsten und überhaupt kaum behaart. Die Vorderbeine sind einfach, die Hinterschienen aber fast von der Mitte an deutlich und gleichmässig walzenförmig verdickt; wegen dieser Theilung in eine dünne und eine doppelt dickere Hälfte gab ich der Art den Namen *dimidiata*.

Anmerkung. Trotz der verdickten Hinterschienen kann diese Art nicht *nigrina* Fall. sein, da diese einen mattschwarzen Hinterleib, schwärzliche Flügel besitzt und nur 1½''' gross ist; siehe *nigrina*, S. 111.

In den steierischen Voralpen und Alpen an Bächen, Seen und Tümpeln eine der gemeinsten Arten; schwebt oft schaarenweise unmittelbar über dem Wasser. Aus Sedrun (Südtirol) 1 ♀ (l. Becker). 800—2000 m. Juli, August.

20. *pilosa* Zett., 342; Schiner, I, 115 und Sammlung!; Strobl, Progr., S. 10!

interstincta Meig., III, 6, excl. Cit. Fall.

spinipes Macq., Dipt., 112, 7, sec. Meig., VII, 80.

4—4·5 mm. Tota grisconigra, opaca, obscure pilosa et fortius setosa, halteribus pedibusque obscuris genubus anguste dilutioribus; thorax subtrivittatus, scutellum setis 6—8; alae brunnescentes vel cinereae.

♂. Metatarso antico valde incrassato, ovato-oblongo, brevissime puberulo pilis nonnullis apicalibus longioribus; hypopygio magno.

♀. Tibiis et tarsis simplicibus, tibiis posticis tenuibus, rectis.

Z. B. Ges. B. XLII. Abh.   17

Gleicht der vorigen Art sehr, so dass es genügt, die Unterschiede hervorzuheben. Das Schildchen ist stets 6—8-borstig. Der Hinterleib des ♂ und ♀ ist nicht cylindrisch, respective kegelförmig, sondern ziemlich stark niedergedrückt, nicht glänzend schwarz, sondern ziemlich stark gelbgrau oder grau bestäubt, fast matt, ebenfalls ohne bleiche Ringränder. Die schwarze Behaarung desselben ist sehr deutlich, die Marginalborsten sind länger und stärker, auch beim ♀ noch deutlich, wenn auch feiner. Die Flügel sind nicht einfach grau, sondern besitzen bei beiden Geschlechtern deutlich einen Stich ins Bräunliche; rein graue kommen nur selten vor. Die Spitzenquerader entspringt beinahe rechtwinkelig, biegt sich aber bald sehr stark und läuft dann, wenigstens anfangs, beinahe parallel mit der dritten Längsader. Das Hypopygium ist deutlich grösser, überall kurz-, aber deutlich behaart, zurückgeschlagen, dem Hinterleib aufliegend. Die Vorderferse des ♂ ist sehr stark verdickt, fast doppelt so dick, als das verdickte Schienenende, länglich-eiförmig, sehr kurz behaart, an der Spitze aber mit 2—4 längeren feinen Borsten, fast = Schiene = vier Tarseuglieder. Beim ♀ sind alle Beine einfach, auch die Hinterschienen ganz gleichmässig dünn, nirgends verdickt oder gebogen. Die Beborstung der Schienen ist analog der von *dimidiata*, aber bedeutend stärker und länger.

Anmerkung. Diese Art ist jedenfalls *pilosa* Zett., da sie von Zetterstedt durch die dunkelgraue Färbung des ganzen Körpers, durch den auffallend verdickten Metatarsus und das grosse Hypopygium des ♂ kenntlich genug beschrieben wurde. Einen Zweifel, ob er nicht die folgende Art beschrieben habe, könnte nur die Angabe „*alis hyalinis*" erregen; doch dürfte er diesen Passus wohl nur gebraucht haben, um den Unterschied von der unmittelbar vorausgehenden Art (*lugubris* Fall.) recht hervorzuheben. Die übrigen Angaben, besonders noch „*distincte pilosa*", passen viel besser auf diese, als die nachfolgende Art.

Ueber Waldsümpfen, auf Bachgebüsch in Niederösterreich ziemlich häufig, besonders um Melk und Seitenstetten; nach Schiner einzeln bei Dornbach und Klosterneuburg, am Schneeberg (9 ♂, ♀ in Schiner's Sammlung!). Auch um Lemberg (l. Schmidt-Göbel!) und um Waldegg in Schlesien (Prof. Tief!); bei Herculesbad (Kowarz in diesen Verhandl., 1873, S. 457). Um Liegnitz 2 ♂ (l. Becker!); bei Hajós in Ungarn (l. Thalbammer). Ende April bis Mitte Mai, selten später.

21. *scrobiculata* Loew, Berliner Entomol. Zeitschr., 1873, Nr. 30, S. 41; Becker, Berliner Entomol. Zeitschr., 1887!; Kowarz, Verhandl. der k. k. zool.-botan. Gesellsch. in Wien, 1873. S. 457.

coerulea Becker, l. c., S. 128, ♀!

♂ 5, ♀ 4—5 mm. *Simillima pilosae et vix differt, nisi alis hyalinis, setis abdominis pedumque debilioribus, scutelli setis 4—6.*

♂. *Abdomine cylindrico, metatarso antico aequaliter pubescente.*

♀. *Tibiis posticis subdilatatis, incurvis, sulcatis, abdomine conico.*

Kopf, Thorax, Hinterleib ohne irgend einen erkennbaren Unterschied der Färbung etc.; nur ist der Hinterleib des ♂ und ♀ nicht flachgedrückt und die Marginalborsten sind bedeutend schwächer. Die Vorderbeine des ♂ sind ebenfalls ganz analog gebaut, doch fehlen an der Vorderferse die längeren Spitzenborsten. Mittel- und Hinterbeine des ♂ ebenfalls ganz gleich gebildet, aber die Borsten der Hinterschienen schwächer. Schildchen mit nur vier, selten sechs Borsten. Die Vorderschienen, die beim ♂ noch eine schwache Borstenreihe besitzen, sind beim ♀ bloss flaumhaarig oder die Börstchen sind ganz undeutlich. Die Flügel, die bei *pilosa* immer deutlich braungrau oder grau getrübt sind, sind in beiden Geschlechtern durchaus glashell, die Gabel ist etwas kürzer und breiter, die Spitzenquerader zweimal geschwungen und stärker divergirend.

Das ♀ unterscheidet sich leichter, da zu dem Unterschiede der Flügelfärbung und Beborstung auch noch die recht auffallende Verschiedenheit der Hinterschienen kommt. Bei *pilosa* sind dieselben dünn und ganz gerade, bei *scrobiculata* aber der ganzen Länge nach deutlich breitgedrückt, vor der Mitte am breitesten, gegen die Basis ziemlich stark, gegen die Spitze allmälig sehr schwach verschmälert; sie sind auf beiden Flachseiten deutlich mit einer Längsrinne versehen und in der Mitte etwas gekrümmt. Die Hinterschienen der *interstincta* sind ähnlich, aber viel schwächer, ja kaum merklich, breitgedrückt und überall gleich breit, nicht oder kaum gefurcht; auch unterscheidet sich *interstincta* ♀ leicht durch den glänzend schwarzen, nicht bestäubten Hinterleib und die bräunlichen Flügel, während *scrobiculata* ♂, ♀ einen fast ganz matten, dunkelgrau bestäubten Körper besitzen.

Von Kowarz im Mai bei Dubova und am serbischen Donauufer häufig gesammelt (l. c., S. 457), von Becker bei Zermatt und St. Moritz in den Schweizer Alpen (circa 1900 *m*) 6 ♂, 7 ♀ über Wasser schwebend, von mir in den steierischen Alpen an Bächen und Sümpfen zugleich mit *dimidiata* Mitte bis Ende August einige Pärchen entdeckt (Hochschwung bei Rottenmann, Natterriegel bei Admont, 1800 *m*).

Anmerkung. *Coerulea* Becker ist nach dem untersuchten Original-Exemplare aus St. Moritz nur ein fettig gewordenes ♀ der *scrobiculata*; von bläulicher Färbung sah ich keine Spur mehr.

22. *interstincta* Fall., Zett., I, 343; Schiner, I, 115 und Sammlung!; Tief, Progr., S. 26!; Strobl, Progr., S. 58.

modesta Meig., III, 10!

♂ 5·5—6·5, ♀ 4·5—5 mm. Atra, nitida, obscure pilosa et setosa, halteribus pedibusque obscuris genubus vix dilutioribus; thoracis dorsum cinereonigrum vittis 3 parum determinatis nigris; scutellum setis 6—8.

♂. Alae cinereohyalinae; hypopygium minus; metatarsus anticus parum incrassatus, cylindricus, longe pubescens setulis longioribus intermixtis.

♀. Pedes simplices tibiis posticis subcompressis, paullo incurvis.

Auch diese Art ist den vorausgehenden so ausserordentlich ähnlich, dass die Hervorhebung der wichtigeren Merkmale genügt. Am dunkelgrauen Thoraxrücken sind die drei schwärzlichen Striemen vorhanden, aber, besonders die seitlichen, sehr undeutlich und schwach begrenzt. Das Schildchen 6—8-borstig. Der Hinterleib fast genau, wie bei *dimidiata*, also ♂ cylindrisch, fast unbestäubt, glänzend schwarz, aber mit stärkerer schwarzer Behaarung, stärkeren Randborsten

17*

und deutlich bleichen Ringrändern, beim ♀ ebenfalls glänzend schwarz, doch ohne deutlich lichtere Ringränder, kegelförmig. nicht niedergedrückt, eher seitlich zusammengedrückt. Die Flügel fast wie bei *pilosa*, aber beim ♂ graulich glashell, beim ♀ gebräunt.

♂. Hypopygium klein, etwas schmäler, als der letzte Ring, nicht aufliegend, genau wie bei *dimidiata*, doch etwas kleiner und auch unten deutlich behaart. Die Vorderferse ist wenig verdickt, cylindrisch, an der ganzen Aussenseite mit ziemlich langen, dazwischen auch mit einigen noch längeren Haaren besetzt, aber ohne eigentliche Borsten; etwas kürzer, als die Schiene und die folgenden Tarsenglieder zusammen.

♀. Die Hinterschienen besitzen an der Rückseite ziemlich starke Borsten, jedenfalls bedeutend stärkere, als *dimidiata* und sind nicht eigentlich verdickt, aber der ganzen Länge nach etwas plattgedrückt, an den Flachseiten öfters mit ziemlich deutlicher Furche. in der Mitte etwas gekrümmt.

Anmerkung. Meine Art ist gewiss die Art Fall. und Zett. wegen der von Zetterstedt angegebenen verschiedenen Flügelfärbung des ♂ und ♀, des besonders kleinen Hypopygium und des nur „länglichen Metatarsus" des ♂: *aethiops* Zett., 347, dürfte nur eine sehr seltene melanochroitische Form derselben sein, wie Zetterstedt selbst ziemlich deutlich zu verstehen gibt.

An Teichen und Waldbächen Oesterreichs (bei Melk und Seitenstetten) um Gebüsch oder über dem Wasser schwebend ziemlich häufig, gewöhnlich erst im Juni; selten in Obersteiermark im Juli. Ich besitze sie auch aus Lemberg (Ende Mai) durch Schmidt-Göbel, sah sie von der Stelzing in Kärnten, 19. Juli (1410 m. l. Prof. Tief). aus Gnesau, 21. Juni (l. Prof. Tief), aus Reinerz in Preussisch-Schlesien, 16. Juli 1851 (Sammlung Schiner's 6 ♂, ♀); ebendaher, sowie von Liegnitz. Krummhübel, Hummel, Peist. Hirschberg, Zobten in der Sammlung Becker's zahlreiche ♂. ♀, Mai bis Juli. Aus Südlappland in der Sammlung Winthem's ein unbestimmtes ♂.

23. *angustifrons* n. sp.

Simillima prioribus, at major (♂ 6—7. ♀ 5·5—6 mm), thorax vitta unica lata, frons valde angusta, halteres rufoflavi vel capitulo nigro, pedes nigri genubus distincte luteoflavis, scutellum setis 4.

♂. *Hypopygium magnum, metatarsus anticus tibiae aequilongus, parum incrassatus, cylindricus, breviter pubescens.*

♀. *Pedes simplices tibiis posticis tenuibus, rectis; abdomen albidopruinosum.*

Auch diese Art steht den vorausgehenden äusserst nahe. ist aber schon durch die Grösse und die schmale Stirne gut unterschieden. Bei den früheren Arten ist die Stirne unmittelbar über den Fühlern schon fast doppelt so breit, als die Basis des dritten Fühlergliedes und erweitert sich nach oben bedeutend; bei *angustifrons* ♂ aber ist sie anfangs kaum so breit, beim ♀ nur wenig breiter, als die Basis desselben und erweitert sich nach oben nur wenig, so dass sie in der Gegend des vorderen Nebenauges nicht einmal die dreifache Breite des Nebenauges besitzt. Die Stirne ist ganz mattschwarz ohne das graue Basalbändchen oder Dreieck der vorigen Arten; der Hinterkopf ebenfalls mattschwarz. Gesicht gelblichgrau bestäubt. Die Taster walzenförmig, ziemlich gross, lang schwarz beborstet; die Fühler bisweilen mit undeutlich rothbraunen Wurzelgliedern. Thorax und Hinterleib überall mehr oder weniger grau bestäubt, wie bei *pilosa*, mit der sie auch in der schwarzen Behaarung und Beborstung am besten stimmt; nur sind die Marginalborsten des Hinterleibes kaum angedeutet. Der Rücken-schild ist meist mehr gelblichgrau und zeigt nur eine einzige, breite, die vier Reihen der Acrostichalbörstchen umfassende, vorne vollständige, vor dem Schildchen abgekürzte Strieme, die aber bisweilen, besonders beim ♀, undeutlich ist. Die Dorsocentralbörstchen sind, wie bei den vorigen, nur einreihig, beim ♀ aber undeutlich zweireihig. Schildchen mit vier langen Borsten. Schüppchen rothgelb, selten braun, blass gewimpert. Schwinger entweder ganz rothgelb, nur die Basis des Knopfes verdunkelt oder der ganze Knopf schwarzbraun. Hinterleib des ♂ grauschwarz, am Rücken schwarz-, an den Seiten etwas bleicher behaart, an der Grenze zwischen Rücken und Bauch eine nicht chitinisirte, blassrothe Strieme. Die Beine schwarzgrau, schwarz behaart und beborstet, wie bei *pilosa*, die Gelenke der Hüften und die Knice rothgelb. Die Flügel sind ganz wie bei *pilosa*, grau getrübt mit einem Stich ins Braungelbe; nur ist die sechste Längsader ziemlich stark und geht fast bis zum Rande, während sie bei den vorigen Arten stark ver-kürzt und meist sehr blass ist.

♂. Hypopygium fast ganz wie bei *pilosa*, gross, höher, als der letzte Ring, vollständig geschlossen, unten matt, oben glänzend, überall sehr kurz, aber deut-lich behaart; Penis und Dornhacken genau wie bei *dimidiata*. Die Vorderferse ist so lang, als die übrigen Glieder zusammen, fast so lang, als die Schiene, mässig verdickt, cylindrisch, überall nur sehr kurz, aber deutlich flaumhaarig.

Das ♀ stimmt sehr mit dem ♂, ist aber kleiner, die Stirne etwas breiter, der Hinterleib plump, die Beine ganz einfach, schlank, besonders die Tarsen lang und dünn, die Hinterschienen ebenfalls ganz unverdickt, gerade, die Be-borstung und Behaarung kürzer; die rothgelbe Seitenstrieme des Hinterleibes ebenfalls vorhanden. Ganz reine Exemplare zeigen in gewisser Richtung den ganzen Hinterleib silbergrau bereift; in anderen Richtungen ist der Rücken dunkel und nur die Seiten sind silbergrau; die Hinterränder der Ringe sind weisslichgelb.

Variirt mit hellem oder dunklem Fühlerknopf bei sonst vollständig iden-tischen ♂ oder ♀, ferner mit sehr deutlicher bis kaum sichtbarer Rückenstrieme; unreife Exemplare besitzen ziemlich blasse Flügeladern und braune Beine mit lichteren Knieen.

An Bächen und auf Waldpflanzen um Admont in Obersteiermark an vielen Punkten, aber nur vereinzelt. Mitte Juli bis Mitte August.

24. *pruinosa* Meig., III, 7! (ein typisches ♂ in der Sammlung Schi-ner's); Schiner, I, 114 und Sammlung!; Tief, Progr., S. 26; *rubnerata* Schin., 115 und Sammlung!

♂ 4·5—5, ♀ 3·5—4 mm. *Nigra genubus et halteribus fuscoflavis, breviter pilosa setulis minimis; thorax setulis acrostich. et dorsocentralibus pluriseriatis.*

♂. *Totus albidocoeruleo pruinosus hypopygio reflexo, non incumbente, metatarso antico brevi, crasso, cylindrico.*

♀. *Abdomine brunneopruinoso, thorace cinereopruinoso vittis 3 brunneis, pedibus simplicibus.*

Eine grosse, kräftige, sehr auffallende Art, die trotz der lichteren Färbung jedenfalls zur II. Gruppe gehört und zunächst der *angustifrons* steht.

Gesicht und die schmale Stirne unmittelbar über den Fühlern weissgrau, der übrige Kopf schwarz. Der glänzend schwarze Rüssel kürzer, die matt schwarzen Fühler länger, als der Kopf. Taster mässig gross, licht schimmernd und licht behaart, nur die längere Borste schwarz. Unterkopf ebenfalls gelblich behaart. Thorax des ♂ ganz weisslichblau bereift, die sehr kurzen Acrostichalbörstchen unregelmässig 3—4-reihig, die Dorsocentralbörstchen unregelmässig zweireihig; zwei glatte dunklere Striemen sehr undeutlich. Prothoraxstigma dunkel, Schüppchen hell rothgelb mit lichteren Wimpern, die Schwinger ziemlich dunkel gelbbraun bis dunkelbraun. Das Schildchen vierborstig. Hinterleib des ♂ schlank, etwas plattgedrückt, wie der Thorax bereift, ja fast silberweiss, mit kurzer, weicher, weisser Behaarung ohne Randborsten. Das Hypopygium ist mässig gross, schief nach oben gerichtet, nicht aufliegend, grau bereift, die Seitenlamellen glänzend schwarz; oben je zwei dicke, zusammengeneigte, schwer unterscheidbare Dornfortsätze.

Die kräftigen, aber ziemlich langen Beine sind weich und kurz weisslich behaart; die Hinterschenkel zeigen oben längere Wimpern; die Vorderschienen sind allseitig und die Vorderferse aussen ziemlich lang weisslich behaart, die Vorderschienen tragen aussen, die Hinterschienen rückwärts zwischen der dichten Behaarung auch einige längere feine Borstenhaare. Die Vorderbeine sind plump, besonders die Schienen auffällig kurz und gegen das Ende stark verdickt; die Vorderferse ist fast doppelt so breit und fast so lang, als die Schiene, so lang als die vier Tarsenglieder, fast genau walzenförmig, nur die Oberkante etwas convex. Die drei mittleren Tarsenglieder der Vorderbeine sind sehr kurz, etwas breiter, als lang, die der übrigen Beine ungefähr so lang, als breit.

Die Flügel sind ziemlich graubraun getrübt mit schwarzen, starken Adern, dunklem, langem Stigma und kurzer Gabel; die obere Zinke entspringt beinahe rechtwinkelig, biegt sich dann stark und verläuft gerade, mässig divergirend, zur Mitte zwischen der zweiten und dritten Längsader.

Das kleinere ♀ unterscheidet sich besonders durch die Färbung. Der Thoraxrücken ist mehr gelblichgrau oder dunkelgrau mit drei gleichbreiten braunen Striemen über den Borstenreihen. Die fünf ersten Ringe des stark plattgedrückten Hinterleibes sind oben ganz dicht hellbraun bereift, die folgenden schmalen Ringe grau. Alle Beine ganz einfach, die Hinterschienen zwar kräftig, aber vom Baue der übrigen Schienen; Behaarung und Beborstung etwas kürzer, aber sonst ganz wie beim ♂, ebenso Kopf, Flügel, Borstenreihen des Thorax etc. Es erinnert sehr an *maura* ♀.

In Niederösterreich von Schiner als selten angegeben und S. 114 als *pruinosa* das ♂, S. 115 als *vulnerata* ♂, ♀ beschrieben; beide sind aber nach Original-Exemplaren Schiner's durchaus identisch. Schiner kannte anfangs von *pruinosa* nur ♂, von *vulnerata* nur ♀; die ♂ zu *vulnerata* stammen erst vom 15. Mai 1881 aus St. Veit. Prof. Mik gibt in „Hernstein", 1885, S. 520, *vulnerata* ♂ von Schwarzensee (l. Beck) an. Kärnten: Aus Federaun, 4. und 7. Mai, Vassach, 10. Mai, Rennstein, 9. Mai, vom Grasgraben, 14. Mai, etc. um Villach erhielt ich durch Prof. Tief über 40 ♂, ♀, viele in copula gefangen, so dass über die Zusammengehörigkeit dieser beiden „Arten" gar kein Zweifel besteht. Tirol: Palm. Verhandl. der k. k. zool.-botan. Gesellsch. in Wien, 1869. S. 420, gibt *vulnerata* von der Gallwiese am Inn an. Aus Preussisch-Schlesien 1 ♂ (l. Becker).

III. Gruppe der *Hilara quadrivittata* Meig.

Kleinere bis sehr kleine, hellgraue bis schwarzbraune Arten mit dunklen, ziemlich kurzen und kräftigen Beinen, fast immer hellen Schwingern; durch ziemlich plumpen Körperbau und stets scharf begrenzte, auffallend dunklere Thoraxstriemen ausgezeichnet. Schildchen meist vierborstig.

A. Arten mit (wenigstens beim ♂) einer oder drei dunklen Thoraxstriemen.

25. *Braueri* n. sp.

3 mm. ♂. *Cinerea, coerulescens; thorax vittis tribus nigris, setulis minimis; scutellum setis 4—6; pedes nigri, validi, genubus et articulis 3 primis tarsorum posticorum pallidis, femoribus posticis crassis, subtus spinosis; halteres semiobscuri; alae hyalinae stigmate nullo; metatarsus anticus cylindricus, subincrassatus.*

Diese Art ist schon durch die Hinterbeine so ausgezeichnet, dass sie mit keiner bekannten Art verwechselt werden kann. Von ziemlich kurzem, gedrungenem Bau, noch gedrungener, als *tetragramma*, der sie sehr ähnlich ist. Grau, auf Thoraxrücken und Hinterleib mit deutlichem Stich ins Bläuliche, auf den Thoraxseiten rein grau. Kopf fast breiter, als der Thorax, mit mässig breit getrennten Augen. Gesicht und Stirne weissgrau, Scheitel und obere Partie des Hinterhauptes beinahe schwarzgrau. Behaarung des Hinterkopfes kurz, fast ganz weiss, nur oben auch schwarz. Fühler und der mässig kurze Rüssel schwarz, die Taster sehr klein, grauschimmernd, kurz weiss beborstet.

Thoraxrücken mit äusserst dichtem und feinem, bläulichweissem, mehligem Flaume bedeckt, mit äusserst kleinen, fast punktförmigen Börstchenreihen, die mittlere unregelmässig 2—3-, die seitlichen unregelmässig 1—2-reihig; die drei Striemen sehr deutlich, gleich breit, glänzend, die seitlichen beiderseits etwas verkürzt. Schildchen mit 4—6 längeren schwarzen Borsten, Schulterschwiele, die hell gewimperten Schüppchen und die Schwinger braungelb, letztere aber mit an der Spitze dunkelbraunem Knopfe.

Hinterleib dick cylindrisch, kurz, mit demselben mehligen Flaume bedeckt, wie der Thoraxrücken, sonst kaum behaart. Hypopygium nicht gross, deutlich abgeschnürt, wagrecht nach rückwärts gestreckt, mit (von der Seite betrachtet) dreiseitiger Bauchlamelle, kurz spatelförmigen, convexen, breit abgestutzten Seitenlamellen, deren vordere Oberecke eine feine, gekrümmte Dornspitze trägt; zwischen denselben ragt der dicke, glänzend schwarze, an der Spitzenhälfte feine, gelbbraune Penis wagrecht nach vorne. Fast das ganze Hypopygium ist glänzend schwarz, äusserst kurz weisslich flaumhaarig.

Beine kurz, die Schenkel ziemlich dick; die hintersten doppelt so dick, aber nicht ausgeschnitten verdünnt, sondern nach beiden Enden allmälig verschmälert, auf der ganzen Unterkante mit einer Reihe ziemlich kurzer und starker dornartiger Borsten; sonst sind die Beine nur äusserst kurz und weich weisslich flaumig, selbst die Apicalbörstchen der Schienen sehr klein; nur die Hüften zeigen etwas längere weisse Behaarung. Die Schienen sind schlank, die hintersten auffallend dünn. Die Vorderferse ist kaum dicker, als das Schienenende, etwa = ¹/₂ Schiene = drei Tarsenglieder. Die Färbung der Beine ist schwarz, aber durch den Flaum ziemlich graulich, alle Kniee und die drei ersten Tarsenglieder der Hinterbeine hell rothgelb.

Die Flügel sind rein glashell, irisirend, ohne deutliches Stigma, die erste Längsader dafür stigmaartig verdickt; die Nerven stark, schwarz, nur der sechste und siebente Längsnerv sehr fein. Die kurze Gabel bildet fast ein gleichschenkeliges Dreieck, indem die obere Zinke spitzwinkelig entspringt und fast gerade oder nur wenig gekrümmt, stark divergirend verläuft, so dass sie näher der Mündung der zweiten, als der dritten Längsader endet; sie erinnert also an die Gabel einer *Empis*.

Anf Gesträuch bei Seitenstetten in Niederösterreich am 25. Mai 1891 2 ♂; im Stadtforste von Liegnitz (Schlesien) am 16. Mai 1 ♂ (l. Becker).

26. *argyrosoma* n. sp.

niveipennis Zett., 352, var. *a*) und *b*).

♀ 3 mm. *Simillima niveipenni, at major, occipite cano, thorace subrittato; alae magis albohyalinae nervis obscuris; clavae apex infuscatus; tarsi postici basi pallidi.*

Diese Art ist der *niveipennis* so ausserordentlich ähnlich, dass es mich gar nicht wundert, wenn Zetterstedt sie nur als eine grössere Form derselben betrachtet hat. Aber bei genauem Vergleiche der ♀ beider Arten ergeben sich zahlreiche bedeutende Unterschiede.

Der ganze Thorax und Hinterleib ist ebenso schön lichtgrau bereift, wie bei *niveipennis*, der Hinterleib ist sogar noch lichter; man kann ihn als silberweiss bezeichnen. Am Kopfe ist nicht bloss Gesicht und Stirne, sondern auch Scheitel und Hinterhaupt lichtgrau; sogar die ziemlich plumpen Fühler schimmern lebhaft grau. Die Hinterhauptshaare sind kurz und grösstentheils weiss; nur an den Augenrändern stehen kurze schwarze Haare. Die glänzend schwarze, hornige Oberlippe ist beträchtlich länger. Borsten des Thoraxrückens und Schildchens wie bei *niveipennis*; erstere äusserst kurz und die Mittelbörstchen unregelmässig zweireihig. Die zwei glatten Zwischenstreifen sind deutlich dunkler, sogar eine Spur von zwei verkürzten dunklen Aussenstriemen vorhanden. Prothoraxstigma dunkel. Schüppchen und Schwinger, wie bei *niveipennis*, nur ist die Basis des Stieles und die Spitzenhälfte des Knopfes deutlich verdunkelt. Die fünf ersten Hinterleibsringe sind silberweiss und weisshaarig, die folgenden wegen spärlicher Bereifung mehr schwarzbraun. Die ganz einfachen Beine (besonders die Schenkel) sind stärker gebaut und in Folge der dichteren, auch etwas längeren Behaarung matt, mehr graulich; sie sind schwarzbraun mit lichten Knieen; die Hinterschienen zeigen keine Auszeichnung, sind so dünn und gerade, als die übrigen. Das erste und theilweise auch das zweite Tarsenglied ist an allen Beinen, besonders deutlich an den Hinterbeinen, braun bis gelbbraun. Die feine Beborstung der Beine analog, wie bei *niveipennis*, aber sehr wenig auffällig.

Die Flügel sind weniger milchweiss, sondern fast nur rein glashell, aber etwas weisslich, lebhaft irisirend. Die Adern sind zwar fein, aber ziemlich dunkel, die sechste Längsader stärker und länger. Das Randmal fehlt ebenfalls, dafür ist die erste Längsader gegen das Ende hin sehr verdickt und ahmt wegen ihrer dunklen Farbe ein Randmal täuschend nach. Die Endgabel ist fast wie bei *niveipennis*, aber die obere Zinke ist an der Basis stärker und auch an der Spitze deutlich geschwungen und mündet näher der zweiten Längsader.

Anmerkung. Nach eingehenden Vergleichen mit *Braueri* möchte ich dieses Thierchen für das ♀ derselben halten, trotzdem die Färbung so bedeutend abweicht und die Hinterschenkel stachellos sind; doch haben wir auch bei *littorea* ♂, ♀ ähnliche Färbungsdifferenzen. Funde in copula werden darüber wohl Gewissheit bringen.

Im Lärchenwäldchen, 17. Mai, und auf Wiesen des Blümelsberges, 2. Juli 1891, bei Seitenstetten je 1 ♀. Aus Dohnau in Schlesien, 19. April, vier identische ♀, aber mit fast milchweissen Flügeln (l. Becker).

27. *lacteipennis* n. sp. ♀.

3 mm. Similis B r a u e r i, *differt fronte atro, thorace unistriato, setulis thoracis longioribus, regulariter 2- et 1-seriatis, abdomine albopiloso, alis lacteis nervis pallidis, femoribus posticis simplicibus, tibiis posticis incurvis, subcompressis, tarsis omnibus nigris.*

Dieses ♀ hat ganz den kurzen, gedrungenen Bau der *Braueri*, auch dieselbe Körperfarbe und man könnte es leicht für das ♀ derselben halten, wenn die Unterschiede nicht zu zahlreich und auffällig wären.

Die abweichenden Merkmale sind: Die Stirne ist mit Ausnahme eines weissgrauen Dreieckes über den Fühlern sammtschwarz, der Hinterkopf aber, von rückwärts betrachtet, deutlich grau. Die Acrostichalbörstchen sind regelmässig zweireihig, die Dorsocentralbörstchen regelmässig einreihig, zwar kurz, aber doch deutlich länger, als bei *Braueri*. Der Thorax zeigt nur eine mässig breite, aber nicht besonders auffällige Mittelstrieme über die Acrostichalbörstchen; statt der Seitenstriemen aber nur eine sehr schwache Verdunkelung des Untergrundes der Dorsocentralbörstchen. Die Schwinger sind lichtbraun ohne Verdunkelung des Knopfes. Der plattgedrückte, allmälig verschmälerte Hinterleib ist überall ziemlich lang gelblichweiss behaart. Die B e i n e sind ganz analog, wie bei *Braueri*, gebaut, nur die Schienen etwas kräftiger, die Hinterschenkel nur wenig stärker, als die

Z. B. Ges. B. XLII. Abh. 18

übrigen, unten nicht stachelborstig. Die Hinterschienen sind auffallend stark, fast der ganzen Länge nach ziemlich breitgedrückt, in der Mitte etwas gekrümmt mit der Convexität nach aussen, die concave Innenseite mit einer tiefen, die convexe Aussenseite mit einer schwächeren Längsfurche. Die wimperartige kurze Behaarung der Beine ist licht und deutlich; die Rückseite der Vorder- und Hinterschienen zeigt zwischen den Wimpern auch einige längere feine, nicht borstenartige Haare. Die Beine sind ganz schwarzbraun, etwas grau bereift, nur die Kniee rothgelb. Die Flügel sind ganz milchweiss, alle Adern blass, statt des Stigma nur eine Verdickung der ersten Längsader. Die Gabel wie bei *Braueri*, aber die obere Zinke ist stärker geschwungen und mündet genau in der Mitte zwischen der zweiten und dritten Längsader.

Au einem Zimmerfenster der Abtei Melk in Niederösterreich am 30. Mai 1 ♀.

B. Arten mit vier dunklen Thoraxstriemen.

28. *tetragramma* Loew, Berliner Entomol. Zeitschr., 1873, Nr. 34; Kowarz, Verhandl. der k. k. zool.-botan. Gesellsch. in Wien, 1873, S. 457.

3·5—4 *mm*. ♂, ♀. *Nigra, tota albidopruinosa, albopilosa, opaca, rix setulosa, squamis, halteribus et genubus pallidis; thorax vittis 4 aequaliter distantibus nigrobrunneis; setulae acrostichales fere biseriatae; alae hyalinae nervis et stigmate obscuris.*

♂. *Metatarsus anticus ovalioblongus, brevissime puberulus; hypopygium magnum appendicibus 4 brevibus rectis muticis.*

♀. *Tarsi simplices, tibiae posticae crassiusculae, rectae.*

Meine Exemplare stimmen vollkommen mit der Beschreibung Loew's überein. Die Art kann nur mit der folgenden verwechselt werden; vor den übrigen ist sie ausgezeichnet durch die lichte, weissliche oder bläulichgraue Bereifung des Kopfes, Thorax, Hinterleibes und der Beine, die fast rein weisse Behaarung des Unterkopfes, Hinterleibes, der Hüften, Schenkel und die besonders beim ♀ auffallend kurze Behaarung der Beine; nur an den Schienen und Tarsen ist die Behaarung etwas dunkler. Die vier dunkelbraunen Striemen des Thorax stehen fast gleich weit von einander ab, sind scharf begrenzt, die äusseren breiter, als die inneren und beiderseits stark verkürzt, die inneren nur rückwärts. Die sehr kurzen Acrostichalbörstchen sind fast ganz regelmässig zweireibig, die Reihen etwas von einander entfernt; nur rückwärts sieht man einige überzählige Börstchen, die Andeutung einer dritten oder gar vierten Reihe. Schulterschwiele rothbraun, Prothoraxstigma braun, Schwinger und Schüppchen hellgelb, letztere weiss gewimpert; Schildchen mit vier Borsten. Die weisse Behaarung des Hinterleibes ist schwach, aber deutlich; das ♂ besitzt auch ziemlich lange, aber sehr feine weisse Marginalborsten der Ringe. Die Beine sind fast borstenlos; nur die Vorder- und Hinterschienen tragen rückwärts ausser den Apicalbörstchen auch deutliche, aber sehr feine Börstchen, die Hinterschienen auch an der Aussenseite. Die Flügel sind graulich glashell mit feinen schwarzen, gegen die Basis deutlich gelben Adern und deutlichem, aber ziemlich schwachem Stigma.

♂. Der Hinterleib ist kurz und dick. Das Hypopygium ist gross, fast senkrecht aufgerichtet, überragt oben und unten den Hinterleib, ist unten grau, oben schwarz. Die Seitenlamellen sind länglich-elliptisch, stark convex, weisslich behaart; an ihrer Spitze sieht man beiderseits zwei kurze, stumpfe, ziemlich dicke, gerade, dornartige Fortsätze. Die Vorderferse ist länglich-eiförmig, äusserst kurz flaumhaarig, so lang, als die vier Tarsenglieder und wenig kürzer, als die Schiene. Die drei mittleren Tarsenglieder sind an allen Beinen ziemlich breit und kurz, selbst an den Hinterbeinen kaum so lang, als breit.

♀. Gleicht so sehr dem ♂, dass es sich fast nur durch die etwas breitere Stirne, den zugespitzten, platteren Hinterleib, die einfachen Vorderfüsse und die etwas schwächere Behaarung unterscheiden lässt; die Marginalborsten der Leibesringe fehlen ganz. Die Hinterschienen sind bedeutend plumper, als die übrigen, aber überall gleich breit, ganz gerade, weder deutlich gekrümmt, noch abgeplattet. Die Tarsen sind weniger breit, die Mittelglieder ungefähr so lang, als breit, nur das zweite Tarsenglied deutlich länger.

Im Mai in der Umgebung von Orsowa häufig (Kowarz, l. c.); von mir an der Donau bei Melk in Niederösterreich um Gesträuch fliegend am 22. Mai 1885 1 ♂ und 2 ♀ angetroffen. Aus Niederösterreich (l. Ullrich) 1 ♂ (Sammlung Schiner als *pruinosa*).

29. *pubipes* Loew, Berliner Entom. Zeitschr., 1873, Nr. 35; Kowarz, Verhandl. der k. k. zool.-botan. Gesellsch. in Wien, 1873. S. 457.

4—4·5 *mm*. ♂, ♀. *Simillima tetragrammac; differt setulis acrostich. fere quadriseriatis, tarsis longioribus, nigropilosis.*

♂. *Hypopygio minore, horizontali appendicibus 2 incurvis; femoribus, tibiis et metatarsis mediis extus longius et confertissime erectopubescentibus, setis deficientibus.*

♀. *Tibiis posticis compressis, valde incurris.*

Diese Art sieht der *tetragramma* so täuschend ähnlich, dass man sie nur bei der grössten Aufmerksamkeit unterscheiden kann. Oberlippe und Fühler sind schwarz, die Wurzelglieder bisweilen stellenweise rothbraun. Die Taster walzenförmig, ziemlich dicht grau bestäubt, an der Spitze lichter schimmernd oder daselbst rothbraun, mit einer langen und mehreren kurzen bleichen Borsten. Gesicht und Stirne sind fast gleich breit, ziemlich schmal, weissgrau bestäubt, Scheitel und Hinterkopf bläulichgrau bestäubt. Die Bereifung des Thorax und Hinterleibes ist stets bläulichgrau, die vier Striemen sind beinahe schwarz. Die Acrostichalbörstchen sind wenigstens von der Mitte an deutlich vierreihig; vorne sind die Seitenbörstchen spärlich, so dass die Börstchen unregelmässig 2—3-reihig erscheinen; die etwas längeren Dorsocentralbörstchen sind regelmässig einreihig. Schildchen vierborstig. Schulterschwiele, Schüppchen und Schwinger sind hell rothgelb. Die Beine sind ziemlich lang, aber kräftig, mit weichen Flaumhaaren überall dicht bedeckt. Die Behaarung ist an den Hinterbeinen und allen Tarsen dunkler, so dass die Hinterschienen und alle Tarsen oder wenigstens die vier letzten Tarsenglieder tief schwarz und schwarz behaart erscheinen. Die Beborstung der Schienen ist fast identisch, nur sind die Borsten etwas dicker; die Vorderschienen

18*

haben aussen, die Hinterschienen rückwärts zwischen den dichten kurzen Flaumhaaren 3—4 etwas längere Borstenhaare. Die drei mittleren Tarsenglieder sind
beim ♂ nicht breitgedrückt, an den Vorderbeinen eben so lang, als breit, an den
übrigen deutlich länger; beim ♀ auch an den Vorderbeinen etwas länger. Die
Flügel sind fast glashell mit feinen schwärzlichen Adern, langem, schmalem,
braunem Randmal und ziemlich breiter Endgabel; die obere Zinke entspringt
spitzwinkelig, biegt sich schwach und verläuft dann gerade zur Mitte zwischen
der Mündung der zweiten und dritten Längsader.

    ♂. Der Hinterleib ist bedeutend schlanker, ziemlich lang cylindrisch,
weiss behaart mit weissen — höchstens in gewisser Richtung dunklen — Randborsten. Das Hypopygium ist nicht aufgerichtet, sondern von ganz normaler
Bildung, nur so hoch, als der Hinterleib, gleichsam das stumpfe Ende desselben
und meist eng in wagrechter Stellung demselben angeschlossen, zusammengedrückt
zweischneidig, kurzflaumig, grösstentheils grau bereift; nur die breit dreieckigen
Seitenlamellen sind glänzend schwarz. Wenn es zurückgeschlagen ist, sieht man
an der Spitze jeder Seitenlamelle einen sehr feinen, nach vorne gerichteten,
gekrümmten schwarzen Dorn und den zwischen den Lamellen wagrecht vorgestreckten, an der Basis dicken, schwarzen, an der Spitzenhälfte sehr feinen
gelbbraunen Faden. Die Vorderferse ist etwas kürzer und nicht ganz doppelt so
dick, als die Schiene, dick walzenförmig und überall sehr kurz flaumig; übrigens
der von *tetragramma* äusserst ähnlich. An der Vorderseite der Mittelschenkel
fällt eine vom Grunde bis über die Mitte lange, dann allmälig kürzere, dicht
gedrängte Reihe wimperartiger Flaumhaare auf; ebenso sind Schiene und Metatarsus der Mittelbeine aussen mit einer sehr dicht stehenden, aufgerichteten kamm-
artigen Reihe ziemlich langer weisslicher Flaumhaare besetzt, ohne Borsten. Die
Länge dieser Flaumhaare ist aber etwas variabel, bisweilen sehr gering, die Reihen
nur in gewisser Richtung auffallend. Die Behaarung der übrigen Beine hat nichts
Auffälliges, nur ist auch die Hinterseite der Vorderschenkel sehr dicht flaumhaarig.

    ♀. Besitzt nicht die eigenthümliche Behaarung der Mittelbeine, ausser an
den Schenkeln, wo sie aber schütterer steht, und unterscheidet sich durch dieselben Merkmale vom ♂, wie bei *tetragramma*, ausserdem aber durch die Bildung
der Hinterschienen. Diese sind ziemlich stark breitgedrückt, inwendig längs-
furchig, in der Mitte sehr stark und unregelmässig nach aussen gebogen. Abplattung und Biegung bedeutend stärker, als bei *Beckeri*.

    Anmerkung. Diese Art ist also schon durch Hypopygium und Mittel-
beine des ♂ und die Hinterschienen des ♀ von *tetragramma* sicher unterscheidbar.
Weit verbreitet, aber in den Sammlungen meist mit *quadrivittata* verwechselt. Sehr selten im Kasan am serbischen Donauufer, Mai (Kowarz, l. c.,
Loew, l. c.); aus Niederösterreich in der Sammlung Schiner's und Winthem's
theils als *quadrivittata*, theils als *fuscipes* häufig; aus Freiwaldau in Schlesien,
aus Gnesau, Federlach, vom Eichholzgraben bei Villach in Kärnten (l. Tief und
Tief, Progr., 1887, S. 26, als *quadrivittata*); an schattigen Waldbächen und auf
Sumpfwiesen Obersteiermarks bis in die Alpenregion, besonders um Admont und
am Rottenmanner Tauern, nicht selten. Mai bis Juli.

Ausserhalb Oesterreichs: Wölfelsfall (Schlesien) 2 ♂, 3 ♀, Krummhübel (Schlesien) 1 ♀ (l. Becker), Reinerz (Sammlung Schiner's), Dovre (Norwegen) 1 ♂, unbestimmt (Sammlung Winthem's).

30. *hirta* Kow. i. litt.

♂ 3·5, ♀ 3 mm. *Simillima pubipedi; caesia, thoracis dorso brunnescente, quadrivittato, setis acrostich. longiusculis, distincte biseriatis, abdomine albopiloso; pedes graciles, longe pubescentes et setosi.*

♂. *Hypopygium magnum, non adpressum spinis 4 rectis; tibiae anticae pilis longissimis raris; metatarsus anticus incrassato-cylindricus, tibiae aequilongus, brevissime puberulus.*

♀. *Tibiae et tarsi omnino graciles.*

Diese Art ist der *pubipes* in Grösse und Körperfarbe täuschend ähnlich, unterscheidet sich aber leicht durch viel schlankere Beine, regelmässig zweireihige Acrostichalbörstchen und die meist lang borstenhaarigen Schienen.

♂. Kopf dunkelgrau. Oberkopf sogar grösstentheils schwärzlich, Gesicht und Taster weissgrau bestäubt. Die glänzend schwarze Oberlippe und die grau schimmernden Fühler kürzer, als der Kopf. Oberkopf mit vier langen paarweise gestellten Borsten. Hinterhaupt oben schwarz-, unten weissgelb behaart.

Thorax und Hinterleib grünlich oder bläulichgrau, der Thoraxrücken aber, besonders zwischen den Mittelstriemen deutlich und schön gebräunt. Die regelmässig zweireihigen Acrostichal- und einreihigen Dorsocentralbörstchen ziemlich lang. Die vier Striemen scharf begrenzt, schwarz, gleich weit von einander entfernt, die äusseren etwas breiter und beiderseits stark verkürzt. Die Schwinger und die weisslich gewimperten Schüppchen hell rothgelb.

Hinterleib ziemlich schlank, cylindrisch, etwas flachgedrückt, mit langen, wenigstens grösstentheils weissgelben Haaren und noch längeren feinen Randborsten der Ringe. Hypopygium ziemlich auffallend gross, zusammengedrückt zweischneidig, tiefer herabreichend, als der Hinterleib, fast ganz grau bestäubt, vorne oben mit vier geraden Dornspitzen, die inneren zweispitzig.

Beine schlank, dunkelbraun mit schwarzen Tarsen, reichlich grau behaart und daher glanzlos; die Behaarung der Schenkel und Schienen ziemlich dicht und kurz, nur stellenweise wimperartig. Alle Schienen auf der Rückseite auch mit langen, feinen Borstenhaaren, die Mittelschienen auf der Vorderseite, die Hinterschienen auf der Aussenseite auch mit einigen kürzeren, dickeren Börstchen. Tarsen schlank, die Mittelglieder an allen Beinen deutlich länger, als breit. Die Vorderferse so lang, als die Schiene, fast doppelt so breit, als das Schienenende, dick walzenförmig, äusserst kurz flaumhaarig.

Flügel graulich glashell mit feinen schwarzen Adern, langem braunem Randmal, ziemlich langer Gabel; die obere Zinke entspringt spitzwinkelig und divergirt ziemlich stark; die sechste und siebente Längsader sehr unscheinbar.

♀. Hinterleib regelmässig konisch, wenigstens nach rückwärts' deutlich dunkel behaart, Behaarung viel kürzer, als beim ♂, auch die Rückenborsten und die Behaarung der Beine viel kürzer; die Reihen der Schienenborsten sind zwar vorhanden, aber sehr unbedeutend. Alle Beine schlank und einfach; sonst stimmt es genau mit dem ♂. Von *quadrivittata* besonders durch die schlanken, einfachen Schienen zu unterscheiden.

Bei Villach in Kärnten von Prof. Tief ein Pärchen gesammelt und mir zur Beschreibung mitgetheilt; das ♀ durfte ich meiner Sammlung einverleiben. Aus Gastein in Salzburg (3. und 7. September) 3 ♂, 2 ♀ (l. Becker); die Gasteiner Exemplare unterscheiden sich durch kürzere Schienenborsten und stellenweise schwarz behaarten Hinterleib des ♂, sind aber sonst identisch.

31. *quadrivittata* Meig., III. 7 (Sammelart); Schiner, I, 115, und Sammlung pro parte; Strobl, Progr., 1880. S. 10; non Zett., non Tief, Progr., 1887. S. 26.

♂ 4—4·5, ♀ 3·5—4 mm. *Tota grisea, obscure pilosa; thoracis dorsum saepe brunnescens, setulis acrostich. pro parte biseriatis; pleurae cinereae; thorax remote quadrivittatus; pedes nigri, pruinosi, distincte setosi, crassiusculi genubus flavis; halteres flavi.*

♂. *Metatarsus anticus oblongo-ovalis, extus longius pubescens, hypopygium supra longe pilosum.*

♀. *Pedes simplices, tibiis posticis incurvis, subcompressis.*

Auch diese Art gleicht den vorausgehenden sehr und schliesst sich jedenfalls zunächst an. Doch ist schon die Färbung sehr verschieden. Gesicht und Stirne sind hellgrau. Ocellengegend etwas schwärzlich, Hinterhaupt dunkel braungrau. Oberseite des Thorax und Hinterleibes braungrau, die übrigen Körperseiten ziemlich dunkelgrau. Die Acrostichalbörstchen sind entfernt zweireihig, aber hie und da mit überzähligen Börstchen als Andeutung einer dritten oder vierten Reihe. Die Behaarung des ganzen Körpers ist entschieden dunkler, an Kopfunterseite, Hüften, Hinterleibsseiten gelblich (beim ♀ auch wohl weisslich), an den übrigen Theilen bräunlich, die Randborsten der Hinterleibsringe schwarz. Die Beine sind überhaupt viel länger und reichlicher behaart und beborstet. An allen Schenkeln und Schienen sieht man deutliche Reihen von borstenartigen schwarzen Haaren; besonders auffallend sind 5—7 Borstenhaare an der Aussenseite der Vorderschienen. Die Flügel sind weniger glashell; die Spitzenquerader entspringt entschieden weniger spitzwinkelig, beinahe rechtwinkelig, und ist beinahe rechtwinkelig gebogen, bisweilen auch durch eine überzählige Querader mit der zweiten Längsader verbunden; verläuft dann ganz gerade; bei den zwei vorigen Arten ist die Beugung schwächer.

♂. Das Hypopygium ist fast ganz gleich gebildet mit dem der *pubipes*, besitzt aber an der Oberseite ziemlich dichte und lange schwärzliche Haare. Die Vorderferse ist in der Mitte deutlich dicker, also mehr oval, auf der Aussenseite meist deutlich länger flaumhaarig, als auf der Innenseite (bei den vorigen ist die Behaarung überall äusserst kurz); etwas länger, als die vier folgenden Tarsenglieder und fast so lang, als die Schiene. Die drei Mittelglieder der Vordertarsen sind gleich lang, so lang, als breit, die der übrigen Tarsen nehmen an Länge ab, das vierte ist etwa so lang, als breit. Die Hinterseite der Vorderschenkel ist viel lockerer flaumhaarig, als bei *pubipes* und zwischen den Flaumhaaren der Mittelschienen stehen längere Borsten, die bei *pubipes* fehlen.

♀. Unterscheidet sich wieder durch schwächere Behaarung und Beborstung, einfache Vorderfersen mit etwas längeren Mittelgliedern, die konische Form des Hinterleibes, etwas geringere Grösse. Die Hinterschienen sind etwas dicker, als die übrigen, deutlich zusammengedrückt und gekrümmt. Der Thoraxrücken oft reiner grau.

Anmerkung. Bei unreifen sind Beine und Hinterleib gelbbraun.

In Niederösterreich nach Schiner gemein, doch hat er in der Sammlung die verwandten Arten, besonders *pubipes*, damit vermengt; ich sammelte sie mehrmals um Seitenstetten, einmal am Hochschwung in Obersteiermark an Alpenbächen, erhielt sie aus Lemberg durch Schmidt-Göbel; Kowarz, Verhandl. der k. k. zool.-botan. Gesellsch. in Wien, 1873, S. 457, gibt sie aus Herculesbad an, Palm, Verhandl. der k. k. zool.-botan. Gesellsch. in Wien, 1869, S. 420, aus Innsbruck und Mariaberg in Tirol. In der Sammlung Winthem's steckt als *quadrivittata* theils die echte, theils *carinthiaca*, als *fuscipes* ebenfalls *quadrivittata* und verwandte Arten. In Kalocsa, Hajós etc. (Ungarn), l. Thalhammer, 3 ♂, 1 ♀ (♂ nur 3·5 ♀ 3 *mm*). In Liegnitz (Schlesien) 1 ♂, 2 ♀ (l. Becker). Mai bis August.

32. *Beckeri* n. sp.

quadrivittata Zett., Dipt. Scand., 339 (? oder folgende Art), non Meig.

♂ 3·5, ♀ 3—3·5 *mm*. *Obscure cinerea vertice et occipite atro, obscure pilosa; thorax vittis 4 nigrobrunneis; interiores distantes, exterioribus approximatae; halteres flavi; pedes nigri, nitidi, parum pruinosi pilis et setis brevibus.*

♂. *Metatarso antico incrassato, oblongo-ovali, brevissime puberulo; hypopygio reflexo, incumbente.*

♀. *Pedibus simplicibus, tibiis posticis subcompressis, in medio incurvis.*

Diese Art und die folgende sehen der *quadrivittata* so ähnlich, dass Zetterstedt und Becker sie für kleine Formen derselben gehalten haben; doch macht der scharfsichtige Dipterologe, dem zu Ehren ich diese Art benannte, auf die wahrscheinliche Verschiedenheit derselben zuerst aufmerksam. Die Unterschiede sind wichtig genug, um sie als eine eigene Art aufzuführen. Sie ist immer kleiner; die Körperfarbe ist bedeutend dunkler; die sehr kurzen Acrostichalbörstchen sind deutlich vierreihig, die zwei inneren Striemen daher weiter von einander entfernt; die äusseren legen sich vorne beinahe an die inneren, rücken aber gegen rückwärts weiter weg. Gesicht und Stirnfleck über den Fühlern bis zum ersten Ocellenauge sind zwar hellgrau, der Scheitel und Hinterkopf aber — wenigstens von oben betrachtet — sammtschwarz; letzterer schimmert, von rückwärts betrachtet, stellenweise grau. Das Schildchen wie bei *quadrivittata* mit zwei längeren inneren und zwei kürzeren äusseren Borsten. . Der Hinterleib ist dunkelgrau, in gewisser Richtung beinahe schwarz, dunkel behaart mit schwarzen feinen Randborsten der Ringe. Beine glänzend schwarzbraun, sehr wenig oder kaum bereift, durchaus sehr fein dunkel behaart mit den gewöhnlichen, aber feinen Schienenbörstchen (an den vordersten eine, an den hintersten zwei Reihen); nur die Hüften sind heller- und länger flaumhaarig. Bloss die äussersten

Kniespitzen sind rothgelb. Die Flügel sind ganz wie bei *quadrivittata*, schwarzaderig, graulich glashell, mit wenig verkürzter, aber sehr verdünnter Analader etc.

♂. Die Vorderschienen sind gegen das Ende ziemlich verdickt, aussen mit 4—5 mässig langen, äusserst feinen Borsten; die Vorderferse ist sehr stark verdickt, fast = Schiene = 4 Tarsenglieder, äusserst kurz flaumig. Die Vorderbeine unterscheiden sich also nur durch die kürzeren, feineren Schienenborsten und die überall gleich kurze Behaarung der Vorderferse von denen der *quadrivittata*. Das Hypopygium ist mässig gross, ganz schwarz, kaum behaart, zurückgeschlagen, aufliegend, vorne oben mit zwei kurzen Dornen.

♀. Gleicht so sehr dem ♂, dass es sich nur durch den etwas dunkleren, auf der Mitte des Rückens schwarzbraunen, an den Seiten deutlich grau bereiften, matten, sehr sparsam behaarten, ebenfalls fast cylindrischen, aber kurzen, plumpen, am Ende plötzlich zugespitzten Hinterleib, die kürzeren Börstchen der Schienen, die einfachen Vorderbeine und die etwas breitgedrückten, in der Mitte gekrümmten Hinterschienen unterscheiden lässt.

Anmerkung. Diese oder die folgende Art ist jedenfalls *quadrivittata* Zett., wie sich aus seinen Angaben (1¼—1½''', Körper schwärzlich, die zwei Thoraxstreifen entfernt, Beine fast nackt etc.) ergibt.

Zu Freiwaldau in Oesterreichisch-Schlesien (l. Tief!), um Seitenstetten und Gutteustein in Niederösterreich nicht selten; im Gesäuse an felsigen Ennsufern ziemlich häufig; am Kalbling bei Admont bis 6500'; bei Seebach und im Gurkthale (Kärnten) (l. Tief). In Preussisch-Schlesien um Goldberg, Moisdorf 2 ♂, 3 ♀ (l. Becker). Aus Kiel in der Sammlung Winthem's 1 ♂. Juni bis August.

33. *carinthiaca* n. sp.

quadrivittata Becker, Berliner Entomol. Zeitschr., 1887, S. 127!, non Meig.

♂ 3·5, ♀ 3 *mm.* Simillima *Beckeri*; *differt toto vertice et triangulo occipitis caesiis, striis thoracis optime separatis, abdomine toto fusco, pedibus gracilioribus, magis nitidis, genubus latius rufoflavis.*

♂, ♀. Aeusserst ähnlich der *Beckeri*, nur durch folgende Merkmale unterscheidbar: Der ganze Oberkopf bläulichgrau; diese Farbe zieht sich verschmälernd, in Form eines Dreieckes bis auf die Mitte des Hinterkopfes, beiderseits von der tiefschwarzen, matten Färbung des Hinterkopfes scharf begrenzt. Die äusseren Thoraxstriemen sind überall von den inneren gleichweit und scharf getrennt. Der Hinterleib ist ganz schwarzbraun ohne deutliche Bereifung. Die Beine sind schlanker, glänzend schwarzbraun ohne Bereifung, aber mit ziemlich breit rothgelben Knieen. Flügel, Hypopygium, Vorderbeine des ♂ ganz identisch, nur die Vorderferse bedeutend plumper und dicker.

Das ♀ unterscheidet sich vom ♀ der *Beckeri* ebenfalls durch Kopf, Thoraxstriemen, glänzend schwarzbraunen, ganz unbereiften Hinterleib und Beine, die breiter gelben Knice; die Hinterschienen aber sind identisch gebildet.

Bei St. Anna und Müllnern nm Villach (Kärnten) von Prof. Tief Ende Juni und Anfangs August 1 ♂, 4 ♀, im Stiftsgarten von Seitenstetten (Niederösterreich) von mir 1 ♀ erbeutet; in der Sammlung Winthem's als *quadri-*

vittata ohne Fundort 1 ♀. In St. Moritz (Schweiz, 1. Becker) 1 ♂, 1 ♀ (als *quadrivittata* var.), um Moisdorf, Goldberg, Rothkirch, Brechelshof (Schlesien), Mai bis Juli, 3 ♂, 2 ♀ (l. Becker).

34. *bistriata* Zett., 340. ♂!

Simillima Beckeri, differt: minor (3 mm), striis mediis approximatis, setulis acrostichalibus biseriatis, tota fronte atra, squamis et halteribus obscuris, pedibus totis fuscis.

♂. *Hypopygio mediocri, supra longe piloso; tibia antica modice ciliata, metatarso antico subincrassato, cylindrico, brevissime puberulo.*

♀. *Tibiis posticis subcompressis, paullo incurvis.*

Der *Beckeri* zwar sehr ähnlich, aber durch eine Reihe wichtiger Merkmale verschieden. Die Stirne ist fast unmittelbar von den Fühlern an sammtschwarz, ebenso Scheitel und Hinterkopf; nur ein schmales Querbändchen am Grunde der Fühler ist weissgrau; selten zieht sich bis zum ersten Ocellenauge ein undeutlich lichterer Streifen. Die ziemlich langen Acrostichalbörstchen sind regelmässig zweireihig, die Mittelstriemen sind sich daher viel mehr genähert; die Seitenstriemen sind etwas breiter, beiderseits abgekürzt, überall deutlich von den Mittelstriemen getrennt; alle vier Striemen scharf und fast schwarz. Das Schildchen hat vier, selten sechs Borsten; der Thoraxrücken ist bei beiden Geschlechtern braungrau, die Schüppchen und Schwinger sehr dunkel braun. Die Beine sind schwarzbraun, sogar an den Knieen; die Schenkel zeigen sehr feine, kammartig gestellte, schüttere Haare, die Vorderschienen sind aussen mit einer Reihe mässig langer, äusserst feiner Borstenhaare besetzt, die Hinterschienen mit zwei Reihen (aussen und rückwärts) etwas kürzerer Borsten. Die Flügel wie bei *Beckeri*, nur die Endgabel spitzer.

♂. Das Hypopygium ist oben mit bedeutend längeren, feinen, dunklen Flaumhaaren bedeckt. Die Vorderferse ist walzenförmig, etwa um die Hälfte dicker und etwas kürzer, als die Schiene, unten abgeplattet, überall sehr kurz-, aber deutlich flaumhaarig, so lang, als die folgenden Tarsenglieder zusammen; die drei mittleren Tarsenglieder sind so lang als breit, an den übrigen Beinen etwas länger, als breit.

Das ♀ gleicht durchaus dem ♂, nur sind Thorax und Beine etwas kürzer beborstet. Der kurze, plumpe, meist stark abgeplattete Hinterleib ist fast unbehaart. Die Vorderbeine sind ganz einfach, ihre mittleren Tarsenglieder etwas länger, als breit, ihre Ferse = ½ Schiene; die Hinterschienen sind ziemlich stark zusammengedrückt, gekrümmt, innen mit einer Längsfurche versehen.

Anmerkung. Diese Art ist sicher die gleichnamige Zetterstedt's, denn er unterscheidet das einzige, ihm bekannte ♂ von seiner *quadrivittata* (= *Beckeri* m.) durch geringere Grösse, dunklere Farbe, kürzere, ganz schwärzliche Beine, stärker genäherte Mittelstriemen und dunkle Schwinger, nennt die Beine wenig behaart und die (wahrscheinlich nicht ganz ausgereifte) Vorderferse länglich-eiförmig; auch erwähnt er ausdrücklich das Vorhandensein von Seitenstriemen. Von *brevivittata* Zett. unterscheidet sich das ♂ schon durch die Vorderbeine sehr leicht, das ♀ am sichersten durch die viel schärferen, schwärzeren und breiteren Thoraxstriemen, dann wohl auch durch die braungraue Färbung des Thoraxrückens, die längeren Borstenreihen desselben, die kürzeren Wimpern der Vorderschienen; *tanychira* Kow. (*pilipes* Zett.?) ♀ unterscheidet sich besonders durch geringere Grösse, hellgelbe Schwinger, meist sechsborstiges Schildchen, fast wimperlose Vorderschienen, das ♂ wieder durch die Vorderbeine.

In Voralpengegenden Steiermarks und Kärntens. Ich fing um Admont auf blühenden Weiden am 2. Mai 1 ♂, im Gesäuse an der Enns am 28. Mai 1 ♂. Prof. Tief sammelte zu St. Andrä bei Villach am 15. Mai 21 ♂ und ♀, darunter manche in copula. Am Wölfelsfall (Schlesien) sammelte Becker am 2. Juni 1 ♀ mit rothgelben Schwingern; sonst war es identisch.

35. *brevivittata* Macq., Zett., 357; Meigen, VII, 80; Tief, Progr., 1887, S. 27.

♂ *3—3·5*, ♀ *2·5—3 mm.* Caesia thoracis dorso brunnescente opaco, abdomine fusco nitidulo, capite atro; obscure pilosa et setosa; thorax vittis 4 parum distinctis nigris, setis acrostichalibus biseriatis; squamae, halteres et pedes fusci.

♂. Tibiae anticae longe pilosae; metatarsus valde incrassatus, ellipticus, compressus; hypopygium mediocre, supra longius pilosum.

♀. Pedes antici simplices, tibiae posticae subcompressae, paullo incurvae.

♂. Meist etwas kleiner, als *bistriata*, derselben ausserordentlich ähnlich, aber bedeutend schlanker gebaut, schon mehr an *fuscipes* und *griseola* sich anschliessend. Die weniger langen Acrostichalbörstchen ebenfalls zweireibig, die Dorsocentralbörstchen einreihig. Die Färbung auf den Brustseiten hechtgrau, auf dem Rücken dunkel braungrau bis fast rein grau, matt. Die vier Striemen sind vorhanden, die seitlichen wieder bedeutend breiter und beiderseits verkürzt, aber alle viel undeutlicher, die mittleren ziemlich schmal und auf dem dunklen Untergrunde oft kaum sichtbar, die seitlichen fast, wenigstens in gewisser Richtung, mit den mittleren verschmolzen. Schüppchen und Schwinger ebenfalls ganz dunkelbraun, nur der Stiel etwas lichter. Kopf fast genau wie bei *bistriata*, beinahe ganz schwarz, nur das Untergesicht und ein schmaler, bis zum ersten Ocellenauge reichender, bald dreieckiger, bald viereckiger, meist aber kaum unterscheidbarer Streifen schimmert weiss. Rüssel, Taster, Fühler ebenfalls schwarz; die Beborstung des Kopfes in der Regel länger und reichlicher.

Hinterleib ziemlich schlank, schwarzbraun, etwas glänzend, reichlich dunkel behaart und beborstet. Hypopygium ziemlich gross, locker aufliegend, glänzend schwarzbraun; die Oberseite mit langen schwarzen Haaren ziemlich dicht bekleidet. Die ziemlich langen, ovalen Seitenlamellen gehen in einen stumpfen, breiten Fortsatz aus und unterhalb desselben sieht man zwei winzige dreieckige Dornen.

Beine ziemlich schlank, dunkelbraun ohne deutlich lichtere Kniee, auch die Vorderbeine wenig kürzer und dicker; alle Schenkel mit langen feinen Haaren wimperartig besetzt, die Vorderschenkel nur unten, die übrigen unten und oben. Die Schienen kurz, fast anliegend, behaart, die mittleren nur mit Apicalborsten, die hinteren aussen mit kurzen, rückwärts mit langen, feinen Borstenhaaren. Die Vorderschienen sind aussen und innen ziemlich lang flaumhaarig, aussen aber noch mit ungefähr acht sehr langen und feinen Borstenhaaren besetzt; Vorderferse elliptisch, 2—3mal breiter und fast so lang, als die Schiene, etwas länger, als die vier Tarsenglieder, seitlich zusammengedrückt, unten abgeplattet, überall sehr kurz flaumig; bisweilen ist sie fast walzenförmig; die drei folgenden Tarsenglieder sind breiter, als lang, die Mittelglieder der übrigen Beine etwa so lang, als breit.

Die Flügel sind graulich glashell mit feinen, dunklen Adern, sehr breitem, fast die Randzelle ausfüllendem, dunkel braungelbem Randmal, sehr spitzwinkeliger, wenig gebogener, dann gerader, mässig divergirender oberer Gabelzinke; die Gabel ist mittellang.

Das ♀ stimmt fast vollkommen mit dem ♂, erscheint aber wegen des plumpen, kegelförmigen, meist etwas abgeplatteten Hinterleibes kleiner. Der Rückenschild ist öfters reiner dunkel hechtgrau, die vier Striemen sind dann deutlicher, aber immer noch viel schwächer und schmäler, als bei *bistriata*; die Behaarung und Beborstung ist kaum merklich kürzer, als beim ♂, aber die Vorderbeine sind ganz einfach, die Borsten der Vorderschienen zwar sehr deutlich, aber nicht länger, als die der Hinterschienen; die Vorderferse = ¹/₂ Schiene, die drei Mittelglieder so lang, als breit. Die Hinterschienen sind etwas zusammengedrückt und gekrümmt.

Anmerkung. Von der sehr ähnlichen *griseola* und *fuscipes* durch dunkle Schwinger und schwarzen Kopf leicht zu unterscheiden, von *lasiochira* Kow. durch die bedeutendere Grösse, die dunklen Schwinger, den helleren Thorax.

Um Paternion und Villach (Draunfer, Napoleonswiese, Seebach) in Kärnten von Ende April bis Mitte Mai häufig; ich sah 10 ♂ und 10 ♀ in der Sammlung Tief's. In Niederösterreich selten; ich sammelte 1 ♂ am Sonntagsberge und sah ein Pärchen (als *griseola*) in der Sammlung Schiner's. Um Dohnau in Schlesien 1 ♂ (l. Becker).

36. ***pilipes* Zett.**, 346?; *tanychira* Kow. i. litt.

2—2·6 mm. Nigrofusca, longius pilosa et setosa; caput atrum, thorax subquadrivittatus, pleurae obscure cinereae; haltere flavi; alae hyalinae stigmate obscuro.

♂. *Tibiae anticae longe pubescentes setis longioribus immixtis; metatarsus anticus oblongo-ovalis, incrassatus, longe pubescens; hypopygium maximum, clausum, supra longe pilosum.*

♀. *Pedes simplices, tibiis anticis et posticis extus setulis longioribus.*

♂. Diese durch lange und dichte Behaarung auffallende Art erinnert an *pseudochorica*, noch mehr an *bistriata*, ist aber schon durch die Behaarung und die ganz hell rothgelben Schwinger sicher unterscheidbar. Kopf tiefschwarz, matt, schwarz beborstet; nur das Gesicht grau. Rüssel fast so lang, Fühler bedeutend kürzer, als der Kopf; das dritte Fühlerglied kurz, breit kegelförmig, der ziemlich breite Endgriffel noch kürzer.

Thoraxseiten dunkelgrau; der Rücken von vorne gesehen beinahe schwarzbraun, von der Seite gesehen dunkelbraun mit vier schwer sichtbaren, etwas glänzenden, breiten schwarzen Striemen; die mittleren sehr genähert. Acrostichal-

19*

börstchen zweireihig, Dorsocentralbörstchen einreihig, ziemlich kurz. Schildchen vierborstig. Schüppchen braun mit lichten Wimpern, Schwinger hell rothgelb. Hinterleib kurz, plump, mässig glänzend, schwarzbraun mit in gewisser Richtung lichteren Ringrändern, lang und reichlich dunkel behaart mit noch längeren, ziemlich starken Randborsten der Ringe; die lange Behaarung setzt sich über die ganze Oberseite des Hypopygium fort. Das Hypopygium ist sehr gross, plump, zweischneidig zusammengedrückt, geschlossen und angedrückt, nicht höher, als der Hinterleib, aber tiefer hinabsteigend; wenn es absteht, legt es sich schief über den Hinterleib und man sieht am Ende der auffallend langen Seitenlamellen je zwei dicke Dornen.

Beine schwarzbraun ohne lichte Kniee, nicht gerade plump. Die Vorderschienen nur wenig kürzer und dicker, als die übrigen. Vorderferse etwa doppelt so dick, aber etwas kürzer, als die Schiene und die vier Tarsenglieder Die Vorderschienen sind aussen ziemlich lang flaumig und zwischen den Flaumhaaren stehen fünf etwa doppelt so lange, etwas dickere Borstenhaare; die Vorderferse ist aussen ungefähr ebenso lang flaumig, aber ohne längere Haarborsten; an den übrigen Seiten sind die Flaumhaare äusserst kurz. Auch die sonstige Behaarung der Beine ist recht auffällig. Alle Schenkel sind unten, die Hinterschenkel auch oben mit langen, feinen Haaren wimperartig besetzt (die Mittelschenkel aber ohne die Borsten der *Tiefii*); die Mittel- und Hinterschienen sind dicht mit kurzen, an der Rückseite aber ebenfalls fast wimperartigen Flaumhaaren besetzt, die Hinterschienen tragen ausserdem noch eine Aussenreihe von kurzen und eine Rückenreihe von sehr langen, feinen Borstenhaaren.

Die Flügel sind fast glashell; die drei vordersten Längsadern sind schwarz, die übrigen braun; nur die Analader ist unscheinbar und verkürzt. Das schmale, gestreckte Randmal ist braun, die erste Längsader oberhalb desselben sehr verdickt; die Gabel ziemlich spitz und lang, der obere Ast wenig gebogen und schwach divergirend.

Das ♀ ist noch kleiner, die Behaarung an Kopf, Hinterleib und Beinen ganz auffallend kürzer, doch sieht man an der Rückseite der Vorder- und Hinterschienen noch ganz gut ungefähr fünf längere Borstenhaare zwischen den kurzen, feinen Flaumhaaren; auch die Bewimperung der Schenkel ist ganz analog, jedoch kürzer. Die Bildung der Fühler, Flügel, die Färbung des Thorax, des kurzen, kegelförmigen Hinterleibes, der Schüppchen, Schwinger etc. ist ganz wie beim ♂. Nur die Gabel der Flügel ist bisweilen etwas kürzer und an der Spitze breiter. Die Hinterschienen sind sehr schwach zusammengedrückt und etwas gekrümmt.

Anmerkung. Die Beschreibung Zetterstedt's weicht ab durch etwas bedeutendere Grösse und „Thorax schwarz, nicht gestriemt", sonst stimmt sie sehr gut; aus der Kürze der Beschreibung aber lässt sich schliessen, dass er den Thorax nicht besonders genau betrachtet habe; wahrscheinlich hatte er schlecht gespiesste Exemplare, an denen der Thorax allerdings schwarz erscheint; auch sein Fundort „auf Riedgräsern und Weidenblüthen" ist analog dem meinigen. Sollte *pilipes* Zett. doch verschieden sein, so müsste der Name *tanychira* bleiben.

Sehr ähnlich, aber mit ganz schwarzem Thorax, schwarzen Schwingern und viel kleinerem Hypopygium ist *pseudochorica*.

Ich traf diese Art einmal über feinem Ufersande einer Donauau bei Melk in Menge schwebend (Ende April 1885), erhielt auch als *tanychira* Kow. i. litt. durch Prof. Tief drei um Paternion in Kärnten, 12. Mai, gesammelte ♀, denen leider die Schwinger fehlten.

IV. Gruppe der *Hilara littorea* Fall.

Schlanke, zarte Arten mit dünnen, langen, meist grösstentheils lichten Beinen (nur die Vorderbeine der ♂ sind bisweilen plump), meist theilweise licht bestäubtem oder wirklich lichtem Körper, in der Regel vierborstigem Schildchen.

A. Dunkle Arten mit ganz dunklen Beinen (nur die Kniee oft licht).

37. *niveipennis* Zett., 352, var. *c*.; Schiner, I, 116; Strobl, Progr., 1880, S. 10.

2 mm. Lacte cana, opaca, occipite nigro; thorax non vittatus; abdomen albopubescens; alae lacteae nervis albidis stigmate nullo, costa brunnea; squamae et halteres alboflavae; pedes fusci genubus pallidis.

♂. *Hypopygio parvo, metatarso antico incrassato, oblongo.*

♀. *Pedibus simplicibus.*

Fast die kleinste und zarteste aller Arten, schon durch die Farbe der Flügel leicht erkennbar. ♂. Kopf sammt Fühlern und der auffallend kurzen Oberlippe schwarz, Taster und Rüssel aber gelbbraun, Gesicht und die mässig breite Stirne bis zum vorderen Ocellenauge weiss bestäubt. Der ganze Thorax und Hinterleib gleichmässig lichtgrau, matt, nur die Ringränder noch lichter. Die zweireihigen Acrostichal- und einreihigen Dorsocentralbörstchen äusserst kurz; die glatten Zwischenstreifen bisweilen dunkler. Schwinger und weiss gewimperte Schüppchen hellgelb. Schildchen mit zwei langen Mittel- und zwei kurzen Seitenborsten. Hinterleib mit sehr zarten, weissen Flaumhärchen und Randbörstchen; Bauch oft gelblich durchscheinend. Hypopygium klein, schwarz mit grau bereifter unterer und fast unbestäubter oberer Hälfte. Die Seitenlamellen klein, dreieckig, fein und licht flaumhaarig. Grund des Penis dick, glänzend schwarz, Spitze sehr dünn, gelbbraun.

Die dünnen Beine sind ausgereift schwarzbraun, fast unbestäubt, unausgereift oft gelbbraun, immer mit ziemlich breit lichteren Knieen. Die lichte Behaarung derselben ist äusserst unscheinbar, nur die weisse Behaarung der Hüften, einige braune Wimpern an der Unterseite der Mittel- und Hinterschenkel, besonders gegen die Spitze hin, die schwarzen Apicalbörstchen der Schienen und die Börstchenreihe an der Rückseite der Hinterschienen etwas auffällig. Die Vorderbeine sind etwas plumper, die Schiene etwas gegen die Spitze verdickt, die Ferse etwa von der Gesammtlänge der übrigen Glieder und fast von der

Länge der Schiene, länglich-oval, in der Mitte etwas breiter, aber noch nicht doppelt so breit, als das Schienenende, überall äusserst kurz flaumhaarig.

Die Flügel sind äusserst zart, milchweiss mit weissen, dünnen Adern; das Randmal fehlt, dafür ist die erste Längsader von der Mitte an gelbbraun und etwas verdickt. Die Gabel ist kurz, ihre obere Zinke am Grunde nur wenig gebogen und stark divergirend. Die Analader endet auf halbem Wege.

Das ♀ zeigt nur die gewöhnlichen Geschlechtsunterschiede: Zugespitzten Hinterleib, durchaus einfache Beine, etwas kürzere Behaarung, etwas breitere Stirne.

Anmerkung. Ich nehme die var. c. als die echte *niveipennis* Zett. an, weil nur diese wirklich schneeweisse Flügel besitzt.

In Niederösterreich: Auf Gesträuch an Bachufern, im Stiftsgarten und in Birnblüthen um Seitenstetten nicht besonders selten, um Melk nur einmal gesammelt. Aus Kärnten von der Napoleonswiese bei Villach durch Prof. Tief 1 ♀. In der Sammlung Winthem's und Schiner's 5 ♂, 1 ♀ als *lacteipennis* Winth. i. litt.; um Lindenbusch (Schlesien) 2 ♂ (l. Becker). Ende April bis Ende Mai.

38. *Tiefii* n. sp. (Zu Ehren des eifrigen Dipterologen Prof. Tief in Villach.) ♂ 2·5, ♀ 2 mm. ♂. *Thorax dorso cupricolor, non vittatus setis acrostichalibus longis, biseriatis; pleurae obscure cinereae, abdomen fuscum; halteres obscuri, pedes nigri geniculis pallidis. Tota distincte obscure pilosa et setosa; alae hyalinae stigmate obscuro. Hypopygium magnum, clausum; tibiae anticae brevissimae, incrassatae; metatarsus anticus tibia multo longior et latior.*

♀. *Thorax cinereus, cupreo-subvittatus, tibiae posticae subdilatatae, paullo incurvae.*

♂. Gesicht, Stirne und Hinterkopf grau; Rüssel und Fühler schwarz, ersterer kürzer, letztere fast länger, als der Kopf, grau schimmernd; das dritte Glied kegelförmig, etwa so lang, als der dicke Griffel. Scheitel mit auffallend langen, schwarzen Borsten. Thorax matt, grünlichgrau, auf dem Rücken ziemlich kupferroth; Prothoraxstigma schwarz, die braun gewimperten Schüppchen und die Schwinger braun, der Knopf am Ende schwarzbraun. Die regelmässig zweireihigen Acrostichal- und einreihigen Dorsocentralbörstchen verhältnissmässig lang; Striemen fehlen. Schildchen vierborstig.

Hinterleib ziemlich plump, glänzend schwarzbraun mit sehr deutlichen dunklen Haaren und längeren Marginalborsten. Das Hypopygium gross, ebenfalls glänzend schwarzbraun, fast kahl, nicht höher, als der Hinterleib, aber tiefer hinabreichend, geschlossen, eng anliegend, zusammengedrückt zweischneidig.

Beine glänzend schwarzbraun mit schmal gelben Knieen; Mittel- und Hinterbeine ziemlich schlank, letztere mit gekrümmten Schenkeln. Vorderbeine kurz und plump, besonders die gegen das Ende stark verdickten Schienen; Vorderferse rechteckig, doppelt so dick, als das Schienenende, zusammengedrückt (weil nicht ausgereift). bedeutend länger, als die Schiene und als die vier Tarsenglieder, äusserst kurz flaumig. Die Vorderschenkel zeigen oben, die übrigen beiderseits eine ziemlich lange Wimpernreihe, die Mittelschenkel besitzen vorne zwischen den Wimpern auch noch fünf bedeutend längere und dickere Borstenhaare; die zwei der Basis zunächst stehenden sind die längsten, etwa dreimal so lang, als die Schienenbreite. Die Behaarung der Schienen ist bedeutend kürzer, nur an der Rückseite der Vorderschienen ziemlich lang und wimperartig. Alle Schienen tragen Apicalbörstchen, die Hinterschienen auch noch aussen und rückwärts eine Reihe von ziemlich langen Borstenhaaren.

Die Flügel sind glashell, die Adern — mit Ausnahme der sehr feinen sechsten und siebenten — dunkel, das Randmal deutlich, dunkelbraun. Die Gabel ziemlich lang und schmal; die obere Zinke entspringt spitzwinkelig und ist nur mässig gebogen.

Das ♀ stimmt sehr genau mit dem ♂; nur ist der Thoraxrücken fast ganz grau (doch sind die drei Borstenreihen ziemlich deutlich kupferbraun verdunkelt), die Behaarung und Beborstung kürzer, die ebenfalls ziemlich plumpen Vorderbeine sind einfach, die Hinterschienen etwas breitgedrückt und in der Mitte gebogen, die Schenkel nur sparsam und kurz gewimpert, die Flügel fast weisslich glashell. Die Hinterschienen ebenfalls zweireihig beborstet, die Basis der Mittelschenkel mit längeren Wimpern, Hinterschenkel gekrümmt, Hinterleib glänzend schwarzbraun etc., wie beim ♂.

Obersteiermark: An felsigen und sandigen Ufern der Enns im Gesäuse am 28. Mai 1 ♂, am 1. August 2 ♀; auch Herr Becker sammelte am 11. Juni 1891 im Gesäuse 1 ♀, bei dem die drei Thoraxstriemen auf der Hinterhälfte sehr deutlich sind; vorne sind sie weit verkürzt.

39. *Sartor* Becker, Berliner Entomol. Zeitschr., 1888, S. 7—12; Mik, Verhandl. der k. k. zool.-botan. Gesellsch. in Wien, 1888, Sitzungsber., S. 97; *sartrix* Handl., Verhandl. der k. k. zool.-botan. Gesellsch. in Wien, 1889, S. 623. *alpina* Loew i. litt.

♂ 3—3·5, ♀ 2·5 mm. ♂. *Caesia halteribus pedibusque fusconigris articulationibus flavis. Thorax immaculatus setis acrostichalibus longis antice biseriatis; scutellum setis 4. Abdomen flavovillosum; hypopygium mediocre. Pedes posteriores graciles, antici femoribus et tibiis brevibus; metatarso tibia fere longiore, crasso.*

♀. *Pedibus simplicibus, tibiis posticis tenuibus, rectis.*

Steht der *Tiefii* und *pseudosartrix* am nächsten. Kopf, Thorax und Hinterleib ganz matt bläulichgrau, Rüssel auffallend kurz. Taster klein, dunkel. mit einigen langen und einigen kurzen dunklen Borsten. Fühler normal, schwarz, etwa von Kopflänge. Stirne mässig breit. Hinterkopf oben schwarz beborstet, unten gelb behaart. Prothoraxstigma, Schulterschwiele und Schwingerstiel rothbraun, Knopf schwarzbraun. Schüppchen hell rothgelb, bisweilen dunkel gerandet, weissgelb gewimpert. Thoraxrücken meist ganz einfärbig, selten schwach zweistriemig, mit ziemlich langen Borstenreihen, die mittlere vorne genau zweireihig, hinten vierreihig, die seitlichen einreihig; bisweilen sind die Acrostichalbörstchen bis vorne hin vierreihig; die vier Schildchenborsten lang.

Hinterleib etwas flach gedrückt mit ziemlich auffallend langen und reichlichen, durchaus gelben weichen Haaren, die nur in gewisser Richtung dunkel erscheinen, besetzt. Hypopygium normal, knospenförmig, zusammengedrückt,

anschliessend, mattschwarz, grau bereift, gelbhaarig, etwas unter den Hinterleib hinabreichend; wenn es absteht, zeigen die glänzenden kleinen, schwarzen
Seitenlamellen je zwei kurze, schwarze Dornen und dazwischen den wagrecht
vorgestreckten Faden mit der gewöhnlichen dicken, schwarzen Basal- und feinen,
gelbbraunen Endhälfte.

Beine reichlich behaart und beborstet, die Schenkel mehr wimperartig,
die hintersten mit zwei längeren, feinen Subapicalborsten; die Schienen sind
kürzer behaart, aber die mittleren mit einer (vorne), die hintersten mit zwei
Borstenreihen (aussen und rückwärts), die Vorderschienen nur mit Apicalborsten.
Die hinteren Beine sind sehr schlank, die vordersten ziemlich dick und kurz.
Die Vorderferse ist so lang oder deutlich länger und über zweimal breiter, als
die Schiene, nur sehr kurz flaumhaarig; die vier folgenden Tarsenglieder etwa
so lang, als breit, zusammen kürzer, als die Ferse.

Die Flügel sind glasartig mit braunen, an der Basis gelben, dünnen
Adern, langem, schmalem, braunem Randmal und ziemlich langer und schmaler
Gabel. Der sechste und siebente Längsnerv äusserst schwach.

♀. Gleicht ganz dem ♂, nur ist die Beborstung des Thorax und der
Beine kürzer, ebenso die weisslichgelbe Behaarung des Hinterleibes sehr kurz,
aber ebenfalls ziemlich dicht; die Borsten der Hinterschienen sind deutlich, aber
wenig länger, als die Flaumhaare, alle Beine schlank und einfach.

Anmerkung. Unreife Exemplare besitzen lichtbraune bis gelbbraune
Beine und schwächeres Randmal. — Steht der *littorea* ♂ sehr nahe, die sich
aber durch überall deutlich vierreihige Acrostichalbörstchen, braungrauen Thorax
mit meist deutlicher dunkler Mittelstrieme, kaum sichtbares Stigma, lichte Vorderbeine, dünnere Vorderfersen sicher unterscheidet; das ♀ der *littorea* ist sehr
verschieden durch die silbergraue Bereifung, die zusammengedrückten und gekrümmten Hinterschienen etc. *Canescens* unterscheidet sich durch ganz rothgelbe Taster, Vorderbeine und Schwinger, *griseola* durch helle Schwinger, regelmässig zweireihige Acrostichalbörstchen, unscheinbare Vorderfersen, *Tiefii* ♂ durch
schwarzbraunen, ganz schwarz behaarten Hinterleib, dichte Beborstung der Beine,
sehr kurze und dicke Vorderbeine, das ♀ durch weisslich glashelle Flügel, die
Form der Hinterschienen, die Acrostichalbörstchen etc.

In Fichtenwäldern der Schweiz (Osten-Sacken, Zeller), Tirols (Obladis
im oberen Innthale, l. Mik; Condino in Südtirol, l. Pokorny; Kaunser-, Trafoier-
und Suldenthal, l. Brauer und Handlirsch!), Salzburgs (um Gastein ziemlich
gemein, l. Mik und Becker!), Obersteiermarks (Schneealpe, l. Pokorny; Strechen-
graben und Hochschwung bei Rottenmann, Bösenstein bei Trieben (♀), l. ipse).
Ende Mai bis August. Ueber das merkwürdige Schleierchen des ♂ siehe Handlirsch, l. c. Ausser den Original-Exemplaren Becker's und den zahlreichen
tirolischen Exemplaren des Hofmuseum (bloss ♂) sah ich noch 3 ♂ aus Sedrun
(Schweiz), l. Becker.

40. *pseudosartrix* m.

♂ 2·5—3, ♀ 2 mm. *Tota obscure cinerea, capite nigro, halteribus pedibusque fuscis, articulationibus flavis; thorax subimmaculatus setis acrostichalibus*

273

fere biseriatis; scutellum setis 4. Abdomen parce pilosum, pilis pro parte obscuris. Alae subhyalinae stigmate distincto.

♂. *Hypopygium minus appendicibus 2 tenuibus incurvis; metatarsus anticus tibia brevior, incrassatus, ellipticus.*

♀. *Pedibus simplicibus, tibiis posticis tenuibus, rectis.*

Kopf matt schwarz, sammtartig. Thorax ganz gleichmässig dunkel aschgrau, matt. Hinterleib schwarz oder undeutlich grau bereift. Oberlippe glänzend schwarz, bedeutend kürzer, Fühler schwarz, so lang, als der Kopf. Stirne mässig breit, nur vorne nebst dem Gesichte etwas grau schimmernd. Taster winzig, schwärzlich, grau schimmernd oder gegen die Spitze gelblich mit einer langen und einigen sehr kurzen dunklen Borsten. Thorax einfärbig, selten mit Spuren zweier glatter dunklerer Linien; die Börstchen mässig lang, die Acrostichalbörstchen wenigstens in der Mitte deutlich zweireihig, ganz hinten öfters mit überzähligen Börstchen, daher 3—4-reihig; die Dorsocentralbörstchen einreihig. Prothoraxstigma, Schulterschwiele, Schwingerstiel und Schüppchen rothbraun, letztere öfters mit dunklerem Rande und lichter Bewimperung. Schwingerknopf schwarzbraun; Schildchen vierborstig. Hinterleib ziemlich schlank, cylindrisch; Behaarung schwach, oben dunkel mit feinen längeren Randborsten, vorne an den Seiten ebenso kurz, aber weisslich. Hypopygium ziemlich klein und kurz, der stumpfe Abschluss des Hinterleibes, nicht höher, als derselbe, seitlich zusammengedrückt, äusserst kurz dunkel behaart, matt schwarz, nur die ziemlich breiten und kurzen, spatelförmigen Seitenlamellen glänzend schwarz; am oberen Ende derselben je eine feine, kurze, gekrümmte Dornspitze. Faden von normaler Gestalt, wagrecht nach vorne gestreckt, Basalhälfte dick, schwarz, Spitzenhälfte sehr fein, gelbroth. Beine schlank, dunkelbraun mit lichten Knieen und Gliederungen der Hüften, fein-, kurz- und ziemlich spärlich lichtflaumig und länger dunkel gewimpert; die Wimpern nur an der Ober- und Unterseite der Hinterschenkel ziemlich lang und zahlreich; deutliche feine Borstenhaare nur an den Schienenspitzen, sowie an der Aussen- und Rückseite der Hinterschienen. Vorderschenkel und Vorderschienen etwas kürzer und dicker, als die übrigen, die Vorderferse deutlich kürzer, aber mindestens doppelt so breit als die Schiene. etwa so lang, als die vier Tarsenglieder, in der Mitte deutlich erweitert, elliptisch, äusserst kurz flaumig; alle Tarsen schlank, selbst die vordersten Mittelglieder etwas länger, als breit. Flügel graulich glashell mit feinen dunkel- bis lichtbraunen Adern, deutlichem, schmalem, braunem Randmal und ziemlich kurzen, mässig divergirenden Gabelzinken; die obere ist nur am Grunde deutlich gebogen; sechste und siebente Längsader sehr schwach und verkürzt.

Das ♀ gleicht ganz dem ♂, nur ist die Beborstung des Thorax und der Beine noch kürzer, die Börstchen der Hinterschienen fehlen ganz, die Schienen sind dünn und gerade, alle Beine schlank und einfach.

Pseudosartrix ist der *sartrix* ungemein ähnlich und nach der Beschreibung Becker's nicht sicher unterscheidbar, da Becker den Hinterleib schwarzhaarig nennt, während er durchaus gelbhaarig ist; die Dichte und Länge der Haare ist allerdings etwas variabel, ebenso die Acrostichalbörstchen bisweilen fast ganz

zwei- oder vier-, gewöhnlich aber in der Vorderhälfte zwei-, in der Hinterhälfte
vierreihig. *Pseudosartrix* ist stets kleiner, unterscheidet sich ferner durch den
sammtschwarzen Kopf, den schwarzen, kaum grau bereiften Hinterleib, der kurz,
sparsam, nur an den Seiten weisslich, am Rücken aber schwärzlich behaart ist,
durch die deutlich kürzere Vorderferse, die dunkleren, rothbraunen bis braunen
Schüppchen, die kürzere Endgabel der Flügel. Auch ist sie keine alpine Art.
Ich sammelte 1 ♂ am 28. Mai in Gräben der Tauernstrasse bei Trieben, 1 ♀
erhielt ich aus einem sumpfigen Walde bei Hajos in Ungarn (l. Thalhammer),
2 ♂ vom Wölfelsfall und von Kaltwasser (Schlesien), 21. Mai und 12. August
(l. Becker).

41. *fuscipes* Fabr., Meigen, III, 6; Zett., 338!; Schiner, I, 114
(? Beschreibung stimmt so ziemlich, das Original-Exemplar aber war *pubipes* Loew).

♂ 4 mm, ♀ 3·5 mm. *Nigra, obscure cinereopruinosa, squamis brunneis,
halteribus et genubus luteis; thoracis dorsum brunnescens subquadricittatus,
vittis lateralibus, nonnunquam etiam mediis evanescentibus, setis acrostichalibus
biseriatis, longiusculis; scutellum setis 4—6. Pedes longiusculi pilis et setis
brevibus.*

♂. *Metatarso antico cylindrico, parum incrassato, extus distincte pubescente; hypopygium mediocre, addomen longe cylindricum.*

♀. *Pedibus simplicibus, tibiis posticis gracilibus, rectis.*

♂. Der ganze Körper, auch Kopf und Beine, sind schwarz, aber dicht
dunkelgrau bestäubt, nur der Thoraxrücken oft etwas bräunlich, Rüssel und die
dicht schwärzlich behaarten Seitenlamellen des Hypopygium glänzend schwarz,
Taster matt schwarz, die schmalen Knice und die Schwinger rothgelb, letztere
am Ende des Stieles und am Grunde des Knopfes etwas verdunkelt. Fast die
ganze Behaarung ist dunkel fahlgelb bis braun, die längeren Borsten schwarz;
die weissgelb gewimperten Schüppchen sind dunkel rothgelb bis braun. Gesicht
und Oberkopf sind ziemlich breit, hellgrau, der Hinterkopf dunkelgrau. Die
vier braunen Striemen des Thoraxrückens sind wenig auffällig, aber die
mittleren meist ganz deutlich; die seitlichen, beiderseits verkürzten, bilden scheinbar nur eine Verdickung der Mittelstriemen, da der Zwischenraum ziemlich
dunkel ist; bei einer Varietät fehlen die vier dunkleren Striemen fast ganz, ja es
können sogar die drei Borstenreihen etwas dunkler sein. Die regelmässig zweireihigen Acrostichal- und einreihigen Dorsocentralbörstchen sind ziemlich lang.
Schildchen mit 4—6 mässig langen Borsten. Der ganz dunkelgraue Hinterleib ist ziemlich schlank cylindrisch, deutlich dunkel behaart mit längeren
feinen Randborsten der Ringe. Das Hypopygium ist mässig gross, etwa = $\frac{1}{4}$
des Hinterleibes, geschlossen, fast anliegend, schwach behaart, gleichsam der
stumpfe Schluss des Hinterleibes, mit den normalen zwei gekrümmten Dornspitzen.

Beine. Die Schenkel zeigen oben und unten ziemlich kammförmig gestellte längere Wimpern; die Schienen sind kurz und weich flaumhaarig, ausserdem mit einer, die hintersten mit den gewöhnlichen zwei Reihen längerer
Börstchen; die der Vorderschienen des ♂ sind ziemlich lang. Die Vorderschienen
des ♂ selbst sind ebenfalls ziemlich lang, nur wenig gegen das Ende verdickt,

die Ferse nur wenig dicker, als das Schienenende, schmal walzenförmig, etwa = $^3/_4$ Schiene, = drei Tarsenglieder, aussen etwas länger flaumhaarig, als innen.

Die Flügel sind graulich glashell mit langem, braunem Randmal, von der Breite der Randzelle, schwarzen Adern, spitz entspringender, dann gebogener, zuletzt gerader, mässig divergirender oberen Zinke.

♀. Gleicht ganz dem ♂ bis auf die gewöhnlichen Geschlechtsunterschiede; die Hinterschienen sind so dünn, als die übrigen, weder breitgedrückt, noch gekrümmt.

Anmerkung. Die Beschreibung Meigen's und Zetterstedt's stimmt ausgezeichnet; nur nennt Zetterstedt das Randmal schwarz, während Meigen es richtig braun nennt; auch waren die Exemplare Zetterstedt's nicht ganz ausgefärbt, da er die Beine bald braunroth, bald schwärzlich nennt. Doch erwähnt er ausdrücklich die lichten Kniee, die nur bei dunkelbeinigen Arten vorkommen. *Griseola* Zett. kann meine Art nicht sein, denn diese ist bedeutend kleiner, hat noch blässeres Randmal und lichtere Adern.

In Obersteiermark und Kärnten selten; bisher nur an felsigen Ennsufern des Gesäuses bei Admont von mir und in Auen bei Villach von Prof. Tief einige Pärchen gesammelt.

42. *griscola* Zett., 350; Schiner, I, 116; Tief, Progr., 1887, S. 26; *nigritarsis* Zett., 351 (eine Varietät); *platyura* Loew, Berliner Entomol. Zeitschr., 1873, Nr. 32?; *fuscipes* Zett. var., Becker, Berliner Entomol. Zeitschr., 1887, S. 126. ♀!

2·5—3·5 mm. Simillima fuscipedi, at minor, tenerior, squamis luteis, scutelli setis 4, pedibus tenuibus, alis hyalinis nervis et stigmate pallidioribus, palpis saepe luteis.

♂. *Metatarsus anticus brevior, undique distincte pubescens, tibiae anticae non setulosae; abdomen crassum, breviter cylindricum hypopygio magno.*

♀. *Pedibus simplicibus, tibiis posticis subeompressis, incurvis.*

Diese Art ist so ähnlich der *fuscipes*, dass man sie leicht, wie Becker, l. c., gethan, für eine kleine Form derselben halten könnte. Färbung des Kopfes, Thorax, Abdomen, die dunkle Behaarung, die Anordnung und Länge der Borstenreihen zeigt keinen neunenswerthen Unterschied. Die vier dunklen Thoraxstriemen sind ebenfalls bald ziemlich deutlich (*griseola* Zett.), bald fehlen sie ganz (*nigritarsis* Zett., 351); sonst unterscheidet sich diese Form in nichts von der Normalform. Der Thoraxrücken ist bisweilen deutlich kupferbraun, meist aber grünlichgrau. — Als Unterschiede gelten: Die Schüppchen sind heller rothgelb mit weisslicher Bewimperung; auch die Schwinger und bisweilen die Taster ganz rothgelb ohne deutliche Verdunkelung. Der Hinterleib ist auffallend kürzer und dicker, öfters seitlich stark zusammengedrückt und höher als breit; er ist nur etwa zweimal so lang, als hoch (bei *fuscipes* dreimal). Das Hypopygium ist gewöhnlich noch bedeutend grösser wegen der bedeutend grösseren, ebenfalls dicht schwarz behaarten Seitenlamellen, kaum bereift, auch unten ziemlich glänzend schwarz und bildet fast den dritten Theil des Hinterleibes, stark zusammen-

20*

gedrückt, scharf zweischneidig, oben locker aufliegend mit zwei feinen, gekrümmten Dornspitzen; doch sah ich auch Exemplare mit ziemlich kleinem Hypopygium.

Die Beine sind höchstens schwarzbraun mit rothgelben Knieen, öfters (wohl nur bei unreifen) sogar gelbbraun, nur ganz fein bereift und noch dünner. Die feine Behaarung ist ähnlich, aber bedeutend kürzer, die Börstchen nur an der Rückseite der Hinterschienen und an den Schienenspitzen deutlich, ziemlich lang und sehr fein. Die Rückseite der Vorderschienen ist kürzer flaumig ohne oder nur mit sehr kurzen, wimperartigen Börstchen. Die Vorderferse gleicht ganz der von *fuscipes*, ist ebenfalls kaum um die Hälfte breiter, als das wenig verdickte Schienenende, ist aber kürzer, meist kaum = $^2/_3$ Schiene und auf beiden Seiten gleichmässig deutlich flaumhaarig.

Die Flügel wie bei *fuscipes*, aber fast rein glashell mit dünneren, meist bloss braunen, gegen die Basis deutlich gelben Adern und viel schwächerem, gelbbraunem Randmal.

Das ♀ gleicht durchaus dem ♂ bis auf die Hinterleibsform, die noch kürzere Behaarung des Hinterleibes und der Beine, die ganz einfachen, dünnen Vorderbeine. An den Vorderschienen nicht einmal eine Spur von Börstchen; die der Hinterschienen sind deutlich; diese sind etwas plattgedrückt und deutlich zweimal gebogen (d. h. bei reifen Exemplaren); dadurch lässt sich auch das ♀ von *fuscipes* sicher unterscheiden.

Anmerkung. Kann nicht *brevivittata* Macq., Zett. etc. sein, denn diese ist nach Zetterstedt eine Art mit schwarzem Hinterleib und Stigma und kurz ovaler Vorderferse. In der Beschreibung der *platyura* Loew aber finde ich nichts, das sich nicht ungezwungen auf die striemenlose Form der *griseola* anwenden liesse, ausser dass Loew die Acrostichalbörstchen = bei *cornieula* nennt; sie wären dann hinten vierreihig (?); der Hinterleib ist „glänzend, unbestäubt", aber auch bei *griseola* die Bestäubung oft sehr schwach. In der Sammlung Becker's sah ich wirklich einige Exemplare der *griseola* mit überzähligen Börstchen als Andeutung einer dritten und vierten Reihe von Acrostichalbörstchen.

In Obersteiermark und Kärnten mit *fuscipes*, aber bedeutend häufiger. Auf Ennssand im Gesäuse Ende Mai beide Varietäten häufig, am Drauufer bei Villach, 25. April, von Tief ebenfalls beide Varietäten in grösserer Anzahl gesammelt; als *platyura* Loew von Kowarz, Verhandl. der k. k. zool.-botan. Gesellsch. in Wien, 1873, S. 457, um Herculesbad, als *fuscipes* bei St. Moritz (Schweiz), am Wölfelsfall, Reinerz (Schlesien) von Becker gesammelt.

B. Arten mit dunklem Thorax, aber wenigstens theilweise (auch ausser den Knieen) lichten Beinen.

43 a. *cinereomicans* n. sp.

♂. 3·4 mm. *Thorax nitens, obscure cinereus, abdomen fuscum basi dilutiore, setae acrostichales biseriatae, longae; tota distincte obscure pilosa et setosa; halteres obscuri; pedes tibiis et tarsis obscuris, femoribus totis vel pro parte rufis.*

♂. *Hypopygium magnum, compressum, fere orbiculare; metatarsus anticus tibiae fere aequilongus, distincte incrassatus, cylindricus, pubescens, extus setulis longioribus.*

Kopf klein, der mässig breite Oberkopf sammt Hinterkopf matt schwarz, schwarz beborstet. Rüssel viel kürzer. Fühler fast länger, als der Kopf, beide schwarz. Taster klein, sehr dunkel mit einer auffallend langen Borste. Thorax ziemlich dunkel grau, an den Seiten matt, am Rücken glänzend, undeutlich zwei-striemig. Schulterschwiele, die blass gewimperten Schüppchen und der Schwinger-stiel rothbraun, der Knopf ganz schwarzbraun. Die ziemlich langen Dorsocentral-börstchen einreihig, die Acrostichalbörstchen zweireihig, hie und da mit einer überzähligen Borste, Schildchen vierborstig. Hinterleib (mit Hypopygium) glänzend sschwarzbraun, unbereift, dunkel behaart und beborstet, die Basis, be-sonders an der Bauchseite, rothgelb durchscheinend. Hypopygium auffallend gross in Folge der übermässig entwickelten Bauchlamelle, stark zusammengedrückt zweischneidig, geschlossen und eng angedrückt, fast von doppelter Höhe des Hinterleibes, beinahe kreisrund, fast unbehaart. Beine glänzend, dunkel roth-gelb, die Schienen fast ganz braun mit schmal lichter Basis, die Tarsen schwarz-braun; Schienen ziemlich kurz- und fast anliegend-, Schenkel aber länger und abstehend wimperartig behaart; sehr auffallend sind vier starke Borstenhaare auf der Vorderseite der Mittelschenkel und die lange, feinere Bewimperung an der Unterseite der Hinterschenkel. Vorderschienen aussen, Hinterschienen aussen und rückwärts mit einer Reihe längerer Borstenhaare. Die Beine sind ziemlich schlank, die Vorderschenkel und Vorderschienen kaum dicker und kürzer, als die übrigen. Die Vorderferse ist etwas kürzer, aber doppelt so dick, als die Schiene, dick walzenförmig, deutlich kurz flaumhaarig, aussen mit etwa drei etwas längeren und dickeren Borstenhaaren. Flügel etwas bräunlich mit feinen, dunklen Adern, langem dunkelbraunem Randmal fast von der Breite der Randzelle und recht auffällig langer, sehr schmaler Endgabel; die obere Zinke entspringt spitzwinkelig, biegt sich stumpfwinkelig und divergirt so wenig, dass sie näher der dritten, als der zweiten Längsader mündet.

Anmerkung. Diese Art steht sehr nahe der *canescens, griseola* und *sartrix*, ist aber von ersteren durch die schwarzbraunen Schwinger, von allen drei Arten durch den glänzenden Thorax auf den ersten Blick leicht unterscheidbar. Im Thorax erinnert sie an *cingulata*, in Geäder und Beinen an *Cornicula*.

Zu St. Anna bei Villach (Kärnten) von Prof. Tief 1 ♂ entdeckt und mir überlassen.

Aus Moisdorf, 13. Juli, erhielt ich durch Herrn Becker 1 ♂, 1 ♀; sie stimmen sonst genau mit der beschriebenen Form, sind aber besser ausgereift oder bilden eine dunklere Varietät. ♂: Der Thorax ist dunkler, schwärzlich bleigrau, die Striemen undeutlicher, der Hinterleib glänzend schwarz mit viel kleinerem Hypopygium, die Beine dunkelbraun, nur die Vorderhüften ganz, die übrigen theilweise, alle Gliederungen und die Schenkelwurzeln rothgelb. Das ♀ stimmt bis auf die einfachen Vorderbeine, den zugespitzten Hinterleib, die etwas plattgedrückten, etwas gekrümmten Hinterschienen, die lichtere Färbung des

Thorax und der Beine ganz mit dem ♂. Die Endgabel ist bei beiden ebenfalls langgestreckt mit fast bajonettartig gestellter oberer Zinke.

43 b. *Mikii* n. sp. [1]

♂ 3·5, ♀ 3 mm. ♂. *Fusca, palpis, antennarum articulis basalibus, pleurarum maculis, ventre et pedibus fere totis luteis; hypopygio majusculo; metatarso antico tibiae aequilongo, subincrassato; alae cinereohyalinae stigmate fusco.* ♀. *Differt pedibus et toto abdomine flavis.*

Ausgezeichnete Art, etwa neben *cinercomicans*, aber vielfach verschieden. ♂. Kopf schwarz; die Basalglieder der Fühler und die Taster ganz rothgelb. Stirne schmal. Thorax und Hinterleib des (wie sich aus der plattgedrückten Vorderferse schliessen lässt) noch nicht ganz ausgereiften Exemplares ziemlich glänzend dunkelbraun, stellenweise, besonders an der Hinterleibsbasis, lichter durchscheinend. Prothorax, Schulterschwiele, einige Flecke über den Hüften, Schwingerstiel, Bauch, Hüften und Schenkel rothgelb. Schwingerknopf und Schienen mit Ausnahme der Basis braun, die Tarsen braunschwarz. Thoraxrücken ziemlich deutlich grau bereift mit zwei schwachen braunen Striemen. Die mässig langen, schwarzen Acrostichalbörstchen vorne regelmässig zweireihig, die Dorsocentralbörstchen einreihig; Schildchen vierborstig. Die ziemlich kurze und sehr feine Behaarung des Hinterleibes und der Beine weisslich, nur in gewisser Richtung dunkel. Hinterleib zart, schlank; das Hypopygium etwas höher, als das Leibesende, knospenförmig, vollständig geschlossen ohne sichtbare Anhänge. Die Beine sehr schlank, fast borstenlos; nur die Apicalborsten der Schienen und 4—5 Borsten der Rückseite der Hinterschienen deutlich. Vorderferse ungefähr so lang und kaum um die Hälfte dicker, als die Schiene mit sehr deutlicher, auf der Oberseite etwas längerer Pubescens. Alle Tarsenglieder länger, als breit. Geäder ganz normal, Adern und Randmal schwarzbraun, die Endgabel ziemlich lang und schmal; die obere Zinke entspringt fast rechtwinkelig, macht einen Bogen und mündet in der Mitte zwischen der zweiten und dritten Längsader.

♀. Stimmt in Kopf, Thorax und Flügeln ganz mit dem ♂, nur ist die Stirne etwas breiter. Der Hinterleib aber ist ganz blassgelb mit schwachem weisslichem Schimmer; der Schwingerknopf ist nur wenig verdunkelt und die Beine sind fast ganz gelbroth; doch sieht man an den Schienen, besonders gegen das Ende, eine deutliche Bräunung und die Tarsen sind fast ganz dunkelbraun. Die Beine sind durchaus einfach, auch die Hinterschienen schlank und gerade.

Von dieser schönen Art, der ich den Namen eines unserer grössten vaterländischen Dipterologen zu geben mir erlaube, entdeckte Herr Theodor Becker am 20. Mai in Dalmatien ein Pärchen.

---

[1] Leider muss ich den Namen wieder einziehen, denn während des Druckes erschien in der Wiener Entomologischen Zeitung, Jahrg. 1892, S. 83, dieselbe Art unter dem Namen *Novakii* Mik; die Identität ist durch Vergleich der vom Autor mir zugesandten Exemplare mit den Exemplaren Becker's gesichert. Ebenso beschrieb Herr Mik ebendaselbst, S. 81, die Varietät meiner *angustifrons* mit schwarzen Schwingern als *aëronctha*; die Art muss also nach dem Prioritätsgesetze *aëronetha* heissen und für die Varietät mit rothgelben Schwingern könnte der Name *angustifrons* (als Varietät) bleiben.

44. *cingulata* Dahlb., Zett., 4270, ♀.

Sturmii Meig., III, 5, ♀ (verosimiliter); Schiner, I, 113.

♂, ♀. 2·5—3 mm. *Tenerrima; thorax griseus, nitens vittis 2 obscuris; abdomen pro parte obscurum incisuris albis ventre flavopellucido; pedes flavi tarsis obscuris.*

♂. *Hypopygium minimum, frons angustissima, tarsi omnes tenues.*

♀. *Prothorace et abdomine toto vel pro maxima parte luteoflavo, fronte lata, pedibus simplicibus.*

♂. Der ganze Bau des Thierchen erinnert auffallend an *Rhamphomyia umbripennis*. Fühler rothgelb mit schwarzem Endgliede, dieses kegelförmig mit gleichlangem Endgriffel. Taster weissgelb, klein. Gesicht und ein Bändchen über den Fühlern weissgrau, die äusserst schmale Stirne sammtschwarz. Hinterkopf aschgrau, fein weissgelblich behaart, nur um die Augenränder mit schwarzen Börstchen. Der ganze Thorax nebst dem Hinterrücken und dem vierborstigen Schildchen glänzend gelblichgrau. Zwischen den sehr kurzen zweireihigen Acrostichal- und einreihigen Dorsocentralbörstchen jederseits eine ziemlich schmale, schwärzliche, aber nicht immer deutliche Strieme. Auch dunkle, beiderseits abgekürzte Seitenstriemen angedeutet. Die Schwinger und die weissgelb gewimperten Schüppchen rothgelb. Hinterleib cylindrisch, allmälig verschmälert mit äusserst unscheinbarem wagrechtem Hypopygium; die winzigen dreieckigen Seitenlamellen stehen senkrecht auf, sind ziemlich lang flaumig, zeigen die zwei normalen gekrümmten Dornspitzen und zwischen ihnen geht wagrecht nach vorne der dicke, anfangs schwarze Faden. Die Behaarung des Hinterleibes ist sehr schwach, dunkel; die schwarzen Randbörstchen der Ringe sehr kurz und fein. Oben ist der fettglänzende Hinterleib grösstentheils oder doch theilweise schwärzlich, am Bauche ganz — aber oft auch stellenweise oben — durchscheinend rothgelb; die Ringränder schimmern breit weiss.

Die Beine sind äusserst zart, besonders alle Tarsen dünn und lang, auch die zwei ersten Glieder der Vordertarsen; die Vorderferse zeichnet sich vor den übrigen Fersen nur durch deutliche Bewimperung der Unterseite aus. Die Behaarung der Beine ist sehr kurz und ziemlich dunkel, nur die der Hüften länger und licht; Börstchen, sogar Apicalbörstchen fehlen; nur die Hinterschienen zeigen rückwärts eine deutliche Borstenreihe. Hüften und Beine sind fast strohgelb, nur die vier Hinterhüften am Grunde und die Tarsen gegen das Ende verdunkelt; die letzten Glieder schwarzbraun.

Die Flügel sind glashell, das Geäder normal, Adern und Randmal blassbraun, die Endgabel ziemlich kurz und breit, die obere Zinke stark divergirend. Die ♀ sind sehr ähnlich dem ♂; nur ist die Stirne dreimal so breit, Prothorax, Schulter, der ganze oder fast der ganze Hinterleib ist rothgelb; Bauch, Ringränder und Beine sind noch lichter gelb; die Hinterschienen dünn und gerade.

Anmerkung. Dass dieses Thierchen *cingulata* Dahlb. ist, ergibt sich unzweideutig aus Zetterstedt, denn seine Beschreibung des ♀ ergibt fast gar keinen Unterschied; er nennt zwar den Hinterleib schwarz mit gelblichen Einschnitten, aber es handelt sich da gewiss nur um eine dunklere Form. Nimmt

man an, dass Meigen, III, 5, bei der Beschreibung der *Sturmii* Wied. ein unreifes ♀ mit verdunkeltem Mittelraume zwischen den zwei Thoraxstriemen vor
sich hatte, da er den Thorax „schwarzbraun, in den Seiten grau" nennt, so
passt seine Beschreibung ebenfalls sehr gut auf vorliegende Art. Sie steht jedenfalls der *flavipes* Meig. am nächsten.

In den Ybbs-Auen bei Amstetten in Niederösterreich 2 ♂ gestreift; in der
Sammlung Winthem's unbestimmt 5 ♂, 5 ♀; in Reinerz (Schlesien) 1. Becker
am 3. Juni 1 ♂ (ein Exemplar mit oben fast ganz schwarzem Hinterleibe).

45. *flavipes* Meig., III, 11; Schiner, I, 113; Tief, Progr., 1887, S. 26.
obscura Meig., III, 11?

2·5—3 mm. *Thorax ater, nitidissimus pleuris caesiis; abdomen fuscum
ventre dilutiore; pedes gracillimi, nitidi, distincte ciliati et setosi, in utroque
sexu simplices, flavi tarsis obscuris; alae hyalinae stigmate obscuro.*

♂. *Hypopygio minuto, appresso, oculis cohaerentibus,* ♀ *fronte lata.*

Sehr auffällige Art, besonders durch die Augen des ♂. Kopf klein, Augen
des ♂ zusammenstossend, die des ♀ durch die weissgraue Stirne fast in Augenbreite getrennt. Taster klein, schmal, weissgelb, licht behaart ohne Borsten.
Rüssel viel kürzer, die schwarzen Fühler etwas länger, als der Kopf. Hinterhaupt
dunkelgrau. Thorax am Rücken glänzend schwarz mit kurzen zweireihigen
Acrostichal- und einreihigen Dorsocentralbörstchen; an den Brustseiten bläulichgrau. Prothorax des ♂ grau, Vorderhüften weissgelb, unbereift, hintere Hüften
stark verdunkelt; beim ♀ Prothorax und Vorderhüften weissgelb, grau bereift,
hintere Hüften rothgelb. Schulterschwiele und Schwingerstiel rothgelb, Knopf
schwarzbraun. Hinterleib des ♂ schwarzbraun, ziemlich matt, cylindrisch, beim
♀ konisch, glänzender, bei beiden am Bauche rothgelb; das Gelb beim ♂ aus-
gebreiteter.

Beine des ♂, ♀ äusserst zart, schlank, ganz einfach, glänzend strohgelb
mit gebräunter Endhälfte der Hinterschenkel, etwas gebräunten Schienenenden
und dunklen Tarsen. Behaarung der Hüften, Schenkel und Schienen lang, gereiht wimperartig; die Mittelschenkel zeigen vorne an der Basis etwa fünf bedeutend längere und dickere, beim ♀ weniger auffallende Borstenhaare; die
Hinterschienen aussen und rückwärts eine Reihe bedeutend längerer Borstenhaare.
Die Vorderferse des ♂ ist so lang und dünn, als die übrigen Fersen.

Flügel gelblich glashell mit feinen dunklen Adern, langgestrecktem,
braunem Randmal, auffallend breiter Discoidalzelle, mässig langer und nicht besonders divergirender Gabel; die obere Zinke entspringt sehr spitzwinkelig und
ist am Grunde nur wenig gebogen. Die sechste und siebente Längsader sehr
deutlich, aber verkürzt.

♂. Hypopygium gar nicht auffällig, klein, geschlossen, eng angedrückt,
nur der stumpfe Schluss des Hinterleibes,

Das ♀ nur durch die bereits erwähnten Unterschiede der Stirne, des Hinterleibes, der Hüftenfarbe vom ♂ verschieden.

Aeusserst selten. Meigen, l. c., erwähnt ein Panzer'sches Exemplar aus
Oesterreich; Schiner kannte die Art nicht. Prof. Tief sammelte zu Freiwaldau

in Oesterr.-Schlesien 1 ♀, zu Villach in Kärnten 1 ♂; in der Sammlung Wint-hem's stecken als *ventralis* Winth. i. litt. 2 ♂. Nach Scholtz um Breslau nicht selten.

Anmerkung. *Gracilipes* Bohem., Zett., 4607, lässt sich nach der Be-schreibung nur durch matten, schwärzlichen Thoraxrücken des ♂ und zurück-geschlagenes Hypopygium (Hypopygio reflexo), das ♀ durch bleiche Schwinger, schwarzgrauen Thoraxrücken unterscheiden. Ob nicht doch nur Varietät? *Cuneata* Loew aus Südungarn (Berliner Entomol. Zeitschr., 1873. Nr. 36, bloss ♀) unter-scheidet sich nach Loew von *flavipes* ♀ durch ganz schwarze Stirne, schwarze Spitze der Hinterschenkel, mit Ausnahme der Basis schwarze Hinterschienen und länger keilige Discoidalzelle. *Obscura* Meig., III, 11, ♂, wird nur durch röthlich-braune Schwinger und Beine von *flavipes* unterschieden (1 ♂ aus England); da aber meine Exemplare der *flavipes* sogar schwarzbraune Schwinger und wenigstens stellenweise gebräunte Beine besitzen, so handelt es sich wohl nur um mehr oder minder ausgereifte Formen derselben Art. Auch *fulcipes* Macq. ♂ aus Bordeaux = *rufipes* Macq. ♀ aus Nordfrankreich (Meig., VII, 81 und 80) würde ich un-bedenklich als grössere Form (2′′′) zu *flavipes* ziehen, wenn die Vorderferse des ♂ nicht erweitert, unterseits gewimpert genannt würde.

46. *littorea* Fall., Meig, III, 8, ♀; Zett., 351; Schiner, I, 113 und Sammlung! (1 ♂, 2 ♀).

univittata Meig., III, 9, ♂.

3—3·5 mm. *Cana, opaca, seriebus 4 aequaliter distantibus setarum acro-stichalium; halteres et pedes posteriores fusci, antici dilutiores; alae albohyalinae stigmate subnullo.*

♀. *Albida thorace immaculato, tibiis posticis subcompressis, paullo incurvis.*

♂. *Obscurior thorace plerumque univittato, abdomine fusco, metatarso antico incrassato, cylindrico.*

♀. Aeusserst ähnlich der *argyrosoma*. Der ganze Kopf, der ungestriemte oder kaum zweistriemige Thorax und der Hinterleib sehr hell aschgrau, fast bläulichweiss; nur die Legeröhre schwarzbraun. Die schwarzen Fühler etwas länger, als bei *argyrosoma* und nur wenig grauschimmernd. Taster klein, dunkel. Die Hinterhauptshaare ziemlich lang, borstenförmig, schwarz, nur ganz unten weiss. Die glänzend schwarze Oberlippe nur wenig kürzer, als der Kopf. Thorax mit vier ziemlich regelmässigen, gleich weit abstehenden Reihen von Mittelborsten und einer Reihe Seitenborsten, alle mässig lang; nur ganz vorne sind die Mittel-borsten bisweilen bloss dreireihig. Schildchen vierborstig. Prothoraxstigma gelb-braun. Schüppchen lichtgelb, weiss gewimpert. Schwinger mit rothgelbem Stiele und schwarzbraunem, höchstens an der äussersten Basis lichterem Knopfe. Hinterleib ganz weiss behaart. Flügel genau wie bei *argyrosoma*, nur ist die Gabel etwas länger, schmäler, die obere Zinke weniger divergirend. Die Adern sind an der Basis bedeutend blässer, fast weiss, die Discoidalzelle meist etwas länger und schmäler; das Randmal ebenfalls kaum angedeutet. Die Beine sind etwas schlanker, von äusserst feinem lichtem Flaume und schwacher Bereifung etwas grau und matt; deutliche Borsten bemerkt man nur an der Spitze der

Schienen, an der Vorderseite der Mittelschenkel und zweireihig gestellte an den Hinterschienen. Die Färbung der Beine ist nie ganz schwarzbraun; die Vorderbeine sind in der Regel bedeutend blässer, als die fast ganz schwarzbraunen Hinterbeine; wenigstens die Vorderhüften immer ganz rothgelb, meist auch die Mittel- und theilweise sogar die Hinterhüften; die vorderen Schenkel und Schienen sind wenigstens streifenförmig lichter, bisweilen beinahe ganz rothgelb. Die Kniee sind an allen Beinen licht, die Tarsen immer schwarzbraun oder schwarz, höchstens die Ferse etwas bräunlich.

Man kann also das ♀ sicher von *argyrosoma* unterscheiden durch die stärkere, vorherrschend schwarze Behaarung des Hinterkopfes, die vierreihigen, längeren Acrostichalbörstchen, das lichtere Prothoraxstigma, den dunklen Schwingerknopf, die schlankeren, kürzer flaumhaarigen Beine, die immer lichteren Vorderbeine, besonders Vorderhüften, die ganz dunklen Hintertarsen und endlich durch die Form der Hinterschienen; diese sind etwas dicker, als die übrigen, etwas plattgedrückt und in der Mitte etwas gekrümmt. ˉ

Das ♂ stimmt zwar in den Flügeln, Schüppchen, Schwingern, in der (etwas längeren) Beborstung des Kopfes, Thorax und der Beine, sowie in der Färbung derselben ganz mit dem ♀, unterscheidet sich aber durch die Färbung des Thorax und Hinterleibes so auffallend, dass man es leicht gleich Meigen für eine andere Art halten könnte. Kopf und Brustseiten sind bläulichgrau oder grünlichgrau, bedeutend dunkler, als beim ♀. Der Thoraxrücken ist selten gleichfärbig und ungestriemt, sondern meist bräunlichgrau mit deutlicher brauner Strieme über die Acrostichalbörstchen. Die ungestriemten Exemplare sind gewöhnlich nicht ganz ausgefärbt. Der dünne Hinterleib ist mehr braunschwarz, wenig bereift und nur vorne an den Seiten deutlich weiss behaart; am Rücken aber ist die Behaarung ziemlich dunkel mit dunklen, ziemlich auffälligen Marginalborsten; doch schimmern alle Haare in gewisser Richtung deutlich weisslich. Die Stirne ist schmäler; die Vorderschienen sind etwas verdickt, die Vorderferse walzenförmig, äusserst kurz flaumig, etwa um die Hälfte dicker, als das Schienenende, so lang als die vier Tarsenglieder und nur wenig kürzer, als die Schiene. Das Hypopygium ist von normaler Form, zusammengedrückt, zweischneidig, meist mit dem Hinterleibe eng verbunden und gleichsam der stumpfe Abschluss desselben, bisweilen abstehend mit den normalen Dornspitzen; es ist schwarzbraun, unten etwas bereift, oben glänzend, mässig dicht dunkel flaumhaarig. Bei unreifen Exemplaren scheint die Basis und der Bauch des Hinterleibes gelbbraun durch.

In Niederösterreich selten: Sammlung Schiner!, an sonnigen Bielachufern bei Melk!; in Oberösterreich bei Kreuzen an der Donau (l. Prof. Bernhard Wagner!). In Salzburg bei Gastein, Ende August und 10. September 2 ♂, 1 ♀ (l. Becker). In Oesterreichisch-Schlesien bei Freiwaldau sehr häufig (l. Prof. Tief, 38 ♂, ♀!); nach Scholtz, Bresl., 1850, auch in Preussisch-Schlesien. In Obersteiermark an den Ufern der Enns und ihrer Seitenbäche im Gesäuse, um Admont, Rottenmann, Trieben, Hohentauern bis 1400 m häufig. In der Sammlung Winthem's unbestimmt aus Lübeck und Rendsberg 2 ♀. Juni bis Ende August.

47. *manicata* Meig., III, 5; Zett., 348!; Schiner, I, 114, fehlt in der Sammlung.

squalens Zett., 349, ♀, 4606, ♂ (eine Varietät).

2·5 mm. ♂. *Obscure cinerea abdomine et capite fere nigrescente, halteribus et pedibus brunneoflaris, tarsis obscuris. Thorax vitta angusta brunnea, setis acrostich. bi-, postice quadriserialis. Alae cinereohyalinae stigmate obscuriore, parum distincto.*

♂. *Pedes antici breviores, crassiores metatarso oblongo-ovali.*

♀. *Pedes simplices, dilutiores posticis infuscatis.*

♂. Kopf klein, Gesicht weiss bestäubt, die ziemlich breite Stirne und der Hinterkopf aber sehr dunkel grau, beinahe schwarz. Die glänzend schwarzbraune Oberlippe und die grauschimmernden Fühler fast von der Länge des Kopfes. Taster winzig, dunkel- bis rothbraun, an der Spitze weissschimmernd mit einer langen und mehreren kleinen dunklen Borsten. Thorax dunkel grünlichgrau, Schulterschwiele und Prothoraxstigma dunkelbraun, Schüppchen ganz hell rothgelb, licht gewimpert, Schwinger rothgelb, aber Stiel und Knopf theilweise bräunlich verdunkelt; kann auch ganz rothgelb oder braun werden. Die Acrostichalbörstchen vorne deutlich zweireihig, in der Hinterhälfte vierreihig, die Dorsocentralbörstchen einreihig, alle ziemlich lang; über die Mittelreihe läuft eine ziemlich schwache, schmale braune Strieme. Schildchen vierborstig.

Hinterleib schmächtig, schwärzlich, aber stellenweise deutlich grau bereift, mit sparsamen dunklen Haaren und feinen langen Randborsten. Hypopygium mässig gross, zusammengedrückt, eng angeschlossen und etwas dem Hinterleib aufliegend, oben mit zwei sehr kurzen, dicken, krummen Dornspitzen. Beine ziemlich spärlich und kurz fast angedrückt behaart, nur die Unter- und Oberseite der Hinterschenkel mit einer Reihe langer Wimpern. Vorderschienen aussen, Hinterschienen aussen und rückwärts auch mit spärlichen, feinen, etwas längeren Borstenhaaren. Beine schlank, nur die Vorderschenkel und Schienen etwas kürzer und dicker, die Vorderferse etwas kürzer, als die Schiene und die vier folgenden Tarsenglieder, etwa doppelt so breit, als das Schienenende, länglich-oval, sehr kurz-, aussen etwas länger flaumhaarig. Hüften rothgelb, Schenkel und Schienen ebenfalls, aber stellenweise gebräunt oder braun gestriemt; Tarsen ganz dunkel.

Flügel schwach grau mit feinen dunklen Adern, dunklem, aber nicht auffallendem Randmal, langer, spitzwinkeliger Endgabel; die obere Zinke ist am Grunde nur schwach gebogen, verläuft dann gerade und divergirt wenig.

Das ♀ unterscheidet sich nur durch die gewöhnlichen Geschlechtsunterschiede des Hinterleibes und der Vorderbeine; die Beine sind meist lichter, nur die Hinterbeine ± gebräunt.

Ich halte diese Art unbedenklich für *manicata* Zett. Die Beschreibungen Meigen's und Schiner's stimmen ebenfalls so ziemlich, nur nennen beide den Thoraxrücken schwarzbraun.

Die Art steht der *littorea* und *canescens* sehr nahe, unterscheidet sich aber von beiden durch deutliches dunkles Randmal, die vorne zwei-, hinten vier-

21*

reihigen Acrostichalbörstchen, von *canescens* auch durch dunklere Taster etc.; von der ebenfalls sehr ähnlichen *sartrix* durch lichtere Schwinger und Beine, dunkler grünlichgraue Thoraxfarbe, dunkle Mittelstrieme, längere, schmälere Flügelgabel.

Scheint in Oesterreich äusserst selten zu sein; ich sah nur ein von Prof. Tief bei Freiwaldau in Oesterreichisch-Schlesien gesammeltes ♂ und 1 ♂ aus Gastein, 30. August (l. Becker). Aus Zermatt und St. Moritz (Schweiz) je 1 ♀ (l. Becker, in Berliner Entomol. Zeitschr., 1887, S. 129, als *littorea*).

Anmerkung. *Hilara squalens* Zett., 349, ist gewiss nur eine Varietät mit ungestriemtem Thorax, wie auch bei *littorea*, *fuscipes* und *griseola* solche vorkommen; schon beim einzigen ♀ vermuthet Zetterstedt, dass es eine Varietät der *manicata* sei und beim später aufgefundenen ♂ schreibt er ausdrücklich: „*vix nisi thorace immaculato ab Hilara manicata diversa*".

48. *canescens* Zett., 3015. ♀.

♂, ♀. 2·5—3 mm. *Cinerea abdomine fuscescente, thorace immaculato, setis acrostichalibus biseriatis, longiusculis, halteribus albidis; pedes rufoflavi tarsis omnibus obscuris, tibiis posticis ♂ fusconigris, ♀ atris, subdilatatis; palpae luteae, alae hyalinae stigmate subnullo.*

♂. *Metatarso antico subincrassato, cylindrico.*

Gesicht und Stirne weissgrau, Hinterkopf und Thorax grünlichgrau oder grau; Hinterleib weniger bestäubt, mehr braunschwarz. Fühler grauschimmernd, öfters mit röthlichen Wurzelgliedern. Oberlippe glänzend schwarz, Rüssel braun. Taster klein, hell rothgelb mit einer langen und mehreren kurzen, ziemlich hellen Borsten. Hinterkopf oben schwarz beborstet, unten weisslich behaart. Prothoraxstigma braun, die Schwinger und die weiss gewimperten Schüppchen hellgelb. Acrostichalbörstchen sehr regelmässig und etwas entfernt zweireihig, Dorsocentralbörstchen einreihig, alle ziemlich lang; die zwei glatten Zwischenstreifen bisweilen dunkler; Aussenstriemen nicht angedeutet. Schildchen vierborstig.

Hinterleib ziemlich kurz, braunschwarz, am Bauche oder an der ganzen Basis bleicher, mit sehr feinen dunklen Haaren und Randbörstchen. Hypopygium braunschwarz, etwas bestäubt, sehr fein dunkel behaart, kurz, hoch aufgerichtet, die Seitenlappen länglich, sehr convex, glänzend schwarz, den Hinterleib ziemlich überragend; am stumpfen Oberende sind vier ziemlich dicke, kaum gekrümmte kurze Dornen sichtbar. Beine schlank, sammt den Hüften rothgelb, die Hinterschienen mit Ausnahme der rothgelben Basis schwarzbraun, auch die übrigen Schienen gegen das Ende verdunkelt, alle Tarsen schwarz. Mittel- und Hinterschenkel mit einer undeutlichen braunen Rückenstrieme, letztere bisweilen grösstentheils braun (aber mit lichterem Ende); auch die Basis der Hüften trägt bisweilen einen dunklen Fleck. Beine sehr fein und sparsam wimperartig flaumhaarig; Börstchen nur an den Schienenspitzen, an der Vorderseite der Mittelschienen, an der Aussen- und Rückseite der Hinterschienen deutlich. Vorderschienen des ♂ gegen die Spitze etwas verdickt, Vorderferse walzenförmig, nur wenig breiter, als das Schienenende, = ³/₄ Schiene, = vier Tarsenglieder, sehr kurz flaumig.

Flügel rein glashell, irisirend, an der Basis etwas gelblich; Adern fein, ziemlich dunkel, selbst der etwas verkürzte Analnerv sehr deutlich. Randmal nur als gelber Schatten angedeutet, dafür das Ende des ersten Längsnerves stigmaartig verdickt. Die Endgabel ziemlich kurz; die obere Zinke entspringt spitzwinkelig, ist zweimal geschwungen und divergirt stark.

Das ♀ gleicht ganz dem ♂ und unterscheidet sich nur durch den schwächer behaarten kegelförmigen Hinterleib, die etwas kürzeren Borsten des Thorax und der Beine, die einfachen Vorderbeine, besonders aber durch glänzend schwarze, fast der ganzen Länge nach verdickte und etwas breitgedrückte, in der Mitte deutlich nach aussen gekrümmte Hinterschienen. Dunkle Exemplare besitzen ein deutliches, aber bloss gelbbraunes Randmal.

Anmerkung. Diese Art ist jedenfalls *canescens* Zett.: Zetterstedt kannte nur ein einziges, nicht ganz reifes ♀, daher nennt er die Beine gelb und spricht von keinem Stigma, sondern nur von einer schmalen Stigmalinie (= verdickter erster Längsnerv). *Cincata* Loew. Berliner Entomol. Zeitschr., 1873. Nr. 36, unterscheidet sich nach der Diagnose durch ganz schwarze Stirne, schwarze Spitze der Hinterschenkel, grösseren Glanz des Thorax und Hinterleibes. 1·5'''.

Steiermark. Im Gesäuse an felsigen Ennsufern nicht selten, auch am Stiftsteiche und Lichtmessberge bei Admont vereinzelt. Oesterreich. In den Ibbsauen bei Amstetten 1 ♂, in der Sammlung Schiner's 1 ♂. Schweiz. St. Moritz, 15. Juli, 1 ♂ (I. Becker). Juni bis August.

49. *discolor* Kowarz I. litt. ⸺

♂ 4—4·5, ♀ 3·5—4 mm. *Cinerea abdomine fusco basi dilutiore, obscure pilosa. Setae acrostichales quadriseriatae seriebus internis approximatis; palpi et pedes flavi tarsis obscuris.*

♂. *Hypopygio magno incumbente; metatarsus anticus modice incrassatus, cylindricus, tibia paullo brevior, brevier pubescens.*

♀. *Pedibus simplicibus.*

♂. Kopf ganz aschgrau mit ziemlich schmaler Stirne und oben schwarz beborstetem, unten gelblichweiss behaartem Hinterhaupte. Die glänzend schwarze Oberlippe und die mattschwarzen Fühler kaum kürzer, als der Kopf; das dritte Glied kegelförmig, so lang, als der Griffel; das zweite oder auch das erste an der Spitze rothgelb. Die Taster klein, rothgelb mit einer langen und mehreren kurzen, wenigstens in gewisser Richtung hellen Borsten.

Thorax ganz aschgrau, bisweilen mit undeutlichen dunklen Striemen über die Borstenreihen, nur Schulterschwiele, Prothoraxstigma, einige Flecke unter den Flügeln rothgelb, Schüppchen und Schwinger noch heller. Acrostichalbörstchen regelmässig vierreihig, das innere Paar aber sehr genähert; Dorsocentralbörstchen einreihig; alle Borsten mässig lang. Schildchen vierborstig.

Hinterleib mässig lang, cylindrisch, etwas glänzend dunkelbraun, wenig bestäubt, an der Basis aber, besonders am Bauche, deutlich gelbbraun. Behaarung und Randborsten dunkel, nur die Basis weisslich behaart. Hypopygium gross, schwarz, nur unten deutlich bereift; Seitenlamellen langgestreckt, länglich, convex, mit ziemlich dichten, langen, dunklen Haaren besetzt; am oberen Ende ist jederseits eine einfache und eine gegabelte Dornspitze sichtbar; der feine, gelbliche Penis ragt wenig vor.

Beine ziemlich schlank, auch die Vorderschenkel und Vorderschienen nur wenig dicker und kürzer. Hüften, Schenkel und Schienen ganz rothgelb, selten rothbraun mit etwas dunkleren Schenkelstriemen, Tarsen ganz schwarz, nur die Hinterferse an der Basis lichter. Behaarung der Schenkel mässig lang wimperartig, die der Schienen noch kürzer, mehr anliegend. Mittelschenkel vorne mit 5—7 längeren Borstenhaaren, Vorderschienen aussen. Hinterschienen aussen und rückwärts mit einer Reihe deutlich längerer und dickerer Borstenhaare; Mittelschienen ebenfalls aussen am Grunde und innen gegen die Spitze mit einigen Borsten. Vorderferse fast so lang und etwa um die Hälfte dicker, als die Schiene, walzenförmig, überall kurz-, aussen etwas länger flaumhaarig.

Flügel graulich mit ziemlich feinen, dunklen, gegen die Basis gelblichen Adern, schmalem, langgestrecktem, dunkelbraunem Randmale, mässig langer Gabel; die obere Zinke entspringt fast rechtwinkelig, biegt sich ebenfalls fast rechtwinkelig und geht gerade, mässig divergirend, zur Mitte zwischen der zweiten und dritten Längsader; die Analader ist sehr fein, aber kaum verkürzt.

♀. Gleicht ausserordentlich dem ♂. Die Stirne ist kaum breiter, die Behaarung und Beborstung des Thorax, Hinterleibes und der Beine ist ganz dieselbe, nur etwas kürzer; der kegelförmige Hinterleib am Bauche ebenfalls deutlich lichter. Vorderbeine einfach, Hinterschienen gerade und nicht dicker, als die übrigen; die Tarsen an der Wurzel deutlich lichter.

Anmerkung. Ueber die zwei inneren Reihen der Acrostichal- und die Dorsocentralbörstchen läuft bisweilen eine feine braune Strieme; die Hinterschienen sind selten braun.

Diese Art steht der *littorea* zunächst, unterscheidet sich aber durch die fehlende Rückenstrieme, die ganz gelben Hinterbeine, die bedeutend stärkeren Borsten der Beine, das dunkle Randmal, die hellen Schwinger etc. leicht. *Gallica* ♀ unterscheidet sich ebenfalls leicht durch dickere Beine, schwächere Beborstung, die kurzen Acrostichalbörstchen, den grauen Hinterleib, die grösseren dunklen Taster, das ♂ auch durch lichte Vorderfersen etc.

Zu Freiwaldau in Oesterreichisch-Schlesien sehr häufig (l. Prof. Tief); ich untersuchte 51 ♂, ♀, darunter mehrere in copula gefangene Pärchen; auch aus Moisdorf und Buschhäuser in Preussisch-Schlesien erhielt ich durch Herrn Becker 5 ♂. 2 ♀. Juli.

50. *gallica* Fall., Meig., III, 9; Zett., 336; Schiner, I, 114 und Sammlung; Tief, Progr., 1887, S. 26!.

♂ 4—4·5, ♀ 3·5—4·5 mm. *Tota cana palpis obscuris, halteribus albidis; pedes robusti femoribus et tibiis rufoflavis, tarsis obscuris, metatarso maris rufoflavo; setulae acrostichales confertae, pluriseriatae; alae cinereohyalinae stigmate distincto.*

♂. *Hypopygium majus, clausum; metatarsus anticus subincrassatus, oblongus.*

♀. *Pedes simplices, tibiae posticae rectae, non dilatatae.*

287

Kopf grau, Gesicht heller weissgrau. Oberlippe glänzend schwarzbraun, kürzer, als der Kopf; Fühler schwarz, grauschimmernd mit rothbraunen Wurzelgliedern. Taster ziemlich lang, dunkel, grau bereift mit einer sehr langen und mehreren kurzen dunklen Borsten. Thorax gleichmässig und ziemlich hell grau, der Rücken mit sehr kurzen, sehr zusammengedrängten 2—4-reihigen, unregelmässig geordneten Acrostichal- und einreihigen Dorsocentralbörstchen. Die zwei glatten Zwischenstreifen meist undeutlich dunkler. Schildchen vierborstig. Schulterschwiele, Prothoraxstigma und einige schwach begrenzte Flecke unter den Flügeln rothbraun. Schwinger und die weiss gewimperten Schüppchen hellgelb.

Hinterleib ziemlich kurz und plump, ebenfalls grau bereift, unten gegen die Basis oft blasser, fast braungelb. Behaarung ziemlich dunkel, die Randbörstchen schwärzlich. Hypopygium ziemlich gross, aufgerichtet, den Hinterleib überragend, eng demselben angedrückt, mit etwas bereifter Unterhälfte, glänzend schwarzbraunen, fein dunkel behaarten, breit eiförmigen Seitenlamellen, jede mit einem ziemlich langen, stumpfen, krummen Enddorne.

Beine ziemlich plump, ganz hell rothgelb, auch die Schienen gegen das Ende kaum bräunlich, das erste Tarsenglied des ♂ ebenfalls braungelb oder braun, die folgenden aber schwarzbraun bis schwarz. Die Behaarung ist ziemlich kurz und dunkel, auch an den Schenkeln kaum wimperartig; an den Vorderhüften weisslich, weich, an den hinteren Hüften länger, schwarzborstig. An der Vorderseite der Mittelschienen, an der Aussenseite der Vorder- und Rückseite der Hinterschienen stehen auch deutliche längere Börstchen. Die Vorderferse ist etwas dicker, als das wenig verdickte Schienenende, etwas kürzer, als die Schiene und die Summe der folgenden Tarsenglieder, länglich walzenförmig, innen äusserst kurz, aussen länger flaumhaarig.

Die Flügel sind graulich glashell mit starken, dunklen, gegen die Basis deutlich gelben Adern, so dass die Flügelbasis gelblich erscheint; Stigma deutlich, schmal, dunkelbraun; Endgabel mässig lang, die obere Zinke an der Basis stark geschwungen, dann gerade, mässig divergirend; die Analader schwach, aber wenig verkürzt.

♀. Unterscheidet sich nur durch die gewöhnlichen Geschlechtsunterschiede und ganz dunkle Tarsen; doch ist die Ferse immer etwas lichter, höchstens dunkelbraun, bisweilen fast rothgelb. Die Behaarung und Beborstung kaum von der des ♂ verschieden.

Anmerkung. Die sehr ähnliche *canescens* Zett. ist immer viel kleiner, hat rothgelbe Taster, ganz dunkle Hinterschienen und Tarsen, undeutliches Randmal, viel dünnere Beine etc. Wegen der starken Beine gehört *gallica* eigentlich in die II. Gruppe, den übrigen Merkmalen nach aber schliesst sie sich besser den vorausgehenden Arten an.

In Oesterreich selten. Schiner fing sie bei Dornbach (1 ♂, 4 ♀!); Prof. Tief sammelte am Kumizberge bei Villach (Kärnten) am 24. Mai 2 Pärchen; Prof. Thalhammer in Weingärten bei Keczel im Pester Comitat und in einer Fasanerie bei Hajós 3 ♂, 2 ♀ (1 ♂ nur 3·5 mm gross). In Preussisch-Schlesien bei Liegnitz und Hummel ziemlich häufig (l. Becker), schon von Scholtz 1850 aus Breslau etc. angegeben. Mai, Juni.

51. *matrona* Hal., Schiner, I, 113, non Tief, Progr., 1887, S. 26, non Strobl, Progr., 1880, S. 58.

♂ 3·5, ♀ 3 mm. *Cinerea palpis et pedibus rufoflavis, femoribus posticis et tibiis versus apicem infuscatis, tarsis obscuris; setae acrostichales quadriseriatae; alae cinereae stigmate obscuro.*

♂. *Tibiis et metatarsis anticis longe spinosis, hypopygio magno.*

♀. *Pedibus simplicibus, tibiis anticis et posticis spinulosis.*

Meine Exemplare stimmen bis auf die geringere Grösse (Schiner gibt 2½''' an) genau mit Schiner's Beschreibung; Schiner vermengte sie aber mit *cilipes*.

♂. Ziemlich hell bläulich aschgrau, auch der Hinterkopf und die Oberseite des Hinterleibes; nur am Bauche und an der Basis ist er ziemlich durchscheinend rothgelb, gegen das Ende wird er dunkler, fast schwarzbraun. Taster, Wurzelglieder der Fühler, ein Theil des Prothorax sammt Schulterschwiele, einige Flecke an den Brustseiten, die Schüppchen nebst ihrer Bewimperung, Hüften, Schenkel und Schienen rothgelb; nur die Hinterschenkel und alle Schienen gegen das Ende ziemlich verdunkelt und etwas bereift, alle Tarsen schwarzbraun. Der Schwingerstiel rothgelb, der Knopf aber dunkler bis schwarzbraun. Prothoraxstigma ebenfalls braun. Hinterleib und Beine sind ziemlich reichlich bräunlich behaart und schwarz beborstet. Die Acrostichalbörstchen sind deutlich vierreihig, höchstens ganz vorne zweireihig, die Dorsocentralbörstchen einreihig, alle ziemlich lang; das Schildchen vierborstig; die zwei glatten Zwischenstreifen des Thoraxrückens sind öfters undeutlich bräunlich, äussere Striemen aber fehlen ganz. Die Flügel sind grau mit dunkelbraunen bis schwarzen Adern; die Spitzenquerader entspringt spitzwinkelig und ist deutlich gebogen; die Gabel ziemlich lang, wenig divergirend; das Randmal schmal, lang, dunkelbraun. Hypopygium gross, geschlossen, zusammengedrückt zweischneidig, fest anliegend, kurz dunkel behaart. Vorderschiene und Vorderferse aussen der ganzen Länge nach mit einer Reihe starker, langer Borsten. Vorderferse stark walzenförmig verdickt, etwa = Schiene, = vier Tarsenglieder, wenigstens an der Basis, öfters auch an der Spitze durch äusserst feinen Flaum graulich.

♀. Stimmt fast ganz mit dem ♂. Der kegelförmige Hinterleib ist mehr schwarzbraun und öfters nur am Bauche deutlich durchscheinend rothgelb. Die vier Vorderschienen sind fast ganz rothgelb, auch die Wurzelglieder ihrer Fersen öfters lichter, braungelb; die Hinterschienen aber mit Ausnahme ihrer schmalen Basis schwarzbraun. Alle Beine sammt Fersen sind einfach, aber die Vorderschienen aussen, die Hinterschienen aussen und rückwärts mit einer ziemlich starken, jedoch mässig langen Borstenreihe besetzt; die Apicalborsten besonders auffallend. Die Schüppchen haben meist einen dunklen Saum und in gewisser Richtung dunkle Wimpern; auch die rothgelben Flecke der Brustseiten sind öfters sehr verdunkelt und undeutlich. Der Hinterleib besitzt keine Haarbürste.

Steiermark. An Waldbächen um Admont im Juli und August nicht selten; ich sammelte im Jahre 1891 2 ♂. 8 ♀.

Kärnten. Auf der Sanalpe nach Schiner; aber in seiner Sammlung ist nur 1 ♂ richtig bestimmt. 1 ♂ und 1 ♀ waren *cilipes*.
Oesterreich. 1 ♂ in der Sammlung Schiner's als *lasiopa* Schin. i. litt. Schiner hielt die langen Tasterborsten für Gesichtshaare.

51 *b. pilosopectinata* u. sp. ♂, ♀.

♂. *Nigra, thorace nitidissimo, abdomine opaco, pedibus et halteribus brunneoflavis, femoribus, tibiis et metatarsis longe pilosopectinatis, praesertim tibiis posticis.*

♀. *Abdomine brunneoflavo, armatura pedum breviore, sed posticorum satis longa.*

Ein leider nicht gut erhaltenes Pärchen dieser wunderbaren Art steckt in der Sammlung Schiner's als n. sp. aus Oesterreich. Das ♂ ist von allen bekannten Arten leicht unterscheidbar durch die ganz aussergewöhnlich langen, kammförmig gereihten, feinen Borstenhaare der Hinterschienen, die fast länger sind, als die Vorderschienenborsten der *matrona;* auch die Vorderschienen besitzen lange, kammförmig angeordnete Borstenhaare; ebenso ist die wimperartige Behaarung der Hüften, Schenkel, Mittelschienen, sowie der Vorder- und Hinterferse durch ihre Länge sehr auffällig. Die Vorderferse ist stark cylindrisch verdickt, gegen die Spitze etwas verschmälert und ungefähr so lang, als die Schiene. Kopf mattschwarz; das dritte Fühlerglied ziemlich lang kegelförmig, unten etwas ausgebuchtet, mit dickem, langem Griffel. Thorax glänzend schwarz, Hinterleib matt schwarz mit lichteren Endsäumen; Schwinger und Beine gelbbraun. Flügel glashell mit langem, breitem, braunem Randmal. Hypopygium mittelgross, normal, zusammengedrückt, zweischneidig, oben mit zwei geraden Dornspitzen.

Das in copula gefangene ♀ gleicht sehr dem ♂, aber der Hinterleib ist gelbbraun, die Bewimperung der Beine um sehr viel kürzer; doch ist die der Hinterschenkel und einfachen Hinterschienen ebenfalls viel länger, als die der übrigen Beine.

52. *spinimana* Zett., 344, var. *spinigera* m.

matrona Tief, Progr., 1887, S. 26.

♂ 5, ♀ 4·5 mm. *Fusconigra halteribus pedibusque concoloribus, coxis et basi femorum flavorufis; obscure pilosa.*

♂. *Tibiis anticis et articulis 2 primis tarsorum extus longe setosis, incrassatis.*

♀. *Pedibus simplicibus, segmento secundo abdominis fasciculis 2 pilorum obscurorum.*

Kopf ganz schwarzgrau, matt, schwarz beborstet. Rüssel kürzer, Fühler so lang, als der Kopf. Thorax oben braunschwarz mit zwei undeutlich dunkleren glatten Striemen; Prothoraxstigma dunkelbraun, Brustseiten dunkelgrau, Schwinger schwarzbraun. Hinterleib und Beine ebenfalls schwarzbraun und gleich dem Thoraxrücken ziemlich glänzend. Rothgelb sind nur die blass gewimperten Schüppchen, der Schwingerstiel, etwa die Endhälfte der Hüften, die Gelenke, die schmale, nicht scharf begrenzte Basis der Schenkel und die Kniee. Die Acrostichalbörstchen sind zwei-, die Dorsocentralbörstchen einreihig, alle sehr kurz; das

Schildchen vierborstig. Der Hinterleib ist fein dunkel-, nur an den Seiten lichter behaart mit ziemlich langen, feinen Randborsten der Ringe. Die Beine ziemlich dicht und dunkel kurzhaarig, Hinterschienen mit den normalen Borstenreihen, aber auch die Mittelschienen inwendig zweireihig sparsam beborstet.

Die Flügel sind grau mit feinen schwarzen Adern, lang gestrecktem schwärzlichem Randmal und langer Endgabel; die obere Zinke entspringt ziemlich spitzwinkelig, biegt sich und verläuft meist ganz gerade, nur wenig divergirend; bisweilen ist sie am Ende deutlich gebogen. Die Analader ist verkürzt, ziemlich dunkel.

♂. Vorderschienen gegen die Spitze verdickt, innen äusserst fein gewimpert mit Endborste, aussen etwa von der Mitte an mit 8—10 sehr langen, feinen Borsten. Vorderferse elliptisch, etwa von doppelter Breite des verdickten Schienenendes und fast von der Länge der Schiene; innen kurz flaumig mit einigen kurzen Borsten, aussen länger flaumig mit etwa neun sehr langen Borsten. Das zweite Tarsenglied ebenfalls elliptisch, halb so dick, als das erste, aber doppelt so dick, als das dritte, aussen mit 3—4 sehr langen Borsten. Die übrigen Beine schlank und einfach. Hinterleib schlank, cylindrisch; Hypopygium gross, ziemlich glänzend schwarz, wenig bereift, fein flaumhaarig; die zurückgeschlagene Partie liegt dem Hinterleibe auf und zeigt beiderseits 3—4 glänzend schwarze, kürzere und längere Dornspitzen.

Das ♀ gleicht im Allgemeinen dem ♂. Der Hinterleib ist kegelförmig, ziemlich matt, schwach behaart, zeigt aber auf jeder Seite des zweiten Ringes eine ziemlich auffallende, dunkelbraune bis schwarze, dichte, dem Ringe eng anliegende Haarbürste. Alle Beine sind einfach, schlank, entweder so dunkel wie beim ♂ oder es sind die Hüften beinahe ganz, die Basis der Schenkel ziemlich breit gelbroth mit einer beinahe zur Spitze reichenden gelbbraunen Seitenstrieme.

Obersteiermark. Auf Krummholzwiesen des Natterriegel bei Admont 6 ♀, im Wirthsgraben bei Hohentauern und um den Scheiplsee des Bösenstein einige Pärchen. Juli, August. 1300—1700 m.

Kärnten. In der Stelzing (1410 m) auf der Saualpe (l. Prof. Tief 1 ♀).
Salzburg. Um Gastein am 8. September 3 ♀ (l. Becker).

Anmerkung. Die scandinavische Normalform Zetterstedt's unterscheidet sich nur durch auffallend lichtere Schenkel; beim ♂ sind nur an den vier hinteren Schenkeln deutlich dunkle Partien, das ♀ hat noch lichtere Schenkel mit nur geringer Bräunung, besonders an den Hinterschenkeln; auch die Schienen sind bedeutend lichter. Das zweite Vordertarsenglied des ♂ und der Haarbüschel am zweiten Ring des ♀ ist ganz identisch mit unseren Alpenexemplaren.

Ich sah in der Sammlung Schiner's 1 ♂ aus den Dalekarlischen Alpen (l. Bohemann als cilipes Meig.), 1 ♀ aus Lappland (mis. Zetterstedt als spinimana Zett.; das ♂, ebenfalls als spinimana von Zetterstedt bezettelt, war aber abdominalis Zett.!), ferner unbestimmt aus Dowre (Norwegen) in der Sammlung Winthem's 2 ♂, 1 ♀.

53. *cilipes* Meig., III, non Schiner, I, 113 (Schiner vermengte sie mit *matrona* und hielt *spinimana* Zett. für *cilipes* Meig.).

matrona Strobl, Progr., 1880, S. 58, nou Hal.

4·5—5·5 mm. *Simillima spinimanae; differt vertice nigro, halteribus pallidis.*

♂. *Secundo tarsorum anticorum articulo nec incrassato, nec setoso.*

♀. *Pilorum fasciculo deficiente.*

Diese Art ist der *spinimana* var. *spinigera* so überaus ähnlich, dass es genügt, die Unterschiede anzuführen. Stirne und Scheitel sind fast ganz sammt-schwarz, der Hinterkopf dunkel braungrau. Das Prothoraxstigma ist rothgelb, die Schwinger ebenfalls; nur die Endhälfte des Stieles und die Basis des Knopfes sind verdunkelt. Die ganzen Hüften und Schenkel sind rothgelb, nur die Hinter-schenkel mit dunkler Rückenstrieme; die Schienen sind wenigstens an der Basis deutlich rothgelb. Die Behaarung des Hinterleibes ist lichter fahlbraun, nur die Marginalborsten sind schwarz. Die obere Zinke der Endgabel ist auch gegen das Ende hin deutlich gebogen und divergirt stärker. Für *spinimana* (Normalform) fallen die Färbungsdifferenzen der Beine weg.

♂. Die Vorderbeine sind fast genau wie bei *spinigera;* die Schienenborsten etwas zahlreicher, das zweite Tarsenglied ist kurz walzenförmig, nur wenig dicker, als das dritte und aussen ganz ohne lange Borsten, höchstens kurz beborstet. Das Hypopygium ist ganz analog, nur etwas kleiner und mit weniger deutlichen Stachelspitzen.

♀. Unterscheidet sich im Allgemeinen von *spinigera* durch dieselben Merk-male, wie das ♂; der Hinterleib ist überall deutlich fahlgelb behaart; die Be-haarung ist an den Seiten des zweiten Ringes etwas dichter, bildet aber keine Haarbürste und ist wenig von der übrigen Behaarung verschieden. Die Beine sind etwas länger und schlanker, als bei *spinigera.*

Oesterreich. An Waldbächen um Seitenstetten nicht selten, aber ver-einzelt; ich sammelte 4 ♂, 5 ♀.

Kärnten. Zu Tschinowitsch bei Villach am 23. Mai 1 ♂ (leg. Prof. Tief).

In der Sammlung Schiner's stecken ohne Fundort als *matrona* 1 ♂ und 1 ♀ neben einem echten ♂ von *matrona;* in Fauna, I, 113, bezieht sich seine Angabe „Steiermark, wahrscheinlich nur im Hochgebirge" wohl auf *spinimana,* zumal Schiner in nota die *spinimana* Zett. als identisch mit *cilipes* erklärt; steirische Exemplare fehlen in seiner Sammlung.

In Liegnitz (Schlesien) sammelte Herr Becker 1 ♂. Mai, Juni.

54. *lurida* Fall., Meig., III, 8; Zett., 336; Schiner, I, 114 und Samm-lung!; Tief, Progr., 1887, S. 26!; Strobl, Progr., 1880, S. 10.

♂ 5—6, ♀ 4—5 mm. *Cinereonigra, abdomine fusco, basi et ventre flavo-pellucido; halteres obscuri; pedes graciles, rufoflari; tarsi obscuri, metatarsis flavescentibus; alae cinereae stigmate obscuro.*

♂. *Abdomen gracile, cylindricum hypopygio parvo; metatarsus anticus paullo incrassatus, cylindricus.*

♀. *Pedes simplices, abdomen breve, crassum.*

22*

♂. Diese Art steht der *cilipes* am nächstsn. wenn ihr auch die langen Stachelborsten derselben fehlen. Stirne und Hinterhaupt sammtschwarz, matt; letzteres, von rückwärts betrachtet, mehr grauschwarz. Taster klein, rothgelb. Thoraxrücken dunkelgrau. kaum gestrient, bisweilen die glatten Streifen schwärzlich. Schulterschwiele, Flecke über den Hüften, Schüppchen und Schwingerstiel rothgelb, Knopf und Prothoraxstigma dunkelbraun. Acrostichalbörstchen unregelmässig vier-, Dorsocentralbörstchen einreihig, ziemlich kurz. Schildchen vierborstig. Hinterleib schlank, cylindrisch. braunschwarz, Bauch und Basis aber durchscheinend gelbbraun. Hypopygium klein, knospenförmig, geschlossen, kurzflaumig, oben mit einer Reihe langer schwarzer Haare; es bildet gleichsam den stumpfen Schluss des Hinterleibes. Beine schlank, alle Schenkel und Schienen einfach, kurz flaumhaarig; Vorderschienen (aussen) mit einer, Hinterschienen mit zwei Reihen (aussen und rückwärts) ziemlich starker Borsten; Mittelschienen vorne und rückwärts mit je zwei längeren Borsten. Vorderferse nur etwa um die Hälfte dicker, als das Schienenende, walzenförmig, sehr kurzflaumig, $= \frac{2}{3}$ Schiene, $=$ vier Tarsenglieder; diese ganz einfach. Hüften. Schenkel, Schienen und das erste Tarsenglied rothgelb, die folgenden braun. Flügel grau mit schwarzen Adern, langem braunem Randmal. langer, schmaler Gabel; die obere Zinke entspringt spitzwinkelig, biegt sich und verläuft zuletzt gerade, wenig divergirend. Die Analader ist ziemlich schwach, verkürzt.

♀. Gleicht dem ♂ bis auf den plumpen. dicken, plötzlich zugespitzten Hinterleib. Die Beine sind ganz einfach, die Borsten an den Vorder- und Mittelschienen äusserst kurz, an den Hinterschienen ziemlich lang und stark. Die Färbung meist wie beim ♂, das erste oder die zwei ersten Tarsenglieder ebenfalls viel lichter, als die übrigen. Doch gibt es auch dunklere Exemplare, bei denen die lichten Brustflecke kaum erkennbar, die Hinterleibsbasis nur am Bauche deutlich rothgelb, die Hüften am Grunde verdunkelt, die Beine fast ganz braun sind mit lichten Seitenstriemen der Schenkel und nureife lichtere ♀ mit fast ganz rothbraunem Körper (Sammlung Winthem's!).

Kärnten. Zu St. Anna und Federaun bei Villach von Anfang Juni bis Ende Juli, 5 ♂, 5 ♀ (l. Prof. Tief), zu Josefsthal (l. Mann, in der Sammlung Schiner).

Oesterreich. „Gemein an allen Waldbächen" (Schiner, I, 114 und Sammlung, 18 ♂. ♀!); ich sammelte sie nur vereinzelt um Seitenstetten, Amstetten und Melk, Juni bis Juli.

Ungarn. Um Herculesbad (Kow., Verhandl. der k. k. zool.-botan. Gesellsch. in Wien, 1873, S. 457).

Tirol. Bei Leugmoos am Ritten (Palm, Verhandl. der k. k. zool.-botan. Gesellsch. in Wien, 1869, S. 420).

Nach Scholtz in Schlesien nicht selten.

55. *heterogastra* Now., Verhandl. des Naturw. Vereines in Brünn, 1868. *abdominalis* Becker, Berliner Entomol. Zeitschr., 1887, S. 128!; Schiner, I, 114 und Sammlung!; Scholtz, Bresl., 1850; non Zett.

♂ *6—7,* ♀ *5·5—6 mm. Capite et thorace caesio, antennarum articulis basalibus, palpis et pedibus rufoflavis, tarsis obscuris, halteribus infuscatis; setae acrostichales quadriseriatae; alae cinereae stigmate obscuro.*

♂. *Abdomine basi rel ventre rufoflavo, hypopygio magno, metatarso antico longo, incrassato, cylindrico.*

♀. *Abdomine rufoflavo, argenteomicante.*

♂. Kopf und der fast ungestriemte Thorax blaugrau; Hinterleib meist nur am Bauche bei durchfallendem Lichte deutlich gelbbraun mit schwärzlichen Querbändern, oben entweder ganz schwarzbraun mit weisslichen Ringrändern, oder selten theilweise rothgelb. Fühler mit theilweise rostrothen Wurzelgliedern und schwarzem Endgliede. Rüssel und die graubereiften Taster rothgelb, Oberlippe glänzend schwarz. Schüppchen bleich gelbbraun mit schwarzen Wimpern. Schwinger ebenfalls bleich, aber der Knopf entweder an der Spitzenhälfte deutlich gebräunt oder ganz braun bis schwarzbraun. Thoraxseiten immer deutlich rothbraun gefleckt mit rothgelbem Prothoraxstigma. Die Acrostichalbörstchen regelmässig vierreihig, die Dorsocentralbörstchen einreihig, die zwei glatten Zwischenstreifen deutlich dunkler, Schildchen sechsborstig.

Hinterleib schwarz behaart mit langen, feinen Marginalborsten. Das Hypopygium ziemlich gross, geschlossen, zurückgeschlagen, dem Hinterleib fast aufliegend, äusserst kurzflaumig, vorne oben aber ziemlich lang schwarzhaarig, glänzend schwarz mit elliptischen, sehr convexen Seitenlamellen und kaum sichtbaren Dornspitzen.

Beine schlank, lang, rothgelb, aber die Hinterschenkel mit schwarzbrauner Rückenstrieme, alle Schienen gegen das Ende breit verdunkelt, Tarsen ganz schwarzbraun. Die Schenkel sind dunkel- und ziemlich kurz wimperartig behaart, nur an der Unterseite der Mittelschenkel, an der Unter- und Oberseite der Hinterschenkel sind die Wimpern lang. Die Schienen sind noch kürzer- und ziemlich anliegend flaumhaarig, die mittleren nur mit Apicalborsten, die vorderen aussen, die hinteren aussen und rückwärts mit einer Reihe langer, feiner Borstenhaare. Die Vorderbeine sind den Mittelbeinen gleich gestaltet, aber ihre Ferse stark verdickt, bei unreifen zusammengedrückt, bei reifen genau walzenförmig, fast von der Länge der Schiene und nur äusserst kurz flaumhaarig.

Die Flügel sind lang, graulich glashell mit feinen schwarzen Adern und einem zwar sehr schmalen, aber scharf begrenzten, langgestreckten, dunkelbraunen Randmal; die Gabel ist lang, spitz, mässig breit, die obere Zinke nur am Grunde deutlich gebogen.

Das ♀ stimmt in Kopf, Thorax, Flügeln, Schwingern, Färbung und Beborstung der ganz einfachen Beine vollständig mit dem ♂, unterscheidet sich aber auffallend durch den ganz rothgelben, sehr schön silber- oder perlmutterglänzenden Hinterleib, der dasselbe im Fluge besonders auffällig macht, aber selbst bei getrockneten Exemplaren noch sehr deutlich ist.

Magica Mik unterscheidet sich leicht durch fast ganz rostgelbe Fühler, dunkel rostrothen Thorax, bloss vierborstiges Schildchen, milchweisse Flügel.

Von Nowicki in den Gebirgen Galiziens entdeckt.

Kärnten. Nach Schiner, I, 114 und Sammlung in den Kärntner Alpen (2 ♂, 2 ♀).

Steiermark. An Waldbächen und auf der Scheibleggerhochalpe bei Admont, im Wirthsgraben bei Hohentauern vereinzelt; Juli, August. 700—1700 m. Tirol. Bad Ratzes am Schlern, l. Gredler (Palm, Verhandl. der k. k. zool.-botan. Gesellsch. in Wien, 1869, S. 420, als *abdominalis*).

Schweiz. Zu St. Moritz l. Becker 1 ♂, 2 ♀!(als *abdominalis*, 1887, S. 126). Schlesien. Um Reinerz, 25. Mai bis 2. Juni. l. Becker 5 ♂, 1 ♀.

Manche betrachten *heterogastra* Now. als identisch mit *abdominalis* Zett.; aber *heterogastra* unterscheidet sich in der Behaarung der Beine nur wenig von *lurida* und *gallica*, während *abdominalis* nach Zetterstedt's Angaben sich von beiden durch längere Behaarung, besonders „tibiis crebrius pilosis" unterscheidet; ferner besitzen die reifen ♂ von *heterogastra* eine fast ganz schwarzgraue Oberseite des Hinterleibes und selbst der Bauch ist oft nur an der Basis wenig licht durchscheinend; bei unreifen ist freilich auch die Oberseite an der Basis mehr oder weniger rothgelb durchscheinend und die Basalglieder der Fühler sind dann ganz rothgelb; *abdominalis* Zett. ♂ aber besitzt nach Zetterstedt einen „gelblich durchscheinenden Hinterleib mit schwärzlichem After". Nun sah ich in der Sammlung Schiner's aus Lappland ein von Zetterstedt selbst herrührendes, freilich irrthümlich als *spinimana* Zett. bezetteltes ♂, auf welches diese Angaben genau passen. Es ist der *heterogastra* ausserordentlich ähnlich; in den Flügeln ist kein Unterschied; das Randmal ist schmal, aber braun (nicht, wie Zetterstedt angibt, obsolet). Auch der Thorax ist, soweit das stark staubige Stück erkennen liess, identisch und das Hypopygium. Aber der Hinterleib war mit Ausnahme des Hypopygium und der letzten Ringe ganz rothgelb; die Behaarung aller Hüften, Schenkel und Schienen bedeutend länger, dichter und fast wollartig; die feinen Stachelborsten dazwischen an den Vorderschienen noch bedeutend länger; auch die Vorderferse und das nächste Tarsenglied waren mit ziemlich langen und dichten Flaumhaaren bekleidet (nicht wimperig beborstet, wie bei *spinimana*). *Abdominalis* ist also jedenfalls schon durch die Behaarung von *heterogastra* verschieden. Das ♀ wird sich wahrscheinlich durch den Mangel des Silberschimmers, den sonst Zetterstedt gewiss erwähnt hätte, unterscheiden. Wie Zetterstedt dieses Exemplar als *spinimana*, so hat er vielleicht Exemplare der *heterogastra* als *abdominalis* verschickt; *heterogastra* kommt ebenfalls in Südlappland vor; in der Sammlung Winthem's steckt 1 ♂ mit ganz offener Discoidalzelle, gegabelter dritter und vierter Längsader; sonst normal.

C. Thorax ganz oder grösstentheils roth.

56. *flava* Schiner, I, 115 und Sammlung!; Tief, Progr., 1887, S. 26!; Strobl, Progr., 1880, S. 10.

4—4·5 mm. *Tenerrima, rufoflava capite, hypopygio et tarsis obscuris, halteribus subinfuscatis; distincte obscure pilosa et setosa; pedes elongati, gracillimi; alae longae, cinereae stigmate paullo obscuriore.*

♂. *Tarsis 2 pedum anticorum subincrassatis, hypopygio maximo.*
♀. *Tibiis posticis subcompressis.*

Die Beschreibung Schiner's stimmt genau, nur sind alle meine zahlreichen Exemplare und auch die acht Original-Exemplare Schiner's nicht 3''', sondern nur 2''' = 4—4·5 mm lang und der Rückenschild ist fast immer ungestriemt. Stirne des ♂ und ♀ sehr schmal, braun, Hinterkopf schwärzlichgrau, Taster und Rüssel rothgelb, Oberlippe aber glänzend schwarzbraun. Die Acrostichalbörstchen unregelmässig 2—3-reihig, die Dorsocentralbörstchen einreihig, alle ziemlich lang. Das Schildchen mit vier langen Borsten, die mittleren noch länger. Die Schwinger rothgelb, aber der Knopf stellenweise etwas verdunkelt. Der Hinterleib mit langen macrochätenartigen Randborsten der Ringe. Die Beine dünn, ziemlich lang- und steif schwarzhaarig, alle Schienen mit einer, die Hinterschienen mit zwei Reihen längerer Borsten. Die Tarsen sind nicht ganz braun, sondern, besonders beim ♀, gegen den Grund zu deutlich rothgelb.

Die Flügel sind graulich mit feinen, schwarzen Adern, langer Gabel, deren obere Zinke fast rechtwinkelig entspringt, fast rechtwinkelig sich biegt und dann sehr wenig divergirt, also fast bajonettartig steht. Das Randmal ist lang, schmal, aber nicht besonders dunkel. Die sechste und siebente Längsader höchst unscheinbar.

♂. Vorderferse lang, etwa = $^2/_3$ Schiene (bei unreifen länger). meist stark zusammengedrückt, kaum dicker, als das Schienenende; auch das zweite, etwa halb so lange Tarsenglied ist deutlich, aber noch schwächer verdickt und ebenfalls zusammengedrückt. Das Hypopygium ist auffallend gross, fein behaart und zurückgeschlagen, aber dem Hinterleibsrücken nicht aufliegend.

♀. Gleicht bis auf die konische Hinterleibsform und die einfachen Vorderbeine ganz dem ♂. Die Stirne ist nur wenig breiter; die Hinterschienen sind gerade, aber stärker, als die übrigen und seitlich etwas zusammengedrückt.

♂, ♀ variiren mit stellenweise oder beinahe ganz verdunkeltem Hinterleibe; selbst der Thoraxrücken ist bisweilen (bei fettig gewordenen Exemplaren) dunkel. Kärnten. Um Villach (l. Prof. Tief, 4 ♂). Steiermark. Um Admont an Waldbächen und in Hohlwegen vereinzelt. Oesterreich. Bei Klosterneuburg in den Donauauen (Schiner, I. 115 und Sammlung!); um Melk vereinzelt, um Seitenstetten besonders in Waldbachschluchten des Blümelsberges und gegen Michael häufig (36 ♂, ♀). Schlesien. Liegnitz, Goldberg, Rothkirch 1 ♂, 3 ♀ (l. Becker). Mai bis Ende Juli.

57. *magica* Mik, Wiener Entomol. Zeitung, 1887, S. 100—102; Tief. Progr., 1887, S. 27; *thoracica* Macq.? Die Diagnose und Beschreibung sind so ausgezeichnet, dass ich nichts Besseres an ihre Stelle zu setzen wüsste, daher ich die wichtigsten Daten hier einfach wiederhole.

♀ 4 mm. *Capite nigro, antennis fere totis, palpis pedibusque pallide testaceis, labro atro; thorace obscure ferrugineo, caesio-pollinoso, obsolete bivittato, opaco; scutello quadrisetoso; abdomine halteribusque ex luteo albescentibus; alis lactescentibus, stigmate elongato, albido.*

Fühler rostgelb mit oben dunkel gesäumtem dritten Gliede. Gesicht und Stirne schwarzbraun, matt; Hinterkopf schwarz mit grauer Bestäubung. Taster bleich rostgelb, Rüssel ebenso, aber mit glänzend schwarzer Oberlippe. Prothorax rothgelb, Meso- und Metathorax sammt Schildchen dunkel röthlichbraun mit zartem, bläulichgrauem Dufte; Rücken bestäubt, aber mit zwei schmalen Längsstriemen, welche, weil sie kaum bestäubt sind, die Grundfarbe zeigen. Die Acrostichalbörstchen mehr, als zweireihig, doch ungeordnet, die Dorsocentralbörstchen einreihig. Hinterleib sehr zart, bleich gelblich mit weisslichem Schimmer, die Seiten der Basis länger rostgelblich-, der Bauch sehr zart weisslich behaart, die Ringränder oben mit schwärzlichen, feinen Wimpern. Hüften und Beine bleich rostgelb, die Tarsen allmälig dunkler; die Behaarung kurz und schütter, die Hinterschienen rückwärts auch mit einigen längeren Borstenhaaren. Flügel weisslich, in gewisser Richtung fast milchweiss, am Vorderrande gelblich. Die Adern blass gelbbraun, in durchfallendem Lichte fast weiss, das lange Randmal sehr unscheinbar, gelblich. Die Endgabel lang und sehr schmal, die obere Zinke mündet näher der dritten, als der zweiten Längsader.

Von Prof. Tief im Thiergarten nächst Rossegg bei Villach am 16. Juli an einer beschatteten, mit Moos überwucherten Wand entdeckt und Herrn Prof. Mik übersendet; 1 ♀ hatte auch ich zur Ansicht.

Anmerkung. Ob nicht *thoracica* Macq., Meig., VII, 81, Schiner, I, 116, damit identisch ist?; freilich werden die Beine des ♀ — jedenfalls irrthümlich, da das ♂ blass rostgelbe Beine besitzt — schwarz genannt. Ich gebe hier die Beschreibung derselben:

♂. Kopf schwärzlich. Taster rothgelb. Rückenschild rostgelb mit zwei blassen Striemen; Hinterleib schwarzbraun (bei *heterogastra* ein analoges Verhältniss). Beine haarig, blass rostgelb mit bräunlichen Füssen; zwei erste Glieder der vorderen verdickt. Schwinger rostgelb. Flügel fast glashell mit kaum merklichem Randmale.

♀. Bauch gelb, blass, nach hinten dunkler. Beine haarig, schwarz mit einfachen Füssen. (Soll wohl heissen: „mit schwarzen, einfachen Füssen", da für eine derartige Verschiedenheit der Beinfärbung des ♂ und ♀ gar kein Analogon bei den Empiden existirt). 2‴.

Von Macquart aus dem nördlichen Frankreich, im Mai ziemlich gemein, von Scholtz (4 ♂) aus Preussisch-Schlesien, von Kowarz, Verhandl. der k. k. zool.-botan. Gesellsch. in Wien, 1873, S. 457, aus Herculesbad angegeben.

58. *tenella* Fall., Zett., 353; Meigen, III, 9; Schiner, I, 115 und Sammlung!

♂ 2·5 mm. *Testacea, opaca, capite et thoracis dorso cinereopruinoso, antennis et tarsorum ultimis articulis obscuris; alae fere hyalinae stigmate pallido; metatarsus anticus modice incrassatus.*

♀ *differt pedibus simplicibus, etiam abdomine albidopruinoso.*

♂. Fast ganz hell rothgelb, matt. Der Rüssel viel kürzer, die Fühler fast so lang, als der Kopf. Wurzelglieder stellenweise rothbraun, das Endglied schwarz, kurz, birnförmig mit etwas längerem Endgriffel. Die Taster klein, hell rothgelb. Gesicht und die fast gleich breite Stirne weisslichgrau, der ganze Hinterkopf hell aschgrau. Thorax nebst Schüppchen und Schwingern hell rothgelb; aber schon die Brustseiten zeigen eine schwache graue Bereifung; die aschgraue Bereifung des Thoraxrückens aber ist viel intensiver und lässt nur einen ziemlich breiten Rand frei, so dass man den Rücken aschgrau nennen kann, mit hie und da etwas durchscheinender rothgelber Grundfarbe; auch das Schildchen mit Ausnahme des Randes und der Hinterrücken sind grau bereift. Die Acrostichalbörstchen sind ziemlich regelmässig vierreihig, die Dorsocentralbörstchen einreihig, alle ziemlich lang; das Schildchen vierborstig. Der Hinterleib ist unbereift, etwas glänzend, ziemlich kräftig, oben dunkel behaart mit schwarzen Randborsten; die Seiten der ersten Ringe und der Bauch zeigen feine, weissliche Haare. Das Hypopygium ist etwas zusammengedrückt, wegen der stark entwickelten, glänzend rothgelben Seitenlamellen höher, als der Hinterleib, ziemlich lang flaumhaarig; die Bauchseite desselben ist matt. An der Spitze jeder Seitenlamelle bemerkt man einen kurzen und einen längeren feinen, schwarzen Dorn.

Die Beine sind schlank, rothgelb, unbereift, ziemlich glänzend; nur die drei letzten Tarsenglieder stark verdunkelt. Sie sind deutlich flaumhaarig, die Haare an den Schenkeln gereiht, länger und wimperartig. Die Mittelschenkel zeigen vorne gegen die Basis drei ziemlich lange und starke schwarze Borstenhaare. Die Vorderschienen besitzen blos zwei Apicalborsten, die Mittelschienen ausser diesen noch innen gegen die Spitze zwei deutliche Borsten, die Hinterschienen aussen und rückwärts je eine Reihe ziemlich langer schwarzer Borstenhaare. Die Vorderferse ist fast so lang und kaum um die Hälfte dicker, als die Vorderschiene, sehr kurz flaumig, walzenförmig.

Die Flügel sind fast glashell, etwas gelblichgrau mit gelbbraunen, feinen Adern, sehr blassem, gelblichem Randmal und mässig langer Gabel; die obere Zinke entspringt spitzwinkelig, biegt sich schwach, verläuft gerade und mündet etwas näher der dritten, als der zweiten Längsader; die Discoidalzelle ist ziemlich schmal, die sechste Längsader sehr deutlich, aber verkürzt.

Das ♀ gleicht durchaus dem ♂ bis auf die gewöhnlichen Geschlechtsunterschiede (zugespitzten Hinterleib, einfache Beine); nur ist auch der Hinterleib auf der Oberseite deutlich weissgrau bereift; es schimmern also bei ihm Thorax und Hinterleib weisslichgrau, und zwar der Hinterleib heller und lebhafter, als der matte Thorax.

Anmerkung. Diese Art ist mit *magica* Mik ♀ am nächsten verwandt, doch ist *magica* wegen der bedeutenderen Grösse, des schwarzen Kopfes, der nicht vierreihigen Acrostichalbörstchen jedenfalls eine verschiedene Art.

Wurde von Dr. Egger bei Dorubach (Niederösterreich) in Mehrzahl gefangen (Schiner, l. c.); die Beschreibung wurde nach 10 ebendaher stammenden ♂, ♀ (Sammlung Schiner, l. Egger) entworfen.

Die Gruppirung der zahlreichen mittel- und nordeuropäischen Arten ergibt sich am natürlichsten aus den Gesammtmerkmalen der ♂ und ♀; darnach kann man am besten vier Gruppen unterscheiden; nur die österreichischen Arten derselben sind numerirt; von den mir nicht durch Autopsie bekannten wurde nur, soweit sich aus den Beschreibungen schliessen liess, die Verwandtschaft angedeutet. Die Gruppencharaktere wurden schon den Einzelnbeschreibungen vorangesetzt und werden daher hier nicht mehr wiederholt.

I. Gruppe der **Hilara chorica** Fall.

A. Hinterschenkel nicht verdickt, Schildchen (mit wenigen Ausnahmen) vierborstig.

Die Aneinanderreihung der Arten ist bei den Einzelnbeschreibungen nicht ganz natürlich ausgefallen; besser ist folgende, bei der aber die Numerirung der Einzelnbeschreibungen beibehalten wurde. ♂, ♀ bedeutet, dass schon beide Geschlechter bekannt sind, sonst steht nur ♂ oder ♀.

1. *Cornicula* Loew. ♂, ♀. 2. *clypeata* Meig. ♂, ♀. 9. *quadrifaria* n. sp. ♂, ♀. 3. *chorica* Fall. ♂, ♀. 4. *pseudochorica* n. sp. ♂, ♀. 5 *b. nigrina* Fall. ♂, ♀. 5. *lasiochira* Kow. i. litt. ♂. 7. *bivittata* n. sp. ♂, ♀. 8. *Pinetorum* Zett. ♂, ♀. 11. *longevittata* Zett. ♂, ♀. 12. *simplicipes* n. sp. ♂, ♀. 10. *pectinipes* n. sp. ♂, ♀. 6. *Hystrix* n. sp. ♂, ♀. 13. *minuta* Zett. ♂, ♀. 13 *b. tyrolensis* n. sp. ♂.

tenuinervis Zett., 349. Ein einziges, wahrscheinlich nicht ausgefärbtes ♀ aus Norwegen. Die Merkmale zu unbestimmt, daher wohl kaum mit Sicherheit zu deuten; wahrscheinlich unreife Form von *clypeata* oder *pinetorum*. Bei 13 *b.* besprochen.

anomala Loew, „Isis“, 1840, S. 554, ♂, aus Posen. Zunächst verwandt mit *Hystrix* n. sp. und nach derselben beschrieben.

B. Hinterschenkel verdickt, an der Spitze ausgeschnitten verdünnt; Schildchen mehrborstig.

14. *a) femorella* Zett. und *b) nitidula* Zett. 15. *sulcitarsis* n. sp.

Hieher noch *eumera* Loew, ♂, Berliner Entomol. Zeitschr., 1873, von Kowarz (Verhandl. der k. k. zool.-botan. Gesellsch. in Wien, 1873, S. 457) um Verendin bei Herculesbad gesammelt. Als einzigen Unterschied von *femorella* finde ich die schwarzgraue Färbung der Flügel und vielleicht noch die „längliche“, aber ebenfalls „sehr dicke“ Vorderferse; Artwerth daher problematisch.

II. Gruppe der **Hilara maura** Fabr.

16. *diversipes* n sp. ♂, ♀. 17. *maura* Fabr. ♂, ♀. 18. *lugubris* Fall. ♂, ♀. 19. *dimidiata* n. sp. ♂, ♀. 20. *pilosa* Zett. ♂, ♀. 21. *scrobiculata* Loew. ♂, ♀. 22. *interstincta* Fall. ♂, ♀. 23. *aeronetha* Mik = *angustifrons* n. sp. ♂, ♀. 24. *pruinosa* Meig. ♂, ♀. (In der Färbung zwar ziemlich abweichend,

der ganzen Tracht nach aber hieher gehörig; die dem Baue nach ebenfalls sehr verwandte, in der Färbung aber zu sehr abweichende *gallica* Fall. stellte ich lieber zu ihren Färbungsverwandten der IV. Gruppe.)

III. Gruppe der **Hilara quadrivittata** Meig.

A. Thorax wenigstens beim ♂ mit einer oder drei dunklen Striemen.

25. *Braueri* n. sp. ♂. 26. *Argyrosoma* n. sp. ♀ (wahrscheinlich das ♀ zur vorigen Art). 27. *lacteipennis* n. sp. ♀.

B. Thorax mit vier dunklen Striemen.

28. *Tetragramma* Loew. ♂, ♀. 29. *pubipes* Loew. ♂, ♀. 30. *hirta* Kow. i. litt. ♂, ♀. 31. *quadrivittata* Meig. ♂, ♀. 32. *Beckeri* n. sp. ♂, ♀. 33. *carinthiaca* n. sp. ♂, ♀. 34. *bistriata* Zett. ♂, ♀. 35. *brevivittata* Zett. ♂, ♀. 36. *pilipes* Zett.? *(tanychira* Kow. i. litt.). ♂, ♀. Die ebenfalls oft vierstriemigen *fuscipes* Fabr. und *griseola* Zett. gehören besser zur folgenden Gruppe, sowohl wegen ihrer Gesammttracht, als auch, weil ihre Striemen schwach sind und nicht selten gänzlich fehlen.

Anmerkung. Ob *recedens* Walker, Ins. brit.. I, 101 (England, selten), in diese oder in die folgende Gruppe gehört, lässt sich aus der kurzen Beschreibung nicht entnehmen („grau, Kopf und Fühler schwarz, Thorax mit zwei braunen Streifen; Flügel grau, Schwinger gelb; Beine schwarz; 1 lin."). Ist sie eine kurzbeinige Art, so fällt sie vielleicht mit *Beckeri* oder *carinthiaca* zusammen, obwohl diese vier Striemen besitzen; ist sie lang- und dünnbeinig, so ist sie wahrscheinlich = *griseola* Zett., nur hat diese keinen schwarzen, sondern höchstens einen dunkelgrauen Kopf; vielleicht war der Kopf fettig.

IV. Gruppe der **Hilara littorea** Fall.

A. Dunkle Arten mit ganz dunklen Beinen (nur Kniee oft licht).

37. *niveipennis* Zett. ♂, ♀. 38. *Tiefii* n. sp. ♂, ♀. 39. *Sartor* Becker. ♂, ♀. 40. *pseudosartrix* n. sp. ♂, ♀. 41. *fuscipes* Fabr. ♂, ♀. 42. *griseola* Zett. ♂, ♀.

In diese Abtheilung gehört wohl *hirtula* Zett., 348, ein ♂ aus Lappland, durch den ganz rauhhaarigen Körper von allen Arten verschieden. 1¼''', matt, schwarzgrau, Thorax schwach dreistriemig; Beine dunkel rostroth (unreif?), Schwinger dunkel, Flügel glashell etc.

platyura Loew, die von dem grossen Hypopygium ihren Namen erhielt, stellte ich als höchst wahrscheinliches Synonym zu der durch eben dieses Merkmal ausgezeichneten *griseola* Zett.; siehe daselbst die Vergleichung.

B. Arten mit dunklem Thorax, aber wenigstens theilweise lichten Beinen.

43. *cinereomicans* n. sp. ♂, ♀. 43 b. *Novakii* Mik = *Mikii* n. sp. ♂, ♀. 44. *cingulata* Dahlb. ♂, ♀. 45. *flavipes* Meig. ♂, ♀. 46. *littorea* Fall. ♂, ♀.

23*

47. *manicata* Meig. ♂, ♀. 48. *canescens* Zett. ♂, ♀. 49. *discolor* Kow. i. litt. ♂, ♀. 50. *gallica* Fall. ♂, ♀. 51. *matrona* Hal. ♂. ♀. 51 *b*. *pilosopectinata* n. sp. ♂, ♀. 52. *spinimana* Zett. var. *spinigera* m. ♂, ♀. 53. *cilipes* Meig. ♂, ♀. 54. *lurida* Fall. ♂, ♀. 55. *heterogastra* Now. ♂, ♀.

Hieher gehören *gracilipes* Boh., Zett., 4607, ♂, ♀, und *cuneata* Loew, Berliner Entomol. Zeitschr., 1878, Nr. 36, ♀, beide äusserst verwandt mit *flavipes* Meig. und daselbst verglichen.

Ebenso nahe verwandt und höchst wahrscheinlich sogar mit *flavipes* identisch ist *obscura* Meig., III, 11, die er nur durch röthlichbraune Schwinger und Beine von *flavipes* unterscheidet; bloss 1 ♂ aus England. Aber meine Exemplare der *flavipes* besitzen sogar schwarzbraunen Schwingerknopf und wenigstens stellenweise gebräunte Beine, so dass es sich gewiss nur um unreife (*flavipes*) und ausgereifte Formen (*obscura*) handelt. *obscura* Zett., 3018, ♂, ist aber jedenfalls eine ganz verschiedene Art; denn Zetterstedt nennt den Thorax einfärbig grau, den Hinterleib glänzend schwarz, die Schwinger weisslich, die Vorderschenkel dicker, die Beine dunkelbraun (*fusci*). Da die obere Zinke der Flügelgabel kurz und gerade, die Discoidalzelle länglich und fast vor der Flügelmitte gelegen ist, so ist *obscura* Zett. höchst wahrscheinlich gar keine *Hilara*, sondern eine kleine *Empis*.

infans Zett., 346, ♂, ♀; 2 ♂ in der Sammlung Winthem's aus Dovre, Norwegen. Nach der ganzen Tracht, besonders wegen der lang behaarten Vorder- und Hinterschienen und der Vorderfersen jedenfalls mit *matrona* Hal. zunächst verwandt; auch die Mittelschienen ringsum und die zwei folgenden Tarsenglieder auf der Rückseite mit ausserordentlich dicht gestellten, sehr langen feineren und stärkeren, fast wollartigen Haaren besetzt: Hypopygium gross, zusammengedrückt, aufliegend. Beine ganz schmutzig gelbbraun, nur die Tarsen gegen das Ende dunkler; Flügel normal, ziemlich glashell mit braunem Randmal. Thorax dunkelgrau bis schwärzlich.

abdominalis Zett., 337, ♂, ♀, mit der *heterogastra* Now. von den deutschen Dipterologen verwechselt wurde, ist unter 55 besprochen.

obscuritarsis Zett., 4999, 1 ♂ aus Lappland (2¹⁄₄''', mattgrau, Schwinger und Beine gelb. Schenkel oben bräunlich, Vorderferse länglich-oval, zusammengedrückt etc.) steht wohl zunächst der *gallica* Fall.

C. Thorax ganz oder grösstentheils roth.

56. *flava* Schin. ♂, ♀. 57. *magica* Mik. ♀. (Wahrscheinlich = *thoracica* Macq.; Diagnose siehe bei *magica*.) 58. *tenella* Fall. ♂, ♀.

Hieher noch *ephippium* Scholtz, Breslauer Entomol. Zeitung, 1851, 19 (nur 1 ♂, 1 ♀); Schiner, 1, 116, ♂, ♀. Jedenfalls zunächst der *tenella* Fall., aber verschieden durch schwarzbraune Fühler, Vorderstirne, Schwingerknopf, Rückenschildsmitte, Hinterleibsende, Tarsen und Randmal. Hinterleib des ♀ braun mit gelben Einschnitten. 1¹⁄₄'''. Ich sah ein am Wölfelsfall am 7. Juli von Becker gesammeltes, 3·5 *mm* grosses ♂, das so ziemlich stimmt; es sieht einer kleinen, fettig verdunkelten *flava* sehr ähnlich, aber die Endgabel der Flügel ist viel kürzer und breiter und nur die Vorderferse ist verdickt, diese aber bedeutend stärker, elliptisch; das zweite Tarsenglied ist ganz unverdickt und sehr kurz; also jedenfalls von *flava* verschieden. Die letzten 3—4 Ringe sind schwarz, das grosse, wie bei *flava* gebaute Hypopygium aber wieder rostroth.

Höchst wahrscheinlich gar keine *Hilara* sind ausser *obscura* Zett. noch:

carbonella Zett., 5003 (bei *simplicipes* unter Nr. 12 besprochen), und *longirostris* Macq., Meig., VII, 71; diese ist wegen des verlängerten Rüssels wohl eine *Empis*, wahrscheinlich aus der Gruppe der *chioptera* Fall.

Nicht berücksichtigt wurden die wenigen bisher publicirten südeuropäischen Arten: *sublineata* Br. und *infuscata* Br. aus Griechenland, *fulvipes* und *cinerea* Macq., Meig., VII, 81, aus Bordeaux; *fulvipes* ist wohl das ♂ zu *rufipes* Macq., Meig., VII, 80, und beide wahrscheinlich zunächst der *flavipes* Meig. Die kurze Beschreibung der *cinerea* passt auf mehrere graue österreichische Arten; nicht einmal die Färbung der Beine ist erwähnt.

fasciata Meig., III, 11, ♀ (schwarz, jeder Ring des Hinterleibes mit einer aschgrauen Basalbinde; Schwinger und Beine schwarzbraun; Flügel glashell; 1¹/₂'''), ist wohl auch eine südeuropäische Art. Scholtz hält sie fraglich für das ♀ von *ephippium* sibi.

Alphabetisches Register.

Monographische Uebersicht der Mecopodiden.

Von

Josef Redtenbacher.

(Mit Tafel III.)

(Vorgelegt in der Versammlung am 6. April 1892.)

Einleitung.

In den älteren Handbüchern über Orthopteren ist die kleine Gruppe der Mecopodiden nur durch wenige Formen vertreten; so führt z. B. Burmeister in seinem Handbuch der Entomologie nur die Gattungen *Pomatonota*, *Mecopoda* und *Phyllophora* an, von denen die erstere zu den Meconemiden, die beiden letzteren zu den Phaneropteriden gerechnet werden. Auch Serville kennt nur drei Gattungen, *Mecopoda*, *Phyllophora* und *Hyperomala*; bei Stål (Recensio Orthopterorum, II) werden die Genera *Mecopoda*, *Pomatonota* und *Phyllophora* unter den Phyllophoriden, die Gattung *Moristus* unter den Pseudophylliden angeführt.

Erst in Brunner v. Wattenwyl's Monographie der Phaneropteriden (S. 10) erscheinen die Mecopodiden als eigene Zunft und werden daselbst folgendermassen charakterisirt:

Prosternum bispinosum. Tibiae anticae foraminibus apertis instructae, superne spinis apicalibus duabus. Tibiae posticae superne utrinque spina apicali instructae. Tarsi depressi; articuli bini primi latere longitudinaliter sulcati, laminatim extensi.

Seither sind eine Anzahl Schriften über Mecopodiden erschienen und namentlich durch Karsch und Krauss eine erhebliche Menge neuer Arten und Gattungen bekannt geworden, welche eine Abänderung der oben angegebenen Charakteristik nothwendig machen, da sowohl die Form der Vorderbrust, als auch die Gestalt der Foramina und die Bedornung der Vorderschienen wesentliche Abweichungen zeigen können. Die Charakteristik der Mecopodiden würde sich demnach etwa folgendermassen zusammenfassen lassen:

Caput hypognathum, verticale. Fastigium verticis nunquam productum nec scrobibus antennarum cinctum, aut conicum, angustum, aut latum et obtusum, aut bituberculatum. Antennae prope et inter oculos insertae. Prosternum bispinosum vel bituberculatum. Elytra ♂ semper tympano instructa. Tibiae anticae foraminibus plerumque apertis, raro extus vel utrinque conchatis, apice superne plerumque in utroque latere spina apicali, raro tantum externa vel nulla armatae. Tibiae posticae superne semper spinis apicalibus duabus instructae. Tarsi depressi, articulis binis primis latere longitudinaliter sulcatis. Lamina subgenitalis ♂ plerumque valde elongata, apice profunde excisa, stylis minimis vel nullis instructa. Ovipositor subrectus vel incurvus, apicem versus sensim acuminatus, apice nunquam oblique truncatus.

Der Verwandtschaft nach stehen die Mecopodiden unzweifelhaft einerseits den Meconemiden, andererseits den Pseudophylliden am nächsten, letzteren umso mehr, als auch bei ihnen nicht selten ausnahmsweise offene Foramina an den Vorderschienen auftreten. Dadurch ergibt sich, dass die Abgrenzung zwischen den letztgenannten Gruppen eine ziemlich schwierige und keineswegs vollkommen scharfe ist, und dass namentlich die Unterschiede zwischen Mecopodiden und Pseudophylliden oft sehr subtiler Natur sind. Doch zeigen letztere fast immer den Kopfgipfel von den Fühlergrubenrändern dicht eingeschlossen, die Vorderschienen niemals, die Hinterschienen nur ausnahmsweise mit Enddornen versehen; die Subgenitalplatte des ♂ ist nicht so stark verlängert und tief gespalten als bei den Mecopodiden und die Legescheide meistens breit, am Ende schief abgeschnitten. Dem zu Folge sind z. B. nach meiner Ansicht die von Karsch beschriebenen Gattungen *Phyrama* (Berliner Entomol. Zeitschr., XXXII, 2, 1888, S. 416, Fig. 1), *Mastigapha* und *Simodera* (Berliner Entomol. Nachr., XVII, 1891, Nr. 7, S. 99, 100) weder zu den Prochiliden, noch zu den Mecopodiden, sondern entschieden zu den Pseudophylliden zu rechnen. Speciell für die Prochiliden, die übrigens ohne Zweifel den Pseudophylliden am nächsten stehen, gilt nach meinem Ermessen der prognathe, schief nach vorne gerichtete Kopf als wichtigstes Merkmal, so dass es unnatürlich wäre, die oben genannten Gattungen in diese kleine Zunft einzureihen.

Bei der vorliegenden Bearbeitung der Mecopodiden stand mir hauptsächlich das Material aus der reichen Sammlung des Herrn Hofrathes C. Brunner v. Wattenwyl, sowie jenes des k. k. naturhistorischen Hofmuseums in Wien zu Gebote, weshalb ich gerne die Pflicht erfülle, dem genannten Herrn Hofrathe, sowie der löbl. Direction des k. k. Hofmuseums an dieser Stelle meinen aufrichtigsten Dank auszusprechen.

Ueber die Lebensweise der Mecopodiden finden sich wie bei den meisten tropischen Orthopteren höchst spärliche Angaben.

In systematischer Beziehung liessen sich etwa drei Abtheilungen unterscheiden, die *Moristini*, deren Kopfgipfel schmal, konisch und nicht oder nur leicht gefurcht ist, die *Mecopodini*, deren Kopfgipfel entweder breit, abgerundet oder abgestutzt, oder aber durch eine tiefe Längsfurche in zwei seitliche Höcker getheilt ist, endlich die *Phyllophorini*, deren Halsschild kapuzenartig stark nach hinten verlängert ist und daher einen bedeutenden Theil des Hinterleibes bedeckt. .

Die Fühler sind von geringer systematischer Bedeutung, oft sehr lang *(Diaphlebus)*, das erste Glied mitunter *(Phricta)* aussen mit einem Zahn am Ende versehen.

Das Pronotum zeigt sehr verschiedene Formen; bei den Phyllophorineu ist es kapuzenartig, bei anderen mit Dornen oder Stacheln besetzt *(Encentra, Phricta)*, der Hinterrand meist abgerundet oder abgestutzt, seltener stumpf-winkelig *(Corycus)* oder stark verlängert *(Pomatonota)*. Die Seitenkiele fehlen entweder vollständig *(Macroscirtus)* oder sie sind stumpf *(Mecopoda)*, oft höckerig *(Diaphlebus)*, oder durch die Querfurchen des Halsschildes tief eingeschnitten *(Characta)*, oder mit Zähnen und Stacheln besetzt *(Acridocena, Macrolyristes, Phyllophorini)*.

Das Prosternum ist meist mit zwei Stacheln, seltener mit zwei kleinen Höckern versehen *(Pomatonota, Corycus)*.

Meso- und Metasternum sind nur ausnahmsweise ohne Lappen *(Phricta)*. meist tief zweilappig, wobei die Lappen in der Regel divergiren, seltener einander fast berühren *(Segestes, Moristus)*.

Die Flügeldecken kommen in allen Entwicklungsgraden vor; meist sind sie vollkommen ausgebildet, seltener abgekürzt *(Macroscirtus* spec.*)* oder ver-kümmert, lappenförmig *(Leproscirtus)*, manchmal ganz fehlend oder kaum ange-deutet *(Phricta, Rhammatopoda)*. Der Form nach sind sie bald lang und schmal *(Segestes)*, bald breit und kurz *(Corycus)*, am Ende meist abgerundet oder schief abgestutzt, seltener spitz oder lanzettförmig *(Elaeoptera, Macroscirtus* spec.*)*. Systematisch von Bedeutung ist der Verlauf der Radialadern, die entweder der ganzen Länge nach getrennt bleiben *(Elaeoptera, Diaphlebus)*, oder sich durch-aus *(Macroscirtus)* oder nur bis zur Mitte berühren *(Mecopoda)*; auch der Ursprung und die Zahl der Radialäste ist mitunter *(Segestes, Mecopoda)* von Belang. Charakteristisch für manche Gattungen *(Anoedopoda, Moristus)* ist das oft stark erweiterte, bauchig aufgetriebene Analfeld, bei anderen *(Vetralia, Mecopoda)* ist der Deckflügel hinter jenem Felde plötzlich der Quere nach ein-gedrückt. Ein eigenthümliches Geäder zeigt der Deckflügel von *Pseudophyllanax* (vgl. meine „Vergleichende Studien über das Flügelgeäder der Insekten" in Annalen des k. k. naturhistorischen Hofmuseums, Wien. 1886, S. 179; *Moristus,* Taf. XI, Fig. 24) und ganz abnormer Flügelbau zeichnet die Gattungen *Acridoxena* und *Corycus* aus.

Die Hinterflügel sind in der Regel den Deckflügeln entsprechend ausge-bildet, meist kürzer als dieselben, seltener etwas länger *(Mecopoda)*, mitunter ganz oder theilweise verkümmert *(Macroscirtus, Gymnoscirtus* etc.*)*.

Von den Beinen sind besonders die hinteren oft stark verlängert, die Hinterschenkel an der Basis stark verdickt *(Mecopoda)* oder schlanker *(Vetralia, Corycus)*, seltener kurz und dick *(Pachysmopoda)* oder lang und dünn *(Rham-matopoda)*; auf der Oberseite sind die Hinterschenkel (selten auch die vorderen) manchmal mit Stacheln oder Dornen versehen *(Phricta, Encentra, Leproscirtus, Characta, Mecopoda* spec.*)*, unten mit 1—2 Reihen von Dornen bewehrt, selten dornlos, oder mit abnormen Lappen versehen *(Acridoxena)*. Die Gelenkklappen besonders der Hinterschenkel zeigen in der Regel einen, mitunter auch 2—3 Enddornen *(Pseudophyllanax, Dasyphleps)*.

Die Vorderschienen sind auf der Oberseite meist gefurcht, selten glatt *(Ityocephala, Corycus* spec.), beiderseits bedornt oder unbewehrt, am Ende in der Regel mit zwei Apicaldornen versehen; nur selten fehlen letztere auf der inneren *(Moristus)* oder auf beiden Seiten *(Segestes)*, während sie an den Hinterschienen stets vorhanden sind. Die Foramina der Vordertibien sind in der grössten Mehrzahl offen, nur bei wenigen auf der Aussenseite *(Segestes, Moristus)* oder beiderseits halb geschlossen, ohrmuschelförmig *(Characta, Phyllophora)*.

Die Cerci des ♂ sind stets einfach konisch, dicht behaart, gegen das Ende zugespitzt und einwärts gebogen, an der Spitze mit 1—2 kleinen Klauen, niemals innen mit Zähnen versehen. Die Subgenitalplatte des ♂ ist in der Mehrzahl der Fälle stark verlängert, am Ende tief ausgeschnitten, entweder ohne oder nur mit winzigen Griffeln versehen; seltener ist sie kurz *(Phricta)*, oder mit längeren Griffeln ausgerüstet *(Diaphlebus)*, manchmal erscheinen die beiden Lappen am Ende zweizähnig oder gespalten *(Rhammatopoda)*.

Die Legeröhre ist stets wohl entwickelt, entweder fast gerade *(Moristus, Segestes)* oder mehr weniger, mitunter fast sichelförmig oder winkelig gebogen *(Pomatonota, Ityocephala, Corycus, Acridoxena)*, stets gegen das Ende allmälig zugespitzt, niemals schief abgeschnitten.

Geographische Verbreitung.

Weitaus die Mehrzahl der Mecopodiden gehört der östlichen Halbkugel an, während aus Amerika bisher nur zwei Arten und Gattungen bekannt geworden sind *(Eucentra, Rhammatopoda)*.

Sämmtliche Arten gehören der tropischen oder subtropischen Zone an, wobei Japan den nördlichsten, das Capland in Afrika den südlichsten Punkt des Verbreitungsbezirkes bilden.

Kosmopolitische Arten oder Gattungen sind nicht vorhanden. Nur einige Gattungen sind der asiatischen und australischen Fauna gemeinsam *(Segestes, Moristus, Mecopoda)*; Afrika besitzt durchwegs eigenthümliche Formen.

Der Hauptverbreitungsbezirk der Mecopodiden beginnt mit Afrika, setzt sich über die Inseln Sokotra und Ceylon nach Vorder- und Hinterindien, China und Japan, dann über die Sundainseln und Philippinen nach Neu-Guinea und Australien, sowie über den australischen Inselgürtel fort.

Mit Ausnahme der südafrikanischen Gattung *Pomatonota* sind die Moristini nur über Asien und Australien verbreitet; dagegen gehören mit Ausnahme der zwei genannten amerikanischen Gattungen alle Mecopodiden mit abgekürzten oder verkümmerten Flügeln der afrikanischen Fauna an *(Leproscirtus, Gymnoscirtus, Apteroscirtus, Macroscirtus)*. Andererseits fehlt die für Asien und Australien so charakteristische Gattung *Mecopoda* in Afrika vollständig und wird dort durch die Gattungen *Anoedopoda* und *Pachymopoda*, sowie durch die langflügeligen

Macroscirtus-Arten vertreten. Soweit unsere bisherigen Kenntnisse reichen, gehören die Mehrzahl der afrikanischen Formen der tropischen Westküste an, während Süd- und Ostafrika nur wenige Gattungen aufweisen, unter denen *Anoedopoda* auch im Westen vorkommt. *Corycus* ist in Westafrika und Madagaskar (!) vertreten; sie bildet ebenso wie die abenteuerliche *Acridoxena* eine charakteristische Form der afrikanischen Orthopterenfauna, während die Insel Sokotra durch die abweichende Gattung *Pachysmopoda* ausgezeichnet ist.

Asien besitzt an typischen Gattungen *Characta* und *Macrolyristes* für die Sundainseln, *Vetralia* für Ceylon, während die Gattungen *Mecopoda*, *Segestes* und *Moristus* bis in die polynesische Region reichen.

Im Festlande von Australien sind bisher nur einige wenige Arten aufgefunden worden, das Genus *Phricta* und ein oder zwei *Mecopoda*-Arten. Eine etwas grössere Anzahl von Arten wurde auf den australischen Inseln nachgewiesen; auf Neu-Guinea die Gattungen *Segestes* und *Dasyphleps*, *Mossula* auf den Salomons-Inseln, *Pseudophyllanax* auf Neu-Caledonien, auf den Fidschi-Inseln endlich die Genera *Diaphlebus*, *Elaeoptera* und *Ityocephala*. Eine weitere Verbreitung zeigen nur die Arten der Gattungen *Moristus* und *Mecopoda*; innerhalb der letztgenannten sind diejenigen Arten, deren Hinterschenkel oben mit Zähnen besetzt sind, ausschliesslich auf die australische Region beschränkt. Aus der eigentlich pacifischen Region sind bisher nur die obengenannten Arten von den Fidschi-Inseln bekannt geworden; in Neuseeland scheinen die Mecopodiden zu fehlen.

Literatur.

Bolivar Ignazio, 1889—1890, Ortópteros de Afrika del Museo de Lisboa (Extracto do Journal de Sciencias mathematicas, physicas e naturales. 2. Serie, Nr. II, p. 73; Nr. III, p. 150; Nr. IV, p. 211).

Brullé Auguste, 1835, Histoire naturelle des Insects. Tom. IX. Orthoptères et Hémiptères, p. 140. Paris.

Burmeister Hermann, 1839, Handbuch der Entomologie, II. Bd., S. 673, 685. Berlin.

Fabricius Joh. Christ., 1775, Systema entomologiae, p. 284.

— 1793, Entomologia systematica, Tom. II, p. 37. Hafniae.

Greeff, 1884, Die Fauna der Guinea-Inseln St. Thomé und Rolas (Sitzungsber. der Gesellsch. zur Beförd. der ges. Naturwissensch., S. 74). Marburg.

De Haan W., 1842, Bijdragen tot de Kennis der Orthoptera (Verhandl. over de natuurlyke Geschiedenis der Nederlandsche overzeesche Bezittingen).

Karsch Ferd., Dr., 1886, Ueber *Eustália foliata* Scudd. (Berliner Entomol. Nachr., XII, S. 145).

— 1886, Eine neue westafrikanische Mecopodide (Berliner Entomol. Nachr., XII, Nr. 20, S. 316).

— 1886, Die Mecopodiden des Berliner zoologischen Museums (Berliner Entomol. Zeitschr., XXX, 1, S. 107, Taf. IV).

24*

Karsch Ferd., Dr., 1888, Das Weibchen des *Corycus Jurinei* Sauss. (Berliner Entomol. Zeitschr., XXXII, 2, S. 415).
— 1888, Prochilide oder Mekopodide? (Berliner Entomol. Zeitschr., XXXII, 2, S. 416, Taf. IV).
— 1888, Zwei neue *Mecopoda*-Arten (Berliner Entomol. Nachr., XIV, Nr. 10, S. 145).
— 1891, Ueber die Orthopterenfamilie der Prochiliden (Berliner Entomol. Nachr., XVII, Nr. 7, S. 97).
— 1891, Uebersicht der von Dr. Paul Preuss auf der Barombi-Station in Kamerun gesammelten Locustodeen (Berliner Entomol. Zeitschr., XXXVI, 2, S. 317, 328, 341).
Kirby Will. F., 1891, Notes on the Orthopterous family *Mecopodidae* (Trans. Entom. Soc. London, III, Octob., p. 405).
Krauss Hermann, Dr., 1890, Beitrag zur Kenntniss westafrikanischer Orthopteren (Spengel's Zoologische Jahrbücher: Abtheil. für System., Geogr. und Biol. d. Thiere, V. Bd., S. 344, Taf. XXX und S. 647).
Linné Charles, v., 1758. Systema naturae, ed. X, Tom. I, p. 429; Tom. II, p. 696.
— 1763, Amoenitates academicae, Tom. VI, p. 396.
— 1764, Museum S. R. M. Ludovicae Ulricae Reginae etc., p. 127. Holmiae.
Lucas, 1887, Bullet. Annal. de la Soc. Entom. de France (5). VII, p. XX.
Pictet Alphonse, 1888, Locustides nouveaux ou peu connus du Musée de Genève (Mém. de la Soc. de Phys. et d'Histoire natur. de Genève, XXX, Nr. 6, p. 13).
Saussure Henri, de, 1861, Orthoptères du Musée de Genève (Annal. de la Soc. Entomol., 4e sér., I, p. 489, Pl. 11, Fig. 4—7).
Scudder Sam. H., 1874—1875, A Century of Orthoptera, Dek. II (Proceedings of the Boston Society of Natural History, Vol. XVII, p. 454; 1879, Vol. XX, p. 95).
Serville Jean Guill. Audinet, 1831, Revue méthodique des Orthoptères (Annales des Sciences naturelles, Tome 22, p. 58).
— 1839, Histoire naturelle des Insectes. Orthoptères. Avec des planches. Paris.
Suellen, siehe Vollenhoven.
Stål Carl, 1873, Orthoptera nova (Oefvers. af Kongl. Svenska Vetensk. Akad. Förhandl., Nr. 4, p. 39). Stockholm.
— 1874, Recensio Orthopterorum, II, p. 21, 47. Stockholm.
— 1877, Orthoptera nova ex Insulis Philippinis (Oefvers. af Kongl. Svenska Vetensk. Akad. Förhandl., Nr. 10, p. 45). Stockholm.
Stoll Caspar, 1787—1815, Représentation exactement colorée d'après nature des Spectres ou Phasmes, des Mantes, des Santerelles, des Grillons, des Criquets et des Blattes, qui se trouvent dans les quatre parties du monde. Amsterdam.
Taschenberg Otto, 1883, Beiträge zur Fauna der Insel Sokotra (Giebel's Zeitschrift für die ges. Naturwissensch. Bd. 56, S. 184).
Thunberg C. P., 1815, Hemipterorum maxillosorum genera illustrata (Mémoires de l'Acad. imp. de St.-Pétersbourg, Tome V, p. 279).

Vollenhoven, Snellen van, 1865, *Macrolyristes*, en nieuw geslacht van Orthoptera (Tijdschr. voor Entomologie, 8. Deel, p. 106, Pl. 7).

Walker Francis, 1869, Catalogue of the Specimens of *Dermaptera, Saltatoria* and Supplement to the *Blattariae* in the Collection of the British Museum, Part. II et III. London.

Warion M. Gust., 1876, Description d'une nouvelle espèce d'Orthoptères. (XII. Bull. de la Soc. d'Hist. nat. de la Moselle, p. 27).

White, 1865, Proceed. of the Royal Physical Society of Edinbourgh, III, p. 309.

Dispositio generum.

1. Fastigium verticis angustum, coniforme, simplex vel leviter sulcatum, nunquam in tuberos duos divisum . . . . (Moristini.)
2. Elytra obliterata. Pronotum spinosum. Femora omnia superne spinosa. Genus australicum (Fig. 1.) . . . . 1. *Phrieta* m.
2 2. Elytra perfecte explicata. Pronotum haud spinosum. Femora superne inermia.
    3. Elytra apicem femorum posticorum haud superantia, venis radialibus tota longitudine distantibus.
    4. Pronotum carinis lateralibus interruptis, dentatis vel tuberculatis. Genera australica.
        5. Lobi geniculares femorum posticorum utrinque bispinosi. Elytra $\circlearrowleft$ apicem femorum posticorum haud attingentia.
                2. *Dasyphleps* Karsch.
        5 5. Lobi geniculares omnes utrinque tantum spina unica vel nulla armati (Fig. 2.) . . . . 3. *Diaphlebus* Karsch.
    4 4. Pronotum carinis lateralibus nullis vel rotundatis, laevibus.
        5. Pronotum postice valde rotundato-productum. Genus africanum.
                4. *Pomatonota* Burm.
        5 5. Pronotum postice haud productum, truncatum. Genera australica.
        6. Pronotum antrorsum angustatum. (Fig. 3.) 5. *Elaeoptera* m.
        6 6. Pronotum retrorsum angustatum . . . 6. *Mossula* Walk.
    3 3. Elytra apicem femorum posticorum plerumque multo superantia, venis radialibus prope basin valde approximatis, apicem versus sensim divergentibus.
    4. Statura modica. Pronotum haud sulcatum. Foramina tibiarum anticarum extus conchata, intus aperta. Metasternum lobis rotundatis, contiguis. Species asiaticae et australicae.
        5. Minor. Caput pronoti longitudine. Tibiae anticae et intermediae superne spinis apicalibus nullis (Fig. 4.) . . 7. *Segestes* Stål.
        5 5. Major. Caput pronoto brevius. Tibiae anticae et intermediae superne in latere postico tantum spina apicali instructae.
                8. *Moristus* Stål.

4 4. *Statura robustissima. Pronotum in medio longitudinaliter sulcatum. Foramina tibiarum anticarum utrinque aperta. Metasternum lobis acuminatis divergentibus. Genus australicum.* (Fig. 5.)

                     9. **Pseudophyllanax** Walk.

1 1. *Fastigium verticis latum, transversum, apice rotundatum vel truncatum, vel per sulcum profundum in tuberos duos divisum.*

   2. *Pronotum nec elongatum nec cucullatum* . . . . *(Mecopodini.)*

     3. *Fastigium verticis apice per sulcum profundum in tuberos duos divisum.*

       4. *Elytra obliterata, squamiformia vel nulla.*

         5. *Pedes longissimi, gracillimi. Femora postica vix incrassata. Genus americanum* (Fig. 6.) . . . 10. **Rhammatopoda** m.

        5 5. *Pedes minus elongati. Femora postica basi distincte incrassata.*

          6. *Femora postica superne spinosa.*

            7. *Pronotum quadriseriatim spinosum. Genus americanum.* (Fig. 7.) . . . . . . 11. **Encentra** m.

           7 7. *Pronotum rugosum, haud spinosum. Genus africanum* (Fig. 8.) . . . . . 12. **Leproscirtus** Karsch.

          6 6. *Femora postica superne inermia. Genus africanum.*

                13. **Apteroscirtus** Karsch.

     4 4. *Elytra perfecte explicata. Genera Sundaica.*

         5. *Pronotum carinis lateralibus bis profunde incisis. Elytra apice rotundata* (Fig. 9.) . . . . 14. **Characta** m.

        5 5. *Pronotum carinis lateralibus dentatis, haud incisis. Elytra apice oblique truncata, acuminata* . 15. **Macrolyristes** Snellen.

 3 3. *Fastigium verticis apice haud in tuberos duos divisum, sed latum transversum, apice rotundatum vel truncatum.*

     4. *Pronotum postice rotundatum vel truncatum, raro obtuse-angulatum. Elytra ♂ normaliter reticulata, haud inflata.*

       5. *Tibiae anticae et posticae superne sulcatae.*

         6. *Femora postica basi parum incrassata.*

           7. *Pronotum carinis lateralibus spinosis. Femora quatuor antica appendiculata. Genus africanum.*

               16. **Acridoxena** White.

          7 7. *Pronotum haud spinosum, carinis lateralibus distinctis. Femora haud appendiculata.*

           8. *Elytra brevia, apicem femorum posticorum haud attingentia. Genus ceylonicum* . . . 17. **Vetralia** Walk.

           8 8. *Elytra elongata, femora postica valde superantia. Genus africanum* . . . . . . 18. **Anoedopoda** Karsch.

       6 6. *Femora postica basi valde incrassata.*

         7. *Pronotum carinis lateralibus distinctis, per sulcos transversos plerumque bis incisis. Elytra venis radialibus a medio divergentibus.*

8. *Elytra abdomen valde superantia. Femora postica valde elongata. Species asiaticae et australicae.*
         19. *Mecopoda* Serv.

8 8. *Elytra abdomen haud superantia. Femora postica abdomen haud superantia. Genus africanum.*
         20. *Pachysmopoda* Karsch.

7 7. *Pronotum carinis lateralibus nullis vel rotundatis. Elytra abbreviata vel venis radialibus contiguis. Genera africana.*

  8. *Elytra perfecta vel abbreviata, venis radialibus tota longitudine contiguis* (Fig. 10.) . 21. *Macroscirtus* Pictet.

8 8. *Elytra alaeque rudimentaria.*
         22. *Gymnoscirtus* Karsch.

5 5. *Tibiae anticae et posticae superne haud sulcatae. Genus australicum* (Fig. 11.) . . . . 23. *Ityocephala* m.

4 4. *Pronotum postice angulatum. Elytra ♂ abnormaliter reticulata, valde inflata. Genus africanum* (Fig. 12.) . 24. *Corycus* Sauss.

2 2. *Pronotum cucullatum, postice valde acuminato-productum, carinis lateralibus dentatis vel crenulatis* .   .   . *(Phyllophorini.)*[1]

I. Moristini.

1. Genus. *Phricta* m. (Fig. 1.)

(φριχτός — horrendus.)

Oculi globosi, prominentes. Antennarum articulus primus extus carinatus, apice dente brevi, intus tuberculo obtuso instructus. Fastigium verticis breve, angustissimum, haud sulcatum, cum fastigio frontis per carinam longitudinalem conjunctum. Frons transversa, plus quam duplo latior quam longior. Pronoti dorsum planum, margine antico rotundato, postico truncato in medio nonnihil emarginato, sulcis 2 transversis tenuibus curvatis, carinis lateralibus interruptis. Prozona et mesozona utrinque spina valida obliqua, serrulata, metazona utrinque spina majore serrulata necnon spinis 2 minoribus armata. Lobi laterales angusti, subtus rotundati, angulo antico tuberculato, margine postico oblique ascendente, sinu humerali nullo. Elytra et alae nullae, plicis tantum indicatae. Segmenta dorsalia abdominis in medio carinata. Prosternum spinis 2 latis, triangularibus, valde remotis. Meso- et metasternum latum, transversum, haud lobatum, foraminibus 2 remotis, per sulcum transversum conjunctis. Pedes pilosi. Coxae anticae spina valida armatae. Femora 4 antica tuberculata,

---

[1] In Bezug auf diese Gruppe verweise ich auf die demnächst erscheinende Monographie von Herrn Dr. H. Dohrn.

Das Genus *Zacatula* Walker (Catal., 1890, III, p. 433) ist mir nur aus der angeführten, mangelhaften Beschreibung bekannt, so dass seine systematische Stellung nicht näher angegeben werden kann.

superne spinis 2—4 seriatis, subtus in margine antico spinis validis 4—5 instructa: femora postica in latere externo rugis nonnullis transrersis, elevatis, superne spinis validis circiter 10 in serie positis, in latere inferiore extus spinis validis 8—10, intus paucioribus et minoribus armata. Lobi geniculares femorum 4 anticorum utrinque longespinosi, femorum posticorum utrinque bispinosi. Tibiae anticae utrinque tympano aperto, superne sulcatae, utrinque spinis 3—4 instructae; tibiae intermediae superne utrinque spinis 4—5, intus majoribus, uti in tibiis anticis apicem versus magnitudine decrescentibus; tibiae posticae superne utrinque dentibus compluribus inter eosque minoribus armatae. Cerci ♂ conici, recti, granulosi et pilosi, apice acuminati. Lamina subgenitalis ♂ parum producta, apice triangulariter excisa, subtus carinata, stylis minimis instructa. ♂.

Diese Gattung ist ausgezeichnet durch die Stacheln auf dem Pronotum und den Schenkeln. Die Vorderflügel erscheinen nur als Läppchen an der Seite der Vorderbrust, die Hinterflügel als kleine Lappen an der Seite des Metanotums, welche nicht abgetrennt sind und deutlich eine fächerförmige Nervatur erkennen lassen.

Species unica.

Phricta spinosa m.

Ferrugineo-testacea. Frons et sterna pallide-testacea. Genae maculis duabus fuscis obliquis. Antennae dilute fusco-annulatae. Pronoti dorsum fortiter nigro- vel fusco-punctatum; lobi laterales margine inferiore late infuscato, nigropunctato. Abdomen segmentis omnibus dorsalibus longitudinaliter nigro- vel fusco-striatis. Pedes omnes dilute fusco-marmorati. Femora postica sulco inferiore basi ferrugineo. ♂.

Long. corporis 19 mm, long. pronoti 5·3 mm, long. femorum posticorum 17·8 mm.

Patria: Queensland (Coll. Brunner).

2. Genus. Dasyphleps Karsch.

Fastigium verticis angustum, acuminatum. Antennae pilosae. Pronotum rugosum, carinis lateralibus acutis, bis incisis; lobi laterales subtus haud angulati. Elytra coriacea, apicem femorum posticorum haud attingentia, apice rotundata, reticulo denso, valde expresso, venis longitudinalibus (excepta vena radiali postica) parum distinctis, venis radialibus a basi valde divergentibus. Alae breves, latae, pellucidae, campo marginali apice obtuso. Prosternum bispinosum; meso- et metasternum bilobatum. Femora postica subtus utrinque spinosa. Lobi geniculares omnes, excepto lobo externo femorum anticorum, utrinque in spinas 2 producti. Foramina tibiarum anticarum utrinque aperta. Lamina subgenitalis ♂ stylis longiusculis, articulatim insertis. Ovipositor angustus, incurvus. ♂, ♀.

Dasyphleps Karsch, 1891, Berliner Entom. Zeitschr., Bd. 36, Heft II, S. 343.
Locusta de Haan, 1842, Bijdragen etc., p. 187, Pl. XVIII, Fig. 13.

Species unica.

Dasyphleps Norae-Guineae de Haan.

Testaceo-flavescens. Elytra viridia, macula basali fusca. Alae albidae. Long. corporis 9'5''', long. ped. post. 2'' 2'''.

Locusta *Norae-Guineae* de Haan, 1842, Bijdragen etc., p. 187.

Dasyphleps Norae-Guineae Karsch, 1891, Berliner Entomol. Zeitschr., Bd. 36, Heft II, S. 343.

Patria: Nova-Guinea (de Haan), Kuschai, Carolinen-Inseln (Karsch).

Diese Art ist mir nur aus den Beschreibungen von Karsch und de Haan bekannt. Eine besondere Auszeichnung bilden die doppelten Dornen an den Gelenklappen der Schenkel.

3. Genus. *Diaphlebus* Karsch. (Fig. 2.)

Fastigium verticis angustum, conicum, antice leviter sulcatum, cum frontis fastigio contiguum. Oculi globosi. Pronoti dorsum rugosum, carinis lateralibus rotundatis, tuberculis vel dentibus conicis obsitis, sulcis 2 transversis profundis, margine antico rotundato, postico truncato; lobi laterales subtus haud angulati, sed truncati, angulo postico rotundato, sinu humerali nullo. Elytra coriacea, dense et irregulariter reticulata, abdomen distincte superantia, venis radialibus a basi tota longitudine distantibus. Alae latae, breves, apice obtusae, pellucidae. Prosternum bispinosum; mesosternum lobis latis triangularibus, apice acuminatis; metasternum lobis apice acuminatis vel obtusis. Femora 4 antica subtus in latere antico tantum, postica utrinque spinosa. Lobi geniculares omnes apice utrinque in spinam producti. Tibiae anticae superne planae vel sulcatae, inermes, foraminibus apertis. Cerci ♂ pilosi, apice incurvi et bimucronati. Lamina subgenitalis ♂ parum producta, apice triangulariter excisa, stylis longiusculis instructa. Ovipositor modice longus, nonnihil incurvus, apice acuminatus.

Diaphlebus Karsch, 1891, l. c., S. 343.

Diese Gattung zeichnet sich aus durch das runzelige, an den Seitenrändern mit Höckern versehene Pronotum.

Dispositio specierum.

1. Elytra unicolora (excepta area anali)   1. *D. birittatus* m.
1 1. Elytra fusco-maculata vel marmorata.

  2. Pronotum postice utrinque angulo laterali nigro-maculato.

                            2. *D. marmoratus* m.

  2 2. Pronotum postice anguste nigro-limbatum.

                            3. *D. breviraginatus* Karsch.

1. *Diaphlebus birittatus* m.

Testaceo-flavescens, unicolor. Antennae pallidae, apicem versus late et dilute fusco-annulatae. Pro-, meso- et metazona pronoti utrinque in tuberem magnum conicum productae; metazona angulis posticis nigro-marginatis. Elytra lanceolata, apice rotundata, area anali fusco-areolata. Lobi meso- et meta-sternales apice acuminati. Pedes pilosi, elongati. Femora 4 antica in latere antico subtus spinis 5—6, postica utrinque spinis compluribus, intus pauciori-bus armata. Coxae anticae spina longa instructae. Tibiae 4 anticae superne sulcatae, anticae superne inermes, intermediae carina posteriore 5-spinosa. ♂.

	♂			♂
Long. corporis	2·7 mm	Long. elytrorum		24 mm
„ pronoti	5·5 „	„ femorum posticorum .	30 „

Patria: *Fidschi-Inseln (Coll. Brunner).*

2. Diaphlebus marmoratus m. (Fig. 2.)

Praecedenti similis. Major, testaceus. Antennae fusco-annulatae. Frons fasciis 2 fuscis, antice convergentibus, postice evanescentibus. Pronoti dorsum ferrugineo-testaceum, fortiter rugosum, angulis posticis late nigro-maculatis, carinis lateralibus tuberis irregulariter obsitis. Elytra dilute fusco-marmorata, basi macula fusca ornata. Lobi metasternales apice obtusi vel leviter tuber-culati. Femora omnia in medio et ante apicem leviter et dilute fusco- vel griseo-annulata; femora 4 antica subtus in latere antico spinis 4—6, basi fusco-cinctis instructa; femora postica utrinque spinis compluribus apice nigris, basi fusco-cinctis, intus rarioribus armata. Tibiae anticae superne planiusculae, extus interdum spinula unica subapicali instructae; tibiae intermediae superne distincte sulcatae, carina posteriore spinis circiter 5, basi fusco-cinctis instructae. Lamina subgenitalis ♀ lata, rotundato-truncata, in medio carinata. Ovipositor apice ferrugineus. ♀.

	♀			♀
Long. corporis	30 mm	Long. femorum posticorum	28·8 mm
„ pronoti .	6·6 „	„ ovipositoris	. 19·5 „
„ elytrorum	34 „		

Patria: *Fidschi-Inseln (Coll. Brunner).*

3. Diaphlebus brevivaginatus Karsch.

Sordide flavescens, pronoto postice nigro-limbato, elytris dense reticulatis, cellulis nonnullis nigris, antennis fusco-annulatis, spinis pedum apice nigris, dorso pronoti ruguloso, sulcis transversis profundis instructo, marginibus laterali-bus profunde incisis. ♀.

	♀			♀
Long. corporis	35 mm	Long. femorum posticorum	32·5 mm
„ pronoti .	7·2 „	„ ovipositoris	. 20 „
„ elytrorum	37 „		

Diaphlebus brevivaginatus Karsch, 1891, Berliner Entomol. Zeitschr., Bd. 36, Heft II, S. 343.

Patria: *Fidschi-Inseln (Karsch).*

Diese mir nur aus der Beschreibung von Karsch bekannte Art scheint der vorigen sehr nahe zu stehen.

4. Genus. *Pomatonota* Burm.

Fastigium verticis angustum, obtusum, superne sulcatum, cum fastigio frontis haud contiguum. Antennae longissimae. Oculi valde prominentes. Pronotum laeve, postice valde productum, rotundatum, leviter convexum; lobi laterales rotundato-inserti, margine inferiore rotundato, margine postico oblique ascendente, sinu humerali nullo. Elytra coriacea, lata, nitida, dense reticulata, venis radialibus haud contiguis, apice late rotundata, abdomen distincte superantia. Alae breves, angustae. Prosternum utrinque in tuberculum vel dentem brevissimum productum. Lobi meso- et metasternales late triangulares, divergentes, apice acuminati. Femora 4 antica inermia, postica subtus utrinque spinis compluribus. Lobi geniculares omnes spinosi. Tibiae anticae superne planae, extus spinis 3—4, intus nullis, intermediae superne extus spinis 2, intus 4 armatae. Lamina subgenitalis ♀ apice triangulariter emarginata. Ovipositor latus, valde incurvus, apice acuminatus.

Pomatonota Burmeister, 1839, Handbuch der Entomol., II, S. 683.
Pomatonota Karsch, 1891. Berliner Entom. Zeitschr., Bd. 36, Heft II. S.344.
Stilpnothorax Pictet, 1888, Locustides nouveaux etc., p. 5, Pl. I, Fig. 1.

Species unica.

Pomatonota Dregii Burm.

Nitida, viridis vel flavo-testacea, angulo humerali elytrorum albido vel sulfureo, intus saepe nigro-marginato. Ovipositor fuscus. ♀.

	♀		♀
Long. corporis	25—30 mm	Long. femorum postic.	29—30 mm
„ pronoti	16—18 „	„ ovipositoris	13—15 „
„ elytrorum	26—30 „		

Pomatonota Dregii Burm., 1839, l. c., S. 684.
Stilpnothorax loricatus Pictet, 1888, l. c., p. 6.
Patria: Cap (Pictet), Port Natal (Burm., Coll. Brunner).

5. Genus. *Elaeoptera* m. (Fig. 3.)

(ἔλαιος — oleaster; πτερόν — ala.)

Antennae longissimae. Fastigium verticis angustum, conicum, apice superne leviter sulcatum, cum fastigio frontis per carinam longitudinalem conjunctum. Pronoti dorsum margine antico rotundato, postico truncato, sulcis 2 transversis distinctis, carinis lateralibus obsoletis vel nullis; lobi laterales angulo antico et postico rotundato, sinu humerali submullo. Elytra coriacea, lanceolata, apice plus minusve acuminata, dense reticulata, vena radiali postica valde elevata, ceteris subobsoletis, indistinctis, venis radialibus basi remotis, a medio sensim approximatis. Alae elytris parum breviores, pellucidae. Prosternum spinis 2 longis, subcontiguis; lobi meso- et metasternales triangulares,

25*

apice in spinam producti. Femora 4 antica subtus in latere antico tantum, postica utrinque spinosa. Lobi geniculares omnes in spinam longiorem vel breviorem producti. Tibiae 4 anticae superne planae vel sulcatae, anticae inermes vel extus spinula unica subbasali armatae, intermediae postice superne spinulis 3—4 subbasalibus instructae. Cerci ♂ pilosi, apice valde incurvi et mucronati. Lamina subgenitalis ♂ parum producta, apice triangulariter excisa, stylis longiusculis, gracilibus instructa. Lamina subgenitalis ♀ rotundata, apice nonnihil incisa, in medio carinata. Ovipositor leviter incurvus, sensim acuminatus.

Ausgezeichnet durch die schmalen, lederartigen, lanzettförmigen Deckflügel deren hintere Radialader auffallend stark vorspringt, während die übrigen Längsadern mehr weniger undeutlich sind.

Dispositio specierum.

1. *Statura parva. Viridis, nitida. Elytra abdomen vix superantia.*

                                                 1. *E. nitida* m.

1 1. *Statura majore. Testaceo-flavescens, haud nitida. Elytra abdomen distincte superantia* . . . . 2. *E. lineata* m.

1. *Elaeoptera nitida* m.

Statura parva. Viridis, nitida. Pronotum haud rugosum, indistincte punctatum, nitidum. Elytra angusta, margine postico (superiore) parum curvato, vena radiali postica modice prominula, campo anali et margine postico nigro et albido-signato. Pedes brevipilosi. Femora 4 antica in latere anteriore spinulis nonnullis, postica utrinque compluribus fuscis armata. Tibiae anticae superne inermes, tota longitudine sulcatae. Genitalia in exemplo nostro desunt. ♂.

Long. corporis   ♂ 14·6 *mm*   Long. femorum posticorum   ♂ 18 *mm*
   „   pronoti .   . . . . 3 „   „   elytrorum   .   10·8 „
     Patria: *Viti Levu, Fidschi-Inseln (Coll. Brunner).*

2. *Elaeoptera lineata* m. (Fig. 3.)

Praecedente major. Testaceo-flavescens, parum nitida. Pronotum distincte rugosum. Elytra in ♂ subpellucida, venis radialibus basi sulfureis, in ♀ opaca, margine inferiore subrecto, margine posteriore (superiore) rotundato, vena radiali postica valde prominula, spatio interradiali plus minusve albido-testaceo; margo posticus elytrorum in utroque sexu punctis nigris, in seriem rectam positis, partim confluentibus, signatus. Pedes glabri, vel subtilissime pilosi. Femora 4 anteriora antice subtus spinulis 5—6 fusco-nigris, antica subtus interdum nonnihil infuscata; femora postica utrinque spinis compluribus fuscis, geniculis leviter infuscatis. Tibiae anticae superne leviter deplanatae, extus spinula subbasali armatae. Ovipositor pallidus. ♂, ♀.

Long. corporis   .   ♂ 16—17   ♀ 22 *mm*   Long. femorum postic. ♂ 23 ♀ 26 *mm*
   „   pronoti   .   2·8   4·8 „   „   ovipositoris .   —   14·5 „
   „   elytrorum   14·7   21·7 „
     Patria: *Viti Levu, Fidschi-Inseln (Coll. Brunner).*

6. Genus. *Mossula* Walker.

Corpus gracile. Fastigium verticis parvum, porrectum, rotundatum. Oculi valde globosi. Prothorax postice angustior, sulcis 2 transversis, secundo arcuato, margine antico rotundato, lateribus subrotundatis, margine postico recto. Pedes graciles. Femora 4 antica in margine antico tantum, postica utrinque spinosa. Tibiae 4 anticae superne inermes. Elytra confertissime reticulata, abdomen nonnihil superantia. Ovipositor nonnihil incurrens, abdomine paullo brevior.

Mossula Walker. 1869, Catalogue etc., II, p. 288.

Diese Gattung, welche durch das hinten verengte Pronotum auffällt, ist mir nur aus Walker's Beschreibung bekannt und scheint dem vorigen Genus nahezustehen.

Dispositio specierum.

1. *Vertex et pronotum nigrovittatum*　　　　　1. *M. ritticollis* Walker.
1 1. *Unicolor, haud nigrovittata*　　.　　　　2. *M. Salomonis* Kirby.

1. *Mossula ritticollis* Walker.

Fulva. Vertex et pronoti dorsum nigro-vittatum. Caput testaceum, lituris 2 prope antennas sitis punctisque 4 frontis nigris. Antennae piceae, basi fulvae. Prothorax nigromarginatus, maculis 2 discoidalibus sulcisque nigricantibus. Elytra testaceo-venosa. Alae cinereae. Abdominis segmenta fusco-marginata. ♂, ♀.

Long. corporis 21—24''', expans. elytr. 42—52'''.

Mossula ritticollis Walker; 1869, l. c., p. 288.

Patria: ?

2. *Mossula Salomonis* Kirby.

Robusta, fulva. Frons albidovariegata. Antennae apice et latere inferiore saltem articuli secundi nigrae. Vertex concavus, antice fastigio brevi coniformi. Elytra corporis longitudine, subparallela, apice rotundata, testacea, basi leviter nigromaculata. Alae semicirculares, fusco-hyalinae, elytris paullo breviores. Femora antica intus spinis 6, intermedia extus spinis 6—7, postica utrinque spinis 8—13. Cerci ♂ breves. Lamina subgenitalis ♂ lobis 2 longis, pilosis. Ovipositor fere corporis longitudine, parum incurvus. ♂, ♀.

	♂	♀		♂	♀
Long. corporis .	45	50—60 mm	Long. fem. post.	42	44—50 mm
„ elytrorum .	41	52—60 „	„ ovipositoris		37—39 „

Mossula Salomonis Kirby, 1891, Trans. Ent. Soc. London, III, p. 111, Octob.

Patria: Salomons-Inseln (Kirby).

7. Genus. *Segestes* Stål. (Fig. 4.)

Generi Moristo Stål maxime affinis. Statura graciliore. Fastigium verticis conicum, acuminatum, superne leviter sulcatum. Pronotum teres, ru-

gosum, margine antico rotundato, carina mediana longitudinali subtilissima; lobi laterales haud altiores quam lati, subtus rotundati, sinu humerali parum profundo. Elytra longa, angusta, subparallela, venis radialibus contiguis, ramo radiali pone medium vel prope apicem emisso. Alae fere in medio latissimae. Prosternum bispinosum. Meso- et Metasternum planum; ille lobis rotundatis, divergentibus, hoc lobis obtusis, contiguis. Femora antica subtus in latere antico tantum spinulis 0—4, intermedia inermia vel spinulis 1—2, postica utrinque spinis compluribus armata. Lobi geniculares femorum 4 anteriorum apice in spinam brevissimam, femorum posticorum in spinam longiorem producti. Tibiae 4 anticae superne spinis apicalibus nullis; anticae superne sulcatae, inermes, tympano extus conchato, intus aperto; tibiae intermediae superne intus spinulis nonnullis, Cerci ♂ graciles, pilosi, apice incurvi et acuminati, apice ipso mucronati. Lamina subgenitalis ♂ valde elongata, angusta, pilosa, apice triangulariter excisa, stylis brevissimis vel nullis. Lamina subgenitalis ♀ apice incisa vel emarginata. Ovipositor subrectus, sensim acuminatus, levissime incurvus.

Segestes Stål, 1877, Orthoptera nova ex Insulis Philippinis (Oefvers. af Kongl. Svenska Vetensk. Akad. Förhandl., Nr. 10, p. 45).

Diese Gattung hat ganz den Habitus von *Moristus*, unterscheidet sich jedoch scharf durch den vollständigen Mangel der Enddornen an den Vorder- und Mittelschienen.

Von den vier ersten Arten ist mir nur je ein Stück bekannt, so dass die Abgrenzung derselben nicht völlig sicher ist.

Dispositio specierum.

1. *Femora postica subtus basi infuscata.*
  2. *Femora postica spinis apice tantum fuscis.*   1. *S. vittaticeps* Stål.
  22. *Femora postica spinis totis fuscis, basi fusco-cinctis.*
                                                  2. *S. punctipes* m.
11. *Femora postica subtus basi haud infuscata, vel tota fusca.*
  2. *Femora postica concolora.*
    3. *Colore flavescente* . .   3. *S. unicolor* m.
    33. *Colore fusco* . . . .   4. *S. fuscus* m.
  22. *Femora postica subtus cinnabarina vel aurantiaca.* 5. *S. decoratus* m.

1. Segestes vittaticeps Stål.

Viridis, olivaceo-virescens vel flavescens. Occiput interdum vitta partim obliterata nigra. Pronotum rugoso-punctatum, lobo postico brevissimo. Elytra angusta, ramo radiali primo multo pone medium, secundo ante apicem ipsum emisso. Alae sordide ulbicante-pellucidae. Pedes pilosi. Femora antica intus spinula unica, intermedia inermia, postica subtus dimidia parte basali fusca, utrinque spinis compluribus fuscis, basi pallidis. Tibiae intermediae superne intus spinulis compluribus (5—7). Lamina subgenitalis ♂ stylis nullis instructa. ♂, ♀.

♂			♂
Long. corporis	. 30 mm	*Long. femorum posticorum*	25 mm
„ *pronoti*	4·8 „	„ *corporis cum elytr.* ♀	53 „
„ *elytrorum*	34 „		

Segestes vittaticeps Stål, Orthoptera nova ex Insulis Philippinis (Oefvers. af Kongl. Svenska Vetensk. Akad. Förhandl., Nr. 10, p. 45).

Patria: Philippinen (Stål, Coll. Brunner).

2. Segestes punctipes m.

Flavescens, praecedenti simillimus. Elytra ramo radiali unico ante apicem ipsum emisso. Pedes parce pilosi. Femora 4 antica subtus inermia, postica subtus basi infuscata, apicem versus utrinque spinis fuscis, basi fusco-cinctis armata, ante apicem ipsum area geniculari nigra ornata. Tibiae intermediae superne intus spinulis 2 subapicalibus instructae. Lamina subgenitalis ♀ triangularis, elongata, acuminata, apice incisa, lobis angustis acuminatis. Oripositor leriter incurvus. ♀.

♀			♀
Long. corporis	. 38 mm	*Long. femorum posticorum*	33 mm
„ *pronoti* .	. 6·7 „	„ *oripositoris* .	. 26 „
„ *elytrorum* . . .	40 „		

Patria: Philippinen (Coll. Brunner).

3. Segestes unicolor m.

Praecedenti simillimus, flavescens. Elytra ramis radialibus tribus, primo paullo pone medium emisso. Antennae remote et dilute fusco-annulatae. Femora antica subtus in latere interno spinis 3—4, intermedia extus spinulis 1—2, postica subtus unicolora, spinis utrinque compluribus, apice tantum fuscis. Tibiae intermediae superne intus spinulis 2—3 instructae. Lamina subgenitalis ♀ brevis, apice rotundato-truncata, in medio vi.c incisa. Oripositor rectus. ♀.

♀			♀
Long. corporis	39 mm	*Long. femorum posticorum*	29·5 mm
„ *pronoti* .	6·7 „	„ *oripositoris*	27 „
„ *elytrorum*	49 „		

Patria: Pelew-Insel (Coll. Brunner).

4. Segestes fuscus m.

Praecedentibus simillimus. Fusca, unicolor. Antennae fusco-nigrae, basi pallidiores. Frons cum ventre pedibusque colore pallidiore, testaceo. Elytra ramis radialibus duobus, primo multo pone medium emisso. Alae griseae. Pedes parce pilosi. Femora antica subtus in latere interno spinulis 3, intermedia inermia, postica utrinque spinis compluribus nigris. Tibiae intermediae superne spinis 6 instructae. Lamina subgenitalis ♀ ovalis, apice triangulariter excisa, lobis apice rotundatis. Oripositor rectus, sensim acuminatus, fuscus. ♀.

	♀		♀
Long. corporis	45 mm	*Long. femorum posticorum*	33 mm
„ *pronoti* . . .	6.2 „	„ *oripositoris* .	. 23 „
„ *elytrorum*	50 „		

Patria: Philippinen (k. k. Hofmuseum Wien).

5. Segestes decoratus m. (Fig. 4.)

Statura majore. Viridi-flavescens vel olivaceus, antennis, ventre pedibusque flavescentibus. Palpi aurantiaci. Pronotum rugosum, margine inferiore loborum lateralium, interdum linea quoque intermedia dorsali croceis. Elytra area anali necnon margine postico lacte viridi vel citrino, ramis radialibus 2 ante apicem emissis. Pleurae meso- et metathoracis crocco-rugosae. Pedes parce pilosi. Femora 4 anteriora antice spinulis 2, postica subtus aurantiaca vel cinnabarina, geniculis interdum nonnihil infuscatis. Tibiae intermediae superne intus spinulis compluribus. Lobi geniculares femorum posticorum spina majore fusco-nigra necnon 1—2 minoribus instructi. Lamina subgenitalis ♂ stylis brevissimis. Lamina subgenitalis ♀ longitudinaliter sulcata, apice nonnihil emarginata. Ovipositor rectus, apicem versus ferrugineus. ♂, ♀.

	♂	♀		♂	♀
Long. corporis .	52	55 mm	*Long. femorum postic.*	37	42 mm
„ *pronoti*	7.5	8.3 „	„ *oripositoris*	—	34 „
„ *elytrorum* .	59.5	69.5 „			

Patria: Neu-Guinea (Coll. Brunner).

8. Genus. Moristus Stål.

Generi praecedenti similis. Statura multo robustiore. Fastigium verticis angustum, acuminatum, superne sulcatum. Pronotum leviter rugosum, margine antico rotundato, postico truncato, carinis lateralibus nullis; lobi laterales altiores quam lati, margine infero angulato, sinu humerali distincto. Elytra longa, in medio latiora, apice rotundata, venis radialibus basi contiguis, a medio sensim divergentibus, ramo radiali in medio emisso, campo anali in ♂ convexo, inflato. Prosternum bispinosum. Meso- et metasternum planum; ille lobis apice tuberculatis, divergentibus, hoc lobis obtusis, contiguis. Femora 4 antica in latere anteriore subtus spinulis 1—3, postica utrinque spinis compluribus armata. Lobi geniculares femorum 4 anticorum apice spinula brevissima vel subobsoleta, femorum posticorum spina longiore instructi. Tibiae 4 anticae in latere posteriore tantum superne spina apicali armatae; anticae superne sulcatae, inermes, tympano extus conchato, intus aperto; tibiae intermediae superne intus spinis compluribus parvis. Cerci ♂ valde incurvi, sensim acuminati, apice ipso mucronati. Lamina subgenitalis ♂ valde elongata, apice profunde excisa, stylis minimis instructa. Ovipositor subrectus, sensim acuminatus.

Moristus Stål, 1873, Orthoptera nova (Oefvers. af Kongl. Svenska Vetensk. Akad. Förhandl., Nr. 4. p. 47).

Moristus Stål, 1874, Recensio Orthopterorum, II, p. 67, 95.
Moristus Karsch. 1891, Berliner Entomol. Zeitschr., Bd. 36, Heft II, S. 343.

Diese Gattung ist, wie die vorhergehende, durch das aussen nur halb, innen ganz offene Tympanum der Vorderschienen ausgezeichnet, unterscheidet sich jedoch von letzterer durch die abweichende Bildung der Enddornen an den vier Vorderschienen.

Dispositio specierum.

1. *Minor, gracilior. Meso- et metasternum parum latius quam longum.*
   1. *M.* nubilus Stål.
1 1. *Major, robustior. Meso- et metasternum transversum, multo latius quam longum* . . . . 2. *M.* coriaceus L.

1. *Moristus nubilus* Stäl.

Minor. Fusco-griseus vel fusco-testaceus. Elytra latiora, maculis obsoletis fuscis nebulosa. Alae angustiores et longiores. Meso- et metasternum parum latius quam longum. Lamina subgenitalis ♂ angustior. Lamina subgenitalis ♀ apice vix excisa. Oripositor apicem elytrorum haud superans, leviter sed distincte incurvus. ♂, ♀.

Long.		♂	♀	
	corporis	55 —60	50 —70	mm
„	pronoti .	8·8—10	8·8—10·5	„
„	elytrorum . . .	73 —80	77 —86	„
„	femorum posticorum .	40 —45	40 —48	„
„	oripositoris . .	—	31 —43	„

Moristus nubilus Stål. 1874. Recensio Orthopterorum. p. 96.

Patria: Molukken, Aru- und Key-Inseln (Coll. Brunner), Java (k. k. Hofmuseum Wien).

2. *Moristus coriaceus* L.

Praecedente robustior. Viridis vel fusco-testaceus, capite, ventre pedibusque saepe flavescentibus. Elytra immaculata, vel dilute pallide nebulosa. Alae breviores. Meso- et metasternum transversum, multo latius quam longum. Lamina subgenitalis ♂ latior. Lamina subgenitalis ♀ apice distincte triangulariter emarginata. Oripositor longior, fere rectus, apicem elytrorum valde superans. ♂, ♀.

Long.		♂	♀	
	corporis	60—65	76 —80	mm
„	pronoti	10—11	11·5—12·5	„
„	elytrorum . . .	80	82 —86	„
„	femorum posticorum .	45	50 —51	„
„	oripositoris . . .	—	46 —50	„

Gryllus coriaceus Linné, 1758, Systema naturae, ed. X, 1, p. 430.
Gryllus coriaceus Linné, 1764, Mus. S. R. M. Lud. Ulr. Reg. etc., p. 136.
Gryllus coriaceus Stoll, 1815, Répresentation etc., Pl. X a, Fig. 39, 40.
Moristus coriaceus Stål, 1874, Recensio Orthopterorum, p. 95.
Patria: Molukken, Amboina (Coll. Brunner, k. k. Hofmuseum Wien).

9. Genus. *Pseudophyllanax* Walker. (Fig. 5.)

Statura robustissima. Fastigium verticis conicum, apice leviter sulcatum, obtusum. Genae utrinque carina longitudinali obtusa. Pronoti dorsum teres, in medio obtuse longitudinaliter sulcatum, sulco utrinque carina longitudinali rugoso-granulata incluso, superea sulcis 2 transversis distinctis, mesozona leviter rugosa, margine antico pronoti rotundato, postico truncato, in medio nonnihil emarginato, angulis lateralibus punctatis; lobi laterales altiores quam lati, margine infero obtusangulo, angulo antico in dentem producto, sinu humerali parum profundo. Elytra lata, abdomen valde superantia, apice latissima, rotundata, venis radialibus contiguis, ramo radiali prope medium emisso, vena ulnari antice ramos 2 subparallelos emittente, ramo primo (vena discoidali) usque ad apicem, ramo secundo (vena ulnari) in marginem posticum perducto. Alae latissimae, pellucidae, antice coriaceae, virescentes. Prosternum bispinosum. Meso- et metasternum latissimum, transversum, postice in lobos 2 late triangulares, divergentes productum. Femora 4 antica superne nodulosa, subtus in latere antico tantum spinis 1—2 armata; femora postica superne leviter nodulosa, subtus utrinque spinosa. Lobi geniculares omnes apice in spinas 2—3 producti, lobo externo tantum femorum anticorum unispinoso. Tibiae omnes superne spinis apicalibus 2 instructae; anticae superne planae, inermes, tympano utrinque aperto; tibiae intermediae superne intus spina unica subbasali armatae. Lamina subgenitalis ♂ valde elongata, apice profunde triangulariter excisa, lobis angustis, acuminatis, apice stylis minimis instructa. Cerci ♂ crassi, apice valde incurvi, apice ipso bimucronati. Lamina subgenitalis ♀ triangularis, apice triangulariter excisa. Ovipositor rectus, basi incrassatus, apicem versus sensim angustatus et acuminatus.

Pseudophyllanax Walker. 1869, Catalogue etc., II, p. 398.

Platyphyllum Warion, 1876, Description d'une nouvelle espèce d'Orthoptères.

Diese Gattung zeichnet sich aus durch die gewaltige Körpergrösse, sowie durch die breiten Vorderflügel, deren Ulnarader in zwei lange parallele Aeste ausläuft, deren vorderer bis zur Flügelspitze zieht, während der hintere vor derselben in den Hinterrand mündet.

Species unica.

Pseudophyllanax insularis Walker.

Viridis vel ferrugineo-flavescens, capite, ventre pedibusque saepe pallidioribus. Elytra campo discoidali huc illuc maculis varicosis obsito, campo tympanali in ♂ intus valde dilatato. Ovipositor ferrugineus. ♂, ♀.

		♂	♀	
Long. corporis	. .	62	68 — 85	mm
„ pronoti	.	10·5	16·8 — 19	„
„ · elytrorum	. . . .	61	100 —105	„
. femorum posticorum		34·5	48 — 51	„
„ ovipositoris	.	—	43 — 44	„

Pseudophyllanax insularis Walker, 1869, Catalogue etc., II, p. 398.
Platyphyllum giganteum Warion, 1876, Description d'une nouvelle espèce
d'Orthoptères, p. 27, Fig. ♀.
Platyphyllum giganteum Lucas, 1877, Bull. Annal. de la Soc. Entom. de
France (5), VII, p. XX.

*Patria: Neu-Caledonien (Coll. Brunner, k. k. Hofmuseum Wien), Isle of
Pines (Walker, Warion).*

Die Art lebt auf Cocospalmen (*Cocos nucifera* L.), deren Blätter sie mit
Begierde verzehrt.

II. Mecopodini.

10. Genus. *Rhammatopoda* m. (Fig. 6.)

(ῥάμμα — filum; πούς — pes.)

*Statura gracili. Antennae longissimae. Fastigium verticis articulo primo
antennarum haud latius, apice per sulcum longitudinalem in tuberos 2 divisum,
subtus per carinam longitudinalem cum fastigio frontis conjunctum. Pronoti
dorsum teres, rugosum, margine antico rotundato et in medio tuberculato,
margine postico truncato, sulcis 2 transversis distinctis, mesozona utrinque
tuberculis ultioribus 2, metazona utrinque tuberculo unico instructis; lobi laterales margine infero truncato, angulo antico et postico truncato, sinu humerali
nullo. Prosternum bispinosum. Meso- et metasternum utrinque in spinam
erectam productum. Pro- et mesothorax utrinque supra coxas in tuberculum
conicum productus. Coxae anticae superne in spinam, coxae 4 posticae subtus
in tuberculum acuminatum productae. Elytra alaeque nullae. Pedes longissimi,
gracillimi. Lobi geniculares femorum omnium in spinam producti. Femora
antica subtus utrinque, intermedia extus tantam spinosa. Tibiae anticae superne
sulcatae, utrinque spinulis 4 instructae, foraminibus utrinque apertis; tibiae
intermediae superne sulcatae, utrinque spinulis nonnullis armatae. Femora
postica valde elongata, basi vix incrassata, dimidia parte basali superne obtuse
tuberculata, subtus utrinque spinis compluribus. Cerci ♂ valde incurvi, apice
mucronati. Lamina subgenitalis ♂ elongata, apice valde et profunde excisa,
lobis angustis, acuminatis, apice extus oblique truncatis, illueque stylis minimis
instructa, propterea quasi bifida.*

Die langen, dünnen Beine, welche diese Gattung auszeichnen, geben dem
Thiere ein fast spinnenartiges Aussehen; eigenthümlich sind ferner die zapfen-
förmigen Fortsätze an den Seiten der Vorder- und Mittelbrust.

Species unica.

Rhammatopoda opilionoides m.

*Viridis. Antennae ferrugineae, basi flavae, apicem versus fuscae. Abdomen
ferrugineo-flavescens, segmentis omnibus ante apicem dilute fusco-limbatis. Venter*

26*

flavescens. Femora omnia subtus infuscata, spinis pallidis armata, apice cum basi tibiarum flava. Spinae tibiarum omnes fuscae. ♂.

	♂			♂
Long. corporis	. . 13 mm	Long. femorum anticorum	16·4 mm
„ pronoti .	. . . . 2·9 „	„ · „ posticorum	27·5 „

Patria: Peru (Coll. Brunner).

11. Genus. *Encentra* m. (Fig. 7.)

(ἔγκεντρος — spinosus.)

Fastigium verticis declivum, articulo primo antennarum nonnihil augustius, per sulcum longitudinalem in tuberculos 2 divisum, antice per carinam obliquam longitudinalem cum fastigio frontis conjunctum. Pronoti dorsum teres, rugosum, sulcis 2 transversis profundis; prozona margine antico rotundato, in tuberculos 3 elevatos producto, meso- et metazona spinis 4 erectis, seriem transversam curvatam formantibus instructis, margine postico rotundato-truncato, in medio tuberculato. Elytra et alae nullae. Prosternum bispinosum; meso- et metasternum utrinque in spinam elevatam productum. Prothorax utrinque supra coxas anticas spina instructus. Pedes 4 antici in exemplo nostro desunt. Coxae omnes subtus in tuberculum productae, anticae superne dente vel spina incurva instructae. Pedes postici valde elongati; femora postica basi distincte incrassata, lobis genicularibus utrinque unispinosis, superne spinis vel dentibus validis, incurris, in series tres dispositis, subtus utrinque spinis compluribus validis instructa. Lamina subgenitalis ♀ triangularis, acuminata, carinata. Ovipositor latus, sensim incurvus et acuminatus. ♀.

Diese Gattung ist ausgezeichnet durch die Dornen auf dem Pronotum und auf der Oberseite der Hinterschenkel.

Species unica.

Encentra longipes m.

Ferrugineo- vel testaceo-flavescens. Spinae femorum posticorum basi dilute fusco-circumdatae. Ovipositor virescens, basi fuscescens. ♀.

	♀			♀
Long. corporis	15·5 mm	Long. femorum postic.	28·7 mm
„ pronoti .	. . . 4 „	„ ovipositoris	13 „

Patria: Medellin (Coll. Brunner).

12. Genus. *Leproscirtus* Karsch. (Fig. 8.)

Fastigium verticis articulo primo antennarum multo latius, apice obtusum et leviter transverse carinatum, per sulcum longitudinalem in tuberos 2 laterales divisum, cum fastigio frontis contiguum. Corpus omnino scabrum, dense granulatum. Pronoti dorsum teres, margine antico rotundato, postico truncato, sulcis 2 transcersis, carinis lateralibus nullis rel postice tantum lecissime indicatis; lobi laterales pronoti subtus late truncati, angulo antico recto, postico rotundato, sinu humerali nullo. Elytra alacque squamiformia; elytrum sinistrum ♂ inflatum, coriaceum, fortiter rugoso-punctatum, ♀ parvum, squamiforme, saepe obliteratum. Prosternum bispinosum, spinis valde remotis. Meso- et metasternum transversum, leviter lobatum, lobis lateralibus postice leviter coniro-productis. Abdomen compressum, dorso carinato, serrato-dentato. Coxae anticae superne spina armatae. Femora 4 antica subtus lerissime serrulata; femora postica dense granulata, basi valde incrassata, superne uniseriatim spinosa, subtus utrinque spinosa. Tibiae anticae superne sulcatae, inermes, foraminibus utrinque apertis; tibiae intermediae superne intus spinulis perpaucis, subobliteratis. Lobi geniculares interni femorum 4 posticorum spina longiore instructi, ceteri inermes. Lamina subgenitalis ♂ apice late emarginata et in medio triangulariter incisa, utrinque stylo minimo instructa. Cerci ♂ breves, apice valde incurvi, apice ipso bimucronato. Ovipositor laevis, parum incurvus, apicem versus sensim acuminatus et angustatus.

Leproscirtus Karsch, 1891, Berliner Entomol. Zeitschr., Bd. 36, Heft II, S. 328 und 344.

Euthypoda Karsch, olim.

Der kammförmig gezackte Hinterleib, die fast kreisrunden derben Oberflügel und die Dornen auf der Oberseite der Hinterschenkel lassen diese Gattung leicht erkennen.

Species unica.

Leproscirtus granulosus Karsch.

Fusco-griseus vel fusco-testaceus. Frons, genae, clypeus, margo inferior loborum lateralium pronoti necnon plenrae mesothoracis flavae et nitidae. Tibiae posticae ferrugineae. ♂, ♀.

	♂	♀			♂	♀
Long. corporis .	24	31 mm	Long. femorum post.	23	26.8 mm
„ pronoti .	5	6 „	„ ovipositoris	—	15 „
„ elytrorum . .	7	0—2 „			

Leproscirtus granulosus Karsch, 1891, l. c., S. 329, Fig. 3—4.

Euthypoda granulosa Karsch, 1886, Berliner Entom. Nachr., XII, S. 316.

Euthypoda granulosa Karsch, 1888, ibid., XIV, S. 147.

Patria: Westafrika, Kuako bis Kimpoko (Karsch), Gaboon (Coll. Brunner).

13. Genus. *Apteroscirtus* Karsch.

Corpus subteres, glaberrimum, laevissimum, nitidum, densius impresso-punctatum, segmentis abdominalibus dorso carinula longitudinali laevigato instructis. Fastigium verticis convexum, antice truncatum, articulo primo antennarum latius, per sulcum longitudinalem in tuberos 2 laterales dirisum, a fastigio frontis sulco transverso, lato, profundo dirisum. Pronotum teres convexum, postice truncatum; lobi laterales margine inferiore rotundato, angulo antico et postico rotundato, sinu humerali nullo. Prosternum spinis 2 valde distantibus; meso- et metasternum transversum, leviter lobatum, lobis lateralibus rotundatis. Elytra ♂ pronoto subaequilonga vel nulla, ♀ cornea, lobiformia, minima vel nulla. Pedes longi, graciliores. Femora 4 antica subtus inermia, postica basi valde incrassata, subtus utrinque spinis raris vel subnullis. Lobi genienlares interni femorum 4 posteriorum apice spina brevi incurva instructi, ceteri inermes. Tibiae 4 anticae superne inermes vel raro-spinulosae, posticae superne tertia parte basali inermes, dehinc spinis compluribus sat validis armatae. Cerci ♂ breves, parum incurri; lamina subgenitalis ♂ apice fissa, stylis nullis. Ovipositor pronoto duplo longior, parum incurvus, laevissimus, apice acutus, valvulis inferioribus subtus apicem versus serrulatis.

Apteroscirtus Karsch, 1891, Berliner Entomol. Zeitschr., Bd. 36 Heft II, S. 330 und 345.

Euthypoda Karsch olim.

Diese Gattung ist mir nur aus der Abbildung und Beschreibung von Karsch bekannt.

Dispositio specierum.

1. Elytra et alae subnullae. Femora postica subtus in latere interno inermia.
                        1. *A. inalatus* Karsch.

1 1. Elytra et alae nullae. Femora postica utrinque spinulosa.
                        2. *A. denudatus* Karsch.

1. *Apteroscirtus inalatus* Karsch.

Luteo-fuscus, nitidus. Elytra abbreviata, in ♂ pronoti longitudinem subaequantia, rotundata, in ♀ brevissima. Alae subnullae. Pedes longiores. Femora postica valde incrassata, subtus in latere externo tantum spina unica subapicali instructa. ♂, ♀.

	♂	♀		♂	♀
Long. abdom.	13	19 mm	Long. femorum post.	31	35·5 mm
„ pronoti	6	7·5 „	„ ovipositoris	—	27 „
„ elytrorum . .	6	4 „			

Apteroscirtus inalatus Karsch, 1891, l. c., S. 342.

Euthypoda inalata Karsch, 1886, l. c., Bd. 30, S. 117.

Patria: *Westafrika, Cinchoxo, Kuako bis Kimpoko (Karsch).*

2. *Apteroscirtus denudatus* Karsch.

Fusco-testaceus, flavovariegatus. Elytra alaeque nullae. Femora postica subtus in margine exteriore spinis 4—5, interiore spinis 2—3 armata. Tibiae anticae annulo basali flavo, lateribus pone foramina flavis, margine inferiore fusco-maculatae. ♂, ♀.

	♂	♀		♂	♀
Long. corporis	33	33 mm	Long. femorum postic..	35	35 mm
„ pronoti . . .	6	6 „	„ ovipositoris . .	—	20 „

Patria: *Kamerun, Barombi-Station (Karsch).*

14. Genus. *Characta* m. (Fig. 9.)

(χαρακτός — incisus.)

Fastigium verticis articulo primo antennarum angustius, superne sulcatum, apice bituberculatum, cum fastigio frontis haud contiguum. Pronoti dorsum planum, carinis lateralibus acutis, per sulcos 2 transversos bis profunde incisum; prozona antici nonnihil emarginata, postice rotundata, angulo laterali postico dentato; mesozona utrinque denticulata, metazona angulo antico subdentato, margine postico rotundato, in medio dente elevato instructo. Lobi laterales pronoti subtus truncati, angulo antico acuto, denticulato. Elytra apicem versus dilatata, apice rotundata, venis radialibus in dimidia parte basali contiguis, dehinc divergentibus, ramo radiali pone medium emisso. Alae longissimae. Femora 4 antica elongata, gracilia, antica subtus in latere interiore ante apicem dentibus 3 validis instructa, intermedia subtus inermia, postica basi incrassata, superne spinis compluribus validis armata, subtus utrinque spinosa. Lobi geniculares omnes apice in spinam producti. Tibiae anticae superne sulcatae, utrinque spinis 4 instructae, foraminibus semiapertis, conchatis; tibiae posticae quadriseriatim spinosae, superne spinis numerosioribus. Prosternum bispinosum; meso- et metasternum lobis ovatis, apice in spinam productis. Lamina subgenitalis ♀ rotundata, apice nonnihil incisa. Ovipositor sensim et sat incurvus, apice acuminatus.

Diese Gattung erinnert durch den Habitus und die Dornen auf der Oberseite der Hinterschenkel an *Mecopoda cyrtoscelis* Karsch, unterscheidet sich aber von derselben wesentlich durch die scharfen, zweimal tief eingeschnittenen Seitenkiele des Pronotums, durch die Form des Scheitelgipfels, sowie durch längere Vorder- und Mittelbeine und durch die stärker gekrümmte Legescheide.

Species unica.

Characta bituberculata m.

Fusca. Vertex cum fastigio frontis pallidus. Elytra in tertia parte apicali macula magna pallida signata. Alae sordide testaceae. Femora postica utrinque nigro-punctata. Ovipositor basi pallidior, apicem versus ferrugineo-castaneus. ♀.

	♀			♀
Long. corporis	40 mm	Long. femorum anticorum	21·5 mm
„ pronoti	10 „	„ „ posticorum	51 „
„ elytrorum	57 „	„ ovipositoris	26·7 „

Patria: Borneo, Matang (Mus. Budapest).

15. Genus. *Macrolyristes* Snellen van Voll.

Corpus robustum. Fastigium verticis antice per sulcum profundum in protuberantias duas divisum. Pronoti dorsum planum, postice rotundatum, retrorsum valde ampliatum, carinis lateralibus acutis, dentatis, sulcis 2 transversis modice profundis. Elytra lata, lanceolata, apice oblique truncata, acuminata, campo anali in ♂ valde dilatato. Prosternum bispinosum; meso- et metasternum bilobatum, lobis apice in spinam productis. Femora postica basi parum incrassata, subtus utrinque spinosa. Lobi geniculares omnes apice in spinam producti. Cerci ♂ parum incurvi, longi. Lamina subgenitalis ♂ elongata, profunde excisa. Ovipositor sensim incurvus et acuminatus.

Macrolyristes Snellen van Voll., 1865, Tijdschr. voor Entomologie, VIII, p. 106, Pl. VII, Fig. 1, 2.

Diese Gattung ist mir nur aus der citirten Beschreibung bekannt.

Species unica.

Macrolyristes imperator Snellen van Voll.

Viridis. Antennis fulvis, longissimis, apicem versus obscurioribus. Carinis pronoti et elytrorum maculis irregulariter positis fuscis. Alae pellucidae, viridinervosae. Ovipositor fusco-marginatus. ♂, ♀.

Long. corporis 66 mm, cum pedibus 175 mm, expans. elytr. 220 mm, long. ovipositoris 22 mm.

Macrolyristes imperator Snellen van Voll. (nec Walker), 1865, l. c., p. 108, Pl. VII, Fig. 1, 2.

Patria: Java, Borneo (Snellen van Voll.).

16. Genus. *Acridoxena* White.

Caput magnum. Fastigium verticis latum, transversum, obtusum, a fastigio frontis sulco subtili divisum. Pronotum sellaeforme, in medio valde constrictum, sulcis duobus transversis approximatis, pro- et metazona elevatis, latere utrinque carinatis, 6—7 spinosis, margine antico rotundato, postico rotundato-truncato. Prosternum bispinosum. Elytra lata, perpendicularia, abdomine breviora, folium mortuum imitantia, margine antico ante apicem eroso, vena radiali elevata. Alae elytra superantes, margine antico emarginato, apice prominente coriaceo. Femora 4 antica subtus serrato-dentata, antice ante apicem in lobum latum, dentatum dilatata. Femora postica basi parum incrassata, elongata, subtus utrinque spinosa, lobis genicularibus utrinque in spinam longiorem productis. Tibiae 4 anteriores (inprimis anticae) basi valde dilatatae et dentato-spinosae, superne sulcatae; tibiae posticae basi nonnihil incrassatae. Segmenta dorsalia abdominis postice in dentem producta. Cerci ♂ validi, basi crassi et rugosi, apicem versus incurvi et acuminati, apice ipso bidentati. Lamina subgenitalis ♂ ante apicem dilatata, apice profunde triangulariter excisa. Ovipositor brevis, latus, valde incurvus, a medio sensim acuminatus.

Acridoxena White, 1865. Proc. of the R. Phys. Soc. of Edinb., III, p. 309.
Stâlia Scudder, 1875. Proc. of the Bost. Soc. of Nat. Hist., XVII, p. 454.
Enstâlia Scudder, 1879, l. c., XX, p. 95.

Eustâlia Karsch, 1886, Berliner Entomol. Zeitschr., XXX, 1, S. 108.
Eustâlia Karsch, 1891, l. c., XXXVI, 2, S. 346.
Eustâlia Karsch, 1886, Berliner Entomol. Nachr., XII, Nr. 10, S. 145.

Diese durch die Bildung des Halsschildes, der Flügel und Beine höchst auffallende Gattung ist mir nur aus den erwähnten Beschreibungen bekannt.

Species unica.

Acridoxena hewaniana White.[1]

Obscure fusco-testacea. Antennae basi excepta nigrae. Lobi laterales pronoti necnon pleurae meso- et metathoracis testaceae. Alae atrocoeruleae, apice fuscae. Femora fusco-testacea, fusco-conspersa. Tibiae in medio pallidiores. Spinae omnes apice nigrae. Tarsi fusci. Abdomen nigrascens. Ovipositor rugulosus, obscure fusco-testaceus. $\circlearrowleft$, $\circlearrowleft$.

	$\circlearrowleft$	$\circlearrowleft$			$\circlearrowleft$	$\circlearrowleft$
Long. corporis	44	55 mm	Long. femor. postic.	39·5	44·5 mm
, elytrorum	26·3	35·5 ,	, ovipositoris	—	14·5 ,

Acridoxena hewaniana White, 1865, Proceed. of the Royal Physical Soc. of Edinb., III, p. 310.

Stâlia foliata Scudder, 1875, Proc. of the Bost. Soc. of Nat. Hist., XVII, p. 456, Fig. 3—5.

Eustâlia foliata Scudder, 1879, l. c., XX, p. 95.

Eustâlia foliata Karsch, 1886, Berliner Entomol. Nachr., XII, Nr. 10, S. 145, Fig. $\circlearrowleft$.

Patria: Old-Calabar (Scudder), Gaboon (Karsch).

17. Genus. *Vetralia* Walker.

Fastigium verticis latum transversum, apice truncatum, leviter sulcatum, a fastigio frontis sutura transversa divisum. Pronoti dorsum planum, totum rugosum, margine antico truncato-emarginato, margine postico rotundato-truncato, carinis lateralibus distinctis, per sulcos 2 transversos interruptis; lobi laterales subtus rotundato-truncati, sinu humerali subnullo. Elytra brevia, abdomen parum superantia, apicem versus dilatata, apice oblique rotundato-truncata, vena radiali pone medium subito antrorsum vergente, venis radialibus basi remotis, dehinc contiguis, campo anali triangulari, margine postico (superiore) pone eum transverse impresso, dehinc subito ampliato. Prosternum bispinosum; lobi meso- et metasternales ovales, apice in spinam, angulo antico utrinque rotundato-producti. Femora antica subtus antice spina 1 subapicali instructa, intermedia inermia, postica basi modice incrassata, subtus utrinque 6—7 spinosa. Lobi geniculares omnes in spinam producti. Tibiae 4 anticae

---

[1] Bei Kirby (Trans. Entom. Soc. London, III, Oct., p. 410) ist bei der Species als Autorname „Smith" angegeben, was wohl auf einem Irrthum beruhen dürfte; der oben angeführte Band der Proceed. of the Royal Physical Soc. of Edinb. stand mir nicht zu Gebote.

Z. B. Ges. B. XLII. Abh.   27

superne sulcatae, utrinque spinulosae, foraminibus apertis. Cerci ♂ conici, apice incurvi et mucronati. Lamina subgenitalis ♂ elongata, profunde triangulariter excisa, stylis nullis.

     Vetralia Walker, 1869, Catalogue etc., II, p. 391.

     Mecopoda (Euthypoda) Karsch, 1886, Berl. Entom. Zeitschr., XXX, S. 115.

Species unica.

Vetralia quadrata Walker.

Viridis, capite ventre pedibusque flavescentibus. ♂.

	♂			♂
Long. corporis	. . . 20 —22 mm	Long. elytrorum	. .	22—23·5 mm
„ pronoti	. . . 5·7—6 „	„ femorum postic.		32—33·5 „

     Vetralia quadrata Walker. 1869, l. c., p. 392.

     Euthypoda (Mecopoda) difformis Karsch, 1886, l. c., S. 115, Taf. IV, Fig. 1.

     Patria: Ceylon (Walker, Karsch, Coll. Brunner).

18. Genus. *Anoedopoda* Karsch.

Fastigium verticis latissimum, postice subconvexum, antice transverse carinato-truncatum, declivum, a fastigio frontis sulco subtili divisum. Pronoti dorsum planum, in medio nonnihil concavum, margine antico rotundato-truncato, margine postico rotundato-producto, totum rugoso-punctatum, carinis lateralibus plus minusve distinctis, per sulcos 2 transversos subtiles bis incisis; lobi laterales angulo antico recto, subdentato, angulo postico rotundato, sinu humerali distincto. Elytra latissima, femora postica valde superantia, pone campum analem transverse impressa, apice oblique truncata, angulis rotundatis, venis radialibus contiguis, a medio subito divergentibus, vena ulnari (antica) usque ad apicem perducta, cum ramis radialibus confusa, area anali in ♂ intus valde producta, convexa. Alae elytris breviores. Prosternum spinis 2 subcontiguis, depressis; meso- et metasternum lobis ovalibus, apice acuminatis. Femora 4 antica in latere anteriore subtus spinulis nonnullis parvis, postica basi parum incrassata, subtus utrinque spinosa. Lobi geniculares femorum 4 posticorum tantum intus in spinam brevissimam incurram producti. Tibiae 4 anticae superne sulcatae, utrinque spinulosae, foraminibus apertis. Cerci ♂ apicem versus sensim acuminati et incurvi, apice ipso mucronati. Lamina subgenitalis ♂ lata, elongata, apice profunde triangulariter excisa, stylis minimis instructa. Ovipositor parum incurvus, apicem versus sensim acuminatus, marginibus laevissimis.

     Anoedopoda Karsch, 1891, l. c., XXXVI, 2, S. 333 und 346.

     Mecopoda Karsch olim, Burmeister etc.

     Die Gattung hat den Habitus von *Mecopoda*, ist jedoch durch die schwach verdickten Hinterschenkel und das Geäder der Flügeldecken leicht von letzterer zu unterscheiden.

Dispositio specierum.

1. Carinae laterales pronoti rotundatae   1. *An. lamellata* L.
1 1. Carinae laterales pronoti acutae   . 2. *An. erosa* Karsch.

1. *Anoedopoda lamellata* L.

Lurida, fusco-conspersa. Antennae testaceae, dilute et irregulariter fusco-annulatae. Carinae laterales pronoti obtusiores, rotundatae. Elytra saepe in area discoidali maculis compluribus vitreis, basi fusco-maculatis ornata. Tibiae cum apice femorum omnium pallidiores, testaceae. Ovipositor fuscus. ♂, ♀.

	♂	♀			♂	♀
Long. corporis	32	39 mm	*Long. fem. postic.*	33	35·5 mm
„ *pronoti* . . .	9	10 „	„ *ovipositoris* .	—	21—22 „
„ *elytrorum* . . .	52	56 „			

Gryllus lamellatus Linné, 1758, Systema naturae, I. p. 429.
Gryllus lamellosus Linné, 1764, Mus. S. R. M. Lud. Ulr. Reg. etc., p. 128.
Mecopoda lamellosa Stål, 1874, Recensio Orthopterorum, II. p. 48.
Mecopoda latipennis Burmeister, 1839, Handbuch der Entomol., II. S. 686.
Mecopoda latipennis Bolivar, 1890. Ortópteros de Afrika del Museo de Lisboa, III, p. 221.

Patria: Port Natal (Karsch, Burmeister, k. k. Hofmuseum Wien, Coll. Brunner), Zulu, Zanzibar, Kilimandscharo (Coll. Brunner), Sierra Leone (Linné), India (?) (Linné).

2. *Anoedopoda erosa* Karsch.

Praecedenti simillima. Differt statura majore, graciliore, carinis lateralibus pronoti acutis, productis, bis profunde incisis. ♀.

	♀			♀
Long. corporis	43 mm	*Long. femorum posticorum*	42·5 mm
„ *pronoti* .	. . 11·5 „	„ *ovipositoris*	. . 24 „
„ *elytrorum* .	. . 67 „		

Anoedopoda erosa Karsch, 1891. Berliner Entomol. Zeitschr., XXXVI. 2. S. 334, Fig. 7.
Patria: Kamerun, Barombi-Station (Karsch).

19. Genus. *Mecopoda* Serville.

Fastigium verticis latum, transversum, haud sulcatum, apice interdum transverse carinatum. Pronoti dorsum planum, antice truncatum, postice rotundatum vel leviter et obtuse angulatum, sulcis 2 transversis, carinas laterales distinctas bis insecantibus; lobi laterales multo altiores quam lati, subtus truncati, angulo antico subacuto, recto, angulo postico rotundato, sinu humerali distincto. Elytra elongata, apicem femorum posticorum attingentia vel superantia, apice oblique truncata, pone aream analem transverse impressa, venis radialibus basi contiguis, a medio subito et sensim divergentibus, vena ulnari antica in marginem

27*

posticum perducta, cum ramo radiali haud confusa, campo anali in ♂ intus dilatato, convexo. Alae elytra plerumque nonnihil superantes, apice coriaceae. Prosternum bispinosum. Lobi meso- et metasternales ovales, apice acuminati. Femora 4 antica in latere anteriore spinulis plerumque nonnullis, postica utrinque compluribus armata. Lobi geniculares femorum posticorum utrinque, intermediorum intus tantum in spinam brevem producti. Tibiae omnes superne sulcatae, utrinque spinosae, anticae foraminibus apertis. Cerci ♂ crassi, apice incurvi et acuminati, apice ipso bimucronati. Lamina subgenitalis ♂ elongata, apice profunde triangulariter excisa, stylis minimis instructa. Ovipositor rectus vel parum incurvus, apicem versus sensim acuminatus.

Mecopoda Serville, 1839. Hist. nat. des Insectes. Orthop., p. 532.
Mecopoda Burmeister, 1839, Handbuch der Entomol., II. S. 685.
Mecopoda Karsch, 1886, Berliner Entomol. Zeitschr., XXX, 1, S. 108.
Mecopoda Stål, 1874, Recensio Orthopterorum, II, p. 47.
Gryllus Linné, 1758, Systema naturae, ed. X, I, p. 429.
Gryllus Linné, 1764, Mus. S. R. M. Lud. Ulr. Reg. etc., p. 127.
Locusta Fabricius, 1793, Entomologia systematica, II, p. 37.
Conocephalus Thunberg, 1815, Mém. de l'Ac. imp. de St. Petersb., V. p. 279.
Lucera Walker, 1869. Catalogue etc., II. p. 265.

Dispositio specierum.

1. *Femora postica superne spinosa vel dentata.* 1. *M. cyrtoscelis* Karsch.
1 1. *Femora postica superne nec dentata nec spinosa.*
   2. *Fastigium verticis antice transverse carinatum.*
     3. *Elytra alis breviora.*
       4. *Sulcus transversus frontalis profundus*   2. *M. dilatata* m.
       4 4. *Sulcus transversus subtilis*   .   . 3. *M. divergens* m.
     3 3. *Elytra alis longiora.*
       4. *Femora 4 antica bispinulosa. Ovipositor abdomine multo longior.*
                                 4. *M. Walkeri* Kirby.
       4 4. *Femora antica trispinulosa, intermedia inermia. Ovipositor brevior.*
                             5. *M. platyphoea* Walker.
2 2. *Fastigium verticis antice rotundatum, declivum, haud transverse carinatum* . . . . 6. *M. elongata* L.

1. Mecopoda cyrtoscelis Karsch.

Fusca vel grisea vel lurida, dilute pallide vel fusco-maculata. Antennae pone medium annulis nonnullis albidis. Vertex antice planus, haud rotundatus, carina transversa acuta pallida. Pronoti dorsum postice rotundatum vel obtusangulum, carinis lateralibus acutis, profunde bi-incisis. Elytra latiuscula, alis parum breviora, pone medium latissima, saepe maculis nonnullis majoribus, vitreis vel albidis vel fuscis. Femora 4 antica subtus in latere antico plerumque spinulis 2—3 nigris, interdum inermia, postica basi valde incrassata, extus carina longitudinali acuta, superne serie irregulari dentium vel spinarum in-

structa. Tibiae 4 anticae superne plerumque in utroque latere spinosae. Oripositor pone basin nonnihil dilatatus, apice leviter incurvus. ♂, ♀.

	♂	♀
Long. corporis	25—28	33—37 mm
„ pronoti	6·5	8·8 „
„ elytrorum . . .	50—51	62—72 „
„ femorum posticorum	39	46—57 „
„ ovipositoris .	—	23—27 „

Mecopoda cyrtoscelis Karsch, 1888, Berliner Entomol. Nachr., XIV, Nr. 10, S. 146.

Mecopoda Karschi Kirby, 1891, Trans. Entom. Soc. London, III, Oct., p. 407.

Mecopoda regina Kirby. 1891, l. c., p. 408.

Patria: Segaar-Bay (Karsch), Aru-Inseln, Neu-Britannien (Coll. Brunner), Queensland, Duke of York Island (Kirby).

Diese Art ist durch die Bedornung auf der Oberseite der Hinterschenkel ausgezeichnet. Die beiden von Kirby (l. c.) beschriebenen Arten halte ich für identisch mit der obigen Art, da die Bedornung an den vier vorderen Schenkeln und Schienen variabel ist, auch die übrigen Merkmale nicht scharf genug für eine specifische Trennung erscheinen.

2. *Mecopoda dilatata* m.

Mecopodae elongatae L. *valde affinis. Fusca. Dorsum verticis et pronoti pallidius. Fastigium verticis articulo primo antennarum vix duplo latius, apice planum et distincte transverse carinatum, a fastigio frontis per sulcum profundum latiorem divisum. Antennae annulis nonnullis albis. Pronotum retrorsum versus valde ampliatum, carinis lateralibus distinctis sed haud acutis, profunde bi-incisis. Elytra ampliata, venis radialibus valde flexuosis, ramis radialibus 6, area anali* ♂ *pronoto fere duplo longiore, area discoidali apice macula magna irregulari vitrea ornata. Femora antica subtus spinulis 2, intermedia inermia. Tibiae 4 anticae ferrugineae.* ♂.

	♂		♂
Long. corporis .	42 mm	Long. elytrorum . .	65 mm
„ pronoti . . . 9 „		„ femorum posticorum . 50 „

Patria: Borneo (Coll. Brunner).

Ausgezeichnet durch die breiten, eigenthümlich gebauten Deckflügel.

3. *Mecopoda divergens* m.

Statura et colore Mecopodae elongatae L. *Fastigium verticis apice truncatum, planum, distincte transverse carinatum, a fastigio frontis sulco subtili divisum. Pronotum breve, carinis lateralibus profunde bi-incisis. Elytra apicem versus dilatata, basi macula majore necnon altera minore pellucida, venis radialibus flexuosis, ramis radialibus 2—3, ramo primo bi- vel trifurcato. Femora 4 antica inermia vel spinula unica minima instructa. Ovipositor sensim levissime incurvus, ferrugineus.* ♀.

	♀		♀
Long. corporis .	*35 mm*	*Long. femorum postic.*	*42·5 mm*
„ *pronoti* .	*7* „	„ *ovipositoris*	*27·5* „
„ *elytrorum*	*55* „		
Patria: ? (Coll. Brunner).			

4. *Mecopoda Walkeri* Kirby.

Fulva, subtus testacea. Vertex litura nigra quadrata signatus, inter antennas transverse carinatus. Elytra alis longiora, lata, subfalcata, fuscescente plagiata, nigricante sexmaculata. Femora 4 antica subtus antice bispinulosa. Ovipositor fere rectus, abdomine multo longior.

Long. corporis 18''', expans. elytror. 62'''.

Mecopoda Walkeri Kirby, 1891, Trans. Entom. Soc. London, III, Oct., p. 405.
Mecopoda imperator Walker, 1870, Catalogue etc., III. p. 458.

Patria: Philippinen (Walker).

5. *Mecopoda platyphoea* Walker.

Ferruginea. Vertex antice rugulosus et transverse carinatus. Antennae fuscae, pallido-annulatae. Elytra alis longiora, lata, perparum falcata. Femora antica subtus 3-spinulosa, intermedia inermia. Ovipositor vix arcuatus, abdominis longitudine.

Long. corporis 15''', expans. elytror. 50'''.

Mecopoda platyphoea Walker. 1870. l. c., p. 458.

Patria: Ceylon (Walker).

Die beiden vorhergehenden Arten sind mir nur aus der Beschreibung Walker's bekannt. Beide zeichnen sich dadurch aus, dass bei ihnen die Deckflügel im Gegensatz zu allen übrigen *Mecopoda*-Arten länger als die Hinterflügel sind.

6. *Mecopoda elongata* L.

Viridis vel fusco-grisea vel fusco-testacea, nunc unicolor, nunc pallido- vel nigro-maculata vel variegata. Fastigium verticis latissimum, articulo primo antennarum plus quam duplo latius, apice declivum, haud transverse-carinatum, a fastigio frontis sulco transverso subtili divisum. Elytra longitudine variantia, saepe in area discoidali maculis magnis vitreis, nigro- vel fusco-plagiatis, alis distincte breviora. Femora antica subtus in latere antico plerumque spinulis 1—3, intermedia plerumque inermia; femora postica superne haud spinosa. Ovipositor basi rectus, apice levissime incurvus, ferrugineus. ♂, ♀.

		♂	♀	
Long. corporis .	.	*30—42*	*28—40*	*mm*
„ *pronoti* .		*7—10*	*8— 9·5*	„
„ *elytrorum* . . .		*37—67*	*45—71*	„
„ *femorum posticorum* . .		*32—50*	*42—55*	„
„ *ovipositoris*		*—*	*23—35*	„

Gryllus elongatus Linné, 1758, Systema naturae, ed. X, I, p. 429.
Gryllus elongatus Linné, 1764. Mus. S. R. M. Lud. Ulr. Reg. etc., p. 127.

Gryllus jaranus Linné. 1763, Amoenitates academicae, VI, p. 396.

Locusta elongata Fabricius, 1793, Entomologia systematica, II, p. 37.

Locusta scalaris Thunb., 1815, Mém. de l'Ac. imp. de St. Pétersb., V, p. 282.

Locusta longipes Thunberg, 1815, l. c., p. 280.

Conocephalus elongatus Thunberg, 1815, l. c., p. 279.

Locusta ferruginea Stoll, 1815, Répresentation etc., Pl. Va, Fig. 15.

Mecopoda maculata Aud. Serville, 1831, Revue méthodique des Orthoptères, XXII, p. 58.

Mecopoda virens Aud. Serville, 1839, Hist. nat. des Ins. Orthopt., p. 533.

Mecopoda virens Brullé, 1835, Histoire naturelle des Insectes, IX, p. 140, Pl. XIII, Fig. 1.

Mecopoda elongata Burmeister, 1839, Handbuch der Entomol., II, p. 685.

Mecopoda javana de Haan, 1842, Bijdragen etc., p. 187.

Mecopoda macassariensis de Haan, 1842, l. c., p. 188.

Mecopoda niponensis de Haan, 1842, l. c., p. 188.

Mecopoda elongata Walker, 1870, Catalogue etc., III, p. 457.

Mecopoda rufa Walker, 1870, l. c., III, p. 458.

Decticus pallidus Walker, 1870, l. c., II, p. 262.

Decticus tenebrosus Walker, 1870, l. c., II, p. 263.

Lucera bicoloripes Walker, 1870, l. c., II, p. 265.

Patria: China, Japan, Vorder- und Hinterindien, Ceylon, Sunda-Archipel, Philippinen, Neuholland (de Haan, Coll. Brunner), Aru- und Key-Inseln, Molukken (Coll. Brunner) etc.

Diese über einen grossen Theil von Südost-Asien, sowie die benachbarten Inselgruppen und Australien verbreitete Art variirt, wie alle derartigen, ungeheuer in Bezug auf Grösse und Färbung der einzelnen Körpertheile. Am auffallendsten sind die Formen aus Japan durch überaus kurze Hinterschenkel, Flügeldecken und Legescheide (vergl. die betreffenden Minimalangaben in der vorhergehenden Masstabelle), ohne dass jedoch ein hinreichender Grund zur specifischen Abtrennung derselben vorhanden wäre.

20. Genus. *Pachysmopoda* Karsch.

Fastigium verticis articulo primo antennarum latius, obtusum, declivum, nec sulcatum nec transverse carinatum. Pronotum elongatum, fortiter punctatum, postice rotundatum, carinis lateralibus distinctis, sinu humerali distincto. Elytra apicem abdominis haud superantia, lata, apice rotundata, venis radialibus ante apicem sensim divergentibus. Prosternum spinis 2 depressis, basi contiguis. Meso- et metasternum lobis apice in spinam productis. Femora 4 antica subtus in latere antico tantum 4—5 spinosa. Femora postica abdomen parum superantia, basi valde incrassata, extus carinis 2 longitudinalibus instructa, subtus in latere externo spinis numerosis, in latere interno spinis 2 armata. Lobi geniculares apice acuminati. Tibiae anticae superne late sulcatae. Ovipositor nonnihil incurvus, sensim acuminatus.

Pachysmopoda Karsch, 1886, Berliner Entomol. Zeitschr., XXX, S. 108.
Pachysmopoda Karsch, 1891. l. c., XXXVI, S. 345.

Diese durch die dicken, keulenförmigen, kurzen Hinterschenkel ausgezeichnete Gattung ist mir nur aus der Beschreibung von **Karsch** bekannt.

Species unica.

Pachysmopoda abbreviata Tasch.

Viridis vel testacea. Antennae pallide-annulatae. Caput crassum, fortiter punctatum. Pronotum disco necnon carinis lateralibus fusco-nigris. Elytra campo antico et intermedio seriatim nigro- et albido-maculata. Femora postica geniculis infuscatis. ♂. ♀.

		♂	♀				♂	♀
Long. abdom.	.	23	27	*mm*	*Long. femorum postic.*	28	34	*mm*
„ *pronoti*	.	10	12·5	„	„ *oripositoris* . .	—	25·5	„
„ *elytrorum*	.	27	33	„				

Mecopoda abbreviata Taschenberg, 1883. Zeitschr. für die ges. Naturwiss., Bd. 56, S. 184.

Pachysmopoda abbreviata Karsch, 1886, l. c., XXX, S. 114, Taf. IV, Fig. 2.

Patria: Insel Sokotra (Karsch, Berliner Museum).

21. Genus. *Macroscirtus* Pictet. (Fig. 10.)

Fastigium verticis latum, obtusum, nec sulcatum nec transverse carinatum. Pronoti dorsum punctatum, teres, carinis lateralibus nullis; lobi laterales subtus truncati, angulo antico fere recto, postico rotundato, sinu humerali plus minusve explicato. Elytra angusta, longitudine valde variantia, campo anali haud inflato, venis radialibus usque ad apicem contiguis. Femora antica subtus antice tantum spinulis 1—2 minimis instructa, intermedia inermia; postica elongata, basi valde incrassata, extus haud vel obtuse carinata, subtus inermia vel spinulosa. Lobi geniculares interni tantum femorum 4 posteriorum spinosi. Tibiae omnes superne sulcatae, utrinque vel extus spinosae, vel inermes. Prosternum bispinosum; lobi meso- et metasternales triangulares, apice acuminati, divergentes. Oripositor sensim incurvus et acuminatus.

Macroscirtus Pictet, 1888, Mém. de la Soc. de Phys. et d'Hist. natur. de Genève, XXX, p. 13.

Macroscirtus Karsch, 1891, l. c., XXXVI, 2, S. 345.

Sthenaropoda Karsch, 1891, l. c., XXXVI, 2, S. 331 und 346.

Euthypoda Karsch olim.

Karsch betrachtet *Sthenaropoda* und *Macroscirtus* als eigene Gattungen, weil jene wohl entwickelte Flügel und tiefe Schulterbucht besitzt. Ich kann dieser Meinung nicht beipflichten, da die Entwicklung der Flügel für sich allein unmöglich als ein generisches Kriterium gelten kann, und die Ausbildung der

Schulterbucht eben im innigsten Zusammenhang mit dem Grade der Entwicklung der Flügel steht.

Dispositio specierum.

1. *Elytra abdomen valde superantia.*
  2. *Femora postica subtus tota inermia. Tibiae anticae superne extus*
    spinis 3—5 . . . . 1. *M. preussianus* Karsch.
  2 2. *Femora postica subtus spinosa. Tibiae anticae superne extus spina*
    tantum unica . . . . 2. *M. monrovianus* Karsch.
1 1. *Elytra abdomen haud vel vix superantia.*
  2. *Elytra apice rotundata.*
    3. *Alae abbreviatae, elytris parum breviores.* 3. *M. brevipennis* m.
    3 3. *Alae subabortivae, elytrorum dimidia longitudine.*
                    4. *M. Kangaroo* Pictet.
  2 2. *Elytra apice acuminata* . . . . . 5. *M. acutipennis* Karsch.

1. *Macroscirtus preussianus* Karsch.

Olivaceo-viridis, fastigio verticis flavido, antennis nigris, dilute pallido-annulatis. Elytra femora postica valde superantia, maculis irregularibus flavo-albidis, singula majore inter medium et apicem ornata, venis radialibus pallidis. Tibiae anticae superne flavae, extus spinis 3—5. Tibiae posticae superne extus spinis 7, intus 3 instructae. Femora postica subtus tota inermia. ♂, ♀.

	♂	♀				♂	♀
Long. corporis	31	31 mm	—	Long. femorum postic.		41	41 mm
„ pronoti .	8	8 „		„ ovipositoris		—	23 „
„ elytrorum . . .	60	60 „					

Sthenaropoda preussiana Karsch, 1891. Berliner Entomol. Zeitschr., XXXVI, 2, S. 332, Fig. 6.

Patria: Kamerun, Barombi-Station (Karsch).

2. *Macroscirtus monrovianus* Karsch.

Fuscus, vertice flavido. Elytra apicem abdominis distincte superantia, dilute fusco-marmorata, angusta, apice rotundata. Pedes fusci, excepta basi tibiarum anticarum necnon tibiis posticis flavidis vel ferrugineis. Femora 4 antica inermia, interdum antica intus spinulis 1—2 minimis; femora postica extus areolata, obtuse longitudinaliter carinata, subtus pallidiora, intus spinis 4, extus 2 subapicalibus armata. Tibiae anticae superne extus spinula unica, intermediae superne utrinque spinulosae. Ovipositor ferrugineus. ♀.

	♀			♀
Long. corporis .	32	mm	Long. femorum postic.	41—43 mm
„ pronoti . .	8	„	„ ovipositoris . .	18—19 „
„ elytrorum . . .	45—51	„		

Mecopoda monroviana Karsch, 1886, l. c., XXX, S. 112, Taf. IV, Fig. 4.
? *Mecopoda frontalis* Walker, 1870, Catalogue etc., V, Supplement, p. 48.
Patria: Westafrika, Monrovia (Karsch), Sierra Leone (Walker, Coll. Brunner), Goldküste, Cape Coast Castle (Coll. Brunner).

Trotz der gegentheiligen Meinung Karsch's (Berliner Entomol. Nachr., XIV, 1888, Nr. 10, S. 145) scheint mir *Mecopoda frontalis* Walker eher zu *Macroscirtus monrovianus* zu gehören, gerade weil Karsch bei dieser Art selbst die Hinterschenkel als mit einigen Dornen bewehrt angibt, während *Macroscirtus preussianus* nach ihm unbewehrte Hinterschenkel besitzt.

3. *Macroscirtus brevipennis* m.

Fuscus. Dorsum capitis et pronoti testaceum, utrinque fusco- vel nigromarginatum. Elytra abdomen vix superantia, angusta, apice rotundata, fuscotestacea, sparse et dilute fusco-maculata. Alae angustae, elytris sesquibreviores. Tibiae anticae testaceae, infra foramina infuscatae, superne extus spinula unica instructae; tibiae posticae fusco-ferrugineae. Femora antica fusca, inermia; intermedia desunt; postica basi valde incrassata, extus transverse areolata necnon linea elevata, nitida, longitudinali instructa, subtus pallidiora, dimidia parte apicali utrinque spinis 4—5 armata. Ovipositor ferrugineus. ♀.

	♀				♀	
Long. corporis	.	36 *mm*	*Long. femorum postic.*		37	*mm*
„ *pronoti* .	.	7·5 „	„ *ovipositoris*	.	23·5	„
„ *elytrorum* .	. .	33·5 „	„ *alarum* . .	. .	25	„

Patria: Sierra Leone, Westafrika (Coll. Brunner).

4. *Macroscirtus Kanguroo* Pictet.

Brunneus, fronte, vertice saepe etiam pedibus necnon ovipositore fuleidis. Elytra abdomine parum breviora, lanceolata, apice rotundata. Alae subabortivae, dimidia elytrorum longitudine. Femora postica longissima, superne rugosopunctata, subtus utrinque spinis nonnullis armata. Tibiae anticae superne plerumque utrinque spinulis 3—4, interdum intus inermes, intermediae superne utrinque spinulis 4—6 instructae. Lamina subgenitalis ♂ elongata, angusta, apice profunde excisa. ♂, ♀.

	♂	♀			♂	♀
Long. corporis	31	31 *mm*	*Long. alarum*		12	12 *mm*
„ *pronoti* .	10	8 „	„ *femorum postic.*		41	41 „
„ *elytrorum* .	22	25 „	„ *ovipositoris*	. .	—	24 „

Macroscirtus Kanguroo Pictet, 1888, Locust. nouv. etc., p. 14, Pl. II, Fig. 38. *Patria: Gaboon (Pictet, Coll. Brunner), Ashanti (Brit. Mus.).*

5. *Macroscirtus acutipennis* Karsch.

Luteo-fuscus, nitidus. Elytra abdomen vix superantia, apice acuminata, margine inferiore subrecto, superiore leviter rotundato. Alae tertiam partem longitudinis elytrorum attingentes. Femora 4 antica inermia, postica valde elongata, extus spinis 7, intus 5—8 instructa. Tibiae 4 anticae cum apice tibiarum posticarum flavae, omnes superne utrinque spinulosae. ♂, ♀.

	♂	♀			♂	♀
Long. abdominalis .	17	20 *mm*	*Long. femorum postic.*		46	50 *mm*
„ *pronoti* .	7	8·5 „	„ *ovipositoris* .		—	25 „
„ *elytrorum* . .	25·5	32 „				

Euthypoda acutipennis Karsch, 1886, Berliner Entomol. Zeitschr., XXX,
S. 116. Taf. IV, Fig. 3.
Patria: Chinchoxo, Westafrika (Karsch).

22. Genus. *Gymnoscirtus* Karsch.

*Corpus omnino impresso-punctatum. Fastigium verticis latum, obtusum,
haud sulcatum, a fastigio frontis sulco subtili transverso divisum. Pronotum
disco subdepresso, prope sulcum transversum anticum constrictum, carinis lateralibus obsoletis; lobi laterales subtus truncati, sinu humerali nullo. Alae
elytraque rudimentaria. Femora antica et intermedia subtus inermia; femora
postica basi valde incrassata, superne impresso-punctata, ovipositorem nonnihil
superantia, subtus in margine exteriore spinis 3, intus 3—4 validis armata. Abdomen dense et fortiter punctatum, superne carinatum, haud cristatum. Lamina
subgenitalis ♂ apice dilatata et profunde rotundato-excisa, lobis curvatis et
ante apicem obtusum intus processu unguiformi instructo, stylis nullis. Ovipositor nonnihil incurvus.*

Gymnoscirtus Karsch. 1891. Berliner Entomol. Zeitschr., XXXVI, 2,
S. 342, 345.
Euthypoda Karsch olim.

Diese durch den Mangel der Flügeldecken ausgezeichnete Gattung ist mir
nur aus der Beschreibung von Karsch bekannt, der (l. c., S. 332) ausdrücklich
bemerkt, dass selbe mit *Sthenaropoda* näher verwandt sei als mit *Mecopoda.*

Species unica.

Gymnoscirtus unguiculatus Karsch.
*Fusco-griseus. Lobi laterales pronoti infra marginem lateralem disci
fusco-nigri, nitidi. Abdomen utrinque fascia lata fusco-nigra, nitida.* ♂, ♀.

	♂	♀		⚥
Long. corporis	. .	28 21 mm	Long. ovipositoris .	16 mm
„ femorum postic.	.	30 30 „		

Euthypoda unguiculata Karsch, 1888, Berliner Entomol. Nachr., XIV,
Nr. 10, S. 147.
Gymnoscirtus unguiculatus Karsch, 1891, Berliner Entomol. Zeitschr.,
XXXVI, 2. S. 342.
Patria: Usambara, Ostafrika (Karsch).

23. Genus. *Ityocephala* m. (Fig. 11 a, b.)

(ἴτυς — ora clypei; κεφαλή — caput.)

*Caput rugoso-punctatum. Fastigium verticis latum, transversum, apice
truncatum, leviter longitudinaliter sulcatum, transverse carinatum, a fastigio
frontis sulco tenui transverso divisum. Oculi globosi. Pronotum rugosum,*

28*

antice truncatum, postice rotundatum, dorso plano, carinis lateralibus nullis, sulcis 2 transversis subtilibus; lobi laterales multo altiores quam lati, margine inferiore oblique truncato, prope angulum posticum tuberculo instructo, sinu humerali distincto. Elytra apicem versus dilatata, apice oblique truncata, dense reticulata, venis radialibus contiguis, a medio levissime divergentibus. Alae elytris nonnihil longiores. Prosternum bispinosum; lobi mesosternales triangulares, metasternales late ovales, omnes apice in spinam producti. Pedes pilosi. Femora 4 antica subtus in latere anteriore spinulis 5—6, postica basi parum incrassata, brevia, subtus utrinque 6-spinosa. Lobi geniculares femorum posticorum utrinque, femorum intermediorum intus tantum brevispinosi. Tibiae 4 anticae superne teretes, inermes. Lamina subgenitalis ♀ triangularis, apice rotundata et incisa. Ovipositor valde angulato-incurvus.

Diese Gattung, welche durch die scharfe Querkante des Scheitels, sowie durch die oben nicht gefurchten Schienen ausgezeichnet ist, bildet den Uebergang zu *Coryeus* Sauss.

Species unica.

Ityocephala falcata m.

Viridis, nitida, capite, pronoto, antennis pedibusque flavescentibus. ♀.

	♂			♀
Long. corporis	22 mm	Long. femorum postic.		20·5 mm
„ pronoti .	6 „	„ ovipositoris		7·5 „
„ elytrorum .	41·8 „			

Patria: Fidschi-Inseln (Coll. Brunner).

24. Genus. *Coryeus* Sauss. (Fig. 12.)

Fastigium verticis latissimum, rotundatum, a fronte sutura transversa separatum. Pronotum latum, retrosum dilatatum, disco plano, postice obtusangulo, lobis lateralibus rotundato- vel angulato-insertis. Prosternum bispinosum vel bituberculatum. Meso- et metasternum postice emarginatum, lobis triangularibus acutis. Elytra secundum sexum valde diversa, amplissima, coriacea, triangularia vel ovalia, plus minusve fornicata, abdomen amplectentia, in ♂ venis radialibus a basi fere usque ad quartam partem marginis exterioris inter se distantibus, dein confluentibus et sub angulo recto flexis, denuo late divergentibus et transverse usque ad marginem interiorem percurrentibus, venis ulnaribus basi longitrorsum contiguis, retrorsum divergentibus, vena antica sigmoidea, medium venae radialis postice transversae attingente, area tympanali longissima, lata, in elytro sinistro fornicata, coriacea, — in ♀ reticulatione normali. Alae elytris breviores, tenerae, pellucidae. Femora omnia lobis genicularibus acuminatis Femora postica subtus utrinque vel extus pone medium spinulis nonnullis parvis. Tibiae 4 anticae superne inermes, tympanis apertis. Cerci ♂ longi, subulati, teretes, leviter incurvi, apice obtusi et intus bimucronati. Lamina subgenitalis ♂ longissima, angusta, arcuata, apice bifida. Lamina subgenitalis ♀ *brevis, convexa. Ovipositor falcatus, acuminatus, basi inflatus, laevissimus.*

Corycus Saussure, 1861, Annal. de la Soc. Entomol., 4ᵉ sér., I, p. 487.
Coryeus Krauss, 1890, Beitrag zur Kenntniss westafrik. Orthopt., S. 344.
Coryeus Karsch, 1891, Berliner Entomol. Zeitschr., XXXVI, 2, S. 335, 346.

Diese Gattung ist ausgezeichnet durch den hinten stumpfwinkeligen Halsschild, sowie durch das merkwürdige Geäder im Deckflügel des ♂, welches Krauss in seiner monographischen Bearbeitung dieser Gattung (Spengel's Zoologische Jahrbücher. V. S. 344) ausführlich beschrieben hat. — Wenn ich *Coryeus* nicht als eigene Unterzunft aufstelle, so geschieht dies desshalb, weil die vorige Gattung ein directes Bindeglied zwischen *Coryeus* und den übrigen Mecopodiden bildet, andererseits die schmächtigen Hinterbeine und die sichelförmige Legescheide auch bei anderen Mitgliedern dieser Gruppe vorkommen (*Ityocephala, Vetralia, Pomatonota* etc.).

Dispositio specierum.

1. *Tibiae anticae superne planae, prope basin nigromaculatae.*
             1. *C. Jurinei* Sauss.
11. *Tibiae anticae superne sulcatae.*
 2. *Tibiae anticae prope basin nigromaculatae* . . 2. *C. intermedius* m.
22. *Tibiae anticae immaculatae.*
  3. *Tibiae anticae superne parum profunde sulcatae.*
   4. *Elytra margine postico obliquo, supra inter marginem internum et posticum angulata.*
    5. *Elytra inter marginem internum et posticum obtuse angulata.*
          3. *C. abruptus* Krauss.
    55. *Elytra inter marginem internum et posticum acute angulata.*
          4. *C. Karschi* Krauss.
   44. *Elytra margine postico recto, supra inter marginem internum et posticum eroso-emarginata.* . . . 5. *C. praemorsus* Krauss.
  33. *Tibiae anticae superne profunde sulcatae.* 6. *C. Greeffi* Krauss.

1. **Corycus Jurinei** Saussure, 1861, l. c., p. 489, Pl. XI, Fig. 4—7.
Coryeus Jurinei Krauss, 1890, l. c., S. 352, Taf. XXX. Fig 1.
Patria: Kamerun (Mus. Tübingen, Lübeck, Berlin, Genf).

2. **Corycus intermedius** m. (Fig. 12.)
Flavescens. Pronotum postice valde dilatatum, carinis lateralibus distinctis, rugulosis, nigris, dorso impresso-punctata, postice angulum valde obtusum formante. Prosternum bituberculatum. Elytra ♀ corpore multo longiora, oblongo-ovalia, parum convexa, margine externo parum, interno fortius curvato, apice rotundata, area antica basi excepta subvitrea, venis radialibus valde elevatis, contiguis, ante apicem subito et valde divergentibus. Alae pellucidae, elytris multo breviores, abdomen parum superantes. Femora postica subtus ante apicem macula nigra signata, in latere externo prope apicem spinulis 2—3

minimis, intus nullis instructa. Tibiae anticae superne distincte sulcatae, cum tibiis intermediis infra basin macula fusco-nigra ornatae; tibiae posticae basi superne maculis 3 fusco-nigris notatae. *Lamina subgenitalis* ♀ *triangularis, apice rotundata et emarginata, longitudine impressa. Ovipositor longus, basi angulatus, dehinc parum curratus, acuminatus, pallide-ferrugineus.* ♀:

	♀		♀
Long. corporis	21 mm	Latid. elytrorum . . . 11 mm	
„ pronoti . .	6·7 „	Long. femorum postic. . . 23 „	
„ elytrorum . . 28 „		„ ovipositoris . 17·5 „	

Patria: St. Thomé, Westafrika (Coll. Brunner).
Ausgezeichnet durch die Färbung, sowie durch die Form der Legescheide etc.

3. **Corycus abruptus** Krauss, 1890, Beitrag zur Kenntniss westafrik. Orthopt., S. 354, Taf. XXX. Fig. 2.
Patria: Gaboon, Westafrika (Mus. Stuttgart).

4. **Corycus Karschi** Krauss, 1890, l. c., S. 355, Taf. XXX, Fig. 3.
Patria: Kamerun, Westafrika (Mus. Berlin).

5. **Corycus praemorsus** Krauss, 1890. l. c., S. 355, Taf. XXX, Fig. 4.
Corycus Jurinei Karsch (nec Sauss.), 1888, Berliner Entomol. Zeitschr., XXXII, S. 415, Fig.
? = *Corycus Karschi* Krauss, ♀; Karsch, 1891, l. c., XXXVI, S. 336.
Patria: Kamerun, Westafrika (Mus. Berlin, Coll. Brunner).

6. **Corycus Greeffi** Krauss, 1890, l. c , S. 356, Taf. XXX, Fig. 5.
Corycus Greeffi Krauss, 1890, l. c., S. 664.
Corycus paradoxus Bolivar, 1890, Ortópteros de Afrika del Museo de Lisboa, Nr. IV, p. 220, Fig. 9.
Chlorocoelus spec. Greeff, 1884, Fauna der Guinea-Inseln St. Thomé und Rolas, S. 74.
Patria: St. Thomé, Rolas (Mus. Hamburg, Mus. Marburg, Bolivar), Madagascar (Coll. Brunner).

III. Phyllophorini.

(Vergl. die demnächst erscheinende Monographie dieser Gruppe von Herrn Dr. H. Dohrn in Stettin.)

Index alphabeticus.

Explicatio tabellarum.

Tabula III.

Verhandl. der k.k. zool. bot. Ges.
Band XLII. 1892.

Taf. III.

Jos. Redtenbacher:
Monogr. Übersicht d. Mecopodiden.

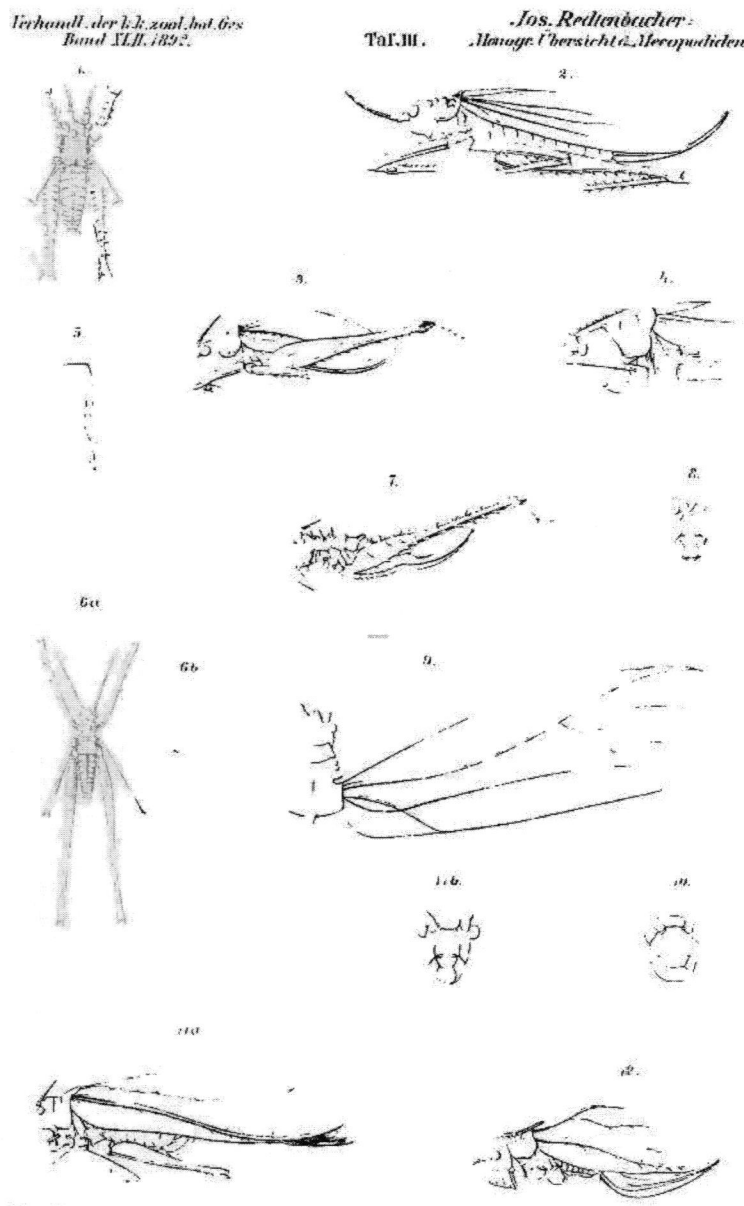

Die biologische Bedeutung der „Genitalanhänge" der Insekten.

(Ein Beitrag zur Bastardfrage.)

Von

C. Escherich.

(Mit Tafel IV.)

(Vorgelegt in der Versammlung am 4. Mai 1892.)

Erst in den letzten zwei Decennien wurde den sogenannten Genitalanhängen der Insekten einiges Interesse geschenkt, indem sie mehrfach der Gegenstand von Untersuchungen und Beobachtungen von Seiten einiger descriptiven Entomologen wurden. Dabei wurden lediglich die morphologischen Verhältnisse und die Bedeutung und Verwendbarkeit der fraglichen Organe für die Systematik in Erwägung gezogen, während die biologische Bedeutung, die, wie ich im Verlaufe dieser Abhandlung zeigen werde, in hohem Grade unser Interesse in Anspruch nehmen muss, bis jetzt vollständig unberücksichtigt blieb.

Merkwürdiger Weise wurden die Genitalanhänge der Insekten von den Zoologen bisher sehr stiefmütterlich behandelt, ja ganz vernachlässigt, was ich dem Umstande zuschreibe, dass die überaus grosse Mannigfaltigkeit in der Bildung dieser Organe, die das Studium derselben in physiologischer, biologischer und vergleichend-anatomischer Beziehung zu einem äusserst anziehenden und interessanten macht, den Zoologen vollkommen verborgen blieb. Die Arbeiten darüber wurden eben hauptsächlich in „entomologischen Zeitschriften" publicirt, die ja gewöhnlich nur in einem kleinen Kreise von Entomologen Verbreitung finden. Um so erfreulicher wäre es, wenn durch diese Abhandlung bei zoologisch gebildeten Forschern einiges Interesse für das Studium der Genitalanhänge erweckt würde. Denn ohne ihre Mithilfe wird es nicht gelingen, tiefer in das Wesen derselben zu dringen.

I. Allgemeines über die Genitalanhänge. Ueberblick über die hauptsächlichsten Formen.

Um zu meinem eigentlichen Thema, der Erklärung der biologischen Bedeutung der Genitalanhänge, zu gelangen, sehe ich mich genöthigt, einen grossen

Umweg einzuschlagen, indem ich gezwungen bin, vorerst über das Wesen der genannten Organe im Allgemeinen und über die hauptsächlichsten Formen, so weit dies bis jetzt möglich ist, Aufschluss zu geben, und in zweiter Linie das Verhalten der Genitalanhänge verwandter Arten zu einander, überhaupt die Bedeutung für die Systematik zu berücksichtigen. Denn ohne Einblick in diese Verhältnisse dürfte das Nachfolgende schwer zu verstehen sein, während im entgegengesetzten Falle die biologische Bedeutung sich eigentlich von selbst ergibt.

Was nun den ersten Punkt, das Wesen der Genitalanhänge im Allgemeinen betrifft, so ist darüber Folgendes zu sagen:

Unter „Genitalanhängen" versteht man in der Entomologie die chitinösen Gebilde, die um das Ende des Ductus ejaculatorius beim Männchen, respective der Vagina beim Weibchen gelagert sind. Letztere wurden bis jetzt fast ganz vernachlässigt und werde ich darauf weiter unten noch kurz zu sprechen kommen; es sollen uns daher zunächst nur die Genitalanhänge der Männchen beschäftigen.

Bei diesen hat man zwei ihrer Function, Entstehung und ihres Vorkommens nach grundverschiedene Stücke zu unterscheiden: ein sogenanntes primäres Stück und ein secundäres Stück. Das primäre Stück findet sich bei sämmtlichen Insekten ohne Ausnahme und besteht gewöhnlich in einer einfachen chitinösen Röhre, in die der Ductus ejaculatorius gewissermassen ausläuft. Es ist das wichtigste Stück, da es bei der Copula die Ueberführung der Samenflüssigkeit des Männchens in die Vagina des Weibchens zu vermitteln hat. Was die Entstehung des primären Stückes anbelangt, so beruht diese wahrscheinlich auf Cuticularbildung des Ductus ejaculatorius.

Das secundäre Stück dagegen findet sich nicht bei allen Insekten, sondern fehlt mehreren Gruppen (z. B. den Carabiciden). Es stellt ein aus mehreren theils zu beiden Seiten, theils oberhalb des primären Stückes gelegenen, klappenartigen Gebilden zusammengesetztes Organ dar, dessen Function grösstentheils darin besteht, das Weibchen während der Copula festzuhalten. Nur in wenigen Ausnahmen dient das secundäre Stück als Schutzorgan, wie z. B. bei den Dytisciden, wo dasselbe lediglich dazu bestimmt ist, das Eindringen von Wasser in die Geschlechtsöffnung der sich begattenden Thiere zu verhindern. Ueber die Ontogenese des secundären Stückes steht wenigstens das fest, dass es aus metamorphosirten Theilen von Segmenten zusammengesetzt ist. Einzelheiten darüber fehlen noch.

Man sieht also, wie die beiden Stücke, das primäre und das secundäre Stück, die bisher niemals getrennt wurden, in jeder Beziehung von einander abweichen, wie sie gar nichts mit einander zu thun haben, obwohl in vielen Fällen die beiden Theile zu einem einzigen, compacten Organ zusammengefügt erscheinen.

Noch klarer wird die Verschiedenartigkeit der beiden Stücke durch folgende Betrachtung: Bei den Insektengruppen, die des secundären Stückes entbehren, bei welchen also der ganze Copulationsapparat lediglich aus dem primären Stück besteht, sind an anderen Organen Vorrichtungen angebracht, die functionell dem secundären Stück der Genitalanhänge vollkommen gleichgestellt sind. Diese

Vorrichtungen bestehen grösstentheils in erweiterten, unten mit einem bürstenartigen Besatz versehenen Vordertarsen, die dazu dienen, das Weibchen während der Copula festzuhalten, eine Function, die ja bekanntlich im anderen Falle das secundäre Stück zu erfüllen hat. Natürlich muss sich, je nach dem Vorhandensein oder Mangel eines secundären Stückes, auch die Art der Begattung ändern. Während im ersten Falle die Copula in der Weise geschieht, dass die beiden Thiere in die entgegengesetzte Richtung sehen, dass also After gegen After gewendet ist, sitzt im zweiten Falle das Männchen auf dem Rücken des Weibchens — die beiden Thiere sehen also in dieselbe Richtung —, wobei ersteres sich mit den das secundäre Stück vertretenden, erweiterten Vordertarsen am Rande der weiblichen Flügeldecken festhält. Die erweiterten Vordertarsen des Männchens bezeichnet man bekanntlich als „secundären Sexualcharakter"; da aber jene nichts Anderes sind als Vertreter des sogenannten secundären Stückes und lediglich durch das Verschwinden desselben bedingt wurden, so ist auch das secundäre Stück als „secundärer Sexualcharakter" anzusehen, während das primäre Stück den Rang eines primären Sexualcharakters einnimmt.

Nach den bisher gewonnenen Gesichtspunkten lassen sich auch die Hauptformen der Genitalanhänge in zwei grosse Gruppen trennen. Die erste Gruppe umfasst die einfachsten Formen, die lediglich in dem primären Stück bestehen. Eine Ausnahme machen die Dytisciden und überhaupt alle die Insekten, bei denen das secundäre Stück als Schutzorgan zu functioniren hat. Diese sind ebenfalls in die erste Gruppe zu stellen.

Zur zweiten Gruppe dagegen gehören die Thiere, deren Genitalanhänge neben dem primären Stück ein als Haftorgan dienendes, secundäres Stück besitzen.

Was nun die Genitalanhänge der ersten Gruppe betrifft, so stellen diese im einfachsten Falle eine glatte, aus einem Stück bestehende, chitinöse Spitze dar, in der der Ductus ejaculatorius endet (Fig. 3). Diese Spitze kann auf die verschiedenartigste Weise geformt sein, indem sie bald gerade, bald nach unten, bald nach oben mehr oder weniger gekrümmt oder geknickt ist. Ferner kann, wie Fig. 4 zeigt, die Spitze mit einem Widerhacken bewaffnet sein, oder es verjüngt sich das chitinöse Endstück des Ductus ejaculatorius überhaupt nicht zu einer Spitze, sondern bleibt sich an Dicke vollkommen gleich (Fig. 2, 1), ja es kann sogar das Ende des primären Stückes kugel-, hacken- oder beilförmig verbreitert sein (Fig. 1). Einen schon etwas complicirteren Bau zeigt Fig. 5 a und b, wo sich mehrere Fortsätze etc. erheben, und vollends Fig. 6, die das primäre Stück einer Cetonie vorstellt, zeigt, dass dasselbe sogar aus mehreren, in diesem Falle aus drei Stücken zusammengesetzt sein kann.

Diese einfach gebauten Copulationsapparate der ersten Gruppe, die also grösstentheils nur aus dem primären Stück bestehen, sind bei verhältnissmässig nur wenig Insekten vertreten, fast ausschliesslich bei den Coleopteren, und hier wiederum nur bei einigen Familien (Carabiciden, Dytisciden, Silphiden, Scarabaeiden, Curculioniden, Chrysomeliden).

29*

Viel schwieriger gestalten sich die Verhältnisse bei der zweiten Gruppe, die einen solchen Formenreichthum aufweist, dass es nach den heutigen, noch ziemlich lückenhaften Untersuchungen kaum möglich ist, bestimmte, typische Unterabtheilungen zu unterscheiden. Nach meiner Ansicht am zweckmässigsten ist, wie Kraatz vorgeschlagen hat, eine Eintheilung der Formen nach der Zahl der Klappen, indem man zwei-, drei- und vierklappige (bi-, tri- und quadrivalvuläre) Genitalanhänge unterscheidet.

Bei dem zweiklappigen oder bivalvulären Copulationsapparat befindet sich zu jeder Seite des primären Stückes je eine, gewöhnlich mit einem Widerhacken versehene Klappe. Die beiden Klappen sind in normalen Fällen vorne mit Bindegewebe verbunden und können infolge dessen gegen einander bewegt werden. Diese ganz typischen Formen kenne ich nur von Coleopteren, und zwar von Meloiden (eigene Untersuchung) (vgl. Fig. 7), von der Gattung *Byrrhus* (E. Reitter) (Fig. 8) und von der Gattung „*Agriotes*" (V. Schwarz) etc. Ungleich complicirter, aber dennoch von bivalvulärem Bau erweisen sich die Genitalanhänge vieler Hymenopteren und Dipteren. Es finden sich hier zwei sehr grosse, meistens aus mehreren (3—5) Stücken zusammengesetzte Klappen, zwischen welchen wieder zwei klappenartige Gebilde, jedoch viel kleiner und einfacher, liegen. Es sind also eigentlich im Ganzen vier Klappen vorhanden und man könnte daher daran Anstand nehmen, dass ich diese Genitalanhänge zu den bivalvulären und nicht zu den quadrivalvulären gestellt habe. Hauptsächlich wurde ich dazu bestimmt durch die Stellung der Klappen, die für die einzelnen Gruppen sehr charakteristisch ist und die wahrscheinlich auch mit der phyletischen Entwicklung zusammenhängt. Ausserdem ist es ja noch sehr fraglich, ob die kleinen inneren klappenartigen Gebilde gewöhnlichen Haftklappen gleichzustellen sind.

Diese complicirteren bivalvulären Genitalanhänge wurden bis jetzt beschrieben von den Hymenopterengattungen *Bombus* (Schmiedeknecht), *Psithyrus* (E. Hoffer), *Sphecodes* (v. Hagens), *Mutilla* (Radoskowski) und *Chrysis* (derselbe); ferner von den Mycetophiliden (Dipteren) (Dziedzicki). (Fig. 9—12.)

Der trivalvuläre Bau ist bei den Lepidopteren vorherrschend und unterscheidet sich von dem bivalvulären durch das Vorhandensein einer dritten Klappe, der sogenannten Afterklappe. Dieselbe ist, im Gegensatze zu den Haftklappen, unpaarig und befindet sich oberhalb der Afteröffnung. Sie ist an der Basis meistens breit gebaut und verjüngt sich nach hinten in einen schlanken Fortsatz, der gewöhnlich nach unten gebogen ist und zwischen die beiden paarigen Haftklappen hineinreicht. Unterhalb der Afterklappe, zwischen den beiden Haftklappen, befindet sich das primäre Stück, das von oben her von ersterer vollständig bedeckt wird (vgl. Fig. 13). Das ist die Grundidee, nach der die Genitalanhänge der meisten Lepidopteren gebaut sind. Allerdings ist der Grundtypus in vielen Fällen kaum mehr zu erkennen, da die einzelnen Theile, besonders die Haftklappen, in den verschiedensten und complicirtesten Modificationen auftreten.

Der quadrivalvuläre Copulationsapparat endlich ist dadurch charakterisirt, dass die Afterklappe, die soeben bei den trivalvulären Genitalanhängen als unpaare Klappe geschildert wurde, hier paarig auftritt. Wir haben also zwei obere Klappen, die bei den Lepidopteren zu der unpaarigen Afterklappe verschmelzen, und zwei untere Klappen, die sogenannten Haftklappen zu unterscheiden. Zwischen letzteren liegt gewöhnlich das primäre Stück. — Den quadrivalvulären Bau kenne ich von den Genitalanhängen der Orthopteren.

Ausser diesen vier Haupttypen kommen noch eine Anzahl „unregelmässiger", hier nicht unterzubringender Formen vor (Fig. 14. 15), auf deren Beschreibung ich verzichten muss, da ich gezwungen wäre, eine Menge Einzelbeschreibungen zu geben, was den Rahmen dieser Abhandlung weit überschreiten würde. Es liegt ja nicht in meiner Absicht, sämmtliche Formen zu beschreiben, sondern ich wollte nur in ganzen kurzen Zügen eine Skizze der Mannigfaltigkeit der Genitalanhänge geben, um das Verständniss des Folgenden zu erleichtern.

Um die phyletische Entwicklung der Formen der Genitalanhänge zum Schlusse noch kurz zu berühren, möchte ich erwähnen, dass man hiebei eine stetige Vereinfachung des Complicirteren wahrnimmt. Von den Insekten treten bekanntlich die Orthopteren zuerst auf, indem sie ja schon in der Kohlenformation vorkommen, und gerade diese besitzen einen sehr complicirten (quadrivalvulären) Bau. Die Genitalanhänge der Raubkäfer dagegen (Carabiciden etc.), die erst spät auftreten, sind äusserst einfach gestaltet, indem sie ja nur aus dem primären Stück bestehen. Der ursprünglich vierklappige Copulationsapparat wurde durch Verschmelzung der beiden oberen Klappen zu dem trivalvulären, dieser wurde durch das Rudimentärwerden der Afterklappe zum bivalvulären; die beiden Haftklappen des letzteren wurden dann dadurch, dass die Art der Begattung, wie oben erwähnt, eine andere wurde, überflüssig und rudimentär, und führten schliesslich zu dem einfachen, nur aus dem primären Stück bestehenden Copulationsorgan der Coleopteren.

II. Das Verhalten der Genitalanhänge bei verwandten Arten.

Während das, was bisher gesagt wurde, auf das eigentliche Thema keinen directen Bezug hatte, sondern lediglich dazu bestimmt war, den Leser in das Studium der Genitalanhänge einzuführen, ist das Nachfolgende schon sehr innig mit dem Thema verknüpft. Es bildet nämlich die thatsächliche Basis, auf die sich die theoretischen Schlüsse stützen.

Ich beginne zunächst mit der Mittheilung der Untersuchungen, die bis jetzt über das Verhalten der (männlichen) Genitalanhänge bei den Arten einer Gattung gemacht wurden:

1. O. Hofmann[1] untersuchte die Genitalanhänge von den einfärbigen Arten der Microlepidopteren-Gattung „Butalis" und fand, dass jene ein ausgezeichnetes Mittel zur Unterscheidung der dem äusseren Habitus nach kaum

[1] Beiträge zur Kenntniss der Butaliden (Stettiner Entomol. Zeitung, 1888).

zu trennenden Arten darböten, indem sie so verschieden geformt
seien, dass man nicht einmal einen bestimmten Grundtypus constatiren könne. Er äussert sich dort dahin, „dass bei zweifelhaften Artrechten
eine genaue Untersuchung der Copulationsorgane nicht zu unterlassen sei, und
dass sie, wie bei den Butaliden, so auch höchst wahrscheinlich bei vielen anderen
(wenn nicht allen) Gattungen das beste, sicherste und manchmal vielleicht einzige
Mittel sei zur Entscheidung der Frage, ob eine eigene Art vorliege oder nicht".

2. Kraatz constatirte, dass bei den Cetonien, die in Bezug auf Farbe,
Sculptur und Form äusserst variabel sind, die Genitalanhänge nicht mit
diesen Eigenschaften abändern, sondern constant bleiben, und dass
es nur durch die Untersuchung derselben möglich sei, die scheinbar zusammenhängende Reihe von Formen in mehrere scharf begrenzte Gruppen, d. i. Arten,
gewissermassen zu zerschneiden.[1]

3. Derselbe Autor untersuchte auch die Genitalanhänge von Carabiciden, speciell aus der Gruppe des äusserst veränderlichen *Carabus sylvestris* L.
Letzterer ist in seinem Vorkommen auf gewisse Höhen beschränkt, d. h. er kommt
nur bis zu einer bestimmten Grenze vor. Dagegen tritt von hier an ein Thier
auf, das sich nur durch ganz geringe Unterschiede (dunklere Färbung, kleinere
Gestalt, unbedeutende Sculpturveränderungen) von *sylvestris* auszeichnet und das
man meistens als Varietät desselben, hervorgerufen durch die durch die höhere
Lage bedingte Veränderung des Klimas und der Nahrung, betrachtete; so nannte
Moriz Wagner den *Carabus alpinus* — das ist nämlich das fragliche Thier —
„eine durch klimatische Verhältnisse veränderte Speciesform des sehr variablen
Carabus sylvestris L.".[2] Die Vergleichung der Genitalanhänge aber lehrte, dass
diese Ansicht eine ganz irrthümliche war, indem nämlich jene als so verschieden sich erwiesen, dass an eine Zusammengehörigkeit der obengenannten, scheinbar in einander übergehenden Formen, des *Carabus sylvestris* und *alpinus*, gar nicht zu denken ist.[3]

4. In der Meloidengattung *Zonitis* Fab.,[4] die in Bezug auf die Variabilität
unter den Käfern obenan steht, lieferte die Untersuchung der Genitalanhänge
vorzügliche Resultate. Während jahrelang unter den Systematikern die grösste
Confusion sich kundgab und hin und her gestritten wurde, ob dieser oder jener
Form das Artrecht gebühre, konnte ich im Laufe einiger Stunden mit vollkommener Sicherheit darüber Aufschluss geben. Und lediglich durch das Verhalten
der Genitalanhänge bei den einzelnen Arten wurde mir das ermöglicht. Denn
sie erwiesen sich als vollständig constant, ohne Uebergänge, und bei
jeder Art als verschieden, meistens sogar sehr beträchtlich.

5. Bei den Hymenopterengattungen *Bombus, Psithyrus, Sphecodes* etc.
ist die Unterscheidung der einzelnen Arten nach Farbe, Form etc. kaum möglich,

[1] Deutsche entomologische Zeitschrift, 1881.
[2] Die Darwin'sche Theorie und das Migrationsgesetz, S. 36.
[3] Deutsche entomologische Zeitschrift, 1878.
[4] C. Escherich, Die paläarktischen Vertreter der Coleopterengattung „Zonitis" Fabr.
(Deutsche entomologische Zeitschrift, 1891, S. 231, Taf. IV).

einerseits weil die Variabilität eine sehr grosse ist, und andererseits, weil die unterscheidenden Charaktere manchmal nur äusserst geringfügig sind. Man schritt deshalb zur Untersuchung der Genitalanhänge und fand in diesen ein vortreff-liches Mittel zur Artunterscheidung, indem diese sowohl constant sind als auch besonders bei nahe verwandten Arten meistens einen grundverschiedenen Bau aufweisen. So äussert sich z. B. v. Hagens[1]) in seiner Arbeit über die Gattung *Sphecodes* folgendermassen: „Die Bienengattung „*Sphecodes*" bildet ein auffallendes Beispiel für die Bedeutsamkeit der männlichen Genitalien, denn bei keiner Insektengruppe hat wohl je eine so grosse Meinungsverschiedenheit über die Anzahl der einzelnen Arten stattgefunden — Dr. Sichel nimmt nur drei, Prof. Förster 232 Arten an — und nirgendwo geben die Genitalien einen so klaren Aufschluss zur Entscheidung über die Meinungsverschiedenheit und Feststellung der Arten".

6. Heinrich Fischer bemerkt über das Verhalten der Genitalanhänge bei verwandten Arten in seinem berühmten Werke „Orthoptera Europaea" (1853!), p. 14, Folgendes: „Appendices abdominis in speciebus singulis ejusdem generis (evidentissime in Locustinorum familia) discrepant, quare ad distin-guendos species ceterum simillimos egregie adhiberi possunt".

7. Endlich möchte ich noch die Resultate, die Dziedzicki[2]) bei der Unter-suchung der Genitalanhänge der Dipterengattung *Phronia* gewann, und die besonders geeignet sind, das Verhalten der Genitalanhänge bei den einzelnen Arten zu illustriren, anführen. Er sagt: „. . . . Je me suis cependant définitive-ment convaincu, que la grand variabilité dans la structure de cet or-gane (organe copulateur), remarquée dans les différents espèces des Mycetophilides, qui appartiennent aux genres que j'ai examinés, et la con-stance extraordinaire de la forme de cet organe dans chaque espèce, sert de criterium le plus sûr pour la distinction des espèces, chez lequelles aucun autre caractère ne peut le remplacer. Un des plus éminents observateur dans la syste-matique entomologique, Mr. le Prof. Fr. Brauer dans son important travail: „Systematisch-zoologische Studien". dit sur la p. 31 (267): „Die Arten werden durch die kleinsten Verschiedenheiten . . . . durch verschiedene Sculptur und zuletzt durch Färbung, sehr gewöhnlich aber durch die Verschiedenheit der Geschlechtsorgane abgegrenzt"; ainsi donc le Prof. Brauer, egalement comme Darwin et les autres observateurs, considère la différence dans les or-ganes sexuels pour criterium le plus important dans la distinction des espèces."

Ausser diesen sieben angegebenen Fällen wurden noch eine ganze Reihe von Untersuchungen über das Verhalten der Genitalanhänge bei verwandten Arten angestellt, die hier alle einzeln anzuführen viel zu weit gehen würde. Sie sind auch grösstentheils von untergeordneter Bedeutung (wenigstens für unseren Zweck) und meistens rein systematischer Natur.

---

[1]) Deutsche entomologische Zeitschrift. 1882, S. 210.
[2]) Revue des espèces européennes du genre „*Phronia*" Winnertz (Horae soc. ent. Rossic., XXIII, 1889).

Wenn man die eben mitgetheilten sieben Fälle durchliest, so wird wohl jedem ein Moment sofort auffallen, nämlich die frappante Uebereinstimmung der Schlussfolgerungen, die sich aus den Untersuchungen, die doch grösstentheils ganz unabhängig von einander, in ganz verschiedenen Insektenclassen gemacht wurden, ergaben. Sämmtliche Autoren stimmen nämlich darüber vollkommen überein, dass die Genitalanhänge ein ausgezeichnetes Merkmal zur Artunterscheidung, ein überaus sicheres Artkriterium darbieten. Folgende drei Eigenschaften verleihen ihnen diesen Charakter: einmal sind die Genitalanhänge äusserst constant und ändern gewöhnlich nicht mit den übrigen Eigenschaften (Farbe, Form, Sculptur) ab; sodann sind sie bei den meisten Arten (wenn nicht bei allen!) verschieden, und endlich sind die Unterschiede sehr häufig gerade bei nahe verwandten Arten besonders gross.

Diese Eigenschaften, deren Vorhandensein ja durch die oben erwähnten Untersuchungen genügend bewiesen sein dürfte, machen es in der That erklärlich, dass die Genitalanhänge in der Systematik eine grosse Rolle spielen. Denn der Begriff „Art" wird dadurch ein bestimmter, scharf begrenzter; die Zerschneidung der scheinbar zusammenhängenden organischen Formenkette in einzelne grössere oder kleinere Glieder, d. i. Arten, ist nicht mehr der Willkür des menschlichen Geistes unterworfen, sondern von der Natur genau vorgeschrieben; die oft endlos scheinenden, höchst uninteressanten Streite über die Artberechtigung dieser oder jener Form werden aufhören, da man ja mit Sicherheit sagen kann: das ist „Art", das ist nur „Rasse"; jede Art ist gewissermassen abgestempelt, so dass es ein „zu viel" oder ein „zu wenig" bei der Aufstellung von Arten nicht mehr geben kann! So wird es, so muss es kommen, wenn von Seite der Systematiker die Genitalanhänge genügend berücksichtigt werden; ja, es macht sich bereits ein sehr wohlthuender Einfluss in der Entomologie fühlbar, indem nämlich die schreckliche „Mihi-Sucht", die ja bekanntlich in der Entomologie in besonderer Blüthe stand, etwas in Abnahme begriffen ist und man nicht mehr auf die kleinsten Verschiedenheiten in Farbe, Grösse etc. sofort eine „nova species" gründet, sondern sich vorher durch Untersuchung der Genitalanhänge darüber Gewissheit verschafft.

Bisher wurde nur des männlichen Geschlechtes gedacht, indem uns ja lediglich die Genitalanhänge der Männchen beschäftigten, während von den weiblichen Genitalanhängen noch gar nicht die Rede war. Es sind eben nur äusserst mangelhafte Untersuchungen hierüber angestellt worden! Dennoch aber reichen sie hin, die theoretischen Schlüsse, die sich nothwendig ergeben, zu bestätigen.

Die weiblichen Genitalanhänge bilden den correspondirenden Theil zu den männlichen; wo also in dem einen Geschlecht eine Erhöhung sich findet, da ist in dem anderen eine Vertiefung zu suchen; wenn z. B. für das Männchen die Widerhacken an den Haftklappen einen Zweck haben sollen, so müssen sich doch beim Weibchen Vertiefungen finden, in welche die Widerhacken eingreifen können; wenn das primäre Stück des Männchens gebogen ist, so muss der Ruthencanal des Weibchens ebenfalls gebogen sein; wenn die Genitalanhänge des Männchens trivalvulär sind, also drei Klappen besitzen, so müssen auch beim Weibchen drei entsprechende Höhlungen vorhanden sein u. s. f.; überhaupt müssen sich die Genitalanhänge der beiden Geschlechter genau ergänzen, um bei der Copula ein compactes Ganzes zu bilden.

Zu einer bestimmten Form des männlichen Copulationsapparates gehört also eine ganz bestimmte, genau entsprechende Bildung der weiblichen Genitalanhänge. Da aber, wie ich oben des Längeren ausgeführt habe, die männlichen Genitalanhänge der meisten (wenn nicht aller!) Arten verschieden sind, so folgt daraus, dass das auch bei den weiblichen der Fall sein muss, d. i., dass auch die Genitalanhänge der Weibchen bei den meisten Arten verschieden geformt sein müssen.

Diese Schlussfolgerung, zu der man nothwendiger Weise gelangen muss, ist so klar und selbstverständlich, dass sie der thatsächlichen Bestätigung gar nicht bedürfen würde; trotzdem aber will ich nicht versäumen, die wenigen Untersuchungen, die über das Verhalten der weiblichen Genitalanhänge bei den verschiedenen Arten gemacht wurden, hier mitzutheilen:

Vor allen ist hier O. Hofmann zu nennen, der die weiblichen Genitalanhänge der Butaliden (Lepidopteren) untersuchte und constatiren konnte, dass diese, ebenso wie die männlichen, bei jeder Art verschieden gebaut sind. „An der Oeffnung des Ruthencanals befinden sich bei den verschiedenen Arten verschieden gestaltete chitinöse Anhänge, die offenbar in Beziehung zu den so verschiedenartig gestalteten Genitalanhängen der Männchen und der Beschaffenheit des Penis derselben stehen."[1]

Sehr beachtenswerth ist ferner eine Bemerkung Dziedzicki's über die weiblichen Genitalanhänge der Dipterengattung *Phronia:* „Tout ce que j'ai dit plus haut sur l'importance de la forme externe de l'organe copulateur pour la diagnostique des espèces du genre *Pronia* (siehe oben), peut s'appliquer complètement à l'ovipositeur de la ♀, qui présente également des différences, aussi bien prononcées dans chaque espèce, qu'il ne cède en rien au copulateur sous la rapport d'importance diagnostique".[2]

Endlich constatirte noch E. Hoffer eine Verschiedenheit der weiblichen Genitalanhänge bei den verschiedenen Arten der Hymenopterengattung „*Psithyrus*".[3]

In diesen drei Fällen — den einzigen, die mir bekannt sind — wird also unsere oben ausgesprochene Ansicht vollauf bestätigt, wie es ja nicht anders sein konnte. Und ebenso wie in diesen drei Gattungen, die in Bezug auf das Verhalten der weiblichen Genitalanhänge bei den verschiedenen Arten untersucht wurden, muss es auch bei allen anderen sein, deren Arten im männlichen Geschlechte verschieden geformte Genitalanhänge besitzen.

---

[1] O. Hofmann, Beiträge zur Kenntniss der Butaliden (Stettiner Entomologische Zeitung, 1890, S. 206).

[2] Dziedzicki, Revue des espèces européennes du genre „*Phronia*" Winnertz (Horae soc. ent. Rossic., XXIII, 1889).

[3] Mittheilungen des Naturwissensch. Vereins für Steiermark, 1888, S. 91.

III. Die biologische Bedeutung der Genitalanhänge.

Nachdem nun im vorigen Abschnitte festgestellt wurde, dass die Genitalanhänge der Männchen bei den verschiedenen Arten in der Form ganz beträchtliche Unterschiede zeigen und dass ferner die Genitalanhänge der Weibchen dasselbe Verhalten aufweisen, so dürfte wohl der Schluss nahe liegen, dass eine
fruchtbare Copula nur zwischen ganz bestimmten Individuen stattfinden könne, und zwar nur zwischen solchen, deren Genitalanhänge
in beiden Geschlechtern genau correspondirend gebaut sind. Denn
eine fruchtbare Copula zweier verschiedener Arten, vorausgesetzt, dass diese
auch verschiedene Genitalanhänge besitzen, ist schon aus rein mechanischen
Gründen nicht gut möglich. Es ergänzen sich eben hier die Genitalanhänge
in beiden Geschlechtern nicht; das Männchen besitzt vielleicht ein gebogenes
primäres Stück, während der Ruthencanal des Weibchens gerade ist; infolge dessen
kann das Männchen das primäre Stück nicht vollständig einführen; oder das
Männchen besitzt zwei mit Widerhacken versehene Haftklappen, während beim
Weibchen keine Vertiefungen dazu vorhanden sind; wie soll in diesem Falle das
Männchen das Weibchen festhalten? u. s. w. Kurz, es wird dem Männchen einer
Art niemals gelingen, das Weibchen einer anderen Art wirklich zu begatten.

Es werden zwar vielfach Beobachtungen berichtet, nach welchen Thiere,
die ganz verschiedenen Familien, ja sogar verschiedenen Classen angehören, in
Copula angetroffen wurden; so hat man z. B. einen *Elater* in Paarung mit einer
Orina gesehen, und L. v. Aigner theilte mir brieflich mit, dass er vor einigen
Jahren eine *Sesia* mit einer Wespe in Copula angetroffen habe u. s. w. Aber
diese Thatsachen widersprechen ja meinen Anschauungen nicht im geringsten.
Denn ich spreche ja solchen unnatürlichen Paarungen nur den Er-
folg ab, dieser wird stets ein negativer sein.

Hiefür wurden sogar experimentelle Beweise erbracht, und zwar durch
E. Hoffer, der in den Gattungen *Bombus* und *Psithyrus* diesbezügliche Versuche anstellte. Diese sind von fundamentaler Bedeutung, so dass ich mich veranlasst sehe, den Bericht Hoffer's[1] hier wiederzugeben. Er lautet folgendermassen:

„Ich habe schon in den „Hummeln Steiermarks" (I, S. 67) meine Meinung
über Hummelbastarde dahin formulirt, dass zwischen Individuen zweier verschiedener Species keine wirkliche Copula stattfindet, dass also von Verbasterungen der Hummeln keine Rede sein kann. Auf Grund der vielen weiteren
seitdem gemachten Experimente und Beobachtungen glaube ich mit aller Ent-
schiedenheit bei meiner Ansicht beharren zu müssen. Diese complicirten Organe der ♂ sind eben nur für die ihnen entsprechenden Organe der ♀
gebaut und kann an eine wirkliche Befruchtung des ♀ einer bestimmten Species
durch ein ♂ einer anderen Species gar nicht gedacht werden, da eben eine

---

[1] Mittheilungen des Naturwissensch. Vereins für Steiermark, 1888.

physische Unmöglichkeit vorliegt. Es soll zwar Smith mehrere Pärchen von *Psithyrus rupestris* mit *Bombus lapidarius* in Copula gesehen haben, weshalb Gerstäcker die Ansicht, dass gerade bei schwierigen Gattungen Verbasterungen stattfänden, für bestätigt erklärt; ferner bemerkte Schmiedeknecht im Herbste 1876 das ♂ von *elegans* mit *lapidarius* ♀ vereint. Ich bin aber der Ueberzeugung, dass hier ein Irrthum vorliegt, nicht so sehr in Bezug auf die angeführten Species, als vielmehr in Bezug auf den Erfolg der angeblichen Copula. Gibt man nämlich hitzige Hummelmännchen, z. B. die des *Bombus Rajellus* oder *pomorum* (Stammform oder var. *elegans*) im Vivarium mit ♀ einer beliebigen Hummel oder Schmarotzerhummel zusammen, so überfallen die brünstigen ♂ die armen ♀ fast augenblicklich, halten sie mit ausserordentlicher Hartnäckigkeit und Geschicklichkeit umklammert und versuchen, mögen die Weibchen thun, was sie wollen, fliegen, laufen, sich auf den Rücken werfen etc., die Genitalien einzuführen, aber dies gelingt ihnen wegen des ganz verschiedenen Baues der weiblichen Hypopygien bei einer fremden Art nie, wie ich bei einer Anzahl von Fällen gesehen habe, während sie bei noch nicht befruchteten ♀ ihrer eigenen Art nach längerem oder kürzerem Herumbalgen zum erwünschten Resultate gelangen. Solche unverschämte ♂ lassen ihre unglücklichen Opfer, die sich mit den Kiefern, dem Stachel, ja dem ganzen Leibe dagegen wehren, stundenlang nicht aus, so dass sie ihnen die Vorderflügel, unter deren Wurzeln sie sich eben mit den Vorderbeinen auf das Hartnäckigste festhalten, häufig so verbiegen, dass die ♀ nicht mehr fliegen können. Aber da kann man wohl sagen, aller Liebe Mühe ist umsonst, nie kann eine ejaculatio seminis in die Samentasche eines fremden ♀ stattfinden, wie ich mich in mehr als hundert Fällen überzeugt habe."

Weiter unten fährt Hoffer fort: „Ich hatte jeden Sommer und Herbst eine grosse Menge von allen möglichen Hummel- und Schmarotzerhummelarten im Vivarium, und während man bei gewissen Arten die stundenlang dauernde, wirkliche, rechtmässige Copula oft und oft sehen konnte, während die unrechtmässige Herumreiterei zwischen nicht zu derselben Species gehörige Formen eine gewöhnliche Erscheinung ist, habe ich noch nie gesehen, dass im letzteren Falle wirklich eine Begattung stattgefunden hätte. Und wie könnte das auch stattfinden, da die Genitalanhänge des ♂ verschiedener Species so total verschieden sind? Und da auch die weiblichen Organe verschiedene Formen zeigen, so ist eine Verbasterung als eine Unmöglichkeit anzusehen. .... Und dann, wer hat je einen Blendling zweier verschiedener Hummelspecies oder gar zwischen *Bombus* und *Psithyrus* gesehen? Welche Sammlung hat nur etwas Aehnliches aufzuweisen? In der ganzen Literatur findet sich, so viel mir bekannt, nicht eine Andeutung darüber. Es müsste ein solcher Bastard ja auch eine Vermischung der plastischen Merkmale beider Eltern zeigen, und ein Exemplar dieser Art ist noch nie gefangen, wenigstens nie beschrieben worden. Die Herumreiterei der hitzigen *Bombus*- oder *Psithyrus*-Männchen auf nicht zu ihrer Species gehörigen ♀ ist ganz einfach dem widrigen Umarmen unglücklicher Karpfen oder ähnlicher Fische durch brünstige Froschmännchen zu vergleichen; nur könnte in diesem Falle, wenn gelegte Fischeier vorhanden wären, ein Sperma-

36*

erguss auf dieselben stattfinden, was bei den Hummeln wegen der inneren Befruchtung derselben unmöglich erscheint."

E. Hoffer hat durch diese Versuche zunächst gezeigt, dass bei den Hummeln eine fruchtbare Copula zweier verschiedener Arten nicht zu Stande kommen kann, und zwar aus mechanischen Gründen, da die Genitalanhänge bei jeder Art verschieden gebaut sind. Daraus geht hervor, dass zur Erreichung einer Befruchtung unbedingt nothwendig ist, dass die sich begattenden Thiere vollständig gleiche, respective genau correspondirende Genitalanhänge besitzen; ist das nicht der Fall, d. i. sind die Genitalanhänge der beiden Geschlechter nicht genau correspondirend gebaut, so ist eine Befruchtung ausgeschlossen.

Wie ich nun oben des Längeren erörtert habe, sind nicht nur bei den Hummeln die Genitalanhänge in jeder Art von anderer Gestalt, sondern ist diese Eigenschaft wahrscheinlich bei allen Insekten herrschend, so dass man die Resultate, die E. Hoffer durch seine verdienstvollen Experimente an den Hummeln gewonnen hat, ruhig auch auf die anderen Insekten anwenden kann und daher annehmen darf, dass überhaupt in der Classe der Insekten eine Befruchtung eines Weibchens einer Art durch ein Männchen einer anderen Art (wohl in den allermeisten Fällen) nicht zu Stande kommen kann. Und, wäre das nicht der Fall, was für eine Unzahl von Blendlingen und Uebergängen müsste dann existiren, da, wie wir durch E. Hoffer und Andere erfahren haben, die brünstigen Männchen wenig wählerisch sind und sich einfach auf das ihnen zunächst sitzende Weibchen stürzen! „Die Natur ist hier offenbar bestrebt", sagt Kraatz in seiner ausgezeichneten Arbeit über das Begattungsglied der Käfer [1]), „nicht nur die Fortpflanzung im Allgemeinen, sondern auch die der einzelnen Arten so viel als möglich zu sichern. Sie war demnach darauf bedacht, den sinnlich erregten Männchen des unvernünftigen (?) Thieres einen Riegel vorzuschieben".

Kraatz hat sehr Recht, wenn er der verschiedenartigen Bildung der Genitalanhänge die Function eines „Riegels" zuschreibt; denn in der That trägt ja der ungeheure Formenreichthum der fraglichen Organe sehr viel dazu bei, das Männchen an einer Begattung eines nicht zu derselben Art gehörigen Weibchens zu hindern, allgemeiner ausgedrückt, Kreuzungen zweier verschiedener Arten auszuschliessen, die „Art" also rein zu erhalten. Darin besteht die biologische Bedeutung der Genitalanhänge.

Es erübrigt nur noch, die Frage zu beantworten, durch welche Umstände der Formenreichthum der Genitalanhänge hervorgerufen worden sei. Man könnte zunächst auf die Vermuthung kommen, es liegen hier Anpassungsverhältnisse vor; die verschiedene Gestalt sei nothwendig, da ja die verschiedenen Arten den Begattungsact auch in verschiedenen Verhältnissen vollziehen; wenn z. B. die Individuen einer Art auf dem Boden sich begatten,

---

[1]) Deutsche entomologische Zeitschrift, 1881.

während die Copula einer anderen Art auf Blüthen, die durch Wind etc. fortwährend in Bewegung versetzt sind, stattfindet, so dürfe man wohl erwarten, dass bei der letzteren Art stärkere Haftapparate vorhanden seien, als bei der ersteren! Man könnte so zu der Vermuthung kommen, dass jeder, auch der kleinste Theil eines Copulationsapparates, jeder Vorsprung, jede Biegung, jede Vertiefung etc. eine ganz bestimmte mechanische Function, die durch die Art der Begattung genau bedingt sei, zu erfüllen habe.

Diese Vermuthung wird jedoch sehr unwahrscheinlich, wenn man in Erwägung zieht, dass ja auch bei Arten, die an einer Oertlichkeit vorkommen und die die Begattung in genau denselben Bedingungen vollziehen, die Genitalanhänge einen grundverschiedenen Bau aufweisen können, wie z. B. O. Hofmann bei den Butaliden constatirte! Dass die Haupttypen auf Anpassung zurückzuführen sind, ist ja selbstverständlich, so ist doch z. B. der Schutzapparat, der sich an den Genitalanhängen der Dytisciden befindet, lediglich dadurch bedingt, dass sich die Thiere im Wasser begatten und dabei leicht Fremdkörper in die Genitalöffnung gelangen könnten. Aber im Gebiete dieser Haupttypen kommen eben eine so ungeheuere Anzahl der verschiedensten Modificationen vor, dass hierbei an Anpassung an äussere Verhältnisse gar nicht gedacht werden kann. Welche äusseren Umstände könnten die Ursache sein, dass von zwei nahe verwandten, an einer Oertlichkeit vorkommenden Arten die eine beilförmig erweiterte Haltzangen besitzt, während dieselben Organe bei der anderen Art einfach oder kugelförmig erweitert sind, dass die eine Species Dornen an der Innenseite der Haftklappen besitzt, während sie bei den anderen fehlen, oder dass bei der einen Art das primäre Stück nach hinten zugespitzt, bei der anderen aber nicht verjüngt ist, oder endlich dass die Penisscheide bei einer Art stark nach abwärts gekrümmt ist, während sie bei der nächstverwandten Species gerade oder nach aufwärts gebogen ist?

Der geistvolle Naturforscher und Philosoph A. Weismann behauptet zwar: „es beruht alles auf Anpassung", ein Satz, den bekanntlich sogar Ch. Darwin in dieser präcisen Fassung nicht mehr aufrecht erhielt. „Da ist nichts Gleichgiltiges", sagt Weismann, „Nichts, was auch anders sein könnte; jedes Organ, ja jede Zelle und jeder Zelltheil ist gewissermassen abgestimmt auf die Rolle, welche er der Aussenwelt gegenüber zu übernehmen hat.

Gewiss sind wir nicht im Stande, bei irgend einer Art alle diese Anpassungen nachzuweisen, aber wo immer es uns auch gelingt, die Bedeutung eines Structurverhältnisses zu ergründen, entpuppt es sich immer wieder als eine Anpassung, und wer es je versucht hat, den Bau irgend einer Art eingehend zu studiren und sich Rechenschaft zu geben von der Beziehung seiner Theile zur Function des Ganzen, der wird sehr geneigt sein, mit mir zu sagen: es beruht Alles auf Anpassung, es gibt keinen Theil des Körpers und sei es auch der kleinste und unbedeutendste, überhaupt kein Structurverhältniss, das nicht entstanden wäre unter dem Einfluss der Lebensbedingungen, sei es bei der betreffenden Art selbst, sei es bei ihren Vorfahren; keines, das nicht diesen Lebensbedingungen entspräche, wie das Flussbett dem in ihm strömenden Fluss."

Nach den obigen Ausführungen scheint aber dieses für die Vielgestaltigkeit der Genitalanhänge nicht zuzutreffen. Den oben bereits angeführten Gründen möchte ich noch hinzufügen, dass wenn die Bildung der Genitalanhänge durch Anpassung geleitet worden wäre, doch diejenigen Arten, die sich unter denselben Verhältnissen begatten, auch denselben Copulationsapparat besitzen müssten. Eine einzige, den Verhältnissen entsprechende Form würde für alle diese vollkommen genügend sein, da es sich hier ja nur um eine functionelle Anpassung handeln könnte.

Alle Modificationen, die sich aus einem solchen „Grundtypus" gebildet haben, sind daher für die Existenz und Fortpflanzung der Individuen vollkommen gleichgiltige Dinge, die ohne Schaden auch anders sein könnten.

Wir sehen also, die Erklärung, die Weismann für die Existenz der Formen gibt, ist für unseren Fall nicht ausreichend, da ein causaler Zusammenhang des Formenreichthums der Genitalanhänge mit der Aussenwelt nicht constatirt werden kann. Es bleibt uns daher kein anderer Ausweg übrig, als uns zur Annahme einer unbekannten Kraft zu bekennen. In der Art und Weise, wie sich die Kraft äussert, nämlich in der Schaffung möglichst vieler Modificationen in der Bildung der Genitalanhänge, erblicke ich das Princip der Reinerhaltung der Art. Wer sich mit dem Studium der Genitalanhänge eingehender befasst hat, wird mir Recht geben, wenn ich behaupte, dass in den meisten Fällen die Formen nur deshalb verschieden sind, damit sie verschieden sind und so einer Kreuzung ein Hinderniss in den Weg legen. Mit grossem Raffinement ist die Natur manchmal vorgegangen, um dem „Princip der Reinerhaltung der Art" gerecht zu werden, indem sie immer und immer wieder neue Combinationen erfand und neue Formen construirte.

Uebrigens wurden auch in anderen Thierclassen Thatsachen constatirt, die sehr viel Analogie mit unserem Falle besitzen und die sehr zu Gunsten obigen Principes zu sprechen geeignet sind.

Th. Eimer z. B. theilt uns Folgendes mit:[1] „An einem anderen Orte[2] wurde von mir darauf aufmerksam gemacht, wie ausserordentlich genau der Same sowohl in Beziehung auf seine Form als in Beziehung auf Energie und Modus der Bewegung den zu seinem Eindringen in das Ei vorhandenen Einrichtungen angepasst sein müsse, um dieses Eindringen bewerkstelligen zu können. Ich führte an, wie sehr verschieden die Samenfäden bei ganz nahe verwandten Arten zuweilen seien, so z. B. bei *Rana temporaria* und *esculenta*. Gleichfalls eine wesentliche Verschiedenheit findet sich zwischen Samenelementen von *Bufo viridis* und *variabilis* . . . . Noch grösser sind die in Rede stehenden Unterschiede z. B. zwischen *Bombinator igneus* und seinen nächsten Verwandten; zahllose Beispiele liessen sich in dieser Richtung anführen. Ich sprach die Ansicht aus, derartige morphologische Verschiedenheiten, sei es am Samen, sei es am Ei, könnten allein schon die Schwierigkeit der Bastardbildung erklären."

---

[1] Zoologische Studien auf Capri, II, S. 45.
[2] Untersuchungen über den Bau und die Beweglichkeit der Samenfäden. Würzburg, 1874.

Schildert uns hier Eimer nicht ganz ähnliche Verhältnisse, wie ich es bei den Insekten gethan? Auch hier ist also die Tendenz, eine Bastardbefruchtung zu verhindern, vorhanden; nur sind die Mittel zur Erreichung dieses Zieles andere und feinere als bei den Insekten.

Ferner möchte ich zum Schlusse noch der sehr verdienstvollen Untersuchung von Oscar und Richard Hertwig über die Bedingungen der Bastardbefruchtung Erwähnung thun, deren Resultate ein besonders eclatantes Zeugniss darbieten, dass in der organischen Natur die Tendenz liegt, eine Kreuzung zweier Individuen, die nicht auf derselben phyletischen Entwickelungsstufe stehen, d. i. die verschiedenen Arten angehören, möglichst zu verhindern. Die genannten Forscher stellten nämlich Kreuzungsversuche zwischen verschiedenen Arten aus der Classe der Echinoiden an und kamen dabei zu folgendem Schlusse:

„In der Eizelle sind regulatorische Kräfte vorhanden, welche für den normalen Verlauf der Befruchtung garantiren und Polyspermie und Bastardbefruchtung zu verhindern streben."[1]

Wenn wir nun annehmen, dass diese beiden Momente, nämlich verschiedene morphologisch-physikalische Constitution der Geschlechtselemente bei verschiedenen Arten[2] und die von den Gebrüdern Hertwig geschilderte Eigenschaft der Eizelle, auch bei den Insekten herrschen und zusammenwirken mit den verschieden gestalteten Genitalanhängen, so ist eine Erklärung für das überaus seltene Vorkommen von Bastarden bei den Insekten gegeben!

[1] Experimentelle Untersuchungen über die Bedingungen der Bastardbefruchtung. Jena, 1885.

[2] Ballowitz constatirte thatsächlich bei den Insekten ganz bedeutende Differenzen in der Form der Spermatozoen (Zeitschrift für wissensch. Zoologie, 1890).

Erklärung der Abbildungen.

Tafel IV.

Fig. 1. Copulationsapparat (primäres Stück) von *Carabus maritimus* Schaum.
 (nach Kraatz).
„ 2.   „   von *Carabus sylvestris* Fab. (nach Kraatz).
„ 3.   „   „   „   *alpinus* Dej. (nach Kraatz).
„ 4.   „   „   „   *Staehlini* Adams. (nach Kraatz).
„ 5 *a*.   „   „   *Melolontha albida* Friv. (Profil) (nach Metzler).
„ 5 *b*.   „   „   „   „   „   (untere Ansicht) (nach
 Metzler).
„ 6.   „   „   *Lomaptera distincta* (Cetonie), Profilansicht (nach
 Kraatz).
„ 7.   „   „   *Cantharis vesicatoria* L. (ad nat.).
„ 8.   „   „   *Byrrhus striata* (nach Reitter).
„ 9.   „   „   *Sphecodes gilbus* L. (nach v. Hagens).
„ 10.   „   „   *Psithyrus globosus* (nach Hoffer).
„ 11.   „   „   *Phronia Girschnerii* Dzied. (nach Dziedzicki).
„ 12.   „   „   „   *caliginosa* Dzied. (nach Dziedzicki).
„ 13.   „   „   *Butalis laminella* H. S. (nach Hofmann).
„ 14.   „   „   „   *palustris* Zeller (nach Hofmann).
„ 15.   „   „   *Hylurgus piniperda* F. (Borkenkäfer) (nach
 Lindemann).

 p. = primäres Stück.

Fig. 1—6 incl. stellen Vertreter der ersten Gruppe dar.
„ 7—12 incl. zeigen einige bivalvuläre Formen.
„ 13 stellt einen trivalvulären Copulationsapparat vor.
„ 14, 15 zeigen einen „unregelmässigen" Bau.

Verhandl. der k.k. zool. bot. Ges.
Band XLII. 1892.

Taf. IV.

K.Escherich:
Genitalanhänge d. Insekten.

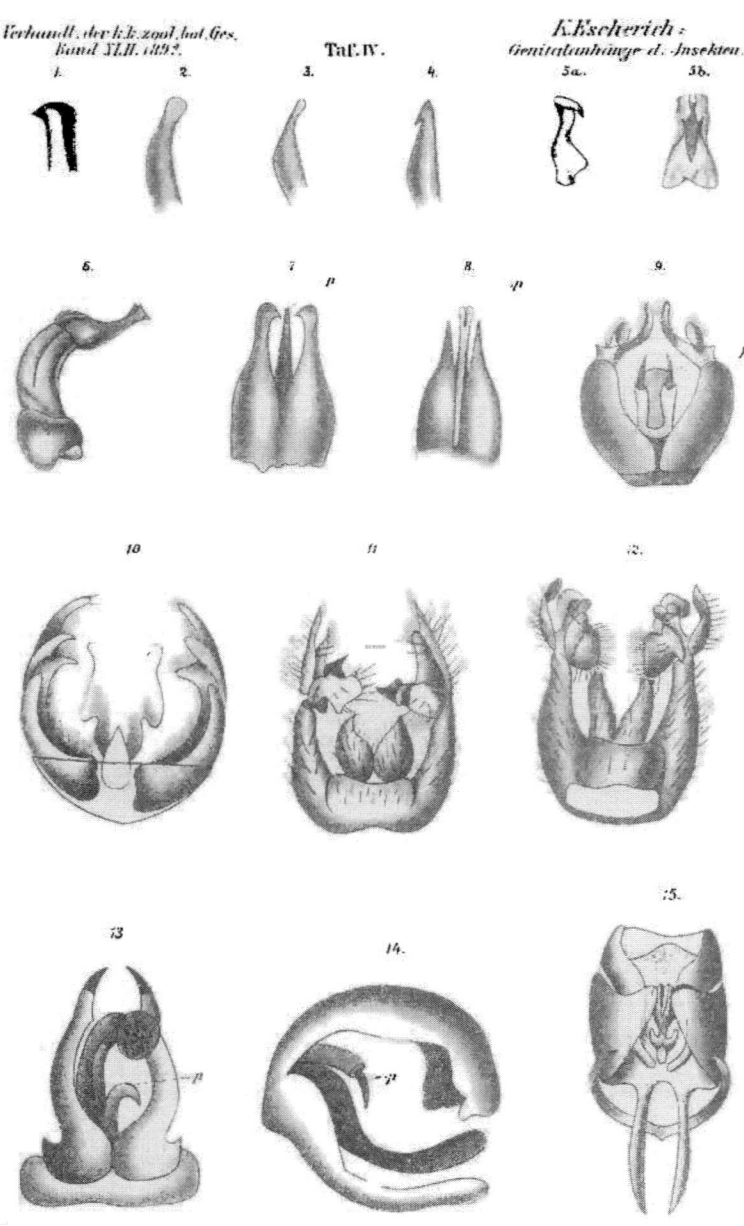

364

Zur Flora der grossen Kapela.

Von

A. Adolf Boller.

(Vorgelegt in der Versammlung am 4. Mai 1892.)

Das Hauptgebirge Croatiens — die grosse Kapela — erreicht in seinem nördlichsten Theile, der Bêla Lazica (1533 m), seine höchste Erhebung.

In der mir bekannten Literatur über die croatische Flora finde ich wenige Standorte angegeben, die auf diesen Theil des mächtigen Gebirgszuges Bezug nehmen und da die Flora des benachbarten Klek (1182 m) bei Ogulin die herrlichste der Umgebung ist, so vermuthete ich, dass die spärlichen floristischen Angaben in der diesbezüglichen Literatur ihre Ursache wohl nur in einer noch nicht genügenden Durchforschung der allerdings schwer zugänglichen Bêla Lazica haben konnten. Umsoweniger konnte ich mir den Mangel an Standortsangaben erklären, als doch geographische Lage, geognostische Bedingungen und die Erhebung in die alpine Region mit dem Klek übereinstimmen.

In folgenden Aufzeichnungen gebe ich das Resultat mehrfacher Excursionen, die ich in den Jahren 1886—1888 von Jasenak und Tuk bei Mrkopalj aus in diesen mächtigen Gebirgsstock unternahm, zur Kenntniss.

In der Nomenclatur und Schreibweise der Localitäten bin ich der im k. k. militär-geographischen Institute in Wien erscheinenden Specialkarte (Massstab 1 : 75.000) gefolgt, einerseits weil die Excursionen mit Hilfe dieses Kartenwerkes durchgeführt wurden und mir kein besseres bekannt ist, andererseits weil die Benennungen der Oertlichkeiten nach dem im Volksmunde herrschenden Gebrauche eine unzuverlässige und nur allzu verschiedene ist.

Die Bêla Lazica erhebt sich von dem Orte Jasenak an der Rudolfstrasse sehr steil bis zur Höhe von 1533 m und erstreckt sich von diesem dominirenden Punkte in nordwestlicher Richtung als kahler Felsengrat in einer beiläufigen Längenausdehnung von 10—12 km bis gegen Begovorazdolje hin.

Die höher gelegenen Hänge dieses Gebirges sind besonders gegen Nordosten vielfach von steilen Felswänden gebildet und von tiefen, wilden Rissen und Schluchten unterbrochen, die unteren Theile sind minder durchschnitten und steil, und urwaldartig mit Eichen, Buchen und Fichten bewachsen.

Der ganze Complex bildet eine circa 40 km^2 umfassende Wildniss, in der jede menschliche Ansiedlung mangelt.

Die systematische Aufzählung der beobachteten und gesammelten Pflanzen möge hier mit der Bemerkung folgen, dass ubiquäre und allgemein in Croatien vorkommende Pflanzen weggelassen wurden und dass ich in Bezug auf die Nomenclatur, die Autorencitation und Artenumgrenzung dem Conspectus florae Europae von Nyman gefolgt bin.

Clematis Flammula L. Auf einem Felsen am Fusse des Kolmasac bei Jasenak an einer einzigen Stelle in nur wenigen Exemplaren.

Atragene alpina L. Am Grat der Bela Lazica häufig.

Thalictrum galioides Nestl. Auf Wiesen bei Jasenak längs des Jasenacki potok.

Ranunculus aconitifolius L. In allen Schluchten und Wäldern der Bela Lazica verbreitet und bis in die Thäler hinabsteigend.

Ranunculus cassubicus L. Unter Wiesengebüsch im Thale von Jasenak.

Ranunculus lanuginosus L. In allen Wäldern bei Jasenak und Tuk.

Helleborus viridis L. Waldränder, grasige Orte bei Jasenak, Vrelo, Tuk und Mrkopalj.

Helleborus niger L. Bela Lazica in Wäldern.

Helleborus atrorubens K. Wälder am Fusse der Bela Lazica (Draga poljana der Specialkarte).

Aquilegia vulgaris L. Grasplätze und buschige Hügel bei Jasenak; Abhänge bei Begovorazdolje in einer zierlichen und kleinblüthigen Form (etwa f. *mierantha* Uechtr.?).

Aconitum Anthora L. In den höher gelegenen Waldpartien der Bela Lazica.

Aconitum paniculatum Lam. Höchste Orte der Bela Lazica; zahlreich.

Epimedium alpinum L. Unter Buschwerk, auf Hügeln und Abhängen bei Tuk und Mrkopalj verbreitet.

Corydalis lutea DC. Felsen am Aufstiege zur Bela Lazica.

Corydalis ochroleuca St. In Felsspalten der Bela Lazica, in Gesellschaft mit *Asplenium viride* Huds. und *Linaria cymbalaria* Mill.

Nasturtium lippicense DC. Berghänge, sonnige Orte und Felder bei Vrelo und Mrkopalj.

Turritis glabra L. An dem Zaune eines Grasgartens in Jasenak.

Dentaria enneaphyllos L. In allen Wäldern verbreitet.

Dentaria trifolia W. K. Schattige Waldstellen der Bela Lazica.

Dentaria bulbifera L. Bei Jasenak und Begovorazdolje unter Gebüsch an mehreren Orten.

Hesperis matronalis L. Unter Wiesengebüsch am Jasenacki potok; spärlich.

Erysimum odoratum Ehrh. Abhänge der Bela Lazica.

Erysimum odoratum Ehrh. var. *dentatum* (Blätter gezähnt). Mit der typischen Form; vereinzelt.

Erysimum canescens Roth. Felsige Stellen auf allen Bergen um Jasenak.

Conringia orientalis DC. Unter der Saat bei Mrkopalj in wenigen Individuen.

Lunaria rediviva L. In Waldschluchten der Béla Lazica.

Berteroa incana DC. Strassenrand vor Jasenak.

Peltaria alliacea L. Bei der Mühle von Vrelo an feuchten Felshängen.

Iberis amara L. Bei Jasenak unter der Saat.

Aethionema saxatile R. Br. Felsige Orte der Béla Lazica.

Helianthemum vulgare Gaertn. var. *grandiflorum* Wk. Mit der typischen Form an grasigen Orten der Béla Lazica.

Helianthemum Fumana Mill. Hügel bei Jasenak.

Polygala nicaeensis Risso. Béla Lazica (blaublühend).

Silene livida Willd. Béla Lazica.

Silene italica Pers. Buschige Orte bei Jasenak.

Silene dichotoma Ehrh. In wenigen Individuen auf Wiesen im Thale von Jasenak.

Silene Schlosseri Vuk. Béla Lazica.

Saponaria officinalis L. Mit gefüllten Blüthen in einer ziemlich bedeutenden Gruppe an der Strasse bei Jasenak.

Tunica saxifraga Scop. Trockene Abhänge der Krěka kosa bei Jasenak.

Dianthus barbatus L. In Wäldern bei Jasenak, auf der Běla Lazica und bei Mrkopalj.

Dianthus compactus Kit. Běla Lazica.

Dianthus croaticus Borb. Běla Lazica.

Dianthus silvestris Wulf. Am Grat der Běla Lazica in zahlreichen Gruppen.

Cerastium decalvans Vuk. In Wäldern am Aufstiege zur Běla Lazica.

Cerastium glutinosum Tr. Sterile Orte bei Jasenak.

Stellaria nemorum L. In Wäldern bei Begovorazdolje und in allen Wäldern bei Jasenak und der Běla Lazica.

Moehringia muscosa L. In Felsspalten am Grat der Běla Lazica zahlreich.

Linum angustifolium Huds. Abhänge bei Tuk.

Linum gallicum L. Auf der Běla Lazica an mehreren Orten häufig.

Hibiscus Trionum L. Auf Erdauschüttungen bei Jasenak.

Malva moschata L. Auf Wiesen bei Mrkopalj und Tuk.

Althaea hirsuta L. Bei Jasenak.

Hypericum veronense Schrank. Auf Abhängen überall verbreitet.

Hypericum Richeri Vill. Am Grat der Běla Lazica, spärlich.

Hypericum humifusum L. Felder bei Begovorazdolje.

Acer opulifolium Vill. In einer Schlucht der Běla Lazica in mehreren prächtigen Exemplaren; wohl auch anderwärts.

Geranium phaeum L. Wiesen bei Jasenak.

Geranium pratense L. Eine ganze Gruppe weissblühend bei Tuk.

Geranium lucidum L. Felsige Hänge bei Begovorazdolje.

Geranium Robertianum L. var. *purpureum* Gaud. In Wäldern der Běla Lazica vereinzelt mit der typischen Form.

Staphylea pinnata L. In Wäldern verbreitet, doch nirgends zahlreich.

Euonymus verrucosus Scop. In Wäldern bei Jasenak, selten.

31*

Rhus Cotinus L. Felsige Stellen der Bĕla Lazica; auch auf Abhängen bei Begovorazdolje.

Genista germanica L. Bĕla Lazica und sonst verbreitet.

Genista silvestris Scop. Buschige und grasige Orte der Bĕla Lazica.

Genista sagittalis L. Häufig auf Hügeln und Abhängen bei Mrkopalj und Tuk.

Ononis hircina Jacq. Bei Vrelo auf Grasplätzen.

Anthyllis tricolor Vuk. Bei Mrkopalj.

Anthyllis polyphylla Kit. Bĕla Lazica. ·

Anthyllis Dillenii Schult. Bĕla Lazica.

Medicago carstiensis Wulf. Am Debeli vrh bei Jasenak.

Trifolium patens Schreb. Buschige Hügel bei Begovorazdolje.

Trifolium hybridum L. Wiesen bei Jasenak.

Trifolium fragiferum L. Bei Begovorazdolje und nächst Mrkopalj.

Trifolium medium L. Mit weissen Blüthen bei Tuk.

Dorycnium decumbens Jord. Trockene Hügel bei Begovorazdolje.

Arthrolobium scorpioides DC. Grasige Orte bei Mrkopalj, häufig.

Tetragonolobus siliquous Roth. Wiesen bei Jasenak.

Galega officinalis L. Strassenränder und Gräben bei Mrkopalj und Jasenak.

Epilobium montanum L. In allen Wäldern der Bĕla Lazica.

Epilobium roseum Retz. Bei Tuk.

Circaea intermedia Ehrh. und

Circaea alpina L. Zusammen in den Wäldern der Bĕla Lazica.

Myricaria germanica Desv. Im Wiesengebüsche am Jasenacki potok bei Jasenak.

Paronychia imbricata Rchb. An Felsen des Grates der Bĕla Lazica.

Sempervivum hirtum L. Bĕla Lazica.

Saxifraga Aizoon Jacq. Bĕla Lazica gemein.

Saxifraga granulata L. Grasige Abhänge bei Tuk.

Saxifraga petraea L. Höchste Orte der Bĕla Lazica.

Saxifraga cuneifolia L. Bĕla Lazica.

Saxifraga rotundifolia L. Ueberall um Jasenak, Vrelo, Tuk und Mrkopalj.

Laserpitium latifolium L. Höher gelegene Orte der Bĕla Lazica.

Orlaya platycarpos K. Bei Mrkopalj, selten.

Torilis heterophylla Guss. Bĕla Lazica, selten.

Cnidium apioides Spr. In der Nähe des Unterkunfthauses Javornica südlich Jasenak.

Seseli Hippomarathrum L. Bĕla Lazica.

Seseli leucospermum W. K. Bĕla Lazica.

Anthriscus fumarioides Spr. Bĕla Lazica, selten.

Bupleurum junceum L. Bei Jasenak nicht häufig.

Bupleurum aristatum Bartl. Bei Mrkopalj.

Eryngium alpinum L. Am Grat der Bĕla Lazica häufig. (Hier auch eine auffallende weisse Form. ohne jeglicher Amethystfärbung, in vielen Exemplaren vermischt mit der typischen Form.)

Eryngium amethystinum L. Bei Mrkopalj an der Strasse.

Astrantia croatica Tom. Wälder bei Jasenak am Wege zum Aufstieg zur Béla Lazica.

Hacquetia Epipactis DC. In Gesellschaft mit *Allium ursinum* L. in den höher gelegenen Waldpartien der Béla Lazica.

Sambucus racemosa L. Waldlichtungen um Jasenak.

Galium divaricatum Lam. Abhänge des Vk. Javornica südlich Jasenak.

Galium pedemontanum All. Béla Lazica.

Valeriana angustifolia Tsch. In Wäldern bei Jasenak.

Valeriana tripteris L. Bei Begovorazdolje nicht selten.

Valeriana tuberosa L. Béla Lazica.

Scabiosa graminifolia L. Béla Lazica.

Scabiosa ochroleuca L. Hügel bei Tuk nächst Mrkopalj.

Scabiosa Scopolii Lk. Béla Lazica, spärlich.

Scabiosa lucida Vill. Häufig bei Begovorazdolje nächst Mrkopalj.

Cephalaria transsilvanica Schrad. Béla Lazica. Auch bei Tuk an Waldrändern.

Doronicum austriacum Jacq. In allen Wäldern um Jasenak und an tiefer gelegenen Orten der Béla Lazica.

Ptarmica vulgaris DC. Am Jasenaćki potok nächst Vrelo unter Gebüsch.

Achillea magna L. Béla Lazica.

Achillea lanata Spr. Ebendaselbst.

Achillea nobilis L. An der Strasse bei Jasenak; in einem Steinbruche bei Mrkopalj.

Leucanthemum pallens DC. Unter dem Grat der Béla Lazica.

Pyrethrum cinerariaefolium Trev. Béla Lazica, selten.

Artemisia Absinthium L. Bei Mrkopalj.

Artemisia camphorata Vill. Auf Abhängen des Kréka kosa bei Jasenak.

Gnaphalium norvegicum Gunn. Holzschläge bei Jasenak.

Filago gallica L. Abhänge und sterile Orte bei Tuk.

Telekia speciosa Bmg. In allen Thälern und auf Waldlichtungen gruppenweise.

Micropus erectus L. Bei Jasenak häufig.

Petasites albus G. In den Schluchten der Béla Lazica.

Echinops Ritro L. Sterile Abhänge des Samar vrh, südlich von Begovorazdolje.

Carlina simplex W. K. Bei Jasenak häufig.

Onopordon illyricum L. An der Strasse im Orte Jasenak ein mächtiges Exemplar.

Cirsium heterophyllum All. In den höher gelegenen Theilen der Béla Lazica.

Carduus alpestris W. K. Auf der Béla Lazica.

Jurinea mollis Rchb. Bei Mrkopalj auf sterilen Abhängen der Celimbaša und Glavica.

Serratula radiata MB. Bei Tuk, selten.

Centaurea axillaris W. Béla Lazica.

Centaurea rupestris L. Béla Lazica.

Hieracium barbatum Tsch. Auf der Béla Lazica.

Hieracium racemosum W. K. Am Mali Sterfić, östlich von Begovorazdolje.

Hieracium lanatum W. K. Béla Lazica.

Hieracium aurantiacum L. Bei Tuk und bei Jasenak auf buschigen Hängen.

Picris laciniata Schk. An der Strasse vor Jasenak.

Aposeris foetida DC. In allen Wäldern um Mrkopalj und Jasenak.

Campanula alpina Jacq. Am Grat der Béla Lazica.

Campanula glomerata L. Bei Begovorazdolje und Mrkopalj häufig.

Campanula bononiensis L. Auf grasigen Hängen bei Vrelo nächst Jasenak.

Campanula Waldsteiniana R. S. Béla Lazica.

Phyteuma betonicaefolium Vill. Béla Lazica, selten.

Phyteuma pauciflorum L. Béla Lazica.

Erica carnea L. Béla Lazica.

Rhododendron hirsutum L. Béla Lazica.

Moneses grandiflora Slsb. In Wäldern bei Tuk und Mrkopalj.

Vincetoxicum laxum G. G. Abhänge und buschige Orte bei Jasenak.

Gentiana cruciata L. Um Mrkopalj häufig.

Gentiana pneumonanthe L. Wiesen bei Jasenak. (Auch mit weissen Blüthen.)

Gentiana asclepiadea L. In allen Wäldern bei Mrkopalj, Begovorazdolje, Jasenak, sowie auf der Béla Lazica verbreitet.

Calystegia silvatica W. K. Gebüsche an den Hängen der Berge bei Jasenak.

Heliotropium europaeum L. Sterile Orte und Abhänge bei Mrkopalj.

Borago officinalis L. Wegränder bei Jasenak.

Pulmonaria mollis Wolff. Unter Gebüsch am Jasenacki potok und an Waldrändern bei Vrelo.

Cerinthe aspera Rth. Bei Tuk.

Echium Wierzbickii Rb. Bei Mrkopalj.

Lithospermum purpureo-coeruleum L. Auf einem sterilen Abhange des Grbin vrh südlich von Jasenak.

Myosotis alpestris Schm. Béla Lazica. Am Višnjevica bei Mrkopalj.

Cynoglossum montanum Lam. Béla Lazica.

Omphalodes verna Mch. Unter Gebüsch bei Tuk.

Scopolia carniolica Jacq. In Schluchten der Béla Lazica.

Atropa Belladonna L. Wälder bei Jasenak, selten.

Verbascum thapsiforme Schrad. Bei Mrkopalj.

Verbascum Blattaria L. Ebendaselbst.

Verbascum thapsiformi-blattaria Döll. Unter den Eltern. (Stimmt mit einem in meinem Herbar erliegenden Original-Exemplare Döll's vollständig überein.)

Verbascum orientale M. B. Bei Jasenak.

Scrophularia laciniata W. K. In Felsspalten an den höchsten Orten der Béla Lazica.

Scrophularia Scopolii Hpe. Wälder bei Jasenak am Aufstieg zur Béla Lazica.

Digitalis ambigua Murr. Unter Gebüsch und in Wäldern bei Mrkopalj und Jasenak.

Linaria genistaefolia Mill. Bei Jasenak nicht selten.

Linaria cymbalaria Mill. An Felsen der Béla Lazica.

Linaria alpina Mill. Béla Lazica, selten.

Veronica urticaefolia Jacq. In allen Wäldern bei Jasenak und der Béla Lazica.

Veronica saxatilis Scop. Béla Lazica.

Veronica persica Poir. Grasplätze bei Begovorazdolje.

Euphrasia nemorosa Fr. Bei Mrkopalj auf Grasplätzen.

Euphrasia Salisburgensis Funck. Hänge der Béla Lazica.

Melampyrum barbatum W. K. Bei Tuk.

Orobanche caryophyllacea Sm. Abhänge bei Jasenak.

Teucrium flavum L. Buschige Orte bei Mrkopalj.

Teucrium montanum L. Bei Jasenak; auf der Béla Lazica.

Salvia glutinosa L. Wälder und Schluchten der Béla Lazica.

Salvia aethiopis L. Bei Vrelo.

Prunella laciniata L. Bei Jasenak überall zahlreich.

Melittis melissophyllum L. In allen Wäldern.

Melittis melissophyllum L. var. *ramosa* Freyn. Im Walde bei Jasenak nächst
    dem Unterkunftshaus Javornica. An diesem Orte sammelte ich auch
    mehrere Exemplare mit weissen Blüthen, vielleicht *Melittis albida* Guss.

Stachys alpina L. Auf der Béla Lazica sehr verbreitet.

Stachys subcrenata Vis. Auf Karstboden bei Mrkopalj; auf sonnigen Abhängen
    bei Tuk. (In Croatien ziemlich verbreitet.)

Sideritis romana L. Béla Lazica.

Calamintha grandiflora Mch. In allen Wäldern bei Jasenak und am Aufstiege
    zur Béla Lazica.

Calamintha alpina Lam. Béla Lazica.

Satureja illyrica Host. Höher gelegene Hänge der Béla Lazica.

Soldanella montana W. und

Soldanella alpina W. Beide in Wäldern der Béla Lazica.

Primula suaveolens Bert. Béla Lazica.

Androsace villosa L. Béla Lazica.

Globularia Willkommii Nym. Bei Jasenak.

Globularia nudicaulis L. Béla Lazica.

Amarantus viridis L. Bei Mrkopalj.

Rumex alpinus L. Béla Lazica.

Rumex obtusifolius Wallr. Nächst Jasenak.

Polygonum Bistorta L. Wiesen bei Jasenak.

Polygonum alpinum All. Béla Lazica, selten.

Polygonum arenarium W. K. Bei Mrkopalj, selten.

Daphne Laureola L. Wälder bei Tuk und Begovorazdolje.

Daphne Cneorum L. und

Daphne Mezereum L. Beide in Wäldern der Béla Lazica.

Thesium intermedium Schrad. Bei Tuk.

Thesium divaricatum Jan. Béla Lazica.

Aristolochia Clematitis L. Bei Jasenak gemein.

Mercurialis ovata Sternb.-Hpe. In den Wäldern zum Aufstiege zur Béla Lazica.

Euphorbia epithymoides L. Auf Hügeln, Abhängen und Grasplätzen bei Jasenak, Mrkopalj und Tuk häufig.

Euphorbia dulcis L. Wälder bei Jasenak und Begovorazdolje.

Euphorbia fragifera Jan Bei Mrkopalj.

Quercus pedunculata Ehrh.

Quercus sessiliflora Slsb.

Quercus lanuginosa Th. Bilden Bestandtheile der Wälder der Bêla Lazica.

Salix pentandra L. Bêla Lazica.

Salix herbacea L. Bêla Lazica.

Abies excelsa Poir. und

Abies alba Mill. Bilden Bestandtheile der Wälder der Bêla Lazica.

Juniperus nana W. An den höchsten Orten der Bêla Lazica.

Cypripedium calceolus L. Buschige Abhänge bei Mrkopalj.

Corallorhiza innata Br. Bei Jasenak, selten.

Listera cordata Br. Bêla Lazica.

Orchis sambucina L. Bei Jasenak (gelb und purpurn blühend).

Orchis laxiflora Lam. var. *palustris* Jacq. Auf Wiesen bei Jasenak.

Platanthera solstitialis Rchb. Wälder der Bêla Lazica.

Crocus albiflorus Kit. Bei Tuk.

Narcissus poeticus L. Auf Wiesen bei Jasenak.

Narcissus Pseudo-Narcissus L. Bei Mrkopalj.

Leucojum aestivum L. Grasige Abhänge bei Begovorazdolje.

Asparagus tenuifolius Lam. Unter Gebüsch bei Vrelo nächst Jasenak.

Tamus communis L. Im Gebüsche auf Hängen der Bêla Lazica.

Hemerocallis flava L. Wiesen bei Jasenak.

Asphodelus albus W. Bei Tuk.

Lilium bulbiferum L.

Lilium Martagon L. Beide auf der Bêla Lazica.

Erythronium dens canis L. Ueberall um Mrkopalj und Jasenak in Wäldern.

Ornithogalum pyrenaicum L. Unter der Saat bei Jasenak.

Ornithogalum umbellatum L. Bêla Lazica auf grasigen Hängen.

Allium rotundum L. Bei Tuk.

Allium sphaerocephalum L. Bei Jasenak.

Allium roseum L. Auf der Bêla Lazica.

Allium ursinum L. In Wäldern der Bêla Lazica zahlreich.

Colchicum pannonicum Grsb. Auf Wiesen bei Tuk.

Luzula albida DC. Bei Jasenak in Holzschlägen.

Luzula Forsteri DC. Bei Tuk.

Arum maculatum L. Am Jasenački potok unter Gebüsch.

Cyperus longus L. Strassengraben vor Jasenak.

Cyperus Monti L. Bêla Lazica.

Scirpus radicans Schk. Bei Jasenak.

Carex silvatica Huds. Wälder bei Jasenak und der Bêla Lazica.

Carex distans L. Bei Mrkopalj.

Carex fuliginosa Schk. Běla Lazica.

Carex ferruginea Scop. Běla Lazica.

Carex Halleriana Asso. Bei Mrkopalj, selten.

Carex Schreberi Schrank. Bei Tuk und Begovorazdolje.

Chrysopogon Gryllus Trin. Abhänge bei Mrkopalj.

Phleum alpinum L. Běla Lazica.

Calamagrostis varia P. B. Bei Jasenak.

Agrostis alpina Scp. Běla Lazica.

Festuca heterophylla Lam. Bei Tuk.

Festuca sulcata Hack. Bei Jasenak häufig.

Festuca glauca Lam. Běla Lazica.

Festuca vaginata Kit. Běla Lazica.

Poa alpina L. Běla Lazica.

Elymus europaeus L. Grasige Abhänge bei Mrkopalj.

Blechnum Spicant Rth. In allen Wäldern bei Jasenak und Mrkopalj.

Scolopendrium vulgare Sym. Ueberall auf steinigen Hängen und in Felsspalten der Běla Lazica.

Asplenium Adiantum nigrum L. Unter Gebüsch bei Jasenak.

Asplenium germanicum Weis. Běla Lazica, selten.

Asplenium viride Huds. f. *typica*. In Felsspalten am Aufstiege zur Běla Lazica.

Polypodium vulgare L. var. *serratum*. Bei Jasenak.

Ceterach officinarum W. An alten Strassenmauern bei Jasenak.

Eine botanische Wanderung um Bihač in Bosnien und im angrenzenden Theile von Croatien.

Von

A. Adolf Boller.

(Vorgelegt in der Versammlung am 4. Mai 1892.)

Ich benützte mehrere längere Urlaube, um jenes Alpengebirge Croatiens zu besuchen, welches sich von dem ziemlich bedeutenden Orte Petrovoselo in südöstlicher Richtung erhebt, sich hart an der croatisch-bosnischen Landesgrenze hinzieht, mit dem Namen Plješevica planina benannt ist, und mit der Gola Plješevica — 1649 m — den höchsten Punkt erreicht.

Von diesem Gebirge aus geniesst man nach Osten einen herrlichen Ausblick in das Thal der Una und in die Niederung von Bihač, und da Zeit, Wetter und Umstände es gestatteten, so nahm ich stets auch meine Wege dahin und benützte meine wiederholten mehrtägigen Aufenthalte in Bihač dazu, mich in dessen Umgebung in floristischer Beziehung zu orientiren.

Bihač ist ein freundliches, am Unaflusse gelegenes, im Aufblühen begriffenes Städtchen, mit Post- und Telegraphenverbindung, guten Strassen und leidlichen Unterkünften, so dass es sich für eine Durchforschung des unteren Unathales als Ausgangsstation sehr gut eignet.

Hart am Fusse der Plješevica planina ist die Landesgrenze zwischen Croatien und Bosnien gezogen. Das eben genannte Alpengebirge fällt nach Osten von seiner bedeutenden Höhe sehr steil ab. Bihač liegt vom Fusse der Plješevica planina etwa 6 km entfernt.

Betritt man Nordbosnien von dieser Seite, so ist wohl kaum an anderer Stelle der Wechsel des Vegetationsbildes ein so plötzlicher und unvermittelter als hier; während die herrliche alpine Flora der Plješevica planina in Vielem an die Flora der Berge Tirols mahnt, treten wir abwärts steigend mit einem Male in das ausgesprochenste Vegetationsbild des Karstes, und nur an wenigen Stellen der Niederung von Bihač finden wir einige Vertreter der alpinen Flora, die aus ihren Höhen durch Elementarereignisse herabgeführt wurden.

Das Terrain, das ich auf 15 Excursionen von Bihać aus besuchte, begrenzt sich gegen Norden etwa mit dem Orte Ostrožac im Unathale; nach Westen durch den Ostabfall der Plješevica planina; im Süden durch die Ortschaften Medjudražje, Skočaj und Ripać und im Osten durch die Linie Drenovo-Pass an der Strasse Bihać-Krupa und die Kammlinie der Grmić planina mit ihrer dominirenden Kuppe Gredoviti vrh mit 1209 m Höhe.

Nomenclatur und Schreibweise der Oertlichkeiten ist nach der im k. und k. militär-geographischen Institute in Wien erscheinenden Specialkarte, Massstab 1 : 75.000, angenommen, weil die Excursionen an der Hand dieser Kartenwerke durchgeführt wurden und auch die Notizen auf meinen Ausflügen darnach bewerkstelligt worden sind.

Ich bemerke, dass 15 Excursionen in dem wechselvollen und theilweise schwierig zu betretenden Terrain der Umgebung von Bihać verschwindend wenig sind, um selbst bei einer so geringen Begrenzung des besuchten Territoriums ein vollständiges Bild der floristischen Verhältnisse zu geben; ich will auch nur dasjenige bieten, was mir der Notirung werth schien und was ich sammelte, um es späterhin determiniren zu können, während ich alle dort zu Lande überall vorkommenden Species weggelassen habe; andererseits kommt jedoch dieser Aufzählung der Umstand zu Gute, dass meine Aufenthalte in Bihać zu verschiedenen Jahreszeiten waren.

In der Nomenclatur, Autorencitation und Artenumgrenzung bin ich Nyman's Conspectus florae Europae gefolgt.

Atragene alpina L. Auf Felsen der höchsten Orte des Gredoviti vrh; häufig auf der Plješevica planina.

Clematis recta L. Auf Wiesen im Unathale bei Ripać.

Clematis Viticella L. Unter Gebüsch bei Tihotina.

Thalictrum minus L. var. *virens* Koch. Auf Abhängen der Ćurak glava, südlich des Drenovo-Passes.

Anemone hortensis L. Unter Gebüsch im Drenovo-Passe; am Waldrande der Sokolačka glavica bei Sokolać.

Anemone trifolia L. Auf der Plješevica planina.

Adonis autumnalis L. Unter der Saat bei Bihać.

Adonis vernalis L. Auf Abhängen und Hügeln bei Ostrožac.

Batrachium hederaceum Dmrt. In der Una bei Golubić.

Ranunculus aconitifolius L. Auf der Plješevica planina; am Gredoviti vrh in der Grmić planina.

Ranunculus illyricus L. Abhänge bei Bihać; nicht selten.

Ranunculus Villarsii DC. Plješevica planina.

Ranunculus acer × lanuginosus. Unter den Eltern am Waldrande zu Lavalje.

Ranunculus arvensis L. var. *genuinus* Koch. Unter der Saat bei Bihać.

Helleborus niger L. Abhänge der Plješevica planina.

Isopyrum thalictroides L. Unter Gebüsch im Unathale nächst Spahić.

Nigella damascena L. Unter der Saat bei Sokolać südlich von Bihać; bei Ostrožac.

32*

Aquilegia platysepala Rchb. Unter Gebüsch am Mrežnica potok bei Klokot.

Aconitum Anthora L. Auf der Plješevica planina und am Gredoviti vrh; an letzterer Localität sehr spärlich.

Paeonia corallina Retz. An felsigen Stellen der Grmić planina; auf Abhängen des Gredoviti vrh.

Epimedium alpinum L. Abhänge der Grmić planina; unter Gebüsch auf den Gradinahöhen.

Corydalis ochroleuca St. Auf Felsen der Plješevica planina; an ähnlichen Stellen am Gredoviti vrh in der Grmić planina.

Corydalis lutea DC. Felsen der Plješevica und der Grmić planina.

Cheiranthus Cheiri L. Felsige Stellen der Plješevica planina; am Gredoviti vrh.

Nasturtium amphibium R. Br.

Nasturtium terrestre Tausch.

Nasturtium palustre DC. Im Unathal auf Wiesen und am Ufer des Flusses.

Nasturtium lippicense DC. An sterilen Orten bei Bihać.

Arabis croatica Sch., Nym., Kotsch. Auf der Plješevica planina.

Cardamine resedifolia L. Auf der Plješevica planina.

Cardamine trifolia L. Am Gredoviti vrh in der Grmić planina und in Wäldern der Plješevica planina.

Dentaria bulbifera L. Unter Gebüsch bei Bihać.

Sisymbrium Columnae L. Strassenränder bei Kralje.

Erysimum odoratum Ehrh. Auf Aeckern nächst Spahić.

Erysimum canescens Roth. Felsige Orte im Unathale bei Ostrožae.

Erysimum helveticum DC. Auf Abhängen der Plješevica planina.

Alyssum medium Host. Am Gredoviti vrh in der Grmić planina.

Alyssum montanum L. Grmić planina.

Farsetia incana R. Br. Um Bihać häufig.

Draba aizoides L. Auf der Plješevica- und Grmić planina.

Thlaspi alpestre L. Felsen des Gredoviti vrh.

Iberis saxatilis L. Grmić planina in Felsspalten; nicht häufig.

Hutchinsia petraea R. Br. Auf steinigen Hängen des Debeljaca, südlich von Bihać.

Capsella rubella Reut. Um Bihać mehrfach aufgefunden.

Aethionema saxatile R. Br. Auf der Plješevica planina; an steinigen Hängen der Grmić planina.

Helianthemum vineale Pers. Steinige Abhänge des Berges Kozjan.

Polygala nicaeensis Risso. Auf grasigen Hügeln um Bihać verbreitet.

Polygala comosa Schk. Bei Bihać (auch mit weissen Blüthen).

Sagina ciliata Tr. Brachen bei Ripać; sehr spärlich.

Mochringia muscosa L. Felsen der Grmić planina; häufig auf der Plješevica planina.

Stellaria nemorum L. Häufig in Wäldern der Plješevica und Grmić planina.

Saponaria officinalis L. Bei Bihać.

Vaccaria grandiflora Fisch. Unter Getreidesaat bei Klokot und Papar.

Dianthus barbatus L. Plješevica planina auf allen tiefer gelegenen Hängen.
Dianthus Carthusianorum L. var. *alpestris* Neilr. Plješevica planina.
Dianthus liburnicus Bartl. Grasige Abhänge bei Zavalje.
Dianthus nodosus Tausch. Abhänge der Gradinahöhen südlich Bihać. ·
Silene italica Pers. Um Bihać an mehreren Orten.
Agrostemma Coronaria L. Steinige Abhänge im Unathale bei Ripać.
Linum gallicum L. Sterile Abhänge des Gredoviti vrh; auf Hügeln bei Papar.
Linum angustifolium Huds. Velika kosa, nördlich des Drenovo-Passes.
Linum flavum L. Unter Buschwerk an den unteren Hängen der Grmić planina.
Malva moschata L. Auf Wiesen um Bihać, hie und da.
Althaea officinalis L. Um Bihać; in der Nähe von Ortschaften, in Grasgärten.
Hibiscus Trionum L. Wüste Orte nächst Veliki Radic an der Strasse Bihać-
　　　Krupa.
Hypericum veronense Schrk. Um Bihać häufig.
Hypericum Richeri Vill. Auf der Gola-Plješevica.
Hypericum montanum L. Grmić planina unter Gebüsch.
Acer obtusatum Kit. Abhänge der Plješevica planina, nicht häufig.
Acer monspessulanum L. Abhänge der Gradinahöhe südlich Bihać.
Geranium phaeum L. Unter Wiesengebüsch am Mrežnica potok bei Klokot und
　　　Papar.
Geranium silvaticum L. Wälder der Grmić planina.
Geranium rotundifolium L. Abhänge des Grodoviti vrh.
Geranium lucidum L. In Wäldern bei Skočaj, nicht häufig.
Impatiens nolitangere L. Wälder der Plješevica planina.
Tribulus terrestris L. Wegränder bei Ripać im Unathale; bei Veliki Radić.
Ruta divaricata Ten. Bei Skočaj auf Abhängen.
Staphylea pinnata L. In Wäldern der Plješevica planina.
Evonymus verrucosus Scop. Plješevica in Wäldern, selten.
Paliurus australis Gärt. Um Bihać.
Rhus Cotinus L. Hügelgebüsch bei Bihać.
Spartium junceum L. Bei Ripać auf steinigen Abhängen.
Genista sericea Wulf. Felsen des Gredoviti vrh.
Genista silvestris Scop. Sonnige, steinige Hänge der Grmić planina.
Cytisus alpinus Mill. Auf der Plješevica planina.
Cytisus sagittalis Koch. Um Bihać verbreitet.
Ononis hircina Jacq. Grasplätze um Bihać.
Anthyllis polyphylla Kit. Grasige Hänge der Grmić planina.
Medicago prostrata Jacq. β. *declinata* Kit. Mit der typischen Form beim Wach-
　　　hause in dem Drenovo-Passe.
Medicago carstiensis Wulf. Bei Berani bunari südlich Veliki Radić.
Trifolium striatum L. An Wegrändern bei Bihać.
Trifolium angustifolium L. Abhänge und grasige Orte bei Lavalje.
Trifolium alpestre L. Buschige Orte der Grmić planina.
Trifolium pallidum W. et K. Grasplätze bei Lokovo nächst Skočaj.

Dorycnium decumbens Jord. Hügel bei Bihač.

Galega officinalis L. Strassengraben an der Strasse Bihač-Krupa.

Colutea arborescens L. Tiefer gelegene Hänge der Plješevica planina; auf der Grmić planina.

Oxytropis pilosa DC. Sonnige, grasige Stellen des Gredoviti vrh.

Astragalus illyricus Bernh. Plješevica planina.

Spiraea Filipendula L. Wiesen im Unathale.

Spiraea Ulmaria L. Unter Gebüsch am Mrežnica potok nächst Klokot.

Potentilla hirta L. Hügel und grasige Abhänge nächst Lohovo bei Skočaj.

Potentilla inclinata Vill. Um Bihač.

Sorbus torminalis Cr. Auf der Plješevica planina.

Crataegus nigra W. K. Plješevica planina; selten.

Cotoneaster tomentosa Lindl.

Cotoneaster vulgaris Lindl. Beide auf der Grmić planina.

Epilobium trigonum Schrk. In Wäldern bei Skočaj.

Epilobium montanum L. In allen Wäldern der Plješevica und Grmić planina.

Lythrum Salicaria L. Ufer der Una.

Paronychia argentea Lam. Plješevica planina; selten.

Paronychia imbricata Rchb. Ebendaselbst.

Sempervivum hirtum L. Plješevica planina.

Saxifraga Aizoon Jacq. Grmić planina.

Saxifraga adscendens L. Auf der Plješevica planina; am Gredoviti vrh in der Grmić planina.

Laserpitium Gaudini Moret. Plješevica planina. (Kommt auch am Vellebit vor.)

Peucedanum austriacum K. Bei Ostrožac im Unathal.

Peucedanum carvifolium Vill. Grmić planina; selten.

Athamantha Matthioli Wulf. Auf der Plješevica planina.

Libanotis montana Cr. Auf Hügeln um Bihač.

Seseli tortuosum L. Am Gredoviti vrh in der Grmić planina.

Seseli osseum Cr. und

Seseli varium Trev. Beide auf Abhängen der Plješevica planina.

Chaerophyllum aureum L. Auf der Sokolačka glavica bei Sokolać im Walde.

Scandix australis L. Um Bihač an mehreren Orten.

Bunium alpinum W. K. Auf der Plješevica planina.

Trinia vulgaris DC. Bei Panjak nächst Vedropolje südlich des Ortes Klokot.

Bupleurum gramineum Vill. Hügel bei Veliki Radič.

Bupleurum aristatum Bartl. Bei Bihač.

Bupleurum junceum L. Nächst Sokolać unter Gebüsch auf Abhängen.

Eryngium alpinum L. Am Gredoviti vrh in der Grmić planina.

Astrantia major L. In Wäldern der Grmić planina.

Hacquetia Epipactis DC. Auf den Hängen der Plješevica planina in Wäldern.

Lonicera etrusca Sav. Bei Bihać auf Abhängen, nicht häufig.

Galium rotundifolium L. Im Walde der Gradinahöhen südlich Sokolać.

Galium silvaticum L. In den Wäldern um Bihač verbreitet.

Galium ochroleucum Kit. Am Mali Tubar auf grasigen Abhängen.

Asperula cynanchica L. Hügel und Abhänge nächst Bihać; bei Ostrožac im Unathale unter Gebüsch.

Valeriana tuberosa L. Auf der Plješevica planina.

Valeriana montana L. Ebendaselbst.

Valerianella coronata DC. Ziemlich spärlich bei Ripać im Unathale.

Scabiosa lucida Vill. Unter Gebüsch und auf Hängen bei Bihać.

Scabiosa suaveolens Dsf. Bei Kurtovo selo.

Cephalaria transsilvanica Schrad. In Wäldern der Plješevica planina.

Doronicum austriacum Jacq. Wälder der Grmić planina.

Cineraria alpestris Hpe. Am Gredoviti vrh in der Grmić planina.

Cineraria aurantiaca Hpe. Auf der Plješevica planina.

Senecio sarracenicus L. Im Unathal unter Gebüsch.

Senecio Fuchsii Gm. In Wäldern der Grmić planina.

Anthemis brachycentros Gay. Bei Bihać.

Ptarmica Clavenae DC. Auf der Gola-Plješevica.

Leucanthemum vulgare Lam. var. *latifolium*. Bei Bihać.

Pyrethrum macrophyllum W. Auf der Plješevica planina.

Gnaphalium norvegicum W. Grmić planina.

Linosyris vulgaris Less. Abhänge bei Ostrožac.

Telekia speciosa Bmg. Auf der Plješevica planina; am Gredoviti vrh in Wäldern.

Micropus erectus L. Um Bihać mehrfach verbreitet.

Echinops Ritro L. Auf einem Abhange bei Klokot.

Carduus defloratus L. Um Bihać.

Carduus collinus W. K. Grmić planina.

Jurinea mollis Rchb. Bei Vedropolje.

Carthamus lanatus L. Bei Bihać an mehreren sterilen Stellen.

Centaurea montana L. Auf Hängen der Grmić planina; auf der Plješevica planina.

Centaurea rupestris L. Abhänge bei Skočaj.

Prenanthes purpurea L. Wälder um Bihać.

Hieracium racemosum W. K. Plješevica planina.

Hieracium barbatum Tsch. Ebendaselbst.

Hieracium aurantiacum L. Am Gredoviti vrh in der Grmić planina.

Crepis Jacquinii Tsch. Auf der Plješevica planina.

Crepis foetida L. Grmić planina.

Picris laciniata Schk. Bei Ostrožac.

Leontodon incanus Schk. Plješevica planina.

Scolymus hispanicus L. Um Bihać an mehreren Orten.

Aposeris foetida DC. In Wäldern um Bihać nicht selten.

Campanula bononiensis L. Auf Hügeln und auf Abhängen bei Bihać an mehreren Orten.

Edraianthus tenuifolius DC. Bei Bihać.

Erica carnea L. Auf der Plješevica planina und am Gredoviti vrh in der Grmić planina.

Rhododendron hirsutum L. Plieševiea planina.

Vincetoxicum laxum G. G. Auf grasigen, buschigen Hängen bei Skočaj.

Heliotropium europaeum L. An wüsten Stellen bei Bihač in Gesellschaft mit *Hibiscus Trionum* L.

Cerinthe aspera Rth. Grmić planina, selten.

Onosma stellulatum W. K. Bei Ostrožac.

Lithospermum purpureo-coeruleum L. Auf einem sterilen Abhange nächst Skočaj.

Omphalodes verna Mch. Unter Gebüsch bei Ripać nächst Bihać.

Hyoscyamus albus L. Auf einem wüsten Platz bei Klokot.

Scopolia carniolica Jacq. Plieševiea planina.

Verbascum montanum Schrad. Plieševiea planina.

Verbascum Blattaria L. Um Bihač verbreitet.

Verbascum pulverulentum Vill. Grmić planina.

Verbascum nigrum L. Bei Bihač und um Ostrožac.

Scrophularia Scopolii P. Wälder des Gredoviti vrh.

Scrophularia laciniata W. K. Felsen der Plieševiea planina.

Antirrhinum Orontium L. Um Bihač an mehreren Orten.

Pedicularis acaulis Scop. Abhänge bei Zavalje; selten.

Orobanche caryophyllacea Sm. Um Bihač ziemlich häufig.

Orobanche Picridis F. W. Schz. Bei Ostrožac auf *Picris laciniata*, selten.

Teucrium Arduini L. Am Gredoviti vrh.

Teucrium Botrys L. Um Bihač nicht selten.

Teucrium montanum L. Grmić planina.

Salvia verticillata L. Auf Wiesen bei Skočaj.

Scutellaria alpina L. Auf der Plieševiea planina und am Gredoviti vrh.

Lamium orvala L. Unter feuchtem Gebüsch im Unathale nächst Ostrožac.

Galeobdolon luteum Huds. Unter Gebüsch am Panjački potok nächst Vedropolje.

Stachys alpina L. Grmić planina.

Stachys germanica L. Bei Bihač.

Stachys subcrenata Vis. Auf der Karstebene bei Ćekerlije, östlich von Bihač.

Sideritis romana L. Hügel und sterile Abhänge im Drenovo-Passe.

Calamintha grandiflora Mch. In Wäldern der Plieševiea planina.

Calamintha officinalis Mch. Grmić planina.

Calamintha alpina Lam. Auf der Plieševiea planina und am Gredoviti vrh in der Grmić planina.

Satureja illyrica Host. Hänge der Plieševiea planina.

Utricularia vulgaris L. In der Una nächst den Mühlen bei Ripać.

Lysimachia nemorum L. In einem lichten Wäldchen bei Skočaj.

Anagallis coerulea Schreb. Bei Bihač.

Soldanella montana W. Am Gredoviti vrh in der Grmić planina und auf der Plieševiea planina.

Primula elatior L.

Primula acaulis Jacq.

Primula officinalis Scop. Alle drei um Bihač verbreitet.

Primula suareolens Bert. Am Gredoviti vrh.

Globularia Willkommii Nym. Grmić planina.

Amarantus retroflexus L. Bei Klokot an der Ortslisière; bei Ostražac.

Phytolacca decandra L. In Gärten bei Bihač angepflanzt und an mehreren Orten verwildert.

Chenopodium Bonus Henricus L. In Bihač, Ostrožac, Pokoj verbreitet (wohl in allen Ortschaften).

Chenopodium Vulcaria L. An denselben Orten.

Rumex crispus L. Um Bihač und im Unathale bei Golubić und Ripač.

Rumex alpinus L. Auf der Plješevica planina häufig; auf der Grmić planina.

Rumex obtusifolius Wallr. Unathal bei Ostrožac.

Polygonum Bellardi All. Bei Sokolać.

Daphne Mezereum L. Grmić planina in Wäldern.

Daphne Laureola L. Auf der Plješevica planina; selten.

Asarum europaeum L. In allen Wäldern um Bihač.

Aristolochia Clematitis L. Unter Gebüsch, in verwilderten Grasgärten verbreitet.

Aristolochia pallida W. Auf Abhängen bei Hrgar und Ripač.

Mercurialis perennis L. Um Bihač häufig.

Mercurialis ovata Stbg., Hppe. In Wäldern der Plješevica planina und der Grmić planina.

Euphorbia fragifera Jan. Bei Kurtovo selo.

Euphorbia dulcis L. In Wäldern der Plješevica planina und des Gredoviti vrh in der Grmić planina.

Euphorbia epithymoides Jacq. Um Bihač verbreitet.

Euphorbia carniolica Jacq. Wälder der Plješevica planina.

Euphorbia amygdaloides L. Gredoviti vrh in tiefer gelegenen Waldungen.

Euphorbia falcata L. Auf Aeckern um Bihač.

Euphorbia chamaesyce L. Bei Ripač.

Humulus Lupulus L. Auf Gebüsch rankend und um Bihač verbreitet.

Castanea sativa Scop. Vereinzelt um Bihač.

Salix fragilis L. und

Salix alba L. Am Unaufer.

Salix incana Schrk. Unainsel bei Golubić ein Salicettum bildend.

Salix repens L. Auf einer Wiese bei Papar.

Salix herbacea L. Auf der Plješevica planina und am Gredoviti vrh in der Grmić planina.

Salix retusa L. Auf der Plješevica planina.

Alnus incana W. und

Alnus glutinosa G. Beide im Unathale.

Betula verrucosa Ehrh. Vereinzelt verbreitet.

Juniperus communis L. Bei Bihač nicht häufig.

Juniperus nana W. Auf der Plješevica planina.

Butomus umbellatus L. Ufer der Una oberhalb Ostrožac.

Potamogeton natans L. Unafluss an mehreren Stellen.

Corallorhiza innata Br. Wälder der Plješevica planina.

Cephalanthera rubra Rich. Um Bihać häufig.

Epipactis latifolia All. Wälder um Bihać.

Epipactis atrorubens Schult. Auf der Grmić planina.

Orchis Simia Lam. Abhänge bei Skočaj und Zavalje.

Orchis globosa L. Am Gredoviti vrh.

Orchis Morio L. Auf Wiesen im Unathale.

Orchis sambucina L. Um Bihać verbreitet.

Orchis laxiflora Lam. Auf Wiesen im Unathale; ferner auf Wiesen am Mrežnica potok bei Klokot und Muslićselo.

Orchis pallens L. Abhänge der Grmić planina; selten.

Platanthera chlorantha Cust. In Wäldern der Plješevica planina; auf der Grmić planina.

Platanthera solstitialis Rchb. Ebendaselbst.

Satyrium hircinum L. Auf einem grasigen, buschigen Abhange bei Lavalje in nur wenigen Individuen.

Gladiolus segetum Ker. Bei Bihać. selten und vereinzelt.

Crocus vernus Wulf. Grasplätze um Bihać.

Crocus albiflorus Kit. Abhänge der Grmić planina.

Narcissus poeticus L. Hie und da auf Grasplätzen; ob wild? Die Pflanze wird in Bauerngärten in der Gegend von Bihać auch cultivirt.

Leucojum aestivum L. Grasige Hänge bei Skočaj.

Majanthemum bifolium Schm. In Wäldern um Bihać.

Tamus communis L. Zwischen Gebüsch auf Abhängen bei Zavalje; auf der Grmić planina.

Anthericum Liliago L. Buschige Hänge nächst dem Drenovo-Passe.

Lilium Martagon L. Wälder der Grmić planina.

Erythronium dens canis L. Auf Grasplätzen und in lichten Wäldern um Bihać verbreitet.

Botryanthus vulgaris Kth. Um Bihać auf Wiesen.

Botryanthus odorus Kth. Abhänge und grasige Stellen bei Zavalje.

Veratrum album L. und

Veratrum nigrum L. Beide auf der Plješevica planina.

Arum maculatum L. In Wäldern der Grmić planina.

Typha angustifolia L. Unaufer südlich Ripać.

Cyperus longus L. Bei Golubić an einer Stelle zahlreich.

Carex ampullacea Good. Bei Ostrožac.

Carex pendula Huds. Am Gredoviti vrh in der Grmić planina.

Carex distans L. Wälder um Bihać.

Carex montana L. Auf den Gradinahöhen östlich von Skočaj.

Phalaris paradoxa L. Bei Golubić, selten.

Phleum alpinum L. Am Gredoviti vrh; auf der Plješevica planina.

Cynosurus cristatus L. Beim Drenovo-Passe.

Lasiagrostis Calamagrostis Lk. Abhänge bei Skočaj.
Piptatherum paradoxum P. B. Grmić planina.
Arrhenatherum arenaceum P. B. Bei Bihać an mehreren Orten.
Arena caryophyllea W. et Wigg. Um Medjudražje.
Molinia coerulea Meh. Wiesen bei Hrgar. östlich von Ripać.
Festuca montana M. B. Auf der Plješevica planina.
Festuca varia Hke. Grmić planina.
Festuca amethystina L. Gredoviti vrh.
Poa serotina Ehrh. Bei Kosa im Unathale.
Aegilops ovata L. Bei Panjak, nicht häufig.
Brachypodium pinnatum P. B. Um Bihać an mehreren Orten.

Zum Schlusse bemerke ich, dass man viele seltene Pflanzen, die auf der Plješevica planina wachsen, in dieser Aufzählung vermisst; dies hat seinen Grund, weil ich nur die gegen Bihać gelegenen Hänge in Berücksichtigung zog und weil der Zweck dieser Aufzählung nur ist, ein Vegetationsbild von Bihać in Bosnien zu geben; auch ist die Plješevica planina von im Lande ansässigen Botanikern, also von viel berufenerer Seite, bereits mehrfach durchforscht und die „Flora Croatica" enthält eine Menge Standorte aus diesem Gebiete.

Nachtrag zu vorstehendem Aufsatze.

Im Herbare des Herrn Dr. E. v. Haláesy sah ich vor wenigen Tagen schöne Exemplare einer *Ononis*, die ihm Herr Boller aus der Umgebung von Bihać eingesendet hatte. Die Pflanze stellte sich als die für das Gebiet der Occupationsländer neue *Ononis alopecuroides* L. heraus, deren Auffindung in Bosnien insoferne von grossem Interesse ist, als es sich um eine bisher nur aus dem westlichen Theile des Mediterrangebietes (Portugal, Spanien, Südfrankreich, Unteritalien, Corsica, Sicilien) bekannte, ausserdem für Griechenland angegebene Pflanze handelt.

Wien, 20. Juni 1892.

Dr. R. v. Wettstein.

Geheimrath Dr. Eduard August v. Regel.

Nachruf,

gehalten in der Monatsversammlung am 1. Juni 1892

von

Josef Armin Knapp.

„Fallen sehe ich Zweig auf Zweig" möchte ich beim Anblicke der furcht-
baren Gründlichkeit, mit welcher der unerbittliche Tod unter der botanischen
Garde Russlands aufräumt, ausrufen. Während der abgelaufenen letzten drei
Jahre verloren wir in rascher Folge Trautvetter, Maximowicz und am 15. Mai
1892 Regel. Unter den Genannten weist Regel die grossartigste Carrière auf,
er brachte es als self made man in des Wortes vollster Bedeutung vom Gärtner-
lehrlinge bis zur Excellenz und dem Adelstande, er verstand es, die Wissenschaft
mit der Praxis zu vereinigen, der Horticultur, Pomologie und Dendrologie in
Russland zu neuen und bis dahin kaum geahnten Erfolgen zu verhelfen, sowie
ihm auch die systematische Botanik höchst wichtige Aufschlüsse verdankt. Alles
in Allem genommen war Regel eine grossartig und vielseitig veranlagte Indi-
vidualität, die unwillkürlich an Josef M. Decaisne (geb. 9. März 1807, † 8. Februar 1882) mahnt, welch letzterem jedoch weit reichlichere Mittel bei seinen
Unternehmungen zu Gebote gestanden haben. Die Gärtner aber, aus deren Mitte
er hervorgegangen, haben vollends Ursache, auf ihn stolz zu sein, in ihm ein
leuchtendes Vorbild für alle Zeiten zu erblicken, welches sie nicht bloss verehren,
sondern auch nachzuahmen trachten sollen!

Eduard August Regel wurde am 13. August 1815 zu Gotha als Sohn
eines Gymnasialprofessors und Garnisonspredigers L. A. Regel geboren. Schon
als Knabe zeigte er eine besondere Liebe zum Gartenbau; er putzte unter Anleitung des alten Gartenarbeiters seines Grossvaters Döring die Obstbäume
aus, schnitt dieselben sogar und hielt auch den Garten der Eltern in Ordnung.
Das Gymnasium besuchte er bis Secunda und trat 1830 als Gärtnerlehrling in
den herzoglichen Orangengarten ein, wo er bis 1833 lernte. Während dieser
Zeit bildete er sich weiter aus, Unterricht in der Botanik und Insectenkunde,
verbunden mit botanischen Excursionen hatte er beim Oberförster Kellner schon

von 1828 an genommen und die Flora Thüringens war ihm gut bekannt, als er
im Frühjahre 1833 nach Göttingen übersiedelte; dort wirkte er $2^1/_2$ Jahre als
Volontär im botanischen Garten, dem er in den letzten $1^1/_2$ Jahren ganz angehörte. Von 1837—1839 war Regel als Gartengehilfe im botanischen Garten in
Bonn und von 1839—1842 zu Berlin in derselben Eigenschaft angestellt. Hier
wie dort besuchte er als „freier Zuhörer" die botanischen Collegien oder trachtete
Verbindungen mit den Professoren Bartling, Treviranus, Link und Klotzsch
anzuknüpfen, doch verschmähte er auch die Freundschaft seiner damaligen Collegen,
worunter der Pole Josef v. Warszewicz, später durch seine Reisen in Mittelamerika bekannt, und H. Wagner aus Riga, nicht. Im Februar 1842 erhielt
Regel den Ruf als Obergärtner an den botanischen Garten in Zürich, als er
gerade in Unterhandlung stand, sich der ersten englischen Expedition nach dem
Niger anzuschliessen. Hier trat er bald in ein inniges Freundschaftsverhältniss mit
dem Director, Professor Heer, und C. v. Naegeli. Der Garten, in schöner Lage,
war unbedeutend und die Mittel des Institutes, weil auf Handel angewiesen und
überdies ohne Handelspflanzen, geradezu kärgliche. Da hiess es praktisch arbeiten
und die schlummernde Liebe zur Gartenbaukunst zu wecken. Im ersten Jahrgange erzielte er bloss eine Einnahme von 300 Francs und erst, nachdem von
seinem Freunde Josef Warszewicz Ritter v. Rawicz († 29. December 1866)
manche neue und interessante Pflanzen aus Mittelamerika eingetroffen, steigerte
sich dieselbe zusehends, um im Herbste 1855, als er das Institut verliess, die
Höhe von 30,000 Francs zu erreichen, die selbst unter seinem sonst tüchtigen
Nachfolger, Eduard Ortgies, nicht überschritten worden ist. Endlich richtete
er auch einen Samenhandel ein und so gelang es ihm, den Züricher Garten zu
einem der besseren botanischen Gärten zu erheben. Dazu mussten allerdings auch
die seltenen Pflanzen der Alpen, der Schweiz, die Regel auf seinen Alpen-
wanderungen fleissig sammelte, einen erklecklichen Theil beitragen, sowie manche
seltene Pflanzen der Tropen, die durch Vermittelung schweizerischer Handels-
firmen in den Züricher botanischen Garten eingeführt wurden.

Im Vereine mit Professor Heer gründete Regel im Jahre 1843 die
„Schweizerische Zeitschrift für Land- und Gartenbau"; von 1846 an ward dieselbe
unter der gleichen Redaction als zwei getrennte Zeitschriften, die eine nur für
Landwirthschaft, die andere nur für Gartenbau, veröffentlicht. Vom Jahre 1847
an gab Regel beide Zeitschriften als alleiniger Redacteur heraus, im Jahre 1850
trat er seinem Freunde Kohler die Redaction der erstgenannten Zeitschrift ab
und behielt nur die der letzteren, welche durch die im Jahre 1852 ins Leben
gerufene „Gartenflora", welche er von da an bis 1884 redigirte, abgelöst wurde.
Ferner gründete er 1843 im Vereine mit Heer und Naegeli den Schweizerischen
Land- und Gartenbauverein, dessen unbesoldeter Geschäftsführer er bis zu
seinem Weggange aus der Schweiz blieb, und später, als der Gartenbau sich als
besondere Section abtheilte, war er auch noch der Präsident derselben. Er
habilitirte sich als Docent an der Universität in Zürich, welche ihm kurz vor
seiner Uebersiedelung nach St. Petersburg das Ehrendoctorat der Philosophie
verlieh, und nahm an den populären Vorlesungen derselben Theil.

Mitten in seiner unermüdlichen Thätigkeit trat an ihn ein Ruf als Director des kaiserlichen botanischen Gartens nach St. Petersburg heran, den er zweimal ablehnte, um ihm schliesslich doch Folge zu leisten. Mit blutendem Herzen verliess er am 10. September 1855 Zürich und folgerichtig die Schweiz, seine zweite Heimat, wo er auch seine über das Grab hinaus treue Lebensgefährtin gefunden. Vom 1. October 1857—1867 bekleidete Regel in St. Petersburg die Stelle als wissenschaftlicher Director des kaiserlichen botanischen Gartens, während die Administration desselben in anderen Händen lag, was seine Thätigkeit für das Institut wesentlich beeinträchtigte. Er gründete trotz aller Schwierigkeiten den kaiserlich russischen Gartenbauverein, dem er als Vicepräsident angehörte und der, seitdem das Präsidium desselben auf den General-Adjutanten Sr. Majestät Samuel Alexiewitsch Greig übergegangen war, seinen Einfluss über das weite Czarenreich ausgedehnt hat, so dass derselbe schon jetzt viele Zweigvereine im europäischen Russland und selbst im fernen Turkestan zählt. Das erste Aufblühen und überhaupt die Möglichkeit der Gründung verdankt der genannte Verein Sr. kaiserlichen Hoheit dem Grossfürsten Nicolai Nicolajewitsch dem Aelteren, welchem Regel im Vereine mit Koernicke dann eine prächtige *Strelitzia* widmete (Mitth. d. russ. Gartenbauver., I, i. 1859). So nach aussen zahlreiche Stützpunkte findend und selbst der kaiserlichen Familie näher tretend — er hatte das Glück, den älteren Söhnen Sr. Majestät einen allgemeinen Ueberblick über das Gewächsreich geben zu können — überdauerte Regel die ersten zwölf schwierigen Jahre. Mit dem Eintritte Trautvetter's als Director des kaiserlichen botanischen Gartens, 1868—1874, in dessen Händen nun die Administration lag, kam für Regel die Zeit der erspriesslichsten Thätigkeit in Betreff der allmäligen Umgestaltung der Gewächshäuser und des ganz verkommenen Parkes des kaiserlichen botanischen Gartens, der nun allmälig das Gewand der neueren Zeit anlegte. Er gründete im Jahre 1863 auf eigene Kosten einen pomologischen Garten, dem nunmehr sein Schwiegersohn Kesselring vorsteht, in dem die harten russischen Obstsorten, weil von westeuropäischen verdrängt, damals selten geworden und selbst für schweres Geld nicht käuflich, untergebracht und derart erfolgreich cultivirt wurden, dass die besseren Sorten nicht bloss in die Gärten Nordrusslands verbreitet worden, sondern auch auf die höheren Lagen Nordamerikas übergegangen sind, wo besondere Baumschulen für dieselben bestehen.

Aber auch Zierbäume und Sträucher zog er im pomologischen Garten und die Gärten des nördlichen Russland erfuhren eine Vermehrung nahezu um das Dreifache, namentlich an Ziersträuchern, so dass die Petersburger Gärten zur Blüthezeit der Sträucher denen Westenropas nur wenig nachstehen.

Regel's schon in Zürich bewiesene Thätigkeit als Landschaftsgärtner kam in St. Petersburg vollends zum Durchbruche. Hier entwarf er den Plan zum „Neuen Alexandergarten" und wurden von ihm auch die Anlagen um das Denkmal der Kaiserin Katharina im Jahre 1878 geschmackvoll umgestaltet. Desgleichen stellte er im Wesentlichen die Pläne für die internationalen Gartenbau-Ausstellungen von 1869 und 1884 fest.

Regel's Verdienste wurden auch höheren Orts gewürdigt. Er erhielt 1861 das Ritterkreuz des österreichischen Franz Josefordens, 1864 das Ritterkreuz des belgischen Leopoldordens, 1866 den russischen Stanislausorden 2. Classe, 1867 den preussischen Kronenorden 3. Classe, 1869 das Ritterkreuz des schwedischen Nordsternordens, 1874 den russischen Wladimirorden 3. Classe, das Commandeurkreuz des Ordens der italienischen Krone und das Commandeurkreuz 1. Classe des Ernestinischen Hausordens von Sachsen-Coburg-Gotha, 1878 den russischen Stanislausorden 1. Classe, 1882 den russischen Annenorden 1. Classe, 1884 die Würde als Grand Dignitaire des brasilianischen Rosenordens, 1885 den preussischen rothen Adlerorden 2. Classe mit dem Stern und 1887 das Comthurkreuz 2. Classe des Albrechtsordens. Viele Vereine ernannten ihn zum Ehren- und correspondirenden Mitgliede, darunter die kais. Akademie der Wissenschaften zu St. Petersburg und die k. bayerische in München, während die Universität zu Bologna ihm den Titel eines Doctor honoris causa verlieh. Otto Carl Berg widmete ihm eine Myrtaceengattung und mehrere Botaniker eine Reihe von Arten, sowie eine *Thrips*-Art seinen Namen führt.

Anlässlich seines 70. Geburtstages erhielt er von Nah und Fern Huldigungsadressen und zartsinnige Geschenke. Doch nur noch wenige Jahre erfreute er sich des Lebensglückes, das für ihn rastlose Arbeit bedeutete.

Zu Anfang des Winters 1890 traf ihn ein Schlaganfall, von dem er sich so weit erholte, dass er eine Reise nach dem Süden antreten konnte. Zurückgekehrt trat er an den Sarg Maximowicz's. Nur kurze Zeit ging es noch weiter. Die Kräfte erlahmten, mancherlei Sorgen, welche ihm der Gesundheitszustand seines Sohnes Dr. Albert Regel, des berühmten Turkestan-Reisenden, bereitete, dürften mitgewirkt haben, doch er bezwang sich immer und wieder bis die Hand kaum mehr die Feder noch führen konnte. So ist er denn endlich am 15. April l. J. zur Ruhe gegangen, zur Ruhe, die er bis dahin niemals gekannt. Die Beerdigung fand unter äusserst zahlreicher Theilnahme aus der deutschreformirten Kirche nach dem Smolenski-Friedhofe bei St. Petersburg statt. In allen Welttheilen hat die Kunde von seinem Hinscheiden die grösste Theilnahme erregt und ganz besonders in den deutschen Ländern, deren treuer Sohn er stets gewesen.

Auch die botanischen Gärten und Museen haben vollends Ursache um ihn zu trauern, theilte er doch redlichst mit denselben die in St. Petersburg aufgespeicherten botanischen Schätze. Selbst für die wissenschaftlichen Vereine, darunter die k. k. zoologisch-botanische Gesellschaft, hatte er nicht bloss Worte der Anerkennung, sondern auch Thaten der Förderung.

Friede seiner Asche und Ehre seinem Andenken!

Bibliographisches Verzeichniss der von Regel publicirten Arbeiten.[1])

A. Selbstständige Arbeiten Regel's.[1])

Cultur der *Phylica*-Arten. — Allgem. Gartenz., VII (1839), S. 395 (v.).
Die Hauptmomente der Gärtnerei durch Physiologie begründet — Allgem.
Gartenz., VIII (1840), S. 81—86, 137—143. 148—152. 156—158, 165 bis
168, 181—183, 187—189. 345—347, 404—406 (v.).
        Kein Vorläufer von Lindley's „The theory of horticulture".
        welche im Februar 1840 erschienen, während Regel's Arbeit erst
        vom 14. März an zum Abdrucke gelangte. Die angebliche Ueber-
        setzung habe ich, weil in London's „The Gardner's Magazine" vom
        October 1841 bis Juni 1842 veröffentlicht, selbstverständlich in
        „Gardner's Chronicle" vergebens gesucht.
Bemerkungen über eine neue *Drymaria*-Art. nebst Auseinandersetzung der ver-
wandten Arten. — Ebenda, VIII (1840), S. 297—300 (v.).
Beiträge zur Cultur der Calceolarien. — Ebenda. IX (1841). S. 393—396 (v.).
Betrachtungen über die Gattung *Orobanche*, nebst Andeutungen über die Cultur
derselben. — Ebenda, X (1842), S. 281—284, 290—291 (v.).
Bemerkungen über den Stand der Gärtnerei in der Schweiz im Vergleiche zu
Deutschland und England, und zwar mit besonderer Berücksichtigung des
Cantons Zürich. — Ebenda, XI (1843), S. 25—29 (v.).
Ueber die wichtigsten Materialien und deren zweckmässigste Answahl zur Cultur
der Zierpflanzen. — Schweiz. Zeitschr. f. Land- und Gartenbau, I (1843.),
S. 17 (n. v.); Allgem. Gartenz., XI (1843), S. 283—284, 291—293, 300 bis
301, 307—308, 315—316 (v.).
Einige allgemeine Bemerkungen über Nadelhölzer. — Schweiz. Zeitschr. f. Land-
und Gartenbau (n. v.); Allgem. Gartenz., XVIII (1850), S. 267—269.
283—286 (v.).
Mittheilungen über den Garten zu Biebrich. — Schweiz. Zeitschr. f. Land- und
Gartenbau, VIII (1853.), S. 141 (n. v.); Allgem. Gartenz., XIX (1851),
S. 61—62 (v.).
Cultur der tropischen Orchideen. — Allgem. Gartenz., XXIII (1855), S. 147 bis
149, 155—157, 173—174 (v.).
Der Bastard von *Aegilops ovata* und *Triticum vulgare*. — Ebenda, XXIV (1856),
S. 273—276.
Beobachtungen über die Gattung *Hypochaeris*, nebst Feststellung der dazu ge-
hörigen Species und Formen. — Linnaea. XVI (1842), p. 43—65 (v.); Exc.
Ann. des sc. nat., sér. 2, XIX (1843), p. 178—181, Buchinger.
Beobachtungen über den Ursprung und Zweck der Stipeln. — Linnaea. XVII
(1843), p. 193—234. hiezu Taf. 7 und 8 (v.).
Die Cultur der Eriken, nebst Charakterisirung, kurzer Beschreibung und voll-
ständiger Synonymie sämmtlicher Arten, welche in deutschen und englischen
Gärten angetroffen werden. — Verh. d. Ver. z. Bef. d. Gartenb. in d.
preuss. Staat., XVI (1842), S. 161—349, mit den lithogr. Taf. 2—4 (v.);

---

[1]) Fern von Zürich und St. Petersburg, konnte ich nur ein Fragment liefern.

S.-A., Zürich, Orell, Füssli & Co., 1843, 4°. 189 S., m. 3 Taf. (v.); Rec.: Allgem. Gartenz., XI (1843), S. 16 (v.).
Bemerkungen über Bastardfarne. — Bot. Zeit., I (1843), S. 537—539 (v.).
Beiträge zur Kenntniss einiger Blattpilze. — Ebenda, S. 665—667, hiezu Taf. III, B. (v.).
Drei neue Pflanzen. — Ebenda, IX (1851), S. 596—697 (v.).
Ueber einige Formen von Alpenpflanzen. — Ebenda, S. 609—617 (v.).
Bemerkungen über einige Pflanzen des botanischen Gartens zu Zürich. — Ebenda, S. 891—892 (v.).
Bemerkungen über einige Gesneriaceen. — Ebenda, S. 893—894 (v.).
Einige neue Pflanzen des botanischen Gartens in Zürich. — Ebenda, XI (1853), S. 333—335 (v.).
Zur *Aegilops*-Frage. — Ebenda, XIII (1855). S. 569—573 (v.); Bonpl., III (1855), S. 322—325, unter dem Titel: „Die *Aegilops*-Frage im neuen Stadium".
Professor Cienkowski's Entdeckung und Urerzeugung. — Bot. Zeit., XIV (1856), S. 665—672, 681—687. hiezu Taf. XII (v.).
Bemerkungen über Pflanzen des St. Petersburger Gartens. — Ebenda, XV (1857), S. 713—719 (v.).
Zur Parthenogenesis. — Ebenda, XVI (1858). S. 305—308 (v.). — Uebers.: Ann. and mag. of nat. hist., Ser. 3, III (1859), p. 100—106, On parthenogenesis by Arthur Henfrey (v.); Amer. Journ. of sc. and arts, Ser. 2. XXVII (1859), p. 310—315, 400 A(sa) G(ray) (v.). — Bot. Zeit., XVII (1859). S. 47—48 (v.).
Ueber Betulaceen. — Ebenda, XX (1862). S. 100—104 (v.).
Noch einmal *Betula alba* und deren Abarten. — Ebenda, S. 329—330 (v.).
Ueber die wichtigsten Materialien und deren zweckmässigste Auswahl zur Cultur der Zierpflanzen. — Schweiz. Zeitschr. f. Land- und Gartenbau, I (1843), S. ... (n. v.).
Bemerkungen über zweckmässige Einrichtung von Doppelfenstern zur Ueberwinterung von Pflanzen. — Ebenda, mit einer Zeichnung (n. v.).
Die äusseren Einflüsse auf das Pflanzenleben in ihren Beziehungen zu den wichtigsten Krankheiten der Culturgewächse. Ein populärer Vortrag, gehalten am 30. März 1847. Zürich. Meyer & Zeller, 1847, 8°, 32 S. (v.). — Rec.: Bot. Zeit., V (1847), S. 819—820 K. M. (v.); Gardn. chron., 1847. p. 599 (v.).
Ueber die Gattungen der Gesnereen. — Flora, XXXI (1848), S. 241—252 (v.).; Ind. sem. hort. Turic. a. 1847, p. 4 (v.); Rec: Bot. Zeit., VI (1848), S. 562 (v.).
Bemerkungen über die Gruppe der Gattung *Amaranthus* mit fünfmännigen Blumen. — Flora, XXXII (1849), S. 161—167 (v.).
Einige neue Gattungen der Gesnereen. — Ebenda, S. 177—182 (v.); Ind. sem. hort. Turic. a. 1848, p. 4 (v.).
Einige neue oder noch nicht gehörig beobachtete, bereits bekannte ältere Pflanzenarten, welche im Jahre 1848 und 1849 im botanischen Garten zu Zürich cultivirt wurden. — Flora, XXXII, S. 182—184 (v.).
Beschreibung einiger neuen Pflanzenarten des botanischen Gartens zu Zürich. — Ebenda, XXXIII (1850), S. 353—354 (v.).
Einige neue Pflanzenarten des botanischen Gartens zu Zürich. — Ebenda, XXXV (1852), S. 177—178 (v.).
Drei neue Pflanzenarten des botanischen Gartens zu Zürich. — Ebenda, S. 417 bis 418 (v.).
Lichenologisches. — Ebenda, XXXVI (1853), S. 271—272 (v.).
Erysimum Cheiranthus Pers. und *Erysimum ochroleucum* Cand. — Ebenda, S. 346—348 (v.).
Bemerkungen über zwei Pitcairnien des botanischen Gartens zu Zürich. — Ebenda, S. 450—451 (v.).

Z. B. Ges. B. XLII. Abh. 34

Ueber Ofenbauten in Gewächshäusern. — Gartenflora, 1 (1852), S. 45—50, mit 1 Taf. (v.).

Victoria regia und die Wasserpflanzen. — Ebenda, S. 82—84 (v.).

Vermehrung der baumartigen und krautartigen Paeonien. — Ebenda, S. 85 bis 86 (v.).

Ueber den Bau von Gewächshäusern. — Ebenda, S. 167—175, 356—360, mit 2 Taf. (v.).

Blumenausstellung in Zürich am 16., 17. und 18. Mai 1852. — Ebenda, S. 177 bis 182 (v.).

Die Krankheit der Kartoffeln und der Reben. — Ebenda, S. 197—207 (v.).

Beiträge zur Vermehrung der Farrenkräuter. — Ebenda, S. 262—265 (v.).

Das Licht und dessen Einwirkung auf die Pflanzenwelt. — Ebenda, S. 265 bis 276, 297—317 (v.).

Ein Ausflug von Zürich nach Stuttgart. — Ebenda, II (1853), S. 4—13 (v.).

Ueber Kamineinrichtungen. — Ebenda, S. 99—100, mit 1 Taf. (v.).

Die Vegetationsverhältnisse des Winters 1852 auf 1853 in Bezug auf Pflanzencultur. — Ebenda, S. 109—118 (v.).

Die Zeugung des Samens der blüthentragenden Pflanzen und die Entstehung der Pflanzenbastarde. — Ebenda. S. 227—242, mit 1 Taf.. S. 260—275 (v.).

Drainage. — Ebenda, S. 242—244 (v.).

Sciadocalyx Warszewiczii Rgl. — Ebenda, S. 257—259, mit 1 Taf. (v.); Excerpt: Ill. hortic. 1 (1854). p. und Taf. 6 (v.).

Der Garten des Herrn Thomas Treherne zu Schloss Haardt bei Ermatingen am Bodensee. — Ebenda, S. 297—301 (v.).

Zerstörung der Pflanzen durch den Frost. — Ebenda, III (1854), S. 13—18 (v.).

Verwandlung von *Aegilops ovata* L. in Weizen (*Triticum vulgare* Vill.). — Ebenda, S. 116—126 (v.).

Ascophora arachnoidea Rgl., ein neuer im Gewächshause schädlicher Pilz, nebst Bemerkungen über die Lebensweise des Wein- und Kartoffelpilzes. — Ebenda, S. 150—153, mit 1 Taf. (v.).

Unfruchtbarkeit der Obstbäume. — Ebenda, IV (1855), S. 88—90 (v.).

Ueber *Streptostigma Warszewiczii*. — Ebenda, S. 90—91 (v.).

Das Dörren der Saatkartoffeln. — Ebenda, S. 92—93 (v.).

Cultur der *Anguria Mackoyana* Lém. — Ebenda, S. 93 (v.).

Die Blutbuche (*Fagus silvatica* var. *atropurpurea*). — Ebenda, S. 93—94 (v.).

Die Anwendung des Chilisalpeters. — Ebenda, S. 94—96 (v.).

Vermögen der Pflanzen, sich den Stickstoff unmittelbar aus der Luft anzueignen. — Ebenda, S. 96—97 (v.).

Tropaeolum Wagenerianum zur Blüthe zu bringen. — Ebenda, S. 104; Uebers.: Journ. Soc. centr. d'hortic. (n. v.); La Belg. hortic., VI (1856), p. 4—5 (v.).

Die Igname Batate (*Dioscorea Batatas* Dnn.). — Ebenda, S. 115—118, mit 1 Holzschn. (v.).

Das neue Zuckergras (*Sorghum saccharatum* Pers.). — Ebenda, S. 119—120 (v.).

Der schwarze Schnee. — Ebenda, S. 121—122 (v.).

Das Engadin. — Ebenda, S. 112—155, mit 1 Taf. (v.).

Ueber Garteninstrumente. — Ebenda, S. 158—161, mit 1 Taf. (v.).

Pflanzenschauhaus und beständiges Ausstellungsgebäude der Herren S. und J. Rinz zu Frankfurt a. M. — Ebenda, S. 165 (v.).

Ueber Collodium, Kohle und Sand als Mittel, das Anwachsen der Stecklinge zu befördern. — Ebenda, S. 193—194 (v.).

Alonsoa Warszewiczii Rgl. — Ebenda, S. 211—212, mit 1 Taf. (v.); Excerpt: Ill. hortic., II (1855), p. und Taf. 60 (v.).

Pircunia esculenta Moq. (*Phytolacca*) als Pflanze des Küchengartens. — Ebenda, S. 205 (v.); Uebers.: La Belg. hortic., VI (1856), p. 147 (v.).

Erwiderung auf die beiden Berichte über die Frankfurter Ausstellung. — Ebenda, S. 307—308 (v.).
Die Selaginellen, deren Cultur und Fortpflanzung. — Ebenda, S. 310—320, mit 1 Taf. (v.).
Das Verfahren von Gall, um saure Weine zu guten, sehr trinkbaren Weinen umzuwandeln. — Ebenda, S. 320—323 (v.).
Der Guano. — Ebenda, S. 348—349 (v.).
Zur *Aegilops*-Frage. — Ebenda, S. 387—389 (v.).
Der botanische Garten in Zürich. — Ebenda, V (1856), S. 4—29, mit 5 Taf. (v.); Excerpt: La Belg. hortic., VI (1856), p. 338—339. Sur la culture des Orchidées en pleine terre (v.).
Seltene Pflanzen, welche im October 1855 im botanischen Garten zu St. Petersburg blühten. — Ebenda, S. 59—63 (v.).
Reiseskizzen, gesammelt auf der Reise von Zürich nach St. Petersburg. — Ebenda, S. 66—82, 99—110; S.-A., 16 S., 8° (v.).
Neue oder seltenere Pflanzen des botanischen Gartens in St. Petersburg. — Ebenda, S. 85—89, 116—121 (v.).
Neue Pflanzen des St. Petersburger Gartens. — Ebenda, S. 143—145, VI, S. 152 bis 160, mit 1 Holzschn. (v.).
Bemerkungen über die Cultur der Bromeliaceen. — Ebenda, S. 202—203 (v.); Excerpt: Journ. de la Soc. imp. et centr. d'hortic. de Paris (n. v.); La Belg. hortic., VII (1857), p. 39—41, Culture des Broméliacées (v.).
Cultur der Pflanzen unserer höheren Gebirge, sowie des hohen Nordens. — Ebenda, S. 231—274, mit 1 Taf.; S.-A., Erlangen, Enke, 1856, 46 S., 8° (v.); Excerpt: La Belg. hortic., VII (1857), p. 71—78, 102—103 (v.).
Neue Pflanzen, die im botanischen Garten zu St. Petersburg blühten. — Gartenflora, V (1856), S. 291—296 (v.).
Eine Weiterbildung der Stärkekörner und ein Beispiel von anscheinender Urerzeugung. — Ebenda, S. 322—327, mit 1 Taf. (v.).
Bemerkungen über neue und seltene Zierpflanzen des St. Petersburger Gartens. Ebenda, S. 327—332, 363—368 (v.).
Der botanische Garten in St. Petersburg. — Ebenda, S. 355—363; Excerpt: Ann. d'hortic. et de bot., I (1858), p. 67—71, W. H. De Vriese (v.); Journ. de la Soc. imp. et centr. d'hortic. de Paris (n. v.); La Belg. hortic., VII (1857), p. 218—222 (v.).
Die Cycadeen des botanischen Gartens in St. Petersburg. — Gartenflora, VI (1857), S. 5—16, mit 3 Taf. (v.).
Empfehlenswerthe Pflanzen, die im botanischen Garten in St. Petersburg cultivirt werden. — Ebenda, S. 16—21, mit 1 Holzschn. (v.).
Wechsel der Blumengrösse der Nymphaeen und insbesondere der *Nymphaea micrantha* Guillm. — Ebenda, S. 27 (v.).
Bepflanzung der Blumengruppen in den Gärten um St. Petersburg. — Ebenda, S. 27—29 (v.).
Petunien-Cultur. — Ebenda, S. 70—73 (v.).
Das Compostdüngermehl von C. F. Mally & Co. in Wien (Hafnersteig Nr. 710). — Ebenda, S. 73—74 (v.).
Zierpflanzen des St. Petersburger Gartens. — Ebenda, S. 77—80 (v.).
Neue Zierpflanzen. a) Des St. Petersburger Gartens. — Ebenda, S. 80—88 (v.). Oranienbaum. — Ebenda, S. 133—136 (v.).
Bemerkungen zu einigen Pflanzen des St. Petersburger Gartens. — Ebenda, S. 145 bis 148 (v.).
Der künstlich erzogene Bastard zwischen *Aegilops ovata* und *Triticum vulgare*. — Ebenda, S. 163—168, mit 1 Taf.; Rec.: Bull. Soc. bot. de Fr., IV (1857), p. 528—529 (v.).

31*

Pflanzen, welche im kaiserlichen botanischen Garten zu St. Petersburg blühten. — Gartenflora, VI (1857). S. 211—213 (v.).
Der Garten des Herrn G. Blass in Elberfeld. — Ebenda, S. 213—216 (v.).
Decorative Gewächshäuser. — Ebenda, S. 298—299 (v.).
Bemerkungen über Pflanzen des kaiserlichen botanischen Gartens zu St. Petersburg. — Ebenda, S. 306—308, mit 1 Holzschn., VIII, S. 363—366, IX, S. 133—135, 156—162 (v.).
Nachträgliche Bemerkungen zum Maiheft der „Gartenflora". — Ebenda, S. 336 bis 337 (v.).
Neue oder seltene Pflanzen des botanischen Gartens zu St. Petersburg. — Ebenda, S. 342—346 (v.).
Neue und interessante Pflanzen des St. Petersburger Gartens. — Ebenda, S. 362 bis 367, mit 1 Holzschn. (v.).
Beiträge zur Cultur der Orchideen. — Ebenda, S. 367—377 (v.).
Das Innere des Palmenhauses im kaiserlichen botanischen Garten in St. Petersburg. — Ebenda, VII (1858), S. 9, mit 1 Taf. (v.); Excerpt: Duchartre in Journ. de la Soc. imp. et centr. d'hortic. de Paris (n. v.); Ill. hort., V (1858), p. 2 (v.).
Eine Tour von St. Petersburg nach Czarskoe-Selo, nebst Bemerkungen über Gemüse- und Obstbau, Blumencultur etc. — Ebenda, S. 10—22 (v.).
Pflanzen zur Decoration von Rasenplätzen. — Ebenda, S. 22—26 (v.).
Bericht über den Versuch der Befruchtung von *Platycentrum rubrovenium* und *xanthinum* mit einander und der fortgesetzten Befruchtung des Bastardes mit sich selbst und den elterlichen Pflanzen. — Ebenda, S. 26—29; Rec.: Bull. Soc bot. de Fr., V (1858), p. 653—655 (v.); Excerpt: La Belg. hortic., IX (1859), p. 340—316 (v.).
Ueber Ausartung der Fruchtbäume. — Gartenflora. VII (1858). S. 29—33 (v.).
Der Neuseeländer Spinat *(Tetragonia expansa)*. — Ebenda, S. 33—34 (v.).
Zur Kartoffelkrankheit. — Ebenda, S. 34 (v.).
Blicke in einige Gärten in und um St. Petersburg im Winter 1857—1858. — Ebenda, S. 35—43, mit 1 Holzschn. (v.); Uebers.: Journ. de la Soc. imp. et centr. d'hortic. de Paris (n. v.); Excerpt: La Belg. hortic., VIII (1858), p. 305—307 (v.).
Im botanischen Garten zu St. Petersburg geprüfte neuere und ältere Pflanzen. — Ebenda, S. 43—52 (v.).
Früchte ohne Embryo von Cycadeen und über die Bildung eines Embryos ohne Befruchtung. Parthenogenesis. — Ebenda, S. 100—108, mit 1 Taf. (v.).
Deutsche, französische, englische Samenhandlungen. — Ebenda, S. 181—185 (v.).
Die schwarze Fliege. — Ebenda, S. 185—187, mit 3 Holzschn. (v.).
Bericht über die erste Blumen- und Pflanzenausstellung vom 27. April bis zum 4. Mai 1858 in St. Petersburg. — Ebenda, S. 205—216 (v.).
Cultur der perennirenden *Phlox* in Töpfen. — Ebenda, S. 248—249 (v.).
Bemerkungen über Pflanzen des St. Petersburger botanischen Gartens. — Ebenda, S. 249—254, VIII, S. 12—16, 81—83 (v.).
Bemerkungen über neuere Pflanzen, die im botanischen Garten zu St. Petersburg blühten. — Ebenda, S. 282—285 (v.).
Forschungen im tropischen Westafrika durch Dr. Fr. Welwitsch. — Ebenda, S. 301—302 (v.).
Neue Pflanzen des St. Petersburger botanischen Gartens. — Ebenda, S. 308—310, 340—343, VIII, S. 245—246, X, S. 173—174 (v.).
Die *Agave*-Arten des kaiserlichen botanischen Gartens in St. Petersburg. — Ebenda, S. 310—314 (v.); Rec.: Bul. Soc. bot. de Fr., V (1858), p. 662—663 (v.).
Das Rosenweiss. — Gartenflora, VII (1858). S. 350—351 (v.); Uebers.: La Belg. hortic., IX (1859), p. 369—370 (v.).

Bemerkungen über neuere Pflanzen, die im botanischen Garten zu St. Petersburg
blühten. — Gartenflora, VII (1858), S. 373—375 (v.).
Vermehrung der *Rhododendron* durch Samen und Stecklinge; sowie über kalte
Vermehrung überhaupt. — Ebenda, VIII (1859), S. 3—7 (v.).
Der Garten der Fürstin Beliselsky auf Krestoffsky bei St. Petersburg im
März 1858. — Ebenda, S. 7—9 (v.).
Platycentrum (Begonia) rex Linden. — Ebenda, S. 9—10 (v.).
Cultur der *Poinciana Gilliesii* und anderer Pflanzen mit fallendem Laube. —
Ebenda, S. 10—12 (v.).
Aufzählung der *Yucca*-Arten des kaiserlich botanischen Gartens in St. Peters-
burg, nebst Beiträgen zu deren Cultur. — Ebenda, S. 34—38 (v.); Journ.
de la Soc. imp. et centr. d'hortic. de Paris, . . (1859), p. . . . (u. v.); Ex-
cerpt: Journ. de la Soc. imp. centr. d'hortic. de Paris (n. v.); La Belg.
hortic., IX (1859), p. 297—299 (v.).
Zur Urzengung. — Gartenflora, VIII (1859), S. 38—40 (v.).
Neuseeländer Spinat. — Ebenda, S. 41—42 (v.).
Ueber *Wellingtonia gigantea* Lindl. (*Sequoia gigantea* Seem.). — Ebenda, S. 43
bis 44 (v.).
Die cultivirten Arten der Gattung *Panax*. — Ebenda, S. 45—46 (v.).
Botanische Gärten. — Ebenda, S. 67—81 (S.-A., . . S., 8°, n. v.), IX (1860),
S. 273—289 (S.-A., 19 S. 8°, v.).
Die Ausstellungs- und Verkaufshalle des Ungarischen Gartenbauvereins und über
Bildungsanstalten für Gärtner. — Ebenda, S. 166—168 (v.).
Die Familie der Coniferen oder Zapfenbäume. — Ebenda, S. 195—204, mit
1 Taf. (v.).
Zwei Peperomien. — Ebenda, S. 228—229, mit 1 Taf. (v.).
Ueber das Beschneiden der oberirdischen Theile beim Verpflanzen. — Ebenda,
S. 241—243 (v.).
Torfmoos und dessen Verwendung in Gärten. — Ebenda, S. 244 (v.).
Verwachsungen bei Tannen. — Ebenda, S. 259—260, mit 1 Fig. auf 1 Taf. (v.).
Neuere Pflanzen, die im botanischen Garten zu St. Petersburg blüthen. — Ebenda,
S. 261—268, mit 8 Fig. (v.).
Heddewig's Chineser-Nelken mit gefüllten Blumen. — Ebenda, S. 291—292 (v.).
Bemerkungen über Pflanzen, welche im St. Petersburger botanischen Garten
blühten. — Ebenda, S. 307—310 (v.).
Billbergia horrida Rgl. — Ebenda, S. 321. mit 1 Taf. (v.); Excerpt: Ill. hortic.,
VII (1860), p. 6 (v.).
Die Arten der Gattung *Dracaena* und *Cordyline*, die in den Gärten St. Peters-
burgs cultivirt werden, und deren Cultur im Zimmer und Gewächshause.
— Ebenda, S. 326—336 (v.); Excerpt: La Belg. hortic., XI (1860), p. 24
bis 32, 57—61 (v.).
Vermehrung der Sikkim-*Rhododendron* aus Stecklingen. — Gartenflora, VIII
(1859), S. 336—339, mit 2 Fig. (v.).
Cultur der *Victoria regia*. — Ebenda, S. 357—359 (v.).
Vertilgung der Blattläuse (v.). — Ebenda, S. 359—361. — Nachträgliches über
Blattläuse. — Ebenda, IX (1860), S. 289—290 (v.).
Ueber neuere Nutzpflanzen und Gemüsebau. — Ebenda, IX (1860), S. 6—10 (v.).
Cultur der Feigen in Töpfen. — Ebenda, S. 11—12 (v.).
Zimmercultur in St. Petersburg. — Ebenda, S. 12—19 (v.); Excerpt: Journ. de
la Soc. imp. et centr. d'hortic. de Paris, VI (1860), p 356—361 (v.).
Acclimatisation von Pflanzen. — Ebenda, S. 36—44 (v.); Excerpt: La Belg. hortic.,
XI (1861), p. 70—70 (v.); Journ. de la Soc. imp. et centr. d'hortic. de
Paris, VI (1860). p. 297—302 (v.).
Ueber *Cordiline indivisa* Kunth (Hooker fil., Flora of New Zealand, 1, p. 258).
— Gartenflora, IX (1860), S. 85—87 (v.).

Musa coccinea Roxb. - Ebenda, S. 87—88 (v.).
Die Pflanzenart. — Ebenda, S. 126—133, mit 1 Holzschn. (v.).
Castrirte Aepfel- und Birnblumen. — Ebenda, S. 163—164 (v.); Bonpl., VIII
    (1860), p. 198—202 (v.).
Spergula pilifera DC. als Rasenpflanze. — Ebenda, S. 218 (v.); Uebers.: Journ.
    de la Soc. imp. et centr. d'hortic. de Paris, VI (1860), p. 902—903 (v.).
Bericht über die dritte öffentliche Blumenausstellung vom 28. April bis 6. Mai
    des Russischen Gartenbauvereins in St. Petersburg. — Gartenflora, IX
    (1860), S. 233—255 (v.).
Neue und interessante Pflanzen des kaiserlichen botanischen Gartens in St. Peters-
    burg. — Ebenda, S. 326—328, 356, 357, 390—391 (v.).
Ueber das Absterben von Tannen und anderen Bäumen in den Gartenanlagen
    St. Petersburgs. — Ebenda, S. 343—349, mit 3 Holzschn. (v.).
Der Gemüsegarten des Herrn Gratscheff in St. Petersburg. — Ebenda, S. 349
    bis 353, mit 1 Holzschn. (v.).
Ueber Stubenaquarien. — Ebenda, S. 386—388 (v.).
Die Ausstellung der kaiserlichen Freien öconomischen Gesellschaft in St. Peters-
    burg. — Ebenda, S. 408—415 (v.).
Die Sardana und Mekiarscha der Jakuten. — Ebenda, X (1861), S. 15—16 (v.).
Cultur der Stachelbeeren. — Ebenda. S. 47—49 (v.).
Die Parthenogenesis im Pflanzenreiche. — Ebenda. S. 50—51 (v.).
Neuere Pflanzen des kaiserlichen botanischen Gartens in St. Petersburg. — Ebenda,
    S. 51—53 (v.).
Aufbewahrung der Edelreiser bis zum Veredeln im Frühlinge. — Ebenda, S. 100
    bis 101 (v.).
Wasserheizungen. — Ebenda, S. 131—134, mit 2 Holzschn. (v.).
Einige neue Pflanzen deutscher Handelsgärtnereien. — Ebenda, S. 134—136 (v.).
Kranke Pflanzen. — Ebenda, S. 163—166 (v.).
Die Haselnuss. — Ebenda, S. 201—203 (v.).
Die Gärten St. Petersburgs und der Umgebung im Herbst 1860. — Ebenda,
    S. 208—210, 236—245, 350—355, 375—381 (v.).
Vierte Blumenausstellung des Russischen Gartenbauvereins in St. Petersburg vom
    29. April bis 9. Mai 1861. — Ebenda, S. 245—255 (v.).
Neue Pflanzen des kaiserlichen botanischen Gartens in St. Petersburg. — Ebenda,
    S. 355—356 (v.).
Die Herbstausstellung von Obst und Gemüse im September 1861. — Ebenda,
    S. 411—415 (v.).
Ueber einige neuere Pflanzen des Petersburger botanischen Gartens. — Ebenda,
    S. 423—426 (v.).
Die Cultur der Erythrinen. — Ebenda, XI (1862), S. 5—7 (v.).
Musa chinensis Paxt. (*Musa Carendishii* Paxt.) zur Treiberei. — Ebenda,
    S. 23—24 (v.); Uebers.: Journ. Soc. imp. et centr. d'hortic. de Paris, VIII
    (1862), p. 252—254 (v.).
Mittel gegen die Maulwurfsgrille. — Ebenda, S. 67—68 (v.).
Die Gärten in und um St. Petersburg. — Ebenda, S. 172—181, 345—351 (v.).
Blumenausstellung in St. Petersburg vom 28. April bis zum 8. Mai 1862. —
    Ebenda, S. 281—288, mit 2 Taf. (v.).
Neuere Pflanzen des St. Petersburger botanischen Gartens. — Ebenda, S. 377 bis
    378 (v.).
Blühende Palmen. — Ebenda, S. 410—411 (v.).
Erziehung von Rosenwildlingen. — Ebenda, XII (1863), S. 8—12 (v.).
Cycas Ruminiana Porte. — Ebenda, S. 16—17, mit Holzschn. (v.).
Noch einige Worte über Institute zur Erziehung der Gärtner. — Ebenda, S. 42
    bis 45 (v.).
Pinus Abies L. var. *fennica*. — Ebenda, S. 95—96, mit 1 Holzschn. (v.).

Erwärmung des Bodens, als Mittel zur sicheren Ueberwinterung zarterer Pflanzen im freien Lande. — Ebenda, S. 147—151 (v.).

Pflanzen des kaiserlichen botanischen Gartens in St. Petersburg. — Ebenda, S. 189—190, XIII, S. 357—358, mit 1 Holzschn. (v.).

Frühlingsausstellung des Russischen Gartenbauvereins in St. Petersburg vom 28. April bis zum 1. Mai 1862. — Ebenda, S. 213—216 (v.).

Feinde des Apfelbaumes. — Ebenda. S. 257—258, mit 1 Holzschn. (v.).

Besuch des Russischen Gartenbauvereins in St. Petersburg im kaiserlichen botanischen Garten im Monat Juni 1863. — Ebenda, S. 277—279 (v.).

Psylla Mali Schmidb. — Ebenda, S. 310, mit 1 Holzschn (v.).

Excursion des Russischen Gartenbauvereins in St. Petersburg am 8. (20.) Juli nach Peterhof und Strelna. — Ebenda, S. 311—315 (v.).

Excursion desselben am 15. (27.) Juli 1863. — Ebenda, S. 316—317 (v.).

Bemerkungen über einige Pflanzen des kaiserlich botanischen Gartens in St. Petersburg. — Ebenda, S. 349—350 (v.).

Blumenausstellung des Russischen Gartenbauvereins in St. Petersburg vom 21. Juli bis zum 4. August 1863 im kaiserlichen Garten zu Jelagim. — Ebenda, S. 381—388 (v.).

Ueber das Keimen bei verschiedenen Temperaturgraden. — Ebenda, XIII (1864), S. 15—17 (v.).

Buntfarbige Pflanzen Japans. — Ebenda, S. 37—39 (v.).

In Petersburg angebaute Kartoffelsorten. — Ebenda, S. 79—84 (v.).

Die gegenwärtig herrschende Kartoffelkrankheit, mit Benützung der unter diesem Titel von De Bary herausgegebenen Schrift. — Ebenda, S. 108—117, mit 6 Fig. (v.).

Neuere Pflanzen des botanischen Gartens in St. Petersburg. — Ebenda, S. 132 bis 133 (v.).

Der Cardon (Cynara Cardunculus L.), ein feines Gemüse für den Winter. — Ebenda, S. 133—136 (v.).

Die internationale Blumenausstellung in Brüssel vom 24. April bis zum 1. Mai. — Ebenda, S. 164—166 (v.).

Bericht über die internationale Blumenausstellung in Brüssel vom 24. April bis zum 1. Mai d. J. — Ebenda, S. 219—242 (v.).

Ueber Swainsonia galegifolia R. Br. (alias Swainsonia Osborni). — Ebenda, S. 272—273 (v).

Berliner Gärten und der königliche botanische Garten in Berlin. — Ebenda, S. 324—334 (v.).

Drei neue Florblumen. Von Herrn J. J. Gottholdt in Arnstadt gezüchtet. — Ebenda, S. 359 (v.).

Treiberei der Maiblumen. — Ebenda, S. 364—365 (v.).

Anbau der Kernobstbäume im Klima Russlands. — Ebenda, XIV (1865), S. 4 bis 7 (v.).

Die 7. grosse Ausstellung des Gartenbauvereins in St. Petersburg Ende April und Anfang Mai 1864. — Ebenda, S. 11—18 (v.).

Von St. Petersburg nach Brüssel. — Ebenda, S. 38—61 (v.); Excerpt: La Belg. hortic., XV (1865), p. 86—90, 154—157, 193—201, 264—271 (v.).

Einige Beobachtungen über die Cultur der Pflanzen im Zimmer und das Acclimatisiren der Pflanzen. — Gartenflora, XIV (1865), S. 68—80 (v.).

Cultur der Orchideen im Kalthause. — Ebenda, S. 109—111 (v.).

Kartoffelcultur, Kartoffelkrankheit und vergleichende Versuche über den Werth von 440 verschiedenen Kartoffelsorten für den Anbau. — Ebenda, S. 148 bis 180 (v.). Nachtrag. Ebenda, XV (1866), S. 102—105 (v.).

Bericht über die im Auftrage Sr. hohen Excellenz des kais. russischen Ministers der Reichsdomänen gemachte Reise zur internationalen Ausstellung nach Amsterdam im April 1865. — Ebenda, S. 234—282, mit 1 Taf. (v.).

Besprechung einiger neuer Pflanzen. — Ebenda, XV (1866), S. 67—71, mit
1 Holzschn (v.).

Cultur der Topfrosen des Herrn Hofgärtners Freundlich. — Ebenda, S. 133
bis 135 (v.).

Die Farne des freien Landes. — Ebenda, S. 187—143 (v.).

Cultur der Bromeliaceen auf Baumstämmen. — Ebenda, S. 226—227 (v.); Uebers.:
La Belg. hortic., XVII (1867), p. 78—79 (v.).

Die buntblätterigen Scarlet-Pelargonien, deren Cultur, Vermehrung und Anzucht
aus Samen. — Ebenda, S. 230—236 (v.).

Ueber *Cyperus alternifolius fol. variegatis* und die Erhaltung buntblätteriger
Spielarten. — Ebenda, S. 305—306 (v.).

Cultur der *Franciscea*-Arten. — Ebenda, S. 306—307 (v.).

Grammatosorus (Schrifthausen) *Blumeanus*. — Ebenda, S. 335—336, mit 2 Fig. (v.).

Der Löwenzahn *(Taraxacum Dens leonis)* als Salatpflanze. — Ebenda, S. 336
bis 337 (v.).

Amelanchier Botryapium als Heckenpflanze. — Ebenda, S. 339—340 (v.).

Bemerkungen über Pflanzen des kaiserlichen botanischen Gartens in St. Petersburg. — Ebenda, S. 356—359 (v.).

Hagebutten für kalte Klimate. — Ebenda, S. 361 (v.).

Anzucht von *Syringa chinensis* zur Blumentreiberei. — Ebenda, S. 375—376 (v.).

Nachträgliches über *Pyrethrum carneum* und dessen Abarten. — Ebenda, S. 375
bis 376 (v.).

Cerastium tomentosum und *Cerastium Biebersteinii* Werth und Verwendung. —
Ebenda, XVI (1867), S. 8—9 (v.).

Die Frucht- und Gemüseausstellung des russischen Gartenbauvereins in St. Petersburg vom 1. October bis 10. October 1866. — Ebenda, S. 12—16 (v.).

Ueber einige neuere Pflanzen des kaiserlichen botanischen Gartens. — Ebenda,
S. 16 (v.).

Veredlungen mit krautartigen jungen Aesten. — Ebenda, S. 238—239 (v.).

Ueber *Tradescantia albiflora* II. Berol. — Ebenda, S. 297—298, mit 1 Holzschn. (v.).

Nachrichten über den Pomologischen Garten in St. Petersburg. — Ebenda, S. 324
bis 334 (v.).

Pensées oder Gedenkemein; neue Sorten und deren Cultur. — Ebenda, S. 339
bis 340 (v.).

Einige Bemerkungen über die Gattung *Greigia*. — Ebenda, S. 370—378, mit
3 Fig. (v.).

Der italienische Bleichfenchel. — Ebenda, XVII (1868), S. 19—20, mit Holzschn. (v.).

Aethalium septicum Lk., der Lohpilz. — Ebenda, S. 20—22 (v.).

Veredlung der Rosen auf Wurzeln. — Ebenda, S. 75—76 (v.).

Bemerkungen über die *Higginsia*-Arten der Gärten. — Ebenda, S. 115—116 (v.).

Bemerkungen über Wildlinge zur Veredlung von Obstbäumen. — Ebenda, S. 136
bis 137 (v.).

Galanthus nivalis L. — Ebenda, S. 143—144 (v.).

Reise von St. Petersburg nach Belgien und England. — Ebenda, S. 164—165 (v.).

Die Ausstellung zu Gent vom 29. März bis zum 5. April 1868. — Ebenda, S. 166
bis 178 (v.).

J. Linden's Etablissement zur Einführung neuer Pflanzen in Brüssel. — Ebenda,
S. 203—204 (v.).

Gärten in Gent. — Ebenda, S. 260—266 (v.).

Berliner Gärten. — Ebenda, S. 296—301 (v.).

Gärten Londons. — Ebenda, S. 333—335 (v.).

Der Garten von James Veitch und Söhne in Chelsea, London, S. W. — Ebenda,
S. 336—338 (v.).

Der Garten von Hugh Low & Comp. zu Clapton, London, N. E. — Ebenda,
S. 338—389 (v.).

William Bull's Etablissement für neue Pflanzen, Kings Road, Chelsea, London, S. W. — Ebenda, S. 339—340 (v.).
Der botanische Garten in Kew bei London. — Ebenda, S. 358—362 (v.).
Einige Nachrichten von B. Roezl. — Ebenda, XVIII (1869), S. 4—6 (v.).
Cultur der Johannisbeeren. — Ebenda, S. 7—19, mit 5 Fig. (v.).
Beitrag zur Ananascultur für das Klima von St. Petersburg. — Ebenda, S. 68
    bis 73 (v.).
Für den Blumengarten. — Ebenda, S. 106—112, mit 1 Taf. (v.).
Nidularium Lindeni Rgl. *(Bromeliaceae).* — Ebenda, S. 167 (v.).
Versuche über die Erdbeersorten im St. Petersburger Klima. — Ebenda, S. 172
    bis 179, 208—215, 260—266 (v.).
Necrolog von Ferdinand Jacob Ernst Enke. — Ebenda, XIX (1870), S. 33—37 (v.).
Tillandsia Lindeniana Rgl. und *Tillandsia Lindeni* Morr. — Ebenda, S. 40
    bis 42 (v.).
Victoria regia im botanischen Garten zu Adelaide in Südaustralien. — Ebenda,
    S. 51—52 (v.).
Homalonema singaporense. — Ebenda, S. 53 (v.).
Der botanische Garten zu Adelaide in Südaustralien. — Ebenda, S. 72—75 (v.).
Formen der Entwicklung der höheren Pflanzen und deren Einfluss auf unsere
    Culturen. — Ebenda, S. 75—79 (v.), S.-A., 7 S., 8° (v.).
Der botanische Garten zu Buitenzorg auf Java. — Ebenda, S. 79—80 (v.).
Bemerkungen über einjährige Zierpflanzen, und zwar vorzugsweise über die in
    den letzten Jahren als Neuheiten empfohlenen. — Ebenda, S. 80—83 (v.).
Moskau und dessen Gärten. — Ebenda, S. 99-109, 133—139, mit 8 Fig. (v.).
Winterschnitt bei unseren Bäumen und Sträuchern, die geeignete Zeit für den-
    selben. — Ebenda, S. 109—110 (v.).
Neue Wasserheizungen für Gewächshäuser. — Ebenda, S. 111—112, mit
    1 Holzschn. (v.).
Von Moskau nach Tschernigow. — Ebenda, S. 175—177 (v.).
Darwinismus. — Ebenda, S. 263-267 (v.).
Einige Pflanzen des St. Petersburger Gartens — Ebenda, S. 267—268.
Nachrichten von Herrn B. Roezl. — Ebenda, S. 296—297, XX (1871), S. 6—8.
Von St. Petersburg nach Helsingfors, Reval, Riga. — Ebenda, S. 356—366.
Kartoffelbau. — Ebenda, XX (1871), S. 8—11.
Ueber Schaupflanzen. — Ebenda, S. 11—13.
Einfluss des Wildlings auf das Edelreis. — Ebenda, S. 13—22.
Neueste Berichte von Herrn Benito Roezl. — Ebenda, S. 36—37.
Des Herrn H. Wendland's in Herrenhausen Verfahren, von der *Victoria regia*
    jährlich Samen zu erziehen, nebst Bemerkungen. — Ebenda, S. 117—119.
Die Arten der Gattung *Dracaena.* — Ebenda, S. 132—149, S.-A., 18 S., 8° (v.).
Ueber die Befruchtung von *Primula praenitens*, der chinesischen Primel. —
    Ebenda, S. 166—172, S.-A., 7 S., 8° (v.).
Noch einmal *Tillandsia Lindeniana* und *Tillandsia Morreniana.* — Ebenda,
    S. 172—175.
Teppichbeete, deren Unterhaltung und Bepflanzung, nebst Aufzählung und Be-
    sprechung der zu Teppichbeeten und ähnlichen Decorationen besonders
    geeigneten Gewächshaus- und annuellen Pflanzen und speciellen Listen der
    ausdauernden Stauden, welche entweder als Blattpflanzen zu Teppichbeeten
    oder als gleichzeitig blühend zu Blumenbildern und Blumengruppen ver-
    wendet werden können. — Ebenda, S. 195—208, 236—242, 260—268,
    mit 1 Taf., S.-A., 29 S., 8° (v.).
Die Cultur der Monats- oder Alpenerdbeere. — Ebenda, S. 293—296.
Nachrichten von Roezl aus Sonson im Staate Antioquia (Neu-Granada) und aus
    Medellin. — Ebenda, S. 301—302.
Die Sumbulpflanze. — Ebenda, S. 324.

Der Einfluss des Standortes auf Ueberwinterung der Holzgewächse im Garten.
    — Ebenda, S. 334—336.
Reisenotizen. — Ebenda, S. 357—371, XXI (1872), S. 36—53, mit 14 Holzschn.
    (S.-A., 18 S., 8°) (v.); 69—74 (S.-A., 6 S., 8°) (v.); 101—108 (S.-A., 8 S., 8°)
    (v.); 132—142 (S.-A., 12 S., 8°) (v.); 171—184, 260—275, mit 1 Holzschn.
    (S.-A., 16 S., 8°) (v.); S. 298—306 (S.-A., 9 S., 8°) (v.).
Cranberry-Culturversuche. — Ebenda, S. 142—143.
Vermehrung und Anzucht von *Pancratium speciosum* im Zimmer. — Ebenda,
    S. 196—197.
Der Himbeerstecher *(Anthonomus Rubi).* — Ebenda, S. 197. mit 2 Fig.
Eine Rosengärtnerei in St. Petersburg (Zarskoje-Selò). — Ebenda, S. 201—203.
Einfluss des Wildlings auf das Edelreis. — Ebenda, S. 203—205.
Von *Fatsia japonica (Aralia Sieboldi)* Samen zu erziehen und Cultur der *Fatsia*
    im Zimmer. — Ebenda, S. 209—210.
Der Obstgarten zu Nikolsko. — Ebenda, S. 210.
Neue oder empfehlenswerthe Pflanzen. — Ebenda, S. 213. mit 2 Taf.
Unsere Lilien. — Ebenda, S. 230—232, mit 2 Holzschn.
Ueber Pflanzen, welche im St. Petersburger botanischen Garten blühten. —
    Ebenda, S. 232—241.
Mittheilungen aus dem neuen Stadtgarten auf dem Admiralitäts- und Petersplatze
    in St. Petersburg. — Ebenda, S. 320—326.
Pflanzen, die im St. Petersburger botanischen Garten zur Blüthe kamen. —
    Ebenda, S. 329—334, mit 1 Holzschn.
Die internationale polytechnische Ausstellung in Moskau vom Anfang Mai bis Ende
    August 1872. — Ebenda, S. 334—340, S.-A., ., S., 8°.
Ravenala madagascariensis Adams. — Ebenda, S. 355—356, mit 1 Holzschn.
Ueber die Schädigung unserer cultivirten Bäume und Sträucher durch Einfluss
    des Frostes im Laufe der letzten zehn Jahre und den Einfluss des Frostes
    auf die Pflanzen überhaupt. — Ebenda, S. 356—368.
Nachrichten von Herrn B. Roezl. — Ebenda, S. 369.
Blattläuse in Baumschulen. — Ebenda, XXII (1873), S. 20—21.
Die Gärten des südlichen Australien. — Ebenda, S. 37—40.
Dr. Schimper in Abyssinien. — Ebenda, S. 44—48.
Das neue Farnhaus und die Farnsammlung des kaiserlichen botanischen Gartens
    in St. Petersburg. — Ebenda, S. 109—113.
Das fünfzigjährige Jubiläum und die Geschichte des kaiserlichen botanischen
    Gartens in St. Petersburg. — Ebenda, S. 131—147; Excerpt: Monatschr.
    d. Ver. z. Bef. d. Gartenb. in d. preuss. Staat., XVI (1873), S. 342—346.
Der neue Stadtpark in St. Petersburg. — Gartenflora, XXII (1873), S. 163—166,
    mit 1 Taf.
Internationale Pflanzenausstellung in Gent. — Ebenda, S. 174.
Buntblätterige Abarten. — Ebenda, S. 235.
Die Funkia-Arten der Gärten. — Ebenda, S. 235—236.
Allium urceolatum Rgl. — Ebenda, S. 236—237.
Tulipa Greigi Rgl. — Ebenda, S. 290—299, mit 1 Taf.; Rec.: Fl. des serres,
    XXI (1875), p. 171. mit 1 Taf., L(ouis) V(an) H(outte); Ill. hortic., XXI
    (1874), p. 21 (v.); Journ. de la Soc. imp. et centr. d'hortic. de Paris, Sér. 2,
    VIII, p. 253—254 (n. v.); Rev. des Sc. nat. Montp., III, p. 118 (n. v.); The
    Garden, V, p. 48—49 (n. v.); The Florist and pomol., 1876, p. 217, mit
    1 Taf., T. T. Moore.
Eine neue Gespinnstpflanze. — Ebenda, S. 237.
Khiwa, dessen Lage und Culturen. Ebenda, S. 357.
Die Verwüstungen der Weinpflanzungen Frankreichs durch die *Phylloxera vasta-*
    trix. — Ebenda, S. 361—364.
Alexei Pawlowitsch Fedschenko. — Ebenda, XXIII (1874), S. 3—7, mit Porträt.

Die *Phylloxera.* — Ebenda, S. 9.
Einfluss des Wildlings auf den Edelstamm. — Ebenda, S. 9—10.
Tropaeolum peregrinum und die Verwandten. — Ebenda, S. 14—15, mit 1 Holzschn.
Zinnia elegans Jacq. *flore pleno.* — Ebenda, S. 16—17, mit 1 Holzschn.
Schutz für Pfirsichbäume und Aprikosen an Wandspalieren. — Ebenda, S. 17—18.
Taxodium distichum Rich. — Ebenda, S. 26.
Calathea Koernickiana Rgl. — Ebenda, S. 33—34, mit 1 Taf.; Rec.: Botan. Jahresber., II (1876), S. 723.
Rhododendron-Arten der europäischen Alpen und Sibiriens. — Ebenda, S. 56—61. mit 7 Holzschn.; Rec.: Botan. Jahresber., II (1876), S. 729; Uebers.: Journ. de la Soc. imp. et centr. d'hortic. de Paris, Sér. 2, VIII, p. 520—525 (n. v.).
Philodendron Melioni Hort. — Ebenda, S. 67—68, mit 1 Taf.; Rec.: Botan. Jahresber., II (1876), S. 713.
Der Staar und andere schädliche Vögel. - Ebenda, S. 77.
Vermehrung der Rhopalen und Theophrasten durch Stecklinge. — Ebenda, S. 78. Erdbeerculturen im Grossen. — Ebenda, S. 78—79.
Lilium pulchellum Fisch. β. *Buschianum.* — Ebenda, S. 79.
Cultur der Pensées oder Gedenkemein. — Ebenda, S. 79—82.
Cyathea Smithii, Cyathea dealbata, Dicksonia antarctica. — Ebenda, S. 85 bis 87. mit 1 Holzschn.
Einige Worte über den Samencatalog des Herrn F. C. Heinemann in Erfurt. — Ebenda, S. 110—115, mit 5 Holzschn.
Landrosen im rauhen Klima. — Ebenda, S. 143—145.
Abutilon Darwini Hook. β. *trinerve.* Ebenda, S. 130. mit 1 Taf.; Rec.: Bot. Jahresber., II (1876), S. 711.
Calochortus Gunnisoni Wats. β. *Krelagi* Rgl. — Ebenda, S. 130, mit 1 Taf.; Rec.: Botan. Jahresber., II (1876), S. 721.
Ueberwinterung der hochstämmigen Rosen. — Ebenda, S. 145—146.
Iris reticulata MB. γ. *cyanea* Rgl. — Ebenda. S. 162, mit 1 Fig. auf 1 Taf.; Rec.: Botan. Jahresber., II (1876), S. 722.
Stangeria Katzeri Rgl. — Ebenda, S. 163—165, mit 1 Taf.; Rec.: Botan. Jahresber., II (1876). S. 713.
Uebersicht und Beschreibung der Arten der Gattung *Berberis* mit ungetheilten abfallenden Blättern, welche in Nordamerika, Europa, Nordafrika, Mittelasien und Japan heimisch oder in unseren Gärten cultivirt sind. — Ebenda, S. 171—179; Rec.: Botan. Jahresber., II (1876), S. 729.
Tulipa Eichleri Rgl. — Ebenda, S. 193—194. mit 1 Taf.; Rec.: Botan. Jahresber., (1876). S. 721.
J. Linden und dessen Etablissement in Gent. — Ebenda, S. 196—201.
Reisenotizen. — Ebenda, S. 202—207 (S.-A., 6 S., 8°) (v.), 232—237 (S.-A., 6 S., 8°) (v.), 262—267 (S.-A., 6 S., 8°) (v.), 293—300 (S.-A., 8 S., 8°) (v.), 370 bis 375 (S.-A., 6 S., 8°) (v.), XXIV (1875), S. 134—149, XXIX (1880), S. 132—138, 167—177, mit 11 Holzschn., S. 197—206, mit 1 Holzschn., S. 325—331. 369—375.
Calochortus pulchellus β. *parriflorus* Rgl. — Ebenda, S. 226, mit 1 Taf.; Rec.: Botan. Jahresb., II (1876), S. 721.
Agave pubescens Rgl. et Ortgies. — Ebenda, S. 227 -228, mit 1 Taf.; Rec.: Botan. Jahresber., II (1876), S. 722.
Nachtrag zur Verwendung von *Equisetum sylcaticum*, nebst einigen Worten über *Melampyrum* und *Pteris aquilina.* — Ebenda, S. 230—231.
Piponnaeea Morreniana Rgl. — Ebenda, S. 257—259, mit 1 Taf.; Rec.: Botan. Jahresber., II (1876), S. 723.
Amaryllis (Hippeastrum) Roezlii Rgl. — Ebenda, S. 290—291. mit 1 Taf.; Rec.: Botan. Jahresber., II (1876), S. 722.

35*

Eigenthümlichkeiten der *Victoria regia* Lindl. bei ihrer Cultur im kais. botanischen Garten zu St. Petersburg. — Ebenda, S. 286.
Rheum palmatum L. var. *tanguticum* Maxim. — Ebenda, S. 305—306, mit 1 Holzschn.
Tillandsia juncifolia Rgl. — Ebenda, S. 321—323. mit 1 Taf.; Rec.: Botan. Jahresber., II (1876), S. 723.
Semannia Benaryi Rgl. — Ebenda, S. 353—354, mit 1 Taf.; Rec.: Botan. Jahresber., II (1876). S. 726.
Jedem das Seine. — Ebenda, S. 367—369.
Encephalartos Verschaffelti Rgl. Die Cycadeen unserer Gärten. — Ebenda, XXIV (1875), S. 35—43, mit 1 Taf., S.-A., 8 S., 8° (v.).
Begonia hybrida stella und *Vesurius*. — Ebenda, S. 87—91, mit 2 Holzschn.; Rec.: Botan. Jahresber., III (1877), S. 899.
Die Samen-Tauschcataloge der botanischen Gärten. — Ebenda, S. 103—104.
Frühlingsausstellung der kaiserlichen Gartenbangesellschaft in St. Petersburg, eröffnet am 17. April (8. Mai) 1875. — Ebenda, S. 164—165.
Billbergia Brongniarti Rgl. — Ebenda, S. 166.
Internationale Ausstellung. — Ebenda, S. 167—185.
Ueber die Cultur einiger seltenen Alpenpflanzen und die von *Rhododendron Chamaecistus*. — Ebenda, S. 203.
Cultur der *Dionaea muscipula*. — Ebenda, S. 363.
Die sogenannten insectenfressenden Pflanzen. — Ebenda, S. 364—367.
Dracocephalum altaiense Laxm. — Ebenda, XXV (1876), S. 33, mit 1 Taf.; Rec.: Journ. de la Soc. imp. et centr. d'hortic. de Paris, Sér. 2, X (1876), p. 445; The Garden, IX (1876), p. 464 (n. v.).
Odontoglossum Inslei β. leopardinum Roezl. — Ebenda, S. 34, mit 1 Taf.; Rec.: The Garden, IX (1876), p. 164 (n. v.).
Die Cycadeen, deren Gattungen und Arten. — Ebenda, S. 47—51, 140—145, 202—205, 371—373, XXVII (1878), S. 3—13, mit 3 Taf., S.-A., 11 S., 8° (v.); Rec.: Bot. Jahresber., IV (1878), S. 428, VI, II (1882), S. 6, E. Strassburger; Gardn. chron., 1878, New ser., IX, p. 594; Ill. hortic., XXIII (1876), p. 186—187; Journ. de la Soc. imp. et centr. d'hortic. de Paris, X (1876), p. 443—445 (n. v.); Bull. de la Soc. bot. de Fr., XXIII (1876); Rev. bibliogr., p. 109.
Blutbirke *(Betula alba* L. *foliis purpureis)*. — Ebenda, S. 78—79.
Calochortus rennstus Benth. *β. brachysepalus*. — Ebenda, S. 130, mit 1 Taf.; Rec.: Journ. de la Soc. imp. et centr. d'hortic. de Paris, Sér. 2, X (1876), p. 447 (n. v.).
Die *Funkia*-Arten der Gärten und deren Formen. — Ebenda, S. 161—163, mit 1 Taf.; Rec.: Botan. Jahresber., IV (1878), S. 496, Engler.
Anthurium crystallinum Lind. et André. — Ebenda, S. 225, mit 1 Taf.; Rec.: The Garden, X (1876), p. 366 (n. v.).
Macrozamia Miq. — Ebenda, S. 227—230, mit 1 Taf.; Rec.: The Garden, X (1876), p. 366 (n. v.).
Ueber die Heranbildung des Gärtners. — Ebenda, S. 230—237.
Louis van Houtte. — Ebenda, S. 262—266, mit Porträt.
Symphytum asperrimum M. B. als Futterpflanze. — Ebenda, S. 359—360.
Cyananthus lobatus Royle. — Ebenda, XXVI (1877), S. 3, mit 1 Taf.; Rec.: Gardn. chron., 1877, New ser., VII, p. 754 (v.); The Garden, XI (1877), p. 189 (n. v.).
Helichrysum graveolens Boiss. — Ebenda, S. 4, mit 1 Taf.; Rec.: Gardn. chron., 1877, New ser., VII, p. 784.
Luma Cheken Gray *β. apiculata*. — Ebenda, S. 6. mit 1 Taf.; Rec.: Gardn. chron., 1877, New ser., VII, p. 785 (v.).
Aus Turkestan. — Ebenda, S. 6—19, S.-A., 14 S., 8° (v.).

Homalonema (Curmeraria) picturata Lind. et André. — Ebenda, S. 33—34, mit 1 Taf.; Rec.: Gardn. chron., 1877, New ser., VII, p. 784.
Torenia exappendiculata Rgl. — Ebenda, S. 34—35, mit 1 Taf.; Rec.: Gardn. chron., 1877, New ser., VII, p. 813 (v.); The Garden, XI (1877), p. 233 (n. v.).
Die wollige Apfellaus (Blutlaus, *Schizoneura lanigera* Hausm.). — Ebenda, S. 36 bis 39.
Niphaea Roezli Rgl. — Ebenda, S. 67, mit 1 Taf.; Rec.: Gardn. chron., 1877, New ser., VII, p. 622.
Linaria linogrisea. — Ebenda, S. 98—99, mit 1 Taf.; Rec.: Gardn. chron., 1877, New ser., VII, p. 785 (v.).
Pentstemon grandiflorus Nutt. — Ebenda, S. 129, mit 1 Taf.; Rec.: Gardn. chron., 1877, New ser., VIII, p. 300.
Necrolog von Nikolai Iwanowitsch v. Gelesnow. — Ebenda, S. 131—135, mit Porträt.
Xerophyta retinervis Bak. — Ebenda, S. 161—163, mit 1 Taf. und 1 Holzschn.; Excerpt: Ill. Gartenz., 1877, S. 55—56 (n. v.); Rec.: Gardn. chron., 1877, New ser., VIII, p. 231, 243 (v.); Ill. hortic., XXIV (1877), p. 41.
Rhododendron parviflorum Adams. — Ebenda, S. 163—164. mit 1 Taf.; Rec.: Gardn. chron., 1877, New ser., VIII, p. 231 (v.).
Crocus alatavicus Semenow et Rgl. — Ebenda, S. 193, mit 1 Fig. auf 1 Taf., S. 234—235; Excerpt: Gardn. chron., 1877, New ser., VIII, p. 246—247. J. G. Baker (v.).
Orithyia uniflora Don. — Ebenda, S. 194, mit 4 Fig. auf 1 Taf.; Rec.: Gardn. chron., 1877, New ser., VIII, p. 300.
Tulipa Kaufmanniana Rgl. — Ebenda, S. 194—196, mit 5 Fig. auf 1 Taf.; Rec.: Gardn. chron., 1877, New ser., VIII, p. 366.
Iriolirion Pallasii Fisch. — Ebenda, S. 226—227, mit 1 Taf.; Excerpt: Fl. des serres. XXII (1877), p. und Taf. 2270, J. E. Planchon.
Der Coloradokäfer, *Chrysomela (Doryphora) decemlineata*. — Ebenda, S. 260—263.
Das Vaterland der gewöhnlichen Zwiebel. — Ebenda, S. 263—264; Excerpt: Gardn. chron., 1877, New ser., VIII, p. 685 (v.); Ill. hortic., XXXIV (1877), p. 167 (v.); Nature. XV (1877—1878), p. 251 (v.).
Chaerophyllum roseum MB. — Ebenda, S. 289, mit 1 Taf.; Rec.: Gardn. chron., 1877, New ser., VIII, p. 788.
Eranthemum cinnabarinum Wall. — Ebenda, S. 289—290, mit 1 Taf.; Rec.: Gardn. chron., 1877, New ser., VIII, p. 778.
Sedum umbilicoides Rgl. — Ebenda, S. 290—291, mit 1 Taf.; Rec.: Gardn. chron., 1877, New ser., VIII, p. 778.
Vollkommen grosse Aepfel zu erziehen. — Ebenda, S. 303.
Schädigung der Ulmen. — Ebenda, S. 303—304.
Die Bohnen Turkestans. — Ebenda, S. 317; Rec.: Bot. Jahresber., VI, II (1882), S. 929, F. Kurtz.
Torenia Fournieri Lind. — Ebenda, S. 368, XXVII (1878), S. 33, mit 1 Taf.; Rec.: Gardn. chron., 1878, New ser., X, p. 594 (v.); Journ. de la Soc. imp. et centr. d'hortic. de Paris, XII (1878), p. 600 (n. v.).
Rubus cratacgifolius Bunge. — Ebenda, XXVII (1878), S. 1, mit 1 Taf.; Rec.: Gardn. chron., 1878, New ser., X, p. 594 (v.).
Notizen über insectivore Pflanzen. — Ebenda, S. 16—21, mit C. S(alomon); Rec.: Botan. Jahresber., VIII, I (1883), S. 336.
Die Wintersaateule und deren Schaden. — Ebenda, S. 35.
Iris (Xiphion) Kolpakowskiana Rgl. — Ebenda, S. 40—41; Rec.: Bot. Jahresber., VI, II (1882), S. 32 (v.); Gardn. chron., 1878, New ser., X, p. 246, 306 (v.); Journ. de la Soc. imp. et centr. d'hortic. de Paris (1879), p. 63 (n. v.).
Cattleya citrina Lindl. — Ebenda, S. 67—68, mit 1 Taf.; Rec.: Gardn. chron., 1878, New ser., X, p. 497.

Anemone trifolia L. — Ebenda, S. 68, mit 1 Fig. auf 1 Taf.; Rec.: Gardn. chron., 1878. New ser., X, p. 497 (v.).

Calathea medio-picta Rgl. — Ebenda. S. 99, mit 1 Taf.; Rec.: Gardn. chron., 1878, New ser., X, p. 497.

Uebersicht der Arten der Gattungen *Maranta* und *Calathea* nach den vegetativen Organen. — Ebenda, S. 100—105, XXVIII (1879), S. 293—302. — Früher unter dem Titel „Marantowija rastenija, nachodjaszczjasja w kulturje" auf p. 87—98, 149—153 (und weiterhin?) im Wjestnik imperatorskago obszczestwa sadowodstwa (n. v.); Rec.: Botan. Jahresber., VI, II (1882), S. 26, VII, II (1883), S. 50.

Anthemis Bieberstiniana Boiss. — Ebenda, S. 129. mit 1 Taf.; Rec.: Gardn. chron., 1878, New ser., X, p. 752 (v.).

Toxicophloea Thunbergii Harv. — Ebenda. S. 161. mit 1 Taf.; Rec.: Gardn. chron., 1878, New ser., X, p. 306.

Tulipa triphylla Rgl. — Ebenda, S. 193—194, mit 1 Fig. auf 1 Taf.; Rec.: Gardn. chron., 1878, New ser., X, p. 786: Journ. de la Soc. imp. et centr. d'hortic. de Paris, 1879, p. 64 (n. v.).

Pedicularis megalantha Don. — Ebenda, S. 195. mit 1 Taf.; Rec.: Gardn. chron., 1878. New ser., X, p. 786 (v.).

Ferula foetidissima Rgl. et Schmalh. — Ebenda. S. 195—199, mit 1 Taf.; Rec.: Bot. Jahresber., VI, II (1882), S. 112; Gardn. chron., 1878. New ser., X, p. 662.

Aus Kuldscha. — Ebenda, S. 200—203.

Keitia Rgl. *Iridearum* gen. nov. — Ebenda, S. 215; Rec.: Botan. Jahresber., VI, II (1882), S. 31—32, II. Dingler.

Corydalis Kolpakowskiana Rgl. — Ebenda. S. (200) 224. 261—262, mit 1 Taf.; Rec.: Gardn. chron.. 1878, New ser., X, p. 720 (v.).

Anemone nemorosa L. var. *Robinsoniana* h. Edenb. — Ebenda, S. 225, mit 1 Taf.; Rec.: Gardn. chron., 1878. New ser., X, p. 752 (v.).

Saxifraga Schmidti Rgl. (Subgenus *Bergenia*). — Ebenda, S. 225—226, mit 1 Taf.; Rec.: Gardn. chron., 1878, New ser.. X. p. 786 (v.).

Dieteria coronopifolia Nutt. — Ebenda, S. 226, mit 1 Taf.; Rec.; Gardn. chron., 1878, New ser., X, p. 752 (v.).

Amaryllis solandriflora Lindl. δ. *conspicua* Kuth. — Ebenda. S. 262—263, mit 1 Taf.; Rec.: Gardn. chron., 1878, New ser., X, p. 720 (v.).

Kolpakowskia Rgl., gen. nov. *Amaryllidearum*. — Ebenda. S. 294—296, mit 1 Taf.; Rec.: Botan. Jahresber., VI, II (1882), S. 24; Gardn. chron.. 1878. New ser., X, p. 786 (v.).

Pandanus furcatus und die *Pandanus*-Arten der Gärten. — Ebenda, S. 296 bis 300. mit 1 Holzschn.; Rec.: Botan. Jahresber., VI, II (1882). S. 39.

Congress deutscher Gärtner in Braunschweig im Herbste 1878. — Ebenda, S. 304 bis 306.

Iris Eulefeldi Rgl. — Ebenda, S. 325—326. mit 1 Taf.; Rec.: Gardn. chron.. 1878, New ser., X, p. 786 (v.).

Falsche Beobachtungen und Behauptungen. — Ebenda, S. 338—340.

Aquilegia thalictrifolia Schott et Kotschy. — Ebenda, XXVIII (1879), S. 2, mit 1 Fig. auf 1 Taf.: Rec.: Botan. Jahresber., VII. II (1883), S. 226.

Tulipa Kesselringi Rgl. — Ebenda, S. 34—35. mit 1 Taf.; Rec.: Gardn. chron., 1879, New ser., XII, p. 616.

Gentiana acaulis L. und *Gentiana verna* L. — Ebenda, S. 65—69, mit 2 Taf.; Rec.: Botan. Jahresber., VII. II (1883), S. 226; Gardn. chron., 1879, New ser., XII, p. 109 (v.).

Androsace Laggeri Boiss. — Ebenda, S. 97. mit 1 Taf.; Rec.: Botan. Jahresber.. VII, II (1883), S. 226; Gardn. chron., 1879, New ser., XII, p. 109.

Fütterungsversuche mit *Drosera longifolia* Sm. und *Drosera rotundifolia* L. — Ebenda, S. 104—109; Botan. Zeit., XXXVII (1879), S. 645—648; Rec.:

Botan. Jahresber., VII, 1 (1883), S. 303—304; Gardn. chron., 1879, New
  ser., XI, p. 790—791.
Das Kloster und die Inseln Walam. — Ebenda, S. 139—144: Rec.: Bot. Jahresber.,
  VII, II (1883), S. 308.
Oxalis rariabilis Jacq. var. *rubra.* — Ebenda, S. 161, mit 1 Fig. auf 1 Taf.;
  Rec.: Gardn. chron., 1879, New ser., XII, p. 85.
Tulipa iliensis Rgl. — Ebenda, S. 162—163, mit 1 Fig. auf 1 Taf.; Rec.: Gardn.
  chron., 1879, New ser., XII, p. 85 (v.).
Ueber Kropfkrankheit der Kohlpflanzen. — Ebenda, S. 170—172; Rec.: Botan.
  Jahresber., VII, 1 (1883), S. 78.
Amaryllis-Cultur. — Ebenda, S. 175—176.
Trianea bogotensis Karst. — Ebenda, S. 194, mit 1 Taf.; Rec.: Gardn. chron.
  1879, New ser., XII, p. 616.
Perlzwiebel und Lauch oder Porré. — Ebenda, S. 235—236.
Cultur von *Rhinopetalum Karelini* Fisch. — Ebenda, S. 265—266.
Erigeron aurantiacus Rgl. — Ebenda, S. 289, mit 1 Fig. auf 1 Taf.; Rec.: Gardn.,
  chron., 1879, New ser., XII, p. 787 (v.).
Orithyia oxypetala Knth. — Ebenda, S. 290, mit 1 Fig. auf 1 Taf.; Rec.: Gardn.
  chron., 1879, New ser., XII, p. 787 (v.).
Erythrina insignis Tod. — Ebenda, S. 290—291, mit 1 Taf.; Rec.: Botan. Jahres-
  ber., VII, 1 (1883), S. 245—246; Gardn. chron., 1879, New ser., XII, p. 787.
Saxifraga geranioides L. — Ebenda, S. 291—292, mit 1 Taf.; Rec.: Botan.
  Jahresber., VII, II (1883), S. 226.
Einige gefüllt blühende Abarten unserer einheimischen Pflanzen. — Ebenda, S. 292,
  mit L. B(eissner); Rec.: Botan. Jahresber., VII, 1 (1883), S. 169—170.
Primula nivalis und deren Cultur. — Ebenda, S. 326—327.
Ueber *Phylloxera.* — Ebenda, S. 365—367.
Wiener Gärten. — Ebenda, S. 367—369, XXIX (1880), S. 37—43.
Statice (Goniolimon) Kaufmanniana Rgl. — Ebenda, XXIX (1880), S. 1—2, mit
  1 Taf.; Rec.: Botan. Jahresber., VIII, II (1883), S. 414.
Eremurus turkestanicus Rgl. — Ebenda, S. 2—3, mit 1 Taf.; Uebers.: Ill. hortic.,
  XXVIII (1880), p. 120—123 (v.); Rec.: Gardn. chron., 1880, New ser.,
  XIII, p. 350 (v.).
Incarrillea Olgae Rgl. — Ebenda, S. 3, mit 1 Taf.; Rec.: Botan Jahresber., VIII,
  II (1883), S. 414.
Die Schimmelkrankheit des Weinstockes. — Ebenda, S. 17—19.
Iris Alberti Rgl. — Ebenda, S. 33—34, mit 1 Taf.; Rec.: Botan. Jahresber., VIII,
  II (1883), S. 414.
Anoplanthus Biebersteinii Reut. — Ebenda, S. 34—36, mit 1 Taf.; Rec.: Botan.
  Jahresber., VIII, II (1883), S. 640.
Anthurium Waluiewi Rgl. — Ebenda, S. 67—68, mit 1 Taf.; Rec.: Botan.
  Jahresber., VIII, II (1883), S. 414.
Lietzia Rgl., nov. gen. *Gesneraccarum.* — Ebenda, S. 97—98, mit 1 Taf.; Rec.:
  Botan. Jahresber., VIII, II (1883), S. 414.
Gentiana algida Pall. — Ebenda, S. 98—99, mit 1 Taf.; Rec.: Botan. Jahresber.,
  VIII, II (1883), S. 559; Gardn. chron., 1880, New ser., XIV, p. 107.
Umbilicus turkestanicus Rgl. et Winkler. — Ebenda, S. 99—100, mit 1 Fig. auf
  1 Taf.; Rec.: Botan. Jahresber., VIII, II (1883), S. 414.
Vorstände der botanischen Gärten. — Ebenda, S. 111—113.
Pescatorea fimbriata Rgl. — Ebenda, S. 129, mit 1 Taf.; Rec.: Bot. Jahresber.,
  VIII, II (1883), S. 414.
Silene Elisabethae Jan. — Ebenda, S. 130—131, mit 1 Fig. auf 1 Taf.; Rec.:
  Botan. Jahresber., VIII, II (1883), S. 152.
Umbilicus glaber Rgl. et Winkler. — Ebenda, S. 226—227, mit 1 Fig. auf 1 Taf.;
  Rec.: Botan. Jahresber., VIII, II (1883), S. 414.

Sedum Alberti Rgl. — Ebenda, S. 227—228, mit 1 Fig. auf 1 Taf.; Rec.: Botan.
Jahresber., VIII, II (1883), S. 414.
Daphne Blagayana Freyer. — Ebenda, S. 228, mit 1 Taf.; Rec.: Botan. Jahres-
ber., VIII, II (1883), S. 153, 591.
Palmen von Wallis im tropischen Amerika entdeckt. — Ebenda, S. 230, mit
1 Taf.; Rec.: Botan. Jahresber., VIII, II (1883), S. 78, 491—492.
Verpflanzung grosser Palmen vom natürlichen Standort in Gärten. — Ebenda,
S. 234—235.
Gefülltes *Xeranthemum annuum*. — Ebenda, S. 242—243.
Die todten *Ailanthus* und Platanen der Ringstrassenalleen in Wien. — Ebenda,
S. 283—285; Rec.: Botan. Jahresber., VIII, II (1883), S. 328.
Lierena Rgl., nov. gen. *Bromeliacearum*. — Ebenda, S. 289—291, mit 1 Taf.;
Rec.: Botan. Jahresber., VIII, II (1883), S. 414.
Erfurter Gärten. — Ebenda, S. 303—308.
Ausstellung in St. Petersburg. — Ebenda, S. 322—325.
Zink-Pflanzenetiketten. — Ebenda, S. 326—327.
Insectenfangende Pflanzen. — Ebenda, S. 331; Rec.: Botan. Jahresber., VIII, II
(1883), S. 336.
Einwirkung des Winters 1879—1880 auf die Holzgewächse. — Ebenda, S. 332
bis 339, mit L. Beissner; Rec.: Botan. Jahresber., VIII, II (1883), S. 335.
Dianthus Hoeltzeri Rgl. — Ebenda, XXX (1884), S. 1—2, mit 1 Taf.; Rec.:
Botan. Jahresber., IX, II (1884), S. 176, Winkler.
Myosotis sylvatica Hoffm. var. *elegantissima* Haage et Schm. — Ebenda, S. 2—3,
mit 1 Taf.; Rec.: Botan. Jahresber., IX, II (1884), S. 549.
Die grosse Ulme unweit Eriwan. — Ebenda, S. 3, mit 1 Taf.; Rec.: Botan.
Jahresber., IX, II (1884), S. 368.
Colchicum (Synsiphon) crociflorum Rgl. — Ebenda, S. 33—34; Rec.: Botan.
Jahresber., IX, II (1884), S. 90.
Saxifraga Hirculus L. var. *grandiflora* Rgl. — Ebenda, S. 35, mit 1 Fig. auf
1 Taf.; Rec.: Botan. Jahresber., IX, II (1884), S. 544.
Cypripedium occidentale Ellw. — Ebenda, S. 35—36, mit 1 Taf.; Rec.: Botan.
Jahresber., IX, II (1884), S. 92.
Laubwerfende Bäume, welche im Herbste die Blätter halten. — Ebenda, S. 36
bis 39; Rec.: Botan. Jahresber., IX, II (1884), S. 311.
Erythraea pulchella Fries var. *diffusa*. — Ebenda, S. 91—92, mit 1 Taf.; Rec.:
Botan. Jahresber., IX, II (1884), S. 544.
Saxifraga oppositifolia L. — Ebenda, S. 92—93. mit 1 Fig. auf 1 Taf.; Rec.:
Botan. Jahresber., IX, II (1884), S. 544.
Aretia Vitaliana Murr. — Ebenda, S. 94—95, mit 1 Fig. auf 1 Taf.; Rec.: Bot.
Jahresber., IX, II (1884), S. 549.
Oncidium Lietzei Rgl. n. sp. — Ebenda, S. 163—164, mit 1 Taf.; Rec.: Botan.
Jahresber., IX, II (1884), S. 92.
Statice leptoloba Rgl. n. sp. — Ebenda, S. 164, mit 1 Taf.; Rec.: Bot. Jahresber.,
IX, II (1884), S. 152.
Carludovica Drudei Masters. — Ebenda, S. 165, mit 1 Taf.; Rec.: Botan. Jahres-
ber., IX, II (1884), S. 68.
Eine reich blühende Labiate (*Coleus Huberi* Rgl.). — Ebenda, S. 179—180, mit
L. Beissner; Rec.: Botan. Jahresber., IX, II (1884), S. 140, 441.
Pulsatilla vernalis Mill. — Ebenda, S. 195 mit 1 Fig. auf 1 Taf.; Rec.: Botan.
Jahresber., IX, II (1884), S. 544.
Porträt von E. Regel. — Ebenda, S. 229—230, mit Porträt.
Gomeza (Rodriguezia) planifolia Lindl. var. *crocea* Rgl. — Ebenda, S. 259, mit
1 Fig. auf 1 Taf.; Rec.: Botan. Jahresber., IX, II (1884), S. 92.
Maxillaria hypocrita Rchb. fil. — Ebenda, S. 259—260, mit 1 Taf.; Rec.: Botan.
Jahresber., IX, II (1884), S. 92.

Leontice Alberti Rgl. — Ebenda, S. 293, mit 1 Fig. auf 1 Taf.; Rec.: Botan. Jahresber., IX, II (1884), S. 407.
Merendera Raddeana Rgl. — Ebenda, S. 293—294, mit 1 Fig. auf 1 Taf.; Rec.: Botan. Jahresber., IX, II (1884), S. 407.
Pleurothallis Binoti Rgl. — Ebenda, S. 295—296, mit 1 Fig. auf 1 Taf.; Rec.: Botan. Jahresber., IX, II (1884), S. 92.
Der Gartenbauverein zu Lulea. — Ebenda, S. 296—297.
Härte von *Dionaea muscipula*, *Sarracenia purpurea* und *Sarracenia variolaris*. — Ebenda, S. 297—298.
Kleinere Mittheilungen. — Ebenda, S. 298.
Delphinium corymbosum Rgl. — Ebenda, S. 323—324, mit 1 Taf.; Rec.: Botan. Jahresber., IX, II (1884), S. 407.
Hypecoum grandiflorum Bnth. — Ebenda, S. 324, mit 1 Taf.; Rec.: Botan. Jahresber., IX, II (1884), S. 618.
Gärtnerische Mittheilungen. — Ebenda, S. 328—334.
Allium Suworowi Rgl. — Ebenda, S. 356, mit 1 Fig. auf 1 Taf.; Rec.: Botan. Jahresber., IX, II (1884), S. 407.
Tanacetum leucophyllum Rgl. n. sp. — Ebenda, S. 358—359, mit 1 Taf.; Rec.: Botan. Jahresber., IX, II (1884), S. 116.
Lonicera Alberti Rgl. — Ebenda, S. 387—388, mit 1 Taf.; Rec.: Botan. Jahresber., IX, II (1884), S. 407.
Maxillaria hyacinthina Rchb. fil. — Ebenda, S. 388, mit 1 Taf.; Rec.: Botan. Jahresbes., IX, II (1884), S. 92.
Incarvillea compacta Maxim. — Ebenda, XXXI (1882), S. 1—3, mit 1 Taf.; Rec.: Botan. Jahresber., X, II (1885), S. 26.
Gentiana Fetisowi Rgl. et Winkl. — Ebenda, S. 3—4, mit 1 Fig. auf 1 Taf.; Rec.: Botan. Jahresber., X, II (1885), S. 26, 372.
Gentiana Olivieri Griseb. — Ebenda, S. 4—5, mit 1 Taf.; Rec.: Botan. Jahresber., X, II (1885), S. 26.
Veratrum Maaki Rgl. — Ebenda, S. 5—6, mit 1 Taf.; Rec.: Botan. Jahresber., X, II (1885), S. 26.
Soja hispida Moench und *Lallemantia iberica* Frsch. et Mey., zwei zur Cultur empfohlene Nutzpflanzen. — Ebenda, S. 14—16; Rec.: Botan. Jahresber., X, II (1885), S. 302.
Mittel gegen Regenwürmer in den Ballen der Topfpflanzen. — Ebenda, S. 16 bis 17.
Viola altaica Pall. — Ebenda, S. 33—34, mit 1 Taf.; Rec.: Botan. Jahresber., X, II (1885), S. 26.
Crinum Schmidti Rgl. — Ebenda, S. 34, mit 1 Taf.; Rec.: Botan. Jahresber., X, II (1885), S. 26, 387.
Olearia ramulosa Benth. — Ebenda, S. 35, mit 1 Fig. auf 1 Taf.; Rec.: Botan. Jahresber., X, II (1885), S. 35.
Symplocos Sumuntia Don. — Ebenda, S. 35—36, mit 1 Fig. auf 1 Taf.; Rec.: Botan. Jahresber., X, II (1885), S. 26.
Die russische plattrunde gelbe Zwiebel. — Ebenda, S. 51.
Cultur der Pflanzen ohne Erde. — Ebenda, S. 51—52.
Anacyclus radiatus Lois. β. *purpurascens* DC. — Ebenda, S. 65, mit 1 Taf.; Rec.: Botan. Jahresber., X, II (1885), S. 26.
Bollea coelestis Rchb. fil. — Ebenda, S. 66—67, mit 1 Taf.; Rec.: Botan. Jahresber., X, II (1885), S. 26.
Anthurium Gustavi Rgl. — Ebenda, S. 67—68, mit 1 Taf.; Rec.: Botan. Jahresber., X, II (1885), S. 26, 426.
Einfluss des Lichtes auf das Keimen der Samen. — Ebenda, S. 74—76.
Corydalis Sewerzowi Rgl. — Ebenda, S. 97—98, mit 1 Taf.; Rec.: Botan. Jahresber., X, II (1885), S. 26, 371.

Z. B. Ges. B. XLII. Abh. 36

Verbascum olympicum Boiss. — Ebenda, S. 98, mit 1 Taf.; Rec.: Botan. Jahresber., X, II (1885), S. 26.
Cereus Philippi Rgl. — Ebenda, S. 98—99, mit 1 Taf.; auch russisch unter dem Titel: *Cereus Philippi* Rgl. und *Cereus serpentinus* Lagasca im Wjestn. imp. obszcz. sadow., 1882. p. 30—31, mit 1 Taf. (n. v.); Rec.: Botan. Jahresber., X, II (1885), S. 26.
Cereus serpentinus Lagasca. — Ebenda, S. 99—101, mit 1 Taf.; Rec.: Botan. Jahresber., X. II (1885). S. 26.
Einfluss des elektrischen Lichtes auf die Pflanzen. — Ebenda, S. 101—106.
Sedum Rhodiola DC. var. *linifolia* Rgl. — Ebenda, S. 129—130, mit 3 Fig. auf 1 Taf.; Rec.: Botan. Jahresber., X, II (1885), S. 26.
Dracocephalum imberbe Bunge. — Ebenda, S. 130, mit 1 Taf.; Rec.: Botan. Jahresber., X, II (1885), S. 26.
Nemastylis coelestina Nutt. und *Herbertia coerulea* Herb. — Ebenda, S. 130 bis 131, mit 1 Taf.; Rec.: Botan. Jahresber., X, II (1885), S. 26.
Echinocactus Kunzei Först. und *Opuntia stricta* Haw. — Ebenda, S. 132, mit 1 Taf.; Rec.: Botan. Jahresber., X. II (1885), S. 26.
Gaillarda pulchella Fouger. var. *Lorenziana*. — Ebenda, S. 161—164, mit 1 Taf.; Rec.: Botan. Jahresber., X, II (1885), S. 26.
Scabiosa caucasica MB. var. *heterophylla* Ledeb. — Ebenda, S. 164—165, mit 1 Taf.; Rec.: Botan. Jahresber., X. II (1885). S. 26.
Cereus hypogaeus Weber. — Ebenda, S. 165—166, mit 1 Taf.; Rec.: Botan. Jahresber., X, II (1885), S. 26.
Der echte, wirksamste *Rhabarber* und dessen Cultur. — Ebenda, S. 166—173; auch russisch unter dem Titel: „Rewen nastojaszczii *(Rheum palmatum* L. tanguticum) i ego kultura w Rossii" im Wjestn. imp. obszcz. sadow., 1882, p. 285—291 (n. v.), S.-A., St Petersburg. 1882, 7 S., mit 2 (Holzschn.?) Abbild. (n. v.); Rec.: Botan. Jahresber., X, II (1885), S. 320, XI, II (1885), S. 397—398, Batalin; Botan. Centralbl., XI (1882), S. 26.[1]
Die *Phylloxera* in der Krim. — Ebenda, S. 173—174; Rec.: Botan. Centralbl., XI (1882), S. 24.
Dendrobium bituiflorum Lindl. β. *Fremanni* Rchb. fil. — Ebenda, S. 193, mit 1 Taf.; Rec.: Botan. Jahresber., X, II (1885), S. 26.
Gentiana decumbens L. — Ebenda, S. 193—194, mit 2 Fig. auf 1 Taf.; Rec.: Botan. Jahresber., X, II (1885), S. 26.
Gentiana Kesselringi Rgl. — Ebenda, S. 194—195, mit 2 Fig. auf 1 Taf.; Rec.: Botan. Jahresber., X, II (1885), S. 26, 371.
Eucalyptus Globulus Labill. — Ebenda, S. 195—196, mit 1 Taf.; Rec.: Botan. Jahresber., X, II (1885), S. 26, 333.
Allium Ostrowskianum Rgl. — Ebenda, S. 225—226, mit 1 Taf.; Rec.: Botan. Jahresber., X, II (1885), S. 26, 371.
Hieracium villosum L. — Ebenda, S. 226, mit 1 Taf.; Rec.: Botan. Jahresber., X, II (1885), S. 226.
Musa Ensete Gmel. — Ebenda, S. 227, mit 1 Taf.; Rec.: Botan. Jahresber., X, II (1885), S. 227.
Saxifraga virginiensis Michaux var. *flore pleno*. — Ebenda, S. 257, mit 1 Taf.; Rec.: Botan. Jahresber., X, II (1885), S. 257.
Lilium Parryi Wats. — Ebenda, S. 258, mit 1 Taf.; Rec.: Botan. Jahresber., X, II (1885), S. 258.
Echinocactus centeterius Lehm. — Ebenda, S. 258, mit 1 Taf.; Rec.: Botan. Jahresber., X, II (1885), S. 258.

---

[1] Dürfte auch in medicinische und pharmaceutische Zeitschriften übergegangen sein, doch fehlte es mir leider an Zeit, diese gleichfalls zu verfolgen.

Statice Suworowi Rgl. — Ebenda, S. 289—290, mit 2 Fig. auf 1 Taf.; Rec.: Botan. Jahresber., X, II (1885), S. 26, 371.
Papaver paroninum C. A. Meyer. — Ebenda. S. 290, mit 1 Fig. auf 1 Taf.; Rec.: Botan. Jahresber., X, II (1885), S. 26.
Pothuava (Bromelia) nudicaulis L. var. *glabriuscula.* — Ebenda, S. 291, mit 1 Taf.; Rec.: Botan. Jahresber., X, II (1885), S. 26.
Citrus japonica Thbng. — Ebenda, S. 292. mit 1 Taf.; Rec.: Botan. Jahresber., X, II (1885), S. 22.
Die internationale Reblausconvention. — Ebenda, S. 299 —300.
Thunia Marshalliana Rchb. fil. — Ebenda, S. 321—322, mit 1 Taf.; Rec.: Bot. Jahresber., X, II (1885), S. 26.
Cardamine pratensis L. *flore pleno.* — Ebenda, S. 322, mit 2 Fig. auf 1 Taf.; Rec.: Botan. Jahresber., X, II (1885), S. 26.
Tulipa brachystemon Rgl. — Ebenda, S. 323, mit 2 Fig. auf 1 Taf.; Rec.: Botan. Jahresber., X, II (1885), S. 26, 371.
Lonicera hispida Pall. — Ebenda, S. 323—324, mit 1 Taf.; Rec.: Bot. Jahresber., X, II (1885), S. 26.
Der kaiserliche Taurische Garten in St. Petersburg. — Ebenda, S. 324—325.
Odontoglossum Murellianum Rchb. fil. *b) cinctum.* — Ebenda, S. 353—354, mit 1 Taf.; Rec.: Botan. Jahresber., X, II (1885). S. 26.
Aethionema grandiflorum Boiss. et Hohenacker. — Ebenda, S. 354—355, mit 1 Taf.; Rec.: Botan. Jahresber., X, II (1885), S. 26.
Trichocentron Pfani Rchb. fil. — Ebenda, S. 355, mit 1 Taf.; Rec.: Botan. Jahresber., X, II (1885), S. 26.
Aphelandra pumila J. D. Hook. var. *splendens.* — Ebenda, XXXII (1885), S. 1. mit 1 Taf.; Rec.: Botan. Jahresber., XI, I (1885), S. 560.
Delphinum cashmerianum Royle. — Ebenda, S. 1—2, mit 1 Taf.; Rec.: Botan. Jahresber., XI, I (1885), S. 623. —
Rosa Alberti. — Ebenda, S. 15; Rec.: Botan. Jahresber., XI, I (1885), S. 630, II (1886), S. 187; Ill. hortic., XI (1884), p. 88.
Phlox subulata L. — Ebenda, S. 33—34, mit 1 Taf.; Rec.: Botan. Jahresber., XI, I (1885), S. 621.
Exacum filiforme Balfour. — Ebenda, S. 34—36, mit 1 Taf.; Rec.: Bot. Jahresber., XI, I (1885), S. 581, II (1886), S. 193.
Acacia viscidula A. Cunn. — Ebenda, S. 36, mit 1 Taf.; Rec.: Botan. Jahresber., XI, I (1885), S. 603.
Die Ausstellung von Gegenständen des Gartenbaues in Moskau und Dorpat. — Ebenda, S. 45—49.
Saxifraga retusa Gouan. — Ebenda, S. 66, mit 1 Fig. auf 1 Taf.; Rec.: Botan. Jahresber., XI, II (1885), S. 632.
Mamillaria sanguinea F. A. Haage. — Ebenda, S. 66—68, mit 1 Taf.; Rec.: Botan. Jahresber., XI, I (1885), S. 570.
Ueber *Aralia (Tetrapanax) papyrifera* Hook. — Ebenda, S. 69—70.
Allium giganteum Rgl. — Ebenda, S. 97, mit 1 Taf.; Rec.: Botan. Jahresber., XI, I (1885), S. 594.
Silene virginica L. — Ebenda, S. 129, mit 1 Fig. auf 1 Taf.; Rec.: Botan. Jahresber., XI, I (1885), S. 572.
Linaria aparinoides Chav. var. *aureo-purpurea.* — Ebenda, S. 129—130, mit 1 Fig. auf 1 Taf.; Rec.: Bot. Jahresber., XI, I (1885), S. 633, II (1886), S. 261.
Umbilicus Lieveni Ledeb. — Ebenda, S. 131—132, mit 1 Fig. auf 1 Taf.; Rec.: Botan. Jahresber., XI, I (1885), S. 575.
Echinospermum marginatum Lehm. *β. macranthum.* — Ebenda, S. 161—162, mit 1 Taf.; Rec.: Botan. Jahresber., XI, I (1885), S. 568.
Pellionia Daveauana N. E. Br. — Ebenda, S. 162—163, mit 1 Taf.; Rec.: Botan. Jahresber., XI, I (1885). S. 639.

36*

Zygadenus Nuttalli Wats. — Ebenda, S. 163, mit 1 Taf.; Rec.: Botan. Jahresber., XI, I (1885). S. 594.
Zygadenus muscitoxicum Rgl. — Ebenda, S. 164, mit 1 Fig. auf 1 Taf.; Rec.: Botan. Jahresber., XI, I (1885), S. 594.
Hedysarum multijugum Maxim. — Ebenda, S. 193—194, mit 1 Taf.; Rec.: Bot. Jahresber., XI, I (1885), S. 617.
Taccarum Warmingianum Engl. — Ebenda, S. 196, mit 1 Taf.; Rec.: Botan. Jahresber., XI, II (1885), S. 567.
Anagallis collina Schousb. var. *alba* (Damman). — Ebenda, S. 225—227, mit 1 Taf.; Rec.: Botan. Jahresber., XI, I (1885). S. 622.
Lathyrus Davidi Hance. — Ebenda, S. 230—231, mit 1 Taf.; Rec.: Botan. Jahresber., XI, I (1885). S. 617.
Chamelum luteum Philippi. — Ebenda, S. 262, mit 3 Fig. auf 1 Taf.; Rec.: Botan. Jahresber., XI, I (1885), S. 591.
Priva laevis Juss. — Ebenda, S. 289, mit 1 Taf.; Rec.: Botan. Jahresber., XI, I (1885), S. 640.
Stenanthium occidentale Asa Gray. — Ebenda, S. 289, mit 1 Fig. auf 1 Taf.; Rec.: Botan. Jahresber., XI, I (1885), S. 594.
Primula longiscapa Ledeb. — Ebenda, S. 290—291, mit 1 Fig. auf 1 Taf.; Rec.: Botan. Jahresber., XI, I (1885), S. 622.
Die Steinpartie im Garten von J. P. Bryce in England. — Ebenda, S. 291—301, mit 1 Taf.
Allium oriflorum Rgl. — Ebenda, S. 321—322, mit 1 Fig. auf 1 Taf.; Rec.: Botan. Jahresber., XI, I (1885). S. 622.
Passiflora rubra L. — Ebenda, S. 322—324, mit 2 Fig. auf 1 Taf.; Rec.: Bot. Jahresber., XI, I (1885). S. 618.
Linaria pilosa DC. var. *longicalcarata*. — Ebenda, S. 324—325, mit 1 Fig. auf 1 Taf.; Rec.: Botan. Jahresber., X, I (1885), S. 633.
Anguloa uniflora Ruiz et Pav. — Ebenda, S. 353, mit 1 Taf.; Rec.: Botan. Jahresber., XI, I (1885), S. 611.
Phaedranassa Lehmanni Rgl. — Ebenda, S. 354, mit 1 Taf.; Rec.: Botan. Jahresber., X, I (1885), S. 561, II (1886), S. 226.
Stanhopea florida Rchb. fil. — Ebenda, S. 355, mit 1 Taf.; Rec.: Botan. Jahresber., XI, I (1885), S. 611.
Gentiana Walujewi Rgl. et Schmalh. — Ebenda, XXXIII (1884). S. 1—2, mit 1 Taf.; Rec.: Botan. Jahresber., XII, I (1886), S. 587, II (1887), S. 185; Gardn. chron., 1884, New ser., XXI, p. 279; Ill. hortic., XXXI (1884), p. 55.
Lycaste costata Lindl. — Ebenda, S. 2, mit 1 Taf.; Rec.: Botan. Jahresber., XII, I (1886), S. 609, II (1887), S. 221.
Kalanchoë farinacea Balf. — Ebenda, S. 33, mit 1 Taf.; Rec.: Bot. Jahresber., XII, I (1886), S. 578, II (1887), S. 198, 200.
Tulipa Ostrowskiana Rgl. — Ebenda, S. 34, mit 2 Fig. auf 1 Taf.; Rec.: Botan. Jahresber., XII, I (1886), S. 594, II (1887), S. 185.
Tulipa triphylla Rgl. var. *Hoeltzeri* Rgl. — Ebenda, S. 34—35, mit 1 Taf.; Rec.: Botan. Jahresber., XII, I (1886), S. 594, II (1887), S. 185.
Jubaea spectabilis Humb. et Kuth. — Ebenda, S. 35, mit 1 Taf.; Rec.: Botan. Jahresber., XII, I (1886), S. 611.
Tropaeolum digitatum Karsten. — Ebenda, S. 65—66, mit 1 Taf.; Rec.: Botan. Jahresber., XII, I (1886), S. 629, II (1887), S. 221.
Tulipa cuspidata Rgl. — Ebenda, S. 66—67, mit 1 Fig. auf 1 Taf.; Rec.: Botan. Jahresber., XII, I (1886), S. 594, II (1887), S. 183.
Stenomesson inornatum Bak. — Ebenda, S. 67—68, mit 1 Fig. auf 1 Taf.; Rec.: Botan. Jahresber., XII, I (1886), S. 552.
Kurze Nachrichten über die letzten Sammlungen von A. Regel. — Ebenda, S. 68—73.

Tulipa Borszczowi Rgl — Ebenda, S. 87, 355—356, mit 1 Fig. auf 1 Taf.: Rec.: Botan. Jahresber., XII, ɪ (1886), S. 594.

Aethionema coridifolium DC. — Ebenda, S. 100—101, mit 1 Taf.; Rec.: Botan. Jahresber.. XII, ɪ (1886), S. 578.

Scutellaria Lehmanni Bnge. — Ebenda, S. 129—130, mit 1 Fig. auf 1 Taf.; Rec.: Botan. Jahresber.. XII, ɪ (1886), S. 626. ɪɪ (1887), S. 221.

Calimeris Alberti Rgl. — Ebenda, S. 130—131, mit 1 Fig. auf 1 Taf.; Rec.: Botan. Jahresber., XII, ɪ (1886), S. 575, ɪɪ (1887), S. 185.

Pentachaeta aurea Nutt. — Ebenda, S. 131—132; Rec.: Botan. Jahresber., XII, ɪ (1886), S. 575.

Oxytropis ochroleuca Bnge. — Ebenda, S. 132—133, mit 1 Fig. auf 1 Taf.; Rec.: Botan. Jahresber., XII. ɪ (1886), S. 613, ɪɪ (1887), S. 185.

Oxytropis frigida Kar. et Kir. β. *racemosa.* -- Ebenda, S. 133, mit 1 Fig. auf 1 Taf.; Rec.: Botan. Jahresber., XII, ɪ (1886). S. 613, ɪɪ (1887), S. 185.

Sedum Sempervivum L. — Ebenda, S. 161. mit 1 Taf.; Rec.: Botan. Jahresber.. XII, ɪ (1886), S. 578.

Allium Semenowi Rgl. — Ebenda, S. 161—162. mit 1 Taf.; Rec.: Botan. Jahresber., XII, ɪ (1886), S. 594. ɪɪ (1887), S. 185.

Internationale Gartenbauausstellung der kaiserlichen Gartenbaugesellschaft in St. Petersburg vom 5./17.—17./29. Mai 1884. — Ebenda, S. 163—171, mit 1 Taf.

Farne der gemässigten Zone des kaiserlichen botanischen Gartens in St. Petersburg. — Ebenda, S. 198—200, mit 2 Taf.

Statice superba. — Ebenda, S. 234—235.

Fritillaria imperialis L. var. *inodora purpurea* Rgl. — Ebenda, S. 257—258. mit 1 Taf.; Rec.: Botan. Jahresber., XII, ɪ (1886). S. 594.

Orthocarpus purpurascens Benth. — Ebenda, S. 258. mit 1 Taf.; Rec.: Botan. Jahresber., XII, ɪ (1886), S. 626.

Saxifraga aquatica Lapeyr. — Ebenda, S. 258—259, mit 1 Taf.; Rec.: Botan. Jahresber., XII, ɪ (1886), S. 625.

Eremurus aurantiacus Baker und *Eremurus Bungei* Baker. — Ebenda, S. 289 bis 290, mit 1 Taf.; Rec.: Botan. Jahresber., XII, ɪ (1886), S. 594.

Lilium superbum L. *a. typicum.* — Ebenda, S. 291. mit 1 Fig. auf 1 Taf.; Rec.: Botan. Jahresber., XII. ɪ (1886), S. 594.

Allium Hoeltzeri Rgl. — Ebenda. S. 291—292, mit 1 Fig. auf 1 Taf.; Rec.: Botan. Jahresber.. XII, ɪ (1886), S. 594. ɪɪ (1887), S. 185.

Vriesia xyphostachys Hook. — Ebenda, S. 292—294, mit 1 Taf.; Rec.: Botan. Jahresber.. XII, ɪ (1886), S. 563.

Abies balsamea Ait. im Parke zu Ropscha bei St. Petersburg. — Ebenda, S. 300 bis 301.

Fritillaria (Rhinopetalum) bucharica Rgl. — Ebenda, S. (72) 321, mit 1 Taf.; Rec.: Botan. Jahresber., XII, ɪ (1886), S. 549, ɪɪ (1887), S. 185.

Nidularium (Karatas Benth. et Hook.) *ampullaceum* Morr. — Ebenda, S. 322, mit 1 Taf.; Rec.: Botan. Jahresber., XII, ɪ (1886), S. 563, ɪɪ (1887), S. 200.

Epiphyllum Russelianum Hook. var. *Gaertneri* Rgl. et Schm. — Ebenda, S. 323, mit 1 Taf.; Rec.: Botan. Jahresber., XII, ɪ (1886), S. 563.

Pultenaea Gunnii Benth. — Ebenda, S. 324—325, mit 1 Taf.; Rec.: Botan. Jahresber.. XII, ɪ (1886), S. 613.

Einige besonders zu empfehlende Gramineen und Cyperaceen. — Ebenda, S. 329 bis 331.

Cereus Engelmanni Engelm. — Ebenda, S. 353—354, mit 1 Fig. auf 1 Taf.: Rec.: Botan. Jahresber., XII, ɪ (1886). S. 563.

Phyllocactus crenato × *grandiflorus.* — Ebenda, S. 357, mit 1 Taf.; Rec.: Botan. Jahresber., XII, ɪ (1886), S. 563.

Andersonia depressa R. Br., *Andersonia caerulea* R. Br., *Andersonia homalostoma* Benth. — Ebenda, XXXIV (1885), S. 33—34, mit 1 Taf.; Rec.: Botan. Jahresber., XIII. ɪ (1887), S. 582, ɪɪ (1887), S. 218.

Fritillaria (Korolkowia) Sewerzowi Rgl. *β. bicolor* Rgl. — Ebenda, S. 35, mit 1 Taf.; Rec.: Botan. Jahresber., XIII, ɪ (1887), S. 613.

Corydalis Gortschakowi Rgl. — Ebenda, S. 65—66, mit 1 Taf.; Rec.: Botan. Jahresber., XIII, ɪ (1887), S. 649, ɪɪ (1888), S. 192.

Thomasia glutinosa Lindl. var. *latifolia* Benth. et Muell. — Ebenda, S. 97, mit 1 Taf.; Rec.: Botan. Jahresber., XIII, ɪ (1887), S. 694, ɪɪ (1888), S. 219.

Allium amblyophyllum Kar. et Kir. — Ebenda, S. 133—134, mit 1 Taf.; Rec.: Botan. Jahresber., XIII, ɪ (1887), S. 613.

Das Farnhaus von Alfred Wills zu Clive house. — Ebenda. S. 145—147. mit 1 Taf.

Ranunculus Seguieri Vill. — Ebenda, S. 162—163, mit 1 Fig. auf 1 Taf.; Rec.: Botan. Jahresber., XIII. ɪ (1887), S. 667.

Armeria caespitosa Boiss. — Ebenda, S. 163, mit 1 Fig. auf 1 Taf.; Rec.: Botan. Jahresber., XIII, ɪ (1887), S. 652.

Veronica saturejoides Vis. — Ebenda, S. 163, mit 1 Fig. auf 1 Taf.; Rec.: Bot. Jahresber., XIII, ɪ (1887), S. 692.

Stipa capillata L. — Ebenda, S. 178—179, mit 1 Holzschn.; Rec.: Botan. Jahresber., XIII ɪ (1887), S. 145.

Teucrium Chamaedrys L. — Ebenda, S. 180, mit 1 Holzschn.; Rec.: Botan. Jahresber., XIII. ɪ (1887), S. 145.

Allium Backhousianum Rgl. — Ebenda, S. 213—215, mit 1 Holzschn.; Rec.: Botan. Jahresber., XIII. ɪɪ (1888), S. 188.

Dianthus deltoides L. — Ebenda, S. 215—216, mit 1 Holzschn.: Rec.: Botan. Jahresber., XIII. ɪɪ (1887). S. 145.

Hedychium ellipticum Rosc. — Ebenda. S. 257—258, mit 1 Taf.; Rec.: Botan. Jahresber., XIII, ɪ (1887), S. 689, ɪɪ (1888), S. 186.

Aechmea brasiliensis Rgl. — Ebenda, S. 258—259, mit 1 Taf.; Rec.: Botan. Jahresber., XIII, ɪ (1887). S. 537, ɪɪ (1888), S. 246.

Billbergia Glaciotiana Rgl. — Ebenda, S. 260—261, mit 1 Taf.; Rec.: Botan. Jahresber., XIII, ɪ (1887), S. 537, ɪɪ (1888), S. 246.

Epidendron trachychilum Lindl. — Ebenda, S. 291—292, mit 1 Taf.

Feronia elephantum Corea. — Ebenda, S. 292—293, mit 1 Taf.; Rec.: Botan. Jahresber., XIII, ɪ (1887), S. 677, ɪɪ (1888), S. 179.

Phacelia Parryi Torr. — Ebenda, S. 321—322, mit 1 Taf.; Rec.: Botan. Jahresber., XIII, ɪ (1887). S. 600, ɪɪ (1888). S. 239.

Mamillaria barbata Engelm. — Ebenda, S. 323, mit 3 Fig. auf 1 Taf.; Rec.: Botan. Jahresber., XIII, ɪ (1887), S. 538, ɪɪ (1888), S. 235.

Mamillaria echinata DC. — Ebenda, S. 323, mit 2 Fig. auf 1 Taf.; Rec.: Botan. Jahresber., XIII, ɪ (1887), S. 538.

Benedict Roezl. — Ebenda, S. 330—331; Rec.: Botan. Jahresber., XIII, ɪɪ (1888), S. 145.

Zwei neue *Rhododendron* des Kaukasus. — Ebenda, S. 334—335; Rec.: Botan. Jahresber., XIII. ɪɪ (1888), S. 197.

Portulaca grandiflora Hook. var. *Regeli* h. Damman. — Ebenda, S. 353—354, mit 1 Taf.; Rec.: Botan. Jahresber., XIII. ɪ (1887), S. 654, ɪɪ (1888), S. 145.

Salvia interrupta Schousb. — Ebenda, S. 354, mit 1 Taf.; Rec.: Botan. Jahresber., XIII. ɪ (1887), S. 605, ɪɪ (1888), S. 193.

Solanum Ohrondi Haage et Schmidt. — Ebenda, S. 367—368, mit 1 Holzschn.; Rec.: Botan. Jahresber., XIII, ɪɪ (1888), S. 125.

Rosencultur und Rosentreiberei in St. Petersburg. — Ebenda, XXXV (1886), S. 12—21.

Anoplophytum strictum (Soland.) Beer. — Ebenda. S. 37 (33)—39 (35), mit 1 Taf.; Rec.: Botan. Jahresber., XV, ɪɪ (1890), S. 260.

Lysionotus ternifolia Wall. — Ebenda, S. 66—67, mit 1 Taf.; Rec.: Botan.
Jahresber., XV, II (1890), S. 155.
Billbergia Enderi Rgl. — Ebenda, S. 97—99, mit 1 Taf.; Rec.: Botan. Jahresber., XV, II (1890), S. 260.
Fedia Cornucopiae DC. var. *floribunda plena* h. Damman. — Ebenda, S. 129,
mit 1 Taf.. XXXVI (1887), S. 278—279, mit 1 Holzschn.; Rec.: Botan.
Jahresber., XIV, I (1888), S. 777, XV, I (1888), S. 598, M. Kronfeld.
Begonia semperflorens Lk. et Otto var. *Sturzii* (Haage et Schmidt). — Ebenda,
S. 161, mit 1 Taf.
Vriesia gracilis Gaudich. — Ebenda, S. 101, mit 1 Fig.; Rec.: Botan. Jahresber.,
XV, II (1890), S. 260.
Neue Aepfel aus dem Kaukasus. — Ebenda, S. 197—199.
Picea Parryana Rgl. et hort. und die in St. Petersburg noch harten *Picea-*,
Abies- und *Tsuga*-Arten. — Ebenda, S. 199—206, mit 5 Fig.; Rec.: Botan.
Jahresber., XV, II (1890), S. 126, 238. Auch Bote für Gartenbau. 1887,
S. 2—8, 77—84, 115—124, 191—194, 229—233, 286—290.
Dahlia pinnata Cav. — Ebenda, S. 211—215, mit 1 Holzschn.; Rec.: Botan.
Jahresber., XV, II (1890), S. 129.
Salvia hians. Royle. — Ebenda, S. 225, mit 1 Taf.; Rec.: Botan. Jahresber.,
XV, II (1890), S. 155.
Primula elatior Jacq. var. *calycantha* hort. — Ebenda, S. 242, 243, mit 1 Holzschn.;
Rec.: Botan. Jahresber., XIV, I (1888), S. 777.
Die Baumschulen des Rittergutes Zöschen bei Merseburg. — Ebenda, S. 247—250.
Catasetum Lehmanni Rgl. — Ebenda, S. 289—290, mit 1 Taf.; Rec.: Botan.
Jahresber., XV, II (1890), S. 258.
Catasetum labulare Lindl. var. *serrulata* Rchb. fil. — Ebenda, S. 290—291, mit
1 Taf.; Rec.: Botan. Jahresber., XV, II (1890), S. 258.
Nidularium ampullaceum Morr. — Ebenda, S. 296, mit 1 Holzschn.; Rec.:
Botan. Jahresber., XV, II (1890), S. 228.
Macrochordium macracanthum Rgl. — Ebenda, S. 297—298, mit 1 Holzschn.:
Rec.: Botan. Jahresber., XV, II (1890), S. 260.
Neue Pflanzen. — Ebenda, S. 397—399; Rec.: Bot. Jahresb., XV, II (1890), S. 169, 251.
Crassula Schmidti Rgl. — Ebenda, S. 345—346, mit 1 Taf.; Rec.: Botan.
Jahresber., XV, II (1890), S. 209.
Aster Chinensis L. — Ebenda, S. 358, 642—643, mit 3 Holzschn.; Rec.: Botan.
Jahresber., XIV, I (1888), S. 773.
Zwei neue *Rhododendron* vom Kaukasus. — Ebenda, S. 377—379, mit 2 Taf.;
Rec.: Botan. Jahresber., XV, II (1890), S. 177.
Phlox Drummondi Hook. *fl. pleno*. — Ebenda, S. 404, mit 1 Holzschn.; Rec.:
Botan. Jahresber., XIV, I (1888), S. 777.
Papaver Rhoeas L. var. *Hookeri*. — Ebenda, S. 403, mit 1 Holzschn.; Rec.:
Botan. Jahresber., XIV, I (1888), S. 778.
Iris Rosenbachiana Rgl. — Ebenda, S. 409—411, mit 1 Taf.; Rec.: Botan.
Jahresber., XV, II (1890), S. 167.
Saxifraga Stracheyi var. *alba*. — Ebenda, S. 433—434, mit 1 Taf.; Rec.: Bot.
Jahresber., XV, II (1890), S. 168.
Gartenprimeln. — Ebenda, S. 447—447(450); Rec.: Botan. Jahresber., XIV, I
(1888), S. 721—722, Dammer.
Calophaca grandiflora Rgl. — Ebenda, S. 517(521)—519(523), mit 1 Taf.; Rec.:
Botan. Jahresber., XV, II (1890), S. 169.
Rhododendron yédoënse Maxim. und *Rhododendron ledifolium* Sweet var. *plena
purpurea*. — Ebenda, S. 565(569)—566(570), mit 1 Taf.; Rec.: Botan.
Jahresber., XIV, I (1888), S. 777, XV, II (1890), S. 153.
Oncidium Braunii Rgl. — Ebenda, S. 618(622), 621(625)—622(626), mit 1 Fig.
auf 1 Taf.; Rec.: Botan. Jahresber., XV, II (1890), S. 135.

Zinnia elegans var. *robusta grandiflora*. — Ebenda, S. 641—642, mit 1 Holzschn.; Rec.: Botan. Jahresber., XIV, ɪ (1888), S. 772.

Senecio elegans pomponicus Hge. et Schm. — Ebenda, S. 646, mit 1 Holzschn.; Rec.: Botan. Jahresber., XIV, ɪ (1888), S. 773.

Tulipa linifolia Rgl. — Ebenda, S. 622(626)—623(627), mit 1 Taf.; Rec.: Botan. Jahresber., XV, ɪɪ (1890), S. 167.

Strobilanthes attenuatus Jacquemont. — Ebenda, XXXVI (1887), S. 177—178, mit 1 Taf.; Rec.: Botan. Jahresber., XV, ɪ (1889), S. 325.

Iris lineata Foster und *Iris raga* Foster. — Ebenda, S. 201—205, mit 1 Taf.; Rec.: Botan. Jahresber., XV, ɪ (1889), S. 358, ɪɪ (1890), S. 172.

Saxifraga longifolia × *Cotyledon*. — Ebenda, S. 313—314, mit 1 Taf.; Rec.: Botan. Jahresber., XV, ɪ (1889), S. 400.

Oncidium hians Rgl. — Ebenda, S. 345—346, mit 1 Taf.; Rec.: Botan. Jahresber., XV, ɪ (1889), S. 376.

Odontoglossum bictoniense Lindl. β. *speciosum*. — Ebenda, S. 346, mit 1 Taf.; Rec.: Botan. Jahresber., XV, ɪ (1889), S. 376.

Allium elatum Rgl. — Ebenda, S. 369—370, mit 1 Taf.; Rec.: Botan. Jahresber., XV, ɪ (1889), S. 365.

Betula Medwediewi Rgl. und *Betula Raddeana* Trautv. — Ebenda, S. 383—385, mit 2 Holzschn.; Rec.: Botan. Jahresber., XV, ɪɪ (1890), S. 177.

Fritillaria Raddeana n. sp. — Ebenda, S. 583—584; Rec.: Botan. Jahresber., XV, ɪɪ (1890), S. 169.

Rhododendron kamtschaticum Pall. — Ebenda, S. 593—594, mit 1 Taf.; Rec.: Botan. Jahresber., XV, ɪ (1889), S. 355.

Anomatheca cruenta Lindl. — Ebenda, S. 611, mit 1 Holzschn.

Carmichaelia Muelleriana Rgl. n. sp. — Ebenda, S. 611—612; Rec.: Botan. Jahresber., XV, ɪɪ (1890), S. 218.

Masdevallia leontoglossa Rchb. fil. — Ebenda, S. 612—613, mit 1 Holzschn.

Leucojum autumnale L. *(Amaryllidaceae)* und *Scilla lingulata* Poir. *(Liliaceae)*. — Ebenda, S. 625—629, mit 1 Taf.; Rec.: Botan. Jahresber., XV, ɪ (1889), S. 326, 365.

Stellera (Wickstroemia) Alberti Rgl. — Ebenda, S. 649—650, mit 1 Taf.; Rec.: Botan. Jahresber., XV, ɪɪ (1890), S. 190.

Nidularium Makoyanum Rgl. n. sp. — Ebenda, S. 656—658.

Cestrum fasciculatum Miers. — Ebenda, XXXVII (1888), S. 31—32, mit 1 Holzschn.

Cattleya velutina Rchb. fil. var. *Lietzei*. — Ebenda, S. 49—51, mit 1 Taf.; Rec.: Botan. Jahresber., XVI, ɪ (1890), S. 477.

Sphaeralcea Emoryi Torr. und *Oxybaphus (Mirabilis) californica* Gray. — Ebenda, S. 73—76, mit 1 Taf.; Rec.: Botan. Jahresber., XVI, ɪ (1890), S. 406.

Reiseerinnerungen. — Ebenda, S. 85—87, 120—124, 180—184, 208—213.

Tulipa Leichtlini Rgl. — Ebenda, S. 93—94; Rec.: Botan. Jahresber., XVI, ɪɪ (1890), S. 181.

Nephrolepis rufescens Presl var. *tripinnatifida* h. Veitch. — Ebenda, S. 94—96, mit 1 Holzschn.; Rec.: Botan. Jahresber., XVI, ɪ (1890), S. 586.

Tulipa libanotica Rgl. — Ebenda, S. 126—127.

Begonia Scharffiana Rgl. — Ebenda, S. 127—128, 661, mit 1 Holzschn.; Rec.: Botan. Jahresber., XVI, ɪɪ (1891), S. 133.

Cryptanthus Morrenianus Rgl. n. sp. — Ebenda, S. 157—158; Rec.: Botan. Jahresber., XVI, ɪɪ (1891), S. 135.

Gentiana calycosa Griseb. — Ebenda, S. 193—194, mit 3 Fig. auf 1 Taf.

Statice eximia Schrenk var. *turkestanica* Rgl. — Ebenda, S. 194—195, 260, mit 9 Fig. auf 1 Taf.

Diastema picta (Gesneraceae). — Ebenda, S. 240—241; Rec.: Botan. Jahresber., XVI, ɪɪ (1891), S. 135.

Rhododendron balsamiflorum h. Veitch. — Ebenda, S. 264—266, mit 1 Holzschn.; Rec.: Botan. Jahresber., XVI, I (1890), S. 609.
Bahia conferta DC., *Chaenactis tennifolia* Nutt. und *Antirrhinum Nuttallianum* Benth. — Ebenda, S. 329—332, mit 1 Taf.
Aster alpinus L. β. *speciosus* Rgl. und *Trichopilia Lehmanni* Rgl. — Ebenda, S. 355—357, mit 1 Taf.; Rec.: Botan. Jahresber., XVI, I (1890), S. 447, 477.
Zygopetalum brachypetalum Lindl. β. *stenopetalum* Rgl. — Ebenda, S. 385 bis 386, mit 1 Taf.
Oncidium Lietzei γ. *aureo-maculatum* Rgl. — Ebenda, S. 441, mit 1 Taf.
Pleurothallis platystachys Rgl. *(Orchideae).* — Ebenda, S. 459—460; Rec.: Bot. Jahresber., XVI, II (1891), S. 137.
Cattleya labiata Lindl. var. *magnifica* Rgl. — Ebenda, S. 497, mit 1 Fig. auf 1 Taf.
Quesnelia Wittmackiana Rgl. — Ebenda, S. 497—498, mit 3 Fig. auf 1 Taf.
Echinocactus texensis Hopfer. — Ebenda, S. 633—634, mit 1 Taf.
Ein neues *Zygopetalum. Zygopetalum Sanderianum* Rgl. — Ebenda, S. 657, mit 1 Taf.
Ernst Rudolf v. Trautvetter. — Ebenda, XXXVIII (1889), S. 150—151.
Eucharis Lehmanni Rgl. — Ebenda, S. 313—314, mit 1 Fig. auf 1 Taf.
Tulipa Dammanni Rgl. — Ebenda, S. 314, mit 1 Fig. auf 1 Taf.; Rec.: Botan. Jahresber., XVII, II (1892), S. 168.
Prof. Dr. Heinrich Gustav Reichenbach. — Ebenda, S. 315—320, mit Porträt.
Begonia patula Kl. — Ebenda, S. 341—343.
Cattleya Nilsoni Sander, eine neue hybride Art. — Ebenda, S. 481—483.
Agave Maximowicziana Rgl. — Ebenda, S. 483—484; Rec.: Botan. Jahresber., XVII, II (1892), S. 81.
Zwei neue Tulpen aus Buchara. — Ebenda, S. 505—507, mit 1 Taf.; Rec.: Botan. Jahresber., XVII, II (1892), S. 127.
Cattleya intermedia Grab. var. *candida spliadida.* — Ebenda, XXXIX (1890), S. 1, mit 1 Taf.
Eremurus bucharicus Rgl. — Ebenda, S. 57, mit 2 Fig. auf 1 Taf.
Odontoglossum cristatum Lindl. var. *Lehm.* — Ebenda, S. 58, mit 1 Fig. auf 1 Taf.
Lycaste Schilleriana Rchb. fil. β. *Lehmanni* Rgl. *Orchideae.* — Ebenda, S. 233 bis 234, mit 1 Taf.
Miltonia flavescens Lindl. var. *grandiflora* Rgl. — Ebenda, S. 433—434, mit 1 Taf.
Alexander v. Bunge †. — Ebenda, S. 441—443.
Asparagus Sprengeri Rgl. — Ebenda, S. 490—492, mit 1 Holzschn.
Beobachtungen über Orchideen und Beschreibung neuer Orchideen. — Ebenda, S. 573—575, 606—608.
Prunus baldschuanica Rgl. n. sp. — Ebenda, S. 613.
Pyrus thianschanica Rupr. — Ebenda, XL (1891), S. 7—9, mit 1 Holzschn.
Solanum Dammanum Rgl. — Ebenda, S. 20—21, mit 1 Holzschn.
Waluewa pulchella Rgl. — Ebenda, S. 89—90, mit 3 Fig. auf 1 Taf.
Masdevallia biflora Rgl. — Ebenda, S. 90—92, mit 3 Fig. auf 1 Taf.
Lonicera Kesselringi Rgl. — Ebenda, S. 123—125, mit 1 Holzschn.
C. J. Maximowicz †. — Ebenda, S. 147—151.
Tragopyrum lanceolatum M. Bieb. var. *latifolia.* — Ebenda, S. 169—170, mit 3 Fig. auf 1 Taf.
Masdevallia macrochila Rgl. — Ebenda, S. 170—171, mit 2 Fig. auf 1 Taf.
Stanhopea graveolens Lindl. var. *Lietzei* Rgl. — Ebenda, S. 201, mit 1 Taf.
Hermann Wendland. — Ebenda, S. 228—230.
Von St. Petersburg bis Neapel. — Ebenda, S. 270—273, 295—300, 351—356, 407—414.
Aëranthus brachycentron Rgl. — Ebenda, S. 323—325, mit 5 Fig. auf 1 Taf.
Iris Korolkowi Rgl. var. *venosa pulcherrima.* — Ebenda, S. 561—562, mit 1 Taf.

Z. B. Ges. B. XLII. Abh. 37

Iris purpurea J. G. Baker. — Ebenda, S. 649, mit 1 Taf.
Masdevallia Reichenbachiana Endr. — Ebenda, XLI (1892), S. 89, mit 4 Fig. auf 1 Tafel.
Gypsophila Raddeana Rgl. — Ebenda, S. 89—90, mit 4 Fig. auf 1 Taf.
Rodriguezia caloplectron. — Ebenda, S. 280, mit 1 Taf.
Die Pflanzen der Vorwelt und die der Jetztwelt. — Ebenda, XI, Supplementheft (1862), S. 22—39 (v.).
Kurze systematische Uebersicht der russischen Apfelsorten, soweit solche dem Verfasser auf den Ausstellungen 1860, 1861 und 1862 des Russischen Gartenbauvereins in St. Petersburg bekannt geworden sind. — Ebenda, XII (1863), Supplementheft, S. 36—70 (v.); S.-A., 36 S., 8° (n. v.).
Die Verwandlung von *Aegilops ovata* in Weizen. Ein Vortrag, bei der Schweizerischen naturforschenden Gesellschaft im August 1850 zu St. Gallen gehalten. — Bonpl., 11 (1854), p. 286—293 (v.).
Zur *Aegilops*-Frage. — Ebenda, III (1855), p. 53—54 (v.).
Offener Brief an Herrn Dr. Klotzsch. — Ebenda, p. 162—171 (v.).
Ueber Parthenogenesis und Pflanzenbastarde. — Ebenda, V (1857), p. 302—305, mit 1 Holzschn. (v.).
Acclimatisation von Pflanzen. — Ebenda, VIII (1860), p. 120—124 (v.).
Die Schmarotzergewächse und die mit denselben in Verbindung stehenden Pflanzenkrankheiten etc. Zürich, Schulthess, 1854, 8°, IV + 124 S., mit 1 lithogr. Taf. (v.). — Rec.: Bot. Zeit., XII (1854), S. 695—696 (v.); Allgem. Gartenz., XXIII (1855), S. 47 O(tt)o; Excerpt.: Ebenda, S. 84—86.
Allgemeines Gartenbuch. Ein Lehr- und Handbuch für Gartenfreunde. Auch unter dem Titel: Die Pflanze und ihr Leben in ihrer Beziehung zum praktischen Gartenbau. Erster Band. Zürich, Schulthess, 1855, 8°, XIV + 437 S., mit 92 eingedruckten Holzschn. (v.). — Rec.: Oesterr. bot. Wochenbl., V (1855), S. 374—375, S(kofitz); L'ill. hortic, III (1856), Misc., p. 38—39 (v.); Bot. Zeit., XIII (1855), S. 825—828, S(chlechtenda)l; Gartenflora, V (1856), S. 158—160, E(duard) R(egel); Bonpl., III (1855), p. 340 (v.).
Zweiter Theil. Auch unter dem Titel: Der Zimmergarten oder Anleitung zur Cultur der Pflanzen im Zimmer. Gemeinschaftlich mit E. Ender. Zürich, Schulthess, 1868, 8°, 322 S., mit 108 Holzschn. — Rec.: Gartenflora, XVIII (1869), S. 117—119, E(duard) Ortgies; Oesterr. bot. Zeitschr., XVIII (1868), S. 335; Wochenschr. d. Ver. z. Bef. d. Gartenb. in d. preuss. Stat. f. Gärtn. u. Pflanzenk., I (1868), S. 399—400 (v.).
Der Obstbau des Cantons Zürich. Eine Aufzählung und Beschreibung der auf dem landwirthschaftlichen Feste zu Stäfa im Herbste 1854 ausgestellten Apfelsorten, nebst Anleitung zur Cultur der hochstämmigen Obstbäume etc. Herausgegeben vom Verein für Landwirthschaft und Gartenbau im Canton Zürich. Zürich, 1855... S., 8° (n. v.).
Beiträge zur russischen Flora. — Bull. phys.-mathem. acad. St. Pétersb., XV (1857), p. 17—25 (v.); Mél. biol., II (1858), p. 393—404 (v.); S.-A. (1856), 11 S. (n. v.); Rec.: Bonpl., V (1857), p. 150—154 (v.); Bull. Soc. bot. de Fr., IV (1857), p. 422—423 (v.).
Ein noch unbeschriebener *Thrips*, der die Gewächshauspflanzen des St. Petersburger Gartens bewohnt. — Bull. phys.-mathem. acad. St. Pétersb., XVI (1858), p. 335—336, mit 2 Holzschn. (v.); Mél. biol., II (1858), p. 628 bis 633 (v.).
Die Gattung *Pleuroplitis* und *Andropogon productus*. — Bull. acad. imp. St. Pétersb., XII (1866), p. 364—379, mit 1 Taf. (v.); Mél. biol., V (1865—1866), p. 741—762 (v.); S.-A. (1866), 12 S., mit 1 Taf. (n. v.).
Zwei neue Cycadeen, die im botanischen Garten zu St. Petersburg cultivirt werden, nebst Beiträgen zur Kenntniss dieser Familie. — Bull. Soc. nat. de Mosc.,

XXX, 1 (1857), p. 163—191, mit 2 Taf. und 2 Holzschn. (v.), S.-A., Moskau.
Buchdr. der kais. Universität, 29 S., 8° (v.); Rec.: Bull. Soc. bot. de Fr.,
IV (1857), p. 969—971 (v.).

Vier noch unbeschriebene Peperomien des Herbarium des kaiserlichen botanischen
Gartens in St. Petersburg — Bull. Soc. nat. de Mosc., XXXI, iv (1858),
p. 542—545, mit 1 Taf. (v.), S.-A., Mosqua, 1859, .. S., 8°, mit 1 Taf.
(n. v.); Rec.: Bonpl., VII (1859), p. 340 (v.).

Beobachtungen über *Viola epipsila* Ledeb. — Bull. Soc. nat. de Mosc., XXXIII, ii
(1860). p. 535—538 (v.), S.-A., Moskau, Buchdr. der kais. Universität,
1860, 4 S., 8° (v.).

Uebersicht der Arten der Gattung *Thalictrum*, welche im russischen Reiche und
den angrenzenden Ländern wachsen. — Ebenda, XXXIV, 1 (1861), p. 14
bis 63, mit 3 Taf. (v.), S.-A., Moskau, 1861, 50 S., 8°, mit 3 Taf. (v.);
Rec.: Amer. journ. of sc. and arts, Ser. 2. XXXIV (1862), p. 287, A(sa)
G(ray); Bull. Soc. bot. de Fr., IX (1862), p. 549—550, J. G(roenland);
Oesterr. bot. Zeitschr., X (1860), S. 67 (v.).

Aufzählung der von Radde in Baikalien, Dahurien und am Amur, sowie der von
H. v. Stubendorf auf seiner Reise durch Sibirien nach Kamtschatka
und der von Rieder, Kusmitscheff und Anderen in Kamtschatka
gesammelten Pflanzen. — Bull. Soc. nat. de Mosc., XXXIV, iii (1861), p. 1
bis 211, mit 5 Taf. iv, p. 458—578, mit 2 Taf., XXXV, i (1862), p. 214
bis 328, mit 4 Taf.; Rec.: Amer. journ. of sc. and arts. Ser. 2, XXXIV
(1862), p. 287, A(sa) G(ray); Bull. Soc. bot. de Fr., IX (1862), p. 673 bis
675, Johannes Groenland.

S.-A. unter dem Titel: Reisen im Süden von Ostsibirien im Auftrage der kais.
russischen Geographischen Gesellschaft. Ausgeführt in den Jahren 1855
bis 1859 durch G. Radde. Band III: Botanische Abtheilung. Nachträge
zur Flora der Gebiete des russischen Reiches östlich vom Altai bis Kamt-
tschatka und Sitka, nach den von G. Radde, Stubendorf, Sensinoff,
Rieder und Anderen gesammelten Pflanzen. — Band I. Heft I. Moskau,
Druckerei d. kais. Universität. 1861, VII + 211 S., 8°, mit 5 Taf. (v.);
Heft II. Ebenda, 1862, p. 212—447, mit Taf. 6—9 (v.). — Rec.: Bot.
Zeit., XXIV (1866), S. 323—324 (v.).

Bemerkungen über die Gattungen *Betula* und *Alnus*, nebst Beschreibung einiger
neuer Arten. — Bull. Soc. nat. de Mosc., XXXVIII, iv (1865), p. 388—434,
mit 3 Taf. (v.), S.-A., Moskau, 1866, 47 S., mit 3 Taf. (v.); Rec.: Bot.
Zeit., XXIV (1866), S. 323 (v.).

Verzeichniss der in St. Petersburg und dessen Umgebung wachsenden Bäume und
Sträucher. St. Petersburg, 1858, .. S., 8° (n. v.). Dürfte mit der folgenden Brochüre identisch sein.

Spisok derewewa i kustarnikow, prizrastajuszczich w. Peterburgje i ego okrest-
nostjach (1858), 12 S., 8° (n. v.).

Bericht über die erste Blumen- und Pflanzenausstellung vom 27. April bis zum
4. Mai 1858 zu St. Petersburg. Buchdruckerei der kais. Akad. der Wiss.,
1858. 31 S., 8° (v.), S.-A. aus der St. Petersburger Zeitung, 1858, Nr. 100
bis 106 (n. v.).

Die Parthenogenesis im Pflanzenreiche. — Mém. acad. St. Pétersb.. Sér. 7, I
(1859), Nr. 2, p. 1—48, mit 2 Taf. (v.), S.-A., St. Petersburg. Eggers & Co..
1859, 4°, 48 S., mit 2 Taf. (v.); Rec.: Bull. Soc. bot. de Fr., VI (1859), p. 815
bis 820 (v.); Bonpl., VII (1859), p. 340 (v.).

Tantamen florae ussuriensis oder Versuch einer Flora des Ussurigebietes. Nach
den von Herrn R. Maak gesammelten Pflanzen bearbeitet. — Ebenda,
Sér. 7, IV, Nr. 4 (1862), XIII + 228 S., mit 12 Taf. (v.). S.-A., St. Petersburg, Eggers & Co., 1861. 4°. XIII + 228 S., mit 12 Taf. (v.).

37*

Dasselbe russisch unter dem Titel: Opit flori Usuriiskoi strani, sostawil, po materialam, sobranim R. Maak. St. Petersburg, 1862, 4°, XVI + 282 (283) S., mit 12 Taf. (v.), S.-A. aus Maak: Puteszestwije po dolinje rjeki Ussurja, II (1861), p. 1– 264, 327—344, mit 12 Taf. (n. v.).

Catalogus plantarum quae in horto Aksakovinno coluntur. Petropoli, 1860, VII + 148 S., 8° (v.): Rec.: Oesterr. bot. Zeitschr., XI (1861), S. 62 (v.).

Ukazatel rastenii dlja publicznoi wistawki rossiiskago obszczestwa sadowodstwa w S.-Peterburgje. St. Petersburg, 1860, . . S. (n. v.).

Monographische Bearbeitung der Betulaceen. — Mém. Soc. nat. de Mosc., XIX (1860—1861), p 59—187. mit 14 Taf. (v.), S.-A. unter dem Titel: Monographia Betulacearum hucusque cognitarum. Mosquae, typ. universitatis Caesareae, 1861, 4°. 129 S., mit 14 Taf. (v.); Rec.: Amer. journ. of sc. and arts, Ser. 2, XXXIII (1862), p. 139—140, A(sa) G(ray): Bot. Zeit., XIX (1861), S. 231—232, S–1 (v.); Bull. Soc. bot. de Fr., VIII (1861), p. 490 bis 491. J. G(roenland): Oesterr. bot. Zeitschr., XI (1861), S. 273—274.

Conspectus specierum generis *Aconiti* quae in flora rossica et in regionibus adjacentibus inveniuntur. — Ind. sem. quae hort. bot. imp. petrop. pro mut. comm. off. 1861. p. 40—47 (v.). Wiederabdruck in Ann. des Se. nat., Bot., Sér. 4, XVI (1862), p. 144—153 (v.).

Bericht über die Blumenausstellung in Brüssel vom 24. April bis 1. Mai 1864. . . S., 8° (n. v.).

Soderžanie i wospitanie rastenii w komnatach (Zimmereultur).

1. Aufl., 1866—1870, I. Theil (richtiger Lieferung) (n. v.). — Wjestn. ross. obszcz. sad., 1864, p. 83, 180, 209, 185, 1865, p. 212, 1868, p. 258, 325, 1869, p. 1, 166, 356, 1870, p. 1, 293, 391 (n. v.).
   II. Theil (n. v.).
   III. Theil, St. Petersburg, 1870, 95 S., 8° (n v.).
   IV. Theil, ebenda, 1870, 80 S., 8° (n. v.).
   II. Theil, ebenda, 1870, 597 S., 8°, mit 400 Abbild. und Tabelle (n. v.).
2. Aufl., Heft 1—3, 1870, (n. v).
3. Aufl., 1875 (n. v.).
4. Aufl, I. Theil, . . . , 1877, 360 S., mit 234 Abb. (n. v.).
5. Aufl., I. 1882 (1883), VI + 365 S., 8°, mit 251 (234) Holzschn. — Rec.: Botan. Centralbl., XV (1883), S. 23, Herder; Gardn. chron., 1885, N. s., XXIII, p. 111—112, P. F. Keir, unter dem Titel: On the cultivation of plants.
6. Aufl., I. Theil, St. Petersburg, 1889 (10 +) 394 S., 8°, mit 267 Polytypien im Texte (v.).
   II. Theil (2. verb. und erg. Aufl.), ebenda, 1890, (2 +) 490 (+ 8) S., 8°, mit 351 Polytypien im Texte (v.).

Die internationale Ausstellung zu Amsterdam und die Gärten in Hamburg, Hannover, Utrecht, Amsterdam, Harlem, Leyden, Rotterdam, Brüssel, Lüttich, Cöln, Göttingen, Leipzig, Berlin etc. Erlangen, Enke, 1865, 51 S., 8°, mit 1 Taf. (v.).

Ueber die Idee der Art. 1865. . . S., 8° (n. v.).

Sur la valeur de l'espèce. — Bull. du Congr. de bot. et d'hortic. convoqué à Amsterdam, au mois d'Avril 1865. 1866, p. 159—193 (v.). S.-A., 39 S., 8° (v.).

Rostitelnii wid, 1866, 8° (n. v.). — Naturalist, 1866, III, S. 5, 282 (n. v.).

Dasselbe. St. Petersburg. 1870, 8° (n. v.).

Malina, eja razwedenie i soderžanie, 1866, 8° (n. v.). — Wjestn. ross. obszcz. sad., 1866, p. 18, 1867, p. 325 (n. v.).

Die Himbeere und Erdbeere; deren zum Anbau geeignetste Sorten, deren Cultur und Treiberei, mit besonderer Berücksichtigung in rauhen Klimaten. Erlangen, Enke, 1866, 4°, 44 S, mit 2 color. Taf. (v.). — Rec.: Bull. Soc. bot. de Fr., XIII (1866), Rev. bibliogr., p. 249 (v.).

Russkaja pomologija ili opisanie priznakow i sposobow razwedenija sortow plodowich rastenii, proizrastajuszczich w sjewernich, srednich i jugo-wostocznich gubernijach Rossii. (Russische Pomologie.) I, S.-Peterburg i Moskwa, 1868, 504 S., 8° (n. v.); II, ebenda, 225 S., 8°, mit Polytypien und 32 Taf. (n. v.).

Smorodnia (Die Johannisbeere), eja razwedenie i soderzanie. — Wjestn. ross. obszcz. sad., 1868, p. 25 (n. v.).
1. Aufl., ... (n. v.).
2. Aufl., St. Petersburg, 1870, 20 S., 8° (n. v.).
3. Aufl., ebenda, 1883, 24 S., 8°, mit 8 Abbild. (n. v.).

Betulaceae in De Candolle, Prodr. syst. regni veget., XVI, II (1868), p. 161 bis 189 (v.).

Die internationale Ausstellung in St. Petersburg vom 5./17.—18./30. Mai 1869. 76 S., 8°, mit 3 Taf. (v.). — Rec.: Oesterr. bot. Zeitschr., XX (1870), S. 94—95. J(ulius) W(iesner).

Internationale Ausstellung von Gegenständen des Gartenbaues im Frühjahr 1869 in St. Petersburg, Typogr. des Marineministeriums, 22 S., 8° (v.).

Katalog meżdunarodnoi wistawki i predmetow w S.-Peterburgje. St. Petersburg, 1869, . . . S., 8° (n. v.).

Sertum Petropolitanum seu icones et descriptiones plantarum quae in horto botanico imperiali Petropolitano floruerunt. Dec. III. et IV., Petropoli, Pratz, 1869, 18 nichtnumer. S. u. 19 Taf., Gr.-Fol. (v.).
    Ist die Fortsetzung des von Friedrich Ernst Ludwig Fischer begonnenen und von Carl Anton Meyer weitergeführten Werkes.

Odnoletnija i dwuchletnija cwjetuszczija rastenija, nachodjaszczjasja w katalogach sjemjatorgowcew, izbor luczszich- iz nich i uchod za nimi. (Ein- und zweijährige in den Catalogen der Samenhändler vorkommende Pflanzen. Eine Auswahl der besseren und deren Pflege.)
1. Aufl., 1869, 52 S., 8° (n. v.). S.-A. aus Wjestn. imp. obszcz. sadow. und dem Sadowii kalendar na 1869 god (russischer Gartenkalender) (n. v.).
2. Aufl., St. Petersburg, 1874, 120 S., mit 49 Holzschn. und 1 Karte (n. v.).
3. Aufl., ebenda, 1885 (2 +) 496 S., 8°, mit 361 Abbildungen im Texte (v.); Rec.: Bot. Centralbl., XXV (1886), S. 246, Herder; Gartenflora, XXXIV (1885), S. 318. B(erthold) St(ein).

Meżdunarodnaja wistawka sadowodstwa w S.-Peterburgje, 1869. St. Petersburg, 1870, 8° (n. v.).

Die consecutiven Sprossform-Veränderungen höherer Pflanzen im Zusammenhange mit der Blühreife derselben. — Ber. über die Verh. d. bot. Sect. der Vers. russ. Naturf. vom 3.—4. September 1869 (n. v.); Excerpt: Bot. Zeit., XXVII (1869), S. 781—782; Bull. Soc. bot. de Fr., XVIII (1871), Rev. bibliogr., p. 20.[1]

Russkaja dendrologija ila pereczislenie i opisanie drewesnich porod i mnogoljetnich wjuszczichsja rastenii, winosjaszczichsja klimat srednei Rossii na wozduchje, ich razwedenie, dostoinstwo, upotreblenie w sadach, w technikje i proez. (Russische Dendrologie.)
1. Aufl., 1. Heft, St. Petersburg, 1870, 32 S., 8° (n. v.).
2. Heft, ebenda, 1871, S. 33—122 (n. v.).
3. Heft, ebenda, 1873, S. 123—124 (n. v.).
4. Heft, ebenda, 1875, S. 225—354 + X (n. v.).
5. Heft, ebenda, 1879, S. 355—474 + XV, mit 26 Polytypien (n. v.).

---

[1] Dürfte eher von einem gleichnamigen Sohne herrühren.

6. Heft, ebenda, 1882, S. 475—542, Register S. I—IV, mit 15 Polytypien (n. v.). — Rec.: Botan. Centralbl., XII (1882),
   S. 183—184, Winkler; Ill. hortic., XVIII (1871), p. 83
   bis 84, L'arboricnlture dans la Russie du Nord, F. Wol-
   kenstein.
   Scheint ursprünglich ganz oder theilweise im Wjestnik imp.
   obszczestwa sadowodstwa erschienen zu sein.
2. Aufl., 1. Heft, ebenda, 1883, 68 S., 8°, mit 19 Holzschn. (n. v.). — Rec.:
   Bot. Jahresber., XII, u (1887), S. 150—151, Batalin;
   Bot. Centralbl., XV (1883), S. 22—23, XXXVIII (1889),
   S. 542, Herder.
2. Heft, ebenda, 1889, S. 69—194, 8° (n. v.).
Animadversiones de plantis vivis nonnullis horti botanici imperialis Petropolitani.
   — Acta horti Petrop., I (1871), p. 89—100, S.-A., 12 S., 8° (v.); Rec.:
   Bot. Zeit., XXX (1872), S. 95; Bull. Soc. bot. de Fr., XIX (1872), Rev.
   bibliogr., p. 2—3 (v.); Bull. Soc. bot. de Belg., XIV (1875), p. 352—353,
   A. Cogniaux (v.) — Acta horti Petrop., II (1873), p. 305—326, S.-A.
   22 S., 8° (v.); Rec.: Amer. journ. of sc. and arts, Ser. 3. (LVI) VI (1873),
   p. 77, A. G(ray); Bot. Jahresber., I (1874), S. 671, Batalin; Bull. Soc.
   bot. de Fr., X (1873), p. 146—147 (v.); Bull. Soc. bot. de Belg., XIV
   (1875), p. 352—353, A. Cogniaux (v.).
   Fortgesetzt unter dem folgenden Titel:
Descriptiones plantarum novarum et minus cognitarum.
   Fascic. III. — Acta horti Petrop., III (1875), p. 281—297.
      A. Descriptiones plantarum novarum in horto imperiali botanico
         Petropolitano cultarum. — Ebenda, p. 283—288.
      B. Descriptiones plantarum novarum in regionibus Turkestanicis
         crescentium. — Ebenda, p. 289—297, S.-A., Petropolis, 1875,
         17 S., 8° (v.); Rec.: Bull. Soc. bot. de Fr., XXIII (1876),
         Rev. bibliogr., p. 53—54 (v.); Bot. Jahresber., III (1877),
         S. 714—716, 731, 1020, 1021, 1023—1024, F. Kurtz; Gardn.
         chron., 1875, New ser., IV, p. 175; Bull. Soc. bot. de Belg.,
         XIV (1875), p. 352—353, A. C(ogniaux) (v.); Bot. Zeit.,
         XXXIII (1875), S. 696, G(regor) K(raus).
   Fascic. IV. — Acta horti Petrop., IV (1876), p. 273—340.
      A. Cycadearum generum specierumque revisio. — Ebenda,
         p. 275—320, S.-A., St. Petersburg, 1876, 48 S., 8° (v.); Rec.:
         Bull. Soc. bot. de Fr., XXIII (1876), Rev. bibliogr., p. 222
         bis 223 (v).
      B. Generis Evonymi species floram Rossicam incolentes. —
         Acta horti Petrop., p. 320—322, S.-A., p. 49—50 (v.).
      C. Rhamni species imperium Rossicum incolentes. — Ebenda,
         p. 322—332 (v.), S.-A., p. 51—61 (v.).
      D. Revisio specierum varietatumque generis *Funkia*. — Ebenda,
         p. 332—334, S.-A., p. 61—63 (v.).
      E. Descriptiones plantarum in horto botanico Petropolitano
         cultarum. — Ebenda, p. 334—338, S.-A., p. 63—68 (v.);
         Rec.: Bot. Jahresber., IV (1878), S. 428, E. Strasburger;
         S. 496, 563—564; Journal of Bot., IV (1876), p. 352;
         Bullet. de la Soc. bot. de Belg., XVI (1877), p. 40—41,
         A. Cogniaux; Botan. Zeit., XXIV (1876), S. 763, G(regor)
         K(raus); Oesterr. bot. Zeitschr., XXVII (1877), S. 145,
         J. A. Knapp (v.).

Fascic. v. — Acta horti Petrop., V (1877), p. 217—272.
  A. Plantae regiones Turkestanicas incolentes, secundum specimina sicca a Regelio et Schmalhausenio determinata. — Ebenda, p. 219—261.
  B. Plantae regiones Turkestanicas et centro-asiaticas incolentes secundum specimina viva in horto botanico imperiali Petropolitano culta descripta. — Ebenda, p. 261—266.
  C. Plantarum in horto botanico imperiali Petropolitano cultarum descriptiones. — Ebenda, p. 266—272. S.-A., St. Petersburg, 1877, 56 S.. 8° (v.); Rec.: Bot. Zeit., XXXV (1876). S. 786; Bot. Jahresber., V (1879), S. 437, VI, II (1882), S. 927 bis 928; Bull. Soc. bot. de Fr., XXV (1878), Rev. bibliogr., p. 219; Bull. Soc. bot. de Belg., XVI (1877), p. 40—41, A. Cogniaux; Oesterr. botan. Zeitschr., XXVIII (1878). S. 141—142, XXIX (1879), S. 166—167 (v.), J. A. Knapp.

Fascic. vi. — Acta horti Petrop., V (1878), p. 575—646.
  A. Plantae regiones Turkestanicas incolentes, secundum specimina sicca a Regelio et Schmalhausenio determinatae. — Ebenda, p. 577—620, mit 3 Holzschn.
  B. Plantae Turkestanicae a Regelio, Smirnowio et Schmalhausenio determinatae. — Ebenda, p. 621—626.
  C. Plantae Turkestanicae a Regelio et Schmalhausenio determinatae. — Ebenda, p. 626-628.
  D. Plantae regiones Turkestanicas incolentes secundum specimina viva in horto imperiali botanico culta descripta. — Ebenda, p. 628—637.
  E. Plantarum diversarum in horto botanico imperiali cultarum descriptiones. — Ebenda, p. 638—611, S.-A., Petropoli. 1878. 72 S., 8°, mit 3 Holzschn. im Texte (v.); Rec.: Bot. Jahresber., VI, II (1882), S. 54, 55, 57, 60, 81, 90, 112, 113, 144, 928; Ill. hortic., XXV (1878), p. 166.

Fascic. vii. — Acta horti Petrop., VI (1880), p. 278-583.
  A. Plantarum diversarum, in horto botanico imperiali Petropolitano cultarum, descriptiones. — Ebenda, p. 280—295.
  B. Plantarum centro-asiaticarum, in horto botanico imperiali Petropolitano cultarum, descriptiones. — Ebenda, p. 395 bis 203.
  C. Plantarum regiones turkestanicas incolentium, secundum specimina sicca elaboratarum descriptiones. — Ebenda, p. 303 bis 392, 394—403, 459—494, 500—535.
  D. Appendix ad plantarum diversarum in horto Petropolitano cultarum descriptiones. — Ebenda, p. 536—538, S.-A., Petropoli, 1879, 263 S., 8° (v.); Rec.: Oesterr. bot. Zeitschr., XX (1880), S. 331—334 (v.), J. A. Knapp; Monatschr. d. Ver. z. Bef. d. Gartenb. in d. preuss. Staat., XXIV (1881), S. 47, L. Wittmack; Botan. Jahrb., 1 (1881), S. 277 (v.); Bot. Jahresber., VIII, II (1883), S. 23, 39, 41, 63, 102—103, 106, 115, 117, 133, 148--149, 151, 414—416, 557—558; Botan. Centralbl., III—IV (1880), S. 1055—1061.

Supplementum. — Acta horti Petrop., VII (1880), p. 381—388.
  A. Plantae regiones Turkestanicas incolentes. — Ebenda, p. 383—385.
  B. Descriptiones plantarum in horto Petropolitano cultarum. — Ebenda, p. 386—388, S.-A., Petropoli, 1880, 8 S., 8°

(v.); Rec.: Bot. Jahresber., VIII, II (1883), S. 23, 416;
Bot. Centralbl., V (1881), S. 302—303, Winkler; Oesterr.
bot. Zeitschr., XXXI (1881), S. 164—165, Moritz Přihoda (v.).

Fascic. VIII. — Acta horti Petrop., VII (1881), p. 541—690.

A. Plantarum diversarum, in horto imperiali Petropolitano cultarum, descriptiones. — Ebenda, p. 543—545.

B. Plantarum centro-asiaticarum, in horto imperiali Petropolitano cultarum, descriptiones. — Ebenda, p. 545—551.

C. Juncacearum, Cyperacearum, Graminearum, Balanophorearum, et Acotyledonearum vascularium centra-asiaticarum adhuc cognitarum enumeratio. — Ebenda, p. 552—690, mit 2 Tabellen und 1 Karte, S.-A.. Petropoli, Ricker, 1881, 150 S., 8°, mit 2 Tabellen und 1 Karte (v.); Rec.: Bot. Jahresber., IX, II (1884), S. 39, 59, 69, 74, 87, 386, 409, X, II (1885), S. 29, XI, I (1885), S. 545; Bot. Centralbl., X (1882), S. 240—252, Herder; Bull. Soc. bot. de Fr., XXIX (1882), Rev. bibliogr., p. 39—40 (v.); Nature, XXVI (1882), p. 319; Oesterr. bot. Zeitschr., XXXII (1882), p. 137—138, Moritz Přihoda (v.); Bot. Jahrb., III (1882), S. 237—240 (v.).

Supplementum. — Acta horti Petrop., VIII (1883), p. 296 bis 297, S.-A., Petropoli, 1883, 11 S., 8° (v.); Rec.: Bot. Jahresber., XI, II (1886), S. 187, 191, 193, 225; Bot. Centralbl., XIV (1883), S. 41—42; Bull. Soc. bot. de Fr., XXX (1883), Rev. bibliogr., p. 217 (v.); Oesterr. bot. Zeitschr., XXXIII (1883), S. 237—238, Moritz Přihoda (v.).

Fascic. IX. — Acta horti Petrop., VIII (1884), p. 639—702.

A. Descriptiones plantarum diversarum in horto imperiali Petropolitano cultarum. — Ebenda, p. 641—644.

B. Descriptiones et emendationes plantarum bucharicarum turkestanicarumque. — Ebenda (1884), p. 644—702, mit 21 Taf., S.-A., Petropoli, 1884, 64 S., 8°, mit 21 Taf. (v.); Rec.: Bot. Jahresber., XII, II (1887), S. 185, 200, 220, 221, XIII, I (1887), S. 494—496, 535; Bot. Centralbl., XXI (1885), S. 358 bis 362, Herder; Bull. Soc. bot. de Fr., XXXII (1885), Rev. bibliogr.. p. 72—73, Adolphe Fr(anchet); Oesterr. bot. Zeitschr., XXXV (1885), S. 141—142, Moritz Přihoda (v.); Gartenflora, XXXIV (1885). S. 124—136, B(erthold) St(ein).

Fascic. X. — Acta horti Petrop., IX (1886), p. 527—620.

A. Monographia generis *Eremostachys*. Loci natales ab Alberto Regel elaborati sunt. — Ebenda, p. 529—574, mit 3 Taf., S.-A., Petropoli, 1886, 48 S., 8°, mit 9 Taf. (v.); Rec.: Gartenflora, XXXV (1886), S. 615 (619)—617 (621), B(erthold) St(ein); Bot. Jahrb., VIII (1887), S. 36 (v.); Bot. Jahresber., XIV, I (1888), S. 695—696, II (1889), S. 190, 193; Bot. Centralbl., XXVIII (1886), S. 39—41.

B. Conspectus specierum generis *Phlomis* imperium rossicum incolentium. — Acta horti Petrop., IX (1886), p. 575—596, mit 1 Taf., S.-A., Petropoli, 1886, 46 S., 8°, mit 1 Taf. (v.); Rec.: Bot. Jahresber., XIV, II (1889), S. 190, 193; Botan. Centralbl., XXIX (1887), S. 361—363, Herder; Gartenflora, XXXV (1886), S. 617 (621).

C. Descriptiones plantarum diversarum, in horto imperiali botanico petropolitano cultarum. — Acta horti Petrop., IX (1886), p. 597—604.

D. Descriptiones et emendationes plantarum turkestanicarum bucharicarumque. — Ebenda, p. 605—618.

E. Supplementum specierum nonnullarum in stato vivo examinatarum. — Ebenda, p. 619—620; Rec.: Bot. Jahresber., XIV n (1889), S. 159, 193, 268, 269; Botan. Centralbl., XXIX (1887), S. 361, XXX (1887), S. 62, XXXII (1887), S. 207 bis 208, Herder; Gartenflora, XXXV (1886), S. 617(621) bis 618(622); Oesterr. bot. Zeitschr., XXXVI (1886), S. 356 bis 357, M. Příhoda.

Revisio specierum Crataegorum, Dracaenarum, Morkliarum, Laricum et Azalearum. — Acta horti Petrop., 1 (1871), p. 101—164 (v.), S.-A., 64 S., 8° (v.); Rec.: Bot. Zeit., XXX (1872), S. 95; Bull. Soc. bot. de Fr., XVIII (1871), Rev. bibliogr., p. 177; Journ. of Bot., X (1872), S. 191.

Französisch: Observations sur les espèces du genre *Larix* ou Meleze; traduit par René Lucion. La Belg. hortic., XXII (1872), p. 96—106, mit 4 lithogr. Taf. (v.).

Otczet po zagranicznoi ego komandirowkjew w Angliju, Belgiju, Germaniju, Awstriju i Italiju (Bericht über eine Commandirung nach England, Belgien, Deutschland, Oesterreich und Italien). — Acta horti Petrop., 1 (1872), p. 197—220 (v.).

Plantae a Burmeistero prope Uralsk collectae. — Ebenda, p. 251—256 (v.), S.-A., 6 S., 8° (v.); Rec: Bot. Jahresber., II (1876), S. 1091, Batalin.

Putowoditel po Imperatorskomu S.-Peterburgskomu Botaniczeskomu Sadu (Führer durch den kaiserlichen St. Petersburger botanischen Garten). — Ebenda, II (1873), p. 1—144, mit 1 Plane (v.), S.-A., 114 S., 8°, mit 1 Plane (n. v.); Rec.: Bot. Zeit., XXXII (1874), S. 687 (v.); Journ. de la Soc. imp. et centr. d'hortic. de Paris, Sér. 2, VIII (1874), p. 187—188 (n. v.).

Conspectus specierum generis *Vitis* regiones Americae borealis, Chinae borealis et Japoniae habitantium. — Acta horti Petrop., II (1873), p. 389—399 (v.), S.-A., Petropoli, 1873, 11 S., 8° (v.); Rec.: Amer. journ. of sc. and arts, Ser. 3, (LVI) VI (1873), p. 152. A(sa) G(ray) (v.); Ann. Record, New York, 1874, p. 362 (n. v.); Bot. Jahresber., 1 (1874), S. 606, Batalin; Bull. Soc. bot. de Fr., XX (1873), Séances 237, Decaisne und Duchartre, Rev. bibliogr., p. 202 (v.); Gard. Monthly, XVI, p. 113 (n. v.); Ill. hortic., XX (1873), p. 209—210; La Belg. hortic., XXIII (1873), p. 167 (v.); L'institut, (1873), p. 416, Sur l'origine de la Vigne (n. v.); Nature, IX (1874), p. 192 (v.); Oesterr. botan. Zeitschr., XXVI (1876), S. 46—49, W. O. Focke; Sitzungsber. d. Ges. naturf. Fr. in Berlin (1873), S. 105, Alex. Braun (n. v.).

Descriptiones plantarum novarum in regionibus Turkestanicis a cl. viris Fedschenko, Korolkow, Kuschakewicz et Krause collectis cum adnotationibus ad plantas vivas in horto imperiali botanico Petropolitano cultas.

Fascic. 1. — Acta horti Petrop., II (1873), p. 401—458 (v.), S.-A., Petropoli, 1873, 57 S., 8° (v.); Rec.: Bull. Soc. bot. de Fr., XX (1873), Rev. bibliogr., p. 230—231 (v.); Botan. Jahresber., 1 (1874), S. 411—412, Engler; Bull. Soc. bot. de Belg. XIV (1875), p. 352—353, A. C(ogniaux); L'ill. hortic., XXIII (1876), p. 117.

Fascic. II. — Acta horti Petrop., III (1875), p. 97—168, S.-A., Petropoli, 1873, 72 S., 8° (v.); Rec.: Bull. Soc. bot. de Fr., XXII (1875), Rev. bibliogr., p. 7—8, 174—175 (v.); Gardn. chron., 1875, New ser., III, p. 110—111 (v.); Botan. Jahresber., II (1876), S. 705—607, 916—921, W. O. Focke; Bull. Soc. bot. de Belg., XIV, (1875), p. 352—352, A. Cogniaux.

Alliorum adhuc cognitorum monographia. — Acta horti Petrop., III (1875), p. 1
bis 266, S.-A., Petropoli, 1875, 266 S., 8º (v.); Rec.: Bot. Zeit., XXXIII
(1875), S. 753, G(regor) K(raus); Bot. Jahresber., III (1877), S. 466—467;
Bull. Soc. bot. de Belg., XIV (1875), p. 235, A. C(ogniaux); Bull. Soc.
bot. de Fr., XXII (1875), Rev. bibliogr., p. 216 (v.); Ill. hortic., XXXIII
(1876), p. 19; Gardn. chron., 1874, New ser., IV, p. 105 (v.); Monatsschr.
d. Ver. z. Bef. d. Gartenb. (1875), S. 553—554.
Izwleczenie iz otczeta Imperatorskago S.-Peterburgskago botaniczeskago sada.
(Breviarium relationis de horto botanico imperiali petropolitano.) — Acta
horti Petrop., IV (1876), p. 407—420 (v.); V (1877), p. 273—283, 647 bis
660 (v.); VI (1880), p. 555—569 (v.); Rec.: Bot. Centralbl., III—IV (1880),
S. 927, Winkler; VII (1881), p. 691—704 (v.); Rec.: Bot. Centralbl., X
(1882), S. 382—383, Winkler; VIII (1881), p. 281—296, Rec.: Bot. Centralbl., XX (1884), S. 310—312, Herder, 576—591 (1883), S.-A., 1883,
15 S., 8º; Rec.: Botan. Centralbl., XXVIII (1886), S. 316, Herder; IX
(1886), p. 621—634 (v.), S.-A., 14 S., 8º (wird vergebens gesucht werden!!!);
X (1887), p. 263—278, (1889) 629—644, 645—660 (v.); XI (1892), p. 495
bis 521 (v.); Rec.: Bot. Centralbl., XLVII (1892), S. 202—203, Herder.
Tentamen Rosarum monographiae. — Ebenda, V (1878), p. 285—398, S.-A.,
St. Petersburg, 1877, 114 S., 8º(v.); Rec.: Bot. Jahresb., V (1879), S. 461;
Ill. hortic., XXV (1878), p. 7; Bull. Soc. bot. de Fr., XXV (1878), Rev.
bibliogr., p. 26—27 (v.); Bull. Soc. bot. de Belg., XVI (1877), p. 21, 30;
F. Crépin (v.).
Allii species in Asia media, Asiae centralis a Turcomania, desertisque uralensibus
usque ad Mongoliam crescentes. — Acta horti Petrop., X (1887), p. 279
bis 362, mit 8 Taf. (v.), S.-A., Petropoli, 1887, 88 S., 8º, mit 8 Taf. (v.);
Rec.: Botan. Jahresber., XV, II (1890), S. 166, 168, 169—170; Bot. Centralbl.,
XXV (1885), S. 85—86, Herder; Bot. Gaz., XIII (1888), p. 72; Bull. Soc.
bot. de Fr., XXXV (1888), p. 81—82, Adolphe Franchet (v.).
Descriptiones plantarum nonnullarum horti imperialis botanici in statu vivo
examinatarum. — Acta horti Petrop., X (1887), p. 363—377; Rec.: Oesterr.
bot. Zeitschr., XXXVIII (1888), S. 215—216, M. Přihoda; Bot. Jahresber., X (1890), S. 133, 168, 228, 261, E(ngler); Bot. Centralbl., XXXIV
(1888), S. 362—364, Herder.
Biographie über Ernst Rudolf v. Trautvetter. — Acta horti Petrop., X (1889),
p. 661—672, mit Bildniss; S.-A., 12 S., 8º (v.); Rec.: Bot. Gaz., XV (1890),
p. 24.
Descriptiones et emendationes plantarum in horto imperiali botanico Petropolitano cultarum. — Ebenda, p. 685—698; S.-A., Petropoli, 1889, 14 S.,
8º (v.); Rec.: Botan. Jahresber., XVII, II (1892), S. 80.
Descriptiones et animadversiones plantarum nonnullarum in horto imperiali botanico statu vivo examinatarum. — Ebenda, XI (1892), p. 473—478.
Descriptiones plantarum nonnullarum horti imperialis botanici Petropolitani in
statu vivo examinatarum. — Ebenda, p. 299—314, mit 1 Holzschn.
Descriptiones et emendationes plantarum nonnullarum in horto imperiali botanico
(in) statu vivo examinatarum. — Ebenda, S. 470—478, mit 1 Holzschn.
Mittheilungen über den neuen Stadtgarten auf dem Admiralitäts- und Peters-
platze. — Russ. Rev., I (1872), S. 175—183 (v.); S.-A., 8 S., 8º (v.).
Der Alexandergarten in St. Petersburg. — Ebenda, VII (1875), S. 67—86 (v.),
Vergl. Fl. des serres. XX (1874), S. 134; Gardn. chron., N. s. (1874),
p. 233; Rec.: La Belg. hortic., XXIV (1874), p. 295. Russisch unter dem
Titel: „Aleksandrowskii sad s planom". — Wjestn. imp. obszcz. sadow.,
1875, p. 150—162, mit 1 Plane (n. v.).
Zemljanka (Die Erdbeere) i eja soderżanie w naszem klimatje i pr., 1. Aufl.,
Wjestn., 1866, p. 104, 1867, p. 2, 1868, p. 198 (n. v.); 2. Aufl., 1869;

3. Aufl., St. Petersburg, 1873; 4. Aufl., ...; 5. Aufl., 1878, mit 5 Abbild. (n. v.).
Spisok (8—i) sortam plodowich drewesnich, kustarnich i procz. nachodjaszczinisja w sadu D-ra E. Regelja. St. Petersburg, 1873. 8° (n. v.).
Catalog von Obstsorten, Ziersträuchern und Stauden. St. Petersburg, 1874, 8° (n. v.).
Catalog der Obstsorten für 1875. St. Petersburg, 1875, 8° (n. v.).
Popularno nastawlenie k ruskomu plodowodstwu (populäre Anleitung zur Obstcultur) ili rukowodstwo k uchodu po jablokjami, gruszami, wisznjami i sliwami w klimatje srednei Rossii.
  1. Aufl., St. Petersburg, 1875, mit 6 Abbild. (n. v.).
  2. Aufl., ebenda, 1889, 42 S., 8°, mit 31 Polytypien (n. v.).
Catalog von Obstsorten, Ziersträuchern und Stauden (Spisok 11—i). St. Petersburg, 1876, 8° (n. v.).
Spisok (13—i) sortam plodowim, drewennich i dr. w sadu Regelja i Kesselringa, S.-Peterburg, 1878, 8° (n. v.).
Anlage der Gärten oder allgemeine Regeln, welche bei der Anlage von Gärten im mittleren und nördlichen Russland zu befolgen sind, nebst Aufzählung der hiezu geeignetsten Bäume und Sträucher. St. Petersburg, Ricker. 1879, 60 S., 8°, mit 1 Holzschn. und 3 Plänen im Texte (n. v.), S.-A. aus St. Petersburger Herold (n. v.). — Rec.: Gartenflora, XXVIII (1879), S. 317, J(ühlke).
    Es existirt auch eine mir unbekannte russische Ausgabe unter dem Titel: „Obszczija prawila razbiwki sadow w klimatje srednei Rossii". 1. Aufl., 1876, 30 S., 8°, mit 4 Holzschn. (n. v.), S.-A. aus Wjestn. imp. obszcz. sadow., 2. Aufl., 1883. 66 S. mit 14 Holzsch. (n. v.); Rec : Bot. Centralbl., XVI (1883), S. 274—275, Herder. Offenbar eine Uebersetzung der gleichfalls im Jahre 1879 erschienenen deutschen Schrift.
Flora turkestanica, elaborata ex plantis collectis a cll. viris O. et A. Fedschenko, Karelin et Kirilow, Kaulbarsch, Korolkow, Krause, Kuschakewicz, Potanin, Semenow, Seweczow, Scharnhorst, Schrenk etc., I, St. Petersburg und Moskau, 1876, (4 +) 164 (+ 1) S., 4°, mit 22 lithogr. Taf. (v.). Aus Puteszetwije w Turkestanje A. P. Fedczenko, Wipusk, 12, Tom. III. — Rec.: Botan. Jahresber., IV, 1 (1878), S. 493—496, 547, 1101, A. Peter; Bull. Soc. bot. de Fr., XXIV (1877), Rev. bibliogr., p. 1.
Ueber die Flora Turkestans. Vortrag. gehalten in der St. Petersburger Gartenbaugesellschaft (n. v.). — Excerpt: Nature, XXII (1880), p. 19; Botan. Jahresber., VIII, 11 (1883), S. 458.
Ueber den Einfluss des Lichtes auf die Keimung. — Wjestn. (1880), p. 100—101, mit Abbild. (n. v.); Rec.: Bot. Centralbl., XII (1882), S. 164, Winkler.[1]
Ueber Wachsthum der Palmen. — Sitzungsber. d. bot. Sect. d. St. Petersb. Naturf.-Ges. v. 20. Nov. 1880 (n. v.); Excerpt: Bot. Zeit., XL (1882), S. 27.[2]
Wirkung des Lichtes auf Pilze. — Sitzungsber. d. bot. Sect. d. St. Petersb. Naturf.-Ges. v. 15. Jänner 1881 (n. v.); Excerpt: Bot. Zeit., XL (1882), S. 29; Bot. Jahresber., X, 1 (1884), S. 16, 134—135.[2]
Acer palmatum Thunbg. — Uspensky's Bote f. Gartenbau, Obst- und Gemüsezucht (1882), S. 81, mit 1 Taf. in Farbendruck (n. v.).
Ueber die geographische Vertheilung der Gräser in der Flora von Turkestan. — Sitzungsber. d. bot. Sect. d. St. Petersb. Naturf.-Ges. v. 23. April 1881 (n. v.); Rec.: Bot. Zeit., XL (1882), S. 29.
Incarvillea compacta Maxim. — Wjestn. (1882), p. 1—3, mit 1 Chromolithogr. (n. v.); Rec.: Bot. Centralbl., X (1882), S. 327, Winkler.

---

[1] Dürfte gleichfalls nicht von E. v. Regel herrühren.
[2] Hat K. Regel zum Verfasser; s. Bot. Zeit., XL (1882), S. 271.

38*

Musa Ensete Gmel. auf Jamaika. — Ebenda, S. 48—50, mit 1 Taf. (n. v.); Rec.
Bot. Centralbl., X (1882), S. 327, Winkler.

Eucalyptus globulus Labill. — Uspensky's Bôte f. Gartenbau, Obst- und Gemüsezucht, 1882, S. 100—101, mit Abbild. (n. v.); Rec.: Bot. Centralbl.,
XII (1882), S. 164, Winkler.

Catalog von Obstsorten, Ziersträuchern und Stauden des pomologischen Gartens
und der Baumschulen. St. Petersburg, 1883, 72 S., 8°, mit 90 Holzschn.
(n. v.). Mit J. Kesselring. Deutsch und Russisch (n. v.); Rec.: Botan.
Centralbl., XX (1884), S. 338, Herder.

Descriptiones plantarum novarum rariorumque a. cll. Olga Fedschenko in
Turkestania nec non in Kokania lectarum. — Izwj. obszcz. estestwozn.,
antrop. i etnogr., XXIV, II. p. 1—89 (n. v.). Tom. III, Wipusk. 18, 1882,
89 S., 4° (v.); Rec.: Bot. Jahresber., X, II (1885), S. 371; Bot. Centralbl.,
X (1882), S. 466—470; Gartenflora, XXXI (1882), S. 153—154, E(duard)
R(egel); Bot. Jahrb., IV (1883), S. 454—455 (v.).

Proposition de construire des cartes de la distribution géographique de certaines
espèces de plantes ligneuses. — Bullet. du Congr. de botan. et d'hort. à
St.-Pétersbourg, 1884 (1885), p. 1—6, avec une carte (v.); S.-A., 6 S., 8°,
mit 1 Karte (v.); Rec.: Bot. Jahresber., XIII, II (1888), S. 167; Botan.
Centralbl., XXIII (1885), S. 96—98, Herder.

Ueber *Rhododendron*. — Protocoll Nr. 336 der kais. Russ. Gartenbaugesellschaft,
St. Petersburg, 1886, S. . . . (n. v.); Rec.: Bot. Jahresber., XVI, II (1891),
S. 104.

Aechmea Hoekeli Rgl. n. sp. — Deutsches Gartenmag., XL (1887), S. 140—142
(n. v.); Rec.: Botan. Jahresber., XV, II (1890), S. 249—250.

Sternbergia lutea Gawl. — Ebenda, S. 225, mit 1 Taf. (n. v.); Rec.: Bot. Jahresber., XV, II (1890), S. 129.

Wesennija krasiwo cwjetuszczija mnogoljetnija i lukowicznija rastenija, ich soderżanie i wospitanie w sadach. St. Petersburg. 1888, 82 S., 8°, mit 91 Polytypien (n. v.).

Tulipa Greigi Rgl. — Deutsches Gartenmag., XLI (1888), S. 321, mit 1 Taf.
(n. v.); Wiener Ill. Gartenz., XIII (1888), S. 333—334, mit 1 Holzschn.

Die im Frühling blüheuden Stauden des freien Landes, welche in Nordrussland
aushalten. — Bote f. Garten-, Obst- und Gemüsebau. III (1888), S. 524
bis 559 (n. v.).

Obrjezka i formirowanie derew in L. Semonow's Illustr. slowar prakticzeskich
swjedjenii, neobchodimich w żizni wsjakomu, 1888 (n. v.).

Der Baumschnitt. — Journ. f. gemeinnützl. Kenntn. St. Petersburg, 1889, S. 879
bis 894, mit 36 Holzschn. (n. v.).

B. Regel's Compagnie-Arbeiten.

A. Mit Ferdinand v. Herder.

Enumeratio plantarum in Cis- et Transiliensibus a cl. Semenovic anno 1857
collectarum. — Bull. Soc. nat. de Mosc., XXVII, IV (1864), p. 383—425,
mit Taf.; XXIX, II (1866), p. 527—571, mit 1 Taf., III, p. 1—115, mit
1 Taf.; XL, I (1867), p. 1—22, mit 1 Taf., III. p. 124—190, mit 1 Taf.;
XLI, I (1868), p. 59—113, II, p. 378—479, mit 1 Taf. (Excerpt: *Selonia*,
genus nov., in Ann. sc. nat., Sér. 5. XI [1869—1870], p. 92, v.); XLI, IV,
p. 269—310; XL, I (1870), p. 237—283 (v.). — S.-A., Mosquae, typis
Univ. caes., 1864, 43 S., 8°, mit 1 Tafel (v.); ebendort, 1866, 159 S., 8°,
mit 2 Taf.; ebendort, 1868, 88 S., 8°, mit 1 Taf. (v.); ebendort, 1869,
177 S., 8°, mit 1 Taf. (v.); ebendort, 1870, 47 S., 8° (v.). — Rec.: Bot.

Zeit., XXIV (1866), S. 324 (v.), XXVII (1869), S. 796—797 (v.); Garten-
flora, XIII (1864). S. 378, E(duard) R(egel), XVI (1867), S. 22 (v.),
E(duard) R(egel), S 317, E(duard) R(egel), XX (1871), S. 93, E(duard)
R(egel); Bull. Soc. bot. de Fr., XIII (1866), Rev. bibliogr., p. 27—28,
XVII (1870), Rev. bibliogr., p. 69, XIX (1872), Rev. bibliogr., p. 3; Journ.
of bot., VI (1868), p. 32 (v.).

B. Mit Ferdinand v. Herder und Louis Rach.

Verzeichniss der vom Herrn Paullowsky (Pawlowsky) und Herrn v. Stubendorf in den Jahren 1857 und 1858 zwischen Jakutsk und Ajan gesammelten Pflanzen; ein Beitrag zur Flora Ostsibiriens. — Bull. Soc. nat. de
Mosc., XXXII, I (1859), p. 204—237. mit 1 Holzschn. (v.); S.-A., Moskau,
Buchdr. d. kais. Univ., 1859, 34 S., 8°, mit 1 Holzschn.; Rec.: Oesterr.
bot. Zeitschr., IX (1859), S. 308; Bonpl., X (1862), p. 248 (v.).

C. Mit Fr. Koernicke.

Zusammenstellung der *Strelitzia*-Arten. — Wjestn. imp. obszcz. sadow., I, I (1860),
p. 44, mit 1 Taf. in Fol. (n. v.); Gartenflora, VII (1858), S. 265—267, mit
1 Taf. (v.); Mitth. d. russ. Gartenbauver., 1860, S. 47 (n. v.), unter dem
Titel: *Strelitzia Nicolai* Rgl. et Koernicke; Bonpl., VIII (1860), p. 185
bis 187 (v.).
Calathea fasciata Rgl. et Koernicke i njekotorija drugiga pestrolistnija *Maran-
teae*. — Ebenda, S. 79 (n. v.); Mitth. d. russ. Gartenbauver., 1860, S. 80
(n. v.).

D. Mit C. J. v. Maximowicz.

Vegetationsskizzen des Amurlandes. — Bull. phys.-mathem. Acad. St.-Pétersb., XV
(1857), p. 211—238 (v.); Mél. biol., II (1858), p. 475—512 (v.); S.-A., (1856),
38 S., 8° (n. v.).
Golowninia, eine neue Gattung der Gentianeen. — Bull. Acad. imp. St.-Pétersb.,
IV (1862), p. 250—255, mit 1 Taf. (v.); Mél. biol., IV (1861—1865), p. 37
bis 44 (v.).

E. Mit J. Josef Schmitz.

Flora Bonnensis. Bonnae, Koenig, 1841, XLVIII + 512 S., 8° (v.).

F. Mit H. Tilling.

Flora Ajanensis. Aufzählung der in der Umgebung von Ajan wachsenden Phanerogamen und höheren Cryptogamen, nebst Beschreibung einiger neuer Arten
und Beleuchtung anderer verwandter Pflanzen. — Nouv. Mém. Soc. nat.
Mosc., XI (1859), 1—128 + IX S. (v.); S.-A., Moskau, Universitäts-Buch-
druckerei, 1858, 4°, 128 + IX + 1 unnumer. S. (v.); Rec.: Amer. journ. of
sc. and arts, Ser. 2. XXXIII (1862), p. 139—140, A(sa) G(ray); Bot. Zeit.,
XVII (1859), S. 150—152 (v.); Oesterr. bot. Zeitschr., X (1860), S. 23
bis 24, S(enone)r.

G. Mit R. E. v. Trautvetter, C. J. v. Maximowicz und Winkler.

Decas plantarum novarum. Petropoli, 1882, 10 S., Schumacher, 4°, mit 1 Taf.
(v.). — Rec.: Bot. Jahresber., X, II (1885), S. 28—29, A. Peter, S. 371;
Bot. Centralbl., XI (1882), S. 343—344; The Florist and pomol., 1882,

p. 110; Bull. Soc. bot. de Fr., XXIX (1882), Rev. bibliogr., p. 88 (v); Bot. Jahrb., IV (1883). S. 455 (v.).

C. Regel's mir unbekannt gebliebene Arbeiten.

Cultur der Stachelbeere. Mir ist nur der gleichnamige Aufsatz in Gartenflora, X (1861), S. 47—51. bekannt.

Obzor sowjeszczanii, predszestwowawszich obrazowaniju i Wiso deniu rossiiskago obszczestwa sadowodstwa czaiszemu utwerż. — Izwj. ross. obszcz. sadow., 1860, p. 1 (n. v.); Mitth. d. russ. Gartenbauver., 1860, S. 1 (n. v.).

O njekotorich zamjeczatelnich rastenijach. wistawlennich w mjesacznich sobranijach. — Izw. ross. obszcz. sadow., 1860, p. 11 (n. v.); Mitth. d. russ. Gartenbauver., 1860, S. 12 (n. v.).

Obzor rastenii, wistawlennich w zalje Gorodskoi Obszczei Dumi. w sobranii obszczestwa. — Izwj. ross. obszcz. sadow., 1860 (n. v.); Mitth. d. russ. Gartenbauver., 1860, S. 29.

Godicznoe zasjedenie Obszczestwa 31 Janwara 1859. — Izwj. ross. obszcz. sadow., 1860, p. 58; Mitth. d. russ. Gartenbauver., 1860, S. 62.

Gigantskii Kerd Kalifornii. — Izwj. ross. obszcz. sadow. 1870, p. 74; Mitth. d. russ. Gartenbauver., 1860, S. 76.

O paprotnikach i ich razwedenie iz spor. — Izwj. ross. obszcz. sadow., 1860, p. 95 (n. v.); Mitth. d. russ. Gartenbauver., 1860, S. 97—105 (n. v.); Excerpt: Journ. de la Soc. imp. et centr. d'hortic. de Paris, VI (1860), p. 837—839.

Otczet o wtoroi publicznoi wistawke rastenii w S.-Peterburgje. — Izwj. ross. obszcz. sadow., 1860, p. 102 (n. v.); Mitth. d. russ. Gartenbauver., 1860. S: 105 (n. v.).

O njekotorich rastenijach, predstawlennich na mjesacznija wistawki mit F. Koernicke. — Izwj. ross. obszcz. sadow., 1860, p. 143 (n. v.); Mitth. d. russ. Gartenbauver., 1860, S. 105 (n. v.).

Widi Dracaena i Cordyline, wstrjeczaemie w Peterburgskich sadach, i sposob ich razwedenija w komnatach i oranżerejach. — Wjest. ross. obszcz. sadow., 1860, Janw., p. 20, Fewr., p. 24 (n. v.).

Uchod za komnatnimi rastenijami w S.-Peterburge. — Ebenda, 1860, Janw., p. 26 (n. v.).

Wistawka rastenii na godicznom sobranii rossiiskago obszczestwa sadowodstwa 25 Fewr. 1860. — Ebenda, 1860, Mart. p. 11 (n. v.).

Ob akklimatisacii rastenii. — Ebenda, 1860, Mart, p. 28 (n. v.).

Zamjetki o njekotorich rastenijach imperatorskago botaniczeskago sada. — Ebenda, 1860, Awr., p. 9, Mai, p. 21 (n. v.).

Postojanstwo rastitelnich widow. — Ebenda, 1860, Apr., p. 13 (n. v.).

Opisanie tretei publicznoi wistawki, ustroennoi rossiiskim obszczestwom sadowodstwa. — Ebenda, 1860, Jun., p. 6, Jul., p. 4 (n. v.).

Botaniczeskie sadi w Breslawje, S.-Peterburgje i Kju. — Ebenda, 1860, Aug., p. 15, Sentjabr., p. 11 (n. v.).

Ob istreblenie żukameli i drugich chwoinich derew w S.-Peterburgje. — Ebenda, 1860, Okt., p. 8 (n. v.).

Ogorodnoe zawedenie G. Graczewa w S.-Peterburgje. — Ebenda. 1860, Okt., p. 17 (n. v.).

O komnatinch akwarijach. — Ebenda, 1860, Nojabr, p. 28 (n. v.).

Wistawka imperatorskago wolnago ekonomiczeskago obszczestwa. — Ebenda, 1860, Dek., p. 11.

Razwedenie kriżownika. — Wjestn. ross. obszcz. sadow., 1861, p. 162.

Otoplenije wodoju. — Ebenda, p. 244.

Bolnija rastenija. — Ebenda, p. 288.

Peterburgskie sadowija zawedenija. — Ebenda, p. 270, 317, 600, 1862, p. 203, 339.

Czetwertaja publicznaja wistawka obszczestwa. — Ebenda, p. 377.
Osennaja wistawka plodow i owocei w S.-Peterburgje osenju 1861 gi. — Ebenda, p. 395.
Razwedenie Erythrin. — Ebenda, 1862, p. 39.
Wlijanie luni na rastitelnost. — Ebenda, p. 172.
Cwjetenie palm. — Ebenda, p. 408.
Nowaja sagowaja palma. — Ebenda, 1863, p. 13.
Razwedenie diczkow dlja priwiwki roz. — Ebenda, p. 51.
Razwedenie plodowago sada. — Ebenda, p. 255.
Pojezdka na meżdunarodnuju wistawku w Brjussel. — Ebenda, 1864, p. 227.
Kartofel. — Ebenda, 1865, p. 1, 137, 246.
Kultura i razwedenie Cikadowich. — Ebenda, p. 41.
Paprotniki. — Ebenda, p. 154.
Pestrolistnije Pelargonii-skarlet. — Ebenda, 1866, p. 44.
Zamujuszczija cwjetocznija rastenija. — Ebenda, 1867, p. 57.
Philipp Franc. v. Zibold. — Ebenda, p. 146.
Iz pomologiczeskago sada D-ra Regelja w S.-Peterburgje. — Ebenda, p. 200.
Obrazowanie pestrolistnich Pelargonii. — Ebenda, 1868, p. 57.
Krasiw ocwjetnija odnoljetnija rastenija. — Ebenda, p. 227. 308.
Japonskaja Aukuba. — Ebenda, p. 404.
Luczszije sorti zemljaniki. — Ebenda, 1869, p. 86.
Derewja i kustarniki, winosjaszczije na wozduchje Peterburgskich klimat. — Ebenda, 1870, p. 179, 1871, p. 2, 145, 189, 343. 453, 1872, p. 283, 333.
Boljezni i wragi komnatnich rastenii. — Ebenda, 1870, p. 434.
Kosmatii perwocwjet. Ebenda, p. 504.
Kakaja rjezka luczsze-osennaja ili wesennaja. — Ebenda, 1871, p. 381.
Zamjetki ob odnoljetnich rastenijach, widawawszichsja za nowosti. — Ebenda, p. 401.
Opisanie k risunkam, nachodjaszczimsja w „Wjestnikje imp. ross. obszczestwa sadowodstwa", 1870.
Opisanie k izobrażenijam rastenii nachodjaszczimsja w „Wjestn. imp. ross. obszcz. sadow.", 1872.
Listewnici. — Wjestn. imp. ross. obszcz. sadow., 1872, IV, p. 231 (n. v.).
Uzorczatie cwjetniki. — Ebenda, p. 1, 76, 134.
Opisanie rastenii, izobrażennich w „Wjestn. imp. ross. obszcz. sadow.", 1873.
Opisanie k 16 risunkam rastenii, napeczataunimi w „Wjestn. imp. ross. obszcz. sadow.", 1874.
Opisanie 12 rastenii, izobrażennich w „Wjestn. imp. ross. obszcz. sadow.". 1875 g.
Opisanie 12 rastenii, izobrażennich w „Wjestn. imp. ross. obszcz. sadow.", 1876.
Opisanie k 13 risunkam rastenii w „Wjestn. imp. ross. obszcz. sadow.", 1878.
Uzorczatie cwjetniki. — Ebenda, p. 51—56.
Opisanie k 11 tablicam w „Wjestn. imp. ross. obszcz. sadow.", 1879.
Opisanie k 13 tablicam i 5 klisze w „Wjestn. imp. ross. obszcz. sadow.", 1880.
Opisanie nowich, rjedkich i krasiwich rastenii i ich kultura w „Wjestn. imp. ross. obszcz. sadow.", 1882, beiläufig 8 S.
Opisanie nowich, rjedkich i krasiwich rastenii i ich kultura w „Wjestn. imp. ross. obszcz. sadow.", 1884, p. 1, 21—24, 32, 33, 43, 59, 60—68. 105, 116, 117, 135, 153—155, 200, 205, 323, 331, 332, 368, 410. 430, 467, 497, 533, 547—551, 560, 566—568; 1888, p. 41—66, 53—55, 91—92, 101—102, 114, 123—124, 150—169, 177—181, 216—222, 261—267, 388—395, 566—568.
Opisanie nowich, rjedkich i krasiwo cwjetuszczich rastenii i ich kultura, a także o razwodenii bolje izwjestnich sadowich rastenii. — Ebenda, 1885, p. 21, 25, 70, 71, 101—104, 117, 118, 142, 177. 178, 196, 227, 231, 248, 252, 277—280, 291, 298, 468, 469, 513, 533, 568—575, 590. 591, 632—645, 658; 1886, p. 2—6, 8, 35—40, 43—45, 57—58, 63—67, 82. 91—93, 113

bis 122, 128, 151, 167—168, 170—172, 175—180, 189—190, 197, 229—233, 240, 247, 287, 289—293, 307, 313—314, 345—350, 360, 372, 373, 399 bis 400, 415, 459—477, 525, 549, 551—552, 559—560, 590—591, 603, 640 bis 647, 657, 668; 1887, p. 2—8, 18, 70, 75, 76, 122, 133, 169—174, 177 bis 181, 226—229, 301—306, 343—346, 487—491, 541—545; 1887, p. 191, 194, 233, 234, 296, 297, 364—367, 390, 453—466, 523, 564, 565, 569 bis 573, 609, 610, 615, 616. 623—626, 627—641, 642, 673.

Opisanie nowieh, rjedkich i krasiwo-cwjetjuszczich rastenii. — Ebenda, 1889, p. 252.

Wsemirnaja wistawka sadowich proizwedenii i kongres botanikow w Amster-damje s 20 Marta po 3 Aprjela 1865. — Žurn. Min. gos. im. selsk. choz. i ljesow, 1865, LXXXIX. ɪɪ. p. 317. XC, ɪɪ, p. 17.

Die von ihm in Zürich redigirten Zeitschriften, das in St. Petersburg erscheinende Organ der kais. russischen Gartenbaugesellschaft, die Mittheilungen des russischen Gartenbauvereins und die Berichte über die Versammlungen der russischen Aerzte und Naturforscher.

Nur aus Räumlichkeitsrücksichten citirte ich nicht die in der Gartenflora während seiner Redaction in Wort und Bild vorgeführten Pflanzen, mit Ausnahme jener, welche in Gestalt von Uebersetzungen. Excerpten oder Recensionen in andere Zeitschriften übergegangen sind, wiewohl mitunter Ansätze zu förmlichen Monographien vorkommen. Dasselbe gilt von den Samencatalogen der botanischen Gärten in Zürich und St. Petersburg. welche mir in seltener Vollständigkeit vorgelegen haben.

Die Ameisenfauna Bulgariens.

(Nebst biologischen Beobachtungen.)

Von

Dr. August Forel,

Professor an der Universität in Zürich.

(Mit Tafel V.)

—

(Vorgelegt in der Versammlung am 1. Juni 1892.)

———

Im Sommer 1891 benützte ich meinen vierwöchentlichen Urlaub, um nach Bulgarien zu reisen und die dortige Ameisenfauna zu studiren. Am 28. Juli in Sofia angekommen, besuchte ich zuerst die Umgegend dieser Stadt. Dann machte ich kleine Excursionen von einem bis drei Tage der Reihe nach in folgenden Ortschaften: Rilo-Monastir und Rilo-Dagh (Elinine-Vrh, ca. 2000 m) durch Radomir und Dubnitza; Tatar-Bazardjik, Stanimaka (am Rhodope), Sliven (am Balkan), Aëtos, Burgas, Sozopolis (am schwarzen Meere), Sare-Mussa, Anchialo. Am 18. August reiste ich von Burgas per Eisenbahn direct wieder heim.

Somit habe ich die wichtigsten Punkte Westbulgariens und Ostrumeliens berührt; dagegen erlaubte mir die Zeit nicht, die Nordhälfte (Donaugegend) Bulgariens mit den grossen Waldungen — Varna, Schumla, Rustschuk, Widdin — zu besuchen.

Sofia ist noch relativ kalt (Hochplateau), besonders im Winter. Dubnitza ist heiss und kahl. Die Rilokette erinnert an die Alpen; man findet dort Buchen- und Tannenwälder. Tatar-Bazardjik und Stanimaka sind sehr heiss. Burgas, Sozopolis und Anchialo befinden sich am Ufer des schwarzen Meeres. Das Dörfchen Sare-Mussa liegt mitten in einem mächtigen Eichenwald, der von Sozopolis bis zur türkischen Grenze reicht, ungefähr in der Mitte zwischen beiden. Stanimaka liegt am Fusse des nördlichen Abhanges des Rhodopegebirges und Sliven am Fusse des südlichen Abhanges des Balkan.

Ich will nun die gefundenen Ameisen aufzählen und die neuen Formen beschreiben. Die Kürze meiner Zeit machte, dass ich keine sehr weiten Ausflüge unternehmen konnte und es ist klar, dass ich nur eine flüchtige Uebersicht über die bisher unbekannte Ameisenfauna Bulgariens geben kann. Spätere Sammler werden noch Manches finden, das ich nicht fand.

Z. B. Ges. B. XLII. Abh.　　　　　　　　　　　　　　　　　　　　39

1. Subfamilie: Camponotidae Forel.

1. *Camponotus herculeanus* L. Elinine-Vrh, auf Föhren; Rilothal.
2. *Camponotus (herculeanus-*Rasse) *ligniperdus* Latr. Rilo-Monastir, auf Bäumen.
3. *Camponotus vagus* Scop. (*pubescens* F.). Sare-Mussa, im Eichenwalde.
4. *Camponotus marginatus* Latr. Sofia, viele Nester tief in den Stamm von Kirschbäumen eingemeisselt, welche wunde Stellen oder todte Hauptäste hatten; Aëtos, Tatar-Bazardjik, Sare-Mussa.
5. *Camponotus maculatus*, Rasse *aethiops* Latr. Aëtos, Sozopolis, Sliven, Sare-Mussa, Dubnitza.

    var. *concavus* Forel. Aëtos.

    var. *sylvaticoides*. Stanimaka. Der grösse Arbeiter ist theilweise oder ganz braunroth, mit schwarzem Hinterleib, während der kleine Arbeiter stets nur röthliche Beine, Fühler, Mandibeln und Clypeusvorderrand hat (der Thorax ist manchmal heller). Eine ähnliche Eigenthümlichkeit, das heisst röthliche grosse Arbeiter und dunkle kleine Arbeiter zeigt in viel deutlicherer Weise die Rasse *Camponotus Alii* Forel aus Algerien. Im Uebrigen (Behaarung und Form) ist die Form *aethiops sylvaticoides* durchaus identisch mit *aethiops* und verschieden vom echten *sylvaticus*. Die Form, die ich früher (Fourmis de la Suisse) *sylvatico-aethiops* genannt hatte, ist nur eine noch weniger abweichende Varietät von *aethiops*.

6. *Camponotus lateralis* Olivier, rothe Form, mit schwarzem Hinterleib, manchmal die Vorderhälfte des ersten Hinterleibssegmentes braunroth. Sliven, Sozopolis, Stanimaka.

    var. *atricolor* Nyl. Sliven, Bali-Effendi, Sofia, Sozopolis, Rilothal, Dubnitza.

    var. *foveolatus* Mayr. Rilothal, Sliven, Anchialo, Aëtos, Tatar-Bazardjik, Sozopolis, Bali-Effendi.

    var. *dalmaticus* Nyl. Tatar-Bazardjik, Rilothal.

    var. *rectus* n. var. Durch eine weitere Umbildung der Thoraxform im Sinne der var. *foveolatus* verschwindet die Einschnürung des Thorax vollständig oder fast vollständig und die Profilansicht des Thoraxrückens bildet eine nahezu oder ganz gerade Linie vom Vorderrand des Mesonotum bis zur Kante zwischen der basalen und abschüssigen Fläche des Metanotum. Bei vielen Individuen bleibt immerhin eine seichte Einsenkung vorhanden. Die Basalfläche des Metanotum ist vollständig eben, rechteckig und gerandet, länger als bei den anderen Varietäten. Die Profilansicht erinnert etwas an diejenige von *Camponotus Gestroi* Emery. Anchialo, Sozopolis.

7. *Colobopsis truncata* Spinola. Stanimaka, auf einem Nussbaum.
8. *Myrmecocystus viaticus* Fab. var. *megalocola* Först. Sozopolis, Aëtos, Sliven, Sare-Mussa, Stanimaka, Tatar-Bazardjik, Coccarinova (zwischen Dubnitza und Rilo). — Erdnester; macht grosse Jagd auf alle möglichen Käfer und andere Insekten.
9. *Myrmecocystus cursor* Fonsc. Sliven, Anchialo, Aëtos, Burgas, Sozopolis, Sare-Mussa. Sehr häufig am schwarzen Meere, bis Sliven.

Macht Erdnester ohne Kuppel, wie *viaticus*, aber kleiner und versteckter. In einem Neste fand ich mehrere befruchtete Weibchen. Er ist ebenfalls Jäger, geht aber auch auf Bäume, offenbar nach Blattläusen, was ich bei *viaticus* nie sah. In Sliven findet man ihn bis in den Strassen der Stadt.

10. *Formica rufa* i. sp. L. Rilothal.

11. *Formica rufa*, Rasse *pratensis* De Geer. Burgas, Rilo-Dagh, Sofia. Genau wie bei uns.

12. *Formica exsecta* Nyl. Elinine-Vrh.

13. *Formica sanguinea* Latr. Elinine-Vrh, Rilo-Monastir (mit *Formica rufibarbis* als Sclavenart). Sliven, Bali-Effendi.

14. *Formica fusca*, Rasse *cinerea* Mayr. Tatar-Bazardjik, Rilo-Monastir.

15. *Formica fusca*, Rasse *rufibarbis* F. Stanimaka, Sliven, Aëtos, Sozopolis, Anchialo.

16. *Formica fusca* L., Rasse *fusca* i. sp. L. Elinine-Vrh.

17. *Formica fusca*, Rasse *gagates* Latr. Stanimaka, Rilothal.

var. *Formica cinereo-rufibarbis*. Sofia, Bali-Effendi, Rilothal.

var. *Formica fusco-rufibarbis*. Aëtos, Burgas.

var. *Formica cinereo-fuscoides*. Anchialo, Stanimaka.

18. *Formica nasuta* Nyl. Sliven, Aëtos, Tatar-Bazardjik, Dubnitza, Rilo-selo (Eingang des Rilothales). Diese seltene interessante kleine Art befindet sich somit im ganzen südlichen Europa, von Spanien bis zum schwarzen Meere. Man findet sie hauptsächlich auf Blumen, deren Nectar sie leckt. Man muss sehr aufpassen, um sie nicht mit *Tapinoma erraticum* und mit sehr kleinen Exemplaren von *Formica fusca* oder *Camponotus lateralis* zu verwechseln. Sie ist ziemlich langsam und baut kleine versteckte unterirdische Nester. Die meisten ☿ sind sehr klein und schlank. Doch findet man, fast immer nur im Nest, die grossen ☿, welche in der Regel einen sehr stark aufgetriebenen Hinterleib haben, auf welchem die Platten der Segmente nur wie inselförmige Scheiben erscheinen. Diese Auftreibung ist durch den mit Saft gefüllten Vormagen bedingt.

19. *Polyergus rufescens* Latr. Eine grosse Colonie mit *Formica rufibarbis* als Sclaven, etwas oberhalb des Rilo-Monastirs.

20. *Lasius fuliginosus* Latr. Aëtos, Sofia.

21. *Lasius umbratus* Nyl. i. sp. Sofia.

22. *Lasius niger* i. sp. L. Sliven, Burgas, Sare-Mussa.

23. *Lasius niger*, Rasse *alienus* Först. Sofia, Bali-Effendi, Rilothal, Rilo-Monastir, Aëtos, Sare-Mussa.

var. *Lasius alieno-niger*. Sozopolis, Stanimaka, Burgas, Rilothal.

24. *Lasius niger*, Rasse *brunneus* Latr. Sliven, Aëtos, Sare-Mussa, Dubnitza.

25. *Plagiolepis pygmaea* Latr. Sliven, Aëtos, Burgas, Sofia, Dubnitza, Sare-Mussa.

2. Subfamilie: Dolichoderidae Forel.

26. *Dolichoderus quadripunctatus* L. Aëtos, Stanimaka, Sare-Mussa, Rilothal. Auf Bäumen, wie bei uns.

39*

27. *Tapinoma erraticum* Latr. Sliven, Anchialo, Sozopolis, Dubnitza, Kilothal.

28. *Liometopum microcephalum* Pauz. Kilo-selo, Tatar-Bazardjik, Sliven, Aëtos, Sozopolis, Sare-Mussa. Diese Art ist häufig in allen denjenigen wärmeren Theilen Bulgariens, wo es eine Anzahl grösserer Bäume gibt.

Wie Emery kürzlich gezeigt hat, ist diese sonderbare Ameise exquisit carnivor und nistet stets in Bäumen, wo sie offenbar mit Vorliebe vorhandene Hohllabyrinthe von Borkenkäfern benützt. Das *Liometopum* bildet in der Regel ungeheuer grosse Colonien, welche oft mehrere Bäume einnehmen, die durch hin und her laufende Arbeiterschaaren untereinander verbunden sind. Ich habe in einem Eichenwalde bei Aëtos (nebenbei gesagt, die schönsten, grössten Eichen, die ich je gesehen habe) eine *Liometopum*-Colonie gefunden, welche 12 mächtige Eichen einnahm. Um mich zu vergewissern, ob *Liometopum*, die auf weiter gelegenen Eichen waren, noch zur selben Colonie gehörten oder nicht, brachte ich solche zu den ersteren. Sie wurden aber angegriffen und, wenn auch nicht stark, so doch unzweideutig gezerrt, wodurch die Feindschaft nachgewiesen wurde. Ich habe *Liometopum*-Colonien auf Eichen, Pappeln, Weiden, Aprikosenbäumen (welche in Ostrumelien oft sehr grosse Bäume werden) und Ulmen gefunden.

Die Eingänge der Nester befinden sich stets an Stellen der Bäume, wo die Rinde defect ist, oder in todten Aesten, aber ebenso consequent in einem sehr harten Holze, so dass es äusserst schwer ist, ein Stück Nest zu erhalten. Dennoch gelang es mir in Sliven, einen von *Liometopum* bewohnten todten Ast einer Weide abzusägen, den ich mit heim nahm. Es hat wirklich den Anschein, als ob nur Borkenkäferhöhlungen benützt wären; doch wird die Arbeit von den Ameisen jedenfalls vervollständigt. Es gibt grosse und kleine Arbeiter. Doch findet man eigenthümlicher Weise einzelne, offenbar noch jüngere, jedenfalls kleinere Colonien, welche nur oder fast nur aus kleinsten Arbeitern bestehen, während sonst die grossen und mittleren Arbeiter eher die Mehrzahl bilden.

Das *Liometopum* ist eine grimmig kriegerische Ameise. Sobald man an sie kommt, wird man wüthend angegriffen und gebissen. Dabei entwickelt das Thier aus seinem Drüsensecret (offenbar aus Analdrüsen) einen von Emery schon angegebenen intensiven aromatischen Geruch, ganz ähnlich demjenigen des *Tapinoma erraticum*. Sobald jedoch der erste Geruch verflüchtigt ist, bleibt ein anderer widriger zäherer Geruch, ähnlich demjenigen des *Lasius emarginatus*. Auf diese Mischung von Gerüchen machte schon Emery aufmerksam. Zugleich werden die Finger von dem Secret klebrig, was den Beweis liefert, dass an der Luft ein ähnlicher Verharzungsprocess stattfindet, wie beim Secret der *Tapinoma*.

Fremde Ameisen werden von *Liometopum* grimmig verfolgt. Ausser *Polyergus rufescens* und *Solenopsis geminata* habe ich keine so kriegslustige und kriegstüchtige Ameise gesehen. In Tatar-Bazardjik beobachtete ich einen spontan entstandenen Kampf zwischen einer kleinen, offenbar noch ganz jungen Colonie von *Liometopum* und *Lasius niger*. Erstere waren oben, auf dem Stamm einer Ulme, letztere waren unten am Fusse und waren offenbar gewöhnt, Blattläuse auf der Ulme aufzusuchen. Die wahrscheinlich erst kürzlich auf der Ulme entstandene Colonie der sehr kleinen *Liometopum* griff die grösseren *Lasius* in dichten geschlossenen Colonnen an und jagte sie durch ihre Entschlossenheit, ihre raschen, sicheren Bewegungen und ihr sehr sicheres und geschicktes Zusammengehen in die Flucht. Die *Lasius* zögerten und wussten nicht so rasch zu manöveriren und sich einander zu benachrichtigen und zu holen. Es ist überhaupt bewunderungswürdig, mit welcher Schnelligkeit die *Liometopum* sich einander benachrichtigen und in wie kurzer Zeit eine ganze Schaar da ist, um sich auf den Feind zu stürzen. Man hört dabei ein leichtes knisterndes Geräusch. Auf Bäume, die von *Liometopum* besetzt sind, darf sich kaum ein anderes Thier wagen. Nur langbeinige, sehr rasch laufende Ameisen suchen durchzuschlüpfen, um die von den *Liometopum* durchwegs verschmähten Blattläuse zu melken.

3. Subfamilie: **Poneridae** Lepeletier.

29. *Amblyopone Gheorghieffii* nov. sp. ♂.

In seinen Südamerikanischen Formiciden (Verhandl. der k. k. zool.-botan. Gesellsch. in Wien, 1887) hat Mayr eine Beschreibung des Männchens der Gattung *Amblyopone* nach südasiatischen Exemplaren gegeben, deren Art unsicher ist, und mit der offen gelassenen Frage, ob sie nicht zu *Myopopone* gehören.

Ich habe seither das unzweifelhafte ♂ der *Amblyopone pallipes* von Herrn Pergande aus Nordamerika erhalten. In Sliven habe ich nun mit dem Netze ein fliegendes *Amblyopone*-Männchen gefangen, das vielleicht zu einer der bekannten südeuropäischen Arten *impressifrons* oder *denticulatum*, aber möglicher Weise auch einer neuen Art angehört. Ich gebe ihm in dubio einen Namen, wodurch am wenigsten Verwirrung gestiftet wird. Dieses ♂ stimmt mit dem von *pallipes* und mit Mayr's Beschreibung derart überein, dass seine Zugehörigkeit zur Gattung *Amblyopone* absolut sicher ist. Zudem scheint *Myopopone* in Europa nicht vorzukommen.

Länge 3-4 mm. Kopf gross, so lang als breit, rundlich, fast so breit wie der Thorax. Mandibeln sehr schmal, ohne Zähne, allmälig zu einer Spitze zugespitzt, gerunzelt, an der Basis schwarz, an der Spitze gelbröthlich. Die Spitzen der beiden geschlossenen Mandibeln kreuzen sich etwas. Kiefertaster vier-, Lippentaster zweigliederig. Der Schaft der dreizehngliederigen Fühler kaum länger als das zweite Geisselglied. Erstes Geisselglied so lang als breit; die anderen Glieder zwei- bis dreimal so lang als breit, fast alle gleich lang, das Endglied etwas länger. Die länglichen Netzaugen nehmen mehr als die Hälfte der Kopfseiten ein. Clypeus gross, ohne Querfurche, mit siebenzähnigem gerundeten Vorderrande, hinten, zwischen den Fühlern kaum oder nur schwach eingeschoben. Stirnleisten sehr kurz, Stirnfeld und Stirnrinne undeutlich. Scheitel stark convex. Ocellen von einander entfernt, auf keiner gemeinsamen Erhabenheit stehend. Das Mesonotum wird vom Pronotum vorne überragt. Die zwei Parapsidenfurchen sehr tief und scharf; die gemeinsame Mittelfurche hinten ebenfalls. Der längliche Thorax ist vorne und hinten wenig schmäler als in der Mitte. Scutellum flach, länger als breit. Metanotum ziemlich lang, mit starker Wölbung zwischen der fast horizontalen Basalfläche und der schiefen abschüssigen Fläche. Stielchen genau wie bei dem ♀, von oben gesehen breiter als lang, vorne unten mit einem dicken Zahn. Hinterleib länglich, ziemlich stark eingeschnürt. Pygidium ohne Dorn. Hypopygium mit einem langen, flachen, dreieckigen, behaarten, an der Spitze gerundeten Fortsatz, der unten convex, oben concav ist und die Länge der äusseren Genitalplatten fast erreicht. Letztere sind sehr lang dreieckig, am unteren Rand etwas gewulstet, mit gerundeter Spitze. Die mittleren Klappen haben einen langen, dunkel gefärbten, die Spitze der äusseren Klappen fast erreichenden, an der Spitze etwas gekrümmten Fortsatz; ob ein zweiter Fortsatz vorhanden ist, konnte ich nicht sehen. Beine ziemlich kurz; Schienen unten verbreitert und etwas abgeflacht. Hinterschienen mit zwei Spornen, von welchen der eine stark befiedert ist; Mittelschienen mit einem einzigen, sehr kleinen Sporn. Krallen einfach. Die kurzen, wasserhellen Flügel erreichen die Hinterleibsspitze lange nicht. Zwei Cubitalzellen, eine Discoidalzelle und eine geschlossene Radialzelle. Randmal sehr gross, rundlich und bräunlich; Rippen sehr blass.

Clypeus sehr fein quergerunzelt; Hinterhaupt unregelmässiger und gröber, meist quer, gerunzelt. Der übrige Kopf vorne sehr fein und dicht, unterbrochen längsgestreift, mit zahlreichen groben Punkten. Der ganze Kopf glanzlos. Mesonotum schwach glänzend, ziemlich dicht und mässig grob punktirt. Scutellum glatt und glänzend. Metanotum, mit Ausnahme der wie die Thoraxseiten mässig glänzenden und verworren gerunzelten abschüssigen Fläche, dicht genetzt und glanzlos. Stielchen, Hinterleib und Beine glatt, glänzend, mit regelmässigen, reichlichen haartragenden Punkten. Die Basis des ersten und zweiten Hinterleibssegmentes kurz und grob längsgestreift.

Sehr kurz, mässig reichlich, theils abstehend, theils anliegend oder schief gelblich behaart. Beine nur anliegend behaart.

Schwarz; Beine, Fühler und Genitalien dunkelbraun; Mundtheile und erstes Geisselglied gelbbräunlich.

Sliven, am 10. August gefangen.

Ich widme diese Art Herrn Professor Gheorghieff in Sofia, dem unermüdlichen Erforscher und ausgezeichneten Kenner seiner vaterländischen Flora, in dankbarer Erinnerung unseres gemeinschaftlichen Ausfluges zu Stanimaka am 8. August 1891.

4. Subfamilie: Myrmicidae Lepeletier.

Gattung Cardiocondyla Emery.

30. *Cardiocondyla Stambuloffii* nov. spec.

♀. Länge 2·3—2·6 mm. Mandibeln fünfzähnig, glänzend, zerstreut punktirt. Kiefertaster fünf-, Lippentaster dreigliederig. Clypeus gewölbt, in der Mitte nicht concav, fast ohne Längskielchen (bei *elegans* in der Mitte querconcav, mit zwei kleinen Längskielchen), längsgestreift und ziemlich glanzlos (bei *elegans* glatt und glänzend). Stirnleisten ziemlich horizontal, von einander weiter entfernt als vom Rande des Kopfes (bei *elegans* aufgerichtet und einander näher als vom Rande des Kopfes). Der Kopf ist fast rechteckig, nur etwas länger als breit, hinten breiter als vorn (bei *elegans* viel schmäler und länger, hinten nicht breiter als vorn). Thorax ziemlich genau so geformt, wie bei *elegans;* die Metanotumdornen etwas kürzer und stumpfer. Erstes Stielchenglied lang gestielt, hinten mit einem sehr hohen und kurzen Knoten, der viel höher (fast zweimal so hoch) ist als dick (lang), vorn und hinten senkrecht abgestutzt, oben stumpf abgerundet und viel breiter als dick (lang) ist. Unten ist dieser Knoten nicht viel dicker als oben (bei *elegans* viel dicker und der ganze Knoten viel niedriger). Das zweite Stielchenglied unterscheidet diese Art beim ersten Blick von allen anderen; es steht demjenigen der *elegans* am nächsten, ist aber noch viel breiter, fast so breit als der Hinterleib, dreimal so breit als der bereits ziemlich breite erste Knoten und fast dreimal so breit als lang. Es ist nicht herzförmig, wie bei *elegans,* sondern quer, hinten stärker convex, vorn sehr schwach convex, seitlich sehr stark vorspringend. Fühler und Beine wie bei *Cardiocondyla elegans.*

Kopf glanzlos, äusserst fein längsgestreift und darüber seicht genetzt (die Maschen des Netzes entsprechen den bei *elegans* zerstreuten, aber hier anstossenden Grübchen). Der übrige Körper ziemlich glatt und glänzend, aber am Thorax oben theilweise schwache Netze und seitlich verworrene Runzeln.

Der ganze Körper, die Schäfte und die Beine fein, aber sehr deutlich und mässig reichlich gelblich anliegend behaart, wodurch die Ameise grau bereift erscheint. Keine abstehende Behaarung.

Schwarzbraun ; Mandibeln, Fühler, Beine und Vordertheil des ersten Stielchengliedes gelblich. Mitte der Schenkel und Fühlerkeule bräunlichgelb.

♀. Länge 3—3·3 *mm.* Wie der ♀, aber der Kopf hinten noch breiter, die Sculptur gröber und tiefer, die Kielchen des Clypeus deutlicher. Thorax in der Mitte breiter; Mesonotum oben deutlich convex, genetzt. Metanotum mit zwei breiten, langen, stumpfen dreieckigen Zähnen (wenn man will, mit zwei kurzen, sehr stumpfen Dornen). Erstes Stielchenglied viel breiter als beim ♀, viel höher als bei *elegans,* unten mit einem sehr dünnen Stiel, der vorne unten einen deutlichen breiten, bei *elegans* ♀ fast fehlenden Zahn trägt. Zweites Stielchenglied fast wie ein querer Band, fast viermal so breit als lang, vorne concav, hinten convex. Scutellum und Thoraxseiten längsgerunzelt; abschüssige Fläche des Metanotum glatt und glänzend. Die Flügel erreichen knapp das Hinterleibsende; sie sind wasserhell. Die Rippen sind sehr kurz, blass, zum Theil atrophisch. Eine Cubitalzelle; die Querrippe scheint sich nur mit dem äusseren Cubitalast zu verbinden. Randmal blass. Eine kleine, wahrscheinlich (wenn ganz ausgebildet) geschlossene Radialzelle.

Im Uebrigen wie der ♀ und ebenso gefärbt, aber die Fühlerkeule und die Mitte der Schenkel braun.

♂. Flügellos und so geformt wie der ♀; dem ♂ des *Formicoxenus nitidulus* sehr ähnlich. Länge 2·3 *mm.* Vollständig hell röthlichgelb. Kiefertaster fünf-, Lippentaster dreigliederig. Mandibeln kurz, vierzähnig. Fühler zehngliederig; jedoch sind das dritte und vierte Geisselglied meistens je halb getheilt, was auf eine Normalzahl von 12 Gliedern schliessen lässt. Der

Schaft ist lang, wie beim ☿. Die Fühlerglieder sind je in der Mitte dicker, schärfer von einander abgesetzt als beim ☿, das letzte Glied lang und spindelförmig. Keine Ocellen. Die Netzaugen sitzen am vorderen Drittel der Kopfseiten und sind nicht grösser als beim ☿. Kopf und Thorax sind ebenso geformt wie beim ☿, aber ganz glatt und glänzend. Mesonotum genau wie beim ☿, ohne Spur von Flügelgelenken. Ferner ist die Mesometanotalnaht schwach und der Thorax daselbst kaum eingeschnürt. Am Metanotum sitzen nur zwei stumpfe Zähnchen. Das erste Stielchenglied ist sehr eigenthümlich, vorne gestielt, wie beim ☿ und ♀, aber kürzer, hinten mit einem sehr breiten, flachen und kurzen Knoten, der viel niedriger ist als beim ☿ und beim ♀, und ähnlich aussieht wie der zweite Knoten, aber viel weniger breit, immerhin doppelt so breit als lang. Zweiter Knoten genau wie beim ☿, aber weniger breit als der Hinterleib.

Die äusseren Genitalklappen sind fast parallelrandig, am Ende stumpf gerundet. Die mittleren Klappen sind kurz, mit einem dicken, stumpfen, hakenförmigen Fortsatz; der zweite Fortsatz ist nur an der Basis angedeutet. Die inneren Klappen sind einfach länglich, wie gewöhnlich fein gezähnt.

Burgas, Anchialo, Sozopolis, in kleinen Sandnestern, dicht am Ufer des schwarzen Meeres; 13. bis 16. August. Biologie siehe weiter unten.

Diese schöne und hochinteressante neue Art sei dem grossen Patrioten und Beschützer Bulgariens gewidmet.

31. *Cardiocondyla elegans* Emery var. *bulgarica* n. var.

☿. Unterscheidet sich von der Stammart durch die hellere Farbe; sie ist gelbroth, mit dunkelbraunem Hinterleib und bräunlicher oberen Seite des Kopfes und Fühlerkeule. Ferner ist der Thorax fast ganz glatt und glänzend. Die Behaarung ist auch schwächer als bei der typischen, viel dunkleren Form.

♀. Länge 2·5—2·8 mm. Der Thorax ist klein, viel schmäler als der Kopf (fast so breit dagegen bei *Stambuloffii*); das Mesonotum ist oben ganz flach, zerstreut punktirt. Metanotum mit zwei ziemlich langen spitzen Dornen. Die sehr kleinen, kurzen, wasserhellen Flügel erreichen lange nicht das Hinterleibsende. Die Rippen sind zum grössten Theile atrophisch; Randmal klein, gelblich. Im Uebrigen wie der ☿, mit breiteren Stielchenknoten. Unterscheidet sich von *Stambuloffii* wie der ☿.

♂. Unbekannt.

Anchialo, Sozopolis. In noch kleineren Nestern als die vorige Art, aber stets weiter vom Meeresufer (circa 400 m von demselben) entfernt, an Strassenrändern, zwischen losem Gras; 15. bis 16. August.

Die Entdeckung der Nester und des sonderbaren flügellosen Männchens der Gattung *Cardiocondyla* ist zweifellos das interessanteste Ergebniss meiner Reise. Bisher war das ♂ der *Cardiocondyla*-Arten, ebenso wie ihre Lebensweise und ihre Nester gänzlich unbekannt. Dagegen waren flügellose, arbeiterähnliche Ameisenmännchen bei *Ponera punctatissima*, *Formicoxenus nitidulus* und *Anergates atratulus* bekannt. Letztere Ameise ist eine Art Schmarotzer. *Formicoxenus* ist eine Gastameise und auch dem Schmarotzerthum nahe. *Ponera punctatissima* hat zwei Sorten Männchen, ein geflügeltes, gewöhnliches und ein ungeflügeltes, arbeiterähnliches. Nun scheint die Gattung *Cardiocondyla*, welche aus durchaus selbstständigen, arbeitenden Arten besteht, lauter ungeflügelte Männchen zu haben! Ich habe voriges Jahr im Bulletin de la Soc. entom. de Belgique eine neue Gattung *Emeryia* aufgestellt, welche aus einer ganz sonderbaren Ameise besteht, welche in Indien in Gemeinschaft mit einer *Cardiocondyla* (*Cardiocondyla Wroughtonii* Forel) gefunden wurde. Die Entdeckung des ♂ der *Cardiocondyla Stambuloffii* veranlasste mich, die Genitalien des vermeintlichen ♀ der *Emeryia* nochmals genau zu untersuchen und ich war nicht wenig erstaunt, daselbst männliche Genitalien zu entdecken. Zwar ist die *Emeryia* in anderer Beziehung noch so abweichend, dass die Sache fast wie ein Märchen klingt; sie hat lange, soldatenähnliche Mandibeln, die der *Cardiocondyla Wroughtonii* ♀ gänzlich abgehen. Aber nichtsdestoweniger wird sie wohl nichts Anderes sein als *Cardiocondyla Wroughtonii* ♂ und die Gattung *Emeryia* wird als Synonym zu *Cardiocondyla* gestellt werden müssen. Vielleicht dienen die langen Mandibeln dem ♂ dazu, das ♀ zu fangen.

Bei *Cardiocondyla Stambuloffii* ♂ sind aber die Mandibeln ganz kurz, noch kürzer als beim ♀, mit vier ziemlich stumpfen Zähnchen. Sonderbar ist noch die hell gelbrothe Färbung des ♂, während ♀ und ♀ dunkel braunschwarz sind. Dies war auch die Ursache, warum ich das ♂ sofort im Neste sah. Die blasse Farbe deutet darauf, dass das ♂ seine unterirdische Wohnung nie oder kaum verlässt, und dass die Begattung in Folge dessen im Nest zwischen Brüdern und Schwestern allein stattfinden kann. Bezüglich Entstehung der Arten ein interessantes Factum.

Die kleinen *Cardiocondyla* bauen im Sande zierliche unterirdische Nester, die mit der Oberfläche durch eine einzige winzige kraterförmige Oeffnung in Verbindung stehen. So klein auch diese Ameisen sind, so leben sie doch aus dem Product ihrer Jagd. Ich fand sie weder auf Blumen, noch bei Blattläusen, sondern auf Sand und zwischen Gräsern nach winzigen Insekten jagend, die sie zahlreich nach Hause brachten. Auch Leichen anderer Ameisen (*Tetramorium caespitum*) schleppten sie als grosse Beute heim. Man sah viele *Cardiocondyla* — die *Stambuloffii* ganz nahe am Meeresufer zwischen kleinen Gräsern im Sande, die *elegans* var. *bulgarica* an Strassenrändern, ungefähr zwischen 200 und 800 *m* vom Meeresufer entfernt — einzeln herumlaufen, wenn man sorgfältig den Boden durchmusterte. Aber es brauchte viel Geduld und scharfe Augen, um endlich den Eingang eines Nestes zu entdecken. Ich gewann jedoch allmälig Uebung darin und fand eine ganze Anzahl Nester beider Arten. Männchen fand ich leider nur in einem Neste von *Stambuloffii* in Burgas, mit einem einzigen geflügelten ♀, dafür aber viele ungeflügelte ♀ in anderen Nestern. Bei *elegans* fand ich dagegen ziemlich viele geflügelte ♀, aber keine ♂. Die Nester der *Cardiocondyla elegans* var. *bulgarica* sind circa 1 *dm*, diejenigen der *Cardiocondyla Stambuloffii* bis mehr als 2 *dm* tief. Beide Arten sind sehr lebhaft und um die winzige Oeffnung des Nestes sieht man beständig ein- und ausgehende Arbeiter, durch welche allein die Auffindung des niedlichen Nestes ermöglicht wird. Die etwas schlankere *Stambuloffii* hat längere Beine und rennt noch schneller als die *elegans*.

Andere Myrmicidengattungen.

32. *Leptothorax Rottenbergi* Emery var. *semiruber* André. Stanimaka, Sliven. Unter Steinen, wie in Tunesien.

33. *Leptothorax acervorum* Fab. Rilo-Monastir.

34. *Leptothorax tuberum* i. sp. Fab. Elinine-Vrh, Tatar-Bazardjik. Auf dem Elinine-Vrh fanden sich die Nester unter Steinen und enthielten viele ♂ und ♀. Nebenbei konnte man auf Felsen und Steinen die Begattung genau in der gleichen Weise beobachten, wie ich sie früher auf dem Gipfel des Mont Tendre (Jura) sah und wie ich darüber in meinen „Fourmis de la Suisse" (Genf, 1874, bei Georg) berichtet habe.

35. *Leptothorax tuberum*, Rasse *affinis* Mayr. Sofia, in morschen Baumstämmen.

36. *Leptothorax tuberum*, Rasse *Nylanderi* Först. Sofia, in morschem Holz. var. *parvulus* Schenk. Sliven, Bali-Effendi, im Holz.

37. *Leptothorax tuberum*, Rasse *unifasciatus* Latr. Burgas, Sliven, Sofia. var. *unifasciato-tuberum*. Sliven. var. *interrupto-tuberum*. Sliven, Rilothal.

38. **Leptothorax bulgaricus** nov. spec. ♀. Länge 2·2—2·5 mm.

Den Rassen *Nylanderi* und *corticalis* des *Leptothorax tuberum* im Allgemeinen etwas ähnlich. Aber durch wichtige Charaktere nähert sich die neue Art etwas der Gruppe *nigrita* und *Delaparti*, d. h. dem Subgenus *Temnothorax* Mayr, besonders durch die längere, zartere Behaarung und durch den länglichen ersten Stielchenknoten.

Mandibeln fünfzähnig, ziemlich weitläufig gestreift und punktirt. Clypeus vorne gerundet, weitläufig längsgestreift, glänzend, mit einem kleinen Mittelkiel und zwei symmetrischen stärkeren seitlichen Längsrunzeln. Der Mittelkiel setzt sich durch die Mitte des glänzenden Stirnfeldes fort. Fühler zwölfgliederig; der Schaft erreicht nicht ganz den Hinterrand des Kopfes. Kopf schmal und lang, rechteckig, hinten und vorn gleich breit; die Augen liegen etwas vor der Mitte der Seitenränder. Thorax von gewöhnlicher Form, oben durchaus nicht ausgerandet (keine Spur einer Einsenkung zwischen Mesonotum und Metanotum bei der Profilansicht). Metanotum mit zwei ganz stumpfen, sehr kurzen, aber breiten Zähnen, welche ein Rechteck bilden, dessen Seiten genau in der Fortsetzung der Basalfläche und der abschüssigen Fläche liegen und sich als kleine Leisten fortsetzen, die diese beiden Flächen begrenzen. Die genannten Zähne liegen einander recht nahe und sind noch kürzer als bei *Leptothorax corticalis* (bei welchem sie aber nicht in Leisten übergehen). Vor den erwähnten Zähnen und weiter lateralwärts bildet das obere Metanotalstigma beiderseits von der Basalfläche eine ganz deutliche Hervorragung oder Beule. Erstes Stielchenglied länger als bei den Rassen des *Leptothorax tuberum*, des *Leptothorax acervorum* etc., dagegen etwas weniger lang als bei *Leptothorax nigrita*, vorne unten mit einem ziemlich starken Zahn. Der Knoten ist viel niedriger als bei den anderen europäischen Arten, viel länger und niedriger als bei *nigrita*. Ein Unterschied zwischen Knoten und vorderer Stiel ist im Gegensatz zu *tuberum* vorhanden, jedoch viel weniger deutlich als bei *nigrita* und *Delaparti*. Die vordere, sehr schiefe Fläche des Knotens ist leicht concav; seine obere hintere Fläche ist convex, länger und weniger steil als bei den anderen Arten. Zweites Stielchenglied klein, fast so lang als breit, so lang als hoch. Schenkel in der Mitte nur wenig verdickt.

Kopf vorne und seitlich, Thorax und Seiten des ersten Stielchenknotens ziemlich grob und unregelmässig längsgerunzelt und mässig glänzend (der Thorax schwach glänzend, zwischen den Runzeln mit etwas feinerer Sculptur). Abschüssige Fläche des Metanotums quergerunzelt. Zweites Stielchenglied fein genetzt, fast glanzlos. Scheitel, Hinterhaupt, ein Theil der Stirne, Unterseite des Kopfes, ein Theil der Oberseite des Thorax (mehr vorne) und des ersten Stielchenknotens, sowie das Abdomen und die Beine glatt und glänzend.

Ziemlich lang und reichlich hell gelblich abstehend behaart, ungefähr wie bei *Leptothorax nigrita*, aber am Kopfe und am Abdomen deutlich länger als bei dieser Art. Die Haare sind weder keulenförmig, noch gezähnelt (höchstens kann man unter dem Mikroskope an einem oder dem anderen Haar Rudimente von Einkerbungen sehen), sondern nur stumpf, d. h. borstenartig abgestutzt (nicht zugespitzt wie bei *Temnothorax* oder noch bei *Leptothorax Delaparti*). Die Schäfte und die Schienen sind nur anliegend behaart.

Hell röthlichgelb bis hell bräunlichgelb. Mandibel (ausser den Zähnen), Schäfte und Beine hellgelb. Eine etwas unregelmässige, breite, dunkelbraune Querbinde am ersten Hinterleibssegment, eine schmale, heller braune Querbinde an den übrigen Hinterleibssegmenten. Vordere Hälfte des Kopfes und Fühlerkeule braunschwärzlich angeraucht.

Sliven, ein Nest unter einem Stein, an einem ziemlich dürren, mit Reben bedeckten, nach Süden gelegenen Bergabhang.

39. *Leptothorax (Temnothorax) recedens* Nyl., Rasse *Rogeri* Emery. Anchialo, Sliven. Unter Steinen, im Gebüsch, an mit Reben bedeckten südlichen Bergabhängen, doch nur im Schatten eines dichten Gebüsches; geht auf Blumen.

40. *Myrmica laevinodis* Nyl. Sliven, Bali-Effendi.

41. *Myrmica ruginodis* Nyl. Rilo-Monastir, am Waldrande.

42. *Myrmica lobicornis* Nyl. Elinine-Vrh, Rilothal.

43. *Myrmica sulcinodis* Nyl. Elinine-Vrh, nahe am Gipfel, ♀ und ♂ in copula.

44. *Myrmica scabrinodis* Nyl. Sofia, Aëtos, Sliven.

45. *Myrmica scabrinodis* Nyl., Rasse *rugulosa* Nyl. Tatar-Bazardjik. var. *ruguloso-scabrinodis*. Sofia.

46. *Myrmica rubida* Latr. Elinine-Vrh (recht hoch), Rilothal.

47. *Tetramorium caespitum* L. in diversen Varietäten. Sliven, Anchialo, Aëtos, Stanimaka, Sozopolis, Burgas, Tatar-Bazardjik, Elinine-Vrh, Sofia, Dubnitza, Sare-Mussa, Rilothal etc. Unstreitig die gemeinste Ameise Bulgariens, wo sie überall in gewohnter Weise zu treffen ist.

In Stanimaka fand ich mehrfach eine schöne gelbrothe, eine grosse schwarze und eine dornlose Varietät.

40*

48. *Aphaenogaster subterranea* Latr. Aëtos, im Eichenwalde (♀, ♂ und ♀ am 12. August); Sliven, im Walde.

49. *Aphaenogaster (Messor) structor* Latr. Aëtos, Stanimaka, Tatar-Bazardjik. Besonders in Dörfern, wo sie die Getreidekörner mit Vorliebe aus den Vorrathssäcken der Einwohner stiehlt.

50. *Aphaenogaster (Messor) barbara* L. Anchialo, Sare-Mussa, Aëtos, Tatar-Bazardjik. Balkangebirge bei Sliven (eine kleinere Varietät).

var. *barbaro-structor*. Dubnitza.

51. *Solenopsis fugax* Latr. Stanimaka, Sofia.

52. *Pheidole megacephala* Fabr., Rasse *pallidula* Nyl. Dubnitza, Rilo-selo, Stanimaka, Sliven, Sozopolis.

53. *Cremastogaster sordidula* Nyl. Sliven, Aëtos, Stanimaka.

54. *Cremastogaster scutellaris* Oliv. Burgas, Sliven etc.

var. *Christowitchii* n. var. Länge 3·2—4·5 mm. Roth, mit schwarzem Hinterleib. Erstes Stielchenglied vorn wenig breiter als hinten; die zwei Ecken seines oberen hinteren Randes sind scharf, nicht selten etwas zahnartig vorspringend. Der Kopf ist sehr glänzend, schwächer gestreift als bei der Stammart, am Scheitel meist glatt oder fast glatt. Die Streifen der Basalfläche des Metanotum setzen sich nicht selten etwas in die abschüssige Fläche fort.

Im lebenden Zustande fällt diese in Bulgarien sehr verbreitete Varietät nicht nur durch ihre kleinere, etwas schmälere Gestalt, durch ihre hellere Farbe und ihren stärkeren Glanz, sondern noch dadurch auf, dass sie mit dem Hinterleib viel weniger auf- und vorwärts zu manöviren pflegt als die Stammart. Wie die Letztere lebt sie jedoch auf Bäumen und nistet in solchen, wodurch sie sich von *Cremastogaster Schmidti* Mayr (*laestrygon* Emery) und Varietäten unterscheidet.

Tatar-Bazardjik, Sliven, Aëtos, Sare-Mussa, Stanimaka.

————

Werfen wir einen kurzen Rückblick auf die Ameisenfauna Bulgariens, so scheint uns dieselbe eine Haupteigenthümlichkeit zu besitzen, welche auf das auffällige Continentalklima des Landes zurückzuführen sein dürfte. Sofias Plateau ist relativ kalt; vor Allem sind aber dort die ungeheuren Temperaturabstände zwischen Sommer und Winter auffällig. Im Sommer +35° C. und im Winter −30° C. sind keine Seltenheiten. Weiter ostwärts wird das Klima milder. In Philippopel und Tatar-Bazardjik ist es im Sommer am heissesten; dort gibt es Reisfelder und kaum die Temperatur bis 42° C. steigen, wie mir Herr Prof. Dobreff in Sofia versicherte; es herrschte auch wirklich eine Siedhitze, als ich einen Spaziergang von 6 bis 12 Uhr in der Umgegend von Tatar-Bazardjik machte. Dennoch gibt es daselbst noch ziemlich niedrige Wintertemperaturen.

Demgemäss findet man in Bulgarien eine andere Vertheilung der Arten als in Westeuropa. Zum Beispiel findet man dort den *Myrmecocystus viaticus*, der sogar in Südfrankreich fehlt und westlich erst im südlichen Spanien, in Algerien etc. gefunden wird, während es mir unmöglich war, den *Bothriomyrmex meridionalis* zu finden, den man nicht nur in Italien und Südfrankreich, sondern sogar noch im Tessin und in Genf findet. Das kommt aber nicht etwa daher, dass diese Art im Orient fehlen würde, denn sie findet sich häufig in Griechenland. Auch fehlten alle südlichen Formen der Gattung *Aphaenogaster*, sogar *striola*. In der Unzahl *Tetramorium caespitum*-Nester, die ich öffnete, fand ich nie einen *Strongylognathus*. Nicht einmal *Tapinoma nigerrimum* konnte ich finden, das schon in Venedig wimmelt. Von *Monomorium* und *Acantholepis* keine Spur. Dafür aber finden wir in Bulgarien *Myrmecocystus cursor*, *Liometopum microcephalum*, eine *Amblyopone*, *Cardiocondyla*-Arten, welche Gattungen im Westen erst weiter südlich vorkommen.

Wir können uns diese eigenthümliche Thatsache wohl nur so erklären, dass *Myrmecocystus viaticus* und *cursor*, *Liometopum microcephalum*, die *Cardiocondyla*-Arten etc. vor Allem einer sehr grossen Sommerhitze bedürfen, dafür aber eine ordentliche Winterkälte ertragen. Man findet sogar den *Myrmecocystus viaticus* in Ungarn bis Budapest (Mayr). *Bothriomyrmex meridionalis*, *Tapinoma nigerrimum* etc. fürchten offenbar vor Allem die Winterkälte, brauchen dagegen keine besondere Sommerhitze; desshalb befinden sie sich östlich erst weiter südlich, westlich dagegen, wo der Sommer kühler und der Winter milder ist, weiter nördlich.

Die Bergfauna des Rilo ist derjenigen unserer Alpen ganz ähnlich, wie man aus der obigen Liste ersieht.

Es bleibt mir nur noch die angenehme Pflicht übrig, denjenigen Personen hier meinen herzlichsten Dank abzustatten, welche meine Reise ermöglichten und mich in zuvorkommendster Weise unterstützten. Vor Allem bin ich Herrn Grafen de Foras, Kammerherrn Sr. königl. Hoheit des Fürsten von Bulgarien, und dem hohen Schweizerischen Bundesrathe für Empfehlungsbriefe sehr zu Dank verpflichtet, Herrn Grafen de Foras noch besonders für Anleitungen und Rathschläge. Ferner aber kann ich nicht genug dem Herrn Staatsminister Grekoff, dem Herrn Goranoff, den Herren Professoren Dobreff, Lazaroff und Gheorghieff, dem Herrn Collega Dr. Hakanoff, dem Herrn Ingenieur Roquerbe aus Genf, dem Statthalter von Burgas, sowie noch besonders meinen liebenswürdigen bulgarischen Reisegefährten, den Herren Georg C. Christowitsch und Jordan Ivanoff für ihre freundliche und unausgesetzte Unterstützung meinen herzlichsten Dank aussprechen. Auch von meinen bulgarischen Zuhörern der hiesigen Universität, den Herren Dr. med. Bazaroff, Dr. med. Ivanoff und Cand. med. Dimitroff, wurde mir aufs Zuvorkommendste geholfen, wofür auch ihnen bestens gedankt sei.

Nachtrag.

Die im vorhergehenden Aufsatze von meinem werthen Freunde Dr. A. Forel angeführten Angaben über die Lebensweise der Ameise *Liometopum microcephalum* Pz. veranlassen mich, eines Kittbaues zu erwähnen, den ich vor vielen Jahren von Herrn Forstrath Fritz Wachtl erhielt. Derselbe entnahm diesen Bau einem hohlen Eichenstamme in Südungarn und ich bestimmte damals die in dem Baue todt liegenden Ameisen als *Liometopum microcephalum.*

Das von den Ameisen zum Baue verwendete Materiale ist fein zerbissener Holzmoder, welcher zweifellos mit einem als Leim wirkenden Drüsensecrete zu einer braunen Masse, wie Papiermaché, verbunden ist. Aus dieser Masse sind vorherrschend kurze und gekrümmte Stengel geformt, welche sich gabeln und netzartig mitsammen verbinden, oder wohl auch kleine, cartonartige, in verschiedener Weise gekrümmte Platten, welche häufig mehr oder weniger mit stecknadelkopfgrossen oder auch grösseren Löchern versehen sind. (Taf. V, Fig. 7; beiläufig ein Drittel der natürlichen Grösse im Durchmesser.)

Der Kittbau des *Lasius fuliginosus* Latr. unterscheidet sich von dem der *Liometopum* besonders dadurch, dass er nur aus cartonartigen Platten besteht.

Dr. Gustav Mayr.

Nach den Ausführungen meines lieben Freundes Dr. Mayr scheint doch *Liometopum*, entgegen Emery's Ansicht, Cartonnester zu bauen. Um beide Beobachtungen in Einklang zu bringen, muss man annehmen, dass Emery und ich nur periphere Abtheilungen des Nestes sahen, und dass der Cartonbau im Centrum des inwendig hohlen Baumes liegt. Die Zukunft wird darüber volle Gewissheit verschaffen.

Dr. A. Forel.

Erklärung der Abbildungen.

Tafel V.

Fig. 1.   *Cardiocondyla Stambuloffii.* ♂.
     a) Fühler.
     b) Aeussere Genitalklappen.
     c) Mittlere Genitalklappen (e äusserer Fortsatz; i Stelle des inneren Fortsatzes derselben).
     d) Innere Genitalklappen.
     e) Mandibel (Oberkiefer).
     f) Stielchen mit dem Abdomen, von oben.
     g) Seitenansicht des Thieres.
„   2.   *Cardiocondyla Stambuloffii.* ♀.
     a) Stielchen mit dem Abdomen, von oben.
„   3.   *Cardiocondyla Stambuloffii.* ☿.
     a) Mandibel (Oberkiefer).
     b) Stielchen mit dem Abdomen, von oben.
„   4.   *Cardiocondyla elegans* var. *bulgarica.* ☿. Stielchen mit dem Abdomen. von oben.
„   5.   *Leptothorax bulgaricus.* ☿. Thorax und Stielchen von der Seite.
„   6.   *Amblyopone Gheorghieffii.* ♂. Seitenansicht.
„   7.   Nest von *Liometopum microcephalum.*

Verhandl. der k.k. zool. bot. Ges.
Band XLII. 1892.

Taf. V.

A. Forel.
Ameisenfauna Bulgariens.

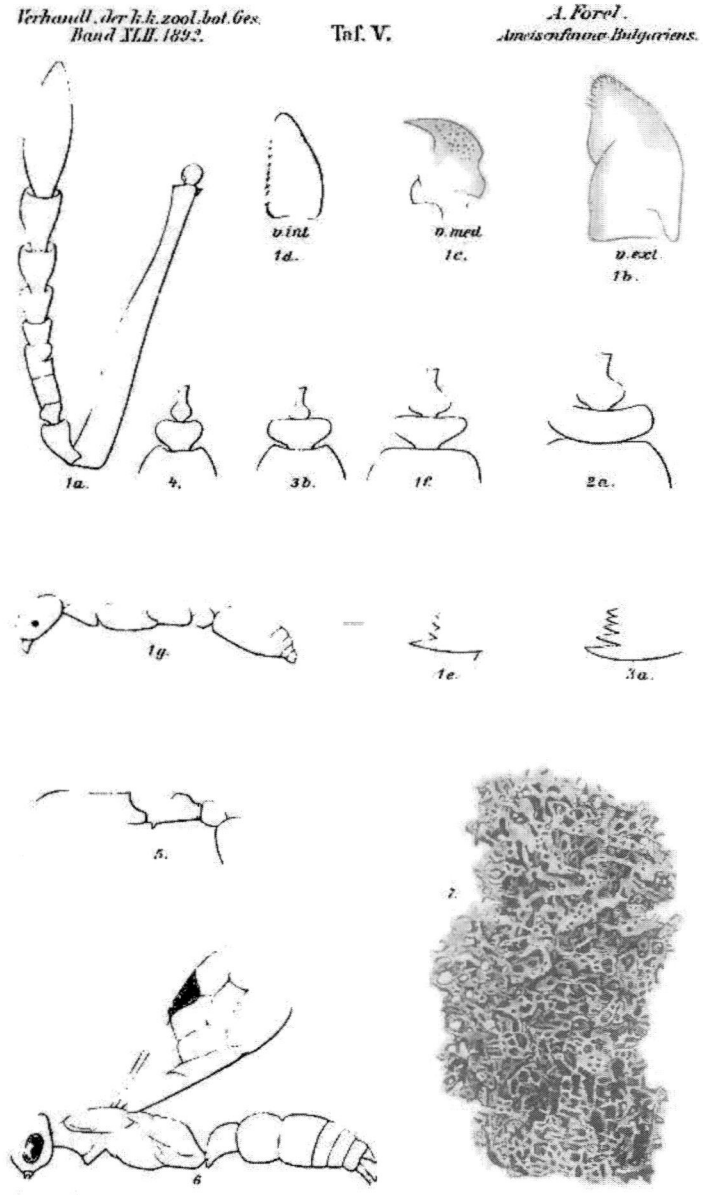

v. int.
1d.

v. med.
1c.

v. ext.
1b.

1a.

4.

3b.

1f.

2a.

1g.

1e.

3a.

5.

2.

6

Autor delin.

Lith Anst v Th. Bannwarth Wien.

Lichenologische Beiträge.

Von

Prof. **E. Kernstock.**

(Vorgelegt in der Versammlung am 6. Juli 1892.)

IV. Monte Gazza (Paganella, 2120 m) in Südtirol.

Der aus jurassischen Kalken bestehende Gebirgszug des Monte Gazza (Culmination: Paganella) am rechten Ufer der Etsch zwischen Trient und dem Rocchettapasse war mir wegen des instructiven Anblickes, den man von seinem Kamme auf die gegenüberliegende grandiose Brentakette geniesst, schon seit Langem touristisch werthvoll. Von einer lichenologischen Untersuchung dieses Gebietes hat mich bisher der Umstand abgeschreckt, dass mit Ausnahme des am nördlichen Abhange 950 m hoch gelegenen Bergdorfes Fai kein — als Nachtquartier zu benützender — Ausgangspunkt hoch genug liegt, um ohne allzu grosse Verschwendung von Zeit und Mühe genauere Studien machen zu können. Im September vorigen Jahres, zu einer Zeit, als keine einzige Malga mehr bezogen und in Folge dessen kein Tropfen trinkbaren Wassers mehr zu haben war, konnte ich endlich — leider nur einen einzigen Tag — einer lichenologischen Recognoscirung der Paganella, des mir zunächst gelegenen Culminationspunktes, widmen.

Vor einigen Jahren (1889) hatte ich eine Begehung des Kammes von Vezzano (im Süden) aus unternommen, welche aber wegen der tiefen Lage des Ausgangspunktes (Vezzano, 371 m), wegen der grossen, durch gezwungene Umwege vermehrten Horizontaldistanz zwischen Vezzano und Mezzo-Lombardo und endlich wegen der ganz unzulänglichen Unterkunft in den landesüblichen Malgen (Sennhütten) kaum mehr als ein Dauerlauf genannt werden kann. Für die Flechten blieb fast keine Zeit übrig.

Das nachfolgende Verzeichniss ist also die Frucht zweier vorläufiger Recognoscirungen. Die südliche Culmination: Monte Gazza (1986 m), habe ich damals rechts liegen lassen müssen und lediglich die Kalkblöcke in der Nachbarschaft der Malga di Covelo flüchtig abgesucht. Die von hier stammenden Pflanzen sind mit G. bezeichnet.

I. Species saxicolae.

A. Kalk.

1. *Parmelia caesia* Hffm. G.
2. *Parmelia albinea* Ach. Univ. 491: cum diagnosi omnino congruens, est Arn. exs. 420. G.
3. *Physcia elegans* Lk. G.
4. *Physcia murorum* Hffm. An Mauersteinen der Malga di Terlago.
5. *Placynthium nigrum* Huds. G., P.
6. *Callopisma aurantiacum* Lightf. An fossilreichen Stücken. G.
7. *Callopisma flavovirescens* Wulf. P.
8. *Xanthocarpia ochracea* Schär. G., P.
9. *Pyrenodesmia variabilis* Pers.: *ep. fuscum vel atrocoeruleum; si fuscum, K vix mutatur, si atrocoeruleum, K distincte roseoriolase.* G.
10. *Pyrenodesmia Agardhiana* Ach. G., P.
11. *Pyrenodesmia chalybaea* Duf. G., P.
12. *Placodium radiosum* Hffm.: bene evolutum, sed sterile. G.
13. *Acarospora percaenoides* Nyl.: *thallus squamoso-areolatus, crassus, fuscus, ap. demum sessilia, majora, sp. 4×2[1]), strat. cortic. thalli Cl —; squamarum marg. albopruinosi vel nudi.* G., P.
14. *Rinodina Bischoffii* f. *immersa* Kbr. G.
15. *Lecanora dispersa* Pers. G.
16. *Lecanora caesio-alba* Kbr.: *thallus nullus, ap. typica, sp. 14×5.* G.
17. *Lecanora Agardhianoides* Mass.: *thallus tenuis, ap. juniora innata, caesiopruinosa, demum adnata et nuda, atra, ep. atrocoerul., sp. 12—14×5.* G.
18. *Aspicilia calcarea* L. G.
19. *Aspicilia flavida* f. *coerulans* Arn.: habitu plantae ex monte Castellazzo in Tyrolia (vide Arn. Lich. Ausfl. XX S. 26) omnino similis, sed *ep. violac., K intensius colorat., exc. smaragdulum, sp. paullo minores, 12—14×5.* G.
20. *Hymenelia coerulea* Kbr.: *thallus pallide coerulese., sp. orales, 14—18×5—7.* P.
21. *Hymenelia melanocarpa* Kplh.: *sp. 19—22×11—14, J hym. coerulese., dein rinose violascens.* P.
22. *Biatora rupestris* f. *calva* Dicks. G., P.
23. *Biatora incrustans* DC. G., P.
24. *Biatora subdiffracta* f. *alpestris* Arn. exs. 412: *thallus tenuis, subfarinosus, sordide albidus, ap. plana, minora, adnata, marginata, vix pure atra; ep. hym. subincol., hyp. rubricoso-fuscum, sp. ellips. vel oblongae, 9—12×4.* P.
25. *Biatora coarctata* Sm.: *sp. ellips. vel dacryoideae, 18—24×7—8.* P.
26. *Lecidea jurana* Sch. G.
27. *Lecidea coerulea* Kplh.: *ap. pruinosa, hyp. fuscoatrum, sp. obtuse ellipsoid., 12—19×8—9.* P.

[1]) *Sp. 4×2 = 0·001 mm longae et 0·002 mm latae.*

28. *Lecidea petrosa* Arn.: *thallus coeruleo-albid., ap. plana, regularia, cp. et hyp. supra glaucum, sp. in ascis ventricosis (evacuatis transversim rugosis) Snae, obtusae vel apicib. paullo attenuatae, 19—24×7—9; hyp. K rubicundium; sperm. 8×1, in spermog. numerosis,* G.; *ap. variae magnitud., rugulosa vel descissa, hic illinc cerebriformia, hyp. supra glaucum, sp. latae, 19—20×11—14,* unicam vidi globulosam, diam. 22. P.

f. *macrospora* m.: *thallus albus, subfarinosus, ap. foveolis innata, sessilia, plana vel concava, atra, marg. crassiusculo, ep. fuligin., hyp. nigric., supra glaucum, K violascens, sp. in aliis ap. normales 24×11—14, in aliis 27—34×15—19;* die Art ist schon wegen der entleert querrunzeligen, bauchigen Schläuche zweifellos. P.

29. *Lecidea lithyrga* f. *pruinata* m.: *thallus albus, K—, J—, ap. primum innata, dein protuberantia, parva, caesiopruinosa, planiuscula, ep. fuligineum, hyp. et hym. infra violaceo-purpureum, sp. in ascis ventricosis Snae, dacryoideae, apicib. acuminatae, 14—18×5—7.* P.

Die starke Bereifung zusammen mit den kleinen, fast flachen, anfangs eingesenkten Früchten erinnert beim ersten Anblick an alles Andere eher, als an eine *Lecidea stirpis juranae.*

30. *Lecidea enteroleuca* Ach. P.

f. *atrosanguinea* Hepp.: *thallus macula lutescenti-albida indicatus, cp. sordidum, hyp. incolor.* G.

f. *egena* Kplh.: *thallus vix ullus.* P.

31. *Lecidea infidula* Nyl.?: *thallus tenuis, albus, subfarinosus, K—, J—, ap. minuta, numerosa, plana, marginata, vel demum convexa, sicca atra, humecta pellucida, viridiatra, ep. obscure smaragdulum, hyp. omnino incol., sp. ellips., 8—12×4—7, J. hym. rinose rubens praeced. coerulesc.* G. Kann mit Rücksicht auf den Thallus und die Grösse der Sporen mich nur für Obige entscheiden; abweichend sind jedoch ep. et hyp.

32. *Lecidea immersa* Web. G., P.

33. *Catillaria tristis* Müll. Princ. p. 58: *thallus sordidus, granulosus, ap. parva, ep. obscure sordide viride, hym. incol., hyp. fuscum vel rubiginosum, sp. 9—11×4.* G.

34. *Sarcogyne pruinosa* Sm. G., P.

35. *Sarcogyne pusilla* Anzi. G.

36. *Diplotomma epipolium* Ach.: *thallus albidus, subnullus, K—, ap. innata, nuda, sp. 19×8, 3 sept.* G.

37. *Rehmia coeruleo-alba* Kplh. P.

38. *Leciographa parasitica* f. *mutilata* Arn. Lich. Ausfl. IX S. 28: *ap. immersa, minuta, sp. in ascis longis (135×19) 8nae, 22—27×7, 3sept., fuscae, lateribus constrictae, J hym. vinose rubens.* G.

39. *Opegrapha* —: *thallus viridescens vel fuscescens, pallidus, chrysogonidicus;* nec ascos nec sporas vidi. P.

40. *Endocarpon miniatum* Ach.: *thallus fuscus, sp. oriformes, 9 -12×5 -7.* G.

41. *Catopyrenium lecideoides* f. *minutum* Mass. Ric. 157: *thallus coerulescenti-cinereus, tenuiter diffractus, ap. minuta, prominentia, sp. oblongae, 18—19×5—7.* P.
42. *Amphoridium Hochstetteri* Fr.: *sp. 32—41×16—19.* P.
43. *Verrucaria hiascens* f. *spermogonifera: sperm. atomaria, ellipsoid., 3×1·5.* P.
44. *Verrucaria calciseda* DC.: *thallus crassus, albus, ap. omnino immersa, sp. 16—22×6—11.* G., P.
45. *Verrucaria Dufourei* DC.: *sp. ellipsoideae 16—19×5—7 vel elongato-oblongae, 16—24×4—8.* P.
46. *Acrocordia conoidea* Fr.: *ap. mediocria, emersa, a thallo pruinata, perith. dimidiat., sp. in ascis subcylindrac. 8 nae, ellips., obtusae vel fusiformes, hic illinc cuneato-ellips., 15—21×4—7, sp. 1 sept., par. graciles.* Die Sporen sind variabel und erinnern hie und da an jene von *Sagedia*, ja von *Arthopyrenia.* P.
47. *Thelidium absconditum* Arn.: *ap. immersa, minuta, perith. integrum, sp. obtusae, ellipsoid., medio saepe paullo constrictae, 19—24×8—11; thallus atrolimitatus.* P.
48. *Thelidium quinqueseptatum* Hepp.: *thallus albidus, tenuis, contiguus, ap. immersa, solo apice promin., minora, sp. oblongo-ellips., altero apice angustiores, 3 sept., 30—38—43×11—14, mediis loculis hic illinc semel divisis; parum adest.* P., G.
49. *Thelidium dominans* Arn.: *ap. majora, immersa, apice deplanata, sp. 46× 19—23, minus divisae.* P.
50. *Polyblastia singularis* Kplh. P.
51. *Polyblastia dermatodes* Mass.: *ap. majora, immersa, apice pertuso promi-nentia, perith. integrum, par. et gonidia hymenialia desunt, sp. 8 nae, oblongo-ellipsoid., altero apice saepe attenuatae, 38—51×14—22, loculis fere omnibus semel divisis, inde sp. 8 loculares, thallus atrolimitatus.* P.
52. *Polyblastia cupularis* Mass.: *ap. majora, emersa, thallus tenuis, cinerascens, sp. polyblastae, incol., 30—38×14—19, gonidia hym. desunt.* P.
53. *Polyblastia sepulta* Mass.: *ap. sepulta, extus macula obscuriore indicata, sp. polyblastae, obtuse ellipsoid., 46—49×22.* P.
54. *Polyblastia abscondita* Arn. Flora 1870?: *ap. parvula, immersa, apice prominentia, sp. ellips., fuscae, 32—35×16, obtusae.* G., P.
55. *Collema multifidum* Scop.: *thallus oliraceus, nec nigricans, sp. 20—22× 8—11; et forma normalis.* G.
56. *Lethagrium polycarpum* Schär.: *thallus juvenilis (?), sp. semper 1 sept., 22—24×8.* G.
57. *Lethagrium Laureri* Fw.: *sp. 3 sept., obtuse cylindricae, lateribus constrictae, 19×5.* P.

B. Porphyr.

Unweit nördlich der besagten Malga auf dem Monte Gazza traf ich auf Porphyr. Wegen des Drängens der Zeit kam ich nicht dazu, auch nur eine

Vermuthung über die Provenienz dieses Gesteines mitten im Kalk zu gewinnen. Die wenigen gefundenen Pflanzen gehören sämmtlich der Kieselflora an.

1. *Candelaria vitellina* Ehrh.
2. *Acarospora smaragdula* Wbg.
3. *Lecanora polytropa.*
4. *Lecanora badia* f. *cinerascens* Nyl.
5. *Lecidea lactea* Nyl.: *thallus cinereus, planus, diffracto-areolatus, ap. innata, plana, nuda, marg. tenui, ep. fuligineum vel olivaceofuligineum, hyp. fuscum, sp. oblongae (!), 11—14×3—4, thalli med. J coerulesc., strat. cortic. sub microscopio distincte flavescit;* die schmalen Sporen fallen mir auf.
6. *Lecidea declinans* f. *ochromelaena* Nyl.
7. *Lecidea vorticosa* Flk.
8. *Lecidea latypea* Ach.
9. *Catocarpus polycarpus* Hepp.
10. *Rhizocarpon geographicum* L.

II. Species muscicolae vel terrigenae.

1. *Peltidea aphthosa* L. P.
2. *Peltigera rufescens* f. *incusa* Fw. P.
3. *Solorina saccata* L.: *ap. explanata, sp. 4nae, 64×22.* P.
4. *Solorina bispora* Nyl.: *sp. binae, 108×43.* P.
5. *Pannaria pezizoides* Fr. Musci[1]. P.
6. *Placynthium nigrum* Mass. Sterilis super muscos. P.
7. *Callopisma cerinum* f. *stillicidiorum* Horn. Musci. P.
8. *Blastenia leucoraea* Ach. Musci. G.
9. *Lecanora subfusca* f. *hypnorum* Wulf. Musci. G., P.
10. *Psora lurida* Ach. G., P.
11. *Biatora vernalis* L.: *ap. pallide- vel carneo-fusca, saepe botryoso-congesta, convexa, etiam obscuriora, intus omnino incoloria vel hym. paullo infuscatum, sp. elongato-oblongae, 14—16×3—4, par. conglutinatae, J hym. vinose rubet;* musci. P.
12. *Biatora atrofusca* Fw.: granula adsunt, musci. P.
13. *Biatora sanguineo-atra* Wulf.: granula coerulea desunt, musci. P.
14. *Toninia syncomista* Flk.: *sperm. vidi curvata, acicularia, 16×1;* musci. P.
15. *Bacidia muscorum* Sw.: *ap. atra, planiuscula, ep. glaucum, par. apice clavatae, hyp. fuscescens, K nonnihil in violaceum vergens, sp. apicibus acutatae, rectae, pluriseptatae, 35×2;* musci. G.
16. *Bacidia Beekhausii* Kbr.: *ap. minuta, plana, nigricantia, sp. olivaceum, K violascens, sp. rectiusculae, obtusae, 22—27×2—3, hyp. incolor;* musci. P.
17. *Catopyrenium cinereum* Pers. G.

---

[1]) Den Ausdruck „musci“ gebrauche ich auch für abgestorbene Kräuter.

41*

18. *Dacampia Hookeri* Borr. P.
19. *Dermatocarpon pallidum* Ach., Nyl. Sc. 268: *sp. binae, rectangulari-ob-longae, fuscae, murali-divisae, 43 × 18, gonid. hym. luteoviridia, globul., diam. 4—5, thalli squamulae hic illinc margine caesio-sorediosae.* P.
20. *Microglaena sphinctrinoides* Nyl.: *par. filiformes, sp. in ascis cylindraceo-oblongis 8nae, fusiformi-ellipsoid., 24—27 × 8—9, murali-divisae, incol.;* musci. P.
21. *Leptogium intermedium* Arn.: similis Arn. exs. 526, sed *paullo minor et sterilis, stratum cortic. grosse cellulosum, cellulae diam. 3;* musci. P.
22. *Lethagrium polycarpum* Schär.: *sp fusiformi-oblongae, 3sept., 24 × 7;* musci. P.

III. Species corticolae.

A. *Rhododendron hirsutum.* (G.)

1. *Cladonia pyxidata* L. — 2. *Callopisma cerinum* Ehrh. — 3. *Candelaria vitellina* Ehrh. — 4. *Blastenia ferruginea* Huds. — 5. *Biatorina vernalis* f. *minor* Nyl. Lap. 145: *thallus tenuis, albus, K —, ap. pallide testacea, convexa, minuta, intus incoloria, sp. oblongae, 9—12 × 4, J hym. vinose rubens;* cum Arn. exs. 107, omnino quadrat.
6. *Lecidea parasema* Ach. — 7. *Bacidia atrosanguinea* f. *affinis* Zw.: *thallus submollus, leprosus, virescens, ap. parva, nigricantia, planiuscula, ep. sub-incolor, e par. clavis hic illinc pallide glaucis constans, hyp. rufescens, K violascens, supra magis in virescentem vergens, sp. acicul., rectae, 19—27 × 2, 3sept., obtusae.* Die K-Reaction wurde auch von Arnold (Lich. Ausfl. XI S. 35) beobachtet.
8. *Bacidia herbarum* f. *corticola: ap. atrosanguinea, plana, nitidula, ep. sub-incol., hyp. fulvum, K —, sp. gracillimae, 54 × 2, clarato-aciculares.*
9. *Arthonia dispersa* f. *Rhododendri* Arn. exs. 419: *sp. 1sept., 14 × 5, demum fuscidulae, ep. olivaceum, K —, par. non discretae.*
10. *Xylographa parallela* Fr. Auf morschem Holze.

B. *Salix glabra.* (G.)

1. *Callopisma cerinum* f. *cyanolepra* DC. — 2. *Candelaria vitellina* Ehrh. — 3. *Biatorina vernalis* f. *minor* Nyl. — 4. *Lecidea parasema* Ach. — f. *atrorubens* Fr.

C. *Juniperus nana.* (G.)

1. *Callopisma cerinum* f. *cyanolepra* DC. — 2. *Lecidea parasema* Ach. — 3. *Arthonia proximella* Nyl.: *ap. minuta, rotundata, ep. fuscum, sp. in ascis late saccatis 8nae, 1sept., demum fuscidulae, 19—23 × 7—8, obtusae.*

D. *Dryas octopetala.* (P.) Blätter und Stengel.

1. *Cladonia pyxidata* L. — 2. *Cetraria islandica* L. — 3. *Callopisma cerinum* f. *stillicidiorum* Horn. — 4. *Biatorina vernalis* f. *minor* Nyl. Lap. 145:

ap. minuta convexa, lutea, intus incoloria, par. conglut., sp. elongato-oblongae, 14—19 × 3, J hym. rinose rubens.

5. *Biatora Gisleri* Anzi?: *thallus leprosus, virescenti-cinereus, ap. rufa, marg. obscuriore, ep. fuscescens, hym. hyp. incol., par. conglutin., sp. ellips. vel ovales, 8—11 × 5—7, non raro subglobulosae, J hym. coerulesc., dein rinose rubens;* gonidia sub hyp. non vidi.

6. *Biatora tenebricosa* Norm.: *thallus tenuis, cinereus, humeetus virescens, ap. plana, marg., atrosanguinea, humeetata margine obscuriore, ep. hym. incol., hyp. lutescens, sp. oblongae, 11—15 × 4—5, J hym. coerulesc., dein rinose rubens;* eadem planta ac Arn. Lich. Ausfl. XIV S. 48.

7. *Biatorina sphaeroides* Mass. (*subduplex* Nyl. Sc. 201, Lap. 145): *ap. minuta, illis Biatorae vernalis f. minoris similia, sed obscuriora, intus subincoloria, hym. fusceseens, sp. fusiformi-ellipsoid., 8—14 × 3—4, simplices et 1 sept.*

8. *Bilimbia sphaeroides* Dcks.: *ap. carnea, intus incoloria, sp. fusiformes, 3 sept., 18—25 × 5—7.*

9. *Bilimbia sabuletorum* f. *subsphaeroides* Nyl.: *ap. parva, convexa, atra, juniora fusca, ep. glaucum, hym. hyp. subincol., sp. 3—7 sept., elongato-fusiformes, 27—38 × 4—5.*

10. *Bacidia herbarum* Hepp: *ap. fuscorubra, plana, nitida, ep. hym. incol., hyp. fulvum, K —, sp. graciles, curvatae, altero apice sensim attenuatae, 38—54 × 2.*

IV. Parasitae.

1. *Biatorina Heerii* Hepp: *ap. minuta, plana, subnitida, ep. olivaceo-fuscum, hym. hyp. incol., sp. ellips. vel fusiformi-ellips., 9—12 × 4, 1 sept.; J hym. rinose rubens praeced. coerulescentia levissima;* super thallum *Peltigerae rufescent.* P.

2. *Bilimbia sabuletorum* f. *Killiasii* Hepp., Stizb. sabul. p. 33, magis cum planta in Arn. Lich. Ausfl. XIII S. 50 convenit; supra *Peltideam aphthosam* emort.

3. *Tichothecium pygmaeum* Kbr.: supra thallum *Pyrenodesmiae Agardhianae, Lecideae infidulae* (G.) et *Lecideae petrosae, enteroleueae* f. *egena.* P.

f. *microcarpum* Arn.: supra ap. *Callopismat. aurantiaci.* G.

V. Judicarien.

Vor einer Reihe von Jahren, da ich das wunderschöne Südtirol noch lediglich als harmloser Naturbummler durchstreifte, hatte ich auch einen an landschaftlichen Genüssen reichen Gang über Fai, Molveno und Ai Molini nach Stenico und weiter auf der linksseitigen Strasse bis nach Ragoli gemacht, auf welchem ganzen Wege ich lichenologisch naschte.

Einer näheren Untersuchung werth dürften der Fichtenwald zwischen Molveno und Andalo (am Nordfusse des Monte Gazza), sowie der von den Wellen des Lago di Molveno — welchen ich damals südwärts befuhr — bespülte Fuss der Brentakette sein. Ich hoffe diese Oertlichkciten, besonders da sie dem Gebiete des Monte Gazza sich unmittelbar anschliessen, wohl noch genauer untersuchen zu können und damit auch das Ziel eines langjährigen Wunsches, die lichenologische Begehung der Brenta, zu erreichen. In nachfolgendes Verzeichniss sind auch einige Flechten aufgenommen, welche ich seiner Zeit auf dem Wege von Trient gegen Vezzano in der sogenannten Buco di Vela und auf Weingartenmauern bei Cadine auflas. Auch die blöckereiche, karstähnliche Umgebung von Vezzano, sowie von Pietra murata soll noch untersucht werden.

I. Species calcicolae (et dolom.).

1. *Physcia elegans* Lk. N.[1])
2. *Physcia Heppiana* Müll.; *sp. medio inflatae, rhomboideae, 12—15 × 4—9;* sec. sporas magis in *Physciam callopismam* Hepp. Ic. 907 vergens, sed thallus ambitu radioso-anguste-lobatus; cum Arn. exs. 380 omnino quadrans. N.
3. *Physcia cirrhochroa* Ach. C., steril; A., cum ap.
4. *Xanthoria parietina* L. N.
5. *Callopisma aurantiacum* f. *Velanum* Mass. St.
6. *Xanthocarpia ochracea* Schär. St.
7. *Pyrenodesmia Agardhiana* Pers. C.
8. *Wilmsia radiosa* Kbr.; *prototh. non visibilis, thallus non bene evolutus, diffractus, globosus, nigricans, ap. modo unicum vidi, atrofuscum, sp. 1 sept., saepius curratae, demum hic illinc fuscescentes, 14 × 4—5, par. apice fuscocapitatae;* thallus gonidia *Glococapsae* continet. N.
9. *Rinodina Dubyanoides* Hepp: *sp. angustae, 15—18 × 5—7, juveniles fuliginosae, adultae fuscae, hyp. incolor.* St.
10. *Rinodina Bischoffii* f. *immersa* Kbr. C.
    f. *ochracea* Müll. Fl. 1867, S. 435. C.
11. *Aspicilia calcarea* L.: *ap. nuda, sp. globosae, 4 nae, diam. 27.* C.
    f. *contorta* Hffm.; *thalli squamulis virescentibus.* A.
12. *Urceolaria scruposa* L. N.
13. *Gyalecta cupularis* Ehrh. St.
14. *Thalloidima candidum* Web. Steril. N., St.
15. *Biatora rupestris calca* Dicks. B., N.
    f. *rufescens* Hffm. A.
16. *Biatora incrustans* DC. N.
17. *Lecidea immersa* Web. N.
    f. *impressa* Arn. N.
18. *Biatorina lenticularis* Ach. N., St.

---

[1]) Es bedeuten in allen Gruppen: A. = Andalo, B. = Buco di Vela, C. = Cadine, N. = Lago di Nembia, R. = Ragoli, St. = Stenico, T. = Toblino.

19. *Catillaria chalybeia* Borr.: *ep. fuliginco-glaucum, hyp. fuscum, sp. oblongae, 11—14×3—4.* N.

20. *Catillaria tristis* Müll.: *thallus submullus, hyp. rubricoso-fuscum, sp. 11×4;* vide Arn. Lich. Ausfl. XVI S. 3. C.

21. *Sarcogyne pruinosa* Sm. B., A.

22. *Leciographa parasitica* f. *mutilata* Arn.: supra thallum cinereum tenuissimum *Amphoridii* cujusdam, ap. arcte approximata, maculam minutam atram formantia, ceterum ut in Arn. Lich. Ausfl. IX S. 307; *sp. 16—19 ×6—8, fuscae, juniores hyalinae.* St.

23. *Opegrapha Chevallieri* Leight. Brit. Graph. p. 10, Stizb. Opeg. saxic. p. 20: *thallus macula indicatus, humectus violodorus, ap. linearia, simplicia vel ramosa, marginib. nitidulis tumentibus, asci pyriformes, pariete apicali valde incrassato, sp. 3 sept., illis Arthoniae astroideae simillimae.* N.

24. *Catopyrenium lecideoides* f. *minutum* Mass. C.

25. *Amphoridium dolomiticum* Mass.: *thallus caesioalbus, tenuissimus, sp. 19—25 ×14—16, fuscatae, simplices.*

26. *Lithoicea nigrescens* Pers. B., C., St.

27. *Lithoicea glaucina* Ach. St.

28. *Verrucaria muralis* f. *confluens* Mass.: *sp. 19—22×8—10.* A.

29. *Verrucaria calciseda* DC., B.: *thallus albus, farinosus, crassiusculus, ap. immersa, solo apice prominentia, sp. oblongo-oviformes, 26—27×8—11.* A., N.

30. *Verrucaria Dufourei* DC. N.

31. *Verrucaria purpurascens* Hffm. C., N.

32. *Thelidium pyrenophorum* Kbr. (*Sprucei* Leight.): *thallus crassus, sordide albidus, ap. majuscula, semiemersa, perith. crassum, dimid., sp. in ascis 8nae, oblongae, altero apice attenuatae, 3 sept., 49—57×14—16.* B.

33. *Arthopyrenia tichothecioides* Arn.: *ap. minutissima, subimmersa, par. nullae, sp. obtusae, 1 sept., loculo superiore subgloboso, 20—24×8—11, fuscescentes, J hym. pallide vinose rubens praec. coerulesc. levissima, asci late saccati.* C.

34. *Staurothele caesia* Arn.: *thallus caesio-cinereus, ap. majuscula, immersa, facile elabentia, par. nullae, gonid. hymenialia globulosa, diam. 3, sp. muralidivisae, 32×14, altero apice attenuatae.* N., St.

35. *Microthelia marmorata* Hepp: *sp fuscae, 1 sept., 32×14, loculo altero cuneato-ellipsoideo, altero rotundato-ellips., majore.* N., St.

36. *Collema granosum* Wulf.: *thallus magis pallescens, sordide olivac., lamina tenuis J sanguineo-rubens, thallus marg. versus transversim rugulosus, humectus crassus.* A.

37. *Collema pulposum* Bernh. C., N.

38. *Collema multifidum* Scop.: *ap. majuscula, sp. acutato-ellipsoid., 3 sept. et 6—8loculares, 20—30×11—14.* A.

39. *Lethagrium polycarpum* Schär. Lago di Terlago: *forma ap. amplis et thallo humecto pallidiore, sp. 3 sept., fusiformes vel saepius altero apice rotundatae, 20—27×7—8.* C.

40. *Lethagrium Laureri* Fw.: *ap. numerosa, sp. 3 sept., obtuse cylindricae,*
    24×5—6. A.
41. *Psorotichia Schaereri* Mass.: *thallus minutulus, ap. atrorufa, sp. in ascis*
    8nae, ellipsoid., 12—14×5—7, par. articulatae. N.
42. *Tichothecium pygmaeum* Kbr. Supra thallum *Biatorae rupestris rufescent.* B.

II. Species terrigenae.

1. *Cladonia endiriaefolia* Dicks. Lago di Terlago. Von hier in Rehm Clad.
   279 niedergelegt.
2. *Cladonia alcicornis* Lghtf. Ebenda.
3. *Cladonia pyxidata* L. Ebenda.
4. *Cladonia furcata* Huds. Ebenda.
   f. *racemosa* Hffm. Ebenda.
5. *Cladonia rangiformis* Hffm. Ebenda.
6. *Cetraria islandica* L. Cum ap. Ebenda.
7. *Peltidea venosa* L. A.
8. *Solorina saccata* L. B., Molveno.
9. *Psoroma crassum* Huds. Lago di Terlago.
   f. *dealbatum* Mass. Ebenda, A.
10. *Urceolaria bryophila* Ehrh. Musci. Ebenda, N.
11. *Thalloidima coeruleonigricans* Lghtf. B., N., A., Molveno.
12. *Psora decipiens* Ehrh. Cum ap.: *ap. primitus viridescenti-pruinosa, ep. K*
    violasc., sp. 14—16×4—5, hyp. fuscidulum, par. fuscoluteae; cum Pe-
    ziza quadam crescens. Molveno.
13. *Psora lurida* Sw. Molveno.
14. *Bilimbia sabuletorum* Flk.: *thallus albus, granulato-leprosus, ap. minuta,*
    convexa, saepius confluentia, sp. juveniles 1 sept., fusiformes, 15×5,
    adultae 3 sept., 16—24×4—5, ep. fusco-violascens, hyp. fusco-rubricosum,
    K violascens; musci. Molveno.
15. *Toninia syncomista* Flk. Musci. St.
16. *Placidium hepaticum* Ach. Molveno.
17. *Collema multifidum* f. illa, quam A rn. Lich. Ausfl. XI, S. 18 *pl. alpinam*
    terrestre nomin.: *thallus orbicularis, sp. fusiformi-ellips., 27—30×8—9,*
    3 sept., septis parum divisis. A.

III. Species corticolae.

1. *Evernia prunastri* L. *Picea,* A.
2. *Anaptychia ciliaris* L. *Abies,* A.
3. *Platysma pinastri* Scop. *Pinus silvestris,* A.
4. *Imbricaria tiliacea* Hffm. *Picea,* A.
5. *Imbricaria saxatilis* L. Cum ap., Laubholz. St.

6. *Imbricaria physodes* f. *labrosa* Ach. Picea, A.
7. *Imbricaria fuliginosa* Fr. Picea, A.
   f. *subaurifera* Nyl. Picea, A.
8. *Imbricaria exasperatula* Nyl. Picea, A.
9. *Parmeliopsis ambigua* Wulf. Picea, A.
10. *Parmelia stellaris* L. Picea, A., Larix, R.
11. *Parmelia tenella* Scop. Picea, A., Larix, R.
12. *Parmelia pulverulenta* Schreb. Picea, A., Larix, R.
13. *Parmelia obscura* Ehrh. Picea, A., Larix, R., parietes. R.
14. *Sticta pulmonaria* L. Abies, A.
15. *Nephromium tomentosum* Hffm. Abies, Picea, A.
16. *Peltidea aphthosa* L. Abies, A.
17. *Peltigera horizontalis* L. Abies, A.
18. *Xanthoria parietina* L. Larix, parietes R., Populus T.
19. *Candelaria vitellina* Ehrh., Picca, A.
20. *Gyalolechia aurella* Hffm. Parietes, R.
21. *Callopisma salicinum* Schrad. Larix, R.: *thallus flavus, granulos., sp. 14 × 8,* isthmo distincto.
22. *Callopisma cerinum* Ehrh. Picea, A.
    f. *cyanolepra* DC. Picea, A., Larix, parietes, R.
23. *Callopisma pyraceum* Ach. Picea, A., Larix R., Populus, T.
    f. *holocarpum* Ehrh. Parietes, R.
24. *Blastenia ferruginea corticola* Anzi. Picea, A.
25. *Rinodina metabolica* Anzi: *thallus et ap. marg. albidus, sp. 18—22 × 7—9,* sporobl. subcordatis; Larix, R.
26. *Rinodina corticola* Arn. Picea, A.: *sp. 22—24 × 8—12, sporobl. obtuse conicis vel subquadratis.*
27. *Lecanora subfusca* f. *chlarona* Ach. Picea, A.
    f. *glabra* Ach. Larix, R.
28. *Lecanora intumescens* Rebt. Picea, A.
    f. *glaucorufa* Mart. Picea, A.
29. *Lecanora angulosa* Schreb. Picea, A.
30. *Lecanora Hageni* Ach. Parietes, R.
31. *Lecanora sambuci* Pers. Populus, T.
32. *Lecanora symmictera* Ach. Picea, A.
33. *Lecania syringea* Ach. Populus, T.
34. *Lecania cyrtella* Ach. Larix, R.
35. *Lecidea parasema* Ach. Picea, A.
36. *Lecidea olivacea* Hffm. Picea, A.
37. *Lecidea Laureri* Hepp. Picea, A.
38. *Lecidea dolosa* Ach. Picea, A.: *thallus granulosus vel verrucosus, lutescens, Cl rubens, ap. convexa,* intus ab illis *enteroleucae* vix diversa.
39. *Biatorina diluta* Pers. Picea, A.: *thallus obscure viridis, leprosus, fere verniceo-laevis, ap. minutissima, carnea, suburceolata, intus incol., par-*

subliberae, capitatae, articul., sp. in ascis subcylindricis 8nae, 1 sept., ellipsoid. fusiformes, 7—11×2—3; J hym. vinose rubens.

40. *Biatorina nigroclavata* Nyl. *Larix*, R.
41. *Biatorina synothea* Ach. Parietes, R.
42. *Bilimbia Naegelii* Hepp. *Picea*, A.: *ap. intus incol., sp. 3 sept., cylindricae, obtusae, saepius curvatae.*
43. *Arthrosporum accline* Fw. *Larix*, R.
44. *Buellia parasema* f. *disciformis* Fr. *Picea*, A.
   f. *vulgata* Th. Fr. *Picea*, A.
45. *Scoliciosporum corticolum* Anzi. *Picea*, A.
46. *Arthonia artroidea* Ach. *Picea*, A.
47. *Arthonia dispersa* Schrad.: *sp. 1 sept., 14×4—5;* Laubholz.
48. *Melaspilea proximella* Nyl. *Picea*, A.
49. *Coniangium exile* Flk. *Larix*, R.
50. *Opegrapha atra* Pers. *Fagus*, St.: *ap. graphidoidea. sp. subfusiformi-ellipsoid., apicib. acutatae, 19×4, 3 sept.*
51. *Arthopyrenia fallax* Nyl. *Larix*, R.: *ap. mediocria, par. capillares, asci oblongi, sp. 20×5—7, 1 sept., medio constrictae.*
52. *Arthopyrenia atomaria* Hepp. 456. *Larix*, R.: *ap. minutissima, asci supra attenuati, par. nullae, 14—16×4—5, cum 4 guttulis oleosis.*
53. *Sagedia carpinea* Pers. *Fagus*, St.: *thallus albus, hypophlocodes, ap. magnitudinis variae, par. capillares, granuloso-inspersae, sp. in ascis subcylindricis 8nae, fusiformes, 3 sept., 18×3.*
54. *Sagedia affinis* Mass., Pycnidenform: *stylosp. cylindricae, 3 sept., 15—18×3;* Laubholz.
55. *Mallotium Hildenbrandii* Gar. *Juglans*, St.
56. *Lethagrium flaccidum* Ach. *Quercus*, T.

Zu: II. Bozen.

Nachfolgende Flechten stammen aus der näheren oder weiteren Umgebung von Bozen und sind Pflanzen der Thalsohle. Ich gestehe, gerade Bozen neuerdings vernachlässigt zu haben, wie denn auch Sammelvorräthe aus dieser Gegend noch immer der Untersuchung harren. Gewisse Rindengattungen, Weingartholz, das Porphyrgerölle zwischen Branzoll und Auer etc. wären einer näheren Untersuchung werth.

1. *Imbricaria tiliacea* Hffm. Steril, *Salix alba*, Tramin.
2. *Imbricaria caperata* Dill. Saxa porph., Calvarienberg; mit ausnahmslos ausgefallenen Fruchtschichten.
3. *Imbricaria aspera* Mass. *Malus*, Kuepach.
4. *Imbricaria prolixa* Ach. Auf Steinen eines Schotterhaufens am Waldsaume bei Moritzing.

5. *Imbricaria glabra* Schär. *Salix alba*, Tramin.
6. *Parmelia stellaris* L. Ebenda. Die Apothecienscheibe verunreinigt und rauh; Parasiten fand ich keinen.
7. *Parmelia tenella* Scop. Ebenda.
8. *Parmelia pulverulenta* Schreb. Ebenda.
9. *Parmelia obscura* Ehrh. *Morus* und *Aesculus* in Bozen, *Salix* bei Tramin.
10. *Parmelia endococcina* Kbr. Saxa porph., Moritzing.
11. *Xanthoria parietina* L. *Aesculus* in Bozen, *Salix* bei Tramin.
12. *Candelaria vulgaris* Mass. Kirschbäume in der Kaiserau, *Salix* bei Tramin.
13. *Gyalolechia aurella* Hffm. *Aesculus* in Bozen.
14. *Callopisma cerinum* Ehrh. *Salix* bei Tramin: *ap. confertissima, cerina, marg. albido, subcrenulato, subpruinoso, etiam discus hic illinc (praecip. ap. junioribus) lacte cerinus vel viridiflavus, pruina alba obtectus; marg. parsim subcoerulescens; Morus* bei Bozen.
15. *Callopisma pyraceum* Ach. *Aesculus* und *Morus* bei Bozen.
16. *Blastenia ferruginea* Huds. Kirschbäume der Kaiserau.
17. *Blastenia erythrocarpia* Pers. Saxa porph. ober Gries.
18. *Guepinia polyspora* Hepp. Saxa porph. bei Ceslar: *sp. in ascis numerosissimae, ellipsoid., 5—8×3—4, simplic., incoloratae, hym. J vinose rubens.*
19. *Placodium saxicolum* f. *diffractum* Mass. Ebenda.
20. *Rinodina pyrina* Ach. *Morus* bei Bozen.
21. *Rinodina exigua* Ach. Kirschbäume der Kaiserau.
22. *Rinodina colobina* Ach. *Salix* bei Tramin; *ap. unicum vidi: marg. caesiocinerens, ep. fuligineo-coerulescens, K violascens, sp. illis K. metabolicae haud dissimilia, obtusissimae, 19—22×8—11, sporobl. depresso-subcordatis, thallus subleprosus.*
23. *Lecanora subfusca* f. *allophana* Ach. *Morus* bei Bozen, *Salix* bei Tramin. f. *rugosa* Pers. *Malus*, Kuepach.
24. *Lecanora intumescens* Rebt. Kirschbäume der Kaiserau.
25. *Lecanora dispersa* Pers. Dachziegel in Bozen; *ap. fusconigra, marg. albo, plana, nuda, par. fuscocapitatae.*
26. *Lecania syringea* Ach. *Salix* bei Tramin.
27. *Lecania cyrtella* Ach. *Morus* bei Bozen, *Salix* bei Tramin, Buchenwurzeln bei Altenburg.
28. *Lecidea parasema* Ach. Kirschbäume der Kaiserau. *Morus* bei Bozen.
29. *Biatorina nigroclavata* Nyl. *Salix* bei Tramin.
30. *Arthrosporum accline* Fw. *Malus* bei Bozen.
31. *Buellia spuria* Hepp. (cum Arn. Lich. Ausfl. VIII S. 13, quadrans). Saxa porph., ober Gries.
32. *Coniangium exile* Flk. *Malus*, Kuepach, optime evol.
33. *Opegrapha herpetica* Ach. f. *rufescens* Pers.: *sp. in ascis 6nae, oblongofusiformes, obtusae, 3sept., curvulae, 22—24×4, par. distinctae.* Buchenwurzeln, Altenburg.

42*

34. *Graphis scripta* L. *Ostrya* bei Moritzing.
    f. *flexuosa* Flk. Buchenwurzeln, Altenburg.
35. *Limboria actinostoma* var. *clausa* Fw., mit Arnold Lich. Ausfl. X S. 114,
    in allen Dingen übereinstimmend; saxa porph., ober Gries.
36. *Stigmatomma clopimum* Wbg. Dachziegel in Bozen.
37. *Arthopyrenia punctiformis* Ach. *Aesculus*, Bozen.
38. *Tomasellia arthonioides* Mass. Laubholz (?) in Moritzing.
39. *Mallotium tomentosum* Hffm. *Salix*, Tramin.
40. *Mallotium Hildenbrandii* Gar. Ebenda.
41. *Leptogium intermedium* Arn. (*minutissimum* Flk.). *Salix* bei Tramin: *thallus
    dense caespitosus, siccus nigricans, humectus oliraceus, lacero-laciniatus,
    laciniae dense imbricato-erectae, latae, rotundatae, oris inciso-crenatae
    vel dentatae; cellulae cortic. diam. usque ad 16, magis rotundatae, quam
    apud atrocoeruleum (apud hanc cellulae diam. in medio 8—9, angulosae).*
42. *Leptogium tremelloides* Ach. Steril inter muscos, Razzes.
43. *Collema granosum* Wulf. Inter muscos bei Razzes: *lamina tenuis thalli J rubens.*
44. *Collema microphyllum* Ach. *Salix* bei Tramin: *ap. numerosissima, primum
    urceolata, rufa, sp. 3 sept.*, cum guttulis oleosis, $15—22—24 \times 8—9$; qua-
    drantes cum Hepp 87 et magis cum Hepp 88, minus autem cum Fig. 20,
    21 in Arn. Lich. Fragm. III et Hepp. 214, quae sp. omnes sunt latiores.
45. *Lethagrium flaccidum* Ach. Steril, *Salix* bei Tramin.
46. *Lethagrium conglomeratum* Hffm.: *sp. anguste-fusiformes*, $15—20 \times 2—3$,
    1—3 sept., apicib. acuminatae; zweifellos! auf *Quercus* bei Castell Feder.
47. *Psorotichia murorum* Mass.? Auf Mörtel von Gartenmauern in Bozen: *sp.
    ovales, 18×9, 8nae in ascis oblongis, J hym. coeruleum, ap. rubrofusca,
    par. distinctae, thallus normalis.*
48. *Lecidea* — (parasitula). Supra thallum *Lecanorae intricatae*, ober Gries: *ap.
    minuta, atra, convexula, saepe confluentia, maculas minutas formantia,
    hym. supra rubricosum, K violaceum, par. conglutinatae, hyp. pallide
    fulvescens, sp. globoso-ellipsoid.*, 8×7.
49. *Tichothecium pygmaeum* Kbr. Supra thallum *Callopismat. pyracei*, *Morus*
    bei Bozen.

Zu: III. Jenesien.

Im verflossenen Jahre vermochte ich grössere Aufmerksamkeit der Sand-
steinflora zuzuwenden, welche ich in einem Walde rechts vom Wege auf den Salten
und auf dem Wege nach Flaas beobachtete. Ebenso gelang es mir, verschiedene
neue Rindenstandorte zu untersuchen, so dass sich die Flora corticola dieses Gebietes nunmehr auf zusammen 34 verschiedene Holzgewächse erstreckt. Meine
Ausflüge auf das im rothen Sandstein liegende Möltener Joch und Kreuzjoch
haben — abgesehen von wenigen interessanten Sachen — in Folge der höchst
ungünstigen Witterung des Vorjahres nur spärliche Ausbeute ergeben; ich behalte
mir zur Completirung derselben neuerliche Besuche dieser Localitäten vor.

Aus dem hiesigen Gebiete wurden zwei Flechten in die Arnold'schen Exsiccaten aufgenommen, und zwar: *Callopisma cerinellum* Nyl. (Arn. exs. 1521) und *Ephebe pubescens* Fr. (Arn. exs. 1537). Letztere Pflanze habe ich „cum apotheciis" angegeben. Thatsächlich fand ich auf einigen der im Vorjahre (1890) gesammelten Exemplare Früchte vor und ich durfte annehmen, dass sie wohl verbreiteter sein würden. Leider fand ich auf Arn. exs. 1537 meiner Collection trotz langen Suchens keine Apothecien. Eine vorherige Untersuchung aller Exemplare verbat sich aus mehreren Gründen; ich hoffe jedoch, dass andere Besitzer von Arn. exs. 1537 glücklicher gewesen sind.

Die beigesetzten Zahlen bedeuten folgende Standorte:

(1) = Felsen am Fusse des Dorfes.
(2) = Wiesenweg zum Paterwalde.
(3) = Paterwald.
(5) = Krummenbühel.
(11) = Mauersteine gegen den Eggerhof.
(12) = Sandsteinhügel im Nordwesten.
(13) = Nächst dem Teiche.
(14) = Wald rechts vom Wege auf den Salten.
(15) = Remp.
(18) = Salten.
(19) = Steiflerhof.
(20) = Kästenbaumerhof.
(21) = Weg nach Afing.
(22) = Weg nach Flaas.
(23) = Nächst der grossen Sumpfwiese auf dem Wege zum Salten.

A. Sandstein (vide Lich. Beiträge III S. 712 ff.).

1. *Evernia prunastri* L. Bene evoluta, sed pumila (14).
2. *Imbricaria saxatilis* L. (14, 22).
3. *Imbricaria physodes* Ach. (14).
4. *Imbricaria conspersa* Ehrh. (11, 14).
5. *Imbricaria fuliginosa* Fr. (14).
6. *Parmelia caesia* Hffm. (22).
7. *Physcia elegans* Lk. Auf dem alten, aus Sandstein erbauten Thurme von St. Jacob: *thallus miniato-expallens, hic illinc subfarinosus.*
8. *Gyrophora polyphylla* L. (22).
9. *Placynthium nigrum* Huds. (22).
10. *Candelaria vitellina* Ehrh. (11, 14, 22).
11. *Callopisma citrinum* Ach.: *thallus granulato-leprosus, K+, ap. dispersa, flava, sp. ellips.,* 9×4 (11).
12. *Blastenia ferruginea* Huds. f. *saxicola* Mass. (11, 14).
13. *Acarospora fuscata* Schrad. (14, 22).
14. *Acarospora smaragdula* Wbg. (22).

15. *Rinodina sophodes* Ach. f. *saxicola: thallus fuscus, granulosus, stratum cortic. K —, ap. innata, parva, disco nigric., marg. fusco, ep. fuscum, hym. hyp. incol., sp. in ascis oblongis obtusis 8nae, medio non constrictae, 16—20 × 11, sporobl. subquadratis vel truncato-conicis, J hym. persistenter coerulesc.;* Arn. exs. 830 haud dissimilis (22).

16. *Rinodina arenaria* Hepp. Thallum non vidi; *ap. minuta, plana vel urceolata, sp. typicae, 20 × 11, sporobl. malleiformib.;* wenig vorhanden (22).

17. *Placodium murale* Schreb. (22).

18. *Lecanora atra* Huds. (11): *forma ap. innatis, saepe confluentibus, aequantibus, thallus K flav., ap. intus violac.* (14).

19. *Lecanora subfusca* f. *campestris* DC. (14).

20. *Lecanora atrynea* Nyl.: *discus ap. hic illinc pruinos., spermog. arcuata, 14—19 × 1* (22).

21. *Lecanora sordida* Ach. (11, 14, 22).

22. *Lecanora dispersa* f. *conferta* Duby: *ap. conferta, fusca, marg. tenuissimo vel nullo, ep. rufesc., sp. ellips., 11—12 × 4—5, cum guttulis oleosis, J hym. coerulesc., dein subvinose violasc.* (22).

23. *Lecanora polytropa* Ehrh. (14, 22).

24. *Lecanora intricata* Schrad. (14).

25. *Lecanora badia* Pers. (14).

26. *Aspicilia gibbosa* Ach. (14, 22).

27. *Aspicilia cinerea* L. (14).

    f. *subcretacea* Nyl. Sc. 153: *thallus crassinsculus, cretaceus, albissimus, K c flavo rubens, J med. —, ap. parva, innata, plana, atra, nuda, sp. 8nae; spermog.* non inveni (14).

28. *Pertusaria —: thallus caesio-cinereus, rimoso-areolat., rugulosus, papillis crebris, brevibus crassis simplicib. obsitus, K —, Cl —, extus intusque* (22).

29. *Sphyridium byssoides* L. (14).

    f. *sessile* Nyl. (14).

30. *Biatora rupestris* f. *rufescens* (22).

31. *Biatora lithinella* Nyl. Flora 1880, p. 390: *thallus tenuissimus, leprosus, ochracco-albus vel ochrac., ap. minuta vel parva, rufa vel testacea, intus subincoloria, hyp. lutescens, par. conglutin., apice subincoloratae vel lutescentes, sp. 5—9 × 3—4, fusiformi-ellips. vel altero apice obtusae, J hym. coerul., mox sordide vinose-fulvesc.*[1] (22).

32. *Biatora coarctata* Sm. (22).

33. *Lecidea speirea* Ach. (14, 22).

34. *Lecidea confluens* Fr., *forma thallo pallide cinerco et ap. innatis, aequantibus; ceterum non differens* (14).

---

[1] Nachdem schon auf diese Reaction so grosses Gewicht gelegt wird, glaube ich zwischen „vinose-fulvescens" = weinroth-bräunlich und „vinose-rubens" = echt weinroth unterscheiden zu müssen. Nach meiner Erfahrung ist erstere Verfärbung die weitaus häufigere, z. B. bei vielen Arten von *Biatora;* wogegen bei den Verrucarien die letztere vorherrscht. Ich benütze die von Nylander angegebene J-Lösung.

35. *Lecidea sorediza* Nyl.?: *thallus sterilis, tenuis, albus, diffracto-areolatus, totus sorediis orbicularib. parvis obsitus, K —, med. J sat coerulesc.* (14).
36. *Lecidea lactea* Nyl.: ap. hic illinc subpruinosis in f. *sublacteam* Lamy Cat. 120 transiens (14).
37. *Lecidea lithophila* Ach. (14).
38. *Lecidea tesselata* Flk. (22).
39. *Lecidea plana* Lahm: *habitu declinantis, thallus diffracto-areolatus, crassus, ochraceus, hypothallo nigro limbatus, K —, med. J —, ap. innata, plana, leviter pruinosa, marg. crassiusculo, ep. fuscum, hym. hyp. incolor., sp. oblongae, 11 × 4.*
40. *Lecidea promiscens* Nyl.: *thallus albus, areolatus, K —, J med. coerulesc., ap. gregariter conferta, adpressa, parvula, plana, atra, nuda, marg. tenui, ep. nigricans, hym. incol., hyp. fuscum, sp. subbacillares, S 11 × 3—4* (11).
41. *Lecidea albocoerulescens* Wulf. (14).
   f. *alpina* Sch.: ap. plerumque denudata (14).
   f. *flavocoerulescens* Horn. (14).
42. *Lecidea platycarpa* Ach. (14).
43. *Lecidea crustulata* f. *periphaea* Nyl.: *ap. marg. fuscus* (22).
   f. *concentrica* m.: ap. distinctissime concentrice disposita, orbiculos diam. 1 cm formantia (22).
44. *Lecidea grisella* Flk. (14).
45. *Lecidea insularis* Nyl. (11).
46. *Lecidea latypea* Ach. a) *Thallus albus, crassior, magis confluens, ap. dein concexa, inde forse* f. *subincongrua* Nyl. Fl. 1873, p. 72? (11);
   b) *Thallus praecip. humectus virescens, Cl —, K flav.* (14, 22).
47. *Lecidea enteroleuca* Ach. (22).
   f. *pungens* Kbr.: *thallus obsoletus* (14).
48. *Lecidea viridans* Fw.; neben der normalen eine f. *albida* mit stets weissem, körnigem Thallus, welcher durch *Cl* röthlich gefärbt wird (14).
49. *Lecidea incongrua* Nyl. Sc. 218: *thallus crassus, albus, areolato-diffractus, ap. fere deficient., adpressa, parva, plana, ep. sordide viridulum, hym. hyp. incol., par. subliberae, apice minute clavatae, sp. ellips., 15—16 × 7—8; spermog. numerosa, sperm. acicul., arcuata, 22—24 × 1; thallus K flavens, sero rubescens, Cl —, med. J —*; mit Ausnahme des Thallus stimmend (14).
50. *Bilimbia* —: *thallus granulosus, albovirens, ap. convexa, olivaceo-nigricantia, immarginata, ep. viridulum, hym. hyp. incol., vel hyp. lutcolum, sp. fusiformi-oblongae, 14—16 × 3—4, 1—3 sept., J hym. coerul., mox obscure vinose rubens* (14).
51. *Sarcogyne simplex* Dav. (11, 22).
52. *Scoliciosporum umbrinum* Ach. (14, 22).
53. *Buellia leptocline* Fw.: *thallus albidus, rimuloso-areolatus, rugulosus, K flav., Cl —, med. J coerulesc., ap. mediocria, conferta, adnata, plana, marg. crassiusculo, ep. hyp. fuscum, sp. 16 × 5—6, J hym. coerulesc.* (14).
54. *Buellia stigmatea* Ach. (14).

55. *Catocarpus badioater* Flk.: *thalli med. J* —, *ep. fuscopurpureum, ap. innata, aequantia, sp. 20—28 × 12, 1 sept.* (22).
56. *Rhizocarpon geographicum* L. (14).
57. *Rhizocarpon concentricum* Dav. (14).
58. *Rhizocarpon excentricum* Nyl. (14, 22).
59. *Rhizocarpon distinctum* Th. Fr. (14).
60. *Opegrapha lithyrga* Ach., Stizb. Op. p. 7: *thallus tenuissimus, albissimus, farinosus, ap. emersa, linearia, currata, simplicia, disco rimaeformi, sp. Gnae, aciculari-fusiformes, 24—30 × 3, 5 sept., halone lato, J hym. vinose fulvescens, ap. lateribus thallo accessorio quasi albopruinosa* (14).
61. *Lithoicea nigrescens* Pers. (11, 14, 22); *thallus fuscus vel atrofuscus, rimulosus, humectus non mutatus, sp. ellips., 19—22—26 × 7—9, J hym. vinose rubens* (12).
62. *Verrucaria muralis* Ach. (22).
63. *Verrucaria hydrela* Ach. Auf Sandsteinplatten in einem trockenen Bachrinnsale: *thallus tenuis, effusus, continuus, aeneocupreus, laevigatus, ap. emersa, sp. late ellips., 19 × 14 vel 22 × 12, J hym. vinose rubens* (12).
64. *Polyblastia forana* Anzi Cat. 105?: *thallus tenuis, ochracco-albid., intus albissimus, ap. minuta vel parvula, nec minutissima, immersa vel semiemersa, poro hic illinc distincto, perith. dimid., par. vix distinctae, sed vidi nonnullas distinctas, validas, guttulis inspersas, sp. ellips., 3—5 sept., septis uno vel altero semel divisis, 6—8 blast., 16—20 × 9—11, incol., J hym. sat coerulescens, nec vinose rubens;* planta habitu *Verrucariam muralem* in memoriam revocat. Nach mir vorliegenden Exemplaren und Diagnosen kann ich mich für keine andere Art entscheiden (22).
65. *Microglaena corrosa* Kbr.: *thallus pallide lutescenti-olivac., tenuis, continuus vel rimulosus, ap. innata, deplanata, poro distincto, sp. in ascis cylindrac. 8 nae, ellips., polyblastae, incolores, 19—24 × 8—14, par. capillares, J hym. fulvescens!, sed addito K et Alcohol bene coerulesc.* (14).

B. Gneis.

Auf dem waldigen Plateau des Sandsteinhügels (12) ragen einige Gneisblöcke aus dem Boden hervor; darauf nachfolgende Flechten:
1. *Imbricaria conspersa* Ehrh. — 2. *Imbricaria prolixa* Ach. — 3. *Candelaria vitellina.* — 4. *Acarospora fuscata.* — 5. *Lecanora atra.* — 6. *Lecanora polytropa.* — 7. *Lecanora badia* Pers. — 8. *Aspicilia cinerea.* — 9. *Lecidea grisella* Flk. — 10. *Rhizocarpon geographicum.* — 11. *Rhizocarpon distinctum* Th. Fr.

C. Grobkörniger Granit.

(Vom gleichen Orte.)

1. *Candelaria vitellina.* — 2. *Lecanora polytropa.* — 3. *Aspicilia gibbosa.* — 4. *Aspicilia cinerea.* — 5. *Lecidea albococrulescens* f. *alpina* Sch. — 6. *Catocarpus badioater* Flk.

D. Kalkstein.

Auf Mauersteinen gegen den Eggerhof beobachtet (11).

1. *Gyalolechia lactea* Mass. — 2. *Rinodina Bischoffii* et f. *immersa* Kbr. — 3. *Stigmatomma cataleptum* Ach. — 4. *Verrucaria calciseda* DC.: *ap. plerumque elapsa, sp. oblongo-ellips., 24 × 7—14.*

E. Porphyr (vide Lich. Beiträge III S. 703 ff.).

1. *Cladonia pyxidata neglecta* Ach. (21).
2. *Stereocaulon nanum* Ach. Wenig vorhanden, doch cum Arn. exs. 1498 bene quadrans (21).
3. *Ramalina pollinaria* Ach. (1, 5).
   f. *humilis* Ach. Univ. 609 (21).
4. *Sticta scrobiculata* Scop.: *thallus juvenilis, supra sorediis orbicularib. caesiis vel fuscescentibus obsitus, pallide glaucescens, subtus tomentosus, rhizinosus, pseudocyphellae vix visibiles* (21).
5. *Imbricaria perlata* f. *ciliata* DC.: *thallus a typo non differt nisi ciliis marginalibus et hic illinc superficialibus longis nigris, extus intusque K flar., med. Cl —;* senkrechte Felswände überziehend (21).
6. *Imbricaria saxatilis* L.: *forma sublaevis, med. Cl —, K e flavo rubens* (5).
7. *Imbricaria revoluta* Flk.: habitu similis *saxatili*, sed *K ± flavens, Cl ∓ rubens; loborum margo hic illinc revolutus, sorediosus* (5).
8. *Imbricaria pertusa* Schrk. (5).
9. *Imbricaria fuliginosa* Fr. (21).
10. *Pannaria brunnea* Sw. (3).
11. *Pannaria rubiginosa* f. *conoplea* Ach.: ad rupes muscosas. (21).
12. *Pannaria microphylla* Sw. (21).
    f. *turgida* Schär. Eu. 98: *thalli squamulae fuscocinereae, lineares, digitatim divisae, imbricatae, ap. innata, convexa, lutescentia* (21).
13. *Amphiloma lanuginosum* Ach. Steril, in der Umgebung von Bozen nicht selten (21).
14. *Candelaria vitellina* Ehrh. (14).
15. *Gyalolechia aurella* Hffm. (11).
16. *Gyalolechia lactea* Mass.: *thallus submullus, ap. confertissima, subvitellina, sp. simplic. 1 sept., 16 × 7—8, hic illinc sporobl. polaribus, par. distincte clavato-articulatae* (1, 11).
17. *Callopisma aurantiacum* Ligthf. (5, 21).
18. *Callopisma flavovirescens* Wulf. (1, 21).
19. *Blastenia ferruginea* f. *saxicola* Mass. (11).
20. *Dimelaena Mougeotioides* Nyl. Steril; *thallus extus intusque flav., ambitu rotundato-lobatus, spermog. atra, immersa, sperm. bacillaria, recta, 5—6 × 1·5, in arthrosterigmatibus* (5).
21. *Rinodina lecanorina* Mass.?: *thallus incanus, rimoso-areolat., ap. innata vel adpressa, plana, atra, marg. tenui, atro, sp. 16—22 × 8—11, obtusae, medio vix constrictae, sporobl. rotundis* (14).

43

22. *Rinodina sophodes* f. *saxicola*. Eadem ac Nr. 15 supra saxa arenaria (14).

23. *Rinodina caesiella* Kbr. Pg. 74: *thallus incanus, granulosus vel minute verru-coso-areolat.*, *K flav.*, *ap. parva, plana, disco nigric.*, *marg. crassiusculo, incano*, K +, *sp. 18—23 × 8—9, sporobl. rotundis*. Arn. exs. 493 unterscheidet sich durch flachen areolirten Thallus und völlig eingesenkte Apothecien (5).

24. *Acarospora fuscata* Schrad. (1, 5, 21).

25. *Placodium murale* Schreb. (1, 11, 12).

26. *Lecanora atrynea* Nyl. (14).

27. *Lecanora sordida* Ach. (5, 12, 14).

28. *Lecanora dispersa* f. *coniotropa* Fr.: *thallum non vidi, ap. gregariter confertissima, disco oliraceo, nudo, marg. albo, subfarinoso* (1).

29. *Lecanora sulfurea* Hffm.: *thallus verrucoso-areolatus, ap. adnata, convexa, pruinosa* (5).

30. *Aspicilia calcarea contorta* Hffm. (12).

31. *Aspicilia gibbosa* Ach. (5, 14).

32. *Aspicilia cinerea* L. *a) Thallus in soredia materia coccinea colorata efflorescit* (5); *b) thallus crassiusculus, oliraceo-cinereus, diffracto-areolatus, reactiones normales* (14, 21).

33. *Pertusaria Wulfenii* var. *rupicola* f. *variolosa* Schär. Eu. 229: *thallus sulfureus, orbicularis, ambitu subzonatus, verrucoso-areolatus vel diffracto-areolatus, subpolitus, K serius aurantiacus, Cl —* (21).

34. *Pertusaria lactea* Schär. (5, 21).

35. *Biatora lucida* Ehrh.: *sp. solito majores, 11 × 4* (5).

36. *Biatora mollis* Wbg.: sat similis *rivulosae, sed sp. minutae, non oblongae, sed ellips. vel globoso-ellips., 7—8 × 4 - 6 vel 9 × 5* (5).

37. *Biatora coarctata* Ach.: *thallus continuus, rimulos., sordide vel roseolo-albid., K —, ap. dispersa, disco nigric., marg. valde inflexo, extus albo, sp. 18 × 8—11* (3).

38. *Lecidea lithophila* Ach. (14).

39. *Lecidea lactea* Nyl. (22).

40. *Lecidea declinans* Nyl. (14).
     f. *ochromelaena* Nyl. (14).

41. *Lecidea tesselata* Flk. (14, 21).

42. *Lecidea platycarpa* Ach., forma quaedam sp. minoribus? *Sp. 16—19 × 9, ep. fuscesc., ceterum ap. intus normalia; majuscula, convexa, non pure atra, sed fusco-atra vel umbrina, marg. saepissime demisso, disco hic illinc pruinoso, thallus solito melius evolutus*. Durch die Farbe der Apothecien und des ep. zu *phaea* neigend, vielleicht identisch mit f. *caesio-convexa* Wain. Adj. II, p. 68? (22).

43. *Lecidea crustulata* Ach. (14).

44. *Lecidea insularis* Nyl. (14).

45. *Lecidea tenebrosa* Fw. (5).

46. *Lecidea grisella* Flk. (14, 21).

47. *Lecidea latypea* Ach.: *thallus subcaesius, e granulis crassiusculis conglomerato-concretis contextus, quasi detritus* (21).
48. *Lecidea enteroleuca* Ach. (11).
  f. *atrosanguinea* Hepp (21).
  f. *pungens* Kbr. (21).
49. *Lecidea viridans* Fw. (21).
50. *Scoliciosporum umbrinum* Ach. Ap. inter thallum *Porocyphi* sang. crescentia, ut ap. huius appareant (5, 14).
51. *Buellia leptocline* Fw. (5).
52. *Buellia verruculosa* Borr. (21).
53. *Diplotomma epipolium* Ach. (11, 21).
54. *Catocarpus badioater* Flk. (5).
55. *Rhizocarpon geographicum* L. (14).
56. *Rhizocarpon viridiatrum* Flk. (21).
57. *Rhizocarpon excentricum* Nyl. (21).
58. *Rhizocarpon obscuratum* Ach.: *thallus tenuissimus, fuscescens vel murinus vel fusco-cinereus, K —, med. J —, ap. innata vel adpressa, marg. crassiusculo, sp. 27 × 12, murali-divisae* (21).
59. *Endocarpon miniatum* Ach. (21).
60. *Stigmatomma clopimum* Ach. (1, 14).
61. *Lithoicea nigrescens* Pers. (11, 21).
62. *Verrucaria muralis* Ach. (1).
63. *Arthopyrenia* —: *thallus effusus, tenuis, nigricans, sublaevis, ap. minutissima, vix lente conspicua, par. nullae, sp. oviformi-cuneatae, uno loculo rotundato, altero longiore, angustiore, 15 × 5—7, J hym. fulrescens; in vicinitatem atricoloris* Arn. Mon. p. 120 pertinens? (21).
64. *Lethagrium flaccidum* Ach. Steril (1, 21).
65. *Porocyphus (?) sanguineus* Anzi, Arn. Lich. Ausfl. VIII S. 14 (5).

F. Terra (porph.) et musci.

1. *Cladonia macilenta* Ehrh. (5).
2. *Cladonia furcata* f. *racemosa* Hffm. (5).
3. *Cladonia pyxidata* L. (5).
4. *Cladonia Papillaria* Ehrh. Steril (5).
5. *Imbricaria saxatilis* L. (5).
6. *Peltigera rufescens* Hffm., ad f. *incusam* vergens. (11).
7. *Candelaria vitellina* Ehrh.: *thallus vitellinus, granulosus vel crenato-lobatulus, K —* (5).
8. *Urceolaria bryophila* Ehrh. Super phyllocladia *Cladoniae pyxidatae* (21).
9. *Pertusaria globulifera* Turn. (5, 21).
10. *Sphyridium byssoides* L. (5, 21).
11. *Biatora Berengeriana* Mass.: *thallus granulosus, humectus virens, ap. fusco-atra, convexa, confertissima, ep. rufesc., hym. incolor., hyp. rufum, sp. dacryoideae, 9—14 × 4—5, J hym. obscure vinose rubens* (21).

13*

12. *Biatora gelatinosa* Flk., forma: *thallus leprosus, albus, K —, Cl —, ap. quasi effuso-adpressa vel innata, nigricantia, plana, difformia, tenuia, ep. olivaceum, hyp. incol., sp. in ascis anguste oblongis 8nae, oviformes, 11—14 × 4—5, J hym. sordide vinose rubens* (5).

13. *Toninia squalida* Ach.: *thallus verrucoso-squamulosus, in pulvinulos diffractus, sordide cinereus vel fuscescens, ap. atra, convexa, saepissime confluenti-botryosa, ep. obscure viride, par. apice viridi-clavatae, sp. clavatoaciculares, vel bacillares, obtusae, 3 sept., rectiusculae, 27—32 × 3, ep. K —, hyp. incolor; sporae* conveniunt cum Hepp 123 (5).

14. *Bilimbia sphaeroides* Dicks.: *ap. livido-nigricantia, humecta olivacea, pellucida, immixtis paucis carneis, conglomerata; ep. sordide olivac., hym. hyp. incol., sp. 3 sept., subfusiform., obtusiusculae, 14—19 × 4; J hym. coerulesc., dein vinose fulvesc.; thallus albidus, leprosus* (5).

15. *Catolechia pulchella* Schrad.: *thallus bullato- vel plicato-verrucosus, sulfureovirescens, superficie mox in lepram deliquescens, ap. desunt* (5).

16. *Microglaena muscicola* Ach.: *thallus verniceo obducens, pallide cinereus, ap. conica, par. filiformes, sp. in ascis 2—4 nae, obtuse fusiformes, sporobl. numerosissimis, 54—81 × 19—27* (5).

IV. Cortices.

2. *Pinus Picea* (comp. III, S. 721).

1. *Evernia furfurea*. A. (15). — 2. *Imbricaria saxatilis* (21). — 3. *Imbricaria fuliginosa* (21); f. *subaurifera* Nyl. (21). — 4. *Blastenia ferruginea corticola* Anzi. A. (15).

5. *Rinodina metabol.* (21). — 6. *Lecanora subfusca glabrata* Ach. (21), St., A., Zw. (15). — 7. *Lecanora angulosa* (21). — 8. *Lecanora pallida* (21). — 9. *Lecanora umbrina* Ehrh. Zw. (15). — 10. *Lecanora symmictera* (15, 21).

11. *Lecidea alba* Schl., Arn. exs. 413: *sterilis, thallus leprosus, pallide viridilutescens, Cl rubens* (15). — 12. *Lecidea parasema* (21). — 13. *Bilimbia Naegelii* Hepp (15). — 14. *Bacidia accrina* Pers. (21). — 15. *Buellia paras.* (15, 21). — 16. *Melaspilea proximella* Nyl. (15).

17. *Arthopyrenia fallax* Nyl.: *thallus atrolimitatus;* ob f. *pinicola* Hepp, kann ich nicht sagen (15).

18. *Arthopyrenia analepta* Ach.: *ap. mediocria, poro impresso pertusa, sp. omnino ut in fallace, 1 sept., medio constrictae, sp. 16—22 × 4—5, paraph. nullae*. A., Zw., St. (15).

19. *Arthopyrenia atomaria* Ach.: *ap. minutissima, par. desunt, sp. 1 sept., cum guttulis 4, 12—16 × 4* (15).

20. *Arthopyrenia submicans* Nyl.?: *ap. minutissima, illis globularis haud dissimilia, thallus albus, sp. elongato-oblongae, 3 sept., aetate lutcolae, 19—24 × 4—5, par. desunt.* Die meisten Sporen waren nur einzellig, denen von *punctiformis* ähnlich, doch grösser, kräftiger (15).

3. *Pinus silvestris* (comp. III, S. 722).

Imb. physodes (forma illa III, S. 722 sub Nr. 9) (21).
Lecanora metaboloides Nyl., Arn. exs. 708: *ap. minuta, biatorina, pruinosa, sp. oblongae 8—11 × 3, sperm. cylindrica, recta, 5 × 1* (21).
Cyphelium chrysocephalum Turn. (21).

4. *Larix europaea* (comp. III, S. 723).

1. *Cladonia digitata* (18). — 2. *fimbr. tubaeformis* (18).
3. *Alectoria cana* f. *rubens* m.: *thallus fusco-pallescens, K e flavo mox sanguineo-rubens;* fand über diese Reaction keine Beobachtung (18).
4. *Evernia prun.* (18). — 5. *Imb. saxatilis* L., forma *thallo microphyllino, imbricato, sublaeri, cinereo; reactiones normales* (18); f. *furfuracea* Sch. (18). — 6. *exasperatula* (3). — 7. *aspera, c. ap.* (3). — 8. *Parmelia stellaris* L. (3). — 9. *pulv.* (3). — 10. *Cand. ritell.* (3). — 11. *Blast. ferrug. cortic.* (3). — 12. *Rinod. metabol.* (18). — 13. *Ochrolechia pallescens cortic.* (18). — 14. *Lecan. subfusca glabrata* (3); f. *pinastri* Scop. (18).
15. *Biatora obscurella* Smmf.: *thallus non visibilis, ap. modo pauca, planiuscula, sicca fusco-atra, humectata fusca, ep. fuscum, par. laxiusculae, apice fusco-clavatae, hyp. incol., sp. oblongae, 11 × 4* (18).
16. *Lecidea paras.* (3). — 17. *Buell. punctif.* (3). — 18. *Melaspilea proximella* Nyl. (3).

5. *Quercus pubescens* (comp. III, S. 725).

1. *Anaptychia ciliaris.* — 2. *Cand. ritell.*
3. *Rinodina colobina* Ach.: *ep. K violaceum, sp. solito majores, 22—27 × 11, sporobl. malleiformib., obtusissimae, rarius medio constrictae.* — 4. *Lecan. subfusca chlarona* Ach. — 5. *Opegrapha varia diaphora* Ach.: *thallus albus, ap. simplic. vel trifurcata, tumida, disco dilatato, ep. hyp. fuscum, sp. 5 sept.; normales, 24—27 × 5—7.*
6. *Collema quadratum* Lahm.: *thallus nigricans, squamoso-granulos., praecipue humectatus conglomerato-granosus, ap. parva, sp. in ascis 8 nac, subquadratae vel rotundae, guttulis oleosis irregulariter dispositis vel cruciatis, 14—16 × 11—14, J hym. coerulesc., dein sordidescens.*

6. *Fagus silvatica* (comp. III, S. 726).

1. *Imb. fuligin.* Zw. (21). — 2. *exasperatula.* Zw. (21). — 3. *Cand. vitellin. xanthostigma* Pers. Zw. (21). — 4. *Blast. ferrug. cort.* Zw. (21). — 5. *Rinod. pyrina.* Zw. (21). — 6. *exigua* Ach. Zw. (21, 15). — 7. *metabol.* (15). — 8. *Lecan. subf. glabrata.* Zw. (21). — 9. *intumescens* Rebt. (21); f. *glaucorufa* Mart. (15, 21). — 10. *angulosa.* Zw. (21). — 11. *Lecidea paras.* (21). — 12. *olivacea.* Zw. (21).
13. *Bilimbia Naegelii* Hepp: *ap. sordide olivaceo-fusca vel nigricanti-fusca vel carnea, sp. 3 sept., oblongae, 16—24 × 3.* Zw. (21). — 14. *Buellia*

parasema (21); f. *vulgata* Th. Fr. (15, 21). — 15. *Arthonia astroidea*, Zw., St. (21).

16. *pineti* Kbr.: *thallus luteo-virescens, humectus violodorus, ap. minuta, tenuia. rotundata vel difformia, ep. K violascens, sp. ovales, 1sept., 16×5—6, demum fuscae* (21).

17. *punctiformis* Ach.: *thallus non visibilis, ap. prorumpentia, deplanata, rotundata vel oblonga, sp. in ascis late saccatis 8nae, 16—20×4—5, 3 ad 4septatae, septis constrictae* (15). — 18. *Opegr. herpetica* Ach. (21). — 19. *Graphys scripta flexuosa* (21). — 20. *Arthopyr. fallax* (15, 21).

21. *punctiformis* Ach. St., Zw. (15, 21).

7. *Betula alba* (comp. III, S. 727).

1. *Usnea barb. florida.* St. (19, 23), Zw. (14); f. *dasypoga* Ach. (23); f. *hirta* (19, 23). — 2. *Evernia prun.* (19, 23).

3. *thamnodes* Fw. (= *mesomorpha* Nyl. Sc. 74) (23). — 4. *furfur.* Zw. (14), St. (19), c. ap., St. (23). — 5. *Ramalina pollin.* (23). — 6. *Anapt. ciliaris* (23). — 7. *Platysma pinastri* (23). — 8. *Imb. saxatilis* L. Zw. (14), St. (19, 23). — 9. *physodes* (23); f. *labrosa* Ach. (19). — 10. *aleurites* Ach. (23). — 11. *caperata,* c. ap. (23). — 12. *fuligin.* (19, 23); f. *subaurifera* Nyl. (23). — 13. *verruculifera* (19). — 14. *exasperatula.* Zw. (14, 19), St. (19, 23). — 15. *Parmeliopsis ambigua* Wulf. (23). — 16. *Parm. stellaris.* Zw. (14), St. (19, 23); f. *ambigua* Ehrh. (23). — 17. *aipolia* Ach. (23). — 18. *tenella* (23). — 19. *hispida* Fr. (23). — 20. *obscura* (23). — 21. *pulv.* (23).

22. *Xanth. pariet.* f. *imbricata* Mass.: extus intusque cum Arn. exs. 747 b congruens (23). — 23. *Cand. vulg.* Zw. (14), St. (19); f. *citrina* Kphl. (23). — 24. *vitell.* f. *xanthostig.* (23). — 25. *Callopisma salicinum* Schrad.: *thallus flavus, granuloso-verrucosus* (23). — 26. *cerin.* (23). — 27. *pyrac.* Zw. (14), St. (23). — 28. *cerinellum* Nyl.: extus omnino *pyraccum,* sed sp. 16nae. (23). — 29. *Blast. ferrug. corticola* (19, 23). — 30. *Rinod. metabol.* (23). — 31. *exigua* Ach. Zw. (14), St. (19, 23). — 32. *Ochrolech. pallescens corticola: thallus crassus, reactiones non conveniunt: discus pruinosus nec K, nec Cl mutatus; sp. 4nae (!), 51×35* (26). — 33. *Lecan. subf. glabrata* (19); f. *chlarona* Ach. (19, 23); f. *pinastri* (23). — 34. *angulosa* (19). — 35. *umbrina* Ehrh. (23). — 36. *varia pallesc.* (23). — 37. *symmict.* Zw. (14), St. (23). — 38. *Lecania cyrtella* Ach. (23). — 39. *Pertusaria globulif.* (23). — 40. *Lecid. parasema* Ach. Zw. (14), St. (19, 23); forma ap. caesio pruinosis; tantum vidi 4 ap. (23). — 41. *olivacea* (23). — 42. *Biatorina nigroclav.* (23). — 43. *Bacidia Friesiana* Hepp: *thallum non vidi, ap. atra, subplana, ep. glaucum, hym. hyp. incol., sp. aciculares, rectae, obtusae, 27—32×2, polyblastae;* = Arn. exs. 168; an den Astnarben (23). — 44. *Scoliciosp. lecideoides* Hazsl.: *thallus albus, tenuissima, ap. parva, plana, ep. fuscopurpureum, K violac., hyp. fuscescens, sp. spiraliter tortae.* Scheint im Gebiete häufig, doch immer nur

wenig vorhanden. — 45. *corticolum* (14). — 46. *Buell. paras.* Zw. (14),
St. (15, 23); f. *rugulosa* Ach. (23).

47. *Diplotomma betulinum* Hepp: *soredia virescentia adsunt; ap. extus omnino
Buell. parasemae, sp. late ellips., 3 sept. et dein murali-divisae, 4—8 blastae,
15—23 × 8—11* (23). — 48. *Arthonia astroidea* Ach. (14, 23); f. *radiata*
Pers. (15). — 49. *punctiformis* (23). — 50. *populina* Mass., cum Arn.
exs. 859 congruens. Zw. (19). — 51. *Arthopyrenia fallax* Nyl. (15, 23).
— 52. *punctiformis* Ach. St., Zw. (19).

53. *pyrenastrella* Nyl?: *thallus vix ullus, ap. ellips., subconfluentia, mediocria,
sp. in ascis oblongis, elongato-oblongae, 1 sept., cum 4 guttulis, 19 × 4,
par. adsunt!, sed irregulares;* mit *fallax* stimmt die Flechte gar nicht;
vielleicht doch nur eine *punctiformis;* in einigen ap.: *par. indistinctae.*

54. *grisea* Schl.: *thallus griseus, ap. minuta, par. nullae, sp. 1 sept., elongatae,
regulariter cum 4 guttulis oleosis, medio constrictae, 19 × 4—5, omnino
=* Hepp 450. Zw. (14). — 55. *Leptorhaphis epidermidis* Ach.: *sp. in
ascis oblongis, anguste fusiformes, curratae vel rectae, indistincte septatae,
24—30 × 2—3* (19).

8. *Populus tremula* (Krummenbühel; comp. III. S. 728).

Xanth. lychnea Ach. — *Callop. cerin. cyanolepra.* — *Scoliciosp. lecid.* — *Biatorella microhaema* Norm.: *J hym. coerulesc., gonidia adsunt.* — *Leptorhaphis tremulae* Flk.: *sp. 22 × 3.*

9. *Salix vitellina* (comp. III, S. 729).

1. *Imb. revoluta* Flk. — 2. *aspera.* — 3. *exasperatula.* — 4. *Parm. obscura.*
— 5. *Lecan. subf. chlarona.* — 6. *Lecid. parasema.* — 7. *Bacidia
rubella* Pers.

11. *Ulmus campestris* (comp. III, S. 730).

1. *Imb. verruculifera.* — 2. *Callop. cerinellum.* — 3. *Lecan. subf. allophana.*
— 4. *Arthonia punctiformis* Ach. — 5 *Arthopyrenia pluriseptata* Nyl.
— 6. *Mallotium tomentos.*

12. *Crataegus oxyacantha* (comp. III, S. 730).

1. *Usnea barb.* (14). — 2. *Evern. furfur.* (14). — 3. *Imb. exasperatula* (14).
— 4. *aspera* (13). — 5. *Parm. stellaris* (13, 14). — 6. *tenella* (13). —
7. *pulv.* (13). — 8. *obscura* (13). — 9. *Cand. vulg.* (13, 14). — 10. *Callop.
cerin.* (13). — 11. *pyrac.* (13, 14). — 12. *cerinellum* (13). — 13. *Rinodina
pyrina* (14). — 14. *metabol.* (13). — 15. *Lecan. subf. chlarona* (21);
f. *glabrata* (14). — 16. *angulosa* (14). — 17. *Lecid. paras.* (13, 21). —
18. *oliracea* (14). — 19. *Biatorella microhaema* Norm. (13). — 20. *Buell.
punctiform.* (13). — 21. *Arthrosporum accline* Fw. (13). — 22. *Arthonia*

astroidea (13, 21); f. *radiata* Pers. (21). — 23. *Arthopyr. fallax* (21). — 24. *punctiformis* Ach. (21).

25. *pluriseptata* Nyl.: *pl. optime evoluta, sp. in ascis oblongis 8nae, 3—5sept., lateribus constrictae, 19—24×5, par. nullae* (13).

13. **Tilia parvifolia** (auf dem Wege nach Afing; comp. III, S. 731).

1. *Parm. aipolia.* — 2. *pulv.* — 3. *obscura.* — 4. *Callop. cerinum.* — 5. *Lecan. intumescens* Rbt. — 6. *Lecid. paras.* — 7. *Scoliciosp. lecideoides* Hazsl. 2 Apothecien. — 8. *Arthonia astroid.* — 9. *populina* Mass.
10. *Arthopyrenia pluriseptata* Nyl. Habituell hier überall gleich: *thallus nullus visibilis vel macula sordida indicatus, ap. medioeria, conferta, semiglobosa, intus optime evoluta.*

14. **Fraxinus Ornus** (comp. III, S. 734).

Auf ein paar gegen das Sarnthal exponirten Bäumen auf dem oberen Wege nach Afing fand ich — für diese Höhe nicht uninteressant — zwei Vertreter des Südens.

Arthopyrenia punctiformis Ach.: *ap. parvula, confertissima, par. subdistinctae, sed sporae speciei, 1 sept., cum guttulis oleosis 2—4, 11—18—22×3·5—4.*

Tomasellia arthonioides Mass.: *thallus atrolimitatus decussatusque, sp. 1 sept., 11×4.*

Blastodesmia nitida Mass.: *ap. majora, sp. 5—9sept., aureae, lateribus constrictae, 27—35×5—7, adultae corrugatae, fuscae, asci oblongo-cylindrici; sperm. baccillaria, recta, 5×1·5.*

18. **Prunus Avium** (auf dem Wege nach Afing; comp. III. S. 734).

1. *Usnea barb.* — 2. *Evern. prun.* — 3. *furf. scobicina.* — 4. *Anaptych. ciliaris.* — 5. *Imb. saxatil.* — 6. *revoluta.* — 7. *fuliginosa.* Cum ap. — 8. *exasperat.* — 9. *aspera.* — 10. *Parm. stellaris.* — 11. *pulv. detersa.* — 12. *Xanth. pariet.* — 13. *Cand. vulg.* — 14. *vitellina.* — 15. *Callop. pyrac.* — 16. *Blastenia ferrug.*
17. *Rinodina sophodes* Ach.: *thallus normalis, sp. obtusissimae, medio vix constrictae, 11—14×7—8.* — 18. *exigua.* — 19. *Lecan. subf. chlarona;* f. *glabrata.* — 20. *angulosa.* — 21. *Lecid. parasema.* — 22. *olivacea.* — 23. *Biatorina nigroclav.* — 24. *Scolic. corticol.* — 25. *Bucll. paras.;* f. *albocincta* Th. Fr. Sc. p. 591: *ap. discus caesio-pruinosus, sp. latae, 16—23×8—12.* — 26. *Coniang. exile.*
27. *Melaspilea proximella* Nyl. (hieber gehört auch die in III, S. 734, Nr. 27 erwähnte.) A planta pinicola non differt. — 28. *Leptorhaphis parameca* Mass.?: *thallus non visibilis, sp. in ascis clavatis, nec elongatis nec cylindricis 6nae, fusiformi-acicul., 24—30×3—4.* Die in III, S. 735 Nr. 32 angefügte Frage beruht auf einem Missverständnisse meinerseits und ist

nach mittlerweile eingesehenen Exemplaren von *Leptorhaphis Quercus* Beltr. völlig gegenstandslos.

20. **Prunus domestica** (comp. III, S. 735).

Imb. fuliginosa Cum ap. — *Cand. vitell. xanthostigma* Pers. Supra priorem.

21. **Pyrus Malus** (Steiflerhof; comp. III, S. 735).

1. *Evernia thamnodes* Fw.: *thallus teres, flaccidus, longe pendulus, K —, sorediis nullis;* sec. Th. Fr. Sc. p. 32 *prunastri* var. *gracilis* „nullo pacto a *mesomorpha* Nyl. (*thamnodes* Fw.) differt". — 2. *Imb. tiliac.* — 3. *fuliginosa.* Cum ap.
4. *Scoliciosp. lecideoides* Hazsl.: *ap. solito minora, atra, intus normalia.* — 5. *Mallot. tomentos.*

22. **Pyrus communis** (comp. III. S. 736).

1. *Imb. exasperatula.* — 2. *verruculif.* — 3. *Xanth. lychnea fulva.* — 4. *Gyalolechia aurella.* — 5. *Rinod. exigua.*
6. *Leptogium tenuissimum* Dcks.: *thallus pulvinatus, minutissime dissectus, laciniae lineares, erectae, dense caespitosae, ap. parva, rufa, urceolata, sp. variabiles, obtusae vel apicibus attenuatae, 3 sept., divisiones non distinctae, guttulis oleosis impletae, 27 × 11.*

23. **Juniperus communis** (Krummenbühel).

1. *Cand. vitell. xanthostigma* Pers. — 2. *Callop. pyrac.* — 3. *Melaspilea proximella* Nyl. Frequens; *ap. bene evoluta, sp. obtusae, 1 sept., 23 × 9—11, in ascis latis.* — 4. *Arthopyrenia cinereopruinosa* Mass.: *thallus albidus, ap. minutissima, thallo subfarinosa, par. adsunt, sp. minus evolutae, 14 × 4.*

24. **Rhododendron ferrugineum** (Krummenbühel).

Die auf dem felsigen Nord- und Ostabhange des Krummenbübel wuchernden Alpenrosensträucher sind von nur wenigen Arten bewachsen.

1. *Usnea barb.* — 2. *Lecan. subf. glabrata.*
3. *Biatorina diluta* Pers.: *thallus leprosus, viridis, ap. albido-carnea, minuta, marginata, intus incol., sp. oblongo-ellipt., 9—12 × 3, par. solubiles, graciles, apicem versus sensim incrassatae, asci subcylindracei; J hym. vinose rubens.*
4. *Bilimbia trisepta* Naeg., vide Arn. Lich. Ausfl. XX S. 10: *thallus granulosoleprosus, viridis vel cinereo-viridis, ap. carneo-albida vel in lividum vergentia, minuta vel parva, convexula, intus omnino incoloria vel ep. viride, sp. oblongo-fusiformes, 3 sept., obtusiusculae, 16—19 × 4, J hym. coerulesc., dein vinose rubens.*

5. *Arthon. astroidea.* — 6. *dispersa* f. *Rhododendri* Arn.
7. *punctiformis* f. *Rhododendri* Arn.: *sp. paullo minores, quam in* Arn. Lich.
Ausfl., *14 × 4, in ascis oblongis vel subcylindricis.*

25. *Alnus viridis* (Krummenbühel).

1. *Callop. pyrac.* — 2. *Lecan. subf. glabrata,* — 3. *Lecidea paras.* — 4. *Arthonia astroid.*
5. *Calicium praecedens* Nyl. Frequens; *sp. simplices, oblongo-ellips., 9—18 × 4—5.* — 6. *Arthopyrenia fallax* Nyl. — 7. *punctiformis* Ach. — 8. *rhyponta* Ach. — 9. *rhypontella* Nyl., Hue 301: *thallus nigricans, obscurior quam in priori, sp. 1 sept., saepe cum 4 guttulis, latiores quam in* Hepp 449, *14—20 × 4—5.*

26. *Fraxinus excelsior.*

Ein alter Baum steht auf einem Wieseurande zunächst dem Eggerhofe (11); eine Reihe von jungen Eschen längs des Weges zum Kreuzwegerhofe (13).

1. *Imb. tiliac.* (11). — 2. *aspera.* Cum ap. (13). — 3. *verruculifera* (11). — 4. *Parm. stellaris* (11, 13). — 5. *aipolia* (13). — 6. *tenella* (11). — 7. *obscura.* Cum ap. (11). — 8. *Xanth. pariet.* (13). — 9. *Cand. vulgaris* (11, 13). — 10. *vitellina* (13). — 11. *Callop. cerin.* (11); f. *cyanolepra* DC. (13). — 12. *pyrac.* (13). — 13. *cerinellum* Nyl. Mit Voriger in Gesellschaft, habituell vollständig verschieden (13). — 14. *Blast. ferrug. corticola* (13). — 15. *Rinod. sophodes* (13). — 16. *metabol.* (13). — 17. *exigua* (13). — 18. *colobina* Ach. (13). — 19. *polyspora* Th. Fr. (11, 13). — 20. *Lecan. subf. allophana* (13); f. *sorediifera* Th. Fr. (11). — 21. *angulosa* (13). — 22. *Lecid. paras.* (13). — 23. *olivacca* (13). — 24. *Biatorina nigroclav.* (11). — 25. *Bilimb. Naegelii* (13).
26. *Bacidia abbrevians* Nyl.: *thallus leprosus, virescens, ap. atra, marg. nitidulo, ep. olivaceum, hym. angustissimum, cum hyp. incol., sp. rectae, bacillares, 19—22 × 3; apoth. intus K —.*
27. *Biatorella microhaema* Norm. Die Pflanze ist mir kaum mehr zweifelhaft; die Anwesenheit der Gonidien in und unter den Apothecien, die Bläunng des Hym. durch *J*, worauf die Farbe in violettes Weinroth übergeht, die bauchigen Schläuche mit häufig gelblichem, krumigen Inhalt — ganz wie es Th. Fries Sc. 400 angibt — lassen mich an einen Pilz nicht denken; die Pflanze ist hier verbreitet (13). — 28. *Arthonia punctiformis* (13).
29. *Arthopyrenia atomaria* Ach.: *ap. minutissima, sp. angustae, 1 sept., 12 × 3·5, guttulas olevsas non continent.* Erregt mir den Verdacht, dass sie die in Flora 1872, S. 539 von Müller angegebene *Arthopyrenia minutissima* Müll. sein könnte; *asci sunt orales, 27 × 14, ap. minutissima* (13).
30. *rhyponta* Ach.: vergit thallo crassiore ad *Fumago.* — 31. *pluriseptata* Nyl. — 32. *Mallot. Hildenb.* (11, 13). — 33. *Lethagrium verruculosum* (11).

27. *Acer Pseudoplatanus.*

In der Nähe des Steiflerhofes steht ein alter, windausgesetzter Ahorn, dessen Untersuchung ich eine eigene Excursion widmete; ihr Ergebniss hat mich einigermassen enttäuscht. Der einzige mir noch bekannt gewordene Standort dieses Baumes ist in Flaas.

1. *Ramalina fraxinea.* Cum ap. — 2. *Anaptychia ciliaris.* Mit cephalodienartigen Pusteln. — 3. *Imb. tiliac.* — 4. *saxatil.* — 5. *fuliginosa.* Cum ap. — 6. *verruculif.* — 7. *aspera.* Cum ap. — 8. *Parm. stellaris.* — 9. *aipolia.* — 10. *pulv.* — 11. *obscura.* — 12. *Xanth. lychnea.* — 13. *Cand. vitell.* — 14. *Callop. cerin.* — 15. *Lecan. subf. glabrata.* — 16. *angulosa.* — 17. *Lecidea paras.* — 18. *Scoliciosp. corticol.* — 19. *Buell. paras.* — 20. *Arthonia astroidea.* — 21. *populina* Mass. — 22. *Arthopyrenia plurisept.*

23. *Collema microphyllum* Ach.: *thallus rotundato-lobatus, lobi erecti, plicati, imbricati, thallus humectus pulposus, granulatus, olivaceus; sp. 5 sept., loculis mediis semel divisis, fusiformi-ellipsoid., 19—26 × 8—9.*

28. *Castanea vulgaris.*

In der Nähe des „Kästenbaumerhofes" befinden sich viele jüngere und ein paar ältere Bäume, auf denen nachfolgende Flechten beobachtet wurden:

1. *Usnea barb.* — 2. *Clad. digitata.* Auf morschem Holze. — 3. *Evernia prun.* — 4. *Imb. saxat.* — 5. *revoluta* Flk. — 6. *caperata.* — 7. *exasperatula.* — 8. *Parm. stellaris.* — 9. *tenella.* — 10. *pulv. detersa.* — 11. *obscura.* — 12. *Cand. vitell.* — f. *xanthostigma.* — 13. *Rinod. pyrina.* (13). — 14. *exigua.* — 15. *Lecan. subf. chlarona.* — 16. *angulosa.*

17. *metaboloides* Nyl. Auf morschem Holze: *ap. biatorina, carneo-rufa vel atrorufa, minuta, planiuscula, humecta pallide livida, subpruinosa, ep. fuscesc., granulosum, K—, N—, sp. oblongae, 7—11 × 3—4, hym. angustum, J coerulesc., mox sordide fulvesc.; sperm. non inveni.* — 18. *Lecid. paras.* — f. *atrorubens.* — 19. *olivacea.* — 20. *Bilimbia melaena* Nyl. Auf morschem Holze. — 21. *Scolic. lecideoid.* — 22. *Buell. punctif.* — 23. *Arthonia astroidea.* — 24. *populina.* — 25. *Calicium trabinellum* Ach. Auf morschem Holze.

26. *Mycoporum* —?: *ap. minutissima, punctiformia, verrucaroidea, sp. in ascis late oblongis, ovales, 3—5 sept., uno vel altero loculo semel divisis, par. non vidi, J hym. fulvescens.* — 27. *Arthopyrenia rhyponta* Ach. (13). — 28. *pluriseptata* Nyl.

29. *Corylus Avellana.*

1. *Evernia furf.* (23). — 2. *Imb. physodes* (23). — 3. *fulig. subaurifera* (23). — 4. *exasperatula* (23). — 5. *Parm. stellaris* (19, 23). — 6. *tenella* (23);

44*

f. *ambigua* (23). — 7. *obscura* (23). — 8. *Cand. vulg.* (23). — 9. *Callop. salicinum* Schrad. (23). — 10. *cerin.* (19, 23). — 11. *pyrac.* (23). — 12. *cerinellum* (23). — 13. *Blast. ferrug. cortic.* — 14. *Rinod. pyrina* (23). — 15. *metab.* (23). — 16. *Lecan. subf. glabrata* (23). — 17. *Hageni* Ach. (23). — 18. *umbrina* (23). — 19. *symmictera* (23). — 20. *Lecania cyrtella* Ach. (23). — 21. *Lecid. paras.* (23). — 22. *Biatorina globulosa* Flk. (23). — 23. *Buellia punctif.* (23). — 24. *Arthonia astroidea* (23).
25. *punctiformis* Ach.: *sp. 4sept., 22 × 5, lateribus constrictae* (23). — 26. *populina* (19). — 27. *Arthopyrenia rhyponta* Ach. (19).

30. *Sambucus nigra.*

Im Dorfe fand ich nur einen einzigen Baum, der vermöge seines Alters eine lichenologische Ausbeute erhoffen liess; sie war aber ziemlich mager.

1. *Parm. stellaris.* — 2. *Cand. vulg.* — 3. *Callop. pyrac.*
4. *Calicium pusillum* Flk.: *thallus nullus visibilis, ap. minutissima, nigra, sp. fusiformi-ellips., 1sept., 9—11 × 4.*
5. *Arthopyrenia rhyponta* Ach.: *thallus griseus vel nigricans, tenuis, par. nullae, sp. fusiformi-ellipsoid., laterib. constrictae, 15—16 × 4—5.*

31. *Cornus sanguinea.*

Parmelia stellaris. — *Xanth. lychnea.*

32. *Aronia rotundifolia.*

Auf einem im Fichtenwalde rechts vom Wege auf den Salten wachsenden, wegen seiner gänzlich kahl gewordenen Blätter anfangs nicht erkannten, mageren Stämmchen fand ich: *Callop. pyrac.* und *Lecan. subf. chlarona.*

33. *Berberis vulgaris.*

Mehrere in der Nähe der grossen Sumpfwiese stehende veraltete Stauden ergaben folgende Florula:

1. *Imb. exasperatula.* — 2. *Parm. stellaris.* — 3. *Cand. vulg.* Cum ap. — 4. *Callop. salicinum* Schrad.: thallus ut in *flavovirescente.* — 5. *pyrac.*, simillima *cerinello*, sed *sp. majores, 8nae.* — 6. *cerinellum.* — 7. *Blast. ferrug. corticola.* — 8. *Rinod. metabolica* Anzi. Hat zwar bräunlichen Fruchtrand (neben graulichem), ist aber innen vollkommen übereinstimmend. — 9. *Lecanora Hageni.* — 10. *Lecid. paras.* — 11. *Bilimbia Naegelii* Hepp: *ap. fusca vel carneo-fusca, biatorina, adglutinate adpressa, hym. roseolum, cet. ap. intus incol., sp. plerumque paullum curvatae, subfusiformes, 1—3sept., 19—22 × 3—4, J hym. coerulesc.* — 12. *Buellia punctif.*

34. *Rosa canina.*

In der Nähe des Teiches.
1. *Imb. aspera.* — 2. *Parm. stellaris.* — 3. *obscura.* — 4. *Cand. ritell.* — 5. *vulg.* — 6. *Callop. pyrac.* — 7. *Callop. cerinellum.* — 8. *Blast. ferrug. corticol.* — 9. *Lecanora subfusca.* — 10. *umbrina.* Ehrh. — 11. *Buellia punctiformis.* — 12. *Arthopyrenia pluriseptata* Nyl. Optime evoluta.

V. Parasitae.

1. *Abrothallus Parmeliarum* Smmf. Supra *Plat. pinastri* ad *Betulam*, bene evoluta: *ep. olivaceum, hym. incol., hyp. lutescens, sp. soleaeformes,* $15 \times 4—5$.
2. *Celidium varians* Dav. Super *Lecan. sordidam* ad saxa porph. (5).
3. *Conida clemens* Tul. Super podetia *Clad. pyxidatae* ad *Laricem* (18) et super ap. *Lecan. angulosae* ad *Acer* (19): *ep. hyp. fuscesc., sp. in ascis pyriformib. (35×16), inaequaliter 1sept., $11—12 \times 4$.
4. *Arthopyrenia lichenum* f. *fuscatae* Arn. Supra *Acarosp. fusc.* ad saxa porph. (5); cum planta in Arn. Lich. Ausfl. VIII S. 302, Nr. 100, omnino congruens, sed *sp. minores,* 7×3.
5. *Pharcidia congesta* Kbr. Super ap. *Lecan. subf. glabratae* ad cortic. *Pruni* (21), et super thallum et ap. *Lecan. angulosae* ad *Acer* (19).
6. *Tichothecium gemmiferum* Tayl. Supra thallum *Aspiciliae cinereae* ad saxa porph. (5).
7. *Tichothecium pygmaeum* Kbr. Supra ap. *Rinodinae pyrinae* ad *Corylum* (23), et supra ap. *Rinodinae corticolae* ad *Laricem* (3).

Ausbeute einer herpetologischen Excursion nach Ost-Algerien.

Von

Dr. phil. **Franz Werner.**

(Vorgelegt in der Versammlung am 6. Juli 1892.)

Wenngleich nachstehende Bemerkungen über eine kleine, im April dieses Jahres angelegte Sammlung von Reptilien und Amphibien wohl im Allgemeinen kaum viel Neues bieten dürften, so glaube ich doch mit der Publication derselben wieder etwas zur Erweiterung unserer Kenntnisse über die herpetologische Fauna Algeriens beigetragen zu haben; namentlich einige Fundorte dürften nicht ohne Interesse sein. — Literatur in Boulenger, Catalogue of Reptiles and Batrachians of Barbary (Morocco, Algeria, Tunisia) (Transactions Zool. Soc. of London, Vol. XIII, Part III, 1891).

I. Bône (Mont Edough).

Salamandra maculosa Laur. var. *algira* Bedr. (Boulenger, l. c., p. 161, Taf. XVIII, Fig. 3). Ein 15 cm langes Exemplar (Schwanzlänge 7 cm) mit grossen irregulären Flecken.

In einem Bache fand ich auch Larven dieses Salamanders von folgenden Dimensionen:

Totallänge 54 mm (47).[1]

Kopfrumpflänge 29 mm (bis zur Afteröffnung) (27).

Kopflänge 8 mm (bis zur Kehlfalte gemessen) (9).

Kopfbreite 8·5 mm (9).

Länge der vorderen Extremität 10 mm (9).

Länge der hinteren Extremität 9·5 mm (9).

Rumpfbreite 7 mm (5).

Entfernung zwischen den Augen 5·5 mm (4·5).

Bufo mauritanicus Schlgl. (Boulenger, l. c., p. 158). Sehr häufig. Die Exemplare von Bône und Lambesa unterscheiden sich schon auf dem ersten Blick durch die rauhe Haut und die mehr braune als graue Grundfärbung

---

[1] Die eingeklammerten Zahlen beziehen sich auf ein gleichalteriges Wiener Exemplar.

(auch die Unterseite ist mehr gelb als weiss) von *Bufo viridis*, den ich übrigens bei Bône nirgends antraf. Ein Exemplar meiner Sammlung trägt am Oberarm einen langen, fingerförmigen Fortsatz, den ich nach Analogie mit ganz ähnlichen, theilweise sogar vollständig entwickelten und fingertragenden Auswüchsen bei *Bufo viridis* als Rudiment einer fünften Extremität deuten möchte.

Discoglossus pictus Otth. (Boulenger, l. c., p. 160). Ueberall sehr häufig, sogar bis zu bedeutender Höhe. Die gestreiften Varietäten *d)* und *e)* (Schreiber, Herp. Europ., S. 112) sind seltener als die gefleckte (var. *b: Discoglossus sardus* Tschudi). Trommelfell mehr weniger deutlich.

Rana esculenta L. var. *ridibunda* Pall. (Boulenger. l. c., p. 157). Aeusserst häufig überall, wo es fliessendes, überhaupt reines Wasser gibt. Grüne Exemplare vorwiegend. Die Stimme gleicht ganz der von Exemplaren aus Dalmatien, wo dieser Frosch gleichfalls die einzige *Esculenta*-Form ist und in gleicher Häufigkeit auftritt.

Tarentola mauritanica B. (Boulenger, l. c., p. 115). In alten verfallenen arabischen Häusern, sowie unter Steinen nicht selten; man sieht dieses Thier häufig — ebenso wie in Nizza — bei der grössten Sonnenhitze an den Mauern herumlaufen und sich sonnen; man sieht daraus, dass auch Thiere mit Spaltpupille durchaus nicht das Tageslicht scheuen. Färbung schwarzgrau mit weisslichen Querbinden.

Hemidactylus turcicus L. (Boulenger, l. c., p. 115). Eine weit seltenere Erscheinung, an denselben Orten wie Voriger lebend.

Chalcides ocellatus Forsk. var. *tiligugu* Gmel. (Boulenger, l. c., p. 138, 139) fand ich an den östlichen Abhängen des Monte Edough unter Steinen. Nähert sich in der Zeichnung mehr weniger bereits der var. *rittatus* Blngr.

Lacerta pater Lat. (Boulenger, l. c., p. 123 = *Lacerta ocellata* var. *pater*). Diese Eehse möchte ich nicht so ohne weiters als eine Varietät der *ocellata* auffassen, da sie wohl mit ihr, nicht weniger aber mit der *Viridis* verwandtschaftliche Beziehungen aufweist; die ostalgerischen *pater* namentlich sind in der Form ihres Kopfes und ihrer ganzen Gestalt einer *Viridis* viel ähnlicher als einer *ocellata*, während andererseits Färbung und Zeichnung wieder ziemlich *ocellata*-ähnlich sind. Das Occipitale ist immer weit kleiner als es bei *ocellata* der Fall zu sein pflegt[1] (allerdings besitze ich auch eine *ocellata*, deren Occipitale nicht grösser ist als bei *pater*), auch ist der Kopf der *Lacerta pater* niemals so gross und kräftig, wie bei *ocellata*, sondern mehr dem der *Viridis* ähnlich, besitzt aber auf seiner horizontalen Oberfläche dieselbe narbige, grubige Beschaffenheit wie die Perleidechse.

Psammodromus algirus L. (Boulenger, l. c., p. 128). Diese Art ist die einzige der Gattung, welche in Bône vorkommt und sie ist daselbst sehr häufig, aber bei ihrer Behendigkeit nicht eben leicht zu fangen.

---

[1] Bei meinen Exemplaren nur wenig länger und um die Hälfte breiter als das Interparietale.

Zamenis hippocrepis B. (Boulenger, l. c., p. 147). Unter Steinen gelegentlich anzutreffen, aber durchaus nicht häufig. Diese Schlange ist — neben *Coelopeltis monspessulana* — die grösste der algerischen Küstenregion, da sie weit über 1 m lang wird.[1]

* *Macroprotodon cucullatus* Geoffr. (Boulenger, l. c., p. 149). An einer Mauer an der auf den Monte Edough führenden Strasse in Gesellschaft von *Bufo mauritanicus* angetroffen; leider aber entwischt.

Tropidonotus viperinus Latr. typ. und var. *aurolineata* Gerv. (Boulenger, l. c., p. 149). Die häufigste Schlange bei Bône, besonders in kleinen gemauerten Wasserrinnen mit Sicherheit anzutreffen, auch sieht man sie an Bächen mit starker Ufervegetation um die Pflanzen gewickelt, oder auf Steinen liegend, allenthalben sich sonnen oder im Wasser selbst der Jagd auf Kaulquappen obliegen.

Schuppenformel zweier Exemplare:

I. typ.: Präoc. 1—2, Postoc. 2—2, Supralab. 7, Sq. 21, V. 152, A. $\frac{1}{1}$, Sc. $\frac{52}{52} + 1$.

II. var. *aurolineata:* Präoc. 2—2, Postoc. 2—2, Supralab. 7, Sq. 21, V. 150, A. $\frac{1}{1}$. Sc. $\frac{59}{59} + 1$.

II. Batna.

* *Rana esculenta* L. var. *ridibunda* Pall. In einem grösseren Sumpf an der Bahn sah ich diesen Frosch sehr zahlreich, ohne jedoch ein einziges Exemplar erlangen zu können. *Discoglossus*, der sonst in der Regel in der Gesellschaft von *Rana* anzutreffen ist, konnte ich nicht bemerken.

* *Lacerta pater* Lat. Ich erlegte ein grosses Exemplar durch einen Stockhieb und steckte es, da es gar kein Lebenszeichen von sich gab, ohneweiters in die Tasche. Auf dem Nachhauseweg bemerkte ich zu meinem grössten Schrecken, dass der angebliche Todte bereits das Weite gesucht hatte.

Ophiops occidentalis Blngr. (l. c., p. 134). Diese hübsche kleine Eidechse war auf einem vereinzelten kleinen Berge in der Ebene von Batna nicht selten, doch schwer zu fangen, was gar nicht mit den Eigenschaften des verwandten *Ophiops elegans* Ménétr. übereinstimmend, der nach Ménétriès (siehe Schreiber, Herp. Europ., S. 374) langsam und wenig lebhaft sein soll und leicht mit der Hand gefangen werden kann.

Zamenis hippocrepis L. Ein junges Exemplar fing ich auf der felsigen Kuppe desselben Berges unter einem Steine. Die jungen Exemplare unterscheiden sich sehr auffallend von den erwachsenen durch die graue Grundfarbe

---

[1] Augenkranz (ohne Supraoculare) bei einem Exemplare aus 7 Schildchen bestehend, zwei accessorische Schildchen hinter dem Frenale, 9 Supralabialia; ein ganz kleines Schildchen zwischen den beiden Nasalen unter dem Nasenloch eingeschaltet. Bei einem zweiten (kleineren) Exemplar Augenkranz aus 7 Schildchen bestehend, davon links die beiden ersten theilweise verwachsen; ebenfalls zwei accessorische Frenalia, jederseits 11 Supralabialia, davon das 8. und 9. theilweise verwachsen.

(wie dies bei *Coluber quaterradiatus* und anderen Colubrinen ebenfalls in der Jugend der Fall ist) und die an die von *Zamenis ravergieri* Ménétr. var. *nummifera* Rss. erinnernde Zeichnung. Alte Exemplare sind oben mehr dunkel als hell und zeigen die charakteristische gelbe oder gelbbraune Kettenzeichnung des Rückens mehr weniger deutlich; die Halsseiten und Supralabialen sind meist schön orangeroth!

Augenkranzschildchen[1]) links 8, rechts 7; Supralabialia links 8, rechts 9.

III. Lambesa.

Bufo mauritanicus Schlgl. Zwei sehr grosse Exemplare erbeutete ich unter grossen Steinen; beide hielten die Reise nach Wien ohne Schaden aus und leben jetzt noch, während kleinere Exemplare aus Bône unterwegs zu Grunde gingen.

Rana esculenta L. var. *ridibunda* Pall. und *Discoglossus pictus* Otth. sind in einem, sich vielfach verzweigenden Bache bei Lambesa sehr häufig, trotzdem die Strömung sehr reissend ist.

Lacerta pater Lat.[2]) Ist bei Lambesa sehr häufig und relativ leicht zu fangen. Sie tritt hier wie bei Bône in zwei verschiedenen Formen auf, die vielleicht den beiden Geschlechtern entsprechen, vielleicht aber auch als Varietäten zu betrachten sind. Die eine Form hat drei bis vier Reihen runder blauer, schwarzbraun geränderter Ocellen an jeder Seite des Rumpfes, zwischen zahlreiche schwarzbraune Fleckchen eine Art Marmorirung bilden; der Rücken ist einfarbig bis auf zwei Reihen kleinerer Ocellen, die innen gelbgrün sind. Kopf und Schwanz einfarbig oder schwach gefleckt. Meistens ♂.

Die zweite Form ist reiner grün und besitzt sechs Reihen ziemlich gleich grosser Ocellen, deren Einfassung nahezu schwarz ist; das Innere ist bei den dorsalen Ocellen grünlich, bei den lateralen bläulich; zwischen den Ocellen nicht sehr zahlreiche grössere·schwarze Flecken (keine unge-fleckte Dorsalzone); Schwanz oberseits mit grossen schwarzen Flecken; Kopf abweichend von voriger Form dunkel gefleckt. Meistens ♀.

Eine dritte bei Lambesa beobachtete Form steht der typischen süd-französischen *ocellata* in der Färbung und Zeichnung, sowie in der Grösse des Kopfes am nächsten. Bei allen Exemplaren nur acht Reihen von Ven-tralen. Zwei Exemplare der ersten Form mit fast gänzlich unkenntlichen Dorsalocellen, respective einfarbig grüner Dorsalzone besitzen grosse Rand-schildchen, so dass man zehn Reihen von Ventralen zählen könnte. Mein

---

[1]) Ohne Supraoculare.

[2]) Bedriaga, Beiträge zur Kenntniss der Lacertidenfamilie (Abh. Senkenb. naturf. Ges., 1888, S. 54). — Boettger in: Kobelt, Reiseerinnerungen aus Algerien und Tunis (Abh. Senkenb. naturf. Ges., 1885, S. 466).

Z. B. Ges. B. XLII. Abh.   45

grösstes Exemplar misst 335 *mm* (davon der nachgewachsene Schwanz 190 *mm*).

Psammodromus algirus L. Seltener als die nächste Art. Ein grosses ♂ hielt die Reise nach Europa ohne Schwierigkeiten aus und lebt hier in Wien von Mehlwürmern.

Psammodromus blanci Lat. (Boulenger, l. c., p. 127). Diese reizende Eidechse ist bei Lambesa nicht selten, aber wegen ihrer Schnelligkeit etwas schwer zu fangen. Das Thier ist broncebraun mit vier goldschimmernden Längsstreifen, welche an derselben Stelle liegen wie bei *Psammodromus algirus*; an jeder Seite des Bauches verläuft ein prachtvoll orangerother Längsstreifen, welcher in Alkohol leider bald verschwindet. Im Uebrigen stimmen meine Exemplare mit der Beschreibung Boulenger's ganz überein. Durch die stets geringere Grösse, die orangerothen Streifen und die schwarzen Flecken des Rückens kann man das Thier von dem *Psammodromus algirus* meist leicht unterscheiden.

Testudo ibera Pall. (Boulenger, l. c., p. 104). Auf den Hügeln bei Lambesa nicht sehr selten. Ein erwachsenes Exemplar brachte ich lebend heim.

IV. Biskra.

Bufo mauritanicus Schlegel. Ein Exemplar in den Oasengärten von Alt-Biskra gefangen, einem *Bufo vulgaris* sehr ähnlich, oben einfarbig nussbraun, unten hell gelbbraun.

Discoglossus pictus Otth. Ebenda in den Wassergräben ein Exemplar gefangen.[1] Auch *Rana esculenta* var. *ridibunda* ist häufig, doch konnte ich kein Exemplar dieser Art erlangen.

Acanthodactylus pardalis Licht. (Boulenger, l. c., p. 131). Sehr häufig in den Sanddünen westlich von Biskra. Ebenda auch der etwas seltenere *Acanthodactylus boskianus* Daud.[2] (Boulenger, l. c., p. 129), welchen man schon aus einiger Entfernung durch den langen (bei *pardalis* sehr kurzen und rübenförmigen) Schwanz, in der Nähe aber durch die grossen, gekielten Schuppen des Hinterrückens sehr leicht von *pardalis* unterscheiden kann. Beide Arten (auch *Acanthodactylus scutellatus* kommt vor, doch habe ich keinen gesehen) entwickeln eine rasende Schnelligkeit im Laufen, machen dabei, wenn verfolgt, fortwährend blitzschnelle Wendungen und verschwinden endlich gewöhnlich spurlos im Flugsand oder in einem dornigen Gebüsch. Die Jagd ist daher bei der grossen Hitze sehr beschwerlich.

Uromastix acanthinurus Bell. (Boulenger, l. c., p. 119). In den steinigen Gegenden im Norden von Biskra ausserordentlich häufig; meine Exemplare sind bei Wohlbefinden stets silbergrau mit schwarzer Marmorirung,

---

[1] Jetzt an das British Museum in London übergegangen.

[2] Totallänge meines grössten Exemplars 208 *mm*, davon 140 *mm* auf den Schwanz.

eines sandfarbig mit wenigen schwarzbraunen Punkten; bei niedriger Temperatur aber alle grauschwarz; Unterseite gelblichweiss bis schwarz. *Varanus griseus* Daud. (Boulenger, l. c., p. 121). Südlich von Biskra im Sande nicht sehr selten. Die Thiere sind sehr bissig und heimtückisch, pfauchen, wenn gereizt, laut und andauernd, wie manche Schlangen (z. B. *Coelopeltis*), schlagen mit dem Schwanze heftig nach dem Fänger, laufen und springen ausgezeichnet, sind sehr gefrässig, trinken aber wie *Uromastix acanthinurus* niemals. Gegen Kälte ist er ebenso empfindlich als *Uromastix.* *Tropidonotus viperinus* Latr. Ein Exemplar dieser Wasserschlange fand ich merkwürdiger Weise mehrere Stunden von Biskra entfernt bereits in der Region der Sanddünen, als ich einen Stein umdrehte, unter welchen sich ein *Acanthodactylus* geflüchtet hatte. Die Schlange, ein junges Exemplar, war vollkommen sandfarbig und etwas abgemagert.

Hier möchte ich noch einige nachträgliche Bemerkungen zu meinen „Beiträgen zur Kenntniss der Reptilien und Amphibien von Istrien und Dalmatien" (Verhandl. der k. k. zool.-botan. Gesellsch. in Wien, 1891) einschalten.

    1. Das Vorkommen von *Rana esculenta* var. *ridibunda* auf Veglia,

    2. das von *Bufo viridis* bei Ragusa (Gravosa, Lapad),

    3. das von *Zamenis gemonensis* bei Salona,

    4. konnte ich neuerdings zwei Exemplare von *Tropidonotus tessellatus* var. *flavescens* (S.-A., S. 16) aus der Umgebung von Zara sehen; auch diese haben rothe Zunge und Pupille, so dass man wohl diese Eigenschaften in die Diagnose der Form einbeziehen darf. Beide Exemplare sind typische *tessellatus,* nur eines besitzt ein viertes Postoculare auf einer Seite. Da beide Exemplare noch leben, kann ich vorderhand keine Schuppenformel angeben. Das eine ist von auffallend gelber Grundfarbe, die hellen Mittelstriche der dunklen Schuppen sind schön orangeroth.

45*

Alpine Mückengallen.

Beschrieben von

Dr. **Fr. Thomas**

in Ohrdruf.

(Mit Tafel VI und VII und 7 Zinkographien.)

(Vorgelegt in der Versammlung am 6. Juli 1892.)

Die in dieser Abhandlung gegebenen Beschreibungen sind ein Beitrag zur Kenntniss der alpinen und hauptsächlich der Tiroler Pflanzengallen. Die Mehrzahl der hier als neu beschriebenen ist im Ortlergebiet gesammelt, und ihre Bearbeitung reiht sich an diejenige der Suldener Phytoptocecidien an, die ich ebenfalls in den Verhandl. der k. k. zool.-botan. Gesellschaft, 1886, S. 295 ff., gab. Einige Mückengallen aus den österreichischen Alpen beschrieb ich auch kürzlich im Programm des Gymnasium Gleichense zu Ohrdruf 1892. Die Sabina-Gallen sind zwar aus Oesterreich mir bisher nicht bekannt, doch ist das Vorkommen der einen oder anderen z. B. im Virgenthal wohl möglich. Wie früher bezeichne ich wieder zur Erleichterung der Uebersicht die neuen Substrate durch ein *, die neuen Gallen durch ein * vor der Nummer oder dem Namen der Pflanze. Ich beginne mit Blattgallen, lasse eine Deformation des Blüthenstandes und einige von Blüthenknospen folgen und schliesse mit denen der Triebspitzen. Zur bequemeren Benützung gebe ich am Schlusse ein alphabetisches Substratenverzeichniss. — Den Beschreibungen schicke ich einige auf die Larven der Gallmücken bezügliche Bemerkungen voraus.

  Zur Untersuchung der Larven. Der von mir noch kürzlich (l. c., 1892) beklagte Mangel einer geeigneten Methode, Larven aus Alkoholmaterial zur Untersuchung der Papillen geeignet zu machen, ist gehoben. Durch briefliche Mittheilung des Herrn Ew. H. Rübsaamen zur Anwendung von Aetzkali veranlasst, erhielt ich sowohl aus getrocknetem wie aus Material, das in Weingeist conservirt war, Präparate, welche den aus lebenden Larven hergestellten an Deutlichkeit völlig gleichkommen. Mit Ammoniak während einer längeren Reihe von Tagen behandelte Larven wurden selbst ohne Auspressung des Körperinhaltes für die Papillenuntersuchung geeignet. Kalilauge ist aber vorzuziehen, weil sie schneller zum Ziele führt. Die Dauer ihrer Einwirkung ist nach der Concentration zu bemessen. Herbarmaterial pflege ich eine halbe bis eine Stunde in fünfprocentiger kalter Lauge zu weichen, um dann die mit dem Pinsel leicht herausnehmbaren Larven je nach ihrer Beschaffenheit mit gleicher oder stärkerer Lauge (von 10 °/o) vollends aufzuhellen und zum Zerdrücken vorzubereiten. Die leeren Häute liefern die zuverlässigsten Dauerpräparate.

Die Bedeutung der von Rübsaamen beschriebenen Papillen bedarf in morphologischer wie functioneller Hinsicht noch der Aufklärung. Bei den kleineren Papillen sah ich wiederholt in der Mitte ein sehr kurzes, kegelförmiges, borstenähnliches Spitzchen (sowohl mit Zeiss' System F, als mit Immersionssystem). Am häufigsten sind diese Spitzchen zu sehen an den Lateralpapillen, und zwar, wenn diese in dreizähligen Gruppen stehen, an den zwei inneren Papillen jeder Gruppe, so bei den Cecidomyien aus den deformirten Blüthen von *Ranunculus acer*, *Polygala* und *Phyteuma* (s. u. Nr. 6 und 7), aus der Fruchtstanddeformation von *Ranunculus auricomus* (von mir beschrieben im bereits citirten Programm, 1892, S. 15), aus den deformirten Blättern von *Ribes Grossularia* (ebenda, S. 5). Besonders gross fand ich die Börstchen bei den Lateralpapillen der Larve aus der flachen Parenchymgalle von *Acer campestre* (l. c., S. 13); ich schätzte hier die Länge des Börstchens wenigstens 1½mal so gross, als der Durchmesser des Papillenringes ist. Endlich kommen solche Centralbörstchen auch zuweilen an den Analpapillen (so habe ich der Kürze halber in Folgendem die Ventralpapillen des letzten Körpersegmentes genannt) und an den Papillen des vorletzten Segmentes (s. unten) vor. — Im Anschluss an diese Beobachtungen ist auf die schon von Rübsaamen (Berliner Entomol. Zeitschr., XXXVI, 1891, S. 384) hervorgehobene Thatsache hinzuweisen, dass die Pleuralpapillen der einen Art bei einer anderen durch Borsten ihre Stellvertretung finden können.

Neue Papillen. Am zweiten Segment (der Kopf als erstes gezählt) der Larven von *Cecidomyia inclusa* und *Cecidomyia circinans* hat schon Rübsaamen, aber erst nach dem Erscheinen der erwähnten Abhandlung, ein Paar Papillen auf der Bauchseite gefunden. Dieselben scheinen zu den regelmässig vorkommenden Papillen zu gehören. Ich habe wenigstens seitdem noch keine Larve untersucht, ohne ein Paar Collarpapillen an ihr zu finden. Als neu kann ich hinzufügen, dass bei der *Diplosis*-Art, welche die Triebspitzendeformation von *Lonicera Xylosteum* (unten beschrieben unter Nr. 10) erzeugt, auch auf der Rückenseite desselben Segments ein Paar Papillen stehen, und zwar sind dieselben sogar noch leichter sichtbar als die Lateralpapillen; ich konnte sie an guten Präparaten schon mit Zeiss' System A bei starker Ocularvergrösserung sicher wahrnehmen. (Ein undeutliches drittes Paar von Collarpapillen, die aber nicht völlig kreisförmig, sondern etwas quergestreckt sind, scheint an der gleichen Species an der Basis desselben Segments unterseits vorzukommen.)

Ausserdem beobachtete ich Papillen auf der Bauchseite des vorletzten Segmentes, von welchem Rübsaamen bisher überhaupt keine Papillen angegeben hat. In Vierzahl fand ich dieselben an den Larven zweier *Diplosis*-Arten, nämlich derjenigen aus der schon erwähnten Triebspitzendeformation von *Lonicera Xylosteum* und derjenigen, welche die Blüthenknospengalle von *Ribes Grossularia* (von mir beschrieben in der Zeitschr. f. d. gesammten Naturwissensch.,

358   Fr. Thomas.

1877, Bd. 49, S. 131) erzeugt. Dieselben haben eine von den Ventralpapillen der vorangehenden Segmente etwas abweichende Stellung, indem sie nicht an der Grenze der Zone der Bauchwarzen, sondern von derselben weiter entfernt, dem Hinterrand des Segments also mehr genähert stehen. Auch *Diplosis betulicola* Kffr. hat Ventralpapillen auf dem vorletzten Segmente; sie stehen hier den Bauchwarzen nahe; aber ich konnte nur zwei Papillen constatiren, nicht vier. Ebenfalls zwei besitzt die Larve aus der Grübchengalle von *Acer*.

Für die Abbildungen der Brustgräten schlage ich einen einheitlichen Massstab, etwa 200 : 1 vor, in welchem die beistehenden Figuren gegeben sind.

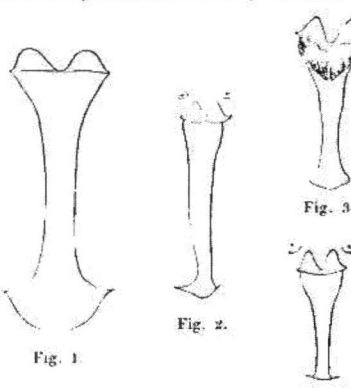

Fig. 3.

Fig. 2.

Fig. 1

Fig. 4.

(Fig. 1 zu *Diplosis* von *Lonicera Xylosteum*, conf. Nr. 10, Fig. 2—4 zu *Cecidomyia*-Arten gehörig, Fig. 2 von *Polygala*, conf. Nr. 6, Fig. 3 und 4 von *Daphne*, conf. Nr. 9, resp. 8 der nachfolgenden Beschreibungen.) Wenn auch die Grössenunterschiede bei den verschiedenen Individuen einer und derselben Art gar nicht unerheblich sind, also in der absoluten Grösse ein specifisches Merkmal nur ebenso weit oder ebenso wenig gegeben ist, wie bei der Beschreibung der meisten Insecten, so ist doch eine völlige Vernachlässigung der Masse nicht gerechtfertigt. In jedem Falle aber sollten nebeneinander gestellte Figuren in einerlei Massstab gezeichnet

sein, was von Rübsaamen (Verhandl. der k. k. zool.-botan. Gesellsch. in Wien, 1892, S. 50) noch unterlassen worden war.

Ausser der Anregung durch seine Arbeiten, welche für die Beschreibung der Gallmückenlarven neue Bahnen eröffnet haben, danke ich Herrn Ew. H. Rübsaamen manche Berathung und vor Allem die Entwürfe zu den dieser Abhandlung beigegebenen Textfiguren und Tafeln, welche er die Güte hatte, meinen Angaben und Wünschen entsprechend nach der Natur zu zeichnen.

*1. *Campanula pusilla* Haenke und verwandte Arten (s. u.), involutive, fleischige bis knorpelige Blattrandrollung, meist violett, selten gelbgrün gefärbt. Fundorte: An *Campanula pusilla* in Tirol an Felsen der zur Seisser Alpe führenden Thäler, nämlich am Schlernwege oberhalb Ratzes und in der Schlucht oberhalb Pufels an kleinen, in den Felsfugen wurzelnden Exemplaren, an letzterem Orte zusammen mit *Woodsia*; ferner im Hinterrissthale in Nordtirol; von P. Magnus im Sandesthale bei Gschnitz gesammelt. In Oberösterreich nahm ich 1875 bei Traunkirchen das gleiche Cecidium von einem sterilen Pflänzchen auf, das ich als *Campanula pusilla* bezeichnete, von dem ich aber Genaueres über den Standort nicht mehr in Erinnerung habe. In grösserer Menge sah ich im gleichen Jahre diese Gallenbildung in Salzburg an der Felswand bei den untersten Stufen des Fussweges zum Mönchsberg. Ob das Substrat dieser Fundstelle zu *Campanula pusilla* oder *Campanula rotundifolia* gehört, was bei der geringen Meereshöhe nicht unwahrscheinlich ist, möchten Salzburger Botaniker leicht entscheiden können. Die Galle ist wahrscheinlich durch die ganze Alpenkette verbreitet, denn ich sammelte sie wieder in Piemont bei ca. 1540 m über dem Meere unweit Cogne, hier an den sehr kräftigen Wurzelblättern von *Campanula Scheuchzeri* Vill. (*valdensis* All.). Nur wegen der mit der Blattgrösse zunehmenden Deutlichkeit ist die Abbildung (Taf. VI, Fig. 2) nach diesen Exemplaren angefertigt. Jedes Blatt ist von einer (seltener mehreren) räthlichen Cecidomyidenlarve bewohnt.

Die Deformation findet sich gewöhnlich nur an den Blättern der sterilen Triebe, sehr selten an denen blüthentragender Stengel. Sie betrifft entweder nur ein oder einige (bis drei) der jüngeren Blätter; in letzterem Falle sind die obersten (jüngsten) Blätter stärker verbildet und an dem ältesten beschränkt sich alsdann die Deformation auf die eine Seite des basalen Theiles vom Spreitenrande. Die Erklärung dieser Verschiedenheit ergibt sich aus dem ungleichen Alter des pflanzlichen Infectionsmaterials (vgl. z. B. die Faltung von *Ribes petraeum*, die ich im Programm des Gymnasium Gleichense zu Ohrdruf 1892, S. 3 und 4 beschrieb). Bei hochgradiger Verbildung verharrt das kleine Blatt dauernd in der Knospenlage; der eine Rand deckt den anderen, der eingerollt und verdickt ist. Da wo die Larve liegt, ist der Hohlraum in der Regel durch sackartige Ausstülpung der Spreite vergrössert. Die Aussenfläche der Galle ist bei *Campanula pusilla* kahl, bei meinen Exemplaren von *Campanula Scheuchzeri* dicht behaart; doch glaube ich, dass dieses Merkmal bei beiden Substraten schwankend ist wie die Behaarung der normalen Pflanzen.

Von der Rollung durch Phytopten, die ich von *Campanula rotundifolia*, *pusilla* und *Scheuchzeri* früher beschrieb, unterscheidet sich das Dipterocecidium durch stärkere Schwellung und grössere Consistenz. Die blasige Ablösung der unterseitigen Epidermis, die bei jenem und auch beim normalen Blatt vorkommt, ist daher bei der Mückengalle ausgeschlossen. Trotz der stärkeren Deformation des einzelnen Blattes ist die Mückengalle aber leichter zu übersehen als das Phytoptocecidium, weil Letzteres an einer grösseren Zahl von Blättern aufzutreten pflegt und dadurch den Habitus der Triebe viel mehr beeinflusst.

Die Anatomie der Mückenrollung bietet nichts Ungewöhnliches: die Zellen des Palissadenparenchyms sind verkürzt; alle 5 bis 7 Zelllagen des Parenchyms sind gleichartiger als im normalen Blatte. Nach dem Gallenhohlraum zu sind die Parenchymzellen von körnigem Plasma trübe. Die Zellen der äusseren (unteren) Epidermis sind in der Regel erheblich vergrössert. Vom violetten Farbstoff war an dem Alkoholmaterial nichts mehr vorhanden; er war völlig ausgezogen worden.

Die Zeit des Entstehens eines Dipterocecidiums und der Entwicklung des zu ihm gehörigen Symbionten ist eine ziemlich fest bestimmte, aber abhängig von geographischer Breite, Meereshöhe, Exposition und von der Witterung des betreffenden Jahres. Unter Berücksichtigung besonders der Meereshöhe stehen deshalb auch die nachfolgenden Beobachtungen unter einander im Einklang.

Am 15. Juli 1887 waren am Schlernsteig bei Ratzes in 1330 *m* Höhe die Larven noch so klein, dass man an ihnen keine Spur der Brustgräte sah; die bei Traunkirchen am 28. Juli 1875 und in Salzburg am 14. August desselben Jahres gesammelten Gallen waren schon verlassen. Dagegen waren rothe Larven enthalten in den Exemplaren aus dem Hinterrissthale (ca. 1000 *m*, 30. Juli 1885) und nahezu reife Larven in den oberhalb Pufels bei 1725 *m* am 1. August 1889 gesammelten.

Aus Herbarmaterial von letzterem Fundorte präparirte Exemplare trugen die Ventralpapillen und die Beborstung des letzten Segmentes nach dem Typus der Gattung *Cecidomyia*. Die Basis der Brustgräte war noch nicht ganz entwickelt.

Von *Campanula pusilla* sind bisher meines Wissens keine Dipterocecidien beschrieben worden, von *Campanula rotundifolia* dagegen deren zwei, die aber beide von dem vorstehend behandelten verschieden sind. Das eine derselben, das von Trail aufgefundene und zuerst von Albert Müller (Proceed. Entom. Soc. London, 1871, p. VIII), später auch von Trail selbst und von Anderen beschriebene, ist eine Knospendeformation. Auch die von Binnie (Transactions of the Glasgow Soc. of Field Naturalists, IV, 1876, p. 161) gegebene kurze Beschreibung desselben: „terminal cluster of leaves whose bases have become fleshy", deutet zur Genüge auf das büschelförmige Zusammenstehen der deformirten Blätter und somit auf die Abweichung von der obigen *pusilla*-Galle, bei welcher die deformirten Blätter keineswegs immer die obersten sind und ausserdem, wenn an den sterilen Trieben zu mehreren verbildet, frei von einander abstehen, da sie normal entwickelte lange Blattstiele haben. Dieser Unterschied wird bestätigt durch die Abbildung, welche Wachtl (Wiener Entomol. Zeitung, 1886, Taf. II) von der Trail'schen Galle gibt, aus der er eine von ihm *Cecidomyia trachelii* genannte Mücke zog und beschrieb.

Dieselbe Triebspitzendeformation habe ich früher schon (Zeitschr. f. ges. Naturwiss., 1878, Bd. 51, S. 705) von *Campanula Scheuchzeri* Vill. aus dem Oberengadin aufgeführt, wo ich sie bei St. Moritz, am See und beim Ruinatsch, also bei 1770 und 1850 *m* Meereshöhe aufnahm. In gleicher Höhenlage beobachtete ich sie auf diesem Substrat im Berner Oberlande auf Engstlenalp; aus ca. 1950 *m* Höhe erhielt ich ein Exemplar, das Dr. J. Lütkemüller auf dem Wege von St. Gertrud zur Schaubachhütte in Tirol gesammelt, und noch bei 2235 *m* fand ich sie 1880 zwischen Gorner- und Furggen-Gletscher bei Zermatt.

Ein zweites Dipterocecidium von *Campanula rotundifolia*, nämlich eine Blüthenknospengalle, erwähnt Liebel im Verzeichnisse der Lothringischen Zoocecidien (Zeitschr. f. Naturwissensch., 1886, S. 538) nach einem einzigen Funde. Später ist es von Mik in grösserer Zahl bei Obladis in Tirol gefunden und (Wiener Entomol. Zeitung, IX, 1890, S. 236, Taf. II) genau beschrieben und abgebildet worden. Auch eine derartige Blüthenknospengalle kommt an

* *Campanula pusilla* vor. Ich sammelte sie bei Cogne in Piemont (die Blüthe bildet eine breite, knopfförmige, geschlossene Masse von 4$\frac{1}{2}$ *mm* Höhe und 6 mm Querdurchmesser); und ein ähnliches, nur kleineres Exemplar nahm Dr. J. Lütkemüller bei ca. 1850 m am Marltbergfuss bei Sulden in Tirol auf, welches die mennigrothen Gallmückenlarven noch in der zweiten Hälfte des Juli enthielt. Die von Mik gefundenen Larven waren beinweiss; die specifische Uebereinstimmung der Urheber beider Cecidien ist hiernach unwahrscheinlich.

* 2. **Aster *alpinus* L.**, involutive Blattrandrollung oder Blattfaltung durch eine Cecidomyide, in Gemeinschaft mit Dr. J. Lütkemüller 1885 aufgefunden am Kuhberg bei St. Gertrud (Suldenthal, Tirol) bei 2300 m Meereshöhe. Die Deformation (Taf. VII, Fig. 7, die zwei nach oben gerichteten Blätter) besteht entweder in einer Einrollung des einen Blattrandes oder nur in einer buchtartigen Einschlagung des Randes auf kurzer Strecke oder in einer Faltung. Letztere entsteht, wenn der Angriff statt am Blattrande nahe dem Mittelnerven erfolgt. Dann ist die Umgebung dieser Stelle nach unten ausgebuchtet und der normale Theil der Spreite nach oben gerichtet, über dem Cecidium zusammengeschlagen und dadurch faltenartig. In allen Fällen lebt die Mückenlarve auf der Blattoberseite. Die Galle ist von hellerer Farbe als das normale Blatt. Die Schwellung der Spreite ist in ihrer Stärke schwankend und führt höchstens zu einer Verdoppelung der Dicke. Diese wird erreicht durch Vergrösserung der gleichartig gewordenen Zellen des Parenchyms. Der Chlorophyllgehalt ist vermindert. Die Stelle, an der die Larve gelegen hat, wird durch Bräunung oder Schwund der Oberhaut bezeichnet, und im Vergleich zu den anderen Theilen des Cecidiums sind die Zellen der nächsten Schicht, welche dem Palissadenparenchym entspricht, an genannter Stelle klein.

* 2b. Eine zweite, viel auffälligere und ebenfalls neue Galle von *Aster alpinus* L. (Taf. VII, Fig. 7 bis 10), bei welcher aber das Cecidozoon innerhalb des Blattgewebes lebt, fand sich an den Abhängen des Suldenthales am gleichen Standorte (z. Th. sogar an den gleichen Exemplaren) und an anderen zwischen 2200 und 2400 m gelegenen Stellen (Schöneck, ca. 2250 m, Rosimthalwand, 2363 m). Obgleich ich über den Urheber dieser Galle keine ausreichenden Beobachtungen machen konnte, so füge ich doch Beschreibung und Abbildung des Cecidiums hier ein, um zur weiteren Untersuchung dadurch anzuregen. Die Wiederauffindung desselben dürfte unter Benützung obiger Angaben nicht schwer sein.[1]

Es ist eine annähernd kugelig gestaltete, erbsen- bis über haselnussgrosse, schwammige Galle, die vereinzelt oder in grösserer Zahl (zehn bis zwanzig!) gehäuft an Stelle der sogenannten Wurzelblätter sich findet und in letzterem Falle selbst bei stark bewurzelten Pflanzen die Entwicklung von Stengel und Blüthe unterdrückt. Minder häufig kommt die Galle an höher stehenden Stengel- oder sogar an Involucralblättern vor. Die kleineren Gallen sind ziemlich genau kugelig, die grösseren (Durchmesser bis 16 mm) nur $^2/_3$ bis $^3/_4$ so hoch als breit.

---

[1] Seit Niederschrift des Obigen fand ich in Graubünden eine Galle von morphologisch gleicher Art an *Erigeron uniflorus* L.; ich zog die sie verursachende Gallmücke auf und werde dieselbe später beschreiben.

Auf einer Seite zieht in der Regel eine Furche zu dem durch eine kurze, stumpfliche Spitze bezeichneten Gipfel der Galle. Zuweilen lässt die Furche noch lefzenartige, schmale Laminaflügel erkennen und deutet dadurch an, dass die Galle aus einer Blattanlage entstanden und nicht etwa eine Knospendeformation ist. Dies wird um so deutlicher, je grösser der normal entwickelte Theil des Blattes ist (am häufigsten ist es nur die Blattspitze). Das auf Taf. VII in Fig. 9 dargestellte und in Fig. 10 als Querschnitt (unter Weglassung der Gefässbündel) gezeichnete Blatt ist oberseits normal gebildet, nur verbreitert und blasser gefärbt; auf der Unterseite ragt das Cecidium hier halbkugelig hervor. Alle diese Gallen sind von blass grüngelber Farbe und weisslich behaart. Das schwammige Parenchym nimmt den grössten Theil des Volumens der Galle ein und ist von Gefässbündeln durchzogen. Die kleineren Gallen enthalten je nur eine länglichrunde Höhlung von 1 bis 1½ mm Quer- und ca. 3 mm Längsdurchmesser, welche von einer schwach pergamentartigen Schutzschicht aus verdickten, porösen, leicht verholzten Zellen umgrenzt wird. Die grösseren Gallen sind mehrkammerig.

Ich erhielt bei der Zucht nur Schmarotzer. Dr. D. v. Schlechtendal, dem ich von Sulden aus Exemplare schickte, zog ausser *Torymus* auch eine Cecidomyide auf, die aber leider später verloren ging. Aufgeweichtes Herbarmaterial lieferte mir dann noch eine Gallmücken-Puppe. Diese ist durch starke Bohrhörner und sehr kurze Athemröhrchen ausgezeichnet. Scheitelborsten waren nicht aufzufinden. Die Flügelscheiden reichten an einer männlichen Puppe bis über die Mitte des vierten Hinterleibssegmentes, die Scheiden der Vorderbeine bis ungefähr zum Ende des sechsten, die der Mittelbeine ebenso des siebenten und die der Hinterbeine bis ungefähr zum Ende des achten Abdominalsegmentes. In den Fühlerscheiden waren die Fühler gut ausgebildet, aus 2 + 15 Gliedern bestehend. Die Tasterscheiden reichten nicht bis zu den Fühlern. Der Sexualapparat war bereits in seinen einzelnen Theilen deutlich erkennbar; das Klauenglied verhältnissmässig dick und an seiner Spitze mit einer schmal halbmondförmigen Klaue, deren Convexität vom Klauenglied abgewandt ist und deren freies Ende nach vorn (d. i. nach dem Kopfende des Thieres) gerichtet ist. Die Lamellendecken reichen bis zu einem Drittheile (!) des Klauengliedes und hindern dadurch die Wahrnehmung der übrigen Organe.

Die von Osten-Sacken an *Aster patens* aus Nordamerika beschriebene Mückengalle (Canadian Entomologist, VII, 1875, p. 202) ist eine Triebspitzendeformation und von den beiden Suldener Cecidien verschieden.

*3. *Erigeron uniflorus* L.*, Verdickung der Stengelbasis mit zwiebelschalenartiger Verbreiterung der Blattbasen (Taf. VI, Fig. 1), am Kuhberg bei St. Gertrud (Sulden, Tirol) bei 2390 m Meereshöhe in Gemeinschaft mit Dr. J. Lütkemüller aufgefunden. Der unterste noch oberirdische Theil des nicht blühenden Sprosse ist zwiebelartig verdickt. Die scheidenförmige Basis der Blattstiele ist stark verbreitert, fleischig, aussen convex und daselbst häufig noch mit einer (selten zwei) kleinen, buckelförmigen Erhebung (Taf. VI, Fig. 1 bei a), entsprechend der Lage (und Anzahl) der auf der Innenfläche, d. i. der Oberseite, der betreffenden Blattbasis in rinnen- oder grubenförmiger Vertiefung lebenden Mückenlarven. Auch zwischen den weiter nach innen liegenden Blattbasen und selbst in den noch ganz unentwickelten, einfach gerollten Blättchen der Triebspitze findet man Gallmückenlarven. Viel seltener kommt Gallenbildung an den Stengelblättern vor, die dann wie die Wurzelblätter, nur schwächer, an ihrer Basis verdickt sind. — Von der Gattung *Erigeron* war bisher, soweit meine Literaturkenntniss reicht, überhaupt noch kein Zoocecidium bekannt.

*4. *Artemisia spicata* Wulf., kleine, ziemlich feste, ellipsoidische Galle an den Blättern (Taf. VI, Fig. 5) und in dem Blüthenstand, aufgefunden von Dr. J. Lütkemüller zwischen Sulden und dem Madritschjoch in Tirol in Meereshöhen von ca. 2000 bis zu mehr als 2700 m, nämlich an der Leggerwand und aufwärts bis oberhalb der Schaubachhütte. Bisher war noch von keinem Dipterocecidium das Vorkommen bis zu solcher Höhe bekannt.

Die Galle entspringt in der Regel der Blattoberseite, und zwar am häufigsten nahe unterhalb der beginnenden fingerigen Theilung der Spreite in die lineallanzettlichen Zipfelchen; seltener steht sie an den Zipfelspitzen oder am Blattgrunde, noch seltener auf der Unterseite des Blattes an dessen Scheidentheil. Blätter, welche eine Mehrzahl von Gallen tragen, pflegen verkürzt zu sein; sie werden jedenfalls in sehr jugendlichem Entwicklungszustande angegriffen und durch die Gallenbildung im Wachsthum gehemmt. Ein Blatt von nur 5 mm Länge trug sieben Gallen und bildete eine klumpenförmige Masse, deren Querdurchmesser die Länge übertraf. Auch an den Blüthenstützblättern (und vielleicht auch in den Blüthen selbst?) kommen die Cecidien vor; der Blüthenstand ist dann verkürzt. Ausreichendes Material stand mir aber nur von den Gallen der Blattoberseite zur Verfügung, auf welche ich mich deshalb im Nachfolgenden beschränke.

Die einzelne Blattgalle ist von grüner oder blass gelbgrüner Farbe, ellipsoidisch, nach oben meist zugespitzt, 1½–3 mm lang, 1—1¼ mm breit und ungefähr ebenso dick. Sie sitzt mit gleichbreiter oder etwas verschmälerter Basis der Blattoberseite auf, ohne die Unterseite irgendwie zu alteriren. Die Längsachse der Galle steht nicht senkrecht, sondern schief zur Spreite durch Neigung der Gallenspitze gegen die Blattzipfelspitze. Deshalb ist die dem Blatte zugewandte Seite der Galle in der Regel auf eine kurze Strecke (sehr selten bis über ein Drittheil) mit der Spreite verwachsen. Die normale Zipfelspitze sitzt zuweilen der Gallenwand auf, als wäre sie ein dieser seitlich entspringendes Blättchen. Die meisten Gallen enthalten nur einen länglichrunden Hohlraum von 1¼–2 mm Länge und ⅔—1 mm Querdurchmesser; derselbe besitzt glatte, etwas glänzende Innenwände und umschliesst nur ein Cecidozoon. So lange dieses sich noch im Larvenzustande befindet, erscheint die Galle allseitig geschlossen, wenigstens für denjenigen, der ohne Section und Compositum untersucht. Die Galle endigt in der Regel in ein deutlich abgesetztes Spitzenstück von 0·6—0·8 mm Länge; doch findet man auch Exemplare, an denen dieses Stück fehlt und die Galle mit einer stumpfen Rundung abschliesst. Die Aussenseite der Galle ist fast immer dichter

46*

behaart als das normale Blatt und die eben erwähnte Spitze häufig durch einen kleinen Haarschopf verhüllt. Alle diese Haare gehören wie die normalen zu den T-förmigen Spindelhaaren, d. h. sie bestehen aus zwei langen Zellenästen, die wie die Schenkel eines gestreckten (seltener eines stumpfen) Winkels von der Ansatzstelle ausgehen. Von den von Weiss (Die Pflanzenhaare, 1867, Fig. 41, 45) beschriebenen, demselben Typus angehörigen Haaren anderer *Artemisia*-Arten unterscheiden sie sich durch Mangel oder Kürze des Stiels, der höchstens aus einer Zelle gebildet wird.

Wiederholt beobachtete ich Doppelgallen, d. h. solche, welche zwei nebeneinander liegende, durch eine Scheidewand, die bis in die Spitze reicht, getrennte Höhlungen mit je einer Larve oder Puppe enthielten. Ihre Form gleicht der umgekehrten der Samenkerne von *Vitis vinifera*, wobei das Funicularende der letzteren dem Spitzentheil der Galle entspricht. Eine solche Galle war 4 *mm* lang.

An Gallen, deren Puppen dem Ausschlüpfen nahe waren, fand ich auf der einen Seite und immer unterhalb des Spitzenstückes eine kurze Bruchlinie in Gestalt eines Querspaltes, dessen Höhenlage genau mit den zwei Bohrhörnern der Puppe correspondirt. Die Puppe liegt stets mit dem Kopfe nach oben in der Galle. Ihr Leib ist roth, das Vorderende des Körpers braunschwarz. An Herbarmaterial sieht man dieses durch den oberen Theil der Galle hindurchschimmern. Die zwei kurz kegelförmigen Bohrhörner haben eine leicht abwärts gebogene Spitze und sind in der Seitenansicht vogelschnabelähnlich. Jedenfalls dienen sie dem Thiere zur Vorbereitung des Schlupfloches, indem die Puppe durch Drehung um ihre Längsachse die Gallenwand mit jenen durchreibt.

Jede Galle hat aber bereits eine Oeffnung, welche anderen Ursprungs ist und auch nicht dem Cecidozoon als Ausweg dienen kann. Der Gallenhohlraum lässt sich nämlich (durch Längsschnitt oder Querschnitte) als ein sich verengender Canal auch durch den Spitzentheil hindurch verfolgen (Taf. VI, Fig. 6). Sein oberes Ende ist aber durch die halbkugeligen bis länglich-keulenförmigen, papillenartigen, freien Enden der Zellen so gut wie verschlossen. Wenn die oben erwähnte Behaarung nicht hindert, so bietet das Ende der Gallenspitze unter dem Mikroskope einen Anblick, der am besten mit demjenigen des Narbengewebes am Pistill sich vergleichen lässt. Auch die Innenwand des letzten Canalstückes zeigt diese papillenartig ausgehenden Zellenenden. Der axiale Canal entspricht offenbar dem Stichcanal oder doch der Richtung, in welcher das Mückenei abgelegt worden ist. Durch Hypertrophie der umgebenden Gewebstheile ist die Gallenwand und die Gallenspitze entstanden, ohne dass diese Gewebe wieder sich über dem Ei, beziehungsweise der Larve völlig zusammengeschlossen hätten.

Ihre Festigkeit verdankt die Galle einer Schicht von Zellen mit verdickten Wänden und opponirten Porencanälen, welche sich im Gegensatze zur übrigen Gallenwand durch Chlorzinkjod gelb färbt. Diese Sklerenchymzellen bilden die Innenwandung der Höhle. Sie liegen am Grunde der Galle in mehreren Schichten und sind annähernd isodiametrisch. Ein directer Zusammenhang derselben mit den Gefässbündeln besteht nicht. Auch in die Gallenwand treten keine Gefässbündel ein. Nach oben hin nimmt die Hartschicht an Dicke ab und die Längsstreckuug ihrer Zellen etwas zu, bis nur eine dünne Lage derselben übrig bleibt. Die Gallenspitze enthält keine verdickten Zellen. Für das Cecidozoon hat dieses Steinzellengewebe die Bedeutung einer Schutzschicht. Die im Juli gesammelten Gallen enthielten je eine vollentwickelte Larve oder bereits Puppe. Noch in St. Gertrud, wo ich die Objecte in meinem Zimmer im Gasthofe aufbewahrte, schlüpften am 27. Juli (1885) zwei männliche Mücken aus, später auf meiner Heimreise auch weibliche. Ob am Orte ihres Vorkommens bei der niederen Temperatur desselben die Mücken noch im gleichen Sommer oder erst bei Beginn des folgenden ausgeschlüpft sein würden, ist fraglich. — Unter etwa 25 frisch untersuchten Gallen fand ich nur einmal neben der Mückenlarve in der Galle die kleinere Larve einer parasitischen Schlupfwespe. Zur Entwickelung kam aber kein Parasit.

Von *Artemisia spicata* war bisher keinerlei Cecidium bekannt. Dem beschriebenen sehr ähnliche finden sich aber auf anderen *Artemisia*-Arten. Es handelt sich zuerst um jene von H. Löw (Dipterol. Beitr., IV, 1850, S. 36) erwähnte Galle von *Artemisia vulgaris*, die er aber nur so dürftig bezeichnete, dass sie später längere Zeit mit dem kleinen Phytoptocecidium desselben Substrates confundirt worden ist (cf. Fr. Löw, Wiener Entomol. Zeitung, II, 1883, S. 220). Ich verweise auf die Richtigstellung, die Fr. Löw dann selbst (Verhandl. der k. k. zool.-botan. Gesellsch. in Wien, 1889, S. 540) unter Anführung der Literatur gab. (Zu Letzterer ist vielleicht hinzuzufügen, dass Cole die Art als neu für England angegeben hat, wie ich aus dem Zoological Record, XVIII, Ins., p. 236, entnehme. Da mir das Original nicht zugänglich, kann ich nur als Vermuthung äussern, dass die Mittheilung von E. Fitch in Proceed. Entomol. Soc. London, 1881, p. XXII, sich auf Cole's Fund bezieht. Fitch bezeichnet aber die Galle nur als „small reddish galls on the leaves", was ebenso gut auf das Milbenproduct passt.) Nach der von Fr. Löw, l. c., 1889, S. 542, gegebenen Beschreibung ist die *foliorum*-Galle von *Artemisia vulgaris* etwas kleiner als die *spicata*-Galle, nämlich 1 bis 1·5 *mm* lang und 0·5 bis 0·75 *mm* breit, hat ausserdem abgerundete Enden und an dem oberen „eine kleine Oeffnung, durch welche die Larve die Galle verlässt". Auch von Kieffer ist noch neuerdings (Les Diptérocécidies de Lorraine in: Feuille des jeunes naturalistes, 1891, Nr. 250, Sep.-Abdruck, p. 3) bestätigt worden, dass die Verwandlung der *Cecidomyia foliorum* in der Erde stattfinde. In der Lebensweise der Thiere beider Gallen scheint demnach ein Unterschied zu bestehen. — Löw's Beschreibung lässt ferner annehmen, dass die Oeffnung in der Galle schon vor der Auswanderung der Larve vorhanden sei. Ich suchte deshalb meine Beobachtungsresultate noch an Material von Gallen zu controliren, aus denen die Thiere an Ort und Stelle ihres Vorkommens ausgeschlüpft sind. In der Region, in welcher *Artemisia spicata* wächst, ist der Boden während 9 bis 10 Monaten dauernd mit Schnee bedeckt und während des sommerlichen Restes vom Jahre häufig gefroren. Regen ist dort selten, die feuchten Winde bringen meist Schnee. Mit der Wärme ist in der Regel trockene Luft verbunden. Diese Factoren bewirken eine derartige Verlangsamung der Fäulniss, dass die Laubblätter der Kräuter jahrelang in welkem

Zustande und gebräunt, aber in der Form kenntlich erhalten bleiben. Die Untersuchung dieser alten Blätter an einem aufgeweichten Herbarexemplare lieferte etwa zehn Stück alter Gallen, von denen nur eine einzige meinen oben angegebenen Beobachtungen über die Querbruchlinie widersprach: diese eine hatte eine kleine kreisrunde Oeffnung dicht unter der Spitze. Ich halte dafür, dass dies das Schlupfloch des Parasiten ist, dessen Einfluss die Entwickelung der Mücke verhinderte.

Die zweite in Betracht zu ziehende *Artemisia*-Galle wurde in Schottland auf *Artemisia Abrotanum* beobachtet und von Trail kurz beschrieben. Sie scheint der *spicata*-Galle in allen wesentlichen Merkmalen zu gleichen. Trail hat den Erzeuger *Hormomyia abrotani* genannt. Der Gattungsunterschied zwischen *Hormomyia* und *Cecidomyia* ist bekanntlich kein erheblicher. Aber die Beschreibung, welche Trail (Scottish Naturalist, 1886, N. S., Vol. II, p. 250) von seiner Species gibt, weicht in mehreren Punkten von dem ab, was ich an der Mücke der *spicata*-Galle sah. Den Flügeln der Letzteren fehlt nämlich die Querader zwischen der ersten und zweiten Längsader; es erreicht ferner die zweite Längsader den Flügelrand und zwar nahe vor der Flügelspitze; endlich ist die Gabelung der dritten Längsader noch wahrnehmbar, wenn auch sehr schwer, weil die Aeste bald nach der Gabelung ganz verschwinden.

Noch eher ist die *spicata*-Mücke mit der Beschreibung im Einklang, welche Fr. Löw von *Cecidomyia foliorum* (l. c., 1889, S. 541) gibt. Aber auch hier enthält das Flügelgeäder Charaktere, die der Uebereinstimmung widersprechen. Nach Fr. Löw soll die „erste Längsader der Vorderrandader so sehr genähert sein, dass sie mit derselben zu einer breiten Ader verschmolzen zu sein scheint". Bei der Mücke der *spicata*-Galle liegt die erste Längsader dem Vorderrand zwar näher als der zweiten Längsader, bleibt aber doch durchaus deutlich von ihr geschieden. Dazu kommt der schon oben erwähnte auffällige Umstand, dass nach Fr. Löw und Kieffer die *Cecidomyia foliorum* zur Verwandlung in die Erde geht, während die *spicata*-Gallmücke in der Galle sich verpuppt. So wahrscheinlich es hiernach, dass diese von den beiden obigen verschieden ist, so bleibt doch Vergleichung typischen Materials vor Aufstellung einer neuen Art erwünscht. Zu dieser fehlen mir noch Exemplare der Trail'schen Mücke. Ich sehe deshalb von der detaillirten Beschreibung der Imago vorläufig ab.

*5. *Imperatoria Ostruthium* L.*, Blüthenstandconstriction durch *Cecidomyia* spec., auf Wiesen bei St. Gertrud (Sulden, Tirol) bei etwa 1840 m Meereshöhe von Dr. J. Lütkemüller und mir am 23. Juli 1885 gesammelt. Die Dolden sind beim Austreten aus den Blattscheiden zu dichten, grünlichen Ballen zusammengezogen, die sich bei weiterem Wachsthum theilweise lösen, aber doch nur ungleichmässig entwickelte Dolden liefern, so dass auch an den Blüthenständen mit geöffneten Blüthen die stattgehabte Hemmung noch sichtbar ist. In diesen Knäueln leben zwischen den Blüthenknospen und Stielen in enormer Anzahl Gallmückenlarven, die vielleicht zweierlei Arten angehören, nämlich junge, schlanke und ausserdem grössere. Die grossen sind weiss, waren aber, nach der

Bildung der Brustgräte zu schliessen, noch nicht völlig entwickelt, weshalb ich eine Abbildung dieses Organes beizugeben unterlasse; es entspricht in seinem vorderen Theile der bei der Gattung *Cecidomyia* gewöhnlichen Form; der Stiel ist von mittlerer Länge. Die Larven haben Gürtel- und Bauchwarzen. Das Analsegment trägt jederseits vier auf Höcker gestellte Borsten; zuweilen ist einer der vier Höcker unbeborstet. Ein Paar Collar-, ein Paar Sternal- und auf dem dritten Segment ein Paar sehr deutliche Pleuralpapillen sind vorhanden; auf den zwei folgenden Körperringen steht eine Borste an Stelle der Pleuralpapille. Die Ventralpapillen sind in der typischen Zahl von je zwei auf Segment vier und fünf und je vier auf den sieben folgenden vorhanden. Auf diesen Segmenten (6—12) stehen die kurzen Pseudopodien einander relativ nahe, in jeder vierzähligen Reihe ist der Zwischenraum zwischen je zweien kleiner als der Breitendurchmesser eines Pseudopodiums. Die Lateralpapillen waren schwer zählbar, aber von typischer Stellung.

* 6. *Polygala amara* L. var. *alpestris* Rchb., Blüthenknospengalle. Fundort: am linken Uferhang des Suldenbaches oberhalb St. Gertrud (Tirol) bei 1893 m Meereshöhe. Sämmtliche nachfolgende Beobachtungsnotizen und Abbildungen beziehen sich auf Material, das ich am 26. Juli 1885 aufnahm. Es waren 15 bis 20 über den Abhang zerstreute Exemplare der Pflanze, zwischen denen die nicht deformirten in der Minderzahl blieben. Das augenfälligste Merkmal liegt in der vorherrschend gelbgrünen Farbe der Blüthengallen, ein zweites darin, dass dieselben knospenähnlich geschlossen und auf geringerer Grösse gehemmt bleiben (vgl. Taf. VII, Fig. 14) und deshalb eine lückenähnliche Unterbrechung im Umriss des Blüthenstandes bedingen. Die Zahl der deformirten Blüthen in einer Traube schwankt zwischen weiten Grenzen. Zuweilen sind es nur eine oder einige; als höchste Zahl fand ich ³/₄ aller Blüthen. Als ein drittes, den Habitus beeinflussendes Merkmal wäre noch anzugeben, dass die Knospengallen straffer aufrecht bleiben oder doch nur ein wenig abstehend sind, während die normal sich entfaltenden Blüthen stärker abstehen und die abgeblühten in der Mehrzahl nickend oder sogar herabhängend sind. Die normale blaue Färbung findet sich bei den deformirten Blüthenknospen noch am ehesten an den drei kleinen Kelchblättern (besonders an ihren oberen Theilen, selten

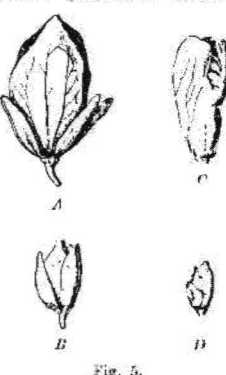

Fig. 5.

auch an ihren Basen) und den Spitzen der zwei grossen Kelchblätter (der sogenannten Flügel). Kein Organ der Blüthe verkümmert bis zur Unkenntlichkeit. Die drei äusseren Kelchblätter haben normale Grösse, die Flügel sind mehr weniger verkürzt, bei hochgradiger Deformation bis auf die Länge der äusseren Kelchblätter. Die obenstehende Abbildung stellt bei vierfacher Vergrösserung in normalem (*A* und *C*) und deformirtem Zustande (*B* und *D*) die Blüthe von aussen (in *A* und *B*) und nach Entfernung der Kelchblätter (in *C* und *D*) dar. Von der verkürzten Blumenkrone *D* ist der dem unpaaren Kelchblatte zugewandte Theil in der Regel auffällig stärker in der Entwicklung gehemmt als der in die kammförmigen Anhänge ausgehende Theil. Aber diese Differenz ist bald grösser, bald kleiner. Antheren und Pollen sind normal. Der Fruchtknoten ist kümmerlich, aber gewöhnlich nicht missgestaltet; Fruchtbildung unterbleibt.

Jede Blüthe enthält eine Mückenlarve. Dieselbe liegt meist zwischen Blumenkrone und Pistill. Die Blumenblätterbasis ist schwach verdickt. Einmal fand ich die Larve zwischen Blumenkrone und Flügel und Letzterer war an der Stelle ein wenig stärker als sonst löffelartig ausgestülpt. Die Larven färbten sich in Ammoniak grünlichgelb. Sie waren nach der Ausbildung der Brustgräte zu urtheilen, nahezu ausgereift und zeigten ein Paar Collarpapillen und die Sternal-, Lateral-, Ventral- und Analpapillen in typischer Weise. Nach der Form ihrer Brustgräte (Textfigur 2), der Beborstung des Aftersegmentes und dem Vorhandensein von Gürtelwarzen gehören sie zur Gattung *Cecidomyia*.

* 7. *Phyteuma Halleri* All., Blüthenknospengalle, sehr wahrscheinlich durch *Cecidomyia phyteumatis* F. Lw. erzeugt. Fundort: Suldenthal in Tirol an mehreren Stellen zwischen 1575 und 1800 m Meereshöhe. Das Cecidium ist vom gleichen Typus, wie die von einer Reihe anderer *Phyteuma*-Arten bereits bekannten, und auch die Larven stimmen mit denen aus *Phyteuma orbiculare* völlig überein. Der Kelch ist nicht verdickt, aber infolge der Anschwellung der von ihm umschlossenen Theile beträchtlich ausgeweitet unter theilweiser Verzerrung des Nervenverlaufes. Er bildet eine leicht ablösbare Hülle für den unteren Theil der Galle. Die Blumenkrone ist an ihrer Basis und bis zu $\frac{1}{2}$ oder $\frac{3}{4}$ ihrer Höhe fleischig verdickt und annähernd kugelig erweitert. Ihr Gipfel ist normal, auch dunkel gefärbt (in auffallendem Gegensatze zum übrigen Cecidium) und schnabelartig. Die Staubgefässe bleiben in der Regel kurz; der Griffel ist am Grunde verdickt. Zwischen der Griffelbasis und der verdickten Krone leben gewöhnlich in Mehrzahl (bis sechs) die relativ grossen Larven. Je eine oder mehrere (bis drei) von ihnen pflegen in einer ihrem Gesammtumfange entsprechenden Höhlung zu liegen, die als eine taschenförmige Erweiterung des Faltengrundes zwischen Griffel und Krone oder als eine faltige Ausstülpung der fleischigen Kronenwand zu bezeichnen ist. Diese Höhlungen erhalten sich auch nach Herausnahme der Thiere; in ihrer unmittelbaren Umgebung erreicht die hypertrophische Verdickung der Krone ihr Maximum. Der Grad der Mitleidenschaft des oberen Theiles der Blüthe schwankt mit der Anzahl der Larven. Wenn überhaupt nur eine Larve in der Blüthe sich findet, kann die obere Hälfte normal und Narben und Blumenkrone auch entfaltet sein. Die im Grunde der deformirten Blüthe vorhandenen Haare sind theils auf die Griffelhaare, theils auf die Haare der Staubfadenbasis zurückzuführen. Beide sind einzellig, diese durchaus dünnwandig, jene kürzer und am normalen Griffel mit verdickter, starrer Spitze. Sie dienen hier zur Ansammlung der ausgetretenen Pollenkörner. Die Basis des normalen Griffels ist unbehaart. Am Cecidium sind im Blüthen-

grunde alle Haare denen der Staubfadenbasis gleich, d. h. einzellig und durchaus dünnwandig und die Behaarung erstreckt sich in der Regel auch auf die Griffelbasis. Die normale Blumenkrone ist aussen nackt, die deformirte ist zuweilen von einer dünnen Schicht weisser, zarter Haare ganz bekleidet; gewöhnlich ist die Behaarung an ihr nur stellenweise vorhanden. Die Art dieser Haare ist dieselbe wie die vorher beschriebene. — Exemplare, die am 4. Juli 1885 am tieferen Standorte gesammelt waren, enthielten noch die Larven, die aber alsbald auszuwandern begannen. In Exemplaren vom höchsten Fundorte (1860 m) waren noch am 25. Juli die Larven vorhanden. Da ich im gleichen Thale bei 1650 und 1840 m auch an *Phyteuma orbiculare*, dessen Verbreitungsbezirk bekanntlich von dem des *Phyteuma spicatum* bis in denjenigen des *Phyteuma hemisphaericum* (s. u.) reicht, dasselbe Cecidium fand, so wird dadurch die Wahrscheinlichkeit gleichen Ursprungs für diese Gallen erhöht. Auch von

Phyteuma Michelii Bertol. gab ich schon 1878 Notiz über das gemeinsame Vorkommen der Blüthenknospengalle mit jener von *Phyteuma orbiculare* am gleichen Standort. Derselbe lag oberhalb der Kirche von St. Moritz im Engadin in ca. 1870 m Meereshöhe. Die seither von Mik (Wiener Entomol. Zeitg., 1888) gegebene Beschreibung der Galle stand mir leider nicht zur Verfügung. Von *Phyteuma Michelii* var. *betonicaefolium* sammelte ich später das Cecidium auch bei Chamounix in Savoyen. Prof. J. Mik hat dann noch von

Phyteuma hemisphaericum L. die in allen wesentlichen Merkmalen gleiche Galle beschrieben und abgebildet (Wiener Entomol. Zeitg., 1890, Nr. 8). Da dieselbe von anderen Beobachtern meines Wissens noch gar nicht registrirt worden ist, so gebe ich eine Zusammenstellung der sechs Fundorte, an denen ich sie von *Phyteuma hemisphaericum* in den Alpen aufnahm. Mik fand die Galle bei ca. 6000 Fuss auf der Frommesspitze bei Obladis bereits am 26. Juli von den Larven verlassen. Ich füge auch meine Beobachtungen über die Larven bei, so weit ich sie notirt habe. Fundorte in der Schweiz: Alp Grüm am Berninapass (2. August 1871: orangefarbige Larven), Gotthardtpasshöhe (28. August 1871: Larven zu mehreren in jeder deformirten Blüthe), zwischen Airolo und Piora bei 1555 m; in Tirol: Vorderschöneck bei St. Gertrud im Suldenthale bei 2300 m, zwischen Gurgl und dem Ramolhause bei 2042 m (15. Juli 1889; Gallen mindestens zum Theil schon leer); in Kärnten: Katzensteig bei Heiligenblut.

8. *Daphne striata* Tratt., Blüthengalle, bei ca. 2000 m Meereshöhe unweit St. Moritz im Oberengadin gesammelt. An diesem von mir 1878 nur kurz aufgeführten Cecidium ist der untere Theil der Perigonröhre zu einem kugeligen Gebilde von 3—5 mm Durchmesser aufgetrieben. Der Hypertrophie unterliegen am stärksten der Fruchtknoten, in viel geringerem Masse die Staubgefässe (von diesen die kurzen inneren mehr als die langen äusseren) und das Perigon selbst. Eine solche deformirte Blüthe, die ich am 20. Juli 1877 untersuchte, enthielt drei weissliche Mückenlarven von je 1·3 mm Länge. Dieselben sind vom Typus der Gattung *Cecidomyia* nach Form der Brustgräte (Textfigur 4), die ausserdem ziemlich kurz gestielt ist, und nach der Bedeckung des Körpers mit granulirten

Fr. Thomas.

Gürtelwarzen. Von Papillen konnte ich als regelmässig constatiren ein Paar Collarpapillen, die Sternal- und Lateralpapillen, sowie am dritten Segment ein Paar Pleuralpapillen. Statt der letzteren hat wie gewöhnlich das vierte und fünfte Segment Borsten. Der Rücken trägt Borsten vom dritten Segment an, auf welchem sie am längsten und stärksten sind. Für die Ventralpapillen war das Präparat ungünstig; doch scheinen auch diese der Regel zu entsprechen.

*9. *Daphne striata* Tratt., Triebspitzendeformation durch *Cecidomyia* spec., im Suldenthal in Tirol häufig unterhalb St. Gertrud bei 1825 *m*, vereinzelt bei ca. 1738 *m*, ferner vereinzelt zwischen der Kanzel und dem oberen Rosimthalboden bei 2290 bis 2367 *m* und am Marltberg bei 2386 *m*. Die Triebspitzen bilden grosse, längliche, hellgrüne Blätterknöpfe von 9—22 *mm* Länge und 5 bis 10 *mm* Dicke (Taf. VI, Fig. 3). Dieselben sind durch dichten Zusammenschluss der verbreiterten und löffelförmig gekrümmten, auch zum Theile stark verdickten Blätter gebildet, welche der Knospenlage entsprechend sich umschliessen. Die innersten Blätter sind meist intact. Die stark deformirten Blätter haben eine auf das Drei- bis Vierfache verdickte Spreite. Durch ihre häufig capuzenförmige Gestalt (Taf. VI, Fig. 4) an der Entfaltung gehindert, erfahren die äusseren Blätter durch die Schwellung der von ihnen umschlossenen eine Dehnung, die interessante Folgen hat. Schon äusserlich ist mit starker Loupe wahrnehmbar, dass die Epidermiszellen, die normal gleich grosse laterale Durchmesser haben, gestreckt werden quer oder schief zum Blattmittelnerven. Der Blattquerschnitt zeigt nur lockeres Parenchym aus meist langgestreckten Zellen, welche, ursprünglich wohl senkrecht zur Blattfläche angelegt, durch die Dehnung unregelmässig verzogen und gebogen sind und dadurch stellenweise Bilder liefern, die an die Profile gebogener Gesteinsschichten erinnern. Sämmtliche von mir gesammelte deformirte Exemplare hatten keine Blüthen, waren aber durch die oberwärts kahlen Stengel als von *Cneorum* verschieden und zu *striata* gehörig kenntlich.

In der Zeit vom 7.—20. Juli 1885 enthielt jeder Triebspitzenknopf mehrere (mindestens drei) weisse Cecidomyidenlarven, gewöhnlich je eine hinter jedem der am stärksten deformirten Blätter. Die Zugehörigkeit zur Gattung *Cecidomyia* ist augenscheinlich. Die Körperoberfläche ist durchaus chagrinartig. Collar-, Sternal-, Lateral-, Ventral- und Analpapillen sind regelmässig, Pleuralpapillen nur am dritten Segmente vorhanden; die Borsten alle ziemlich kurz, am dritten Segment am längsten, am letzten am kürzesten; die Stigmen deutlich; die sogenannten Augenflecken commaartig. An der Gräte (Textfigur 3) sind hinter der Grenzlinie der stärkeren Chitinisirung noch zwei nach hinten spitz oder stumpf endende Stellen markirt, welche Verdickungen oder aufgelagerte Lamellen sein mögen (mein Material war zu eingehender Untersuchung nicht ausreichend), und welche ich an der Larve der Blüthengalle nicht gefunden habe. (In der Figur heben sich diese Stellen stärker ab als am Object.)

Einmal fand ich die ähnliche Deformation an *Daphne Mezereum* gleichfalls von Cecidomyidenlarven bewohnt. Diese bei Sulden am 7. Juli 1885 beobachtete Larve hat am Analsegmente jederseits vier Höcker und am vorletzten

Segmente zwei starke und nach hinten innen gerichtete Stigmen, beides Merkmale, welche Rübsaamen (Berliner Entomol. Zeitschr., XXXVI, Taf. XIV, Fig. 7) als charakteristisch für das Genus *Diplosis* bezeichnet. Dass aber die (frühzeitig faulig oder dürr werdenden und dann ausfallenden) Blattconglomerate der vegetativen Triebspitzen von *Daphne Mezereum*, denen man an manchen Orten in den Tiroler und Schweizer Alpen (z. B. Berner Oberland, Wallis) begegnet, als Mückengallen zu deuten seien, kann ich nicht behaupten. Sie müssten früher im Jahre untersucht werden, als mir die Gelegenheit dazu geboten war. Ich halte es deshalb nicht für ausgeschlossen, dass auch die am Suldener *Mezereum*-Exemplare beobachtete *Diplosis*-Larve nicht Urheber, sondern nur Einmiether war.

10. *Lonicera Xylosteum* L., Triebspitzendeformation und Blattrandrollung.

(Diese Deformation kommt zwar in den Alpen vor, ist aber keine eigentlich alpine und hier nur wegen Object Nr. 11 besprochen.) Im ersten Frühjahre, für das Klima von Ohrdruf in der Zeit von ca. 8. bis 20. Mai, findet man unter den austreibenden Sprossen (besonders den Seitensprossen) der Heckenkirsche solche, deren Blätter an der Triebspitze länger als gewöhnlich in mehrweniger fest geschlossenem, spindelförmigem Knopf zusammengehalten bleiben. Innerhalb dieser Knöpfe leben zur angegebenen Zeit Gallmückenlarven in Mehrzahl; ich fand deren 9 bis 21 in einem solchen Blätterknopf. Von den 4 bis 6 Blattpaaren, welche diese Sprosse in der Regel tragen, sind selten alle zugleich an der Deformation betheiligt; die untersten ein oder zwei sind am häufigsten intact; das innerste (jüngste) Blattpaar dagegen bleibt nur ganz ausnahmsweise vom Angriff verschont. Die Längsstreckung der Achse wird durch die Einwirkung der Parasiten nicht aufgehoben; im unteren Theile des Sprosses erfolgt sie sogar normal, im oberen Theile wird sie nur gemindert. Durch diese Streckung rücken die Blattpaare auseinander, haben aber durch Einwirkung der Larven Veränderungen erlitten (runzelige Oberfläche und Verdickung der Spreite bis auf das $1\frac{1}{2}$fache, starke Minderung des Chlorophylls entweder durchgehends oder in kleinen kreisförmigen Flecken) und die Fähigkeit, sich glatt auszubreiten, eingebüsst und verbleiben deshalb in einem höheren oder geringeren Grade von involutiver Randrollung (welche der Knospenlage entspricht, während durch Aphiden deformirte Blätter derselben Pflanze unregelmässig zusammengekrümmt sind). Nur diesen Restzustand hat Fr. Löw 1875 (Verhandl. der k. k. zool.-botan. Gesellsch. in Wien, S. 31, Taf. II, Fig. 4) beschrieben und abgebildet. In solchen Blättern sind nur noch wenige Larven oder gar keine mehr zu finden. Die meisten Larven wandern mit dem Abrücken der Blätter zunächst in das Innere des verbleibenden Theiles vom Blätterknopf, also in die Räume zwischen den jüngeren Blättern. Erst später verlassen sie die Deformation ganz. Ende Mai 1892 fand ich in einem solchen Knopf, dessen innere Blattpaare bereits zu faulen begonnen und zum Theile sich abgegliedert hatten, nur noch eine einzige lebende Larve. Die übrigen hatten sich wahrscheinlich in die Erde begeben.

  E. H. Rübsaamen hat (Berliner Entomol. Zeitschr., XXXIII, 1889, S. 55) die Vermuthung geäussert, dass der Erzeuger von Löw's Blattrandrollung an

47*

Lonicera Xylosteum vielleicht mit seiner *Cecidomyia periclymeni* identisch sei. So grosse Wahrscheinlichkeit diese Annahme durch die Uebereinstimmung in der oben beschriebenen, von Fr. Löw seinerzeit nicht beobachteten Entwicklung der deformirten Triebspitzen gewinnt, so ist doch die Larve von *Lonicera Xylosteum* keine *Cecidomyia*, sondern eine *Diplosis*, und zwar eine Art ohne Springvermögen. *Cecidomyia periclymeni* hat die chagrinartige Körperhaut (Gürtelwarzen nach Rübsaamen), die Larve aus den Triebspitzen von *Lonicera Xylosteum* hingegen hat eine glatte Haut, nur die von Rübsaamen als Bauchwarzen bezeichneten Unebenheiten auf der Unterseite sind vorhanden. Auch die Brustgräte (Textfigur 1) ist anders gebildet. Die oben erwähnte, ausgereifte, am 31. Mai untersuchte Larve besass eine Gräte von 0·2 *mm* Gesammtlänge, wovon 0·037 *mm* auf den schuppenförmig verbreiterten Fuss entfallen. Ueber die Collarpapillen dieser Larve habe ich schon oben in den Vorbemerkungen berichtet. Das vorletzte Körpersegment trägt auf dem Rücken sechs Börstchen und auf der Unterseite vier Papillen mit mehrweniger deutlichen oder ganz fehlenden kleinen Centralbörstchen. Die Lateralpapillen sah ich im Ausnahmsfalle (nur einmal unter etwa 40 untersuchten Larven derselben Art) zu vier und zwei, statt drei und drei gruppirt, und zwar standen diese vier in fast gerader, quer zur Körperachse verlaufender Linie. Die fünf übrigen Doppelgruppen von Lateralpapillen desselben Individuums waren normal, d. h. zu je drei und drei gestellt.

Ich sammelte diese Deformation in Tirol bei Ratzes zwischen 1100 und 1260 *m*, in Steiermark zwischen Aussee und Altaussee, in Thüringen z. B. zu Georgenthal und in Hart und Hain bei Ohrdruf. Ich habe die Beschreibung hier eingefügt wegen der an

* 11. *Lonicera coerulea* L. beobachteten, ganz ähnlichen, aber gewöhnlich mehr taschenförmigen Triebspitzendeformation, die ich in Tirol im August 1874 im Innerfeldthale bei Innichen und in Piemont 1888 bei ca. 1676 *m* Meereshöhe oberhalb Lilaz bei Cogne aufnahm, beide Male in bereits verlassenem Zustande und mit abgestorbenen, fauligen inneren Blättern. Die Hypertrophie ist stärker als bei *Xylosteum*; die Blattdicke erreicht das 2½fache der normalen.

12. *Berberis vulgaris* L., Blattrollung in der Knospe, dem von *Lonicera Xylosteum* vorher beschriebenen Cecidium ähnlich in Bezug auf das nachträgliche Auseinanderrücken der noch in ihrer gegenseitigen Umschliessung in Knospenlage deformirten Blätter. Aber an der Berberitze sind es noch seltener die Spitzen der Langtriebe, vielmehr gewöhnlich die kurzen Axillarsprosse, welche der Deformation unterliegen. Die oft dunkelroth oder violett gefärbten, knorpeligen, engen und sehr festen, involutiren Rollen sind ebenso auffällig wie die runzeligen, grünen, durch geringe Triebstreckung isolirten, aber eingerollt bleibenden Blätter. Die Hypertrophie ist erheblich. Die Blattdicke steigt bis auf das Drei- und Vierfache der normalen. Häufig ist an dieser Verdickung die untere (äussere) Blattschicht stärker betheiligt als die obere, so dass im Querschnitte die Gefässbündel der Blattadern der Oberseite näher gerückt erscheinen, statt in der Blattmitte zu liegen.

Ich fand diese Galle zum ersten Male 1881 zwischen Kalser Thörl und Windisch-Matrei. Später ist sie von Fr. Löw nach Exemplaren aus Niederösterreich und Lienz in Tirol beschrieben worden (Verhandl. der k. k. zool.-botan. Gesellsch. in Wien, 1885, S. 501). Da sich keine andere Beobachtung in der mir bekannten Literatur findet, so gebe ich eine Zusammenstellung der Fundorte, an denen ich noch ausserdem das Cecidium aufgenommen habe. Dieselben liegen zwischen 500 und 1300 m Meereshöhe. Steiermark: bei Altaussee und am Grundlsee und Toplitzsee; Nordtirol: bei Jenbach und in der Umgebung des Achensees (besonders häufig im Gernthale, hier am 20. Juli 1883 kleine, farblose Cecidomyidenlarven enthaltend), sowie beim Fernstein an der alten Fernstrasse und bei Lengenfeld im Oetzthale; Südtirol: bei Salegg unweit Ratzes. Dr. J. Lütkemüller nahm die Deformation am Ausgange des Suldenthales auf. Endlich sammelte ich sie oberhalb Leuk im Wallis und bei Entrèves oberhalb Courmayeur in Piemont.

*13. *Juniperus Sabina* L., knopfförmige Triebspitzendeformation. Ich sammelte diese Galle 1880 bei Zermatt im Wallis und 1888 an mehreren Stellen der Umgebung von Cogne in Piemont, hier in Höhen zwischen 1480 und 2112 m Taf. VII, Fig. 11 zeigt dieses Cecidium mit dem nächstfolgenden zusammen vorkommend (in der Abbildung sind eine Anzahl von kleinen Sprossen weggelassen, welche die Deutlichkeit der Figur beeinträchtigt haben würden), die Fig. 12 gibt ein vergrössertes Bild. Die Galle ist 3—5 mm hoch und ihr Querdurchmesser ist der Höhe gleich oder etwas geringer, nämlich 2—1½ mm. An ihrer Basis ist sie plötzlich abgesetzt. Die verdickten Nadeln haben auf ihrem Rücken eine tiefe Mittelfurche, in welcher der Harzgang liegt (Textfigur 6). Letzterer ist nicht selten verdoppelt oder verdreifacht; die drei Gänge liegen alsdann dicht nebeneinander, gleichsam aneinander gepresst. Der Blattnerv ist auf den sehr schmalen Raum zwischen Harzgang und Blattoberseite eingeengt. Die Spitzen der deformirten Blätter sind anfänglich zusammengeneigt. Die Farbe der Galle ist gelblichgrün. Zwischen den innersten, aufrechtstehenden und zusammenschliessenden kleinen Nadeln lebt eine breite, kurze Larve, die vom Typus der *Cecidomyia* und *Diplosis* erheblich abweicht. Ausserdem kommen häufig Parasiten vor. (Ueber beiderlei Larven behalte ich mir noch weitere Mittheilung vor. Die häufige Gemeinsamkeit des Vorkommens mit der Galle Nr. 14 liess die Abbildung und vorläufige Erwähnung an dieser Stelle zweckmässig erscheinen.) Die verlassenen Gallen sind oben offen durch Auseinanderweichen der Blätter, werden bräunlich und fallen dann ab.

*14. *Juniperus Sabina* L., grössere Triebspitzendeformation (Taf. VII, Fig. 11 und 13). Fundorte: bei Cogne (Piemont) in Höhengrenzen wie die Vorige und nicht selten mit ihr zugleich vorkommend. Das Object ist vom vorhergehenden zunächst dadurch verschieden, dass die Basis der Galle nicht abgesetzt ist, sondern, allmälig an Dicke abnehmend, in den normalen Zweig übergeht. Mit Einrechnung dieser Uebergangsstelle hat die Galle zuweilen 13 mm Länge, ohne dieselbe 6—8 mm bei etwa 3—5 mm Dicke. Die Basis ist einer umgekehrten, vierseitigen Pyramide mit concaven Seitenflächen zu vergleichen. Der Rücken der vergrösserten Schuppen ist nicht rinnig vertieft wie an dem vorigen Object, sondern rundlich (Textfigur 7) oder schwach gekielt. Drei bis fünf Paare von Schuppen sind stark vergrössert; die Galle hat daher in der Regel etwa acht nach oben starrende Spitzen, welche nach Ausschlüpfen des Insekts stärker von einander abstehen und dann den Einblick in eine geräumige Höhlung gestatten. Die Farbe der Galle ist anfänglich gelbgrün, zuletzt rostroth oder braun.

Aus Herbarmaterial, das ich bei über 2100 m am 19. Juli 1888 oberhalb der Bergerie Pila bei Cogne gesammelt hatte, gelang es mir, die Gallmücken-Puppe herauszupräpariren. Dieselbe ist von kurz eiförmiger Gestalt, wenig über 1 mm lang und von rauchtopasartiger Färbung. Bohrhörnchen fehlen. Die Fühlerscheiden reichen bis zur Mitte des Körpers, die Bein- und Flügelscheiden bis zum Ende desselben oder sogar noch über dieses hinaus. Die Tasterscheiden sind sehr kurz. Ueber das Vorhandensein von Scheitelborsten und Athemröhrchen konnte ich nichts Zuverlässiges ermitteln. Gut ausgebildet waren bereits die Fühler. Sie haben 2 + 12 Glieder, jedes ist kurzgestielt und mit zwei Haarwirteln besetzt. Die Haare des unteren Wirtels reichen nicht ganz bis zur Mitte des folgenden Gliedes; die des oberen, der etwas über der Mitte eingefügt ist, sind kürzer und reichen ein wenig über die Basis des folgenden Gliedes.

Fig. 6.   Fig. 7.

Der Typus dieses Cecidiums ist auch in Asien, Nordafrika und Nordamerika vertreten. Zwei der Galle Nr. 14 sehr ähnliche Objecte lernte ich aus dem Herbar des Prof. C. Haussknecht in Weimar kennen. Das eine an

* *Juniperus macropoda* Boiss., von C. Haussknecht bei ca. 12.000 Fuss im südöstlichen Persien auf Kalkfelsen am Berge Kellal im September 1868 gesammelt, ist von annähernd gleicher Grösse wie die Sabina-Galle Nr. 14; die Schuppen sind aber nicht so spreizend, auch kürzer und die der Gallenbasis sogar stumpf. Das zweite, an

* *Juniperus excelsa* MB., von J. Bornmüller bei Amasia in Kleinasien zwischen 400 und 1600 m gesammelt (Plantae exsicc. Anatoliae orientalis, 1889, Nr. 901), gleicht der Galle Nr. 14 in Gestalt der Schuppen, ist aber kleiner und auch schlanker, nämlich bei 2 mm Dicke etwa 5 mm lang. An

Juniperus phoenicea L. hat bereits Frauenfeld in Dalmatien „eine kleine Zapfenrose, analog der unseres Wachholders" (Verhandl. der k. k. zool.-botan. Gesellsch. in Wien, 1855, S. 21) beobachtet. Ich sah seine Exemplare nicht; auch sind sie nicht abgebildet worden. Prof. Haussknecht überliess mir aus seinem Herbar zwei Proben dieses Substrats mit Triebspitzengallen. Die eine, von P. Taubert Anfang Mai bei Derna gesammelt (Iter cyrenaicum 1887, auspice W. Barbey, Nr. 546), trägt nur eine einzige Galle, nämlich einen spindelförmigen Knopf von 12 mm Länge und 5 mm Dicke, dessen breit schuppenförmige Blätter angedrückt sind. Die Galle ist wahrscheinlich noch nicht völlig entwickelt. Die zweite (Elisée Reverchon, Plantes de l'Andalousie, 1889, Nr. 418) entstammt der Sierra Nevada und ist als var. *prostrata* bezeichnet. Das am 10. August gesammelte Exemplar ist übersäet mit Gallen, die in der Mehrzahl bereits von dem Cecidozoon verlassen sind, denn ihre inneren Blätter sind bräunlich und klaffend. Die Gallen haben 4—6 *mm* Durchmesser, sind isodiametrisch oder sogar dicker als lang; die sie zusammensetzenden Blätter sind sehr breit und nicht in die langen Spitzen der *Sabina*-Galle ausgehend, auch auf dem Rücken gar nicht oder doch nur an der Spitze gekielt.

Aus Nordamerika besitze ich ein der *Sabina*-Galle ganz ähnliches Object, das ich von dem seither verstorbenen G. Engelmann in St. Louis mit der Bezeichnung: „On *Cupressus Goreniana*, Marin County, California, S. Watson, 1880" erhielt. Die scharf vierkantige Zapfengalle ist 15—17 *mm* lang und quer in der Diagonale gemessen 10 *mm* dick. Die Schuppen sind auf dem Rücken gekielt, kurz zugespitzt und ihre Spitzen aufrecht. Auf jeder Gallenkante zählt man 6—7 Schuppen übereinander, von denen die 2—3 unteren klein, die folgenden breit und gross sind.

Von demselben Gelehrten erhielt ich als „californische Nüsse" eine Trieb-spitzengalle von *Juniperus californica*, welche, ca. 13 *mm* lang, kleinen *Larix*-Zapfen ähnlich ist, und eine zweite gleicher Grösse (Fundort: „Geysers of Lake County, Calif."), die aber nach der Spitze verjüngt und vor derselben eingezogen ist. Ohne Zweifel werden auch diese drei amerikanischen Objecte von Cecidomyiden erzeugt. Die von Osten-Sacken (Western Diptera, 1877, p. 192, cf. Just's Botan. Jahresber., V, S. 501) beschriebene „fleischige" Galle desselben Substrats scheint aber von meinen Objecten verschieden zu sein.

Alphabetisches Substratenverzeichniss.

(Ohne Berücksichtigung der in den Vorbemerkungen nur wegen der Larven erwähnten Gallen.)

Erklärung der Abbildungen.

(Der Hinweis auf den zugehörigen Text ist aus dem vorangehenden Substrateuverzeichniss zu entnehmen.)

Tafel VI.

Fig. 1. *Erigeron uniflorus* L., Blattbasengalle. Vergrösserung 1·25 : 1.

„ 2. *Campanula Scheuchzeri* Vill., Blattraudrollung. Vergrösserung 1·25 : 1.

„ 3 und 4. *Daphne striata* Tratt., Triebspitzendeformation. Natürliche Grösse.

„ 5 und 6. *Artemisia spicata* Wulf., Blattgalle. Fig. 5 ist dreifach, Fig. 6 fünffach vergrössert.

Tafel VII.

Fig. 7 bis 10. *Aster alpinus* L., Blattfaltung (nur die zwei nach oben gerichteten Blätter von Fig. 7) und grosse schwammige Galle. Fig. 10 Querschnitt der in Fig. 9 dargestellten Galle. Natürliche Grösse.

„ 11. *Juniperus Sabina* L., zweierlei Triebspitzengallen. Natürliche Grösse.

„ 12 und 13. Dieselben, dreifach vergrössert.

„ 14. *Polygala amara* L. var. *alpestris*, Blüthenknospengalle. Natürliche Grösse.

Verhandl. der k.k. zool. bot. Ges.
Band XLII. 1892.

Taf. VI.

D.ʳ Friedrich Thomas:
Alpine Mückengallen.

Ew. R. Rübsaamen ad. nat. del.

Lith. Anst. v. Th. Bannwarth Wien.

Verhandl. der k.k. zool. bot. Ges.
Band XLII. 1892.

Taf. VII.

Dr Friedrich Thomas:
Alpine Mückengallen

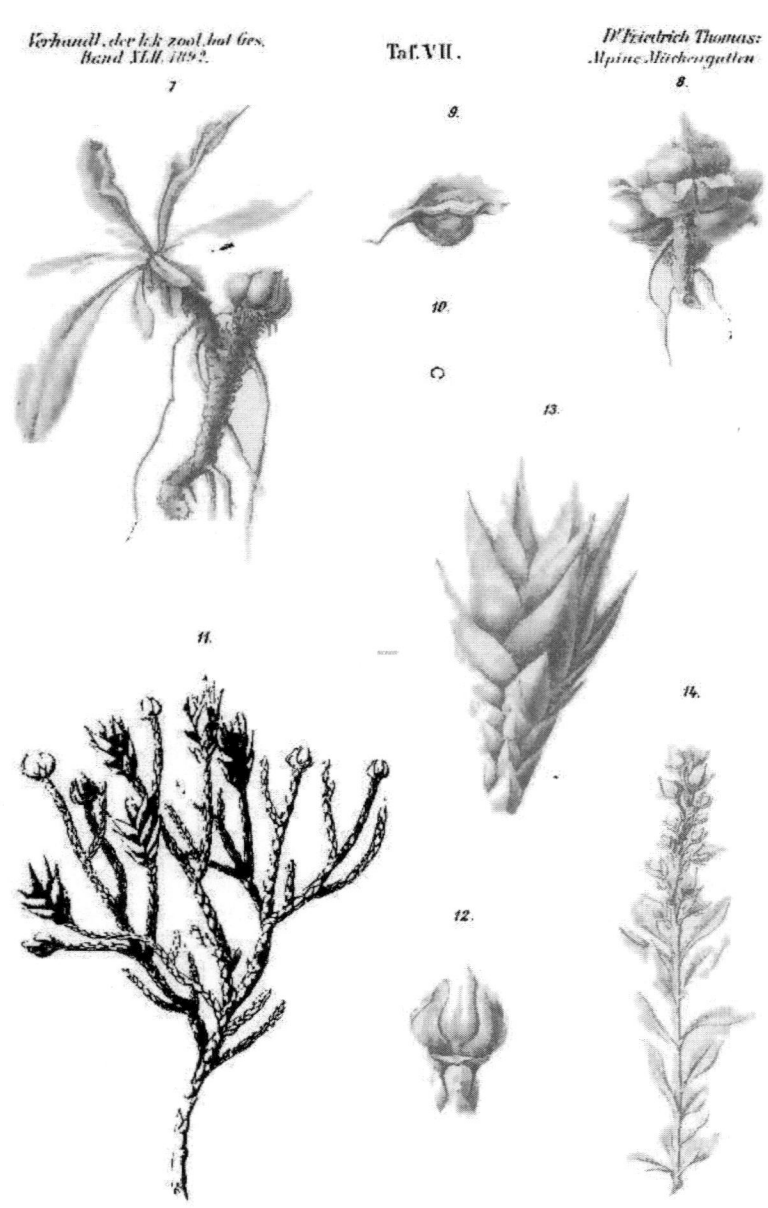

7

9.

8.

10.

13.

11.

14.

12.

Ew. H. Rübsaamen ad. nat. del.

Lith. Anst v. Th. Bannwarth. Wien.

Beiträge zur Kenntniss des Baues und Lebens der Flechten.

Von

Dr. Arthur Minks

in Stettin.

(Vorgelegt in der Versammlung am 2. November 1892.)

II.

Die Syntrophie,

eine neue Lebensgemeinschaft, in ihren merkwürdigsten Erscheinungen.

Bedeutung und Verbreitung der Syntrophie.

Kaum auf einem anderen Gebiete der Natur findet das kundige Auge eine so dichte, zugleich aber durch sich so machtvolle und in sich so einfluss-reiche Berührung der zugehörigen Glieder oder Einzelwesen untereinander, wie im Flechtenreiche. Wenn erst einmal diesem Gedränge sowohl in seiner Dicht-heit, als auch in seiner dadurch bedingten Mächtigkeit ausgedehnte und tief-sinnige Aufmerksamkeit zugewendet werden sollte, wird man selbst in Betreff der Phanerogamenwelt meine Zweifel, ob innerhalb dieser die Vereinigung von gegen-seitiger Annäherung und auswendigem Eindrucke gleiches aufzuweisen habe, theilen.

Man braucht nicht in das Hochgebirge zu steigen und die weit ausge-dehnten Kalkhalden aufzusuchen, um die Fülle an Einzelwesen und die Reich-haltigkeit an Arten, unter deren gegenseitigem Anschlusse die Flechten ihre bedeutende Theilnahme an der Herrschaft über die Erdoberfläche sich sichern, zu bewundern. Vielmehr lehrt schon jeder Baum unserer Wälder und jeder Findlingstein unserer Ebenen die gleiche Thatsache, nur mit geringerem Inhalte, dass nemlich im Flechtenreiche es vorzüglich verstanden wird, eine fast unum-schränkte Macht in möglichst weiten Bezirken zur Geltung zu bringen. Gerade da aber, wo die Flechten mit anderen Reichen der Pflanzenwelt, und zwar sowohl

48

mit den Phanerogamen, wie auch mit den Kryptogamen, in gewöhuliche oder häufige Berührung treten müssen, lässt sich ihre Macht in ihrer zuerst wohl von Wallroth[1] verstandenen Grösse am leichtesten auf die ihnen ganz allein eigenthümlichen Lebensbedingungen zurückführen. Eben die durch die Besonderheit der Lebensverhältnisse geschaffene Schroffheit des Abstandes gegen alle anderen Gewächse vermag diesem Reiche als solchem unglaublich hohe Selbstständigkeit und damit eine Machtfülle zu verleihen, von denen beiden zumeist die jüngste Gegenwart eine schwache Vorstellung haben dürfte.

Diesen meinen einfachen Hinweisen wird man vielleicht andere Gebiete der Natur als mindestens mit den gleichen Eigenthümlichkeiten ausgerüstete entgegenzuhalten versuchen. Zunächst im Hinblicke auf die Moore mit ihrem üppigen Wuchse von Torfmoosen möge man der Fülle an Einzelwesen gegenüber die Armuth an Arten abwägen, um schon dadurch der Fragwürdigkeit dieses Beispieles inne zu werden. Oder man wird die Eigenthümlichkeiten des Algenreiches hervorheben. Ganz abgesehen davon, dass man von der räumlichen Ausbreitung der Algen höchstens eine annähernde Anschauung, welche sich mit der sicheren in Betreff der Flechten gar nicht messen kann, zu gewinnen im Stande ist, vergisst man bei der Anführung dieses Beispieles, dass die Alge um den Platz mit dem Thier streiten muss und vielleicht oft nur den wählen darf, welchen ihr diese mächtige Nebenbuhlerschaft gestattet. Lässt sich von den Flechten schon sagen, dass ihr Bestehen durch die Nothwendigkeit, als Nahrung für die Thierwelt zu dienen, im Vergleiche mit den Algen in kaum nennenswerthem Maasse bedrängt werde, so kann und darf gar von einem Kampfe mit jener um den Wohnsitz nicht die Rede sein. Will man endlich, zu den niedersten Theilen des Algenreiches hinabsteigend, die vielleicht grössere Fülle sowohl an Einzelwesen, wie auch an Arten hervorheben, welche durch ihre Vereinigung in früheren Abschnitten der Geschichte der Erde sogar an deren Gestaltung sich zu betheiligen vermocht haben und im zeitigen eine einflussreiche Rolle im Haushalte der Natur spielen, so bedenkt man nicht, dass man sich um solche Thätigkeiten der Flechten bisher zu wenig gekümmert hat. Sollte aber einmal das Flechtenreich sich in dieser Hinsicht als weniger bedeutungvoll und einflussreich erweisen, so würde doch seine auf der Dichtheit des gegenseitigen Anschlusses gegründete Machtfülle gegenüber allen Einflüssen der Anhäufung im Algenreiche voraussichtlich unverkürzt erscheinen.

Die Betrachtung der Fülle an Arten, mit welcher die Geschlossenheit innerhalb des Flechtenreiches sich noch besonders auszeichnet, lenkt auf die Frage hin, ob nur Zufälligkeit oder höchstens Gemeinsamkeit der Lebensbedingungen die nicht selten buntesten Vergesellschaftungen herbeiführe. Die Nachbarschaft von Einzelwesen einer Art schon macht keineswegs immer den Eindruck friedlichen Beisammenlebens, geschweige denn die von solchen verschiedener Arten. Vielmehr sieht bereits der weniger erfahrene Blick, wie schon zuvor gesagt ist, ein Drängen, bei dem es sich dem Augenscheine nach immer oder

---

[1] Wallroth, Naturgeschichte der Flechten, II. Theil, S. 131 (1827).

wenigstens zunächst um den Platz handelt. Dass dieses Gedränge einen mannigfaltigen Kampf um das Dasein darstellt, welcher in dem Zusammentreffen der Lebensbedingungen in Raum oder Zeit oder in beiden seine Ursache hat, dies vermag freilich nur das Jahrzehnte lang geübte Auge des Fachgelehrten seinem vollen Inhalte und ganzem Umfange nach zu ermessen. Bei weiterem Eindringen des Forscherblickes in das Treiben der Flechten erscheint dieser Kampf als in Heftigkeit und Zähigkeit nicht selten noch besonders verschärft.

Die Ueberwucherung von krustigen Gebilden des Flechtenreiches durch standige hat nichts auffallendes an sich, indem man entsprechende Vorkommnisse überall in der Pflanzenwelt findet. Deckt ein blattartiges Flechtenlager allmälig eine Kruste zu und lässt sie gewissermaassen ersticken, so darf man nicht mit Unrecht auch in einem solchen Ereignisse ein gewöhnliches Bild der Natur erblicken. Vielleicht gibt sogar das Vorrücken eines placodinen Lagers auf ein sogenanntes vermarmorirtes selbst den Lichenologen noch keinen Anlass zum Nachdenken über diese Erscheinung als eine eigenthümliche. Wer aber mit sinnigem Auge das gemeinschaftliche Leben der Krustenflechten (im weitesten Sinne des Wortes) lange und aufmerksam betrachtet hat, wird sich der ganzen Eigenthümlichkeit des Kampfes, als ob nemlich Mann gegen Mann, vielleicht ein ganzes Leben lang um das Dasein streitend, einander gegenüberstehen, bewusst geworden sein. Und man wird zu dem Glauben sich für berechtigt halten, dass auch hier unter den niederen Gliedern des Reiches das Recht des Starken über den Schwachen, wie in dem Verhalten aller gegen die höheren, sich geltend mache. Dieser a priori gezogene Schluss findet seine Unterstützung durch gewisse Naturbeobachtungen. Jeder aufmerksame Lichenologe hat während seiner Thätigkeit mehr oder weniger oft die Beobachtung gemacht, dass krustige Flechten in ihrer ganzen Ausdehnung von anderen Krusten bedeckt waren und nur mittelst ihrer Apothecien ihr Dasein anzeigten und sich zu erkennen gaben. Je öfter man aber solche Beobachtungen gemacht hat, desto mehr wird man die Frage für angezeigt halten, wie viele solche Ueberwucherungen, die auf die angegebene Weise unerkennbar bleiben, in der Natur stattfinden mögen. Ausser diesem äussersten Falle gibt es aber wohl zahlreiche andere, welche die Bedeckung einer krustigen Flechte durch eine oder mehrere andere gleichsam im Zustande des Werdens als ein allmäliges Vorrücken zeigen. Bei diesem dichtesten Gedränge, das ja selbst zu einer ebenso innigen, wie ausgedehnten Berührung der beiderseitigen Gewebe sich steigert, kann und muss die weitere Frage entstehen, ob die Gemeinsamkeit der Lebensbedingungen allein und immer die zusammenführende Ursache abgebe.

Man muss namentlich bei dem Anblicke regelmässiger Vergesellschaftungen im Systeme mehr oder weniger weit von einander entfernter Flechten den Gedanken an eine Zweckmässigkeit, die solche Vereinigungen zu einer Nothwendigkeit macht, fassen. Denn anderen Falles müsste man die Frage, ob den Flechten nicht Mittel und Vorkehrungen gegen ein Verdrängen oder eine Beeinträchtigung der Ausbreitung durch Angehörige ihres Reiches gegeben seien, aufwerfen und deren Beantwortung mittelst der Naturbeobachtung versuchen. Selbst

48*

der Lichenologe könnte von der Grundlage der in der Phanerogamenwelt gewonnenen Auffassung aus sich zu leicht veranlasst fühlen, bei dem gegenseitigen Drängen der Flechtenkrusten an den endlichen Untergang der schwächeren zu glauben. Allein sogar wenn Entstehen und Vergehen des Flechtenlebens nicht nach ganz anderen Gesetzen, als nach denen der übrigen Pflanzenwelt, sich abspielten, wenn namentlich die Anschauung von einem Untergange im allgemeinen Sinne der Naturwissenschaft auch auf die Flechten ausgedehnt bliebe — während doch von einem solchen nur unter aussergewöhnlichen Verhältnissen, keineswegs aber genau im herrschenden Sinne von einem Tode durch das Alter[1]) die Rede sein kann —, würde die Abschwächung oder Aufhebung der gegenseitigen Einflüsse im Zusammenleben durch bestimmte Mittel oder Vorkehrungen nicht als Nothwendigkeit gedacht zu werden brauchen. Wir dürfen eine Rückwirkung innerhalb der bereits bestehenden Ausbreitunggebiete solcher Flechten in verschiedenen Aeusserungen uns vorstellen, um zu der Ueberzeugung zu gelangen, dass für eine Sicherung des Bestehens auf solche Weise viel nachdrücklicher und umfangreicher gesorgt sein könnte.

Um die Frage der Zweckmässigkeit für das Zusammenleben verschiedenartiger Flechten zu einer Entscheidung zu führen, wollen wir die Betrachtung einer weithin ausgedehnten Felswand, welche, mit den Lagern einer einzigen Art bedeckt, schon in der Ferne in verschiedenen Abtönungen von Weiss oder Grau oder Roth oder Blau erscheint — ein in den Kalkalpen nicht ungewöhnliches Schauspiel — als eine der nothwendigen Grundlagen wählen. Hier freilich soll diese Betrachtung eigentlich nur für ein besonderes und lange bekanntes, aber ebenso lange unverstandenes Verhältniss auf dem Gebiete der Flechtenbiologie als Ausgangspunkt oder Anknüpfung dienen.

Seit wann bedeckt diese eine Art solche Fläche? Diese Frage dürfte eine der nächstliegenden sein.

Das sogenannte vermarmorirte Lager ist das dünnste im Bereiche der Steinbewohner. Schlägt man ein Stück von der Unterlage ab und sieht sie unmittelbar unter einem noch nicht 1 *mm* dicken Lagerbereiche unverändert, so darf und muss man sich sagen, dass der zeitige Befund an derselben Stelle ebenso gut schon vor 100, wie schon vor 1000 Jahren gemacht werden konnte, indem die Annahme eines jungfräulichen Flechtenwuchses sich auf den Nachweis frischer und umgestaltender Oertlichkeitänderungen zu stützen hat. Es kann sehr wohl der zeitige Anblick das jüngste Geschlecht einer den weiten Raum beherrschenden Art vor sich haben, deren annähernd gleich alten Vertretern zahlreiche Geschlechter vorausgingen, welche sich bereits der gleichen örtlichen Ausdehnung erfreut haben. Nimmt man auch von den vorausgegangenen Geschlechtern an, dass deren Glieder sich in einem annähernd gleichen Alter befanden, so kann man schliesslich doch nicht umhin, sich einen Zeitpunkt zu denken, da die ersten Flechtenkeime das Dasein der Art an einer solchen Stelle begründeten.

---

[1]) Vergleiche die Veröffentlichung meines Gesetzes über den Untergang lichenischer Körper. Botan. Centralbl., Bd. XLV (1891), S. 363.

Vorläufig soll nun für die nächstliegenden Zwecke der Biologie aus dieser kurzen Erwägung nur der eine wohlberechtigte Schluss gezogen werden, dass den späteren Geschlechtern die Gewinnung des Haltes auf der durch die vergangenen angegriffenen und zubereiteten Unterlage wesentlich erleichtert worden ist. Und in dieser Erleichterung beruht sicherlich zum grossen Theile nicht bloss die erfolgreiche Ausdehnung, sondern noch vielmehr die standhafte Behauptung eines besonders weiten Wohnsitzes.

Ich halte es gar nicht für nöthig, auf meine schon im Jahre 1876 ausgesprochene Auffassung von dem Verhältnisse der Flechten zur anorganischen Unterlage hinzuweisen[1]), um meiner Ansicht, dass die steinbewohnenden Flechten sehr verschiedene Grade von Haftfähigkeit besitzen, Eingang zu verschaffen, weil dies der Einsicht des Lichenologen zu nahe liegt. Hat man aber erst diese Möglichkeit zugestanden, so gelangt man fast unmittelbar zur Erkenntniss einer anderen, dass nemlich die zum Haften mehr befähigten den weniger befähigten Arten behülflich oder nützlich seien. Indem man sich vergegenwärtigt, dass das Flechtengewebe, sei es nun unmittelbar oder mittelbar, den Zusammenhang der anorganischen Unterlage aufhebt, wird es verständlich, wie leicht einer dazu weniger oder gar nicht befähigten Art später sowohl das Haften, als auch die Ausbreitung an derselben Stelle gemacht werden kann. Dabei haben wir nicht allein oder nicht immer das zeitlich vorangehende Lager als noch lebend im Beginne oder während der Dauer der Ausbreitung des nachfolgenden zu denken, wie es Wallroth thut[2]), indem er die Thatsache einer bestimmten Reihenfolge verschiedener Arten an derselben Stelle in der Natur hervorhebt. Es kann also auf diesem von mir gekennzeichneten Wege eine Art von Zweckmässigkeit in der Vergesellschaftung verschiedener Flechtenarten wohl erfasst werden. Wir dürfen freilich nicht sogleich so weit gehen und aus jeder einfachen Beobachtung von Entfaltung eines späteren Flechtenlagers auf einem schon ausgebildeten und noch lebenden, ohne weitere Begründung den Schluss herleiten, dass das Dasein der folgenden Art durch das der vorangehenden bedingt, ja nicht einmal dass es dadurch gefördert werde. Steigert sich aber der spätere Flechtenwuchs zu einer Verschmelzung mit dem früheren, wie sie schon Wallroth erkannt hat, so lässt sich doch wohl der Gedanke an eine von der Biologie zu ergründende Nothwendigkeit des Zusammenhanges bei solchen Vereinigungen verschiedener Flechten in der Regel nicht fernhalten.

Obwohl schon Wallroth eingesehen hat, dass bei solchen „besonders zarten und dicht dem Substrat angehefteten Krusten- und Filzlagern das Verschwinden auf einer blossen Ueberschüttung eines nachfolgenden dichter organisirten Lagers" beruht, und dann ein Vergehen durch Erstickung oder Verschmelzung die Folge ist, hat man sich auch um diese Errungenschaft nicht gekümmert, ohne zu ahnen, wie eingreifend sie auf alle Zweige der Lichenologie zu wirken berufen sei. Besonders müsste es auffallen, dass man bei derartigen Beobachtungen,

---

[1]) Beiträge zur Kenntniss des Baues und Lebens der Flechten. I, S. 66 [540].
[2]) Naturgesch., II, S. 128.

welche auf andere Gebiete der Natur übertragen, die Vorstellung von einem
parasitischen Verhältnisse mit seinem ganzen Nachspiele erweckt haben würden,
nie an ähnliches gedacht hat. Was das Aufkommen einer solchen Beurtheilung
ferngehalten haben mag, kann für den Kenner der Geschichte der Lehre vom
Parasitismus im Flechtenreiche allein die Thatsache der beiderseitigen Ausrüstung
mit einem — wie man hinzuzusetzen durchaus nicht unterlassen darf — makroskopisch sichtbaren Thallus gewesen sein. Noch heute ist nemlich die herrschende
Auffassung in Betreff der auf Flechten lebenden Ascophyten oder des Parasitismus
im Flechtenreiche dieselbe, wie zur Zeit, als Wallroth seine Naturgeschichte
der Flechten schrieb. Ebenso, wie Wallroths Erkenntniss der Entwickelung
einer Flechtenbiologie förderlich hätte werden können, war die herrschende
Anschauung für eine solche Wissenschaft hemmend und sogar verderblich. Soll
aber die Erforschung der in dem Gedränge der Flechten untereinander vorkommenden Verhältnisse und Erscheinungen erfolgreich, vielleicht zur Schaffung
der Grundlagen für eine Biologie im neuesten Sinne als höchstem Erfolg beizutragen berufen sein, so kann die Erkenntniss des sogenannten Parasitismus, eine
unabweisliche und nächste Nothwendigkeit, nicht bei Seite gesetzt werden.

Wenn man erst dahin gelangt sein wird, die schönen Perlen unter den
dem Vorurtheile dieses Jahrhunderts nur als Schutt und Ballast erscheinenden
Leistungen Wallroths zu sondern, zu fassen und zu würdigen, wird man dessen
Erkenntniss, dass die Flechten überhaupt, also auch die auf anderen lebenden
Glieder dieses Reiches, denselben Gesetzen der Ernährung unterworfen, daher
gar nicht zu einem Parasitismus veranlagt und berufen seien, vor allen anderen
schon damals gewonnenen Wahrheiten ganz besonders feiern. Dieses Verdienst
Wallroths kann durch den Einwand, dass zu jener Zeit die grosse Zahl von
Flechtenbewohnern noch nicht bekannt war, kaum geschmälert werden. Jedem
Versuche einer Schmälerung ist einfach die andere Thatsache gegenüber zu halten,
dass Wallroth bereits im Jahre 1827 unter dem Begriffe des Parasitismus, wie
er von seinen Zeitgenossen nicht bloss in der Botanik im allgemeinen, sondern
auch in der Lichenologie im besonderen (in letzter aber bis heute) angewendet
wurde, verschiedenartige Erscheinungen vereinigt gefunden hat. [1]

Eine Untersuchung, wesshalb das geflügelte Wort von E. Fries: „Lichenes
in aliis parasiti normaliter nulli genuini" — sich statt der eingehend und um-
fassend begründeten Anschauung Wallroths Eingang und bis in die neueste
Zeit Geltung zu verschaffen gewusst hat, würde hier zu weit führen. Wohl aber
halte ich es für angezeigt, damit dem Verständnisse des Flechtenlebens die Wege
bereitet und geebnet werden, einen Ueberblick über den Gang der Erkenntniss
des Wesens der Flechtenbewohner, oder über die Entwickelung und Wandlung
des Begriffes Parasitismus in der Lichenologie zu geben, trotzdem dass ich diese
Kenntniss nach meiner früheren Behandlung der Flechtenparasitenfrage [2] wenigstens
bei den Lichenologen für vorhanden anzunehmen berechtigt sein darf. Wie aber

[1] Naturgesch., II, S. 404.
[2] Flora, 1877, S. 338—345, 359—368.

alles, was nur einen Schimmer von morphologischer Anschauungweise an sich trägt, bei der zeitigen Lichenologie nicht auf Verständniss und Aufnahme rechnen kann, so ist es auch den Darlegungen der sehr einfachen und leicht verständlichen Verhältnisse der „Flechtenparasiten" ergangen. Es ist dies noch besonders desshalb' zu beklagen, weil jetzt auf dieser Erkenntniss als einer Hauptgrundlage umfassende Lehren von dem Flechtenleben sich aufbauen sollen.

Der Kürze halber hatte ich schon damals den Entwickelunggang der Kenntniss der Flechtenbewohner in drei Stufen gesondert. Auf der ersten Stufe stehen Tulasne und alle Anderen mit Nylander an der Spitze. Tulasne kannte keinen Thallus seiner Parasiten und bildete sie sogar als in anatomischer Verbindung mit den Lagern der bewohnten Flechten befindlich ab. Trotzdem aber fasste er sie als Lichenen auf, und zwar als *Lichenes athallii*. Die zweite Stufe erreichte Th. Fries im Vereine mit S. Almqvist. Beide wiesen die Ausbildung eines eigenen Thallus von Seiten der Flechtenbewohner nach. Da von diesem Thallus aber nur ein Hyphengewebe zu finden war, mussten diese Pflänzchen für Ascomyceten angesehen werden. Diese Auffassung von Th. Fries erschien zu jener Zeit als ein folgerichtiger Schritt, zu dem eben die Feststellung des Begriffes des Lichen veranlasste. Indem Th. Fries aber die Flechtenbewohner in einem Anhange seiner Lichenographia Scandinavica zu behandeln gedachte, gab er zu erkennen, dass er als Lichenologe ihnen doch nicht zu entsagen vermochte. Ob ihn dazu die Beobachtung des sichtbaren Ueberganges im Bilde zwischen den organischer Unterlage gleichsam angehauchten und den anderem Flechtengewebe eingebetteten Lagern, des auf beiden Unterlagen vorkommenden gefärbten zarten Lagers u. dergl. mehr, oder die sichtbare Verwandtschaft mit den nach seiner Bestimmung wahren Lichenen, welche nicht nur die Gattung, sondern sogar die Art betrifft, oder vielleicht gar beiderlei Beweggründe angetrieben haben, darüber hat sich Th. Fries nicht geäussert. Jedenfalls führten mich diese Erwägungen zu der Voraussetzung, dass bei den endophlocoden und den auf anderen wohnenden Flechten der Thallus in jeder Hinsicht übereinstimme, als ich die bekannten Untersuchungen über das krustige Flechtenlager anstellte. Und indem ich auch für die Flechtenbewohner ausser der gleichen Sonderung des Hyphengewebes die Erzeugung eigener Gonidien in besonderen Organen nach der Weise der Endophlocoden nachwies und damit im Jahre 1876 die Benützung des zeitigen Unterscheidungmerkmales zwischen Flechte und Pilz auch auf das Gebiet der flechtenbewohnenden Ascophyten ausdehnte, führte ich die Kenntniss von dem Wesen dieser Pflänzchen auf die dritte Stufe, mit welcher jedoch die bisherige Wissenschaft nicht abschloss.

Der Nachweis der Gonidienentwickelung von Seiten des Lagers der Flechtenbewohner musste folgenschwere Schritte veranlassen. Namentlich lagen in allen den Fällen, in denen der Gonidientypus des Bewohners von dem des Wirthes abwich, gewisse Vortheile zu nahe, als dass man deren Benützung hätte unterlassen können. Die typische Verschiedenheit zweier in einem Lagerkörper vereinigten Gonidienbildungen konnte im Falle des Vorhandenseins eines einzigen Fruchtkörpertypus zu leicht für das bequemste und sicherste Erkennungzeichen der Vereinigung zweier Arten zu einem Körper, oder, anders, aber keineswegs besser ausgedrückt, für das Dasein eines Bewohners oder Epiphyten, oder eines Parasiten auf oder in einer fremden Kruste gelten. Die letzte Ausdrucksweise schliesst nemlich a priori die Annahme in sich, dass die vorhandenen Apothecien dem Bewohner gehören, während die erste, abgesehen von anderen vortheilhaften Seiten, dieses Verhältniss als für den einzelnen Fall offene Frage behandelt. In der letzten Fassung stellte Müller Arg. dieses Erkennungmerkmal als untrüglich, und zwar erst in jüngster Zeit[1], hin, indem er erklärte, dass eine natürliche Gattung nicht zweierlei Gonidien haben könne, und im entgegengesetzten Falle ein Epiphyt auf fremder Kruste gegeben sei. Allein selbst wenn ich von der durch die Anatomie und Morphologie gewonnenen Bedeutung der Gonidien, wie ich sie bereits in meinen Schriften erörtert habe und im Laufe der Zeit noch weiter zu schildern gedenke, absehe, und selbst wenn ich ferner in die Erklärung Müllers die stillschweigende Voraussetzung lege, dass mit ihr nur die als Gegenstand der beschreibenden und systematischen Lichenologie dienenden Gebilde berührt werden sollten, so könnte ich mich dieser Auffassung doch nicht anders, als unter Beschränkungen und Bedingungen anschliessen.

Was die Brauchbarkeit der Vereinigung verschiedener Gonidientypen zu dem gedachten Zwecke betrifft, so habe gerade ich durch vieljährige Studien solche kennen gelernt, zugleich aber auch die trügerischen Eigenthümlichkeiten dieser Erkennungweise. Ausserdem beschränkt sich diese Brauchbarkeit eigentlich oder hauptsächlich auf solche Fälle, in denen das in Rede stehende Verhältniss schon mehr oder weniger offenkundig vorliegt. Dass diese Erkennungweise trügerisch sein muss, folgt einfach aus zahlreichen Ergebnissen verschiedener Untersuchungreihen, die schon seit Jahren veröffentlicht und noch dazu durch lehrreiche Abbildungen erläutert vorliegen. Ich will nicht von neuem den Lebensgang von *Leptogium myochroum* (Ehrh.) berühren, um die Unnatürlichkeit der allein auf den (vermeintlichen) Gonidientypus gegründeten Gattungen bei den höheren Flechten darzuthun, sondern beschränke mich vielmehr für meine Zwecke auf eine kurze Wiederholung der Ergebnisse meiner Untersuchungen des krustigen Lagers.

Als Typus der Anlage des Lagergonidema der steinbewohnenden Flechten stellte ich das Gonocystium auf. Aus diesem Organ geht das spätere Gonidema, das bisher allein bekannt war, hervor. Da nun aber das Gonocystium den *Archilichenes* Th. Fr. und *Sclerolichenes* Th. Fr. gemeinsam ist, folgt, wie nach einem gewissen Satze der Mathematik, als unzweifelhafte Thatsache die Hinfälligkeit der beiderseitigen Gonidien als Typen. Im Hinblicke auf den Schwendenerismus gab ich schon damals diesem Urtheile die Fassung, dass, wenn das Gonocystium *Glaocapsa* darstelle, *Chroococcaceen* einerseits *Palmellaceen*, andererseits *Chroolepideen* zu erzeugen vermögen. Wie richtig ich geurtheilt hatte, ist aus der Bestätigung durch K. B. J. Forssell[2] zu erkennen, der eben das Gonocystium

[1] Flora, 1890, S. 201.
[2] Ebenda, 1886, S. 54.

für *Glaeocapsa* erklärte. Weil er jedoch meine Abhandlung dem Grundsatze der Schwendenerianer gemäss nicht gelesen hatte, ahnte er nicht, dass schon mir diese Erkenntniss geworden war, zugleich aber auch die andere den Schwendenerismus untergrabende, welche ihm selbst bei logischem Vorgehen hätte werden müssen. Dazu kommt nun noch, dass die nach der Auflösung des Gonocystium befreiten Gonidien in dem Zustande als Cystiogonidien verschieden lange Zeit verharren können, bis dass sie zu Reihen auswachsen und inzwischen von *Palmellaceen* gar nicht oder schwer zu unterscheiden sind.

Aehnlich sind die Verhältnisse in der mit dem Gonangium verknüpften Anlage des Gonidema bei dem endophloeoden Thallus, d. h. ausser bei dem im Periderma auch bei dem in fremden Flechtenlagern verborgenen. Die nach Sprengung der Gonangienkapsel daliegenden Angiogonidien bilden verschieden grosse Massen von Gonidien, die als *Palmellaceen* gelten müssten, bis dass sie erst später zu *Chroolepideen*-Reihen auswachsen, wenn sie nicht, ununterbrochen sich spaltend, in demselben Zustande verharren. Wäre das Gonangium als solches ein Algen- oder Gonidientypus, so würde man den genau entsprechenden Schluss, wie von den mit dem Gonocystium verbundenen Bildunggängen, herleiten müssen. Vor Allen würde Zukal durch seine erfolgreichen Studien und lehrreichen Darstellungen dieses Organes[1]) zu solchem Schlusse gedrängt worden sein.

Von der Uebereinstimmung in der ganzen Anlage und Entfaltung des Lagers zwischen Endophloeoden und Epiphyten schloss ich sehr erklärlicher Weise, dass die ersten die Lebensweise der anderen führen und daher auch wirklich auf anderen Flechten vorkommen können. Ich unterliess es damals aber, eine ausserordentlich naheliegende Annahme auszusprechen, deren Bestätigung ich bei dieser Gelegenheit der Wissenschaft nicht mehr vorenthalten will. Da die Epiphyten Gonangien als Anlage für eigenes Lagergonidema besitzen, und da solches Gonidema ebenfalls, nach Zersprengung der Gonangienkapsel frei geworden, thatsächlich sich entfaltet, lag von Anfang dieser Beobachtungen an der Schluss nahe, dass unter Umständen und zur richtigen Zeit bei den Epiphyten ein in Thallomen ausgeprägtes Lager aufzufinden sein müsse. Wie meine bisherigen Beobachtungen lehren, dürfen jedoch nicht zu hohe Anforderungen nach dieser Seite hin gestellt werden schon in der Erwägung, wie viele Endophloeoden unter Umständen in Folge Zusammenfliessens der angelegten Thallome eine verschwommene Lagerkruste zeigen. Wenn man also sich entschliesst, möglichst alte Wirthslager sorgfältig zu betrachten, wird man höchstens aus zerfliessenden Körnchen gebildete Epiphytenlager zu sehen bekommen. Diese an und für sich schon recht schwierigen Beobachtungen sind aber noch mit der besonderen Schwierigkeit verbunden, dass als Theile des bewohnenden Lagers durch den Untergang angeregte Erscheinungen der Blastesis, vor allem an das Gonosphaerium und das Gonotrophium geknüpfte Vorgänge dieser in ihren entsprechenden Endergebnissen angesehen werden könnten.

[1]) Flechtenstudien, Taf. II, Fig. V—VII. — Denkschr. der mathem.-naturw. Classe der Akad. der Wissensch. zu Wien, Bd. XLVIII, II. Abth. (1881).

Z. B. Ges. B. XLII. Abh. 49

Alle Beschreibungen von Epiphyten in der Lichenologie weisen als Mangel nicht bloss die Unkenntniss von dem Thallus überhaupt, sondern auch von dessen schliesslicher Gestaltung auf. Vergegenwärtigen wir uns aber, dass die Ausbildung des Gonidema eine allmälige ist, dass sie sogar aller Wahrscheinlichkeit nach erst am oder nach dem Ende des Fruchtkörperlebens zur typischen Entfaltung gelangen dürfte, so erscheint die der zukünftigen Wissenschaft zufallende Ausfüllung dieser empfindlich grossen Lücke um so schwieriger. Diese Mängel lassen die Epiphyten als ein von den Endophloeoden abgesondertes Gebiet erscheinen, nur wenn wir die genau entsprechenden Verhältnisse bei den letzten übersehen. Denn auch dort finden wir oft noch gegen das Ende der Reife des Apothecium ein erst spärliches Gonidema oder sogar nur Gonangien[1]. Es fehlt also auch in allen jenen Fällen die auf Beobachtungen gestützte Beschreibung des zur wirklichen Entfaltung gelangten Lagers, welche ebenfalls erst auf ihrer eigentlichen Höhe mit Unterstützung durch den gonidematischen Antheil das typische Gepräge aufweisen könnte.

Man irrt, wenn man mit der geschilderten Lagerbildung das wegen seiner Unsicherheit dem Lichenographen ungenehme Gebiet begrenzt glaubt. Die gleichen Verhältnisse finden sich auf dem Gestein bei dem sogenannten Thallus marmoratus, welche ich gleichfalls schon früher geschildert habe.[2] Ich wiederhole daher nur im Auszuge die wichtigste Thatsache, die von allgemeiner Bedeutung für die Flechtenbiologie ist. Bei den vermarmorirten Lagern verschiebt sich die Ausbildung einer weinsteinartigen Kruste nicht selten gegen das Ende der Ausbildung oder gar erst in die Zeit des Unterganges des Apothecium. Auch bei dieser Lagerbildung ist ein gleiches und mehr oder weniger mächtiges Hyphengewebe vorhanden, welches die Gesteinsoberfläche, wie bei den entsprechenden Endophloeoden das Periderm, durchzieht, vollkommene Apothecien ausbildet und erst am Ende dieses langen und wichtigen Lebensabschnittes an die Erzeugung von Gonidema herantritt.

Ich wiederhole diese höchst wichtigen Punkte meiner schon im Jahre 1876 veröffentlichten Erkenntniss, nicht um das Dasein von Flechten ohne Mithilfe sowohl von Seiten der „Algen", wie auch ohne die „Nährflüssigkeit" des Laboratorium zu Münster als eine über die Erde ausgedehnte Thatsache hervorzuheben, an die vor Allen B. Frank[3] zu einer Zeit, als die Theorie Schwendeners ihren Einfluss noch nicht hatte, glaubte, sondern um von neuem auf die Unzuverlässigkeit und Hinfälligkeit des zur Zeit wegen seiner Sicherheit und Beständigkeit geschätzten Unterscheidungmerkmales zwischen Flechte und Pilz hinzuweisen: In der Einleitung zu meiner Arbeit Symbolae licheno-mycologicae habe ich eingehend dargestellt, dass ein sich auf das Dasein oder Fehlen mikroskopisch sichtbarer Gewebebestandtheile stützendes Unterscheidungverfahren in Betreff

---

[1] Die Entfaltung von Gonidema in der Umgebung des Fruchtkörpers hat ihre wahre Ursache und zugleich ihren eigentlichen Zweck in dem Fruchtleben, wie schon die Ursprungsquelle, die Zellen des Hyphema, anzeigt. Solches Gonidema ist in Wahrheit also kein Lagerbestandtheil.

[2] Beiträge etc., I. S. 86—87 [560—561].

[3] Botan. Zeitung, 1874, Nr. 16, Spalte 212—244.

zweier so umfangreichen Gebiete als von vornherein ungemein dürftig und höchst fragwürdig dasteht, schon weil in jedem fraglichen Falle die Entscheidung ebenso sehr von der Geschicklichkeit, wie von dem Glücke des Untersuchenden abhängt. Um meiner damaligen Verurtheilung jetzt durch zwei Beispiele aus jüngster Zeit eine neue, eigentlich aber nach so vielen gleichen Fällen überflüssige Begründung zu verleihen, weise ich auf die Leistungen von Ed. Wainio und H. Rehm auf diesem Gebiete hin. Während ich z. B. fast gleichzeitig eine Gonidemaentfaltung in dem als *Myriangium* aufgefassten Gebilde nachwies, um es schon desshalb den Lichenologen und Schwendenerianern als Flechtenkörper hinzustellen,[1] versetzte Wainio[2] es, weil er in ihm keine Gonidien sah, unter die Pilze. Zum Unglücke für Wainio bin ich aber nicht der einzige und erste Botaniker, der im *Myriangium*-Körper Gonidien gesehen hat, sondern vor mir hat schon Millardet solche sogar als *Pleurococcus*-Zellen nachgewiesen. Dieses selbe Können auf der einen und Nichtkönnen auf der anderen Seite spielt sich zwischen meinen in Symbolae licheno-mycologicae niedergelegten Forschungen und den Leistungen Rehms ab. Der Forscherdrang hat Rehm zum Gegenstande der Komik für die Lichenologen gemacht. Da er nemlich alles das für Pilze ansieht, wo er keine Gonidien finden kann, muss es ein unterhaltendes Schauspiel gewähren, wo er die Grenzen seines Reiches der Pilze finden werde. Es darf niemand Wunder nehmen, dass ich von meinem Rechte, nachdem ich bei zahlreichen „Ascomyceten" nicht allein im Thallus, sondern auch im Fruchtkörper Massen leuchtend grüner Gonidien nachgewiesen habe, Gebrauch mache und mein lebhaftes Bedauern darüber ausspreche, wie leicht sich heutzutage in der Botanik die Unfähigkeit unberufener Arbeiter gegenüber dem tiefernsten Streben breit machen kann.

Noch zu einem anderen Zwecke habe ich die Wiederholung wichtiger Ergebnisse meiner Untersuchungen des niederen Flechtenlagers gegeben. Die schon früh und während des ganzen Lebens (soweit als dieses die Lichenographie angeht) von den höheren und höchsten Flechten angestrebte Ausbildung des Lagergonidema hat zur Annahme von dessen unentbehrlicher Nothwendigkeit für die Lichenen überhaupt und zu übertrieben hohen Schätzungen von dessen Werthe für die Lichenologie verleitet. Man hätte daher früher und bis in die jüngste Gegenwart sich nicht zu dem Gedanken emporschwingen können, dass es Flechten ohne Gonidema gebe, die aber desswegen keineswegs zu den Pilzen gehören. Für solche Ascophyten würde das übliche Unterscheidungsmerkmal aber gar nicht passen. Solche Flechten zeichnen sich dabei durch einen besonders eigenthümlichen Bau aus, welcher das etwaige Dasein von Gonidema viel leichter als bei den Endophloeoden und den Epiphyten, und zwar selbst minder fähigen Beobachtern, nachzuweisen gestattet.

*   *

*

---

[1] Berichte der Deutschen botan. Gesellsch., Jahrg. 1890, Bd. VIII, Heft 8, S. 248—249.

[2] Étude sur la classification naturelle et la morphologie des lichens du Brésil (Helsingfors, 1890), p. XXI, nota 2.

49*

Eine offenbare Thatsache ist es, dass Epiphyten, wenn wir die Fälle, in denen es sich um gelegentliche Uebertritte vom Periderm auf Flechten handelt, ausnehmen, ohne andere Glieder des Reiches nicht bestehen können. Nimmt man einen mit vollständigem, also auch mit gonidemahaltigem Lager ausgestatteten Flechtenbewohner an, so darf man in dem Verhältnisse zweier solcher Lichenen zunächst nur die augenscheinlich möglichst dichte Berührung zwischen lichenischen Körpern erblicken. Diese ebenso allgemein gehaltene, wie schlichte Fassung des Urtheiles über ein solches Verhältniss schliesst nicht nur die Einleitung und Anbahnung zum vollen Verständnisse in sich, sondern wird sogar die für mich zur Zeit übersehbaren weitesten Fortschritte in sich aufnehmen, ohne darunter wesentliche Wandlung zu erleiden.

Vergegenwärtigt man sich recht sehr das Bild eines mit allen Bestandtheilen bis in das kleinste hinein wohl ausgerüsteten Thallus, der eben durch diese Ausrüstung sich dem ganzen Inhalte des Begriffes nach als flechtenartiger erweist, in dem oberflächlichen Bereiche des Lagergewebes einer höheren Flechte, so wird man von vornherein der Ueberzeugung nicht verschlossen sein, dass ein solcher Bewohner dem Wirthe entweder gar nicht oder in sehr geringem, vielleicht aber nur bedingtem Umfange schädlich sein kann. Ich habe schon früher betont,[1] dass bei genauer Betrachtung die von den Flechtenbewohnern gesetzten Zerstörungen in der Abhebung der Rindenschicht des wirthlichen Lagers mit der nothwendigen Folge des Absterbens des Gonidema bestehen, also ihrem Wesen nach sich nicht von den endlich sichtbaren Einflüssen der Endophloeoden auf das Periderm, nemlich der Abschuppung dieser Schicht, unterscheiden. Zudem ist die Zahl der Fälle, in denen bis jetzt Einflüsse des Bewohners auf die lichenische Unterlage sich nicht haben nachweisen lassen, die ganz unverhältnissmässig viel grössere. Das oben erwähnte Wort von E. Fries entsprang offenbar der unmittelbaren Ueberzeugung, dass Lichen und Parasit durchaus unvereinbare Begriffe darstellen. Wenn auch erst Schwendener für diese Anschauung einen (scheinbaren) anatomisch-physiologischen Grund geschaffen hat, gelangte er doch in Wirklichkeit nicht über jenen alten Standpunkt hinaus, wie ich schon früher auseinandergesetzt habe.[2] Denn falls die Gonidien thatsächlich Assimilationsorgane sind, wie er glaubt, welche die Flechten der Nothwendigkeit überheben, auf anderen Pflanzen und deren Verwesungszeugnissen zu schmarotzen, so bliebe es jetzt durchaus unverständlich, wozu einerseits die Epiphyten mit eigenem Gonidema ausgerüstet sind, und andererseits erst in den Schluss des für die Lichenographie wenigstens anziehendsten Lebens mancher Flechte die Ausbildung dieses Gewebes als eines Körperbestandtheiles gelegt ist. Demnach war es für mich seit früher Zeit selbstverständlich, dass die Bedingungen, welche Flechten an lichenische Unterlage fesseln, ganz anderen Wesens sein müssen, als die für den Schmarotzer geschaffenen. Und durch Beobachtung sonderbarer Thatsachen wurde es mir zur Ueberzeugung, dass der Besitz annähernd gleicher Lagerbildung, die

---

[1] Beiträge etc., I, S. 65—66 [538—539].
[2] Symbolae licheno-mycologicae, p. LXI.

mit der Fähigkeit, sowohl im Periderm, als auch in Flechten zu leben, ausgestattet ist, dieselbe Flechte an dem letzten Wohnsitze einen Ersatz für die an dem ersten gebotenen Lebensverhältnisse finden lässt. Ich war sogar noch weiter zu gehen berechtigt. Schon damals sprach ich die Ueberzeugung aus, dass die Endophloeoden und demnach auch die Epiphyten denselben Gesetzen der Ernährung und des Stoffwechsels, wie die höchsten Flechten unterworfen sein müssen, und dass alle Lichenen die gleichen Lebensbedingungen, die höchst wahrscheinlich mehr physikalischer, als chemischer Art sind, an ihre Wohnsitze fesseln. Somit war ich schon früh zu der seitdem immer mehr gefestigten alten Erkenntniss auf einem freilich ganz anderen und ungeahnten Wege gelangt, dass nemlich Flechte und Schmarotzer in Wirklichkeit unvereinbare Begriffe sind. Ich sehe aber in solchem Zusammenleben, wie ich schon gesagt habe, zunächst das engste Verhältniss, das überhaupt das Leben der Flechten bei dem Gedränge im Flechtenreiche mit sich zu führen vermöge.

Fast gleichzeitig mit der Gewinnung meiner zuvor geschilderten Erkenntniss gelangten Th. Fries und S. Almqvist zu einer anderen Auffassung des Verhältnisses zwischen Bewohner und Wirth bei den Lichenen. Diese Anschauung, welche Th. Fries im Jahre 1874 ausgesprochen hat,[1] bedeutet trotz ihrer Abweichung von der meinigen und ihres Widerspruches mit verschiedenen früher von mir geschilderten und später noch zu schildernden Thatsachen der Natur einen wesentlichen Fortschritt in der Erkenntniss der Verhältnisse des in Rede stehenden Gebietes. Indem Th. Fries drei Flechten, nemlich *Arthrorrhaphis flavorirescens* (Dicks.), *Buellia scabrosa* (Ach.) und *Arthonia phaeobaea* Norm. als Beispiele hervorhebt, weist er in überzeugender Weise nach, dass bei jeder das Lagergebilde auf die Umwandlung eines wirthlichen Lagers mittelst des zu den Apothecien gehörigen, aber nur durch das Mikroskop nachweisbaren zurückzuführen ist. Die inneren Vorgänge bei diesem Verhältnisse erscheinen Th. Fries als umwälzende und sogar als vernichtende, so dass er das Vorhandensein eines Parasitismus für unzweifelhaft ansieht. Die Hyphen des Wirthes sollen von denen des Schmarotzers aufgelöst und vernichtet werden unter Verschonung der Gonidien (selbstverständlich des Wirthes, die allein ja Th. Fries kennt). Diesem Hyphen und Gonidien verschiedenartigen Ursprunges enthaltenden Lager sitzen die Apothecien des Schmarotzers auf. Schon an bekannter Stelle habe ich die Anwendung des von Norman geschaffenen Begriffes Allelositismus auf dieses Verhältniss, falls es wirklich der Annahme von Th. Fries gemäss vorhanden wäre, als unpassend zurückgewiesen.

Allein der Fortschritt beschränkt sich nicht auf jene wenigen Gebilde. Schon vor der Veröffentlichung von Th. Fries war ich auf dem einfachen Wege der Betrachtung des Verhältnisses zwischen Apothecium und Thallus zu dem Schlusse gekommen, dass jene Beispiele sich um eine grosse Zahl vermehren lassen, dass also eine nicht unbeträchtliche Zahl von Lichenen im bisherigen Sinne aufzulösen sei, weil die Vereinigung von Apothecium und Thallus zu einem Gebilde

----

[1] Lich. Scand., I, p. 343.

beide Theile aus verschiedenartigen Quellen entnimmt. Indem ich an bekannter Stelle mit dieser Ankündigung den Ausdruck der Hoffnung verknüpfte, dass es mir bald vergönnt sein möchte, über diesen Gegenstand eingehende Untersuchungen zu veröffentlichen, begnügte ich mich mit der Betouung des sicheren Beweismittels, welches mit dem Vorhandensein eines zweiten Flechtenlagers in dem sichtbaren Gebilde, als der wahren Ursprungsstätte der Apothecien, der Wissenschaft übergeben worden war.

Obgleich bei Gelegenheit der Bearbeitung der skandinavischen Arten von *Arthonia*, welche S. Almqvist im Jahre 1880 lieferte,[1] die Zahl der vermeintlich in Allelositismus lebenden sich nicht als so gross herausstellte, wie man sie nach der Ankündigung durch Th. Fries für die in dem Anhange zu Lichenographia Scandinavica in Aussicht gestellte Behandlung hatte erwarten dürfen, so wollen wir von dem damit doch bestimmter ausgeprägten Fortschritte vollinhaltliche Kenntniss nehmen.

In der Auffassung des fraglichen Verhältnisses weicht Almqvist wesentlich von Th. Fries ab. Dieser Abweichung liegt der Umstand zu Grunde, dass Almqvist als Schwendenerianer angesehen, sogar gerade durch das Studium des fraglichen Verhältnisses bei *Arthonia* es geworden sein will. In dem letzten Punkte irrt er jedoch gewaltig. Almqvist war bereits Schwendenerianer, als er an die Bearbeitung herantrat, weil ihm dieselben unbewiesenen Voraussetzungen, auf welche die Theorie Schwendeners sich stützt, für naturwissenschaftliche Thatsachen galten. Almqvist waren, wie Schwendener, alle jene Gebilde, die sowohl in der Lichenologie, wie auch in der Algologie vorkommen, von vornherein Algen. Und damit wurde Almqvist, wie allen Schwendenerianern, ein bestimmter Forschunggang vorgezeichnet. Es erging ihm aber nach dem uralten Gesetze von dem Fluche der bösen That, wie allen Schwendenerianern ohne jegliche Ausnahme, dass er weitere unbewiesene Voraussetzungen als bewiesene benützte. Und endlich trug auch er kein Bedenken, das allgemein befolgte Beispiel nachahmend, meine Forschungen über die Flechtenkruste gänzlich unbeachtet zu lassen.

Bei einem Lichenologen gehört wahrlich eine ganz absonderliche Art von Urtheilskraft dazu, die geschichtliche Thatsache, dass die Algologie schon früh jene Gebilde, die im Flechtenkörper und im Flechtenleben eine Rolle spielen, ihrem Reiche einverleibt hatte, auch als eine naturwissenschaftliche gelten zu lassen, welche Kraft bekanntlich selbst de Bary zur Zeit, als er die unumgängliche Alternative aufstellte,[2] noch abging. Für die Beobachtung, dass von *Arthonia* ein Theil der Arten *Palmella*-Gonidien, ein anderer *Chroolepus*-Gonidien, ein dritter sogar beide gemischt besitzt, lassen sich vom Standpunkte des Lichenologen aus viel einfachere Erklärungen finden. Es entspricht doch sicherlich der Natur die Annahme eines ursächlichen Zusammenhanges beider „Typen" viel mehr, als die der Nothwendigkeit von Seiten des „Flechtenpilzes", immer beide zusammen zu seinen Daseinszwecken vorhanden und vorräthig zu finden. Gerade solche Vor-

---

[1] Monographia Arthoniarum Scandinaviae. Kongl. Svenska Vet. Akad. Handl., Bd. 17, Nr. 6.
[2] De Bary, Morph. und Phys. der Pilze, Flechten etc. (1866), S. 291.

kommnisse müssen ja den unbefangenen und vorurtheilfreien Beobachter an der Wahrheit der Theorie Schwendeners zweifeln machen. Immerhin freut es mich, feststellen zu können, dass Almqvist in der Auffassung des fraglichen Verhältnisses als eines Parasitismus Th. Fries nicht durchgehends folgte, sondern es auch als Consortium ansah. Dieses Verdienst hat Almqvist freilich dem Schwendenerismus zu verdanken, denn in der That war bis dahin eine allgemein gehaltene Fassung allein zulässig und gerechtfertigt, dagegen für die andere die erforderliche Beweisführung unmöglich und die versuchte unzulänglich.

Der Fortschritt Almqvists gipfelte gewissermaassen in einer wissenschaftlichen Leistung, welche der überwiegenden Mehrzahl der Lichenologen als unverständlich und sogar als unerhört vorkommen musste, nemlich in der Zusammenfassung einer nicht unbeträchtlichen Anzahl von Arten unter eine einzige, *Arthonia vagans*. Allein ich kann nicht umhin, mit dem besonderen Beifalle, den ich dieser anerkennenswerthen Einzelleistung freudig und aufrichtig zolle, mein lebhaftes Bedauern zu verbinden darüber, dass gerade sie mein zuvor ausgesprochenes Urtheil mit seiner ganzen Härte auf sich lädt. Zunächst muss ich erklären, dass der Schritt, welcher derselben Art die Eigenthümlichkeit eines „thallus varius vel nullus" zuschreibt, über meine naturforscherlichen Verstandeskräfte hinausgeht. Almqvist wurde sich nicht klar einerseits darüber, dass dem Epiphyten in Folge seines „Consortium" mit den verschiedenartigsten Flechtenlagern, die eben sein eigenes unsichtbares Lager den Anlagen der Wirthe entsprechend verschieden umgestaltet, nicht der Gesammtbegriff „Thallus varius" zukommen kann, andererseits darüber, wie grosse Widersprüche solche Auffassung in das Wesen dieses einen Epiphyten hineinlegt, der einmal umwälzende Einflüsse eben mittelst seines Lagers ausübt, ein anderes Mal aber bei seiner Gesammtheit von Apothecien keinen eigenen Thallus besitzen soll. Dass Almqvist zu dieser sonderbaren Beurtheilung durch die Vernachlässigung meiner Beobachtungen und Schlussfolgerungen gelangt ist, lässt sich vor allem aus dem folgenden Umstande nachweisen. Er findet dieselben Beispiele unter seiner *Arthonia vagans* vereinigt, aus denen ich schon a priori gefolgert habe, dass der den Epiphyten scheinbar fehlende Thallus im fremden verborgen, also nur unsichtbar sein müsste, bei welcher Folgerung bekanntlich das Vorkommen durch abstechende Färbung äusserlich angedeuteter Lager sowohl bei den Endophloeoden, wie auch bei den Epiphyten eine wichtige Rolle spielt. Im letzten Falle erachtet Almqvist *Arthonia vagans* für subparasitica, im Falle des vermeintlichen Mangels des eigenen Lagers für parasitica und endlich im Falle des im optischen Eindrucke schwankenden Schlusserfolges die Verschmelzung der zweierlei Lager für einen thallus proprius, also für einen Thallus. Bestrebt, die Härte meines Urtheiles in jeder Weise zu mildern, will ich nicht unerwähnt lassen, dass Almqvist die Schwankungen in dem fraglichen Verhältnisse in Bezug auf die Masse der beiderseitigen Gewebe nicht entgingen. Er findet aber, je nachdem sich das Hyphengewebe des einen Theiles zu dem Gonidema des anderen in der Menge stellt, bald ein Consortium, bald einen Allelositismus, bald einen Parasitismus und ausserdem zwischen den zwei letzten auffallende Uebergänge ausgeprägt

Indem ich jetzt in die Lage komme, die schon im Jahre 1876 angekündigte Darstellung der den Gebilden von Th. Fries und Almqvist entsprechenden Erscheinungen im Flechtenreiche zu beginnen und damit zugleich ein zur Zeit in seinen vielseitigen segenreichen Folgen noch gar nicht übersehbares Gebiet der Forschung zu eröffnen, kann ich nicht umhin, meiner sicherlich berechtigten und von allen Gönnern und Freunden meines Strebens gewiss getheilten Befriedigung Ausdruck zu geben über das erste und zugleich glänzende Beispiel der mir durch den Schwendenerismus selbst wider dessen Willen erwachsenden Genugthuung. Almqvist war auf dem besten Wege, sich um die Lichenologie ein hohes Verdienst zu erwerben. Trotzdem dass er meine Verkündigung über die Ausdehnung der eigenthümlichen Erscheinung und sogar die Mittel zu deren Erkenntniss vorfand, hatte er es doch vorgezogen, meine Errungenschaften als werthlos zu betrachten lediglich aus dem Grunde, weil sie der Lehre Schwendeners widersprachen. Und so gestaltete er eine im Kerne höchst bedeutende Erkenntniss durch die unlogische Auffassung und Darstellung zu einer unbrauchbaren Leistung, mittelst deren er selbst schwerlich die Wege zur Aufdeckung der zahlreichen und mannigfaltigen Erscheinungen im übrigen Flechtenleben gefunden haben würde.

*   *   *

Die so nahe liegende und darum auch ebenso leicht erklärliche, wie verzeihliche Meinung, dass die sichtbare Vereinigung von Fortpflanzungorganen mit einem vegetativen Körper zur Annahme der Zusammengehörigkeit beider als einer selbstverständlichen berechtige, mag überall in der ganzen Naturbeobachtung für einen Lehrsatz gelten, in der Flechtenkunde dagegen darf dies nicht sein. Findet die dem Flechtenleben mit Vorurtheil und Beschränktheit gegenüberstehende Gegenwart diesen Ausspruch kaum durch eine bessere Begründung als eine Tautologie unterstützt, so hat sie allerdings Recht. Weil die Flechte eine Flechte ist, an dieser Tautologie darf man sich aber vorläufig hier und bei anderen Gelegenheiten nicht stossen, wenigstens so lange als ich allein das Flechtenleben als Lichenologe zu schildern mich getrieben und berufen fühle. Es ist nemlich in Wahrheit unbeschreiblich schwer, bis dass man die Flechte wenigstens in den Grundzügen einer Physiologie erkannt hat, von dieser Pflanze, welche ohne Analogie den anderen Klassen gegenübersteht und nur durch Anklänge einerseits auf die Pilze, andererseits auf die Algen hindeutet, biologische Vorstellungen zu erwecken, wo es entweder keine, oder eine auf gänzlich unzulässige Voraussetzungen gestützte Grundlage gibt. Denn wo für das Flechtenleben Theilnahme vorauszusetzen sein sollte, bei den Lichenologen, ist davon nichts vorhanden, was am besten durch das ganze Verhalten dem Schwendenerismus gegenüber gekennzeichnet wird, und wo eine solche Theilnahme wirklich seit Entstehung der Theorie Schwendeners rege ist, treffen meine Schilderungen die Unerfahrenheit und Unwissenheit von Anfängern, denen das Studium des Wesens der Flechte in der durchaus ungerechtfertigten Voraussetzung von seiner Einfachheit und Leichtigkeit anvertraut worden ist. Daraus ergibt sich eine Erklärung des Schweigens, das meinen Thatsachen gegenüber auf beiden Seiten waltet.

Am auffallendsten erscheint die Nichtbeachtung von Seiten der Lichenologen, soweit als es sich um das hier berührte Gebiet des Flechtenlebens handelt, meiner schon im Jahre 1881 abgegebenen Erklärung[1] gegenüber, dass alle *Calyciaceen* Bewohner oder so zu sagen Genossen steriler Flechtenlager seien. Diese Tribus bildete aber bereits im Jahre 1876 den grössten Theil der Gebilde, die ich als aus Apothecium und Thallus verschiedenartigen Ursprunges zusammengesetzt auffasste, und von denen ich nach jenem Jahre gelegentlich nur *Leptorrhaphis Steinii* Körb. und *Leptorrhaphis leptogiophila* Mks.[2] behandelt habe. Ich hatte die *Calyciaceen* als die pilzartigsten aller Flechten hingestellt, die lediglich ihrer biologischen Verhältnisse wegen, weil nemlich ihr Leben mit dem makroskopisch sichtbaren Flechtenlager verbunden ist, bisher nicht als Ascomyceten angesehen worden waren. Dass meine die *Calyciaceen* betreffende Erklärung der Begründung entbehre, um als Errungenschaft der Lichenologie behandelt werden zu können, darf man zur Entschuldigung des bisherigen Verhaltens nicht anführen, denn dann würde man übersehen, dass die Kennzeichen einer solchen Vergesellschaftung, die sich äusserlich als eine einfache (Apothecien tragende) Flechte darstellt, in dem Vorhandensein zweier Lager und der Entstehung des Apothecium aus dem äusserlich unsichtbaren der Wissenschaft schon im Jahre 1876 übergeben worden waren.

Diese besondere Erkennungsart des Wesens von Flechtengebilden erfuhr durch die neuesten Errungenschaften der Lichenologie, vor allen die an das Mikrogonidium und das Hyphema geknüpften, keine bedeutende Verbesserung. Jeder sinnige Freund der Flechten wird zwar die Befriedigung mit mir theilen über die Grösse des Fortschrittes, wie sie der Nachweis der Mikrogonidien in allen Zellen bei einer äusserst winzigen irgend ein kleines Apothecium bewohnenden Flechte ausdrückt. Allein man wird auch zugestehen, dass gerade die Erkenntniss, wie nothwendig einem solchen Pflänzchen der ganze so sehr zusammengesetzte Bau der Flechte, nemlich die Mannichfaltigkeit der Hyphen, die Gonangien, das Gonidema seien, den unaussprechlich erhebenden Eindruck bei jeder Gelegenheit in dem Entdecker dieses Baues erneuern muss. Immerhin gewann das Studium dieses besonderen Gebietes durch den allgemeinen Fortschritt ebenfalls seine Vortheile. Zumeist ist zu erwägen, dass mit dem Nachweise des Mikrogonidium auch bei den Epiphyten die Selbstständigkeit dieser Pflänzchen als Flechten erst den stärksten Ausdruck erhalten hat. Diese Selbstständigkeit, in dem lichenischen Wesen beruhend, hat auf dem Gebiete der Flechtenbewohner eine Erleichterung der Erkenntniss eben dieses Wesens geschafft. Für den Zweck der Feststellung des Wesens jedes einzelnen Flechtenbewohners hat die Auffindung des Gonidema ihren bisherigen unentbehrlichen Werth verloren, denn die Erkenntniss der Mikrogonidien in den Hyphen des Apothecium schliesst die des lichenischen

---

[1] Symbolae licheno-mycologicae, I, p. XIV.
[2] Flora, 1877, S. 359 und 363.

Wesens des ganzen Bewohners in sich. Und ausserdem ist man jetzt daraus zu folgern berechtigt, dass diese mikrogonidienhaltigen Pflanzen unter Umständen Gonidien erzeugen, also auch Gonidema besitzen können.

Im besonderen für die zahlreichen Gebilde der Lichenologie, die sich aus Apothecium und Thallus verschiedenartigen Ursprunges zusammensetzen, vereinfacht sich die mikroskopische Prüfung zu einem Nachweise der Vereinigung zweier Lager in der Art, dass man sich die Aufsuchung eines zweiten Gonidema für diesen Zweck erlassen darf. Allein dieses Absehen von dem Gonidema darf man sich eigentlich nur für lichenographische Zwecke, und zwar während der nächsten Zukunft, gestatten, dagegen muss, wer der Biologie und Physiologie sich zuwendet, auch auf diese hochwichtige Seite des Lebens so eigenartiger Flechten seine Aufmerksamkeit richten, um so mehr als er hier das eigentliche Gebiet der gonidienlosen Lichenen kennen zu lernen erwarten kann.

Im Hinblicke auf die Bemühungen von Th. Fries und Almqvist wird man dem Nachweise der Gonidienlosigkeit der einen der die Gebilde zusammensetzenden Pflanzen als einem von vorneherein ungenügenden und aussichtlosen entgegensehen, weil ja jedes wirkliche Lager des Besitzes von Gonidien als unzweifelhafter Flechteneigenthümlichkeit sich erfreue. Ferner wird man sogar unter Nichtbeachtung meiner Darlegungen über den zweifelhaften Werth der Gonidientypen nur für den Fall einer Vereinigung von zweierlei Gonidien eine Zustimmung zu meiner Auffassung in Aussicht stellen. Noch viel schwerer könnte der Einwand zu wiegen scheinen, dass eine gonidienlose Flechte ein naturwissenschaftliches Unding sei, indem der Begriff Flechte eben die Gonidienhaltigkeit einer Pflanze einschliesse. Man hat jedoch Recht, nur wenn man diese Angelegenheit vom Standpunkte der herrschenden Anschauung sowohl der Lichenologie, wie auch des Schwendenerismus behandelt wissen will, nicht aber wenn man die Grundzüge meiner Lehre vom Wesen des Lichen berücksichtigt. Diese letzten passen für alle Fälle von Bildung lichenischer Körper. In Wahrheit kommt es nur darauf an, den Dualismus im Gewebe der Hyphenpflanze nachzuweisen. Ob sich dabei ein äusserster Ausschlag nach der einen Seite hin in Gestalt von solchen Bildungen, welche die gegenwärtige Wissenschaft einerseits für Gonidientypen, andererseits für Algentypen ansieht, offenbare, ist für die Feststellung des lichenischen Wesens gleichgiltig. Es gibt thatsächlich zahlreiche Flechten, die solcher Bildungen im eigentlichen Sinne der herrschenden Anschauung entbehren, aber nicht bloss die Gewebespaltung, sondern auch Gonidien in meinem Sinne besitzen. Man vergegenwärtige sich, dass jede Zelle im Besitze des Mikrogonidium die Anlage zum Gonidium erhalten hat, und dass die Fähigkeit zu dessen Entwickelung als Neubildung von Gonidema der anderen als Umbildung von Gonohyphema und Hyphema zu Gonidema, gegenübersteht. Da nun der Mangel an Gonidien im herrschenden Sinne bei zahlreichen mikrogonidienhaltigen Hyphenpflanzen eine naturwissenschaftliche Thatsache ist, tritt um so mehr die Selbstständigkeit dieser Pflanzen mit dem Range chlorophyllhaltiger hervor, ebenso aber auch die Thatsache, dass die Ausbildung von Gonidien und Gonidema zu besonderen, noch unbekannten, jedenfalls nicht den angenommenen Zwecken dient. Und wenn man die früher behandelte Vertheilung der Gonidema-Entfaltung auf besondere Abschnitte und sogar auf den Schluss des Flechtenlebens als weitere Thatsache hinzuzieht, so darf man überzeugt sein, dass der Boden für eine spätere Erkenntniss des Zweckes der Gonidien genügend vorbereitet sei. Ferner zeigt sich damit jede mikrogonidienhaltige Hyphenpflanze als von der Eigenthümlichkeit des Schmarotzens ausgeschlossen. Somit erfährt das alte Wort von E. Fries auf diesem anderen Wege auch noch eine ungeahnte Widerlegung, indem nemlich die auf anderen lebenden Flechten sehr wohl solche, aber keine Schmarotzer sein können, weil sie als mikrogonidienhaltige Pflanzen zum Schmarotzerthum gar nicht befähigt und veranlagt sind.

Aus allen diesen Thatsachen geht aber die vollständige Bedeutunglosigkeit der Gonidien als eines Unterscheidungsmerkmales hervor. Es ist den Pilzen gegenüber nur dann anwendbar, wenn der Dualismus zu dem stärksten Ausschlage getrieben hat, also in den schon an und für sich offenkundigsten Fällen, lässt aber im Stiche, wo der neue Grundzug der Natur in so schwacher Ausprägung auftritt, dass bedeutende Fähigkeit und längere Uebung zu dessen Feststellung unentbehrlich sind, also gerade bei der beträchtlichen Zahl von Gebilden, die bisher von den Mycologen beansprucht worden sind, und von solchen, die in Zukunft namentlich von Rehm der Mycologie voraussichtlich noch einverleibt werden sollen. Ich werde daher nie müde werden, bei jeder Gelegenheit den unschätzbaren Werth des Mikrogonidium zu betonen. Der Nachweis dieses Körperchens in den Zellen einer Hyphenpflanze schliesst in sich zugleich den des Vorhandenseins aller anderen bekannten und, wie ich hinzuzufügen nicht unterlassen will, noch zu erwartenden anatomischen, histologischen und morphologischen Eigenthümlichkeiten der Flechte, zu denen sich dereinst noch die physiologischen hinzugesellen werden. Und zum Glücke für die Wissenschaft ist die Benützung dieses Körperchens ungemein leicht und daher von dem bescheidensten Pflanzenfreunde bequem zu handhaben. Daher wird auch die herzliche Freude über den Besitz dieses Kennzeichens in den Händen des Flechtenfreundes wohl erklärlich, welche sich bisher freilich nur durch Flagey[1]) öffentlich zu äussern gewagt hat.

* * *

Die grosse Zahl lichenischer Epiphyten, welche jetzt durch die Auflösung sonderbarer Gebilde einer weiteren Vermehrung entgegengeht, wird der mit vorurtheilfreiem Blicke beobachtende Fachmann vor der Hand nur als unselbstständige Pflanzen zu betrachten sich für berechtigt halten. Erst von dieser offenkundigen Erscheinung wird der Schritt zu den weiteren Fragen geschehen dürfen: Worin besteht, und wie weit reicht diese Unselbstständigkeit?

Selbst wenn die neuesten Errungenschaften auf dem Gebiete der Kenntniss des Wesens der Flechte im allgemeinen und der lichenischen Epiphyten im besonderen nicht vorhanden wären oder unbeachtet gelassen werden, so ist man auch

[1]) Révue mycol., VIII année (1886), Nr. 31.

50*

jetzt nicht berechtigt, wie man es zuvor nicht war, das Leben auf Flechten zu
einem solchen von ihnen zu stempeln. Die Fälle, in denen eine gonidemalose
Flechte in Lebensgemeinschaft mit einer anderen, aber gonidemahaltigen tritt,
scheinen noch jetzt trotz meiner neuesten Aufschlüsse am meisten Annäherung
an das Schmarotzerleben zu zeigen. Man wird so schliessen eben aus der vermeintlich offenbaren Thatsache, dass die gonidienhaltigen Flechten wegen des
Besitzes von Gonidien von den gonidienlosen aufgesucht werden. Dass dies aber
lediglich wegen der lichenischen Eigenthümlichkeiten überhaupt geschehe, diesen
naheliegenden Gedanken wird niemand haben. Ich will nicht bestreiten, dass der
andere Zweck, wenn auch nur ganz nebenher, ebenfalls verfolgt werde. Dass die
Hauptsache jedoch die lichenischen Körpereigenschaften, welche zur Gemeinschaft
einladen, sind und bleiben, kann man schon aus der grossen Zahl gonidienhaltiger
Epiphyten schliessen. Da nun Peridermbewohner gelegentlich Flechtenbewohner
werden können, muss das Flechtengewebe mit seinen Eigenschaften das andere
zu ersetzen fähig sein. Vom gegenwärtigen Stande der Naturforschung aus wird
man sich nach der Kenntniss dieser unleugbaren Thatsachen zu folgenden Schlüssen
getrieben fühlen.

Die Bekanntschaft mit den Fällen, in denen endophloeode Rindenbewohner
gelegentlich Flechten zum Wohnsitze wählen, wird voraussichtlich sich erweitern,
und damit auch die Einsicht in die Eigenthümlichkeiten der zu solcher Wahl
befähigten Flechten zunehmen. Diese Vervollkommnung unseres Wissens von dem
Flechtenleben wird dann zu der Annahme führen, dass es eine Zeit gegeben haben
könne, während deren die lichenischen Epiphyten die erforderlichen Lebensbedingungen noch in den Rinden erfüllt fanden, und dass sie unter unbekannten
Wandlungen dieser Bedingungen das Dasein auf Flechten vorzuziehen begannen.
Haben wir aber erst einmal diesen Schritt in der Beurtheilung des uns beschäfti-
genden Gebietes gethan, so werden wir auch weiter annehmen können, dass die
Zahl der regelmässig auf anderen lebenden Flechten noch nicht zum Abschlusse
gelangt zu sein brauche, dass es zur Zeit noch solche Epiphyten gebe, die einem
Leben auf Rinden nicht gänzlich entsagt haben, und solche, die vorläufig nur
hin und wieder auf lichenischer Unterlage gedeihen. Um solche eigenthümlichen
Flechten aufzudecken, ist allerdings ein ungewöhnliches Maass lichenologischen
Wissens und lichenologischer Erfahrung erforderlich. Bei dem unentbehrlichen
Vergleiche der Fruchtkörper ist der Kenntniss der feinsten Anatomie die entscheidende Rolle zuertheilt, da zu ektophloeoder Lagerentfaltung berufene Flechten
als Epiphyten mit einem endophloeoden Thallus auskommen, was ich, lediglich
damit die Schwierigkeiten der Forschung auf diesem Gebiete gewürdigt werden
können, vorausschicke.

Um die Möglichkeit eines solchen Lebenswechsels im Flechtenreiche zu erfassen, veranschauliche man sich einfach die Pflanzendecke unserer Erde vor und
in dem Beginne der geschichtlichen Zeit. Man wird bei einem Vergleiche mit der
gegenwärtigen Pflanzendecke in der Erwägung des Einflusses des Pflanzenwuchses
auf die Vertheilung der Feuchtigkeitmenge recht wohl einsehen, wie sehr die
Lebensverhältnisse innerhalb des Flechtenreiches während der gegenwärtigen Erd-

periode sich geändert und, die gegenseitigen Einwirkungen verschiebend, den Kampf um das Dasein umgestaltet haben könnten.

Dieser Beleuchtung liegt hauptsächlich der Zweck zu Grunde, alle zur Zeit voraussehbaren Einwände gegen meine Verneinung der Möglichkeit eines Schmarotzerthumes bei den Flechten zurückzuweisen. Der schlagende Beweis wäre freilich der physiologische. Gelänge es schon jetzt, Anhaltspunkte nach neuestem Geschmacke zu finden für die Richtigkeit der Anschauung, dass die höchsten und die niedrigsten Glieder dieses Reiches denselben Grundgesetzen der Ernährung unterworfen seien, so würden dadurch die letzten Bedenken schwinden müssen. Die Ansprüche aber, welche man mit dieser Forderung machte, würden dem mit Sachkenntniss und Ruhe urtheilenden Leser als bedeutende, vielleicht gar als für unsere Zeit zu hohe erscheinen müssen. Immerhin bin ich in der Lage anzuzeigen, dass alle hier behandelten Erscheinungen des gegenseitigen Verhaltens im Flechtenleben nicht bloss ihre endliche und vollständige Erklärung in der Erforschung der Ernährungweise der Flechten überhaupt finden, sondern sogar umgekehrt zur Begründung einer Physiologie dieser Pflanzen dienen werden.

Um das gegenseitige Verhalten miteinander verbundener Flechten und das jedes einzelnen Daseins bei solcher Gemeinschaft zu verstehen, bleiben also vorläufig einerseits die bisher gewonnene Kenntniss der Anatomie und Histologie, andererseits die Beobachtung in der Natur die alleinigen Hilfmittel. Der offenbare Augenschein und die anatomische Prüfung lehren, dass zahlreiche Lichenen nicht nur im Thallus, sondern sogar im Apothecium das Dasein eines Fremdlings gleichen Wesens wohl ertragen. Die Fälle, in denen solche Eindringlinge Störungen hervorrufen, sind weniger zahlreich, und die Stärke der Einwirkung ist wahrscheinlich nach der Anlage und der Widerstandfähigkeit des Wirthes verschieden. Solche Erscheinungen vertragen sich aber ebenfalls nicht recht mit den bekannten Eigenthümlichkeiten des Schmarotzerthumes. Und doch thun wir gut, wenn wir, an die herrschende Meinung vom Bestehen eines Parasitismus im Flechtenreiche uns anlehnend, zunächst diesen Begriff zergliedern, damit wir so der wahren Kenntniss des Verhältnisses zwischen Bewohner und Wirth unter den Lichenen näher kommen. Ich fühle hier ebenso empfindlich, wie andere Forscher, welche für die neuerschlossenen Erscheinungen von Lebensgemeinschaft Begriffe und Namen zu schaffen hatten und noch haben werden, die Verlegenheit, welche der schon vor einer genügenden Kenntniss der Natur geschaffene Begriff Parasit bereitet, noch mehr aber die andere, welche die Schaffung von Begriffen und Benennungen ohne die Voraussetzung eines verbreiteten Verständnisses des Flechtenlebens verursacht.

Nicht bloss die als Bewohnerin in Folge einer verhältnissmässig geringen Körpermasse, sondern auch die als Genossin bei fast gleichem Gewebegehalte in gemeinsamem Gebilde auftretende Flechte sucht und findet zunächst Schutz, und zwar sowohl im allgemeinen Sinne, als auch im besonderen den, dessen eine Flechte benöthigt sein kann und zu dessen Gewährung nur eine solche befähigt ist. Es erinnert diese Aufklärung stark an die vorher als Beweis benützte Tautologie. Und doch wird man immer mehr einsehen, dass man, nur auf solchen Wegen vorläufig fortschreitend, zur vollständigen Erkenntniss gelangen kann, schon weil die damit einhergehende Bedächtigkeit vor voreiligen Schlüssen bewahrt. Ein solcher Schluss würde es sein, wenn man unter dem Zugeständnisse, dass die von anderen abhängigen Flechten nur flechtenartigen Schutz, nicht aber auch lichenische Nahrung suchen und finden, das in Rede stehende Verhältniss als Halb-Parasitismus betrachten wollte. Vor allem würden die unbeschreiblichen Schwankungen in dem Verhältnisse der beiderseitigen Gewebemassen unter einer solchen Betrachtung recht sonderbare Eindrücke machen müssen. Es liegt auf der Hand, dass ein unscheinbarer Epiphyt, mit dem denkbar unbedeutendsten Thallus einen mächtigen Flechtenkörper bewohnend, und eine an Gewebe ziemlich umfangreiche Flechte, eine daran fast ärmere Genossin wählend, zwei Gegensätze darstellen, die schwer unter den Gesammtbegriff Halb-Parasitismus sich vereinigen lassen.

Dazu kommt noch, dass der Bewohner und der Genosse mehr suchen und finden, was aber nicht dem entspricht, dessen der Schmarotzer ausser Wohnung und Schutz bedarf, und was der Flechte ebenfalls keine andere Pflanze zu gewähren vermag. Wir wollen dies vorläufig als Unterstützung im Fortkommen der Einzelgestalt der Art auffassen, indem wir so mit der zur Zeit möglichst besten Erklärung der Nothwendigkeit einer rein physiologischen Begründung bis zu geeigneter Zeit überhoben sind. Alle diese Flechten, deren Leben durch das anderer gesichert und gefördert wird, als unselbstständige zu betrachten, ist, wie ich schon vorher ausgeführt habe, zunächst die alleinige Berechtigung. Um die Fragen nach dem Wesen und der Ausdehnung der Unselbstständigkeit befriedigend zu erörtern, mögen wir uns vorstellen, dass zu solchen Flechten die für die Ernährung erforderliche Feuchtigkeit in gleicher Zeit und in gleichem Maasse, wie zu den Wirthen gelange. Schon desshalb muss es eigentlich schwer fallen, von der Ernährung der unselbstständigen Flechten eine andere Vorstellung zu gewinnen, als dass sie die gleiche sei, wie bei den Wirthen, unter denen ja die höchsten Glieder dieses Reiches zu finden sind. Damit ergeben sich aber als dem Flechtenleben eigenthümliche Besonderheiten zumeist die folgenden.

Selbst bei starker Entziehung der (beiden) zufliessenden Feuchtigkeit durch den Bewohner oder Genossen bleibt dem Wirthe eben wegen seiner lichenischen Eigenschaften doch noch so viel davon gesichert, dass er leben und sogar sich fortzupflanzen vermag. Freilich muss in Bezug auf die letzte Fähigkeit im allgemeinen von der Erzeugung der Apothecien abgesehen werden. Demnach führt der lichenische Wirth einen erschwerten Kampf um sein Dasein, der um so beträchtlicher verschärft wird, je mehr an Masse das Wachsthum des fremden Gewebes oder dessen von Haus aus unverhältnissmässige Anlage beansprucht. Er wird diesen Kampf desto länger zu führen vermögen, je mehr er dazu veranlagt ist. Wir dürfen annehmen, dass Flechten, die oft und für mehrerlei Arten als Unterlage dienen, gegen die Einflüsse von Eindringlingen besonders gut geschützt und hinwieder zum Schutze solcher hervorragend befähigt seien.

Aber auch der Bewohner und der Genosse müssen die aus der allgemeinen Quelle gespendete Nahrung verarbeiten, wie der Wirth. Auch ihnen liegt nichts ferner, als die Bequemlichkeit des Schmarotzerlebens, bei welchem von einem

Kampfe um das Dasein nur noch unter ganz besonderen Verhältnissen die Rede sein könnte. Erleichtert wird ihnen freilich dieser Kampf mehr oder weniger durch das eingegangene Verhältniss.

Um die in gewissen Fällen bald mehr, bald weniger sichtbaren Beeinträchtigungen des wirthlichen Lebens wahrhaft würdigen zu können, muss man sich des Gesetzes von dem Untergange lichenischer Körper erinnern, das gerade auf diesem Gebiete des Flechtenlebens durch eine während 20 Jahre ausgeführte Beobachtung zu Tage gefördert worden ist. Dieses Gesetz, welches die Flechte in ihrer ganzen Zählebigkeit vor unseren Blick führt, lässt den Gedanken an eine Gefährdung des Bestehens nicht einmal der Einzelvertreterin, geschweige denn der Art, welche von lichenischem Schmarotzerthum ausgehen könnte, aufkommen. Allerdings gibt es nicht bloss zahlreiche Fälle, in denen die Apothecienerzeugung unzweifelhaft durch den fremden Einfluss unterdrückt wird oder wenigstens verkümmert, sondern auch solche, in denen die Fortpflanzung überhaupt dadurch untergraben zu sein scheint. Wer will aber im Hinblicke auf die verschiedenen Typen der Vermehrung, die ich nachgewiesen habe, dafür einstehen, dass nicht erst durch das Mikroskop erkennbare Organe als gerade in Rücksicht auf solche aussergewöhnlichen Fälle geschaffener Ersatz für die bisher allein bekannte Fortpflanzung der betroffenen Flechte einzutreten haben? Entsprechend der vorherigen Annahme dürfen wir die andere aufstellen, dass, wie die Einzelgestalt als gegen den Untergang geschützt dasteht, so auch die Arten, welche häufig ihre Mitglieder für Bewohner hergeben müssen, durch besondere Vorkehrungen in ihrer Erhaltung gestärkt seien.

Da die Ernährungweise in Folge der allgemeinen Abhängigkeit von der atmosphärischen Feuchtigkeit und des gleichmässigen Verhaltens gegen diese als wenigstens in den Grundzügen bei allen Flechten übereinstimmend sehr wohl gedacht werden darf, liegt es fast auf der Hand, dass die Grenzen zwischen Selbstständigkeit und Unselbstständigkeit im Flechtenleben nur schwach sein können. Wenn erst das fachkundige Auge das Gedränge im Flechtenreiche seiner Eigenartigkeit nach zu sehen, verstehen und erklären gelernt haben wird, können wir sogar die Erkennung der Thatsache erwarten, dass Grenzen zwischen beiden gar nicht zu finden sind. Die Lichenologen der Zukunft werden daher wahrscheinlich in den einzelnen Fällen bald stärkere, bald schwächere Selbstständigkeit oder Unselbstständigkeit unterscheiden. Schon Almqvist konnte nicht umhin, auf dem kleinen von ihm behandelten Gebiete Schwankungen in dem „Consortium", die er freilich für Uebergänge zwischen Allelositismus und Parasitismus ansah, hervorzuheben.[1] Immerhin ist es der Wissenschaft nicht erspart, behufs Förderung der Kenntniss der Lebensgemeinschaften zwischen den Flechten und des Flechtenlebens überhaupt die verschiedenen Grundzüge, welche die Natur vielleicht nach und nach erkennen lassen wird, unter bestimmte Begriffe zu fassen und durch brauchbare Termini auszudrücken. Die Lichenologie ist hierbei der Rücksicht auf bestehende Benennungen überhoben, obgleich sie mit den erst jetzt

[1] A. a. O., p. 7.

beginnenden Aufschlüssen über die zwischen ihren Gestalten herrschenden Lebensgemeinschaften der Zeit nach im Rückstande war. In der That besitzt sie bereits
entsprechend dem gegenwärtigen Stande unserer Kenntniss, wie ihn zu vertreten
ich für zeitgemäss erachte, eine Begriffsbestimmung und eine Benennung. Man
wird zu erfahren erwarten, dass kein anderer, als Wallroth seine fleissigen und
gründlichen Beobachtungen des Flechtenlebens durch solche Erfolge gekrönt
gesehen hat.

Die Vernachlässigung Wallroths, obgleich er zum Theile daran unschuldig
ist, gehört seit Jahrzehnten zum guten Ton. Man wird darum auch jetzt wieder
meiner Aufklärung kein Entgegenkommen zeigen um so weniger, als Wallroth
nur eine äusserst geringe Zahl von Flechtenbewohnern bekannt war. Allein hier
fällt keinesweges die Zahl in das Gewicht, sondern allein die Art der Beurtheilung
des Verhältnisses zwischen dem Bewohner und der lichenischen Unterlage.

Wallroth sagt zunächst von dem Verhältnisse zwischen den Flechten
überhaupt und ihrer Unterlage[1]: „ . . . . . so drängt sich uns in ihrem ganzen
Benehmen, welches sie mit dem Standorte und mit der Atmosphäre eingehen, das
Bild eines Miethhäuslers auf, der bei aller Unabhängigkeit dennoch gleiche Schick-
sale mit den übrigen Genossen theilt, die beiden durch allgemeine Naturverhält-
nisse zugleich aufgebürdet werden. Daher entlehnen wir den Ausdruck miethhäuslerische Gewächse (plantae syntrophicae) und rechnen ganz besonders
die Flechten desshalb dazu, weil sie aller Veränderungen, die das Substrat erleidet,
theilhaftig werden, ohne jedoch von jenem Nutzen oder Nahrung zu ziehen".

Ueber die „lagerlosen Fruchtgehäuse", die Wallroth zunächst als Lichenes
parasitastri, After-Parasiten, hinstellt, besitzt die Lichenologie seit dem Jahre
1827, ohne diesen Schatz bisher gewürdigt zu haben, die folgende werthvolle
Aeusserung[2]:

„Das Epitheton: parasitisch gebrauchen wir in der ganzen Botanik immer
mit einiger Schüchternheit, weil bis jetzt noch kein Pflanzenphysiologe einen
statthaften und umfassenden Begriff über dasselbe festzustellen für gut befunden
hat. Aber mit noch grösserem Misstrauen wenden wir es bei den Flechten an;
einmal weil wir zu Folge unserer Erklärung über die Ernährung der Flechten
alle zu dieser Familie gehörigen Gewächse von dem Vorwurfe des Schmarotzens
freigesprochen haben, und zweitens weil man unter jenem desshalb zu unge-
bührlicher Weitschweifigkeit gediehenen Ausdrucke die mannigfaltigsten Producte
verstanden und untereinander gemischt hat."

Erwägt man noch, dass Wallroth, hieran anschliessend, vier verschiedene
Erzeugnisse als unter dem Titel der parasitischen Flechten von den Schriftstellern
verstanden nachweiset, so wird man begreifen, wie weit er in der betreffenden
Erkenntniss E. Fries vorausgeeilt war, und dass vorwiegend des Letzten mächtiger
Einfluss, dessen Prüfung ich bereits an anderer Stelle unternommen habe,[3] auch

---

[1] Naturgesch., II, S. 75.
[2] Ebenda, II, S. 404.
[3] Symbolae licheno-mycologicae, p. XI—XV.

hier bedauerliche Spuren in der Lichenologie bis zur Stunde hinterlassen hat. Seiner allgemeinen Anschauung entsprechend nennt Wallroth[1] endlich „die Flechten, welche besonders gern anderen Familiengenossen aufsitzen, wegen Vermeidung des parasitischen Benehmens" miethhäuslerische Gäste, lichenes syntrophici.

Man muss den geistigen Inhalt der Bezeichnung „miethhäuslerische Gäste" durch Zergliederung sich zum vollständigen Eigenthum zu machen suchen, denn in der That kann das eigenthümliche Verhältniss zweier solcher Flechten auch zur Zeit nicht kürzer, schärfer und erschöpfender ausgedrückt werden. Sie sind Gäste, weil sie dem Wirthe nichts bieten, sondern ohne Entgelt von ihm Leistungen beanspruchen. Sie sind aber nicht Tischgäste, denn sonst könnte man auf sie vielleicht den Begriff Parasit im ursprünglichen und eigentlichen, zugleich aber guten Sinne anwenden, sondern nur Wohngäste. Sie sind Miether, die keine Miethe zahlen, dafür aber das Schicksal des Wirthes theilen.

Möge die Ueberzeugung Platz greifen, dass mit dieser schlichten Auffassung Wallroths ein Weg beschritten wird, der zu grossen Erfolgen in der Biologie der Lichenen führt. Sucht man die äusserste Gestaltung dieses Verhältnisses zwischen zwei Flechten, bei welcher die eine von beiden unterliegt, als einen Einwand hervor, so wird damit die allgemeine Wahrheit nicht getrübt, denn es ändert doch nichts an dem Wesen des „miethhäuslerischen Gastes", wenn der Wirth oder das Haus nicht leistungsfähig oder widerstandfähig ist und schliesslich gar zu Grunde geht. Jedenfalls erhält der Miether seine Nahrung, ohne sie vom Wirthe zu entnehmen. Dass er sie zugleich mit dem Wirthe empfängt, und er gerade wegen dieser Gleichzeitigkeit dessen benöthigt ist, hierin liegt eine Unterstützung, die er ausser Schutz und Wohnung sucht und findet. Die Fähigkeit der Flechten, für solche Bedürfnisse von Angehörigen ihres Reiches zu sorgen, geht soweit, dass ein Wirth zwei solche Miether beherbergen kann, ohne dabei im eigenen Dasein gänzlich gefährdet zu werden. Und erwägt man endlich, wie manche Pflanze durch Ueberwucherung gewissermaassen an Erstickung[2] stirbt, ohne dass wahrhafte Schmarotzerthätigkeit vorangegangen ist, so erscheint das Verhältniss zwischen Bewohnern oder Genossen und den zu Grunde gehenden Wirthen für die letzten als noch mehr bedeutungslos.

Ich erachte es für durchaus entbehrlich, in Bezug auf alle selbstständigen Flechten das Verhältniss zur Unterlage als syntrophisches aufzufassen. Unter die erste Reihe ihrer Lebensbedingungen gehört die Stelle zu ihrer Anheftung, worin sie mit den Algen übereinstimmen. Dass es auf die umgebende Feuchtigkeit (der Luft) bei der Wahl des Wohnsitzes ankommt, ist bei den Flechten ebenso selbstverständlich. In der That hat man sie nicht mit Unrecht schon sehr frühe als Luftalgen aufgefasst, über welche Auffassung hinaus aber bisher kein Fortschritt zu verzeichnen gewesen ist. Weil dieses Verhältniss der selbstständigen Lichenen nur im Vergleiche mit der übrigen Pflanzenwelt als syntrophisches

---

[1] Naturgesch., II, S. 412.

[2] Der als wahrhaft parasitischer von Th. Fries (Lich. Scand., I, p. 439) betonte Einfluss der *Lecidea Diapensiae* Th. Fr. auf die pflanzliche Unterlage ist sicherlich gleichen Wesens.

vom Standpunkte Wallroths in Betracht kommt, glaube ich von dieser allgemeinen Eigenthümlichkeit der Flechten absehen und diese Auffassung ausschliesslich auf die unselbstständigen Flechten anwenden zu dürfen. Allein da auch
Wallroth, von dem Augenscheine bei der Betrachtung des Gedränges im Flechtenreiche bestimmt, nur die möglichst nahe und lange Berührung im Raume
berücksichtigte, berücksichtigen konnte, leidet sein Begriff der Lichenes syntrophici
an zu enger Fassung.

Zunächst bedarf der Gegensatz zwischen Selbstständigkeit und Unselbstständigkeit im Flechtenleben einer begrifflichen Begrenzung und dementsprechenden
Bezeichnung. Ich benenne desshalb die erste als Autotrophie, die letzte als
Heterotrophie und ferner die mit der ersten begabten als Lichenes auto-
trophici, die zu der letzten verurtheilten als Lichenes heterotrophici. Erst
nachdem diese Vorbegriffe klar hingestellt worden sind, erachte ich es für statthaft und passend, die Unselbstständigkeit, welche sich auf die ganze
Lebensdauer erstreckt und eine Unterbrechung durch die Auflösung
der schützenden und unterstützenden Flechte nicht zulässt, unter
Syntrophie zu begreifen und die dazu veranlagten als Lichenes
syntrophici zu bezeichnen. Sieht man von dem Beginne des syntrophischen
Lebens in den einzelnen Fällen ab, weil ja der Wirth eher da sein muss, als
der Eindringling, und erwägt einerseits, falls der Eindringling sich als Bewohner
verhält, die Möglichkeit des Ueberdauerns bei dem Wirthe, andererseits, falls
es sich um einen Genossen von annähernd gleicher Ausdehnung handelt, das
Zusammenfallen des Lebensabschlusses beider, so wird man die Auffassung der
ersten Syntrophie als einer bloss räumlichen, die der letzten aber als einer
zugleich auch zeitlichen zulässig finden. Dass hierin die Frage, ob es sich um
eine nothwendige oder eine gelegentliche Syntrophie handele, keine Wandlung
hervorbringen kann, liegt auf der Hand.

Die äussersten Schwankungen des syntrophischen Verhältnisses, die in Be-
wohner und Genosse die passendsten Ausdrücke finden, beruhen zumeist auf
Besonderheiten der eingedrungenen Lager, die bis jetzt unerkannt geblieben sind.
Wer sich das Gefüge des endophloeoden Thallus, wie es durch mich bekannt geworden ist, vergegenwärtigen kann, wird mir beistimmen darin, dass ein solches
Lager zu einer gänzlichen Durchwucherung und Umstrickung eines anderen als
wenig oder gar nicht veranlagt sich zeigt, und dass es somit das befallene
Flechtengebilde stark oder gänzlich umwandelnde Einflüsse im allgemeinen auszu-
üben nicht vermöchte. Was diesem Lager solche Macht versagt, ist in Wahrheit
die immerhin höhere Stufe, welche sich durch die Anlage zur Schichtung, durch
die, wenn auch schwache, Theilnahme an der Sprossfolge und vor allem durch
die Fähigkeit zum Uebergange in eine ektophloeode Gestalt ausdrückt, und welche
sogar den winzigen Bewohnern von Apothecien nicht abgesprochen werden kann.
Es leuchtet ein, dass ein so begabter Thallus in einem anderen nicht aufgehen
kann, in allen Theilen ihn durchwuchernd und umstrickend, wie sonst nur ein
eigenes Hyphema es zu thun pflegt, ebenso aber auch, dass dieses um so besser
ein dem genannten Gewebe ähnliches Lager zu leisten vermag.

In meinen Symbolae licheno-mycologicae habe ich ein solches Lager wiederholentlich geschildert und es vornehmlich zur Förderung der Erkenntniss des Baues des Excipulum und des Stroma benutzt. Dieses Lager unterscheidet sich in der Regel nur unwesentlich von den genannten Bereichen des Fruchtkörpers. Die zarte Hyphe bleibt im Baue dieselbe und ändert nur die Farbe, aber keinesweges bei allen Arten. Selbst die Maschen behalten nicht selten ihre Gestalt, wie im Fruchtkörper, nur mit dem Unterschiede, dass sie sich mehr oder weniger erweitern. Es lässt sich also auch auf solche Lager die Bezeichnung des Maschengewebes des Excipulum, wie ich sie anzuwenden begonnen habe[1], ausdehnen. Wenn sich das früher gekennzeichnete endophloeode Lager stets durch das Streben nach oberflächlicher Ausbreitung sowohl auf anderen Pflanzen, wie auch in Flechten auszeichnete. so würde ich das andere als wahrhaft hypophloeodes zu bezeichnen kein Bedenken tragen. Dass beide Lager nicht als gänzlich unvermittelte Erscheinungen dastehen, wird der mit der neuen Flechtenhistologie vertraute Leser von vorneherein annehmen. Auch dieser Umstand würde an einer histologischen Unterscheidung zwischen endophloeodem und hypophloeodem Thallus hindern. Von einer Fähigkeit, sich zu einem ektophloeoden Thallus auszubilden, fehlen jedoch der behandelten Lagerbildung alle Anzeichen. Dieser Thallus geht also mit der lichenischen Unterlage, was bereits geschildert worden ist, genau so um, wie die entsprechenden „Ascomyceten" mit der allgemein pflanzlichen. Es ist somit eine Analogie gegeben gegenüber dem Verhältnisse des eigentlichen endophloeoden Lagers einerseits zu der allgemein pflanzlichen, andererseits zu der lichenischen Unterlage.

Die Fähigkeit, mit dem eigenen Gewebe in dem wirthlichen Körper gänzlich aufzugehen, nähert solche Lichenen den Pilzen mehr, als alle anderen Syntrophen. Dazu kommt, dass solche es vor allen sind, die früher oder später ihren störenden und aufreibenden Einfluss auf den Wirth sichtbar werden zu lassen pflegen. Erwägt man endlich, dass sie zur Ausbildung von Gonidema gar keine Neigung zeigen, so wird die Stellung auf der tiefsten Stufe und damit die Annäherung an die Pilze (d. h. in meinem Sinne, also an die wahren Ascomyceten) noch augenscheinlicher. Allein man wähne nicht, dass die Merkmale des Lichen hier fehlen, weil ich Hyphema und Gonidema als „die zwei absolut nothwendigen Gewebe des Flechtenkörpers" hingestellt habe[2]. Selbst wenn dieser Satz hier herbeigezogen werden dürfte, so verliert ein anderer, dass der histologische Dualismus das wichtigste Kennzeichen der Flechte ist, seinen höheren Werth nicht. Das Apothecium solcher Syntrophen zeigt, was das anziehendste ist, neben dem Grundgewebe das Hyphema nicht nur in seiner ursprünglichen Gestaltung, sondern auch in der Ausbildung oder Umbildung zu Metrogonidien. Aber auch dem Thallus fehlt diese doppelte Erscheinung nicht. Da aber diese Untersuchungen unbeschreiblich schwierig sind, so schwierig, dass wohl nur vieljährige methodische Uebung zu ihrer Bewältigung befähigt, leuchtet eben hier zumeist der unschätzbare Werth des im Mikrogonidium gegebenen Kennzeichens hervor.

---

[1] Révue mycol., XIII année (1891), p. 56.
[2] Symbolae licheno-mycologicae, p. XX.

51*

Ob solche im herrschenden Sinne gonidienlosen Flechten die Genossenschaft anderer Glieder ihres Reiches aufsuchen, weil diese gonidienhaltige sind, ist höchst zweifelhaft. Wie schon auseinandergesetzt worden ist, suchen sie Schutz und Unterstützung, wie solche Flechten brauchen und nur diese bieten können. Dazu gehört aber nicht die Bedingung des Daseins von Gonidien. Die Beobachtung, dass solche Genossen mit ihrem zarten Gewebe auch die gonidematischen Bereiche der wirthlichen Lager umstricken und durchwuchern, kann als Beweis für die Nothwendigkeit des wirthlichen Gonidema zum syntrophischen Leben höchstens in bedingtem Umfange und mehr oder weniger beschränktem Maasse dienen. Eine andere Beobachtung lehrt nemlich, dass in Folge der syntrophischen Wucherung zuerst die Rindenschicht und dann der gonidematische Bereich des wirthlichen Lagers verloren gehen können. Da im Sinne der Auffassung Schwendener's hier zwei Pilze sich in Symbiose mit einer Alge befinden, müssen von dem Zeitpunkte ab, an dem die letzte als Gonidema verloren wird, beide ersten auch von einander, jedenfalls aber ohne die „Alge" leben können. Somit würde der Schwendenerismus in allen solchen Fällen mindestens eine Verschiebung seiner Beurtheilung von der Flechte überhaupt sehen müssen. Es kann aber sogar vorkommen, dass ein solcher Syntroph als Wirthin eine „Alge" wählt und deren Körper umstrickt und durchwuchert, demnach ein Gebilde entsteht, das, als aus Hyphen und Gonidien zusammengesetztes, für eine Flechte von den Lichenologen und von den Schwendenerianern angesehen werden könnte oder müsste. Gänzlich von der Unzulänglichkeit der bisher herrschenden Kennzeichnung der Flechte, wie sie hier schärfer, als irgendwo anders hervortritt, absehend, will ich nur betonen, dass der Syntroph auch dieses Gebilde als lichenisches benutzt, denn es handelt sich in Wahrheit um algenartige Diamorphosen von Flechtenkörpern, deren Hauptmerkmal, der histologische Dualismus, bisher unerkannt geblieben ist.

* * *

Von Einwirkungen des Syntrophen auf den Wirth, und zwar recht beträchtlichen, hat der Leser bereits erfahren. Diese muss ich aber, soweit als ich zur Zeit das Gebiet der Syntrophie überschauen kann, den viel zahlreicheren Fällen von geringer oder fehlender Beeinflussung gegenüber als belanglos hinstellen. Dazu kommt, dass die erwähnten Einwirkungen auf den Wirth erst mehr oder weniger lange nach der Befallung, sogar erst wenn der Eindringling schon seinem Ende entgegengeht, sich zu äussern pflegen. Allerdings sind die Abwerfung der Rindenschicht und der darauf folgende Verlust des Gonidema genug deutliche Anzeichen von Vernichtung, um selbst dem Glauben an parasitische Einflüsse Nahrung zu geben. Allein nicht bloss die angegebene Zeit des Eintrittes solcher vernichtenden Einwirkungen, sondern auch die mit ihnen verknüpften anatomischen Veränderungen drängen diesen Gedanken zurück. Die Flechten sind nemlich zu einer bald mehr, bald weniger kräftigen Reaction, wenn die zunehmende Masse des Eindringlings das Gewebe überall durchdringt und erfüllt, befähigt und ersetzen die endlich vielleicht bis zur Vernichtung sich steigernde

Schädigung des Einzelgebildes durch Vermehrung der Art. Ja! es ist höchst wahrscheinlich, dass gewisse Flechten durch syntrophische Einflüsse zu soredialer Auflösung, zu der allerdings die bis jetzt in dieser Hinsicht bekannten besonders veranlagt sind, getrieben werden, und damit die verstärkte Vermehrung der Art die Folge der Syntrophie darstellt. Da also bis jetzt noch alle Beobachtungen fehlen, aus denen eine gänzliche Untergrabung des Daseins von Flechten durch Syntrophie sich herleiten lässt, ist die Annahme eines Parasitismus auch in der, wie schon gesagt ist, beschränkten Zahl eigenthümlicher Fälle zurückzuweisen.

Ehe das Gonidema vom allgemeinen Ganzen des Lagers sich trennt, gehen mit ihm Veränderungen vor, welche ihrem inneren Wesen nach an die srediale Auflösung sich anschliessen. Was als die anziehendste Erscheinung vorläufig hingestellt werden soll, ist die Aenderung des „Typus". Man muss die Wandlung von Gonidema bei dem Untergange solcher wirthlichen Lager gesehen haben, um den letzten Glauben an feste und unwandelbare Typen dieser Gewebebildung aufzugeben. Die Algologen hätten, was man bei der ausgedehnten Herrschaft des Schwendenerismus auch voraussehen durfte, ihre Ausflüge in die grossen Flechtensammlungen längst ausdehnen sollen; sie würden durch reiche Ausbeute an Neuheiten belohnt worden sein. Jetzt winkt eine neue und gleich günstige Gelegenheit. Freilich würde diese Ausschau nur dazu beitragen, die Voraussetzung der Schwendenerischen Theorie, dass alle in lichenologischer Hinsicht als Gonidien in Frage kommenden Gebilde „Algen" seien, als irrthümlich zu erweisen, indem dann die fraglichen Algentypen nicht bloss als Gattungen und Arten, sondern auch überhaupt als selbstständige Pflanzen hinfällig werden. In neuester Zeit ist man auf Seiten der Algologie und des Schwendenerismus bemüht, den Uebergang solcher Typen ineinander, also deren Nichtberechtigung als solcher nachzuweisen [1]. Es treffen somit hier wider Erwarten den Schwendenerismus untergrabende Thatsachen zusammen. Für die Lichenologie nun folgt jedenfalls aus meinen Beobachtungen im Hinblicke auf den angeblichen Werth der Vereinigung verschiedener Gonidien in einem Lagerkörper für die Beurtheilung dieses selbst, dass eine solche bei der Wandlung desselben Gonidema sogar durch die Syntrophie einer gonidienlosen Flechte hervorgerufen werden kann. Dieses darf um so weniger auffallen, wenn die befallenen Flechten schon zu einem bestimmten Wechsel ihres „Gonidientypus" veranlagt und geneigt sind. Die weitestgreifende Aenderung dürfte die Ausbildung sogenannter Leptogonidien, die unbedeutendste die Umwandlung des Farbentones von *Palmella*-Gonidien in den von *Chroolepus*-Gonidien sein. Die Abnahme und Verblassung der Mikrogonidien in den Gonidien verdient nur ganz nebenher Erwähnung.

Mit diesen Andeutungen über die anatomischen Aenderungen des Gonidema muss ich mich begnügen, weil es die eigentliche Aufgabe ist, über die zahlreichen Erscheinungen der Syntrophie dem Naturforscher und dem Lichenologen überhaupt erst die Augen zu öffnen, ausserdem aber weil ein weiteres Eindringen

---

[1] Selbst zu ganz anderen Zwecken angelegte Arbeiten, wie die Neubners (Flora, 1883, S. 291), haben dasselbe, freilich unverhoffte, Verdienst.

in das Wesen dieser Art von Lebensgemeinschaft von vornherein zu hohe Anforderungen an das Verständniss stellt. Schon darum kann ich auch die von
Th. Fries angenommene Verminderung des Licheningehaltes der Wirthe nicht
einer Erörterung unterziehen und muss mich darauf beschränken, diese Annahme
als durchaus unhaltbar zurückzuweisen. Allen solchen Veränderungen gegenüber
fallen viel mehr in das Gewicht andere, welche dazu beitragen, die durch Syntrophie hervorgerufenen Gebilde in lichenographischer und systematischer Hinsicht
zu mehr oder weniger wichtigen zu gestalten. Diese Veränderungen sind oft
ohne das Mikroskop erkennbar und dann ganz dazu geeignet, den bescheidensten
Flechtenfreund zum Studium anzuregen und sogar zu selbstständiger Beurtheilung
auf einem weiten Gebiete der Flechtenbiologie ebenso, wie den bedeutendsten
Forscher, anzuleiten. Denn in der That wird hiermit ein Gebiet der Thätigkeit
den Lichenologen erschlossen, das sie alle als Neulinge betreten.

Die Umwandlungen der Wirthe oder der wirthlichen Lager betreffen deren
Gefüge oder Festigkeit, Dickendurchmesser, Farbe und Gestalt. Diese Aenderungen,
entsprechend der Steigerung des äusseren Eindruckes aufgezählt, können jede
allein oder alle zugleich oder in den verschiedenen möglichen Verbindungen die
Gebilde hervorbringen, die nach der Weise von *Buellia scabrosa* (Ach.) und
Rhaphiospora flavovirescens (Dicks.) die Lichenologen zu dem Glauben veranlassen,
dass auch bei ihnen die Vereinigung der sichtbaren Apothecien und des sichtbaren
Thallus ein auf Genesis beruhendes Verhältniss beider anzeige. Das Gefüge weicht
häufig von der gesunden knorpelartigen Härte im trockenen Zustande als ein mehr
oder weniger schwammiges ab. Die Veränderung der Dicke kann verschiedene
Grade erreichen. Die durch Syntrophie hervorgerufenen Farbentöne sind meist
weiss oder grau oder braun oder gelb. Die Umwandlung der Gestalt endlich ist so
wechselreich, dass auf die Betrachtung der Einzelfälle selbst verwiesen werden muss.

An der Gesammtausbildung der neuen Gestalt der wirthlichen Lager
betheiligen sich noch andere Wirkungen oder Folgen der Syntrophie; also gehört
dazu nicht die alleinige Durchwucherung von Seiten des fremden Gewebes.
Syntrophische Lager vermögen in Folge einer mehr oder weniger mächtigen
Entfaltung an der Unterfläche der wirthlichen deren Verbindung mit der Unterlage zu lockern und aufzuheben. Ferner verstehen sie die verschieden beschaffenen
Abschnitte wirthlicher Lager ganz nach Belieben untereinander zu verlöthen,
während sie gleichzeitig für deren Aufberstung und Zerklüftung sorgen. Dieser
Vorgang der Verschmelzung, der bereits Wallroth vorgeschwebt hat, stellt
offenbar den mächtigsten aller Einflüsse der Syntrophie dar, und selbstverständlich
vermag er allein schon die sonderbarsten Gebilde hervorzubringen. Gesellt sich
aber noch die Abhebung der Wirthe von ihrer Unterlage hinzu, so steigert sich
der äussere Eindruck, schon weil auch damit eine Aenderung der Gestalt verbunden zu sein pflegt. Tritt endlich ausserdem gar noch die eine oder die
andere der übrigen Aenderungen ein, so können das Schlussergebniss Gebilde
sein, die als vermeintliche Typen ganz besonderer Art eine Fülle vergeblicher
Arbeit in der Lichenologie anzuhäufen ganz geeignet sind, was denn auch genügend
durch die Geschichte bewiesen ist.

Gegenüber der mannichfaltigen Macht des Einflusses der Syntrophie gibt es zahlreiche Fälle, in denen jede sichtbare Spur davon fehlt. Ich denke hierbei nicht an die als bescheidene Bewohner auftretenden Zwerge des Flechtenreiches, sondern an die vielleicht höchst zahlreichen Fälle, in denen die Deckung eines Lagers durch ein anderes kein zufälliges, sondern ein zu Zwecken der Syntrophie, und zwar entweder in Folge besonderer Umstände gelegentlicher oder nothwendiger, eingeleitetes Vorkommniss ist. Wenn ich hier vorläufig darauf hinweise, dass sogar in dem Periderm oder den Holzfasern oder ähnlichen Unterlagen das endophloeode, scheinbar einfache Lager mit einem anderen gleichen behufs Schutzes und Förderung seines Daseins vereinigt sein kann, werden die Lichenologen mit weiterem Staunen und Bangen der Entwickelung dieser neuen Lehre entgegensehen. Warum sollten aber Flechten, die sich schon dem Aeusseren und dem ganzen Baue nach so enge berühren, und von denen ich als die auffälligsten die durch die Farbe des Lagers abstechenden hervorhebe, sich nicht bemühen die günstigere Gelegenheit zum Dasein, die sich in der Vereinigung des schützenden Periderma mit dem unterstützenden Flechtengewebe darbietet, auszunutzen?

Aber selbst wenn sich das Verhältniss zwischen dem Syntrophen und dem Wirthe in Bezug auf die Masse der Gewebe als annähernd gleiches darstellt, ist der Einfluss eines mächtig entfalteten Lagers des ersten nicht selten verhältnissmässig unbedeutend.

Vereinigen sich endlich Apothecien, die im Typus mit den wirthlichen übereinstimmen, mit dem wirthlichen Thallus, so kann man bereits vor der Kenntniss solcher Fälle eine fernere Vorstellung von der Verwirrung gewinnen, welche die allgemeine Unkenntniss der Flechtenbiologie angerichtet haben dürfte.

Bisher ist überhaupt der Flechtenthallus mit zu wenig Hingebung und Scharfsinn beobachtet worden. Für die Förderung der Kenntniss der Syntrophie ist aber gerade dem Lager die allerhöchste Aufmerksamkeit zu schenken. Schon im Falle von Verschiedenheiten der (makroskopisch sichtbaren) Lager bei Gleichheit der Apothecien können die ersten und je nach den Umständen mehr oder weniger schwerwiegenden Verdachtgründe für das Vorhandensein von Syntrophie gewonnen werden, welche vielleicht nur des geringsten Zuwachses an Beobachtungen bedürfen, damit sie nach dieser Seite hin das entscheidende Urtheil im Gefolge haben.

Als hervorragende Hemmnisse der Entstehung der Kenntniss der Syntrophie sind zwei Vorurtheile besonders zu behandeln, wenn man sie zur Entschuldigung des Verfahrens der Lichenographen so bezeichnen will und darf.

Die Zahl der Flechten mit einem schwärzlichen und desshalb leicht erkennbaren Hypbothallium, das von den Schriftstellern entweder als Protothallus oder als Hypothallus nicht bloss benannt, sondern auch aufgefasst wird, ist nicht unbedeutend. Man begnügte sich bei den Krusten mit dem offenbaren Augenschein, um sich zu der Annahme, dass in dieser Schicht auch im Wesen immer das gleiche vorliege, für berechtigt zu halten. Diese Annahme ist zu entschuldigen, indem zur Aufklärung über die wahre Sachlage in jedem einzelnen Falle ein in der Anatomie der Flechtenkruste geübter Blick vorausgesetzt werden muss. Hatte man zu der Bezeichnung dieser Schicht als Protothallus wenigstens den Schein der Berechtigung für sich, so war demgegenüber jedoch die Wahl der anderen Bezeichnung auf das schärfste zu tadeln. Aber selbst noch für diesen Schritt, mit dem man die Anhanggebilde der Unterfläche höherer Flechtenlager und eine Schicht des krustigen Thallus auf eine Stufe stellte, finde ich Entschuldigungen. Unterfängt man sich aber, einer solchen Naturauschauung den Stempel einer morphologischen nach dem Vorangehen von E. Wainio aufzudrücken, so werde ich nie müde werden, ein solches Verfahren, mit dem ja die Forschungweise Nylanders den hohen Rang von Morphologie getragener erhalten müsste, zu bekämpfen.

Der schwärzlich gefärbte „Protothallus" der Krusten zerfällt bei sorgfältiger Prüfung in zweierlei Bildungen, von denen die eine das Hyphothallium darstellt, also dem sichtbaren Flechtenkörper eigenthümlich ist, die andere dagegen das Lager oder, genauer ausgedrückt, einen Theil des Lagers von Syntrophen. Der Bau dieses syntrophischen Lagers stimmt fast regelmässig mit dem Gewebe des Fruchtkörpers überein, wie bereits geschildert ist. Die Färbung und die Ausbreitung ausserhalb und unterhalb des wirthlichen Thallus lassen diesen Theil des syntrophischen als Schicht erscheinen, in Wahrheit aber pflegt nur in der ersten ein Unterschied von dem übrigen im Wirthskörper befindlichen Theile gefunden zu werden. Dieses selbe schwärzliche Maschengewebe von Syntrophen kann man auch im Bereiche eines wirthlichen Hyphothallium und an der Unterfläche blattartiger Lager, also im Gebiete des wahren Hypothallus sehen. Dieser Antheil des syntrophischen Lagers überdauert in einigen Fällen das wirthliche. Sogar solcher Thatsache gegenüber weise ich nochmals darauf hin, dass der Besitz des Hyphothallium auf eine höhere Stufe erhebt, weil es ein Glied in dem Aufbaue des krustigen Flechtenlagers ist, einem Lebensgenossen anderer Flechtenlager aber die Fähigkeit zu einer solchen Gliederung überhaupt abgesprochen werden muss.

Das andere viel mächtigere Vorurtheil, welches die Erkenntniss der weiten Verbreitung der Syntrophie im Flechtenreiche untergraben hat, stützt sich auf den Werth der Gestalt des Fruchtkörpers, welchen die Umgebung mittelst eines Antheiles des Thallus hervorzubringen vermag. Es gibt wohl keine Abtheilung oder Tribus in den Systemen, denen Glieder mit dieser Erscheinung fehlen. Ueber die Grenzen zwischen dem lecanorinen Apothecium einerseits und dem biatorinen und lecideinen andererseits ist viel geschrieben worden. Ich selbst habe mehrmals die Unbrauchbarkeit und Unhaltbarkeit dieser Unterscheidungweise behandelt. Leider hat man sich stets bemüht, den Streit auf einem viel zu sehr beschränkten Gebiete auszufechten. Ausschliesslich auf die *Parmeliacei* (mit Einschluss der *Lecanoracei* und der *Lecideacei*) blickend, übersah man im seit dem Anfange der Lichenologie vorhandenen Bestreben, die Grenzen dieser „Apothecien-Typen" zu finden, dass auch alle anderen Abtheilungen von jeder in verschiedenem Sinne ausfallenden Entscheidung in entsprechendem Maasse und Umfange betroffen werden müssen.

Die vom Thallus aus entstandene Umhüllung des Fruchtkörpers habe ich zu einem Theile bereits als ein Glied der Sprossfolge im Aufbaue des ganzen

Flechtenkörpers nachgewiesen. Ueber das übrige Gebiet, sowie auch über die Berechtigung des lecideinen und des biatorinen Apothecium als Typen gegenüber dem lecanorinen, bin ich zwar in der glücklichen Lage auf Grund morphologischer Forschungen durchaus befriedigende Aufschlüsse zu geben, muss mich aber für jetzt, weil dazu umfangreiche Arbeiten erforderlich sein würden, auf die folgenden Erklärungen beschränken.

Ich kann schon jetzt allen Lichenologen, die von der Morphologie den alleinigen und wahrhaften Fortschritt unserer Wissenschaft erhoffen, die gewiss freudige Mittheilung machen, dass die Unterscheidung des lecanorinen, lecideinen und biatorinen Apothecium, weil es auf tiefinnerlichen Ursachen beruhende Erscheinungen sind, auch vor der Morphologie im allgemeinen als nicht unberechtigt dasteht. Freilich hat erst die morphologische Forschung zu ergründen vermocht, dass in Folge jener Ursachen die mit den vermeintlichen Typen ausgestatteten Gebiete ganz anders zu begrenzen sind. Hier kann und soll in aller Kürze nur angedeutet werden, dass nicht der Margo thallinus oder thallodes oder gar der Besitz von apothecialem Gonidema[1] ein scheibenförmiges Apothecium zu einem lecanorinen, ebensowenig der Mangel dieser Eigenthümlichkeiten ein anderes zu einem biatorinen oder lecideinen macht, und endlich nicht die Stärke des Farbestoffgehaltes des Excipulum die beiden letzten als Typen scheidet. Vielmehr stecken dahinter jene Ursachen, mit denen diese äusseren und inneren Erscheinungen im allgemeinen häufig, aber keineswegs immer zusammentreffen. Ich freue mich schon jetzt, trotzdem dass ich die Möglichkeit einer Veröffentlichung der betreffenden Forschungen erst nach Verlaufe mancher Jahre voraussehe, die Massalongo-Körberische Richtung, namentlich die durch Tuckerman beeinflusste, beglückwünschen zu können. Sie hat alle Aussicht, als eine die morphologische Erkenntniss des Fruchtkörpers nach der behandelten Seite hin wirklich vorbereitende Richtung dereinst gefeiert zu werden, während dagegen eine Anschauungsweise, wie die Nylanders, welche am stärksten in der Begrenzung der Gattungen *Lecanora*, *Lecidea* und *Verrucaria* ausgedrückt ist, voraussichtlich von der Geschichte als mächtiges Hemmniss gegen die Entwickelung dieser lichenologischen Erkenntniss verurtheilt werden wird.

Soviel darf und wird man aus den vorangehenden Erklärungen für die Zwecke dieser Arbeit entnehmen, dass selbst die regelmässige Umkleidung von Apothecien mit einem Antheile des Thallus in allen Abtheilungen des Flechtenreiches eine nebensächliche oder begleitende Erscheinung ist[2]. Und es sind ja nicht wenig Fälle, in denen dasselbe Apothecium eine solche Umkleidung oder Umrandung zeigt oder nicht zeigt, vorhanden, welche in meinem Sinne lehrreich genug sind, trotzdem aber erst recht als Anlässe zur Zersplitterung gedient haben.

---

[1] Ich weise hier nochmals darauf hin, dass sehr viele „Ascomyceten" im Fruchtkörper eine grössere Fülle leuchtend grüner Gonidien, als manches lecanorine Apothecium besitzen, was in meinen Symbolae licheno-mycologicae an zahlreichen Stellen bewiesen ist.

[2] Selbstverständlich mit Ausnahme der schon vorher betonten Fälle, in denen die Umkleidung eine selbstständige und der Anlage des Apothecium sogar vorangehende Bildung ist.

Vergegenwärtigt man sich im Anschlusse an diesen Einblick die innige Gemeinschaft von Syntrophen mit ihren Wirthen, so wird es leicht begreiflich, wie sehr das Maschengewebe eines Fruchtkörpers, der während seiner Anlegung im wirthlichen Thallus versenkt ist, sich mit dem Gewebe des letzten verstricken kann, um bei der weiteren Zunahme und dem schliesslichen Hervorbrechen von der wirthlichen Lagermasse einen Antheil zu einer Umkleidung heranzuziehen. Es leuchtet daher von neuem ein, wie werthvoll der Nachweis zweier verschiedener Lager und des Zusammenhanges des Apothecium mit dem zweiten im sichtbaren Thallus befindlichen Gewebe für die Erkenntniss der Syntrophie ist. Man sollte glauben, dass es nicht nöthig wäre, noch besonders hervorzuheben, wie viel äussere Anzeichen zugleich auf den wahren Zusammenhang zwischen dem Apothecium und der Umhüllung oder Umrandung in Fällen von Syntrophie hindeuten. Leider liegen aber doch die zahlreichen Beweise in der Lichenologie vor, dass man für die stärksten oder, wie ich sogar sagen möchte, rohesten Verletzungen der Gesetze der Harmonie, welche doch zwischen den Theilen eines einheitlichen Naturgebildes überall entgegentritt, gerade in den grossartigsten Fällen von Syntrophie gar kein Auge bisher gehabt hat. Dass die Umkleidung des syntrophischen Apothecium in Gefüge und Färbung das ihrige zur Erhöhung des Verdachtes der Syntrophie beizutragen vermag, bedarf wohl keiner weiteren Auseinandersetzung.

Um das Maass der Verwirrung voll zu machen, gibt es Fälle von Syntrophie, welche zugleich die Erscheinung eines scheinbar eigenen Hypbothallium und die der Umkleidung des Apothecium mittelst des wirthlichen Lagers vorführen. Endlich können mit dieser Vereinigung wirklich, wie der Leser selbst von vorneherein erwartet haben wird, noch die übrigen Aenderungen des Wirthes bald einzeln, bald mehrere oder alle sich verbinden.

Den Lichenographen der Gegenwart, welche nicht ohne mehr oder weniger tiefe Verstimmung den Aufschlüssen über die Einzelfälle der Syntrophie entgegensehen, vielleicht gar die erschütternden und umwälzenden Folgen der biologischen Forschung im Hinblicke auf den bisherigen Mangel des unentbehrlichen Einflusses der Naturbeobachtung auf die Entwickelung der Lichenologie überschätzen, rufe ich das beruhigende und aufmunternde Wort zu:

Jeder, also auch der bescheidene Liebhaber der Flechten, ist zu nützlicher Thätigkeit auf dem Gebiete der Biologie berufen, denn in Wahrheit ist trotz aller Wichtigkeit der mikroskopischen Prüfung doch die Lupe vorläufig das erste und letzte Werkzeug für erfolgreiche Förderung unserer biologischen Erkenntniss.

Unter allen Fächern der Botanik bietet kein anderes, als die Lichenologie dem Forscher den gleich grossen Vortheil, in den Sammlungen ausser dem Anblicke der gar nicht oder kaum veränderten Gestalt des Naturkörpers auch zugleich den Ueberblick seines ganzen Lebens vom Anfange bis zum Ende geniessen zu können. Freilich verkümmert sich jeder diesen Genuss um so mehr, je fleissiger er darauf bedacht ist, nicht bloss kleine Stücke, weil sie als niedlicher erscheinen und in äusserlicher Hinsicht bequemer sind, sondern auch die vermeintlich für die Bestimmung allein brauchbaren Zustände des höheren Alters seiner Sammlung einzuverleiben. Wer aber bestrebt war, eine Sammlung sich zu schaffen, in welcher die Flechten neben den verschiedenen Entwickelungstufen sogar auch die Zustände des Unterganges in der von der Natur gebotenen Umgebung durch die lichenische Nachbarschaft vorführen, der hat einen zur Zeit wahrhaft beneidenswerthen Besitz. Da nun aber der Lichenologe bei dem Einsammeln häufig nicht anders, als wie es soeben für das musterhafte Verfahren erklärt worden ist, verfahren kann, fehlen keiner Sammlung in biologischer Hinsicht anziehende Beispiele und beweiskräftige Stücke. Daher kann nicht allein die Bestätigung der von mir zu schildernden Fälle von Syntrophie, sondern auch die Aufdeckung neuer am Tische vermöge einer Sammlung ausgeführt werden.

Wie dankbar aber auch immer dieses neue Feld der Thätigkeit sein mag, ist doch deren Ausübung mit Beschränkungen verbunden. Sowohl unter den durch mich jetzt bekannt zu machenden, als auch unter den in Zukunft noch zu erwartenden Erscheinungen von Syntrophie gibt es solche, über die vorwiegend oder allein der Mikroskopiker die Entscheidung zu fällen berufen ist. Von dieser Berufung erachte ich aber für ausgeschlossen jeden Lichenologen, welcher die Grundzüge der feinsten Flechtenanatomie nicht erfasst und sich mit ihnen nicht vollständig vertraut gemacht hat. Wer z. B. nicht einmal überall, wo Paraphysen oder ein Thalamium vorhanden sind, diese zu sehen, geschweige denn deren ganzen Bau bis in die unscheinbarsten Einzelheiten hinein zu erkennen und darzustellen versteht, den wird die zukünftige Lichenologie, welche Vergangenheit und Gegenwart unter dem Wuste der von ihnen aufgehäuften Erzeugnisse mit Hilfe von Morphologie und Biologie aufzuräumen zwingen, nicht für berufen gelten lassen.

Gewandtes Eindringen des Blickes in den Bau und weiter in den Plan der zu Lebensunselbstständigkeit verurtheilten Flechten befähigt endlich auch allein zur Begrenzung der Arten gegeneinander und gegen verwandte autotrophische Glieder. Denn wie der Wirth durch den Syntrophen mehr oder weniger beeinflusst wird, so erfährt dasselbe auch der letzte von Seiten des ersten. Es gibt Syntrophen, die als wahrhafte Weltbürger die verschiedenartigsten Flechten benutzen können. In der Ausgleichung mittelst der wirthlichen Lager, ohne dass sich damit eine Aenderung der eigentlichen Syntrophie verbindet, haben wir im allgemeinen den wahren Grund zu suchen dafür, dass sie die widersprechendsten Orte zu wählen vermögen. Auch sie können aber in und trotz der Syntrophie unter den ungünstigsten Verhältnissen zu leben gezwungen sein. Aus nahe liegenden Gründen treffen die schädlichen Einflüsse zumeist den Fruchtkörper. Und so ereignet es sich, dass derselbe Syntroph als äusserste Gestaltungen des Apothecium scheinbar grundverschiedene Gebilde, wie z. B. eine weite Scheibe und einen kernartigen Zustand, aufweiset je nach den Umständen und Bedingungen, welche der gewählte oder gefundene Wirth bietet. Die Benützung der vermittelnden Bildungen unterstützt den Morphologen auch hier bei der Feststellung des mikroskopischen Planes, die allein die Artenbegrenzung ermöglicht.

Gerade hier wird der Geist des Gründers der Lichenologie, dessen Einfluss sich noch in unseren Tagen geltend macht, den stärksten und zähesten Widerstand gegen die neuen Thatsachen der Biologie einsetzen. Zum Glücke aber für das Gedeihen der neuen Forschung bietet sogar jede Sammlung, die nicht

32*

nach dem den Grundsätzen Wallroths entsprechenden Muster angelegt ist,
auch nach dieser Richtung hin mehr oder weniger brauchbaren Stoff. Es lässt
sich daher voraussehen, dass meinen Artenbegrenzungen auf dem Gebiete der
Syntrophie allmälig mehr und mehr Glauben werde entgegengetragen werden,
wenn sie auch anfangs, weil sie von dem durch die Macht der Autoritäten
geschaffenen und durch die Zeit erstarkten Gebrauchthume abweichen, den Eindruck der Naturwidrigkeit machen sollten.

Schilderung der durch Merkwürdigkeit der äusseren Erscheinung hervorragenden Fälle von Syntrophie.

Gegenüber der Aussicht auf eine ausführliche Schilderung der Fälle, in
denen es sich um die möglichst nahe und lange Berührung von Flechten in
Folge höchster Lebensunselbstständigkeit auf der einen Seite handelt, wird man
es als Befolgung des Gebotes der Nützlichkeit würdigen, wenn ich die weite
Ausdehnung der neuen Naturerscheinung mir Beschränkungen auferlegen lasse.
Zudem überschreitet die Höhe der Ansprüche an das Verständniss der Eigen-
thümlichkeiten der Syntrophie das Maass der zulässigen Anforderungen an die
Lichenologen der Gegenwart mehr, als diese selbst glauben dürften. Es genüge
daher vorläufig der einfache Nachweis einzelner Fälle und der Ausdehnung dieses
Lebensverhältnisses über die verschiedenen Abtheilungen des Flechtenreiches.
Nach dieser Begrenzung der Aufgabe bleibt dem Leser selbstverständlich die
Aufzählung der zahlreichen Flechten, die als offenbare Bewohner anderer von
der Wissenschaft angesehen werden, erspart; mit anderen Worten: die Behandlung
aller im herrschenden Sinne der Lichenologie wahren und falschen Flechtenparasiten in dieser Arbeit erscheint als überflüssig. Dagegen gewinnen dann die
versteckten Fälle von Syntrophie viel mehr an Bedeutung, denn sie betreffen
zugleich Gebilde, deren Zusammensetzung aus Apothecien und Thallus als auf
Wesenseinheit beruhend bisher galt.

Man wird wähnen, in allen solchen Fällen die dichteste Verstrickung zweier
Flechtenlager, von denen in der Regel eben nur das eine Apothecien hervorgebracht hat, also die engste Genossenschaft zweier an Masse annähernd gleicher
Flechten vorzufinden. Sicherlich gehören die in naturwissenschaftlicher Hinsicht
anziehendsten und in lichenologischer eingreifendsten Erscheinungen der Syntrophie in den Bereich innigster Vereinigung von Flechtengeweben verschiedenen
Ursprunges, wofür die Nothwendigkeit das mächtige Band abgibt, aber nicht
viel minder anziehende und eingreifende Vorkommnisse solcher Art bilden, abgesehen von den Befallungen von Seiten lagerarmer Bewohner, auch einige Fälle
gelegentlicher Syntrophie, welche zu dem gleichen Irrthum geführt haben. Die
Fremdartigkeit der Thatsache, dass zu ektophloeoder Krustenbildung veranlagte
Lichenen ausnahmeweise mit endophloeodem Thallus, und zwar auch auf anderen
Lagern, leben können, wird man in die Wagschale werfen müssen, um dem Blicke
und Urtheile der bisherigen Lichenologie die Beschämung, wenn auch nur einiger-

maassen, zu mildern. Solche wichtigen Fälle gelegentlicher Syntrophie sollen die einzigen sein, welche schon im Hinblicke auf die Nützlichkeit in lichenographischer Hinsicht hier Platz finden, denn sonst würden für diese Arbeit gar keine Grenzen sich finden lassen.

Obgleich aber die Rücksicht auf die gegenwärtig herrschenden Verhältnisse bei der Auswahl des Stoffes bestimmend mitwirken soll, kann ich doch meine Schilderungen nicht auf alle Fälle nothwendiger Syntrophie ausdehnen, in denen der Fruchtkörper als eigener des sichtbaren (wirthlichen) Thallus aufgefasst wird. Diese Beschränkung trifft aber eigentlich nur die *Calyciacei*. Ich schliesse nemlich vor allen *Sphaerophorus*, *Pleurocybe*, *Acroscyphus* und *Tholurna* von der Behandlung aus, weil hier, von meinem Standpunkte aus betrachtet, das syntrophische Verhältniss schon äusserlich als offenkundig, auch die einzige Beeinflussung der Wirthe als natürliche Folge der Grösse und der Weise der Entfaltung der fremden Fruchtkörper dasteht. Ausserdem ist der Nachweis des fremden Lagers als des wahren Mutterbodens der Apothecien zu Folge der höheren Einrichtung des inneren Baues dieser Wirthe verhältnissmässig am leichtesten zu führen. In der Voraussetzung, dass auf diesen Nachweis meine schon im Jahre 1881 abgegebene Erklärung über das Wesen der *Calyciaceen* sich stütze, hätte man, wie schon gesagt ist, dieser neuen Erkenntniss wohl ein klein wenig Beachtung schenken können. Soviel wenigstens aber steht fest, dass die Syntrophie der *Calyciaceen* kaum noch eine Neuheit genannt werden darf, und schon desshalb dem Plane dieser Arbeit entsprechend nur durch die Weise und Macht der Beeinflussung der Wirthe besonders hervorragende *Calyciaceen* in der folgenden Beschreibung berücksichtigt werden können.

In der folgenden Aufzählung wird die Merkwürdigkeit des einzelnen Falles, vom zeitigen Stande der Lichenographie und Systemkunde aus betrachtet, die Auswahl vorschreiben. Aus verschiedenen Gründen aber, namentlich aus Rücksicht auf die verwandtschaftliche Nähe sollen gelegentlich auch andere Fälle von Syntrophie mitherangezogen werden, die eigentlich nichts anderes als merkwürdig an sich haben, als dass sie, wie eben alle Flechten mit alleiniger Ausnahme der „Parasiten", irrthümlich für selbstständig erachtet werden. Handelt es sich doch hier nicht bloss um die Biologie der Flechten fördernde Leistungen, vielmehr soll auch der Morphologie durch Aufräumung des vorhandenen Schuttes der Fortschritt gelegentlich erleichtert und der auf der letzten aufzubauenden Lichenographie Licht zugeführt werden.

Bei der Herbeiziehung mehr entfernter Fälle musste ich hin und wieder in vielleicht auffallender Weise die Schilderung abbrechen oder abkürzen, weil sonst der Rahmen dieser Arbeit zu sehr erweitert worden wäre. Ich würde dann nemlich bis in das Gebiet solcher rein endophlocoden Flechten, deren Autotrophie nur nach dem Aeusseren beurtheilt wird, aber eine scheinbare ist, gerathen sein. Aus diesem Grunde wird z. B. ebenfalls die Behandlung aller endophlocoden, scheinbar selbstständigen *Calyciaceen* hier unterlassen, ohne dass darunter mein Urtheil über die Unselbstständigkeit dieser ganzen Flechtenreihe eine Beschränkung zu erleiden hätte. Die Zeit aber, die für eine solche Bearbeitung der Syntrophie erforderlich gewesen wäre, würde die Erschliessung der Flechtenbiologie noch weiter hinausgeschoben haben. Und namentlich die seit dem Jahre 1874 für die Lichenologie und die Lichenologen ebenso künstlich geschaffenen, wie hartnäckig unterhaltenen Verhältnisse liessen die Verzögerung der Veröffentlichung meiner biologischen Ergebnisse von Jahr zu Jahr immer mehr mir als Gefahr für die Wissenschaft, womit ich nicht bloss die Lichenologie meine, erscheinen[1]). Die meisten Beobachtungen von Syntrophie, und zwar fast alle in naturwissenschaftlicher Hinsicht anziehendsten und für die Lichenologie bedeutsamsten, gehören nemlich schon meiner Anfängerzeit an. Die Zeit der Einsammlung oder der Veröffentlichung der unten angeführten Belegstücke gibt häufig auch die meiner Erkenntniss der wahren Verhältnisse wenigstens annähernd an. Fast alle solche Fälle darstellenden Gebilde hatten sich schon bei den ersten Betrachtungen und Vergleichungen mir verdächtig gemacht, sodass ich nach den Apothecien der Wirthe im wahren Sinne des Wortes auf die Suche ging; nicht aber die zufällige Auffindung der letzten brachte mich, abgesehen von einigen Fällen, auf den richtigen Weg zur Erkenntniss. Denn thatsächlich muss man nach diesem mächtigen Beweismittel suchen, indem ja, wie vorher auseinandergesetzt worden ist, gerade die Entwickelung des wirthlichen Fruchtkörpers unter dem fremden Einfalle leidet. Ebenso frühe, wie ich die Störungen des Einvernehmens zwischen Apothecium und Thallus als Verdachtgründe fand, gelangte ich auch zu der Ahnung, dass ein Theil des durch seine Verbreitung und Ueppigkeit nicht selten auffallenden, aber für unbestimmbar geltenden Flechtenwuchses auf fremde Einflüsse seinen Ursprung zurückführe. Allmälig erschlossen sich mir die über das ganze Flechtenreich ausgedehnten Gesetze von dem Verhältnisse zwischen Apothecium und Thallus und halfen die Wahrheit erkannter Fälle von Syntrophie erhärten und die Aufdeckung neuer fördern. Freilich sehe ich mich nicht in der Lage, dieses mächtige Hilfmittel bei der Feststellung von Syntrophie hier anzuwenden. Ich bin ja ohnehin mit einem ebenso reichhaltigen, wie stichhaltigen Rüstzeuge bei der Eröffnung dieses neuen Gebietes der Flechtenforschung ausgestattet.

Den glänzendsten Beweis gibt hier und wird stets abgeben das gleichzeitige Dasein von wirthlichen Apothecien neben den syntrophischen auf dem für einfach und einheitlich angesehenen Gebilde. Diese Vergesellschaftung kann sich bald so darstellen, dass auf dem äusserlich noch unveränderten Lager des Wirthes bereits ausgebildete Apothecien des Eindringlings, bald so, dass auf dem durch die Syntrophie schon vollständig umgewandelten noch die eigenen zu sehen sind. Beide Fälle können, um den Glanz der Beweisführung noch zu erhöhen, sogar nebeneinander auf demselben Lagerkörper vorkommen. In solchen Fällen hätte es eigentlich einer Begründung der Syntrophie mittelst des Mikroskopes nie bedurft, vielmehr hätte schon die auf verschiedene Verdachtgründe hin unter-

---

[1]) Als neuester Beweis für die Richtigkeit dieses Urtheiles dient zum Theile: T. Hedlund, Kritische Bemerkungen über einige Arten der Flechtengattungen *Lecanora*, *Lecidea* und *Micarea*, welche Arbeit nach dem vollständigen Abschlusse der meinigen erschien, daher einer Beleuchtung nicht unterzogen werden konnte.

nommene und mit Geduld und Fleiss durchgeführte Betrachtung mittelst der Lupe ihre für die Lichenologie segenreichen Erfolge gehabt.

Aber auch in der Zukunft wird diese Betrachtungweise weitere Erfolge haben. Jeder Flechtenfreund, zur Bestätigung meiner Beobachtungen und zur erfolgreichen Anstellung eigener neuer befähigt und berufen, wird die gleiche Schule, wie die bedeutendsten Lichenographen, durchzumachen haben, was allen durch meine Arbeit allerdings wesentlich erleichtert werden wird. Durch diese Schule wird aber ferner der Blick erzogen und gebildet für die Auffassung der vielfachen Merkwürdigkeiten, welche ich, und zwar nicht allein aus dem Gebiete der Biologie, noch mitzutheilen habe. Erst als ich die sämmtlichen in der folgenden Aufzählung vorgetragenen Vorkommnisse in Gestalt einer zusammenhängenden Reihe von Untersuchungen vor meinem Auge vorüberziehen liess, worunter eine beträchtliche Zahl von schon zuvor während 20 Jahre gewonnenen Thatsachen sich befindet, gelangte es mir recht zum Bewusstsein, dass auch hier Uebung den Meister mache. Die längst gewonnenen Thatsachen wurden dabei vermehrt durch die Ausdehnung der Untersuchungen auf die Verwandten der mir als Syntrophen bekannten Flechten, und die Fortsetzung dieses Verfahrens wird, worauf ich hiermit besonders aufmerksam machen will, eine fernere Erweiterung zur Folge haben.

So offenkundige Fälle von Syntrophie können die Beweisführung mittelst des Mikroskopes im Hinblicke auf die Bedürfnisse der zeitigen Lichenographie entbehren. Während das Mikroskop nur eine Vervollständigung oder eine Verstärkung der Mittel der Beweisführung in solchen Fällen gewährt, gibt es jedoch in anderen das beste oder gar das einzige Beweismittel in die Hand. Das Dasein von zweierlei Lagern, der Zusammenhang des Apothecium mit einem äusserlich unsichtbaren (syntrophischen) Gewebe, die schon bekannte oder erst durch Vergleichung erkannte Anatomie der Wirthe u. a. m. bilden das Rüstzeug für den Biologen in solchen besonderen Fällen von Syntrophie. Hier darf und muss also der Mikroskopiker unumschränkt herrschen. Und doch kann auch hier selbst der bescheidene Liebhaber eine befriedigende Thätigkeit entfalten, ohne aber zum entscheidenden Urtheile berechtigt zu sein.

Schon die Ankündigung, dass ich auf das Wesen der Syntrophie, weil es auf unbekannten Gesetzen der Physiologie beruhe, nicht eingehen werde, musste den Leser darauf vorbereiten, dass bei der Abfassung dieser biologischen Arbeit fast ausschliesslich ein allerdings nur mir bewusster Nothstand der Lichenologie, soweit als er eben durch den bisherigen Mangel der Kenntniss der zugehörigen Erscheinungen geschaffen worden war, in das Auge gefasst wurde, und daher zunächst allein die für Lichenographie und Systemkunde mit einer einfachen Aufzählung der merkwürdigsten Vorkommnisse dieser Art erwachsende Nutzen mich zu leiten hatte. Die Naturforscher, Botaniker, Lichenologen haben sich ja zuvor erst auf einem gänzlich unbekannten und weiten Gebiete einer der in der Natur bestehenden Lebensgemeinschaften umzuschauen, ehe an ein Eindringen in deren Wesen gedacht werden kann. Die endlich von der Physiologie zu erwartenden Aufschlüsse über die Ursachen und Gründe der Syntrophie sollen, wie schon vorher hervorgehoben worden ist, mit dieser ersten Arbeit eine Vorbereitung erfahren, indem in der zwar vorwiegend für lichenographische Zwecke abgefassten Aufzählung jedem einzelnen Falle ja die maassgebenden Beobachtungen und Untersuchungen als Begründung beigefügt werden müssen.

Trotz aller Proben meiner Berufung zur Lösung solcher lichenologischen Aufgaben wird doch, wie bisher, aus mancherlei erklärlichen Gründen von Seiten der Fachgenossen mir auch bei dieser Gelegenheit wenig oder gar kein Entgegenkommen zu Theil werden. Umsomehr fühle ich mich getrieben, für die ganze Aufzählung das vollständige Rüstzeug meiner Beweisführung anzulegen, indem ich nur von den morphologischen eine spätere Systemkunde fördernden Beweismitteln absehe. Bei alledem gibt es eine nicht kleine Zahl von Fällen von Syntrophie, in denen das ganze Beweisverfahren den Eindruck der Mangelhaftigkeit machen dürfte, weil es sich um Schilderungen von nur mittelst der Lupe gemachten Beobachtungen handelt. Dazu kommt, dass diese Beobachtungen sich nicht einfach an jedem beliebigen Stücke der verschiedenen Sammlungen wiederholen lassen. Dies muss eigentlich als selbstverständlich erscheinen, wenn man sich vergegenwärtigt, dass es darauf ankommt, Umwandlungen von Flechtenlagern durch eingedrungene Gewebe festzustellen, wobei nicht immer die Vereinigung der beiderseitigen Apothecien die Beurtheilung erleichtert oder ermöglicht. Trotzdem konnte ich nicht davon abstehen, in jedem einzelnen Falle die die Syntrophie beweisenden Stücke meiner Sammlung unter höchst kurzer, aber genauer Kennzeichnung anzuführen. Der Leser, welcher sich der Bedeutung der hier zu begründenden Erscheinungen der Biologie bereits erschlossen hat, wird dieses Verfahren billigen schon aus dem Grunde, weil jedes Beweisstück für die Wissenschaft den Werth eines Urstückes (Originales) besitzt[1]). Möge aber jeder, welcher sich unter Benutzung der gleichen Stücke meine Beobachtungen zu wiederholen bemühen wird, auf dasselbe erfolgreiche Ergebniss zu verzichten stets vorbereitet sein. Hoffentlich wird daher sich auch niemand finden, der in Fällen des Misslingens seiner Bemühungen meine Beobachtungen desshalb für unrichtig erklärt. Für die erfolglosen Beobachtungen bietet jede grössere Sammlung reichliche Gelegenheit zur Entschädigung, indem die Entscheidung über noch zweifelhafte Verhältnisse durch Benutzung brauchbarerer Stücke, als sie mir zur Zeit zu Gebote stehen, ermöglicht werden wird. Noch vielmehr aber wird der Fachgenosse, welcher durch Geduld und Fleiss sich die nothwendige Uebung erworben haben wird, belohnt werden, wenn er seine Untersuchungen auf andere Gebiete, vor allem auf die verschiedenen Verwandtschaftkreise der als Syntrophen aufgedeckten Flechten ausdehnt, die ich hauptsächlich wegen nicht genügender Beweisstücke noch unberührt lassen musste.

Trotz der unsicheren Aussicht für den Erfolg der anderseitigen Prüfungen habe ich nicht davon abgestanden, möglichst die Exsiccata bei der Untersuchung zu bevorzugen. Abgesehen von der Zufälligkeit, die hier, wie bei keiner anderen Forschung auf lichenologischem Gebiete, eine Rolle spielt, und die das dürftigste

---

[1]) Nur in einigen Fällen ist nicht meiner Sammlung, sondern dem botanischen Museum der Universität zu Upsala angehöriger Stoff in Folge gütiger Zuwendung durch Th. Fries benutzt worden. In jedem dieser Fälle ist daher auch die Quelle namhaft gemacht.

Stückchen zu einem trefflichen Beweisstücke gestalten kann, haben von den freilich nicht durchgehends als vollständigen in meinem Besitze befindlichen Sammlungen nur die durch F. Arnold, H. Lojka und W. v. Zwackh herausgegebenen eine fast durchgehende Brauchbarkeit bewiesen aus dem einfachen Grunde, weil in ihnen der vorher gepriesene Grundsatz Wallroths für die Herrichtung von Flechtensammlungen im allgemeinen obwaltet. Andere Exsiccaten, wie die von A. Lindig, J. P. Norrlin, Ch. Wright vertheilten, stehen trotz ihrer Schönheit und Güte schon nach. Bei noch anderen spielt fast ausschliesslich eben der Zufall seine Rolle.

Vielleicht die Mehrzahl der behandelten Fälle, welche durch die mit der Syntrophie verbundene Merkwürdigkeit bald mehr, bald weniger sich von den anderen zahlreichen dem Plane dieser Arbeit fernstehenden absondern, kann eigentlich den ebenso erfahrenen, wie scharfsichtigen Lichenologen nicht überraschen, weil ihnen irgend eine Sonderbarkeit zukommt und zum Theile thatsächlich auch zuertheilt wird oder, wo dies bisher nicht geschehen ist, hätte zuertheilt werden müssen. Trotz alledem werden meine mit möglichst grosser Schärfe geführten Nachweise Unzufriedenheit sowohl bei den Flechtenforschern, wie bei den Flechtenfreunden hervorrufen. Die Forscher sehen auf Arten und Gattungen, die beliebte Gegenstände vernünftelnder Klauberei bildeten, das helle Licht wahrhaft wissenschaftlicher Aufklärung fallen, für das aber die Empfänglichkeit ihrerseits fehlen dürfte schon desshalb, weil sie in die vermeintliche und liebgewonnene Ordnung jetzt unangenehme Lücken gerissen wähnen. Lücken, die um so empfindlicher gefühlt werden, wenn es sich um den gänzlichen Fortfall von Gebilden handelt, die gerade um (vermeintliche) Klüfte zu überbrücken bisher benutzt worden sind. Erst nach der Entfernung aller dieser Gebilde von den bisherigen Stellen in den Systemen wird man aber der Macht dieser wahrhaften Hemmnisse für die Entwickelung der Lichenographie inne werden. Flechtenforscher und Flechtenfreunde werden sich gleich unangenehm berührt fühlen durch die Aufhebung von Gebilden, welche zu den schönsten wenigstens von Europa gehören, und von denen dieses und jenes vielleicht als ein Stück Jugenderinnerung besonders lieb gewonnen sind. Allmälig werden aber alle in der Befriedigung durch die Kenntniss, dass auch das Flechtenreich dem mannichfaltigen Gesetze der Lebensgemeinschaft noch dazu in einer dieser grossen Pflanzenordnung allein eigenthümlichen Weise unterworfen ist, sich vollkommen entschädigt fühlen für den Verlust eines nur eingebildeten Besitzes und endlich nach Erkenntniss der Wahrheit mit der alten Freude die schönen Gebilde betrachten.

Die Syntrophie lässt sich, was zu erfahren, der Leser schon vorbereitet ist, über alle Klassen oder Tribus verbreitet finden. Dies ist aber so zu verstehen, dass in allen grössten Abtheilungen der Systeme Gebilde zu finden sind, die, unter syntrophischem Einflusse entstanden, die Anschauung von ihrer Stellung im Flechtenreiche irreführten. Dass zu Wirthen Angehörige aller Abtheilungen befähigt sind, ist eine bekannte Thatsache, nicht aber dass im allgemeinen, je höher die Bildung ihrer Lager steht, sie desto grösserer Umgestaltung durch Syntrophen ausgesetzt sind. Erst wenn ein Ueberblick über das Gebiet der Syntrophie möglich ist,

Z. B. Ges. B. XLII. Abh.   53

wird man feststellen können, wie viel Flechten als Wirthe gewählt, und in welchem Grade die einen vor den anderen bevorzugt werden. Aber schon die folgende Aufzählung gewährt von neuem den Einblick, dass eine Zahl von Lichenen der Syntrophie besonders günstigen Boden bietet, indem mehrere Arten denselben Wirth wählen, unter Umständen sogar um dieselbe lichenische Unterlage kämpfen. Und die Zunahme der Kenntniss der Wirthe überhaupt wird den Fortschritt der Erforschung der Ausdehnung der Syntrophie wesentlich fördern, denn man wird in verdächtigen Fällen vor allen die als solche schon bekannten Flechten vor seinen Augen vorüberziehen lassen. Diese Unterstützung wird um so wirksamer sich äussern, als vorwiegend häufigere oder gemeine Flechten, was vollkommen erklärlich ist, unselbstständigen Eindringlingen ausgesetzt sind.

Aus den angegebenen Gründen leuchtet ein, dass Rücksicht auf die Nützlichkeit die Eintheilung der folgenden Schilderung der Syntrophen bestimmen muss. Wenn ich daher die fünf Tribus *Parmeliacei, Calyciacei, Gyalectacei, Graphidacei* und *Verrucariacei* meiner Eintheilung zu Grunde lege, so soll damit keinesweges zugleich von vornherein erklärt sein, dass die unter jeder behandelten Fälle von Syntrophie auch in systematischer Hinsicht dahin gehören. Vielmehr enthalten die *Parmeliacei* Syntrophen, die, selbst wenn ich mir mit dieser Tribus die *Lecideacei* vereinigt denke, in diese grosse Abtheilung ebenso wenig zu passen, wie gewisse andere unter den *Graphidacei* behandelte dieser Tribus anzugehören scheinen. Manche Syntrophen haben nemlich ihre nächste Verwandtschaft unter den Lichenen, welche die Mycologie als Ascomyceten beansprucht. Und nachdem nun die Unselbstständigkeit dieser Flechten ergründet worden ist, kann und wird noch mehr eingesehen werden, wesshalb alle bisherigen Bestrebungen um Aufklärung über das Wesen solcher Gebilde ebenso mühevoll, wie aussichtlos gewesen sind. Dagegen gehören die unter den *Calyciacei, Gyalectacei* und *Verrucariacei* behandelten Syntrophen unbedenklich in diese Abtheilungen. Dieser Auffassung widerspricht aber hier ebensowenig, wie dort, die andere, dass auch sie unter den Flechten der mycologischen Literatur meistens nähere Verwandte, als unter denen der lichenologischen haben. Endlich ist es wohl kaum nöthig, im Anschlusse an die obige Erklärung, dass ein Theil der unter den *Parmeliacei* behandelten Syntrophen in jenen Gebieten der mycologischen Literatur seine Verwandtschaftkreise findet, auf die Aussicht hinzuweisen, dass auch die in Frage kommenden Abtheilungen der Ascomyceten dereinst den *Parmeliacei* angehören könnten.

Obgleich die folgende Aufzählung 133 Arten als Syntrophen schildert, konnte ich mich doch nicht zu einer weiteren Eintheilung der unter jeder Tribus behandelten entschliessen. Ich habe trotzdem eine die Verwandtschaft möglichst berücksichtigende Anordnung getroffen, habe aber von einer äusserlichen Sonderung, die ohne Begründung, und zwar morphologische, nicht als zulässig erschien, abgesehen. Die Gruppen von Gebilden oder Arten im Sinne der Schriftsteller, welche ich zu Arten zusammenfassen muss, sind äusserlich durch die römischen Ziffern als Ueberschriften gekennzeichnet. Die von der herrschenden Wissenschaft für Arten gehaltenen Flechten sind mit arabischen Zahlen versehen. Der Leser findet an der Spitze jedes durch die römische Ziffer als Kapitel hingestellten Abschnittes der Schilderung ein Verzeichniss der Arten, welche nicht bloss darin behandelt, sondern auch, wie schon gesagt ist, zugleich zu einer Art von mir zusammengefasst werden. Wer von den Lichenologen über meine Auffassung des Artbegriffes noch nicht hinlänglich Bescheid weiss, wird in der folgenden Schilderung selbst zum grossen Theile genügende Aufklärung finden. Mittelst der Zahlen jedes einzelnen Verzeichnisses können die zugehörigen Stellen der Schilderung leicht gefunden werden [1]). Bei der Wahl der Namen veranlassten mich mehrerlei Nützlichkeitrücksichten zu einer Anlehnung an als Handbücher gebräuchliche Arbeiten, soweit als sich dies mit meiner eigenen Anschauung in jedem Falle vertrug oder überhaupt möglich war. Aus denselben Gründen beschränkte ich mich auf die Angabe der nothwendigsten Synonyma.

Von der Benutzung der am Schlusse dieser Arbeit gebotenen Verzeichnisse der Syntrophen und der Wirthe verspreche ich mir nicht allein eine Erleichterung für die Benutzung der folgenden Aufzählung, sondern auch eine Förderung der Kenntniss der Ausdehnung der Syntrophie überhaupt.

Parmeliacei.

Für den vorliegenden Zweck muss die Rechtfertigung der Unterbringung der verschiedenen Typen von Bildung und Bau des Thallus in dieser Abtheilung als überflüssig erscheinen. Ich will hier jedoch hervorheben, dass ich mir des mit dieser weiten Umfangbegrenzung gethanen Schrittes wohl bewusst bin. Man wird schon jetzt diesen Schritt erklärlich, wenn nicht gar gerechtfertigt finden, indem ich hinzufüge, dass alle diese Typen einen gemeinsamen Typus des Fruchtkörpers oder, vom morphologischen Standpunkte aus noch genauer ausgedrückt, einen gemeinsamen Plan des Apotheciumlebens besitzen. Aus diesem mächtigen morphologischen Grunde vereinige ich mit den *Parmeliacei* des Systemes Tucke r - mans auch die *Lecideacei* desselben, indem ich eigentlich nur die Antheile beider ausschliesse, die als *Gyalectacei* von mir zusammengefasst werden. Man wird darnach begreifen, dass ich die Aufstellung der *Lecano-Lecidei* als einen der glücklichsten Gedanken hochhalte, den Nylander jemals auf dem Gebiete der Flechten-Systemkunde, wenn auch erst sehr spät, gefasst hat. In dem Lebensplane des Fruchtkörpers weichen von den *Parmeliacei* in meinem Sinne am wenigsten die *Calyciacei*, am meisten, und zwar annähernd gleichmässig, die *Gyalectacei, Graphidacei* und *Verrucariacei* ab.

Die Frage nach dem Werthe der Lagertypen der *Parmeliacei* tritt dem vorliegenden Zwecke gegenüber vollständig in den Hintergrund, denn die wichtigsten der unter dieser Abtheilung zu behandelnden Gebilde sind das, was sie sind, nur durch den Lagertypus des Wirthes. Und dieser kann ja in systematischer Hinsicht keine Rolle auf dem Gebiete der Syntrophie spielen.

---

[1]) Man achte jedoch auf das Vorhandensein von Einleitungen oder allgemeinen Schilderungen am Anfange der Kapitel.

53*

I.

Tuckerman, Syn., I, p. 79.

1. *Pyxine picta* (Sw.) Tuck.

Tuckerman, Syn., I, p. 80.

2. *Pyxine Cocoes* (Sw.) Tuck.

Fries, S. O. V., p. 267.   Tuckerman, Syn.. I, p. 80.

3. *Pyxine sorediata* Fr.

Tuckerman, Syn., I, p. 80.

4. *Pyxine Meissneri* Tuck.

Tuckerman, Syn., I, p. 79.

5. *Pyxine Frostii* Tuck.

De Notaris, Framm. lieb., p. 197.   Th. Fries, Lich. Scand., I, p. 587.

6. *Buellia canescens* (Dicks.) De Not.

Tuckerman, Gen. lich., p. 185.   Th. Fries, Lich. Scand., I, p. 587.

7. *Buellia epigaea* (Pers.) Tuck.

Unter den Schriftstellern herrscht darüber Einigkeit, dass es keine andere Gattung gebe, der *Pyxine* so nahe stehe, wie *Physcia*. Diese nahe Verwandtschaft, welche sich in dem Besitze der gleichen Lagerbildung und desselben Sporentypus ausdrückt, würde stets als eine vollständige Uebereinstimmung angesehen worden sein, wenn nicht eine Abweichung im Apothecium vorhanden wäre. Nach der Auffassung Tuckermans, welche zu einer Zeit, als er *Physcia picta* mit ihrem schwarzen Hypothecium für ein den Uebergang zwischen beiden Gattungen vermittelndes Gebilde ansah, ausgesprochen ist[1]), erscheint bei *Pyxine* (welche auf solche Weise in der Familie der *Parmeliei* als Anticipation der auf diese folgenden der *Umbilicariei* auftrete) das Apothecium parmeliaceum als in dem, was das Apothecium lecideinum ist, umgewandelt, indem nemlich die Modification dieses anderen Zustandes die von *Lecidea* wiederhole. Die Entwickelung des jungen Apothecium sei indessen eine bestimmt parmelieine, und bei sorgfältiger Beobachtung scheine es auch, nemlich bei *Pyxine Cocoes*, bisweilen bleich oder sogar weiss im Grunde zu sein. Und bei *Pyxine Meissneri* dehne sich die dealbatio (statt ihrer sei hier die denigratio typisch) endlich über das ganze Excipulum aus, sodass es von dem von *Physcia* sich nicht unterscheiden lasse.

Die neueste Anschauung Tuckermans[2]), mit welcher die Wissenschaft sicherlich einen Fortschritt machte, äusserte sich in der Erweiterung von *Pyxine* durch Hinzufügung nicht bloss von *Physcia picta*, sondern auch von *Lecanora*

---

[1]) Genera lichenum, p. 26 (1872).
[2]) Synopsis of the North American Lichens, I, p. 78—81 (1882).

Frostii. Dieser Schritt hatte im Gefolge eine Sonderung der neubegrenzten Gattung in zwei Gruppen, von denen die eine ein rein scutellenartiges, die andere ein zu einem lecideoiden übergehendes Apothecium kennzeichnet.

Die Lichenologie verliert mit der Gattung *Pyxine* die fortdauernde Nothwendigkeit, deren Stellung in den Systemen klar zu machen, von welcher mühevollen und unfruchtbaren Arbeit die wiederholten Aeusserungen Tuckermans den besten Beweis liefern. Nach der neuesten Auffassung dieses Lichenologen müsste *Pyxine Frostii* noch von besonderer Bedeutung sein, indem sie den Uebergang zu den placodinen *Buellien,* vor allen zu *Buellia canescens* zu vermitteln scheint. Allein die Lichenologie verliert auch diese *Buellien* jetzt. Mit wie wenig Recht die als placodine *Buellien* gedachten Gebilde diese Auffassung verdienten, lehrt die Thatsache, dass auch ihnen Lager von *Physcien,* also blattartige, zu Grunde liegen.

Wer die wahre Sachlage gründlich durchschauet, wird sich keine Hoffnung mehr machen auf eine weitere Erhaltung von *Pyxine* mittelst der noch nicht untersuchten Gebilde. Es kann sich bei ihnen nur um die Frage handeln, ob derselbe Syntroph, oder ein anderer, oder mehrere andere die Ursache zu ihrem Entstehen abgeben.

1.

Wie gross die Aehnlichkeit zwischen *Pyxine picta* und *Physcia stellaris* (L.) V. *astroidea* Clem., dem Wirthe, ist, geht daraus hervor, dass ein Theil von Wright, L. Cub. exs. Nr. 86, unter dem Namen von Tuckerman herausgegeben, sich als die erste offenbart. In Folge der täuschend natürlichen Vertheilung der Apothecien stimmt das Stück: Minas Geraës, Brasilien, leg. Glaziou — am meisten mit dem *Physcia*-Habitus überein. Wright, L. Cub. exs. Nr. 91 zeigt einzelne Theile mit dem Habitus von *Physcia crispa* (Pers.) Nyl. Im Falle dass die anfangs zerstreuten Soreumata endlich zusammenfliessen, wie dies ja auch von der europäischen Flechte bekannt ist, vermisst man die syntrophischen Apothecien. Endlich wurde noch das Stück: Hawaii-Inseln. Coll. H. Mann et Brigham — in den Kreis der Untersuchung gezogen.

Bei allen fehlt es an jedem Einklange und Ebenmaasse zwischen den fremden Apothecien und deren wirthlicher Umhüllung. Sowohl die Bekleidung des dritten Theiles einer wohlausgebildeten Scheibenfläche durch das wirthliche Lager, als auch die Nacktheit der Hälfte der Seitenwand des Fruchtkörpers kann man beobachten. Beide Erscheinungen sind im Falle des Ausbildungganges einer wahren Scutella einfach unmöglich.

Der podienartig in das eigene Lager sich verlierende Grund des Stroma des syntrophischen Fruchtkörpers kann durch Verlängerung den Habitus von *Acolium* -Apothecien annehmen. Bei *Physcia picta* F. *erythrecardia* Tuck. [Wright, L. Cub. exs. Nr. 94] vereinigt sich diese sicherlich typische Entfaltung noch mit der anderen höchst wichtigen Erscheinung, dass der Grund in die Unterlage des Wirthes hineinragt und mit dem dort verbreiteten eigenen Thallus in unmittelbarem Zusammenhange steht. Es kann daher nicht weiter Wunder nehmen, dass die Apothecien nicht allein an den Säumen des wirthlichen Lagers hervortreten, sondern sogar in des *Physcia*-Lagers entbehrenden Bereichen der Rinde erscheinen. Bei Wright, L. Cub. exs. Nr. 91 findet man solche Apothecien zwischen den soredialen Massen, in die sich ein sonst von den gewöhnlichen Apothecien freies Stück verwandelt hat. Während also der Bewohner in dieser Gruppe gewöhnlich mit seinem ganzen Körper das wirthliche Lager, wenn auch vorwiegend nur an der Unterfläche, ergreift, zeigt hier ausschliesslich der Fruchtkörper [!] die syntrophische Eigenthümlichkeit.

Hier und da sieht man in Durchschnitten an der Oberfläche der wirthlichen Umhüllung Inselchen von dem Baue und der Färbung des syntrophischen Fruchtkörpers. Da diese thatsächlich mit dem Gewebe des letzten zusammenhängen, müssen sie als Anzeichen einer mehrfachen Apothecienanlage in einem Stroma angesehen werden, welche Erscheinung ja im Bereiche der verwandten Reihen der „Ascomyceten" häufig ist.

2.

Den bisher auf diesem kleinen Gebiete herrschenden Irrthum beleuchtet es ebenso sehr, wie es zugleich meine Anschauung unterstützen hilft, wenn ich Tuckermans Aeusserung in sched. Wright, L. Cub. exs. Nr. 96 anführe. Sie lautet: „Commixta nunc *Pyxine Meissneri.* Transit lichen directe in β" [d. h. V. *sorediata*].

Die sehr zerstreuten Apothecien erscheinen in gleicher höchster Ausbildung sowohl in der Mitte junger Lager, wie auch an den äussersten Spitzen alter, in denen unschwer *Physcia pulverulenta* (Schreb.) V. *angustata* (Hoffm.) zu erkennen ist. Schon diese gegen die offenkundigen Gesetze der Entfaltung der Apothecien verstossende Erscheinung genügt allein, um die bisher herrschende Anschauung zu erschüttern. Dazu kommt noch, dass in Wright, L. Cub. exs. Nr. 96 der von wirthlicher Umhüllung gänzlich freie Fruchtkörper mit seiner Rinde der des *Physcia*-Thallus aufsitzt, ohne dass zwischen beiden der im Falle der Richtigkeit der herrschenden Auffassung nothwendige Zusammenhang im Gewebe vorhanden wäre. Endlich hat in demselben Stücke das Stroma des Fruchtkörpers bei seiner üppigen Entwickelung die Sonderung von Rinde und Mark, wie solche den verwandten Reihen der Mycologie eigenthümlich ist, zu Stande gebracht. Thecium und Thalamium, welche in allen Punkten denen von *Pyxine picta* gleichen, sind selbstverständlich durch diese Entwickelung unbeeinflusst geblieben.

3.

Während noch bei Wright, L. Cub. exs. Nr. 97 [2] ein geübter Blick erforderlich ist, um in dem Lagergebilde von *Pyxine sorediata* den Thallus von *Physcia pulverulenta* (Schreb.) V. *angustata* (Hoffm.) zu erkennen, vermag schon der Anfänger in einem anderen schönen Stücke: New Bedford, Massachusetts, leg. H. Willey — das Lager von V. *pityrea* (Ach.) derselben Art zu erblicken, welche Varietät übrigens bisher noch nicht sicher für jene Flora nachgewiesen

war[1]). Die in beiden Stücken gute Ausbildung des Bewohners hat sich bei dem
zweiten zu solcher Ueppigkeit gesteigert, dass die Gestaltung des mit seinem
Stiele in das eigene, vorwiegend an der Unterfläche des *Physcia*-Thallus ausgebreitete Lager podienartig übergehenden Fruchtkörpers in jeder Hinsicht das
Bild wiederholt, wie es einerseits bei den *Calyciaceen*, andererseits bei manchen
Familien der Pseudo-Ascomyceten häufig ist. In dem Durchschnitte des Fruchtkörpers setzt sich ein eigentliches Excipulum deutlich ab. Dem mit den Ascomyceten nicht vertrauten Lichenologen war in solchem Falle nur die Annahme
möglich, wie sie Tuckerman am bestimmtesten durch den Wortlaut der Diagnose
der zweiten Section von *Pyxine* ausgedrückt hat[2]). Eine Umhüllung mittelst
thalliner Masse des Wirthes habe ich freilich selbst bei den jüngsten Zuständen
des Fruchtkörpers nicht gesehen.

Trotz der Abänderungen der Gestaltung des Apothecium sind Thecium und
Thalaminm in allen Theilen dieselben, wie bei den vorigen Gebilden.

4.

Ein Theil des Urstückes von *Pyxine Meissneri* [Wright, L. Cub. exs.
Nr. 95] zeigt die grosskörnigen Soreumata von *Physcia pulverulenta* (Schreb.)
und zugleich die ausgesprochene Neigung des Lagers zu soredialer Randauflösung.
Daher muss ich meine Bestimmung aufrecht erhalten, wenn auch von anderer
Seite vielleicht der Thallus von *Physcia crispa* (Pers.) [Wright, L. Cub. exs.
Nr. 87] als wirthlicher angesehen werden sollte. Ein anderes Stück: Minas Geraës,
Brasilien, leg. Glaziou — zeigt einen besonders stark ausgesprochenen Einklang
zwischen dem fremden Apothecium und der wirthlichen Hülle. In dem ersten
Stücke findet man am Grunde des syntrophischen Fruchtkörpers in der von ihm
und der Oberfläche des *Physcia*-Lagers gebildeten ringförmigen Furche die
Ueberbleibsel der einst vorhanden gewesenen Hülle, durch deren allmäliges
Abfallen also die anfängliche Scutella des Urhebers zur Patella wird. Diese
Erscheinung entspricht ganz und gar nicht der Entfaltung des zeorinen Apo-
thecium; dort wird nie die äussere thalline Hülle, sein eigener Theil, abgeworfen.

5.

Ein Urstück von *Pyxine Frostii* [New Bedford, Massachusetts, leg. H. Willey]
lehrt, dass die statt der Verbreitung der Soredienbildung über die Lagerfläche
bei *Pyxine picta* ausgesprochene Neigung zu soredialer Auflösung des Randes
dem Urheber, der dieses Gebilde schliesslich in den Kreis jener Art versetzt hat,
entgangen ist. Schon diese Neigung in Verbindung mit dem Zuschnitte des
Lagerrandes, der Flächenbildung und der hier und da schmutzig violetten
Umsäumung würde auf *Physcia pulverulenta* Schreb. V. *pityrea* (Ach.) hinweisen, wenn nicht mein Stück die Uebergänge zu noch nicht befallenen Lagern,

---

[1]) Tuck., Syn., I, p. 73.
[2]) Ebenda, I, p. 80.

welche das wohl gekennzeichnete Aussehen der soredienlosen Jugendzustände zeigen, darböte. Der Unterschied von dem folgenden Gebilde, *Buellia canescens*, ist höchst schwach. Denn das Zusammenfliessen der Soredien ist der Schluss und die Vollendung der Ausbreitung dieses Fortpflanzungvorganges, den Tuckerman allein, und zwar im ersten Beginne, gesehen hat. Zur Erklärung eines besonderen Zustandes dieses Gebildes, den Tuckerman beschrieben hat[1], ist auch die Annahme, dass ein ganz anderes Lager als wirthliches zu Grunde gelegen habe, sehr wohl zulässig.

6.

Dem als *Buellia canescens* angesehenen Gebilde fehlen oft die Apothecien. Da es trotzdem leicht erkennbar ist, lehrt die stellenweise weite Ausbreitung, dass unter Umständen das unfruchtbare Lager des Syntrophen in der örtlichen Ausdehnung dem ebenfalls unfruchtbaren Wirthe nicht nachsteht und zugleich durch gleichmässige Aeusserung seines Einflusses sich auszeichnet. Um eine gleiche Verbreitung des dieser Gruppe angehörigen Syntrophen ausserhalb Europa und namentlich in den Tropen festzustellen, darf man vor der ungeheueren Arbeit der mikroskopischen Prüfung zahlreicher *Physcia*-Lager nicht zurückschrecken. Denn man ist nicht berechtigt anzunehmen, dass mit der Verbreitung auch die Beeinflussung gleichen Schritt halte. Demnach beruht die leichte Erkennbarkeit von *Buellia canescens* für Europa eigentlich auf der eigenthümlichen Sichtbarkeit der syntrophischen Einflüsse und dem Mangel der unter *Pyxine* begriffenen Bilder von Erscheinungen der Syntrophie. Dies muss um so mehr einleuchten, als auch hier *Physcia pulverulenta* (Schreb.) V. *pityrea* als Unterlage dient.

Die im Falle der Entwickelung meist zahlreiche und ebenso regelmässige Vertheilung der Apothecien gab der herrschenden Anschauung Boden genug. Immerhin sind die in meiner Sammlung befindlichen Exsiccaten alle, und zwar selbst Roumeguère, L. Gall. exs. Nr. 190, besonders aber Olivier, L. exs. Nr. 90 lehrreich in Bezug auf meine Auffassung. Hiervon macht das steinbewohnende Gebilde keine Ausnahme. Die wirthliche Umkleidung des Fruchtkörpers ist anfangs stärker, weicht dann nicht zurück, wie bei dem ächt zeorinen Apothecium, sondern vergeht oder fällt stückweise ab. Daher findet man auch hier die letzten Ueberbleibsel dieser Hülle in der Furche zwischen dem Apothecium und dem wirthlichen Lager. In der Entfaltung des Fruchtkörpers pflegt der Syntroph unter diesen besonderen Verhältnissen zurückzubleiben. Jedoch ist immer noch die Neigung zur Bildung eines podienartigen Grundes zu erkennen.

7.

Der Nachweis eines jungen Thallus von *Lecanora lentigera* (Web.) Ach. mit eigenen Apothecien in Arnold, L. exs. Nr. 165 b, von dem erst ein kleiner Theil

---

[1] Tuck., Syn., I, p. 79, nota.

nicht bloss das bekannte Aussehen, sondern sogar einige Apothecien von *Buellia epigaea* zeigt, genügt allein zur Aufdeckung des wahren Wesens des unter diesem Namen begriffenen Gebildes. Derselbe Nachweis wird voraussichtlich auch Anderen unschwer gelingen, da ja auch in den Exsiccaten der freie Wirth nicht selten zu finden ist.

Allein die Verschiedenheit der Gestaltung des Thallus forderte zu weiterer Forschung nach anderen wirthlichen Unterlagen auf. Schon bei der Betrachtung von Arn., L. exs. Nr. 165 b, noch mehr aber von Nr. 165 a und von Arn., L. Monac. exs. Nr. 40 stieg in mir der Verdacht auf, dass auch *Lecidea coerulea-nigricans* (Lightf.) ergriffen werde, und in dem Stücke: Stadtberg bei Höxter, Westfalen, leg. Beckhaus 1864 — fand ich die trefflichste Unterlage für meine Vermuthung. Hier sind die *Buellia*-Apothecien in äusserlich noch unverändertem Thallomen der *Lecidea* mit einer Umrandung von Seiten dieser zu sehen. Zu der Umrandung, welche den Habitus von Apothecien tragenden Thallomen von *Aspicilia calcarea* (L.) hervorruft, scheint diese *Lecidea* besonders veranlagt zu sein. Die wohl gekennzeichnete Randbildung des Lagers des Wirthes dürfte ausserdem kaum vermisst werden. Zu den betreffenden Beobachtungen wird man sich um so mehr getrieben fühlen, als beide wirthliche Flechten bekanntlich in Gesellschaft zu leben pflegen.

Aber *Buellia epigaea* verbreitet sich sogar in die Alpen, wo derselbe Syntroph die beiden gewöhnlichen Wirthe zu finden kaum noch Gelegenheit hat. Betrachtet man Stücke aus solchen Gegenden, wie sie in Anzi, L. Lang. exs. Nr. 136, von dem sich die V. *angustata* Müll. Arg. laut Urstückes nur in unwesentlichen Punkten unterscheidet, vorliegen, so muss man unter dem Zwange der vorangehenden Thatsachen nach anderen lichenischen Unterlagen suchen. Das von beiden genannten noch am wenigsten veränderte Lager des Gebildes Müllers erinnert stark an alpine Erdformen von *Physcia aquila* (Ach.) und *Physcia stellaris* (L.). Diese alpinen Gebilde zeigen am deutlichsten die Regellosigkeit der Vertheilung der Apothecien, denen es nemlich gleichgültig ist, ob sie die Mitte oder den Rand des wirthlichen Lagers treffen.

Während im Thecium und Thalamium die gleichen Kennzeichen dieser Gruppe vorliegen, findet man das Stroma namentlich im Grunde, viel weniger aber im Rande des Fruchtkörpers verkümmert.

Demnach ist diese Gruppe höchst lehrreich in Bezug auf die Eigenthümlichkeiten der Syntrophie. Sie lehrt, dass die Entwickelung eines Syntrophen nicht allein von dem Wirthe unmittelbar, sondern auch von erst mit dessen Leben verbundenen Verhältnissen abhängt.

II.

Buellia coniops (Wahlb.) Th. Fr.

Th. Fries, Lich. Scand., I, p. 605.

Bekanntlich ist dieses Gebilde neben *Lecania aipospila* (Wahlb.) von Wahlenberg beobachtet und zugleich mit ihr benannt worden. Seitdem haben alle Beobachter, unter denen fast ausschliesslich die Skandinavier in Betracht kommen, die Anschauung Wahlenbergs weiter gepflegt. Die ganze Uebereinstimmung der Lager beider tritt schon in den Beschreibungen entgegen. Die *Buellia* scheint viel häufiger den Thallus der von Th. Fries als normalis betrachteten Form von *Lecania aipospila*[1]) zu erfassen. Es ist mir zwar nicht gelungen, neben den *Lecania*-Apothecien die syntrophischen zu sehen, dazu ist vielmehr die rechte Aussicht gegeben in den an beiden reichen Schätzen skandinavischer Sammlungen, die nach dieser Richtung zu prüfen, eine verdienstliche Arbeit ist, namentlich wenn die Untersuchung noch auf einen etwaigen anderen Wirth ausgedehnt wird. Es empfiehlt sich nemlich zugleich, dem Uebergange der *Buellia* auf *Lecanora straminea* (Wahlb.) nachzuspüren. Die Vergleichung mit der auf letztem Wirthe lebenden *Buellia adjuncta* Th. Fr., welche die Abhebung der lichenischen Unterlage vom Gestein sichtlich beeinflusst, habe ich, weil sie nach dem Abschlusse dieser Forschungen fiel, auf eine spätere Gelegenheit verschieben müssen. Für die Lücke in meiner Beweisführung vermag ich einen reichlichen Ersatz zu bieten, indem ich einfach auf die Uebereinstimmung in den „Spermatien" von *Lecania aipospila*[1]) und *Buellia coniops*[2]) verweise. Th. Fries benutzte bekanntlich sogar diese in seiner ganzen Gattung *Buellia* vereinzelt dastehenden Gebilde, um *Buellia coniops* eine besondere Stirps bilden zu lassen.

In Folge der ziemlich üppigen Ausbreitung des Bewohners an der wirthlichen Unterfläche wird die auffallende Lockerung der Anheftung erklärlich. Man wird also bei der Erfüllung der oben gesteckten Aufgabe vortheilhaft handeln, wenn man besonders stark beeinflusste Stellen der *Lecania* bei der Suche nach Vergesellschaftung der beiderseitigen Apothecien bevorzugt. Der gestielte Fruchtkörper geht mit einem podienartigen Grunde in das eigene Lager über. In diesen beiden Abschnitten des Syntrophen herrscht Uebereinstimmung in Bezug auf den fast regelmässigen Bau des Maschengewebes. Auch hier zeichnen sich Thecium und Thalamium durch verhältnissmässig bedeutende Niedrigkeit aus, jedoch bieten sie, und zwar zumeist die Sporen, Unterschiede von der vorigen Gruppe dar.

In den Paraphysen sind die Mikrogonidien ausserordentlich leicht zu studiren, weil ihre Grösse fortschreitend gegen die Scheibenfläche hin der Zunahme des Querdurchmessers der Zellen gemäss wächst und ihre Zahl entsprechend der allmäligen Verringerung des Längsdurchmessers derselben abnimmt, namentlich aber weil ihre Grösse in den einzelnen Zellen schwankt, und endlich weil ihre gegenseitige Verbindung locker, sogar hier und da unterbrochen ist.

III.

1. *Buellia badia* (Fr.) Körb.

Körber, Syst. lich., p. 226. Th. Fries, Lich. Scand., I, p. 588.

---

[1]) Th. Fries, Lich. Scand., I, p. 293.
[2]) Ibid., I, p. 605.

2. *Buellia turgescens* (Nyl.) Tuck.

Tuckerman, Gen. lich., p. 185, 187.

1.

Die häufige. wenn nicht gar regelmässige, Vergesellschaftung von *Buellia badia* mit *Parmelia olivacea* (L.), namentlich mit deren V. *prolixa* Ach.[1]) und die Beobachtung von Apothecien der ersten auf dem unveränderten Lager der letzten sind bisher gänzlich unbenutzt geblieben, um die naheliegende Erklärung der Herkunft des von den Verfassern als der ersten eigenen erachteten, also des makroskopisch sichtbaren Thallus zu finden. Am lehrreichsten unter den Exsiccaten meiner Sammlung ist für die zu behandelnde Frage Arn., L. exs. Nr. 72. Hier kommen die *Buellia*-Apothecien nicht allein „parasitisch auf dem Thallus von *Imbricaria olivacea*" vor, wie der Herausgeber in sched. meint. sondern auch auf dem von den Verfassern als eigenem erachteten Lager. Letztes zeigt aber alle Uebergänge zu den kleinen auf dem Stein zerstreueten Schüppchen der *Parmelia*, wie solche auch in Arn., L. exs. Nr. 1505 und Lojka, L. Hung. exs. Nr. 79 vorkommen, und von denen einige im zweiten Stücke auch *Buellia*-Apothecien tragen. Alle Stücke meiner Sammlung sehe ich aber im Werthe für den vorliegenden Zweck übertroffen durch das Stück: Örebro, Nerike, leg. P. J. Hellbom 1873. Hier finde ich sowohl die in Arn., L. exs. Nr. 72 vorkommenden Verhältnisse, als auch die sich an Norrlin, Hb. L. Fenn. Nr. 324 anschliessende Thallusbildung. und endlich noch den—Uebertritt des Syntrophen auf andere apothecienlose Lager, die scheinbar nicht beeinflusst sind. Die in Norrl. Hb. L. Fenn. Nr. 324 vorliegende üppigste Lagerbildung ist auf F. *panniformis* Nyl. von *Parmelia olivacea* zurückzuführen. Auch anderen Lichenologen wird es gelingen, in diesem Stücke mehr oder weniger unbeeinflusst gebliebene Lagerabschnitte zu sehen. An der ziemlich starken Umwandlung des *Parmelia*-Thallus dürfte die hypothalline Ausbreitung des Bewohners mindestens ebensoviel Antheil haben, wie die endothalline.

Dass das schwarze Lager zwischen den zerstreuten Lagerschuppen nicht Hypothallium ist, kann man schon mittelst der Lupe, sicher aber mittelst des Mikroskopes erkennen. Im besonderen in Lojka. L. Hung. exs. Nr. 79 sehe ich neben den zerstreuten Thallomen des Wirthes das schwarze Lager der *Buellia*, dem die Apothecien, und zwar hier und da ganz frei und abseits von jenen, entspringen. Dieser unverhüllten Ausbreitung des syntrophischen Lagers liegt nicht Streben nach Selbstständigkeit zu Grunde. In Wahrheit kann man sogar gar nicht von einem Freiliegen reden, indem eine Durchwucherung zahlreicher Flechtenzustände (Diamorphosen) stattfindet. Wenn diese von der Algologie bisher

---

[1]) Da man, in der alten Anschauung befangen, das vorliegende Gebilde sammelte, erklärt es sich, dass man nicht in allen Stücken der Sammlungen diese Vergesellschaftung antrifft, sondern nur wenn ein Einsammeln ohne solche unmöglich war. An diese lediglich auf den Zufall zurückzuführende Brauchbarkeit von Stücken möge der Leser in allen gleichen Fällen im Verlaufe dieser Schilderungen denken.

54*

beanspruchten Bildungvorgänge von Gonidema wirklich Algen wären, so läge hier bei dem gänzlichen Mangel an Gonidien (im herrschenden Sinne) im *Buellia*-Körper eine Symbiose mit Algen vor, in Folge dessen jedoch dieser noch keineswegs als Pilz dastände.

Der in Lojka, L. Hung. exs. Nr. 79 stielartig verjüngte Fruchtkörper verliert von dieser seiner typischen Entfaltung bisweilen nicht wenig [Norrl., Hb. L. Fenn. Nr. 324].

2.

Schon Tuckerman hat a. a. O. *Buellia turgescens* einerseits mit dem vorigen Gebilde, andererseits mit *Buellia myriocarpa* (DC.) Mudd verglichen. In der That stimmt der Habitus von *Buellia turgescens* so sehr mit dem von *Buellia myriocarpa* überein, dass auch in Europa die erste für die letzte nicht selten gesammelt sein dürfte. Die Herausgabe von *Buellia turgescens* als *Buellia punctiformis* (Hoffm.) F. *lignicola* Anz. in Arn., L.·exs. Nr. 1529 und in Arn., L. Monac. exs. Nr. 185 ist die neueste Bestätigung dafür. Und doch kann die von Tuckerman hervorgehobene Abweichung in der Gestaltung der Apothecien der sorgfältigen Betrachtung nicht entgehen. Daher erklärt es sich, dass ich schon vor Jahren *Buellia turgescens* einmal bei Stettin an Ort und Stelle erkannt habe. Sowohl amerikanische Stücke [New Bedford, Massachusetts, leg. H. Willey], als auch die Stettiner liefern alle erforderlichen Beweise, dass eine *Lecanora varia* (Ehrh.) bewohnende Flechte das Gebilde Nylanders hervorbringt. In den letzten Stücken ist es die typische *Lecanora varia* der Zäune, in den ersten eine *Lecanora symmicta* Ach. sehr nahe stehende Form.

Im Fruchtkörper ist kein wesentlicher Unterschied von dem vorigen zu finden.

IV.

Buellia Schaereri De Not.

De Notaris, Framm. lich., p. 199.   Th. Fries, Lich. Scand., I, p. 597.

Diese Flechte bewohnt den Thallus von *Lecanora varia* (Ehrh.) [Norrl., Hb. L. Fenn. Nr. 195], ohne aber, wie es scheint, ihn merklich zu beeinflussen. Auch in den gewöhnlichen Fällen ihres Auftretens auf Rinden gehört der kleinkörnige Thallus nicht ihr an. Das eigene Lager nemlich, mit dem die wahrhaft gestielten Apothecien zusammenhängen, liegt tiefer. Der sichtbare Thallus stimmt mit dem überein, welchen *Biatora Cadubriae* (Mass.) und *Calycium hyperellum* Ach. zeigen. Ob die geringen Abänderungen dieses *Lecidea ostreata* (Hoffm.) Schaer. angehörigen Thallus wirklich auch durch *Buellia Schaereri* hervorgebracht werden, ist daher nicht in jedem Falle sicher, denn einer von jenen Syntrophen oder sogar beide zugleich können ja mit ihren (apotheciumlosen) Lagern dieselben Einflüsse äussern. In einem Falle, da diese Flechte eine weite Soredien-Ausbreitung bewohnt [Garz a. O., Pommern, leg. A. Minks 1883] zeigt die wirthliche Unterlage eine ziemlich geringe Beeinflussung. Ueberhaupt gehört

Buellia Schaereri zu den Syntrophen, die keinen in den Weg kommenden lichenischen Körper verschmähen, daher finde ich das Apothecien tragende Lager sogar in alten und entleerten Apothecien von *Lecanora subfusea* [Zell a. S., Salzburg, leg. A. Minks 1872].

Die sehr nahe Verwandtschaft mit *Buellia badia* bestimmte mich, die Lebensweise dieser Flechte zu behandeln, obwohl diese Behandlung der hier gesteckten Aufgabe ferner liegt.

V.

Rhizocarpon cyclodes Hellb.

Th. Fries, Lich. Scand., I, p. 616.

Abgesehen von dem Vorhandensein des mit schwarzer Decke versehenen Hyphothallium, das bei *Lecidea conglomerata* Ach. noch nachzuweisen bleibt, stimmt im Homothallinm dieses Gebilde genau mit jener überein. Freilich gelangt man zu dieser Ueberzeugung, nur wenn man die junge Kruste, die noch flach und weniger gewulstet ist, wählt, welche aber kaum bekannt sein dürfte und in den skandinavischen Ländern daher übersehen worden ist. Den Urstücken [2] fehlen aber nicht die Anfänge der Wulstung. Die Apothecien sehe ich ausschliesslich auf einem besonders kümmerlichen Lager[1]), das von den anderen etwas abweicht. Da ausserdem die grössten Sporen, welche ich fand, noch nicht das bekannte niedrigste Maass erreicht hatten, darf ich an das gleichzeitige Auftreten zweier Syntrophen an demselben Orte und auf demselben Lager denken. Die Entwickelung der gefundenen Apothecien ist eine oberflächliche, was sie aber nicht hindert, von Seiten des wirthlichen Lagers einen Rand zu entlehnen. Es ist überhaupt fraglich, ob der Bewohner hier sich in seiner wahren Verwandtschaft befinde.

In den dicken Paraphysen sind die Mikrogonidien ausserordentlich leicht zu sehen, weil sie mittelgross und locker gelagert sind.

VI.

Buellia pulchella (Schrad.) Tuck.

Tuckerman. Gen. lich., p. 185. Th. Fries, Lich. Scand., I, p. 588.

Die Entfaltung dieser *Buellia* ist eine der üppigsten, welche mir auf dem Gebiete der Syntrophie bekannt sind. Dies geht schon aus der Beschreibung von Acharius hervor, nach welcher dieses schöne Gebilde ganze Felswände bedeckt. noch viel mehr aber aus dem Umstande, dass es nur sorgfältiger Beobachtung gelingen dürfte, in der Lagerfarbe unveränderte Bereiche des Wirthes, als welcher *Bacomyces placophyllus* Wahlb. dient, zu finden. Dass unter so mächtigen Einflüssen die Sprossung an der Oberfläche des Thallus, welche den Wirth zu

---

[1]) Im botanischen Museum zu Upsala befindliches Stück:

kennzeichnen pflegt, unterbleibt, und dies ein vollständig ebenes Lager zur Folge hat, ist wohl erklärlich. An der Entstehung der gelben Färbung hat wahrscheinlich auch die Veränderung des wirthlichen Gewebes neben dem Dasein des sehr licht goldgelben des Syntrophen Schuld. Das Gonidema wenigstens hat an Zahl der Zellen und Farbenstärke des Inhaltes abgenommen.

Obgleich demnach die Ausbreitung des Lagers bis gegen die Oberfläche des Wirthes hin eine Thatsache ist, wurzeln doch die Apothecien von den ältesten einzelnen oder üppigst gehäuften bis zu den jüngsten hinab nicht in dem oberen Bereiche ihres Lagers, sondern zwischen den Lagerabschnitten des *Bacomyces*. Unzweifelhaft trägt hier, wie überall im Gebiete der Syntrophie, das Eindringen des fremden Lagers viel zu der von dem verschonten Wirthe abstechenden Zerklüftung bei, wenn nicht gar schon die hypothalline Wucherung, die in Folge ihrer Ueppigkeit hier und da sogar ein freies Hervortreten veranlasst, die hauptsächliche oder anfängliche Ursache ist. Von der Ueppigkeit des syntrophischen Thallus hat schon Laurer[1] in Schrift und Bild eine treffliche Schilderung gegeben.

Die nicht seltene Anhäufung von Apothecien in einem gemeinschaftlichen Stroma führt das getreue Abbild ähnlicher Vorkommnisse, wie bei den „Ascomyceten", vor. Um das aus einem gleichmässig braunen und unregelmässigen Maschengewebe gebildete Stroma und dessen Uebergang in das ganz gleiche Lager festzustellen, muss man die Durchschnitte genau aus der Mitte der Fruchtkörper wählen, weil im Falle des Daseins eines einfachen Apotheciums, der für den vorliegenden Zweck zu bevorzugen sein dürfte, die Brücke zwischen beiden Theilen, wenn sie in Folge plötzlicher Verjüngung des Grundes zu dünn wird, leicht der Untersuchung entgehen kann. Diese Vorsicht gewährt ausserdem noch einen anderen Vortheil. Man kann sich dann davon überzeugen, dass die ziemlich dicken Hyphen des Thallus von *Bacomyces* in gar keinem Zusammenhange mit dem Stroma stehen, dass zwischen beiden Seiten überhaupt jegliche Uebergänge in histologischer Hinsicht fehlen, wie dies alles ja bei einer Durchbohrung und Zerklüftung des wirthlichen Lagers von der Tiefe aus nicht möglich sein kann.

VII.

Buellia Rittokensis Hellb.

Hellbom, Vet. Akad. Förh., 1865, p. 463. — *Rhizocarpon* Th. Fries, Lich. Scand., 1, p. 615.

Die Uebereinstimmung des Gebildes im Thallus mit *Aspicilia cupreoatra* (Nyl.) ist so augenscheinlich, dass wohl der einfache Hinweis genügt, um den Lichenologen die Augen zu öffnen. Von dieser meiner Ueberzeugung bringt mich auch der Umstand nicht ab, dass Th. Fries in einem Falle[2] sogar die apothecien-

---

[1] J. Sturm, Deutschlands Flora, II. Abth., 25. Heft. S. 103, Taf. 28, B, γ (1833).
[2] Th. Fries, Lich. collected during the Engl. Polar Exp. — Linn. Soc. Journ. Bot., vol. XVII, p. 365 (1879).

lose *Buellia* erkannt haben will. Freilich ist zum Vergleiche nicht eine durch üppige Lagerentwickelung ausgezeichnete *Aspicilia* zu wählen und zu bedenken, dass die Ausbreitungweise des Syntrophen die Ausbildung des eigenthümlichen Thallus des Wirthes stark hintertreibt, was eben auch in dem Falle von Th. Fries geschehen sein dürfte.

Der Einwand, dass *Aspicilia cupreoatra* nur in Finland vorkomme, d. h. bisher beobachtet sei, ist werthlos. Als Hellbom seine Art aufstellte, kannte er wahrscheinlich die zu jener Zeit noch für sehr selten erachtete und in den Sammlungen nicht verbreitete *Aspicilia* gar nicht. Selbst Th. Fries kann bei der Abfassung seiner Lichenographia Scandinavica nur wenig Unterlage von dem damals einzigen Fundorte gehabt haben, was dazu beigetragen hat, dass er selbst die Uebereinstimmung seiner Diagnosen der Lager der beiderseitigen Gebilde nicht merkte. Seitdem ist *Aspicilia cupreoatra* in Finland wiederholentlich gefunden und sogar in schönen Stücken [Norrl., Hb. L. Fenn. Nr. 245], welche die Diagnosen von Nylander und Th. Fries als unzureichend erweisen, vertheilt worden. Zur Erweiterung der Kenntniss trug die von H. Lojka in Ungarn gesammelte und in Lojka, L. Hung. Nr. 44 und Arn., L. exs. Nr. 1114 vertheilte Flechte viel bei. Die Kenntniss der Art dürfte aber noch lange nicht abgeschlossen sein. Schwerlich wird es in der Zukunft gelingen, *Aspicilia cercinocuprea* Arn. als Art zu sondern.

Weiteren Beobachtungen bleibt die Entscheidung der Frage überlassen, ob der Syntroph nicht gelegentlich auf andere benachbarte Lager übergehe.

Mag immerhin der eigentliche Ausbreitungbezirk das wirthliche Hyphothallium sein, wird es doch fraglich, ob der Syntroph vom Homothallium unabhängig sei, wenn man die kümmerliche Entwickelung der ausser allem Zusammenhange mit den Thallomen befindlichen Apothecien und gerade die üppigsten und gehäuften Apothecien mit dem Rande der Areolen verbunden sieht.

Der gegen die Unterlage hin stielartig verjüngte Fruchtkörper geht mit seinem namentlich nach der Aussenfläche zu fast regelmässigen und braunen Maschengewebe in sein entsprechendes Lagergewebe innerhalb des wirthlichen Hyphothallium über.

VIII.

Rhizocarpon leptolepis Anz.

Anzi, Manipul., p. 158.

Offenbar wurde Anzi, der dieses Gebilde und dessen freien Wirth zugleich und an derselben Stelle fand, zu seiner Auffassung verleitet dadurch, dass der Syntroph fleckenartig begrenzte Bereiche des wirthlichen Lagers erfasst, dessen Hyphothallium tief schwarz gefärbt und es dicker gemacht, zugleich aber die Abschnitte des Homothallium in Bezug auf Gestalt und Farbe etwas verändert hatte. Erwägt man, dass einerseits die Ausdehnung des wirthlichen Lagers von *Biatora leucophaea* Flör.[1]) durch den Syntrophen eingeengt, andererseits es

---

[1]) *Biatora consanguinea* Anz., Manip., p. 152, L. Lang. exs. Nr. 351.

sogar bis zu einer als „bullato-congesta" bezeichneten Gestaltung veranlagt ist, so wird die Abweichung von dem verschonten und zugleich Apothecien tragenden Lager der Umgebung im Aeusseren erklärlich. Die nicht seltene Abplattung oder Einsenkung des Gipfels der Lagerabschnitte erklärt sich wohl aus dem Mangel an dauerndem Halte nach der Erfassung durch den Syntrophen. Bei sorgfältiger Betrachtung des Grenzgebietes des Bewohners wird man die Uebergänge in dem Aeusseren der Lagerausbildung und sogar die nahe Vergesellschaftung der *Biatora*-Apothecien mit denen des Wirthes nicht vermissen. Diese Vergesellschaftung wird man unter Verhältnissen finden, welche die Möglichkeit der Annahme, dass zwei mit eigener Kruste versehene Lichenen in einander gerathen seien, gänzlich ausschliessen.

Der syntrophische Fruchtkörper, der übrigens den Eindruck der Kränklichkeit macht, scheint in der Regel frei vom Homothallinm aufzutreten. Seltener findet man, wie bei *Buellia Rittokensis* Hellb., die gleiche Verbindung mit einer Areole. In Bezug auf die Masse des Stroma steht dieser Syntroph zwar dem genannten anderen nicht unbedeutend nach, jedoch herrscht im ganzen Baue bei beiden soviel Uebereinstimmung, dass ich die auf ein Studium an zahlreichen Fundorten folgende Vereinigung beider voraussehen zu dürfen glaube. Die Gleichheit der zweizelligen Zustände der Spore lehrt, dass der in diesem Organe erblickte Unterschied lediglich auf eine Verschiedenheit von Altersstufen zurückzuführen ist.

IX.

Rhizocarpon betulinum Hepp.

Hepp, Flora, 1862, S. 524. — *Buellia* Th. Fries, Lich. Scand., I, p. 610.

Das gleichzeitige Auftreten von Apothecien von *Lecanora subfusca* (L.) besonders in Arn., L. exs. Nr. 276 a [2] und auch b unter Verhältnissen, welche den Gedanken an eine blosse Vergesellschaftung fernhalten, dazu noch die Uebereinstimmung des ganzen Lagers mit F. *variolosa* Fr. der genannten Flechte, das hier allerdings nicht selten ein sichtlich kränkliches Aussehen gewinnt, genügen vollständig, um die herrschende Anschauung von *Rhizocarpon betulinum* zu erschüttern. Es kommt hinzu das ganze Verhalten des Syntrophen, dessen Apothecien zwar nicht in Gestalt eines stielförmigen Fusses mit dem unterhalb des wirthlichen Lagers ausgedehnten eigenen in Verbindung stehen, aber doch eine deutlich durch die Farbe von der wirthlichen abstechende Gewebemasse als Brücke aufweisen.

Der auffallendste Unterschied von den zwei vorigen Syntrophen, *Buellia Rittokensis* Hellb. und *Rhizocarpon leptolepis* Anz., wie er in der geringen Höhe des Thecium und Thalamium vorhanden, ist mir zwar nicht entgangen, ich halte es jedoch für sehr schwierig, eine die Zukunft befriedigende Sonderung zu schaffen.

X.

Buellia concinna Th. Fr.

Th. Fries, Lich. arct., p. 232, Lich. Scand., I, p. 600.

Die nicht allein bei Nässeby, sondern auch auf Maageröe in Finmark in Gesellschaft von *Biatora mollis* (Wahlb.) im Jahre 1864 vom Urheber, aber wahrscheinlich unwissendlich, gesammelte Flechte verändert den wirthlichen Thallus in keiner Weise. Daher muss es um so mehr auffallen, dass Th. Fries die vollständige Uebereinstimmung mit dem Lager der in zahlreicher Gesellschaft vorhandenen *Lecanora polytropa* (Ehrh.) hat übersehen können. Es gelang mir zwar nicht, nebeneinander Apothecien beider Flechten vereinigt zu finden, aber das schöne und lehrreiche Stück von Nässeby gewährt den Vergleich mit junge Apothecien tragenden Thallusabschnitten, welche mit denen des Gebildes von Th. Fries so genau übereinstimmen, dass man sich nur die syntrophischen Apothecien statt dieser vorzustellen braucht, um ein Bild von *Buellia concinna* zu erhalten.

In dem Verhalten zur Unterlage, d. h. zum wirthlichen Lager, schliesst sich die Flechte von Nässeby mehr *Rhizocarpon betulinum* Hepp an, dagegen bietet sich im anderen Stücke ein wohl entwickeltes Stroma dar, dessen podienartiger Grund den wirthlichen Thallus durchdringt. Hiermit ist bewiesen, dass die typische Ausbildung eines Stroma auch noch anderen Arten der in Betracht kommenden Reihe möglich ist, wo sie wohl nicht erwartet wurde.

XI.

Diplotomma lutosum Mass.

Massalongo, Misc. lich., p. 41. Körber, Par. lich., p. 176.

Ich kann mir nicht vorstellen, dass ich allein in den Besitz so lehrreicher Stücke in Arn., L. exs. Nr. 22 gelangt sei, welche bei der ersten Betrachtung die Thatsache beweisen, dass hier ein das Lager von *Aspicilia calcarea* (L.) bewohnender Syntroph gegeben ist. Mit Recht muss es auffallen, dass vor allen sowohl Arnold, als auch Massalongo und Körber diese Thatsache entgangen ist. Da der Syntroph zahlreiche äusserlich unveränderte Lagerschollen bewohnt, wird auch anderen sich der Anblick der Nachbarschaft der beiderseitigen Apothecien darbieten. Freilich kann es sich bei *Aspicilia calcarea* erklärlicher Weise nur um jüngere oder verkümmerte handeln.

Der Fruchtkörper bringt es zu keinem eigentlichen Stroma, durchzieht aber, wie bei *Rhizocarpon betulinum* Hepp, das wirthliche Lager bis an dessen Unterlage in Gestalt eines lockeren und braunen Stranges.

XII.

Buellia saxatilis (Schaer.) Körb.

Körber, Syst. lich., p. 228. Th. Fries, Lich. Scand., I, p. 601.

Das schon von anderen erkannte, von Th. Fries a. a. O. aber bezweifelte Verhältniss zwischen Apothecium und Thallus kann ich gerade an einem von diesem erhaltenen Stücke [Blegöe bei Christiania, leg. N. G. Moë 1867] als unwiderleglich richtig nachweisen. Hier findet man dieselben über das Lager einer der unzähligen Formen von *Aspicilia calcarea* (L.) Körb. ohne jeden Plan in unbegrenzten Gruppen zerstreueten Apothecien auch auf einer anderen Kruste, die sich von der bezeichneten in jeder Hinsicht scharf unterscheidet, über die ich aber nichts bestimmtes angeben möchte. Auf dieser Kruste gelangt das Apothecium sogar zu mehr typischer Entwickelung, was sich trotz der Jugend schon ausgeprägt zeigt, was in noch stärkerer Ausprägung aber in Arn., L. exs. Nr. 1058 zu finden ist. Den als Wirthen schon bekannten Flechten ist auch *Lecanora symmicta* Ach. F. *petrophila* Th. Fr. anzuschliessen [Anz., L. Lang. exs. Nr. 198 — Arn., L. exs. Nr. 1058].

Der zu einem recht dünnen Stiele verjüngte Grund des Fruchtkörpers besitzt an der ganzen Aussenfläche des Stroma eine Rinde, wenn auch nur in einer durch dichteres Gefüge und stärkere Färbung von dem gemeinschaftlichen Maschengewebe abstechenden Schicht. —

XIII.

1. *Buellia scabrosa* (Ach.) Körb.

Körber, Syst. lich., p. 227.

2. *Lecidea abstracta* Nyl.

Nylander, Flora, 1883, p. 102.

1.

Die Thatsache der Ergreifung von *Baeomyces placophyllus* Wahlb. und *Baeomyces byssoides* (L.) ist zu offenkundig, als dass sie nicht frühe erkannt worden wäre. Allein man glaubte lange, dass eine mit eigener Kruste versehene Flechte, aber nur im Falle der bekannten Färbung dieser Lager, auf ihnen wüchse[1]). Als unwiderleglichen Beweis für das Vorhandensein der Syntrophie sehe ich in Arn., L. exs. Nr. 97 b nur in der Gestaltung verändertes Wirthslager ebenso mit Apothecien der *Buellia* besetzt, wie das schon in der Färbung veränderte.

Das keilförmige Stroma steht mit dem eigenen Lager in der schon bei den vorigen bekannt gewordenen Weise im Zusammenhange.

---

[1]) Z. B. Körber a. a. O., Nylander, Scand., p. 247.

2.

Das Apothecium stimmt nach meinem Stücke [Cauterets, Pyrenäen, leg. E. Lamy] mit *Buellia scabrosa*, nicht aber, wie der Urheber meint, mit *Buellia saxatilis* überein, womit aber durchaus nicht zugleich die Trennung dieser Arten als über allen Zweifel erhaben hingestellt werden soll. Das vermarmorirte Lager des kleinen Stückes lässt weiteres in Bezug auf die Erkenntniss nicht zu.

XIV.

1. *Buellia leptocline* (Flot.) Körb.

Körber, Syst. lich., p. 225. Th. Fries, Lich. Scand., I, p. 598.

2. *Buellia saxorum* Mass.

Massalongo, Ricerche, p. 82.

3. *Lecidea superans* Nyl.

Nylander, Flora. 1873, p. 72.

1.

Besonders lehrreich für die richtige Beurtheilung von *Buellia leptocline* ist mir Norrl., Hb. L. Fenn. Nr. 199 gewesen. Dieses Stück zeigt deutlich den allmäligen Untergang des Lagers von *Aspicilia recedens* (Tayl.), wobei dieser wirthliche Thallus sich nach meinem bekannten Gesetze von dem Untergange lichenischer Körper in Soredien auflöset, also noch für die Erhaltung der Art sorgt. Bei dieser Auflösung können die *Buellia*-Apothecien durch Zacken des *Aspicilia*-Thallus einen podetienartigen Stiel erhalten, während sie thatsächlich ein nach dem Grunde zu nur wenig mächtiges Stroma besitzen. Dass das wirthliche Lager sogar bei üppiger Entwickelung der syntrophischen Apothecien bisweilen höchst kümmerlich ist, darf als Einwand gegen meine Auffassung des Gebildes nicht benutzt werden. Der Fall in Norrl., Hb. L. Fenn. Nr. 199 ist auch in dieser Hinsicht sehr lehrreich.

Ob von meiner Aufdeckung die nach Erklärung des Urhebers sehr nahe verwandte *Buellia vilis* Th. Fr. in Mitleidenschaft gezogen werde, vermag ich in Folge meiner Unkenntniss dieser Flechte nicht zu entscheiden.

2.

In der Erwägung der vollständigen Uebereinstimmung des Fruchtkörpers mit *Buellia leptocline* wird es bei *Buellia saxorum* recht klar, was schon Körber[1] hervorgehoben hat, dass die Beschaffenheit des Thallus, und zwar namentlich seine schwarze Umsäumung, das hauptsächliche Merkmal abgibt. Sowohl in Hepp, Fl.

---

[1] Par. lich., p. 184.

55*

Eur. Nr. 752, als auch in Olivier. L. exs. Nr. 39 [„*Lecidea leptocline* Flot."] lässt sich die Entstehung des eigenthümlichen Thallus auf eine Umwandlung des von *Aspicilia cinereorufescens* (Ach.) zurückführen. Im ersten Stücke sitzen sogar auf durchaus unveränderten, wenn auch dürftig ausgebildeten, Thallomen der *Aspicilia* neben eigenen jungen üppig entwickelte Apothecien des Bewohners. Inmitten des schön entfalteten Lagers von Stamm und Zweige von *Rhododendron ferrugineum* bewohnender *Aspicilia cinereorufescens*, die in Arn., L. exs. Nr. 623 b herausgegeben ist, sehe ich inselartige, durch weisse Färbung abstechende Bereiche. Die innerhalb dieser befindlichen Apothecien sind äusserlich denen dieses Syntrophen sehr ähnlich, dagegen lässt die innere Entwickelung zu wünschen übrig, um das Urtheil der Gleichheit fällen zu können. Jedenfalls liegt aber auch hier Syntrophie vor.

3.

Wie weit sich an der Entstehung der *Lecidea superans* für eigenthümlich erachteten Farbe des Lagers das Gewebe des Bewohners betheilige, diese Frage muss ich unentschieden lassen, weil der mir vorliegende Untersuchungstoff keine Anhaltpunkte für die Erkenntniss des wirthlichen Lagers darbietet.

XV.

Opegrapha cerebrina (Ram.) DC.

De Candolle, Flore française, tome II, p. 312.

Die Auffassung Anzis[1]), dass die ohne den eigenthümlichen weissen oder bläulichweissen Thallus auf dem Stein vertheilten Apothecien als *F. steriza* zu betrachten seien, ist unrichtig. Die Kruste ist auf *Buellia calcarea* (Weis.) zurückzuführen. Sie wird merklich gar nicht beeinflusst. Der syntrophische Fruchtkörper durchdringt die ganze Dicke des wirthlichen Lagers, indem sein Gewebe mit dem eigenen Thallus, der unterhalb des anderen oder in dessen mit dem Stein im Zusammenhange befindlichen untersten Bereiche sich hinzieht, in Verbindung steht. Daraus den Schluss zu ziehen, dass *Opegrapha cerebrina* keine selbstständige Flechte sei, erscheint mir als wohl berechtigt, ebenso aber auch in dem Falle, wenn die Apothecien einem vermarmorirten Lager nicht bloss aufsitzen, sondern einem solchen sogar tief eingesenkt sind. In der Regel findet man Lager von *Verrucarien*, deren Apothecien bisweilen vorhanden sind, und mit deren Beihilfe zum Leben sich der Syntroph begnügen muss. Am häufigsten scheint allerdings *Buellia calcarea* ergriffen zu werden. Diese tritt hin und wieder trotz der Syntrophie in typischer Entfaltung auf und zeigt ausserdem neben den eigenen die Apothecien des Syntrophen.

Am natürlichsten schliesst sich dieser Syntroph den vorigen dieser Reihe an.

---

[1]) Cat. lich. Sondr., p. 96.

XVI.

1. *Lecidea rubiformis* Wahlb.

Wahlenberg, Flora Lappon., p. 479.

2. *Lecidea globifera* Ach.

Acharius, Lich. univ., p. 213.

3. *Lecidea deceptoria* Nyl.

Nylander, Flora, 1878, p. 451.

Bei allen drei Gebilden stimmen die Apothecien äusserlich und innerlich überein. Auch bei *Lecidea deceptoria* stellte ich den Beginn von Anhäufung der Apothecien, wie bei den anderen, fest. Alle drei Apothecien haben die spärliche Ausbildung der Schläuche als gemeinsame Eigenthümlichkeit. Hieraus darf man vielleicht schliessen, dass die Art in typischer Ausbildung bis jetzt noch nicht angetroffen worden ist.

1.

Schon E. Fries[1] sah *Lecidea rubiformis* trotz der Verschiedenheiten der Lager als eine Form von *Lecidea globifera* an, in welcher Anschauung ihm Nylander eine Zeit lang folgte[2]. Die auch bei *Lecidea globifera* vorkommende Anhäufung der Apothecien kann bekanntlich hier die Gestalt einer kleinen *Rubus*-Frucht annehmen, wenn sie nemlich an dem stielartigen Grunde der Lagerschuppen entsteht. Wirklich scheinen örtliche Verhältnisse das berührte Streben zu begünstigen.

Die grossen und dicken Lagerschuppen, die stielartig auslaufen und sich in die erdige Unterlage rhizomartig ausbreiten, gehören *Cladonien* an. Die befallenen Arten sind bis jetzt unbestimmbar gewesen, da keines meiner Stücke vom Syntrophen freie und mit Podetien versehene Schuppen darbietet, die befallenen aber von ihrer eigenthümlichen Gestalt und Farbe mehr oder weniger eingebüsst haben. Jedenfalls liefern mehrere *Cladonia*-Formen die Unterlage, und zwar hauptsächlich die mit langgestielten Phyllocladia basalia versehenen.

2.

Die in Folge der Einwanderung bei allen drei Gebilden endlich eintretende Runzelung und Einberstung der wirthlichen Lagerfläche fällt bei *Lecidea globifera* besonders auf. Diese Erscheinung gibt der vermeintlichen Schönheit des Gebildes, zu welcher hin und wieder ein Glanz der Lagerfläche das seinige beiträgt, einen krankhaften Anstrich. Die vollständige Uebereinstimmung mit dem Lager von *Lecidea lurida* (Sw.) tritt einem selten entgegen [Dalsland, leg. Hulting 1870 —

---

[1] Lich. Europ., p. 254.
[2] Lich. Scand., p. 193.

Heiligenblut, Kärnthen, leg. Laurer 1821, 1860]. Bei der äusseren Aehnlichkeit der Apothecien des Wirthes und des Bewohners ist es schwer, beide nebeneinander nachzuweisen. Ob aber nicht auch diesem Gebilde *Cladonien*-Lager zu
Grunde liegen, bleibt noch festzustellen. Am meisten bezweifele ich bei Norrl.,
Hb. L. Fenn. Nr. 302, ob *Lecidea lurida* als Unterlage diene. Für die Entscheidung dieser Frage empfehle ich ganz besonders die Untersuchung von Anz.,
L. Lang. exs. Nr. 263 und Lojka, L. univ. Nr. 176. Vielleicht liegt hier, und
zwar namentlich in dem letzten Stücke, sogar die beiderseitige Unterlage vor.

Die Schaffung der „verwandten" *Lecidea rhizobola* Nyl.[1]) dürfte auf den
Umstand zurückzuführen sein, dass das befallene *Cladonien*-Lager zur Entstehung
eines Aussehens beitrug, das mehr an die vorliegenden, als an die vorigen Verhältnisse erinnert.

3.

Nylander selbst betont a. a. O. die Uebereinstimmung von *Lecidea
deceptoria* mit *Lecidea rubiformis* und hebt als eigentlichen oder hauptsächlichen
Unterschied die Gestalt des Thallus hervor. Das Lager in dem Urstücke, Lojka,
L. univ. Nr. 237, schliesst sich vollständig an *Acarospora glaucocarpa* (Wahlb.)
Körb. F. *ostreata* Anz. [Anz., L. Lang. exs. Nr. 127] an. Nach sorgfältigem Vergleiche mit zahlreichen anderen Fundorten von *Acarospora glaucocarpa* wird
man sich zur Meinung für berechtigt halten, dass die Form Anzis überhaupt
aus einer Befallung durch einen Syntrophen hervorging, die übrigens schon
mittelst der Lupe erkennbar werden kann. Die in Anz., L. Lang. exs. Nr. 127
vorhandenen Apothecien der Form verdanken ihre Entstehung wohl der Zeit vor
dem Eindringen des Fremdlings. Jedenfalls ist die Form Anzis wichtig, weil
sie zeigt, wie weit die Lagerbildung von *Acarospora glaucocarpa* gelangen kann.
Die Jugendzustände des Thallus in Lojka, L. univ. Nr. 237 zeigen die eigenartige
typische Ausprägung.

XVII.

Lecidea testacea (Hoffm.) Ach.

Acharius, Meth., p. 80. — *Psora* Körber, Syst. lich., p. 177.

Die lehrreichsten unter den mir bekannten Exsiccaten sind Arn., L. exs.
Nr. 258 und Lojka, L. Hung. exs. Nr. 54, weil bei beiden noch die Lagerentwickelung in gesonderten Schollen oder Schuppen bis zu der eigentlichen Aus-
buchtung genau, wie bei der nicht befallenen *Acarospora glaucocarpa* (Wahlb.)
Körb., zu sehen ist. Daher erklärt es sich, dass schon Arnold die grosse
Aehnlichkeit dieses Gebildes mit *Acarospora* aufgefallen ist. Die bei starker
Anhäufung der Schuppen ballenartige Gestaltung des Thallus von *Acarospora
glaucocarpa* pflegt das eigenthümliche Aussehen zu verlieren. Immerhin findet
man nicht selten solche Zusammenballungen, die sich der F. *ostreata* Anz. [Anz.,

---

[1]) Flora, 1865, p. 4.

L. Lang. exs. Nr. 127] anschliessen, wenn ein reichhaltiger Untersuchungsstoff zur Verfügung steht, wie ich ihn in dem am Frauenberge bei Eichstädt in Baiern [Zw., L. exs. Nr. 266] von mir selbst gesammelten besitze.

Die Apothecienentwickelung, zu welcher der Syntroph offenbar stets wohl befähigt ist, pflegt dürftig auszufallen, wenn er in Lageranfänge geräth. Je üppiger diese Entwickelung ist, desto mehr sind die mit der Zerklüftung des Lagers verbundenen Erscheinungen von Auflösung vorgeschritten. Sie äussern sich übrigens schon in den jüngeren Zuständen. Zum mindesten zeichnen sich solche vor dem nicht befallenen Thallus durch die Lockerung der Anheftung aus. Bei den älteren Zuständen aber erreicht bekanntlich die Lockerung zum Schmerze des Sammlers den höchsten Grad, wie er vielleicht nur noch bei *Aspicilia esculenta* (Pall.) als normale Erscheinung im Flechtenreiche zu finden ist. Der Syntroph bedarf sicherlich reichlicher Feuchtigkeit, wenigstens liesse sich hierdurch die Bevorzugung der in Vertiefungen und Spalten wachsenden Lager am ungezwungensten erklären. Diesem Bedürfnisse käme auch die mit der Lockerung und Wölbung des wirthlichen Thallus verbundene Vergrösserung der Ausdehnungsfläche entgegen. Und was endlich der Wirth dann an Unterstützung weniger bieten kann, wird vielleicht durch den Umstand wieder ausgeglichen, dass die unter die kugeligen Wölbungen geschwemmte Erde Feuchtigkeit aufzunehmen und zu binden vermag.

Acarospora glaucocarpa zeichnet sich nach den bei *Lecidea deceptoria* Nyl. und *Lecidea testacea* gemachten Erfahrungen dadurch aus, dass sie bis zu einem sichtlich hohen Grade der Vermehrung des Volumen die fremde Durchwucherung zu ertragen im Stande ist. Diese Flechte scheint aber im Falle des Ausbleibens der Apothecienbildung überhaupt zu einer üppigeren Entfaltung des Thallus veranlagt zu sein. Um so weniger darf man daher auf die Beobachtung der Vergesellschaftung der beiderseitigen Apothecien rechnen.

Mit dieser und der vorigen Darlegung ist auch die Auffassung von *Lecidea subdecipiens* Nyl.[1]) erschüttert.

XVIII.

1. *Lecidea turgidula* Fr.

Fries, Sched. crit., I, p. 10. Th. Fries, Lich. Scand., I, p. 469.

2. *Biatora Cadubriae* Mass.

Massalongo, Sched. crit., p. 176. — *Lecidea* Th. Fries, Lich. Scand., I, p. 469.

3. *Lecidea obscurella* Nyl.

Nylander, Not. Sällsk. p. F. et Fl. F. Förh., XI, p. 187. Th. Fries, Lich. Scand., I, p. 467.

---

[1]) Flora, 1878, p. 342.

4. *Biatora Paddensis* Tuck.

Tuckerman, Syn., II, p. 25.

Unzweifelhaft spielten bei Th. Fries die Spermogonien keine untergeordnete Rolle, wie es zwar dem Aeusseren nach scheint, als er, in seinem reformatorischen Vorschreiten innehaltend, *Lecidea Cadubriae* und *Lecidea obscurella* noch als Arten trennte. Dass die Spermogonien für diesen besonderen lichenographischen Zweck überhaupt keine Rolle mehr spielen können, liegt auf der Hand. Wem, nemlich ob dem Wirthe oder dem Bewohner, oder ob einer zweiten syntrophischen Flechte, sie angehören, kann nur Gegenstand rein anatomischer Forschung sein.

Das Farbenspiel des Apotheciums, dem vor allem die Farbe der Paraphysenköpfe zu Grunde liegt, ist ein so mannichfaltiges, dass nicht bloss sich unter den vorstehenden Pseudospecies Uebergänge darbieten, sondern auch sich bei jeder einzelnen, und zwar sogar bei *Lecidea turgidula*, alle Wandlungen wiederholen. Daher muss die Färbung für die Sonderung von Arten bedeutunglos sein.

Wie auf dem ganzen Gebiete der Syntrophie, so hängt auch hier die innere Ausbildung ausserordentlich von den jedes Mal vorgefundenen Lebensverhältnissen der Wirthe ab. Daher ist bei sämmtlichen vier Gebilden Verkümmerung und Schwankung der Sporenentwickelung keine Seltenheit. Selbst die Gestaltung der Apothecien wird von diesen Verhältnissen beeinflusst.

Die Thatsache, dass der vermeintlich eigene Thallus von *Lecidea Cadubriae* so häufig den von *Calyciaceen* befallenen Lagern ähnelt, brachte mich auf den Gedanken, die Lebensselbstständigkeit dieses Gebildes zu prüfen. Ich sah meinen anfänglichen Glauben, dass auch der Thallus (im bisherigen Sinne) von *Lecidea Cadubriae* als wirthlicher für *Calyciaceen* zu erachten sei, stark erschüttert in Folge der Beobachtung, wie ähnlich das Lager von *Lecidea ostreata* (Hoffm.) im Falle eines syntrophischen Eindringens diesem Gebilde wird.

Die Kenntniss des Kreises der in diesen Gebilden vorliegenden Art halte ich noch nicht für abgeschlossen.

1.

Als Wirthe für das Gebilde *Lecidea turgidula* fand ich *Lecidea ostreata* (Hoffm.), und zwar zugleich für *Acolium tigillare* [s. dieses], in Gesellschaft von *Xylographa platytropa* Nyl. [!] in Lojka, Coll. Nr. 2518, ferner *Lecanora subfusca* (L.) in den Stücken: Rabenh., L. Eur. Nr. 558 — Oliv., L. exs. Nr. 432 — Bad-Gastein, Salzburg, leg. A. Minks 1873.

2.

In der Regel liegt dem als *Lecidea Cadubriae* geltenden Gebilde der Thallus von *Lecidea ostreata* (Hoffm.) zu Grunde. Besonders anziehend finde ich das Stück: Öija, Södermanland, leg. O. G. Blomberg 1872 —, weil hier dieser Syntroph mit *Calycium hyperellum* Ach. um dieselbe wirthliche Unterlage kämpft. Hier zeigen sich sowohl die gut ausgebildeten Lagerschuppen, wie auch deren sorediale Ausstreuungen bis zu der Anlage eines winzigen Schüppchens hin ergriffen. Es dürften auch Formen des Kreises von *Lecanora varia* (Ehrh.) als Unterlage für dieses Gebilde zu finden sein.

3.

Bei dem als *Lecidea obscurella* aufgefassten Gebilde sehe ich in mehreren Stücken den Syntrophen verschiedene in den Weg kommende Flechtenlager ergreifen, selbst sorediale Ausstreuungen von *Parmelien*. Selbstverständlich bieten in jeder Sammlung auch die unter den anderen Namen vorhandenen Gebilde die Gelegenheit zu gleichen Beobachtungen.

4.

Das Lager von *Biatora Paddensis*, dessen schwärzliches Hypothallium in Arn., L. exs. Nr. 1077 b wohl erkennbar ist, ähnelt sehr dem von *Lecidea varians* Ach. [*Lecidea exigua* Chaub.]. Dasselbe lässt sich aber auch von *Biatora glauconigrans* Tuck. sagen, dessen äusserlich von diesem Kreise nicht abweichende Apothecien ich leider nicht genügend habe erforschen können. Die dunkle Färbung des Hypothecium wäre für mich kein Grund gegen die Vereinigung mit der vorliegenden Art.

XIX.

1. *Lecidea synothea* Ach.

Acharius, Vet. Ak. Handl., 1808, p. 236. — *Catillaria* Th. Fries, Lich. Scand., I, p. 577.

2. *Lecidea glomerella* Nyl.

Nylander, Scand., p. 203.

3. *Bilimbia Nitschkeana* Lahm.

Lahm, Rabenh., L. Eur., Nr. 583, in sched.

4. *Lecidea assercuIorum* Ach.

Acharius, L. univ., p. 170. Th. Fries, Lich. Scand., I, p. 473.

5. *Lecidea globulosa* Flör.

Flörke, Deutsche Lich., Nr. 181. Th. Fries, Lich. Scand., I, p. 575. — *Lecidea subglomerella* Nyl., Flora, 1875, S. 10.

Diese Gruppe. die nach meiner Meinung noch nicht den Abschluss des Kreises der Art darstellt, hat nicht bloss im Habitus und im Baue, sondern auch in der Wahl der Wirthe manche Punkte von Berührung mit der vorigen. Diesen und den vorigen Syntrophen unterscheidet man am besten nach den Paraphysen. Hier sind diese verästelt und gewunden, aber gleichmässig gebildet, dort einfach und gerade, aber nach der Spitze hin keulig oder kopfartig verdickt. Der dort regelmässigen, freilich oft schwachen, Färbung der Spitzen entspricht hier, und zwar ebenfalls bei den dunkelen Apothecien, im Falle der noch nicht vollendeten Aufrollung des Maschengewebes in der Oberfläche des Thalamium eine Bräunung, womit zugleich das Wesen des Bildes der Pigmentschollen im Sinne der Schriftsteller erklärt ist. Die so gebildeten Schlingen und Knäuel erstrecken sich bis an den Grund des Thalamium. Bei allen an der Spitze genannten Gebilden kommen ausser monoblastischen auch dy-, tri-, tetrablastische Thecasporen vor, und zwar pflegt, je üppiger das wirthliche Lager ist, desto weniger verkümmert die Entwickelung dieser Organe und desto zahlreicher die Spaltung des Blastidium zu sein.

Die Zusammengehörigkeit wenigstens einiger Gebilde ist keine Neuheit. Namentlich der höchst nahen Verwandtschaft von *Lecidea synothea* und *Lecidea globulosa* war sich Th. Fries bewusst. Zur Trennung wurde er daher wohl wieder durch die Verschiedenheit der „Spermogonien" getrieben. Selbstverständlich hat hier dieselbe Beurtheilung, wie die unter der vorigen Gruppe im entsprechenden Falle vorgetragene, Platz zu greifen. Da die allbekannten, als *Lecidea synothea* eigenthümlich erachteten Clinosporangien oft allein, d. h. ohne die Gesellschaft der Apothecien gefunden werden, liegt hiermit ein lehrreiches Beispiel ;vor. für die Thatsache, dass sehr leicht fremden und unsichtbaren Lagern angehörige Clinosporangien für den sichtbaren (auf denen sie sitzen) angehörig gelten können. Erst jetzt ist man in Wahrheit durch den Nachweis, dass diese Organe von dem in der wirthlichen Kruste lebenden Lager der *Lecidea synothea* erzeugt werden, zu dem Schlusse der Zusammengehörigkeit berechtigt. In Arn., L. Monac. exs. Nr. 185 ist das höchst anziehende Schauspiel geboten, dass das wirthliche Lager, welches im Gebilde *Buellia turgescens* [s. diese] vorliegt, auch mit den Clinosporangien von *Lecidea synothea* besetzt, also zugleich von zwei Syntrophen befallen ist.

1.

Das für *Lecidea synothea* angesehene Gebilde führe ich auf die Bewohnung der Lager von *Lecanora varia* (Ehrh.), *Lecanora subfusca* (L.) und *Lecidea ostreata* (Hoffm.) zurück. Das syntrophische Verhältniss zu *Lecanora varia* zeigt mir am trefflichsten Norrl., Hb. L. Fenn. Nr. 177, weil alle denkbaren Uebergänge zwischen gänzlich ergriffenem und noch freiem Lager sich darbieten. Aeusserlich noch unveränderte Thallome tragen Apothecien des Bewohners und schon vollständig umgewandelte solche des Wirthes. *Lecanora varia* dürfte überhaupt neben *Lecanora subfusca* in den meisten Fällen diesem Gebilde zu Grunde liegen. Bei üppigster Entfaltung erlangt die Kruste durch die Befallung das Aussehen der von *Lecidea glomerella*, wie sie in Zw., L. exs. Nr. 131 vorliegt. In den lehrreichen Erscheinungen des syntrophischen Verhältnisses zu *Lecanora subfusca* steht Rabh., L. Eur. Nr. 626 dem vorigen Stücke kaum nach. Das Lager von *Lecidea ostreata* erhält durch den Eindringling die gleiche Tracht, wie in dem Falle, dass es dem Gebilde *Lecidea Cadubriac* zu Grunde liegt [Westermo, Södermanland, leg. O. G. Blomberg 1872].

2.

Unter *Lecidea glomerella* wird sehr verschiedenes verstanden, wesshalb man sich wundern darf, wie dies zu einer „Art" zusammengefasst werden konnte. In dem Stücke Zw., L. exs. Nr. 131 [fide autoris], das der Beschreibung durchaus entspricht, dient als Wirth sicherlich ein üppiger Thallus von *Lecanora varia* [s. unter 1], wenn dieser auch nicht ebenso zweifellos, wie bei dem vorigen Gebilde, nachzuweisen ist. Jedoch rechtfertigt die dort vorkommende Gleichheit des Thallus diese entsprechende Annahme. Sehr wichtig ist, dass in demselben Stücke auch die sorediale Ausbreitung von *Ramalina pollinaria* (Westr.) mitbenutzt wird. Ausserdem finde ich als wirthliches Lager den mehr oder weniger soredialen Zustand von *Lecidea ostreata* (Hoffm.) in den Stücken: Norrl., Hb. L. Fenn. Nr. 314 [2] — Onkisalo, Lukanka, Tavastland, leg. E. Wainio 1873.

3.

In den Fällen, in denen das syntrophische Verhältniss für *Bilimbia Nitschkeana* angesehen wird, finde ich die Lager von *Lecanora subfusca* (L.), *Lecanora varia* (Ehrh.) und *Lecanora symmicta* Ach. als wirthliche. Höchst lehrreich sind Arn., L. exs. Nr. 503 b, Lojka, L. univ. Nr. 137 und das Stück: Friedrichsfeld, Badische Pfalz, leg. v. Zwackh —, weil sich alle denkbaren Uebergänge an dem Lager von *Lecanora subfusca* darbieten, das in dem zweiten Stück als eine soreumatische Form vorliegt. Arn., L. exs. Nr. 503 c und das Stück: Hirschpark bei Eichstädt, Baiern, leg. A. Minks 1873 — zeigen zugleich noch *Lecanora symmicta* als Wirth. *Lecanora varia* neben *Lecanora subfusca* sehe ich in den Stücken: Podejuch bei Stettin, leg. A. Minks 1877 — Tantower Busch bei Garz a. O. in Pommern, leg. A. Minks 1874 — die gleiche Rolle spielen. Zw., L. exs. Nr. 470 bis ist sehr anziehend, weil der befallene Thallus von *Lecanora symmicta* hier und da die Farbe, wie nach dem Eindringen von *Calycium tigillare* (Ach.), angenommen hat, welches Vorkommniss übrigens wirklich dieser Erscheinung zu Grunde liegen dürfte.

4. 5.

Lecidea asserculorum und *Lecidea globulosa* entsprechen *Lecidea obscurella* der vorigen Gruppe in ihren Lebensverhältnissen. Die Wirthe sind vorläufig unbestimmbar, weil aller mir vorliegende Stoff von Anfang an unscheinbare Lager und sorediale Ausbreitungen als gewählt zeigt.

XX.

Biatora acrustacea (Arn.).

Biatora lenticularis (Ach.) V. *acrustacea* Arn., Flora, 1858, S. 502. — *Biatora athallina* Hepp, Fl. Eur. Nr. 499 (1860).

Von diesem Gebilde sind zweierlei Zustände bekannt, der eine mit sichtbarem [Arn., L. exs. Nr. 228 a, b], der andere mit unsichtbarem Lager [Arn., L.

56*

exs. Nr. 228 c]. Von dem ersten Zustande, welcher bis zu einer an das Lager von *Placodium ochraceum* (Schaer.) erinnernden Verfärbung gelangt, habe ich selbst zahlreiche Stücke bei Eichstädt in Baiern gesammelt, so dass ich meine Ansicht sicher begründen kann. Es handelt sich hier um einen Syntrophen, der die Lager verschiedener *Verrucarien* befällt. Falls er auf *Verrucaria plumbea* Ach. geräth [Arn., L. exs. Nr. 228, Ober-Eichstädt, 1863], erscheint die gelbliche Kruste sogar als areolato-diffracta. Gerade in solchem Falle kann das Vorrücken des Bewohners, das übrigens ein mehr oberflächliches zu nennen ist, leicht verfolgt werden. Von Fällen, wie er in Arn., L. exs. Nr. 228 c vorliegt, anzunehmen, dass die Flechte Selbstständigkeit zeige, ist nicht zulässig. Jedenfalls kann man zunächst an das Vorhandensein eines vermarmorirten Lagers, das als wirthliches diene, denken. Man darf dies selbst noch in dem Falle thun, wenn die Apothecien neben allerlei veralteten Ueberbleibseln von Flechtenlagern dem nackten Gestein aufzusitzen scheinen [Skatteby, Nerike. leg. P. J. Hellbom 1872].

Der Kreis dieser Art dürfte sich in der Zukunft noch erweitern, so dass auch die Aussicht auf eine Erweiterung der Kenntniss der biologischen Verhältnisse vorhanden ist.

XXI.

Lecidea cladonioides (Fr.) Th. Fr.

Th. Fries, Lich. Scand., I, p. 417.

Das wirthliche Lager bietet *Lecidea ostreata* (Hoffm.), was mir deutlich das Stück: Taavali, Hollola, Tavastland, leg. E. Wainio 1873 — zeigt, indem hier zahlreiche mit den Apothecien des Wirthes versehene Schuppen vorhanden sind, die in nichts von denen abweichen, welche mit den fraglichen Apothecien das Gebilde *Lecidea cladonioides* darstellen. Dieses Vorkommniss besteht wohl auch in Fr., L. Suec. exs. Nr. 229, von dem freilich Th. Fries a. a. O. annimmt, dass es sich um eine zufällige Vermischung beider für selbstständig erachteten Flechten handele. Th. Fries selbst hebt hervor, dass das sterile Gebilde von *Lecidea ostreata* (Hoffm.) und *Lecidea Friesii* Ach. nicht sicher zu unterscheiden sei. *Lecidea Friesii* habe ich nicht als Wirth für den hier behandelten Syntrophen gefunden. Ob der Aeusserung von Th. Fries dieses Lager zu Grunde liege, lässt sich nicht entscheiden. Selbst in der Jugend ist aber nach meiner Meinung die Aehnlichkeit zwischen den Lagern von *Lecidea ostreata* und *Lecidea Friesii* nur gering, daher sie auch, wenn beide beieinander wachsen [Roumeguère, L. Gall. exs. Nr. 226], leicht unterschieden werden können.

Die Apothecien in dem Gebilde *Lecidea cladonioides* stellte schon Nylander für denen von *Biatora vernalis* (L.) äusserlich gleiche hin. Und meine Untersuchungen fanden nicht allein in den zahlreichen beiderseitigen Wandlungen der Gestalt und Farbe, sondern auch im Baue wirkliche Uebereinstimmung. Der Werth der Sporenunterschiede besteht nur in der Einbildung.

So oft als man also *Lecidea cladonioides* gesehen hat, lag die Erscheinung vor, dass *Biatora vernalis* auf das Lager von *Lecidea ostreata* gerathen war.

Der Kreis von *Biatora vernalis* ist nach meiner Ueberzeugung ein weiterer, als man zur Zeit annimmt. Was die in Bezug auf ihre Autotrophie verdächtigen betrifft, so ist wohl besonders *Lecidea prasinolepis* (Nyl.) Th. Fr.[1] beachtenswerth. Man könnte den Einwand machen, dass die umgekehrte Auffassung ebenso zulässig, dass nemlich *Lecidea ostreata* aus dem Lager von *Lecidea cladonioides* und einem Syntrophen zusammengesetzt sei. Dagegen spricht aber weniger der Umstand, dass *Lecidea ostreata* häufiger mit den wirklich eigenen Apothecien versehen auftritt, als eine entscheidende morphologische Thatsache, deren Aufdeckung ich auf eine spätere Zeit verschieben muss, ganz abgesehen von dem Dasein des syntrophischen Lagers.

XXII.

1. *Lecidea Wallrothii* Flör.

Sprengel, Neue Entdeck., Bd. II, S. 96 (1821). — *Lecidea glebulosa* Fr. Fries, L. Eur. ref., p. 252 (1831). — *Lecidea Salweii* Borr., E. Bot., Suppl., Tab. 2861 (1843).

2. *Lecidea percrenata* Nyl.

Nylander, Flora, 1886, S. 462.

1.

Man muss in der Kenntniss der Gestaltung und Ausprägung des Thallus von *Cladonia Papillaria* (Ehrh.) Hoffm. sehr bewandert sein, um mir zu glauben, dass er in dem Gebilde *Lecidea Wallrothii* vorliege. Die Unkenntniss des Lagers dieser *Cladonia* war schon bei Flörke auffallend. Sie hat sich bis in die neueste Zeit, und zwar auch bei E. Wainio, nicht geändert. Man kann aber sicher sein, dass, wenn irgend eine vermeintlich neue Beobachtung aus dem Leben von *Cladonia*, wie z. B. des Thallus von *Cladonia rangiferina* (L.) und *Cladonia amaurocraea* (Flör.), auftaucht, solche schon Wallroth nicht entgangen ist. Und so ist es auch dieser bedeutende Beobachter des Flechtenlebens, welcher von *Cladonia Papillaria* einen Thallus phylloideus geschildert hat[2]. Ein solcher Thallus ist wohl überall angelegt, verliert aber in der Regel durch die üppige papillenartige Blastesis von seiner Ausprägung nicht wenig. Diesem Umstande also verdankt *Cladonia Papillaria* ihre überall beobachtete Absonderung. Dass diese auf ungenügender Kenntniss des Lebensganges der Art beruhende Absonderung auch noch bei Wainio vorkommt, überrascht weniger, wenn man dem unsäglichen Zersplitterungstriebe dieses Lichenologen Rechnung trägt, um so mehr aber, wenn man sich auf den morphologischen Standpunkt versetzt, freilich nicht den, wie ihn dieser Verfasser selbst sich vorstellt. Vergleicht man ausserdem die allerdings höchst seltene üppigste Entwickelung der Podetien dieser *Cladonia* mit weniger gut ausgefallener bei *Cladonia turgida* (Ehrh.) Hoffm., so wird man über die nahe Berührung beider überrascht sein. Sollte dann noch die verschiedene Abtönung

---

[1] Th. Fries, Lich. Scand., I, p. 417.
[2] Naturgeschichte der Säulchenflechten, S. 171—172 (1829).

der Farbe der Apothecien ein Grund gegen die Annahme einer Verwandtschaft beider sein?

Ich zweifele kaum, dass man in den Exsiccaten von *Lecidea Wallrothii* den Beginn der bekannten Papillenbildung vermissen werde. Ich sehe diese Bildung in Zw., L. exs. Nr. 78 a und Anz., L. Lang. exs. Nr. 171 in verschiedenen Anfangsstufen entfaltet. Auch die ausgefressen-grubigen Vertiefungen Körbers sind bei beiden gleichmässig ausgebildet, wie bei *Cladonia Papillaria*. In zahlreichen Stücken vom klassischen Fundorte [Cröllwitz bei Halle, leg. A. Schulz] erblicke ich das von Wallroth scharf gekennzeichnete Lager von *Cladonia Papillaria*. Demnach bieten sie zugleich genügend Stoff zur Erweiterung der Kenntniss dieses Lagers. Entweder ist der mit schwacher Neigung zur Sprossung begabte Thallus der Entfaltung des Bewohners besonders günstig, oder die erste kann unter dem Einflusse der anderen nicht zur Geltung kommen.

Die Apothecien des Bewohners stimmen in allen Wandlungen des Aeusseren und des Inneren mit denen von *Biatora granulosa* (Ehrb.) genau überein. Etwaige letzte Zweifel werden durch meine Beobachtung von Apothecien der *Biatora granulosa* auf den durch diese Befallung äusserlich wenig oder gar nicht veränderten Lagerschuppen einer anderen *Cladonia* in Anz., L. Lang. exs. Nr. 171 weggeräumt.

2.

Selbst wenn Nylander in den zur Aufstellung von *Lecidea percrenata* benutzten Stücken, wie ich in Lojka, L. univ. Nr. 235 [2], Podetia cornuta nicht vorgefunden hätte, müsste er doch durch die gar nicht von dem Bewohner beeinflussten Lagerschuppen an *Cladonien* erinnert worden sein. Wie dies überaus oft im Flechtenreiche vorkommt, erschöpft sich der Thallus in Folge von Mangel der Apothecienbildung, oder bei *Cladonia* nach dem Unterbleiben der dem Apothecium vorangehenden Sprossung in Soredienentfaltung, die hier eine hypothalline ist. Durch diesen Vorgang können wohl die Ränder der Lagerschüppchen etwas verdickt erscheinen; dies trübt aber nicht das ausgeprägte Bild von *Cladonia fimbriata* (L.) v. *cornuta* Ach. [Rehm, Clad. exs. Nr. 58—60].

Das Apothecium stimmt in jeder Hinsicht mit dem von *Biatora granulosa* (Ehrh.) überein. Auch die nach üppiger Hyphaenentfaltung als „inspersae" vom Urheber gesehenen Paraphysen hat *Biatora granulosa*.

Es liegt hier also der dem vorigen Gebilde analoge Fall vor, dass *Biatora granulosa* in das Lager verschiedener *Cladonien* gerathen ist.

Calyciacei.

Auf keine andere Abtheilung wirkt die neue Erkenntniss von der Syntrophie so tief eingreifend und stark umwälzend ein, wie auf die *Calyciacei*. Die in neuester Zeit durch die Mycologie unternommenen Versuche, diese Flechten an sich zu reissen, erscheinen nach allen vorausgegangenen Erörterungen als gänzlich aussichtslos, weil sie eben aller wahrhaft naturwissenschaftlichen Begründung entbehren.

Einige Arten der *Calyciaceen*, bei deren Sonderung die Gestalt und die Farbe des vermeintlich eigenen Lagers eine mehr oder weniger bedeutende Rolle spielen, fallen jetzt zusammen, weil die thallinen Unterschiede eben auf Eigenthümlichkeiten der Wirthe oder der Syntrophie zurückzuführen sind. Der Einwand, dass sogenannte sterile Lager der *Calyciaceen* von dem gleichen Aussehen, wie die fertilen vorkommen, ist ebenfalls desshalb hinfällig. In Wahrheit aber beweiset diese Thatsache, dass solche *Calyciaceen* entweder erst spät oder bisweilen gar nicht zur Apothecienbildung gelangen.

Mehrere *Calyciaceen*, die zu einer scheinbar weithin ergossenen Ausbreitung fähig sind, nehmen von allen ihnen in den Weg kommenden Flechtenlagern Besitz. Manchmal sind es bloss frei gewordene sorediale Bildungen von weiter Ausdehnung, die vielleicht erst vor kurzem ihre Anheftung bewerkstelligt haben und sofort zur Unterstützung der Lebensfähigkeit benutzt werden. Man hat aber gerade hier auch daran zu denken, dass die sorediale Auflösung durch das Eindringen von Syntrophen befördert oder gar angeregt wird.

Dass die Ueppigkeit des wirthlichen Thallus die fremde Apothecienentfaltung im allgemeinen begünstigt, kann hier sogar oberflächliche Naturbetrachtung leicht feststellen. Treffen *Calyciaceen* ein kümmerliches, die Unterlage wenig oder gar nicht überragendes oder gar ein durchaus endophloeodes Lager, so entstehen in Folge dessen bisweilen Gestaltungen, die als Arten betrachtet werden, die aber nichts weiter, als Verkümmerungen typischer Gebilde sind.

Wie dürftig der Zusammenhang zwischen den Apothecien und den Umrandungen oder Umhüllungen von Seiten der vermeintlich eigenen Lager sind, erkennt man recht sehr, wenn man bei der Anlegung von Durchschnitten selbst durch junge Gebilde nur mit Mühe die Verbindung beider Theile zu erhalten vermag, eine im übrigen Flechtenreiche sehr erklärlicher Weise gar nicht vorkommende Erscheinung. Wie schon im ersten Theile dieser Arbeit angedeutet worden ist, können *Sphaerophorus, Pleurocybe, Acroscyphus* und *Tholurna* hier keine Behandlung finden, denn die einfache Ueberlegung sagt, dass die Anschwellungen der wirthlichen Lager eben nur durch den Umfang der syntrophischen Fruchtkörper bedingt sind, zudem nur einen Theil oder die nächste Umgebung in Anspruch nehmen. Bei *Acroscyphus* freilich dürfte das wirthliche Lager, das leider in seinem nicht befallenen Zustande mir noch unbekannt ist, in mehr ausgedehntem Maasse beeinflusst werden, als es äusserlich den Anschein hat, worüber ich später an anderer Stelle berichten werde. Die Art und Weise, wie der Syntroph, im besonderen aber sein Fruchtkörper mit dem in *Sphaerophorus* gegebenen Wirthe umgeht, nemlich in der rücksichtlosen eines Bewohners mit fremden Eigenthum, findet sich auch auf anderen Gebieten der *Calyciaceen* wiederholt. Namentlich ist *Acolium Hawaiiense* Tuck. in dieser Hinsicht und vornehmlich in der Art der Oeffnung der wirthlichen Umhüllung durch den eigenen Fruchtkörper sehr lehrreich. Mich hat schon im ersten Anfange meiner lichenologischen Studien das entsprechende Verhalten bei *Sphaerophorus* stutzig gemacht. Die unzweifelhaft allen *Calyciaceen* eigenthümliche Unselbstständigkeit findet also, wie gesagt ist, hier nur in den dem Plane dieser Arbeit entsprechenden Vertretern ihre Behandlung.

Von der Besprechung werden hier ausgeschlossen endlich auch die unter *Pyrgillus* und *Tylophoron* angenommenen Gebilde der Lichenologie, lediglich weil die Sammler bisher nicht den für die sichere Erkennung der Wirthe genügenden Stoff gesammelt haben. In der Hauptsache kann auch dies der Richtigkeit meiner Ansicht von den *Calyciaceen* keinen Abbruch thun.

Zu einer Anlehnung an die übliche Eintheilung der *Calyciaceen* konnte ich mich hier nicht entschliessen. Erst in einer späteren Arbeit aber werde ich die Begründung dafür geben durch den Nachweis, dass keine Abtheilung des Flechtenreiches in ihrer ganzen Gliederung vor der morphologischen Forschung so hinfällig ist, wie diese. Diese Forschung wäre jedoch ohne die durch die Biologie gewonnene Grundlage eine höchst mühevolle, wenn nicht gar vergebliche Arbeit gewesen. Man muss daher sich über den Werth der bisherigen Leistungen auf diesem Gebiete einstweilen selbst ein Urtheil bilden.

I.

Trachylia Californica Tuck.

Tuckerman, Obs. lich., 4 (Proc. of the Americ. Acad., vol. VI. p. 263).

Die Auffindung dieses Gebildes hat eine empfindliche, aber nur eingebildete Lücke unter den *Calyciaceen*, gleich wie die von *Buellia epigaea* (Pers.) unter den *Buellici*, auszufüllen gehabt.

Trotz der schwachen Entfaltung des eigenen Lagers vermag der Bewohner das wirthliche Lager, als welches in dem Urstücke [California, leg. Bolander] das von *Physcia pulverulenta* (Schreb.) V. *pityrea* (Ach.) zu erkennen ist, in einem an *Endopyrenium trachyticum* Hazsl. [s. dieses] erinnernden Grade nach unten zu krümmen und umzurollen. Wie weit der syntrophische Einfluss sich zu äussern vermag, lässt der vom Urheber überlassene Untersuchungstoff nicht erkennen. Als äussersten Grad finde ich in meinem Stücke eine schwach gelbliche Verfärbung der endlich rauh gewordenen Oberfläche vor.

Dem Durchbruche der Apothecien geht eine sorediale Auflockerung der wirthlichen Lagermasse voran. Dieses Vorkommniss scheint die herrschende Anschauung, also auch die Tuckermans zu unterstützen, in Wahrheit ist es jedoch für den auf morphologischer Grundlage stehenden Forscher gerade eine Unterstützung der hier vertretenen Auffassung. Die Rückwirkung auf den Eindruck des syntrophischen Gewebes äussert sich nemlich auch hier in der bekannten Weise der soredialen Auflösung, die aber örtlich beschränkt ist.

II.

1. *Calycium tigillare* (Ach.) Pers.

Persoon, Acta Soc. Wetterav., vol. II, p. 14.

2. *Acolium Notarisii* Tul.

Tulasne, Mém. pour servir à l'hist., p. 81.

3. *Calycium viridulum* (Fr.) Ach.

Acharius, Vet. Ak. Handl., 1817, p. 226.

Die Verfärbung der wirthlichen Lager wird hauptsächlich durch das goldgelbe Gewebe des Bewohners hervorgerufen, das sich von dem Gewebe des Fruchtkörpers eben nur durch die Farbe unterscheidet.

1.

Wenn das als *Calycium tigillare* geltende Gebilde auf Zaunholz vorliegt, kann man in der Regel als wirthliches Lager das von *Lecanora varia* (Ehrh.) finden [Norrl., Hb. L. Fenn. Nr. 12 — Lojka, coll. Nr. 1207 — Upland, leg. J. Hulting 1870]. Aber auch verschiedene andere Wirthe darf man zu finden vorbereitet sein. Bis jetzt gelang es mir, nur noch die Lager einer Form von *Lecanora subfusca* (L.) [Vennathal am Brenner in Tirol, leg. A. Minks 1873] und von *Lecidea ostreata* (Hoffm.) [Kammerlinghorn, Baiern, leg. A. Minks 1872 — New Bedford, Massachusetts, leg. H. Willey] als wirthliche festzustellen. Im letzten Falle gestaltet sich das Verhältniss ausserordentlich lehrreich. Man sieht nemlich nicht bloss, wie bei den anderen Wirthen, alle Stufen des Ueberganges bis zur vollständigen Verfärbung, sondern kann auch mitten in den Rändern äusserlich noch unveränderter Schuppen von *Lecidea ostreata* ganz kleine Bezirke der soredialen Auflösung, die schon stark gelb gefärbt sind, erblicken. Der Verschiedenheit der Wirthe entsprechend wechselt das Aussehen des Gebildes.

Die Forma *ecrustacea* Nyl.[1]) bedarf noch besonderer Prüfung. Entweder handelt es sich dabei um den endlichen Fortgang der gelben Kruste oder um das Dasein eines endophloeoden wirthlichen Thallus. Die letzte Annahme hat von vornherein viel mehr für sich, wenn man sich die zahlreichen Wandlungen von *Lecanora varia* (Ehrh.) vergegenwärtigt. Das Vorhandensein eines solchen Lagers lässt sich erst durch die mikroskopische Untersuchung nachweisen.

2.

Acolium Notarisii unterscheidet sich nur durch die weiter fortgeschrittene Entfaltung des Sporenkörpers. Man darf diesen Fortschritt bei jeder Gelegenheit zu finden erwarten. Selbstverständlich kann es also sich hier nicht um andere Wirthe handeln.

3.

Bisher gelang es mir nicht, die wirthlichen Lager in dem als *Acolium viridulum* aufgefassten Gebilde zu erkennen. Dies darf aber nicht hindern, dafür dasselbe Verhältniss und das gleiche Verhalten des Syntrophen anzunehmen, um so weniger, als die mikroskopische Untersuchung dies rechtfertigt, und die in der Bereifung der Scheibenfläche des Apotheciun und in den Sporen gefundenen Unterschiede werthlos oder eingebildet sind.

---

[1]) Nylander, Lich. Scand., p. 46.

Z. B. Ges. B. XLII. Abh. 57

III.

Calycium tympanellum Ach.

Acharius, Lich. univ., p. 233.

Dieses Gebilde ist besonders anziehend, weil dieselben wirthlichen Lager, wie bei *Calycium tigillare*, zu Grunde liegen, diese aber eine ganz andere Verfärbung erleiden. Bis jetzt liessen sich nemlich als Wirthe nachweisen *Lecanora varia* (Ehrh.) [Anz., L. Lang. exs. Nr. 211 — Lojka, L. univ. Nr. 205 — Greifswald, Pommern, leg. Laurer] und *Lecidea ostreata* (Hoffm.) [Lojka, L. Hung. exs. Nr. 5 — Hökendorf bei Alt-Damm, Pommern, leg. A. Minks 1872]. Es dürfte gelingen, auch in *Lecanora cembricola* Nyl. und *Lecanora mughicola* Nyl. Wirthe zu erkennen. Ausserordentlich lehrreich ist Lojka, L. univ. Nr. 205, weil nebeneinander gänzlich unveränderte Thallome von *Lecanora varia* mit den Apothecien des Syntrophen und vollkommen verfärbte mit den eigenen vorhanden sind. Es muss auffallen, dass die Gestalt der wirthlichen Lager gar nicht beeinflusst wird, diese sogar in allen Wandlungen erkennbar bleiben.

Der massige Fruchtkörper durchdringt die Kruste und hängt mit dem eigenen in der Unterlage ausgebreiteten Lagerantheile zusammen. Bei der mikroskopischen Prüfung überzeugt man sich leicht, dass dieses Lager nur die oberflächlichsten Schichten der Unterlage besetzt hält, dass demnach die Hauptmasse im Wirthe untergebracht wird.

Hier eine krustenlose Form oder die Wucherung mit eigenem Lager im Holze anzunehmen, muss man bei der Gleichheit der Farbe mit der der Unterlage noch vorsichtiger, als bei *Calycium tigillare* sein. Auch in solchem Falle ist oberhalb und innerhalb des Holzes ein wirthliches Lager zu finden. Abweichungen von der bekannten Verfärbung kommen vor, wenn andere Wirthe zu Grunde liegen [Lojka, L. Hung. Nr. 5 — ej. L. univ. Nr. 204].

Zu einem befriedigenden Studium von *Acolium ocellatum* Flot. fehlte mir leider der erforderliche Stoff. Wahrscheinlich liegt auch hier das Lager von *Lecidea ostreata* (Hoffm.) nur in abweichender Beeinflussung vor.

IV.

Calycium Neesii Flot.

Von Flotow, Beibl. zu Flora, 1836, S. 42. — *Trachylia lecideina* Nyl., Syn. lich., I, p. 167 [fide Körber, Par., p. 479].

In den von H. Lojka gesammelten und unter der vorstehenden Benennung in Arn., L. exs. Nr. 395, Lojka, coll. Nr. 540 und ej. L. Hung. exs. Nr. 6 vertheilten Stücken liegt nicht bloss die Gesellschaft von *Lecanora subradiosa* Nyl. im bisher herrschenden Sinne [Lojka in sched. L. Hung. exs. Nr. 6], sondern eine wahre Syntrophie vor. Die beiderseitigen Apothecien kann man hin und wieder auf der *Lecanora*-Kruste, die wenig oder gar nicht beeinflusst zu werden scheint, finden.

V.

Calycium viride Pers.

Persoon, Ust. Ann. St. 7, p. 20 (1794). — *Calycium hyperellum* Ach., Meth., p. 93.

Man beachte die *Calycium hyperelloides* Nyl. betreffende Bemerkung Nylanders[1], nach welcher der Thallus dem von *Lecanora varia* (Ehrh.) ähnelt. Diese *Lecanora* hier als wirthliche nachzuweisen, gelang mir zwar nicht, wohl aber die Fähigkeit des Syntrophen, verschiedene in den Weg kommende Lager zu erfassen. Nebeneinander lassen sich als Wirthe eine holzbewohnende Form von *Lecanora sordida* (Pers.) Ach., sowie sehr junger Thallus und sorediale Ausbreitung von *Ramalina pollinaria* (Westr.) in Lojka, L. Hung. exs. Nr. 8 nachweisen. Aus derselben Gegend herstammende Stücke [Zatraĉam, Tepliczka, Ungarn, leg. Lojka 1872] zeigen im Thallus grosse Aehnlichkeit mit *Calycium tigillare*, die auf der Benutzung des Lagers von *Lecidea ostreata* (Hoffm.) beruht. Neben diesem Lager fand ich zugleich das von *Ramalina pollinaria* (Westr.) als wirthliches in dem Stücke: Hökendorf bei Alt-Damm, Pommern, leg. A. Minks 1869.

Hier dürfte man erst recht geneigt sein zu glauben, dass die derben und sich im Alter stark verbreiternden Stiele des Fruchtkörpers mit einer entsprechenden Gewebemasse in die Unterlage übergehen. Bei der Untersuchung wird man aber erstaunt sein darüber, dass man das Gegentheil findet. Die allmälig an Länge zunehmenden Stromata führen von den mit dem syntrophischen Gewebe durchwucherten Thallomen des Wirthes einzelne mit sich, so dass man solche beliebigen Stellen des Stieles anhaften sieht. Diese Erscheinung ist für das Gesammtgebiet der *Calyciacei* höchst lehrreich, denn sie dient zur besten Aufklärung über den Zusammenhang zwischen dem Apothecium und der Umhüllung durch das wirthliche Lager.

Auf die in den Kreis dieser Art gehörigen, die scheinbar mit eigenem endophloeodem Lager leben, soll hier nicht näher eingegangen werden.

VI.

Calycium lenticulare (Hoffm.) Ach.

Acharius, Vet. Ak. Handl., 1816, p. 262. — *Calycium quercinum* Pers., Tent., p. 59.

Als wirthliches Lager konnte ich leicht das von *Biatora Ehrhartiana* (Ach.) in Hepp, Fl. Eur. Nr. 604 und Rabh., L. Eur. exs. Nr. 544 [„*Calycium decipiens* Mass."] nachweisen mittelst des gleichzeitigen Daseins der allbekannten Clinosporangien[2]. Ferner gelang es, als Wirth die sorediale Auflösung von *Ramalina pollinaria* (Westr.) in dem Stücke: Hühnerspiel bei Gossensass, Tirol, leg. B. Stein

---

[1] Syn. lich., I, p. 153.

[2] Die winzigen Sporen dieser Clinosporangien, die regelmässig zwei fast mittelgrosse und sich nur in einem Punkte berührende Microgonidien enthalten, sind für den Zweck der Unterweisung über diese Körperchen recht sehr zu empfehlen

57*

1878 [„*Calycium cladoniscum* Schl."] — zu erkennen. Ueber weitere Wirthe sind noch Beobachtungen anzustellen.

VII.

Calycium chrysocephalum (Turn.) Ach.

Acharius, Meth., Suppl., p. 15.

Der als wirthlicher dienende Thallus von *Lecidea ostreata* (Hoffm.) wird nicht immer auch in seiner Färbung und dabei zugleich wenig in seiner Gestaltung beeinflusst, im welchem Falle, wie in Lojka, coll. Nr. 1830, der für die neue Ansicht erforderliche Beweis leicht geführt werden kann. Ich bin überzeugt, dass sogar, wenn ein feines, goldgelbes Pulver vorhanden ist, dieselbe Art als Wirth dient [Oedthal bei Mittersill, Pinzgau, leg. A. Minks 1872].

VIII.

Calycium phaeocephalum Turn.

Turner and Borrer, Lich. Brit., p. 145.

Die Beeinflussung des Aeusseren des Lagers von *Lecidea ostreata* (Hoffm.), das, wie es scheint, hier regelmässig die Rolle des Wirthes spielt, ist nicht selten mehr oder weniger unbedeutend [Rabh., L. Eur. exs. Nr. 592], so dass eine beträchtliche Zahl von üppig entfalteten Thallomen die Verfolgung der Ueber-gänge auch manchem anderen Lichenologen gestatten wird. Nach stärkerer Beeinflussung wird selbstverständlich der Nachweis der Apothecien der *Lecidea* auf äusserlich verändertem Thallus höchst werthvoll, was mir in Rabh., L. Eur. exs. Nr. 834 möglich ist. Die Ausbildung der Thallome, der Abschnitte des Homothallium, schwankt bei dieser *Lecidea* bekanntlich beträchtlich. Selbst wenn sie aber höchst zwerghaft gerathen sind, bleiben sie doch ihrer Art nach erkennbar [Norrl., Hb. L. Fenn. Nr. 4]. Verkümmert der Thallus des Wirthes zu einer unbestimmten, dem Holze eingebetteten Masse, als welche er bekanntlich sogar Apothecien trägt, so haben wir die V. *acrustacea* von *Calycium phaeo-cephalum* [Norrl., Hb. L. Fenn. Nr. 5].

IX.

Calycium trichiale Ach.

Acharius, Lich. univ., p. 243.

Das meistens *Lecidea ostreata* (Hoffm.) heimsuchende *Calycium* verändert deren Thallome in der Regel sehr wenig, namentlich wenn sie Holzbewohnerin ist [Lojka, coll. Nr. 1224]. Alsdann sind auch die Uebergänge zu dem scharf gekennzeichneten Lager sehr leicht zu sehen. *Biatora Ehrhartiana* (Ach.) wider-steht dem Eindringling am stärksten, was mir Rabh., L. Eur. exs. Nr. 104

beweiset, da neben den gut entwickelten Apothecien von *Calycium trichiale* ebenso ausgebildete dieses Wirthes vorhanden sind.

Von der F. *cinereum* (Pers.) gilt dasselbe, soweit als *Lecidea ostreata* zur Grundlage dient [Norrl., Hb. L. Fenn. Nr. 6 — Lojka, L. Hung. exs. Nr. 7]. Ich glaube, dass selbst in Zw., L. exs. Nr. 678 derselbe Wirth vorliegt.

X.

Calycium melanophaeum Ach.

Acharius, Vet. Ak. Handl., 1816, p. 276, tab. 8, fig. 8.

Auch an der Erzeugung dieses Gebildes betheiligt sich *Lecidea ostreata* (Hoffm.), wenn sie auch nicht immer so sicher, wie in Norrl., Hb. L. Fenn. Nr. 7, in allen Stufen bis zur typischen Entfaltung nachzuweisen ist. Die Beeinflussung des Wirthes ist immerhin gering. Ich zweifele an dem Dasein derselben Grundlage auch nicht, wenn das Gebilde sich, wie in Zw., L. exs. Nr. 823, darstellt. Man muss eben die Gestaltungen dieser *Lecidea* fleissig in der Natur studirt haben, um die für dieses kleine Gebiet erforderliche Schärfe des Blickes und des Urtheiles zu besitzen.

XI.

1. *Calycium microcephalum* Sm.

Smith, Engl. Bot., tab. 1865. — *Sphinctrina anglica* Nyl., Syn., I, p. 143. — *Sphinctrina microscopica* Anz., Cat., p. 98.

2. *Sphinctrina tubaeformis* Mass.

Massalongo, Mem. lich., p. 155.

1, 2.

Trotz aller Gleichheit im Baue der Fruchtkörper wurde die auf *Pertusarien*-Lagern lebende Flechte [2] von der andere Lager bewohnenden [1] getrennt, eben weil man in dem letzten Gebilde eine mit eigenem Thallus versehene Flechte zu erblicken glaubte. Zur Erkenntniss der wahren Sachlage bin ich durch die Beobachtung der Aehnlichkeit in den Krusten mit *Lecidea glomerella* Nyl. geleitet worden.

Als Wirthe dienen eine sorediale Form von *Lecanora subfusca* (L.) [Zw., L. exs. Nr. 285 B — Anz., L. Lang. exs. Nr. 212 B — Norrl., Hb. L. Fenn. Nr. 1 a, b — Kascheberg bei Grünberg, Schlesien, leg. Hellwig 1874], ferner *Lecanora varia* (Ehrh.) und in der Regel zugleich *Lecanora symmicta* Ach. [Södermanland, leg. J. Hulting 1872 — Nerike, St. Mellösa, leg. P. J. Hellbom — New Bedford, Massachusetts, leg. H. Willey]. Am lehrreichsten ist das syntrophische Verhältniss, wenn *Lecanora subfusca* (L.) ergriffen wird, weil man dann schon an der Verfärbung der Soredienmassen deutlich die Ausbreitung des fremden Thallus erkennen kann. Der Syntroph scheint für kleinkörnige Lager überhaupt eine Vorliebe zu hegen, denn man sieht, wie sehr er *Lecanora symmicta* Ach. bevorzugt, wenn sie zusammen mit *Lecanora varia* (Ehrh.) wächst. Kommen dem vorrückenden Syntrophen andere Lager, als die genannten in den Weg, so dringt er auch in diese ein. Als solchen aussergewöhnlichen Fall beobachtete ich bisher bloss das Eindringen in den Thallus von *Biatora Ehrhartiana* (Ach.) [Nerike, St. Mellösa, leg. P. J. Hellbom]. Ich möchte aber kaum bezweifeln, dass gelegentlich auch der Thallus von *Lecidea ostreata* (Hoffm.) befallen werde [Zw., L. exs. Nr. 285 B].

Diese meine Anschauungen gründen sich freilich auf der Voraussetzung, dass die wirthlichen Lager noch frei von dem in *Lecidea synothea* Ach. gegebenen Syntrophen seien. Schon die grosse Uebereinstimmung der von jenem Syntrophen besetzten Kruste in allen Wandlungen mit der von diesem *Calycium* bewohnten zwingt mich zu dieser Vorsicht bei der Beurtheilung. Ausserdem ist zu erwägen, dass die vermeintliche Neigung für kleinkörnige Lager sich schwer mit der Vorliebe für *Pertusarien*-Lager vereinigen lässt. Endlich kann die Beobachtung, dass die ersten Lager sichtlich, die letzten dagegen gar nicht beeinflusst werden, stutzig machen. Das gleichzeitige Auftreten von beiderseitigen Apothecien auf derselben Kruste würde den eingeschlagenen Weg der Forschung leider nicht beenden. Wir sind ja berechtigt anzunehmen, dass auf den von *Lecidea synothea* befallenen Lagern zugleich auch dieses *Calycium* noch zu gedeihen vermöge, wobei es bedeutungslos bleibt, ob jene *Lecidea* Apothecien hervorbringt oder nicht.

Gyalectacei.

Die ausschliessliche Berücksichtigung der Nützlichkeitgründe entschuldigen die Unterlassung der eingehenden Begründung der Erhebung dieser Flechtenreihe nicht allein zu einer Familie, sondern sogar zur höheren Stufe einer Tribus. Wer freilich nicht mehr, als ein apothecium urceolatum et concavum, wie Nylander, bei *Gyalecta* zu sehen vermag, wird der Aufstellung dieser Tribus entschieden ablehnend gegenüberstehen. Selbstverständlich ist die Kleinheit dieser Abtheilung kein Grund gegen ihre starke Absonderung. Ich kann aber voraussagen, dass sie sich in der Zukunft als etwas grösser darstellen wird, als man zur Zeit glaubt, wobei ich noch gar nicht an die von mir schon nachgewiesene[1]) Nothwendigkeit der Vereinigung mit den *Stictidei* der Mycologie denke. Die auf dem ganzen Gebiete der nothwendigen Syntrophie auffallende Stärke der Annäherung an die entsprechenden Arten jener Wissenschaft erregt bei dieser Tribus noch mehr Aufsehen, weil bisher unterschätzte oder gar nicht erkannte Eigenthümlichkeiten der Fruchtkörper in ihrer Deutlichkeit den gleichen bei den *Stictideen*, die von mir aufgedeckt sind, nicht nachstehen. Ich hebe vor allen die Ausbildung von Periphysen hervor, die man in der Lichenologie bisher nur

---

[1]) Symbolae licheno-mycologicae, II, p. 191 (1882).

bei den *Verrucariaceen* kannte, und die vom Rande allmälig durch die ganze Weite des Excipulum mitten durch das Gewebe behufs Entleerung vorschreitende Trennung. Die Annäherung in der Gestaltung des Fruchtkörpers und in den Einzelheiten seines Baues an die *Stictidei* ist bei allen folgenden Syntrophen dieser Tribus so bedeutend, dass sicherlich allein die hier herrschenden Verhältnisse eine Besitznahme durch die Mycologie bis jetzt verhindert haben.

Dass ich trotz der schon jetzt von mir nachgewiesenen Annäherung zwischen den *Gyalectacei* und den *Verrucariacei* die erste Tribus zwischen die *Parmeliacei* (abgesehen von den *Calyciacei*) und *Graphidacei* und nicht zwischen die letzte Tribus und die *Verrucariacei* versetze, dazu bestimmt mich die Erwägung, dass im entgegengesetzten Falle keine Vermittelung zwischen den *Parmeliacei* und *Graphidacei* vorhanden sein würde. Und ich möchte lieber diese Vermittelung durch Einreihung der *Gyalectacei* hervorkehren, wenn auch damit die Absonderung der *Verrucariacei*, die zwar nicht, wie man wohl glaubt, gänzlich unvermittelt den *Graphidacei* gegenüberstehen, schroffer wird.

Alle diese Umstände rechtfertigen schon vor dem Eingehen in die morphologische Behandlung der vorliegenden Frage die möglichst scharfe Absonderung und die Erhebung der *Gyalectacei* zu einer Tribus.

I.

1. *Urceolaria scruposa* (L.) Ach.
Acharius, Meth., p. 147.

2. *Urceolaria cinereocaesia* (Sw.) Ach.
Acharius, Lich. univ., p. 312.

3. *Urceolaria chloroleuca* Tuck.
Tuckerman, Obs. lich. 3 (Proc. Americ. Acad., Vol. V, p. 268).

4. *Urceolaria violaria* Nyl.
Nylander, Flora, 1875, S. 299, 1876, S. 577.

5. *Urceolaria ocellata* Vill.
Villars, Delph. 3, p. 988. — *Urceolaria Villarsii* Ach., Lich. univ., p. 338.

6. *Urceolaria actinostoma* (Pers.) Ach.
Acharius, Lich. univ., p. 288. — *Urceolaria striata* Fr., Lich. Eur., p. 192.

7. *Urceolaria clausa* (Flot.) Körb.
Körber, Par. lich., p. 105. — *Urceolaria subsordida* Nyl., Flora, 1873, S. 199, 1877, S. 232. — *Limboria Euganea* Mass., Ric. sull' auten. dei Lich., p. 155 (1852) [fide Nyl., Lich. Pyr. or., p. 34 (1891)].

Bei sämmtlichen Gebilden dieser Gruppe stimmen die Apothecien in allen Wandlungen ihrer Theile bis in das kleinste hinein überein. Namentlich sind allen gemeinsam die Schwankung in der Zahl der Sporen des Schlauches, die häufige Verkümmerung der ersten und die mit der Abnahme der Zahl zunehmende Grösse der einzelnen Organe. Die Zahl der Sporen kann bis zu je zweien hinabsinken, auf welchem Umstande hauptsächlich *Urceolaria bispora* Bagl.[1]) gegründet sein dürfte.

Das Apothecium betheiligt sich an beiden in der Einleitung zu dieser Tribus geschilderten Eigenthümlichkeiten. Die Periphysen sind freilich nicht immer gleich gut, wenn es sich nicht um *Urceolaria actinostoma* und *Urceolaria clausa* handelt, zu studiren. Am besten fand ich diese Hyphen in *Urceolaria scruposa* V. *bryophila* F. *iridata* Mass. [Anz., L. Lang. exs. Nr. 128] entwickelt. Sie nehmen hier sogar von innen nach aussen fortschreitend allmälig eine braune Farbe an.

Die Gestalt der Oeffnung schwankt bei allen. Die Durchschnitte der Apothecien von *Urceolaria actinostoma* und *Urceolaria clausa* nehmen in Wasser die gleiche Gestalt, wie vor allen bei *Urceolaria ocellata*, an. Dass die Scheibe von *Urceolaria actinostoma* und *Urceolaria clausa* sich in der bekannten Weise darstellt, beruht einfach auf dem Umstande, dass das syntrophische Lager eine zusagende Gestaltung des wirthlichen nicht in allen Fällen veranlassen kann. Trotz alledem vermag doch hin und wieder das Apothecium zur Ueppigkeit und zur damit verbundenen Weite der Oeffnung zu gelangen. Der Reif der Scheibe, dieses in Wahrheit unwesentliche Vorkommniss, erscheint bei allen Gebilden, fehlt aber auch bei denen, wo es als Kennzeichen angenommen ist.

Die Thatsache der Gleichheit der Apothecien unterstützt bedeutend die Ansicht von der hier vorfindlichen Syntrophie. In Wahrheit spielen ja die in den Krusten gegebenen Unterschiede eine mehr oder weniger wichtige Rolle bei der Abgrenzung der vermeintlichen Arten. Da nun die Schwankungen in der Kruste bei den anderen „Arten" von *Urceolaria* ebenso bedeutend sind, wie innerhalb des Kreises von *Urceolaria scruposa*, war die allmälige Auflösung dieser Art in eine Anzahl von Arten eine folgerichtige Handlungsweise.

Mit den an der Spitze genannten Gebilden erachte ich die Kenntniss des Kreises der Art noch keineswegs für abgeschlossen. Ich zweifele, ob sich unter den hier nicht behandelten Gebilden namentlich der Tropen eine wahre Art von der vorliegenden in der Zukunft abgrenzen lassen werde, ebenso wie, ob für die etwa zu erwartende Entgegnung, dass sich unter jenen wirkliche Autotrophie nachweisen lassen dürfte, die nothwendigen Beweise geliefert werden können.

1.

Von den Aufschlüssen über das Vorkommen gelegentlicher Syntrophie könnte man eine gleiche Anschauung auch auf *Urceolaria scruposa* auszudehnen geneigt sein. Besonders die Verhältnisse, die man in einer Varietät *bryophila* vereint zu sehen glaubt, könnten zur Unterstützung dieser Auffassung herbeigezogen werden. Während aber zahlreiche andere Fundorte in meiner Sammlung im allgemeinen

---

[1]) Prosp. lich. Tosc., p. 246.

die häufigste Erscheinung, nemlich die Bedeckung der Mitte oder der ganzen Fläche eines kleinen Rasens von hin und wieder mit Podetien versehener *Cladonia pyxidata* (L.) V. *pocillum,* zeigen, finde ich in den besonders lehrreichen Stücken: Dép. du Jura, Calvarienberg bei St. Lothain nächst Poligny, leg. A. Minks 1871 — folgende Einzelheiten. Neben der vermeintlichen mit Apothecien versehenen Kruste der *Urceolaria* sind auf den in jeder Hinsicht unveränderten *Cladonia*-Phyllocladien Apothecien des Bewohners vorhanden. Die vermeintliche Kruste der *Urceolaria* erstreckt sich bis auf die Podetien. Die Gestalt des wirthlichen Lagers schwindet zuletzt gänzlich und scheint in der vermeintlichen Kruste des Bewohners aufzugehen. Diese Kruste ragt über den Rand des *Cladonia*-Rasens hinaus.

Nach den Einzelheiten dieses Bildes zu schliessen, vereinigen sich folgende Vorgänge zu dessen Entstehen. Selbst die bekanntlich derben Phyllocladien der genannten *Cladonia* werden durch den Syntrophen verdickt und runzelig. Während eine Einberstung in dem oberen Bereiche der *Cladonien*-Schuppen vor sich geht, werden ihre Ränder durch das syntrophische Lager verlöthet und verschmelzen endlich. Da nun die auf dem *Cladonien*-Lager befindlichen Theile der vermeintlichen *Urceolaria*-Kruste hier und da noch die Farbe eben dieses Lagers haben, wird schon damit ihre Zugehörigkeit zur *Cladonia* dargethan. Erst nachdem sie von dem syntrophischen Gewebe stark ergriffen worden sind, nehmen sie die bekannte graue Farbe an und verlieren ihre Glätte. Dadurch ist auch bewiesen, dass es sich bei dem Vordringen der vermeintlichen *Urceolaria*-Kruste über den *Cladonia*-Rasen hinaus um das Eindringen des syntrophischen Gewebes in ein anderes benachbartes Lager handelt, das seine Herkunft entweder von derselben Art oder einer anderen Flechte herleitet.

Man wähne nicht, dass in dem viel häufigeren steinbewohnenden Gebilde die Kruste ein eigenes Lager darstelle. Wenn auch im allgemeinen Arten von *Aspicilia*[1]) und *Lecidea* bevorzugt werden, ist diesem Syntrophen doch auch alles andere recht. Er verquickt sich sogar mit manchen anderen Lagern allem Augenscheine nach viel leichter, als mit denen von *Cladonia*. Kleinkörnige Lager dienen ihm gewissermaassen als Spielbälle. Solche Thallome wandelt er schnell und gründlich um, so dass man nach dem ursprünglichen Aussehen suchen kann [Norrl., Hb. L. F. Nr. 266]. Sind die befallenen Lager von Hause aus mit einer auffallenden Farbe ausgestattet, so gestalten sich die Verhältnisse besonders lehrreich und anziehend. Auf die Ergreifung sowohl des steinbewohnenden, wie auch des erdbewohnenden *Baeomyces byssoides* (L.) Wahlb. sind verschiedene Formen von *Urceolaria,* und zwar nicht von *Urceolaria scruposa* allein, zurückzuführen. Trotz der unvergleichlichen Gier, mit welcher der Syntroph jedes in den Weg kommende lichenische Wesen erfasst, wird es auch anderen Beobachtern gelingen, mehr oder weniger freie Lagerbereiche des zuletzt genannten Wirthes, die sogar ihre Apothecien tragen, neben gänzlich ergriffenen zu finden. Noch lehrreicher

---

[1]) Wie wenig unter Umständen die befallene *Aspicilia* von ihrem Gepräge verliert, lässt sich schon aus der Diagnose von *Urceolaria scruposula* Nyl. [Pyr. or., p. 11] erkennen.

und anziehender gestaltet sich das Bild, wenn in der Nachbarschaft eines steinbewohnenden Gebildes *Buellia geographica* (L.) der Ergreifung ausgesetzt ist.
Die von der *Urceolaria* gänzlich ergriffenen Areolen der *Buellia* nehmen als Farbe
eine Mischung von Gelb und Grau an. Man findet aber auch solche, die noch
mehr frei von dem syntrophischen Gewebe sind und desshalb ihr reines Gelb
bewahrt haben.

Beachtenswerth ist auch noch der Fall, wenn der Syntroph in *Amphiloma
lanuginosum* (Ach.) geräth [Arn., L. exs. Nr. 95 — Anz.. L. Lang. exs. Nr. 333].
Diesen wirthlichen Stoff kann der Bewohner offenbar nicht recht umgestalten;
er ist ihm vielleicht sogar wenig zuträglich. Man darf aber in kreidigem Weiss
auftretende Lager nicht immer [Oliv., L. exs. Nr. 375 — Anz., L. Lang. exs. Nr. 327]
für *Amphiloma lanuginosum* halten. Jedenfalls ist es durchaus verständlich geworden, wie die V. *albissima* Ach. und die Arten *Urceolaria gypsacea* Ach. und
Urceolaria cretacea Ach. entstehen konnten, die später ebenso mit Recht, wie mit
Unrecht, vereinigt, dann aber noch mehr getrennt worden sind.

2.

Urceolaria cinereocaesia zeichnet sich häufig durch Uebereinstimmung in
der Grösse und der Bereifung des Fruchtkörpers mit *Urceolaria ocellata* aus.
Dasselbe Gebilde liegt übrigens auch in Rabh., L. Eur. exs. Nr. 870 von der
Sahara vor.

3.

Urceolaria chloroleuca weicht in den Urstücken [Wright, L. Cub. exs.
Nr. 126, ej. Ser. II, Nr. 84] kaum von *Urceolaria cinereocaesia* ab. Zu Grunde
liegt hier ein an einzelnen gesonderten und bald weniger, bald mehr freien
Schuppen erkennbarer *Cladonien*-Thallus.

4.

Schon der Urheber von *Urceolaria violaria* sah in diesem Gebilde zuerst
eine *Pertusaria* [!] a. a. O. Und in der That zeigt der von Lamy in Arn., L.
exs. Nr. 890 vertheilte Stoff den vom Syntrophen gar nicht veränderten Thallus
von *Pertusaria communis* DC. in grauer und gelblicher Färbung. Dieses Lager
weicht wenigstens von Wright, L. Cub. exs. Nr. 161 wesentlich ab, so dass die
Zweifel Nylanders an der Trennung dieses Gebildes von *Urceolaria cinereocaesia*
unverständlich erscheinen müssen.

5.

Das bekanntlich zur Abhebung in der Mitte seiner Thallome veranlagte
Lager von *Aspicilia calcarea* (L.) bleibt oft nicht bloss im Randgebiete deutlich
erkennbar, wodurch ein starker und steiler Abfall von dem ergriffenen zu dem
noch freien Gebiete hervorgerufen zu werden pflegt, sondern verleugnet sich auch
durch seine Neigung zur Ausbildung einer glatten, bläulichgrauen und unbereiften

Oberfläche nicht [Lojka, L. univ. Nr. 232]. Es kommen auch inselartig freie Bereiche mitten in dem weissen Ausbreitungbezirke des Syntrophen vor. In der starken Neigung der Thallome zur Wölbung liegt der eigentliche Grund zu der ausgeprägt lecideoiden Gestaltung des gyalectinen Apothecium. Die vermeintlich lecanoroide Umrandung verhält sich in der gleichen allen Einklang verletzenden Weise, welche wir bei den unter *Pyxine* und den *Buellici* begriffenen Gebilden kennen gelernt haben.

Wohl zu beachten ist es, dass hier schon mittelst der Lupe im Aufschnitte des Gebildes die Ausbreitung des Syntrophen studirt werden kann. Das dem Excipulum wenigstens in einer Strecke von mehreren Millimetern noch gleichgefärbte Lager zieht sich unter der gonidematischen Schicht des Wirthes hin, was dessen geringe Beeinflussung, vielleicht aber auch die schnelle und weite Ausbreitung des Syntrophen hinreichend erklärt. Das syntrophische Lager färbt sich stellenweise auf Behandlung mit Aetzkali zinnoberroth, im allgemeinen aber braungelb.

Ist die Ausbildung des Wirthes kümmerlicher, so entspricht ihr die des syntrophischen Apothecium. Man kann in solchem Falle *Urceolaria scruposa* V. *albissima* vor sich zu haben glauben [Oliv., L. exs. Nr. 375].

6.

Unter allen Gebilden dieser Gruppe findet man ausser bei *Urceolaria actinostoma* noch bei *Urceolaria clausa* den Fruchtkörper so frei und zusammenhanglos gegenüber dem wirthlichen Lager. Das in den bekannten Wandlungen von weisslicher und bläulicher Färbung auftretende Lager von *Aspicilia gibbosa* (Ach.) liegt *Urceolaria actinostoma* zu Grunde. Als eine nicht zu unterschätzende Unterstützung meiner Auffassung erscheint die Beobachtung von Apothecien, welche nicht, wie gewöhnlich, dem Körper eines wirthlichen Thalloma einverleibt sind, sondern, zwischen zwei Areolen gerathen, einen Zusammenhang nur mit dem eigenen Lager aufweisen.

7.

Nur der noch kümmerlicheren Entfaltung des Fruchtkörpers verdankt *Urceolaria clausa* ihre Entstehung, die aber in neuester Zeit allgemein nicht mehr aufrecht erhalten wird. Die Verkümmerung der Scheibe des Fruchtkörpers ist auf die Dünnheit der wirthlichen Kruste zurückzuführen, die *Aspicilia gibbosa* (Ach.) in einer mit V. *silvatica* und anderen zu vergleichenden Ausbildung hergibt. Auch das syntrophische Lager fühlt sich sicherlich in solchen Krusten beengt, wofür das Ausbleiben merklicher Veränderungen das beste Anzeichen sein dürfte.

II.

Urceolaria verrucosa Ach.

Acharius, L. univ., p. 339. — *Urceolaria mutabilis* Ach., L. univ., p. 335.

Dass Acharius dieses Gebilde als eine *Urceolaria* aufgefasst hat, darf nicht Wunder nehmen bei der grossen Aehnlichkeit mit *Urceolaria scruposa* (L.)

58*

nicht allein in der Gestaltung des Fruchtkörpers, sondern sogar in der Art und Weise der Umwandlung der lichenischen Unterlage. Dieser Syntroph hat mit jenem die schnelle und weite Ausdehnung, die Verkittung der wirthlichen Lagerabschnitte und vielleicht auch noch die Unbeschränktheit in der Auswahl der Wirthe gemein, die letzte freilich nur soweit, als davon bei der Abneigung gegen Steinbewohner und der Vorliebe für Bergbewohner die Rede sein kann.

Am lehrreichsten sind auch hier, wie bei *Urceolaria scruposa* (L.), die Bilder, welche durch die Befallung von *Cladonia pyxidata* (L.) und anderen mit grösseren und derberen Lagerschuppen versehenen Arten dieser Gattung entstehen. Besonders befriedigt in dieser Hinsicht von Müller Arg. [Salève bei Genf] und von O. G. Blomberg [Wisby, Gotland 1880] gesammelter Stoff. Sehr ergetzlich ist der Anblick einer das syntrophische Apothecium umschliessenden Warze, wenn sie sich am Rande des wirthlichen Lagers befindet, und zugleich noch die eigenthümliche Randbildung gewissermaassen durchschimmert. Falls der Syntroph neben *Cladonien* zugleich andere benachbarte Lager ergreift, werden Bilder hervorgerufen, die in Bezug auf Lehrwerth die höchsten Ansprüche befriedigen können.

Als würdigen Abschluss meiner Beweisführung kann ich die Erscheinung vorführen, dass ein besonders scharf gekennzeichnetes Lager in Besitz genommen ist. In Anz., L. Lang. exs. Nr. 129 sehe ich deutlich die gleiche Umwandlung eines mit grossen Apothecien ausgestatteten Thallus von *Physcia stellaris* (L.), wie sie mit Phyllocladien von *Cladonia* vorgenommen zu werden pflegt. Daher erklärt sich auf sehr einfache Weise die Entstehung gleicher Warzen um die wirthlichen Apothecien, wie um die syntrophischen, die beide, durcheinander gemischt, als einer Kruste angehörig erscheinen.

Das als *Urceolaria mutabilis* bezeichnete Gebilde liegt vor, wenn die Unterlage, namentlich die von *Cladonien* verhältnissmässig wenig im Aussehen verändert ist, was bisweilen sogar in ausgedehntem Maasse vorzukommen scheint. Die genau entsprechende Erscheinung ist bei *Urceolaria scruposa* unbeachtet geblieben, weil sie dort nur vereinzelt zu sein pflegt.

III.

Gyalecta Valenzueliana (Mont.) Tuck.

Tuckerman, Lich. Californ., p. 30. — *Gyalecta asteria* Tuck., Obs. Lich. 2 (Proc. Americ. Acad., 1862, p. 414).

In dem Urstücke von *Gyalecta asteria* [Wright, L. Cub. exs. Nr. 173] gehört der Thallus unzweifelhaft einer *Biatorinopsis* an. Die Apothecien beider wachsen dicht beieinander. Das nur durch Verblassung abweichende Lager in Balansa, L. Paraguay. exs. [Nr. ?] lehrt die Art und Weise, wie der Syntroph mit dem wirthlichen Lager umgeht, recht augenfällig. Was ein eigener Fruchtkörper nicht thun würde, nicht thun könnte, zeigt ein Bild, das man am treffendsten mit der Schmückung mittelst fremder Federn vergleichen kann, oder das an andere Erscheinungen in der Natur erinnert, z. B. an die Benutzung von Sandkörnchen u. dergl. m. zum Zwecke von Gehäusen für Entwickelungzustände niederer Thiere.

Die Periphysen, die bereits Müller Arg. mit den Worten „Interius ore in hyphas albidas conniventes solutum" geschildert hat[1]), bringen nebst der zuerst und zumeist in der Seitenwandung des Apothecium auffallenden Trennung zwischen dem Gewebe des Thalamium und des Excipulum das gleiche Bild zu Stande, das ich bei den *Stictideen* an bekannter Stelle geschildert habe.

Ueber die vom Urheber, Tuckerman, selbst als Form zu *Gyalecta Valenzueliana* gebrachte *Gyalecta absconsa* vermag ich nichts zu berichten. Jedenfalls gewinnt aber Tuckermans Zweifel[2]), ob der Thallus nicht zu *Arthonia spectabilis* Flot. gehöre, gegenüber der von ihm selbst festgestellten Uebereinstimmung im Apothecium mit *Gyalecta Valenzueliana* jetzt bedeutend an Grundlage.

IV.

1. *Gyalecta radiatilis* Tuck.

Tuckerman, Lich. Californ., p. 30.

2. *Gyalectella humilis* Lahm.

Lahm, Westf. Flechten, S. 78.

3. *Lecidea microstigma* Nyl.

Nylander, Flora, 1880, S. 390.

1.

Schon der Urheber erkannte[2]) in *Gyalecta radiatilis* eine das Lager von *Pertusaria multipuncta* (Turn.) bewohnende Flechte. In meinen grossen von Tuckerman bestimmten Stücken [New Bedford, Massachusetts, leg. H. Willey] ist ein an *Pertusaria multipuncta* stark erinnernder Thallus in Spuren zu finden, dieser ist aber wenigstens von dem Apothecien tragenden Syntrophen frei. Dagegen sehe ich reichlich ein dünnen und ausgedehnten Krusten von *Lecanora symmicta* Ach. ähnliches Lager vorhanden, das mit kaum mehr als 1 cm weiten Gruppen der *Gyalecta*-Apothecien in beliebigen Abständen voneinander besäet ist, durch welche Anordnung und Vertheilung allein schon die Syntrophie bewiesen wird.

Dieselbe Flechte liegt mir auch in einem Stückchen mit einem scheinbar ächt endophloeoden Lager vor. Dies ist aber kein Grund, hier die Autotrophie anzunehmen und daraus weiter für die anderen Fälle das Bestehen nur gelegentlicher Syntrophie herzuleiten.

Die Spore wird gar nicht selten tetrablastisch.

---

[1]) Lich. Paraguay. — Rév. myc., 1888, p. 13 (S. A.).
[2]) Syn. lich., I, p. 219.

2.

Die äussere und innere Aehnlichkeit mit *Gyalecta radiatilis* ist zu gross, als dass man noch die Trennung einer *Gyalectella humilis* [Arn., L. exs. Nr. 795] aufrecht erhalten könnte. Der ganze Unterschied beschränkt sich darauf, dass die amerikanische Flechte mehr auf die Ausbildung des Excipulum, die europäische mehr auf die Entfaltung des Thalamium und des Thecium, namentlich in Betreff der Masse verwendet hat.

Ueber den Thallus, der dem als wirthlichen für *Gyalecta radiatilis* von mir beobachteten gleicht, konnte ich mir nach dem vorliegenden Stoffe keine befriedigende Aufklärung verschaffen. Die Apotheciaenhaufen sind hier ebenso, wie dort, vertheilt. Diese Haufen sind hier von neuem eine für die Erkenntniss des vorliegenden Verhältnisses nicht zu unterschätzende Erscheinung. Möge man auch solches Anhaltpunktes für die Aufdeckung neuer Fälle von Syntrophie eingedenk bleiben.

Die Spore ist nicht bloss tetrablastisch, sondern wird schliesslich sogar polyblastisch. In der Gestalt dieses Organes, die in schedula Arn., L. exs. Nr. 795 hervorgehoben ist, liegt keine Besonderheit vor, denn bei den *Gyalectaceen* ist die sogenannte arthoniomorphe Spore nichts auffallendes.

3.

Schon mittelst der Lupe ist die gyalectoide Gestaltung des Apothecium von *Lecidea microstigma* festzustellen. Thecium und Thalamium gleichen ausserdem denen jener beiden anderen. Die stärkere Färbung des Excipulum ist zwar hier allgemein, sie fehlt jedoch weder bei *Gyalecta radiatilis*, noch bei *Gyalectella humilis*. Im Thallus des Gebildes allein [Zw., L. exs. Nr. 598 — Arn., L. exs. Nr. 850] herrscht bedeutende Abweichung. In Folge der Uebereinstimmung der Apothecien aber trägt gerade dieser Umstand wesentlich dazu bei, das Vorhandensein der Syntrophie zu bestätigen. Hier wird es recht augenfällig, ein wie dürftiges Lager zur Syntrophie genügen kann.

Die Spore habe ich nicht selten als dyblastische beobachtet.

Graphidacei.

Die Abgrenzung dieser Tribus wird selbst der morphologischen Forschung nicht leicht werden. Die herrschende Lichenographie aber ist gänzlich rathlos, so oft als die Gestalt des Fruchtkörpers nicht mehr als Führerin dient. Diese Rathlosigkeit wird recht offenbar bei jedem Beispiele, wenn man den Typen verschiedener Familien der *Parmeliacei* entsprechend gestaltete Fruchtkörper mit dem Typus dieser Abtheilung für wohl vereinbar erachtet. Die morphologische Forschung darf und wird in Zukunft eine solche von reiner Willkür geleitete Systemkunde nicht weiter walten lassen.

Hier die Aufstellung des *Graphidaceen*-Typus auf morphologischer Grundlage, wenn auch nur in einigen Andeutungen zu rechtfertigen, verbietet schon die dieser Arbeit gegebene Begrenzung. Nach der Absonderung der *Gyalectacei* von den *Parmeliacei* zeigen die Uebergänge von den ersten zu den *Graphidacei* in *Gyrostomum* erst recht ihre anziehendste Seite. Dasselbe lässt sich aber nicht von etwaigen Uebergängen dieser Tribus zu jener sagen. Ja! es dürfte überhaupt schwer fallen, solche innerhalb des bisher bekannten Bereiches der *Graphidaceen* nachzuweisen. Als Ersatz gewissermaassen sind Anzeichen genug vorhanden dafür, dass die Uebergänge zu den *Parmeliacei* zahlreicher und ausgeprägter auftreten, selbst als solche von den *Gyalectaeci* zu jener Tribus nachgewiesen werden können. Freilich ständen sich für mein Urtheil *Graphidaceen* und *Parmeliaceen* unter viel schwächerer Vermittelung gegenüber, wenn ich nicht einen Einblick in die Lichenen der mycologischen Literatur gewonnen hätte. Nimmt man vor allen die *Hysteriaceen*, deren Zusammenfallen mit den *Graphidaceen* ich längst nachgewiesen habe, zu Hilfe, so ist unter den mit einem Stroma versehenen Fruchtkörpern namentlich bei stielartiger Ausbildung des Grundes diesseits und jenseits die stärkste Annäherung zu sehen. Die mit solchem Stroma ausgestatteten Flechten, die hier unter den *Parmeliaceen* behandelt sind, gehören ebenso auch zu den Reihen der mycologischen Literatur, wie eine Anzahl der von den Lichenologen als *Graphidaceen* erachteten, die in den folgenden Zeilen betrachtet werden soll. Eine vergleichende Untersuchung der hier ihrer Syntrophie wegen dargestellten *Parmeliaceen*, die in Frage kommen können, mit den entsprechenden *Graphidaceen* wird eine überraschend starke Annäherung in manchen Punkten der Gestaltung und des Baues des Fruchtkörpers erkennen. Vorwiegend die Rücksicht der Nützlichkeit gebot die Zusammenfassung der folgenden als *Graphidacei*, daher man nicht wähnen möge, dass hiermit die herrschende Anschauung der Lichenographie von morphologischer Seite aus ihre Stütze erhalten soll.

Unter den *Graphidaceen*, denen Autotrophie fehlt, nehmen, wie bereits aus dem ersten Theile dieser Arbeit ersichtlich ist, die unter *Arthonia* Ach., Nyl. zusammengefassten Gestalten eine Hauptstelle ein, ohne dass sie aber im Sinne dieser Darstellungen durch das syntrophische Verhältniss hervorragende Gebilde in grösserer Zahl erzeugen. Eine erspriessliche Behandlung dieser Syntrophen ist kaum denkbar anders, als in Gestalt einer umfassenden Bearbeitung der ganzen Reihe, und zwar auf morphologischer Grundlage. Dieses selbe Verfahren soll aber auch in Bezug auf alle anderen für die Syntrophie in Betracht kommenden Gattungen einer späteren Wissenschaft hiermit auf das wärmste empfohlen werden. Man wird dereinst mir das Verdienst zusprechen, dass mit meinen biologischen Aufschlüssen einer wahrhaft wissenschaftlichen Bearbeitung von *Arthonia* und jener anderen Reihen erst der Boden bereitet worden ist.

I.

1. *Rhaphiospora flavovirescens* (Dicks.) Mass.

Massalongo, Alc. gen., p. 12. — *Lecidea citrinella* Ach., Meth., p. 47.

2. *Lecidea dryina* Ach.

Acharius, Meth., p. 34. — *Lecidea lilacina* Ach., Meth., p. 34.

3. Lecidea patellarioides Nyl.

Nylander, Etud. Alg., p. 333. — Rhaphiospora Doriae Bagl., Comm. Soc. cr.
Ital., Vol. I, p. 20.

Alle drei Gebilde stimmen im Baue des Fruchtkörpers vollständig überein.
Namentlich bei *Rhaphiospora flavovirescens* ist das Studium des Thalamium sehr
zu empfehlen wegen der Leichtigkeit, mit der man die Erkenntniss des Daseins
des Hyphema erlangen kann. Das Hyphema ist nicht bloss sehr üppig entfaltet,
sondern zeigt auch zahlreiche Zellen auf verschiedenen Vergrösserungstufen bis
zum Zustande der sogenannten Hymenialgonidien. Sucht man nach einem sorgfältigen Studium der Paraphysen und der Schläuche mit den Sporen, wie es ein
Druckpräparat gewährt, sich eine Vorstellung von einem unversehrten und von
Hyphema freien Durchschnitte zu machen, so wird man auf diesem Wege recht
inne, dass die schleierartige Verhüllung eines solchen Durchschnittes eben durch
dieses zarte Gewebe hervorgerufen ist.

1.

Die Verschiedenartigkeit in der Gestaltung des gelben Thallus von *Rhaphiospora flavovirescens* deutet auf eine solche der Wirthe hin. Befällt der Syntroph
das Lager von *Cladonia pyxidata* (L.) und anderer *Cladonien*, was besonders im
Hochgebirge vorzukommen pflegt, so liegen dem Wuchse der Wirthe entsprechend
inselartige Bezirke vor, die trotz der Aufberstung des wirthlichen Lagers glatt
bleiben. Am anziehendsten ist diese Syntrophie, wenn das fremde Gewebe sich
erst am Rande von noch gar nicht oder wenig beeinflussten *Cladonien*-Schuppen
durch die gelbe Verfärbung hier und da kenntlich macht [Tirol, Kraxentrag am
Brenner, leg. Minks 1873]. Zerstreute und blasige oder warzige Bildungen lenken
auf die Suche nach anderen Wirthen hin, und zwar ausser dem schon bekannten
Bacomyces byssoides (L.).

Höchst anziehend gegenüber der stark auffallenden Beeinflussung der wirthlichen Lager ist die Thatsache, dass eine solche ausbleiben kann, was ich bis jetzt
aber nur bei *Bacomyces byssoides* (L.) beobachtet habe, was sich aber vor allem
auch an dem Gebilde *Arthrorraphis grisea* Th. Fr.[1] beobachten lassen wird. In
Betreff von *Bacomyces byssoides* darf aber durchaus nicht die Anschauung von
einer besonderen Varietät *arenicola* Platz greifen, denn diese Erscheinung kann
überall gleichzeitig neben der bekannten Veränderung des Wirthes gesucht und
gefunden werden. Der Fall der vermeintlichen V. *arenicola* gestaltet sich zu
einem besonders lehrreichen, wenn der kümmerliche Thallus des *Bacomyces* neben
den syntrophischen wohl ausgebildete eigene Apothecien trägt [Arn., L. exs.
Nr. 261 b].

Der schon unter der Lupe auffallende stielartige Fuss des Fruchtkörpers
kann auf schwach ausgebildeten Wirthen bedeutend zusammenschrumpfen.

----

[1] Th. Fries, Lich. arct., p. 304.

2.

Bei *Lecidea dryina* lässt sich am Grunde des Apothecium der Zusammenhang mit dem braunen Secundärhyphen-Gewebe ausnehmend leicht feststellen. Der eigene Thallus breitet sich auch in den tieferen Schichten der Unterlage, also unterhalb des wirthlichen aus. Schon Nylander[1] zog nicht allein die Zugehörigkeit des sichtbaren Lagers zu den Apothecien in Zweifel, sondern wies sogar auf ihn als den einzigen Unterschied von *Lecidea patellarioides* hin. Für die Grundlage darbietende Flechten haben wir vor allem *Arthonia impolita* (Ehrh.) und *Arthonia byssacea* (Weig.) Almqv. anzusehen. Der erste Wirth ist für mich besonders in Rabh., L. Eur. exs. Nr. 617 leicht erkennbar. Sehr anziehend wird diese Syntrophie, wenn gleichzeitig andere zwischen dem *Arthonia*-Thallus meistens freilich nur in den Anfängen befindliche Flechtenlager befallen werden. Es kann dann nemlich die gleiche Verfärbung, wie bei *Rhaphiospora flavorirescens* eintreten [Rosenthal bei Leipzig, leg. Auerswald]. Diese Beobachtung beweiset, dass erst noch verschiedene Umstände zusammenwirken müssen, ehe solche Wandlungen am Wirthe selbst mittelst eines gefärbten Lagers hervorgerufen werden können. Man darf freilich in Betreff des *Arthonia*-Thallus von vornerein nur ein mässiges Hineinwuchern des syntrophischen Lagers von der Tiefe her annehmen. Allein, was ja zahlreiche in dieser Arbeit vorgetragene Erscheinungen beweisen, schon die Untergrabung des Zusammenhanges zwischen Kruste und Unterlage vermag in dem Aussehen und Gefüge der ersten eine mehr oder weniger beträchtliche Wandlung zu schaffen.

3.

Der durch den Thallus, im besonderen aber durch das Gonidema hervorgebrachte Unterschied bei *Lecidea patellarioides*, den Th. Fries so stark betont,[2] ist auf den Umstand zurückzuführen, dass zarte Lager von *Graphidaceen* oberhalb des in tieferen Lagen befindlichen syntrophischen Lagers sich hinziehen. Vielleicht gelingt es auch anderen Lichenologen, solche mit Apothecien versehene Lager, mit denen sich der Syntroph verbunden hat, in Rabh., L. Eur. exs. Nr. 656 [3] zu finden. Die Apothecien sind zu jung, als dass sich genaueres über die Arten berichten liesse. Die Ausbildung eines eigenen chrolepoiden Gonidema von Seiten des Syntrophen würde übrigens nichts auffälliges sein.

II.

1. *Lecidea Dilleniana* Ach.

Acharius, Meth., p. 55.

2. *Lecidea delimis* Nyl.

Nylander, Flora, 1873, S. 297.

---

[1] Lich. Scand., p. 211 (1861).
[2] Lich. Scand., I, p. 315.
Z. B. Ges. B. XLII. Abh.

466   Arthur Minks.

3. *Lecidea praerimata* Nyl.
Nylander, Flora, 1876, S. 235.

4. *Opegrapha abscondita* Th. Fr.
Th. Fries, Bot. Not., 1867, p. 154.

5. *Lecanactis amylacea* (Ehrh.) Nyl.
Nylander, Prodr. Lich. Gall., p. 137. — *Opegrapha illecebrosa* Duf., Journ. phys., p. 213.

1.

Vom Grunde des stielartig verjüngten und mit einem verhältnissmässig recht niedrigen Thalamium versehenen Fruchtkörpers von *Lecidea Dilleniana* strahlt unterhalb der wirthlichen Kruste ein reichliches Gewebe ziemlich dünner (brauner) Secundärhyphen nach allen Richtungen der Fläche aus. Zwischen dem Apothecium und der Kruste fehlt jede Spur von Geweberverbindung. Das wirthliche Lager, das oft genug stellenweise frei und desshalb leicht kenntlich bleibt, liefert *Opegrapha zonata* Körb. Freilich muss man dieses Lager seinen mannichfaltigen Eigenthümlichkeiten nach erfasst haben, was bis jetzt noch nicht geschehen sein dürfte, wozu aber gerade diese neuen Studien manches beitragen werden. Die feinrissige Kruste ist bald sehr dünn, bald dicker. Entweder beschleunigt und verstärkt der Syntroph eine ausgedehnte sorediale Auflösung, wozu der Wirth überhaupt schon neigt, oder veranlasst eine Lockerung der Anheftung und eine Wölbung der Thallome. Die blasige und mit feinstaubiger Oberfläche versehene Kruste, die dadurch entsteht, bewahrt hin und wieder die violettgraue Färbung, nimmt aber häufiger eine milchgelbe an. Das bekannte Hyphothallium der *Opegrapha* wird sehr selten und wenig verändert. Wie weit sich mit der Wölbung und Abhebung ein Hineinwuchern des Syntrophen verbindet, dies festzustellen bleibt weiteren Studien überlassen. Der Syntroph geht auch auf benachbarte Krusten anderer Flechten über. Bis jetzt habe ich einen solchen Uebergang auf *Acarospora fuscata* (Schrad.) Th. Fr. V. *rufescens* (Turn.) Th. Fr. in dem Stücke: Nerike, Örebro, leg. P. J. Hellbom 1874 —, auf *Buellia geographica* (L.) in Lojka, L. Hung. exs. Nr. 86, der vielleicht auch in Nr. 85 zu finden ist, und auf *Lecanora polytropa* (Ehrh.) ebenfalls in Nr. 86 gesehen. Ob die letzte Flechte nicht auch in Norrl., Hb. L. Fenn. Nr. 340 als Wirth diene, mögen andere nach geeignetem Befunde entscheiden.

2.

Der auffallend geringere Farbestoffgehalt des Apothecium von *Lecidea delinis* erreicht im Scheibenbereiche fast den Zustand vollständiger Entfärbung, jedoch ist dies nachweislich nur ein gradualer Unterschied des im übrigen mit dem vorigen übereinstimmenden Körpers. Um die vom Urheber angegebenen Unterschiede des ganzen Gebildes zu erfassen, muss man die durch die Wahl des

Wirthes geschaffenen Abweichungen in Erwägung ziehen. Vornehmlich in Bezug auf Zw., L. exs. Nr. 551 kann nach dieser Seite hin kein Zweifel obwalten. Der Thallus vereinigt hier alle *Arthonia impolita* (Ehrh.) wohl kennzeichnenden Eigenthümlichkeiten mit der Umsäumung durch die Ränder des Syntrophen, welche als Hyphothalliumdecke dieser Art oder eigentlich *Arthonia decussata* Flot. zugesprochen wird. Hiermit ist zugleich ein weiterer Schritt zur Kenntniss dieser Art[1]), von der bekanntlich noch *Arthonia lobata* (Flör.) ebenso naturwidrig abgesondert wird, gethan. In Lojka, L. univ. Nr. 86 wächst der Syntroph nur in dem durch sorediale Auflösung hervorgerufenen Zustande der Kruste des genannten Wirthes.

3.

Der mir in Zw., L. exs. Nr. 611 zugefallene Stoff von *Lecidea praerimata* bietet nur junge Apothecien dar, die jedoch schon soweit entwickelt sind, dass mit Benutzung der Auffassung des Urhebers an der Uebereinstimmung mit *Lecidea Dilleniana* nicht gezweifelt werden kann. Der Thallus des Gebildes entspricht dem von *Lecidea delimis*. Das Kennzeichen „sorediis inspersus" a. a. O. ist hinfällig, denn einerseits ist diese Erscheinung auch bei *Lecidea delimis* vorhanden, andererseits sind zahlreiche Thallome glatt.

4.

Wahrhafte Unterschiede von *Lecidea Dilleniana* in den allem Anscheine nach oft unter äusseren Einflüssen verdorbenen Apothecien vermochte ich bei *Opegrapha abscondita* nicht zu finden. Auch der Thallus des Gebildes schliesst sich sehr wohl an den am häufigsten von diesem Syntrophen befallenen von *Opegrapha zonata* Körb. an. In *Opegrapha abscondita* darf nichts weiter, als eine auf zu hohe Steigerung von Schatten und Feuchtigkeit zurückzuführende Verkümmerung von *Lecidea Dilleniana* gesehen werden.

5.

Die bei *Lecanactis amylacea* gefundenen Abweichungen im Baue des Fruchtkörpers von *Lecidea Dilleniana* sind nur stufenweise fortschreitende. Die Paraphysen und die Sporen sind nemlich etwas zarter, was sich daraus erklärt, dass der Syntroph in der Regel nicht so günstiges Unterkommen gefunden hat, wenn sein Wirth Rindenbewohner ist.

Dass *Arthonia impolita* (Ehrh.) auch hier als Wirth dient, konnte ich als unzweifelhafte Thatsache schon in der Natur [Pommern, Jeseritz bei Alt-Damm, 1891] nachweisen, indem ich alle Abstufungen zwischen einem unversehrten, üppigen und am Rande fast lappig gekerbten Lager, das dicht neben den eigenen die syntrophischen Apothecien trägt, bis zu der bekannten staubig aufgelösten

---

[1]) Dass die Umsäumung nur dann bemerkbar wird, wenn verschiedene syntrophische Lager aufeinander stossen, lehrt das Fehlen an nackten Rändern des wirthlichen Thallus.

59*

Kruste des Gebildes vorfand. Für eine gleich erfolgreiche Beobachtung dürfte sich Rabh., L. Eur. exs. Nr. 111 empfehlen, wo neben *Lecanactis amylacea* (wenigstens in meiner Sammlung) Apothecien tragende *Arthonia impolita* vorhanden ist. Man muss der Thatsache eingedenk sein, dass *Arthonia impolita* nicht selten die Apothecien fehlen, damit man sich behufs Auffindung anderer Wirthe nicht fruchtlos abmühe.

Der Fruchtkörper pflegt hier weniger lang gestielt zu sein, in Folge dessen das vom Grunde ausgehende Secundärhyphen-Gewebe eine Strecke weit das noch mit Gonidema versehene Wirthslager zu durchdringen hat, bis es unter diesem sich ausbreitet. Dieser Befund ist jedenfalls von Wichtigkeit für die hier vertretene Auffassung. Demnach ist dieselbe Beobachtung auch für die Beurtheilung dieser ganzen Gruppe werthvoll.

III.

Lecidea premnea Ach.

Acharius, L. univ., p. 173. — *Lecidea coniochlora* Mont. et v. d. Bosch, Pl. Jungh., Vol. I, p. 463. — *Lecidea proximata* Nyl., Lich. N. Granat., p. 71. — *Lecanactis chloroconia* Tuck., Obs. lich. 3 (Proc. Americ. Acad., 1864, p. 285). — *Lecidea plocina* Körb., Syst., p. 280.

Im rindebewohnenden Gebilde stehen, wie bei *Lecidea Dilleniana*, die Fruchtkörper durch ein ausgedehntes Secundärhyphen-Gewebe mit dem hypophloeoden Thallus, der unter dem vermeintlich eigenen sich hinzieht, in Verbindung. Der Fruchtkörper zeichnet sich durch die stielartige Verjüngung nach dem Grunde und die Niedrigkeit des Thalamium aus. Die Aehnlichkeit mit dem Apothecium der vorigen Gruppe (*Lecidea Dilleniana* Ach.) ist so gross, dass es einer darauf gerichteten Prüfung schwer fallen dürfte, sichere und scharfe Unterschiede herauszuarbeiten. Die in den Schläuchen und Sporen sichtbaren Unterschiede sind eben solche, dass sie als graduale wenig oder nur bedingten Werth haben. Die Gestaltung des Fruchtkörpers würde alsdann den besten Unterschied abgeben, wenn nicht auch hierin sich bei der später vom Urheber selbst für eine Varietät erklärten *Lecanactis chloroconia* eine zu bedeutende Annäherung an die vorige Gruppe ausdrückte.

Im steinbewohnenden Gebilde weicht das Apothecium nur in der starken Rückbildung des stielartigen Fusses ab. Diese Abweichung erklärt sich sehr leicht daraus, dass die Flechte hier ausschliesslich solche Lager befallen zu haben scheint, die ihr eine der von *Lecidea Dilleniana* entsprechende Entfaltung nicht gestatteten. Als wirthlicher Thallus liegt meist eine zwergige Form von *Ramalina pollinaria* (Westr.), die zu baldiger und gänzlicher soredialer Auflösung geneigt ist, zu Grunde [Arn., L. exs. Nr. 292 a, b — Rheinpfalz, Fischbach, leg. Laurer 1860]. Es handelt sich hierbei aber nicht allein um die endlich soreumatischen Polstern gleichende Mutterflechte, sondern auch um die soredialen Sprösslinge, die sich in den Riefen des grobkörnigen Sandsteines zu entwickeln begonnen haben. Ich habe ferner die Ausbreitung in einer dem Sandstein eigenthümlichen Form von *Lecanora albescens* (Hoffm.) Th. Fr. festgestellt, die bald in kleinen apothecienreichen Polstern, bald in apothecienlosen schuppig-körnigen zerstreueten Thallomen auftritt [Extersteine, Teutoburger Wald, leg. Beckhaus].

IV.

Opegrapha tesserata DC.

De Candolle, Flore fr., II, p. 313. — *Opegrapha petraea* Ach., Syn., p. 72. — *Haplographa tumida* Anz., Cat., p. 96. — *Placographa nivalis* Th. Fr., Lich. arct., p. 239.

Als Wirth lässt sich in Anz., L. Lang. exs. Nr. 283 a *Buellia obscurata* (Ach.) leicht nachweisen. Dieses Stück ist noch darum besonders lehrreich, weil es den Uebergang des Syntrophen auf ein anderes benachbartes Lager zeigt. Da die Kruste von *Buellia obscurata* die Thallome bald dicht, bald zerstreuet entwickelt, und die Verblassung der Farbe allmälig fortschreitet, entspricht die Absonderung einer V. *nivalis* Th. Fr. jetzt um so weniger der Natur, ganz abgesehen von der unumgänglich nothwendigen Erörterung der Frage nach dem Verhältnisse zu *Buellia calcarea* (Weis.).

Die Anlehnung des Fruchtkörpers in Anlage und Gestalt an *Hysterien*, namentlich aber an *Hysterium pulicare* Pers. ist augenscheinlich. Aber demgegenüber ist auch die seltenere discoide Gestaltung, welche der häufigeren bei *Opegrapha gyrocarpa* Flot. entspricht, zu beachten. Der mit längerem Stiele versehene Fruchtkörper geht in das wirthliche Hyphothallium über, wo er mit dem eigenen im Baue unwesentlich abweichenden Lager in Verbindung steht. Lehnt sich der Fruchtkörper nicht an ein Thalloma nach der Weise von *Buellia Rittokensis* Hellb. an, so erscheint er, wie dort, als aus dem Hyphothallium entstanden. Nach meiner Ueberzeugung liegt hier die Verkümmerung eines Gebildes vor, dessen typische Entfaltung noch zu finden ist. Welche Richtung die erforderliche Forschung einzuschlagen haben dürfte, ist angedeutet worden.

V.

1. *Opegrapha demutata* Nyl.

Nylander, Flora, 1879, S. 358.

2. *Opegrapha Chevallieri* Leight.

Leighton, Brit. Graph., p. 10. — *Opegrapha diatona* Nyl., Flora, 1880, S. 13.

3. *Opegrapha saxatilis* DC.

De Candolle, Flore fr., II, p. 312. — *Opegrapha saxigena* Tayl., Fl. Hibern., II, p. 259. — *Opegrapha saxicola* Ach. V. *Decandollei* Stitzb., Steinb. Opegr., p. 26. — *Opegrapha trifurcata* Hepp, Müll. Arg., Classif., p. 67.

4. Opegrapha centrifuga Mass.

Massalongo, Misc., p. 18.

5. Opegrapha confluens (Ach.) Stizb.

Stizenberger, Steinb. Opegr., S. 22. — Opegrapha conferta Anz., Comm. soc. critt. It., p 160.

6. Opegrapha gyrocarpa Flot.

Von Flotow, Flora, 1825, S. 345.

Wer bei dem Anblicke dieser Vereinigung von Gebilden zu einer, und zwar syntrophischen, Art in erklärlicher Verstimmung zu dem Ausspruche sich getrieben fühlen sollte, dass dann ja noch diese und jene Art hinzugefügt werden könnte, dürfte nur zu sehr Recht haben. Derselbe kann ruhig noch weiter gehen, indem er die Autotrophie mancher anderen Opegrapha bezweifelt.

Die meisten der vorstehenden Gebilde gehören eigentlich nicht in den engen Rahmen dieser Arbeit; sie verdanken nur ihrer Zusammengehörigkeit mit den als Opegrapha demutata und Opegrapha Chevallieri betrachteten Gebilden hier ihre Aufführung. Hieraus erklärt sich auch die sonderbare hier beobachtete Reihenfolge dieser Gebilde. Es sollte nemlich damit die Syntrophie von den höchsten Graden der Umwandlung des Wirthes bis zu deren Mangel herab veranschaulicht werden. Die Kenntniss des Kreises der in Rede stehenden Art ist hiermit, wie ich schon angedeutet habe, noch gar nicht abgeschlossen. Wer Gelegenheit hat, diesen Kreis sorgfältig in der Natur zu beobachten, wird selten an jedem Orte das gleichzeitige Auftreten aller Gestaltungen des Fruchtkörpers vermissen, die bekanntlich bei den Verfassern behufs Sonderung ihrer Arten eine Hauptrolle spielen.

1.

Im Urstücke von Opegrapha demutata [Zw., L. exs. Nr. 556] ist sehr leicht und sicher die Ausbreitung des Syntrophen im glatten und rissigen Lager von Bacidia inundata (Fr.), die reichlich Apothecien trägt, nach dem allmäligen Fortschreiten der Verblassung zu verfolgen. Für wen es von Wichtigkeit ist, möge, die vom Urheber a. a. O. hervorgehobene Besonderheit beachtend, die von allen anderen Opegrapha-Arten gänzlich abweichenden „Spermatien" mit denen von Bacidia inundata vergleichen. Diese Angelegenheit ist ebenso anziehend, wie die gleiche bei Buellia coniops (Wahlb.).

2.

Da von Opegrapha Chevallieri oder Opegrapha diatona in Zw., L. exs. Nr. 432 a, b, 434 und Lojka, L. univ. Nr. 241 reichlicher Stoff geboten ist, wird es auch anderen ausser mir gelingen, als Grundlage des sichtbaren Thallus den von Lecanora albescens (Hoffm.), die mit reichlichen Apothecien versehen ist, nachzuweisen, und zwar sowohl in der weissen, wie auch in der mehr gelblichen

Färbung. An der soredialen Auflösung des Wirthes trägt sicherlich auch hier der Syntroph die Hauptschuld. Befällt der Syntroph das wohl entfaltete Lager von *Buellia alboatra* (Hoffm.), das im Stücke: Hannover, im „Lande Wursten", Mauermörtel, leg. H. Sandstede 1889 — zahlreiche und ausgebildete Apothecien trägt, so ist die Beeinflussung nicht nennenswerth.

3.

Von Lahm[1]) ist das Vorkommen von *Opegrapha trifurcata* Hepp auf *Verrucaria calciseda* DC. und *Verrucaria Dufourei* DC. bereits geschildert worden. In Arn., L. exs. Nr. 330 ist trotz der Kleinheit des Stückes die Verbreitung des Syntrophen in mehreren verschiedenen Lagern, die aber nicht sicher bestimmt werden können, zu verfolgen. Das als *Opegrapha saxatilis* DC. betrachtete Gebilde zeigt in Anz., L. Lang. exs. Nr. 406 äusserlich unveränderte Lager von *Verrucaria calciseda*, in denen neben den eigenen die Apothecien des Bewohners sitzen. Höchst wahrscheinlich tritt auch gelegentlicher Uebergang auf benachbarte *Gyalecta clausa* (Hoffm.) ein.

4.

Mein im fränkischen Jura von mir selbst gesammelter Stoff von *Opegrapha centrifuga* ist in mehrfacher Hinsicht lehrreich. Er zeigt einerseits die Zugehörigkeit des kleinscholligen Thallus zu *Lecanora minutissima* Mass. oder einer anderen nahestehenden Gestaltung von *Lecanora albescens* (Hoffm.) Th. Fr., andererseits die von Stizenberger a. a. O. als wichtiges Kennzeichen hervorgehobene Anordnung der Apothecien, die aber keinesweges immer vorhanden ist und bei den anderen nicht fehlt. Die Apothecien-Gruppen deuten die Zahl der über die wirthliche Unterlage zerstreueten Lager an. Da die Apothecien in diesen eigenen Lagern wurzeln, liegt ihnen gar nicht daran, ob sie in und auf oder zwischen die wirthlichen Thallome gerathen, oder ob sie theils auf, theils neben einem solchen Lagerabschnitte oder gar zugleich auf zweien zu sitzen kommen, was alles im Falle eines genetischen Verhältnisses zwischen Apothecium und Thallus unmöglich ist.

5.

Opegrapha confluens lebt in Abhängigkeit von verschiedenen Lagern, die aber nicht immer zu bestimmen sind, weil die Sammler von dem Vorurtheile, recht üppige Gruppen derber Apothecien, d. h. späte, nicht aber frühe Altersstufen, sammeln zu müssen, beeinflusst waren. Thatsächlich liegt hier die höchste Stufe des apothecialen Daseins vor, das den Untergang des wirthlichen und, wie es scheint, selbst des eigenen Lagers zu überdauern vermag. Jedoch sei man vorsichtig in der Annahme, dass die Apothecien immer ohne jegliche thalline Umgebung von fremder Seite dem Steine aufsitzen.

---

[1]) Westf. Flechten, S. 115.

6.

Das Lager von *Opegrapha zonata* Körb. mit allen seinen kennzeichnenden Eigenthümlichkeiten liegt zumal im Falle der Wahl von Rinde zur Unterlage so unverändert vor, dass es wohl nur dieses einfachen Hinweises bedarf, um meiner Anschauung von *Opegrapha gyrocarpa* Eingang zu verschaffen. Der Syntroph geht auch hier auf andere dicht benachbarte Lager über, z. B. von *Lecanora polytropa* (Ehrb.) [Zw., L. exs. Nr. 945] und *Lecanora cenisia* Ach. [Lojka, coll. Nr. 1337].

VI.

Xylographa opegraphella Xyl.

Nylander, Euum. gen., p. 128.

Bereits bei Gelegenheit einer morphologischen Behandlung von *Xylographa*[1]) warf ich Zweifel an der Zugehörigkeit der Apothecien zu der sichtbaren Kruste von *Xylographa opegraphella* auf. Jetzt, nachdem ich in der Kenntniss der Syntrophie weitere Fortschritte gemacht habe, zweifele ich schon aus dem Grunde nicht mehr an dem Vorhandensein einer solchen, weil Tuckerman die Kruste mit denen verschiedener Formen von *Lecanora* vergleicht[2]), wie sie vorwiegend in Massachusetts häufig auf Holz vorkommen. Die bereits a. a. O. bewiesene Uebereinstimmung im Baue der Fruchtkörper von *Xylographa parallela* (Ach.) Fr., *Xylographa spilomatica* (Anz.) Th. Fr., *Xylographa laricicola* Xyl., *Xylographa trunciseda* (Th. Fr.) und *Xylographa opegraphella* lässt mich jetzt nicht mehr zweifeln, dass in der letzten lediglich die erste als Bewohnerin eines fremden Lagers gegeben sei, wobei dieses wirthliche in nennenswerthem Grade nicht beeinflusst wird. Ob man von dieser gewonnenen Stufe der Erkenntniss den weiteren Schritt zu der Annahme wagen dürfe, dass *Xylographa parallela* nicht zu gelegentlicher, sondern zu nothwendiger Syntrophie berufen sei. d. h. dass selbst die endophloeoden Lager, denen die Apothecien anhaften, nicht die eigenen darstellen, bleibt späteren Untersuchungen zur Entscheidung überlassen. Bei dieser Entscheidung sind die bekannte Beobachtung, für die auch ich a. a. O. Grundlagen geliefert habe, dass nemlich das Lager von *Xylographa parallela* bisweilen chroolepoides Gonidema besitzt, und deren Zurückweisung durch Th. Fries, der nur das Dasein eines seinen Archilichenen eigenthümlichen gelten lassen will, recht sehr im Auge zu behalten.

Eine vergleichende Untersuchung des Thallus von *Xylographa* mit dem der syntrophischen *Opegrapha*-Arten dürfte die Vollendung unserer Kenntniss der ersten Gattung bringen. Schon bei der Erwägung der Gestalt des Fruchtkörpers tritt die Unnatürlichkeit der Absonderung dieser Gattung von den *Graphidaceen* hervor, und nach der Aufdeckung des wahren Baues der Thecasporen[3]),

---

[1]) Morph.-lichenogr. Stud., V. — Flora, 1880, Nr. 34.
[2]) Tuck., Gen. lich., p. 202.
[3]) Minks, Stud., V. — Flora, 1880, p. 536.

die sich eben in nichts von denen der Gattung *Opegrapha* unterscheiden, bleibt kein wissenschaftlicher Grund mehr zu einer Trennung beider Gattungen, soweit wenigstens als es sich um die Gebilde der lichenologischen Literatur handelt.

VII.

Arthonia psimmythodes Nyl.

Nylander, Flora, 1881, S. 534.

Das Urstück [Lojka, L. Hung. exs. Nr. 175] lässt gar keinen Zweifel darüber aufkommen, dass der in den Rillen des Gesteines sich gleich zierlichen Bändchen hinziehende, rauhe und weisse Thallus zur Grundlage den von *Euterographa Hutchinsiae* (Leight.) hat. Dieser mit reifen Apothecien ausgerüstete Wirth, der sich in gleicher Weise an derselben Stelle ausbreitet, lässt alle Uebergänge von seinem glatten und grünlichen Thallus bis zu dem geschilderten Gebilde, das unter dem vollen Einflusse des Syntrophen steht, erkennen.

VIII.

Arthonia trachylioides Nyl.

Nylander. Arth., p. 99 (1856). — *Lecidea arthonioides* Ach., L. univ., p. 178. — *Arthonia lecideoides* Th. Fr., Gen. Heterolich., p. 97 (1861).

Gewöhnlich bewohnt dieser Syntroph das ausserordentlich leicht kenntliche Lager von *Amphiloma lanuginosum* (Ach.), aber auch das von *Ramalina pollinaria* (Westr.) in der mehr oder weniger vollständigen soredialen Auflösung und endlich noch die schon öfter für verschiedene Lichenen als Wirthin erkannte schwach schwefelgelbe Schattenform von *Lecanora albescens* (Hoffm.) Th. Fr. So oft als alle drei beieinander leben, kann man sie auch zugleich befallen finden. Selbst wenn das rindebewohnende Gebilde gleichsam wie mit einem endophloeoden Thallus sich sichtbar macht, zweifele ich doch an dem Vorhandensein der Autotrophie. Von einer Beeinflussung des wirthlichen Lagers kann nur bei *Lecanora albescens* die Rede sein, indem deren soredialer Zerfall durch den Eindringling hervorgerufen oder wenigstens beschleunigt werden dürfte. Von den anderen, namentlich aber von *Ramalina pollinaria* lässt sich das gleiche nicht sagen.

IX.

1. *Arthonia vagans* Almqv.

Almqvist, Arth. Scand., p. 50.

2. *Arthonia patellulata* Nyl.

Nylander. Bot. Notiser, 1853, p. 95.

Z. B. Ges. B. XLII. Abh. 60

1, 2.

Den Umfang von *Arthonia ragans* kann ich zwar nicht in allen Punkten bestätigen, weil mir die Kenntniss einiger Varietäten im Sinne Almqvists abgeht, dies hindert mich jedoch nicht, sein Urtheil in der Hauptsache zu unterschreiben. Desshalb und der Kürze halber wähle ich die Benennung dieses Verfassers, ohne dadurch aber zugleich mein Einverständniss mit diesem Verfahren behufs Ausdehnung auf alle Fälle von Syntrophie ausdrücken zu wollen.

Von allen unter *Arthonia ragans* vereinigten Arten verdient eigentlich nur *Arthonia lapidicola* (Tayl.) hier angeführt zu werden, weil dieses Gebilde auf sichtlicher Beeinflussung des wirthlichen Lagers beruht. Diese Beeinflussung erlangt den bis jetzt bekannten höchsten Grad, wenn das Lager von *Verrucaria nigrescens* Pers. und nächstverwandten Arten in eine zusammenhängende, körnige und weisse Kruste umgewandelt wird.

Wichtig ist Arn., L. exs. Nr. 1184 a, wo Apothecien der *Arthonia* sowohl auf scheinbar vermarmorirtem Lager, als auch auf denen von *Placodium luteoalbum* (Turn.) V. *lacteum* zu finden sind, womit die beste Bestätigung der Auffassung Almqvists von V. *lecanorina* gegeben wird. Noch lehrreicher aber ist Arn., L. exs. Nr. 1184 b, wo neben beiden Fällen von a nur viel seltener die üppige Entwickelung des Syntrophen auf unverändertem Lager von *Verrucaria nigrescens* zu finden ist, was den Herausgeber zu dem Urtheile in schedula veranlasste: „thallo magis evoluto". Dass das vermeintlich mit eigenem endophloeodem und mit gleichem vermarmorirtem Lager verbundene Auftreten meinen Glauben an die nothwendige Syntrophie dieser *Arthonia* nicht erschüttert, brauche ich wohl kaum hervorzuheben.

Der Kreis der Wirthe von *Arthonia ragans* ist schon von Almqvist beträchtlich erweitert worden. Nimmt man namentlich noch die unter *Coniangium apateticum* (Mass.) Körb. und *Coniangium rugulosum* Kremph. verstandenen Gebilde nach dem Vorangehen Almqvists hinzu, so wird dieser Kreis ein stattlicher. Um nun an ein syntrophisches Verhältniss zu *Buellia myriocarpa* (DC.) Mudd. zu glauben, braucht man nur die beiden genannten, nicht aber erst ein Gebilde, wie *Arthonia epimela* Norm., zu benutzen. Selbst in dem als *Arthonia exilis* (Flör.) hingestellten Gebilde kann man gelegentlich dieselbe *Buellia* als Wirthin finden. Unzweifelhaft bewohnt dieser Syntroph auch *Lecania dimera* (Nyl.). Ueber die Wahl von *Placodium pyraceum* (Ach.) sind noch weitere Beobachtungen anzustellen. Namentlich gilt das Urtheil von der Benutzung der *Lecania* auch in Betreff von *Arthonia patellulata* Nyl. Entgegen der Meinung Almqvists von dieser muss ich nemlich deren vollständige Uebereinstimmung mit *Arthonia ragans* betonen. Zum Zwecke des Vergleiches hat man freilich die Fälle zu bevorzugen, wo eine dickere Kruste befallen ist [Arn., L. exs. Nr. 1184 b]. In der That wird auch hier die Erkenntniss bestätigt, dass, je mächtiger das wirthliche Lager ist, desto üppiger die Entfaltung der syntrophischen Apothecien zu sein pflegt. Allerdings gilt dasselbe aber auch in Betreff unscheinbarer endophloeoder Lager, weil diese selbst von vornherein durch besondere Verhältnisse begünstigt sind.

In diesem an Syntrophie vorwiegend reichen Bezirke des Flechtenreiches soll noch die höchst anziehende Erscheinung hervorgehoben werden, dass nirgend anders gleiche Fülle an allmäligen Uebergängen von den merkwürdigen dieser biologischen Erscheinungen bis zu den autotrophen Arten, die durch einflusslose Syntrophie vermittelt werden, herrschen dürfte.

Verrucariacei.

Ueber die Auffassung dieser Abtheilung habe ich an dieser Stelle von der üblichen abweichendes nicht mitzutheilen. Nur den Hinweis zu unterdrücken wird mir schwer darauf, dass mit Unrecht diese Abtheilung als besonders scharf abgegrenzt gilt. Indem ich die Hauptsache meiner abweichenden Ansicht für eine eingehende Behandlung in späterer Zeit aufspare, will ich in aller Kürze auf die nahe Berührung mit den *Gyalectacei* und *Graphidacei* aufmerksam machen. Mit der ersten Tribus berühren sich die *Verrucariaceen* in der Weise und Gestaltung der Oeffnung des Fruchtkörpers, welche Berührung durch die beiderseitige Fähigkeit zur Ausbildung von Periphysen eine besonders nahe wird. Zu den *Graphidacei* findet unter den Gebilden der lichenologischen Literatur in den pyrenioiden *Cyrtidula*-Arten die meiste Annäherung statt. Sonderbarer Weise fehlt aber gerade dieser Gestaltung des Fruchtkörpers die innere Anlage des Typus der *Verrucariacei*, während dafür bei den *Gyalectacei*, namentlich wenn man die *Stictidei* hinzunimmt, die entsprechende typische Anlage nicht vermisst wird. Zwischen den hier behandelten Syntrophen und den lichenischen Pyrenomyceten findet man manche Punkte verwandtschaftlicher Berührung.

In Erwägung des hohen Werthes selbst solcher dürftigen Einblicke, welche allein morphologische Forschung und Beurtheilung ermöglichen und gewähren, konnte ich diese Gelegenheit nicht unbenutzt vorüber gehen lassen. An Umfang und Inhalt reiche Betrachtungen aber darf man erst in späterer Zeit erwarten.

I.

Verrucaria Hookeri Borr.

Hooker et Sowerby, Suppl. Engl. Bot., tab. 2622, fig. 2.

Es muss hervorgehoben werden, dass Flörke, der nach Angabe Körbers[1]) dieses Gebilde *Sphaeria effigurata* in Herb. benannt hat, allen späteren vorausgeeilt war.

Allerdings haben die Verfasser Recht mit ihrer Beobachtung, dass die Apothecien einem farbestofffreien Gewebe entspringen, das unter dem scharf gekennzeichneten Thallus sich hinzieht. Dieses Gewebe ist aber nicht ein Hyphothallium, sondern ein besonderer, und zwar syntrophischer, Thallus. Das wirthliche Lager erkannte ich schon im Jahre 1872 nach einem von mir selbst gesammelten Stoffe [Mittagscharte des Untersberges, Salzburg] als zu *Solorina*

---

[1]) Syst. lich., p. 326.

60*

476 Arthur Minks.

saccata (L.) gehörig. Im Hochgebirge werden aber auch andere Lager erfasst, z. B. das von *Rinodina nimbosa* (Fr.) Th. Fr. [Tirol, Kraxentrag am Brenner. leg. A. Minks 1873]. Hier sowohl, wie auch im Vorgebirge müssen ausserdem wohl *Cladonien*-Lager zu gleichen Zwecken herhalten.

Bei der Befallung von *Solorina* treten zwei Wandlungen zu Tage, je nachdem es nemlich sich um jüngeres noch mehr oder weniger muschelartig-concav gestaltetes, oder um älteres flacher ausgebreitetes Lager handelt. Wenn man nicht einen lehrreichen Untersuchungstoff besitzt, der alle Stufen der Ergreifung des jüngeren Lagers bis zur endlichen Abplattung und sogar convexen Anschmiegung an die Erde vor Augen führt, wird man die neue Auffassung für rein unmöglich halten. Das ältere Lager von *Solorina* erlangt durch die behufs Apothecienbildung strahlenartig hervortretenden Leisten und die Einfassung des Randes von Seiten des schwarzen Thallus des Syntrophen ein stärker ausgeprägtes parmelioides Ansehen [Anz., L. Lang. exs. Nr. 135], als dies an dem jüngeren Lager möglich ist.

Die erste sichtbare Folge der Syntrophie ist der Verlust der Rindenschicht. Die nur kurze Zeit bloss liegende gonidematische Schicht pflegt sich in der Bildung von Leptogonidien zum Zwecke der Fortpflanzung zu erschöpfen und verschwindet ebenfalls sehr bald. Es ist dies die kurze Zeit, während der der *Solorina*-Thallus ein zartes Grün, das an *Normandina lactevirens* (Berr.) erinnert, zeigt. Bei alledem tragen in dieser und der späteren Zeit sogar die bestausgeprägten Gebilde deutliche Anzeichen von Kränklichkeit an sich, was zu erkennen nicht viel Scharfblick fordert. Bei dem Abschlusse des Lebens des Syntrophen, der sich durch die zahlreichen nach weiter Oeffnung und gänzlicher Entleerung flaschenartigen Apothecien anzeigt, sind höchstens nur noch Spuren des Wirthes vorhanden. Daher kann man dann weite Bereiche des syntrophischen Lagers mit den leeren Apothecien ganz frei auf der Erde ausgebreitet finden. Es liegt also hier das lehrreiche Bild eines kurzen syntrophischen Verhältnisses vor, das beiderseits mit dem gleichzeitigen Untergange abschliesst. Dieses selbe Verhältniss dürfte auch bei allen entsprechenden Vorkommnissen von höchster Beeinflussung des Wirthes stattfinden, lässt sich aber hier am deutlichsten nachweisen.

Mit Recht sind schon von Massalongo die Sporen als polyblastische dargestellt.

II.

1. *Polyblastia terrestris* Th. Fr.
Th. Fries, Lich. arct., p. 365 (1860).

2. *Verrucaria theleodes* Sommf.
Sommerfelt, Suppl., p. 140 (1826).

3. *Verrucaria melaspora* Tayl.
Taylor, Journ. of Bot., 1847, p. 153. — *Verrucaria scotinospora* Nyl., Scand., p. 270 (1861). — *Polyblastia monstrum* Körb., Lich. sel. Germ. exs. Nr. 411.

4. *Sphaeromphale Henscheliana* Körb.

Körber, Syst. lich., p. 336 (1855). — *Verrucaria subumbrina* Nyl., Vet. Akad.
Förh., 1860, p. 296.

5. *Verrucaria tristicula* Nyl.

Nylander, Flora, 1865, S. 356.

Bei allen Gebilden zeigt die Reife einen durch Grösse ausgezeichneten
Fruchtkörper. Das Thalamium tritt bald mehr, bald weniger in den Hintergrund, um desto mehr in Gestalt von Periphysen hervorzutreten. Diese Hyphen
lassen sich ja ihrem Wesen nach von den Paraphysen nicht trennen.

1 -3.

Der Eindringling erfasst mit seiner verhältnissmässig geringen Masse das
wirthliche Lager vorwiegend von der Unterfläche aus und ganz allmälig. Daher erklärt es sich, dass der befallene Thallus von *Solorina saccata* (L.) wohl in der
bekannten Veränderung seiner Gestalt, aber hier und da noch mit seiner ursprünglichen Färbung zu finden ist. Um so leichter erkennt man dann die Uebergänge
zu der Färbung, wie sie der Urheber von *Polyblastia terrestris* schildert. Zuletzt,
nach dem Untergange des Wirthes, liegt ein unscheinbares schwärzliches Lager
mit den grossen Apothecien vor. Am engsten schliesst sich dieser Zustand an
das unter *Verrucaria melaspora* gedachte Gebilde an, wobei freilich meine Meinung
Platz greift, dass die Färbung der Sporen als solche, wenn sich also mit ihr
nicht zugleich Unterschiede im Entwickelungsgange und Baue vereinigen, keinen
Grund zu einer Trennung von Arten abgeben kann.

Die gute Ausbildung des Apothecium hängt unzweifelhaft auch hier von
der Ueppigkeit des wirthlichen Lagers ab. Hiergegen sprechen nicht die unter 3
begriffenen Formen der Verfasser, die bei mangelhafter oder gar fehlender Kruste
durch riesenhafte Apothecien auffallen, denn sie haben ebenso, wie jene von
Polyblastia terrestris, vordem in einem üppigeren Lager gesteckt. Der Umstand,
dass bei *Verrucaria theleodes* die Kruste länger andauert, liegt wohl in deren
eigenen Verhältnissen begründet. Das soeben geschilderte Abhängigkeitverhältniss
lehren mich in überzeugender Weise die von mir am Brenner in Tirol [Kraxen-
trag, 1873] gesammelten Gebilde. Auf diesen Stücken sind riesenhafte Apothecien
ohne jede sichtliche Spur von Kruste neben zahlreichen kleinen auf weissen
Krusten zu sehen. Um die Unterschiede in den wirthlichen Lagern feststellen
zu können, fehlt mir der ursprüngliche von Sommerfelt geschilderte Stoff.
Auch bei *Verrucaria theleodes* und *Verrucaria melaspora* liegt schliesslich das
syntrophische Lager als schwärzlicher „Hypothallus" frei. Mit diesem letzten
Zustande fällt die Reife und der Untergang des Fruchtkörpers zusammen.

4.

Sphaeromphale Henscheliana habe ich nur in einem Stücke aus dem
Botanischen Museum zu Upsala [Femsjö, Småland, Th. Fries, 1859] kennen

gelernt. Die Erscheinung, dass hin und wieder etwas kleinere Sporen bei sonstiger vollkommener Uebereinstimmung im ganzen Baue des Apothecium vorkommen, erklärt sich aus der Dürftigkeit des wirthlichen Lagers. Höchst anziehend ist es hier, zu sehen, wie der grosse Fruchtkörper bis an die Spitze sich mit einer ganz dünnen Schicht des wirthlichen Thallus umhüllt. Die in Folge dessen geringe Beeinflussung der Gestalt kommt auch bei den anderen dieser Gruppe vor.

5.

Von *Verrucaria tristicula* kenne ich zwar nur von Th. Fries bei Mortensnäs, Varanger in Ost-Finmark, 1864 gesammelte Stücke [Bot. Mus. zu Upsala], deren Reichhaltigkeit gestattet mir jedoch den Schluss, dass auch hier die gleichen Verhältnisse, wie bei den anderen dieser Gruppe, gegeben sind. Ob die von Th. Fries[1]) mit Recht für der von *Psoroma hypnorum* (Hoffm.) sehr ähnlich erklärte Kruste thatsächlich als Wirth hier diene, hat sich nicht als durchaus sicher nachweisen lassen. Jedenfalls gehören ihr die *Verrucaria*-Apothecien nicht an, sondern diese entspringen einem schwärzlichen Maschengewebe als eigenem Thallus. Stellenweise erlangt die Kruste grosse Aehnlichkeit bald mit dem in *Polyblastia terrestris*, bald mit dem in *Polyblastia Sendtneri* zu Grunde liegenden Lager von *Solorina saccata*, ohne dass aber damit Anhaltpunkte gewonnen sein sollen für die scheinbar naheliegende Annahme. Bei aller sonstigen Uebereinstimmung kann die Abänderung der Zahl der Sporen hier, wie in allen ähnlichen Fällen im Flechtenreiche, als Kennzeichen einer besonderen Art nicht dienen.

Alte Apothecien empfehle ich angelegentlichst als bequemen Gegenstand für das Studium der Hyphemkapseln der freigewordenen Sporen. Die zarte Hyphe dieser Hülle ist nicht bloss braun, sondern hat auch die Zellen in der möglichst dichten Verbindung untereinander angeordnet, welche Erscheinung übrigens zwar hier nicht zum ersten Male von mir gesehen worden ist, aber zuerst geschildert wird.

III.

Verrucaria gelatinosa Ach.

Acharius, L. univ., p. 283. — *Polyblastia caliginosa* Norm., Spec. loc. nat., p. 369. — *Verrucaria confusa* Nyl., Stizb., Lich. hyperb., p. 54.

Nach dem von mir benutzten Stoffe [Tromsöe, Flöjfjeldet, Finmark, leg. Th. Fries 1864] aus dem Museum zu Upsala handelt es sich hier um einen Syntrophen, der von allerlei dürftigen Flechtenlagern vollständig Besitz ergreift, sie durchwuchernd und umstrickend, wodurch das schwärzliche Aussehen, das bei anderen Gebilden erst nach dem Abfallen des wirthlichen Lagers sichtbar zu werden pflegt, erklärlich wird. Es liegt hier wirklich eine microgonidienhaltige, fremdes Gonidema umklammernde Hyphenpflanze vor. Auch die anderen von Th. Fries[1])

---

1) Polybl. Scand., p. 17.

für Algen gehaltenen Gebilde sind alle Gonidientypen. Bei der offenkundigen Verwandtschaft mit den hier zunächst stehenden Arten schien mir diese sonderbare Syntrophie der Erwähnung werth, obwohl sie eigentlich nicht in den Bereich dieser Arbeit gehört.

IV.

1. *Polyblastia Sendtneri* Kremph.
Von Krempelhuber, Flora, 1855, S. 67.

2. *Polyblastia bryophila* Lönnr.
Lönnroth, Flora, 1858, S. 631.

Dieser Syntroph hat viel Aehnlichkeit mit *Verrucaria Hookeri* Borr. zumal in der auf dem eigenen Lager neben den Trümmern des wirthlichen hervorgerufenen Anhäufung der Apothecien und in der endlichen Entblössung seines ganzen Körpers. Jedoch geht diesem syntrophischen Lager die Mächtigkeit jenes anderen ab.

1.

In dem Verfahren des Syntrophen mit dem wirthlichen Lager ist bei *Polyblastia Sendtneri* viel mehr Uebereinstimmung mit dem von *Urceolaria scruposa* (L.), wenn sie grossschuppige *Cladonien*-Lager befallen hat, zu erkennen, obzwar auch hier *Solorina saccata* als Wirth dient [Anz., L. Lang exs. Nr. 220]. Ausserdem konnte ich als Wirth noch *Endopyrenium pusillum* (Hedw.) nachweisen [Arn., L. exs. Nr. 130 a, b — Tirol, Griesberg am Brenner, leg. A. Minks 1873]. Weil der Thallus von *Solorina saccata* (L.) zur Zerklüftung von vornherein veranlagt ist, entstehen Bildungen, die von den mittelst *Endopyrenium pusillum* hervorgebrachten nicht abweichen. Dass auch *Cladonien*-Lager von diesem Syntrophen befallen werden, glaube ich sehr.

2.

Reichlicher Untersuchungstoff aus dem Museum zu Upsala [Ost-Finmark, Mortensnäs, Varanger, leg. Th. Fries 1857 — Wardöe, leg. Th. Fries 1864] lieferte den sicheren Beweis, dass, wenn *Biatora syncomista* (Flör.) als Wirth benutzt wird, das daraus hervorgehende Gebilde für *Polyblastia bryophila* gilt. Stellenweise fällt freilich eine Aehnlichkeit mit dem Gebilde *Verrucaria Hookeri* (Borr.) auf, so dass der Gedanke entstehen muss, als ob es eben nur auf die Umstände ankomme, wer von beiden, *Biatora syncomista* oder *Solorina saccata* (L.), ergriffen werde. Ich fand [im Stücke von Wardöe] ein junges mit Sporen ausgestattetes Apothecium von *Solorina* so in Verbindung mit der vom Syntrophen umgewandelten Lagermasse, dass kein Zweifel mehr an der Thatsache der Befallung aufkommen konnte.

Der Kreis des Syntrophen dürfte kaum mit diesen Gebilden abgeschlossen sein.

V.

1. *Polyblastia gothica* Th. Fr.

Th. Fries, Bot. Not., 1865, p. 112.

2. *Polyblastia pseudomyces* Norm.

Norman, Vet. Akad. Förh., 1870, p. 805.

1.

Nicht alle Apothecien eines im Museum zu Upsala befindlichen Stückes von *Polyblastia gothica* [Gillsta-löt, Westergotland, leg. F. Graewe 1864] wachsen auf der nur spärlich vorhandenen Kruste, die der Urheber beschrieben hat. Ein Theil von ihnen entspringt vielmehr einem endophloeoden und aussen nicht einmal angedeuteten Lager, das die Oberflächen abgestorbener Pflanzen durchzieht und in dessen Secundärhyphen-Gewebe sie als gleich Inseln eingefügt erscheinen. Es ist also das bekannte Bild der ächt endophloeoden Flechten. Obgleich nicht das mehr hypophloeode Gewebe der meisten anderen Syntrophen, die in dieser Arbeit behandelt sind, vorliegt, ist doch an die Zweifel des Urhebers[1]) zu erinnern, ob dieses Gebilde und *Polyblastia pseudomyces* nicht zu den *Sphaerien* gehören. Allein diese Zweifel liessen sich auf viele Endophloeoden der lichenologischen Literatur anwenden, wenn nicht demgegenüber die Entscheidung der Frage, wie viele von den *Sphaerien* zu den Flechten gehören, vorauszusehen wäre. Jedenfalles weicht dieses Gebilde, wenn auch nicht im Fruchtkörper, doch aber im Plane des Thallus von den vorigen ab. Hauptsächlich damit ein Ueberblick über das, was unter *Polyblastia* vereinigt zu werden pflegt, zu Stande komme, erfolgte die Behandlung dieses Gebildes.

2.

Das im Museum zu Upsala befindliche Urstück von *Polyblastia pseudomyces* [Maalselven, Nordland, leg. J. M. Norman] stimmt mit *Polyblastia gothica* vollständig überein, indem die von Th. Fries[1]) hervorgehobenen Unterschiede durchaus nicht stichhaltig sind. Die von den Verfassern geschilderte Kruste wiederholt den Bau der ektophloeoden von *Polyblastia gothica* in sofern, als Gonocystien in dichterer Ansammlung zu Grunde liegen. Diese gehören einem besonderen eigentlich steinbewohnenden Lager an, das auf aussergewöhnliche Unterlage gerathen ist. Daher erklärt es sich auch, dass *Polyblastia pseudomyces* wiederholentlich auf Stein und Erde gefunden worden ist. Das Innere der Gonocystien zu erkennen, ist hier nicht leicht, weil sie nicht frei, wie bei *Polyblastia gothica*, vorliegen, sondern von einem dichten Hyphemanetz umhüllt sind. Dieses Netz entspricht genau dem bei der Thecaspore von *Polyblastia tristicula* [S. 478] geschilderten.

---

[1]) Polybl. Scand., p. 26.

VI.

1. *Endopyrenium monstruosum* (Schaer.) Körb.

Körber, Par. lich., p. 304.

2. *Endopyrenium trachyticum* Haszl.

Rabenhorst, L. Eur. exs., Nr. 541.

3. *Endocarpon cinereum* Pers.

Persoon, Ust. Ann., 1794, p. 28. — *Verrucaria tephroides* Ach., Prodr., p. 18.

4. *Verrucaria cartilaginea* Nyl.

Nylander, Coll. Gall. mer., p. 161 (1853). — *Endocarpon daedalcum* Kremph., Flora, 1855, S. 66.

5. *Verrucaria Waltheri* Kremph.

Von Krempelhuber, Flora, 1855, S. 69.

6. *Catopyrenium Tremniacense* Mass.

Massalongo, Lot., 1856, p. 79.

7. *Verrucaria glaucina* Ach.

Acharius, Lich. univ., p. 675.

8. *Verrucaria fuscella* (Turn.) Ach.

Acharius, Lich. univ., p. 289 [cfr. Nyl., Scand., p. 271].

9. *Verrucaria maura* Wahlb.

Acharius, Meth. suppl., p. 19.

10. *Thrombium lecideoides* Mass.

Massalongo, Ric., p. 157. — *Verrucaria sphaerospora* Anz., Cat., p. 110.

11. *Endocarpon crassum* Anz.

Anzi, Symb., p. 23.

12. *Verrucaria cataleptoides* Nyl.

Nylander, Prodr. L. Gall., p. 182.

13. *Verrucaria latebrosa* Körb.

Körber, Syst. lich., p. 349 (1855). — *Verrucaria peminosa* Nyl., Lapp. or., p. 170.

14. *Verrucaria acrotelloides* Mass.

Massalongo, Ric., p. 179.

15. *Verrucaria fraudulosa* Nyl.

Nylander, Flora, 1881, S. 181.

16. *Verrucaria crustulosa* Nyl.

Lamy, Cat., p. 157.

17. *Verrucaria ceuthocarpa* Wahlb.

Acharius, Meth. suppl., p. 22.

18. *Verrucaria striatula* Wahlb.

Acharius, Meth. suppl., p. 21.

19. *Placidium compactum* Mass.

Massalongo, Misc. lich., p. 82.

20. *Placidium Custnani* Mass.

Massalongo, Lot., 1856. p. 78. — *Verrucaria crenulata* Nyl., Pyrenoc., p. 18 (1858).

Im Fruchtkörper stimmen alle Gebilde vollkommen überein. Auf die besonders starke Annäherung in diesem Körper an die *Gyalectaceen* will ich nur kurz hinweisen. Dass die Paraphysen fehlen, ist ein Irrthum. Sie sind den Verfassern mit vereinzelten Ausnahmen entgangen, weil sie am Grunde der Schläuche wegen ihrer den Periphysen entsprechenden Kürze und Tracht aussergewöhnlich wenig auffallen. Durch eine solche Erscheinung wird es klar, dass die Periphysen eigentlich nur an die Oeffnung des Apothecium zusammengedrängte Thalamiumhyphen sind. In Betreff der Bestimmung der Gestalt, Grösse und blastidialen Spaltung der Sporen hat bisher lediglich die Willkür geherrscht. Ich freue mich, einfach auf Garovaglios tüchtige Arbeit „De Lichenibus endocarpeis Europae mediae etc. commentarius" (1872) hinweisen zu können, wo man die Bestätigung meiner Anschauung von diesem Organ, soweit als die hier behandelten Gebilde dort berücksichtigt sind, finden wird. Im besonderen erkennt man in dieser Hinsicht selbst zwischen *Endocarpon cinereum* und *Placidium Custnani* keinen Unterschied. Ferner fehlen auffallend schlanke Sporen ebenso wenig *Thrombium lecidcoides*, besonders als *Verrucaria sphaerospora* gedacht, wie fast kugelige überall bald mehr, bald weniger zu sehen sind. Bei *Verrucaria crustulosa* fand ich die Sporen nicht bloss dyblastisch, sondern auch gebräunt. Allen Gebilden ist die Eigenthümlichkeit in mehr oder weniger ausgesprochenem Maasse gemeinsam, dass die Schläuche und Sporen ein krankhaftes Aussehen zeigen, was vielleicht als Anzeichen von grosser Abhängigkeit des Syntrophen gedeutet werden muss.

1.

An der Unterfläche des wirthlichen Lagers findet die üppigste Wucherung des Syntrophen statt. In Folge dessen wird die Verbindung des Wirthes mit der Unterlage meist bedeutend gelockert, und die bekannte blasige Gestaltung hervorgerufen, wodurch das Gebilde auf die Schriftsteller — ein Zeichen oberflächlicher Untersuchung — den Eindruck eines besonders dicken Thallus hervorzubringen vermocht hat. Der syntrophische Thallus, den die Lichenologen als den Protothallus der Kruste ansehen, ist das zarte, wirre und unregelmässige Maschengewebe, das von dem Perithecium kaum abweicht.

Der Uebergang im Aussehen zwischen den noch freien Lagern von *Lecanora saxicola* (Poll.) Stenh., *Lecanora circinnata* (Pers.) Ach. und *Placodium chalybaeum* (Fr.) und den von diesem Syntrophen befallenen wird jetzt, nachdem den Lichenologen die Augen geöffnet worden sind, häufiger festgestellt werden. Die älteren Beobachtungen, nach denen sich fremde Apothecien auf dem Thallus von *Endocarpon monstruosum* angesiedelt haben sollten, erklären sich jetzt von selbst. Ich besitze höchst lehrreiche Stücke [Baiern, Doctorberg bei Eichstädt, leg. A. Minks 1873], welche die Uebergänge an *Lecanora saxicola* und *Lecanora circinnata* in der Weise zeigen, dass einerseits im Habitus noch unveränderte Thallusabschnitte die syntrophischen Apothecien, andererseits gänzlich umgewandelte die wirthlichen vorführen. Aus einer leicht bräunlichen Färbung des Gebildes dürfte in der Regel zu schliessen sein, dass *Lecanora circinnata* zu Grunde liegt. Das syntrophische Verhältniss zu *Placodium chalybaeum* liess sich nur durch das Dasein von wohlausgebildeten Apothecien dieses Wirthes auf deutlich durch den Eindringling beeinflussten Lagern, immerhin also als wissenschaftliche Thatsache nachweisen. Ein solches Verhältniss liegt sicherlich der nach E. Fries[1] mit zweierlei Apothecien ausgestatteten *Parmelia Schaereri* Duf. zu Grunde. Einen Uebergang des Syntrophen auf *Aspicilia calcarea* (L.) habe ich nur in sehr unbedeutender Ausbildung [Mont-Salève bei Genf, leg. Müller Arg.] feststellen können.

$$\overline{2.}$$

Die Weise der Einsammlung der Urstücke, nemlich ein Abkratzen vom Gestein, verführte den Urheber von *Endopyrenium trachyticum*[2] und Körber[3] zur Verkennung der wahren Gestaltung des Lagers. In Folge des Mangels des Randes fand Körber sogar eine Aehnlichkeit dieses Gebildes mit *Verrucaria fuscella*. Auch mich hat selbst der Besitz eines dreifachen Stückes von Rabh., L. Eur. exs. Nr. 541 nicht so aufzuklären vermocht, wie eines der in Zw., L. exs. Nr. 807, Lojka, L. univ. Nr. 45 und Arn., L. exs. Nr. 1197 herausgegebenen. In allen diesen dreien ist der parmelioide Lagertypus scharf ausgeprägt. Der dicke Protothallus der Schriftsteller ist auch hier syntrophischer Thallus, dessen Wachsthum übrigens die Ausbildung des wirthlichen Hypothallus hintertreibt. Offenbar vermag hier derselbe Syntroph, weil ein blattartiges, also ein von vornherein von der Unterlage unabhängigeres Lager befallen worden ist, nicht die buckeligen Wölbungen hervorzubringen. Da dagegen die rein krustigen Lager gerade wegen ihrer Abhängigkeit von der Unterlage ebenfalls nicht zu einer lange dauernden Abhebung befähigt sind, fällt diese Erscheinung um so mehr bei *Lecanora saxicola* und *Lecanora circinnata*, als mit placodinem Lager begabten Lichenen, auf. Der Syntroph scheint öfter *Physcia caesia* (Hoffm.) [Rabh., L. Eur. exs. Nr. 541

---

[1] Lich. Europ., p. 106.
[2] Rabenhorst, L. Eur. exs. Nr. 541, schedula.
[3] Par. lich., p. 305.

61*

— Zw., L. exs. Nr. 807 — Arn., L. exs. Nr. 1197]. als *Physcia obscura* (Ehrh.) [Lojka, L. univ. Nr. 45] zu befallen. Da beide Wirthe nicht immer gleichmässig erfasst werden, wird auch anderen die Auffindung mehr oder weniger freier und desshalb leicht kenntlicher Lagerbereiche glücken.

3—5.

Die Uebergänge zwischen *Endocarpon cinereum* und *Verrucaria cartilaginea* und zwischen der letzten und *Verrucaria Waltheri* bei vollständiger Uebereinstimmung der Apothecien beweisen die Richtigkeit der Ansicht Nylanders und Garovaglios, dass die beiden anderen mit dem ersten zusammenfallen. Der wahre Grund liegt darin, dass in der Gestalt wenig voneinander abweichende Lagerschuppen von *Cladonien* als Wirthe dienen. Daher bieten sich je nach der Grösse und Beschaffenheit der Grundlagen mehr in die Fläche ausgedehnte oder fast kleinschollige Gebilde dar. Die letzten scheinen aber ausserdem aus den ersten durch Zerklüftung der Lagermasse hervorzugehen. Eine solche Zertheilung des wirthlichen Lagers macht sich bei den vorigen dieser Gruppe weniger geltend, weil meist areolenartig angelegte oder zu ähnlicher Spaltung geneigte Lager als Wirthe dienen. Dieses Streben der Zerklüftung darf man aber auch bei den vorigen Gebilden erblicken, wenn man die Ausbreitung des syntrophischen Lagers über die ganze Unterfläche der wirthlichen bis über deren Ränder hinaus beachtet, wobei bekanntlich schwarze Säume entstehen. Der Thallus der Wirthe bleibt zwar lange erhalten, wesshalb man selten Entblössungen der gonidematischen Schicht findet, wenn er aber vergeht, zeigt sich bald das schwarze Lager des Syntrophen als in entsprechender Ausdehnung frei. Die Eigenthümlichkeiten der Unterlage tragen wohl dazu bei, dass die letzte Erscheinung hier stattfinden kann.

Den glänzendsten Beweis dafür, dass *Cladonien*-Lager als Wirthe dienen, liefert mir Arn., L. exs. Nr. 78. Man wird mir beistimmen, wenn man sich ein grossblätteriges Lagerrund einer *Cladonia* vorstellt, von dessen Fläche erst ein kleinerer Antheil das Aussehen des mit Apothecien versehenen Gebildes von *Verrucaria cartilaginea* aufweiset. Ueberhaupt wird der aufmerksame und geübte Beobachter selbst im Falle eines ausgedehnten Eindringens selten einzelne mehr oder weniger freie Lagerschuppen vermissen.

6.

Da das Apothecium von *Calopyrenium Tremniacense* mit dem von *Endocarpon cinereum* übereinstimmt, sah schon Garovaglio u. a. O. sich mit Recht veranlasst, auch dieses Gebilde nur als Varietät zu betrachten. Auch hier sind die Unterschiede in der Lagergestaltung nur schwach, obgleich ein ganz besonderer Wirth benutzt wird. Arn., L. exs. Nr. 100 a lässt keinen Zweifel mehr an der Thatsache zu, dass *Lecidea decipiens* (Ehrh.) als Grundlage dient. Ich sehe die wohl gekennzeichneten Schuppen dieser Flechte und die verschiedenen Uebergänge zu den blassen, gelblichgrauen Schöllchen, die aus einer Zerklüftung hervorgehen.

Wer ausserdem die wirthliche Flechte in ihren vom Typus stark abweichenden Verkümmerungen kennt, dem wird die fernere Entstehung der kleinscholligen Kruste aus Lageranfängen, die vom Syntrophen ergriffen worden sind, verständlich. Wie in allen ähnlichen Fällen von Zerklüftung, findet hier gleichzeitige Verlöthung der wirthlichen Thallome statt. In ausgedehnten und dabei zusammenhängenden Krusten des Gebildes, wodurch die weite Ausbreitung des Syntrophen sich auch hier anzeigt, wird man, wie ich [Canton Uri, Erstfelden, leg. Hegetschweiler 1871], hin und wieder in schwankendem Maasse verschonte Thallome der *Lecidea* finden.

7—9.

Die Grenzen zwischen *Verrucaria fuscella* und *Verrucaria glaucina* sind bekanntlich so verwischt, dass manche Schriftsteller die zweite nur als eine Varietät ansehen. Für den vorliegenden Zweck empfiehlt es sich, mit *Verrucaria glaucina* die Betrachtung zu beginnen schon desshalb, weil das äussere Bild sich am meisten an *Endopyrenium trachyticum*, abgesehen freilich von dessen parmelioider Randbildung, anschliesst. Hierzu trägt vor allem die Art der Zerklüftung des Thallus und die schwarze Umsäumung der geschaffenen Abschnitte viel bei. Man kann alle nur denkbaren Stufen dieses Vorganges hier und bei *Verrucaria fuscella* nachweisen. Die Zerklüftung wird durch emporsteigende und begrenzte Lagerwucherungen des Syntrophen geschaffen, der auch hier den Grund des wirthlichen Thallus bevorzugt. Schliesslich tritt die schwarze Einfassung sogar bis an die Oberfläche des Wirthes. Die Absonderung einer *Verrucaria glaucina* wird nicht wenig durch die Ueppigkeit des Gebildes unterstützt. Und doch ist diese Ueppigkeit nicht immer auf eine Steigerung der Masse zurückzuführen, indem thatsächlich sowohl dieser, wie auch *Verrucaria fuscella* dieselben Arten als Wirthe dienen, nemlich am häufigsten *Verrucaria nigrescens* Pers. nebst Var. *rupicola* Mass. [Arn., L. exs. Nr. 170, 1189 — Rabh., L. Eur. exs. Nr. 821], seltener deren Verwandte [Lojka, L. Hung. exs. Nr. 145].

Bei besonders üppiger Ausbildung, wie sie als Var. *conglomerata* geführt zu werden pflegt, muss man an andere Wirthe denken. In einem solchen Falle gelang es mir als Wirth *Lecanora albescens* (Hoffm.) Th. Fr. *a. galactina* (Ach.) Th. Fr. nachzuweisen. Schon der Sammler dieses Gebildes, Beckhaus [Klippen der Schlossbreite, Höxter, Westfalen, leg. 1874], hatte in schedula bemerkt, dass es oft in sonderbarer Gemeinschaft mit jener *Lecanora* wüchse, indem er vielleicht den wahren Zusammenhang ahnte. An derselben Stelle ist aber der Syntroph auch als auf *Buellia alboatra* (Hoffm.) übergegangen zu finden. Es gelang mir zwar nur die Uebergänge in der Lagergestaltung festzustellen, welche Begründung, wenn auch nicht als glänzend, doch immerhin als genügend dasteht. Oft genug sind die befallenen Bezirke auch hier, wie in so vielen Fällen von Syntrophie, durch Verdickung, Umgestaltung und Verfärbung scharf in den übrigen Bereichen der Wirthe abgegrenzt.

Gerade bei *Verrucaria fuscella* tritt das gegebene Naturspiel in seiner ganzen Absonderlichkeit vor unsere Augen. Allein es verliert davon wieder nicht wenig, wenn man bedenkt, dass der Syntroph in der Anlage und im Baue seines Fruchtkörpers von dem Wirthe mindestens durch seine Gattung getrennt sein dürfte. Die Gegenwart und die nächste Zukunft vermöchten freilich solche Unterschiede nicht recht zu fassen. Es bleibt daher das Naturspiel vorläufig in seiner ganzen Sonderbarkeit unverändert, dass nemlich ein Syntroph, nachdem er das Lager einer mit dem entsprechenden Fruchtkörper begabten Flechte umgewandelt hat, mittelst seiner Apothecien ein anderes für eine Art erachtetes Gebilde vorspiegelt.

Durch die fortschreitende Zerklüftung werden die Abschnitte des wirthlichen Thallus allmälig immer kleiner, bis dass schliesslich dessen Gewebe durch das stark farbestoffhaltige des Syntrophen verdrängt, und das Aussehen der Kruste entsprechend verändert wird. Allein schon desshalb ist es schwer begreiflich, wie man die Abgrenzung einer *Verrucaria maura* als Art bis heute aufrecht erhalten konnte, da die Kruste, überhaupt das ganze Gebilde sich eng an *Verrucaria fuscella* anschliesst. Freie und dann das wohl gekennzeichnete Aussehen von *Verrucaria nigrescens* Pers. zeigende Bezirke fehlen sicherlich an keiner Stelle, wenn auch der Wohnsitz mit allen seinen Eigenthümlichkeiten zu einer häufigeren oder schnelleren und gleichmässigen Färbung das seinige beizutragen vermag. Immerhin ist auch hier das Eindringen des syntrophischen Gewebes in das wirthliche der Hauptgrund der Verfärbung, was ja um so leichter wird, als *Verrucaria nigrescens*, wie der Name mit Recht sagt, zu dunkeler Färbung neigt.

Die jetzt unabweisliche Prüfung der Autotrophie von *Verrucaria margacea* Wahlb. bleibt noch der Zukunft überlassen.

10.

In dem Gebilde *Thrombium lecideoides* zeigt sich der Syntroph dieser Gruppe wegen der nicht seltenen Anhäufung seiner Apothecien und der umgebenden Masse seines eigenen Lagers zwischen den wirthlichen Areolen als den *Sphaeriaceen* besonders nahe gerückt. Der Umstand nun, dass einzelne Apothecien oder Gruppen solcher in einer Umgebung von eigenem Thallus als unbestimmte schwärzliche Flecke an die Oberfläche innerhalb der wirthlichen Areolen gelangen, lässt weiter keinen Zweifel an der Richtigkeit meiner Auffassung zu. Ergreift der Syntroph ein zierliches kleinscholliges Lager, wie dies meist in der als *Acarospora velana* Mass. betrachteten Flechte [Arn., L. exs. Nr. 696 b] zu geschehen pflegt, so offenbart sich soviel Einhelligkeit und Ebenmaass in dem Gebilde, dass man an meiner Auffassung zu zweifeln geneigt werden könnte.

Bisweilen zeigt das meistentheils als Grundlage dienende Lager von *Verrucaria nigrescens* die Eigenthümlichkeit [Arn., L. exs. Nr. 80], dass die befallenen Areolen in allen Stufen der Umwandlung durch den normalen Thallus hin zerstreuet sind. Auch *Staurothele clopima* (Wahlb.) dient als Unterlage, wie ich namentlich an Anz., L. Laug. exs. Nr. 240 C. aber auch A, sehe. Diese Stücke zeigen auch den Uebertritt des Syntrophen auf andere benachbarte Arten. Selbst *Rinodina lecanorina* Mass. kann unter Umständen neben *Verrucaria nigrescens* als Wirth dienen [Lojka, L. Hung. exs. Nr. 178 — Eichstädt, Baiern, leg. A. Minks 1873]. Ich empfehle, auch *Placodium variabile* (Pers.) für diesen Zweck in das Auge zu fassen [Lojka, L. Hung. exs. Nr. 178].

Als Ursache der nicht unbeträchtlichen Schwankungen des Aeusseren derselben Wirthe, die wir schon bei den vorigen Gebilden als Grundlagen kennen gelernt haben, dürfte die ganz besonders hohe Anlage des syntrophischen Lagers zu üppiger Entfaltung anzusehen sein. Während an einzelnen Fundorten der Fruchtkörper eine Verkümmerung, wie in Anz., L. Lang. exs. Nr. 240, aufweiset, erlangt er an anderen eine üppigere Ausbildung, als bei allen vorigen Gebilden, wie in Lojka, L. Hung. exs. Nr. 178. Im letzten Falle nimmt das Thalamium an Masse zu und kann auch als ein zusammenhängendes Maschengewebe leicht erkannt werden.

11.

Es erscheint als unverständlich, wie Nylander von *Endocarpon crassum* hat sagen können[1]), dass es nichts von *crassum* habe. Wenn man nicht annehmen will, dass er den wahren Sachverhalt, nach dem nemlich hier, wie bei *Endopyrenium monstruosum*, nur blasige Wölbungen vorliegen, erkannt habe, so muss man zweifeln, ob ihm ausser der Beschreibung auch das Urstück [Anz., L. Lang. exs. Nr. 487] bekannt gewesen sei. Auch anderen wird der Zufall günstig gewesen sein, so dass nicht mir allein trotz der Kleinheit des Stückes der Nachweis von *Staurothele clopima* (Wahlb.) als der Wirthin ermöglicht gewesen war.

12.

Die gelegentliche Untersuchung von *Arthopyrenia circumspersella* (Nyl.) [Lojka, L. Hung. exs. Nr. 114], die laut Angabe des Urhebers[2]) in Gesellschaft von *Verrucaria cataleptoides* wächst, erregte in mir Zweifel an der Richtigkeit der Auffassung von der letzten. Das mir zugefallene Stück ist höchst lehrreich, weil ich die Untergangstufen des vom Fremdling bewohnten Lagers und dessen erste Anfänge, welche ebenfalls den nach dem Eindringen bereits zur Apothecienbildung gelangten Syntrophen verrathen, vor Augen habe. Diese Zustände lassen das für *Verrucaria cataleptoides* angesehene Gebilde kaum noch als solches erkennen. Die Zwischenstufen, die offenbar Nylander in Lojka, L. Hung. exs. Nr. 114 vorgelegen haben, liefern dagegen mir in bester Anschaulichkeit Arn., L. exs. Nr. 1133 und Lojka, L. Hung. exs. Nr. 197. Diese Stücke zeigen ein stark ausgeprägtes Hervorragen des syntrophischen Lagers bis an den Rand der Oberfläche der wirthlichen Areolen. Die Lockerung des Zusammenhanges des Wirthes mit der Unterlage ist stellenweise recht weit vorgeschritten. Bei Lojka, L. Hung. exs. Nr. 114 erreicht diese Abhebung die höchste Stufe, wie sie eigentlich nirgends weiter in dieser Gruppe zu finden ist. Die dicke, höckerige und schwarze Thallusmasse zeigt auf ihrer Oberfläche neben den eigenen entleerten und in

---

[1]) Lamy, Cat., p. 157.
[2]) Flora, 1881, S. 536.

ihrer Oeffnungweise an *Verrucaria Hookeri* erinnernden Apothecien die mehr oder weniger unkenntlich gewordenen Areolen des Wirthes. Stellenweise ist aber das wirthliche Lager schon gänzlich geschwunden. Wenn ich auch nicht so vollkommen überzeugende Beweise, wie für *Verrucaria fuscella*, *Endocarpon crassum* und *Verrucaria fraudulosa* beibringen kann, darf ich, mich an jene Beobachtungen anlehnend, doch nach dem wohl gekennzeichneten Aussehen der immerhin nur wenig und erst spät beeinflussten Lager des Wirthes vor allem an *Staurothele clopima* (Wahlb.) unter weitester Ausdehnung des Kreises dieser Art[1]) denken. Zudem zeigte ein anderes Stück [Cauterets, Pyrénées centrales, leg. E. Lamy] die getreue Wiederholung des Bildes von *Staurothele circinnata* Tuck., die dem erweiterten Kreise gleichfalls angehören dürfte.

13, 14.

Dem Aeusseren nach schliesst sich an *Verrucaria cataleptoides* am meisten das in Lojka, L. Hung. exs. Nr 160 herausgegebene Gebilde von *Verrucaria latebrosa* an, dagegen entfernen sich in dieser Hinsicht mehr oder weniger Lojka, L. Hung. exs. Nr. 106 und ej. L. univ. Nr. 199. Von diesen ist Lojka, L. Hung. exs. Nr. 106 lehrreich, weil es von den gänzlich unbeeinflusst gebliebenen Lagerbezirken alle Uebergänge in Folge der Entfernung der oberflächlichen Schichten und des dementsprechenden Fortschrittes der weisslichen Färbung zeigt. Noch lehrreicher aber ist Lojka, L. univ. Nr. 199 dadurch, dass es ausser ebenfalls unveränderten Thallusabschnitten deren fortschreitende Zersplitterung vor Augen führt, womit sich die dem vorigen Stücke eigenthümliche Erscheinung zu verbinden begonnen hat. Am wichtigsten ist dasselbe Stück, Lojka, L. univ. Nr. 199, jedoch darum, weil bei dem Zusammentreffen mehrerer Syntrophen die Ränder der Lager sich zu mehr als 1 mm breiten und hohen Wülsten emporheben[2]), welche neben den eigenen Apothecien bis auf das äusserste zersplitterte Thallome des Wirthes tragen. Es liegt somit eine sich an *Verrucaria cataleptoides* Nyl. [Lojka, L. Hung. exs. Nr. 114] anschliessende Erscheinung vor. Ausser Lojka, L. Hung. exs. Nr. 160 lässt noch die als *Verrucaria peminosa* Nyl. [fide autoris] in Lojka, L. Hung. exs. Nr. 107, coll. Nr. 2474 und 2475 herausgegebene Flechte *Staurothele clopima* (Wahlb.) als die wirthliche Grundlage erkennen, wenn man vielleicht auch bis zu *Staurothele fissa* (Tayl.) wird greifen müssen. In Lojka, L. Hung. exs. Nr. 107 findet sogar zwiefache Syntrophie statt, indem eine unbestimmbare *Lecidea* oder *Buellia* zugleich dasselbe Lager bewohnt.

Für die Abgrenzung einer F. *Anziana* ist nach Anz., L. Laug. exs. Nr. 488, Arn., L. exs. Nr. 607 und 949 gar kein Grund zu finden. Man hat sich eben zu vergegenwärtigen, dass in *Staurothele clopima*, als im weitesten Sinne aufgefasst, eine Flechte gegeben ist, die ebensowohl von der Sonne heiss gebrannte Mauern, wie auch vom Wasser ununterbrochen oder wenigstens sehr oft bespülte

---

[1]) Tuckerman, Gen. lich., p. 257.
[2]) Demnach zeigen die schwarzen Säume ebenso wenig die Grenzen wirthlicher Lager an, wie in dem analogen Falle von *Arthonia decussata* Flot. bei *Arthonia impolita* (Ehrb.).

Felsen zu bewohnen vermag. Und an keinem Wohnorte verschmäht der wenig wählerische Syntroph diesen Wirth, wobei er immer dieselben Apothecien mit ihren mehr oder weniger kränklichen Sporen entwickelt.

Recht auffallend nähert sich *Verrucaria acrotelloides* bisweilen [Koön, Marstrand, Schweden, leg. O. G. Blomberg 1868] *Verrucaria latebrosa* [Lojka, L. Hung. exs. Nr. 106]. Unter den offenkundigen Verhältnissen erscheint es als überflüssig, sich über den Werth der Art Massalongos, die überhaupt bisher für fragwürdig gegolten hat, noch zu verbreiten. Hier finde ich ein Verschwinden des wirthlichen Lagers bis zu Spuren, ohne dass dadurch der Entfaltung der syntrophischen Apothecien ein sichtliches Hemmniss erwachsen wäre.

15.

Das zweifach in meinem Besitze befindliche Urstück von *Verrucaria fraudulosa* [Zw., L. exs. Nr. 671] lässt nicht viel daran zweifeln, dass *Staurothele clopima* die wirthliche Unterlage darbietet. Die Annäherung ist besonders an Anz., L. Lang. exs. Nr. 240 C [*Verrucaria sphaerospora* Anz.] bedeutend. Wie wenig freilich der Wirth, namentlich wenn sein Lager zu mannichfacher Wandlung veranlagt ist, die Gestaltung des Aeusseren des syntrophischen Verhältnisses zu beeinflussen vermag, haben schon Anz., L. Lang. exs. Nr. 487 [*Endocarpon crassum* Anz.] und 240 A [*Verrucaria sphaerospora* Anz.] gezeigt. Im vorliegenden Falle ist die Entfaltung des syntrophischen Thallus vielleicht in Folge äusserer Einflüsse recht unbedeutend, woraus sich der Habitus des Gebildes am besten erklären lässt.

16.

Da die mit Apothecien versehene *Aspicilia parimentans* (Xyl.) im Urstücke von *Verrucaria crustulosa* [Arn., L. exs. Nr. 770] unverkennbar vorliegt, kann über die wahre Sachlage gar kein Zweifel aufkommen, um so weniger als sowohl in äusserlich noch unverändertem Areolen sogar neben den eigenen Apothecien, wie auch auf bereits veränderten und dann denen von *Endopyrenium trachyticum* und *Verrucaria glaucina* sehr ähnlichen Lagerabschnitten die Apothecien des Eindringlings zu sehen sind. Das Verhältniss des syntrophischen zu dem wirthlichen Thallus ist das bei den vorigen Gebilden bekannte, jedoch möchte man hier die gewöhnliche Ueppigkeit vermissen, wenn man nicht annehmen will, dass der Sammler hauptsächlich auf die äusserlich noch unbeeinflusst gebliebenen Bereiche sein Augenmerk am Fundorte zu richten verleitet worden sei.

17, 18.

Trotz aller bestechenden Zierlichkeit, mit der *Verrucaria ceuthocarpa* nicht selten auftritt, wird man neben einer Abwaschung der Unterlage wenigstens die Einflüsse des Meerwassers an der Flechte selbst, d. h. die Anzeichen einer Kränklichkeit, erkennen, sogar wenn die hier vertretene Auffassung nicht getheilt werden sollte. Schon die innerhalb der Gattung *Verrucaria* im Sinne der Verfasser ausser Nylander wegen des placodinen Lagers ganz vereinzelte Stellung liess dieses Gebilde in meinen Augen stets verdächtig erscheinen. Dieser Verdacht musste bedeutend durch die Abweichung des Baues, namentlich des Gonidema des Lagers, die schon Nylander betont hat[1]), verstärkt werden. Im Hinblicke auf diese beiden Erscheinungen genügt endlich der Nachweis eines syntrophischen Lagers mit dem dieser Gruppe eigenthümlichen Fruchtkörper, damit der letzte Zweifel an der Richtigkeit meiner Auffassung für weggeräumt gelte.

Bei der Aufdeckung des Wirthes müssen die äussere Gestalt und das Gonidema des Thallus Führer sein, da sogar der aus dem Museum zu Upsala empfangene zwar ebenso reichliche, wie schöne Untersuchungstoff [Bosekop, West-Finmark, leg. Th. Fries 1864 — Wardöe, Ost-Finmark, leg. Th. Fries 1857 — Insel Tromsöe, leg. J. M. Norman] nichts von freiem Wirthslager darbietet. Wir können eigentlich nur zwischen *Lecothecium pannariellum* (Nyl.) und *Pannaria elaeina* (Wahlb.) behufs Feststellung der wirthlichen Grundlage schwanken. Obgleich die erste Flechte schon wegen ihrer Vorliebe für ähnliche Wohnsitze am nächsten zu liegen scheint, muss doch die Abweichung des Baues und besonders des Gonidema, die viel grösser, als bei *Pannaria elaeina* ist, berücksichtigt werden. Dazu kommt die offenbar möglichst nahe Anheftung der letzten an die Unterlage in Verbindung mit der Thatsache, dass sie wenigstens verborgene und schattige und daher auch feuchte Orte gern aufsucht. Dass das Gonidema nicht in allen Einzelheiten dem des freien Lagers von *Pannaria elaeina* entspricht, kann bei der Verschiedenheit der Verhältnisse nicht auffallen. Ob aber mehr die Absonderlichkeit des Wohnsitzes oder das syntrophische Eindringen den angedeuteten Einfluss ausübe, diese Frage bleibe noch unentschieden. Nur soviel will ich hervorheben, dass die sich allmälig vergrössernden Zellen der Gonidienketten offenbar nach Vermehrung bei der drohenden Gefahr des Unterganges streben. Und jedenfalls ist das Aussehen des wirthlichen Lagers nicht ohne den Einfluss des Seewassers entstanden.

Demnach bin ich durchaus berechtigt, in Betreff der Auffassung Almqvists von dem Verhältnisse von *Arthonia phacobaea* Norm.[2]) mindestens starke Zweifel auszusprechen und daran meine Verwunderung zu knüpfen darüber, dass diesem Verfasser die Absonderlichkeit der Gonidien von *Verrucaria ceuthocarpa* unbekannt geblieben war, indem er andernfalles die Abweichung von den grossen „Gonidia palmellea" zu begründen versucht haben würde.

Das nicht grosse, aber doch ziemlich lehrreiche Urstück im Museum zu Upsala [Finmark, leg. G. Wahlenberg] zeigt, dass das für *Verrucaria striatula* erachtete Gebilde nicht bloss im Baue des Apotheciun, sondern auch in der Wahl des Wirthes genau mit *Verrucaria ceuthocarpa* übereinstimmt. Wahlenberg selbst hat es nur als eine Varietät in schedula betrachtet. In der That schliesst sich *Verrucaria striatula* auch in der äusseren Gestalt und im inneren Baue des

---

[1]) Lich. Scand., p. 274.
[2]) Arthon. Scand., p. 47.

Thallus an *Verrucaria ceuthocarpa* an. Die Absonderlichkeit dieses Baues hat ebenfalls schon Nylander[1]) erkannt.

In *Verrucaria striatula* liegt der Schluss des in *Verrucaria ceuthocarpa* begonnenen und ausgeführten Kampfes vor. Das areolenartig zerklüftete Lager des Wirthes hat an Masse fast alles verloren. Die letzten Ueberbleibsel sind über den schwärzlichen Thallus des Syntrophen, wenn ein solcher überhaupt noch vorhanden ist, zerstreuet und fliessen hin und wieder zusammen. Die Apothecien sind fast alle entleert und zusammengefallen. Dieses ist also die Wiederholung eines im Gebiete der Syntrophie häufigen Bildes. Ein amerikanisches Stück [leg. H. Willey] schliesst sich in der Tracht an die letzten Zustände des ersten an, d. h. die wirthlichen Lager sind hier zu gallertigen vom Syntrophen durchsetzten Flecken geworden, innerhalb deren aber noch hier und da Strichelchen und Leistchen des einstigen Gebildes hervorragen. Bei alledem ist auch noch unter solchen Verhältnissen der Bau des Lagers von *Pannaria elaeina* zu erkennen.

19.

Der als wirthlicher *Placidium compactum* zu Grunde liegende Thallus wird so wenig von dem Syntrophen beeinflusst, dass darin *Acarospora squamulosa* (Schrad.) Th. Fr. leicht erkennbar bleibt. Einklang und Ebenmaass in dem Verhältnisse zwischen den eingesunkenen Apothecien und dem wirthlichen Thallus [Streitberg, Franken, leg. F. Arnold] haben wohl die bisherige Ansicht hervorgerufen und unterstützt.

In Arn., L. exs. Nr. 79 und 267 finde ich statt des hier in Rede stehenden Syntrophen ein abweichendes Lager. Von diesem ächt endophloeoden Lager ist das oberflächlich gelegene Secundärhyphen-Gewebe am leichtesten zu erkennen. Dieses Gewebe findet man sogar im Inneren der Clinosporangien der *Acarospora* zwischen den höchst winzigen Sporen. Die Gonangien fehlen als Eigenthümlichkeit des endophloeoden Lagers gleichfalls nicht, wohl aber die Apothecien. Statt deren habe ich winzige Clinosporangien mit fast sehr kleinen, hellbraunen, dyblastischen Sporen gefunden.

20.

Hepp und die anderen Schriftsteller erscheinen nach dem heutigen Stande der Wissenschaft als nicht berechtigt zu dem Urtheile, dass in Hepp, Fl. Eur. Nr. 669 und in ähnlichen Fällen der „sterile" Thallus von *Placidium Custnani* vorliege. Dass das Lager einer *Cladonia* in diesen Fällen gegeben sei, wird wohl jetzt für weniger zweifelhaft gelten. Dieses Lager kann ja aber ebensowohl von irgend einem anderen Syntrophen erfasst sein. Ob auch andere Wirthe diesem Gebilde zu Grunde liegen, diese Frage vermag ich wegen Mangels an Stoff nicht zu entscheiden. Auch bleibt einer späteren Zeit die Entscheidung überlassen, ob *Placidiopsis Grappae* Beltr., *Placidiopsis Pisana* Bagl. und *Placidiopsis dermato-*

---

[1]) Lich. Scand., p. 274.

62*

carpoides Anz. nur auf Unterschiede im wirthlichen Lager zurückzuführen seien. Ich zweifele nemlich ebenso wenig an der Heterotrophie bei diesen Gebilden, wie an deren Zugehörigkeit zu dieser Gruppe. Gegen das zweite Urtheil spricht keinesweges die grössere Zahl der Blastidien.

VII.

1. *Verrucaria gemmata* Ach.
Acharius, Prodr., p. 17.

2. *Verrucaria conoidea* Fr.
Fries, Lich. Eur., p. 432.

Im Fruchtkörper stimmen beide genau überein. *Verrucaria gemmata* tritt auf Birke als ächt endophloeode Flechte auf, die in jeder Hinsicht das makroskopische und mikroskopische Bild des von mir eingehend geschilderten Lagertypus aufweiset. Im höheren Alter und auch dann nur, wenn die Verhältnisse es gestatten, pflegt durch steigende Zunahme des Luftgehaltes der Eindruck einer weisslichen Kruste hervorgerufen zu werden, in Wahrheit aber bleibt der Thallus von den äusseren Schichten der Unterlage bedeckt.

Geräth die Flechte auf fremde Lager, so äussert sie ihren Tracht und Farbe umgestaltenden Einfluss um so mächtiger, je mehr der Wirth dazu Anlass bietet. also falls vermarmorirte Lager von *Verrucaria* befallen worden sind, nur schwach, falls aber ähnliche, wie das von *Verrucaria nigrescens* Pers., als Unterlage dienen, im allgemeinen recht stark. In letzter Hinsicht sind gleich lehrreich Anz., L. Lang. exs. Nr. 239, wo der Syntroph mit dem vorigen, der das Gebilde von *Thrombium lecideoides* hervorruft, um denselben Wirth, *Verrucaria nigrescens*, kämpft, und von mehreren Orten Gotlands herrührende Stücke [Thorsburgen, leg. P. J. Hellbom 1863 — ebendort, leg. O. G. Blomberg — Wisby, leg. O. G. Blomberg 1880]. Das Eindringen erstreckt sich nur auf das Oberflächengebiet, wie schon das daselbst befindliche Secundärhyphen-Gewebe auch dem Ungeübten anzeigt. Ob wirklich im Falle der Syntrophie das Gonidema so sehr in den Hintergrund trete oder gar verschwinde, wie es den Anschein hat, müssen darauf hingerichtete Untersuchungen entscheiden. Vollkommen erklärlich würde es mir sein, wenn das Gonidema wirklich dieses Verhalten zeigte. Es bleibt aber auch noch zu untersuchen, ob nicht dem als *Verrucaria gemmata* betrachteten Gebilde nur selten noch Autotrophie, nemlich im Falle des Lebens auf Birke, in den meisten anderen Fällen dagegen schon Heterotrophie eigenthümlich sei.

VIII.

1. *Verrucaria minima* Mass.
Arnold, Flora, 1858, S. 539.

2. *Thelidium acrotellum* Arn.
Arnold, Flora, 1858, S. 538. — *Thelidium minutulum* Körb., Par., p. 351 (1863).

3. *Arthopyrenia saxicola* Mass.

Massalongo, Symm., p. 107.

4. *Verrucaria mucosa* Wahlb.

Acharius, Meth.' suppl., p. 23.

5. *Verrucaria consequens* Nyl.

Nylander, Flora, 1864, p. 375.

6. *Arthopyrenia Kelpii* Körb.

Körber, Par. lich., p. 387.

7. *Verrucaria litoralis* (Tayl.) Leight.

Leighton, Brit. spec. of Ang. Lich.. p. 46.

8. *Arthopyrenia inconspicua* Lahm.

Körber, Par. lich., p. 387.

9. *Verrucaria circumspersella* Nyl.

Nylander, Flora, 1881, S. 536.

Den Schriftstellern gegenüber soll einfach die Thatsache hervorgehoben werden, dass das Apothecium dieser Gruppe oder Art ein wohl entfaltetes Thalamium besitzt. Weil die Zellen dieses Gewebes arm an Mikrogonidien und diese Körperchen selbst mittelgross, mithin sehr leicht erkennbar zu sein pflegen, erhält das mikroskopische Bild unter geringen Vergrösserungen etwas absonderliches, freilich nur für den Ungeübten und Unerfahrenen. Die beste Unterkunft dürfte dieser Syntroph namentlich unter Berücksichtigung seiner arthoniomorphen meist dyblastischen Spore bei *Arthopyrenia* finden. Hiermit soll aber meinerseits nicht zugleich die Unterstützung dieser Gattung auch vom morphologischen Standpunkte ausgesprochen sein. Da auch bei *Verrucaria minima* die Spore dyblastisch ist, hindert der Mangel des Nachweises einer gleichen bei *Verrucaria mucosa* mich im Hinblicke auf die vollständige Uebereinstimmung im Baue des Apothecium nicht, das letzte Gebilde hier einzureihen, nun so weniger, als in diesem Falle der Syntroph unter sichtlich ungünstigen Verhältnissen lebt.

1.

Das durch unregelmässige Flecke sich äusserlich bemerkbar machende syntrophische Gebiet in dem Gebilde *Verrucaria minima* lässt bei dem Mangel der Becinflussung des Durchmessers und des Gefüges des wirthlichen Lagers die Kenntniss einer mehr oder weniger oberflächlichen Ausbreitung erwarten. Vom locus classicus [Rosenthal bei Eichstädt in Baiern] besitze ich ausser Arn., L. exs. Nr. 54 von mir selbst unter der Führung Arnolds gesammelten Stoff. Ich sondere die Stücke darum, weil die ersten als Wirth nur *Lecidea elaeochroma*

(Ach.) Th. Fr. in der als *Lecidea glabra* Kremph. angesehenen Form, die zweiten nur *Verrucaria papillosa* Ach. und selten *Verrucaria maculiformis* Kremph. zeigen, und zwar alle unter Umständen, die mich zu meiner Auffassung durchaus berechtigen. Ich hebe hervor nur, dass sowohl *Lecidea*-Apothecien auf dem durch die bekannte Färbung gekennzeichneten Gebiete des Syntrophen, als auch syntrophische Apothecien auf Lagern, die äusserlich noch keine Spur von Veränderung aufweisen, neben deren eigenen sitzen. Zweifellos wählt der Syntroph aber noch andere Wirthe an demselben Orte. Man erkennt dies schon daran, dass einzelnen Flecken das areolenartige Gepräge abgeht. Befällt der Syntroph dagegen eine durch grössere Areolen ausgezeichnete Flechte, wie *Aspicilia flavida* (Hepp) [Thal der Ochsenalm bei der Waldrast in Tirol, leg. Arnold], so erscheint die Tracht des Gebildes entsprechend verändert. Es macht vor allem den Eindruck eines stattlicheren.

2.

Sowohl Arn., L. exs. Nr. 102, wie auch 305 lassen als dem Gebilde *Thelidium acrotellum* zu Grunde liegend das Lager von *Jonaspis epulotica* (Ach.) sicher erkennen. Beide Exsiccaten sind aber noch desshalb besonders lehrreich, weil sie, von den bei *Verrucaria minima* gegebenen Verhältnissen abweichend, eine gewisse Beeinflussung des Lagers darlegen. Dieser Umstand in Verbindung mit dem anderen, dass in Arn., L exs. Nr. 102 ein dürftig entwickelter Thallus zu Grunde liegt, und in Folge dessen von einer areolenartigen Ausprägung keine Rede sein kann, bestätigt das schon ausgesprochene Urtheil über das syntrophische Lager. Weil nemlich ein nicht allein wahrhaft endophloeodes, sondern sogar recht oberflächlich ausgebreitetes Lager vorliegt, machen die fleckenartigen Bezirke in Arn., L. exs. Nr. 102 den Eindruck vermarmorirter Lager, in deren Bereiche aber die Apothecien des Wirthes zu sehen sind, und nehmen nur hier und da ein areolenartiges Gepräge an, wo auch die dazu erforderliche Gestaltung des wirthlichen Lagers vorhanden ist.

3.

Die mir bekannten Exsiccaten von *Arthopyrenia saxicola*, die hier Beachtung verdienen, muss ich in zwei Gruppen sondern, von denen die eine nur aus Arn., L. exs. Nr. 17 a, die andere aus Arn., L. exs. Nr. 17 b, c, Hepp, Fl. Eur. Nr. 444 und Anz., L. Lang. exs. Nr. 490 besteht. Die erste zeigt als unverkennbare Wirthe zum Theile *Verrucaria plumbea* Ach. und deren Varietät *fusca* Kremph. Wie oft und wie lange diese wirthlichen Lager äusserlich unbeeinflusst bleiben, lässt sich nur durch Beobachtung an Ort und Stelle ergründen. Die Beeinflussung, wenn sie vorhanden ist, zeigt sich als recht tief eingreifend im Hinblicke auf die Ausbreitungweise des Syntrophen. Sie erinnert überhaupt an *Biatora acrustacea* (Arn.). Hier und da liegen die Thallome als ihrer oberflächlichen Schichten beraubt, sogar als bis auf Reste geschwunden da. Am längsten widersteht der wohl gekennzeichnete Lagersaum. Mit der Behandlung der anderen Gruppe von

Exsiccaten und eines Theiles der ersten erweitere ich eigentlich die dieser Aufgabe gesteckten Grenzen. Da es sich ja hier um eine Befallung beliebiger vermarmorirter Lager handelt, kann, abgesehen von der bekannten Färbung, von einer weiteren Beeinflussung nicht die Rede sein, am allerwenigsten im Sinne dieser Arbeit.

4.

Die Eigenthümlichkeit der fleckenartigen Begrenzung der Lagerbezirke der Syntrophie zeigt sich in dem als *Verrucaria mucosa* geltenden Gebilde ebenso bei einem Aufenthalte im Seewasser [Bosekop, West-Finmark, leg. Th. Fries 1864], wie auch bei einem solchen im Süsswasser [Arn., L. exs. Nr. 1190 — Lojka, L. univ. Nr. 245]. Es wird Verwunderung erregen, dass ich in dem in Seewasser entstandenen Gebilde genau das Bild des Lagerbaues, wie in der von jenem anderen Syntrophen [*Verrucaria ceuthocarpa* und *Verrucaria striatula*] bewohnten *Pannaria elaeina* (Wahlb.) wiederfinde, weil man dies nach dem Aeusseren gar nicht vermuthet. Jedenfalls wurde schon Nylander[1] im Hinblicke auf die Uebereinstimmung des beiderseitigen Gonidema durch die hin und wieder vorkommende Zerklüftung der Kruste zusammen mit der vermeintlichen Gleichheit der Sporen dazu veranlasst, dieses Gebilde als Unterart von *Verrucaria ceuthocarpa* anzusehen. Man muss zu der Annahme greifen, dass der Syntroph in fortdauernder Berührung mit Wasser zu höherer Ueppigkeit befähigt sei, damit man so eine andere Fähigkeit, die nemlich zur Verlöthung der Thallusabschnitte des Wirthes, desto besser zu verstehen vermöge.

Weiteren Beobachtungen sei es überlassen festzustellen, welche Wirthe sonst noch *Verrucaria mucosa* zu Grunde liegen. Jedenfalls zeigen die dem Süsswasser entnommenen Stücke, dass auch andere Lager ergriffen werden. Wahrscheinlich hat auch hier die gleiche in Betreff von *Arthopyrenia Kelpii* geschilderte Anschauung Platz zu greifen. Ebenso muss die durch Branths Aeusserung[2] über den Zusammenhang mit *Verrucaria microspora* Nyl. und *Verrucaria halophila* Nyl. angeregte Ausdehnung der Prüfung einer anderen Arbeit vorbehalten bleiben.

5—7.

Durch einen reichen an der Küste der Nordsee und der ostfriesischen Inseln von H. Sandstede gesammelten Untersuchungstoff von *Arthopyrenia Kelpii* bin ich in den Stand gesetzt gewesen, schon nach der äusseren Betrachtung die Zusammengehörigkeit dieses Gebildes mit *Verrucaria consequens* und *Verrucaria litoralis* festzustellen. Ausser Arn., L. exs. Nr. 1405, ebenfalls von Sandstede gesammelt, zeigen die Stücke von Wilhelmshafen [leg. 1888] dieselben Verhältnisse, d. h. eine unbestimmbare, dünne, durch zerstreute Schollen gekenn-

_____

[1] Lich. Scand., p. 275.
[2] Tillaeg til Grönlands Lichen-Flora. Meddelelser om Grönland. III Hefte, Forts. III, p. 756 (1892).

zeichnete Kruste, die von dem Syntrophen bewohnt ist, daneben aber die bekannten
Flecke von schokoladebrauner Farbe, wie sie das Gebilde *Verrucaria minima* auszeichnen. Diese letzten haben als Unterlage ein anderes ebenso dünnes Lager,
das sich als glänzend grünes Häutchen über das Gestein hinzieht. Dieses Bild
wiederholt sich bei den Stücken von der Insel Baltrum [leg. 1890] nur mit dem
Unterschiede, dass die Flecke mehr die rostbraune Farbe des Gebildes *Thelidium
acrotellum* [Arn., L. exs. Nr. 102] zeigen. Die Stücke von der Insel Wangerooge
[leg. 1887] enthalten den Uebergang vom äusserlich erkennbaren Thallus bis zu
seinem Verschwinden. Nur die Anordnung der Apothecien zu Gruppen deutet
dann das Vorhandensein eines solchen an. Schon mittelst guter Lupe erkennt
man aber die sich in den Rillen des grobkörnigen Sandsteines hinziehenden
Spuren. In Wahrheit ist auch die Aenderung des Gefüges der Unterlage wohl
die Ursache. Stücke von der Insel Borkum [leg. 1890] stehen in der Mitte
zwischen den letzten und den beiden ersten. Namentlich die letzten zeigen den
Uebertritt des Syntrophen auf *Balanus improvisus*, wo er höchst wahrscheinlich
als Autotroph zu leben vermag. Auch hiermit erscheint der Uebergang zu *Verrucaria consequens* [Arn., L. exs. Nr. 901 — St. Jouin bei Le Hâvre, leg. Letendre]
als vermittelt. Wenn Kalk die Unterlage hergibt [Roumeg., L. Gall. exs. Nr. 271
— St. Jouin bei Le Hâvre, leg. Letendre], wirkt dieses wenig auf das Bild ein.
Besonders anziehend ist es, dass gerade hier [Roumeg., L. Gall. exs. Nr. 271]
das Thalamium ganz genau mit dem von *Arthopyrenia saxicola* übereinstimmt,
während *Arthopyrenia Kelpii* in dem regelmässigen Baue dieses Gewebes mehr
an *Verrucaria minima* und *Thelidium acrotellum* sich anschliesst.

Unter die hier ferner in Betracht zu ziehenden Arten der lichenologischen
Literatur gehört vor allen *Verrucaria halodytes* Nyl.[1]). Aber auch auf die Nothwendigkeit einer Prüfung der erde- und moosbewohnenden Arten von *Thelidium*
möchte ich hinweisen.

8, 9.

Arthopyrenia inconspicua stimmt in allen Einzelheiten des Baues des
Apothecium so sehr mit den übrigen dieser Gruppe überein, dass der Mangel
der für diese Aufgabe erforderlichen Beweisführung gar nicht in das Gewicht
fällt. In Arn., L. exs. Nr. 569 [2] dürfte das Lager von *Verrucaria nigrescens*
Pers., dagegen in Lojka, L. Hung. exs. Nr. 177 ein vermarmorirtes Lager, dessen
Bestimmung nur nach reichlichem Stoffe möglich sein wird, zu Grunde liegen.
An das zweite Exsiccat schliesst sich *Verrucaria circumspersella* [Lojka, L. Hung.
exs. Nr. 114] an. Eigentlich hätte hier auch *Verrucaria consequens* eingefügt
werden müssen, aus Rücksicht der Nützlichkeit ist aber diese Behandlung mit
der vorangehenden vereinigt worden. Beide Stücke von *Arthopyrenia inconspicua*
zeichnen sich unter allen dieser Gruppe aus durch die beträchtlichen Schwankungen
der Schläuche und Sporen in der Gestalt und der Grösse. In Arn., L. exs.

[1]) Enum. génér., p. 142.

Nr. 569 enthalten ausserdem zahlreiche Apothecien nur kurze, dickere und dyblastische Sporen.

War schon in den vier ersten Gebilden dieser Gruppe eine ziemlich einflussarme Syntrophie erkennbar, so nahm in den drei folgenden dieser Einfluss sichtlich noch mehr ab, bis dass in den zwei letzten ein solcher eigentlich nicht mehr erblickt werden kann. Sobald als wir uns aber in den Bereich solcher gänzlich einflusslosen Syntrophen begeben haben, erhöht sich die Möglichkeit, dass eine weitere Anzahl von Gliedern unter den Verwandten als ächt endophloeode vermarmorirten Lagern eingebettet seien, die sogar den Kreis der Art vergrössern könnten. In dieser Hinsicht kommen zunächst in Betracht *Verrucaria leptotera* und *Verrucaria fluctigena*, deren Zusammengehörigkeit mit *Verrucaria consequens* oder *Arthopyrenia inconspicua* vom Urheber, Nylander, selbst bereits vermuthet worden ist. Obgleich also der Kreis dieser syntrophischen Art noch keinesweges für abgeschlossen gelten darf, wird man doch nicht ohne weitere Prüfung. durch Nylanders einstiges Urtheil von *Verrucaria consequens*[1]) bestimmt, zu der Meinung sich versteigen können, dass alle Gebilde dieser Gruppe lediglich *Verrucaria epidermidis* (Ach.) in ihrem mannichfaltigen Leben auf anderen Flechten darstelle. Die jetzt unabweisbare Nothwendigkeit einer Prüfung dieser Angelegenheit aber wird wohl niemand verkennen. Vorläufig bleiben *Verrucaria fluctigena* und *Verrucaria leptotera*, auch *Verrucaria bryospila* und andere Erzeugnisse Nylanders mehr sowohl in Bezug auf ihren Werth als Arten, wie auch auf ihre Autotrophie höchst fragwürdig. Der Umstand, dass dieselbe Flechte als syntrophische bald sich äusserlich und sogar dem blossen Auge noch erkennbar mit dem eigenen Lager anzeigt, bald dieses dem anderen gänzlich einverleibt, spricht selbstverständlich nicht gegen die Ueberzeugung, die durch Nylanders Meinung von dem Verhältnisse zwischen *Verrucaria consequens* und *Verrucaria epidermidis* zu gewinnen wir Aussicht haben dürften, sondern zeigt eigentlich eine Vielseitigkeit des Lebens einer solchen Flechte an, welche Vielseitigkeit eben die Anregung zu weiteren Forschungen über die Ausdehnung des Kreises der Art gibt.

IX.

Mycoporum stilbellum Nyl.

Stizenberger, Lich. Helvet., p. 261 (Nomen!).

Mein Untersuchungstoff [Gossau, Zürich, leg. Hegetschweiler 1873] zeigt den Thallus von *Naetrocymbe fuliginea* Körb. ohne eigene Apothecien, aber mit denen eines den *Verrucariaceen* angehörigen Syntrophen, der vielleicht schon unter den Formen der mycologischen Literatur zu finden ist.

[1]) Flora, 1864, S. 357.

Schlusswort.

Mit vollem Bedachte wähle ich den Schluss dieser Arbeit als die geeignete Stelle, um, an die Aufzählung der Syntrophen anknüpfend, in dem aufmerksamen und sinnigen Leser Betrachtungen und Vorsätze anzuregen, für die er erst unter den Eindrücken der vorangegangenen Schilderungen hat gewonnen werden können.

Gewiss ist dem lichenologisch gebildeten Leser die verhältnissmässig grosse Zahl der Liebhaber von Schatten und Feuchtigkeit aufgefallen. Dass der gonidemalose und mit dem wirthlichen Gewebe verfilzte Syntroph kein Freund des Lichtes ist und auch damit unter den Flechten eine gesonderte Stellung einnimmt, liegt klar vor Augen. Aber auch die Vereinigung mit der Eigenthümlichkeit, dass er eine ausgesprochene Vorliebe für Feuchtigkeit hat, liegt der Einsicht nicht minder nahe. Die letzte Thatsache schliesst es nicht aus, dass derselbe Syntroph die bald mehr, bald weniger andauernd gleichmässige Durchfeuchtung mittelst bewegten Wassers und die an sonnigen Mauern herrschende Dürre zu ertragen vermag, weil er in dem jedesmaligen Wirthe die den umgebenden Verhältnissen entsprechende Unterstützung findet.

Diese biologische Erkenntniss legt nun den Grund für weitere Einsicht in das Leben der Flechte. Vorläufig soll nur darauf hingewiesen werden, wie leicht erklärlich damit die Erscheinung wird, dass verhältnissmässig viele Syntrophen Weltbürger sind, und die Aussicht, dass noch manche es werden können. Die Wahl der Wirthe ist für ihr Leben und Gedeihen die Hauptsache, denn bei dieser Hilfe können sie wenigstens annähernd gleiche Daseinsbedingungen unter verschiedenen oder gar einander widersprechenden Ortsverhältnissen erfüllt finden.

Dass sogar Syntrophen trotz der gefundenen Unterstützung nicht immer in gleicher Weise gedeihen, beweisen auch die nicht seltenen Fälle, in denen unter der Syntrophie durch die Färbung und Gestaltung leicht erkennbar gewordene Gebilde keine dem Eindringling zugehörigen Apothecien tragen. Ich will hier nicht, aus den einzelnen Flechtenfloren herausgreifend, durch die räumliche Ausdehnung ausgezeichnete Fälle solcher im herrschenden Sinne sterilen Gebilde hervorheben, da ich die Bekanntschaft mit dieser Erscheinung bei jedem Liebhaber der Flechten voraussetzen darf. Wohl aber halte ich es für meine Pflicht, an diese Thatsache anknüpfend, den Lichenologen über andere bisher unverständliche oder unbeachtete Vorkommnisse die Augen zu öffnen.

Wenn sich jetzt dieser und jener während der Ausflüge möglichst alle Krusten, die man grundsätzlich als verdorbene oder als hauptsächlich wegen des Mangels an Apothecien unbestimmbare zu vernachlässigen gewohnt ist, zu sammeln entschlössen, so würden nach der gewonnenen biologischen Erkenntniss sich die Fragen um so unabweislicher aufdrängen: wesshalb sind die einen verdorben, und wesshalb sind die anderen unbestimmbar? Aber auch die Beantwortung dieser Fragen ist der Wissenschaft jetzt wenigstens für einen Theil der beiderseitigen Fälle durch die Kenntniss der Syntrophie ermöglicht.

Dass die Flechte in ihrer Ausbildung durch äussere Einflüsse oder durch Aenderung bisheriger Verhältnisse Schaden nehmen und verderben kann, diese Annahme erscheint als selbstverständlich berechtigt. Aber noch mehr! Auch die Flechte kann in die Lage kommen, von dem Gesetze des Unterganges lichenischer Körper abweichend, ohne gleichzeitige Vermehrung unterzugehen. Solche Fälle sind aber nach meiner Ueberzeugung ausserordentlich selten. Man ist bisher in dem Vorurtheile von einer übergrossen Empfindlichkeit der Flechten gegen äussere Einflüsse befangen gewesen. Die Flechten sind bei weitem nicht so empfindlich, wie man geglaubt hat. Wer dies noch fernerhin glaubt, den mögen die Züchtungen der neuesten Zeit eines anderen belehren. Vor allem die im botanischen Laboratorium zu Münster angestellten Aussäungen von Sporen, wie wenigstens der Züchter selbst dies auffasst, unter Anwendung von vermeintlicher Nährflüssigkeit lassen keinen Zweifel mehr darüber aufkommen, was alles den Flechten entgegen der alten Anschauung zugemuthet werden darf. Freilich muss man in dem Ableiten der Schlüsse aus den Züchtungergebnissen viel vorsichtiger werden, als man bisher gewesen ist, und Erscheinungen des Flechtenlebens jedenfalls unter Benutzung der von der Flechte selbst geforderten optischen Hilfmittel zu erklären suchen, um so mehr, wenn man das Verhalten dieser Pflanze in der Natur nicht kennt und dessen Kenntniss gar geflissentlich vernachlässigt.

Es ist die Aufgabe der Zukunft, bei der Erforschung der Verbreitung der Syntrophie im Flechtenreiche sowohl die „verdorbenen", wie auch die „unbestimmbaren" Krusten dort, wo es angeht, auf die Einflüsse von Syntrophen zurückzuführen. Manchmal werden solche Krusten dem kundigen Auge durch sonderbare Wucherung und Missgestalt Verdacht erregen. Ob die Syntrophen in solchen Fällen nicht doch noch in späterer Zeit zur Apothecienbildung gelangen, die Beantwortung dieser Frage muss eine besondere Aufgabe sein. Aber auch zahlreiche Fälle von soredialer Flechtenauflösung verdienen eine Prüfung auf Syntrophie als die wesentliche Ursache.

In Erwägung der Verbreitung der Syntrophie müssen wir uns jetzt mit dem Gedanken vertrauet machen, dass dieselben Flechten, denen Schwankungen in der Gestalt und im Baue des Fruchtkörpers eigenthümlich sind, durch Befallen von Seiten dieses und jenes (sterilen) Syntrophen die Grundlage für die Aufstellung verschiedener Arten abgeben können und abgegeben haben, ohne dass also daran die syntrophischen Apothecien sich zu betheiligen brauchen.

Fälle der letzten Art haben in der Wissenschaft wohl verhältnissmässig noch sehr wenig Unheil angerichtet. Zahlreicher und schlimmer könnten aber die Fälle gewesen sein, in denen mit eigenen Apothecien oder ohne diese lebende Flechten von eigene Clinosporangien tragenden Syntrophen in Besitz genommen worden waren, um durch eine solche Vereinigung Lichenologen von geeigneter Anschauungrichtung in bedauerlichem Maasse irrezuführen. Freuen können und werden sich jetzt alle die Lichenologen, welche die Spermatologie nicht zum Gegenstande einer in Wahrheit aussichtslosen Thätigkeit gemacht haben. Diese Richtung, welche ihr selbst dem Wesen nach gänzlich unbekannte Gebilde und Organe zu lichenographischen Zwecken ausnutzt, muss mit ihren maassgebenden

63*

Vertretern einfach ausleben. Ich halte es nemlich gar nicht für angezeigt, meine in zwar kurzer Uebersicht zwei Male[1]) ausgesprochene Meinung, die sich jedoch auf eingehende anatomische und morphologische Prüfungen stützt, fortwährend zu wiederholen, denn wer von den Anhängern einer solchen Richtung nicht belehrt sein will, oder wer von ihnen nicht belehrt werden kann, würde auch durch eine neue Beleuchtung der Spermatologie unbeeinflusst bleiben. Selbst nach dieser neuen Aufdeckung über die Verbreitung von nur mit Clinosporangien versehenen Lagern auch in Flechtenkörpern wird ein Aufgeben der Lehre dem ganzen Sinnen und Trachten solcher Lichenologen zuwider sein. Auch eine naheliegende Erwägung wird darin keinen Wandel schaffen, dass nemlich eine Verbreitung solcher Flechtenlager als syntrophischer nichts absonderliches und unerwartetes darstelle, indem man von dem massenhaften Vorkommen nur Clinosporangien führender Lager in der Epidermis und dem Periderma höherer Pflanzen dementsprechende Schlüsse für die lichenische Unterlage herleiten konnte und musste.

Endlich werden sich alle Lichenologen, die sich von einer anderen noch bedenklicheren Verirrung der Lichenographie ferngehalten haben, die Verwirrung ausmalen, welche die Bestimmung von Flechten mittelst der „chemischen Reactionen" in Fällen syntrophischer Durchwucherung der geprüften Theile angerichtet haben mag. Ich bin in meinen Schilderungen auf eine Beleuchtung dieser Fälle nicht eingegangen, weil ich dies für durchaus unnütze Arbeit erachtete. Denn auch diese Richtung muss mit ihren Vertretern einfach ausleben. Ich will hier nur darauf hinweisen, dass syntrophische Gewebe im allgemeinen besonders scharfe „Reactionen" hervorzurufen scheinen.

Künftig wird man bei der Auffassung und Beschreibung der namentlich durch die Färbung abstechenden Hyphothallien vorsichtiger sein müssen. Die von mir an bekannter Stelle gegebene Schilderung eines solchen wahrhaften Hyphothallium darf nicht länger unbenutzt bleiben, indem ein Fehlen der festgestellten Kennzeichen und das gleichzeitige Vorhandensein der Uebereinstimmung mit dem Gewebe des Fruchtkörpers nicht bloss einen starken Verdacht auf Syntrophie begründen, sondern auch das Bestehen dieses Verhältnisses beweisen.

Ebenso wenig ist es dem zukünftigen Lichenologen erspart, zumal bei Schaffung neuer Arten, sich stets von der wirklichen Zusammengehörigkeit von Apothecium und Thallus zu überzeugen. Dies wird zur unabweislichen Pflicht, wenn vorkommenden Falles bei Aehnlichkeit oder Gleichheit der Fruchtkörper mehr oder weniger schroffer Unterschied in den Lagern entgegentritt.

Auch mehr der zukünftigen Lichenologie wird die Aufgabe zufallen, sich in der Betrachtung und der Erkenntniss aller apotheciumlosen Lager überhaupt fleissig zu üben, weil dadurch die Biologie der Lichenen eine wirksame Förderung erfahren muss.

Gerade in dem Mangel dieser Uebung wird die Ablehnung oder das ungenügende Verständniss meiner neuen Lehre die stärkste Unterstützung haben. Und man wird daher zunächst sich von der Hingebung und dem Fleisse bei der

---

[1]) Microg., S. 235—236, Symb., p. XXII—XXIII.

Betrachtung des scheinbar so eintönigen und einförmigen Gebietes der Krusten-flechten, die zur Erlangung der vorliegenden und mancher anderen Erfolge nothwendig gewesen sind, schwerlich eine Vorstellung machen. Ich wiederhole daher, dass hiermit der Wissenschaft eine reife Frucht, die etwa 20 Jahre zur Reife gebraucht hat, übergeben wird, indem ich eben für die Lichenologie fürchte, dass diese Frucht geschätzt und genossen werden soll von Seiten, wo man ausgedehnte Kenntniss der Flechtengestalten mit einer solchen des mannichfaltigen Flechtenlebens als gleichwerthig zu erachten sich unterfangen könnte.

Alle ohne Ausnahme haben ihren Blick erst auf dem hiermit im Geiste der zeitigen Naturwissenschaft der Pflege übergebenen Gebiete der Flechtenbiologie zu schulen. Auch zu dieser Schulung gehört aber ausser Methode noch Zeit. Wer also während des Lesens der gebotenen Aufzählung der Syntrophen hin und wieder bei Fällen, die ihn im Geiste oder im Herzen besonders stark berühren, zu seiner Sammlung greift, um mit wenigen Blicken die Bestätigung seines entgegengesetzten Urtheiles zu suchen, sei überzeugt, dass er sie trotz aller meiner Beleuchtungen finden werde auch sogar bei den derbsten Vorkommnissen, deren Verkennen bedauerliche Flecke an der ganzen auf das Flechtenreich seither angewendeten Forschungmethode darstellt. Für solche Lichenologen sind meine Untersuchungen nicht geschrieben. Und sollte sich deren Zahl als zu gross offenbaren, so bleiben auch diese Forschungen lediglich der zukünftigen Wissenschaft zu wahrhaft segenreicher Benutzung aufbewahrt.

Wer dagegen mit Fällen von Syntrophie, deren Auffassung ihm am ersten und meisten einleuchtet, beginnend, ein gleich sorgfältiges Studium mittelst der Lupe und des Mikroskopes unternimmt, wird sicherlich von der eigenartigen Schönheit der hier behandelten Erscheinungen des Flechtenlebens gefesselt und zu immer weiterem Vordringen auf den vorgezeichneten Wegen in der Flechtenbiologie angetrieben werden. Und mit den Jahren werden, wie überall, auch hier das leibliche und das geistige Auge bis zur Entwickelung selbstständiger Thätigkeit auf dem Gebiete der Syntrophie geübt werden, um schliesslich sogar den Blick für alle Mannichfaltigkeit des Flechtenlebens überhaupt und damit zusammenhängend für den offenkundig vorliegenden Plan der Gliederung des ganzen Flechtenreiches zu erlangen.

Hauptsächlich an die jüngsten und an die neuerstehenden Jünger der Lichenologie richte ich meine Aufforderung, wenigstens den Versuch zu einem Bruche mit dem 'althergebrachten nicht zu unterlassen. Demzufolge würde es sich empfehlen, den als Syntrophen aufgedeckten Flechten in den Sammlungen von den bisher üblichen Nachbarschaften bald mehr, bald weniger entfernte Plätze anzuweisen. Wohin jede der einzelnen Arten oder Gruppen zu bringen ist, darauf kommt es vorläufig weniger an. Nur äusserliche Sonderung als solche halte ich zunächst für werthvoll. Erst dann wird man recht inne werden, wie sehr die Einreihung dieser Flechten nach der bisherigen Auffassung die Klarheit des Urtheiles getrübt hat, und wie sehr gerade die Verwandten der bekannten Syntrophen einer Prüfung ihrer Autotrophie bedürfen.

Indem ich mich vorzüglich an alle die wende, deren Auge als für neue Betrachtungweise und Beurtheilung der Flechten bildungfähig erachtet werden darf, will ich damit nicht, wie dies auf dem Gebiete des Schwendenerismus allgemein üblich ist, die Flechtenbiologie als Gegenstand seiner Thätigkeit dem Anfänger anpreisen oder gar auch meinerseits ihn als für die Erforschung des Wesens der Flechte berufen hinstellen. Hier kann nicht der Ort sein, zu untersuchen, wie es gekommen ist, dass diese Seite der Lichenologie durch den Schwendenerismus dem Anfängerthum hat überantwortet werden können. Ich bin überzeugt, dass die Zeit nicht ferne ist, da man zur Einsicht gelangen wird, wie viel grösser die der Erkenntniss der Flechte und des Flechtenlebens entgegenstehenden Schwierigkeiten in Wirklichkeit sind, als man geglaubt hat.

Vielmehr, da ich lediglich das geübte Auge als zu einer Beurtheilung des Gebietes der Syntrophie befähigt erachte, muss ich dort mehr erwarten, wo eine solche Uebung den Gesetzen menschlicher Eigenthümlichkeit gemäss am ehesten zu erzielen ist. Diese Uebung jüngerer Kräfte stellt aber nicht bloss auf dem Gebicte der Biologie eine erfolgreiche Thätigkeit in Aussicht, sondern bereitet auch zur Erkenntniss der dem kundigen Auge schon sichtbar vorliegenden Flechtenmorphologie vor. In der That ist in Folge der Vernachlässigung des Studium der Flechte mittelst der Lupe die Lage der Lichenographie zur Zeit eine solche geworden, dass mit Recht das Wort angewendet werden kann: man sieht den Wald vor Bäumen nicht. In dem Vorurtheile, mittelst des Mikroskopes gewonnene Kennzeichen möglichst bevorzugen zu müssen, befangen, hat man, wie man einst erkennen wird, herrliche Merkmale übersehen, die zwar ihrem Wesen nach durch das Mikroskop ergründet werden müssen, die aber doch schon dem unbewaffneten oder schwach bewaffneten Auge zugänglich sind.

Gegenüber den vorgetragenen Rücksichten empfahl sich eine Vernachlässigung der Exoten von selbst, abgesehen davon, dass der Stoff sich selten als für biologische Zwecke und im besonderen für die Feststellung der Autotrophie brauchbar erweiset. Gerade in den Tropen aber dürfte die Heterotrophie in ungeahnter Ausdehnung und Macht vertreten sein. Auch für gelegentliche Syntrophie dürften dort ausnehmend günstige Anlässe obwalten. Also auch auf biologischem Wege wird eine spätere Wissenschaft an der Verringerung der aussereuropäischen Arten zu arbeiten haben. Immerhin empfiehlt sich schon jetzt eine eingehende Prüfung überall, wo bei Uebereinstimmung der Apothecien der Unterschied in den Lagern um so mehr anffällt. Mittelst des Mikroskopes allein werden sich bisweilen solche Fälle entscheiden lassen. Vor allem wird auch hier das gleichzeitige Auftreten verschiedener Apothecien nebeneinander auf demselben Lager den Verdacht zu einem dringenden steigern, aber zugleich auch fast immer einen der brauchbarsten Beweise liefern.

Allein gerade die Flechtenflora der Tropen bietet vielleicht mehr, als jede andere häufige Gelegenheit, das stärkste Drängen der einzelnen Flechten und der Arten gegeneinander zu beobachten. Man wird daher dort um so eher Vergesellschaftungen für biologische Verbindungen anzusehen geneigt sein. Ausserdem wird man bei dem Anblicke des leichten Vordringens endophloeoder Lager in gleiche andere oder in ektophloeode und der umgekehrten Erscheinung viel leichter sich versucht fühlen, dort den günstigen Boden für die allmälige Umwandlung von selbstständigen zu unselbstständigen Flechten zu suchen.

Das europäische Flechtenbild, wie dürftig und beschränkt es auch immer ist, muss doch als Ausgangpunkt für alle Betrachtungen gewählt werden. Dementsprechend wird auch das Bild des Flechtenlebens, wie es Europa bietet, als hauptsächliche Grundlage unserer biologischen Forschungen dienen müssen. In Betreff der europäischen Flora aber möchte ich warnen vor voreiligen Urtheilen über vermeintliche Fälle von zeitiger Umwandlung selbstständiger in unselbstständige Flechten. Endlich warne ich davor, alle Fälle dichtester Vereinigung von Lichenen auf der hier gewonnenen Grundlage, die im Vergleiche zu dem weiten Gebiete der Flechtenbiologie immerhin recht beschränkt ist, zu beurtheilen. Erst wenn dieses Gebiet von mir weiter bearbeitet sein wird, möchte man einsehen, wesshalb ich gewisse Fälle sonderbarer Vergesellschaftung von Flechten hier gänzlich aus dem Auge gelassen habe[1]).

Vorläufig halte ich alle solche Betrachtungen mindestens für verfrüht, da ja jetzt das Gebiet der Flechtenbiologie erst eröffnet vorliegt. Für viel nützlicher dagegen erachte ich, andere Betrachtungen anzustellen, z. B. darüber, wesshalb gewisse Gattungen trotz ihrer Verwandtschaft mit den syntrophischen bisher sich als autotrophische gezeigt haben. Damit man zu erfolgreichen Schlüssen gelange, bedürfen freilich solche Betrachtungen gewisser morphologischer Vorkenntnisse, mit deren Ausbildung und Erweiterung sogar zugleich der Vortheil der Begründung einer natürlichen Eintheilung der Flechten verknüpft ist. Jedenfalls erwächst mit diesen voraussichtlich der Wissenschaft nicht ein solcher Schaden, als wenn man sich zur unrechten Zeit rein biologischen oder gar rein physiologischen Erörterungen hingibt.

Ich hoffe, dass man, der Lage der Lichenologie endlich sich bewusst geworden, sich nicht zu Einwendungen bestimmen lassen werde, die in dem Vorurtheile gegen die Neuheit der Sache lediglich der Absicht entspringen, dieser gänzlich den Boden zu entziehen. In dieser Befürchtung zeigt sich nicht Schwarzseherei meinerseits, vielmehr berechtigen mich meine Erfahrungen leider nur zu sehr dazu. Ich habe es ja sattsam von fachgenössischer Seite erfahren müssen, dass, wo die Erkenntniss aufhört, der Spott anfängt. Aber auch das mir gegenüber beliebte andere Verfahren ist ein ebenso beredtes Zeugniss von der Unfähigkeit auf gegnerischer Seite. Und gerade diese ganze Arbeit predigt es vernehmlich für jedermann, der Augen zu sehen und Ohren zu hören hat, wie bitter die Vergeltung werden kann, wenn man als naturwissenschaftlicher Gegner zu den Kampfmitteln eines politischen greift, oder wenn man sich blindlings in die Gefolgschaft einer naturwissenschaftlichen Richtung, die alle Kennzeichen einer Partei an sich und ihrem Handeln trägt, begibt.

---

[1]) Nachdem ein kleiner Theil solcher Fälle nach dem Abschlusse dieser Arbeit durch G. O. A. Malme (Bot. Notiser, 1892, p. 125) bekannt gemacht, aber ausschliesslich vom Standpunkte des Schwendenerismus beurtheilt worden ist, unterstütze ich meine Warnung durch den Hinweis auf Almqvists Misserfolge.

Es ist mein sehnlichster Wunsch, dass die Lichenologie sich an dem zeitigen Streben, die Biologie zur vollwichtigen Geltung zu bringen, betheilige. Dieser Wunsch hat die Veröffentlichung dieser Arbeit beschleunigt und wird auch weiter seine Wirkung auf meine Forscherthätigkeit äussern. Ich hoffe daher, dass alle überflüssigen Einwände der neuen Lehre erspart bleiben werden. Man braucht sein abiehnendes Verhalten gegen meine Aufschlüsse jedoch nicht in die Gestalt des Einwandes kleiden, sondern kann diesem durch Schweigen beredten Ausdruck geben, indem in den lichenographischen Arbeiten die alte Anschauung bei jedem Gebilde der Verfasser weiter gepflegt wird. Der Hinweis auf eine gewisse Unvollständigkeit meiner Untersuchungen in rein lichenographischer Hinsicht kann leicht als Vorwand für ein solches Verfahren benutzt werden. Und er wird benutzt werden, wenn auch vielleicht in dem stillen Glauben, dass z. B. es kaum unter den Arten von *Urceolaria*, geschweige denn unter denen von *Pyxine*, die von mir noch nicht geprüft worden sind, wirkliche Autotrophen nachzuweisen gelingen dürfte. Solange als die Grenzverhältnisse zwischen Lichenologie und Mycologie noch nicht im Geiste meiner Symbolae licheno-mycologicae geregelt worden sind, gehören von jetzt ab solche Gebilde, deren Unterbringung in den Flechtensystemen als nicht gerathen erscheint, in einen Anhang bei allen lichenographischen Arbeiten. Nur bei den als vollgiltige Tribus dastehenden *Calyciacei* empfehle ich, die Verhältnisse wenigstens bis zum Erscheinen neuer zugehöriger Untersuchungen in gewohnter Weise weiter bestehen zu lassen.

Ueberhaupt wird die Umwälzung, welche die durch die Biologie gewonnene Erkenntniss im Gefolge hat, sich auch noch in mancher anderen Weise äussern müssen, vor allem aber in der Aenderung der Benennung der betroffenen Gattungen und Arten. Almqvist ist bei der Aufstellung von *Arthonia vagans* mit einem Beispiele vorangegangen, das mir im allgemeinen das richtige Verfahren darzustellen scheint. Es muss einleuchten, dass jetzt Gattungen, deren Begriff auf der Annahme der Zusammengehörigkeit von Apothecium und Thallus beruht, auch mit ihrem Namen nicht länger bestehen können, wenn nicht der Thallus allein, oder das Apothecium allein, oder mit anderen Worten: wenn nicht der (obgleich ohne Fruchtkörper bekannte) Wirth oder der Syntroph dies gestattet. Aber in diesen beiden Fällen werden Namen schon wegen einfacher Widersinnigkeit für die Zukunft unhaltbar. Die nach dem Beispiele Almqvists vorzunehmende Aenderung der Benennung behalte ich mir für spätere Zeit vor und knüpfe hieran zugleich den Ausdruck der Erwartung, dass Fachgenossen, die sich mit Erfolg der Aufdeckung von Syntrophen widmen, die gleiche Vorsicht beobachten möchten. Denn man möge erwägen, dass die Kreise nicht allein der Arten, sondern auch der Gattungen, die der Syntrophie unterworfen sind, je weiter die Aufschliessung des Gebietes der Biologie fortschreitet, desto mehr sich ändern könnten. Zu frühe Aenderungen der Benennung haben daher nur in einer beschränkten Zahl gewisser Fälle Aussicht auf Bestand in der Wissenschaft.

Die Flechtenkunde liegt für die Naturforscher leider abseits von den Strassen, auf denen der Fortschritt der Neuzeit zu wandeln anregt, vielleicht darf sie aber jetzt bei ihrem Eintritte in den Kreis der Wissenschaften, die das Studium der

Biologie als ein höchst fruchtbares pflegen, auf eine ausgedehnte und sogar über die Grenzen der Botanik hinaus reichende Würdigung rechnen. Ich richte daher am Schlusse die Aufforderung au alle Lichenologen, welche über den Besitz oder die Erwerbung des genügenden Unterrichtstoffes verfügen können, diesen zu Vorträgen und Erklärungen in naturwissenschaftlichen Vereinen jeglicher Art zu benutzen, wo eine Theilnahme für die Erweiterung der Kenntniss der Lebensgemeinschaften vorausgesetzt werden darf. Für die Erklärungen dürfte sich eine zweckentsprechende Zusammenstellung der freien Wirthe mit ihren Apothecien und ohne diese neben den befallenen mit den syntrophischen Apothecien und ohne solche in einer dem Verständnisse der Zuhörer zusagenden Ausdehnung über das hier geschilderte Gebiet der Syntrophie empfehlen. Solche Bestrebungen werden nicht nur bei jedem Naturfreunde für den gebotenen Genuss, sondern auch vor der Wissenschaft sich Dank erwerben für die Verbreitung der Kenntniss von Erscheinungen des Flechtenlebens, die in der Merkwürdigkeit der Bildung und in der Höhe der Bedeutung den bisher erkannten Lebensgemeinschaften nicht nachstehen.

Berichtigung.

Seite 386, Zeile 30 und 31 von oben lies:

„sowohl ohne Mithilfe", statt: „ohne Mithilfe sowohl".

Alphabetisches Verzeichniss der geschilderten Flechten.

A. Die Syntrophen.

(Die Synonyma sind in Cursiv gedruckt.)

64*

B. Die Wirthe.

Beitrag zur Lepidopteren - Fauna Südtirols,

insbesondere der Umgebung Bozens.

Von

Dr. H. Rebel.

(Mit 2 Figuren im Texte.)

(Vorgelegt in der Versammlung am 31. October 1892.)

Herr Wilhelm v. Hedemann aus Kopenhagen und ich verliessen am 16. Juli d. J. Wien in der Absicht, einige Zeit im Glocknergebiete vorzugsweise mit dem Fange von Microlepidopteren zu verbringen. Ungünstige Witterungs-verhältnisse veranlassten uns bereits am 20. Juli Heiligenblut zu verlassen und Bozen aufzusuchen, wo wir, von andauernd schönem Wetter begünstigt, in der Zeit vom 21. bis 31. Juli einen sehr angenehmen Aufenthalt fanden. Wir sam-melten in Bozen fast ausschliesslich auf dem so nahe gelegenen Calvarienberge, dessen Besuch bei der vorgeschrittenen Jahreszeit noch immer die beste Ausbeute ergab; weiters besuchten wir mehrmals die Umgebung von Gries und machten einen sehr lohnenden Tagesausflug nach Meran (23. Juli). Eine von mir allein unternommene Fahrt nach Trient brachte kein bemerkenswerthes Resultat.

Die während unseres gemeinsamen Aufenthaltes in Bozen gemachte Lepido-pteren-Ausbeute bildet hauptsächlich, aber nicht ausschliesslich den Gegenstand des vorliegenden faunistischen Beitrages; ich habe mich in demselben einerseits nur auf die Besprechung interessanter südalpiner Formen, welche wir selbst zu be-obachten in der Lage waren, zu beschränken gesucht, andererseits aber hier die Gelegenheit ergriffen, eine nicht unbedeutende Zahl faunistisch für Südtirol und das östliche Dolomitengebiet werthvoller Angaben zu veröffentlichen, welche mir von mehreren Seiten freundlichst zur Verfügung gestellt wurden.

Ich nenne in dieser Hinsicht vor allen Herrn G. Stange in Friedland, welcher im Hochsommer 1891 ausser der Umgebung Bozens auch das lepidoptero-logisch fast unerforschte Enneberger und Grödener Thal besuchte und daselbst eine Anzahl sehr interessanter Arten namentlich an Microlepidopteren erbeutete, welche ich grösstentheils bereits im Herbste vorigen Jahres zu revidiren Gelegenheit hatte; weiters Herrn Dr. Götschmann in Breslau, welcher während eines kurzen Aufenthaltes in Bozen im Jahre 1889 die dortige Fauna durch das Auffinden einiger südlicher Arten bereicherte.

Aber auch von österreichischen Lepidopterologen kamen mir zahlreiche werthvolle Angaben zu; namentlich war es Herr Custos Rogenhofer, der mich auch bei vorliegender Publication freundschaftlichst unterstützte. Weiters Herr Otto Bohatsch, der mir interessante Angaben über Südtiroler Fundorte aus seiner reichen Macrolepidopteren-Sammlung zur Verfügung stellte, welche sich grösstentheils auf Arten beziehen, welche durch Dr. Settari bei Meran und Herrn Emanuel Pokorny im Sarcethal und Judicarien gesammelt worden waren.

Endlich muss ich noch eines Besuches gedenken, welchen wir während unseres heurigen Aufenthaltes Herrn Anton Rössler, dem ersten Localsammler Bozens, abstatteten; derselbe zeigte uns mit bereitwilligem Entgegenkommen seine Sammlung, welche nur Macrolepidopteren enthält und am besten in Noctuen vertreten ist, da Herr Rössler fleissig den Köderfang betreibt. Ich habe einige Arten aus seiner Sammlung im Nachfolgenden angeführt.

An zusammenhängenden Nachrichten über die interessante südalpine Fauna der Umgebung Bozens herrscht kein Ueberfluss; den Anfang machte Dr. Bergmeister, welcher in seiner Topographie Bozens (1854, S. 31—32) 34 Lepidopteren-Arten anführt, welche „der Naturhistoriker A. Stentz seiner Nachforschungen besonders werth gefunden"; einen weiteren Beitrag veröffentlichte Herr Gymnasialdirector Vinc. Mar. Gredler im Jahre 1863[1]); das weitaus reichste Artenverzeichniss hat aber auch hier Josef Mann[2]) publicirt, der den Frühsommer des Jahres 1867 in Bozen verbrachte.

Endlich hat Herr Steinert in jüngster Zeit ein Verzeichniss der bei Bozen hauptsächlich an Köder beobachteten Lepidopteren veröffentlicht.[3])

Für das östliche Dolomitengebiet ist seit der Publication Mann's und Rogenhofer's[4]) kein weiterer faunistischer Beitrag erschienen.

Die für die Fauna Südtirols neuen Arten habe ich im Nachfolgenden mit einem Stern (*) versehen.

Wien, Ende October 1892.

---

[1]) „Vierzehn Tage in Bad Ratzes", Gymnasialprogramm, Bozen, 1863; enthält auf S. 26—29 ein Verzeichniss der grösstentheils von Stentz auf der Seiser- und Tierser-Alpe gesammelten Lepidopteren (circa 180 Arten). Ich verdanke der Liebenswürdigkeit des Verfassers ein Exemplar dieser schwer zu erlangenden Publication.

[2]) „Schmetterlinge, gesammelt im Jahre 1867 in der Umgebung von Bozen und Trient in Tyrol", Verh. d. z.-b. Ges., 1867, S. 829—844.

[3]) „Schmetterlingsfang in Südtirol während des Hochsommers", „Iris", II (Deutsche entomol. Zeitung, 1889), S. 270—274. Enthält als interessante Bereicherung der Fauna Bozens unter anderem auch *Catocala Diversa* H. G.

[4]) „Zur Lepidopteren-Fauna des Dolomitengebietes", Verh. d. z.-b. Ges., 1877, S. 491—500.

Macrolepidoptera.

1. *Papilio Podalirius* L. Ende Juli häufig am Calvarienberge bei Bozen in Uebergängen zur Varietät *Zanclaeus* Z. (Standfuss, Berl. Ent. Zeit., 1888, S. 233; Eimer, Artbildung und Verwandtschaft, Jena, 1889, S. 72). Die Exemplare zeigen eine sehr kurze Behaarung der Stirne, stark verlängerte, am Ende breit gelbgefärbte Schwanzspitzen der Hinterflügel und einen weisslich-gelben Hinterleib, welcher auf der Rückenhöhe nur schmal schwarz bestäubt erscheint, auf der Bauchseite aber die beiden schwarzen Lateralstriemen führt.

Ganz analoge Stücke finden sich in zweiter Generation auch bei Wien (Gumpoldskirchen etc.). Ich fand in Gries die grüne Puppe der zweiten Generation an Felsen.

2. *Parnassius Apollo* L. Ende Juli einzeln am Calvarienberge bei Bozen; beide Geschlechter in gleich heller Färbung.

3. *Leucophasia Sinapis* L. var. *Diniensis* B. Ebenda; die ♀ noch mit deutlichem hellgrauen Apicalfleck der Vorderflügel.

4. *Thecla Quercus* L. Nur einzeln Ende Juli am Calvarienberge bei Bozen in sehr grossen Stücken.

5. *Polyommatus Alciphron* Rott. var. *Gordius* Sulz. Bei Meran und St. Gertrud im Ultenthale im Juli (Rogenhofer).

6. *Lycaena Telicanus* Lang. Kommt regelmässig in der Umgebung Bozens vor, wie eine Anzahl schöner Exemplare in Herrn Rössler's Sammlung beweist.

7. *Lycaena Icarus* Rott. Unter zahlreichen typischen Exemplaren, welche Ende Juli am Calvarienberge bei Bozen flogen, fing ich ein frisches, wohl ausgebildetes ♂ der Aberration *Icarinus* Scriba, welches bloss eine Vorderflügellänge von 10 *mm* und eine Expansion von 18 *mm* zeigt.

8. *Lycaena Amanda* Schn. In grossen, im männlichen Geschlechte besonders lebhaft gefärbten Stücken von Bozen in Herrn Rössler's Sammlung.

9. *Lycaena Minima* Fuessl. Am 22. Juli 1892 flogen beim Runglstein eine Anzahl Exemplare, welche zu Folge ihrer Expansion von mehr als 22 *mm* der bereits von Christ (Verh. d. naturw. Ges. in Basel, VIII, S. 129) beobachteten grösseren Form dieser Art angehören.

10. *Melitaea Didyma* Ochs. Ein ♂, in Trient am 28. Juli 1892 gefangen, zeigt die lebhaft rothbraune Oberseite der südlichen Färbung dieser Art.

11. *Erebia Euryale* Esp.

Die Art tritt nach freundlicher Mittheilung des Herrn Stange im Enneberger Thal und der Bondsir bis zur Höhe von ca. 1100 *m* nur in der Form *Ocellaris* Stgr. auf, welche sonach dort den Character einer stehenden Localvarietät annimmt; wahrscheinlich ebenso bei Ratzes nach Gumppenberg (Stett. Ent. Zeit., 1888, S. 380).

Mir liegen zum Vergleiche zwei Pärchen aus der Sammlung des Herrn Bohatsch vor, welche durch Stange im Juli 1891 im Enneberger Thal erbeutet worden sind.

Ein ♂ und die beiden ♀ zeigen auf der Oberseite die rostrothe Binde in getrennte, kleinere, schwarz punktirte Flecken zerfallen (*Ocellaris* Stgr.); bei einem ♂ ist jedoch oberseits die Binde bis auf kleine, kaum wahrnehmbare, ungekernte rostrothe Punkte vollständig verschwunden, so dass hier ausser der starken Reduction der rostrothen Flecke auch noch eine Analogie zur Aberration *Euryaloides* Tngstr. hinzutritt, deren Vorkommen unter *Ocellaris* bereits Gumppenberg, l. c., erwähnte.

Die beiden ♀ weichen in der Färbung der Unterseite stark von einander ab. Das eine derselben zeigt daselbst die Mittelbinde der Hinterflügel dunkelbraun, nach aussen kurz und breit gelappt, gegen die Flügelwurzel und den Saum durch weisse Bestäubung begrenzt. Das andere ♀ hat schmälere Flügel und eine hellere Oberseite und zeigt die Mittelbinde auf der Unterseite der Hinterflügel hellbraun, nach aussen spitz und lang gelappt, beiderseits hell gelbbraun (nicht weiss) begrenzt. Die Angaben, welche Gumppenberg, l. c., für das ♀ der Aberration *Euryaloides* Tngstr. macht („♀ *subtus fascia longe lobata brunnea, albido illustrata*"), stimmen rücksichtlich des zuletzt besprochenen ♀ wohl bezüglich der Gestalt der Mittelbinde, nicht aber bezüglich deren (hier fehlenden) weissen Begrenzung überein. Die beiden ♂ haben auffallend kurze und breite Flügel und zeigen nur eine Expansion von 38 *mm*, die beiden ♀ eine solche von 40—42 *mm*.

Nach Mittheilung des Herrn Bohatsch fing Herr Gleissner (Berlin) im Juli 1891 auch im Ampezzothale die Form *Ocellaris* Stgr.[1]

12. *Satyrus Actaea* Esp. var. *Cordula* F. Im männlichen Geschlechte häufig Ende Juli auf allen Anhöhen in der Umgebung von Bozen; die ♀ nur sehr vereinzelt; auch vom Schloss Tirol (Rogenhofer).

13. *Satyrus Dryas* Sc. Mit der vorigen Art in typischen Stücken. Exemplare mit sehr grossen Augenflecken auf den Vorderflügeln fing Herr Custos Rogenhofer Ende September 1877 bei Riva; auch Steinert („Iris", II, S. 271) erwähnt das Vorkommen solcher Exemplare bei Bozen, ebenso Frey (Lep. der Schweiz, S. 45) aus dem Wallis.

14. *Pyrgus Carthami* Hb. In grossen Stücken aus der Umgebung Bozens in ca. 700 *m* Höhe (Rogenhofer); ebenso aus dem Sarcethale, wo Pokorny Stücke bis 30 *mm* Expansion fing, welche oberseits fast gar nicht hell bestäubt waren, mit grossen, rein weissen Fleckenreihen und orangegelber Grundfarbe der Unterseite der Hinterflügel.

15. *Pyrgus Alveus* Hb. Ein normal gefärbtes Stück fing ich am 26. Juli 1892 am Calvarienberge bei Bozen.

16. *Pyrgus Cirsii* M.-D., Mitth., I, S. 34. — Frey, Lep. der Schweiz, S. 51, Note 5.

---

[1] Als eine sehr interessante Bereicherung der Fauna Südtirols und der Alpen überhaupt ist *Erebia Melas* Hbst. zu verzeichnen, welche im Juli heurigen Jahres durch Mr. H. Elwes in Campiglio in ca. 2000 *m* Höhe erbeutet wurde (Ent. Soc. Lond., Sitzb., 5. Oct. 1892).

Ueber ein Pärchen aus der ehemals Pokorny'schen Sammlung, welches Ende Juli 1879 im Sarcethale erbeutet worden war, machte ich mir vor Jahren folgende Aufzeichnung:

Oberseite des ♂ stark gelblichweiss bestäubt, die Hinterflügel mit verschwommener weisser Mittelbinde und solchen Saumflecken. Das ♀ mit gestreckteren Flügeln und dunklerer Oberseite, deren Zeichnungsanlage im Allgemeinen dem *Alveus*-Typus entspricht.

Unterseits sind die Vorderflügel im Discus (namentlich beim ♀) stark geschwärzt, die Hinterflügel weichen daselbst von allen anderen *Alveus*-Formen auffallend ab. Ihre Grundfarbe ist lackbraun, beim ♀ dunkler, mehr olivenbraun. Die Flecke an der Basis sind gross, beim ♀ der oberste weit saumwärts gerückt. Die Flecke, aus welchen sich die Mittelbinde zusammensetzt, sind nur durch die auf der ganzen Unterseite der Hinterflügel lebhaft gelbbraun gefärbten Rippen getrennt. Der Mittelfleck der Mittelbinde zeigt gegen den Saum zwei zahnartige Vorsprünge und an seinem Basalrande ebenfalls einen sehr deutlichen, an der Gabelung der Subcostalader gelegenen Zahn. Am Saume stehen hohe, spitze, weisse Bogenflecke, deren grösster sich in Zelle 1 findet.

Beim ♀ sind die weissen Flecke der Unterseite der Hinterflügel grösser und schwarzbraun gesäumt, wodurch die Grundfarbe mehr zurückgedrängt und verdüstert wird. Die ziemlich breiten Fransen sind auf der Unterseite der Hinterflügel nur schmal gelbbraun durchschnitten. Die Fühlerkolben sind unterseits rostfarben; die Bauchseite des Hinterleibes namentlich beim ♀ auffallend rein weiss mit orangefarbener Seitenlinie und solcher Hinterleibsspitze. Der Afterbüschel des ♂ weisslich. Expansion des ♂ 24 *mm*, des ♀ 27 *mm*.

Auf diese ausgezeichnete, gewiss nur südlich vorkommende *Pyrgus*-Form, welche trotz der Zahnbildung am Basalrande des Mittelfleckes auf der Unterseite der Hinterflügel[1]) keine nähere Verwandtschaft mit der *Andromedae-Cacaliae*-Gruppe hat, passen gut die Angaben Meyer-Dür's für *Cirsii*, der allerdings der lebhaften Färbung der Unterseite der Hinterflügel keiner Erwähnung thut. — Von den durch Rambur benannten und abgebildeten Formen scheint *Onopordii* Rbr., Fn. And., Pl. 8, Fig. 13 (p. 319 non edit.) der vorliegenden, als *Cirsii* M.-D. angesehenen Form am nächsten zu stehen.

17. *Smerinthus Quercus* S. V. Mehrere grosse Exemplare aus der Umgebung Bozens in Herrn Rössler's Sammlung.

18. *Pterogon Proserpina* Pall. Ich fand die Raupe am Wege ins Sarnthal.

19. *Sesia Asiliformis* Rott. Aus dem Sarcethale (Rogenhofer).

20. *Sesia Ichneumoniformis* F. Ich fand ein ganz frisches Pärchen in copula im Grase sitzend am 25. Juli auf dem Calvarienberge bei Bozen; auch aus dem Sarcethale auf *Origanum*.

---

[1]) Dieses Merkmal wurde von Zeller der *Alveus*-Gruppe abgesprochen, in neuer Zeit aber schon mehrfach innerhalb derselben beobachtet (cfr. Spr., Stett. Ent. Zeit., 1885, S. 81; Schilde, Berl. Ent. Zeit., 1886, S. 39 ff.).

Z. B. Ges. B. XLII. Abh. (65)

21. *Ino Ampelophaga* Bayle. Bei Bozen (Rogenhofer).

22. *Ino Heydenreichii* Led. — *Micans* Gn., Ann. S. Fr., 1865, p. 305. Pl. 8, Fig. 2, larv.

In besonders grossen, tief gefärbten Stücken aus der Umgebung Bozens in Herrn Rössler's Sammlung; die Raupe soll nach einer mündlichen Mittheilung Herrn Rössler's auf Heide leben. Nach Gn., l. c., lebt die hierher gehörige Raupe auf *Cistus salviaefolius* und unterscheidet sich von der auf *Rumex* lebenden *Statices*-Raupe durch runde (bei *Statices* sternförmige) Rückenwarzen und rosenfarbige (dort gelbliche) Bauchseite.

23. *Zygaena Cynarae* Esp. var. *Turatii* Standf., Mitth. Schweiz. ent. Ges., 1892, S. 368. — *Dahurica* H.-S., 68. — *Genistae* Stentz, i. l.

Diese nach ligurischen Stücken aufgestellte Varietät findet sich auch bei Bozen — wie auch Dr. Standfuss angibt — von wo sie bereits vor vier Decennien Stentz unter dem Namen *Genistae* in Handel brachte; sie wird unter diesem Namen auch in Dr. Bergmeister's Topographie von Bozen (1854, S. 32) erwähnt.

Turatii ist etwas grösser (30—33 *mm* Expansion) als die Stammart, auf den Vorderflügeln dichter beschuppt, mit mehr in die Breite gezogenem letzten Fleck, breiterem dunklen Saume der Hinterflügel und im männlichen Geschlechte fast stets ohne rothen Hinterleibsgürtel.

24. *Zygaena Dubia* Stgr., Cat., 1861. p.21, 1871, p. 47. — Stgr., Mitth., IV (1874), S. 225. — Christ, Mitth., VI (1880), S. 43. — Frey, Mitth., VII, 1884, S. 16. — Aberr. *Sexmaculata* Fuchs, Stett. Ent. Zeit., 1880, S. 120.

Die grosse, tief gefärbte Zygaene mit den Fühlern der *Lonicerae* und breitem, einspringenden schwarzen Saume der Hinterflügel aus der Umgebung Bozens; die Aberration *Sexmaculata* Fuchs ist nach Meraner Stücken mit deutlichem sechsten Flecke der Vorderflügel aufgestellt; die Unterseite der Vorderflügel bei *Dubia* zeigt die Flecken immer scharf getrennt.

25. *Naclia Ancilla* L. Nicht selten Ende Juli bei Bozen in typischen Stücken; die Flugzeit der regelmässig bei Bozen vorkommenden *Naclia Punctata* F. fällt in eine frühere Jahreszeit.

26. *Setina Kuhlweini* Hb. var. *Alpestris* Z. Nur ein ♀ am 23. Juli am Calvarienberge bei Bozen; die Hauptflugzeit fällt in den Juni. In den Südalpen findet sich nur die var. *Alpestris* Z.

27. *Emydia Cribrum* L. var. *Candida* Cyr. Ebenfalls nur ein ♀ mit dem vorigen.

28. *Callimorpha Hera* L. Nicht selten am Calvarienberge bei Bozen; wie überall im Süden in sehr grossen, lebhaft gefärbten Stücken.

29. *Arctia Maculania* Lang. Herr Rössler findet alljährlich die Raupe auf dem Calvarienberge bei Bozen; die Zucht ergibt kein reiches Resultat.

30. *Psyche (Stenophanes) Calberlae* Heylaerts, Compt. Rend. Soc. Ent. Belg., XXXIV (1890), p. 131.

Herr Emanuel Pokorny fand im August 1878 bei Condino (Val Bona, Judicarien) Säcke einer ihm unbekannten Psychenart, aus welchen er nach der schwierigen Ueberwinterung am 7. April 1879 ein einziges ♂ zog, welches er in der Folge als *Praecellens* Stgr. ansah. Erst als seine Sammlung bereits in den Besitz Herrn H. Calberla's (Dresden) übergegangen war, erkannte Dr. Heylaerts in dem gezogenen ♂ das andere Geschlecht einer unbeschriebenen Art, von der er bisher nur die ersten Stände und das ♀ durch R. Oberthür von Cauterets (Hautes Pyrénées) erhalten hatte.

Ich gebe im Nachfolgenden eine Uebersetzung der in lateinischer Sprache erfolgten Publication Dr. Heylaerts'.

„*Psyche Calberlae* ♂ gleicht der *Praecellens* Stgr., ist aber genügend davon verschieden, namentlich auch durch die Raupe. Viel kleiner, mit kürzeren, mehr gerundeten und helleren (fast wie bei *Psyche Bruandi* Led. gefärbten) Flügeln. Der Kopf klein, vorne schwarzbraun, die Scheinpalpen schwärzlich. Die Fühler hell rauchgrau, die Wimpern (ciliae) mittelmässig lang. Thorax, Hinterleib und Beine lang grauhaarig, die Tarsen nackt.

Die etwas durchscheinenden Flügelränder sind hell rauchbraun; auf den Vorderflügeln ist Zelle 1 b und 2 (im Basaltheile), die Mittelzelle und Zelle 12, auf den Hinterflügeln Zelle 1 b, 1 c und die Mittelzelle weissgelb gefärbt. Die Fransen sind gelbbraun, glänzend. Das Geäder wie bei *Graslinella* B. Expansion 17 mm.

Das ♀ ist hellgelb; der Kopf und die drei ersten Segmente glänzend, das vorletzte und letzte Segment mit gelbgrauer Wolle bekleidet. Länge 11 mm, Breite in der Mitte 4 mm.

Die Raupe ist schwarz, der Kopf und die drei ersten Segmente mit gelben Streifen und Punkten versehen, am letzten Segmente liegt ein schwarzes glänzendes Analschild. Länge 20 mm, die Breite in der Mitte 3·5 mm.

Die Puppe des ♂ ist kastanienbraun, jene des ♀ schwarz, mit den drei ersten und letzten Segmenten roth. Der Raupensack ist cylindrisch mehr oder weniger von seidenartigen Gespinnsten bedeckt wie bei *Bruandi* Led. Länge des Sackes 25 mm, Breite in der Mitte beim ♂ 8, beim ♀ 10 mm.“

Leider erwähnt Dr. Heylaerts nicht weiter der angeblichen Unterschiede der *Calberlae*-Raupe gegen jene von *Praecellens;* mir ist von Letzterer keine Raupenbeschreibung bekannt, da weder Staudinger noch auch Millière (Ic., III, p. 376, Pl. 147, Fig. 8 ♂, Fig. 9 leerer männlicher Sack) eine solche gegeben.

Nach Mittheilung Herrn Emanuel Pokorny's fand er die Säcke der *Psyche Calberlae* bestimmt nicht auf *Erica*, während die Raupe von *Praecellens* Stgr. ausschliesslich auf *Erica (arborescens)* leben soll.

31. *Psyche Plumistrella* Hb. Herr Stange fing am 27. Juli 1890 zwei ♂ auf der Puez-Alpe bei Corvara in einer Höhe von beiläufig 2300 m; ein weiteres ♂ am 2. August auf dem Grödener Joch in ca. 2100 m Höhe; von der Seisser-Alpe (Settari). Im Adamellogebiet (Val di Fum) erbeutete Herr Emanuel Pokorny vor Jahren zahlreich diese Art im männlichen Geschlechte.

32. *Apterona Crenulella* Brd. Die leeren Säcke Ende Juli häufig an den Felsen des Calvarienberges bei Bozen.

33. *Epichnopteryx Suriens* Mill. Mehrere leere, ziemlich grosse Säcke von dort, gehören wahrscheinlich zu *Suriens* Mill. Ein sicheres *Suriens*-♂ mit der

65*

Bezeichnung „Bozen, 31. März 1877 (Gross)" befindet sich in Herrn Bohatsch's Sammlung.

34. *Bijugis Bombycella* S. V. Herr Stange fing am Grödener Joch in ca. 2000 *m* Höhe ein ♂.

35. *Fumea Affinis* Reutti. Ich erhielt zwei gezogene ♂ zur Ansicht, deren Säcke Dr. Götschmann an den Felsen des Calvarienberges bei Bozen gefunden hatte; die leeren Säcke daselbst Ende Juli sehr häufig.

36. *Fumea Betulina* Z. Die leeren, aber unverkennbaren Säcke ebenda.

37. * *Bryophila Receptricula* Hb. Bei Meran, wahrscheinlich von Dr. Settari gesammelt (in coll. Bohatsch).

38. *Bryophila Ravula* Hb. Im Juli 1885 bei Meran (in coll. Bohatsch).

39. *Agrotis Strigula* Thnbrg. Ebenfalls bei Meran (in coll. Bohatsch).

40. *Agrotis Comes* Hb. Die Raupe dieser Art war im Jahre 1861 in den Weingärten bei Meran sehr häufig (Rogenhofer).

41. *Agrotis Speciosa* Hb. Herr Stange fing am 26. Juli 1890 ein Exemplar auf dem Crem de Sella, etwas oberhalb Corvara.

42. *Agrotis Putris* L. Am 25. Juli fing ich in Bozen ein ♂ dieser im Süden wenig verbreiteten Art.

43. *Agrotis Trictici* L. var. *Aquilina* Hb. Die Raupe von *Aquilina* trat in den Jahren 1883 und 1884 in Südtirol als Weinschädling auf[1]) (Rogenhofer).

44. * *Dianthoecia Magnolii* B. Bei Meran im Mai 1885 (in coll. Bohatsch).

45. *Hadena Calberlai* Stgr., Stett. Ent. Zeit., 1883, S. 181. — Calberla, „Iris", I, S. 182, Taf. XII, Fig. 9. — Standf., Berl. Ent. Zeit., 1888, S. 243. — Steinert, „Iris", II. S. 273. Ich sah nur ein schönes Exemplar in Herrn Rössler's Sammlung, welches durch Nachtfang anfangs Juli bei Atzwang erbeutet worden war.

46. *Eriopus Latreillei* Dup. Regelmässig bei Bozen vorkommend; ich scheuchte ein ♀ am 24. Juli in Gries aus einer Epheuhecke.

47. * *Caradrina Aspersa* Rbr. — Frr., 467, 1, 2. Nach Dr. Götschmann's freundlicher Mittheilung fing derselbe an Köder zwei Exemplare am Calvarienberge bei Bozen Anfangs Juli 1889; ein Exemplar wurde durch Dr. Wocke determinirt, überdies stellte das von Dr. Götschmann zur Ansicht eingesandte Pärchen die Richtigkeit der Bestimmung ausser allem Zweifel. Die Art unterscheidet sich von der nahe stehenden *Terrea* Frr. hauptsächlich durch rauhere, gelbgraue Beschuppung der Vorderflügel und den Mangel der weissen Punkte um die Nierenmakel. Neu für unsere Monarchie und das deutsche Faunengebiet.

48. *Cucullia Blattariae* Esp. Herr Gleissner fand die Raupe dieser Art bei Riva (Bohatsch).

49. *Eurhipia Adulatrix* Hb. Ein ♂ am 26. Juli 1892 am Calvarienberge bei Bozen aus Eichen gescheucht; Steinert beobachtete die Art häufig an Köder.

[1]) Bussarolli, Meraner Zeitung, Nr. 1153.

50. *Erastria Obliterata* Rbr. Ich scheuchte mehrere Exemplare am 26. und 29. Juli 1892 aus dürren, am Boden liegenden Zweigen am Calvarienberge bei Bozen auf.

51. *Simplicia Rectalis* Ev. Mehrere Exemplare aus der Umgebung Bozens befinden sich in Herrn Rössler's Sammlung.

52. *Zanclognatha Tarsicristalis* H.-S. Ich fing mehrere geflogene Stücke am 21. Juli 1892 Abends am Calvarienberge; bereits von Speyer (Geogr. Verbr., II, S. 241) als bei Bozen vorkommend erwähnt.

53. *Zanclognatha Tarsicrinalis* Knoch. Ein schönes ♀ ebenda am 26. Juli 1892.

54. *Herminia Gryphalis* H.-S. Das bereits von Bohatsch (II. Jahresb. des Wr. ent. Ver., 1891, S. 43) erwähnte Vorkommen dieser Art bei Bozen bezieht sich auf den Fang eines nicht ganz reinen ♀, welches Herr Stange am 5. August 1891 im Thalboden unterhalb der Haselburg erbeutete.

55. * *Hypena Antiqualis* Hb. Ein tadellos frisches ♀ scheuchte ich am 30. Juli 1892 im Grase auf dem Calvarienberge bei Bozen auf.

56. * *Orectis Proboscidata* H.-S. Ein frisches ♂ fing ich im Fluge am 21. Juli 1892 Abends auf der Nordseite des Calvarienberges bei Bozen; auch Dr. Götschmann fing diese seltene Art ebenda in einem Exemplar.

57. *Nemoria Pulmentaria* Gn. Ein ♂ ebenda am 27. Juli 1892, um welche Zeit bei Wien die Raupe dieser Art gefunden wird.

58. *Acidalia Moniliata* F. Ebenda, Ende Juli nicht selten.

59. *Acidalia Dimidiata* Hufn. Mehrere Exemplare ebenda am 24. Juli.

60. *Acidalia Contignaria* Hb. Ein dunkles, mehr grau gefärbtes ♀, welches ich anfänglich für *Asellaria* H.-S. hielt, am 27. Juli an einem Felsen des Calvarienberges bei Bozen; dasselbe kommt der var. *Obscura* Fuchs nahe.

61. *Acidalia Virgularia* Hb. Ein ♂ in Gries am 26. Juli und ein ♀ in Meran am 23. Juli 1892 erbeutet, gehören beide einer kleinen *Virgularia*-Form an, bei welcher die Grundfarbe der Flügel mehr röthlichgrau erscheint, die Zeichnung verschwommen und die Fransen verdüstert sind. Auch zeigt die Flügelfläche einen der typischen *Virgularia* ganz fehlenden schwachen Glanz. Die Stücke stellen sich sonach als Uebergänge zur var. *Bischoffaria* Lah. (non H. G.) dar. Bereits Herr Pokorny hat solche kleine, eintönig gefärbte Stücke in Südtirol gefunden. Herr May erhielt Stücke derselben Färbung durch Zucht aus dem Ei von bei Raibl gefangenen Exemplaren. Die Raupe ist von jener der typischen Form nicht verschieden.

62. *Acidalia Obsoletaria* Rbr. Mehrere Stücke beiderlei Geschlechtes fing ich Ende Juli auf dem Calvarienberge bei Bozen; die Art variirt auch bei Wien nicht unbedeutend in Färbung und Deutlichkeit der dunklen Querlinien.

63. *Acidalia Rusticata* F. Ebenda nicht selten, nur in der Varietät *Vulpinaria* H.-S.

518   H. Rebel.

64. *Acidalia Bilinearia Fuchs. Ein ♂ am 31. Juli 1892 ebenda erbeutet, gehört dieser bisher in unserer Monarchie noch nicht beobachteten Art an[1]).

65. Acidalia Luridata Z. — Falsaria H.-S., Fig. 463.

Ein frisches grosses ♂ von 20 mm Expansion scheuchte Herr v. Hedemann am 23. Juli 1892 in Meran an einer heissen Lehne auf. In den darauf folgenden Tagen fand ich die Raupen dieser Art mehrfach in Bozen an den Felsen des Calvarienberges auf Steinflechten lebend; ich schickte dieselben nach Wien und es fiel am 16. August ein grosses dunkles ♀ und am 23. August aus einer nicht vollgewachsenen Raupe, die sich aber doch verpuppt hatte ohne andere Nahrung zu sich zu nehmen, ein ♂ mit verkürzten Flügeln aus. Die Puppenruhe hatte in beiden Fällen ca. 16 Tage gedauert. Mehrere Puppen ergaben nur Krüppel.

Die Raupe von Luridata ist schlank und gestreckt, erwachsen ca. 3—3·5 mm lang, ohne scharfe Seitenkante, ihre Färbung heller oder dunkler grau, die Rückenzeichnung sehr deutlich.

Der kleine Kopf ist oben zwischen den weissgerandeten und dunkel gefleckten Hemisphären sanft eingedrückt; die drei ersten, kurz beborsteten (Brust-)Segmente führen eine feine helle Dorsale auf dunklerem Grunde und eine in schwarze Flecken aufgelöste Subdorsale; die Brustbeine sind fein schwärzlich geringt.

Auf der Rückenfläche der übrigen Segmente ist die feine helle Dorsallinie nur sehr undeutlich und durch die breite, dunkle, verwaschene Begrenzung fast ganz verdeckt, so dass hier eigentlich ein breiter, dunkler, nicht scharf begrenzter Rückenstreifen auftritt, welcher nur auf den drei letzten Segmenten sich verschmälert und dann wieder durch die helle (ursprüngliche) Dorsallinie getheilt erscheint.

Fig. 1.
Rückenzeichnung eines mittleren Segmentes der Raupe von Acidalia Luridata Z.

Auf jedem der mittleren Segmente erweitert sich der genannte dunkle Rückenstreifen zweimal; am vorderen Segmentrande stehen zwei scharfe, kurze, schwärzliche Längsstriche (Reste der Subdorsalen) und zwei weitere solche undeutlichere gegen den unteren Segmentrand; letztere verfliessen mit der zweiten Anschwellung des Rückenstreifens, wodurch diese namhaft erweitert scheint.

Auf der stumpfen Seitenkante liegt ein ziemlich breites, weissliches, ununterbrochenes Längsband, in dem die kleinen dunklen Stigmen stehen. Die Bauchseite ist hell, undeutlich dunkler gewässert; ebenso gefärbt sind die Bauchbeine.

Fig. 2.
Puppe von Acidalia Luridata Z.

Die Haltung der Raupe in der Ruhe ist steif, lang gestreckt. Die Verpuppung erfolgt unter einem leichten hellen Gespinnste.

Die Puppe ist im reifen Zustande schwarzbraun, ziemlich gedrungen, mit ganz abnorm verlängerter, frei abstehender Rüsselscheide, welche sich in weitem Bogen um das Afterende der Puppe herumkrümmt und auf der Rückenseite der Puppe fast bis zum Anfang der Thoracalsegmente reicht.

_____

[1]) Nachdem Herr May sen. ausführlichere Mittheilungen über diese auch bei Wien gezogene Art zu geben gedenkt, beschränke ich mich hier auf obige faunistische Angabe.

Die beiden Theile, aus welchen die Rüsselscheide zusammengesetzt ist, stehen an ihrem Ende zuweilen von einander ab. Der nabelförmige Cremanter der Puppe ist mit einem Kranze von an der Spitze gekrümmten Borsten umgeben. — Diesem auffallend plastischen Merkmale der Puppe entspricht in beiden Geschlechtern der Imago auch ein abnorm langer feiner Saugrüssel.

Die Falter von Bozen und Meran gehören zu Folge ihrer dunklen, mehr bräunlichen Grundfarbe und scharfen vollständigen Zeichnung der Form *Luridata* Z. an, welche in Herrich-Schäffer's Bild Fig. 463 (*Falsaria-♂* von Elisabethpol) etwas roh, aber sehr kenntlich zur Darstellung gebracht ist. — Herrich-Schäffer's Bild Fig. 419 *(Luridaria)* ist misslungen, gehört aber doch wohl hierher.

Confinaria H.-S. (Fig. 315 ♂, 316 ♀, 317 Unterseite des ♀) ist eine unzweifelhafte helle, meist auch grössere Varietät der *Luridata* Z., wie sich dieselbe typisch bei Fiume findet, von wo her auch Herrich-Schäffer seine „ungarischen" Stücke erhalten haben dürfte. Die Grundfarbe bei *Confinaria* ist weiss- bis blaugrau. Die Zeichnung der Vorderflügel nimmt gegen den Innenrand meist an Deutlichkeit ab.

Herr Heinrich Gross fand die Raupen von *Confinaria* Ende April 1884 bei Sebenico (Dalmatien) und bei Fiume auf *Silene inflata*, deren Blüthen und Blätter sie verzehrten. Er beobachtete ebenfalls die abnorme Rüsselscheide der Puppe und erhielt die Falter nach Mitte Juni desselben Jahres. Ein mir zur Ansicht freundlichst eingesandtes Pärchen beweist dessen Zugehörigkeit zu *Confinaria* H.-S. Das mehr blaugrau gefärbte ♂ entwickelte sich aus einer Raupe von Sebenico, das grössere, hellere, staubgraue ♀ aus einer solchen von Fiume.

Bereits Mann zog *Confinaria* aus Raupen, welche er bei Fiume gefunden hatte; seine Beschreibung der *Confinaria*-Raupe (Verh. d. z.-b. Ges., 1854, S. 563) lässt jedoch Manches zu wünschen übrig, auch verwechselte er die Puppe von *Confinaria* mit jener der gleichzeitig von ihm gezogenen *Gnophos Variegata* Dup. und gibt bei Beschreibung der Raupe letzterer Art (*Supinaria* Mn., l. c., S. 567) auch eine Beschreibung der zu *Acidalia Confinaria* gehörigen Puppe.

Mann führt in seinem Verzeichniss der Südtiroler Lepidopteren (Verh. d. z.-b. Ges., 1867, S. 836) sowohl *Falsaria* H.-S. als auch *Confinaria* H.-S. als bei Bozen vorkommend an; da jedoch im Hofmuseum nur *Confinaria*-Exemplare, welche Mann bei Fiume (1849 und 1853 = *Infirmaria* F. R. i. l.) gesammelt hatte, vorhanden sind, und das von mir bei Meran gefangene ♂ und die von Bozen gezogenen Stücke alle der Form *Luridata* Z. angehören, so bedarf das Vorkommen der var. *Confinaria* H.-S. in Südtirol einer neuerlichen Bestätigung.

Auch Millière (Ic., III, p. 344, Pl. 143, Fig. 5 larv., Fig. 6 ♀) gibt eine Beschreibung und Abbildung einer *Confinaria*-Raupe, welche aber schwerlich hierher gehören dürfte, denn die Raupe soll nach Millière durchaus nicht schlank, sondern dick, stark gekielt und hell gefärbt sein, Merkmale, welche auf die Raupe von *Confinaria* H.-S. gewiss nicht zutreffen; auch weiss Millière über das Aussehen der Puppe seiner *Confinaria* nur zu sagen „une chrysalide d'un marron foncé"; es war also höchst wahrscheinlich auch keine auffallend lange Rüsselscheide an der Puppe vorhanden, da sie sonst Millière wohl nicht mit Stillschweigen übergangen hätte. Die Abbildung des *Confinaria*-Falters bei Millière, l. c., Fig. 6 stellt ein sehr grosses helles ♀ dar, welches allerdings der *Confinaria* sehr ähnlich ist, bei welchem aber die dunkle Saumlinie nicht um die Vorderflügelspitze herumreicht.

Weiters gehört auch die viel kleinere *Romanaria* Mill. (Ic., III, p. 52, Pl. 106, Fig. 4—11) mit voller Sicherheit nicht als Varietät zu *Luridata* Z., wie dies Staudinger in seinem Catalog, 1871, p. 151 annimmt; denn abgesehen von anderen zahlreichen Unterschieden der Raupe und des Falters besitzt auch die *Romanaria*-Puppe nach der Abbildung bei Millière, l. c., Fig. 6, und Beschreibung eine ganz kurze, normal gestaltete Rüsselscheide.

Die selbstständigen Artrechte von *Isabellaria* Mill, der letzten der von Staudinger, l. c., angenommenen *Luridata*-Varietäten, wurden bereits von Millière selbst (Ic., III, p. 202) ausser Frage gestellt; es bleibt sonach nur *Confinaria* H.-S. als benannte *Luridata*-Varietät bestehen.

Die zunächst stehenden Arten besitzen sonach kaum die so auffallende Bildung der Rüsselscheide der Puppe; nur bei *Rufomixtata* Rbr. scheint Graslin, der die Raupen dieser Art in den Ostpyrenäen auf *Dianthus pungens* gefunden hatte, dieselbe Formation an der Puppe beobachtet zu haben (Ann. Soc. Fr., 1863, p. 357).

66. *Acidalia Submutata* Tr. — Millière, Ic., II, p. 335, Pl. 85, Fig. 8—10.

Je ein dunkles ♀ am 25. und 27. Juli 1892 an den Felsen des Calvarienberges bei Bozen gefunden. Die Raupe lebt zweifellos (cfr. Mann, Verb. d. z.-b. Ges., 1854, S. 563) ebenfalls mit Vorliebe an Steinflechten. Die helle Puppe ist nach der Abbildung bei Millière, l. c., Fig. 9, gewöhnlich geformt, d. h. nur mit kurzer, anliegender Rüsselscheide versehen.

67. *Acidalia Punctata* Sc. Ende Juli mehrfach in dem bewaldeten Theile des Calvarienberges bei Bozen aufgescheucht.

68. *Acidalia Decorata* Bkh. Ebenda an der Südseite mehrfach.

69. *Zonosoma Porata* F. Nur ein typisches ♂ ebenda am 27. Juli.

70. *Zonosoma Punctata* L. Ebenda grosse, hell gefärbte Stücke der Sommergeneration.

71. *Synopsia Sociaria* Hb. Ein besonders scharf gezeichnetes ♂ mit heller Grundfarbe am 30. Juli am Gipfel des Calvarienberges bei Bozen gefangen, stellt sich als Uebergang zu der von Dr. Settari bei Meran gefundenen Varietät *Luridaria* Frr. dar.

72. *Boarmia Gemmaria* Brahm. Ein besonders dunkles und kleines ♀ (der zweiten Generation) von nur 17 mm Vorderflügellänge fiel Herrn May am 12. August 1892 aus einer von mir aus Bozen gesandten Raupe aus.

73. *Tephronia Sepiaria* Hufn. — Stgr., „Iris", V, S. 178 ff.

Ein ♀ in Siegmundskron am 23. Juli und ein ♂ in Gries am 24. Juli erbeutet, gehören beide unzweifelhaft zur typischen *Sepiaria* Hufn. — Die Hinterschienen sind bei beiden Geschlechtern nur mit einem Spornpaare versehen.

74. *Gnophos Pullata* S. V. Ein hellgraues ♀ fing ich am 24. Juli an einem Felsen bei Bozen. Ein Exemplar der dunklen Varietät *Confertaria* Stgr. von der Mendola befindet sich in Herrn Bohatsch's Sammlung.

75. *Gnophos Variegata* Dup. — *Supinaria* Mn., Verh. d. z.-b. Ges., 1854, S. 567 (jedoch nur die Beschreibung der Raupe, nicht auch der Puppe, welch' letztere zu *Acidalia Luridata* Z. var. *Confinaria* H.-S. gehört; vgl. vorne S. 519).

Ich fand mehrere Stücke in abgeflogenem Zustande Ende Juli an den Felsen des Calvarienberges bei Bozen sitzend; die Querriffen in der Beschuppung sind auch bei diesen abgeflogenen Stücken noch sehr deutlich zu erkennen.

Mann führt diese Art in seinem Verzeichniss der Südtiroler Lepidopteren (Verh. d. z.-b. Ges., 1867, S. 836) irrthümlich als *Mucidata* Hb. auf.

Um den weiteren Irrthum Mann's, l. c., 1854, S. 567, bezüglich der Puppe nochmals ausser allem Zweifel zu stellen, sei erwähnt, dass die Puppe von *Gnophos Variegata* eine normale Bildung der Rüsselscheide zeigt, wie dies auch aus der Abbildung und Beschreibung der Puppe der *Variegata* var. *Cymbalariata* bei Millière (Ic., III, p. 58, Pl. 106, Fig. 13) hervorgeht.

76. *Phasiane Glarearia* Brahm. Ende Juli bei Bozen und Meran in scharf gezeichneten Stücken der zweiten Generation.

77. *Enconista Miniosaria* Dup. var. *Perspersaria* Dup. Von Dr. Settari im Jahre 1872 bei Meran gefunden; sonst innerhalb unserer Monarchie nur noch aus Dalmatien bekannt, wo Herr Novak diese Art bei Spalato antraf.

78. *Sterrha Sacraria* L. var. *Atrifasciaria* Stefan., Bull. Soc. Ital., 1870, p. 191. — Z., „Isis", 1847, S. 491 (var. d—f). — Calberla, „Iris", III, S. 78.

Ein frisches ♂ am 26. Juli 1892 an einer heiss gelegenen Lehne in Gries erbeutet, gehört zu Folge der mehr ockergelben Grundfarbe und des braunen (nicht rothen) Schrägstreifens der Vorderflügel der Varietät *Atrifasciaria* Stefan. an, welche bisher (namentlich im weiblichen Geschlechte) in Mittel- und Süditalien beobachtet wurde.

Ein wohl durch die Raupe importirtes Exemplar von *Sacraria* fing Herr Heinr. R. v. Mitis im Jahre 1873 im Wiener Prater.

79. *Cidaria Simulata* Hb. Am 18. Juli 1891 erbeutete Herr Stange ein ♂ dieser Art am Schiessstande in Brunneck; Schluderbach (Kreithner).

80. *Cidaria Quadrifasciaria* Cl. Ein ♀ am 28. Juli in Bozen.

81. *Cidaria Permixtaria* H.-S. — Stgr., „Iris", V, S. 244.

Das interessante Vorkommen dieser Art in Südtirol hat bereits Bohatsch (Wr. Ent. Zeit., 1885, S. 177) erwähnt.

82. *Cidaria Decolorata* Hb. Ein ♀ am 26. Juli 1892 in Gries gefunden.

83. *Eupithecia Nanata* Hb. Von Dr. Settari am 15. Juni 1878 bei Meran erbeutet (in coll. Bohatsch).

Die Art wird bereits von Mann (Verh. d. z.-b. Ges., 1867, S. 837) als bei Bozen vorkommend angeführt; Bohatsch hat jedoch in seinen werthvollen Mittheilungen über die Eupithecien Oesterreich-Ungarns aus vielfach berechtigtem Misstrauen gegen Mann's Angaben bei dieser Art keinen in Südtirol gelegenen Fundort erwähnt.

84. Eupithecia Gemellata H.-S. (*Schmidii* Dietze). — Bohatsch,
Wr. Ent. Zeit., 1887, S. 123. — Püngeler, Stett. Ent. Zeit., 1889, S. 150.

Ein schönes ♂ dieser Art fiel mir nach meiner Rückkehr am 19.
August 1892 aus einer unbeachteten Raupe aus, welche ich zweifellos auf dem Calvarienberge bei Bozen gefunden hatte. Die Dauer der Puppenruhe hatte sonach nicht
20 Tage erreicht. Die Art ist in Südeuropa weit verbreitet, ihre Raupe lebt auf
Tunica saxifraga. Zu Folge der oben angegebenen Erscheinungszeit des Schmetter-
lings dürften zwei Generationen im Jahre auftreten.

Microlepidoptera.

85. * Heliothela Albipes Meig., III, S. 235, Taf. 119, Fig. 7 (♂). —
? *Praegalliensis* Frey, Lep., S. 253.

Ein von Mann bei „Bozen 1867" gefangenes, ausgezeichnet erhaltenes
Exemplar (♀) aus dem Hofmuseum unterscheidet sich von *Atralis* Hb. durch
geringere Grösse (Vorderflügellänge 5 mm, Expansion etwas über 11 mm), gedrun-
genere Gestalt, steileren Saum und in der Mitte deutlich eingedrückten Vorderrand der Vorderflügel. Die Vorderflügel selbst sind ohne Spur stahlblauer Schuppen,
fast einfärbig schwarzbraun, nur der Vorderrandfleck ist durch eine viel schmälere
Schuppenlinie von gelblicher Färbung angedeutet, die sich über die Flügelmitte
in einem nach aussen sanft geschwungenen Bogen bis zum Innenrande hinzieht.
Die Hinterflügel oberseits ohne Spur des Vorderrandfleckes, einfärbig schwarzbraun. Die Fransen aller Flügel sind in der Wurzelhälfte schwärzlich (und zwar
am Innenwinkel beider Flügel etwas breiter), sonst in der Endhälfte rein weiss.
Die Unterseite der Vorderflügel mit sehr kurzem, gelblichen, nicht nach auswärts
gerichteten, sondern senkrecht auf dem Vorderrande stehenden Costalfleck, der
sich nach unten stark verschmälert; jene der Hinterflügel mit nur wenigen, mehr
saumwärts liegenden gelblichen Schuppen an Stelle des bei *Atralis* sehr deutlichen Vorderrandfleckes.

Die Fühler erscheinen ebenso kurz, aber stärker als bei hiesigen *Atralis*-♀;
die Palpen heller und rauher beschuppt, mit einzelnen groben, hell gelbgrauen
Haaren bekleidet, wie sich solche auch auf den Schulterdecken eingemischt finden.
Beine wie bei *Atralis*.

Die Abbildung der in Vergessenheit gerathenen *Albipes* Meig., l. c., Fig. 7
(♂), kommt mit diesem Bozener Exemplar vollkommen überein, nur der Saum
der Vorderflügel ist beim vorliegenden Exemplar (♀) steiler, der Vorderrand der
Vorderflügel eingedrückt, die Mittelbinde der Vorderflügel mehr gelblich.

Auch die Textangaben bei Meigen stimmen bis auf die „weissen" Taster,
Fühler und Beine überein, was aber gewiss nicht von der Farbe der beiden
letzteren Körpertheile, sondern nur von deren eigenthümlich hellem Glanze zu
verstehen ist. Meigen gibt als vermuthliches Vaterland „Südfrankreich" an.

Von *Praegalliensis* Frey (Lep., S. 253) unterscheidet sich das besprochene
Bozener Exemplar durch den Mangel stahlblauer Schuppen auf den Vorderflügeln,
den Mangel des Vorderrandfleckes auf der Oberseite der Hinterflügel und anders

gefärbte Fransen. Die Unterseite von *Praegalliensis* („die vier weisslichen Zeichnungen viel feiner und schmäler") scheint jedoch mit diesem Bozener Exemplare
übereinzustimmen, so dass die Vermuthung der Zusammengehörigkeit nicht ausgeschlossen erscheint, in welchem Falle dann für *Praegalliensis* Frey als priori-
tätsberechtigter Name *Albipes* Meig. einzutreten hätte.

86. *Cybolomia Lutosalis* Mn. Nach einer Angabe des Herrn Custos
Rogenhofer fand Herr Em. Pokorny diese bisher nur bei Spalato und Brussa
beobachtete Art im Sarcethal.

87. *Pyrausta Cespitalis* S. V. Häufig Ende Juli bei Bozen in typischen
Stücken, aber auch in Uebergängen zur südlichen, grösseren und lebhafter gefärbten Varietät *Intermedialis* Dup. (*Cespitalis* H.-S., Fig. 25); so ein besonders dunkles ♂ am 29. Juli am Calvarienberge bei Bozen. Ein sehr grosses ♂
der var. *Intermedialis* hatte der verstorbene Kreithner Ende Juli 1884 in
Schluderbach erbeutet.

88. *Pyrausta Nitidalis* Hein., S. 83.

Ein ♀ von Stange am 26. Juli 1891 in Corvara erbeutet, erinnert in der
Gestalt ganz an *Alpinalis* S. V. ♀; die Vorderflügel sind ebenso spitz mit ge-
schwungenem Saume, ihre Grundfarbe gelblichweiss (wie *Austriacalis* H.-S.), mit
verloschener äusserer dunkler Querlinie, ganz feinen dunklen Saumpunkten und
weisslichen Fransen. Die Unterseite der Vorderflügel, sowie die Hinterflügel schwarzgrau, letztere mit weisslichen Fransen. Vorderflügellänge 11 *mm*, Expansion 21·5 *mm*.

Von *Austriacalis* H.-S. durch angedeutete Saumpunkte der Vorderflügel
und viel dunklere, oberseits einfärbige Hinterflügel verschieden. — Neu für unsere
Monarchie.

89. *Pyrausta Decrepitalis* H.-S. Ein von Mann gesammeltes Exemplar befindet sich im Hofmuseum mit der Bezeichnung „Bozen 1867"; in Mann's
Verzeichniss fehlend.

90. *Pyrausta Elutalis* S. V. Zwei Pärchen an der Nordseite des
Calvarienberges Ende Juli; auch Mann fand diese Art bei Bozen.

91. *Agrotera Nemoralis* Sc. Am 26. Juli mehrere Exemplare am
Calvarienberge bei Bozen; in Mann's Verzeichniss fehlend.

92. *Metasia Ophialis* Tr. Ein Pärchen am Calvarienberge bei Bozen
und ein ♂ in Gries, sämmtlich am 24. Juli erbeutet; sie stimmen ganz mit
ungarischen Stücken überein. — Herr Em. Pokorny fand diese Art auch im
Sarcethal; dieselbe kommt auch bei Brünn (Gartner) und Miramare (Vogel) vor.

93. *Asopia Regalis* S. V. Nicht selten im bewaldeten Theile des Calvarienberges bei Bozen am 28. Juli.

94. *Crambus Biarmicus* Tugstr., Hor., III (1865), p. 49, Tab. II,
Fig. 1, 2; Catal., p. 326.

Herr Stange schickte mir unter obiger Bestimmung (fide Bang-Haas)
5 ♂ und 1 ♀ einer kleinen *Crambus*-Art, welche im männlichen Geschlechte
fast einfärbig braungraue, matt glänzende Vorderflügel zeigt, deren Zeichnung,
so weit sie überhaupt erkennbar ist, gut mit finländischen *Biarmicus* übereinstimmt; namentlich der Verlauf der stets angedeuteten hellen äusseren Querlinie

66*

ist derselbe. Die Saumpunkte sind verloschener, die gar nicht metallisch glänzenden Fransen schmutzigweiss, mit bräunlicher Theilungslinie im ersten Dritt-
theile; ebenso gefärbt sind die Fransen der dunkelgrauen Hinterflügel.

Das ♀ ist etwas mehr schmal- und spitzflügelig; die Grundfarbe der Vorderflügel ist hier viel heller, schmutzigweiss, bräunlich bestäubt. Die hier deutliche
braune Mittelbinde der Vorderflügel ist genau wie bei finländischen *Biarmicus*
gestaltet und zeigt auch in Uebereinstimmung mit diesen ober der Falte einige
schwarze Schüppchen, wodurch ein zahnartiger Vorsprung nach aussen gebildet wird.

Kopf sammt Palpen und Thorax stimmen in ihrer Bildung ganz mit finländischen *Biarmicus* überein, sind aber bei den ♂ einfärbig dunkelgrau, während
sie bei dem einzigen ♀ wie bei den finländischen ♂ schmutzigweiss gefärbt sind.

Vorderflügellänge 8 *mm*, Expansion 15—17 *mm*.

Die namentlich im männlichen Geschlechte eintönigere und düsterere
Färbung bildet eigentlich den einzigen Unterschied gegen finländische *Biarmicus*,
so dass ich die vorliegenden Exemplare ebenfalls nur für eine (alpine) Form des
bisher nur aus Russisch-Karelien und Dorpat bekannten *Biarmicus* halte.

Von Stange auf einer kleinen Sumpfstelle der Alpe Armentara, wenige
hundert Schritte von der Heiligen Kreuz-Kirche, am 21. Juli 1891 in Anzahl
angetroffen. Neu für unsere Monarchie und das gesammte Alpengebiet.

95. *Crambus Speculalis* Hb. ♂ traf Herr Stange am 26. Juli 1891
in Corvara in copula mit *Crambus Pyramidellus* Tr. ♀.

96. *Pempelia Obductella* F. R. Ein grosses, typisch gefärbtes ♂ am
30. Juli am Calvarienberge bei Bozen.

97. *Pempelia Adornatella* Tr. Ein kleines, auf den Vorderflügeln
lebhaft rostbraun gefärbtes ♀ ebenda, am 28. Juli.

98. *Acrobasis Fallouella* Rag., Pet. Nouv. Ent., 1871, p. 147; Bull.
S. Fr., 1872, p. 46. — Rössler, Stett. Ent. Zeit., 1877, S. 370. — Seebold, An.
S. Esp., 1879, p. 116. — Fuchs, Stett. Ent. Zeit., 1886, S. 66. — Lafaury,
Ann. S. Fr., 1885, p. 400, larv. — *Rhenella* Dup., X, Pl. 280, Fig. 1 b.

Mehrfach am Calvarienberge bei Bozen aus Eichen aufgescheucht, darunter
ganz frische weibliche Stücke am 26. Juli; diese Art wurde bereits vor Jahren
in einem Exemplar durch Herrn Em. Pokorny im Sarcethal aufgefunden.

Die Art ist durch die kreideweisse Bestäubung der Vorderrandhälfte der
Vorderflügel und durch die am Vorderrande zu einem schwarzbraunen dreieckigen
Fleck erweiterte erste Querlinie sehr ausgezeichnet.

Die Raupe lebt ganz nach Analogie der *Consociella* Hb. im Juni auf Eichen.
Neu für unsere Monarchie.

99. *Acrobasis Consociella* Hb. nicht selten am Calvarienberge bei
Bozen aus Eichen geklopft.

100. *Acrobasis Tumidana* S. V. (*Rubrotibiella* F. R.). Ebenda, aber
vereinzelt.

101. *Brephia Compositella* Tr. Ein ganz frisches ♀ am 22. Juli am
Calvarienberge bei Bozen erbeutet, gehört zweifellos einer zweiten Generation an.

102. *Ancylosis Cinnamomella* Dup. Ende Juli häufig auf allen trockenen Höhen um Bozen in frischen, aber auf den Vorderflügeln auffallend bräunlich abgetönten Stücken ohne Spur von Roth; ebenso bei Meran am 23. Juli.

103. *Oxyptilus Distans* Z. Ein ♂ am Calvarienberge bei Bozen am 28. Juli.

104. *Oxyptilus Hierarii* Z. Nicht selten ebenda.

105. *Mimaescoptilus Plagiodactylus* Stt. Am 27. Juli ebenda mehrere scharf gezeichnete Stücke.

106. *Alucita* spec. Zwei sehr kleine, leider etwas abgeflogene Exemplare, von Herrn v. Hedemann am 29. und 30. Juli am Calvarienberge bei Bozen erbeutet, gehören wahrscheinlich einer unbeschriebenen Art an. Dieselben stimmen in Färbung und Zeichnung vollständig mit hellen *Desmodactyla* Z. überein, unterscheiden sich aber von letzterer Art wohl specifisch durch das ganz kurze Palpenendglied, welches den Schuppenbusch des Mittelgliedes nicht überragt. Der etwas geflogene Zustand spricht hier noch mehr für eine Artberechtigung, da bei abgeflogenen *Desmodactyla* das kräftige Palpenendglied durch Schuppenverlust an der Bekleidung des Mittelgliedes nur umso mehr hervortritt. Die Exemplare zeigen eine Expansion von nur 11—12 mm, während das kleinste meiner zahlreichen *Desmodactyla*-Exemplare eine solche von 13 mm erreicht.

Zonodactyla Z. mit gleicher Palpenbeschaffenheit wie die vorliegenden Exemplare ist grösser, mit gelblichgrauer (nicht weisslicher) Grundfarbe und zeigt einen anderen Bindenverlauf.

107. *Alucita Doderadactyla* Hb. Nur ein Exemplar ebenda am 28. Juli (v. Hedemann).

108. *Teras Contaminanum* Hb. Ein dunkles ♂ ebenda bereits am 30. Juli.

109. *Ptycholoma Aeriferana* H.-S. — Rbl., Verh. d. z.-b. Ges., 1889, S. 296.

Ein ♂ mit der Bezeichnung „Bozen, Mann 1867" befindet sich im Hofmuseum. — Mann hatte diese Art verkannt.

110. *Lozotaenia Dumicolana* Z. Mehrere Stücke in Meran am 23. Juli aus einer überhängenden Epheuhecke gescheucht; bei Bozen nicht gefunden.

111. *Sciaphila Styriacana* H.-S. Ende Juli an den Felsen des Calvarienberges bei Bozen sitzend, in scharf gezeichneten männlichen Stücken; das einzige ♀ ist sehr dicht grau bestäubt.

112. *Conchylis Roridana* Mn. Herr Stange traf die Art gemein am 17. und 18. Juli 1891 am Kronplatze bei Bruneck in einer Höhe von ca. 1700 m; die Raupe lebte dort nach den Spuren zu urtheilen ganz wie *Rutilana* Hb. Ein mir freundlichst überlassenes Exemplar stimmt vollkommen mit den im Hofmuseum befindlichen Typen von *Roridana* Mn. vom Grossglockner überein.

Die bedeutende Grösse, die weniger scharf begrenzten Binden der Vorderflügel und der Mangel des kleinen goldgelben Fleckes im Innenwinkel der Vorderflügel trennt *Roridana* Mn. leicht von *Rutilana* Hb.

113. *Conchylis Rupicola* Crt. Ein grosses geflogenes ♀ am 27. Juli am Calvarienberge bei Bozen gefunden.

114. *Conchylis Ciliella* Hb. Ein sehr grosses ♂ der zweiten Generation ebenda am 28. Juli.

115. *Conchylis Heydeniana* H.-S. (= *Coërcitana* Mn., Verh. d. z.-b. Ges., 1867, S. 338). Von Herrn Stange am 5. August 1891 am Calvarienberge bei Bozen erbeutet; ein im Hofmuseum unter der Bestimmung *Coërcitana* Stgr. befindliches Exemplar mit der Bezeichnung „Bozen, Mann 1867" ist mit Exemplaren von *Heydeniana* H.-S. aus Oberitalien identisch. — Die zahlreichen Literaturangaben für diese Gruppe des Genus *Conchylis* sind fast unentwirrbar.

116. *Penthina Profundana* F. Ueberall in der Umgebung Bozens Ende Juli sehr gemein.

117. *Penthina Oblongana* Hw. var. n. *Adelana* m. — *Grevillana* Mn. i. l.

Ein kleines ♂ von 11 *mm* Expansion, am 25. Juli durch Herrn v. Hedemann am Calvarienberge bei Bozen erbeutet, gehört einer eigenthümlich dunklen Form an, von welcher ich schon mehrere Exemplare, namentlich aus den Alpen zur Ansicht hatte; dieselbe wurde von Mann irriger Weise für *Grevillana* Crt.[1] angesehen, aber von Dr. Wocke bereits vor längerer Zeit als eine dunkle *Oblongana*-Varietät bezeichnet.

Die Flügelform und Zeichnung der Vorderflügel — letztere nur insoweit, als sie überhaupt erkennbar ist — stimmen mit *Oblongana* Hw. überein.

Die Vorderflügel sind fast einfärbig russigbraun mit ganz verloschener heller Zeichnung, nur ein Doppelhäkchen am Vorderrande vor der Flügelspitze und ein darauf folgendes einfaches Häkchen bleiben deutlich gelblichweiss. Die Hinterflügel sind sammt den Fransen einfärbig rauchbraun; ebenso gefärbt sind die Palpen und der Afterbusch des ♂.

Auf der Unterseite sind die Vorderflügel dunkler als die Hinterflügel, am Saume nicht aufgehellt, nur die Vorderrandhäkchen undeutlich heller.

Adelana unterscheidet sich von der ebenfalls recht dunklen *Lapideana* H.-S. durch halbe Grösse und Mangel jeder weissen und rostbräunlichen Aufhellung der Vorderflügel.

Ausser bei Bozen wurde diese Form auch in Obersteiermark (Hornig, 12. Juli 1876), bei Graz (Juni 1887, Schieferer) und in Oberösterreich (Kirchdorf a. d. Krems. 7. Juni 1890, Hauder) beobachtet.

Vielleicht werden biologische Erfahrungen die vollständige Lostrennung dieser Form von *Oblongana* Hw. erfordern.

118. *Penthina Noricana* H.-S. Ein Exemplar bei Corvara (Val di mezdi) in ca. 1800 *m* Höhe am 31. Juli 1891 (Stange).

119. * *Grapholitha Conterminana* H.-S. Ein ♀ am Calvarienberge bei Bozen am 30. Juli 1892.

120. *Rhyacionia Hastiana* Hb. Einige Stücke bei Bozen, Ende Juli.

121. *Rhopobota Naevana* Hb. Ein ♀ ebenda am 28. Juli.

---

[1] *Grevillana* Crt. ist nach Barrett (Monthly Mag., XXIV, p. 34) zufolge Typenvergleiches nur eine blasse *Sanciana* Hb.

122. *Simaethis Nemorana* Hb. Ende Juli mehrere Stücke bei Meran und Bozen; auch Mann und Dr. Götschmann trafen die Art bei Bozen.

123. *Talaeporia Pseudobombycella* Hb. Die leeren Säcke zahlreich an Felsen des Calvarienberges bei Bozen; ich fand aber Ende Juli darunter auch eine bereits vollständig erwachsene Raupe, welche ich mitnahm und erst Ende August präparirte; zweifellos hätte diese erwachsene Raupe überwintert.

124. *Melasina Lugubris* Hb. Ein frisches ♂ fing ich am 30. Juli auf der Spitze des Calvarienberges bei Bozen im Fluge; dasselbe zeigt weiss gezeichnete Vorderflügel und in der Endhälfte weisse Fransen aller Flügel.

125. *Diplodoma Adspersella* Hein. — Rbl., Verh. d. z.-b. Ges., 1889, S. 303. — Ein ♂ am 21. Juli 1891 im Thalboden von St. Vigil (Stange).

126. *Tinea Granulatella* H.-S. — Rbl., Verh. d. z.-b. Ges., 1891. S. 624. Ein lebhaft gezeichnetes ♂ mit hellgelben Kopfhaaren sandte mir Herr Dr. Götschmann (Breslau) mit der Bezeichnung „Bozen, 12. Juli 1889" zur Bestimmung ein. Die Angabe Mann's (Verh. d. z.-b. Ges., 1867, S. 839) für Bozen findet dadurch ihre neuerliche Bestätigung.

127. * *Tinea Propulsatella* m., n. sp.

Capillis ferrugineis; alis angustis, anterioribus fuscis, vitta dorsali sinuata et macula costali post medium exalbidis; posterioribus cinereis. ♂.

In Grösse und schmaler Flügelform der *Caprimulgella* H.-S. zunächst zu stellen.

Die dichten Kopfhaare mehr oder weniger lebhaft rostgelb; die hängenden, ziemlich kräftigen Palpen von beiläufig $1\frac{1}{2}$ Augendurchmesser sind innen hell gelbgrau, aussen stark bräunlich verdunkelt. Das zweite Glied auf der oberen Schneide, namentlich gegen das Ende, mit einzelnen langen Borsten besetzt; das hellere, pfriemenförmige Endglied ist über $\frac{1}{2}$ des Mittelgliedes lang. Die Nebenpalpen von mittlerer Stärke, graugelb (bei *Caprimulgella* stark verdickt, hellgelb). Die männlichen Fühler dick und lang, nicht ganz bis $\frac{3}{4}$ des Vorderrandes reichend, schwach gezähnelt, weissgelb. Thorax schwärzlich, in der Mitte fleckartig weissgelb aufgehellt, die Schulterdecken hell gemischt. Brust und Beine hellgrau, seidenglänzend, die Schiene und Tarsen der Vorderbeine aussen schwärzlich verdunkelt, letztere hell geringt. Die Tarsen der Mittel- und Hinterbeine sind auf ihrer Aussenseite verloschen dunkel gefleckt. Die Hinterschienen schwach hellgrau behaart. Der Hinterleib hellgrau mit gleichfärbigem Analbusch des ♂, auf der Unterseite hell gelbgrau, glänzend.

Die langgestreckten Vorderflügel mit sehr schrägem Saume haben zur Grundfarbe ein tiefes Schwarzbraun, welches durch eingesprengte weissgelbe Schuppen fast überall aufgehellt erscheint. Die helle, weissgelbe Zeichnung besteht aus einer bis $\frac{1}{2}$ reichenden, oben eingebuchteten schmalen Innenrandstrieme, weiters aus einem viereckigen Vorderrandfleck, etwas hinter der Flügelmitte gelegen, von beiläufig $\frac{1}{6}$ Vorderrandlänge und $\frac{1}{3}$ Vorderflügelbreite, der sich zuweilen mit einem (nicht immer vorhandenen) am Querast gelegenen, hellen runden Fleckchen verbindet; endlich ist der Beginn der Fransen am Vorderrande und Innenrande durch Anhäufung heller Schuppen, in sehr wechselnder Ausdehnung fleckartig bezeichnet. Wie bereits erwähnt, sind auch die dunklen Stellen vielfach mit hellgelben Schuppen untermischt, welche sich aber sonst nirgends zu einer deutlichen Zeichnungsanlage verdichten. Die Fransen weissgelb, ungefleckt, bis $^2/_3$ ihrer Breite stark durch schwarze Schuppen verdüstert.

Die Hinterflügel lang zugespitzt (wie bei *Caprimulgella* gestaltet), graubraun, glänzend (aber ohne Purpurschimmer), mit einfärbig grauen Fransen.

Die Unterseite aller Flügel einfärbig, zeichnungslos graubraun, nur im Discus der Vorderflügel mit schwach röthlichem Schimmer. Vorderflügellänge 5—6 *mm*, Expansion 11—12 *mm*.

Propulsatella ist eine durch die helle Innenrandstrieme sehr ausgezeichnete Art; sie kommt hierdurch jedenfalls der mir in natura unbekannten, bedeutend kleineren *Mendicella* (Hb., Fig. 179) Nolck. (Fn., II, p. 478) am nächsten, welche jedoch bei nur 4·5 *mm* Vorderflügellänge die breitere Dorsalstrieme bis zum Innenwinkel verlängert und in der Mitte dunkel unterbrochen zeigen soll. Auch fehlt bei *Propulsatella* die bei *Mendicella* erwähnte häckchenartige Zeichnung am Vorderrande vor der Flügelspitze. *Propulsatella* unterscheidet sich weiters von der auch nahe stehenden *Caprimulgella* durch ganz andere (nicht querbindenartige) Zeichnungsanlage der Vorderflügel, stärkere Fühler des ♂, schwächere Nebenpalpen und Mangel des Purpurschimmers auf den Hinterflügeln.

Die hier noch weiters in Vergleich kommenden Arten sind: *Albipunctella* Hw.; kleiner, mit breiteren Flügeln und einer anderen, rein weissen Zeichnungsanlage der Vorderflügel; *Ignicomella* H.-S., mit dünnen Fühlern und viel düsterer Zeichnung, ohne Spur einer Innenrandstrieme; *Cloacella* Hw., grösser, mit viel breiteren Flügeln und hellerer, mehr bräunlicher Grundfarbe der anders gezeichneten Vorderflügel etc.

Nur durch die Innenrandstrieme lässt sich noch die robustere *Relicinella* H.-S. hier vergleichsweise erwähnen; sie unterscheidet sich aber sonst weit von *Propulsatella* durch grössere Flügelbreite und (von der Innenrandstrieme abgesehen) fast zeichnungslose, schwarzbraune Vorderflügel; auch reicht bei *Relicinella* die Innenrandstrieme bis in den Innenwinkel.

Bei Aufstellung dieser neuen Art (*Propulsatella* m.) liegen mir derzeit zwei männliche Exemplare vor; das eine derselben aus dem Hofmuseum mit der Bezeichnung „Mann 1876, Schluderbach" (Südtirol) hatte bereits Zeller zur Ansicht, der es in einem Schreiben (ddo. Grünhof, 8. November 1879) an Herrn Custos Rogenhofer als eine ihm neue *Tinea* bezeichnete, was er gewiss unterlassen hätte, wenn vorliegende Art mit der ihm in natura gut bekannten[1]) *Mendicella* (Hb.) Nolck. zusammenfallen würde. Das zweite, ganz frische Exemplar wurde von meinem verehrten Freunde Herrn v. Hedemann in Rabenau (bei Dresden) am 2. Juli 1892 erbeutet. Endlich hatte ich auch vor Jahren ein geflogenes ♂ derselben Art zur Ansicht, welches Herr Höfner in Wolfsberg (Kärnten) am 5. Juli an einer Planke gefangen hatte.

---

[1]) Conf. Verh. d. z.-b. Ges., 1875, S. 342.

128. *Tinea Vinculella* H.-S. Die eigenthümlich biscuitförmigen (leeren) Säcke nicht selten Ende Juli an den Felsen des Calvarienberges bei Bozen.

129. *Dysmasia Parietariella* H.-S. Die röhrenförmigen, etwas flachgedrückten, vorne mit Abfällen locker bekleideten Säcke unter den vorigen.

130. * *Myrmecocela Ochraceella* Tngstr. Nicht selten auf den Alpen Armentara und Jucisa, am 21. und 22. Juli 1891 durch Herrn Stange erbeutet; Mann fand die Art auch am Monte Piano (M. C.).

131. *Theristis Mucronella* Sc. Ein sehr grosses, besonders lebhaft gefärbtes ♂ bereits am 22. Juli am Calvarienberge bei Bozen.

132. *Depressaria Parilella* Tr. Ein Exemplar am 5. August 1891 ebenda (Stange).

133. * *Gelechia Scotinella* H.-S. Herr v. Hedemann erbeutete ebenda am 21. Juli ein ♀ dieser durch die schwarze Beschuppung des Palpenmittelgliedes sehr ausgezeichneten Art; die Raupe lebt in Schlebenblüthen (Kreithner).

134. * *Gelechia Flavicomella* Z. Am 21. Juli ein ♀ ebenda.

135. *Gelechia Tessella* Hb. Bei Bozen, Meran und Kastelrath (Stange).

136. * *Bryotropha? Mundella* Dgl. — Hein., S. 241.

Nach freundlicher Mittheilung Herrn Dr. Götschmann's fing derselbe drei Exemplare am Calvarienberge bei Bozen Anfangs Juli 1889, welche Dr. Wocke als *Mundella* Dgl. bestimmte. Ein mir durch Dr. Götschmann zur Ansicht gesandtes ♂ stimmt annähernd mit H.-S., Fig. 575, gehört aber nach den Textangaben bei Herrich-Schäffer und—Heinemann schwerlich zu *Mundella* Dgl., da es nur 8 mm Expansion und röthlichgraue, ganz glanzlose Vorderflügel, sowie ein viel kürzeres Palpenendglied zeigt.

137. *Bryotropha Senectella* Z. Am 21. und 25. Juli je ein Exemplar am Calvarienberge bei Bozen; die Exemplare zeigen volle Uebereinstimmung mit schlesischen Stücken.

138. *Lita Acuminatella* Sirc. Grosse, heller gefärbte ♂ dieser Art von Bozen führte Mann (Verh. d. z.-b. Ges., 1867, S. 839) als *Tenebrosella* Z. auf.

139. * *Lita Trochilella* Hein., S. 253. Ein einzelnes (mir freundlichst überlassenes) ♀ von Herrn Stange in St. Vigil (Enneberger Thal) am 20. Juli 1891 erbeutet, lässt sich bis auf den Mangel des dunklen Mittelpunktes der Vorderflügel mit Heinemann's Beschreibung der mir in natura unbekannten *Trochilella* vereinen.

Dasselbe zeigt 5 mm Vorderflügellänge (10 mm Expansion), ist hell gelbgrau gefärbt und hat das Mittelglied der Palpen, welche so lang wie Kopf und Thorax sind, locker beschuppt. so dass das kürzere Endglied um vieles dünner aussieht. Die Vorderflügel, beiderseits zugespitzt, sind hell gelblichstaubgrau, zeichnungslos. nur mit dunkleren Schüppchen gegen die Spitze versehen. Die gelblichen Fransen sind an der Basis dunkel bestäubt, die Hinterflügel grau mit gelblichen Fransen, wie bei *Xystopt. Pulveratella* H.-S. geformt. Kopf wie die Vorderflügel gefärbt. Die Tarsen der hellen Beine dunkel gefleckt. Der Legestachel steht etwas hervor.

Z. B. Ges. B. XLII. Abh. 67

140. *Teleia Triparella* Z. Zwei ♀ am 27. und 30. Juli 1892 am Calvarienberge bei Bozen erbeutet, zeigen eine mehr graue Grundfarbe der Vorderflügel und die aufgeworfenen schwarzen Punkte daselbst gelb umzogen.

141. *Argyritis Pictella* Z. Ein ganz frisches ♂ am 21. Juli am Calvarienberge bei Bozen.

142. * *Ceratophora Lutatella* H.-S. Herr v. Hedemann erbeutete am 21. Juli ein helleres kleineres ♀, am 31. Juli ein grösseres, besonders im Saumfeld verdunkeltes ♂ dieser wenig beobachteten Art am Calvarienberge bei Bozen.

143. *Ypsolophus Fasciellus* Hb. Ende Juli nicht selten am Calvarienberge bei Bozen in auffallend kleinen Stücken, welche offenbar einer zweiten Generation angehören.

144. *Ypsolophus Juniperellus* L. Auf der Alpe Jucisa in ca. 2000 m am 22. Juli erbeutet (Stange).

145. *Carcina Quercana* F. Einzeln in typisch gefärbten Exemplaren Ende Juli bei Bozen.

146. *Symmoca Caliginella* Mn. — Rbl., Verh. d. z.-b. Ges., 1889, S. 321, Taf. VIII, Fig. 5, ♂.

Nicht selten, namentlich im weiblichen Geschlechte, an den Felsen des Calvarienberges bei Bozen in der Zeit vom 21. bis 30. Juli gefunden; bei Gries an Felsen am 26. Juli. Die Art scheint eine lange Flugzeit zu haben, da Mann sie bereits im Mai antraf und das Vorkommen zweier Generationen wohl nicht anzunehmen ist.

Caliginella variirt stark in der Färbung; die ♂ zeigen gewöhnlich dicht dunkelgrau bestäubte Vorderflügel, zuweilen kommen aber auch ♂ mit fast weissgrauen Vorderflügeln vor, in welcher Färbung die ♀ gewöhnlich auftreten; letztere variiren in der Grösse von 13·5—18 mm Expansion, während die ♂ 15—17 mm Expansion zeigen. Die Schrägpunkte vor der Mitte der Vorderflügel sind meist deutlich[1]), die hinteren Gegenfleckchen nie scharf begrenzt, der obere beim ♀ regelmässig fehlend oder nur sehr schwach angedeutet; letzteres Merkmal scheint einen guten Unterschied gegen *Albicanella* Z. ♀ zu bieten, bei welchem die hinteren Gegenfleckchen immer deutlich vorhanden sind. Die ♂ von *Caliginella* zeigen selbst in der oberwähnten hellen Varietät mehr einen gleichmässig grauen Grundton der Vorderflügel, während bei *Albicanella* Z. die Grundfarbe der Vorderflügel in beiden Geschlechtern rein weiss bleibt.

147. *icon*Symmoca Signatella* H.-S., V, S. 111, Fig. 380. — Stt., South. Eur., p. 241. — Rag., Bull. Soc. Fr., 1875, p. 145, larv. — Disqué, Stett. Ent. Zeit., 1890, S. 88, larv. — Griffith, Monthly Mag., 1891, p. 8.

Ein gut erhaltenes ♀ erbeutete ich am 24. Juli 1892 an einem Stamme von *Castanea vesca* in Gries (am Wege nach Jenesien). Dasselbe zeigt 14 mm

---

[1]) In der Abbildung in den Verh. d. z.-b. Ges., 1889, Taf. VIII, Fig. 5, fehlt der obere Schrägpunkt, die Gegenflecke sollten etwas weiter saumwärts stehen und nicht so scharf begrenzt sein, die helle Färbung des rauh behaarten Kopfes sollte sich nicht auch auf die Schulterdecken ausdehnen und der Saum der Hinterflügel weniger stark bauchig vortreten.

Expansion und stimmt gut mit südfranzösischen Stücken überein, während Exemplare aus Spanien (Bilbao) grösser und lebhafter gefärbt sind. Die Art wurde bereits vor längerer Zeit bei Miramare durch Herrn Palisa aufgefunden, ihres Vorkommens innerhalb unserer Monarchie aber noch nirgends Erwähnung gethan. Zur leichteren Erkennung der Art gebe ich im Nachfolgenden eine kurze Beschreibung derselben:

Kopf und Thorax wie die Grundfarbe der Vorderflügel weiss, sparsam dunkelgrau bestäubt. Die Fühler bis $^3/_4$ reichend, schwach gezähnelt, braun. Die Palpen etwas länger als Kopf und Thorax, ihr Mittelglied aussen dunkelbraun (beim ♀ heller), nur am Ende weiss, das stark sichelförmig aufgebogene Endglied fast von der Länge des Mittelgliedes, weisslich, dunkel bestäubt, die äusserste Spitze zuweilen schwarz. Die Brust und Beine gelblichweiss, die Schienen der vorderen Beinpaare und die Tarsen aller Beine dunkelbraun gefleckt, die Hinterschienen mit langer Behaarung hell gelbgrau. Der Hinterleib überragt weit den Afterwinkel der Hinterflügel; seine Färbung ist oberseits hell braungrau, unterseits weissgrau, mit gelbbraunem Analbüschel des ♂ und beim ♀ mit etwas hervorstehender brauner Legeröhre.

Vorderflügel nach hinten etwas erweitert, schmal, mit schwach gebogenem Vorderrande, stumpfer Spitze und deutlichem Innenwinkel, weiss, mehr oder weniger dicht grau bestäubt, mit schwarzen (zuweilen bis hellbraun gelichteten) Zeichnungen, u. zw: einem bis zur Falte reichenden Schulterfleck, je einem kleinen Vorderrandfleck bei $^1/_3$ und $^2/_3$, einem grösseren, meist dreieckigen, mit der Spitze nach aufwärts gestalteten Fleck im Innenwinkel, zwei meist zu einem Querstrich verbundene Schrägpunkte vor $^1/_3$ in der Flügelmitte, endlich einem meist nur sehr feinen dunklen Punkt am Queraste. Die beiden Schrägpunkte sind nach aussen hellgelb begrenzt, ebenso der Punkt am Queraste hellgelb umzogen. Zuweilen verlängert sich der zweite Vorderrandfleck nach unten und findet sich noch eine fleckartige Verdunklung in der Mitte des Saumes. Die um die Spitze herumreichenden Saumpunkte schwarz, die sehr breiten weissen Fransen in veränderlicher Weise schwärzlich bestäubt.

Die Hinterflügel mit gleichmässig gebogenem Saume und scharfer Spitze ziemlich dunkel bräunlichgrau.

Unterseite der Vorderflügel grau mit weisslichen Fransen, jene der Hinterflügel weisslich. 6—8 mm Vorderflügellänge, 12—16 mm Expansion.

Die zunächst stehenden Arten sind *Nigromaculella* Rag. (Ann. Soc. Fr., 1876, p. 410, Pl. VI, Fig. 6, aus Portugal) und *Designatella* H.-S.

Erstere ist der *Signatella* H.-S. sehr ähnlich und unterscheidet sich nur durch das Vorhandensein eines runden schwarzen Innenrandfleckes unter dem ersten Vorderrandflecke bei $^1/_3$ der Vorderflügellänge, weiters durch die zu einer Binde vereinigten hinteren Gegenflecke.

Designatella H.-S. ist grösser, kräftiger und hat eine viel vollständigere, dunklere, dreifache Bindenzeichnung auf den rein gelbweissen Vorderflügeln, keine hellgelbe Färbung im Mittelraume, einen Doppelpunkt am Querast, unbezeichneten Saum der Vorderflügel und gegen die Wurzel weisslichere Hinterflügel.

67*

Die Raupe von *Signatella* lebt nach Ragonot in den Ritzen von Eichen, Rüstern und Linden unter Flechten in einer weissseidenen Röhre, womit die Beobachtungen Disqués übereinstimmen, der bei Speier am Rhein Anfangs Juni die Raupe in den Ritzen von Linden-, Eichen- und Pflaumenbäumen fand. — Neuerer Zeit wurde die Art auch in England in der Nähe der Londoner Docks gefangen.

148. *Gracilaria? Rhodinella* H.-S., V, S. 286, Fig. 823. — Hein., S. 617.

Ein mässig erhaltenes ♂, von Herrn v. Hedemann am 23. Juli 1892 in der Au bei Siegmundskron gefangen, gehört vielleicht hierher.

Die dürftigen Textangaben über *Rhodinella* bei Herrich-Schäffer (und Heinemann) stimmen gut mit vorliegendem Exemplare überein. Von der Abbildung von *Rhodinella* H.-S., Fig. 823 unterscheidet sich jedoch dasselbe wesentlich durch messinggelbe Grundfarbe der Vorderflügel und den auch auswärts scharf begrenzten Costalfleck der Vorderflügel.

Die langen Palpen hängend mit dunkel gebräuntem Endgliede. Die Beine wie bei *Alchimiella* gefärbt, der Hinterleib grau, unterseits weissgelb. Die Vorderflügel messinggelb mit rostbrauner (nicht violett glänzender) Bestäubung, welche in der Flügelmitte einen grossen bis zur Falte reichenden trapezförmigen Costalfleck der Grundfarbe frei lässt; dieser Costalfleck ist beiderseits scharf dunkel begrenzt, die innere Begrenzung wurzelwärts eingebogen, die äussere, scharfe Begrenzung steht sehr schräg auf der Falte, erreicht aber nicht ganz den Vorderrand, wo ein grösserer dunkler Punkt liegt. Nach der scharfen äusseren Begrenzung des Costaltrapezes hellt sich der Flügel nochmals stark auf und verdunkelt sich wieder gegen die Spitze. Längs der ganzen Aufhellung liegen am Vorderrande selbst dunkle Pünktchen. Vorderflügellänge 6 *mm*, Expansion über 12 *mm*.

Von *Onustella* Hb. durch bedeutendere Grösse, Mangel des violetten Glanzes der Vorderflügel, nicht senkrecht auf der Falte stehende äussere Begrenzung des Costalfleckes, endlich durch zahlreichere Vorderrandpunkte verschieden.

149. *Gracilaria Cupediella* H.-S., V, S. 292, Fig. 803.

Nur ein helles, gut erhaltenes Exemplar fing ich am 28. Juli 1892 am Calvarienberge bei Bozen. Die Art gleicht in Grösse und Färbung sehr einer *Lithocolletis* aus der *Sylvella*-Gruppe. — Bisher nur aus Dalmatien und Fiume bekannt.

150. *Butalis Amphonycella* Hb. Oberhalb Corvara am 21. Juli 1891 (Stange).

151. *Butalis Tabidella* H.-S. Ein kleines ♀ von 14 *mm* Expansion am 21. Juli am Calvarienberge bei Bozen durch Herrn v. Hedemann erbeutet. Dasselbe stimmt gut mit Exemplaren von Corsica überein.

152. *Butalis Denigratella* H.-S. — Hein., S. 451.

Ein ♀ in Gries am 26. Juli 1892 durch mich erbeutet, stimmt vollkommen mit Zeller's Angaben (L. E., X, S. 213). Neu für unsere Monarchie.

153. *Butalis Restigerella* Z. Ende Juli auf allen Anhöhen um Bozen ebenso gemein wie um dieselbe Zeit auf den Kalkgebirgen bei Wien.

154. *Elachista Pullicomella* Z. Ein ♀ am 21. Juli am Calvarienberge bei Bozen.

155. *Elachista Cinctella* Z. Ebenda sehr häufig an Felsen sitzend.

156. * *Elachista Chrysodesmella* Z. Ein sehr kleines ♂ von nicht ganz 6 mm Expansion am 24. Juli am Calvarienberge bei Bozen; es stimmt gut mit Exemplaren aus der Pfalz überein.

157. *Elachista Immolatella* Z. Im Thalboden bei St. Vigil am 20. Juli 1891 nicht selten (Stange).

158. * *Heliozela Resplendella* Stt. Herr Stange fand den Blattausschnitt aus Erlen im Ahrnthale am 16. Juli 1891.

159. *Stathmopoda Pedella* L. Bei Siegmundskron in der Au am 23. Juli.

160. * *Coleophora Ochripennella* Z. Ein von typischen Exemplaren etwas abweichendes Pärchen fing Herr v. Hedemann am 25. Juli am Calvarienberge bei Bozen. Die Fühler sind bei demselben bis zur Spitze scharf schwarz und weiss geringt. Die Beschuppung des Palpenmittelgliedes ist sehr kurz, nur bis $\frac{1}{3}$ des Endgliedes reichend. Die Färbung der Vorderflügel sehr gesättigt, die Hinterflügel dunkler grau.

161. * *Coleophora Vicinella* Z. Mehrere Stücke Ende Juli am Calvarienberge bei Bozen. Dieselben zeigen eine Verdunklung der Vorderrandfransen in der Flügelspitze, stimmen jedoch sonst gut mit *Vicinella* Z. Expansion 16 mm.

162. *Coleophora* spec. Ein kleines, etwas geflogenes ♀ vom 24. Juli ebendaher hat nur 13 mm Expansion und unterscheidet sich weiters von *Vicinella* Z. durch viel blässere Färbung, gegen die Basis nicht so stark verdünnte Vorderrandstrieme und scharf schwarz geringte Fühler. Das Exemplar gehört einer weiters festzustellenden Art an.

163. * *Coleophora Ditella* Z. Ein ♀ dieser weit verbreiteten Art mit der Bezeichnung „Bozen 1867" befand sich ohne Namen in Mann's Sammlung (M. C.).

164. *Coleophora Solenella* Stgr., Stett. Ent. Zeit., 1859, S. 252; H.-S., Neue Schm., S. 17, Fig. 100; Stt., South Eur., p. 158. 247; Hein., S. 577.

Wir fanden die auffallend langen Säcke am Calvarienberge bei Bozen Ende Juli auf *Artemisia campestris;* in die Sonne gestellt, ergab ein Dutzend mitgebrachter Säcke in der Zeit vom 6. bis 18. August 1892 ebensoviele Falter. Die Beschreibung bei Heinemann ist ausgezeichnet.

165. *Coleophora Setturii* Wck., Bresl. Ent. Zeit., 1877, S. 45. — Lafaury, Ann. S. Fr., 1885, p. 417, larv.

Die Säcke dieser nach Meraner Stücken beschriebenen Art fanden wir mit denen der *Solenella* am Calvarienberge, aber auch bei Gries. Die Falter erschienen in der Zeit vom 23. Juli bis 19. August 1892. — Exemplare aus der Gascogne sind etwas grösser, kräftiger, mit deutlicher dunkel geringten Fühlern.

166. * *Coleophora Troglodytella* Dup. Ich zog ein ♀ am 17. August aus einem in der Nähe Bozens gefundenen Sack. Die Grundfarbe der Vorderflügel ist mehr orangegelb, die Linien auf der Flügelfläche rein weiss.

167. * *Coleophora? Maeniucella* Stt., Monthly Mag., XXIV, p. 42. — *Muchligiella* Stt., l. c., p. 14. — *Flavaginella* Schmid, Fauna Regensb., S. 117. — Fletcher, Monthly Mag., XXIV, p. 13, larv.

Grosse dunkle, vielleicht hierher gehörige Exemplare ohne Spur einer weissen Vorderrandstrieme fing Herr Stange am 28. Juli 1891 auf der Alpe Corvara um *Chenopodium*.

168 *Bedellia Somnulentella* Z. Ein Exemplar am 23. Juli in Meran. Die Flugzeit ist auffallend zeitig.

169. *Lithocolletis Hortella* F. Mehrere Exemplare am 21. Juli am Calvarienberge bei Bozen erbeutet.

170. *Lithocolletis Bremiella* Frey. Nur 2 ♂ ebenda am 24. und 31. Juli 1892 (Hedemann).

171. *Lithocolletis Distentella* Z. — Wood, Monthly Mag., XXII, p. 261. — Nur ein ♂ am 27. Juli ebenda aus Eichen geklopft.

172. *Lithocolletis Parisiella* Wck. — Hein., S. 663. — Am 29. Juli ebenda nur wenige Exemplare.

173. *Lithocolletis Scitulella* Z. — Hein., S. 662. — Am selben Tage ebenda mit der vorigen. — Die Raupe lebt in Südfrankreich auf *Quercus pubescens* (Constant).

174. *Lithocolletis Millierella* Stgr. — Hein., S. 685.

Herr v. Hedemann fand von dieser charakteristisch gezeichneten Art ein Pärchen an Felsen sitzend ebenda am 21. Juli.

175. *Tischeria Dodonaea* Heyd. Häufig Ende Juli in der Umgebung Bozens.

176. *Tischeria Marginea* Hw. Ebenda, aber vereinzelt.

177. *Tischeria Gaunacella* Dup. Nur ein Exemplar am 21. Juli 1892 am Calvarienberge bei Bozen durch Herrn v. Hedemann erbeutet.

178. *Phyllocnistis Suffusella* Z. Ende Juli bei Bozen nicht selten.

179. *Bucculatrix Ulmella* Z. Kleine hellere Exemplare der zweiten Generation am 21. Juli am Calvarienberge bei Bozen.

180. *Bucculatrix Absinthii* Gartner. Ein kleines, auf den Vorderflügeln nur sehr schwach bräunlich gefärbtes Exemplar am 26. Juli ebenda; dasselbe gehört zweifellos einer zweiten Generation an.

181. *Eriocephala Araucella* Scop. Kleine, schwarzköpfige Exemplare (♀) fing Herr Stange am 4. August 1891 bei Kastelruth.

Index.

Desmidiaceen

aus der Umgebung des Attersees in Oberösterreich.

Von

Dr. J. Lütkemüller.

(Mit Tafel VIII und IX.)

(Vorgelegt in der Versammlung am 2. November 1892.)

Was über die Desmidiaceenflora von Oberösterreich bis zum Jahre 1872 bekannt war, findet sich in der Cryptogamenflora Oberösterreichs von Poetsch und Schiedermayr[1]) verzeichnet, später ist noch ein kleiner Beitrag von Loitlesberger[2]) zur Publication gelangt. Wenn nun in beiden Werken zusammen für Oberösterreich nur 79 Arten angeführt wurden, so erklärt sich diese überaus geringe Zahl dadurch, dass ergiebige Standorte, an denen ja im Lande kein Mangel ist, bisher gar nicht oder nicht genauer durchforscht wurden. Was speciell die Umgebung des Attersees betrifft, so hat v. Mörl an der nördlichen Umrandung, insbesondere bei Schörfling, eine Anzahl von Desmidiaceen gefunden, die in der Cryptogamenflora von Oberösterreich aufgezählt sind; die Umgebung des westlichen und südlichen Ufers scheint er in dieser Beziehung nicht untersucht zu haben. In den Monaten Juli und August 1891 hatte ich Gelegenheit, am westlichen Ufer, wo in dem Gebirgszuge zwischen Atter- und Mondsee in Höhen zwischen 500—700 *m* drei kleinere Moore gelegen sind, zu sammeln. Es zeigte sich zunächst, dass diese räumlich nicht ausgedehnten, aber gut zugänglichen und zum Theile von Wassergräben durchschnittenen Moore eine überaus reiche Desmidiaceenflora enthielten. So wies ich in dem ganz kleinen Eicherebenmoor nächst Stockwinkel 68 Arten, in dem grösseren, unweit gelegenen Egelseemoor sogar 133 Arten, in dem Bierlbachermoos nächst Aschau 63 Arten von Desmidiaceen nach. Ein anderes kleines Moor bei Gerlham nächst Litzlberg war dagegen

---

[1]) Systematische Aufzählung der im Erzherzogthume Oesterreich ob der Enns bisher beobachteten Cryptogamen. Herausgegeben von der k. k. zool.-botan. Gesellsch. in Wien, 1872.

[2]) Beitrag zur Algenflora Oberösterreichs (Verhandl. der k. k. zool.-botan. Gesellsch. in Wien, 1888).

Z. B. Ges. B. XLII. Abh. 68

auffallend arm an Desmidiaceen. Ausserdem untersuchte ich gelegentlich noch einen kleinen, zur Eisgewinnung benützten Teich bei Attersee, der nur wenige gewöhnliche Arten enthielt, ferner den Rohrwiensee bei Stockwinkel (eigentlich ein flacher Teich) und die nassen moosigen Felsen am Eingange des Burggrabens bei Burgau am Südende des Attersees. Auch bei Schörfling, wohin ich einen Ausflug unternahm, fand ich ziemlich viele Arten, von welchen ich aber nur diejenigen hier anführen will, welche nicht bereits durch v. Mörl für denselben Standort nachgewiesen wurden. Die Gesammtausbeute von allen untersuchten Localitäten betrug 163 Arten, von welchen 108 für die Flora von Oberösterreich neu sind; 4 derselben erwiesen sich als Species novae, auch eine Anzahl von Varietäten und Formen wurde bisher nirgends beschrieben.

In der folgenden Aufzählung der von mir beobachteten Desmidiaceen sind die für Oberösterreich neuen mit einem vorgesetzten * bezeichnet, überhaupt neue Arten, Varietäten und Formen mit **. Bezüglich der Eintheilung und Nomenclatur sei noch bemerkt, dass ich mich im Allgemeinen an die Sylloge algarum von De Toni gehalten habe; die der Gattung *Disphinctium* angehörigen Arten wurden aber theils bei *Cosmarium*, theils bei *Penium* angeführt.

Die Literatur glaube ich ziemlich vollständig benützt zu haben; bei den Citaten von Abbildungen wurde in erster Linie auf diejenigen Rücksicht genommen, welche mit den von mir gefundenen Formen am vollkommensten übereinstimmten, bei einzelnen Arten wurden aus demselben Grunde Exsiccatenwerke citirt.

Den Herren Doctoren v. Beck, Heimerl, Prof. v. Wettstein und Zahlbruckner, welche mir die Literatur bereitwilligst zugänglich machten, spreche ich hiemit besten Dank aus, ebenso auch Herrn Kalteis, prakt. Arzt in Attersee, der meine Untersuchungen mit dem regsten Interesse verfolgte und mich durch Nachweis von Fundstellen, sowie durch Beihilfe beim Sammeln sehr wirksam unterstützte.

1. *Desmidium Swartzii* Ag.
   Ralfs, Brit. Desm., Pl. 4.
   Long. cell. 15—20 μ, lat. 36—42 μ.
   Moore bei Eichereben, am Egelsee, bei Gerlham; Rohrwiensee.

2. *Desmidium cylindricum* Grev.
   Ralfs, Brit. Desm., Pl. 2.
   Long. cell. 25—28 μ, lat. 45—50 μ, crass. 34·5—35·5 μ.
   Moor am Egelsee.

3. *Hyalotheca dissiliens* (Smith) Bréb.
   Ralfs, Brit. Desm., Pl. 1, Fig. 1.
   Long. cell. 15—17 μ, lat. 27—30 μ.
   Moore bei Aschau, Eichereben. Gerlham, am Egelsee; Rohrwiensee.

   * var. *bidentula* Nordst.
   Nordstedt, Sydl. Norg. Desm., Fig. 22.

Long. cell. 12—13·5 μ, lat. 16·5—18·5 μ.
Moore bei Aschau, Eichereben, am Egelsee.
Die von Gutwinski in seiner Flora głonów okolič Lwowa, Tab. 1,
Fig. 3 abgebildete Punktirung der Zellhaut ist sehr häufig sowohl an der
gemeinen Form als an der var. bidentula sichtbar. Ueber die Ursache
derselben vgl. Hauptfleisch, Zellmembran und Hüllgallerte der Desmidia-
ceen, S. 9.
4. *Hyalotheca mucosa (Mert.) Ehrbg.
  Ralfs, Brit. Desm., Pl. 1, Fig. 2.
  Long. cell. 12—19 μ, lat. 15·5—18·5 μ.
  Moor am Egelsee.
5. *Sphaerozosma granulatum Roy et Biss.
  Roy et Bisset, Japan. Desm., Pl. 268, Fig. 17.
  Long. cell. 8—12 μ, lat. 9—12 μ, lat. ist. 4·5—6 μ, crass. 5—7 μ.
  Moore bei Aschau, am Egelsee.
6. *Sphaerozosma pulchellum (Arch.) Rabh.
  * *var. austriacum n. var. (Taf. VIII, Fig. 1). — Semicellulae a fronte risae
    lateribus sinuato-retusis, angulis et inferioribus et superioribus rotun-
    datis.
  Long. cell. 14—15 μ, lat. ad bas. 10·5 μ, lat. ad vert. 8 μ, lat. ist. 6 μ,
    crass. 7 μ.
  Moor bei Eichereben.
  Unterscheidet sich von der typischen Form durch den nach aussen
erweiterten Scheitel und die abgerundeten oberen Ecken. Das Sphaero-
zosma formosum Maskell, Furth. notes on Desm. N. Zeal., p. 9, Pl. 1,
Fig. 3, hat grössere und relativ längere Zellen. deren Scheitel nur un-
merklich nach aussen erweitert ist. Uebrigens kann nach Maskell die
letztere Species auch als eine grössere Form des Sphaerozosma pulchellum
Arch. aufgefasst werden.
7. Gonatozygon asperum (Bréb.) Cleve.
  Brébisson, Liste, Pl. 2, Fig. 33.
  Long. 69—155 μ, lat. max. 7—8 μ, lat. vert. 5·5 μ, lat. colli 4·5 μ.
  Moor am Egelsee; Rohrwiensee.
  Nach Brébisson, l. c., p. 148, sind die Zellhälften gegen die Enden
etwas verschmälert, die letzteren plötzlich erweitert und abgestutzt. Mit
dieser Beschreibung, sowie mit der Abbildung stimmen die oberöster-
reichischen Exemplare gut überein, ebenso auch mit den Abbildungen von
Archer in Dublin Nat. hist. rev., V, 1858, Pl. 21, Fig. 6 (Leptocystinema
Portii) und Cooke, Brit. Desm., Pl. 1. Fig. 2 (Gonatozygon Brébissonii).
Raciborski beschreibt in Desm. Polon., p. 11 die Brébisson'sche typische
Form als var. a) gallicum: „Cellulis perfecte cylindricis utroque apice
dilatato, truncato“. Diese Diagnose, welche auf Grund der Abbildung des
Docidium? asperum (Bréb.) in Ralfs, Brit. Desm., Pl. 26, Fig. 6 a, b,
gestellt wurde, ist unrichtig und es kann daher auch die var. tatricum

68*

Racib., l. c., Tab. 5, Fig. 9, welche mit Brébisson's Beschreibung und Abbildung der typischen Form vollkommen übereinstimmt, nicht als besondere Varietät anerkannt werden. Dass Raciborski das *Gonatozygon Kjellmanni* Wille (Ferskvalg. Nov. Semlja, p. 59, Tab. 14, Fig. 78) mit *Gonatozygon asperum* vereinigt, scheint mir vollkommen gerechtfertigt, ebenso würde ich auch das *Gonatozygon minutum* West, Freshwalg. N. Wales, p. 282, Pl. 5, Fig. 1, hier einbeziehen.

Während nun alle die erwähnten Formen eine mehr oder weniger deutlich spindelförmige Gestalt und verdickte Enden besitzen, zeigen die Figuren von De Bary (Conjug., Taf. 4, Fig. 26) und Hausgirg (Prodrom., p. 167, Fig. 99) die Zellen wohl gegen die Enden etwas verjüngt, an den Enden selbst aber nicht verdickt, quer abgestutzt. Diese Form scheint ihren eigenen Verbreitungsbezirk zu haben und nicht mit der ersteren zusammen vorzukommen. In Oberösterreich sah ich sie nicht, wohl aber in Niederösterreich, wo ich dagegen die Brébisson'sche Form nicht finden konnte.

8. *Spirotaenia condensata* Bréb.

Ralfs, Brit. Desm., Pl. 34, Fig. 1.

Long. 126—168 μ, lat. 21—22·5 μ.

Moore bei Eichereben, am Egelsee.

9. *Spirotaenia parvula* Arch.

Archer, Micr. Journ., Vol. 2, N.-S., 1861, Pl. 12, Fig. 32—43.

Long. 32—68 μ, lat. 5—6·5 μ.

Moor am Egelsee.

10. *Spirotaenia obscura* Ralfs.

Ralfs, Brit. Desm., Pl. 34, Fig. 2.

Long. 50—217 μ, lat. 9·5—25 μ.

Moore bei Aschau, am Egelsee.

Die grossen langgestreckten Exemplare (Aschau) sind cylindrisch, die kleineren spindelförmig; erstere enthalten in den chlorophyllfreien Enden ein dunkles Körnchen. Trotz der auffallenden Verschiedenheit der Extreme lässt sich eine Trennung beider Formen nicht vornehmen, da an demselben Standorte alle Uebergänge sich vorfinden.

11. *Mesotaenium microcuccum* (Kütz.) Kirch.

Wolle, Desm. Un. Stat., Pl. 3, Fig. 10.

Long. 10—14 μ, lat. 6—9 μ.

Moore bei Aschau, Eichereben, am Egelsee.

12. *Mesotaenium Braunii* De Bary.

De Bary, Conjug., Taf. 7 A, Fig. 1—8.

Long. 29·5—48 μ, lat. 18·5—20·5 μ.

Burggraben, Moore bei Eichereben, am Egelsee.

13. *Cylindrocystis Brébissonii* Menegh.

De Bary, Conjug., Taf. 7 E.

Long. 40—60 μ, lat. 15·5—22·5 μ.

Moore bei Aschau, Eichereben, am Egelsee.

14. *Cylindrocystis crassa De Bary.

De Bary, Conjug., Taf. 7 C.

Long. 30·5—58·5 μ, lat. 27—36 μ.

Moor bei Aschau.

15. *Closterium gracile Bréb.

Brébisson, Liste, Pl. 2, Fig. 45.

Long. 118—204 μ, lat. 5 μ. Zellhaut meist bräunlich, selten farblos.

Moore bei Eichereben, am Egelsee.

Zygosporen wurden nicht gefunden, daher könnte es sich auch um Closterium Lundellii Lagh. handeln.

16. Closterium juncidum Ralfs.

*var. β. Ralfs, Brit. Desm., Pl. 29, Fig. 7.

Long. 53—200 μ, lat. 12—17 μ. Die Länge beträgt das 4¹/₂—16 fache der Breite.

Moore bei Eichereben, am Egelsee.

17. *Closterium angustatum Kütz.

Ralfs, Brit. Desm., Pl. 29, Fig. 4.

Long. 322—403 μ, lat. 23·5—28 μ.

Moor am Egelsee.

Mit der Diagnose in De Toni, Syllog., Vol. 1, p. 821, Nr. 1062, verglichen, zeigen die beobachteten Exemplare mehr Pyrenoide (8—14 in jeder Zellhälfte), die Endvacuolen enthalten stets nur je einen Gypscrystall; mitunter sind die Längsstreifen der Zellhaut deutlich spiralig gedreht (var. reticulatum Wolle?).

18. *Closterium didymotocum Corda.

Ralfs, Brit. Desm., Pl. 28, Fig. 7 (besonders 7 d). — Wittr.-Nordst., Alg. exsicc., Nr. 475.

Long. 205—672 μ, lat. 42—47·5 μ.

Moore bei Eichereben, am Egelsee.

Die Enden sind sehr flach abgerundet und zeigen innerlich keine Membranverdickung; die Zellhaut ist gelblich, an den Enden bräunlich oder im Ganzen braun, stets zart körnig längsgestreift, wiederholt wurde spiralige Drehung der Chlorophyllamellen gesehen. Die Länge der Zellen übertrifft ihre Breite 6¹/₂—15¹/₂ mal.

19. Closterium striolatum Ehrbg.

Ralfs, Brit. Desm., Pl. 29, Fig. 2. — Delponte, Desm. subalp., Tav. 17, Fig. 38—40. — De Notaris, Elementi, Tav. 7, Fig. 67 (besonders die beiden ersten Figuren). — Wittr.-Nordst., Alg. exsicc., Nr. 178, 833, 840, 841.

Long. 154—340 μ, lat. 22—31 μ.

Moore bei Eichereben, am Egelsee.

Von dieser sehr variablen Art sind die verschiedensten Formen und Grössen vertreten. Insbesondere findet sich in dem Egelseemoore auch eine Form, welche dem *Closterium intermedium* Ralfs noch näher steht, als die in Nr. 841 der Wittrock-Nordstedt'schen Exsiccaten ausgegebene „forma ad *Closterium intermedium* Ralfs accedens". Während dort die schlankesten Exemplare eine Breite von $30-33\,\mu$ bei $10-12$facher Länge zeigen, beobachtete ich als gewöhnliche Breite dieser Zwischenform mitten $21-23\,\mu$, an den Enden $7-8\,\mu$, bei einer Länge von $195-282\,\mu$. Von Längsstreifen entfallen etwa 4 auf $10\,\mu$. *Closterium intermedium* Ralfs hat weniger verschmächtigte, weniger gekrümmte Enden und ist meist länger.

Die anderen Formen sind entweder fast vollkommen gerade, spindelförmig oder bald im Ganzen, bald an den Enden leicht gekrümmt, die Enden mitunter etwas vorgezogen. Die Länge beträgt das 5—14fache der Breite.

20. *Closterium strigosum* Bréb.
  Brébisson, Liste, Pl. 2, Fig. 43.
  Long. $254\,\mu$, lat. $18\cdot5\,\mu$.
  Eisteich bei Attersee.

21. *Closterium attenuatum* Ehrbg.
  Ralfs, Brit. Desm., Pl. 29, Fig. 5. — Wittr.-Nordst., Alg. exsicc., Nr. 992.
  Long. $438-528\,\mu$, lat. $35-45\,\mu$.
  Moor am Egelsee.

  Im Vergleiche mit der Abbildung von Ralfs sind die oberösterreichischen Exemplare von der Mitte gegen die Enden zu mehr verschmächtigt, mitunter so gleichmässig, dass die Einziehung knapp vor den Enden ganz entfällt. Sie stimmen hierin mit den in Wittrock-Nordstedt's Exsiccaten sub. Nr. 992 ausgegebenen Exemplaren aus Schweden überein. Die Längsstreifung der Zellhaut ist von sehr wechselnder Intensität, manchmal kaum angedeutet, bisweilen sehr scharf mit deutlicher Körnelung. Die Zahl der Pyrenoide in jeder Zellhälfte beträgt $12-15$.

22. *Closterium Pritchardianum* Arch.
  Archer, Micr. Journ., Vol. 2, N. S., 1861, Pl. 12. Fig. 25—27. — Wittr.-Nordst., Alg. exsicc., Nr. 180.
  Long. $533-720\,\mu$, lat. $35-40\,\mu$.
  Moor am Egelsee.

  Archer gibt als Länge $350-500\,\mu$, als Breite $30-35\,\mu$, die Länge $10-14$mal grösser als die Breite an; die Exemplare in Nr. 180 der Wittrock-Nordstedt'schen Exsiccaten zeigen bei einer Länge von etwa $400\,\mu$ eine Breite von $40-60\,\mu$. Bezüglich der Länge stimmt das *Closterium Pritchardianum* Arch. forma *maximum* Nordst., Desm. Brasil., welches $550-680\,\mu$ misst, genau überein, doch ist dieses dicker, $48-65\,\mu$ breit.

23. *Closterium Lunula* (Müll.) Nitzsch.
  Ralfs, Brit. Desm., Pl. 27, Fig. 1.

Long. 522—660 μ, lat. 78—100 μ.
Moore bei Aschau, am Egelsee.

24. *Closterium costatum* Corda.
Ralfs, Brit. Desm., Pl. 29, Fig. 1.
Long. 217—375 μ, lat. 31—39 μ.
Moore bei Aschau, Eichereben, am Egelsee.
Von Längsrippen sind in der Vorderansicht 7, seltener 8 sichtbar.
Die Endvacuolen enthalten stets nur einen Gypscrystall.

25. *Closterium Ceratium* Perty.
Perty, Kleinste Lebensf., Taf. 16, Fig. 21. — Wittr.-Nordst., Alg.
exsicc., Nr. 90.
Long. 90—159 μ, lat. 5—6·5 μ.
Moore bei Aschau, am Egelsee; Eisteich bei Attersee.

26. *Closterium subulatum* (Kütz.) Bréb.
Wittr.-Nordst., Alg. exsicc., Nr. 572.
Long. 180—283 μ, lat. 13—15 μ.
Eisteich bei Attersee.

27. *Closterium lineatum* Ehrbg.
Ralfs, Brit. Desm., Pl. 30, Fig. 1.
Long. 570—636 μ, lat. 30—35 μ, lat. apic. 9—10 μ.
Moor am Egelsee.

28. *Closterium Dianae* Ehrbg.
Ralfs, Brit. Desm., Pl. 30, Fig. 1.
Long. 96—148 μ, lat. 14—17 μ.
Moore bei Aschau, Eichereben, am Egelsee, bei Gerlham; Eisteich bei
Attersee.

29. *Closterium Venus* Kütz.
Ralfs, Brit. Desm., Pl. 35, Fig. 12.
Long. 53 μ, lat. 7 μ.
Moor am Egelsee.

30. *Closterium parvulum* Näg.
Nägeli, Einz. Alg., Taf. 6 C, Fig. 2.
Long. 56—80 μ, lat. 8—9 μ.
Moor am Egelsee.

31. *Closterium Cynthia* De Not.
De Notaris, Elementi, Tav. 7, Fig. 71.
Long. 103—153 μ, lat. 13·5—15 μ.
Moor am Egelsee.

32. *Closterium Ehrenbergii* Menegh.
Ralfs, Brit. Desm., Pl. 28, Fig. 2.
Long. 540 μ, lat. 87 μ.
Eisteich bei Attersee.

33. *Closterium moniliferum* (Bory) Ehrbg.
Ralfs, Brit. Desm., Pl. 28, Fig. 3.

Long. 186—263 μ, lat. 28—43·5 μ.

Moor bei Aschau, Fisteich bei Attersee.

In der Endvacuole nicht selten nur ein einziger Gypscrystall.

34. *Closterium rostratum* Ehrbg.

Ralfs, Brit. Desm., Pl. 30, Fig. 3.

Long. 270—394 μ, lat. 17—26 μ, lat ap. 3—5 μ.

Moore am Egelsee, bei Gerlham.

35. *Penium margaritaceum* (Ehrbg.) Bréb.

Ralfs, Brit. Desm., Pl. 25, Fig. 1.

Long. 129—310 μ, lat. 22—30 μ, lat. ap. 14—16 μ.

Moore bei Aschau, am Egelsee.

Die Längsstreifen nicht selten spiralig gedreht.

36. *Penium Cylindrus* (Ehrbg.) Bréb.

var. silesiacum Kirchner.

Kirchner, Alg. Schles., S. 143.

Long. 34—57 μ, lat. 13—14 μ.

Moore bei Eichereben, am Egelsee.

37. *Penium annulatum* (Näg.) Arch.

Nägeli. Einz. Alg., Taf. 6 F. — Cooke, Brit. Desm., Pl. 43, Fig. 15.

Long. 40—50 μ, lat. 16—21 μ.

Moore bei Aschau, Eichereben, am Egelsee; moorige Wiesen bei Schörfling, Burggraben.

Im Eicherebenmoor auch ein Exemplar mit zugespitzten Enden gefunden.

38. *Penium cucurbitinum* Biss.

var. subpolymorphum Nordst.

Nordstedt, Freshwalg. N. Zeal., Pl. 7, Fig. 20.

Long. 96—100 μ, lat. 40—42 μ, lat. constrict. 36 μ.

Moor am Egelsee.

In der Form mit der Nordstedt'schen Figur gut übereinstimmend, nur mit etwas tieferer Mitteleinschnürung. In der Frontalansicht lassen sich fünf Chlorophyllplatten erkennen und enthält jede Zellhälfte ein Pyrenoid.

39. *Penium polymorphum* Perty.

Lundell, Desm. Suec., Tab. 5, Fig. 10.

Long. 43—79 μ, lat. 22·5—26 μ.

Moore bei Aschau, am Egelsee.

40. *Penium Digitus* (Ehrbg.) Bréb.

Ralfs, Brit. Desm., Pl. 25, Fig. 3 b. — Wittr.-Nordst., Alg. exsicc., Nr. 182, 993.

Long. 102—263 μ, lat. 39—81 μ, lat. vert. 19—42 μ.

Moore bei Eichereben, am Egelsee.

41. *Penium interruptum* Bréb.

Ralfs, Brit. Desm., Pl. 25, Fig. 4.

Long. 228—366 μ, lat. 43·5—46·5 μ.
Moore bei Eichereben, am Egelsee.

42. *Penium closterioides* Ralfs.
Ralfs, Brit. Desm., Pl. 34, Fig. 4.
Long. 184—223 μ, lat. 40·5—44 μ, lat. vert. 16 μ.
Moore bei Eichereben, am Egelsee.
*forma *minus* Heimerl, Desm. alp., S. 4 [590].
Long. 93—108 μ, lat. 22·5—25·5 μ, lat. vert. 9—11 μ.
Moor am Egelsee.
Eine Mittelform zwischen *Penium closterioides* Ralfs und *Penium Navicula* Bréb. In jeder Zellhälfte 3—4 Pyrenoide. — Von Hantzsch wurde in Rabenhorst, Alg., Nr. 1329, eine ähnliche kleine Form ausgegeben, ebenso erwähnt West in Freshwalg. North Cornwallis eine „small form".

43. *Penium Navicula* Bréb.
Cooke, Brit. Desm., Pl. 16, Fig. 5.
Long. 42—62 μ, lat. 12—16 μ, lat. vert. 7·5 μ.
Moor am Egelsee.

44. *Penium truncatum* (Bréb.) Ralfs.
Ralfs, Brit. Desm., Pl. 25, Fig. 5.
Long. 27—32·5 μ, lat. 11—13 μ.
Moor am Egelsee.
Zellhaut fein punktirt.

45. *Penium lamellosum* Bréb.
Delponte, Spec. Desm. subalp., Tav. 15, Fig. 10—18. — Wittr.-Nordst., Alg. exsicc., Nr. 992.
Long. 96—294 μ, lat. 35—57 μ, lat. vert. 18—26 μ.
Moore am Egelsee, bei Eichereben, Aschau; Burggraben; moorige Wiesen bei Schörfling.

46. *Penium oblongum* De Bary.
De Bary, Conjug., Taf. 7 G. Fig. 1—2.
Long. 84—144 μ, lat. 24—34·5 μ.
Moore bei Aschau, am Egelsee.

47. *Penium didymocarpum* Lund.
Lundell, Desm. Suec., Tab. 5, Fig. 9.
Long. 31—46 μ, lat. 13—18 μ.
Moore bei Aschau, Eichereben, am Egelsee.

48. *Penium minutum* (Ralfs) Cleve.
Ralfs, Brit. Desm., Pl. 26, Fig. 5.
Long. 65—118 μ, lat. 9—14 μ.
Moore bei Aschau, am Egelsee.

49. *Tetmemorus Brébissonii* (Menegh.) Ralfs.
Ralfs, Brit. Desm., Pl. 24, Fig. 1.

Z. B. Ges. B. XLII. Abh. 69

Long. 85—106·5 μ, lat. 20—21 μ.

Moor bei Aschau.

50. *Tetmemorus granulatus* (Bréb.) Ralfs.

Ralfs, Brit. Desm., Pl. 24, Fig. 2.

Long. 141—152 μ, lat. 31—32·5 μ.

Moor am Egelsee.

51. *Tetmemorus laevis* (Kütz.) Ralfs.

Ralfs, Brit. Desm., Pl. 24, Fig. 3.

Long. 66·5—78 μ, lat. 18—20 μ.

Moore bei Aschau, Eichereben, am Egelsee.

52. *Docidium Baculum* Bréb.

Ralfs, Brit. Desm., Pl. 33, Fig. 5.

Long. 186—294 μ, lat. max. 19—21 μ.

Moore am Egelsee, bei Eichereben.

53. *Pleurotaenium Trabecula* (Ehrbg.) Näg.

Nägeli, Einz. Alg., Taf. 6 A. — Rabenhorst, Alg., Nr. 2274.

Long. 345—492 μ, lat. max. 39—52 μ, lat. vert. 20—26 μ.

Moore bei Aschau, Eichereben, am Egelsee.

54. *Pleurotaenium rectum* Delp.

Delponte, Spec. Desm. subalp., Tav. 20, Fig. 8—11.

Long. 248 μ, lat. tum. bas. 24 μ, lat. ist. 22·5 μ, lat. vert. 16·5 μ.

Moor am Egelsee.

Zellhaut fein punktirt.

* forma *tenuius* Wille.

Wille, Norg. Ferskvalg., p. 51.

Long. 318—507 μ, lat. ist. 18 μ, lat. tum. bas. 21 μ, lat. corp. 19·5—21 μ,
lat. vert. 15 μ.

Moor am Egelsee.

Unterscheidet sich ziemlich auffallend vom *Pleurotaenium rectum*
Delp., muss aber doch zu diesem gestellt werden, da bei mehreren Exemplaren die eine Zellhälfte der typischen Form entsprach, welche auch vereinzelt an demselben Standorte vorkommt.

55. *Pleurotaenium truncatum* (Bréb.) Näg.

Ralfs, Brit. Desm., Pl. 26, Fig. 2.

Long. 351—522 μ, lat. max. 60—75 μ, lat. vert. 33—36 μ.

Moore bei Aschau, Eichereben, am Egelsee.

An einzelnen Exemplaren sind die Enden von einem Kranze flacher
Warzen umgeben.

56. *Pleurotaenium Archeri* Delp.

Delponte, Spec. Desm. subalp., Tav. 19, Fig. 12—16.

Long. 408—693 μ, lat. max. 30—43·5 μ, lat. vert. 18—28 μ.

Moor am Egelsee.

Die Mittelleiste ist braun, vorspringend, die Zellhaut fein punktirt,
die Enden sind oft von einem Kranze flacher Warzen umgeben.

57. * *Xanthidium antilopaeum* (Bréb.) Kütz.
Ralfs, Brit. Desm., Pl. 20, Fig. 1 a, c, d, e.
Long. sine acul. 51—54 μ, cum acul. 69—75 μ; lat. sine acul. 48—52 μ,
cum acul. 66—81 μ; lat. ist. 18—21 μ, crass. 34 μ, long. acul. 15 μ.
Moore bei Aschau, am Egelsee.

Entspricht im Umrisse der citirten Abbildung von Ralfs, der stumpf
kegelförmige Centraltumor ist, wie Brébisson (Liste, p. 135) angibt, von
einem einfachen Kreise halbkugeliger Wärzchen umgeben, die aber bisweilen
fehlen. Mitteleinschnürung linear, Stacheln gekrümmt, Membran granulirt.

* var. *fasciculoides* n. var.
Xanthidium antilopaeum (Bréb.) Kütz. in Wittr.-Nordst., Alg. exsicc.,
Nr. 574.

Long. sine acul. 71—78 μ, cum acul. 90—99 μ; lat. sine acul. 55—71 μ,
cum acul. 84—96 μ; lat. ist. 25—30 μ, crass. 46·5 μ, long. acul. 15 μ.
Moor am Egelsee.

Weicht von der Brébisson'schen Form sehr auffällig ab durch
die geraden Stacheln, die convexe Basis der Zellhälften und durch die
fehlende Mittelausbuchtung, an deren Stelle sich eine leichte Membranverdickung von brauner Farbe vorfindet. Die oberösterreichischen Exemplare stimmen mit den schwedischen (Wittr.-Nordst., Alg. exsicc.,
Nr. 574) genau überein, das gleiche Verhalten zeigt auch die var. *triquetrum* Lund. (vgl. unten).

Eine scharfe Trennung aller der vielen Formen dieser Species ist
wohl kaum durchführbar, doch scheint es wünschenswerth, einzelne Formen-
gruppen zusammenzufassen. In die var. *fasciculoides* möchte ich alle Formen
einbeziehen, welche gerade Stacheln, in Frontalansicht querelliptische oder
polygonale Zellhälften, mit convexer, nicht gerader oder nierenförmiger Basis
zeigen. Soweit Literaturangaben vorliegen, scheint diesen Formen auch
eine ausgesprochene Mittelanschwellung zu fehlen. Die Aehnlichkeit derselben mit dem *Xanthidium fasciculatum* Ehrbg. hat eine Anzahl Autoren
dazu bewogen, sie mit dem letzteren zu vereinigen, was nur zur Verwirrung
beiträgt, obschon auch dieser Auffassung die Berechtigung nicht abgesprochen
werden kann. Ralfs in Brit. Desm., Pl. 20, Fig. 1 b, bildet eine hieher
gehörige Form als *Xanthidium fasciculatum* Ehrbg. ab, ebenso Delponte
in Spec. Desm. subalp., Tav. 13. Fig. 20—23, und Hauptfleisch in Zell-
membr. d. Desm., Taf. 2, Fig. 73. Dagegen bilden Cooke in Brit. Desm.,
Pl. 46, Fig. 2 b, und Boldt in Sibir. Chlor., Taf. 5, Fig. 18, ähnliche Formen
als *Xanthidium antilopaeum* (Bréb.) Kütz. ab, ebenso rechnen Lundell,
Desm. Suec., p. 75, und Wille, Norg. Ferskvalg., p. 48, die citirte Figur
von Ralfs zu *Xanthidium antilopaeum*.

* forma *triquetrum* Lund.
Lundell, Desm. Suec., Tab. 5, Fig. 6. — Wittr.-Nordst., Alg. exsicc.,
Nr. 574.

69*

Long. sine acul. 71 μ, cum acul. 90 μ; lat. sine acul. 55 μ, cum acnl. 84 μ; lat. ist. 30 μ, long. acul. ad 15 μ.

Moor am Egelsee.

* * forma *inevolutum* n. f. — *Forma aculeis brevibus obtusis, intumescentia centrali nulla, membrana achroa, subtiliter punctata.*

Long. sine acnl. 63—68 μ, cum acnl. 68—69 μ; lat. sine acnl. 48—59 μ, cum acul. 59—69 μ; lat. ist. 16—18 μ, crass. 39 μ, long. acul. 2—7 μ.

Moor bei Aschau.

Eine mangelhaft entwickelte Form dieser Varietät. an einer bestimmten Stelle des Aschauer Moores massenhaft.

58. * *Xanthidium cristatum* Bréb.

* var. *depressum* Racib.

Raciborski, Desm. nov., Tab. 7, Fig. 24.

Long. sine acul. 64—66 μ, cum acnl. 84—90 μ; lat. sine acnl. 53—56 μ, cum acul. 75—84 μ; lat. ist. 18—19·5 μ, crass. 37—39 μ, long. acul. 10—13 μ.

Moore bei Eichereben. am Egelsee.

Zwischen den unteren paarigen Stacheln finden sich nicht selten beiderseits mehrere spitze Wärzchen.

59. * *Pleurotaeniopsis De Baryi* (Arch.) Lund.

De Bary, Conjug., Taf. 5. Fig. 32—33.

Long. 102—105·5 μ, lat. 46—52 μ, lat. ist. 34—39 μ.

Moor am Egelsee, moorige Wiesen bei Schörfling.

60. *Pleurotaeniopsis turgida* (Bréb.) Lund.

De Bary. Conjug., Taf. 5, Fig. 31.

Long. 153—230 μ, lat. 81—99 μ, lat. ist. 55—93 μ.

Moore bei Aschau, am Egelsee.

61. * *Pleurotaeniopsis tessellata* (Delp.) De Toni.

Delponte, Spec. Desm. subalp., Tav. 21, Fig. 10—13.

Long. 147 μ, lat. 70 μ, lat. ist. 57 μ.

Moor am Egelsee.

Nur ein Exemplar beobachtet.

62. * *Pleurotaeniopsis Cucumis* (Corda) Lagerh.

Ralfs, Brit. Desm., Pl. 15, Fig. 2.

Long. 62—84 μ, lat. 34—47 μ, lat. ist. 20—36 μ, crass. 27—36 μ.

Moor am Egelsee.

Membran fein punktirt, öfter gelblich.

63. * *Cosmarium obliquum* Nordst.

Nordstedt, Sydl. Norg. Desm., Fig. 8.

Long. 15—27 μ, lat. 12—21 μ, lat. ist. 9—14, crass. 10—15 μ.

Moore bei Aschau, Eichereben, am Egelsee.

64. *Cosmarium Palangula* Bréb.

Brébisson, Liste, Pl. 1, Fig. 21. — Wittr.-Nordst., Alg. exsicc., Nr. 244.

Long. 25—27·5 μ, lat. 13·5—16 u.
Moore bei Aschau, am Egelsee.
*var. *De Baryi* Rabb.
Wittr.-Nordst., Alg. exsicc., Nr. 981.
Long. 35—39 μ, lat. 16—17 μ.
Moore bei Aschau, Eichereben, am Egelsee.

65. *Cosmarium Cucurbita* Bréb.
Wittr.-Nordst., Alg. exsicc., Nr. 848.
Long. 47—51 μ, lat. 22·5—24 μ, lat. ist. 21 μ.
Moore bei Eichereben, am Egelsee.

66. *Cosmarium connatum* Bréb.
Ralfs, Brit. Desm., Pl. 17, Fig. 10. — De Bary, Conjug., Taf. 6, Fig. 47.
Long. 66—75 μ, lat. 46—51 μ, lat. ist. 40—41 μ, crass. 45—48 u.
Moore bei Aschau, Eichereben, am Egelsee.

67. *Cosmarium pseudoconnatum* Nordst.
Nordstedt, Desm. Brasil. (Warming), Tab. 3, Fig. 17.
Long. 66—73 μ, lat. 49—52 μ, lat. ist. 42—44 μ; crass. = lat.
Moore bei Aschau, Eichereben, am Egelsee, mit der vorigen Art untermischt.
Es scheint mir nicht begründet, diese Art mit zweifellos centralen Chlorophoren zur Gattung *Pleurotaeniopsis* zu stellen.

68. *Cosmarium anceps* Lund.
Lundell, Desm. Suec., Tab. 3, Fig. 4.
Long. 26·5—29 μ, lat. 14·5 μ, lat. ist. 10·5 μ, crass. 11·5 u.
Moorige Wiesen bei Schörfling; Burggraben.

69. *Cosmarium granatum* Bréb.
Ralfs, Brit. Desm., Pl. 32, Fig. 6.
Long. 27—37 μ, lat. 19—27 μ, lat. ist. 6—8 u.
Rohrwiensee.

70. *Cosmarium bioculatum* Bréb.
Nordstedt, Desm. Bornholm, Tab. 6, Fig. 12—14.
Long. 26—27 μ, lat. 22·5—26 μ, lat. ist. 7·5 μ, crass. 11·5 μ.
Rohrwiensee.
*var. *parcum* Wille.
Wille, Norg. Ferskvalg., Tab. 1, Fig. 21.
Long. 22·5—24 μ, lat. = long., lat. ist. 7—8 μ, crass. 12 μ.
Rohrwiensee, Teich bei Attersee.

71. *Cosmarium nitidulum* De Not.
De Notaris, Elementi, Tav. 3, Fig. 26. — Nordstedt, Freshwalg. N. Zeal., Pl. 6, Fig. 17. — Wittr.-Nordst., Alg. exsicc., Nr. 561.
Long. 40·5—44 μ, lat. 33—36 μ, lat. ist. 11 μ, crass. 23 μ, lat. vert. 14—17 μ.
Rohrwiensee.

72. *Cosmarium Meneghinii* Bréb.
　　De Bary, Conjug., Taf. 6, Fig. 34. — Borge, Sibir. Chloroph., Fig. 9.
　　Long. 21—26 *u*, lat. 13·5—22 *u*, lat. ist. 6—7 *u*, crass. 10—13·5 *u*.
　　Moor am Egelsee; Rohrwiensee, Teich bei Attersee.
　　* forma *f.* Gutwinski.
　　Gutwinski, Flora glonów okolić Lwowa, Tab. 1, Fig. 22.
　　Long. 15 *u*, lat. 11 *u*, lat. ist. 4·5 *u*, crass. 8 *u*, lat. vert. 4·5 *u*.
　　Moor bei Eichereben.
73. *Cosmarium tinctum* Ralfs.
　　Ralfs, Brit. Desm., Pl. 32, Fig. 7.
　　Long. 9·5—12·5 *u*, lat. 9·5—10·5 *u*.
　　Moore bei Aschau, Eichereben, am Egelsee.
74. *Cosmarium tetragonum* (Näg.) Arch.
　　* var. *Lundellii* Cooke.
　　Lundell, Desm. Suec., Tab. 2, Fig. 21.
　　Long. 45 *u*, lat. 26 *u*, lat. ist. 10 *u*, crass. 18 *u*.
　　Moor am Egelsee.
75. *Cosmarium sublobatum* (Bréb.) Arch.
　　* var. *brevisinuosum* Nordst.
　　Nordstedt, Freshwalg. N. Zeal., Pl. 6, Fig. 9.
　　Long. 23 *u*, lat. 17 *u*, lat. ist. 12 *u*, crass. 13·5 *u*.
　　Moorwiesen bei Schörfling.
76. *Cosmarium angustatum* (Wittr.) Nordst.
　　Wittrock, Gothl. Oel. Sötvatalg., Tab. 4, Fig. 8.
　　Long. 23—29·5 *u*, lat. 15—17 *u*, lat. ist. 6·5—9·5 *u*, crass. 9·5 *u*.
　　Moore bei Aschau, Gerlham; Burggraben.
77. *Cosmarium pygmaeum* Arch.
　　Archer, Journ. Micr. Sc., Vol. 4. N. S., Pl. 6, Fig. 45—49.
　　Long. 7—11 *u*, lat. 7—13 *u*, lat. ist. 2—5·5 *u*, crass. 6 *u*.
　　Moore bei Aschau, am Egelsee; Rohrwiensee.
78. *Cosmarium prominulum* Racib.
　　Raciborski, Desm. Polon., Tab. 11, Fig. 7.
　　Long. 16·5—18 *u*, lat. = long., lat. ist. 7·5 *u*, crass. 12 *u*.
　　Moore bei Eichereben, am Egelsee.
79. *Cosmarium venustum* (Bréb.) Rabh.
　　Brébisson, Liste, Pl. 1, Fig. 3.
　　Long. 38—42 *u*, lat. 27 *u*, lat. ist. 7—9 *u*, crass. 16—19 *u*.
　　Moore bei Eichereben, am Egelsee.
80. * * *Cosmarium umbilicatum* n. sp. (Taf. VIII, Fig. 2). — *Parvum, paullo longius quam latum, oblongum, sinu profundo angustissimo. Semicellulae a fronte visae medio tumore scrobiculato praeditae, ambitu semicirculares, basi recta, lateribus convexis leniter triundulatis, vertice truncato seu plane rotundato, angulis inferioribus et superioribus*

breviter rotundatis. A latere semicellulae circulares, a vertice ellipticae medio utrinque tumidae. Membrana subtilissime punctata.
Long. 18—19·5 μ, lat. 15·5—16·5 μ, lat. ist. 5 μ, crass. 10·5 μ.
Rohrwiensee.

Steht dem *Cosmarium venustum* (Bréb.) Rabh. durch die welligen Seiten, die genabelte Mittelanschwellung und die punktirte Zellhaut nahe, unterscheidet sich von demselben aber durch die geringere Grösse, die stark convexen Seiten und die kreisförmige Seitenansicht der Zellhälften.

81. *Cosmarium holmiense* Lundell.
   * var. *integrum* Lund.
   Wille, Ferskvalg. Nov. Semlj., Tab. 12, Fig. 19. — Borge, Subfoss. Sötvalg. Gothl., Tab. 1, Fig. 10.
   Long. 51—72 μ, lat. 31·5—43·5 μ, lat. ist. 18—26 μ. crass. 30—34·5 μ.
   Moore bei Eichereben, am Egelsee; moorige Wiesen bei Schörfling; Burggraben.

82. *Cosmarium pseudopyramidatum* Lund.
   Lundell, Desm. Suec., Tab. 2, Fig. 18.
   Long. 54—66 μ, lat. 27—36 μ, lat. ist. 15—16 μ, crass. 27 μ.
   Moore bei Eichereben, am Egelsee.

83. *Cosmarium microsphinctum* Nordst.
   Nordstedt-Wittr., Desm. Ital. Tyrol., Tab. 12, Fig. 9.
   Long. 37·5 μ, lat. 25·5 μ, lat. ist. 18 μ.
   Moorige Wiesen bei Schörfling.

84. *Cosmarium zonatum* Lund.
   Lundell, Desm. Suec., Tab. 3, Fig. 18.
   Long. 43·5—48 μ, lat. 22—23 μ, lat. ist. 7·5 μ, crass. 20 μ.
   Moor am Egelsee.
   Bisher wurde dieses *Cosmarium*, soweit mir bekannt, nur in Skandinavien gefunden.

85. * * *Cosmarium difficile* n. sp. (Taf. VIII, Fig. 3). — *Parvum, tertia parte longius quam latum, profunde constrictum sinu lineari angustissimo. Semicellulae subhexagonae basi recta vel subreniformi, lateribus subparallelis paullum retusis, vertice plane rotundato forea apicali instructo, angulis inferioribus rotundatis, superioribus late truncato-retusis. A latere conspectae semicellulae subcylindricae vertice rotundato, a vertice obtuso-ellipticae medio utrinque tumidulae. Membrana dense et subtilissime punctulata et insuper punctis majoribus depressis in zonas transversas tres regulariter dispositis ornata. Nuclei amylacei singuli.*
   Long. 28—33 μ, lat. 20—22·5 μ, lat. ist. 4—5 μ, crass. 13 μ, lat. vert. 9—10 μ.
   Moor bei Eichereben.
   Im Umrisse dem *Cosmarium Meneghinii* Bréb., besonders aber der forma rotundatum Jacobsen, Desm. Danem., Tab. 8, Fig. 20, ähnlich, schliesst

sich dieses *Cosmarium* bezüglich seiner Zeichnung an das *Cosmarium zonatum* Lundell (Desm. Suec., Tab. 3, Fig. 18) und *Cosmarium binerve* Lundell (ibid., Tab. 3, Fig. 19) an. Die Zeichnung ist schwer zu studiren, an frischen Exemplaren und Glycerinpräparaten mit den gewöhnlichen Vergrösserungen überhaupt nicht erkennbar, aber auch bei Exsiccaten und Wasserpräparaten leerer Hülsen bedarf es grosser Aufmerksamkeit, um alle Details festzustellen. Ueber Zahl und Anordnung der grösseren Punkte konnte ich Folgendes feststellen: 1. Apicale Zone. In Scheitelansicht 8 (ausnahmsweise 9—10) Punkte, Frontalansicht 3 (selten 4), Seitenansicht 3 Punkte. 2. Mediane Zone. Frontalansicht 5 Punkte, der mittlere etwas höher stehend, Seitenansicht 3 Punkte. 3. Basale Zone. Frontalansicht 4, Seitenansicht 3, Basalansicht 10 Punkte. Ausserdem umgeben die Centralgrube des Scheitels 4 regelmässig gestellte Punkte. Das Nähere ist aus der Figur ersichtlich.

* *var. *subleve* n. var. (Taf. VIII, Fig. 4). — *Parvum, tertia parte longius quam latum, profunde constrictum sinu acutangulo extrorsum valde ampliato. Semicellulae subhexagonae, basi convexa, lateribus subrectis, vertice subplano fovea apicali notato, angulis inferioribus rotundatis, superioribus obtusis. A latere visae semicellulae obtuso-ovatae, a vertice obtuso-ellipticae medio utrinque tumidulae. Membrana 3 seriebus transversis punctorum dense positorum ornata, ceterum levis. Nuclei amylacei singuli.*

Long. 33—34·5 μ, lat. 20—22 μ, lat. ist. 6 μ, crass. 13—16 μ, lat. vert. 7—10·5 μ.

Moor am Egelsee.

Diese Varietät unterscheidet sich von der typischen Form durch die spitzwinkelige Mitteleinschnürung, die mehr abgerundete Form der Zellhälften, die stumpfen (nicht ausgeschweiften) oberen Ecken und das Fehlen der gleichmässigen feinen Punktirung. Die charakteristische Zeichnung mit Querzonen von Punkten ist wohl in gleicher Anordnung vorhanden, die Zahl der Punkte in jeder Zone aber viel grösser, als bei der früher beschriebenen Form. Alle diese Eigenthümlichkeiten nähern die var. *subleve* weit mehr als die typische Form dem *Cosmarium zonatum* Lund., welches bemerkenswerther Weise an demselben Standorte vorkommt. Die Zahl der Punkte, welche die einzelnen Zonen zusammensetzen, konnte ich nicht genau feststellen; sie beträgt annäherungsweise für die apicale Zone 12, für die mediane und basale Zone je 20. Ausserdem zeigen sich in Basalansicht der Zellhälften neben dem Isthmus beiderseits je 2 Punkte (bei der typischen Form je 1); die Centralgrube des Scheitels wird von mehreren Punkten umgeben, deren Zahl variabel ist.

86. *Cosmarium trachypleurum* Lund.

* var. *minus* Racib.

Raciborski, Desm. okol. Krak., Tab. 1, Fig. 5.

Long. 31—33 μ, lat. = long., lat. ist. 10·5—12 μ, crass. 20 μ.

Moore bei Eichereben, am Egelsee.
Die Warzen sind, mit Ausnahme der des Mittelfeldes, meist etwas verlängert, abgestutzt konisch.

87. *Cosmarium striatum* Boldt.
Boldt, Sibir. Chlor., Taf. 5, Fig. 9.
Long. 18 μ, lat. 15 μ, lat ist. 4 μ, crass. 12 μ.
Rohrwiensee.

88. *Cosmarium Naegelianum* Bréb.
Nägeli, Einz. Alg., Taf. 7 A, Fig. 8.
Long. 18—19 μ, lat. 15—18 μ, lat. ist. 6 μ, crass. 7 μ.
Moore bei Eichereben, am Egelsee; Rohrwiensee.

89. *Cosmarium crenatum* Ralfs.
Ralfs, Brit. Desm., Pl. 15, Fig. 7.
Long. 27—33 μ, lat. 24—26 μ, lat. ist. 9—12 μ, crass. 14—16·5 μ.
Moor am Egelsee.

* forma *A* 1 (crenis lateralibus 3).
Nordstedt, Desm. Spetsbg.. Tab. 6, Fig. 7.
Long. 30 μ, lat. 22·5 μ, lat. ist. 10·5, crass. 12 μ.
Moorige Wiesen bei Schörfling.

* forma *A* 2 (crenis lateralibus 2).
Nordstedt, Desm. Spetsbg., Tab. 6, Fig. 8.
Moorige Wiesen bei Schörfling.

90. *Cosmarium Blyttii* Wille.
* * forma *tristriatum* n. form. (Taf. VIII, Fig. 5). — *Semicellulae lateribus 3 crenatis, vertice levissime 4 crenato. Membrana cellularum marginem versus serie una granulorum ornata, medio verrucis striaeformibus 3, supra isthmum grandis 3 notata.*
Long. 16·5—20 μ, lat. 14·5—15·5 μ, lat. ist. 6 μ, crass. 9·5 μ, lat. vert. 8 μ.
Moor am Egelsee.

Die marginalen Wärzchen sind nur einreihig, nach Zahl und Stellung den Randausbuchtungen entsprechend; ebenso weicht die Zeichnung des Mittelfeldes vom Typus ab.

* subspec. *Hoffii* Börgesen.
* * forma *quadrinotatum* n. form. (Taf. VIII, Fig. 6). — *Fere tam longum quam latum, lateribus 3 crenatis crenis rotundatis, vertice 4 crenato, crenis obtusis, externis submarginatis. Granula marginalia 10 in seria una (crenis respondentes) disposita; medio semicellulae papillis 4 cruciatim positis ornatae.*
Long. 18 μ, lat. 16—18 μ, lat. ist. 7·5 μ, crass. 11·5 μ.
Moorige Wiesen bei Schörfling.

Die Subspecies *Hoffii* Börgesen (Desm. Bornholm, Tab. 6, Fig. 5) unterscheidet sich durch etwas grössere Länge und die abweichende Zeichnung des Mittelfeldes.

91. **Cosmarium Moerlianum* n. sp. (Taf. VIII, Fig. 7). — *Parvum, tertia parte longius quam latum, medio profunde constrictum sinu lineari angustissimo. Semicellulae subtrilobae basi recta, lateribus supra basin rotundatis et levissime biundulatis, infra verticem sinuato-retusis, vertice protracto fere plano, angulis inferioribus et superioribus breviter rotundatis, inferioribus dente parvo obtuso munitis. A latere visae semicellulae obtuso-ovatae infra verticem utrinque granulo notatae, a vertice visae ellipticae polis acutiusculis, medio utrinque vix tumidae. Membrana subtiliter punctata et granulis binis infra verticem, binis in utroque latere, ternis in tumore suprabasali ornata. Nuclei amylacei singuli.*

Long. 27·5—29 μ, lat. 19·5—22·5 μ, lat. ist. 6—7·5 μ, crass. 13 μ, lat. vert. 11—13 μ.

Moor am Egelsee.

Der Form nach hat diese Species Aehnlichkeit mit dem *Cosmarium trilobulatum* Reinsch (Spec. gen. nov. ex alg. et fung. class., Tab. 22 [4] A, Fig. 2) und dem *Cosmarium Hammeri* Reinsch (ibid., Tab. 22 [4] B, Fig. 1). Sie unterscheidet sich von beiden durch die welligen Seiten, die eiförmige Seitenansicht der Zellhälften, die elliptische Scheitelansicht mit zugeschärften Polen und leichter Mittelanschwellung, ferner durch die Zähne der unteren Ecken und die punktirte, mit Wärzchen versehene Zellhaut. Das *Cosmarium retusum* (Perty) Rabh. (Lundell, Desm. Suec., Tab. 3, Fig. 3) und dessen var. *ragans* Nordst. (Alg. mus. Lugd. Bat., Tab. 1, Fig. 5) besitzen zwar ebenfalls Warzen, doch ist deren Zahl und Vertheilung eine andere, auch lassen sich diese Arten durch die übrigen oben angegebenen Merkmale leicht unterscheiden. Das *Cosmarium retusiforme* Gutwinski (= *Cosmarium Hammeri* var. *retusiforme* Wille, Norg. Ferskvalg., Tab. 1, Fig. 16) und seine var. *incrassatum* Gutw. (Flora glonów okolic Lwowa, Tab. 2, Fig. 13) weichen durch die über der Basis gerade aufsteigenden (nicht undulirten) Seiten, die Scheitelansicht und durch das Fehlen der Warzen, sowie der Zähne an den unteren Ecken von der beschriebenen Species ab. Bei der letzteren sind diese Zähne an den Ecken und die beiden Warzen unterhalb des Scheitels constant vorhanden, die anderen Warzen meist schwer erkennbar und mitunter ganz fehlend.

92. **Cosmarium speciosum* Lund.

Lundell, Desm. Suec., Tab. 3, Fig. 5.

Long. 38—66 μ, lat. 23—29 μ, lat. ist. 12—16 μ.

Burggraben; moorige Wiesen bei Schörfling.

* var. *biforme* Nordst. — *Nuclei amylacei bini.*

Nordstedt, Desm. Spetsberg., Tab. 6, Fig. 11.

Long. 72 μ, lat. 51 μ, lat. ist. 24 μ.

Moor bei Eichereben.

Stimmt in Grösse, Gestalt und Zeichnung auf das Genaueste mit Nordstedt's Beschreibung und Abbildung überein. Alle Exemplare, die ich im frischen Zustand untersuchte, zeigten in jeder Zellhälfte zwei Pyrenoide. Nordstedt, der seine Bestimmung nach conservirtem Material machte, gibt über die Zahl der Pyrenoide nichts an.

93. *Cosmarium dorrense* Nordst.

Raciborski, Desm. nov., Tab. 5, Fig. 38. — Wittr.-Nordst., Alg. exsicc., Nr. 255.

Long. 31—37 μ, lat. 20·5—24 μ, lat. ist. 17—19 μ, crass. 20—21·5 μ.

Burggraben.

94. *Cosmarium caelatum* Ralfs.

* var. *spectabile* (De Notar.) Nordst.

Wittr.-Nordst., Desm. Oedog. Ital. Tyrol., p. 40 (sine icone).

Long. 39—46·5 μ, lat. 35—40 μ, lat. ist. 15—16 μ, crass. 21—22 μ.

Moore bei Aschau, Eichereben, am Egelsee.

Da Nordstedt, l. c., nur eine Beschreibung gibt, die Abbildung von De Notaris (Elementi, Tav. 4, Fig. 31) aber als ungenau bezeichnet, so bringe ich hier eine Abbildung nach oberösterreichischen Exemplaren (Taf. VIII, Fig 8).

95. *Cosmarium nasutum* Nordst.

* forma *granulatum* Nordst.

Wille, Alg. Nov. Semlj., Tab. 12, Fig. 30.

Long. 33—36 μ, lat. 26—30 μ, lat. ist. 10 μ, crass. 16·5 μ.

Moor bei Eichereben.

96. *Cosmarium subpunctulatum* Nordst.

* forma *Bornholmense* Börges.

Börgesen, Desm. Bornholm., Tab. 6, Fig. 4.

Long. 30—32 μ, lat. 28 μ, lat. ist. 9 μ, crass. 20 μ.

Rohrwiensee.

97. *Cosmarium Pseudobotrytis* Gay.

Gay, Ess. Conjug., Pl. 1, Fig. 19.

Long. 40·5—43·5 μ, lat. 34·5—37 μ, lat. ist. 12 μ, crass. 21 μ, lat. vert. 15—20 μ.

Teich bei Attersee, Rohrwiensee.

Die Exemplare vom ersteren Standorte hatten in jeder Zellhälfte ein Pyrenoid, die vom Rohrwiensee bei vollkommen gleicher Form, Zeichnung und Grösse je zwei Pyrenoide.

98. *Cosmarium Thwaitesii* Ralfs.

* var. *penioides* Klebs.

Klebs, Desm. Ostpreuss., Taf. 3, Fig. 5.

Long. 54—58 μ, lat. 27—28·5 μ.

Moorige Wiesen bei Schörfling.

Enthält zwei Pyrenoide in jeder Zellhälfte.

99. *Cosmarium quadratum* Ralfs.

Ralfs, Brit. Desm., Pl. 15, Fig. 1.

70*

Long. 54—58 μ, lat. 28—36 μ, lat. ist. 18·5 μ, crass. 24 μ.
Moore bei Aschau, Eichereben, am Egelsee; moorige Wiesen bei
Schörfling.

100. *Cosmarium pyramidatum* Bréb.
** subspec. *abnorme* n. subsp. — *Nuclei amylacei numero rarii, raro singuli vel bini, plerumque terni, quaterni vel quini. Ceterum ut in typo.*
Long. 75—100 μ. lat. 45—61 μ, lat. ist. 18—25 μ, crass. 31—45 μ.
Moore bei Aschau, Eichereben, am Egelsee.

Ueber diese sehr interessante Abweichung des Baues der Chlorophoren vom Gattungstypus werde ich in einer besonderen Abhandlung ausführlicher berichten. Hier sei nur bemerkt, dass es sich um centrale,
nicht parietale Chlorophoren handelt, ferner, dass ich das *Cosmarium
pyramidatum* mit typischem Chlorophyllbau (zwei symmetrisch gestellten
Pyrenoiden in jeder Zellhälfte) im ganzen Gebiete nicht finden konnte,
während die beschriebene Subspecies massenhaft verbreitet ist.

101. *Cosmarium pachydermum* Lund.
Lundell, Desm. Suec., Tab. 2, Fig. 15.
Long. 78—103 μ, lat. 60—75 μ, lat. ist. 30—39 μ.
Moore bei Aschau, Eichereben, am Egelsee; Rohrwiensee.

102. *Cosmarium perforatum* Lund.
Lundell, Desm. Suec., Tab. 2, Fig. 16.
Long. 63—70 μ, lat. 57—61 μ, lat. ist. 31—36 μ, crass. 40 μ.
Moore bei Aschau, Eichereben, am Egelsee.

103. *Cosmarium cymatopleurum* Nordst.
Nordstedt, Desm. Spetsbg., Tab. 6, Fig. 4.
Long. 97 μ, lat. 66 μ, lat. ist. 26 μ, lat. vert. 38 μ.
Moorige Wiesen bei Schörfling.

104. *Cosmarium obsoletum* (Hantzsch) Reinsch.
Reinsch. Spec. gen. nov. ex alg. fung. class., Tab. 22 (3) D, Fig. 1.
Long. 45 μ, lat. 54 μ, lat. ist. 25 μ.
Moor am Egelsee.

105. *Cosmarium margaritiferum* (Turp.) Menegh.
Cooke, Brit. Desm., Pl. 39, Fig. 2. — Delponte, Spec. Desm. subalp.,
Tav. 9, Fig. 5—7.
Long. 39—46 μ, lat. 35—43 μ, lat. ist. 13 μ, crass. 24 μ.
Rohrwiensee.

106. *Cosmarium Botrytis* (Bory) Menegh.
Ralfs, Brit. Desm., Pl. 16, Fig. 1.
Long. 64·5—81 μ, lat. 51—63 μ, lat. ist. 18—23 μ, crass. 39 μ.
Teich bei Attersee, Rohrwiensee.

107. *Cosmarium tetraophthalmum* Kütz. (Bréb.).
Ralfs. Brit. Desm., Pl. 17, Fig. 11.   Delponte, Spec. Desm. subalp.,
Tav. 9, Fig. 1—4.

Long. 92—120 μ, lat. 60—80 μ, lat. ist. 20—30 μ, crass. 42 μ.

Moor am Egelsee; Rohrwiensee.

108. *Cosmarium ochthodes Nordst.

* * forma granulosum n. form. (Taf. VIII, Fig. 9). — *Membrana cellularum verrucis depressis ambitu polygonis, marginem versus quadrangularibus, in series subregulares radiantes et concentricas ordinatis, in medio semicellulae aegre conspicuis dense obtecta. Verrucarum vertex planus, granulis ternis-senis subregulariter dispositis ornatus.*

Long. 56—97 μ, lat. 42—70 μ, lat. ist. 17—25 μ, crass. 39—43·5 μ.

Moore bei Aschau, Eichereben, Gerlham, am Egelsee.

Die Zeichnung der Zellmembran ist bei der österreichischen Form dieser Species complicirter, als Nordstedt angibt. Während Nordstedt die Warzen als kurz cylindrisch, mit abgerundet-abgestutztem Scheitel bezeichnet und ihr Umriss auf der Abbildung (Nordstedt, Desm. aret., Tab. 6, Fig. 3) als ein unregelmässiger erscheint, zeigen die zahlreichen von mir beobachteten österreichischen Exemplare auf dem abgestutzten Scheitel der sehr flachen Warzen secundäre, rundliche, punktförmige Wärzchen. Gegen die Mitte der Zellhälften, wo die Grenzen der primären Prominenzen undeutlich werden, erhält dadurch die Zellhaut ein fein granulirtes Aussehen. Der Umriss der Prominenzen ist nahe den Zellrändern abgerundet-viereckig, mit radial und tangential gestellten Seiten (besonders in Seiten- und Scheitelansicht deutlich), weiter nach innen unregelmässig polygonal, nächst der Mitte, wie oben angegeben, meist undeutlich. Von den secundären Wärzchen entfallen auf die viereckigen Randwarzen je 4 (welche an die Ecken gestellt sind), auf die inneren polygonalen je 3—6. Einzelne Wärzchen sind auch in den Zwischenräumen zwischen den primären Prominenzen unregelmässig vertheilt.

Nach Grösse und Form entspricht das beschriebene *Cosmarium* meist dem typischen *Cosmarium ochthodes* Nordst., einzelne Exemplare stimmen mit der var. *subcirculare* Wille (Norg. Ferskvalg., Tab. 1, Fig. 8), andere mit der var. *obtusatum* Gutwinski (Flora głonów okolič Lwowa, Tab. 2, Fig. 3) überein.

Das *Cosmarium speciosum* Lund. var. *australianum* Nordst. forma Gutw. (l. c., Tab. 1, 2, Fig. 35) dürfte, nach der Abbildung zu urtheilen, eher zum *Cosmarium ochthodes* gehören, als zum *Cosmarium speciosum*.

109. *Cosmarium reniforme (Ralfs) Arch.

Wolle, Desm. Un. Stat., Pl. 14, Fig. 10, 11.

Long. 57—74 μ, lat. 50—62 μ, lat. ist. 16—23 μ.

Rohrwiensee.

110. *Cosmarium conspersum Ralfs.

Ralfs, Brit. Desm., Pl. 16, Fig. 4.

Long. 82—90 μ, lat. 66—69 μ, lat. ist. 24—27 μ.

Moor am Egelsee; Rohrwiensee.

*var. *rotundatum* Wittr.

Wittrock, Skand. Desm., Tab. 16. Fig. 4.

Long. 106—110 μ, lat. 77—80 μ, lat. ist. 33 μ, crass. 55 μ.

Moorwiesen bei Schörfling; Rohrwiensee.

111. *Cosmarium sublatum* Nordst.

Nordstedt, Freshwalg. N. Zeal., p. 45, Pl. 5, Fig. 1—4.

**var. *minus* n. var. — *Differt a typo membrana fuscescente, granulorum seriebus longitudinalibus tantum 12—14, singulis seriebus e granulis plerumque 8 constitutis.*

Long. 66—84 μ, lat. 51—70 μ, lat. ist. 18—30 μ, crass. 32—42 μ.

Moore bei Aschau, am Egelsee.

112. *Cosmarium Raciborskii* Lagerh. (Taf. VIII, Fig. 10). — *Membrana verruculis depressis in series oblique decussatas regulariter dispositis obsita.*

Raciborski, Desm. Krak., Tab. 1, Fig. 7, sub nom. *Cosm. Nordstedtii.*

Long. 44—48 μ, lat. 49—52·5 μ, lat. ist. 21—22 μ, crass. 26·5—28 μ.

Moore bei Aschau, am Egelsee.

Die Masse sind etwas grösser, als die von Raciborski, l. c., angegebenen. Was die „*membrana subtiliter crenulata, crenis densis minimis*" (De Toni, Sylloge, Vol. 1, p. 986) betrifft, so zeigen auch meine Exemplare im frischen Zustande nur den schwach crenulirten Rand. Die Untersuchung leerer Hülsen liess aber erkennen, dass es sich um sehr flach konische Wärzchen handle, welche die ganze Zellhaut in schräge gekreuzten Reihen regelmässig bedecken. Möglicher Weise ist diese Zeichnung bei der kleineren galizischen Form weniger deutlich. Das *Cosmarium Raciborskianum* De Toni (l. c., Vol. 1, p. 975) = *Cosmarium circulare* Racib., non Reinsch, nec Kütz. ist von dem oben besprochenen wohl zu unterscheiden und sollte, um Verwechslungen zu vermeiden, anders benannt werden.

113. *Cosmarium cyclicum* Lund.

Lundell, Desm. Suec., Tab. 3, Fig. 6.

Long. 49—52 μ, lat. 51—57 μ, lat. ist. 18·5—19·5 μ, crass. 25 μ.

Moore bei Eichereben, Gerlham, am Egelsee.

114. *Cosmarium praemorsum* Bréb.

* forma *germanicum* Racib.

Raciborski, Desm. nov., Tab. 5, Fig. 39.

Long. 49·5—57 μ, lat. 43·5—48 μ, lat. ist. 15 μ, crass. 33·5—34·5 μ.

Moore bei Eichereben, am Egelsee.

115. *Cosmarium amoenum* Bréb.

Ralfs, Brit. Desm., Pl. 17, Fig. 3.

Long. 48—50 μ, lat. 24—28 μ, lat. ist. 14·5—17 μ, crass. 22 μ.

Moore bei Eichereben, am Egelsee.

116. *Cosmarium Portianum* Arch.

Archer, Micr. Journ., Vol. 8, Pl. 11, Fig. 8—9. — Cooke, Brit. Desm., Pl. 39, Fig. 3.

Long. 30—36 μ, lat. 19—26 μ, lat. ist. 9—10 μ, crass. 18·5—21 μ.

Moore bei Aschau, am Egelsee; Rohrwiensee.

Nach Grösse und Gestalt zwischen der typischen Form und der var. *nephroideum* Wittr. stehend.

117. *Cosmarium binum* Nordst.

　* forma Racib.

　　Raciborski, Desm. nov., Tab. 5, Fig. 25.

　　Long. 56 μ, lat. 43·5 μ, lat. ist. 15·5 μ.

　　Moor am Egelsee.

118. *Arthrodesmus Incus* (Bréb.) Hass.

　　Cooke, Brit. Desm., Pl. 47, Fig. 4 f, g.

　　Long. 19 μ; lat. sine acul. 21—22 μ, cum acul. 24—27; lat. ist. 7·5—8·5 μ, crass. 11 μ, long. acul. 2—4 μ.

　　Moor am Egelsee.

　* var. *intermedius* Wittr.

　　Wittrock, Skand. Desm., Fig. 6.

　　Long. 12 μ; lat. sine acul. 12 μ, cum acul. 15 μ; lat. ist. 7·5 μ, crass. 7·5 μ, long. acul. 2 μ.

　　Moor bei Aschau.

119. *Arthrodesmus convergens* Ehrbg.

　　Ralfs, Brit. Desm., Pl. 20, Fig. 3.

　　Long. 36—54 μ; lat. sine acul. 38—62 μ, cum acul. 60—84 μ; lat. ist. 10—16 μ, crass. 23 μ, long. acul. 14 μ.

　　Moore bei Aschau, am Egelsee.

　　Einzelne Exemplare mit zwei hintereinander (Frontalansicht) gestellten Pyrenoiden in jeder Zellhälfte.

120. *Euastrum binale* (Turp.) Ralfs.

　　Ralfs, Brit. Desm., Pl. 14, Fig. 8 a—e.

　　Long. 15·5—20·5 μ, lat. 12—15 μ, lat. ist. 3—4 μ, crass. 8·5 μ.

　　Moore bei Eichereben, am Egelsee.

　* forma *angulis superioribus rotundatis* Gay.

　　Gay, Essai Conjug., Pl. 1, Fig. 8.

　　Long. 24—25 μ, lat. 15·5—18 μ, lat. ist. 5 μ, crass. 12 μ.

　　Moor bei Aschau.

　* var. *elobatum* Lund.

　　Lundell, Desm. Suec., Tab. 2, Fig. 7.

　　Long. 21 μ, lat. 15·5 μ, lat. ist. 5 μ, lat. vert. 12 μ.

　　Moor am Egelsee.

　* var. *obtusiusculum* Schaarschm.

　　Schaarschmidt, Tanulm. Magyar. Desm., Fig. 3.

　　Long. 25—26 μ, lat. 17—18·5 μ, lat. ist. 5—6 μ.

　　Moor am Egelsee.

　* * var. *elongatum* n. var. (Taf. VIII, Fig. 11). — *Parvum, tertia parte longius quam latum, profunde constrictum sinu lineari angustissimo. Semi-*

cellulae subtrilobae basi recta, lateribus supra basin paullum convergentibus et lerissime biundulatis, infra verticem sinuato-retusis, vertice retuso, angulis inferioribus et superioribus rectis. A latere et a vertice risae semicellulae ovatae medio utrinque tumidulae. Membrana levis.

Long. 27 μ, lat. 18—19 μ, lat. ist. 7 μ, crass. 13 μ, lat. vert. 12 μ.

Moore bei Eichereben, am Egelsee.

Die Mittelanschwellung zeigt häufig mitten eine nabelartige Depression.

Diese Varietät steht einerseits dem *Euastrum binale* var. *insulare* Wittrock (Gothl. Sötvalg., Tab. 4, Fig. 7), andererseits dem *Euastrum pyramidatum* West. (Freshwalg. W. Irland, Pl. 20, Fig. 13) nahe. Das erstere unterscheidet sich durch die zunächst gerade aufsteigenden, dann fast rechtwinkelig eingeknickten Seiten, den breiteren und kürzeren Scheitellappen und die abweichende Scheitelansicht; das *Euastrum pyramidatum* besitzt fast gerade Seiten.

121. *Euastrum oblongum* (Grev.) Ralfs.
    * var. *oblongiforme* (Cram.) Rabh.
    * forma *serobiculatum* Lagerh.(?).
    Wittr.-Nordst., Alg. exsicc., Nr. 809.
    Long. 150—170 μ, lat. 54—90 μ, lat. ist. 22—28 μ, crass. 52—56 μ.
    Moore bei Aschau, Eichereben, am Egelsee.

122. *Euastrum humerosum* Ralfs.
    Wittr.-Nordst., Alg. exsicc., Nr. 162.
    Long. 114—160 μ, lat. 66—72 μ, lat. ist. 21—23 μ, lat. lob. pol. 27—36 μ.
    Moore bei Aschau, am Egelsee.

    Stimmt mit den citirten Exsiccaten vollkommen überein, doch vermag ich zwischen diesen und den unter Nr. 812 desselben Exsiccatenwerkes ausgegebenen Exemplaren keinen Unterschied herauszufinden. Die letzteren sind aber als *Euastrum Didelta* (Turp.) Ralfs var. *tatricum* Racib. bezeichnet.

123. *Euastrum ansatum* Ralfs.
    Delponte, Spec. Desm. subalp., Tav. 6, Fig. 31.
    Long. 97—106 μ, lat. 45—51 μ, lat. ist. 15 μ, lat. vert. 20—21 μ.
    Moore bei Eichereben, am Egelsee.

    Entspricht im Umriss genau der citirten Abbildung. In jeder Zellhälfte über der Basis drei, darüber zwei schwache Anschwellungen; Zellhaut punktirt, Punkte nicht in Reihen.

    * var. *sublobatum* Delp.
    Delponte. Spec. Desm. subalp., Tav. 6, Fig. 35.
    Long. 73—88 μ, lat. 36—40 μ, lat. ist. 12—13·5 μ, crass. 27—29 μ, lat. vert. 18·5—19·5 μ.
    Moor am Egelsee.

Zahl und Anordnung der Tumoren wie bei der vorigen Form. Punkte der Zellhaut ebenfalls nicht in Reihen.

Uebergänge zwischen beiden Formen, welche sich durch Gestalt und Grösse ziemlich auffallend unterscheiden, konnte ich nicht sehen, obwohl im Egelseemoor beide vermischt vorkommen.

124. *Euastrum sinuosum* Lenorm.

* var. *Jenneri* Arch.

* forma *polonicum* Racib.

Raciborski, Desm. nov., Tab. 6, Fig. 9.

Long. 64—77 μ, lat. 39—45 μ, lat. ist. 11—13 μ, crass. 26 μ, lat. lob. pol. 19—21 μ.

Moore bei Eichereben, am Egelsee.

125. *Euastrum elegans* (Bréb.) Kütz.

Ralfs, Brit. Desm., Pl. 14, Fig. 7.

Long. 47—53 μ, lat. 30—32·5 μ, lat. ist. 9—10 μ, crass. 21 μ, lat. lob. pol. 20—22 μ.

Moor am Egelsee.

* var. *speciosum* Boldt. Desm. Grönl., Taf. 1, Fig. 10.

* * forma *scrobiculatum* n. form. (Taf. VIII. Fig. 12). — *Membrana cellularum in tumore suprabasali granulis 3 oblongis, supra tumorem 2 scrobiculis ornata.*

Long. 45—48 μ, lat. 28·5—30 μ. lat. ist. 9 μ, crass. 20—21 μ, lat. lob. pol. 18—21 μ.

Moor bei Eichereben; moorige Wiesen bei Schörfling.

An ersterem Fundorte sah ich auch einige Exemplare, welche zwei symmetrisch nebeneinander gestellte Pyrenoide in jeder Zellhälfte enthielten.

126. * * *Euastrum bilobum* n. sp. (Taf. IX, Fig. 13). — *Mediocre, oblongum, duplo longius quam latum, medio profunde constrictum sinu lineari angustissimo. Semicellulae e fronte visae semiellipticae basi recta, lateribus paullum convergentibus, levissime undulatis, prope basin leniter retusis, vertice rotundato, incisura polari profundissima in 2 lobos polares fisso, angulis inferioribus obtusiusculis, superioribus late rotundatis. Lobi polares oblongi vertice rotundato, convergentes, medio contigui. E latere semicellulae subcylindricae vertice rotundato, lateribus supra basin utrinque tumidis, e vertice conspectae compresso-ellipticae medio utrinque tumore instructae. Membrana achroa levissima. Nuclei amylacei singuli.*

Long. 40—46·5 μ, lat. 20—24 μ, lat. ist. 6·5—7·5 μ, crass. 10—13 μ, long. lob. pol. 10—12 μ, lat. lob. pol. 10 μ.

Moor am Egelsee.

Durch die tiefe Längsspalte, welche vom Scheitel bis zur Mitte der Zellhälften reicht, werden zwei mächtige Scheitellappen gebildet, die sich gegen einander neigen, aber nur weiter oben berühren, da die Scheitelspalte in ihrem innersten Theile etwas erweitert ist. Ausserdem wird durch die leichte Einknickung der Seiten jederseits ein Basallappen angedeutet, der aber im Verhältniss zu den Scheitellappen höchst unbedeutend ist. Das Chlorophor bildet eine frontal gelagerte Platte im Zellinneren, von welcher vier Nebenlamellen, je zwei nach vorwärts und rückwärts, gegen die Zellwand abgehen. Das Pyrenoid steht central knapp unterhalb des Endes der Scheitelspalte.

Die Form dieses *Euastrum* ist eine so auffallende und charakteristische, dass ich kein Bedenken trage, dasselbe als eine besondere Species anzusehen, obwohl ich nur wenige Exemplare beobachten konnte.[1] Soweit mir die Literatur bekannt, scheinen hieher zu gehören das *Euastrum inerme* Ralfs var. *cracoviense* Racib. (Desm. okol. Krak., Tab. 1, Fig. 13) und das *Euastrum elegans* (Bréb.) Kütz. var. *inerme* Ralfs in De Notaris, Elementi, Tav. 3, Fig. 17. Wenn auch diese beiden Formen nur flüchtig beschrieben sind und kleinere Unterschiede von der oberösterreichischen zeigen, so passen sie doch jedenfalls viel besser hieher, als zum *Euastrum elegans* oder *Euastrum inerme*.

127. * *Micrasterias oscitans* Ralfs.
   *var. *pinnatifida* (Kütz.) Rabh.
   Ralfs, Brit. Desm., Pl. 10, Fig. 3.
   Long. 59—64 μ, lat. 62—72 μ, lat. ist. 12—18 μ, lat. lob. pol. 42—48 μ.
   Moore bei Aschau, am Egelsee.

128. *Micrasterias crux Melitensis* (Ehrbg.) Ralfs.
   Ralfs, Brit. Desm., Pl. 9, Fig. 3.
   Long. 114—126 μ, lat. 102—118 μ, lat. ist. 16—18 5 μ.
   Moore bei Aschau, Eichereben, Gerlham, am Egelsee; Rohrwiensee.

129. *Micrasteria truncata* (Corda) Bréb.
   Ralfs, Brit. Desm., Pl. 10, Fig. 4 a, b, Fig. 5 b.
   Long. 87—101 μ, lat. 78—102 μ, lat. ist. 18—24 μ, lat. lob. pol. 65—81 μ, crass. 36—50 μ.
   Moore bei Aschau, Eichereben, am Egelsee; moorige Wiesen bei Schörfling.

130. *Micrasterias rotata* (Grev.) Ralfs.
   Ralfs, Brit. Desm., Pl. 8, Fig. 1.
   Long. 210—267 μ, lat. 194—240 μ, lat. ist. 33—43 μ, lat. lob. pol. 50 μ.
   Moore bei Eichereben, am Egelsee.

131. * *Micrasterias denticulata* (Bréb.) Ralfs.
   Ralfs, Brit. Desm., Pl. 7, Fig. 1.
   Long. 226·5—249 μ, lat. 177—198·5 μ, lat. ist. 34—36 μ, lat. lob. pol. 61—65 μ.
   Moore bei Aschau, Eichereben, am Egelsee.

---

[1] Seither habe ich dieselbe Species bei Millstatt in Kärnten, ebenfalls sehr spärlich, wiedergefunden. Die Exemplare stimmen mit den oberösterreichischen vollkommen überein.

132. *Micrasterias papillifera* Bréb.
    Ralfs, Brit. Desm., Pl. 9, Fig. 1.
    Long. 118—138 μ, lat. 108—120 μ, lat. ist. 18—22 μ, lat. lob. pol. 40
    ad 44 μ.
    Moore bei Aschau, Eichereben, am Egelsee.
133. *Staurastrum dejectum* Bréb.
    Ralfs, Brit. Desm., Pl. 20, Fig. 5 a.
    Long. 24—26·5 μ, lat. 21—25 μ, lat. ist. 6 μ.
    Moore bei Eichereben, am Egelsee; Rohrwiensee.
134. *Staurastrum Dickiei* Ralfs.
    Ralfs, Brit. Desm., Pl. 21, Fig. 3.
    Long. 27—31 μ; lat. sine acul. 25—29 μ, cum acul. 31—35 μ; lat. ist.
    8—9 μ, long. acul. 3—6 μ.
    Moor am Egelsee.
135. *Staurastrum brevispina* Bréb.
    Ralfs, Brit. Desm., Pl. 34, Fig. 7.
    Long. 27—39 μ, lat. 27—35 μ, lat. ist. 8—10·5 μ.
    Moor am Egelsee.
136. *Staurastrum O Mearii* Arch.
    Cooke, Brit. Desm., Pl. 50, Fig. 1.
    Long. 18—22 μ; lat. sin. acul. 16—20 μ, cum acul. 21—28 μ; lat. ist.
    8—9·5 μ, long. acul. 3—4 μ.
    Moore bei Aschau, am Egelsee.
137. *Staurastrum cristatum* (Näg.) Arch.
    Nägeli, Einz. Alg., Taf. 8 C, Fig. 1.
    Long. 36—45 μ, lat. 30—45 μ, lat. ist. 16·5—24 μ.
    Moore bei Aschau, Eichereben, Gerlham, am Egelsee; Eisteich bei
    Attersee.
138. *Staurastrum furcatum* (Ehrbg.) Bréb.
    Ehrenberg, Infus., Taf. 10, Fig. 25.
    Long. sine acul. 22—29 μ, cum acul. 31—39 μ; lat. sine acul. 23·5 ad
    26 μ, cum acul. 28·5—37 μ; lat. ist. 8 - 9 μ.
    Moor am Egelsee.
    forma *spinosum* (Ralfs) Wittr. (?).
    Ralfs, Brit. Desm., Pl. 22, Fig. 8. — Wittr.-Nordst., Alg. exsicc., Nr. 165.
    Long. 26—29 μ; lat. sine spin. 21—27 μ, cum spin. 26—29 μ; lat. ist.
    8—10 μ.
    Moore bei Aschau, am Egelsee.
139. *Staurastrum Simonyi* Heimerl.
    Heimerl, Desm. alp., Taf. 5, Fig. 33.
    **var. *gracile* n. var. (Taf. IX, Fig. 14). — Semicellulae e fronte trans-
    verse lanceolatae angulis acutis, e vertice trigonae lateribus medio
    paullum retusis. Membrana angulos versus seriebus binis granu-
    lorum acutorum ornata.*

71*

Long. sine spin. 18—21 μ, cum spin. 20—25 μ; lat. sine spin. 18—20 μ, cum spin. 21—24; lat. ist. 6—8 μ.

Moore bei Aschau, am Egelsee.

Zierlicher als die typische Form, von welcher sich diese Varietät in Frontalansicht durch die spitzen (nicht abgestutzten) Ecken unterscheidet. Die letzteren tragen je zwei übereinander stehende, an der Basis sehr genäherte, nach aussen stark divergirende Stacheln. Als verwandt ist das *Staurastrum Kanitzii* Schaarschmidt (Tanulm. Magyar. Desm., Fig. 16) anzusehen.

140. *Staurastrum pilosum* (Näg.) Arch.

Cleve, Sverig. Sötvalg., Tab. 4, Fig. 3. — Delponte, Desm. subalp., Tav. 11, Fig. 29—30.

Long. sine spin. 36—39 μ, lat. sine spin. 33—39 μ, lat. ist. 12—14 μ, long. spin. 2—3 μ.

Moore bei Aschau, Eichereben, am Egelsee; moorige Wiesen bei Schörfling.

141. *Staurastrum teliferum* Ralfs.

Ralfs, Brit. Desm., Pl. 22, Fig. 4.

Long. sine spin. 33—36 μ, cum spin. 40—43 μ; lat. sine spin. 28—36 μ, cum spin. 36—39 μ; lat. ist. 10·5—12 μ, long. spin. ad 5 μ.

Moore bei Aschau, am Egelsee.

142. *Staurastrum scabrum* Bréb.

Ralfs. Brit. Desm., Pl. 35, Fig. 20. — Rabenhorst, Alg., Nr. 2067.

Long. 27—30 μ, lat. 25·5—28 μ, lat. ist. 10 μ.

Moore bei Aschau, am Egelsee.

Die Zellhälften erscheinen in Frontalansicht meist trapezförmig, was aus der Figur von Ralfs nicht hervorgeht, aber an den Rabenhorst'schen Exsiccaten gut zu sehen ist.

Meist die dreieckige, selten die viereckige Form gefunden.

143. *Staurastrum senticosum* Delp.

Delponte, Spec. Desm. subalp., Tav. 10, Fig. 38—39.

Long. sine acul. 66—72 μ, cum acul. 75—84 μ; lat. sine acul. 52—62 μ, cum acul. 68—77·5 μ; lat. ist. 23—25 μ, long. acul. 10 μ.

Moor am Egelsee.

Die Zellhälften sind weniger niedergedrückt, als in der Abbildung von Delponte, die Ecken in Scheitelansicht weiter abgerundet.

144. *Staurastrum spongiosum* Bréb.

    * var. *Griffithsianum* (Näg.) Lagerh.

Nägeli, Einz. Alg., Taf. 8 C, Fig. 2.

Long. sine acul. 42 μ, cum acul. 50 μ; lat. sine acul. 37 μ, cum acul. 46·5 μ; lat. ist. 18·5 μ.

Moore bei Aschau, Eichereben, am Egelsee.

Die dreieckige und viereckige Form vermischt.

* var. *perbifidum* West.

West, Freshwalg. W. Irland, Pl. 23, Fig. 3.

Long. sine acul. 39—43 μ, cum acul. 51—57 μ; lat. sine acul. 30—32 μ, cum acul. 42—46 μ; lat. ist. 12—16 μ, long. process. c. spin. 9 μ.

Moor bei Aschau.

Die dreieckige und viereckige Form vorhanden.

Da die oberösterreichischen Exemplare durch die grössere Länge der stacheligen Fortsätze abweichen, so bringe ich hier (Taf. IX, Fig. 15) eine Abbildung derselben.

145. *Staurastrum muticum* Bréb.

Ralfs, Brit. Desm., Pl. 21, Fig. 4.

Long. 26—43·5 μ, lat. 24—37·5 μ, lat. ist. 8—12 μ.

Moor am Egelsee.

* var. *depressum* (Näg.) Boldt.

Nägeli, Einz. Alg., Taf. 8 A, Fig. 1.

Long. = lat. 28·5 μ, lat. ist. 10·5 μ.

Rohrwiensee.

146. * *Staurastrum orbiculare* (Ehrbg.) Ralfs.

Ralfs, Brit. Desm., Pl. 21, Fig. 5.

Long. 24—27 μ, lat. 20·5—25 μ, lat. ist. 6·5 μ.

Moore bei Aschau, am Egelsee.

* var. *extensum* Nordst.

Nordstedt, Sydl. Norg. Desm., Fig. 10.

Long. 45 μ, lat. 33 μ, lat. ist. 12 μ.

Moor bei Eichereben.

Die Zellhälften sind von der Basis gegen den Scheitel mehr verjüngt, als das in der Figur von Nordstedt der Fall ist.

147. * *Staurastrum pygmaeum* Bréb.

Wittrock, Gothl. Sötvalg., Tab. 4, Fig. 10.

Long. 27—36 μ, lat. 24—33 μ, lat. ist. 14·5—16·5 μ.

Moore bei Eichereben, am Egelsee; moorige Wiesen bei Schörfling.

* var. *subglabrum* Boldt.

Boldt, Sibir. Chlor., Taf. 5, Fig. 20.

Long. 25—27·5 μ, lat. 22—27 μ, lat. ist. 12 μ.

Moor am Egelsee.

148. * *Staurastrum inconspicuum* Nordst.

Nordstedt, Sydl. Norg. Desm., Fig. 11.

Long. c. process. 12·5—16 μ, lat. c. process. 15·5—17 μ, lat. ist. 7 μ.

Moor am Egelsee.

* var. *abbreviatum* Racib.

Raciborski, Desm. Polon., Tab. 12, Fig. 9.

Long. = lat. 12 μ, lat. ist. 6 μ.

Moor bei Eichereben.
Nur die dreieckige Form mit alternirenden Ecken gesehen.
149. *Staurastrum muricatum* Bréb.
    Nordstedt, Desm. Bornholm., Tab. 6, Fig. 19—22.
    Long. 43·5—45 μ, lat. 36—37·5 μ. lat. ist. 14—15 μ.
    Moor am Egelsee.
    An zahlreichen Exemplaren ist der grösste Theil der Stacheln rudimentär, zu kleinen rundlichen Wärzchen reducirt.
150. *Staurastrum punctulatum* Bréb.
    Ralfs, Brit. Desm., Pl. 22, Fig. 1.
    Long. 32—40·5 μ, lat. 28—36·5 μ, lat. ist. 10·5—16 μ.
    Eisteich bei Attersee.
151. *Staurastrum amoenum* Hilse.
    * subspec. *acanthophorum* Nordst.
    Wittr.-Nordst., Desm. Oedog. Ital. Tyrol., Tab. 13, Fig. 9.
    Long. 32—39 μ, lat. 21—26 μ, lat. ist. 12·5—18·5 μ.
    Moore bei Aschau, Eichereben, am Egelsee.
152. *Staurastrum pileolatum* Bréb.
    Ralfs, Brit. Desm., Pl. 35, Fig. 22.
    * * var. *cristatum* n. var. (Taf. IX, Fig. 16). — *Duplo longius quam latum, cylindricum, medio leniter constrictum sinu amplo rotundato. Semicellulae e fronte quadratae, ad basin jugis longitudinalibus (modo Staurastri rhabdophori Nordst.) ornatae, lateribus rectis, vertice retuso, angulis inferioribus rectis, superioribus in processus crassos rotundato-conicos productis. E vertice semicellulae triangulares lateribus convexis, angulis rotundatis, e basi circulares, margine crenato-verrucosae, verrucis 18. Membrana in processibus apicalibus scriebus 4 transversis granulorum, in medio semicellulae (e fronte visae) granulo majore singulo ornata.*

    Long. 35·5—39 μ, lat. max. 20 μ, lat. ist. 15—16 μ.
    Moor bei Eichereben.

    Von der typischen Form des *Staurastrum pileolatum* Bréb. unterscheidet sich diese Varietät durch die weitere, innen abgerundete Mitteleinschnürung, die an der Basis nicht angeschwollenen, aber mit einem Kranze kurzer, scharf vortretender Längsleisten versehenen Zellhälften, die kürzeren und stumpferen, schräg nach oben und aussen gerichteten Eckfortsätze, welche nur mit vier (nicht wie bei der typischen Form mit acht) Querreihen von Wärzchen verziert sind. Diese letzteren bilden in der Scheitelansicht bogenförmig längs der Ecken (nicht wie bei der typischen Form längs der Seiten) verlaufende Reihen. Eine Eigenthümlichkeit der Varietät bilden auch die grösseren rundlichen Warzen, welche in der Frontalansicht die Mitte der Zellhälften bezeichnen und mit den oberen Ecken alterniren.

Das von Börgesen in Desm. Brasil., p. 950, Tab. 4, Fig. 44, beschriebene *Staurastrum amoenum* Hilse var. *brasiliense* Börges. scheint mir viel besser zum *Staurastrum pileolatum* Bréb. zu passen, als zum *Staurastrum amoenum*. Es steht zwischen der typischen Form des ersteren und der oben beschriebenen Varietät in der Mitte. Eine der brasilianischen sehr ähnliche Form wurde auch von West in Freshwalg. W. Irland, Pl. 23, Fig. 9, abgebildet. Ich würde dieselbe gleichfalls zum *Staurastrum pileolatum* einbeziehen.

153. **Staurastrum alternans* Bréb.
  Delponte, Spec. Desm. subalp., Tav. 11, Fig. 39—40.
  Long. 22—26 μ, lat. 22—27 μ, lat. ist. 9·5 μ.
  Moor am Egelsee; Rohrwiensee.

154. *Staurastrum dilatatum* Ehrbg.
  Ralfs, Brit. Desm., Pl. 21, Fig. 8.
  Long. 22—24 μ, lat. = long., lat. ist. 10—13 μ.
  Moor am Egelsee.

155. **Staurastrum papillosum* Kirchn.
  Boldt, Sibir. Chlor., Taf. 5, Fig. 23.
  Long. 33 μ, lat. 36 μ, lat. ist. 12 μ.
  Rohrwiensee.

156. **Staurastrum Hantzschii* Reinsch.
  * var. *depauperatum* Gutw.
  Gutwinski, Flora głonów okolić Lwowa, Tab. 3, Fig. 23.
  Long. sine process. 37—39 μ, cum process. 46·5—51 μ; lat. sine process. 27·5—30 μ, cum process. 37·5—42 μ; lat. ist. 15·5 μ. long. process. 7·5 μ.
  Moore bei Aschau, am Egelsee.

157. *Staurastrum polymorphum* Bréb.
  Ralfs, Brit. Desm., Pl. 22, Fig. 9 b, d, h, i, k. — Delponte, Spec. Desm. subalp., Tav. 11, Fig. 58—60. — Wittr.-Nordst., Alg. exsicc., Nr. 71.
  Long. 24—42 μ, lat. 21—54 μ, lat. ist. 6·5—10·5 μ.
  Moore bei Aschau, am Egelsee; moorige Wiesen bei Schörfling; Teich bei Attersee.
  Gefunden wurde die 3—4—5eckige, am Egelsee auch die dreieckige alternirende Form.
  * var. *subgracile* Wittr.
  Wittrock, Gothl. Sötvalg., p. 51 (sine icone).
  Long. 22·5—25 μ, lat. 30—36 μ, lat. ist. 8 μ.
  Rohrwiensee; moorige Wiesen bei Schörfling.
  Stets die dreieckige alternirende Form.

158. *Staurastrum gracile* Ralfs.
  * var. *coronulatum* Boldt.
  Boldt, Sibir. Chlor., Taf. 5, Fig. 28.

Long. 24 μ, lat. 33 μ, lat. ist. 11 μ.

Rohrwiensee.

Ist im Ganzen kleiner als die sibirische Form, mehr niedergedrückt und dreieckig.

159. *Staurastrum paradoxum Meyen.

* forma minutissimum Heim.

Heimerl, Desm. alp., S. 21 (607).

Long. sine process. 9·5 μ, cum process. 18·5 μ; lat. cum. process. 22 μ, lat. ist. 4 μ, long. process. 11 μ.

Moor am Egelsee.

160. Staurastrum Heimerlianum m. = Staurastrum cruciatum Heimerl, Desm. alp., S. 22 (608), Taf. 5, Fig. 24, non Wolle!

* *var. spinulosum n. var. (Taf. IX, Fig. 17). — Membrana spinulis aequilongis obliquis in series regulares dispositis instructa.

Long. 21—26 μ, lat. 27—33 μ, lat. ist. 9 μ.

Moor am Egelsee.

Während bei der typischen Form nach der Beschreibung des Autors die Zellhaut mit Stacheln von verschiedener Länge versehen ist (in der Abbildung sind nur die grösseren ersichtlich), zeigen bei der Varietät die Stacheln durchwegs gleiche Länge — etwa 2 μ — und sind in der Frontalansicht in acht Längsreihen angeordnet. Der Scheitel ist kahl. Die Länge der Zellen bleibt um ¹/₃—¹/₄ hinter ihrer Breite zurück, während bei der typischen Form Länge und Breite gleich sind.

Meist fand ich die viereckige, selten die dreieckige Form.

Was den von Heimerl gewählten Namen Staurastrum cruciatum betrifft, so muss derselbe geändert werden, da von Wolle (Desm. Un. Stat., p. 142, Pl. 45, Fig. 11—13) bereits früher ein Staurastrum so benannt wurde. Ich schlage für die neuere Species den Namen Staurastrum Heimerlianum vor.

161. *Staurastrum aculeatum (Ehrbg.) Menegh.

Ralfs, Brit. Desm., Pl. 23, Fig. 2.

Long. sine acul. 45 μ, cum acul. 51 μ; lat. sine acul. 46·5 μ, cum acul. 63 μ; lat. ist. 18 μ, long. acul. ad 9 μ.

Moor am Egelsee.

*var. ornatum Nordst.

Nordstedt, Desm. Spetsbg., Tab. 7, Fig. 27.

Long. sine acul. 34·5 μ, cum acul. 37·5 μ; lat. sine acul. 33 μ, cum acul. 38 μ, lat. ist. 15 μ.

Moor am Egelsee.

162. *Staurastrum megalonothum Nordst.

Nordstedt, Desm. arct., Tab. 8, Fig. 38.

* *forma hastatum n. forma (Taf. IX, Fig. 18). — Spinis multo longioribus quam in typo et in forma groenlandica.

Long. sine spin. 42—45 μ, cum spin. 54—57 μ; lat. sine spin. 36—40 μ,
cum spin. 42—50 μ; lat. ist. 15—19 μ, long. process. c. spin.
4—6 μ.

Moor am Egelsee.

Kommt mit drei und vier Ecken vor.

Die von West (Freshwalg. W. Irland, Pl. 23, Fig. 1) abgebildete
Form, welche mit der grönländischen (Nordst., Desm. Grönl., Tab. 7,
Fig. 7, 8) fast vollständig übereinstimmt, ist im Umriss sehr ähnlich, hat
aber spärlichere und viel kürzere Stacheln.

163. *Staurastrum furcigerum* Bréb.

Ralfs, Brit. Desm., Pl. 33, Fig. 12. — Wittr.-Nordst. Alg. exsicc.,
Nr. 163.

Long. sine process. 39—45 μ, cum process. 56—57 μ; lat. sine process.
33—43 μ, cum process. 50—59 μ; lat. ist. 12—18 μ.

Moore bei Aschau, am Egelsee; Rohrwiensee.

Corrigenda.

Durch ein Uebersehen, welches mir erst während des Druckes auffiel,
wurden einige Funde von Loitlesberger (Verhandl. der k. k. zool.-botan. Ges.,
1889) nicht berücksichtigt und es sind daher folgende nachträgliche Correcturen
des Textes erforderlich:

Seite 537, Zeile 5 von oben, richtig 85 statt 79,
„ 538, „ 9 „ „ „ 103 „ 108.
„ 540, Nr. 8 *(Spirotaenia condensata)*, sowie
„ 542, „ 23 *(Closterium Lunula)* entfällt der
vorangesetzte *.

Erklärung der Abbildungen.

a = Zelle oder Zellhälfte in Frontalansicht.
b = „ „ „ „ Seitenansicht.
c = Zellhälfte in Scheitelansicht.
d = „ „ Basalansicht.

Tafel VIII.

Fig. 1. *Sphaerozosma pulchellum* Rabh. var. *austriacum* n. var. (1000 : 1).
„ 2. *Cosmarium umbilicatum* n. sp. (1000 : 1).
„ 3. *Cosmarium difficile* n. sp. (1000 : 1).
„ 4. *Cosmarium difficile* var. *sublece* n. var. (1000 : 1).
„ 5. *Cosmarium Blyttii* Wille forma *tristriatum* n. form. (1000 : 1).
„ 6. *Cosmarium Blyttii* Wille subspec. *Hoffii* Börges. forma *quadrinotatum* n. form. (1000 : 1).
„ 7. *Cosmarium Moerlianum* n. sp. (1000 : 1).
„ 8. *Cosmarium caelatum* Ralfs var. *spectabile* Nordst. (1000 : 1).
„ 9. *Cosmarium ochthodes* Nordst. forma *granulosum* n. form. (500 : 1).
„ 10. *Cosmarium Raciborskii* Lagerh. (630 : 1).
„ 11. *Euastrum binale* Ralfs var. *elongatum* n. var. (1000 : 1).
„ 12. *Euastrum elegans* Kütz. var. *speciosum* Boldt forma *scrobiculatum* n. form. (1000 : 1).

Tafel IX.

Fig. 13. *Euastrum bilobum* n. spec. (1000 : 1).
„ 14. *Staurastrum Simonyi* Heim. var. *gracile* n. var. (1000 : 1).
„ 15. *Staurastrum spongiosum* Bréb. var. *perbifidum* West forma. (680 : 1).
„ 16. *Staurastrum pileolatum* Bréb. var. *cristatum* n. var. (1000 : 1).
„ 17. *Staurastrum Heimerlianum* m. var. *spinulosum* n. var. (1000 : 1).
„ 18. *Staurastrum megalonothum* Nordst. forma *hastatum* n. form. (720 : 1).

Verhandl. d. k. k. zool.-bot. Ges.
Band XLII. 1892.

Joh. Lütkemüller.
Desmidiaceen.

Taf. VIII.

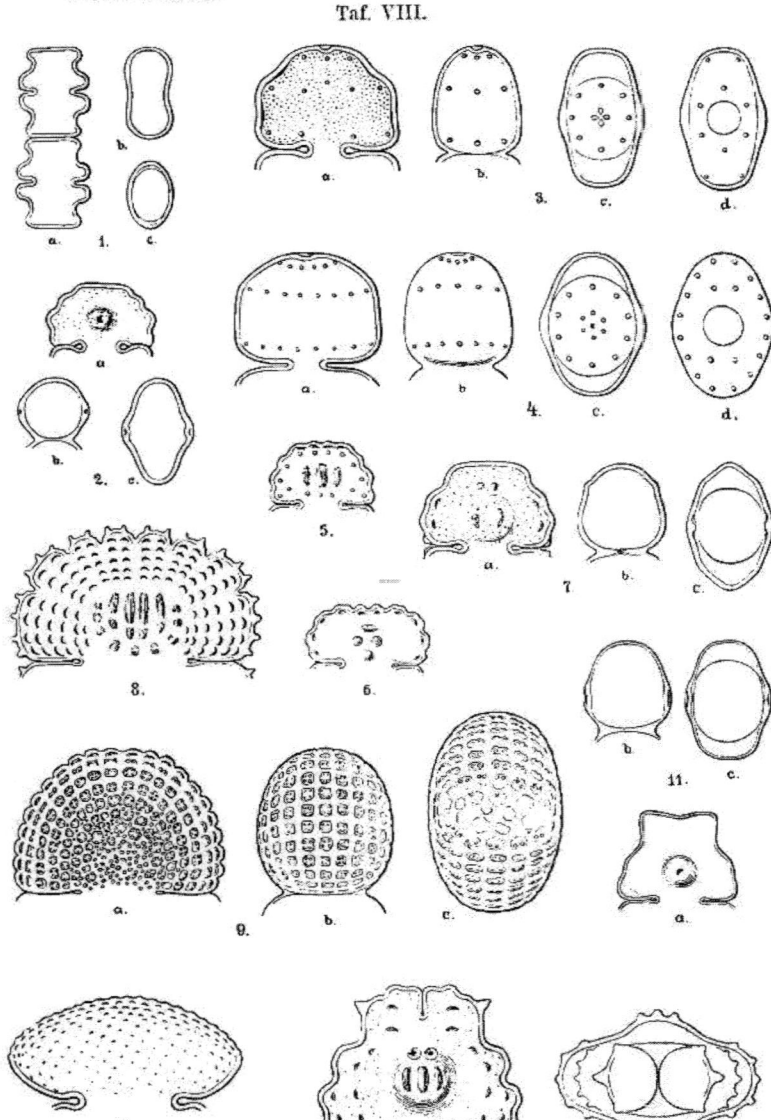

A. Wimmer ad Aut. delin.

Verhandl. d. k. k. zool.-bot. Ges.
Band XLII. 1892.

Joh. Lütkemüller.
Desmidiaceen.

Taf. IX.

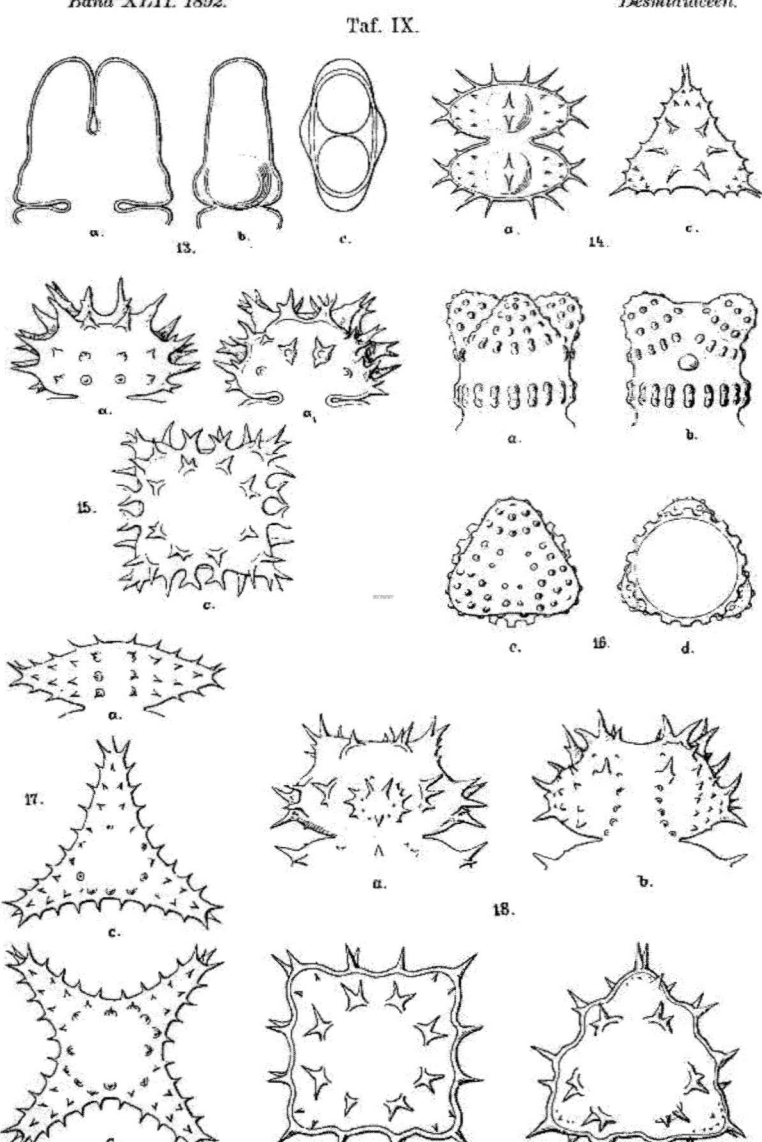

A. Wimmer ad Aut. delin.

Neue Lepidopteren des k. k. naturhistorischen Hofmuseums.

Beschrieben von

A. F. Rogenhofer.

(Mit 6 Figuren im Texte.)

(Vorgelegt in der Versammlung am 2. November 1892.)

_____

1. *Delias Tobahana* m. n. sp.

♀. *Caput, corpus, antennae nigrae, palpi pedesque nigrae, albido pilosae. Alae anticae rotundatae, supra fuliginosae, maculis 7 marginalibus, uno vel duobus ad finem c. medianae albidis, subtus minus obscurae maculis albis; posticae usque fere ad medium fuliginosae fascia lata albida, in angulo anali subflava, margine fuliginoso, subtus area radicis obscure cerasina, nigro terminata; fascia flavida, margine nigro. — Expansio 6 cm.*

Patria: Sumatra, Tobah.

♀. Kopf, Leib und Fühler schwarz, Palpen, Beine und Bauch ebenso, mit weisslicher Behaarung.

Oberseite: Vorderflügel russigschwarz, mit einem weisslichen, berussten rundlichen Flecken im Zellenschlusse, der die Querrippe durchschneidet und manchmal einem zweiten gleichgefärbten Wische in der Gabel der Zelle 5, dessen Spitze an die Subcosta stösst (aber nicht immer vorhanden ist); sieben weissliche, berusste Randwische; der in Zelle 1 rundlich, jener in Zelle 3 der grösste, vom Saume am weitesten entfernt.

Hinterflügel von der Wurzel bis ungefähr $^2/_5$ russigschwarz, ein Viertel der Mittelzelle und der Discus weisslich, das sich vom Vorderrande gegen den gelblichen Afterwinkel zu verbreitert, Rand russigschwarz, keilförmig längs der Rippen einwärts verfliessend, das Weiss in den Zellen schwach berusst.

Unterseite der Vorderflügel gleichmässig russigschwarz, alle Flecken rein weiss, Innenrand wenig heller.

Hinterflügel: Vorderrand fein schwarz, von der Wurzel an, so weit oben das Schwarz reicht, dunkel kirschroth, etwas berusst, namentlich die Adern der Mittelzelle mässig breit begrenzt mit schwarz, das sich längs der Rippen b

72*

und 7 bis in den Saum zieht, die übrige Fläche bis auf den schwarzen, dreieckig nach innen vorspringenden Rand gelblichweiss, der Afterwinkel etwas dunkler gelb. Die Fühler ganz schwarz, mit gelblicher Kolbe, bei *Pyramus* W. weisslich, bei *Aglaja* in der oberen Hälfte aussen weisslich.

Die neue Art steht in Flügelform, Grösse und Zeichnung der Unterseite der Hinterflügel *Delias Crithoë* zunächst, während die Oberseite der Vorderflügel *Delias Aglaja* L. *(Pasithoë)* näher kommt; die hellen Randwische der Oberseite stehen unregelmässig und viel näher dem Saume, der Zellenfleck ist viel kleiner und rundlich. Die Unterseite entbehrt des weissfleckigen Mittelfeldes.

Die Hinterflügel haben eine breit schwarze Wurzel, die bei *Crithoë* bis über die Hälfte des Flügels hell ist. unten reicht das Kirschroth (bei *Crithoë* und *Aglaja* hellroth) fast bis zur Flügelmitte, das Gelb ist saumwärts nicht dunkler wie bei *Crithoë*, im Ganzen stimmt die Unterseite der Hinterflügel vielmehr mit *Delias Pyramus*, die auch dunkles Wurzelroth und gleichmässiges Gelb des Saumfeldes zeigt, die Rippen aber stärker angeraucht hat. — Ausmass 6 cm.

2 ♀ (das eine Stück mit nur einem Fleck in der Mittelzelle etwas kleiner) in der kaiserlichen Sammlung.

Eine Entdeckung des Herrn Dr. B. Hagen, der die Art auf der Hochebene Tobah in ca. 4000′ Höhe auf Sumatra sammelte.

2. *Delias Hageni* m. n. sp.

♂. *Caput, corpus et antennae nigrae, venter albidus, palpi subnigre pilosi.*

Alae anticae supra lacteae, radice infumato, in margine subnigro, 3 maculis subapicalibus albidis; subtus disco pallide sulphureo, costa et margine nigro, flavido sexmaculato.

Alae posticae supra lacteae, radice cana, margine costisque infumatis, subtus fuliginosae, area praecostali sulphurea, maculis parvis marginalibus subflavis. — Expansio 5·2 cm.

Patria: Sumatra, Tobah.

♂. Kopf und Fühler schwarz, die Kolben der letzteren unten weiss, Palpen schwarz, aussen weiss, an der Schneide ziemlich lang schwärzlich behaart, Endglied schwarz, fast nackt, fein spitz. Brust und Leib grau behaart, Beine schwarz, dicht weiss beschuppt. Afterklappen weisslich behaart.

Oberseite: Vorderflügel milchweiss, Costa und der Aussenrand vom Schluss der Zelle an schwärzlich, mit drei weisslichen Spitzenflecken, das Schwarz gegen den Innenrand abnehmend, längs Ader 2 und 3 nach innen verfliessend. Wurzel wenig berusst, Fransen schwarz. Hinterflügel milchweiss, bis zur halben Mittelzelle und längs des Afterwinkels grau und lang behaart, Rand und die Adern nach innen geschwärzt.

Unterseite: Vorderflügel im Mittelfelde schön schwefelgelb, Rand breit berusst, wie oben, mit sechs weisslichgelben keilförmigen Saumflecken, Innenrand weisslich. Adern schwarz, Fransen dunkel.

Hinterflügel russigbraun, mit schwefelgelbem Präcostalfelde, sechs rundlichen schmutziggelben Randflecken. Afterwinkel dicht braungelb behaart, Fransen schwarz. — Ausmass 5·2 cm.

Von Herrn Dr. B. Hagen in der nördlichen Hochebene von Tobah auf Sumatra in den Karsländern im Juni 1891 entdeckt. 1 ♂ in der kaiserlichen Sammlung.

Steht *Delias Nysa* Fabr. nahe, unterscheidet sich aber leicht durch das mehr vorherrschende Schwarz auf der Oberseite, den viel kleineren weissen Randfleck in Zelle 3 der Vorderflügel, den schwarzen Saum und die Fransen der Hinterflügel, unten durch den Mangel der doppelten, viel kleineren und nicht nach auswärts gerichteten Subapicalfleckenreihe, das reine, das Mittelfeld einnehmende Schwefelgelb (bei *Nysa* orange) und die bis zur Wurzel schwarze Costa der Vorderflügel.

Auf den Hinterflügeln sind die ganze Präcostalzelle und die Randflecken schwefelgelb, während bei *Nysa* der schmale Präcostalstreifen und die rundlichen Randflecken orangefarben, letztere deutlich scharf schwarz gerandet (beim ♂) erscheinen. Die Grösse ist bei *Hageni* etwas bedeutender, die Flügelform breiter, die Spitze mehr abgerundet.

P. Momea Boisd., die ich nicht in Natur kenne, hat oben weniger Schwarz, unten auch nur die obere Flügelwurzel, nicht das ganze Mittelfeld gelb.

3. *Acraea (Telchinia) Welwitschii* m. n. sp.

♀. Caput, pedes et antennae nigrae, palpi subflavi, corpus ochraceum supra seriatim albo-punctatum.

Alae anticae supra sordide ochraceae, radice infumata, macula costali et apice nigris, ciliis omnibus albo variegatis; subtus pallidiores costis marginalibus subflavis.

Alae posticae ochraceae, radice nigra, area media angulum analem versus lactea, limbo lato nigro; subtus radice nigra, 8 maculis albis ornata, area media albido-flava ad radicem et limbum rufo-flavide maculata, margine nigro, albo grosse maculato. — Expansio 5 cm.

Patria: Africa occidentalis, Angola.

♀. Kopf und Fühler schwarz, Palpen wachsgelb, wenig aufgeblasen, an der Schneide fein schwarz einreihig behaart; Halskragen und Schildchen braun, mit zwei weissen Fleckchen, Rücken mit zwei Schulter- und zwei Mittelflecken. Hinterleib ockergelb, jeder Ring oben mit zwei weissen Flecken, Brust und Beine schwarz, erstere weiss gefleckt; Bauch mitten weiss und schwarz gescheckt. After weiss behaart, Genitaltaschen hornbraun, mit dunklen Rändern, viereckig, 1 mm hoch, etwas nach vorne abstehend, hinten in eine, vorne in drei Spitzen endigend, seitlich zusammengedrückt (Fig. 1, *a* von der Seite, *b* von unten).

Oberseite: Vorderflügel ockergelb (ähnlich wie bei *Dan. Dorippus*), mit schwärzlicher Wurzel und Keilfleck in der Mittelzelle, vom Vorderrande im äusseren Flügeldrittel ein schwarzer Querfleck bis zur Submediana und einem rundlichen

Fleck darunter in Zelle 5, geschwärzter Spitze, schmal schwarzem Rande und weiss gescheckten Fransen.

Hinterflügel wie die vorderen, mit schwärzlicher Wurzel, das halbe Mittelfeld gegen den Innenwinkel milchweiss, Rand 2 *mm* breit schwarz. Saum etwas gewellt, Fransen scharf weiss und schwarz gescheckt.

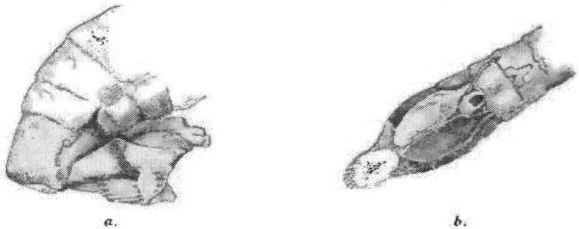

a.   *b.*

Fig. 1. ♀. Tasche von *Telchinia Welwitschii* Rgb.

Unterseite: Vorderflügelwurzel schwärzlich gefleckt, Grund etwas heller, namentlich an der Spitze und längs der schwarzen Adern saumwärts, weisslichgelb überflogen.

Hinterflügelwurzel schwarz, mit acht ungleichen milchweissen Flecken, in jeder Zelle je einer, in der mittleren und im Afterwinkel je zwei kleinere. Vorderrand weisslich, das ganze Mittelfeld gelblichweiss, wurzel- und saumwärts mit röthlichgelber Fleckenreihe begrenzt.

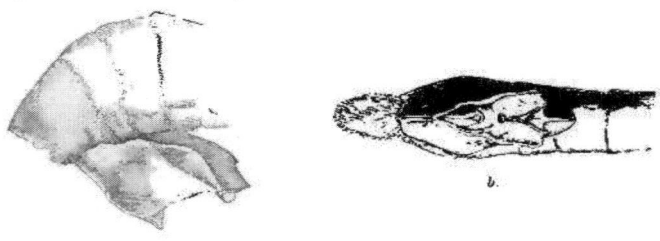

b.

a.

Fig. 2. ♀. Tasche von *Telchinia Anemosa* Hw.

Rand wie oben, schwarz, mit einer Reihe länglicher, ziemlich grosser weisser Flecken, Fransen vorwiegend weiss, nur die Rippenenden schwarz. — Spannweite 5 *cm*.

Eine Entdeckung des Herrn Hauptmannes A. Lux[1]) in Loanda; das Stück trägt einen Zettel mit: Capumbe(?), 1. August 1875. Ein zweites Stück befindet sich in der ehemals Baron Felder'schen Sammlung (jetzt) in London.

---

¹) Siehe Annalen des k. k. naturhistorischen Hofmuseums, IV, 1889, S. 549.

Zunächst *Telchinia Anemosa* Hew., aber kleiner, Flügel weniger gestreckt, durch das schmutzigere Gelb des Grundes, viel weniger Schwarz und das weissliche Mittelfeld der Hinterflügel oben und unten verschieden; unten fehlen im Mittelraume der Vorderflügel die drei einzelnen Flecken und das gesättigte Schwarz der Wurzel. Auf den Hinterflügeln ist die Mitte weisslich, nicht ziegelroth überflogen, bei *Anemosa* die weissen Wurzelflecken klein und nur drei an Zahl, so wie die Randflecken fast nur wie grosse Punkte erscheinen; Saum nicht gewellt.

Die taschenförmigen Genitalanhänge sind bei der neuen Art jenen von *Anemosa* (Fig. 2) ähnlich, bei letzterer etwas grösser und höher, auch vorne mehr

a.   b.

Fig. 3. ♀. Tasche von *Acraea Buettneri* Rgh.

abgeschrägt, mit hinten mehr vorragendem Zahne, bei der Daraufsicht (*b*) dreieckig, vorne breit, mit einem mittleren und je einem seitlichen schwarzen Zähnchen.

Bei der von mir beschriebenen *Acraea Buettneri*[1]) sind die Anhänge ähnlich gestaltet, aber mehr abgerundet und weniger vortretend (Fig. 3). Mabille erwähnt in der Histoire de Madagascar, p. 83, ziemlich ausführlich diese Anhänge, bildet aber bei keiner Figur, da er die ♀ doch von der Seite darstellt, einen einzigen ab.

Unserem Landsmanne Dr. Friedrich Welwitsch, der sich um die Erforschung Angolas so verdient machte, zu Ehren benannt.

---

[1]) Siehe Annalen des k. k. naturhistorischen Hofmuseums, IV, 1889, S. 553.

Novitäten aus der Flora Albaniens.

Von

Dr. E. v. Haláesy.

(Vorgelegt in der Versammlung am 2. November 1892.)

Im heurigen Sommer unternahm der durch seine wiederholten Forschungsreisen in Montenegro bekannte italienische Botaniker A. Baldacci eine Reise nach Mittel- und Südalbanien. Nach seiner Landung bei der Stadt Avlona, in deren Umgebung er seine Sammlungen begann, besuchte er das auf der acroceraunischen Halbinsel befindliche, steil ins adriatische Meer abfallende Tschikagebirge, dann das gegenüber tiefer im Lande parallel mit diesem sich hinziehende Griwagebirge und bestieg endlich den schon ganz im Inneren des Landes befindlichen 2413 m hohen Tomorgipfel. Gegen Ende seiner Reise kam er noch in den südlichsten Theil Albaniens und durchforschte die Gebirge bei Preveza in Epirus.

Da A. Baldacci die Ergebnisse seiner Reise selbst ausführlich in der „Malpighia" zu publiciren gedenkt, so sollen hier von seiner mir zur Bestimmung übergebenen Ausbeute nur einige der von ihm entdeckten neuen Formen zur Veröffentlichung gelangen; ich möchte jedoch hier schon hervorheben, dass die Flora der genannten Gebirge eine ganze Reihe den griechischen Gebirgen eigenthümliche Typen aufweist.

Linum hirsutum L. var. *spathulatum* Hal. et Bald. *Caudiculis numerosis dense foliatis canorillosis, caulibus adscendentibus minus proceris (10—20 cm altis), foliis oblongo-spathulatis.*

In silvis sub monte Cika Acrocerauniae.

Hypericum haplophylloides Hal. et Bald. (Sectio V, *Euhypericum* Boiss., §. 7, *Taeniocarpia* Jaub. et Sp.). *Glaberrimum, caulibus numerosis lignosis procumbentibus, ramis gracilibus pumilis simplicibus adscendentibus tetrapteris; foliis oppositis simplicibus subcoriaceis dense pellucido-punctatis oblongis sessilibus margine revolutis subtus glaucescentibus; cymis pedunculatis paucifloris in racemum foliosum sat laxum dispositis; bracteis lineari-oblongis integris; calycis corolla triplo quadruplove brevioris laciniis ovatis obtusiusculis breviter glanduloso-dentatis; petalis oblongis aurantiacis glandulis nigris marginatis; capsula ovata acuminata longitudinaliter et parallele vittata calyce longiori; seminibus papillosis.* ♃.

Die niederliegenden Stämmchen der eben beschriebenen Art sind halbstrauchig und entwickeln im nächsten Jahre die blüthentragenden dünnen, vierkantig geflügelten, 15—20 *cm* hohen Stengel. Die Blätter sind unterseits graugrün, reichlich durchscheinend punktirt, etwa 15 *mm* lang und 3 *mm* breit, so lang als ihr Internodium oder länger. Die Rispe ist ziemlich locker, durchblättert. Die Kelchzipfel 4 *mm* lang, 1¹/₂ *mm* breit. Die Kronblätter etwa 1 *cm* lang.

Hypericum haplophylloides steht allenfalls noch dem *Hypericum repens* L. am nächsten. Durch die rundlichen ungeflügelten Stengel, die viel längeren Internodien, das regelmässige Vorhandensein blattwinkelständiger Blätterbüschel, die fast sitzenden oder nur sehr kurz gestielten Cymen und die ganzrandigen, fast stets drüsenlosen Kelchzipfel ist es jedoch von jenem wesentlich verschieden.

Habitat in silvaticis sub H. Georgios et monte Cika Acrocerauniae. — Julio.

Sedum album L. **var. erythranthum** Hal. et Bald. Stengel oberwärts sammt den Blüthen purpurn.

In glareosis alpinis montis Kiore Acrocerauniae.

Scabiosa epirota Hal. et Bald. (Sectio *Asterocephalus* Coult.). *Fruticosa, ramis vetustis lignosis denudatis, hornotinis dense foliatis hirsutis simplicibus vel in ramos paucos subnudus monocephalos divisis; foliis adpresse canescentibus, ellipticis vel oblongis, in petiolum brevem attenuatis, integris vel grossedentatis; involucri phyllis oblongo-lanceolatis canescentibus, capitulo magno duplo brevioribus; corollis roseis tomentosis radiantibus; involucelli albovillosissimi foveolis tubo subbrevioribus, corona 25 nervia hyalina foveolis sublongiore erecto patula; calycis aristis pallidis corona multo longioribus.* ♃.

Stengel 15—25 *cm* hoch; Blätter 2—6 *cm* lang, ¹/₂—3 *cm* breit; Köpfchen 3—4 *cm* im Durchmesser.

Von der zunächst verwandten *Scabiosa cretica* L. durch die zum Theil grobgezähnten elliptischen Blätter, die rosa Corolle und die langen Kelchborsten verschieden.

Habitat in rupestribus sub monte Zalongo districtus Preveza in Epiro. — Augusto.

Crepis Baldaccii Hal. *Radice fusiformi; caule erecto monophyllo, a medio in ramos paucos strictos monocephalos bracteis linearibus fulcratos diviso, pilis glanduliferis setisque brevibus obsito; foliis viridibus, glandulis breviter stipitatis vel subsessilibus obsitis, radicalibus obovato-oblongis acutis acute runcinato-dentatis, in petiolum longum attenuatis, folio caulino incisodentato basi attenuato sessili; pedunculis elongatis apice parum incrassatis, capitulis magnis, involucri phyllis lineari-lanceolatis setis glanduliferis pallidis dense obsitis, externis 2—3 plo brevioribus; floribus luteis; acheniis apice attenuatis sub 20-costatis pallidis, costis laevibus; pappo albo involucrum superante.* ♃.

Caulis 20—25 cm altus; folia radicalia 12—20 cm longa, 3—5 cm lata; involucrum 15 mm longum, 10 mm latum.

Von den nächst verwandten Arten *Crepis grandiflora* Tausch., *Crepis djimilensis* C. Koch und *Crepis orbelica* Velen. durch die langgestielten tiefgetheilten Grundblätter, den einblätterigen Stengel, dessen ebenfalls tiefgetheiltes Blatt nicht mit pfeilförmigem, wie die stets in grösserer Zahl vorhandenen Stengelblätter der erwähnten Arten, sondern mit verschmälertem Grunde sitzend ist, und durch die hellere, nicht schwarzdrüsige Hülle verschieden.

Habitat in rupestribus alpinis montis Tomor. — Augusto.

Coris monspeliensis L. var. *annua* Hal. et Bald. Wurzel spindelig, Stengel einfach oder wenigästig, Blätter länger als bei der typischen Form, Blüthen kleiner.

In arenosis maritimis prope Valona.

Ueber die taschenförmigen Hinterleibsanhänge der weiblichen Schmetterlinge der Acraeiden.

Von

A. F. Rogenhofer.

(Vorgelegt in der Versammlung am 7. December 1892.)

Anknüpfend an die vorhergehende Beschreibung eines interessanten *Acraea*-Weibchens, dessen Hinterleibsanhänge, sowie die zweier verwandter Arten durch Herrn Freih. v. Schloreth's Meisterhand in vorzüglicher Weise zum ersten Male zur Anschauung gebracht werden, will ich etwas näher auf diese Bildung eingehen, namentlich um darauf mehr die Aufmerksamkeit zu lenken und Sammler in den Tropen anzueifern, beim Fange der *Acraea*-Arten auf die Copulationsvorgänge ihr Augenmerk zu richten.

Schon E. Doubleday und Westwood haben in ihren classischen „Genera of diurnal Lepidoptera", I, p. 139 (Juli 1848) auf die bei allen Sectionen der Gattung *Acraea* vorkommenden Hinterleibsanhänge[1]) der Weibchen aufmerksam gemacht; erst spät nach ihnen haben Mabille, Elwes und Trimen auch davon Erwähnung gethan, aber mir ist keine einzige Abbildung der ziemlich abändernden Formen dieses interessanten Gebildes bekannt. Dass dieselben, wie sich bei der Gattung *Parnassius* zeigte, einen schätzbaren Behelf bei der Charakterisirung der Arten bieten können, ist wohl unzweifelhaft, nur darf man keinen zu hohen Werth darauf legen und sollte selbe in Verbindung und im Zusammenhalte mit den männlichen Genitalien, deren plastischen Abdruck sie ja eigentlich darstellen, in Betracht ziehen.

Die Entstehung ist sicher auf dieselbe Ursache wie bei den Parnassiern zurückzuführen[2]); man kann auch bei genauer Betrachtung namentlich von der Seite die theilweise nur lose Befestigung der Tasche am Hinterleibe, die schon Westwood ausdrücklich hervorhebt, leicht sicherstellen; dieselbe dürfte vielleicht nach der Eiablage abfallen, da man bei stark geflogenen ♀ keine Tasche mehr

---

[1]) Irrig am letzten Segmente und hielten es wie Trimen nur für Horngebilde.

[2]) C. v. Siebold, Ueber den taschenförmigen Hinterleibsanhang der weiblichen Schmetterlinge von *Parnassius* (Zeitschrift für wissenschaftliche Zoologie, III, 1850, S. 54—61).

73*

bemerkt, wenn sie nicht auf andere Weise verloren ging. Wir haben es jedenfalls bei einigen Gruppen nur mit einem Secrete zu thun und nicht, wie Dr. Schatz (Die Familien und Gattungen der Tagfalter, S. 101, Fig. 1) meint, mit einer „Ausstülpung" des vorletzten Bauchringes. Nach dem mir vorliegenden ziemlich ansehnlichen Materiale will ich eine Gruppirung versuchen, so weit es eben die viel schwieriger zu erhaltenden ♀ ermöglichen. Jedenfalls zeigen die Bewohner Eines Faunengebietes eine gewisse Aehnlichkeit im Typus der Anhänge, der sich namentlich bei den afrikanischen Arten dahin entwickelt hat, dass er die meiste Aehnlichkeit mit den ablösbaren Taschen der Parnassier zeigt, während die amerikanischen Acraeen *(Actinote)* einen mehr einfach kegelförmigen, soliden Fortsatz besitzen, der durch gleichmässige, oft dichte Behaarung, sowie starke Bewimperung an den Rändern auf eine andere morphologische Bildung schliessen lässt.

Die indische Gruppe *Pareba* ähnelt in dieser Beziehung mehr der amerikanischen, indem, wie schon Elwes in Catalogue of the Lepidoptera of Sikkim (Trans. Entom. Soc. London, 1888, p. 334) richtig bemerkt, ein horniges Anhängsel (a curious horny appendage) vorhanden ist; ebenda (p. 335) erwähnt Elwes, dass einige frisch entwickelte und augenscheinlich jungfräuliche Weibchen, die er in den Khassias fing, keine Anhänge zeigten, und die Entstehung derselben nur auf die vollzogene Begattung, wie bei den Parnassiern, zurückzuführen ist. Ein von mir aus der Raupe einzeln gezogenes *P. Mnemosyne*-Weibchen zeigte keine Spur einer Tasche.

Trimen sagt in den South african butterflies, I, 1887, p. 129: „penult segment in ♀ often bearing on its under side a hollowed corneous appendage" und p. 136 über die Copula bei *A. horta*, dass dieselbe nach Art der Orthopteren seitlich gedreht (twisted sidewise) stattfand. Schade, dass keine genaueren Beobachtungen vorliegen.

Bei *Hyalites* kann *horta* als Type gelten: die Tasche abstehend, mehrspitzig und sitzt (erst sichtbar nachdem sie abgefallen) auf einer stark glänzenden schwarzen Platte auf, ähnlich wie bei *H. insignis*[1]) und auch bei *Gnesia* und den meisten Arten aus Madagascar. Das ♂ von *Ranavalona* hat eigenthümliche Genitalien, die eine glänzend gelbbraune Platte bedeckt, an die sich seitlich die gebogenen Klappen anfügen; ähnlich sind jene vom *Neobule*-Männchen.

Bei *Telchinia* ist der Anhang meist (wie bei *serena*) einfach abstehend, klappenförmig, oft eigenthümlich kranzförmig behaart, so bei *Buettneri*[2]) m., *Cabira, Obeira, Manjaka*, bei *Necoda* kurz und dick, bei *petraea* schwarz, glänzend, rund herum sehr dicht behaart, die Haare breit, schuppenförmig, die Ränder abgerundet.

Die richtige und genaue Darstellung der Anhänge dieser Gruppe ist sehr schwierig, weil dieselben oft von einem klebrigen Secret, das jedenfalls vom ♂ herrührt, stark verklebt und beschmutzt sind, die Reinigung derselben aber mit

---

[1]) Vgl. Annalen des k. k. naturhist. Hofmuseums, VI, 1891, S. 457, wo die Anhänge der ♀ stets ausführlich beschrieben sind.

[2]) Vgl. Annalen des k. k. naturhist. Hofmuseums, IV, 1889, S. 553, sowie diese Verhandlungen, 1892, S. 575, Fig. 3.

vielen Umständlichkeiten verbunden ist; die zapfenförmig abstehenden sind öfters behaart, scheinen demnach ähnlich jenen der *Actinote*-Gruppe, eher Ausstülpungen als Anhänge zu sein.

Planema hat meist eine grosse hornige, nach vorne gerichtete Schuppe, hinten dreizackig, am Rande bewimpert, scheint solide zu sein, so bei *Euryta* und *Gea;* bei *Meruana*[1]), *Telekiana* m., *montana* und *confusa* bemerkt man eine glatte pechbraun glänzende, hinten mitunter mehrspitzige Platte, die nur wenig vortritt.

Die letzte, amerikanische Gruppe *Actinote* zeichnet sich durch die gleichartige kegelige Form der Anhänge, die an jene der vorhergehenden erinnert, aus, und scheint es hier gar nicht zu secretartigen Gebilden zu kommen, wenigstens konnte ich an dem mir vorliegenden Materiale nichts Derartiges entdecken. Wir haben es hier wohl mit einer chitinösen Bildung zu thun, dafür spricht auch die gleichmässige Behaarung und die Bewimperung; sie ist bei *A. Thalia* abstehend, schuppenförmig, behaart, bei *Anteas* ein kurzer Kegel mit dicht anliegender Behaarung, bei *Hylonome* und *Alcione* kurz, schwarz glänzend, der hintere Rand lang und dicht bewimpert, ähnlich bei *Pellenia*, bei *Nox* mehr abgerundet.

Godman und Salvin beschreiben in der Biologia centr. americana *Rhopalocera*, I, 1881, p. 140, wohl die männlichen Genitalien und weisen auf die Verschiedenheit derselben hin, vergleichen selbe mit jenen von *A. horta,* aber erwähnen weiter von den Weibchen nichts.

Es ist, wie bereits erwähnt, nur der Zweck dieser Zeilen, auf die verschiedene Gestaltung dieser interessanten Anhänge aufmerksam zu machen und behalte ich mir vor, diis faventibus, weitere Mittheilungen zu machen.

---

[1]) Vgl. Annalen des k. k. naturhist. Hofmuseums, VI, 1891. S. 158.

Druck:
Customized Business Services GmbH
im Auftrag der KNV-Gruppe
Ferdinand-Jühlke-Str. 7
99095 Erfurt